浙江省普通高校"十三五"新形态教材

U0179615

物理化学

主　编　张立庆

副主编　成　忠　姜华昌　李　音

ZHEJIANG UNIVERSITY PRESS
浙江大学出版社

前　言

物理化学是一门研究物质的化学变化及其有关物理变化的基本原理方面的课程,主要介绍平衡和变化速率的基本知识与规律,它是高等学校化工、制药、材料、食品、生工、环境、轻化等近化类专业必修的专业基础课,同时也是进一步学习与了解后续专业课程的基础。

本书是浙江省普通高校"十三五"新形态教材建设项目。编者根据"互联网十"环境下学校课堂教学的实际情况,按照浙江省普通高校新形态教材的要求编写而成。

本书的内容是经长期教学实践和教学改革积累形成的教研成果,从2003年开始在浙江科技学院使用并根据教学情况不断进行修改与完善,为浙江省精品在线开放课程"物理化学"课程建设的重要组成部分,也是浙江省高等教育"十三五"教学改革研究项目(jg20190305)的教学实践结晶。本书以"优化内容、加强应用、削枝强干、必需够用"为编写原则,主要介绍化学热力学、相平衡、化学动力学、电化学、界面现象、统计热力学、胶体化学等物理化学的原理与应用,并力求体现课程的简明性与应用性。同时,根据国际工程教育专业认证《华盛顿协议》的要求,以"目标-基础-应用-知识结构"为框架,旨在立足基础理论,强化应用性,使学生能在较短的学时内,比较系统地掌握物理化学的基础理论知识,使学生明确物理化学的重要概念及基本原理,同时掌握物理化学的基本计算方法,逐步提高学生分析问题与解决问题的能力。为了达成上述教学目标,我们对教学内容进行了整合与精简,对知识结构也做了简明与归纳,并配套拍摄教学视频(课堂教学实况与系列微课)。本书适合高等院校化学工程与工艺、制药工程、材料科学与工程、食品科学与工程、生物工程、环境工程、轻化工程等工科专业的学生学习物理化学使用。

全书由浙江科技学院张立庆(第二章、第三章、第四章、第九章、各章知识结构、教学视频、附录)、成忠(第五章、第七章、第十章)、姜华昌(第六章、第八章、第十一章)、李音(绪论、第一章)编写。本书由张立庆任主编,成忠、姜华昌、李

1

音任副主编。全书由张立庆统稿和定稿。

在本书的编写过程中,参阅了兄弟高校的相关教材,吸取了许多宝贵的内容与经验,主要参考文献列于书后,在此一并说明与致谢。

由于编者水平有限,书中难免有不足之处,恳请读者不吝批评指正。

编　者

2020 年 8 月于杭州

目　录

绪 论
(**Introduction**)

  化学是研究物质的组成、结构、性质及其变化规律和变化过程中能量关系的一门科学,化学研究的对象是物质的化学变化。化学变化表面上千变万化,但是从本质上看,都是原子、分子或原子团之间的重新组合。在这些变化过程中,化学与物理学之间有着密不可分的联系。从宏观上来看,化学变化总是伴随着物理变化,如压力、体积、温度的变化,在化学变化的过程中会产生热效应、电效应、光效应等;而从微观上来看,分子的运动、转动、振动以及原子间的相互作用力等则决定了物质分子的性质以及化学反应能力。人们在长期的实践过程中,就关注到了化学与物理学之间的紧密联系,于是就诞生了一门新的学科,这就是物理化学。作为化学学科的分支,物理化学是从研究化学现象和物理现象之间的相互联系入手,从而探求化学变化中具有普遍性的基本规律。在实验方法上主要采用物理学中的方法。物理化学是化学的理论基础,它所研究的是普遍适用于各个化学分支学科的理论问题,所以物理化学亦称为理论化学。

1. 物理化学的研究目的与内容

  物理化学的研究目的在于解决生产实际和科学实验中向化学提出的理论问题,从而揭示化学变化的本质,更好地驾驭化学,使之为生产实际服务。

  物理化学的内容十分广泛。本书不包括结构化学的内容,主要研究与解决以下三个方面的化学理论问题:

  (1)化学变化的方向和限度问题。在某一个指定条件下化学反应能不能进行,向什么方向进行,进行到什么程度,在化学反应的过程中能量有什么变化,外界条件的改变对反应的方向和限度有什么影响等。这一类问题属于物理化学的分支,称为化学热力学,主要解决化学反应的"可能性"问题。

  (2)化学反应的速率和机理问题。一个化学反应的速率有多快,反应的机理如何(即反应究竟是如何进行的)? 温度、压力、浓度、催化剂等外界条件对反应的速率有什么影响？如何有效控制反应速率、抑制副反应？这一类问题属于物理化学的另一分支，称为化学动力学，主要解决化学反应的"现实性"问题。

（3）电化学、界面化学、胶体化学、统计热力学等问题。主要研究化学热力学与化学动力学的基本原理在电化学、界面化学、胶体化学等方面的应用。统计热力学则主要解决从分子特性计算宏观热力学性质等问题。

2.物理化学的研究方法

物理化学的发展遵循科学研究的"实践—理论—实践"的一般过程。针对物理化学研究对象的特殊性，物理化学的研究方法可分为热力学方法、动力学方法和统计热力学方法。

（1）热力学方法。热力学（Thermodynamics）一词来自希腊语中的"热（heat）"和"功（power）"，其研究内容主要为系统不同状态之间热、功、能量的变化，从广义的角度而言，是研究系统的宏观性质之间的联系。经典热力学方法是以宏观系统为研究对象，以经典热力学定律为基础，研究系统的平衡状态，即用热力学函数（热力学能、焓、熵等）及其变量（温度、压力、体积）描述系统从始态到终态的宏观性质变化及与环境之间的能量交换，但是在研究的时候，不考虑变化过程中的细节与时间。因此，经典热力学又称为平衡态热力学，热力学方法也称为状态函数法。

（2）动力学方法。动力学（Kinetics）方法可分为宏观化学动力学方法和微观化学动力学方法。宏观化学动力学以宏观化学反应速率为对象，研究化学反应速率的表示、测量与有关规律，影响化学反应速率的因素（如温度、压力、催化剂等），并推测反应机理。微观化学反应动力学则从分子水平展开研究，利用交叉分子束反应和现代谱学手段研究化学反应速率，从而进一步解释反应的本质和过程中的能量变化。

（3）统计热力学方法。统计热力学（Statistical thermodynamics）是联系微观粒子行为与宏观热力学性质的桥梁。统计热力学方法是在量子力学定律的基础上，以统计力学原理为手段，研究构成系统的大量微观粒子运动状态的统计平均结果，从而解释与推算系统的宏观热力学性质。

3.学习物理化学的要求及方法

物理化学是一门逻辑性很强的学科，这门课程的学习不仅仅在于掌握物理化学的基本原理和知识，更在于建立理论思维，即用物理化学的观点和方法来分析解决化学问题。因此，要学好物理化学，除了通用的学习方法以外，针对物

理化学研究内容的特点,提出以下几点学习建议:

(1)掌握每一章的逻辑结构与线索。物理化学是一门逻辑性很强的学科,要紧紧抓住各章节的逻辑框架与线索,才能理清物理化学的学习脉络。物理化学章节的基本逻辑结构为:研究的主要内容→解决什么化学问题→采用什么方法→根据哪些理论定律→得到怎样的结果→有何用处。

(2)抓住重点,自己动手推导公式。物理化学的学习中会遇到许多公式,每个公式又有其特定的适用范围和使用条件,机械的记忆是困难且易混淆的。而事实上,掌握了物理化学中的基本定义和基本公式,其他一切公式均可由基本定义与公式导出。因此,抓住重点定义与公式,掌握自行推导公式的方法就可以避免死记硬背,从而形成理解性的记忆。此外,在物理化学公式的使用中需要特别注意公式的使用条件,公式的推导过程亦如此,即特别需要注意推导中每一步的假设与使用条件,从而得出最终导出公式的适用范围与条件。

(3)多做习题,学会解题方法。物理化学的学习目的在于运用物理化学基本原理解决实际问题,而做习题是理论联系实际的第一步。物理化学中的许多东西如定理、定律、公式等只有通过解题才能真正掌握,不会解题,就不可能掌握物理化学。

(4)课前预习,课后复习,勤于思考,特别要注意各知识点的联系。通过课前预习,大致梳理知识脉络,有利于听课的时候抓住重点、难点,从而提高听课效率;通过课后复习,整理笔记,回顾课堂知识的逻辑结构,则可以增进对概念、定理、公式的理解与记忆;在学习的过程中,要学会用物理化学的方法思考问题、分析问题,锻炼思维能力;注意公式与公式、概念与概念、知识与知识之间的逻辑联系,注意物理化学原理和化学问题之间的联系,从而掌握和学好物理化学。

4. 物理量的表示及运算

物理化学是一门定量的科学,常用公式来定量描述物理量之间的关系,因此,理解物理量的含义并掌握物理量的正确表示方法及运算规则是掌握物理化学的必要条件。本书执行国家标准和国际标准(ISO)关于物理量表示与运算的规定,采用我国法定计量单位,包括国际单位制单位(International System Units,简称 SI 单位,包括 7 个基本单位和 22 个导出单位)、16 个我国补充规定的计量单位,以及上述单位的组合形式和倍数形式单位。

(1)物理量的表示

物理量简称量,用于定量描述物理现象,如温度、压力、体积等均为物理量。

物理量是由单位和数值之积表示的,即:物理量＝数值×单位。

物理量的符号用斜体字母表示(除 pH 用正体以外),如 X＝数值×单位,上、下标如果为物理量也用斜体,其他说明性标记用正体,如温度 T、压力 p、摩尔定压热容 $C_{p,m}$ 等。物理量的单位符号一般用正体小写字母表示,如 m、s、mol 等,若来自人名,则用大写的人名首字母表示,如 K、J 等。数值与单位之间应留半个字符的空格。

例如,p＝1.5 Pa,p 是物理量符号,1.5 是以相应单位表示时压力的数值,Pa 是压力的 SI 单位。压力也可采用 kPa(SI 单位的倍数单位)作为单位,1 kPa ＝1000 Pa。

(2)指数与对数中的物理量

公式中若有物理量的指数项(如 e^x)或对数项(如 $\ln x$),其中的 x 为无量纲的纯数,实际上是物理量/物理量单位的简化表示。例如:$\ln p$ 实际上是 $\ln (p/[p])$ 的简化表示,$[p]$ 指 p 的单位,即 $\ln p$ 为 $\ln (p/\text{Pa})$ 或 $\ln (p/\text{kPa})$ 的简化表示。

(3)图表中的物理量

物理量在表中表示时,表中往往只列出物理量的数值,表头中则用物理量与其单位的比值表示,如表 0.1 所示.

表 0.1　等温时某体系的压强和体积

实验次数	p/Pa	V/m^3
1	1.5	22.5
2	3.0	11.3

作图时通常用的是物理量的具体数值,横、纵坐标则用物理量与其单位的比值表示。例如图 0.1:

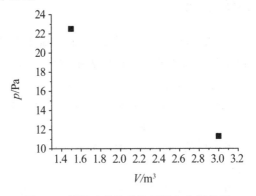

图 0.1　等温时某体系的压强和体积关系

（4）量值计算

物理化学中给出的通常是量方程式而非数值方程式，即表示物理量之间的关系。量方程式中，物理量单位的选择不会影响物理量之间的关系。例如理想气体的状态方程 $pV = nRT$ 表示理想气体的压力、体积、物质的量和温度之间的关系，各物理量单位的选择不会影响它们的相互关系。

在表示物理量定量关系的方程中，量纲相同的可以"＋"、"－"与"＝"。例如，式(0-1)的表示方法是错误的，9、$2T$ 与 $3T^2$ 量纲不同，不能相互加减。正确的表示方法如式(0-2)所示，9、$2T/K$、$3(T/K)^2$ 均为无量纲的纯数值，才可以相互加减。

$$C_{p,m} = (9 + 2T - 3T^2)\ \text{J} \cdot \text{mol}^{-1} \cdot \text{K}^{-1} \tag{0-1}$$

$$C_{p,m} = \left[9 + 2\left(\frac{T}{K}\right) - 3\left(\frac{T}{K}\right)^2\right]\ \text{J} \cdot \text{mol}^{-1} \cdot \text{K}^{-1} \tag{0-2}$$

此外，量方程式在计算时，需代入完整的物理量（包括数值与单位）。例如，计算 25 ℃、100 kPa 下，1 mol 理想气体的体积，用量方程式运算如下：

$$V = \frac{nRT}{p} = \frac{1\ \text{mol} \times 8.314\ \text{J} \cdot \text{mol}^{-1} \cdot \text{K}^{-1} \times 298\text{K}}{100\text{kPa}} = 2.48 \times 10^{-2}\,(\text{m}^3) \tag{0-3}$$

为了简洁起见，也可不在计算过程中列出每个物理量的单位，而直接给出最终单位，例如，式(0-3)的计算也可表示为：

$$V = \frac{nRT}{p} = \left(\frac{1 \times 8.314 \times 298}{100 \times 10^3}\right) = 2.48 \times 10^{-2}\,(\text{m}^3) \tag{0-4}$$

需要注意的是，在仅列出数值并给出最终单位的量方程式计算中，每个物理量均需正确使用 SI 单位方可保证结果正确，如 kPa 在式(0-4)中被换算成 Pa 进行运算，计算结果与式(0-3)等效。

物理化学课程的学习资料（包括电子教案、教学视频、习题、测验、试卷等），可以在下列教学平台上获得：

（1）浙江省高等学校在线开放课程共享平台（物理化学课程）：浙江科技学院－物理化学课程网站

http://www.zjooc.cn/course/2c918808273576a61017360405924 07fc

（2）浙江科技学院－物理化学课程网站：

http://zlq.zust.edu.cn/wlhx

视频 0.1

第一章 气体的 pVT 关系
(Chapter 1 The pVT Relationship of Gas)

▶ 教学目标

通过本章的学习,要求掌握:

1.理想气体状态方程及模型;

2.道尔顿(Dalton)定律与阿马加(Amagat)定律;

3.真实气体的液化与临界性质;

4.真实气体状态方程;

5.对应状态原理与压缩因子图及有关计算。

在物质的众多宏观性质中,压力 p、温度 T 和体积 V 三者物理意义明确并易于测量,且对于一定量的纯物质,任何两者的量确定后,第三个量便随之确定。此时,物质处于一定的状态,因此表述物质 p、V、T 之间关系的方程称为状态方程。物质处于一定状态时,其各种宏观性质都有确定的关系与确定的值,因而建立状态方程常常是研究物质其他宏观性质的基础。

自然界中的物质通常以气、液、固三种形态存在(超临界流体除外),气体、液体通称为流体,液体、固体又通称为凝聚态。其中,气体相对而言最为简单,对其的研究最为透彻。本章将从理想气体开始,讨论气体的性质、状态方程与规律。

1.1 理想气体状态方程及模型

1.1.1 理想气体状态方程

理想气体状态方程的建立为低压气体性质的计算提供了近似方法,也为真实气体的研究提供了参照,建立了基础。

(1)低压气体的经验定律

对理想气体的研究始于 17 世纪中期,人们从低压气体的性质测量中,总结了 3 个经典的经验规律,适用于描述纯气体在低压时的 p,V,T 关系。

①波义耳定律(Boyle's law,1662 年,R. Boyle),又称气体的等温定律:

$$pV = 常数(n,T 一定) \tag{1-1}$$

即在物质的量、温度恒定时,气体的体积与压力成反比(或者说气体的压力、体积之积为常数)。

②盖-吕萨克定律(Gay-Lussac's law,1808 年,J. L. Gay-Lussac),又称气体的等压定律:

$$V/T = 常数(n,p 一定) \tag{1-2}$$

即物质的量、压力恒定时,气体的体积与热力学温度成正比(或者说气体的压力、热力学温度之比为常数)。

③阿伏伽德罗定律(Avogadro's law,1869 年,A. Avogadro):

$$V/n = 常数(T,p 一定) \tag{1-3}$$

即温度、压力恒定时,气体的体积正比于物质的量(任何气体,物质的量相同,体积也相同)。

(2)理想气体状态方程

总结以上 3 个经验定律,可以得到适用于纯低压气体的状态方程,即"理想气体的状态方程":

$$pV = nRT \tag{1-4a}$$

或 $$pV_m = RT \tag{1-4b}$$

或 $$pV = (m/M)RT \tag{1-4c}$$

以上 3 式中,V_m 为摩尔体积,即 $V_m=V/n$;m 为气体质量,M 为气体摩尔质量,$n=m/M$;R 是与气体种类与性质无关的比例常数,称为摩尔气体常数,可通过测定标准状态下 1 mol 气体所占体积计算得到,R 的精确实验测定值为:

$$R=8.314472 \text{ Pa} \cdot \text{m}^3 \cdot \text{mol}^{-1} \cdot \text{K}^{-1}$$

根据单位换算:$1 \text{ Pa}=1 \text{ N} \cdot \text{m}^{-2}$,$1 \text{ N}=1 \text{ J} \cdot \text{m}^{-1}$,因此又有:

$$R=8.314472 \text{ J} \cdot \text{mol}^{-1} \cdot \text{K}^{-1}$$

通常在计算中,取 $R=8.314 \text{ J} \cdot \text{mol}^{-1} \cdot \text{K}^{-1}$ 已能够满足计算精度。

由理想气体状态方程可知,不同状态下的理想气体满足如下关系:

$$\frac{p_1 V_1}{T_1} = \frac{p_2 V_2}{T_2}$$

通过式(1-4a、4b、4c),再结合气体密度 $\rho=m/V$,可进行气体性质相关物理

量 p、V、T、n、m、M、ρ 的计算。

[例 1-1] 用管道输送甲烷气体,若甲烷可作为理想气体处理,当输送压力为 500 kPa、温度为 298 K 时,求管道内甲烷的密度。

解 根据理想气体状态方程:

$$pV = (m/M)RT$$

$$\rho = m/V = pM/(RT) = \frac{500 \times 10^3 \times 16.04 \times 10^{-3}}{8.314 \times 298} = 3.237(\text{kg} \cdot \text{m}^{-3})$$

1.1.2 理想气体定义与模型

在任何温度、压力下均严格服从理想气体状态方程($pV = nRT$)的气体被叫作理想气体(ideal gas 或 perfect gas)。从微观角度来看,人们抽象出了理想气体模型:分子本身无体积、分子间无相互作用力(即分子势能忽略不计)的气体。严格意义上说,只有符合理想气体模型的气体才能在任何温度、压力下严格遵从理想气体状态方程。

事实上,理想气体是一个理想化的抽象概念,真正的理想气体并不存在,但实际气体在压力很低时可近似作为理想气体处理。可作为理想气体处理的压力范围目前尚无明确界限,且与气体种类、性质以及计算精度要求有关。通常,本身不易被液化的气体(如氢气、氦气等)性质较接近理想气体,适用理想气体状态方程的压力范围较宽,本身易液化的气体(如水蒸气、二氧化碳等)适用理想气体状态方程的压力范围则较窄。此外,对理想气体状态方程予以适当修正后,可用于非理想气体或真实气体。

1.1.3 摩尔气体常数

如 1.1.1 中所述,理想气体状态方程中的摩尔气体常数 R 的准确数值是由实验测得的。由于真实气体在压力很低时接近理想气体,理论上可通过测定一定量的气体在压力趋近于零时的 p、V、T 值,代入理想气体状态方程计算 R 值。实际上在实验操作时,压力接近于零的数据不易测准,因此常采用外推法来获得 p 趋近于零时的数据,从而求得 R 值。实验中首先测定一定温度下,不同真实气体在不同压力下的摩尔体积 V_m,用 pV_m 对 p 作图,外推到 $p \to 0$ 处,求出 $(pV_m)_{p\to 0}$ 的数值,然后计算 R 值。图 1.1 所示为三种真实气体的 $pV_m - p$ 等温线,一定温度下真实气体的 pV_m 值并不像理想气体状态方程描述的那样为常数(理想气体的 $pV_m - p$ 等温线如虚线所示),且不同真实气体 $pV_m - p$ 等温线的形状也不尽相同,但在压力 p 趋近于零时,不同真实气体的 pV_m 却趋近于一个相同的值:2494.35 J·mol⁻¹,由此可计算 R 值:

$$R = \lim_{p \to 0} \frac{(pV_m)_T}{T} = \frac{2494.35}{300} = 8.314(\text{J} \cdot \text{mol}^{-1} \cdot \text{K}^{-1})$$

即使改变测定温度,也能测得相同的 R 值。可见,在压力接近零的极限条件下,各种气体均服从 $pV_m = RT$ 的定量关系,且 R 是一个对各种不同气体均适用的常数,因此 R 又称普适气体常数。这一结论也可由理想气体模型得到理论解释,从理想气体模型可知,理想气体分子本身无体积且分子间无作用力,在这一假设下,气体的种类将不影响气体的 pVT 关系,由此也可推知理想气体状态方程及摩尔气体常数 R 可适用于压力趋近于零的各种气体。

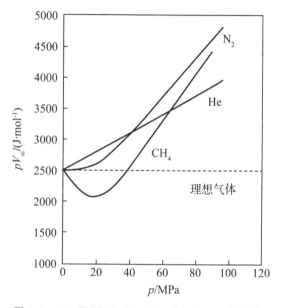

图 1.1　300 K 下 N_2、He、CH_4 的 $pV_m - p$ 等温线

1.2　理想气体混合物

1.2.1　混合物的组成

除了前面讨论的纯理想气体的 pVT 关系外,实际应用中还常常遇到气体混合物的情况。理想气体的分子体积及分子间作用力均忽略不计,因此不发生相互作用的不同种类理想气体混合在一起形成的是均匀的气体混合物,其组成常用摩尔分数、质量分数或体积分数表示。

（1）摩尔分数

以 B 代表气体混合物中的某任意组分，组分 B 的摩尔分数定义为 B 的物质的量与气体混合物总的物质的量之比：

$$y_B(x_B) = \frac{n_B}{\sum\limits_A n_A} \tag{1-5}$$

式中，y_B（或 x_B）为物质 B 的摩尔分数（mole fraction），也称为物质的量分数，量纲为 1；n_B 为 B 的物质的量；$\sum\limits_A n_A$ 为混合物总的物质的量。混合物中所有物质的摩尔分数之和应为 1，即 $\sum\limits_B x_B = 1$ 或 $\sum\limits_B y_B = 1$。以上定义对于液体、固体同样适用。气体混合物中常用 y_B 表示摩尔分数，液体混合物常用 x_B 表示摩尔分数，以示区分。

（2）质量分数

组分 B 的质量分数定义为 B 的质量与混合物总质量之比：

$$w_B = \frac{m_B}{\sum\limits_A m_A} \tag{1-6}$$

式中 w_B 为 B 的质量分数，量纲为 1；m_B 为 B 的质量；$\sum\limits_A m_A$ 为混合物的总质量。混合物中所有物质的质量分数之和应为 1，即 $\sum\limits_B w_B = 1$。

（3）体积分数

组分 B 的体积分数定义为混合前纯 B 的体积与混合前各纯组分体积的和之比：

$$\varphi_B = \frac{x_B V_{m,B}^*}{\sum\limits_A x_A V_{m,A}^*} \tag{1-7}$$

式中 φ_B 为 B 的体积分数，量纲也为 1；$V_{m,B}^*$ 为纯物质 B（* 代表纯物质）在与混合物相同的温度、压力下的摩尔体积。显然，$\sum\limits_B \varphi_B = 1$。

1.2.2 理想气体混合物的 pVT 行为

由理想气体模型可知，理想气体的分子无体积且分子间无作用力，因此理想气体的 pVT 性质不随气体种类的变化而改变，形成理想气体混合物后，其 pVT 性质不变，仍服从理想气体状态方程，只是此时，$pV = nRT$ 中的 n 代表气体混合物的总的物质的量。因此，理想气体混合物的状态方程可写成：

$$pV = \sum\limits_B n_B RT \tag{1-8}$$

或

$$pV = \frac{m}{M_{\text{mix}}}RT \tag{1-9}$$

以上两式中,p 为混合物的总压;V 为混合物的总体积;n_B 为混合物中某组分的物质的量;m 为混合物的总质量;$\overline{M}_{\text{mix}}$ 为混合物的平均摩尔质量。混合物的平均摩尔质量等于各组分的摩尔分数与摩尔质量的乘积之和,即:

$$\overline{M}_{\text{mix}} = \sum_B y_B M_B \tag{1-10}$$

因为混合物的总质量等于各组分质量之和,某组分的质量又等于其物质的量与摩尔质量的乘积,某组分的物质的量又等于混合物总的物质的量与该组分摩尔分数之积,因此混合物的总质量满足如下关系:

$$m = \sum_B m_B = \sum_B n_B M_B = \sum_B n y_B M_B = n \sum_B y_B M_B = n \overline{M}_{\text{mix}}$$

因此

$$\overline{M}_{\text{mix}} = \frac{m}{n} \tag{1-11}$$

即混合物的平均摩尔质量等于混合物的总质量与混合物的总的物质的量的比值。

1.2.3 道尔顿定律与分压力

无论是理想气体混合物还是真实气体混合物,其中某一种气体的压力都可用分压力的概念来描述。分压力指混合物中某种气体对总压力的贡献,可表述为某组分的摩尔分数与混合气体的总压力之积,其数学定义如下:

$$p_B = y_B p \tag{1-12}$$

式中,p_B 指气体混合物中组分 B 的分压,y_B 为组分 B 的摩尔分数,p 为气体混合物的总压。

由式(1-12)可得,气体混合物中各组分的分压之和等于:

$$\sum_B p_B = \sum_B y_B p$$

又因为气体混合物中各种气体摩尔分数之和等于 1,即 $\sum_B y_B = 1$,所以混合气体中各组分的分压之和等于总压:

$$p = \sum_B p_B \tag{1-13}$$

式(1-12)、(1-13)适用于任意混合气体(包括理想气体和真实气体)。

1810 年,英国化学家道尔顿(Dalton)在研究低压气体性质时发现,低压混合气体的总压力等于各组分单独存在于混合气体所处的温度、体积条件下产生压力的总和,即:

$$p = \sum_B p_B^*$$ (1-14)

式中，p_B^* 为纯物质 B（ * 代表纯物质）在与混合物相同的温度、体积下产生的压力。

由于混合气体在压力极低时可近似为理想气体混合物，根据理想气体状态方程可知：

$$p_B^* = \frac{n_B RT}{V}$$ (1-15)

将式(1-15)代入(1-14)，再代入(1-12)，又根据 $y_B = \dfrac{n_B}{\sum\limits_A n_A}$，可得：

$$p_B = \frac{n_B RT}{V}$$ (1-16)

可见，此时 $p_B^* = p_B$，即理想气体混合物中组分 B 的分压等于其在混合气体所处的温度、体积条件下，单独存在时所产生的压力。

综上，道尔顿定律可表述为理想气体混合物中某一组分的分压等于该组分单独存在于混合气体的温度及总体积的条件下所产生的压力；而混合气体的总压即等于各组分单独存在于混合气体温度、体积条件下产生压力的总和。道尔顿定律也称道尔顿分压定律或分压定律。

严格来说，道尔顿定律仅适用于理想气体，但低压下的真实气体混合物也可近似适用。而压力较高时，真实气体混合物偏离理想气体模型较远，不同气体分子间的相互作用力情况复杂且不可忽略，因此道尔顿定律和式(1-16)都不再适用。

1.2.4　阿马加定律与分体积

对于理想气体混合物，除道尔顿定律外，还有与其对应的阿马加（Amagat）分体积定律，该定律是 1880 年阿马加在研究低压气体的性质时发现理想气体混合物的体积具有加和性而导出的。阿马加定律为：理想气体混合物的总体积等于各组分单独存在于混合气体的温度及总压力的条件下所占有的体积之和。其数学表达式为：

$$V = \sum_B V_B^*$$ (1-17)

式中，V_B^* 为纯物质 B（ * 代表纯物质）在与混合物相同的温度、总压下占有的体积，也称为 B 的分体积，$V_B^* = \dfrac{n_B RT}{p}$。

根据理想气体混合物的状态方程：

$$V_B^* = \frac{n_B RT}{p} = \frac{n_B}{n}V = y_B V$$

因此有:

$$y_B = \frac{n_B}{n} = \frac{V_B^*}{V} \tag{1-18}$$

即理想气体混合物中,某组分的摩尔分数等于其分体积与混合物总体积之比。

　　与道尔顿分压定律类似,严格来说,阿马加定律也只适用于理想气体混合物,但低压下的真实气体混合物也可近似适用。压力较高时,真实气体混合物将产生体积的变化,此时阿马加定律不再适用,需引入偏摩尔量的概念进行计算(详见本教材第四章)。

　　[**例 1-2**]　大气压下,1 m³ 潮湿空气中水蒸气分压为 12.330 kPa。干燥空气中氧气和氮气的体积分数可近似为 0.21 和 0.79。求:潮湿空气中(1)水蒸气、氧气、氮气的分体积;(2)氧气、氮气的分压。

　　解　大气压换算成 SI 单位为 101.325 kPa,又根据道尔顿分压定律,水蒸气的摩尔分数为:

$$y_{H_2O} = \frac{p_{H_2O}}{p_{总}} = \frac{12.330}{101.325} = 0.122$$

(1)根据阿马加分体积定律:

$$V_{H_2O} = y_{H_2O} \cdot V_{总} = 0.122 \times 1 = 0.122(\text{m}^3)$$
$$V_{空气} = V_{总} - V_{H_2O} = 1 - 0.122 = 0.878(\text{m}^3)$$
$$V_{O_2} = y_{O_2} \cdot V_{空气} = 0.21 \times 0.878 = 0.184(\text{m}^3)$$
$$V_{N_2} = y_{N_2} \cdot V_{空气} = 0.79 \times 0.878 = 0.694(\text{m}^3)$$

(2)根据道尔顿分压定律:

$$p_{空气} = p_{总} - p_{H_2O} = 101.325 - 12.330 = 88.995(\text{kPa})$$
$$p_{O_2} = y_{O_2} \cdot p_{空气} = 0.21 \times 88.995 = 18.689(\text{kPa})$$
$$p_{N_2} = y_{N_2} \cdot p_{空气} = 0.79 \times 88.995 = 70.306(\text{kPa})$$

视频 1.1

1.3　真实气体的液化及临界参数

1.3.1　液体的饱和蒸气压

　　理想气体分子间无作用力,故在任何温度、压力下都不能液化。但真实气体的分子之间是有相互作用力的,分子间作用力在一定范围内表现为引力(当分子间距离小于一定值后则表现为斥力)且作用力大小随分子间距离的减小而增加,而降温和加压可使气体体积缩小,即减小分子间距,从而导致气体分子间引力增强并液化成液体。

若一真空密闭容器内装有某纯液体(不充满),液体会不断蒸发为气体,而气体分子可与液体表面分子碰撞而进入液体。恒温条件下,当液体蒸发速率与气体凝结速率相等时,液相和气相的宏观状态都不再随时间发生改变,这种状态被称为气-液平衡态。此时的液体称为饱和液体,气体称为饱和蒸气,而在一定温度下与液体成平衡的饱和蒸气所具有的压力称饱和蒸气压,用 $p*$ 表示($*$ 代表纯物质)。表 1.1 列出了水、甲醇、乙醇在不同温度下的饱和蒸气压。

表 1.1 水、甲醇、乙醇在不同温度下的饱和蒸气压

水		甲醇		乙醇	
$T/℃$	$p*/kPa$	$T/℃$	$p*/kPa$	$T/℃$	$p*/kPa$
20	2.338	20	12.881	20	5.671
40	7.376	40	35.362	40	17.395
60	19.916	64.7	101.325	60	46.008
80	47.343	80	180.67	78.4	101.325
100	101.325	100	352.42	100	222.48
120	198.54	120	637.67	120	422.35

从表中数据可以看出,饱和蒸气压是物质的自身属性,因此不同物质在同一温度下,一般具有不同的饱和蒸气压;同时一定物质的饱和蒸气压又是温度的函数,即 $p^* = f(T)$,同一物质在不同的温度下也具有不同的饱和蒸气压,且饱和蒸气压随温度上升而增大。

当液体的饱和蒸气压与外界压力相等时,液体沸腾,这时的温度称为该液体的沸点。可见液体的沸点与外压有关,外压升高则沸点也随之升高。将外压为 101.325 kPa 时液体的沸点称为正常沸点,如表 1.1 所示,水、甲醇、乙醇的正常沸点分别为 100 ℃、64.7 ℃和 78.4 ℃。

1.3.2 临界参数

对于气液共存系统,液体的蒸发速率与温度有关,而气体的凝结速率则在特定温度下正比于其自身压力。若气体压力大于此温度下该物质的饱和蒸气压,则凝结速率大于蒸发速率,宏观来看气体发生凝结。随着凝结的进行,气体量减少从而气体压力降低、凝结速率减慢,直至气体压力达到饱和蒸气压,系统达到气液平衡。若气体压力小于该温度下该物质的饱和蒸气压,则凝结速率小

于蒸发速率,宏观来看气体发生蒸发,直至气体压力达到饱和蒸气压,系统达到气液平衡。

　　液体的饱和蒸气压随温度上升而增大,因此温度越高,使气体液化所需的压力也越大。而事实上,每种液体都存在一个温度,在该温度以上,无论多大的压力都无法使气体液化,使气体能够液化所允许的最高温度称为临界温度(critical temperature, T_c)。临界温度以上,液体与气液平衡都将不再存在,饱和蒸气压和温度的关系曲线也到此终止。临界温度下气体液化所需要的最低压力(即饱和蒸气压)称为临界压力(critical pressure, p_c)。临界温度、临界压力下物质的摩尔体积称为临界摩尔体积,用 $V_{m,c}$ 表示。临界温度、临界压力时物质的状态称为临界状态,物质临界状态的点称为临界点。临界温度 T_c、临界压力 p_c 与临界摩尔体积 $V_{m,c}$ 统称为物质的临界参数(附录二列出了一些物质的临界参数),是物质的特性参数。

　　温度和压力都高于临界点的状态称为超临界状态,这时物质的气液界面消失,不再存在气液两相,仅有均一的一相,既不算液体,也不算气体,称为超临界流体。超临界流体兼具液体和气体的某些性质,其黏度接近气体,因而具有较大的扩散系数,但密度却接近液体,因而具有良好的溶解能力,且其密度在临界点附近随压力的改变而发生显著变化从而使其对物质的溶解能力在一定范围内可调,同时其介电常数、极化率、分子行为等又与气体、液体均有明显差异。超临界流体的特殊性质使其在萃取和特殊反应方面有特殊用途,超临界二氧化碳、超临界水等无毒、无污染的超临界流体正随着人们研究的深入而得到了越来越多的应用。

1.3.3　气体的液化

　　真实气体的液化过程可从实验测定的 p-V_m 图上观察,不同物质的 p-V_m 图根据物质物性的不同而有所差异,但基本规律是相同的。图 1.2 是真实气体 p-V_m 等温线的示意图。图上的各条等温线反映了特定温度下,真实气体的压力与摩尔体积之间的关系。如图所示,真实气体的 p-V_m 等温线根据温度与临界温度 T_c 的大小关系可分为三种不同类型:$T < T_c$,$T = T_c$ 和 $T > T_c$。

　　(1)$T < T_c$

　　以温度 T_1 为例,其中 $g_1'g_1$ 曲线为气体液化前 p 和 V_m 之间的关系,即气体的摩尔体积随压力的增加而减小。当压力增大至 g_1 点时,压力恰为饱和蒸气压,此时的气体是饱和蒸气,体积为饱和蒸气的摩尔体积 $V_m(g)$,气体的液化刚刚开始。继续压缩,气体不断被液化,产生的液体为饱和液体,具有 l_1 点对应

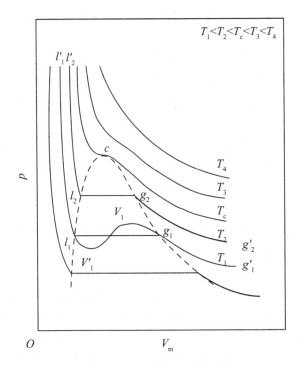

图 1.2　真实气体 p-V_m 等温线示意图

的摩尔体积 $V_m(l)$。此时气相仍然存在,由于温度一定时液体的饱和蒸气压一定,因此整个体系的压力维持在饱和蒸气压不变。水平线 $l_1 g_1$ 表示气、液共存状态。此时系统的摩尔体积是气、液两相摩尔体积的加和。若气相、液相的物质的量分别为 $n(g)$ 和 $n(l)$,系统总的物质的量为 $n = n(g) + n(l)$,则系统的摩尔体积为:

$$V_m = \frac{n(g)V_m(g) + n(l)V_m(l)}{n} \tag{1-19}$$

若系统的总物质的量为 1 mol,则系统的摩尔体积为 $V_m = n(g)V_m(g) + n(l)V_m(l)$。随着气体不断被液化,系统中气相越来越少,液相越来越多,系统的摩尔体积沿水平线 $l_1 g_1$ 不断减小,当系统状态到达 l_1 点时,气体全部被液化成饱和液体,系统的摩尔体积等于饱和液体的摩尔体积 $V_m(l)$。此后再对系统继续加压则为液体的恒温压缩过程,由于液体可压缩性小,其恒温压缩曲线 $l_1 l_1'$ 很陡。

　　升高或降低温度,只要系统温度 T 小于临界温度 T_c,等温线形状均与 T_1 等温线类似。在此温度范围内,温度较高时,液体的摩尔体积和饱和蒸气压都较大,而在此较高的饱和蒸气压下,饱和气体的摩尔体积则减小,因此气、液两相的摩尔体积之差减小,在图 1.2 中表现为气、液两相共存的水平线段较短(如 T_2 等温线);类似的,温度较低时,气、液两相的摩尔体积之差增大,气、液两相共存的水平线段较长。但温度变化对于气体、液体摩尔体积的影响是不对称的,液体摩尔体积变化小,气体摩尔体积变化大,在图 1.2 中表现为虚线表示的山峰型曲线左侧(代表液体摩尔体积随温度的变化)陡而右侧(代表气体摩尔体积随温度的变化)坦。

(2) $T=T_c$。

当系统温度升高至 $T=T_c$ 时,气、液两相共存的水平线段缩短至一个点 c,此即临界点,对应的温度、压力、摩尔体积即系统的临界参数。此时,相界面消失,气相、液相的所有性质完全相同,系统处于临界状态。临界点为数学上的拐点,具有拐点性质,即:

$$\left(\frac{\partial p}{\partial V_m}\right)_{T_c}=0 \qquad \left(\frac{\partial^2 p}{\partial V_m^2}\right)_{T_c}=0 \tag{1-20}$$

利用此拐点性质可求算气体的临界参数,这在真实气体状态方程的讨论中将会用到。

(3) $T>T_c$。

此时,等温线为平滑曲线,不再有水平段,气体在任何压力下都无法液化。

由以上讨论可知,图 1.2 中虚线围成的区域为气、液共存区,若物质的状态落在此区域内,则呈气、液平衡共存的状态,虚线表示的曲线称为饱和曲线。饱和曲线以外为单相区,物质以单一的气体或液体的形式存在。

此外,从真实气体液化的条件可知,同一温度下,压力越高时,真实气体偏离理想气体的程度越大;同一压力下,温度越低时,真实气体偏离理想气体的程度越大。

1.4 真实气体状态方程

由于真实气体与理想气体的差别,将理想气体状态方程用于描述真实气体的 pVT 性质必然产生偏差。真实气体状态方程在理想气体状态方程的基础上进行了修正来描述真实气体的 pVT 性质,在压力趋近于零时,可还原为理想气体状态方程。众多的真实气体状态方程大致可分成两类,一类是有一定物理模型(一般考虑了物质的结构,如分子大小、分子间作用力等)的半经验方程,这里主要介绍范德华方程;另一类是纯经验公式,这里主要介绍维里方程。

1.4.1 真实气体的 pV_m-p 图及波义耳温度

如图 1.1 所示,一定温度下,理想气体的 pV_m 在不同压力下为定值,但真实气体分子本身具有一定体积,且分子间作用力随分子间距离的改变而改变,因此,恒温条件下,真实气体的 pV_m 随压力的改变而改变。同一温度下,不同物质的 pV_m-p 曲线可有不同形状(如图 1.1 所示)。如图 1.3 所示,不同温度下,同一物质的 pV_m-p 曲线又有三种类型:①$T>T_B$ 时,真实气体的 pV_m 值随 p 的增加而上升;②$T=T_B$ 时,气体的 pV_m 值随 p 的增加从开始的不变,而后增加;③$T<T_B$ 时,气体的 pV_m 值随 p 的增加先下降,而后上升。由以上讨论可知,同一物质 pV_m-p 曲线的类型取决于气体的温度,决定这三种类型转化的温度称为波义耳温度 T_B。在波义耳温度下,当压力趋近于零时,pV_m-p 等温线的斜率为零。因此,在该温度下,当压力较低时(一般在几百千帕的压力范围内),气体可较好地符合理想气体状态方程,也即符合波义耳定律。波义耳温度的定义为:

$$\lim_{p \to 0}\left[\frac{\partial(pV_m)}{\partial p}\right]_{T_B} = 0 \tag{1-21}$$

每一种气体都有自己的波义耳温度,一般而言,难液化气体波义耳温度较低,易液化气体波义耳温度较高,波义耳温度一般为临界温度的 $2\sim2.5$ 倍。当气体的温度高于波义耳温度时,气体可压缩性小,难以被液化。

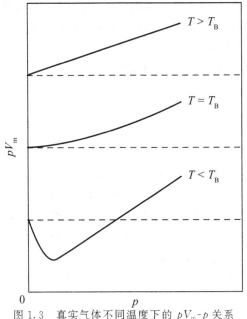

图 1.3 真实气体不同温度下的 pV_m-p 关系

1.4.2　范德华方程

（1）范德华方程

范德华方程是荷兰科学家范德华（van der Waals）在考虑了真实气体与理想气体差别的基础上导出的。在理想气体模型中，气体分子是没有体积的质点，因此理想气体状态方程中的 V_m 可理解为气体分子的自由活动空间。此外，气体分子间无作用力，因此压力不受分子间作用力影响。范德华将真实气体近似看作硬球，对理想气体状态方程做出了两项修正，分别为体积的修正和压力的修正。他认为，真实气体是有体积的，考虑分子自身占有的体积后，气体分子的自由活动空间 $V_{m,自由}$（即体积）减小为 $(V_m - b)$；另外，真实气体所处的压力应为理想气体在同等 T,V_m 条件时的压力减去由于分子间引力所造成的压力减小的部分，即 $p = p_理 - \dfrac{a}{V_m^2}$。将修正后的体积、压力代入理想气体状态方程 $p_理 V_{m,自由} = RT$，得范德华方程：

$$\left(p + \frac{a}{V_m^2}\right)(V_m - b) = RT \tag{1-22a}$$

将 $V_m = V/n$ 代入，得适用于气体物质的量为 n 的范德华方程：

$$\left(p + \frac{n^2 a}{V^2}\right)(V - nb) = nRT \tag{1-22b}$$

式中，a,b 称为范德华常数。

a,b 均为物质的特性常数，仅与气体种类有关，与温度无关。分子间引力越大则 a 的值越大，a 的单位为 $Pa \cdot m^6 \cdot mol^{-2}$；压力修正项 (a/V_m^2) 又称为内压力，该项的表达式说明分子间引力对压力的影响反比于 V_m^2，即反比于分子间距离的 6 次方。b 是 1 mol 真实气体自身占有体积而造成自由运动空间减小的值，一般为硬球气体分子真实体积的 4 倍，单位为 $m^3 \cdot mol^{-1}$。

从范德华方程的形式可知，当压力 p 趋近于零时，V_m 趋于无穷大，因而气体分子自身体积可忽略不计，范德华方程中的修正项 (a/V_m^2) 与 b 趋于零，范德华方程还原为理想气体状态方程。

为了利用物质的临界参数求取范德华常数，范德华方程也可重排成如下形式：

$$p = \frac{RT}{V_m - b} - \frac{a}{V_m^2} \tag{1-22c}$$

采用范德华方程计算真实气体的 pVT 性质时，首先要查出该物质的范德华常数（附录三列出了一些气体的范德华常数）。若摩尔体积 V_m 和温度 T 已知,可利用式 1-22c 直接求算压力 p。若已知温度 T 和压力 p,求算摩尔体积 V_m,即利用范德华方程计算 p-V_m 等温线时,则需要解一元三次方程。当 $T>T_c$ 时,在任何压力下均得到一个实根和一个虚根,虚根无意义,此时计算结果与实际情况(图 1.2)符合较好;临界点(T_c,p_c)时,得到三个相等的实根即临界摩尔体积 $V_{m,c}$;当 $T<T_c$,求临界温度以下的气、液两相共存区,由范德华方程算出的 p-V_m 等温线出现一个极大值与一个极小值,即图 1.2 中 S 形虚线所示,与实际情况不符。由此可见,范德华方程只能在一定的温度、压强范围内描述真实气体的行为。许多真实气体的 pVT 性质在中压范围内(如几兆帕)能较好地符合范德华方程,符合范德华方程的气体也称为范德华气体。但范德华方程没有考虑温度对 a,b 值的影响,在较高压力下往往无法用于真实气体的 pVT 性质的计算。

无论如何,范德华方程提供了一种简化的真实气体模型,并在理论上从分子间作用力和分子自身体积两方面修正了理想气体状态方程,为真实气体状态方程的发展奠定了基础。

(2)从临界参数求范德华常数

在 1.3.3 中已经提到,临界点处,压力对摩尔体积的一阶、二阶偏导数均等于零(式 1-20)。利用此性质,将范德华方程式(1-22c)的形式在临界温度 T_c 处将压力对摩尔体积求一阶、二阶偏导,并令其等于零:

$$\left(\frac{\partial p}{\partial V_m}\right)_{T_c} = \frac{-RT_c}{(V_m-b)^2} + \frac{2a}{V_m^3} = 0$$

$$\left(\frac{\partial^2 p}{\partial V_m^2}\right)_{T_c} = \frac{2RT_c}{(V_m-b)^3} - \frac{6a}{V_m^4} = 0$$

联立以上两式,求解,可得临界参数:

$$V_{m,c} = 3b \ , \ T_c = \frac{8a}{27Rb} \ , \ p_c = \frac{a}{27b^2} \tag{1-23}$$

从式(1-23)可知,根据范德华常数的值可以求算物质的临界参数。而实际工作中,人们往往是通过实验测定临界参数,从而求算范德华常数。三个临界参数中,$V_{m,c}$ 测定的准确性最差,因此一般是通过测定 p_c 和 T_c 来计算 a、b 值:

$$a = \frac{27R^2T_c^2}{64p_c} \ , \ b = \frac{RT_c}{8p_c} \tag{1-24}$$

[例 1-3] 若 348 K 时,0.3 kg NH_3 气体的压力为 1.61×10^3 kPa,此状态下的 NH_3 气体服从范德华方程,求其摩尔体积。已知范德华常数 $a=0.417$ Pa·m^6·mol^{-2},$b=3.71\times10^{-5}$ m^3·mol^{-1}。

解 将范德华方程整理为:

$$V_m^3 - \left(b + \frac{RT}{p}\right)V_m^2 + \left(\frac{a}{p}\right)V_m - \frac{ab}{p} = 0$$

由题可知，$T = 348$ K，$p = 1.61 \times 10^3$ kPa，$a = 0.417$ Pa·m^6·mol^{-2}，$b = 3.71 \times 10^{-5}$ m^3·mol^{-1}（若题目未给出 a、b 的值，也可从手册查得）。将数据带入上式，得：

$$V_m^3 - \left(3.71 \times 10^{-5} + \frac{8.314 \times 348}{1.61 \times 10^6}\right)V_m^2 + \left(\frac{0.417}{1.61 \times 10^6}\right)V_m -$$

$$\frac{3.71 \times 10^{-5} \times 0.417}{1.61 \times 10^6} = 0$$

整理得：

$$V_m^3 - 1.8 \times 10^{-3} V_m^2 + 0.26 \times 10^{-6} V_m - 0.96 \times 10^{-11} = 0$$

解得：

$$V_m = 1.65 \times 10^{-3} (\text{m}^3 \cdot \text{mol}^{-1})$$

1.4.3　维里方程

维里（Virial）方程是 20 世纪初由海克·卡末林·昂内斯（Heike Kamerlingh Onnes）提出的以幂级数形式表达的纯经验型实际气体状态方程。一般有如下两种表达形式：

$$pV_m = RT\left(1 + \frac{B}{V_m} + \frac{C}{V_m^2} + \frac{D}{V_m^3} + \cdots\right) \tag{1-25}$$

$$pV_m = RT\left(1 + B'p + C'p^2 + D'p^3 + \cdots\right) \tag{1-26}$$

式中 $B, C, D, \cdots$ 与 $B', C', D', \cdots$ 称为第二、第三、第四……维里系数，它们都是温度的函数，且与气体自身性质有关。

目前，统计力学已经证实了维里方程的理论基础。用统计力学方法也能导出维里系数，因此维里系数有了明确的物理意义：第二维里系数表示两个气体分子的相互作用效应，第三维里系数表示三个气体分子的相互作用效应，依此类推。因此，理论上说，维里系数的计算式可由理论导出，但事实上高级维里系数的运算是十分困难的，通常仍由实验测定的气体 pVT 值拟合得到。压力 p 趋近于零时，V_m 趋于无穷大，维里方程还原成理想气体状态方程。

实际使用时，通常只用到前面的几项已能够满足中低压气体在工程计算中的精度要求，所以前几项的维里系数、特别是第二维里系数较为重要，常见气体的第二维里系数可从相关手册中查找。

1.4.4　其他状态方程举例

除范德华方程和维里方程外，尚有多种真实气体状态方程，如：

（1）R-K（Redlich-Kwong）方程

$$\left(p + \frac{a}{T^{1/2}V_m(V_m+b)}\right)(V_m - b) = RT \tag{1-27}$$

式中 a,b 为常数（不同于范德华方程）。该方程能在较宽的温度和压力范围内描述非极性气体的 pVT 行为，但对极性气体 pVT 性质计算则精度较差。

（2）贝塞罗（Berthelot）方程

$$\left(p + \frac{a}{TV_m^2}\right)(V_m - b) = RT \tag{1-28}$$

视频 1.2

该方程是对范德华方程的进一步修正，考虑了温度对压力修正项的影响。

1.5　对应状态原理及普遍化压缩因子图

从节 1.4 对真实气体状态方程的讨论可以看出，真实气体状态方程中大多引入了与气体性质有关的常数，对应状态原理则试图建立真实气体 pVT 性质的普遍化关系，为工程计算带来便利。

1.5.1　对应状态原理与普遍化范德华方程

真实气体由于分子间作用力的不同而导致 pVT 规律不同，因此在真实气体状态方程中往往加入了与气体性质有关的修正项。但各种真实气体在临界点都有一共同性质，那就是气液界面消失，气相、液相成为均一的一相。基于此，一定状态下，对气体的对比压力 p_r、对比温度 T_r（应使用热力学温度）和对比体积 V_r 定义如下：

$$p_r = \frac{p}{p_c} , \quad T_r = \frac{T}{T_c} , \quad V_r = \frac{V_m}{V_{m,c}} \tag{1-29}$$

式中，$p_c,V_{m,c},T_c$ 为气体的临界参数。p_r,T_r,V_r 又统称为气体的对比参数，量纲为 1。由以上定义可知，对比参数实际上反映了气体所处状态偏离临界点的倍数。

范德华指出，如果采用对比参数描述气体的状态，所有气体都表现出非常相似的 $p\text{-}V_m\text{-}T$ 行为，用函数关系表示即 $f(p_r, T_r, V_r) = 0$；换言之，如果两种气体有两个对比参数相同时，第三个对比参数也将大致相等，这即是对应状态原理（law of corresponding states），此时各物质的状态称为对比状态。组成、结构、分子大小近似的物质能较好地遵守对应状态原理。

将对比参数代入范德华方程式（1-22c），可得：

$$p_r p_c = \frac{RT_r T_c}{V_r V_{m,c} - b} - \frac{a}{V_r^2 V_{m,c}^2}$$

再将式(1-24)范德华常数与临界参数的关系代入上式,可得:

$$p_r = \frac{8T_r}{3V_r - 1} - \frac{3}{V_r^2} \tag{1-30}$$

上式中不再出现与气体性质有关的范德华常数 a、b,具有普适性,称为普遍化范德华方程。

1.5.2 压缩因子及普遍化压缩因子图

(1)压缩因子

使用普遍化范德华方程描述真实气体的 pVT 关系仍然过于烦琐,而在描述真实气体的状态方程中,形式最简单、适用压力范围最宽的是理想气体状态方程的采用压缩因子校正后的形式:

$$pV_m = ZRT \tag{1-31}$$

式中,Z 即为压缩因子(compressibility factor),量纲为 1。

由此可见,压缩因子的定义为:

$$Z = \frac{pV}{nRT} = \frac{pV_m}{RT} \tag{1-32}$$

式中,V_m 是真实气体在 p、T 条件下的摩尔体积。Z 是 p、T 的函数,需从实验测定,许多气体在不同 p、T 条件下的压缩因子和 pVT 数据可由手册查到,精度要求不高的工业应用可通过普遍化压缩因子图查得真实气体的压缩因子。

根据理想气体状态方程,理想气体的摩尔体积为 $V_m^{id} = RT/p$,因此 $Z = V_m/V_m^{id}$。可见,$Z<1$,真实气体的 V_m 小于同样条件下的理想值,即比理想气体容易压缩;$Z>1$,真实气体的 V_m 大于同样条件下的理想值,即比理想气体难压缩;$Z=1$,则该气体为理想气体。Z 的大小实际上反映了与理想气体相比,真实气体压缩的难易程度,因此被称为压缩因子。

将气体的临界参数代入式(1-32),可计算真实气体的临界压缩因子 Z_c:

$$Z_c = \frac{p_c V_{m,c}}{RT_c} \tag{1-33}$$

由上式计算的真实气体的 Z_c 值通常在 $0.26 \sim 0.29$ 的范围内,附录二列出了一些气体的临界压缩因子。将式(1-23)范德华常数与临界参数的关系代入上式,可得范德华气体的 Z_c 值为 0.375。

若范德华方程能够精确描述真实气体的 pVT 行为,则各种气体应有相同的 Z_c 值,Z_c 值是一个与气体性质无关的常数,这说明真实气体在临界状态下的性质有一定的共性。然而由实验测得的大多数气体的 Z_c 值与 0.375 偏离较大，这也说明了范德华方程只是一个近似方程。

（2）普遍化压缩因子图

将对比参数式（1-29）与压缩因子式（1-32）结合起来，重新整理压缩因子的定义式可得：

$$Z = \frac{pV_m}{RT} = \frac{p_r p_c \cdot V_r V_{m,c}}{RT_r T_c} = (\frac{p_c V_{m,c}}{RT_c}) \cdot \frac{p_r V_r}{T_r}$$

将式（1-33）代入，得：

$$Z = Z_c \frac{p_r V_r}{T_r} \qquad (1\text{-}34)$$

实验测得的临界压缩因子 Z_c 通常在 $0.26 \sim 0.29$ 的范围内，可近似看作常数，因此由式（1-34）可知，不同的气体在相同的对比状态下，应有相同的压缩因子。对于一定量的气体，对比参数 p_r，T_r，V_r 中只有两个独立变量，因此 Z 的表达式中，也只有两个独立变量，通常选 p_r，T_r 为变量，Z 可表示为 p_r，T_r 的函数，即：

$$Z = f(p_r, T_r) \qquad (1\text{-}35)$$

荷根（Hougen）和华特生（Watson）测定了多种有机气体和无机气体的压缩因子在不同的对比温度 T_r 下随对比压力 p_r 变化的关系，绘制成曲线，称为双参数普遍化压缩因子图（如图 1.4 所示）。普遍化压缩因子图适用于所有真实气体，可在相当大的压力范围内满足工程计算要求。

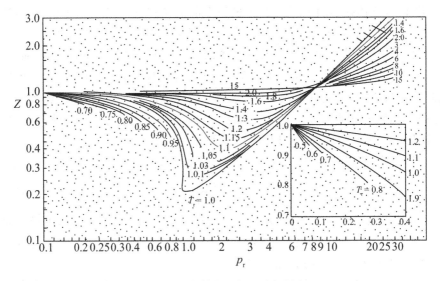

图 1.4　双参数普遍化压缩因子图

在运用压缩因子图进行实际计算时,有三种情况:①已知实际气体的压力 p 和温度 T,求压缩因子 Z 和气体的摩尔体积 V_m。可先查得实际气体的临界压力 p_c 和临界温度 T_c,求得该状态下的对比压力 p_r 和对比温度 T_r,利用压缩因子图查得对应的压缩因子 Z,再根据式(1-31)计算实际气体的摩尔体积 V_m。②已知实际气体的温度 T 和摩尔体积 V_m,求压缩因子 Z 和压力 p。同样需先查得实际气体的临界压力 p_c 和临界温度 T_c,然后将 Z 整理为 $Z = \dfrac{pV}{nRT} = \dfrac{p_r p_c V}{nRT}$,由于 T、V_m 已知,所以 Z 与 p_r 有线性关系,将 Z-p_r 的直线绘于压缩因子图上,该线与 T_r 等温线的交点即为该状态下的 p_r 值,再根据 $p = p_r p_c$ 可求算压力 p。③已知气体的压力 p 和摩尔体积 V_m,求压缩因子 Z 和温度 T。先查得实际气体的临界压力 p_c 和临界温度 T_c,然后将 Z 整理为 $Z = \dfrac{pV}{nRT} = \dfrac{pV}{nRT_r T_c}$,因为 p、V_m 已知,所以 Z 与 $1/T_r$ 有线性关系,先绘出 Z-T_r 曲线,再由压缩因子图找出已知的 p 值下不同 T_r 下的 Z 值,绘于同一张图上,两线交点处即为该状态下的 T_r 值,再根据 $T = T_r T_c$ 可求算温度 T。

[例1-4]　将 4 kg 乙烷贮存于 40 dm³ 的钢瓶内,当温度为 80 ℃时,利用压缩因子图求钢瓶内的压力。

解　从手册查得乙烷的临界参数为 $T_c = 305.33$ K,$p_c = 4.872$ MPa。乙烷的摩尔质量为 30.07×10^{-3} kg·mol⁻¹。

$$V_m = \frac{V}{n} = \frac{V}{m/M} = \frac{40}{4/(30.07 \times 10^{-3})} = 0.3007(\text{dm}^3 \cdot \text{mol}^{-1})$$

$$T_r = \frac{T}{T_c} = \frac{(273.15 + 80)}{305.33} = 1.157$$

$$Z = \frac{p_c V_m}{RT} p_r = \frac{4.872 \times 10^6 \times 0.3007 \times 10^{-3}}{8.314 \times (273.15 + 80)} \cdot p_r = 0.499 p_r$$

在压缩因子图上作 $Z \sim p_r$ 辅助线,在 $T_r = 1.157$ 线上,与 Z-p_r 交点为:$Z = 0.64$,$p_r = 1.28$。所以:

$$p = p_r p_c = (1.28 \times 4.872)\text{MPa} = 6.24 \text{ MPa}$$

视频 1.3

或 $p = \dfrac{ZRT}{V_m} = \dfrac{0.64 \times 8.314 \times (273.15 + 80)}{0.3007 \times 10^{-3}}(\text{Pa})$

$$= 6.25(\text{MPa})$$

【知识结构】

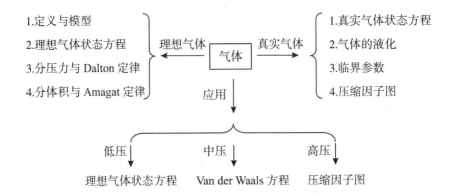

习　题

1.1　试求 N_2 在 20 ℃、66.7 kPa 下的密度,此时 N_2 可近似为理想气体处理。

1.2　两个体积相等的抽空球泡通过可忽略体积的微管连接。一个球泡放置在 200 K 恒温浴中,另一个放入 300 K 恒温浴中,然后将 1.00 mol 理想气体注入系统。求每个球泡中最终的气体摩尔数。

1.3　在 0 ℃下测得的某种气态胺的密度与压力的关系如下表所示:

p/kPa	20.265	50.663	81.060
$\rho/kg \cdot m^{-3}$	0.2796	0.7080	1.1476

绘制 p/ρ 与 p 的关系曲线并外推至 $p=0$,求该气体的分子质量。

1.4　某 N_2 和 O_2 的混合物在 25 ℃、101.3 kPa 时密度为 1.185 kg $\cdot$ m^{-3},求该混合物中 O_2 的摩尔分数及分压。

1.5　某一带隔板的容器中,两侧分别有同温同压的 N_2 与 O_2,N_2 侧体积为 6 dm^3,压力为 40 kPa,O_2 侧体积为 2 dm^3,压力为 20 kPa,两者均可视为理想气体。保持温度恒定时抽出隔板,隔板体积可忽略,试求两种气体混合后,体系的压力、两种气体的分压力及分体积。

1.6　20.0 ℃下,某球泡内充有质量为 0.1480 g 的 He 和 Ne 构成的混合气体,球泡体积为 356 cm^3,压力为 99.7 kPa,试求 He 的质量与摩尔分数。

1.7　C_2H_3Cl、HCl 及 C_2H_4 构成的混合气体中,各组分的摩尔分数分别为 0.89,0.09 及 0.02。于恒定压力 101.325 kPa 下,用水吸收其中的 HCl,所得混合气体中增加了分压力为 2.670 kPa 的水蒸气。试求洗涤后的混合气体中 C_2H_3Cl 及 C_2H_4 的分压力。

1.8　室温下一高压釜内有常压空气,为排除其中的氧气,采用同样温度的纯氮进行置换。具体操作为:向釜内通氮直到 4 倍于空气的压力,然后排出混合气体至常压,重复三次。求釜内最后排气至恢复常压时其中气体含氧的摩尔分数。设空气中氧、氮摩尔分数之比为 0.21∶0.79。

1.9　一密闭刚性容器中有空气和少量的水,当该容器处于 373.15 K 的沸水中且达到平衡时,容器中的压力为 222.92 kPa,若将容器置于 300 K 条件下,计算系统重新达到平衡时容器中的压力。设容器中始终有水存在,水的体积变化可忽略。300 K 时水的饱和蒸气压为 3.567 kPa。

1.10　C_2H_6 在 25 ℃ 下,第二维里系数 $B=-186$ cm³·mol⁻¹,第三维里系数 $C=1.06×10^4$ cm⁶·mol⁻²,用维里方程和普遍化压缩因子图计算 25 ℃ 下 28.8 g C_2H_6 在 10^{-3} m³ 容器中的压力,并与同等条件下理想气体所产生的压力比较。

1.11　88 g CO_2 气体在 40 ℃ 时的体积为 0.762 dm³。设 CO_2 为范德华气体,试求该条件下,1 mol CO_2 所产生的压力,并比较与实验值 5066.3 kPa 的相对误差。

1.12　乙烷的临界参数 $p_c=4883.865$ kPa,$T_c=305.4$ K,分别用理想气体状态方程和范德华方程计算在 37.5 ℃ 下将 74.8 g 乙烷充入体积为 200 cm³ 的真空刚性容器所产生的压力。若已知乙烷的 $V_{m,c}$ 为 148 cm³·mol⁻¹,试采用普遍化范德华方程计算上述压力。

1.13　100 ℃ 下 1 kg CO_2 气体所产生的压力若为 5070 kPa,分别用理想气体状态方程和压缩因子图求算其体积。

1.14　0 ℃ 时,1 mol 氮气的体积为 $7.05×10^{-5}$ m³,分别用范德华方程和压缩因子图计算其产生的压力。

1.15　某刚性容器中充有甲烷气体,压力 p 为 14.186 MPa,甲烷浓度为 6.02 mol·dm⁻³,试用普遍化压缩因子图求其温度。

测验题

一、选择题

1. 对于实际气体,波义耳温度 T_B 是一个重要的性质参数,当温度高于实际气体的 T_B 时,比值 pV_m/RT 随压力 p 增加的变化特征是: ( )

(1) =1   (2) <1

(3) 先小于 1 而后大于 1   (4) >1

2. 温度越高、压力越低的真实气体,其压缩因子 Z( )1。

(1) →   (2) >   (3) <   (4) =

3. 实际气体处于下列哪种情况时,其行为与理想气体相近。 ( )

(1) 高温低压   (2) 高温高压

(3) 低温高压   (4) 低温低压

4. 理想气体的液化行为是: ( )

(1) 不能液化   (2) 低温高压下才能液化

(3) 低温下能液化   (4) 高压下能液化

5. 某制氧机每小时可生产 101.3 kPa,25 ℃ 的纯氧气 O_2 6000 m³,试求每天能生产氧气多少千克?(已知 O_2 的摩尔质量为 32.00 g·mol⁻¹) ( )

(1) 1.883×10^5 kg   (2) 1.883×10^6 kg

(3) 1.883×10^7 kg   (4) 1.883×10^8 kg

6. 若空气的组成用体积分数表示:$y(O_2)=0.21$,$y(N_2)=0.79$,若大气压力为 98.66 kPa,那么 O_2 的分压力最接近的数值为: ( )

(1) 49.33 kPa   (2) 77.94 kPa

(3) 32.89 kPa   (4) 20.72 kPa

7. 理想气体状态方程实际上概括了 3 个实验定律,它们是: ( )

(1) 波义耳定律,盖·吕萨克定律和阿伏伽德罗定律

(2) 波义耳定律,分压定律和分体积定律

(3) 波义耳定律,盖·吕萨克定律和分压定律

(4) 波义耳定律,分体积定律和阿伏伽德罗定律

8. 温度为 27 ℃,压力为 98.7 kPa,体积为 100 cm³ 的理想气体,若处于 0 ℃、101.325 kPa 状态,则其体积为 ( )

(1) 88.6 cm³   (2) 100 cm³

(3) 200 cm³   (4) 170 cm³

9. 若某实际气体的体积小于同温同压同量的理想气体的体积,则其压缩因子 Z 应为: (   )

(1)等于零   （2）小于 1

(3)等于 1   （4）大于 1

10. 1 mol 某真实气体在 $T < T_c$、$p = 100$ kPa 下,摩尔体积为 V_m,其 RT/V_m 值等于 110 kPa。今在温度不变下将气体压力减至 50 kPa,则这时的体积将（   ）$V_m/2$。

(1)小于   （2）等于

(3)大于   （4）约等于

二、填空题

1. 物质的沸点 T_b、临界温度 T_c 和波义耳温度 T_B,一般而言三者间的关系是 _____。

2. T、p 定时,A、B 两物质组成理想气体混合物,则 B 物质的分体积为 _____。

3. 在 100 kPa 下,当 1.0 dm³ 理想气体从 273 K 升高到 546 K 时,其体积将变为 _____。

4. 某理想气体的摩尔质量为 28.0 g·mol⁻¹。在 27 ℃、100 kPa 下,体积为 300 cm³ 的该气体的质量 $m =$ _____。

5. 某实际气体表现出比理想气体易压缩,则该气体的压缩因子 Z _____。

6. 在 273.15 K 和 101325 Pa 下,若 CCl₄ 的蒸气可近似作为理想气体处理,则其体积质量(密度)为 _____。(已知 C 和 Cl 的相对原子质量分别为 12.01 及 35.45。)

7. 在温度一定的抽空容器中,分别加入 0.3 mol N₂、0.1 mol O₂ 及 0.1 mol Ar,容器内总压力为 101.325 kPa,则此时 O₂ 的分压力为 _____。

8. 若不同的气体有两个对比状态参数(如 p_r 和 T_r)彼此相等,则第三个对比状态参数,如 V_r 值 _____。

9. 当真实气体分子间吸引力起主要作用时,则压缩因子 Z _____ 1。

10. 在临界点,饱和液体与饱和蒸气的摩尔体积 _____。

第二章　热力学第一定律
（Chapter 2　The First Law of Thermodynamics）

▶ **教学目标**

通过本章的学习,要求掌握:

1. 热力学基本概念;

2. 热力学第一定律;

3. 恒容热、恒压热,焓;

4. 热容,理想气体的热力学能,焓的计算;

5. 气体可逆膨胀压缩过程,理想气体绝热可逆过程方程式;

6. 相变化过程;

7. 计算标准摩尔反应焓;

8. 节流膨胀与焦耳-汤姆逊效应。

在化工生产过程中会伴随着各种物理变化与化学变化,物质在经历这些变化时,一般要与环境交换能量,也就是热的交换与各种功的交换。从本质来说,这种能量交换就是能的形式的转化。化学热力学就是研究各种形式能量的相互转化规律的科学。

1843 年,焦耳(Joule)建立了热力学第一定律;1850 年开尔文(Kelvin)和克劳修斯(Clausius)建立了热力学第二定律。这两个定律的形成标志着热力学体系的建立。1912 年,能斯特(Nernst)建立了热力学第三定律,则进一步完善了热力学理论的内容。

热力学第一定律就是能量守恒定律,可以解决各种化学变化过程中的能量衡算问题;热力学第二定律可以解决化学变化的方向与限度问题;根据热力学第三定律,可以计算物质的规定熵,由此可以完全实现由热性质判断化学变化的方向。

化学热力学研究的对象是大数量分子的集合体,研究其宏观性质,所得结论具有统计意义。其特点是:(1)只考虑变化前后的净结果,不考虑物质的微观结构和反应机理。(2)判断变化能否发生以及进行到什么程度,但不考虑变化所需要的时间。

化学热力学的局限性是:(1)不知道反应的机理、速率和微观性质;(2)只讲可能性,不讲现实性。

化学热力学是通过物质变化前后某些宏观性质的增量来分析计算得到所需的结论。

本章介绍热力学第一定律。

2.1 热力学基本概念

2.1.1 体系与环境

体系(System):在科学研究时必须先确定研究对象,把一部分物质与其余分开,这种分离可以是实际的,也可以是想象的。这种被划定的研究对象称为体系,亦称为物系或系统。

环境(surroundings):与体系密切相关、有相互作用或影响的部分称为环境。

根据体系与环境之间的关系,可以把体系分为三类:

①敞开体系(open system):体系与环境之间既有物质交换,又有能量交换。

②封闭体系(closed system):体系与环境之间没有物质交换,但有能量交换。

③隔离体系(isolated system):体系与环境之间既无物质交换,又无能量交换,故又称为孤立体系。有时可以把封闭体系加环境一起作为隔离体系来考虑。

本书介绍的热力学各部分内容均以封闭体系作为研究对象,以后除特殊注明外就不再重述。

2.1.2 体系的性质

热力学有许多宏观性质,如压力、体积、温度、组成等等,常简称为性质。我们可以用宏观可测的性质来描述体系的热力学状态,因此,这些性质也称为热力学变量。可分为两类:

①广度性质(extensive properties):又称为容量性质,它的数值与体系的物质的量成正比。它的特点是有加和性,如体积、质量、熵、焓等。

②强度性质(intensive properties):它的数值取决于体系自身的特点,与体系的数量无关。它的特点是不具有加和性,如温度、压力等。

需要注意的是,由任何两种广度性质之比得出的物理量则为强度性质,如摩尔体积、密度等。广度性质的摩尔量是强度性质。

2.1.3 热力学平衡态

当体系的各种性质不随时间而改变,则体系就处于**热力学平衡态**,它包括下列几个平衡:

①热平衡(thermal equilibrium):体系各部分温度相等。

②力学平衡(mechanical equilibrium):体系各部的压力都相等,边界不再移动。如有刚壁存在,虽然双方压力不等,但也能保持力学平衡。

③相平衡(phase equilibrium):多相共存时,各相的组成和数量不再随时间而改变。

④化学平衡(chemical equilibrium):反应体系中各物质的数量不再随时间而改变。

2.1.4 状态与状态函数

①状态(state):热力学用系统的性质来描述它所处的状态。

②状态函数(state function):体系的一些性质,其数值仅取决于体系所处的状态,而与体系的历史无关;它的变化值仅取决于体系的始态和终态,而与变化的途径无关。具有这种特性的物理量称为状态函数。

状态函数的特性可描述为:异途同归,值变相等;周而复始,数值还原。状态函数在数学上具有全微分的性质。

体系状态函数之间的定量关系式称为状态方程(state equation)。

对于单组分均匀体系,在确定了质量后,状态函数 p, V, T 之间有一定量的联系。经验证明,只有两个状态函数是独立的,它们的函数关系可表示为:$T = f(p, V)$,$p = f(T, V)$,$V = f(p, T)$。例如,理想气体的状态方程可表示为:$pV = nRT$。

2.1.5 过程与途径

当系统从一个状态变化到另一个状态时,系统即进行了一个过程。完成这一过程的具体步骤称为途径。系统可以从同一始态出发,经不同的途径变化至同一终态。

在物理化学中,根据系统内部物质变化的类型,将过程分为三类:①单纯 pVT 变化;②相变化;③化学变化。

在物理化学中,按照过程进行的特定条件,将其分为五类:

①恒温过程(isothermal process):在变化过程中,体系的温度与环境温度相同,并恒定不变,$T = T_{环境} = $定值。

②恒压过程(isobaric process):在变化过程中,体系的压力与环境压力相同,并恒定不变,$p = p_{环境} = $定值。

③恒容过程(isochoric process):在变化过程中,体系的容积始终保持不变,$V = $定值。

④绝热过程(adiabatic process):在变化过程中,体系与环境不发生热的传递。对那些变化极快的过程,如爆炸、燃烧,可近似作为绝热过程处理。

⑤循环过程(cyclic process):体系从始态出发,经过一系列变化后又回到了始态的变化过程。在这个过程中,所有状态函数的增量等于零。

2.1.6　可逆过程

可逆过程定义:将推动力无限小、系统与环境之间在无限接近平衡条件下进行的过程,称为可逆过程。

准静态过程(guasistatic process):在过程进行的每一瞬间,体系都接近于平衡状态,以致在任意选取的短时间 dt 内,状态参量在整个系统的各部分都有确定的值,整个过程可以看成是由一系列非常接近平衡的状态所构成,这种过程称为准静态过程。

准静态过程是一种理想过程,实际上是办不到的。例如无限缓慢地压缩和无限缓慢地膨胀过程可近似看作为准静态过程。比如将外压看成是一堆极细的砂粒,每次拿掉一粒砂粒。

可逆过程(reversible process):体系经过某一过程从状态(1)变到状态(2)之后,如果能使体系和环境都恢复到原来的状态而未留下任何永久性的变化,则该过程称为热力学可逆过程。否则为不可逆过程。

上述准静态膨胀过程若没有因摩擦等因素造成能量的耗散,则可看作是一种可逆过程。过程中的每一步都接近于平衡态,可以向相反的方向进行,从始态到终态,再从终态回到始态,体系和环境都能恢复原状。

视频 2.1

2.1.7　热和功

热和功是系统状态发生变化过程中,系统与环境交换能量的两种形式,其SI 单位为焦耳(J)。

①热(heat)。体系与环境之间因温差而传递的能量称为热,用符号 Q 表示。规定:若系统从环境吸热,$Q>0$;若系统向环境放热,则 $Q<0$。

热不是状态函数,而是途径函数。只有系统进行某一过程时,才与环境有热交换。微小过程的微量热记作 δQ(而非 dQ),以与状态函数的全微分加以区别。有限过程的热记作 Q。

系统进行的不同过程所伴随的热,常冠以不同的名称,如恒压热、恒容热、熔化热、蒸发热、反应热等。

②功(work)。体系与环境之间传递的除热以外的其他能量都称为功,用符号 W 表示。规定:系统得到环境所做的功时,$W>0$;系统对环境做功时,$W<0$。

在物理化学中,功分为体积功和非体积功。体积功是指系统因其体积发生变化而反抗环境压力(记作 p_{amb})而与环境交换的能量。除了体积功以外的一切其他形式的功,如电功、表面功等统称为非体积功。非体积功以符号 W' 表示。

体积功的定义式。体积功本质上就是机械功,可用力与在力作用方向上的位移的乘积计算。如图 2.1 所示,一气缸内的气体(系统)体积为 V,受热后膨胀了 dV,相应使活塞产生位移 dl。若活塞的面积即气缸的内截面积为 A_s,则 $dV = dl \cdot A_s$;又假设活塞无质量、与气缸壁无摩擦,则气体膨胀 dV 时反抗的外力 F 只来源于作用在活塞上的环境压力 p_{amb},因此 $F = p_{amb} \cdot A_s$。根据功的定义有:

$$\delta W = -F \cdot dl = -p_{amb} dV \tag{2-1-1}$$

此式即为体积功的定义式。

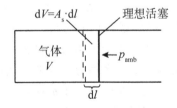

图 2.1　体积功示意

可见,当 $p < p_{amb}$ 时,系统体积缩小, $dV < 0$,该过程的 $\delta W > 0$,说明环境对系统做功;当 $p > p_{amb}$ 时,系统体积增大, $dV > 0$,该过程的 $\delta W < 0$,表明系统对环境做功。当气体向真空自由膨胀时, $p_{amb} = 0$, $\delta W = 0$,系统与环境没有体积功的交换。

对于有限过程,当体积由 V_1 变化到 V_2 时,系统与环境交换的体积功为:

$$W = -\int_{V_1}^{V_2} p_{amb} dV \qquad (2-1-2)$$

对于恒外压过程（p_{amb} 恒定的过程），则有：

$$W = -p_{amb}(V_2 - V_1) = -p_{amb} \Delta V \text{（恒外压）} \qquad (2-1-3)$$

功与热一样也是途径函数。

由体积功的定义式(2-1-2)知，计算体积功必须用环境压力 p_{amb}，而非系统压力 p，而环境压力 p_{amb} 不是描述系统状态的变量，或者说不是系统的性质，它与途径密切相关，如图 2.2 所示的气缸中，1 mol 理想气体在恒定温度 25 ℃下，沿不同途径（a. 向真空膨胀；b. 反抗恒外压 $p_{amb} = 63.185$ kPa）膨胀至相同终态（末态压力 $p_2 = 63.185$ kPa），则由功的定义式可计算求得 $W_a = 0$，$W_b = -933.058$ J。

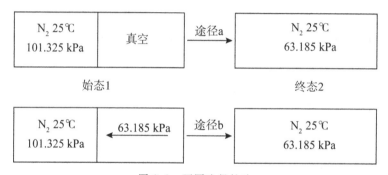

图 2.2 不同途径的功

可见，过程的功不是状态函数或状态函数的增量，它与过程的具体途径有关，故称其为途径函数。在表示时，因为功不是状态函数，故微量功记作 δW（而非 dW），以与状态函数的全微分加以区别。

2.1.8 热力学能 U

热力学能（thermodynamic energy）以前称为内能（internal energy），它是指体系内部能量的总和，包括分子运动的平动能、分子内的转动能、振动能、电子能、核能以及各种粒子之间的相互作用位能等。

热力学能是状态函数，以 U 表示，为广度性质，单位为 J。它的绝对值无法测定，只能求出它的变化值。

若始态时系统的热力学能值为 U_1，终态时热力学能值 U_2，则过程的

$$\Delta U = U_2 - U_1 \qquad (2-1-4)$$

对物质的量及组成确定的系统，确定其状态只需两个独立变量，如选 T，V，则对热力学能 U 有：

$$U = f(T, V) \tag{2-1-5}$$

由式(2-1-5)可得：

$$dU = \left(\frac{\partial U}{\partial T}\right)_V dT + \left(\frac{\partial U}{\partial V}\right)_T dV \tag{2-1-6}$$

热力学能 U 的绝对值虽然无法确定，但这并不影响热力学能概念的实际应用，热力学所要计算的是系统状态变化时热力学能的增量 ΔU。

2.2　热力学第一定律

2.2.1　热力学第一定律(The First Law of Thermodynamics)

热力学第一定律的本质是能量守恒原理。是能量守恒与转化定律在热现象领域内所具有的特殊形式，说明热力学能、热和功之间可以相互转化，但总的能量不变。

在热力学第一定律确定之前，有人曾经幻想制造一种不消耗能量而能不断对外做功的机器，这就是第一类永动机。第一类永动机显然违背能量守恒原理。因此，热力学第一定律也可以表述为：第一类永动机是不可能制成的。热力学第一定律是人类经验的总结。

2.2.2　封闭系统热力学第一定律的数学表达式

对封闭系统，如果由始态变到终态的过程中，系统从环境吸热为 Q，环境对系统做功为 W，则由能量守恒原理，有：

$$U_2 = U_1 + Q + W$$
$$\Delta U = Q + W \text{（封闭系统）} \tag{2-2-1a}$$

对于无限小的过程，则有：

$$dU = \delta Q + \delta W \text{（封闭系统）} \tag{2-2-1b}$$

视频 2.2

以上两式即为封闭系统热力学第一定律的数学表示式。因为热力学能是状态函数，数学上具有全微分性质，微小变化可用 dU 表示；Q 和 W 不是状态函数，微小变化用 δ 表示，以示区别。

2.2.3　焦耳实验

1843 年焦耳设计了如下实验：在水浴槽中放一容器，左球充以低压气体(作为系统)，右球抽成真空，中间以旋塞连接，实验装置如图 2.3 所示。

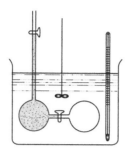

图 2.3　焦耳实验示意

打开旋塞,使气体向真空膨胀,直至平衡,然后通过水浴中的温度计观察水温的变化。实验发现水温保持不变。

用热力学第一定律对上述实验过程进行分析:

因为在向真空膨胀的过程中,$p_{amb}=0$,所以 $W=0$;因为过程中水温没有变化,说明气体的温度在膨胀过程中也没有变化,因此系统与环境没有热交换,即 $Q=0$。

根据热力学第一定律,该过程的 $\Delta U=Q+W=0$,即热力学能 U 保持不变。

将式(2-1-6) $dU=\left(\dfrac{\partial U}{\partial T}\right)_V dT+\left(\dfrac{\partial U}{\partial V}\right)_T dV$ 应用于此过程(代入 $dU=0$,$dT=0$),则有:

$$\left(\frac{\partial U}{\partial V}\right)_T=0 \tag{2-2-2}$$

由于实验中采用的是低压气体,因此可以看成理想气体。式(2-2-2)表明,只要温度 T 恒定,理想气体的热力学能 U 就恒定,它不随体积 V 而变化。也就是说,理想气体的热力学能 U 仅仅是温度 T 的函数,即

$$U=f(T)（理想气体）$$

从焦耳实验得到理想气体的热力学能仅是温度的函数,用数学式亦可以表示为:

$$\left(\frac{\partial U}{\partial V}\right)_T=0;\left(\frac{\partial U}{\partial p}\right)_T=0$$

理想气体经过一个恒温过程,其热力学能值不变,即理想气体恒温过程的 $\Delta U=0$。

2.3　恒容热、恒压热与焓

在化学与化工实验及实际生产中,常会遇到恒容过程(如在体积恒定的密

闭反应器中进行的过程)与恒压过程(如敞开的容器中在大气压力下进行的过程),下面对这两类典型过程中的热进行分析与计算。

2.3.1　恒容热（Q_V）

恒容热是系统在恒容,非体积功等于零的过程中与环境交换的热,记作 Q_V。

因为恒容过程的 $\mathrm{d}V = 0$,所以过程的体积功等于零。如果过程中没有非体积功,即 $W' = 0$,则过程的总功 $W = 0$。

因为 $\Delta U = Q + W$。故得:

$$Q_V = \Delta U \, (\, \mathrm{d}V = 0 , W' = 0) \tag{2-3-1a}$$

对一个微小的恒容并且非体积功等于零的过程,则有

$$\delta Q_V = \mathrm{d}U \, (\, \mathrm{d}V = 0 , W' = 0) \tag{2-3-1b}$$

注意:这里的恒容热 Q_V 是指系统进行恒容并且非体积功等于零的过程中与环境交换的热,它与过程的 ΔU 在数值上相等。而 ΔU 只取决于始、终态,因此恒容热 Q_V 的数值也只取决于系统的始、终态。

2.3.2　恒压热（Q_p）与焓 H

恒压热 Q_p 是系统进行恒压,并且非体积功等于零的过程中与环境交换的热,记作 Q_p。

恒压过程是指系统的压力与环境的压力相等并且恒定不变的过程,即 $p = p_{\mathrm{amb}} = $ 常数。

由式(2-1-3)可得恒压过程的体积功为

$$W = - p_{\mathrm{amb}} (V_2 - V_1) = - p (V_2 - V_1) = p_1 V_1 - p_2 V_2 \tag{2-3-2}$$

因为 $\Delta U = Q + W$。故在非体积功为零的情况下,代入整理后,可得系统的恒压热 Q_p 为:

$$Q_p = (U_2 + p_2 V_2) - (U_1 + p_1 V_1) \, (\, \mathrm{d}p = 0 , W' = 0) \tag{2-3-3}$$

由于 U, p, V 均为状态函数,因此定义:

$$H \stackrel{\mathrm{def}}{=\!=} U + pV \tag{2-3-4}$$

将 H 称为焓。它具有能量单位(J);因为 U, p, V 均为状态函数,所以 H 也一定是状态函数;因为 U, V 是广度性质,所以 H 亦是广度性质。

将 H 的定义式代入式(2-3-3)可得:

$$Q_p = \Delta H \, (\, \mathrm{d}p = 0 , W' = 0) \tag{2-3-5a}$$

对微小的恒压并且非体积功等于零的过程,有:

$$\delta Q_p = \mathrm{d}H \, (\, \mathrm{d}p = 0 , W' = 0) \tag{2-3-5b}$$

即过程的恒压热 Q_p 与系统的焓变 ΔH 在数值上相等,因此恒压热 Q_p 的数值只取决于系统的始末态,与过程的具体途径无关。

焓是热力学中很重要的热力学函数,虽然它没有明确的物理意义,也没有绝对值(因为 U 没有绝对值),但由于其增量 ΔH 与 Q_p 相关联,则为热力学的研究带来了很大的方便。

注意　若一个过程 $p_1 = p_2 = p_{amb} = $ 常数,即仅仅始终态压力相等且等于恒定的环境压力,而由始态 p_1 变到终态 p_2 的过程中系统的压力却不一定恒定,这样的过程称为等压过程。因为对等压过程,环境压力始终保持不变,所以计算体积功 W 的公式(2-3-2)同样成立,因而式(2-3-5a)和式(2-3-5b)对等压并且非体积功等于零的过程亦同样成立。也就是说,上述两式适用于恒压或等压并且非体积功等于零的过程。

2.3.3　$Q_V = \Delta U$ 与 $Q_p = \Delta H$ 关系式的意义

①在 $Q_V = \Delta U$ 与 $Q_p = \Delta H$ 两式中,左边是过程的热,而过程的热是可以通过实验测量的,具有可测性,右边则为不可直接测量、但在热力学里又是极为重要的两个状态函数的增量(ΔU 和 ΔH),上述两个关系式,为计算 ΔU 、ΔH 奠定了基础。即通过在恒容或恒压下测量过程的热,就可以获得一系列重要的基础热数据(热容、相变焓等),有了这些热数据,便能计算过程的 ΔU ,ΔH 。

②在 $Q_V = \Delta U$ 与 $Q_p = \Delta H$ 两式中,右边是状态函数的增量,状态函数的增量只取决于系统的始终态,而与途径无关,这个特性是公式左边的途径函数的热所不具备的。但有了以上两个关系式,使得 Q_V 或 Q_p 的数值也具有了状态函数的特点。

视频 2.3

2.4　摩尔热容

摩尔热容是热力学中很重要的一种基础热数据,用以计算当系统发生单纯的 pVT 变化(无相变化、无化学反应)时过程的恒容热 Q_V 、恒压热 Q_p 及这类变化中系统的 ΔU ,ΔH 。本节介绍摩尔恒容热容和摩尔恒压热容。

2.4.1　摩尔恒容热容($C_{V,m}$)

(1)定义

在某温度 T 时,物质的量为 1mol 的物质在恒容并且非体积功等于零的条件下,如果温度升高无限小量 dT 所需要的热量为 $\delta Q_{V,m}$,则 $\dfrac{\partial Q_{V,m}}{dT}$ 就定义为该

物质在温度 T 时的摩尔恒容热容,以 $C_{V.m}$ 表示,即:

$$C_{V.m} = \frac{\delta Q_{V.m}}{dT}$$

因为 $\delta Q_{V.m} = dU_{m,V}$,代入上式并写成偏导数形式,得:

$$C_{V.m} = \left(\frac{\partial U_m}{\partial T}\right)_V$$

如果物质的量为 n,则摩尔恒容热容为:

$$C_{V.m} = \frac{1}{n}\left(\frac{\partial U}{\partial T}\right)_V = \left(\frac{\partial U_m}{\partial T}\right)_V \tag{2-4-1}$$

此式即为 $C_{V.m}$ 的定义式。$C_{V.m}$ 的单位为 $J \cdot mol^{-1} \cdot K^{-1}$。

(2)计算

当系统进行单纯 pVT 变化过程时,若是恒容并且非体积功等于零,根据定义可得:

$$Q_V = \Delta U = n\int_{T_1}^{T_2} C_{V.m} dT \text{（恒容，W}'=0\text{）} \tag{2-4-2}$$

2.4.2 摩尔恒压热容（$C_{p,m}$）

(1)定义

在某温度 T 时,物质的量为 1 mol 的物质在恒压并且非体积功等于零的条件下,如果温度升高无限小量 dT 所需要的热量为 $\delta Q_{p.m}$,则 $\frac{\delta Q_{p.m}}{dT}$ 就定义为该物质在温度 T 时的摩尔恒压热容,以 $C_{p,m}$ 表示,即:

$$C_{p,m} = \frac{\delta Q_{p.m}}{dT}$$

因为 $\delta Q_{p.m} = dH_{m,m}$,代入上式并写成偏导数形式,得:

$$C_{p,m} = \left(\frac{\partial H_m}{\partial T}\right)_p$$

如果物质的量为 n,则摩尔恒压热容为:

$$C_{p,m} = \frac{1}{n}\left(\frac{\partial H}{\partial T}\right)_p = \left(\frac{\partial H_m}{\partial T}\right)_p \tag{2-4-3}$$

此式即为 $C_{p,m}$ 的定义式。$C_{p,m}$ 的单位为 $J \cdot mol^{-1} \cdot K^{-1}$。

(2)计算

当系统进行单纯 pVT 变化过程时,若是恒压并且非体积功等于零,根据定义可得:

$$Q_p = \Delta H = n\int_{T_1}^{T_2} C_{p.m} dT \text{（恒压，W}'=0\text{）} \tag{2-4-4}$$

注意 公式(2-4-2)与(2-4-4)是针对恒容过程或者恒压过程的公式,不管是理想气体、真实气体、凝聚态都可以使用。

2.4.3 $C_{p,m}$ 与 $C_{V,m}$ 随 T 的变化

$C_{p,m}$,$C_{V,m}$ 是非常重要的基础热数据,通过量热实验可以获得。实验表明:它们往往随温度而变化。因为 $C_{p,m}$,$C_{V,m}$ 存在着一定的关系,所以只要测定其中一种热数据就可以。物质的 $C_{p,m}$ 数值可以在物理化学手册中查到。

$C_{p,m}$ 是温度的函数,即 $C_{p,m} = f(T)$,$C_{p,m}$ 与 T 的关系通常用温度的二次或三次多项式来拟合,如 $C_{p,m} = a + bT + cT^2$,$C_{p,m} = a + bT + cT^2 + dT^3$ 等,拟合参数 a、b、c、d 等是与物质有关的特性系数,可从各种手册中查到,本书附录四列出了常见物质的 $C_{p,m} \sim T$ 关系。

2.4.4 平均摩尔热容

在实际化工工程上常使用平均摩尔热容 $\overline{C}_{p,m}$ 或 $\overline{C}_{V,m}$,可以避免利用 $C_{p,m} \sim T$ 函数关系计算 Q_p,Q_V,及 ΔU,ΔH。

(1) $\overline{C}_{p,m}$ 的定义

在恒压并且非体积功等于零的条件下,物质的量为 n 的物质,若温度由 T_1 升至 T_2 时吸热 Q_p,则该温度范围内的平均摩尔恒压热容 $\overline{C}_{p,m}$ 定义式为:

$$\overline{C}_{p,m} = \frac{Q_p}{n(T_2 - T_1)} \qquad (2\text{-}4\text{-}5a)$$

即 $\overline{C}_{p,m}$ 是在恒压并且非体积功等于零的条件下,单位物质的量的物质,在 T_1 至 T_2 温度范围内,温度平均升高单位温度所需要的热量。

整理上式,并且根据式(2-4-4)可以得到恒压热的计算公式:

$$Q_p = \Delta H = n\overline{C}_{p,m}(T_2 - T_1) \qquad (2\text{-}4\text{-}5b)$$

由此可见,使用平均摩尔恒压热容 $\overline{C}_{p,m}$ 可以使 Q_p 的计算变得更为简单。

(2) $\overline{C}_{p,m}$ 与 $C_{p,m}$ 的关系

如果式(2-4-5a)中的 Q_p 运用 $C_{p,m}$ 进行计算,则根据式(2-4-4)得:

$$Q_p = n\int_{T_1}^{T_2} C_{p,m} dT$$

将上式代入式(2-4-5a)中,则有:

$$\overline{C}_{p,m} = \frac{\int_{T_1}^{T_2} C_{p,m} dT}{T_2 - T_1} \qquad (2\text{-}4\text{-}6)$$

式(2-4-6)给出了 $T_1 \sim T_2$ 范围内平均摩尔恒压热容 $\overline{C}_{p,m}$ 与摩尔恒压热容 $C_{p,m}$ 之

间的关系。

因为恒压热容 $C_{p,m}$ 是温度的函数,式(2-4-6)表明,同一种物质,在不同的温度范围,$\overline{C}_{p,m}$ 可能不同。如常压下 CO 气体在 $0 \sim 100\ ℃$ 范围内的 $\overline{C}_{p,m}$ 为 29.5 $J \cdot mol^{-1} \cdot K^{-1}$,而在 $0 \sim 1000\ ℃$ 范围内的 $\overline{C}_{p,m}$ 为 31.6 $J \cdot mol^{-1} \cdot K^{-1}$。

2.4.5 $C_{p,m}$ 与 $C_{V,m}$ 的关系

由 $C_{p,m}$ 与 $C_{V,m}$ 的定义,可导出两者之间的关系:

$$
\begin{aligned}
C_{p,m} - C_{V,m} &= \left(\frac{\partial H_m}{\partial T}\right)_p - \left(\frac{\partial U_m}{\partial T}\right)_V \\
&= \left[\frac{\partial (U_m + pV_m)}{\partial T}\right]_p - \left(\frac{\partial U_m}{\partial T}\right)_V \\
&= \left(\frac{\partial U_m}{\partial T}\right)_p + p\left(\frac{\partial V_m}{\partial T}\right)_p - \left(\frac{\partial U_m}{\partial T}\right)_V
\end{aligned}
$$

因为 $\qquad U_m = f(T, V_m)$

所以 $\qquad dU_m = \left(\frac{\partial U_m}{\partial T}\right)_V dT + \left(\frac{\partial U_m}{\partial V_m}\right)_T dV_m$

对上式两边恒压下除以 dT 后,得:

$$
\left(\frac{\partial U_m}{\partial T}\right)_p = \left(\frac{\partial U_m}{\partial T}\right)_V + \left(\frac{\partial U_m}{\partial V_m}\right)_T \left(\frac{\partial V_m}{\partial T}\right)_p
$$

将 $\left(\frac{\partial U_m}{\partial T}\right)_p$ 代入 $C_{p,m} - C_{V,m}$ 的推导式中,得:

$$
C_{p,m} - C_{V,m} = \left[\left(\frac{\partial U_m}{\partial V_m}\right)_T + p\right]\left(\frac{\partial V_m}{\partial T}\right)_p \tag{2-4-7}
$$

式中,$\left(\frac{\partial V_m}{\partial T}\right)_p$ 为恒压下 1mol 物质温度升高 1K 时的体积增量。

现从式(2-4-7)出发讨论理想气体及凝聚态物质的 $C_{p,m}$ 与 $C_{V,m}$ 之间的关系。

(1)对理想气体

根据焦耳实验,对于理想气体 $\left(\frac{\partial U_m}{\partial V_m}\right)_T = 0$

根据理想气体的状态方程有:$\left(\frac{\partial V_m}{\partial T}\right)_p = \frac{R}{p}$,代入式(2-4-7)可得:

$$
C_{p,m} - C_{V,m} = R\ (理想气体) \tag{2-4-8}
$$

注意 在常温下,对单原子理想气体(He 等),$C_{V,m} = \frac{3}{2}R$,其 $C_{p,m} = \frac{5}{2}R$;

对双原子理想气体(N_2 等),$C_{V,m} = \frac{5}{2}R$,其 $C_{p,m} = \frac{7}{2}R$。理想气体的摩尔热

容可利用统计热力学进行计算,将在第十章统计热力学中介绍其推导过程。

(2)对凝聚态物质

在一般情况下,与气体相比,凝聚态物质的 $\left(\dfrac{\partial V_m}{\partial T}\right)_p$ 很小,所

以可以认为凝聚态物质的 $C_{p,m}$ 与 $C_{V,m}$ 近似相等。

$$C_{p,m} \approx C_{V,m}(凝聚态物质) \qquad (2\text{-}4\text{-}9)$$

视频 2.4

2.4.6 理想气体 ΔU 与 ΔH 的计算

根据焦耳实验,可以得到理想气体的热力学能和焓仅是温度的函数,用数学式表示为:

$$U = f(T) \; ; \; H = f(T)$$

由此,可以推导得:

$$\left(\frac{\partial U}{\partial V}\right)_T = 0, \left(\frac{\partial U}{\partial p}\right)_T = 0, \left(\frac{\partial H}{\partial V}\right)_T = 0, \left(\frac{\partial H}{\partial p}\right)_T = 0$$

因此,可以得到以下结论:理想气体进行恒温过程,U 和 H 保持不变。理想气体进行恒温过程,$\Delta U = 0$,$\Delta H = 0$。

(1)理想气体 ΔU 的计算

因为
$$U = f(T,V)$$

所以
$$dU = \left(\frac{\partial U}{\partial T}\right)_V dT + \left(\frac{\partial U}{\partial V}\right)_T dV$$

根据焦耳实验,理想气体的 $\left(\dfrac{\partial U}{\partial V}\right)_T = 0$

所以
$$dU = \left(\frac{\partial U}{\partial T}\right)_V dT$$

因为
$$\left(\frac{\partial U}{\partial T}\right)_V = nC_{V,m}$$

所以
$$dU = nC_{V,m}dT \ (理想气体) \qquad (2\text{-}4\text{-}10a)$$

$$\Delta U = n\int_{T_1}^{T_2} C_{V,m}dT \ (理想气体) \qquad (2\text{-}4\text{-}10b)$$

(2)理想气体 ΔH 的计算

因为
$$H = f(T,p)$$

所以
$$dH = \left(\frac{\partial H}{\partial T}\right)_p dT + \left(\frac{\partial H}{\partial p}\right)_T dp$$

根据焦耳实验,理想气体的 $\left(\dfrac{\partial H}{\partial p}\right)_T = 0$

所以
$$dH = \left(\frac{\partial H}{\partial T}\right)_p dT$$

因为
$$\left(\frac{\partial H}{\partial T}\right)_p = nC_{p,\mathrm{m}}$$

所以
$$\mathrm{d}H = nC_{p,\mathrm{m}}\mathrm{d}T \text{（理想气体）} \tag{2-4-11a}$$

$$\Delta H = n\int_{T_1}^{T_2} C_{p,\mathrm{m}}\mathrm{d}T \text{（理想气体）} \tag{2-4-11b}$$

2.4.7 凝聚态物质 ΔU 与 ΔH 的计算

所谓凝聚态物质，是指处于液态或固态的物质，如液态水、固态金属锌等。对于这类物质，在温度 T 一定时，只要压力变化不大（比如常压），压力 p 对 ΔH 的影响往往可以忽略不计，所以凝聚态物质发生单纯 pVT 变化时系统的焓变，仅取决于始终态的温度，有如下计算式：

$$\Delta H = n\int_{T_1}^{T_2} C_{p,\mathrm{m}}\mathrm{d}T \text{（凝聚态物质）}$$

而过程的 ΔU，因为 $\Delta H = \Delta U + \Delta(pV)$，对凝聚态系统来说，$\Delta(pV) \approx 0$，因此有：

$$\Delta U \approx \Delta H = n\int_{T_1}^{T_2} C_{p,\mathrm{m}}\mathrm{d}T \text{（凝聚态物质）} \tag{2-4-12}$$

注意 尽管凝聚态物质变温过程中系统体积改变很小，但是也不能认为是恒容过程，更不能按 $Q_V = \Delta U = n\int_{T_1}^{T_2} C_{V,\mathrm{m}}\mathrm{d}T$ 计算过程的热和系统的热力学能变，此式只有在真正恒容时才能使用。

[**例 2-1**] 5 mol 理想气体从 29 ℃ 恒压加热到 329 ℃，求此过程的 Q,W，$\Delta U,\Delta H$。（已知气体的 $C_{p,\mathrm{m}} = 30.00 \mathrm{~J \cdot mol^{-1} \cdot K^{-1}}$）

解 对恒压过程，有：

$$\Delta H = Q_p, \text{ 及 } \Delta H = \int_{T_1}^{T_2} nC_{p,\mathrm{m}}\mathrm{d}T$$

$$Q_p = \Delta H = \int_{T_1}^{T_2} nC_{p,\mathrm{m}}\mathrm{d}T = 45.00(\mathrm{kJ})$$

$$\Delta U = \int_{T_1}^{T_2} nC_{V,\mathrm{m}}\mathrm{d}T = \int_{T_1}^{T_2} n(C_{p,\mathrm{m}} - R)\mathrm{d}T = 32.529(\mathrm{kJ})$$

因为
$$\Delta U = Q + W$$

所以
$$W = \Delta U - Q_p = (32.529 - 45.00)\mathrm{kJ} = -12.471 \mathrm{~kJ}$$

视频 2.5

2.5 体积功的计算

在过程的进行中需要有推动力。在传热过程中的推动力是系统与环境之间的温差,在气体膨胀压缩过程中的推动力是系统与环境之间的压力差。本节介绍体积功的计算,重点讨论可逆体积功的计算。

2.5.1　过程功的计算

设在某一温度下,一定量理想气体在活塞筒中克服外压 p_{amb},经 4 种不同途径,体积从 V_1 膨胀到 V_2 所做的功。

（1）自由膨胀(free expansion)（向真空膨胀）

因为
$$p_{amb} = 0$$

所以
$$W_1 = -p_{amb}\Delta V = 0$$

（2）恒外压膨胀（p_{amb} 保持不变）
$$W_2 = -p_{amb}\Delta V = -p_2(V_2 - V_1)$$

体系所做的功如图 2.4 中的阴影面积所示。

（3）多次恒外压膨胀

第一步:克服外压为 p',体积从 V_1 膨胀到 V'

第二步:克服外压为 p'',体积从 V' 膨胀到 V''

第三步:克服外压为 p_2,体积从 V'' 膨胀到 V_2

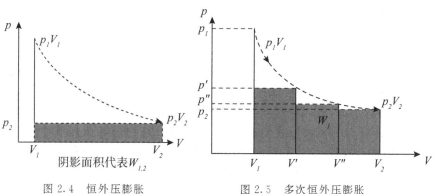

图 2.4　恒外压膨胀　　　　　　图 2.5　多次恒外压膨胀

$$W_3 = -p'(V' - V_1) - p''(V'' - V') - p_2(V_2 - V'')$$

所做的功等于 3 次做功的加和,体系所做的功如图 2.5 中的阴影面积所示。可见,外压差距越小,膨胀次数越多,做的功也越多。

（4）可逆膨胀

如果外压相当于一堆沙,每次拿掉一粒沙,这样的膨胀过程是无限缓慢的,每一步都接近于平衡态,如果不考虑摩擦等能量耗散,就可以看作是可逆过程。对可逆过程的功进行推导:

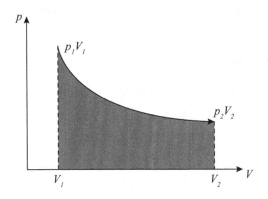

图 2.6　可逆膨胀

因为
$$W_4 = -\sum p_{amb}\,\mathrm{d}V$$

其中
$$p_{amb} = p_{sys} - \mathrm{d}p$$

所以
$$W_4 = -\sum (p_{sys} - \mathrm{d}p)\,\mathrm{d}V$$
$$= -\int_{V_1}^{V_2} p_{sys}\,\mathrm{d}V = -\int_{V_1}^{V_2} p\,\mathrm{d}V$$

如果气体是理想气体,则:

$$W_4 = -\int_{V_1}^{V_2} p\,\mathrm{d}V = -\int_{V_1}^{V_2} \frac{nRT}{V}\,\mathrm{d}V = -nRT\ln\frac{V_2}{V_1}$$

这种过程近似地可看作可逆过程,所做的功最大(见图 2.6 所示)。

注意　可逆过程是从实际过程趋近极限而抽象出来的理想化过程,它实际上是不存在的。因为过程想要在无限接近平衡条件下进行,那么过程的推动力应该无限小,过程进行应无限缓慢,而实际过程往往都是在有限时间内以一定速度进行的,故实际存在的过程严格意义上讲都是不可逆过程。但这并不影响我们将一些过程按可逆过程处理,如恒定 T 及其平衡压力下的相变、平衡态下的化学反应等,这是因为经典热力学没有考虑时间因素,故可以按可逆过程处理。

下面来看一下压缩过程,将体积从 V_2 压缩到 V_1,有如下三种途径:

(1)一次恒外压压缩

在外压为 p_1 下,一次从 V_2 压缩到 V_1(见图 2.7),环境对体系所做的功(即体系得到的功)为:

$$W_{e,1} = -p_1(V_1 - V_2)$$

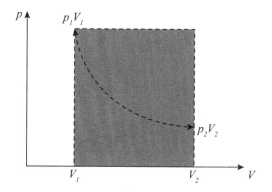

图 2.7 一次恒外压压缩

(2)多次恒外压压缩

第一步:用 p'' 的压力将体系从 V_2 压缩到 V'';

第二步:用 p' 的压力将体系从 V'' 压缩到 V';

第三步:用 p_1 的压力将体系从 V' 压缩到 V_1。

$$W_{e.2} = -p''(V'' - V_2) - p'(V' - V'') - p_1(V_1 - V')$$

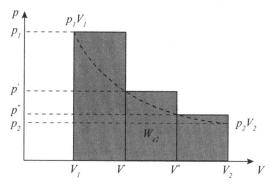

图 2.8 多次恒外压压缩

整个过程所做的功为三步加和,见图 2.8。

(3)可逆压缩

如果每次加一粒沙,使压力缓慢增加,恢复到原状(见图 2.9),假设气体是理想气体,则所做的功为:

$$W_{e.3} = -\int_{V_2}^{V_1} p_{sys} dV = nRT \ln \frac{V_2}{V_1}$$

从以上的膨胀与压缩过程可看出,功与变化的途径有关。虽然始终态相同,但途径不同,所做的功也不相同。恒温可逆膨胀,体系对环境做最大功;恒

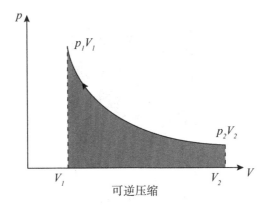

图 2.9　可逆压缩示意图

温可逆压缩,环境对体系做最小功。

2.5.2　可逆体积功的计算

根据可逆过程的定义及上节的分析可知,在可逆过程中,$p_{amb}=p$,计算体积功时就可以用系统压力 p 代替环境压力 p_{amb},则可逆体积功:

$$W_r=-\int_{V_1}^{V_2}p\mathrm{d}V \tag{2-5-1}$$

应用式(2-5-1)计算真实气体的可逆体积功时,只要将相应气体的状态方程 $p=f(T,V)$ 代入上式并积分即可。下面讨论理想气体的恒温可逆过程与绝热过程的功的计算。

(1)理想气体恒温可逆体积功 $W_{T,r}$

在某一温度 T 时,物质的量为 n 的理想气体,由始态(p_1,V_1,T)恒温可逆变化到终态(p_2,V_2,T)时过程的体积功为:

$$W_{T,r}=-\int_{V_1}^{V_2}p\mathrm{d}V=-\int_{V_1}^{V_2}\frac{nRT}{V}\mathrm{d}V$$

积分上式得:

$$W_{T,r}=nRT\ln\frac{V_1}{V_2}=nRT\ln\frac{p_2}{p_1} \tag{2-5-2}$$

(2)理想气体绝热可逆体积功 $W_{a,r}$

①理想气体绝热可逆过程方程式。如果理想气体进行绝热、可逆、非体积功等于零的过程,则由热力学第一定律表达式(2-2-1b)得:

$$\mathrm{d}U=\delta W_r$$

因为是理想气体,所以 $\mathrm{d}U=nC_{V,m}\mathrm{d}T$。

因为是理想气体进行可逆过程,所以体积功 $\delta W_r = -p\mathrm{d}V = -\dfrac{nRT}{V}\mathrm{d}V$,因此有:

$$nC_{V\cdot m}\mathrm{d}T = -\frac{nRT}{V}\mathrm{d}V,\ \text{即}\ \frac{C_{V\cdot m}}{T}\mathrm{d}T = -\frac{R}{V}\mathrm{d}V$$

当理想气体由始态(p_1,V_1,T_1)绝热可逆变化到终态(p_2,V_2,T_2)时,将上式积分可得:

$$\int_{T_1}^{T_2}\frac{C_{V,m}}{T}\mathrm{d}T = -\int_{V_1}^{V_2}\frac{R}{V}\mathrm{d}V$$

对理想气体,若其 $C_{V\cdot m}$ 为常数,则有:

$$C_{V\cdot m}\ln\frac{T_2}{T_1} = R\ln\frac{V_1}{V_2}$$

利用理想气体摩尔热容间的关系 $C_{p\cdot m} - C_{V\cdot m} = R$,代入

$$C_{V\cdot m}\ln\frac{T_2}{T_1} = (C_{p\cdot m} - C_{V\cdot m})\ln\frac{V_1}{V_2}$$

$$\ln\frac{T_2}{T_1} = \left(\frac{C_{p\cdot m}}{C_{V\cdot m}} - 1\right)\ln\frac{V_1}{V_2}$$

令 $\gamma = \dfrac{C_{p\cdot m}}{C_{V\cdot m}}$,$\gamma$ 为理想气体热容比(亦称绝热指数),则:$\ln\dfrac{T_2}{T_1} = (1-\gamma)\ln\dfrac{V_2}{V_1}$

即

$$\frac{T_2}{T_1} = \left(\frac{V_2}{V_1}\right)^{1-\gamma} \tag{2-5-3a}$$

将理想气体状态方程代入,即可得:$\dfrac{V_1}{V_2} = \dfrac{T_1}{T_2}\cdot\dfrac{p_2}{p_1}$ 代入上式,可得:

$$\frac{T_2}{T_1} = \left(\frac{p_2}{p_1}\right)^{\frac{\gamma-1}{\gamma}} \tag{2-5-3b}$$

$$\frac{p_2}{p_1} = \left(\frac{V_1}{V_2}\right)^{\gamma} \tag{2-5-3c}$$

以上三式称为理想气体绝热可逆过程方程式。之所以称为过程方程式,是因为该方程描述了理想气体绝热可逆过程始终态状态变量 p,V,T 间的关系。将上述方程式进行整理还可以得到如下公式:

$$TV^{\gamma-1} = K \tag{2-5-4a}$$

$$Tp^{\frac{1-\gamma}{\gamma}} = K \tag{2-5-4b}$$

$$pV^{\gamma} = K \tag{2-5-4c}$$

式中,K 为常数,以上三式也称为理想气体绝热可逆过程方程式。在推导上述公式的过程中,引进了理想气体、绝热可逆过程和 $C_{V\cdot m}$ 是与温度无关的常数等限制条件。

②理想气体绝热可逆体积功 $W_{a,r}$。理想气体绝热可逆体积功可由可逆功计算通式(2-5-1)结合过程方程式(2-5-4c)求得。

将理想气体绝热可逆过程方程式 $p = \dfrac{K}{V^\gamma}$ 代入式(2-5-1)并积分,有:

$$W_{a,r} = -\int_{V_1}^{V_2} p \, dV = \int_{V_1}^{V_2} \frac{K}{V^\gamma} dV$$

$$W_{a,r} = \frac{K}{\gamma - 1}\left(\frac{1}{V_2^{\gamma-1}} - \frac{1}{V_1^{\gamma-1}}\right)$$

因为 $p_1 V_1^\gamma = p_2 V_2^\gamma = K$,所以代入上式可得:

$$W_{a,r} = \frac{p_2 V_2 - p_1 V_1}{\gamma - 1} = nR(T_2 - T_1) \tag{2-5-5}$$

式(2-5-5)的条件是理想气体、绝热、可逆过程。

③理想气体绝热体积功 W_a。如果理想气体进行一个绝热过程,那么因为是绝热过程,所以 $W_a = \Delta U$;

因为是理想气体,所以 $\Delta U = nC_{V,m}(T_2 - T_1)$,因此有:

$$W_a = \Delta U = nC_{V,m}(T_2 - T_1) \tag{2-5-6}$$

式(2-5-6)的条件是理想气体、绝热过程(不管过程是否可逆,都可以使用)。

[例 2-2] 某单原子理想气体,始态为 273 K,1013.25 kPa,10 dm³,经过 3 种不同途径膨胀至 101.325 kPa,求 3 个不同过程终态的 V_2、ΔU、ΔH 与过程的 W。

(1)恒温可逆过程;

(2)绝热可逆过程;

(3)恒压 101.325 kPa,绝热膨胀过程。

解 (1)恒温可逆过程

首先计算气体的物质的量:$n = \dfrac{pV}{RT} = 4.46$ mol

根据理想气体状态方程得:$V_2 = \dfrac{p_1 V_1}{p_2} = 100$ dm³

因为是理想气体,理想气体热力学能和焓仅仅是温度的函数,所以有:

$$\Delta U = 0, \Delta H = 0$$

因为是理想气体,恒温可逆过程,所以有:$W = -nRT\ln\dfrac{V_2}{V_1} = -23309$ J

(2)绝热可逆过程

因为是理想气体,绝热可逆过程,所以可以采用绝热过程方程式。

先计算绝热指数,因为是单原子理想气体,所以 $C_{V,m} = \dfrac{3}{2}R$,$C_{p,m} = \dfrac{5}{2}R$。

因此
$$\gamma = \frac{C_{p,m}}{C_{V,m}} = \left(\frac{5}{2}\right) \Big/ \left(\frac{3}{2}\right) = \frac{5}{3}$$

所以
$$V_2 = \left(\frac{p_1}{p_2}\right)^{\frac{1}{\gamma}} \cdot V_1 = 39.8(\text{dm}^3)$$

因为理想气体热力学能和焓仅仅是温度的函数,故:
$$\Delta U = \int_{T_1}^{T_2} nC_{V,m}dT \;;\; \Delta H = \int_{T_1}^{T_2} nC_{p,m}dT$$

因为 $T_2 = \dfrac{p_2 V_2}{nR} = 108.7$ K,所以

$$\Delta U = \int_{T_1}^{T_2} nC_{V,m}dT = nC_{V,m}(T_2 - T_1) = 4.46 \times \frac{3}{2} \times 8.314 \times (108.7 - 273)$$
$$= -9138.47(\text{J})$$

$$\Delta H = \int_{T_1}^{T_2} nC_{p,m}dT = nC_{p,m}(T_2 - T_1) = 4.46 \times \frac{5}{2} \times 8.314 \times (108.7 - 273)$$
$$= -15230.79(\text{J})$$

$$W_{a,r} = \Delta U = \int_{T_1}^{T_2} nC_{V,m}dT = \frac{1}{\gamma - 1}(p_2 V_2 - p_1 V_1) = -9138.47(\text{J})$$

(3)恒压 101.325 kPa,绝热膨胀过程

因为这是理想气体绝热不可逆过程,所以不能使用绝热过程方程式。

因为绝热,所以 $W = \Delta U$,根据题意进行推导,得:

$$-p_2(V_2 - V_1) = nC_{V,m}(T'_2 - T_1)$$

$$-p_2\left(\frac{nR\,T'_2}{p_2} - \frac{nRT_1}{p_1}\right) = nC_{V,m}(T'_2 - T_1)$$

$$T'_2 = 174.8 \text{ K}$$

$$W_{a,ir} = \Delta U = nC_{V,m}(T'_2 - T_1) = -5461.95 \text{ J}$$

$$\Delta H = \int_{T_1}^{T'_2} nC_{p,m}dT = nC_{p,m}(T'_2 - T_1)$$

$$= 4.46 \times \frac{5}{2} \times 8.314 \times (174.8 - 273) = -9103.25(\text{J})$$

由本题结果可以看到:$|W_{T,r}| > |W_{a,r}| > |W_{a,ir}|$;即恒温可逆膨胀功>绝热可逆膨胀功>绝热不可逆膨胀功。

2.5.3 单纯 pVT 变化的 $\Delta U, \Delta H, Q, W$ 计算总结

(1)恒容过程($dV = 0, W' = 0$)

	理想气体	真实气体
ΔU	$\Delta U = \int_{T_1}^{T_2} nC_{V \cdot m} dT$	$\Delta U = \int_{T_1}^{T_2} nC_{V \cdot m} dT$
ΔH	$\Delta H = \int_{T_1}^{T_2} nC_{p \cdot m} dT$	$\Delta H = \Delta U + V \Delta p$
W	0	0
Q	$Q_V = \Delta U = \int_{T_1}^{T_2} nC_{V \cdot m} dT$	$Q_V = \Delta U = \int_{T_1}^{T_2} nC_{V \cdot m} dT$

(2)恒压过程($dp = 0, W' = 0$)

	理想气体	真实气体
ΔU	$\Delta U = \int_{T_1}^{T_2} nC_{V \cdot m} dT$	$\Delta U = \Delta H - p \Delta V$
ΔH	$\Delta H = \int_{T_1}^{T_2} nC_{p \cdot m} dT$	$\Delta H = \int_{T_1}^{T_2} nC_{p \cdot m} dT$
W	$W = -p \Delta V = -nR \Delta T$	$W = -p \Delta V$
Q	$Q_p = \Delta H = \int_{T_1}^{T_2} nC_{p \cdot m} dT$	$Q_p = \Delta H = \int_{T_1}^{T_2} nC_{p \cdot m} dT$

(3)恒温过程($T_1 = T_2 = T_{amb} = T, W' = 0$)

	理想气体		真实气体
	Rev	IR	Rev
ΔU	0	0	$\Delta U_m = a\left(\dfrac{1}{V_{m1}} - \dfrac{1}{V_{m2}}\right)$
ΔH	0	0	$\Delta H = \Delta U + p \Delta V$
W	$W_{TR} = -nRT \ln\dfrac{V_2}{V_1}$	$W_{T \cdot ir} = -\sum p_{amb} dV$	$W_{T \cdot r} = -\int_{V_1}^{V_2} p_{sys} dV$
Q	$Q = -W$	$Q' = -W_{T \cdot ir}$	$Q = \Delta U - W$

（4）绝热过程（$Q=0,W'=0$）

	理想气体	
	Rev（可逆）	IR（不可逆）
ΔU	$\Delta U = \int_{T_1}^{T_2} nC_{V\cdot m}\,dT$	$\Delta U = \int_{T_1}^{T_2'} nC_{V\cdot m}\,dT$
ΔH	$\Delta H = \int_{T_1}^{T_2} nC_{p\cdot m}\,dT$	$\Delta H = \int_{T_1}^{T_2'} nC_{p\cdot m}\,dT$
W	$W_R = \Delta U \Rightarrow poisson\ 方程$ $W_R = \dfrac{1}{\gamma-1}(p_2V_2-p_1V_1)$	$\Delta U = W_{ir} = -p_2\Delta V$ $\int_{T_1}^{T_2'} nC_{V\cdot m}\,dT = -p_2\left(\dfrac{nRT_2'}{p_2}-\dfrac{nRT_1'}{p_1}\right)$ 求得 T_2'
Q	0	0

注意 在真实气体 pVT 的计算中,应该采用真实气体的状态方程进行计算,比如用范德华方程 $\left(p+\dfrac{a}{V_m^2}\right)(V_m-b)=RT$ 对真实气体的 pVT 进行计算。

[**例 2-3**] 1mol 理想气体由 202.65 kPa,10 dm³ 的始态,先恒容升温使压力升至 2026.5 kPa,再恒压降温至体积为 1 dm³。试求整个过程的 $Q,W,\Delta U$ 及 ΔH。

解 根据题意,具体过程如下:

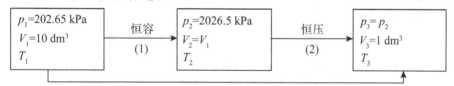

根据 $pV=nRT$ 计算,得 $T_1=T_3=243.75$ K。

因为是理想气体等温过程,所以 $\Delta U=0,\Delta H=0$。

$$Q=-W=-(W_1+W_2)$$

因为恒容,$W_1=0$

$$W_2=-p_2(V_3-V_2)=-p_2(V_3-V_1)$$
$$=-2026.5\times10^3\times(1-10)\times10^{-3}$$
$$=18.239(\text{kJ})$$
$$W=W_1+W_2=18.239\ \text{kJ}$$
$$Q=-W=-18.239\ \text{kJ}$$

视频 2.6

2.6 相变焓

在物理化学中定义,系统中物理性质及化学性质完全相同的均匀部分称为相,如在 0 ℃ ,101.325 kPa 下冰与水平衡共存的系统,尽管水与冰化学组成相同,但其物理性质(如密度等)不同。水和冰各自为性质完全相同的均匀部分,故水是一个相,冰是另外一个相。

在系统中的同一种物质在不同相之间的转变就是相变化,简称"相变"。对纯物质,常遇到的相变化过程如图 2.10(a)所示,有液体的蒸发(vap)、凝固(fre),固体的熔化(fus)、升华(sub),气体的凝结(con)、凝华(desublimation)等;图 2.10(b)所示为固体的晶型转变(trs)亦属于相变化过程。

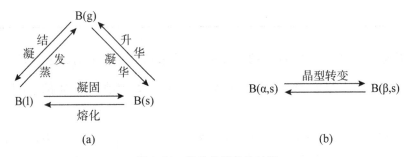

(a)   (b)

图 2.10　常见的相变化过程

2.6.1　摩尔相变焓

为了计算含有相变化的各类过程的热与功及系统的 ΔU , ΔH 等状态函数的增量,需要用到另一类基础热数据,即摩尔相变焓。

摩尔相变焓是指在恒定温度 T 及该温度平衡压力下,单位物质的量的物质发生相变时对应的焓变,记作 $\Delta_\alpha^\beta H_m$ (α 为相变的始态, β 为相变的终态)或 $\Delta_{相变} H_m$,其 SI 单位为 $J \cdot mol^{-1}$ 或 $kJ \cdot mol^{-1}$ 。

若物质的量为 n 的物质在温度 T 及该温度平衡压力下发生相变,则其相变焓为:

$$\Delta_\alpha^\beta H = n\Delta_\alpha^\beta H_m \qquad (2\text{-}6\text{-}1)$$

应用摩尔相变焓时,需要注意:

①由于在定义中的相变过程是恒压并且无非体积功,所以摩尔相变焓与 $Q_{p,m}$ 相等,即 $\Delta_\alpha^\beta H_m = Q_{p,m}$,因而这里的摩尔相变焓 $\Delta_\alpha^\beta H_m$,在数值上就等于摩尔相变热。

②对于纯物质的两相平衡系统,当温度 T 一定时,该温度下的平衡压力就是确定的,因此摩尔相变焓就只是 T 的函数,即 $\Delta_\alpha^\beta H_m = f(T)$。对任意一种物质,手册上通常给出的是常压(大气压力 101.325 kPa)及其平衡温度下的摩尔相变焓,如:

$$H_2O(g) \xrightarrow[100\ ℃]{101.325\ kPa} H_2O(l) \quad \Delta_{con}H_m = \Delta_g^l H_m = -40.668\ kJ \cdot mol^{-1}$$

$$H_2O(l) \xrightarrow[0\ ℃]{101.325\ kPa} H_2O(s) \quad \Delta_{fre}H_m = \Delta_l^s H_m = -6.008\ kJ \cdot mol^{-1}$$

其他任意温度及其平衡压力下的摩尔相变焓可利用状态函数法计算(见2.6.2节)。

③由焓的状态函数性质可知,同一种物质、相同条件下互为相反的两种相变过程,其摩尔相变焓数值相等,符号相反,如:

$$\Delta_{vap}H_m = -\Delta_{con}H_m$$

$$\Delta_{fus}H_m = -\Delta_{fre}H_m$$

对于同一物质,在同样条件下的摩尔蒸发焓与摩尔凝结焓、摩尔升华焓与摩尔凝华焓、摩尔熔化焓与摩尔凝固焓等均有上述关系。

[**例2-4**] 恒压 101.325 kPa 下,4.0 mol $H_2O(l)$ 由 $t_1 = 25\ ℃$ 升温蒸发成为 $t_2 = 200\ ℃$ 的 $H_2O(g)$。求过程的热 Q、功 W 及系统的 ΔU 与 ΔH。

已知 $H_2O(l)$ 的 $\Delta_{vap}H_m(100\ ℃) = 40.668\ kJ \cdot mol^{-1}$,液态水的 $\overline{C}_{p.m} = 75.3\ J \cdot mol^{-1} \cdot K^{-1}$,气态水的 $\overline{C}_{p.m} = 33.6\ J \cdot mol^{-1} \cdot K^{-1}$。

解 系统的状态变化如下图所示:

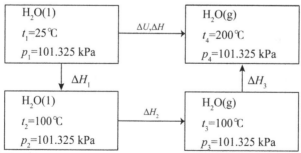

根据状态函数法,有:

$$\Delta H = \Delta H_1 + \Delta H_2 + \Delta H_3$$

其中 ΔH_1 为凝聚态的水恒压变温过程的焓变,有:

$$\Delta H_1 = n\overline{C}_{p.m}(T_2 - T_1) = [4.0 \times 75.3 \times (373.15 - 298.15)]J = 22.59\ kJ$$

ΔH_2 为恒温恒压相变过程的气化焓变,由式(2-6-1)有:

$$\Delta H_2 = n\Delta_{vap}H_m(100\ ℃) = (4.0 \times 40.668) = 162.672(kJ)$$

$$\Delta H_3 = n\overline{C}_{p,m}(T_4 - T_3) = [4.0 \times 33.6 \times (473.15 - 373.15)]\text{J} = 13.44 \text{ kJ}$$

所以　　　　$\Delta H = \Delta H_1 + \Delta H_2 + \Delta H_3 = 198.702 \text{ kJ}$

又因过程始终恒压,故过程的热:$Q = \Delta H = 198.702(\text{kJ})$

现假设气体为理想气体,则有:

$$\Delta U = \Delta H - \Delta(pV)$$
$$= \Delta H - [p_4 V_4(\text{g}) - p_1 V_1(\text{l})]$$

与气体的体积相比,液体的体积可忽略,故有:

$$\Delta U \approx \Delta H - p_4 V_4(\text{g})$$
$$= \Delta H - nRT_4$$
$$= (198.702 - 4.0 \times 8.314 \times 473.15 \times 10^{-3}) = 182.967(\text{kJ})$$

2.6.2　摩尔相变焓随温度的变化

摩尔相变焓是温度的函数,通常从文献中查得的是大气压为 101.325 kPa 及其平衡温度下的相变数据。如何求算其他温度下的相变数据呢? 这可以通过设计途径利用状态函数法求出。

以物质 B 从 α 相变至 β 相的摩尔相变焓 $\Delta_\alpha^\beta H_m$ 为例进行推导与说明。已知温度 T_0 及其平衡压力 p_0 下的摩尔相变焓为 $\Delta_\alpha^\beta H_m(T_0)$,求某一温度 T 及其平衡压力 p 下的摩尔相变焓 $\Delta_\alpha^\beta H_m(T)$。两相的摩尔恒压热容分别为 $C_{p,m}(\alpha)$ 及 $C_{p,m}(\beta)$。设计途径如下:

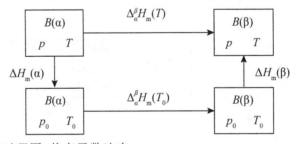

根据上面的过程图,状态函数法有:

$$\Delta_\alpha^\beta H_m(T) = \Delta H_m(\alpha) + \Delta_\alpha^\beta H_m(T_0) + \Delta H_m(\beta)$$

计算 $\Delta H_m(\alpha)$, $\Delta H_m(\beta)$ 时,不论 α、β 是气态、液态还是固态,如果气相可视为理想气体,凝聚态物质(l 或 s)的焓随 p 变化一般可以忽略,因此有:

$$\Delta H_m(\alpha) = \int_T^{T_0} C_{p,m}(\alpha)\mathrm{d}T = -\int_{T_0}^T C_{p,m}(\alpha)\mathrm{d}T$$

$$\Delta H_m(\beta) = \int_{T_0}^T C_{p,m}(\beta)\mathrm{d}T$$

将 $\Delta H_{\mathrm{m}}(\alpha)$，$\Delta H_{\mathrm{m}}(\beta)$ 代入上式并整理,得:

$$\Delta_{\alpha}^{\beta} H_{\mathrm{m}}(T) = \Delta_{\alpha}^{\beta} H_{\mathrm{m}}(T_0) + \int_{T_0}^{T} \left[C_{p,\mathrm{m}}(\beta) - C_{p,\mathrm{m}}(\alpha) \right] \mathrm{d}T$$

如果令 $\Delta_{\alpha}^{\beta} C_{p,\mathrm{m}}$ 为相变终态与始态的摩尔恒压热容之差: $\Delta_{\alpha}^{\beta} C_{p,\mathrm{m}} = C_{p,\mathrm{m}}(\beta) - C_{p,\mathrm{m}}(\alpha)$,则得:

$$\Delta_{\alpha}^{\beta} H_{\mathrm{m}}(T) = \Delta_{\alpha}^{\beta} H_{\mathrm{m}}(T_0) + \int_{T_0}^{T} \Delta_{\alpha}^{\beta} C_{p,\mathrm{m}} \mathrm{d}T \qquad (2\text{-}6\text{-}2\mathrm{a})$$

式(2-6-2a)是两个不同温度下摩尔相变焓之间的关系式。

上式的微分式为:

$$\frac{\mathrm{d}\Delta_{\alpha}^{\beta} H_{\mathrm{m}}(T)}{\mathrm{d}T} = \Delta_{\alpha}^{\beta} C_{p,\mathrm{m}} \qquad (2\text{-}6\text{-}2\mathrm{b})$$

由以上两式可知,如果 $\Delta_{\alpha}^{\beta} C_{p,\mathrm{m}} = 0$ 时,则摩尔相变焓 $\Delta_{\alpha}^{\beta} H_{\mathrm{m}}(T)$ 不随温度变化。

[例 2-5] 1 mol,25 ℃,101.325 kPa 苯变为 100 ℃,101.325 kPa 苯蒸气过程的 ΔH,ΔU,已知苯的沸点为 80.2 ℃,苯的凝结焓 $\Delta_{\mathrm{con}} H_{\mathrm{m}} = -30.878$ kJ·mol,液体苯的 $C_{p,\mathrm{m}} = 136.1$ J·mol^{-1}·K^{-1},气体苯的 $C_{p\mathrm{m}} = 81.67$ J·mol^{-1}·K^{-1}。

解　设计过程如下:

C$_6$H$_6$(l),1 mol, 25℃, 101.325 kPa	$\xrightarrow{\Delta H}$	C$_6$H$_6$(g),1 mol, 100℃, 101.325 kPa

$\downarrow \Delta H_1$　　　　　　　　　　$\uparrow \Delta H_3$

C$_6$H$_6$(l),1 mol, 80.2℃, 101.325 kPa	$\xrightarrow[\Delta H_2]{}$	C$_6$H$_6$(g),1 mol, 80.2℃, 101.325 kPa

一根据状态函数法: $\Delta H = \Delta H_1 + \Delta H_2 + \Delta H_3$

因为: $\Delta H_1 = \int_{298.15}^{353.35} n C_{p,\mathrm{m},(\mathrm{l})} \mathrm{d}T = 136.1 \times (353.35 - 298.15) = 7512.72(\mathrm{J})$

$\Delta H_2 = n \Delta_{\mathrm{vap}} H_{\mathrm{m}} = -n \Delta_{\mathrm{con}} H_{\mathrm{m}} = 30.878$ kJ

$\Delta H_3 = \int_{353.35}^{373.15} n C_{p,\mathrm{m},(\mathrm{g})} \mathrm{d}T = 81.67 \times (373.15 - 353.35) = 1617.066(\mathrm{J})$

$\Delta H = \Delta H_1 + \Delta H_2 + \Delta H_3 = 40.008$ kJ

$\Delta U = \Delta H - \Delta pV = \Delta H - (p_2 V_2 - p_1 V_1)$

$\quad = \Delta H - p\Delta V = \Delta H - p(V_{\mathrm{g}} - V_{\mathrm{l}})$

$\quad \approx \Delta H - pV_{\mathrm{g}} = \Delta H - nRT$

$\quad \approx 40.008 \times 10^3 - 1 \times 8.314 \times 373.15 = 36.91(\mathrm{kJ})$

视频 2.7

2.7　化学反应焓

化学反应常会伴随着热的交换。对于实际化工生产来说,化学反应热的测定与计算是极为重要的。因为在化工生产中,最常见的是恒压或恒容两种过程,因此对恒压热 Q_p 和恒容热 Q_V 进行讨论很有必要。由于 Q_p 与 Q_V 之间存在定量关系,所以只需对 Q_p 进行讨论,Q_V 可以进行换算。在恒压并且非体积功等于零的条件下,Q_p 与反应焓变 ΔH 数值相等,因此恒压反应热亦称为化学反应焓。

2.7.1　化学计量数

设某一反应　　　　　$a\mathrm{A} + b\mathrm{B} =\!\!=\!\!= y\mathrm{Y} + z\mathrm{Z}$

将反应式移项有　　$0 = y\mathrm{Y} + z\mathrm{Z} - a\mathrm{A} - b\mathrm{B}$

上式可写成如下通式:

$$0 = \sum_{\mathrm{B}} \nu_{\mathrm{B}} \mathrm{B}$$

式中 B 表示任一反应组分,ν_{B} 表示其化学计量数,对产物 ν_{B} 规定为正值,对反应物 ν_{B} 规定为负值。对同一化学反应,方程式不同,则化学计量数不同。

2.7.2　反应进度

反应进度是描述反应进行程度的物理量,以 ξ 表示。

对于反应 $0 = \sum_{\mathrm{B}} \nu_{\mathrm{B}} \mathrm{B}$,反应进度的定义式表示为:

$$\mathrm{d}\xi \stackrel{\mathrm{def}}{=\!=} \frac{\mathrm{d}n_{\mathrm{B}}}{\nu_{\mathrm{B}}} \tag{2-7-1a}$$

式中 n_{B} 为反应方程式中任一物质 B 的物质的量;ν_{B} 为 B 物质在方程式中的化学计量数。

将式(2-7-1a)积分,如果规定反应开始时 $\xi = 0$,则有:

$$\int_0^{\xi} \mathrm{d}\xi = \int_{n_{\mathrm{B,0}}}^{n_{\mathrm{B}}(\xi)} \frac{\mathrm{d}n_{\mathrm{B}}}{\nu_{\mathrm{B}}}$$

$$\xi = \frac{n_{\mathrm{B}}(\xi) - n_{\mathrm{B,0}}}{\nu_{\mathrm{B}}} = \frac{\Delta n_{\mathrm{B}}}{\nu_{\mathrm{B}}} \tag{2-7-1b}$$

式中 $n_{\mathrm{B,0}}$ 和 $n_{\mathrm{B}}(\xi)$ 分别代表任一组分 B 在起始和 t 时刻的物质的量。对产物 Δn_{B},ν_{B} 均为正值,对反应物 Δn_{B},ν_{B} 均为负值,所以反应进度 ξ 总是正值。反应进度的单位为 mol。

使用反应进度,应注意以下几点:

①因各反应组分物质的量的变化量正比于各自化学计量数 ν_B,则有:

$$\xi = \frac{\Delta n_A}{\nu_A} = \frac{\Delta n_B}{\nu_B} = \frac{\Delta n_Y}{\nu_Y} = \frac{\Delta n_Z}{\nu_Z}$$

即对同一化学反应计量式,用各个组分表示的反应进度都是相同的。

②同一反应,当物质 B 的反应量 Δn_B 一定时,如果化学反应方程式写法不同,则 ν_B 不同,所以反应进度也不相同。

如合成氨反应,当 $\Delta n(N_2) = -2$ mol 时,如果化学方程式写作:

$$N_2(g) + 3H_2(g) =\!=\!= 2NH_3(g)$$

则

$$\xi = \frac{\Delta n(N_2)}{\nu(N_2)} = \frac{-2 \text{ mol}}{-1} = 2 \text{ mol}$$

若化学方程式写作:$\frac{1}{2}N_2(g) + \frac{3}{2}H_2(g) =\!=\!= NH_3(g)$

则

$$\xi = \frac{\Delta n(N_2)}{\nu(N_2)} = \frac{-2 \text{ mol}}{-0.5} = 4 \text{ mol}$$

因此,应用反应进度时必须要指明化学方程式。

2.7.2 摩尔反应焓

化学反应热可用摩尔反应焓来衡量。

设某一气相反应 $aA + bB =\!=\!= yY + zZ$,在温度 T、压力 p 及各组分摩尔分数分别为 y_A,y_B,y_Y,y_Z 都恒定的条件下,参加反应的各物质的摩尔焓均有定值,分别记作 H_A,H_B,H_Y,H_Z。在恒定 T,p 下,当反应进行微量进度 $d\xi$ 时,反应进度 $d\xi$ 的变化引起的系统 dH 的变化为:

$$dH = (yH_Y + zH_Z - aH_A - bH_B)d\xi$$

即

$$dH = \left(\sum \nu_B H_B\right)d\xi$$

上式移项得:

$$\frac{dH}{d\xi} = \sum \nu_B H_B$$

式中 $\frac{dH}{d\xi}$ 表示在恒定 T、p 及反应各组分组成不变的条件下,进行反应进度 $d\xi$ 而引起的反应焓的变化为 dH,即为进行单位反应进度引起的焓变,因此 $\frac{dH}{d\xi}$ 就是该条件下的摩尔反应焓,记作 $\Delta_r H_m$,单位为 $kJ \cdot mol^{-1}$。

$$\Delta_r H_m = \sum \nu_B H_B \qquad (2\text{-}7\text{-}2)$$

$\Delta_r H_m$ 是 T,p 及反应系统组成的函数。

2.7.3 标准摩尔反应焓

（1）热力学标准状态

为了使同一种物质在不同的化学反应中能够有一个共同的参考状态，作为计算基础数据的基准，热力学规定了物质的标准状态：

气体：在任意温度 T，标准压力 $p^{\ominus} = 100$ kPa 下具有理想气体性质的纯气体状态。

液体或固体：在任意温度 T，标准压力 $p^{\ominus} = 100$ kPa 下的纯液体或纯固体状态。

标准态对温度没有作出规定，即物质的每一个温度 T 下都有各自的标准态。

（2）标准摩尔反应焓

在化学反应中的各组分均处在温度 T 的标准态下，其摩尔反应焓就称为该温度下的标准摩尔反应焓，以 $\Delta_r H_m^{\ominus}(T)$ 表示。由式（2-7-2）可知：

$$\Delta_r H_m^{\ominus} = \sum \nu_B H_B^{\ominus}$$

由标准态的规定可知，各种物质的 $H_m^{\ominus}$ 只是温度的函数，即：

$$\Delta_r H_m^{\ominus}(T) = \sum \nu_B H_B^{\ominus}(T) = f(T) \tag{2-7-3}$$

可以证明同样温度 T 下，对于理想气体反应系统，$\Delta_r H_m = \Delta_r H_m^{\ominus}$，对于其他反应系统，则 $\Delta_r H_m \approx \Delta_r H_m^{\ominus}$。

2.7.4 $Q_{p,m}$ 与 $Q_{V,m}$ 的关系

设某一恒温反应，分别在恒压并且非体积功等于零、恒容并且非体积功等于零的条件下进行 1 mol 反应进度的反应，如图所示：

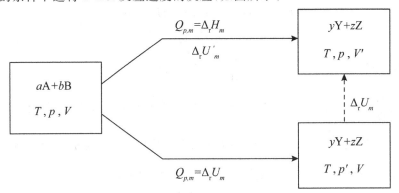

如果在恒压条件下反应引起的热力学能变为 $\Delta_r U_m'$，则根据状态函数法，有：

$$\Delta_r U_m' = \Delta_r U_m + \Delta_T U_m$$

其中 $\Delta_T U_m$ 为产物的恒温过程的热力学能变。

因为恒压过程的反应焓变与其热力学能变的关系为：

$$\Delta_r H_m = \Delta_r U'_m + p\Delta V$$

将 $\Delta U'_m$ 代入上式得：　　$\Delta_r H_m = \Delta_r U_m + \Delta_T U_m + p\Delta V$

移项后得：　　　　　　$\Delta_r H_m - \Delta_r U_m = p\Delta V + \Delta_T U_m$

即：　　　　　　　　$Q_{p,m} - Q_{V,m} = p\Delta V + \Delta_T U_m$

上述公式中的 ΔV 为恒压下进行 1 mol 反应进度时产物与反应物的体积之差。对理想气体，$\Delta_T U_m = 0$；对液体、固体等凝聚态物质，由于当恒容与恒压过程终态压力变化不大时，可忽略压力对热力学能的影响，即有 $\Delta_T U_m = 0$，则得：

$$Q_{p,m} - Q_{V,m} = p\Delta V \tag{2-7-4}$$

因为液体、固体等凝聚态物质与气体相比所引起的体积变化可以忽略，所以在恒压条件下进行 1 mol 反应进度的 ΔV 只需要考虑进行 1 mol 反应进度前后气态物质引起的体积变化。按理想气体处理时，有 $p\Delta V = \sum \nu_{B(g)} RT$，代入式(2-7-4)则得：

$$Q_{p,m} - Q_{V,m} = \sum \nu_{B(g)} RT \tag{2-7-5a}$$

即：　　　　　　$\Delta_r H_m - \Delta_r U_m = \sum \nu_{B(g)} RT \tag{2-7-5b}$

亦可得：　　　　$\Delta_r H_m^{\ominus} - \Delta_r U_m^{\ominus} = \sum \nu_{B(g)} RT \tag{2-7-5c}$

注意　上述公式中的 $\sum \nu_{B(g)}$ 仅为参加反应的气态物质的化学计量数的代数和，如：

$$H_2(g) + \frac{1}{2} O_2(g) \rightarrow H_2O(l) \quad \sum \nu_{B(g)} = -1.5$$

$$\frac{1}{2} NH_2COONH_4(s) \rightarrow NH_3(g) + \frac{1}{2} CO_2(g) \quad \sum \nu_{B(g)} = 1.5$$

视频 2.8

2.8　标准摩尔反应焓的计算

计算标准摩尔反应焓 $\Delta_r H_m^{\ominus}$ 需要标准摩尔生成焓和标准摩尔燃烧焓这两个基础热数据。通过 $\Delta_r H_m^{\ominus}$，就可以计算化学反应过程的 Q_p，Q_V 及系统的 $\Delta_r H$，$\Delta_r U$ 等。

2.8.1　标准摩尔生成焓

(1)标准摩尔生成焓的定义

定义：在温度为 T 的标准态下，由稳定相态的单质生成化学计量数 $\nu_B = 1$

的相态为 β 的 B 物质,则该生成反应的焓变就是该化合物 B(β) 在温度 T 时的标准摩尔生成焓,以 $\Delta_f H_m^{\ominus}(B,\beta,T)$ 表示,单位为 $kJ \cdot mol^{-1}$。

上述定义中,没有指明具体的温度,但通常在手册中能查到的是 298.15 K 即 25 ℃ 下的数据。本书附录五中收录的是 298.15 K 下部分物质的 $\Delta_f H_m^{\ominus}$ 数据。

注意 ①在标准摩尔生成焓 $\Delta_f H_m^{\ominus}$ 的定义中,生成反应的单质必须是相应条件下的稳定相态单质。如 298.15 K,$p^{\ominus}$ 下碳有石墨、金刚石、无定形碳等几种相态,其中石墨是稳定态单质。同理,298.15 K,$p^{\ominus}$ 下硫的热力学稳定态为正交硫而非单斜硫。

②对稳定相态的单质,其 $\Delta_f H_m^{\ominus}$ 规定为零。

③同一种物质相态不同,$\Delta_f H_m^{\ominus}$ 也不同,如 298.15 K 下 $CCl_4(l)$ 的 $\Delta_f H_m^{\ominus} = -135.44$ $kJ \cdot mol^{-1}$,而 $CCl_4(g)$ 的 $\Delta_f H_m^{\ominus} = -102.90$ $kJ \cdot mol^{-1}$。

(2)由标准摩尔生成焓 $\Delta_f H_m^{\ominus}$ 计算标准摩尔反应焓 $\Delta_r H_m^{\ominus}$

根据标准摩尔生成焓的定义,由状态函数法可推导得:

$$\Delta_r H_m^{\ominus} = \sum \nu_B \Delta_f H_m^{\ominus}(B) \tag{2-8-1}$$

即:$\Delta_r H_m^{\ominus} = [y\Delta_f H_m^{\ominus}(Y) + z\Delta_f H_m^{\ominus}(Z)] - [a\Delta_f H_m^{\ominus}(A) + b\Delta_f H_m^{\ominus}(B)]$

也就是,利用 $\Delta_f H_m^{\ominus}(B)$ 计算 $\Delta_r H_m^{\ominus}$ 时,298.15 K 下的标准摩尔反应焓 $\Delta_r H_m^{\ominus}$ 等于相同温度下参与反应的各组分的标准摩尔生成焓 $\Delta_f H_m^{\ominus}(B)$ 与其化学计量数乘积的代数和。即:反应终态各产物总的标准摩尔生成焓之和减去反应始态各反应物总的标准摩尔生成焓之和就是反应的 $\Delta_r H_m^{\ominus}$。

[**例 2-6**] 试计算如下反应在 298.15 K 下的 $\Delta_r H_m^{\ominus}$:

$$C_6H_6(l) + 7\frac{1}{2}O_2(g) \rightarrow 6CO_2(g) + 3H_2O(g)$$

解 由式(2-8-1)有

$$\Delta_r H_m^{\ominus} = [6\Delta_f H_m^{\ominus}(CO_2,g) + 3\Delta_f H_m^{\ominus}(H_2O,g)]$$
$$- [\Delta_f H_m^{\ominus}(C_6H_6,l) + 7.5\Delta_f H_m^{\ominus}(O_2,g)]$$

由附录五得:

$$\Delta_f H_m^{\ominus}(CO_2,g) = -393.51 \ kJ \cdot mol^{-1}$$

$$\Delta_f H_m^{\ominus}(H_2O,g) = -241.82 \ kJ \cdot mol^{-1}$$

$$\Delta_f H_m^{\ominus}(C_6H_6,l) = 49.0 \ kJ \cdot mol^{-1}$$

由标准摩尔生成焓的定义知 $\Delta_f H_m^{\ominus}(O_2,g) = 0$

将以上数据代入上式,得:

$$\Delta_r H_m^{\ominus} = \{[6(-393.51) + 3(-241.82)] - [(49.0) + 0]\}$$
$$= -3135.52(kJ \cdot mol^{-1})$$

2.8.2 标准摩尔燃烧焓

(1)标准摩尔燃烧焓的定义

定义:在温度为 T 的标准态下,由化学计量数 $\nu_B = -1$ 的 β 相态的物质 B(β)与氧气进行完全氧化反应时,该反应的焓变就为 B 物质在温度 T 时的标准摩尔燃烧焓,以 $\Delta_c H_m^{\ominus}(B,\beta,T)$ 表示,单位为 $kJ \cdot mol^{-1}$。

上述定义中,"完全氧化"是指在没有催化剂作用下的自然燃烧。如物质中含 C 元素,完全氧化后的最终产物为 $CO_2(g)$;若含 H 元素,则其完全氧化产物规定为 $H_2O(l)$;若含 S 元素,其完全氧化物规定为 $SO_2(g)$。如 298.15 K,各反应组分均处在标准态下进行如下反应:

$$C_6H_6(l) + 7\frac{1}{2}O_2(g) \longrightarrow 6CO_2(g) + 3H_2O(l)$$

的标准摩尔反应焓即为 298.15 K 下 $C_6H_6(l)$ 的标准摩尔燃烧焓 $\Delta_c H_m^{\ominus}$。

由 $\Delta_c H_m^{\ominus}(B,\beta,T)$ 的定义可知,上述各元素完全氧化产物如 $CO_2(g)$,$H_2O(l)$,$SO_2(g)$ 等的 $\Delta_c H_m^{\ominus}$ 为零。部分常见有机化合物在 298.15 K 下的 $\Delta_c H_m^{\ominus}$ 见附录六。

(2)由标准摩尔燃烧焓 $\Delta_c H_m^{\ominus}$ 计算标准摩尔反应焓 $\Delta_r H_m^{\ominus}$

由状态函数法,可推导得:

$$\Delta_r H_m^{\ominus} = -\sum \nu_B \Delta_c H_m^{\ominus}(B) \tag{2-8-2}$$

即利用 $\Delta_c H_m^{\ominus}(B)$ 计算 $\Delta_r H_m^{\ominus}$ 时,标准摩尔反应焓等于参与反应的各反应组分的标准摩尔燃烧焓与其化学计量数乘积的代数和的负值。即:反应始态各反应物总的标准摩尔燃烧焓之和减去反应终态各产物总的标准摩尔燃烧焓之和就是反应的 $\Delta_r H_m^{\ominus}$。

注意 许多有机化合物与氧气进行完全氧化反应很容易,但是要由单质直接合成却难以实现。因此,可以由标准摩尔燃烧焓推算某些化合物的标准摩尔生成焓。

[**例 2-7**] 已知 298.15 K 时乙醇(C_2H_5OH,l)的 $\Delta_c H_m^{\ominus} = -1366.8$ kJ·mol^{-1},试求同温度下乙醇的 $\Delta_f H_m^{\ominus}$。

解 298.15 K,各组分均处于标准时,乙醇(l)的生成反应为:

$$2C(石墨) + 3H_2(g) + \frac{1}{2}O_2 \xrightarrow{298.15\ K} C_2H_5OH(l)$$

若由 $\Delta_c H_m^{\ominus}$ 计算,其标准摩尔反应焓为:

$$\Delta_f H_m^{\ominus}(C_2H_5OH,l) = \Delta_r H_m^{\ominus} = 2\Delta_c H_m^{\ominus}(C,石墨) + 3\Delta_c H_m^{\ominus}(H_2,g) +$$

$$\frac{1}{2}\Delta_c H_m^{\ominus}(O_2,g) - \Delta_c H_m^{\ominus}(C_2H_5OH,l)$$

式中 $\Delta_c H_m^\ominus(C_2H_5OH,l)$ 是已知的，$\Delta_c H_m^\ominus(O_2,g)=0$。又由于

$$C(\text{石墨})+O_2(g)\xrightarrow{298.15\ K}CO_2(g)$$

$$H_2(g)+\frac{1}{2}O_2(g)\xrightarrow{298.15\ K}H_2O(l)$$

故 $\Delta_c H_m^\ominus(C,\text{石墨})$，$\Delta_c H_m^\ominus(H_2,g)$ 分别与 $\Delta_f H_m^\ominus(CO_2,g)$，$\Delta_f H_{m}^\ominus(H_2O,l)$ 相等。由附录五知：

$$\Delta_f H_m^\ominus(CO_2,g)=-393.51\ kJ\cdot mol^{-1}$$

$$\Delta_f H_m^\ominus(H_2O,l)=-285.83\ kJ\cdot mol^{-1}$$

所以对乙醇有：

$$\Delta_f H_m^\ominus=\Delta_r H_m^\ominus=[2\times(-393.51)+3\times(-285.83)-(-1366.8)]$$
$$=-277.71(kJ\cdot mol^{-1})$$

2.8.3 标准摩尔反应焓 $\Delta_r H_m^\ominus$ 随温度的变化——基希霍夫公式

298.15K 下的标准摩尔反应焓 $\Delta_r H_m^\ominus(298.15\ K)$，可以利用 298.15 K 下物质的 $\Delta_f H_m^\ominus$ 或 $\Delta_c H_m^\ominus$ 等基础热数据进行求算。根据状态函数法，亦可以由标准摩尔反应焓 $\Delta_r H_m^\ominus(298.15\ K)$ 计算任意反应温度 T 下的标准摩尔反应焓 $\Delta_r H_m^\ominus(T)$。

假设 298.15 K 至温度 T 范围内各物质不发生相变化，那么在两个温度的标准态下，反应的始终态之间可以设计过程如下：

根据状态函数法，得：

$$\Delta_r H_m^\ominus(T)=\Delta_r H_m^\ominus(298.15\ K)+\Delta H_1+\Delta H_2$$

而

$$\Delta H_1=\int_T^{298.15K}[aC_{p,m}(A,\alpha)+bC_{p,m}(B,\beta)]dT$$

$$\Delta H_2=\int_{298.15K}^T[yC_{p,m}(Y,\gamma)+zC_{p,m}(Z,\delta)]dT$$

代入上式并整理,得:

$$\Delta_r H_m^\ominus (T) = \Delta_r H_m^\ominus (298.15 \text{ K}) + \int_{298.15 \text{ K}}^{T} \Delta_r C_{p,m} dT \qquad (2\text{-}8\text{-}3)$$

式中

$$\Delta_r C_{p,m} = [y C_{p,m}(Y,\gamma) + z C_{p,m}(Z,\delta)] - [a C_{p,m}(A,\alpha) + b C_{p,m}(B,\beta)]$$

$$= \sum \nu_B C_{p,m}(B,\beta) \qquad (2\text{-}8\text{-}4)$$

式(2-8-3)即为计算 $\Delta_r H_m^\ominus$ 随 T 变化的基希霍夫(Kirchhoff)公式,其微分形式通过将式(2-8-3)两边对 T 求导,得:

$$\frac{d\Delta_r H_m^\ominus (T)}{dT} = \Delta_r C_{p,m} \qquad (2\text{-}8\text{-}5)$$

若 $\Delta_r C_{p,m} = 0$,则 $\dfrac{d\Delta_r H_m^\ominus (T)}{dT} = 0$,表示标准摩尔反应焓不随温度变化。

若 $\Delta_r C_{p,m} = $ 常数 $\neq 0$,则由式(2-8-3)有:

$$\Delta_r H_m^\ominus (T) = \Delta_r H_m^\ominus (298.15 \text{ K}) + \Delta_r C_{p,m}(T - 298.15 \text{ K})$$

若 $\Delta_r C_{p,m} = f(T)$,只需要将 $\Delta_r C_{p,m}$ 与 T 的函数关系式代入式(2-8-3)并进行积分便可求得。

如果在 T_1 到 T_2 之间,反应组分有相变,则要进行分段积分,来求算 $\Delta_r H_m^\ominus (T)$。

[例 2-8]　已知 $CH_3COOH(g)$,$CH_4(g)$ 和 $CO_2(g)$ 的平均恒压摩尔热容分别为:66.5 J·mol^{-1}·K^{-1},35.31 J·mol^{-1}·K^{-1} 和 37.11 J·mol^{-1}·K^{-1}。试由教材附录中的标准摩尔生成焓计算 1000 K 时,反应 $CH_3COOH(g) =\!=\!= CH_4(g) + CO_2(g)$ 的 $\Delta_r H_m^\ominus$ 与 Q_V。

解　由附录查得 298.25 K 时 $CH_3COOH(g)$,$CH_4(g)$ 和 $CO_2(g)$ 的标准摩尔生成焓分别为:-432.25 kJ·mol^{-1},-74.81 kJ·mol^{-1} 及 -393.509 kJ·mol^{-1}。

$$\Delta_r H_m^\ominus (298.15 \text{ K}) = [\Delta_f H_m^\ominus (CH_4,g) + \Delta_f H_m^\ominus (CO_2,g)] - [\Delta_f H_m^\ominus (CH_3COOH,g)]$$

$$= [-74.81 - 393.509] - [-432.25]$$

$$= -36.069 (\text{kJ·mol}^{-1})$$

$$\Delta_r \bar{C}_{p,m} = [\bar{C}_{p,m}(CH_4,g) + \bar{C}_{p,m}(CO_2,g)] - [\bar{C}_{p,m}(CH_3COOH,g)]$$

$$= 35.3 + 37.11 - 66.5 = 5.92 (\text{J·mol}^{-1}\text{·K}^{-1})$$

由基希霍夫公式(2-8-3)有:

$$\Delta_r H_m^\ominus (1000 \text{ K}) = \Delta_r H_m^\ominus (298.15 \text{ K}) + \int_{298.15 \text{ K}}^{1000 \text{ K}} \Delta_r \bar{C}_{p,m} dT$$

代入上式并计算得:

$$\Delta_r H_m^\ominus (1000 \text{ K}) = \Delta_r H_m^\ominus (298.15 \text{ K}) + \Delta \bar{C}_{p,m}(1000 \text{ K} - 298.15 \text{ K})$$

$$=-31.91 \text{ kJ} \cdot \text{mol}^{-1}$$

又由式(2-7-5b)有

$$\Delta_r H_m(1000 \text{ K}) = \Delta_r U_m(1000 \text{ K}) + \sum \nu_{B(g)} RT$$

因为 $\Delta_r H_m(1000 \text{ K}) \approx \Delta_r H_m^\ominus(1000 \text{ K})$，所以有：

$$\Delta_r U_m(1000 \text{ K}) = \Delta_r H_m(1000 \text{ K}) - \sum \nu_{B(g)} RT$$
$$= -31.91 - (1+1-1) \times 8.314 \times 1000 \times 10^{-3}$$
$$= -31.91 - 8.314$$
$$= -40.224 (\text{kJ} \cdot \text{mol}^{-1})$$

即

$$Q_V = \Delta_r U_m(1000 \text{ K}) = -40.224 \text{ kJ} \cdot \text{mol}^{-1}$$

2.8.5 恒温反应热效应的计算总结

对任意反应：$a\text{A} + b\text{B} \longrightarrow y\text{Y} + z\text{Z}$

$$(1) 求 \Delta_r H_m^\ominus(298.15 \text{ K}) = \sum_B \nu_B \Delta_f H_{m,B}^\ominus(298.15 \text{ K})$$
$$= -\sum_B \nu_B \Delta_c H_{m,B}^\ominus(298.15 \text{ K})$$

$$(2) \Delta_r H_m^\ominus(T_2) = \Delta_r H_m^\ominus(T_1) + \int_{T_1}^{T_2} \Delta_r C_{p,m} dT$$

$$(3) \Delta_r C_{p,m} = \sum_B \nu_B \cdot C_{p,m}(B)$$
$$\Delta_r C_{p,m} = \sum_B \nu_B \cdot C_{p,m}(B) = [(y C_{p,m}(Y) + z C_{p,m}(Z)]$$
$$- [a C_{p,m}(A) + b C_{p,m}(B)]$$

视频 2.9

$$(4) \Delta_r H_m^\ominus = \Delta_r U_m^\ominus + \sum_B \nu_{B(g)} RT$$
$$\sum_B \nu_{B(g)} = (y + z) - (a + b)(气体)$$

2.8.6 非恒温反应过程热的计算

前面介绍的都是在恒温、标准态下反应过程的热的计算。但是在实际生产过程中，情况往往很复杂，反应可能不在标准态下进行，并且反应前后系统的温度可能有变化（即非恒温反应）；系统中还可能存在不参加反应的惰性组分等等。但是不管情况怎样复杂，都可以采用状态函数法，通过合理的设计途径（通常包含 298.15K，标准态下的反应），然后利用物质的 $\Delta_f H_m^\ominus$ 或 $\Delta_c H_m^\ominus$ 等基础热数据使问题得到解决。

本节介绍最常见的非恒温反应——绝热反应。

绝热反应仅是非恒温反应的一种极端情况，在反应过程中，焓变为零，可以利用状态函数的性质,求出反应终态温度。例如,燃烧,爆炸反应,由于反应速度太快,来不及与环境发生热交换,因此可以近似作为绝热反应处理,从而求出火焰和爆炸产物的最高温度。常见计算有以下两类:

(1)计算物质恒压燃烧所能达到的最高火焰温度,计算依据为:

$$Q_p = \Delta H = 0(恒压、绝热)$$

计算恒压燃烧的最高温度的设计思路:

设反应物起始温度均为 T_1,产物温度为 T_2,整个过程保持压力不变:

$$(T_1 已知) aA + bB \xrightarrow[\Delta_r H_m = 0]{dp = 0, Q_p = 0} cC + dD \qquad (T_2 = x)$$

$$\downarrow \Delta H_{m,1}^{\ominus} \qquad\qquad \uparrow \Delta H_{m,2}^{\ominus}$$

$$aA + bB \xrightarrow[\Delta_r H_m^{\ominus}(298.15\ \text{K})]{} cC + dD$$

根据状态函数法:$\Delta H_{m,1}^{\ominus} + \Delta_r H_m^{\ominus}(298.15\ \text{K}) + \Delta H_{m,2}^{\ominus} = 0$

$$\Delta_r H_m^{\ominus}(298.15\ \text{K}) = \sum_B \nu_B \Delta_f H_{m,B}^{\ominus}(298.15\ \text{K}) = -\sum_B \nu_B \Delta_c H_{m,B}^{\ominus}(298.15\text{K})$$

$$\Delta H_{m,(1)}^{\ominus} = \int_{T_1}^{298.15} \sum_B |\nu_B| C_{p,m(反应物)} dT$$

$$\Delta H_{m,(2)}^{\ominus} = \int_{298.15}^{T_2} \sum_B \nu_B C_{p,m(产物)} dT$$

将 $\Delta H_{m,1}^{\ominus}$,$\Delta H_{m,2}^{\ominus}$ 及 $\Delta_r H_m^{\ominus}(298.15\ \text{K})$ 代入,就能求得最高温度 T_2。

(2)计算物质恒容爆炸反应的最高温度、最高压力,计算依据为:

$$Q_V = \Delta U = 0(恒容、绝热)$$

计算物质恒容爆炸反应的最高温度、最高压力的设计思路,见例 2-9。

[例 2-9] 1 mol H_2 与过量 50% 空气的混合物的始态为 25 ℃、101.325 kPa。若该混合气体于固定容器中发生爆炸,试求所能达到的最高温度。设所有气体均可按理想气体处理,$H_2O(g)$,O_2 及 N_2 的 $\overline{C}_{V,m}$ 分别为 37.66,25.1 及 25.1 J·mol⁻¹·K⁻¹。

解 氢气在空气中燃烧反应为

$$H_2(g) + \frac{1}{2}O_2(g) \longrightarrow H_2O(g)$$

以 1 mol $H_2(g)$ 作计算基准,始态各物质的量为:

氢气:1 mol

理论需 $O_2(g)$ 量: 0.5×1 mol=0.5 mol

过量 $O_2(g)$ 量: 0.5×0.5 mol=0.25 mol

始态中 $O_2(g)$ 总量: 0.75 mol

始态中 $N_2(g)$ 量: $0.75\ \text{mol} \times \dfrac{0.79}{0.21} = 2.82\ \text{mol}$

过程终态各物质的量为：

生成 $H_2O(g)$ 量：1 mol

过量 $O_2(g)$ 量：0.25 mol

$N_2(g)$ 量：2.82 mol

由于要计算恒容爆炸的最高温度和压力，故整个过程应为恒容、绝热过程，即 $Q_V = \Delta U = 0$。

为了计算方便，现设计如框图所示的途径：

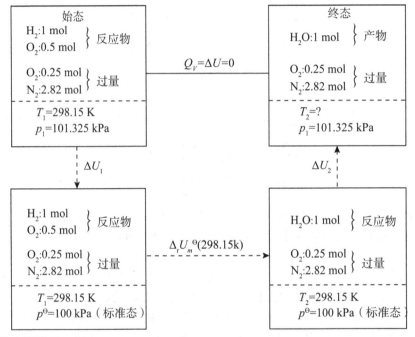

由状态函数法，有

$$\Delta U = \Delta_r U_m^{\ominus}(298.15 \text{ K}) + \Delta U_1 + \Delta U_2 = 0$$

其中 298.15 K 下的 $\Delta_r H_m^{\ominus}(298.15 \text{ K})$ 可由式(2-8-1)利用附录中的标准摩尔生成焓数据求得。

$$\Delta_r H_m^{\ominus}(298.15 \text{ K}) = \left[\Delta_f H_m^{\ominus}(H_2O, g) \right] - \left[\Delta_f H_m^{\ominus}(H_2, g) + \frac{1}{2} \Delta_f H_m^{\ominus}(O_2, g) \right]$$

$$= -241.820 \ (\text{kJ} \cdot \text{mol}^{-1})$$

其中 298.15 K 下的 $\Delta_r U_m^{\ominus}(298.15 \text{ K})$ 可由式(2-7-5)求得：

$$\Delta_r U_m^{\ominus}(298.15 \text{ K}) = \Delta_r H_m^{\ominus} - \sum \nu_B(g) \cdot RT$$

$$= \Delta_r H_m^{\ominus}(H_2O, g, 298 \text{ K}) - \sum \nu_B(g) \cdot RT$$

$$= \{-241820 - (-0.5 \times 8.314 \times 298.15)\}$$

$$= -240581(\text{J} \cdot \text{mol}^{-1})$$

若假设系统中的气体均为理想气体,则因恒温下理想气体混合及压力变化过程中热力学能 U 不变,故

$$\Delta U_1 = 0$$

而　　$\Delta U_2 = \int_{298.15 \text{ K}}^{T_2} [C_{V,m}(\text{H}_2\text{O}, \text{g}) + 0.25 C_{V,m}(\text{O}_2) + 2.82 C_{V,m}(\text{N}_2)] dT$

各热容数据可由附录查出,代入整理可得:

$\Delta U_2 = (\overline{C}_{V,m} \text{H}_2\text{O}(\text{g}) + 0.25 \overline{C}_{V,m}(\text{O}_2) + 2.82 \overline{C}_{V,m}(\text{N}_2) \cdot (T/\text{K} - 298.15)$

$\quad = \{(25.27 + 0.25 \times 21.04 + 2.82 \times 20.81) \cdot (T/\text{K} - 298.15)\}$

$\quad = 89.21(T/\text{K} - 298.15)\}(\text{J} \cdot \text{mol}^{-1})$

将上述 $\Delta_r U_m^{\ominus}(298.15 \text{ K})$, ΔU_1, ΔU_2 代入式:

$\Delta U = \Delta_r U_m^{\ominus}(298.15 \text{ K}) + \Delta U_1 + \Delta U_2 = 0$,求得最高温度为:

$$T = 2994.94 \text{ K}$$

2.9 节流膨胀与焦耳-汤姆逊实验

视频 2.10

Joule 在 1843 年所做的气体自由膨胀实验是不够精确的,针对这个问题,1852 年焦耳和汤姆逊(Thomson)设计了新的实验,称为节流过程。在这个实验中,使人们对实际气体的 U 和 H 的性质有所了解,得出 U, H 不仅仅是 T 的函数,还与 p 或 V 有关,并且在获得低温和气体液化工业中有重要应用。

2.9.1 焦耳-汤姆逊实验

在一个圆形绝热筒的中部有一个多孔塞和小孔,使气体不能很快通过,并维持多孔塞两边的压差。图 2.11(a)是始态,左边有状态为 (T_1, p_1, V_1) 的气体。图 2.11(b)是终态,左边气体压缩,通过小孔,向右边膨胀,气体的终态为 (T_2, p_2, V_2)。

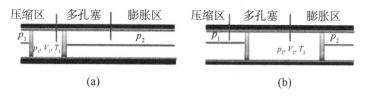

图 2.11　焦耳-汤姆逊实验

这种在绝热条件下,气体的始终态压力分别保持恒定不变条件下的膨胀过程,称为节流膨胀。

实验结果发现:多数气体经节流膨胀后温度下降,产生制冷效应;而少数气体(氢、氦等)经节流膨胀后温度却升高,产生制热效应。实验还发现,在压力足够低时,各种气体经节流膨胀后温度基本不变。

2.9.2　节流膨胀的热力学特征

用热力学第一定律对节流膨胀过程进行热力学分析。

因为节流过程是在绝热筒中进行的,所以 $Q=0$,因此:

$$U_2 - U_1 = \Delta U = W$$

过程的功由两部分组成:

左边:环境将一定量气体压缩时所做功(即以气体为体系得到的功)为:

$$W_1 = -p\Delta V = -p_1(0 - V_1) = p_1 V_1$$

右边:气体通过小孔膨胀,对环境做功为:

$$W_2 = -p\Delta V = -p_2(V_2 - 0) = -p_2 V_2$$

故整个节流膨胀过程的功为:

$$W = W_1 + W_2 = p_1 V_1 - p_2 V_2$$

将 W 代入,有:

$$U_2 - U_1 = p_1 V_1 - p_2 V_2$$

整理得:

$$U_2 + p_2 V_2 = U_1 + p_1 V_1$$

即

$$H_2 = H_1$$

因此,节流膨胀为恒焓过程。结合节流膨胀的实验,可以得出:节流膨胀过程的特征是绝热、降压、恒焓的过程。

为了描述气体节流膨胀致冷或致热能力的大小,引入焦耳-汤姆逊系数又称节流膨胀系数,定义如下:

$$\mu_{\text{J-T}} = \left(\frac{\partial T}{\partial p}\right)_H \tag{2-11-1}$$

$\mu_{\text{J-T}}$ 称为焦-汤系数,它表示经节流过程后,气体温度随压力的变化率。

$\mu_{\text{J-T}}$ 是体系的强度性质。因为节流过程的 $\mathrm{d}p < 0$,所以当:

$\mu_{\text{J-T}} > 0$　经节流膨胀后,气体温度降低。

$\mu_{\text{J-T}} < 0$　经节流膨胀后,气体温度升高。

$\mu_{\text{J-T}} = 0$　经节流膨胀后,气体温度不变。(理想气体的 $\mu_{\text{J-T}} = 0$)

根据焦耳-汤姆逊实验结果,足够低压的气体(可看作理想气体)经节流膨胀(恒焓过程)后,温度基本不变,这一结果反映出理想气体的焓仅仅是 T 的函数,即 $H = f(T)$;而对真实气体,经过节流膨胀(恒焓过程)后,实验发现温度变化了,这证明了对真实气体,焓是 T,p 的函数,即 $H = f(T,p)$。

2.9.4　真实气体的 ΔH 与 ΔU 的计算

对于真实气体，设　$U = U(T,V)$ ，则有：

$$dU = \left(\frac{\partial U}{\partial T}\right)_V dT + \left(\frac{\partial U}{\partial V}\right)_T dV$$

因为

$$\left(\frac{\partial U}{\partial T}\right)_V = nC_{V,m}$$

所以

$$dU = nC_{V,m} dT + \left(\frac{\partial U}{\partial V}\right)_T dV$$

如果是范德华气体，可以证明，$\left(\frac{\partial U}{\partial V}\right)_T = \dfrac{n^2 a}{V^2}$ 。（见第三章）

若进行恒温过程，则有：

$$\Delta U = \frac{n^2 a}{V^2} dV$$

所以得：

$$\Delta U = n^2 a \left(\frac{1}{V_1} - \frac{1}{V_2}\right)$$

$$\Delta H = \frac{n^2 a}{V^2} dV + \Delta(pV)$$

$$\Delta H = n^2 a \left(\frac{1}{V_1} - \frac{1}{V_2}\right) + (p_2 V_2 - p_1 V_1)$$

视频 2.11

恒温下，理想气体的 ΔH 与 ΔU 等于零，而真实气体的 ΔH 与 ΔU 不等于零。

【知识结构-1】　热力学第一定律

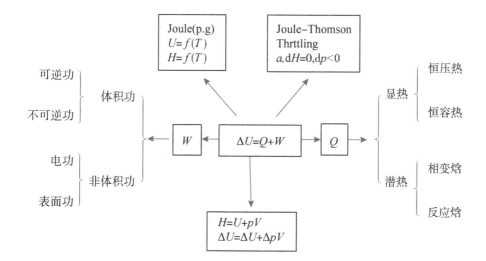

【知识结构-2】 热的计算

$$Q \rightarrow \begin{cases} 显热 \begin{cases} 恒压热 \quad Q_p = \Delta H = \int_{T_1}^{T_2} nC_{p,m} dT (dp = 0, W' = 0) \\[2mm] 恒容热 \quad Q_V = \Delta U = \int_{T_1}^{T_2} nC_{V,m} dT (dV = 0, W' = 0) \end{cases} \\[6mm] 潜热 \begin{cases} 相变焓 \begin{cases} Rev \rightarrow \Delta_{trs} H_m^{\ominus} (查手册) \\ IR \rightarrow 设计途径 \end{cases} \\[6mm] 反应焓 \begin{cases} 恒温反应 \begin{cases} \Delta_r H_m^{\ominus}(T_2) = \Delta_r H_m^{\ominus}(T_1) + \int_{T_1}^{T_2} \Delta_r C_{p,m} dT \\ \Delta_r H_m^{\ominus} = \Delta_r U_m^{\ominus} + \sum \nu_B(g)RT \end{cases} \\[6mm] 非恒温反应 \begin{cases} 恒压绝热: \Delta_r H = 0(设计途径) \Rightarrow T_2 \\ 恒容绝热: \Delta_r U = 0(设计途径) \Rightarrow T_2 \end{cases} \end{cases} \end{cases} \end{cases}$$

【知识结构-3】 功的计算

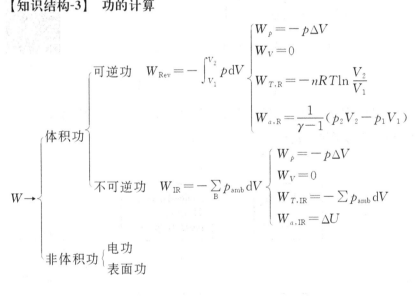

$$W \rightarrow \begin{cases} 体积功 \begin{cases} 可逆功 \quad W_{Rev} = -\int_{V_1}^{V_2} p dV \begin{cases} W_p = -p\Delta V \\ W_V = 0 \\ W_{T,R} = -nRT\ln\dfrac{V_2}{V_1} \\ W_{a,R} = \dfrac{1}{\gamma - 1}(p_2 V_2 - p_1 V_1) \end{cases} \\[12mm] 不可逆功 \quad W_{IR} = -\sum_B p_{amb} dV \begin{cases} W_p = -p\Delta V \\ W_V = 0 \\ W_{T,IR} = -\sum p_{amb} dV \\ W_{a,IR} = \Delta U \end{cases} \end{cases} \\[12mm] 非体积功 \begin{cases} 电功 \\ 表面功 \end{cases} \end{cases}$$

【知识结构-4】 热化学的计算

(1)恒温反应
$$
\begin{cases}
\Delta_r H_m^{\ominus}(298.15\ \text{K}) = \sum_B \nu_B \Delta_f H_{m,B}^{\ominus}(298.15\ \text{K}) \\
\qquad\qquad\quad = -\sum_B \nu_B \Delta_c H_{m,B}^{\ominus}(298.15\ \text{K}) \\
\Delta_r H_m^{\ominus}(T_2) = \Delta_r H_m^{\ominus}(T_1) + \int_{T_1}^{T_2} \Delta_r C_{p,m}\,dT \\
\text{如有相变,则要设计途径,分段积分} \\
\Delta_r H_m^{\ominus} = \Delta_r U_m^{\ominus} + \sum_B \nu_{B(g)} RT
\end{cases}
$$

(2)非恒温反应
$$
\begin{cases}
\text{a. 恒压绝热} \quad \Delta_r H = 0(\text{设计途径}) \Rightarrow T_2 \\
\text{b. 恒容绝热} \quad \Delta_r U = 0(\text{设计途径}) \Rightarrow T_2
\end{cases}
$$

视频 2.12

习　题

2.1　在某一气缸内放置气体,气缸的活塞面积为 $0.0700\ \text{m}^2$。将气体加热,活塞反抗 $101.325\ \text{kPa}$ 的外压力恒压移动了 $0.0380\ \text{m}$,求此过程的功。

2.2　有一高压容器的容积为 $24.5\ \text{dm}^3$,其中含有 O_2,在 $25\ \text{℃}$ 时压力为 $130649\ \text{kPa}$。若对此容器加热,使内部 O_2 的压力升高至 $785640\ \text{Pa}$,则此时 O_2 的温度为多少? 需供热多少?

（已知 O_2 的 $C_{V,m} = 19.845\ \text{J·mol}^{-1}$,并假定 O_2 为理想气体,且容器的容积不变。）

2.3　$6\ \text{mol}$ 温度为 $400\ \text{K}$ 的理想气体,体积为 $7.35\ \text{dm}^3$,在终态压力作用下恒温可逆膨胀至 $65.3\ \text{dm}^3$,做多少功? 若恒温可逆压缩回复至原状,最少需做多少功?

2.4　$9\ \text{mol}$ 的理想气体,压力 $1013\ \text{kPa}$,温度 $350\ \text{K}$,分别求出恒温时下列过程的功:

(1)向真空中膨胀;

(2)在外压力 $101.3\ \text{kPa}$ 下体积胀大 $1\ \text{dm}^3$;

(3)在外压力 $101.3\ \text{kPa}$ 下膨胀到该气体压力也是 $101.3\ \text{kPa}$;

(4)恒温可逆膨胀至气体的压力为 $101.3\ \text{kPa}$。

2.5　$8\ \text{mol}$ 理想气体由 $25\ \text{℃}$,$1.0\ \text{MPa}$ 膨胀到 $25\ \text{℃}$,$0.1\ \text{MPa}$,设过程为:(1)自由膨胀;(2)对抗恒外压力 $0.1\ \text{MPa}$ 膨胀;(3)恒温可逆膨胀。试计算三种膨胀过程中系统对环境做的功。

2.6 在 500 K,6 mol Cl$_2$ 气体积由 6 dm^3 恒温可逆膨胀到 60 dm^3,试计算其膨胀功 W。

(1)把气体视为理想气体;

(2)该气体服从范德华方程式。

(已知范德华常数 $a=0.658$ m$^6 \cdot$ Pa $\cdot$ mol^{-1},$b=5.6 \times 10^{-5}$ m$^3 \cdot$ mol^{-1}。)

2.7 已知在 101.325 kPa 下,18 ℃时 1 mol Zn 溶于稀盐酸时放出 155.1 kJ 的热,反应析出 1 mol H$_2$(g)。求反应过程的 $W,\Delta U,\Delta H$。

2.8 一圆筒放在 355 ℃的恒温槽中,圆筒中盛有 1 mol 固体 NH$_4$Cl。圆筒配有一个无摩擦的活塞,此活塞对系统施压 101.325 kPa 的恒定压力。在此条件下,1 mol NH$_4$Cl(s)缓慢地全部分解为 NH$_3$ 和 HCl(g),设均为理想气体,该过程中系统吸热 176.8 kJ,试计算过程的 $W,\Delta H$ 和 ΔU。

2.9 在容积为 250 dm^3 的容器中放有 30 ℃,254.45 kPa 的理想气体,已知其 $C_{p.m}=1.4C_{V.m}$。试求其 $C_{V.m}$ 值。若该气体的热容近似为常数,试求恒容下加热该气体至 90 ℃时所需的热。

2.10 实验测得 MnO$_2$ 在(298.15~780.15)K 温度范围内恒压热与温度的关系为:$\Delta H/(J \cdot mol^{-1})=-26570.94+69.461 T/K+5.105 \times 10^{-2}(T/K)^2+1623547.2/(T/K)$,试求 MnO$_2$ 在此温度范围内 $C_{p.m}$ 与 T 的关系式。

2.11 2 mol 理想气体,其 $C_{V.m}=\dfrac{3}{2}R$。开始处于 $p_1=220$ kPa,$T_1=283$ K。沿 $p/V=$常数的途径可逆变化至 $p_2=420$ kPa。试求:

(1)终态温度 T_2;

(2)计算此过程的 Q,W 和 ΔH 及 ΔU。

2.12 已知理想气体系统符合 $C_{V.m}\ln\left(\dfrac{T_2}{T_1}\right)=-R\ln\left(\dfrac{V_2}{V_1}\right)$ 及 $C_{p.m}-C_{V.m}=R$,求证:$C_{p.m}\ln\left(\dfrac{T_2}{T_1}\right)=R\ln\left(\dfrac{p_2}{p_1}\right)$。

2.13 3 mol H$_2$ 从 450 K,120 kPa 恒压加热到 1200 K,已知 $C_{p.m}$(H$_2$)$=29.2$ J $\cdot$ mol$^{-1} \cdot$ K^{-1},求 $\Delta U,\Delta H,Q,W$ 各为多少?

2.14 设有 2 mol N$_2$(g),温度为 10 ℃,压力为 101.325 kPa,试计算将 N$_2$ 恒压加热膨胀至原来体积的 3 倍时,过程的 $Q,W,\Delta U,\Delta H$。已知 N$_2$(g)的 $C_{V.m}=5R/2$。

2.15 0.5 mol 某理想气体,从 283.15 K,1 MPa 恒压加热到 623.15 K,计算该过程的 $Q,W,\Delta U,\Delta H$。已知该气体的 $C_{p.m}=(22+8 \times 10^{-3} T/K)$ J $\cdot$ mol$^{-1} \cdot$ K^{-1}。

2.16 18 mol 某理想气体($C_{p,m}=34.55\ \text{J}\cdot\text{mol}^{-1}\cdot\text{K}^{-1}$)在恒容容器中由 38 ℃加热至 88 ℃,计算该过程的 $Q,W,\Delta U,\Delta H$。

2.17 2 mol 理想气体由 222.65 kPa,15 dm^3 的始态,先恒容升温使压力升至 2226.5 kPa,再恒压降温至体积为 2 dm^3。试求整个过程的 $Q,W,\Delta U$ 及 ΔH。

2.18 在一个带无摩擦活塞的绝热容器中装有一绝热隔板。其两侧分别装有 3 mol,0 ℃,100 kPa 的单原子气体 A 和 6 mol,100 ℃,100 kPa 的双原子气体 B。今在恒定的 100 kPa 外压力下抽去隔板,使两种气体混合均匀达平衡。试求该过程的 $\Delta U,W$,及 $\Delta(pV)$ 和 ΔH。

(已知:单原子气体 $C_{V,m}=3R/2$,双原子分子气体 $C_{V,m}=5R/2$。)

2.19 4 mol $O_2(g)$ 由 253 K,0.15 MPa 经恒温可逆膨胀到 0.25 m^3 过程的 $Q,W,\Delta U,\Delta H$ 各为多少?

2.20 2 mol He(视作理想气体,$C_{V,m}=3R/2$)由 232.5 kPa,5 ℃变为 101.3 kPa,55 ℃。可经过以下两个途径:(A)先恒压加热到 55 ℃再恒温可逆膨胀;(B)先恒温可逆膨胀到终态压力再恒压加热。计算此两个途径的 $Q,W,\Delta U$ 和 ΔH。

2.21 某理想气体的 $C_{p,m}=38.5\ \text{J}\cdot\text{mol}^{-1}\cdot\text{K}^{-1}$。若 3 mol 的该气体在 30 ℃,$15.4\times10^5$ Pa 绝热可逆膨胀到压力为 5.59×10^5 Pa,试计算气体的最终体积与温度,以及气体在过程中的 $W,\Delta U,\Delta H$。

2.22 $H_2(g)$ 从 1.84 dm^3,310 kPa,298.15 K 经绝热可逆膨胀到 3.68 dm^3。$H_2(g)$ 的 $C_{p,m}=28.8\ \text{J}\cdot\text{mol}^{-1}\cdot\text{K}^{-1}$,按理想气体处理。

(1)求终态温度和压力;

(2)求该过程的 ΔU 及 ΔH。

2.23 3 mol 水在 100 ℃,101325 Pa 下蒸发为同温同压下的水蒸气(假设为理想气体),吸热 80.67 kJ$\cdot$mol^{-1}。上述过程的 $Q,W,\Delta U,\Delta H$ 值各为多少?

2.24 在 101.325 kPa 下,230 g 处于 100 ℃的水蒸气凝结为同温度下的水,100 ℃时水的汽化焓为 2255 J$\cdot$g^{-1}。求此过程的 $W,Q,\Delta U$ 和 ΔH(假定水蒸气为理想气体)。

2.25 150 g 液体苯在沸点 80.2 ℃,101.325 kPa 下蒸发,汽化焓在常压下为 395.2 J$\cdot$g^{-1}。试计算 $W,Q,\Delta U$ 和 ΔH。(已知 C_6H_6 的摩尔质量为 78.11 g$\cdot$mol^{-1},蒸气可视为理想气体,液体体积可忽略。)

2.26 已知 CO_2 的焦耳-汤姆孙系数 $\mu_{J-T}=1.06\times10^{-5}$ K$\cdot$Pa^{-1},求在 25 ℃时,将 65 g CO_2 由 120 kPa 等温压缩至 1 MPa 时的 ΔH 值。(已知 CO_2 的 $C_{p,m}=36$ J$\cdot$mol$^{-1}\cdot$K^{-1}。)

2.27 在 25 ℃时,将 0.4936 g 萘 $C_{10}H_8$ 在氧弹中充分燃烧,使量热计的温度升高 1.738 K,若量热计的热容量为 10265 J·K^{-1}并已知 298 K 时,$\Delta_f H_m^{\ominus}(CO_2,g)$ $=-393.51$ kJ·mol^{-1},$\Delta_f H_m^{\ominus}(H_2O,l)=-285.83$ kJ·mol^{-1},试计算萘在 25 ℃时的标准摩尔生成焓。(已知 $C_{10}H_8$ 的摩尔质量为 128.2 g·mol^{-1})

2.28 已知标准摩尔生成焓与标准摩尔燃烧焓的数据如下:

物质	$\Delta_f H_m^{\ominus}(298\ K)/kJ\cdot mol^{-1}$	$\Delta_f H_m^{\ominus}(298\ K)/kJ\cdot mol^{-1}$
$H_2O(l)$	-285.84	——
$H_2O(g)$	-241.84	——
$CH_4(g)$	——	-890.31

计算反应 $CH_4(g)+2H_2O(g)\!=\!=\!=\!CO_2(g)+4H_2(g)$ 在 298 K 的 $\Delta_f H_m^{\ominus}$。

2.29 已知:25 ℃时,乙炔 $C_2H_2(g)$ 的标准摩尔生成焓 $\Delta_f H_m^{\ominus}(C_2H_2,g)=$ 226.7 kJ·mol^{-1},标准摩尔燃烧焓 $\Delta_c H_m^{\ominus}(C_2H_2,g)=-1299.6$ kJ·mol^{-1},及苯 $C_6H_6(l)$ 的标准摩尔燃烧焓 $\Delta_c H_m^{\ominus}(C_6H_6,l)=-3267.5$ kJ·mol^{-1}。求 25 ℃时苯的标准摩尔生成焓 $\Delta_f H_m^{\ominus}(C_6H_6,g)$。

2.30 试求气相反应 $4NH_3(g)+5O_2(g)\!=\!=\!=\!4NO_2(g)+6H_2O(g)$ 在 900 ℃时的 $\Delta_c H_m^{\ominus}(1173\ K)$。已知:

物质	$\Delta_c H_m^{\ominus}(298\ K)/kJ\cdot mol^{-1}$	$C_{p,m}/J\cdot K^{-1}\cdot mol^{-1}$
$NH_3(g)$	-45.65	45.95
$O_2(g)$	0	30.08
$NO_2(g)$	90.29	31.77
$H_2O(g)$	-241.60	37.20

(表中 $C_{p,m}$ 为 25~900 ℃范围内的平均恒压摩尔热容。)

2.31 反应 $SO_2(g)+\dfrac{1}{2}O_2(g)\!=\!=\!=\!SO_3(g)$ 在 845 K 进行。求反应的标准摩尔焓与温度的关系式。已知:

物质	$\Delta_f H_m^{\ominus}(298\ K)/kJ\cdot mol^{-1}$	$C_{p,m}/J\cdot K^{-1}\cdot mol^{-1}$
$SO_3(g)$	-395.2	$57.32+26.86\times10^{-3}(T/K)$
$SO_2(g)$	-296.9	$42.55+12.55\times10^{-3}(T/K)$
$O_2(g)$	0	$31.42+3.39\times10^{-3}(T/K)$

2.32 在 298.15 K 时,使乙烯与按理论量加倍的空气在绝热容器内进行恒压燃烧,问最高火焰温度可达多少?反应中各物质的 $C_{p,m}$ 如下:$H_2O(g)$:$4R$,C_2H_4:$5R$,CO_2:$\dfrac{9}{2}R$,O_2:$\dfrac{7}{2}R$,N_2:$\dfrac{7}{2}R$,$C_2H_4(g)+3O_2(g) \longrightarrow 2H_2O(g)+2CO_2(g)$ 在 25 ℃ 的标准摩尔反应焓为 -1323 kJ·mol^{-1}。设空气中 N_2 与 O_2 的物质的量比为 $4:1$。

测验题

一、选择题

1. 对于理想气体,焦耳-汤姆逊系数 μ_{J-T}( )。

(1)>0　　　　(2)<0　　　　(3)$=0$　　　　(4)不能确定

2. 在同一温度下,同一气体物质的摩尔恒压热容 $C_{p,m}$ 与摩尔恒容热容 $C_{V,m}$ 之间的关系为:( )。

(1)$C_{p,m}<C_{V,m}$　　(2)$C_{p,m}>C_{V,m}$　　(3)$C_{p,m}=C_{V,m}$　　(4)难以比较

3. 公式 $\Delta H = n\displaystyle\int_{T_1}^{T_2} C_{p,m}\mathrm{d}T$ 的适用条件是:( )。

(1)任何过程　　　　　　　　(2)恒压过程

(3)组成不变的恒压过程　　　(4)均相的组成不变的恒压过程

4. 当理想气体反抗一定的压力做绝热膨胀时,则:( )。

(1)焓总是不变　　　　　　　(2)热力学能总是增加

(3)焓总是增加　　　　　　　(4)热力学能总是减少

5. 25 ℃,下面的物质中标准摩尔生成焓不为零的是:( )。

(1)$N_2(g)$　　(2)$S(s,单斜)$　　(3)$Br_2(l)$　　(4)$I_2(s)$

6. 范德华气体经绝热自由膨胀后,气体的温度:( )。

(1)上升　　　　(2)下降　　　　(3)不变　　　　(4)不能确定

7. 理想气体状态方程式实际上概括了 3 个实验定律,它们是:( )。

(1)玻意耳定律、分压定律和分体积定律

(2)玻意耳定律、盖·吕萨克定律和阿伏伽德罗定律

(3)玻意耳定律、盖·吕萨克定律和分压定律

(4)玻意耳定律、分体积定律和阿伏伽德罗定律

8. 某坚固容器容积 100 dm^3,于 25 ℃,101.3 kPa 下发生剧烈化学反应,容器内压力、温度分别升至 5066 kPa 和 1000 ℃。数日后,温度、压力降至初态(25 ℃ 和 101.3 kPa),则下列说法中正确的是:( )。

(1)该过程 $\Delta U=0,\Delta H=0$　　　　(2)该过程 $\Delta H=0,W\neq0$

(3)该过程 $\Delta U=0,Q\neq0$　　　　(4)该过程 $W=0,Q\neq0$

9. H_2 和 O_2 以 $2:1$ 的摩尔比在绝热的钢瓶中反应生成 H_2O,在该过程中( )是正确的。

(1) $\Delta H=0$　　(2) $\Delta T=0$　　(3) $pV^{\gamma}=$ 常数　　(4) $\Delta U=0$

10. 范德华方程中的压力修正项对 V_m 的关系为:( )。

(1)正比于 V_m^2　　　　　　(2)正比于 V_m

(3)正比于 $1/V_m^2$　　　　　(4)正比于 $1/V_m$

11. 已知反应 $H_2(g)+\dfrac{1}{2}O_2(g)\Longrightarrow H_2O(g)$ 的标准摩尔反应焓为 $\Delta_r H_m^{\ominus}(T)$,下列说法中不正确的是:( )。

(1) $\Delta_r H_m^{\ominus}(T)$ 是 $H_2O(g)$ 的标准摩尔生成焓

(2) $\Delta_r H_m^{\ominus}(T)$ 是 $H_2O(g)$ 的标准摩尔燃烧焓

(3) $\Delta_r H_m^{\ominus}(T)$ 是负值

(4) $\Delta_r H_m^{\ominus}(T)$ 与反应的 $\Delta_r U_m^{\ominus}$ 数值不等

12. 已知在 $T_1\sim T_2$ 的温度范围内某化学反应所对应的 $\sum \nu_B C_{p,m}(B)>0$,则在该温度范围内反应的 $\Delta_r U_m^{\ominus}$（ ）。

(1)不随温度变化　　　　(2)随温度升高而减小

(3)随温度升高而增大　　(4)与温度的关系无法简单描述

13. 对不同气体,同一恒定温度下,以 pV_m 对 p 作图可得一直线,外推至 $p=0$ 时所得截距:( )。

(1)等于相同的不为零的某一定值　　(2)不等同一值　　(3)等于零

14. ΔU 可能不为零的过程为:( )。

(1)隔离系统中的各类变化　　(2)恒温恒容过程

(3)理想气体恒温过程　　　　(4)理想气体自由膨胀过程

15. 如图,在一具有导热器的容器上部装有一可移动的活塞;当容器中同时放入锌块及盐酸令其发生化学反应,则以锌块与盐酸为系统时,正确答案为:( )。

(1) $Q<0,W=0,\Delta U<0$

(2) $Q=0,W<0,\Delta U>0$

(3) $Q=0,W=0,\Delta U=0$

(4) $Q<0,W<0,\Delta U<0$

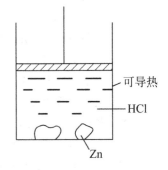

16. 下列说法中错误的是:经过一个节流膨胀后,(　　　)。

(1)理想气体温度不变

(2)实际气体温度一定升高

(3)实际气体温度可能升高,也可能降低

(4)气体节流膨胀焓值不变

17. 1 mol $C_2H_5OH(l)$ 在 298 K 和 100 kPa 压力下完全燃烧,放出的热为 1366.8 kJ,该反应的标准摩尔热力学能变接近于:(　　　)。

(1)1369.3 kJ·mol^{-1}　　　　　　　　(2)$-$1364.3 kJ·mol^{-1}

(3)1364.3 kJ·mol^{-1}　　　　　　　　(4)$-$1369.3 kJ·mol^{-1}

18. 物质分子间的引力对临界温度的影响情况是:(　　　)。

(1)引力越大,临界温度越低　　　(2)引力越大,临界温度越高

(3)引力的大小对临界温度无关系

19. 理想气体的液化行为是:(　　　)。

(1)不能液化　　　　　　　　　　(2)低温高压下才能液化

(3)低温下能液化　　　　　　　　(4)高压下能液化

20. 物质的量为 n 的单原子理想气体恒压升高温度,从 T_1 至 T_2,ΔU 等于:(　　　)。

(1)$nC_{p.m}\Delta T$　　　(2)$nC_{V.m}\Delta T$　　　(3)$nR\Delta T$　　　(4)$nR\ln(T_2/T_1)$

二、填空题

1. 将一电热丝浸入水中,通以电流,如下图所示。

(1)以电热丝为系统,Q _____ 0,W _____ 0,ΔU _____ 0;

(2)以电热丝和水为系统,Q _____ 0,W _____ 0,ΔU _____ 0;

(3)以电热丝、电源、水及其他一切有关的部分为系统,Q _____ 0,W _____ 0,ΔU _____ 0。(选填>、=或<)

2. CO_2 的临界温度为 31.0 ℃,临界压力为 7.38 MPa,在 40 ℃,10 MPa 时,CO_2 _____ 以液态存在。(选填能、不能)

3. 气体 A 的临界温度 T_c(A)高于气体 B 的 T_c(B),则气体 _____ 比气体 _____ 更易于液化。

4. 范德华方程中物质特性反映在 _____ 上,对应状态原理中气体特性反映在 _____ 上。

5. 已知 $\Delta_f H_m^{\ominus}(SO_2, g, 298\ K) = -296.81\ kJ \cdot mol^{-1}$；

$\Delta_f H_m^{\ominus}(H_2S, g, 298\ K) = -20.50\ kJ \cdot mol^{-1}$；

$\Delta_f H_m^{\ominus}(H_2O, g, 298\ K) = -241.81\ kJ \cdot mol^{-1}$；

则反应 $2H_2S(g) + SO_2(g) = 2S(斜方) + 2H_2O(g)$ 的 $\Delta_r H_m^{\ominus}(298\ K)$ = _____。

6. 某理想气体的摩尔恒容热容为 $C_{V,m}$，摩尔恒压热容为 $C_{p,m}$，1 mol 该气体恒压下温度由 T_1 变为 T_2，则此过程中气体的 ΔU = _____。

7. 热力学系统必须同时实现_____平衡、_____平衡、_____平衡和_____平衡，才达到热力学平衡。

8. 范德华方程中的常数 a 是度量_____的特征参数，常数 b 是度量_____的特征参数。

9. 5 mol 某理想气体由 27 ℃，10 kPa 恒温可逆压缩到 100 kPa，则该过程的 ΔU = _____，ΔH = _____，Q = _____。

10. 液体的摩尔蒸发焓随温度升高而_____。（选填增大，不变，减小）

三、是非题

1. 处在对应状态的两种不同气体，各自对于理想气体行为的偏离程度相同。对不对？（   ）

2. 100 ℃时，1 mol $H_2O(l)$ 向真空蒸发变成 1 mol $H_2O(g)$，这个过程的热量即为 $H_2O(l)$ 在 100 ℃的摩尔蒸发焓。对不对？（   ）

3. 热力学标准状态的温度指定为 25 ℃。是不是？（   ）

4. 系统从同一始态出发，经绝热不可逆到达终态，若经绝热可逆过程，则一定达不到此状态。是不是？（   ）

5. 在临界点，饱和液体与饱和蒸汽的摩尔体积相等。对不对？（   ）

6. 对比温度 $T_r > 1$ 的气体不能被液化，对不对？（   ）。

7. 500 K 时，$H_2(g)$ 的 $\Delta_f H_m^{\ominus} = 0$。是不是？（   ）

8. $\Delta_f H_m^{\ominus}(C, 石墨, 298\ K) = 0$。是不是？（   ）

9. 不同物质在它们相同的对应状态下，具有相同的压缩性，即具有相同的压缩因子 Z。对吗？（   ）。

10. 因为 $Q_p = \Delta H, Q_V = \Delta U$，而焓与热力学能是状态函数，所以 Q_p 与 Q_V 也是状态函数。对吗？（   ）。

11. 物质的量为 n 的理想气体，由 T_1, p_1 绝热膨胀到 T_2, p_2，该过程的焓变化 $\Delta H = n\displaystyle\int_{T_1}^{T_2} C_{p,m}\mathrm{d}T$。对吗？（   ）

12. $CO_2(g)$ 的 $\Delta_f H_m^{\ominus}(500\ K) = \Delta_f H_m^{\ominus}(298.15\ K) + \int_{298.15K}^{500K} C_{p,m}(CO_2)dT$。是不是？（ ）

13. 25 ℃ $\Delta_f H_m^{\ominus}(S,正交) = 0$。是不是？（ ）

14. $dU = nC_{V,m}dT$ 公式对一定量的理想气体的任何 p, V, T 过程均适用，对吗？（ ）

15. 理想气体在恒定的外压力下绝热膨胀到终态。因为是恒压，所以 $\Delta H = Q$；又因为是绝热，$Q = 0$，故 $\Delta H = 0$。对不对？（ ）

四、计算题

1. 水在 101.3 kPa，100 ℃时，$\Delta_{vap} H_m = 40.59\ kJ \cdot mol^{-1}$。求 10 mol 水蒸气与水的热力学能之差。（设水蒸气为理想气体，液态水的体积可忽略不计。）

2. 蔗糖 $C_{12}H_{22}O_{11}(s)$ 0.1265 g 在弹式量热计中燃烧，开始时温度为 25 ℃，燃烧后温度升高了。为了要升高同样的温度要消耗电能 2082.3 J。

(1) 计算蔗糖的标准摩尔燃烧焓；

(2) 计算它的标准摩尔生成焓；

(3) 若实验中温度升高为 1.743 K，问量热计和内含物质的热容是多少？

(已知 $\Delta_f H_m^{\ominus}(CO_2, g) = -393.51\ kJ \cdot mol^{-1}$，$\Delta_f H_m^{\ominus}(H_2O, l) = -285.85\ kJ \cdot mol^{-1}$，$C_{12}H_{22}O_{11}$ 的摩尔质量为 342.3 g·mol^{-1}。)

3. 1 mol 理想气体（$C_{p,m} = 5R/2$）从 0.2 MPa，5 dm³ 恒温（T_1）可逆压缩到 1 dm³；再恒压膨胀到原来的体积（即 5 dm³），同时温度从 T_1 变为 T_2，最后在恒容下冷却，使系统回到始态的温度 T_1 和压力。

(1) 在 $p-V$ 图上绘出上述过程的示意图；

(2) 计算 T_1 和 T_2；

(3) 计算每一步的 $Q, W, \Delta U$ 和 ΔH。

4. 将 2 mol $H_2(g)$ 置于带活塞的气缸中，若活塞上的外压力很缓慢地减小，使 $H_2(g)$ 在 25 ℃时从 15 dm³ 恒温膨胀到 50 dm³，试求过程中的 $Q, W, \Delta U, \Delta H$。假设 $H_2(g)$ 服从理想气体行为。

第三章 热力学第二定律

(Chapter 3 The Second Law of Thermodynamics)

▶ **教学目标**

通过本章的学习,要求掌握:

1.卡诺循环与卡诺定理;

2.热力学第二定律;

3.熵、熵增原理;

4.熵变的计算;

5.热力学第三定律;

6.亥姆霍兹函数和吉布斯函数;

7.热力学基本方程和麦克斯韦关系式;

8.克拉佩龙方程与克劳修斯-克拉佩龙方程。

热力学第一定律就是能量转化与守恒原理,是自然界的普遍规律之一。但是对于任意一个化学反应,热力学第一定律只能告诉我们 $\Delta U_+ = -\Delta U_-$, $\Delta H_+ = -\Delta H_-$,至于该反应在指定条件下自发地向哪个方向进行,能进行到什么程度,单凭热力学第一定律并不能做出回答。要解决化学变化的方向与限度的问题,则需要用到自然界的另一个普遍规律,这就是热力学第二定律。

热力学第二定律是由卡诺(Carnot)、克劳修斯(Clausius)、开尔文(Kelvin)等人建立的。热力学第二定律是人类长期生产、生活实践经验的总结。它对于研究新的反应路线具有重要的指导意义。如研究一个新的反应时,应该首先对其热力学的可能性进行计算与判断,如果通过热力学计算证明该反应从热力学上是不可能的,那就没有必要再做进一步的研究了。但是经典热力学只能解决化学变化的可能性问题,并不能解决速率问题,即化学动力学问题。关于化学动力学,将在第九章讨论。

3.1　卡诺循环与卡诺定理

热力学第二定律是人们在研究热机效率的基础上建立起来的,所以早期的研究都与热、功转换有关。

功可以全部转化为热,而热转化为功则有着一定的限制,正是这种热功转换的限制,使得物质状态的变化存在着一定的方向和限度。热力学第二定律就是通过热功转换的限制来研究过程进行的方向和限度。

3.1.1　卡诺循环

1824 年,法国工程师 N. L. S. Carnot(1796—1832)设计了一个循环:以理想气体为工作物质,从高温 T_1 热源吸收 Q_1 的热量,一部分通过理想热机用来对外做功 W,另一部分 Q_2 的热量放给低温 T_2 热源。这种循环称为卡诺循环,如图 3.1 所示。所谓热机,就是把工作物质从高 T 热源吸热,向低 T 热源放热,并对环境做功的循环操作的机器称为热机,也就是将 Q 转化为 W 的机器。所谓热机效率是指热机对外做的功与从高温热源吸收的热量之比,用 η 表示,经过一次循环,热机效率为:

$$\eta = \frac{-W}{Q_1} \tag{3-1-1}$$

卡诺提出了由下面 4 个可逆步骤组成的循环过程作为可逆热机的模型,即:恒温可逆膨胀、绝热可逆膨胀、恒温可逆压缩、绝热可逆压缩,后来人们将这种循环称为卡诺循环(图 3.2),将按卡诺循环工作的热机称为卡诺热机。

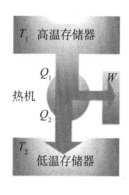

图 3.1　卡诺循环

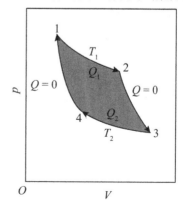

图 3.2　卡诺循环示意图

现以理想气体为工作物质、对工作于 T_1 和 T_2 两个热源之间的卡诺热机的热机效率进行推导。

①恒温可逆膨胀(1→2):气缸中当物质的量为 n 的理想气体经恒温可逆膨胀,由状态点 $1(p_1,V_1,T_1)$ 至状态点 $2(p_2,V_2,T_2)$。

因为是理想气体、恒温过程,所以:

$$\Delta U_1 = 0$$

因为是可逆过程,所以:

$$Q_1 = -W_1 = nRT_1 \ln \frac{V_2}{V_1} \tag{3-1-2}$$

在此过程中,系统从高温热源 T_1 吸收热量 Q_1,对外做功为 $-W_1$。

②绝热可逆膨胀（2→3）:理想气体经绝热可逆膨胀,由状态点 $2(p_2,V_2,T_1)$ 至状态点 $3(p_3,V_3,T_2)$。

因为是绝热过程,$Q=0$,因此有:

$$W_2 = \Delta U_2 = nC_{V,m}(T_2 - T_1) \tag{3-1-3}$$

③恒温可逆压缩(3→4):将温度降为 T_2 的理想气体与恒定温度为 T_2 的低温热源接触,使系统经恒温可逆压缩从状态点 $3(p_3,V_3,T_2)$ 至状态点 $4(p_4,V_4,T_2)$。

因为是理想气体、恒温过程,所以 $\Delta U_3 = 0$

因为是可逆过程,所以:

$$Q_2 = -W_3 = nRT_2 \ln \frac{V_4}{V_3} \tag{3-1-4}$$

在此过程中,系统得功,同时向温度为 T_2 的低温热源放热。

④绝热可逆压缩（4→1）:系统经过绝热可逆压缩从状态点 $4(p_4,V_4,T_2)$ 回到状态点 $1(p_1,V_1,T_1)$,完成一个循环操作。

因为是绝热过程,$Q=0$,则有:

$$W_4 = \Delta U_4 = nC_{V,m}(T_1 - T_2) \tag{3-1-5}$$

整个循环过程能量转换如图 3.2 所示,也就是从高温热源 T_1 吸热 Q_1,一部分对外做功 $-W$(图 3.2 中阴影部分面积),另一部分 $-Q_2$ 传给了低温热源 T_2。

整个循环过程中,系统对外做的功为:

$$-W = -(W_1 + W_2 + W_3 + W_4) = nRT_1 \ln \frac{V_2}{V_1} + nRT_2 \ln \frac{V_4}{V_3} \tag{3-1-6}$$

因为过程 2→3 和 4→1 为绝热可逆过程,所以可用理想气体绝热可逆过程方程式(2-5-4a),有:

$$\frac{T_1}{T_2} = \left(\frac{V_4}{V_1}\right)^{\gamma-1}$$

和
$$\frac{T_1}{T_2} = \left(\frac{V_3}{V_2}\right)^{\gamma-1}$$

以上两式联立,则有:
$$\frac{V_4}{V_1} = \frac{V_3}{V_2}$$

即:
$$\frac{V_4}{V_3} = \left(\frac{V_2}{V_1}\right)^{-1}$$

代入式(3-1-6)得:
$$-W = nR(T_1 - T_2)\ln\frac{V_2}{V_1} \tag{3-1-7}$$

现将 $-W$ 表达式(3-1-7)及 Q_1 表达式(3-1-2)代入热机效率定义式(3-1-1),则得:
$$\eta = \frac{-W}{Q_1} = \frac{nR(T_1 - T_2)\ln\dfrac{V_2}{V_1}}{nRT_1\ln\dfrac{V_2}{V_1}}$$

$$\eta = \frac{-W}{Q_1} = \frac{T_1 - T_2}{T_1} = 1 - \frac{T_2}{T_1} \tag{3-1-8}$$

在卡诺循环中,因为 $\Delta U = 0$,所以 $-W = Q = Q_1 + Q_2$。将其代入式(3-1-8)有:
$$\frac{Q_1 + Q_2}{Q_1} = \frac{T_1 - T_2}{T_1}$$

整理得:
$$\frac{Q_1}{T_1} + \frac{Q_2}{T_2} = 0 \tag{3-1-9}$$

式(3-1-9)中 Q 是可逆热;T 是热源温度;因为过程可逆,所以 T 也是系统的温度;$\dfrac{Q}{T}$ 称为热温商。上式表明,在卡诺循环中,可逆热温商之和等于零,这一重要结果将用于熵函数的导出。

由以上推导可知:

卡诺热机的热机效率仅与两个热源的温度有关。要提高热机效率,必须提高高温热源温度 T_1,或者降低低温热源温度 T_2。

3.1.2 卡诺定理

卡诺定理:所有工作于同温热源和同温冷源之间的热机,其效率都不能超过可逆机,即可逆机的效率最大。

卡诺定理推论:所有工作于同温热源与同温冷源之间的可逆机,其热机效率都相等,即与热机的工作物质无关。

卡诺定理的意义:

①引入了一个不等号 $\eta_i < \eta_r$,原则上解决了化学反应的方向问题。

②解决了热机效率的极限值问题,即热转化为功是有最高限度的,且这个最高限度仅与两个热源温度有关。

③任意循环过程的可逆热温商之和等于零,即式(3-1-9),不限于理想气体的变化,而具有普遍意义。

视频 3.1

3.2 热力学第二定律

3.2.1 自发过程

在自然条件下,不需要外力帮助,任其自然就能够发生的过程,称为自发过程。自发过程的逆过程称为非自发过程。

自发过程有很多,比如:①热量从高温物体传入低温物体;②气体从高压向低压膨胀;③浓度不等的溶液混合均匀;④在焦耳热功当量实验中,功自动转变成热;⑤锌片与硫酸铜的置换反应;⑥气体向真空膨胀。在上述自发过程中,在同样条件下,相反的过程即它们的逆过程都不能自动进行。当借助外力,体系恢复原状后,会给环境留下不可磨灭的影响。所以自发过程都有一定的变化方向。

自发过程具有两个特征:①具有不可逆性;②具有做功的本领,即一切自发过程若做适当的安排,均可用来做功。

注意 虽然在自然条件下自发过程的逆过程不能自动进行,但是并不能说,在其他条件下它的逆过程也不能进行。如果对系统做功,就可以使自发过程的逆过程能够进行。也就是要使自发过程的逆过程能够进行,则环境必须对系统做功(比如通过电解做功,就可以使 $Cu + Zn^{2+} \longrightarrow Cu^{2+} + Zn$ 这一反应得以进行)。

3.2.2 热力学第二定律

在卡诺理论工作的基础上,克劳修斯和开尔文先后对热力学第二定律的内容进行了明确的表述:

克劳修斯说法:"热不能自动地从低温物体传给高温物体而不产生其他变化。"

开尔文说法:"不可能从单一热源吸热使之全部对外做功而不产生其他变化。"后来被奥斯特瓦德(Ostward)表述为:"第二类永动机是不可能造成的。"

热力学第二定律,也是人类长期实践经验的总结,它虽不能通过数学逻辑来证明,但是其正确性已经被长期的实践所检验。

视频 3.2

3.3　熵与克劳修斯不等式

在热力学的研究中卡诺循环占有非常重要的地位,不仅因为它给出了热功转化的极限,更重要的是,克劳修斯在卡诺循环的基础上推导出一个在热力学中应用很广的状态函数——熵,提出了自发过程的熵判据,从而建立了热力学第二定律的数学表达式。

3.3.1　熵的导出

在卡诺循环中,我们推导得出一个重要结果,即式(3-1-9)

$$\frac{Q_1}{T_1} + \frac{Q_2}{T_2} = 0$$

对一个无限小的卡诺循环,因为工作物质只从热源吸收或放出微量的热 δQ ,所以有:

$$\frac{\delta Q_1}{T_1} + \frac{\delta Q_2}{T_2} = 0$$

也就是任何卡诺循环的可逆热温商之和等于零。

下面对任意可逆循环的热温商进行分析。

假设有一任意可逆循环,如图 3.3 所示。如果在此 $p-V$ 图上引入许多绝热可逆线(虚线)和恒温可逆线(实线),那么就可以将这个任意的可逆循环分割成许多由两条绝热可逆线和两条恒温可逆线所构成的小卡诺循环。也就是说,任意的可逆循环完全可以用无限多个小的卡诺循环之和来代替。

因为每个小卡诺循环的可逆热温商之和都等于 0,即:

$$\frac{\delta Q_1}{T_1} + \frac{\delta Q_2}{T_2} = 0$$

$$\frac{\delta Q'_1}{T'_1} + \frac{\delta Q'_2}{T'_2} = 0$$

$$\cdots$$

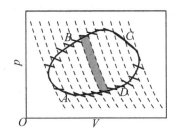

图 3.3　任意可逆循环

式中 T_1，T_2，T'_1，T'_2，$\cdots$ 为各小卡诺循环中热源的温度。上述各式相加，则得：

$$\left(\frac{\delta Q_1}{T_1}+\frac{\delta Q_2}{T_2}\right)+\left(\frac{\delta Q'_1}{T'_1}+\frac{\delta Q'_2}{T'_2}\right)+\cdots=0$$

即

$$\sum\frac{\delta Q_\mathrm{r}}{T}=0 \tag{3-3-1}$$

因为过程是可逆的，所以上式可写成：

$$\oint\frac{\delta Q_\mathrm{r}}{T}=0 \tag{3-3-2}$$

即任意可逆循环的可逆热温商 $\dfrac{\delta Q_\mathrm{r}}{T}$ 沿封闭曲线的环程积分等于 0。

根据积分定理，如果沿封闭曲线的环程积分等于零，那么所积变量应该是某一函数的全微分。则该变量的积分值就应当只取决于系统的始、终态，而与过程的具体途径无关，也就是该变量是状态函数。

据此，克劳修斯将此状态函数定义为熵，用 S 表示，即：

$$\mathrm{d}S\xlongequal{\mathrm{def}}\frac{\delta Q_\mathrm{r}}{T} \tag{3-3-3a}$$

此式即为熵的定义式。熵是状态函数，是广度性质，熵 S 的单位为 $\mathrm{J\cdot K^{-1}}$，但熵的绝对值无法知道。

对于一个由状态 1 到状态 2 的宏观变化过程，其熵变为：

$$\Delta S=\int_1^2\frac{\delta Q_\mathrm{r}}{T} \tag{3-3-3b}$$

对于体积功等于零的微小可逆过程，根据热力学第一定律，有 $\delta Q_\mathrm{r}=\mathrm{d}U+p\mathrm{d}V$，代入(3-3-3a)，得：

$$\mathrm{d}S=\frac{\mathrm{d}U+p\mathrm{d}V}{T}$$

显然,任何绝热可逆过程熵变均等于零,即绝热可逆过程为恒熵过程。

对于熵的微观物理意义,将在后面的统计热力学(第十章)中详细介绍,这里只简单介绍一下。统计热力学中玻耳兹曼熵定理给出:

$$S = k\ln\Omega$$

式中 k 为玻耳兹曼常数;Ω 为系统总的微观状态数。上式说明系统总的微观状态数 Ω 越大,系统越混乱,系统的熵越大。

3.3.2　克劳修斯不等式

根据卡诺定理,工作于 T_1,T_2 两个热源间的任意热机 i 与可逆热机 r,其热机效率有如下关系:

$$\eta_i \leqslant \eta_r \quad \left(\begin{matrix} <\text{不可逆循环} \\ =\text{可逆循环} \end{matrix} \right)$$

即:

$$\frac{Q_1 + Q_2}{Q_1} \leqslant \frac{T_1 - T_2}{T_1} \quad \left(\begin{matrix} <\text{不可逆循环} \\ =\text{可逆循环} \end{matrix} \right)$$

整理得:

$$\frac{Q_1}{T_1} + \frac{Q_2}{T_2} \leqslant 0 \left(\begin{matrix} <\text{不可逆循环} \\ =\text{可逆循环} \end{matrix} \right)$$

对于微小循环,有:

$$\frac{\delta Q_1}{T_1} + \frac{\delta Q_2}{T_2} \leqslant 0 \left(\begin{matrix} <\text{不可逆循环} \\ =\text{可逆循环} \end{matrix} \right)$$

也就是当任意热机完成一个微小循环后,其热温商之和,不可逆时小于零,可逆时等于零。

可采用与推导式(3-3-1)类似的办法,将任意的一个循环用无限多个微小的循环代替,则可以得:

$$\oint \frac{\delta Q}{T} \leqslant 0 \left(\begin{matrix} <\text{不可逆循环} \\ =\text{可逆循环} \end{matrix} \right)$$

设有一不可逆循环如图 3.4 所示,由不可逆途径 a 和可逆途径 b 组成,应用上式并拆成两项,因为:

$$\oint \frac{\delta Q}{T} < 0$$

则有:

$$\int_1^2 \frac{\delta Q_{ir}}{T} + \int_2^1 \frac{\delta Q_r}{T} < 0$$

对于可逆途径 b 有:

$$\int_2^1 \frac{\delta Q_r}{T} = -\int_1^2 \frac{\delta Q_r}{T}$$

所以有：

$$\int_1^2 \frac{\delta Q_r}{T} > \int_1^2 \frac{\delta Q_{ir}}{T}$$

δQ_r，δQ_{ir} 分别为 1→2(途径 b, a)过程对应的可逆热与不可逆热。

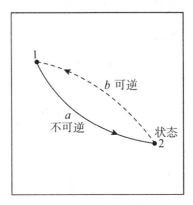

图 3.4　不可逆循环示意图

利用熵的定义式,并结合上式,可得：

$$\Delta_1^2 S \geqslant \int_1^2 \frac{\delta Q}{T} \begin{pmatrix} >不可逆 \\ =可逆 \end{pmatrix} \tag{3-3-4a}$$

对微小过程：

$$dS \geqslant \frac{\delta Q}{T} \begin{pmatrix} >不可逆 \\ =可逆 \end{pmatrix} \tag{3-3-4b}$$

以上两式称为克劳修斯不等式。可以用克劳修斯不等式来判断过程的方向与限度:若过程的热温商小于熵差,则过程为不可逆;若过程的热温商等于熵差,则过程为可逆。因为热力学第二定律的核心问题是解决过程的方向与限度,所以克劳修斯不等式亦称为热力学第二定律的数学表达式。

3.3.3　熵增原理

由式(3-3-4)克劳修斯不等式可知,若过程绝热,$\delta Q = 0$,则有：

$$\Delta S_a \geqslant 0 \begin{pmatrix} >不可逆 \\ =可逆 \end{pmatrix} \quad (绝热过程)$$

即在绝热过程中熵不会减小。但是大多数情况下,系统与环境往往并不是绝热,但如果将系统(sys)与环境(amb)组成的隔离系统作为一个整体,则满足了绝热的条件,所以有：

$$\Delta S_{iso} = \Delta S_{sys} + \Delta S_{amb} \geqslant 0 \begin{pmatrix} > 不可逆 \\ = 可逆 \end{pmatrix} \tag{3-3-5}$$

即隔离系统的熵不可能减小,这就是熵增原理。

不可逆过程可以是自发过程,也可以是靠环境做功进行的非自发过程。对于隔离系统,系统与环境间没有任何能量交换,如果它发生不可逆过程,则一定为自发过程;如果发生可逆过程,则为处于平衡状态的过程。因此,式(3-3-5)即:

$$\Delta S_{iso} = \Delta S_{sys} + \Delta S_{amb} \geqslant 0 \begin{pmatrix} > 自发 \\ = 平衡 \end{pmatrix} \tag{3-3-6a}$$

$$dS_{iso} = dS_{sys} + dS_{amb} \geqslant 0 \begin{pmatrix} > 自发 \\ = 平衡 \end{pmatrix} \tag{3-3-6b}$$

以上两式可以根据隔离系统的熵差来判断过程的方向与限度,所以亦称为熵判据。

3.3.4　热力学第二定律逻辑线

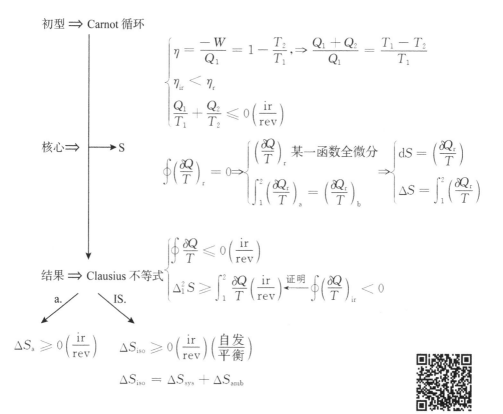

视频 3.3

3.4 熵变的计算

根据隔离系统的熵判据可以判断自发过程的方向。下面将分别介绍如何计算系统的熵变 ΔS_{sys} 及环境的熵变 ΔS_{amb}。

系统熵变 ΔS_{sys} 的计算,可分为单纯 pVT 变化、相变化和化学变化三种情况。

3.4.1 单纯 pVT 变化过程熵变计算

根据熵的定义式并结合热力学第一定律,可以导出单纯 pVT 变化过程熵变的计算关系式。

假设系统进行的过程为:$p_1, V_1, T_1 \rightarrow p_2, V_2, T_2$

因为
$$dS = \frac{\delta Q_r}{T}$$

$$\delta Q_r = dU + pdV$$

则有:
$$dS = \frac{dU + pdV}{T} \tag{3-4-1}$$

现从以上两式出发讨论不同过程 ΔS 的计算。

(1)恒温过程
$$\Delta S = \int_1^2 \frac{dU + pdV}{T}$$

$$\Delta_T S = \frac{1}{T} \int_1^2 (dU + pdV)$$

①对于理想气体:因为 $dU=0$,所以:
$$\Delta_T S = \frac{1}{T} \int_1^2 (dU + pdV) \xrightarrow{\text{理想气体}} \frac{1}{T} \int_{V_1}^{V_2} pdV = nR\ln\frac{V_2}{V_1} = nR\ln\frac{p_1}{p_2}$$
$$\tag{3-4-2a}$$

②对于真实气体:
$$\Delta_T S = \frac{1}{T} \int_1^2 (dU + pdV) \xrightarrow{\text{真实气体}} \frac{1}{T} \int_1^2 (dU + pdV) \text{(用真实气体的性质代入)}$$
$$\tag{3-4-2b}$$

③对于凝聚态:
$$\Delta_T S = \frac{1}{T} \int_1^2 (dU + pdV) \xrightarrow{\text{l,s}} \approx 0 \tag{3-4-2c}$$

（2）恒压过程

$$\Delta_p S = \int_1^2 \left(\frac{\delta Q_r}{T}\right)_p = \int_{T_1}^{T_2} \frac{nC_{p,m} dT}{T} = nC_{p,m} \ln \frac{T_2}{T_1} \qquad (3\text{-}4\text{-}3)$$

（3）恒容过程

$$\Delta_V S = \int_1^2 \left(\frac{\delta Q_r}{T}\right)_V = \int_{T_1}^{T_2} \frac{nC_{v,m} dT}{T} = nC_{v,m} \ln \frac{T_2}{T_1} \qquad (3\text{-}4\text{-}4)$$

（4）任意变温过程

任意变温过程可以分别设计由恒温与恒容过程、恒温与恒压过程、恒容与恒压过程完成,因此有三种计算方法。

$$\textcircled{1} \ \Delta_1 S = \Delta_T S + \Delta_V S = \int_1^2 \frac{dU + p dV}{T} + \int_{T_1}^{T_2} \frac{nC_{V,m} dT}{T}$$

$$\xrightarrow{\text{理想气体}} nR \ln \frac{V_2}{V_1} + \int_{T_1}^{T_2} \frac{nC_{V,m} dT}{T} \qquad (3\text{-}4\text{-}5a)$$

$$\textcircled{2} \ \Delta_2 S = \Delta_T S + \Delta_p S = \int_1^2 \frac{dU + p dV}{T} + \int_{T_1}^{T_2} \frac{nC_{p,m} dT}{T}$$

$$\xrightarrow{\text{理想气体}} nR \ln \frac{p_1}{p_2} + \int_{T_1}^{T_2} \frac{nC_{p,m} dT}{T} \qquad (3\text{-}4\text{-}5b)$$

$$\textcircled{3} \ \Delta_3 S = \Delta_V S + \Delta_p S = \int_{T_1}^{T_2} \frac{nC_{V,m} dT}{T} + \int_{T_1}^{T_2} \frac{nC_{p,m} dT}{T} \qquad (3\text{-}4\text{-}5c)$$

注意　绝热可逆过程为等熵过程,即 $\Delta S = 0$,绝热不可逆过程按照任意变温过程计算。

需要说明的是,上述计算熵变的公式尽管是由式（3-4-1）推导而来,但由于熵是状态函数,熵变只与始终态有关,而与途径无关,故上述公式对不可逆过程同样适用。

（5）混合过程

对于混合过程熵变,总的计算原则是分别计算各组分的熵变,然后求和。

$$\boxed{\begin{array}{c} A, n_A \\ T, p, V_A \end{array}} + \boxed{\begin{array}{c} B, n_B \\ T, p, V_B \end{array}} \xrightarrow{\text{等}T, \text{等}p} \boxed{\begin{array}{c} n = n_A + n_B \cdot y_A \cdot y_B \\ T, p, V = V_A + V_B \end{array}}$$

因为在混合过程中:

$$V_A \rightarrow V, p \rightarrow p_A$$

$$V_B \rightarrow V, p \rightarrow p_B$$

所以:

$$\Delta S_A = n_A R \ln \frac{V}{V_A} = n_A R \ln \frac{p}{p_A} = n_A R \ln \frac{1}{y_A} = -nR y_A \ln y_A$$

$$\Delta S_B = n_B R \ln \frac{V}{V_B} = n_B R \ln \frac{p}{p_B} = n_B R \ln \frac{1}{y_B} = -nR y_B \ln y_B$$

$$\Delta S_{mix} = \Delta S_A + \Delta S_B = -nR(y_A \ln y_A + y_B \ln y_B)$$

对于理想气体恒温恒压下的混合过程：

$$\Delta S_{mix} = -nR \sum_B y_B \ln y_B \qquad (3\text{-}4\text{-}6)$$

[例 3-1] 4 mol 某理想气体，其 $C_{V,m} = 2.5R$，由始态 531.43 K，600 kPa，先恒容加热到 708.57 K，再绝热可逆膨胀至 500 kPa 的终态。求终态的温度，整个过程的 ΔU 及 ΔS 各为若干？

解 $n = 4$ mol，根据题意，过程如下：

$$\boxed{\begin{array}{c} T_1 = 531.43\ \text{K} \\ p_1 = 600\ \text{kPa} \end{array}} \xrightarrow[\ (1)\ ]{dV=0} \boxed{\begin{array}{c} T_2 = 708.57\ \text{K} \\ p_2 = ? \end{array}} \xrightarrow[\ (2)\ ]{\text{绝热可逆}} \boxed{\begin{array}{c} T_3 = ? \\ p_3 = 500\ \text{kPa} \end{array}}$$

因为 $p_2 = p_1 T_2 / T_1 = 600 \times 708.57/531.43 = 800.0\,(\text{kPa})$

$$T_3 = T_2 (p_3/p_2)^{R/C_{p,m}} = 708.57 \times \left(\frac{5}{8}\right)^{1/3.5} = 619.53\,(\text{K})$$

$$\Delta U = \Delta U_1 + \Delta U_2$$

对于过程 1，因为是理想气体，所以：

$$\Delta U_1 = n C_{V,m}(T_2 - T_1)$$

对于过程 2，因为是理想气体，所以：

$$\Delta U_2 = n C_{V,m}(T_3 - T_2)$$

$\Delta U = 4 \times 2.5 \times 8.314 \times (619.53 - 531.43) = 7325\,(\text{J})$

$\Delta S = \Delta S_1 + \Delta S_2$

对于过程 1，因为理想气体恒容过程，所以：

$$\Delta S_1 = n C_{V,m} \ln(T_2 / T_1)$$

对于过程 2，因为是绝热可逆过程，所以：

$$\Delta S_2 = 0$$

故 $\Delta S = \Delta S_1 + \Delta S_2 = n C_{V,m} \ln(T_2/T_1)$

$$= [4 \times 2.5 \times 8.314 \ln(708.57/531.43)]$$

$$= 23.92\,(\text{J} \cdot \text{K}^{-1})$$

[例 3-2] 在 293.15 K 时，将一个 22.4 dm³ 的盒子用隔板一分为二，一边放 0.5 mol O₂，另一边放 0.5 mol N₂。求抽去隔板后，两种气体混合过程的熵变？

解 过程如下：

$n_A = 0.5$ mol, O_2 $T = 293.15$ K, 11.2 dm³	$n_A = 0.5$ mol, N_2 $T = 293.15$ K, 11.2 dm³	→	$N_2, O_2, 22.4$ dm³ $T = 293.15$ K

因为: $\Delta_{mix}S = \Delta S_{O_2} + \Delta S_{N_2}$,理想气体,恒温过程,所以:

$$\Delta S(O_2) = nR\ln\frac{V_2}{V_1}$$

$$\Delta S(N_2) = nR\ln\frac{V_2}{V_1}$$

故　　$\Delta_{mix}S = \Delta S_{O_2} + \Delta S_{N_2} = 2nR\ln\frac{V_2}{V_1} = R\ln 2 = 5.76$ J·K⁻¹

[例 3-3] 绝热恒容容器中有一绝热隔板,隔板两侧均为 $N_2(g)$。一侧容积 50 dm³,内有 200 K 的 $N_2(g)$ 2 mol,另一侧容积为 75 dm³,内有 500 K 的 $N_2(g)$ 4 mol,今将隔板抽去。求过程的 ΔS。

解 根据题意,过程如下:

$N_2, n_1 = 2$ mol $T_1, 200$ K $V_1 = 50$ dm³	$N_2, n_2 = 4$ mol $T_2, 500$ K $V_2 = 75$ dm³.	→	$N_2, n = 6$ mol $V = 125$ dm³ $T_{mix} = ?; p_{mix} = ?$

因为是绝热恒容容器,故:

$$\Delta U = \int_{T_1}^{T_{mix}} n_1 C_{V.m} dT + \int_{T_2}^{T_{mix}} n_2 C_{V.m} dT = 0$$

$T_{mix} = 400$ K, $p_{mix} = 159.629$ kPa

$$\Delta S = \Delta S_{1(N_2)} + \Delta S_{2(N_2)}$$

$$\Delta S_{1(N_2)} = \int_{T_1}^{T_{mix}} \frac{n_1 C_{p.m} dT}{T} + n_1 R\ln\frac{p_1}{p_{mix}} = n_1 C_{pm}\ln\frac{T_{mix}}{T_1} + n_1 R\ln\frac{p_1}{p_{mix}}$$

$$= 2 \times \frac{7}{2} \times 8.314\ln\frac{400}{200} + 2 \times 8.314\ln\frac{66.512}{159.629} = 40.34 - 14.56 = 25.78(\text{J·K}^{-1})$$

$$\Delta S_{2(N_2)} = \int_{T_2}^{T_{mix}} \frac{n_2 C_{p.m} dT}{T} + n_2 R\ln\frac{p_1}{p_{mix}} = n_2 C_{p.m}\ln\frac{T_{mix}}{T_2} + n_2 R\ln\frac{p_1}{p_{mix}}$$

$$= 4 \times \frac{7}{2} \times 8.314\ln\frac{400}{500} + 4 \times 8.314\ln\frac{221.70}{159.629} = -25.97 + 10.92 = -15.05(\text{J·K}^{-1})$$

$$\Delta S = \Delta S_{1(N_2)} + \Delta S_{2(N_2)} = 25.78 - 15.05 = 10.73(\text{J·K}^{-1})$$

3.4.2 相变过程的熵变计算

相变过程的熵变计算,有两种类型:①可逆相变;②不可逆相变。对于不可逆相变过程,需设计可逆过程来计算过程的熵变。

(1)可逆相变的熵变计算

可逆相变是在无限接近平衡条件下进行的相变。如果一个相变过程中始终保持在某一温度及其平衡压力下进行时,则该相变即为可逆相变。如在恒定 100 ℃ 及饱和蒸气压 101.325 kPa 的条件下液态水汽化为水蒸气的过程就是可逆相变。对于可逆相变过程熵变的计算,可直接利用熵的定义式(3-3-3)进行计算。

根据熵的定义式,可以利用上一章介绍的基础热数据——摩尔相变焓 $\Delta_\alpha^\beta H_m$ 来计算恒温恒压下的可逆相变过程的熵变:

$$\Delta_\alpha^\beta S = \frac{n\Delta_\alpha^\beta H_m}{T} \tag{3-4-7}$$

式中 n 为发生相变物质的物质的量,T 为可逆相变的温度。

[**例 3-4**]　8 mol 水蒸气在 373.15 K,101.325 kPa 下冷凝为液态水,已知该条件下的水的凝结焓 $\Delta_{con}H_m = -4.06 \times 10^4 J \cdot mol^{-1}$,求过程的 $\Delta_{vap}S$。

解　因为该相变过程为可逆相变,根据式(3-4-7)有:

$$\Delta_{con}S = \frac{n\Delta_{con}H_m}{T} = \frac{8 \times (-4.06 \times 10^4)}{373.15} = -870.427(J \cdot K^{-1})$$

$$\Delta_{vap}S = -\Delta_{con}S = 870.427 \ J \cdot K^{-1}$$

如果某一温度 T 下的可逆摩尔相变焓未知,但已知另一温度 T_0 下的可逆摩尔相变焓为 $\Delta_\alpha^\beta H_m(T_0)$,那么可以先利用式(2-6-2a)求出温度 T 下的" $\Delta_\alpha^\beta H_m(T)$,然后代入式(3-4-7)中,得:

$$\Delta_\alpha^\beta S(T) = \frac{\Delta_\alpha^\beta H_m(T)}{T} = \frac{n\left[\Delta_\alpha^\beta H_m(T_0) + \int_{T_0}^{T} \Delta_\alpha^\beta C_{p,m}dT\right]}{T} \tag{3-4-8}$$

例如已知 100 ℃,101.325 kPa 下水的摩尔蒸发焓,则可以利用式(3-4-8),计算 25 ℃ 及其饱和蒸气压下的摩尔相变熵 $\Delta_l^g S_m$。

(2)不可逆相变的熵变计算

凡是不在无限接近平衡条件下进行的相变均为不可逆相变。例如在 101.325 kPa,25 ℃ 条件下的液态水气化为水蒸气的过程就是不可逆相变。要计算不可逆相变过程的熵变,则需要采用状态函数法。对不可逆相变过程,设计一个包含可逆相变及单纯 pVT 变化的途径,然后利用可逆摩尔相变焓与摩尔热容来进行计算。具体解题思路如下。

$$B(\alpha) \xrightarrow{\ \ Ir\ \ } B(\beta)$$
$$\Big\downarrow \Delta S_1 \qquad \Big\uparrow \Delta S_2$$
$$B(\alpha) \xrightarrow{\ \ rev\ \ } B(\beta)$$

$$\Delta_a^\beta S_{Ir} = \Delta_a^\beta S_{rev} + \Delta S_1 + \Delta S_2$$

[**例 3-5**] 已知水在 $0\ ℃$, $100\ kPa$ 下熔化焓为 $6.009\ kJ \cdot mol^{-1}$; 水和冰的摩尔恒容热容分别为 $75.3\ J \cdot K^{-1} \cdot mol^{-1}$ 和 $37.6\ J \cdot K^{-1} \cdot mol^{-1}$; 冰在 $-5\ ℃$ 时的蒸气压为 $401\ Pa$。试计算: $H_2O(l, -5\ ℃, 100\ kPa) \longrightarrow H_2O(s, -5\ ℃, 100\ kPa)$ 的 ΔH 与 ΔS。

解 根据已知数据, 设计如下计算途径(以 1 mol 为基准):

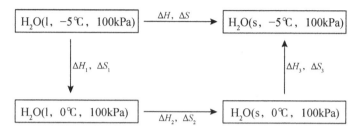

则根据状态函数法, 有:

$$\Delta H = \Delta H_1 + \Delta H_2 + \Delta H_3$$
$$= C_{p.m}(l)(T_2 - T_1) + (-\Delta_{fus} H_m) + C_{p.m}(s)(T_1 - T_2)$$
$$= 75.3 \times (273.15 - 268.15) - 6009 + 37.6 \times (268.15 - 273.15)$$
$$= -5820(J \cdot mol^{-1})$$

$$\Delta S = \Delta S_1 + \Delta S_2 + \Delta S_3$$
$$= C_{p.m}(l)\ln \frac{T_2}{T_1} + \frac{-\Delta_{fus} H_m}{T_2} + C_{p.m}(s)\ln \frac{T_1}{T_2}$$
$$= 75.3 \times \ln \frac{273.15}{268.15} - \frac{6009}{273.15}$$
$$+ 37.6 \times \ln \frac{268.15}{273.15} = -21.30(J \cdot K^{-1} \cdot mol^{-1})$$

3.4.3 环境熵变计算

通常所指的环境往往是大气, 当系统与环境间发生热量交换时, 引起的环境温度、压力的变化是无限小的, 环境可认为时刻处于无限接近平衡的状态。因此, 整个热交换过程对环境来说, 可以看作是在恒温下的可逆过程, 所以根据熵的定义, 得:

$$\Delta S_{amb} = \frac{Q_{amb}}{T_{amb}}$$

式中 T_{amb} 为环境温度。又因为 $Q_{amb} = -Q_{sys}$, 代入上式, 则有:

$$\Delta S_{amb} = \frac{-Q_{sys}}{T_{amb}} = \frac{-\Delta H_{sys}}{T_{amb}} \tag{3-4-9}$$

式(3-4-9)即为环境熵变的计算公式。

计算了环境的 ΔS_{amb} 再结合系统的 ΔS_{sys}，就可以运用 $\Delta S_{iso} = \Delta S_{sys} + \Delta S_{amb}$ 判断过程的方向与限度。

[例 3-6] 已知：C_6H_6 的熔点为 278.7 K，$\Delta_{fus}H_m = 9916\ J\cdot mol^{-1}$，$C_{p.m(l)} = 126.8\ J\cdot mol^{-1}\cdot K^{-1}$，$C_{p.m(s)} = 122.6\ J\cdot mol^{-1}$，求下列过程的 ΔS_{iso}。

$$1\ mol,C_6H_6(l),101.325\ kPa,268.2\ K \xrightarrow{\Delta S_{iso}} 1\ mol,C_6H_6(s),101.325\ kPa,268.2\ K$$

解 根据题意，设计过程如下：

$$\Delta S_{iso} = \Delta S_{sys} + \Delta S_{amb}$$

$$\Delta S_{sys} = \Delta S_1 + \Delta S_2 + \Delta S_3$$

$$\begin{cases} \Delta S_1 = \int_{268.2}^{278.7} \dfrac{nC_{pm(l)}dT}{T} = n\,C_{pm(l)}\ln\dfrac{T_2}{T_1} = 126.8\times\ln\dfrac{278.7}{268.2} = 4.87(J\cdot K^{-1}\cdot mol^{-1}) \\[2mm] \Delta S_2 = -\dfrac{n\Delta_{fus}H_m}{T} = -\dfrac{9916}{278.7} = -35.58(J\cdot K^{-1}\cdot mol^{-1}) \\[2mm] \Delta S_3 = \int_{278.7}^{268.2} \dfrac{nC_{pm(s)}dT}{T} = n\,C_{pm(l)}\ln\dfrac{T_1}{T_2} = 122.6\times\ln\dfrac{268.2}{278.7} = -4.71(J\cdot K^{-1}\cdot mol^{-1}) \end{cases}$$

$$\Delta S_{sys} = -35.42\ J\cdot K^{-1}$$

而 $\Delta S_{amb} = \dfrac{-\Delta H_{268.2}}{T_{amb}}$

$$\Delta H_{268.2} = \Delta H_1 + \Delta H_2 + \Delta H_3$$

$$\begin{cases} \Delta H_1 = \int_{268.2}^{278.7} n\,C_{pm(l)}dT = nC_{pm(l)}(T_2 - T_1) = 126.8\times(278.7 - 268.2) = 1331.4(J) \\[2mm] \Delta H_2 = -n\Delta_{fus}H_m = -9916\ J \\[2mm] \Delta H_3 = \int_{278.7}^{268.2} n\,C_{pm(s)}dT = nC_{pm(s)}(T_1 - T_2) = 122.6\times(268.2 - 278.7) = -1287.3(J) \end{cases}$$

$$\Delta S_{amb} = \frac{-\Delta H_{268.2}}{T_{amb}} = \frac{9871.9}{268.2} = 36.80(J\cdot K^{-1})$$

$$\Delta S_{iso} = \Delta S_{sys} + \Delta S_{amb} = 1.38(J\cdot K^{-1})$$

因为 $\Delta S_{iso} > 0$，所以可以自发进行。

[例 3-7] 已知苯在 101.325 kPa 下于 80.1 ℃沸腾，$\Delta_{vap}H_m = 30.878\ kJ\cdot$

mol^{-1}。液体苯的摩尔恒容热容 $C_{p,m} = 142.7 \text{ J} \cdot mol^{-1} \cdot K^{-1}$。今将 40.53 kPa,80.1 ℃的苯蒸气 1 mol,先恒温可逆压缩至 101.325 kPa,并凝结成液态苯,再在恒压下将其冷却至 60 ℃。求整个过程的 $Q,W,\Delta U,\Delta H,\Delta S$。

解 根据题意,过程如下:

$C_6H_6(g)$		$C_6H_6(g)$		$C_6H_6(l)$		$C_6H_6(l)$
$T_1 = 353.25$ K	(1)	$T_1 = 353.25$ K	(2)	$T_1 = 353.25$ K	(3)	$T_2 = 333.15$ K
$n = 1$ mol	→	$n = 1$ mol	→	$n = 1$ mol	→	$n = 1$ mol
$p_1 = 40.53$ kPa		$p_2 = 101.325$ kPa		$p_2 = 101.325$ kPa		$p_2 = 101.325$ kPa

因为过程(1)是理想气体,恒温可逆过程,所以有:

$\Delta U_1 = 0$

$\Delta H_1 = 0$

$W_1 = -nRT\ln\dfrac{p_1}{p_2} = 8.314 \times 353.25\ln\dfrac{40.53}{101.325} = 2.691 \text{ kJ}$

$Q_1 = nRT\ln\dfrac{p_1}{p_2} = -2.691(\text{kJ})$

$\Delta S_1 = nR\ln\dfrac{p_1}{p_2} = -7.62 \text{ J} \cdot K^{-1}$

因为过程(2)是可逆相变过程,所以有:

$\Delta H_2 = -30.878 \text{ kJ}$

$Q_2 = -n\Delta_{vap}H_m = -30.878 \text{ kJ}$

$W_2 = -p\Delta V = -p(V_1 - V_g) = pV_{(g)} \approx nRT = 2.937 \text{ kJ}$

$\Delta U_2 = \Delta H_2 - \Delta pV = \Delta H_2 - p(V_1 - V_g) \approx \Delta H_2 + nRT = -27.941 \text{ kJ}$

$\Delta S_2 = \dfrac{-n\Delta_{vap}H_m}{T} = \dfrac{-30.878}{353.25} = -87.4(\text{J} \cdot K^{-1})$

因为过程(3)是液体恒压过程,所以有:

$Q_3 = \Delta H_3 = nC_{p,m}(T_2 - T_1) = 142.7 \times (333.15 - 353.25) = -2.868(\text{kJ})$

$W_3 = -p\Delta V \approx 0$

$\Delta H_3 = -2.868 \text{ kJ}$

$\Delta U_3 \approx -2.868 \text{ kJ}$

$\Delta S_3 = \displaystyle\int_{T_1}^{T_2} \dfrac{nC_{p,m}dT}{T} = nC_{p,m}\ln\dfrac{T_2}{T_1} = 142.7 \times \ln\dfrac{333.15}{353.25} = -8.360(\text{J} \cdot K^{-1})$

对于总的过程,则有:

$Q = \displaystyle\sum_{i=1}^{3} Q_i = -36.437 \text{ kJ}$

$$W = \sum_{i=1}^{3} W_i = 5.628 \text{ kJ}$$

$$\Delta H = \sum_{i=1}^{3} \Delta H_i = -33.746 \text{ kJ}$$

$$\Delta U = \sum_{i=1}^{3} \Delta U_i = -30.809 \text{ kJ}$$

$$\Delta S = \sum_{i=1}^{3} \Delta S_i = -103.38 \text{ J} \cdot \text{K}^{-1}$$

视频 3.4

3.5 热力学第三定律与化学反应熵变的计算

3.5.1 热力学第三定律

(1)能斯特热定理(Nernst heat theorem)

1906 年,Nernst 经过系统地研究了低温下凝聚体系的反应,提出了一个假定:凝聚系统在恒温反应过程中的熵变,随温度趋于 0K 而趋于零,即:

$$\lim_{T \to 0K} \Delta_T S = 0 \tag{3-5-1}$$

这就是 Nernst 热定理的数学表达式,它是热力学第三定律的基础。

(2)热力学第三定律

在 Nernst 热定理的基础上,为了计算方便,1911 年普朗克(Planck P M)、1920 年路易斯(Lewis G N)和吉布森(Gibson G E)提出了热力学第三定律:纯物质、完美晶体、0K 时的熵等于零,即:

$$S^*（0K，完美晶体）＝0 \tag{3-5-2}$$

这就是热力学第三定律最普遍的表述。

3.5.2 规定熵与标准熵

热力学第三定律是规定了熵的基准。有了这个基准,就可以计算出一定量的 B 物质的规定熵与标准熵。

规定熵:规定在 0 K 时完美晶体的熵值为零,从 0 K 到温度 TK 进行积分,这样求得的熵值称为规定熵,记作 $S_B(T)$。

标准熵:从规定在 0 K 时完美晶体的熵值为零出发,计算 1 mol 纯物质处于标准态的温度时的熵值,即为 B 物质的标准摩尔熵,记作 $S_{m,B}^{\ominus}(T)$。

现简要说明 1 mol B 物质的标准摩尔熵的计算过程。

设有 1 mol 的 B 物质,从 0 K,101.325 kPa 下的固态(完美晶体)经历如下

过程变化至温度为 T、标准状态下的气体：

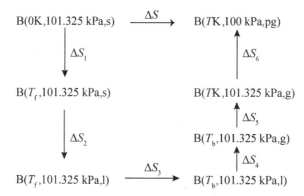

$$\Delta S = S_{\mathrm{m.B}}^{\ominus}(TK) - S_{\mathrm{m.B}}^{*}(0K) = S_{\mathrm{m.B}}^{\ominus}(TK)$$

这里温度的下标 f 代表熔化，b 代表沸腾；pg 代表理想气体（后面不再说明）。

根据状态函数法，有：

$$S_{\mathrm{m.B}}^{\ominus}(g, T) = \Delta S_1 + \Delta S_2 + \Delta S_3 + \Delta S_4 + \Delta S_5 + \Delta S_6$$

$$= \int_{0K}^{T_{\mathrm{f}}} \frac{C_{p.\mathrm{m}}(s)}{T}\mathrm{d}T + \frac{\Delta_{\mathrm{s}}^{\mathrm{l}}H_{\mathrm{m}}}{T_{\mathrm{f}}} + \int_{T_{\mathrm{f}}}^{T_{\mathrm{b}}} \frac{C_{p.\mathrm{m}}(l)}{T}\mathrm{d}T + \frac{\Delta_{\mathrm{l}}^{\mathrm{g}}H_{\mathrm{m}}}{T_{\mathrm{b}}}$$

$$+ \int_{T_{\mathrm{b}}}^{T} \frac{C_{p.\mathrm{m}}(g)}{T}\mathrm{d}T + R\ln\frac{p}{p^{\ominus}} \tag{3-5-3}$$

物质的标准摩尔熵 $S_{\mathrm{m.B}}^{\ominus}$ 是热力学中重要的基础热数据，各种化学化工手册通常给出了 298.15 K 下的数据，本书附录五摘录了部分物质的 $S_{\mathrm{m.B}}^{\ominus}(298\ \mathrm{K})$。

[例 3-8] 已知在 25 ℃，$H_2O(l)$ 和 $H_2O(g)$ 的标准摩尔生成焓分别为 $-285.830\ \mathrm{kJ \cdot mol^{-1}}$ 和 $-241.818\ \mathrm{kJ \cdot mol^{-1}}$，在此温度下，水的饱和蒸汽压为 $3.166\ \mathrm{kPa}$，$H_2O(l)$ 的标准摩尔熵为 $69.91\ \mathrm{J \cdot mol^{-1} \cdot K^{-1}}$，求 $H_2O(g)$ 在 25 ℃ 的标准摩尔熵。

解 根据题意，设计过程如下：

$$\Delta S_{\mathrm{m}} = S_{\mathrm{m}}^{\ominus}(H_2O, g) - S_{\mathrm{m}}^{\ominus}(H_2O, l)$$

$$\Delta S_{\mathrm{m}} = \Delta S_{\mathrm{m.1}} + \Delta S_{\mathrm{m.2}} + \Delta S_{\mathrm{m.3}}$$

因为 $\Delta S_{\mathrm{m.1}} \approx 0$；

$$\Delta S_{m,2} = \frac{\Delta H_{m,2}}{T};$$

$$\Delta S_{m,3} = R\ln\frac{p}{p^{\ominus}} = 8.314 \times \ln\frac{3.166}{100} = -28.706(\text{J} \cdot \text{mol}^{-1} \cdot \text{K}^{-1})$$

而　　　　$\Delta H_m = \Delta H_{m,1} + \Delta H_{m,2} + \Delta H_{m,3}$

因为　　　$\Delta H_m = \Delta_f H^{\ominus}_{m,(H_2O,g)} - \Delta_f H^{\ominus}_{m,(H_2O,l)}$

$\quad\quad\quad\quad = -241.818 - (-285.830)$

$\quad\quad\quad\quad = 44.012(\text{kJ} \cdot \text{mol}^{-1})$

因为是凝聚态,故 $\Delta H_{m,1} \approx 0$;因为是理想气体,故: $\Delta H_{m,3} = 0$

所以有：　$\Delta H_{m,2} = \Delta H_m = 44.012(\text{kJ} \cdot \text{mol}^{-1})$

代入得：　$\Delta S_{m,2} = \dfrac{\Delta H_{m,2}}{T} = \dfrac{44.012 \times 10^3}{298.15} = 147.62(\text{J} \cdot \text{mol}^{-1} \cdot \text{K}^{-1})$

因此：　$\Delta S_m = \Delta S_{m,1} + \Delta S_{m,2} + \Delta S_{m,3} = 147.62 - 28.706 = 118.91(\text{J} \cdot \text{mol}^{-1} \cdot \text{K}^{-1})$

代入得：

$$S^{\ominus}_m(H_2O,g) = \Delta S_m + S^{\ominus}_m(H_2O,l) = 118.91 + 69.91 = 188.82(\text{J} \cdot \text{mol}^{-1} \cdot \text{K}^{-1})$$

3.5.3　标准摩尔反应熵

通过物质的标准摩尔熵 $S^{\ominus}_{m,B}$,可以计算化学变化过程的标准摩尔反应熵。

(1) 298.15 K 下标准摩尔反应熵

如果反应是在恒温 298.15 K 下进行,且各反应组分均处于标准态时,则反应

$$aA(\alpha) + bB(\beta) \xrightarrow{298.15 \text{ K}} yY(\gamma) + zZ(\delta)$$

的标准摩尔反应熵,可直接利用 298.15 K 下各物质的 $S^{\ominus}_{m,B}$,通过下式进行计算：

$$\Delta_r S^{\ominus}_m = \sum \nu_B S^{\ominus}_m(B) \tag{3-5-4}$$

即：　$\Delta_r S^{\ominus}_m = [yS^{\ominus}_m(Y) + zS^{\ominus}_m(Z)] - [aS^{\ominus}_m(A) + bS^{\ominus}_m(B)]$

298.15 K 下标准摩尔反应熵 $\Delta_r S^{\ominus}_m$ 等于终态各产物的标准摩尔熵之和减去始态各反应物的标准摩尔熵之和。

(2)任意温度 T 的 $\Delta_r S^{\ominus}_m(T)$

要计算任意温度下的标准摩尔反应熵 $\Delta_r S^{\ominus}_m(T)$,需要采用状态函数法。

$$
\begin{array}{ccc}
aA+bB & \xrightarrow{\quad T,\Delta_r S^{\ominus}_{m(T)} \quad} & yY+zZ \\
\downarrow \Delta S_1 & & \uparrow \Delta S_2 \\
aA+bB & \xrightarrow{\quad T_1,\Delta_r S^{\ominus}_{m(T_1)} \quad} & yY+zZ \quad (T_1=298.15K)
\end{array}
$$

$$\Delta_r S_m^{\ominus}(T) = \Delta_r S_m^{\ominus}(298.15 \text{ K}) + \Delta S_1 + \Delta S_2$$

$$\Delta S_1^{\ominus} = \Delta S_A^{\ominus} + \Delta S_B^{\ominus} = \int_T^{T_1} \frac{a C_{p,m}(A) dT}{T} + \int_T^{T_1} \frac{b C_{p,m}(B) dT}{T}$$

$$\Delta S_2^{\ominus} = \Delta S_Y^{\ominus} + \Delta S_Z^{\ominus} = \int_{T_1}^T \frac{y C_{p,m}(Y) dT}{T} + \int_{T_1}^T \frac{z C_{p,m}(Z) dT}{T}$$

$$\Delta_r S_m^{\ominus}(298.15 \text{ K}) = \sum_B \nu_B S_{m,B}^{\ominus}$$

整理得：

$$\Delta_r S_m^{\ominus}(T) = \Delta_r S_m^{\ominus}(298.15 \text{ K}) + \int_{298.15 \text{ K}}^T \frac{\Delta_r C_{p,m}}{T} dT \qquad (3-5-5)$$

式中 $\Delta_r C_{p,m} = \sum \nu_B C_{p,m}(B)$

$$= [y C_{p,m}(Y) + z C_{p,m}(Z)] - [a C_{p,m}(A) + b C_{p,m}(B)]$$

由式(3-5-5)可知，如果反应的 $\Delta_r C_{p,m} = 0$，则反应的熵变 $\Delta_r S_m^{\ominus}(T)$ 不随温度变化。如果在反应温度区间，某物质发生相变，则积分不连续，见例3.9。

[**例 3-9**]　计算反应 $CO(g) + 2H_2(g) \Longrightarrow CH_3OH(g)$ 在573K 时的 $\Delta_r S_m^{\ominus}$ (573 K)，甲醇的沸点为 337.8 K，$\Delta_{vap} H_m^{\ominus} = 35.27 \text{ kJ} \cdot \text{mol}^{-1}$，已知如下数据：

物质	CO(g)	H$_2$(g)	CH$_3$OH(l)	CH$_3$OH(g)
$S_m^{\ominus}$ (B,298 K)/J $\cdot$ K^{-1} $\cdot$ mol^{-1}	197.67	130.68	127.0	—
$C_{p,m}$(B)/J $\cdot$ K^{-1} $\cdot$ mol^{-1}	29.14	28.83	81.6	43.89

解　根据题意，设计如下过程：

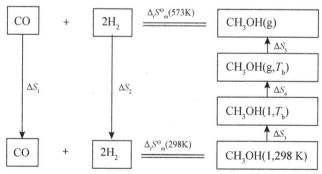

$$\Delta_r S_m^{\ominus}(573 \text{ K}) = \Delta_r S_m^{\ominus}(298 \text{ K}) + \Delta S_1 + \Delta S_2 + \Delta S_3 + \Delta S_4 + \Delta S_5$$

$$\begin{cases} \Delta_r S_m^\ominus (298\text{K}) = \sum \nu_B S_{m,B}^\ominus = S_m^\ominus (CH_3OH,l) - S_m^\ominus (CO,g) - 2S_m^\ominus (H_2,g) \\ \qquad\qquad = 127 - 197.67 - 2 \times 130.68 = -332.03 \ J \cdot K^{-1} \cdot mol^{-1} \\[2mm] \Delta S_1 = nC_{p.m.CO(g)} \ln \dfrac{T_2}{T_1} = 29.14 \times \ln \dfrac{298}{573} = -19.05 (J \cdot K^{-1} \cdot mol^{-1}) \\[2mm] \Delta S_1 = nC_{p.m.H_2(g)} \ln \dfrac{T_2}{T_1} = 28.83 \times \ln \dfrac{298}{573} = -18.85 (J \cdot K^{-1} \cdot mol^{-1}) \\[2mm] \Delta S_3 = nC_{p.m.CH_3OH(l)} \ln \dfrac{T_b}{T_2} = 81.6 \times \ln \dfrac{337.8}{298} = 10.23 (J \cdot K^{-1} \cdot mol^{-1}) \\[2mm] \Delta S_4 = \dfrac{n\Delta_{vap} H_{m.CH_3OH(l)}^\ominus}{T_b} = \dfrac{35270}{337.8} = 104.41 (J \cdot K^{-1} \cdot mol^{-1}) \\[2mm] \Delta S_5 = nC_{p.m.CH_3OH(g)} \ln \dfrac{T_1}{T_b} = 43.89 \times \ln \dfrac{573}{337.8} = 23.19 (J \cdot K^{-1} \cdot mol^{-1}) \end{cases}$$

$$\begin{aligned} \Delta_r S_m^\ominus (573 \ K) &= \Delta_r S_m^\ominus (298 \ K) + \Delta S_1 + \Delta S_2 + \Delta S_3 + \Delta S_4 + \Delta S_5 \\ &= -332.03 - 19.05 - 18.85 + 10.23 + 104.41 + 23.19 \\ &= -232.10 (J \cdot K^{-1} \cdot mol^{-1}) \end{aligned}$$

视频 3.5

3.6 亥姆霍兹函数和吉布斯函数

热力学第一定律导出了热力学能这个状态函数,为了处理热化学中的问题,又定义了焓。

热力学第二定律导出了熵这个状态函数,但用熵作为判据时,系统必须是隔离系统,也就是说不仅需要计算系统的熵变,还要计算环境的熵变,才能判断过程的可能性,这很不方便。

在通常的化工生产中,反应总是在恒温、恒压或恒温、恒容条件下进行,因此从克劳修斯不等式出发,可以分别引出两个新的状态函数,即亥姆霍兹函数和吉布斯函数以及相应的判据。这样在判断这两类常见过程的方向时,就只需要计算系统的变化,避免了计算环境熵变的麻烦。

3.6.1 亥姆霍兹函数

根据克劳修斯不等式

$$dS \geqslant \frac{\delta Q}{T} \quad \left(\begin{matrix} > \text{不可逆} \\ = \text{可逆} \end{matrix} \right)$$

因为恒温恒容,$W' = 0$,则有:

$$\delta Q_V = dU$$

将上式代入克劳修斯不等式中,得:

$$dS \geqslant \frac{dU}{T} \quad \left(\begin{matrix}>不可逆\\=可逆\end{matrix}\right)$$

两边乘以 T,移项得:

$$dU - TdS \leqslant 0 \quad \left(\begin{matrix}<不可逆\\=可逆\end{matrix}\right)$$

因 T 恒定,因此得:

$$d(U - TS) \leqslant 0 \quad \left(\begin{matrix}<不可逆\\=可逆\end{matrix}\right) \tag{3-6-1}$$

(1)亥姆霍兹(Helmholtz)函数定义

$$A \xlongequal{def} U - TS \tag{3-6-2}$$

A 称为亥姆霍兹(Helmholtz)函数。显然,因为 U,T,S 均为状态函数,所以 A 亦是状态函数,是一个广度量,其单位为 J 或 kJ。

(2)亥姆霍兹函数判据(A 判据)

将定义式(3-6-2)代入式(3-6-1),则有:

$$dA_{T,V} \leqslant 0 \quad \left(\begin{matrix}<自发\\=平衡\end{matrix}\right) \quad (W' = 0) \tag{3-6-3a}$$

对宏观过程,则有:

$$\Delta A_{T,V} \leqslant 0 \quad \left(\begin{matrix}<自发\\=平衡\end{matrix}\right) \quad (W' = 0) \tag{3-6-3b}$$

以上两式就是亥姆霍兹函数判据(A 判据),该判据表明:在恒温恒容,并且 $W' = 0$ 条件下,一切可能自发进行的过程,其亥姆霍兹函数减小,若亥姆霍兹函数不变,则为平衡过程。

与熵判据相比,A 判据不需要考虑环境的变化,仅由系统状态函数的增量 ΔA 就可以对恒温恒容、$W' = 0$ 的过程的方向和限度进行判断。

(3)亥姆霍兹函数的物理意义

对于恒温、可逆过程,根据 A 的定义:

$$\Delta A = \Delta U - \Delta(TS)$$

恒温时

$$\Delta A_T = \Delta U - T\Delta S$$

根据 S 的定义:

$$\Delta S = \frac{Q_r}{T}$$

所以有:

$$\Delta A_T = \Delta U - Q_r$$

如果过程可逆,则 $\Delta U = Q_r + W_r$,代入上式,即得:

$$\Delta A_T = W_r \tag{3-6-4}$$

即得到亥姆霍兹函数的物理意义:

①在恒温可逆过程中,系统亥姆霍兹函数的增量 ΔA 等于过程的可逆功。

对于恒温、恒容、可逆过程,因为 $dV = 0$,则有:

$$\Delta A_{T.v} = W'_r \tag{3-6-5}$$

②在恒温恒容可逆过程中,系统亥姆霍兹函数的增量 ΔA 等于过程的可逆非体积功。

3.6.2 吉布斯函数

根据克劳修斯不等式

$$dS \geqslant \frac{\delta Q}{T} \quad \left(\begin{matrix} > 不可逆 \\ = 可逆 \end{matrix} \right)$$

因为恒温恒压,并且 $W' = 0$,则有:

$$\delta Q_p = dH$$

将其代入克劳修斯不等式 $dS \geqslant \dfrac{\delta Q}{T}$,有

$$dS \geqslant \frac{dH}{T} \quad \left(\begin{matrix} > 不可逆 \\ = 可逆 \end{matrix} \right)$$

两边乘以 T,移项得:

$$dH - TdS \leqslant 0 \quad \left(\begin{matrix} < 不可逆 \\ = 可逆 \end{matrix} \right)$$

因 T 恒定,所以有:

$$d(H - TS) \leqslant 0 \quad \left(\begin{matrix} < 不可逆 \\ = 可逆 \end{matrix} \right) \tag{3-6-6}$$

(1)吉布斯(Gibbs)函数定义

$$G \stackrel{def}{=\!=\!=} H - TS \tag{3-6-7}$$

式(3-6-7)即吉布斯函数的定义式。G 称为吉布斯(Gibbs)函数。显然,因为 H,T,S 均为状态函数,所以 G 亦是状态函数,是一个广度量,其单位为 J 或 kJ。

(2)吉布斯函数判据(G 判据)

将定义式(3-6-7)代入式(3-6-6),则有:

$$dG_{T.p} \leqslant 0 \quad \left(\begin{matrix} < 自发 \\ = 平衡 \end{matrix} \right) \qquad (W' = 0) \tag{3-6-8a}$$

对宏观过程,则有:

$$\Delta G_{T,p} \leqslant 0 \quad \begin{pmatrix} <自发 \\ =平衡 \end{pmatrix} \quad (W'=0) \qquad (3\text{-}6\text{-}8\text{b})$$

以上两式就是吉布斯函数判据(G判据),该判据应用非常广泛,因为许多相变、化学变化都是在恒温、恒压并且$W'=0$下进行的。该判据表明:在恒温、恒压且$W'=0$的条件下,系统吉布斯函数减小的过程能够自发进行,若吉布斯函数不变,则为平衡过程。

(3)吉布斯函数的物理意义

根据G的定义,有:

$$\Delta G = \Delta H - \Delta(TS)$$
$$= \Delta U + \Delta(pV) - \Delta(TS)$$

在恒温恒压条件下

$$\Delta G_{T,p} = \Delta U + p\Delta V - T\Delta S \qquad (3\text{-}6\text{-}9)$$

根据S的定义:

$$\Delta S = \frac{Q_r}{T}$$

若在可逆、恒压条件下,则有:

$$\Delta U = Q_r + W_r$$
$$\Delta U = Q_r - p\Delta V + W_r'$$

将以上各式代入式(3-6-9),则得:

$$\Delta G_{T,p} = W_r' \qquad (3\text{-}6\text{-}10)$$

即得到吉布斯函数的物理意义:在恒温恒压可逆过程中,系统吉布斯函数的增量ΔG等于过程的可逆非体积功。

视频 3.6

3.6.3　ΔA 及 ΔG 的计算

对任意一个过程的ΔA和ΔG的计算,最基本的是可以由其定义式出发:

$$\Delta A = \Delta U - \Delta(TS) \qquad (3\text{-}6\text{-}11)$$
$$\Delta G = \Delta H - \Delta(TS) \qquad (3\text{-}6\text{-}12)$$

(1)单纯的pVT变化

①恒温过程。

$$\Delta A = \Delta U - T\Delta S$$
$$\Delta G = \Delta H - T\Delta S$$

ΔU、ΔH、ΔS可以根据前面介绍的方法进行计算。

②非恒温过程。

$$\Delta A = \Delta U - (T_2 S_2 - T_1 S_1)$$

$$\Delta G = \Delta H - (T_2 S_2 - T_1 S_1)$$

具体解题步骤:①先根据题意,设计过程由 $S_m^\ominus(298.15\ \mathrm{K}) \rightarrow S_m^\ominus(T_1)$,通过计算该过程的 ΔS,求得 S_1;②然后再设计过程 $p_1, T_1, V_1 \rightarrow p_2, T_2, V_2$,求算该过程的 ΔS;③求出 S_2;④代入上两式,求出 $\Delta A, \Delta G$。

(2)相变 ΔG 与 ΔA 的计算

①可逆相变。因为相变是恒温、恒压,并且 $W' = 0$ 过程。

根据吉布斯判据: $\Delta G_{T,p} \leqslant 0 \left(\dfrac{< \mathrm{ir}}{= \mathrm{rev}}\right)$(恒 T,恒 p,$W' = 0$)

故对于可逆相变 $\Delta G_{T,p,r} = 0$

根据 ΔA 定义则有:

$$\Delta A = \Delta U - T\Delta S = \Delta G - p\Delta V$$

$$\Delta A = - p\Delta V$$

②不可逆相变。不可逆相变需要设计途径来计算:

$$\mathrm{B}(\alpha) \xrightarrow{T,p,\mathrm{ir}} \mathrm{B}(\beta)$$
$$\downarrow \Delta G_1 \qquad\qquad \downarrow \Delta G_2$$
$$\mathrm{B}(\alpha) \xrightarrow{T,p,\mathrm{rev}} \mathrm{B}(\beta)$$

由状态函数法,可得: $\Delta_\alpha^\beta G_{\mathrm{ir}} = \Delta_\alpha^\beta G_{\mathrm{Rev}} + \Delta G_1 + \Delta G_2$

也可根据定义直接求算不可逆相变的 $\Delta_\alpha^\beta G_{\mathrm{ir}}$: $\Delta_\alpha^\beta G = \Delta_\alpha^\beta H - T\Delta_\alpha^\beta S$

对于不可逆相变,根据 ΔA 定义,得: $\Delta A = \Delta G - p\Delta V$

(3)化学反应 $\Delta_r G_m^\ominus$ 与 $\Delta_r A_m^\ominus$ 的计算

①根据定义计算。对恒温、标准态下反应的 $\Delta_r G_m^\ominus$,则可以根据定义式计算:

$$\Delta_r G_m^\ominus = \Delta_r H_m^\ominus - T\Delta_r S_m^\ominus \tag{3-6-13}$$

$$\Delta_r A_m^\ominus = \Delta_r U_m^\ominus - T\Delta_r S_m^\ominus \tag{3-6-14}$$

其中化学反应过程的标准摩尔反应焓 $\Delta_r H_m^\ominus$、标准摩尔反应熵 $\Delta_r S_m^\ominus$ 的计算前面已经介绍。

②由标准摩尔生成吉布斯函数 $\Delta_f G_m^\ominus$ 计算。$\Delta_f G_m^\ominus$ 的定义:在温度为 T 的标准态下,由稳定相态的单质生成化学计量数 $\nu_B = 1$ 的 β 相态的化合物 $\mathrm{B}(\beta)$,该生成反应的吉布斯函数变就是该化合物 $\mathrm{B}(\beta)$ 在温度 T 时的标准摩尔生成吉布斯函数,以 $\Delta_f G_m^\ominus(\mathrm{B}, \beta, T)$ 表示,单位为 $\mathrm{kJ \cdot mol^{-1}}$。

显然,对热力学稳定相态的单质,其 $\Delta_f G_m^\ominus = 0$,附录五给出了一些常用物质的标准摩尔生成吉布斯函数。

由各物质的 $\Delta_f G_m^\ominus$，可以直接利用下式计算反应的 $\Delta_r G_m^\ominus$：

$$\Delta_r G_m^\ominus = \sum_B \nu_B \Delta_f G_m^\ominus(B) \tag{3-6-15}$$

即一定温度下化学反应的标准摩尔反应吉布斯函数 $\Delta_r G_m^\ominus$，等于同样温度下参加反应的各组分标准摩尔生成吉布斯函数 $\Delta_f G_m^\ominus(B)$ 与其化学计量数的乘积之和。

③ $\Delta_r G_m^\ominus$ 与 $\Delta_r A_m^\ominus$ 随温度的变化

吉布斯—亥姆霍兹对 $\Delta_r G_m^\ominus$ 与 $\Delta_r A_m^\ominus$ 随温度的变化进行了热力学证明，得到：

$$\left[\frac{\partial(\Delta G_m^\ominus/T)}{\partial T}\right]_p = -\frac{\Delta H_m^\ominus}{T^2} \tag{3-6-16}$$

$$\left[\frac{\partial(\Delta A_m^\ominus/T)}{\partial T}\right]_p = -\frac{\Delta U_m^\ominus}{T^2} \tag{3-6-17}$$

这两个关系式被称为吉布斯—亥姆霍兹方程，它们描述了 $\Delta_r G_m^\ominus$ 与 $\Delta_r A_m^\ominus$ 随温度的变化，是第五章讨论温度对化学反应平衡影响的基础。其积分式如下：

$$\frac{\Delta_r G_{m(T_2)}^\ominus}{T_2} - \frac{\Delta_r G_{m(T_1)}^\ominus}{T_1} = -\int_{T_1}^{T_2} \frac{\Delta_r H_{m(T)}^\ominus}{T^2} dT \tag{3-6-18}$$

$$\frac{\Delta_r A_{m(T_2)}^\ominus}{T_2} - \frac{\Delta_r A_{m(T_1)}^\ominus}{T_1} = -\int_{T_1}^{T_2} \frac{\Delta_r U_{m(T)}^\ominus}{T^2} dT \tag{3-6-19}$$

由吉布斯-亥姆霍兹方程就可以通过 $\Delta_r G_m^\ominus(298.15K)$ 求算化学反应的 $\Delta_r G_m^\ominus(T)$ 与 $\Delta_r A_m^\ominus(T)$。

[例 3-10] 已知 25 ℃下，反应 $ZnS(s)+H_2(g)\Longrightarrow Zn(s)+H_2S(g)$ 中各物质的热力学数据如下：

物质	$\Delta_f H_m^\ominus /kJ \cdot mol^{-1}$	$S_m^\ominus/J \cdot K^{-1} \cdot mol^{-1}$	$C_{p,m}/J \cdot K^{-1} \cdot mol^{-1}$
$H_2S(g)$	-20.63	205.8	34.2
$Zn(s)$	0	41.6	25.4
$ZnS(s)$	-184.10	57.7	53.6
$H_2(g)$	0	130.7	28.8

设 $C_{p,m}$ 不随温度而变，计算在 1000 K 时，上述反应的 $\Delta_r G_m^\ominus$；

解 25 ℃下 $\Delta_r H_m^\ominus(298 \text{ K}) = \Delta_f H_m^\ominus(H_2S,g) - \Delta_f H_m^\ominus(ZnS,s)$

$$= 163.47 \text{ kJ} \cdot mol^{-1}$$

由 $\Delta_r H_m^\ominus(1000 \text{ K}) = \Delta_r H_m^\ominus(298.15 \text{ K}) + \int_{298.15}^{1000} \Delta_r C_{p,m} dT$

$$\Delta_r C_{p.m} = -22.8 \text{ J} \cdot \text{K}^{-1} \cdot \text{mol}^{-1}$$

代入得：$\quad \Delta_r H_m^{\ominus}(1000 \text{ K}) = 147.47 \text{ kJ} \cdot \text{mol}^{-1}$

同理 25 ℃ $\quad \Delta_r S_m^{\ominus}(298 \text{ K}) = 59 \text{ J} \cdot \text{K}^{-1} \cdot \text{mol}^{-1}$

则 $\quad \Delta_r S_m^{\ominus}(1000 \text{ K}) = \Delta_r S_m^{\ominus}(298.15 \text{ K}) + \int_{298.15}^{1000} \frac{\Delta_r C_{p.m}}{T} dT$

$$= 59 + (-22.8) \times \ln(1000/298.15) = 31.41(\text{J} \cdot \text{K}^{-1} \cdot \text{mol}^{-1})$$

故 $\quad \Delta_r G_m^{\ominus}(1000 \text{ K}) = \Delta_r H_m^{\ominus}(1000 \text{ K}) - T\Delta_r S_m^{\ominus}(1000 \text{ K})$

$$= 116.06 \text{ kJ} \cdot \text{mol}^{-1}$$

[例 3-11] 在 −59 ℃时,过冷液态二氧化碳的饱和蒸气压为 0.460 MPa,同温度时固态 CO_2 饱和蒸气压为 0.434 MPa,问在上述温度时,将 1 mol 过冷液态 CO_2 转化为固态 CO_2 时,ΔG 为多少? 设气体服从理想气体行为。

解 根据题意,设计过程如下：

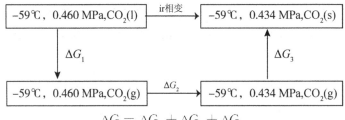

$$\Delta G = \Delta G_1 + \Delta G_2 + \Delta G_3$$

因为,过程(1)与(3)是可逆相变,而可逆相变 $\Delta G = 0$,所以有：

$$\Delta G_1 = 0 \; ; \; \Delta G_3 = 0$$

视频 3.7

因为过程(2)是理想气体恒温过程,故：

$$\Delta G_2 = nRT \ln \frac{p_2}{p_1} = -104 \text{ J}$$

所以： $\quad \Delta G = \Delta G_1 + \Delta G_2 + \Delta G_3 = -104 \text{ J}$

3.7 热力学基本方程及麦克斯韦关系式

热力学状态函数可分为两大类:第一类是可以直接测定的,如 p,V,T,$C_{V.m}$,$C_{p.m}$ 等;另一类是不能直接测定的,如 U,H,S,A,G 等。在不可测的五个状态函数中,U 是热力学第一定律的核心函数,S 是热力学第二定律的核心函数。H,A,G 是由 U,S 及 p,V,T 组合得到的状态函数,称为辅助函数。这些函数之间存在一定的关系,本节将从热力学第一定律和第二定律出发,导出状态函数间的各种关系。

3.7.1　热力学基本方程

（1）推导

在封闭系统下，根据热力学第一定律有：$dU = \delta Q + \delta W$

若过程可逆，则有：$\qquad dU = \delta Q_r + \delta W_r = \delta Q_r - pdV + \delta W'$

若进行 $W' = 0$ 的过程，则有：$\qquad dU = \delta Q_r - pdV$

根据熵的定义式，有：

$$\delta Q_r = TdS$$

将上两式联立，得：

$$dU = TdS - pdV \qquad (3\text{-}7\text{-}1)$$

因 $H = U + pV$，故 $dH = dU + pdV + Vdp$，将式（3-7-1）代入得：

$$dH = TdS + Vdp \qquad (3\text{-}7\text{-}2)$$

因 $A = U - TS$，故 $dA = dU - TdS - SdT$，将式（3-7-1）代入得：

$$dA = -SdT - pdV \qquad (3\text{-}7\text{-}3)$$

因 $G = H - TS$，故 $dG = dH - TdS - SdT$，将式（3-7-2）代入得：

$$dG = -SdT + Vdp \qquad (3\text{-}7\text{-}4)$$

以上 4 式称为热力学基本方程。由推导过程可知，热力学基本方程的适用条件为封闭系统、$W' = 0$ 的可逆过程。它不仅适用于无相变、无化学变化的平衡系统（纯物质或多组分、单相或多相）发生的单纯 pVT 变化的可逆过程，也适用于相平衡和化学平衡系统同时发生 pVT 变化、相变化和化学变化的可逆过程。

因为热力学基本方程中所有物理量均为状态函数，而状态函数的改变值仅仅取决于始终态，因此系统从同一始态到同一终态间不管过程是否可逆，状态函数的改变值都可以由热力学基本方程计算。

（2）应用——恒温过程 ΔG 的计算

热力学基本方程在热力学计算中有着广泛的应用。可以直接求算恒温过程的 ΔG 与 ΔA。

当封闭系统发生 pVT 变化时，如果过程恒温、$W' = 0$，由式（3-7-4）有：

$$dG_T = Vdp$$

当系统在恒温下压力由 p_1 变到 p_2 时，有：

$$\Delta G_T = \int_{p_1}^{p_2} Vdp \qquad (3\text{-}7\text{-}5)$$

①对理想气体，将 $V = \dfrac{nRT}{p}$ 代入并积分，得：

$$\Delta G_T = \int_{p_1}^{p_2} Vdp = nRT\ln\frac{p_2}{p_1}$$

②对真实气体,只要将相应的状态方程 $V = f(T,p)$ 代入式(3-7-5)积分,即可计算恒温过程的 ΔG。

③对凝聚态物质,通常凝聚态物质的 V 随压力变化很小,可将 V 看作常数,所以有:

$$\Delta G_T = \int_{p_1}^{p_2} V \mathrm{d}p = V \Delta p$$

(3)应用——恒温过程 ΔA 的计算

对恒温过程的 ΔA 的计算,基本原理同上。

$$\Delta A_T = -\int_{V_1}^{V_2} p \mathrm{d}V \tag{3-7-6}$$

①对理想气体,将 $p = \dfrac{nRT}{V}$ 代入并积分,得:

$$\Delta A_T = -\int_{V_1}^{V_2} p \mathrm{d}V = nRT \ln \frac{V_1}{V_2} = nRT \ln \frac{p_2}{p_1}$$

②对真实气体,只要将相应的状态方程 $p = f(T,V)$ 代入式(3-7-6)积分,即可计算恒温过程的 ΔA。

③对凝聚态物质,通常凝聚态物质的 V 随压力变化很小,可将 V 看作常数,所以有:

$$\Delta A_T \approx 0$$

3.7.2 U,H,A,G 的一阶偏导数关系式

因为根据热力学基本方程式 $U = U(S,V)$,所以:

$$\mathrm{d}U = \left(\frac{\partial U}{\partial S}\right)_V \mathrm{d}S + \left(\frac{\partial U}{\partial V}\right)_S \mathrm{d}V$$

将上式与热力学基本方程式(3-7-1)进行比较,对应项相等,则得:

$$\begin{cases} (\partial U/\partial S)_V = T \\ (\partial U/\partial V)_S = -p \end{cases} \tag{3-7-7}$$

同理,由其他三个热力学基本方程可分别得:

$$\begin{cases} (\partial H/\partial S)_p = T \\ (\partial H/\partial p)_S = V \end{cases} \tag{3-7-8}$$

$$\begin{cases} (\partial A/\partial T)_V = -S \\ (\partial A/\partial V)_T = -p \end{cases} \tag{3-7-9}$$

$$\begin{cases} (\partial G/\partial T)_p = -S \\ (\partial G/\partial p)_T = V \end{cases} \tag{3-7-10}$$

3.7.3　麦克斯韦(Maxwell)关系式

利用二阶偏导数与求导顺序无关这一性质,现从 $U = U(S,V)$ 出发,举例推导麦克斯韦关系式如下:

因为 $\begin{cases} (\partial U/\partial S)_V = T \\ (\partial U/\partial V)_S = -p \end{cases}$

求其二阶偏导数,U 先对 S 后对 V 的二阶偏导数:

$$\left[\frac{\partial}{\partial V}\left(\frac{\partial U}{\partial S}\right)_V\right]_S = \left(\frac{\partial T}{\partial V}\right)_S$$

U 先对 V 后对 S 的二阶偏导数:

$$\left[\frac{\partial}{\partial S}\left(\frac{\partial U}{\partial V}\right)_S\right]_V = -\left(\frac{\partial p}{\partial S}\right)_V$$

上两式左边均为 U 对 (S,V) 的二阶偏导数,区别只是求导顺序的不同。根据高等数学知识,二阶偏导数与求导顺序无关,也就是左边相等,则右边必然相等。

$$\left(\frac{\partial T}{\partial V}\right)_S = -\left(\frac{\partial p}{\partial S}\right)_V \tag{3-7-11}$$

同理,通过求 H,A,G 分别对各自两个独立变量的二阶偏导数,可得:

$$\left(\frac{\partial T}{\partial p}\right)_S = \left(\frac{\partial V}{\partial S}\right)_p \tag{3-7-12}$$

$$\left(\frac{\partial S}{\partial V}\right)_T = \left(\frac{\partial p}{\partial T}\right)_V \tag{3-7-13}$$

$$-\left(\frac{\partial S}{\partial p}\right)_T = \left(\frac{\partial V}{\partial T}\right)_p \tag{3-7-14}$$

式(3-7-11)至式(3-7-14)称为麦克斯韦(Maxwell)关系式。

这 4 个关系式中,仅出现 3 个可测变量 p,V,T 和 1 个不可测变量 S,麦克斯韦关系式的意义在于将不可直接测量的量用易于直接测量的量表示出来。

3.7.4　其他重要的热力学关系式

除了热力学基本方程、麦克斯韦关系式外,以下关系式在热力学计算与公式的推导中也经常被用到。

①在恒容条件下,将热力学基本方程 $dU = TdS - pdV$ 两边同除以 dT,有:

$$\left(\frac{\partial U}{\partial T}\right)_V = T\left(\frac{\partial S}{\partial T}\right)_V$$

将 $C_{V,m}$ 的定义式(2-4-1),即 $\left(\frac{\partial U}{\partial T}\right)_V = nC_{V,m}$ 代入上式得:

$$\left(\frac{\partial S}{\partial T}\right)_V = \frac{nC_{V,m}}{T} \tag{3-7-15}$$

同理,在恒压条件下将 $dH = TdS + Vdp$ 两边同除以 dT,并结合 $C_{p,m}$ 的定义式(2-4-3)有:

$$\left(\frac{\partial S}{\partial T}\right)_p = \frac{nC_{p,m}}{T} \tag{3-7-16}$$

利用式(3-7-15)与(3-7-16),可通过热容计算熵 S 随 T 的变化。

②循环公式。对纯物质和组成不变的单相系统,设状态函数 z 是两个独立变量 x,y 的函数,即 $z = z(x,y)$,则其全微分为:

$$dz = \left(\frac{\partial z}{\partial x}\right)_y dx + \left(\frac{\partial z}{\partial y}\right)_x dy$$

当 z 恒定时,$dz = 0$,整理上式得:

$$\left(\frac{\partial z}{\partial x}\right)_y \left(\frac{\partial x}{\partial y}\right)_z \left(\frac{\partial y}{\partial z}\right)_x = -1 \tag{3-7-17}$$

上式称为循环公式。

对于 $U = U(S,V)$,其循环公式形式为:

$$\left(\frac{\partial U}{\partial S}\right)_V \left(\frac{\partial S}{\partial V}\right)_U \left(\frac{\partial V}{\partial U}\right)_S = -1$$

对于 $H = H(S,p)$,其循环公式形式为:

$$\left(\frac{\partial H}{\partial S}\right)_p \left(\frac{\partial S}{\partial p}\right)_H \left(\frac{\partial p}{\partial H}\right)_S = -1$$

同理有:

$$\left(\frac{\partial A}{\partial T}\right)_V \left(\frac{\partial T}{\partial V}\right)_A \left(\frac{\partial V}{\partial A}\right)_T = -1$$

视频 3.8

$$\left(\frac{\partial G}{\partial T}\right)_p \left(\frac{\partial T}{\partial p}\right)_G \left(\frac{\partial p}{\partial G}\right)_T = -1$$

[**例 3-12**] 求证:

(1) $\left(\frac{\partial U}{\partial V}\right)_T = T\left(\frac{\partial p}{\partial T}\right)_V - p$

(2)理想气体 $\left(\frac{\partial U}{\partial V}\right)_T = 0$

(3)范德华气体 $\left(\frac{\partial U}{\partial V}\right)_T = \frac{a}{V_m^2}$

证明

(1)根据热力学基本方程 $dU = TdS - pdV$

令等式两边在恒温时,同除以 $\mathrm{d}V$,则有:

$$\left(\frac{\partial U}{\partial V}\right)_T = T\left(\frac{\partial S}{\partial V}\right)_T - p$$

根据麦克斯韦关系式 $\left(\dfrac{\partial S}{\partial V}\right)_T = \left(\dfrac{\partial p}{\partial T}\right)_V$,有:

$$\left(\frac{\partial U}{\partial V}\right)_T = T\left(\frac{\partial p}{\partial T}\right)_V - p$$

(2)因为理想气体 $pV = nRT$,所以 $p = \dfrac{nRT}{V}$ 代入,求导得:

$$\left(\frac{\partial U}{\partial V}\right)_T = T\left(\frac{\partial p}{\partial T}\right)_V - p$$
$$= T \cdot \frac{nR}{V} - p = p - p = 0$$

(3)因为范德华气体 $p = \dfrac{nRT}{V - nb} - \dfrac{n^2 a}{V^2}$,所以:

$$\left(\frac{\partial p}{\partial T}\right)_V = \frac{nR}{V - nb}$$

代入,求导得:

$$\left(\frac{\partial U}{\partial V}\right)_T = T\left(\frac{\partial p}{\partial T}\right)_V - p$$
$$= \frac{nRT}{V - nb} - p = \frac{n^2 a}{V^2} = \frac{a}{V_m^2}$$

[例 3-13] 求证: $\mathrm{d}H = nC_{p,\mathrm{m}}\mathrm{d}T + \left[V - T\left(\dfrac{\partial V}{\partial T}\right)_p\right]\mathrm{d}p$

证明　设 H 是 T,p 的函数,即 $H = H(T,p)$,则其全微分

$$\mathrm{d}H = \left(\frac{\partial H}{\partial T}\right)_p \mathrm{d}T + \left(\frac{\partial H}{\partial p}\right)_T \mathrm{d}p$$
$$= nC_{p,\mathrm{m}}\mathrm{d}T + \left(\frac{\partial H}{\partial p}\right)_T \mathrm{d}p$$

根据热力学基本方程 $\mathrm{d}H = T\mathrm{d}S + V\mathrm{d}p$,令等式两边在恒温时,同除以 $\mathrm{d}p$,则有:

$$\left(\frac{\partial H}{\partial p}\right)_T = T\left(\frac{\partial S}{\partial p}\right)_T + V$$

根据麦克斯韦关系式 $\left(\dfrac{\partial S}{\partial p}\right)_T = -\left(\dfrac{\partial V}{\partial T}\right)_p$,有:

$$\left(\frac{\partial H}{\partial p}\right)_T = T\left(\frac{\partial S}{\partial p}\right)_T + V = V - T\left(\frac{\partial V}{\partial T}\right)_p$$

代入上式得:

$$dH = nC_{p,m}dT + \left[V - T\left(\frac{\partial V}{\partial T}\right)_p\right]dp$$

[例 3-14] 试证明物质的量恒定的单相纯物质,只有 p,V,T 变化过程的

$$dS = \left(\frac{nC_{V,m}}{T}\right)\left(\frac{\partial T}{\partial p}\right)_V dp + \left(\frac{nC_{p,m}}{T}\right)\left(\frac{\partial T}{\partial V}\right)_p dV$$

证明 设 S 是 p,V 的函数,即 $S = S(p,V)$,求其全微分得:

$$dS = \left(\frac{\partial S}{\partial p}\right)_V dp + \left(\frac{\partial S}{\partial V}\right)_p dV$$

$$dS = \left(\frac{\partial S}{\partial T}\right)_V \left(\frac{\partial T}{\partial p}\right)_V dp + \left(\frac{\partial S}{\partial T}\right)_p \left(\frac{\partial T}{\partial V}\right)_p dV$$

因为 $\left(\frac{nC_{V,m}}{T}\right) = \frac{1}{T}\left(\frac{\partial U}{\partial T}\right)_V$,根据热力学方程,可推导得:

$$dU = TdS - pdV$$

$$\left(\frac{\partial U}{\partial T}\right)_V = T\left(\frac{\partial S}{\partial T}\right)_V$$

所以
$$\left(\frac{nC_{V,m}}{T}\right) = \frac{1}{T}\left(\frac{\partial U}{\partial T}\right)_V = \left(\frac{\partial S}{\partial T}\right)_V$$

同理,可得:
$$\left(\frac{nC_{p,m}}{T}\right) = \frac{1}{T}\left(\frac{\partial H}{\partial T}\right)_p = \left(\frac{\partial S}{\partial T}\right)_p$$

代入,即可得:

$$dS = \left(\frac{nC_{V,m}}{T}\right)\left(\frac{\partial T}{\partial p}\right)_V dp + \left(\frac{nC_{p,m}}{T}\right)\left(\frac{\partial T}{\partial V}\right)_p dV$$

[例 3-15] 求证:

(1) $\left(\frac{\partial C_{V,m}}{\partial V}\right)_T = -T\left(\frac{\partial^2 p}{\partial T^2}\right)_V$

(2) 理想气体 $\left(\frac{\partial C_{V,m}}{\partial V}\right)_T = 0$

证明

(1) $\left(\frac{\partial C_{V,m}}{\partial V}\right)_T = \left[\frac{\partial}{\partial V}\left(\frac{\partial U_m}{\partial T}\right)_V\right]_T = \left[\frac{\partial}{\partial T}\left(\frac{\partial U_m}{\partial V}\right)_T\right]_V$

因为
$$dU = TdS - pdV$$

所以
$$\left(\frac{\partial U_m}{\partial V}\right)_T = T\left(\frac{\partial S_m}{\partial V}\right)_T - p$$

根据麦克斯韦关系式 $\left(\frac{\partial S_m}{\partial V}\right)_T = -\left(\frac{\partial p}{\partial T}\right)_V$,代入则有:

$$\left(\frac{\partial U_m}{\partial V}\right)_T = T\left(\frac{\partial p}{\partial T}\right)_V - p$$

所以
$$\left(\frac{\partial C_{V,m}}{\partial V}\right)_T = \left\{\frac{\partial}{\partial T}\left[T\left(\frac{\partial p}{\partial T}\right)_V - p\right]\right\}_V$$
$$= T\left(\frac{\partial^2 p}{\partial T^2}\right)_V + \left(\frac{\partial p}{\partial T}\right)_V - \left(\frac{\partial p}{\partial T}\right)_V = T\left(\frac{\partial^2 p}{\partial T^2}\right)_V$$

（2）对理想气体，$p = \dfrac{nRT}{V}$，$\left(\dfrac{\partial^2 p}{\partial T^2}\right)_V = 0$，则：
$$\left(\frac{\partial C_{V,m}}{\partial V}\right)_T = 0$$

[例 3-16]　对于纯物质，试证明：$\left(\dfrac{\partial T}{\partial V}\right)_U = -\dfrac{\left(\dfrac{\partial U}{\partial V}\right)_T}{C_V}$

证明　因为 $U = U(T,V)$，所以
$$dU = \left(\frac{\partial U}{\partial T}\right)_V dT + \left(\frac{\partial U}{\partial V}\right)_T dV = C_V dT + \left(\frac{\partial U}{\partial V}\right)_T dV$$

当 U 一定时：　$dU = 0$
$$0 = C_V dT + \left(\frac{\partial U}{\partial V}\right)_T dV$$

故
$$\left(\frac{\partial T}{\partial V}\right)_U = -\frac{\left(\dfrac{\partial U}{\partial V}\right)_T}{C_V}$$

视频 3.9

3.8　克拉佩龙方程与克劳修斯-克拉佩龙方程

热力学基本方程揭示了热力学状态函数间的普遍关系。现以纯物质的两相平衡为例，推导单组分两相平衡时系统的温度与压力之间的函数关系。

3.8.1　克拉佩龙方程

如果某纯物质 B 的 α 相与 β 相在恒定温度 T、压力 p 下处于平衡状态：
$$B(\alpha, T, p) \underset{}{\overset{平衡}{\rightleftharpoons}} B(\beta, T, p)$$
α 和 β 分别代表两个不同的相，可以是气、液、固或不同的晶型。

根据吉布斯函数判据（3-6-8）知，恒温恒压下 α 和 β 两相平衡时，$\Delta G_{T,p} = 0$，也就是两相的摩尔吉布斯函数相等，即：
$$G_m(\alpha) = G_m(\beta)$$

若将上述两相平衡的温度 T 变为 $T + dT$，那么要使系统仍保持两相平衡，则压力 p 必须相应地随之变化，设变成 $p + dp$。两相在新的温度（$T + dT$）、压力（$p + dp$）下达到新的平衡：

$$\text{B}(\alpha, T + \text{d}T, p + \text{d}p) \xrightarrow[]{\text{平衡}} \text{B}(\beta, T + \text{d}T, p + \text{d}p)$$

则新平衡下两相的摩尔吉布斯函数亦相等,即:

$$G_m(\alpha) + \text{d}G_m(\alpha) = G_m(\beta) + \text{d}G_m(\beta)$$

这里 $\text{d}G_m(\alpha)$,$\text{d}G_m(\beta)$ 分别为新、旧平衡间两相摩尔吉布斯函数的增量。

上述两式相减,得:

$$\text{d}G_m(\alpha) = \text{d}G_m(\beta)$$

将热力学基本方程分别应用 α 相与 β 相,有:

$$-S_m(\alpha)\text{d}T + V_m(\alpha)\text{d}p = -S_m(\beta)\text{d}T + V_m(\beta)\text{d}p$$

移项整理,得:

$$[V_m(\beta) - V_m(\alpha)]\text{d}p = [S_m(\beta) - S_m(\alpha)]\text{d}T$$

令 $\Delta_\alpha^\beta V_m = V_m(\beta) - V_m(\alpha)$,$\Delta_\alpha^\beta S_m = S_m(\beta) - S_m(\alpha)$

则有:

$$\frac{\text{d}p}{\text{d}T} = \frac{\Delta_\alpha^\beta S_m}{\Delta_\alpha^\beta V_m}$$

因为 $\Delta_\alpha^\beta S_m = \Delta_\alpha^\beta H_m / T$,代入上式得:

$$\frac{\text{d}p}{\text{d}T} = \frac{\Delta_\alpha^\beta H_m}{T \Delta_\alpha^\beta V_m} \tag{3-8-1}$$

式(3-8-1)称为克拉佩龙(Clapeyron)方程。它揭示了纯物质两相平衡时,平衡压力 p 与 T 之间的关系。克拉佩龙方程适用于纯物质任何两相平衡,如蒸发、熔化、升华、晶型转变等相平衡过程。在单组分 T-p 相图中,气-液、气-固、液-固等两相平衡线可用克拉佩龙方程来描述。

[例3-17] 在 0 ℃附近,纯水和纯冰成平衡,已知 0 ℃时,冰与水的摩尔体积分别为 $0.01964 \times 10^{-3}\,\text{m}^3 \cdot \text{mol}^{-1}$ 和 $0.01800 \times 10^{-3}\,\text{m}^3 \cdot \text{mol}^{-1}$,冰的摩尔熔化焓为 $\Delta_{fus} H_m = 6.029\,\text{kJ} \cdot \text{mol}^{-1}$,试确定 0 ℃时冰的熔点随压力的变化率 $\text{d}T/\text{d}p$。

解 因为水 $\Longrightarrow$ 冰是固液两相平衡,所以根据克拉佩龙方程,有:

$$\frac{\text{d}T}{\text{d}p} = \frac{T \Delta V_m}{\Delta_{fus} H_m} = \frac{T[V_m(l) - V_m(s)]}{\Delta_{fus} H_m}$$

$$= \frac{273.15 \times (0.01800 - 0.01964) \times 10^{-3}}{6029}$$

$$= -7.43 \times 10^{-8}\,(\text{K} \cdot \text{Pa}^{-1})$$

3.8.2 克劳修斯-克拉佩龙方程

克拉佩龙方程适用于纯物质任何两相平衡,如果将其用于气-液、气-固平衡,可以推导出当气-液、气-固平衡时,饱和蒸气压 p 与温度 T 关系,即克劳修斯-克拉佩龙方程。

以纯组分气液平衡为例,其克拉佩龙方程为:

$$\frac{\mathrm{d}p}{\mathrm{d}T} = \frac{\Delta_{\mathrm{l}}^{\mathrm{g}} H_{\mathrm{m}}}{T \Delta_{\mathrm{l}}^{\mathrm{g}} V_{\mathrm{m}}}$$

因为　　　　　　　　　　$V_{\mathrm{m}}(\mathrm{l}) \ll V_{\mathrm{m}}(\mathrm{g})$

所以　　　　　$\Delta_{\mathrm{l}}^{\mathrm{g}} V_{\mathrm{m}} = V_{\mathrm{m}}(\mathrm{g}) - V_{\mathrm{m}}(\mathrm{l}) \approx V_{\mathrm{m}}(\mathrm{g})$

假设蒸气为理想气体,由理想气体状态方程,有 $V_{\mathrm{m}}(\mathrm{g}) = RT/p$。代入上式,则有:

$$\frac{\mathrm{d}p}{\mathrm{d}T} = \frac{\Delta_{\mathrm{l}}^{\mathrm{g}} H_{\mathrm{m}}}{RT^2} p$$

即　　　　　　　$\dfrac{\mathrm{d}\ln p}{\mathrm{d}T} = \dfrac{\Delta_{\mathrm{l}}^{\mathrm{g}} H_{\mathrm{m}}}{RT^2}$　　　　　　　　(3-8-2)

此式(3-8-2)即为克劳修斯-克拉佩龙方程(简称克-克方程)。

如果在温度间隔不太大时,假设摩尔蒸发焓 $\Delta_{\mathrm{l}}^{\mathrm{g}} H_{\mathrm{m}}$ 不随温度 T 而变化,将上式积分,即可得克-克方程的积分形式:

不定积分式:$\ln p = -\dfrac{\Delta_{\mathrm{l}}^{\mathrm{g}} H_{\mathrm{m}}}{R} \cdot \dfrac{1}{T} + C$　　　　　　(3-8-3)

定积分式:$\ln \dfrac{p_2}{p_1} = -\dfrac{\Delta_{\mathrm{l}}^{\mathrm{g}} H_{\mathrm{m}}}{R} \left(\dfrac{1}{T_2} - \dfrac{1}{T_1} \right)$　　　(3-8-4)

如果通过实验测得某液体在不同 T 下的饱和蒸气压数据,就可利用不定积分式(3-8-3),将 $\ln p$ 对 $\dfrac{1}{T}$ 作图,可得一直线,由直线斜率便可求得液体的摩尔蒸发焓 $\Delta_{\mathrm{l}}^{\mathrm{g}} H_{\mathrm{m}}$。

如果已知某液体两个不同温度下的饱和蒸气压,则可利用定积分式(3-8-4)计算摩尔蒸发焓 $\Delta_{\mathrm{l}}^{\mathrm{g}} H_{\mathrm{m}}$;若已知物质的摩尔蒸发焓 $\Delta_{\mathrm{l}}^{\mathrm{g}} H_{\mathrm{m}}$ 及一个温度 T_1 的饱和蒸气压 p_1,则可计算另一温度 T_2 下的饱和蒸气压 p_2。

物质的摩尔蒸发焓数据,亦可以用经验规则估算。对非极性液体在正常沸点 T_{b} 时,有:

$$\Delta_{\mathrm{l}}^{\mathrm{g}} H_{\mathrm{m}}/T_{\mathrm{b}} = \Delta_{\mathrm{l}}^{\mathrm{g}} S_{\mathrm{m}} \approx 88 \ \mathrm{J} \cdot \mathrm{mol}^{-1} \cdot \mathrm{K}^{-1}$$

此经验规则称为特鲁顿(Trouton F T)规则。

注意　使用克劳修斯-克拉佩龙方程,计算饱和蒸气压是有条件的(理想气体,$\Delta_{\mathrm{l}}^{\mathrm{g}} H_{\mathrm{m}}$ 是常数),因此有一定的误差。

目前工程上最常用的是安托因(Antoine)方程:

$$\lg p = A - \frac{B}{t+C}$$　　　　　　(3-8-5)

式中 A,B,C 都是与物质有关的特性常数,称为安托因常数。各种物质的安托因常数可在有关化工手册中查到。

比如,甲苯:$\lg p = 9.07954 - \dfrac{1344.800}{t/℃ + 219.48}$($t = 6 \sim 137$ ℃)

[例 3-18] 环己烷的正常沸点为 80.75 ℃,在正常沸点的摩尔汽化焓 $\Delta_{vap} H_m = 30.08$ kJ·mol^{-1},在此温度及 101325 Pa 下,液体和蒸气的摩尔体积分别为 116.7×10^{-6} m^3·mol^{-1},28.97×10^{-3} m^3·mol^{-1}。

(1)计算环己烷在正常沸点时 $\dfrac{dp}{dT}$ 的值。

(2)应将压力降低到多少 Pa,可使环己烷在 25 ℃时沸腾?

解 (1)由克拉贝龙方程式:

$$\frac{dp}{dT} = \frac{\Delta_{vap} H_m}{T[V_m(g) - V_m(l)]} = \frac{30.08 \times 10^3}{353.9 \times (28.97 \times 10^{-3} - 0.1167 \times 10^{-3})}$$
$$= 2945.8 (Pa \cdot K^{-1})$$

(2)由克拉贝龙-克劳修斯方程式积分式:

视频 3.10

$$\ln \frac{p(1,298.15 \text{ K})}{101325 \text{ Pa}} = \frac{\Delta_{vap} H_m}{R} \left(\frac{1}{T_1} - \frac{1}{T_2} \right)$$
$$= \frac{30.08 \times 10^3}{8.314} \times \left(\frac{1}{353.9} - \frac{1}{298.15} \right)$$
$$p(1,298.15 \text{ K}) = 14980 \text{ Pa}$$

【知识结构-1】 热力学第二定律逻辑框架

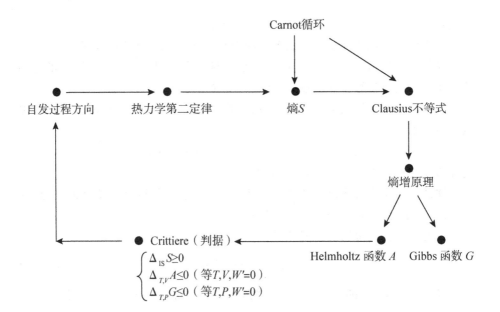

【知识结构-2】　熵变的计算

$$\Delta S \begin{cases} \Delta S_{tso} = \Delta S_{sys} + \Delta S_{amb} \\[4mm] \Delta S_{sys} \begin{cases} \text{a. 单纯 } pVT \text{ 变化}; \Delta S = \displaystyle\int_1^2 \frac{dU + pdV}{T} \begin{cases} \text{等温} \\ \text{等容} \\ \text{等压} \\ \text{任意变化(绝热)} \\ \text{混合} \end{cases} \\[8mm] \text{b. 相变} \begin{cases} \text{rev 相变} \Rightarrow \Delta S_{相变} = \dfrac{n\Delta H_{相变}}{T} \\[4mm] \text{ir 相变} \Rightarrow \text{设计途径} \end{cases} \\[8mm] \text{c. 化学变化} \begin{cases} \Delta_r S_m^{\ominus}(298.15\ \text{K}) = \displaystyle\sum_R \nu_B \cdot S_m^{\ominus}(B, 298.15\ \text{K}) \\[4mm] \Delta_r S_m^{\ominus}(T) = \Delta_r S_m^{\ominus}(298.15\ \text{K}) + \displaystyle\int_{298.15}^T \dfrac{\Delta_r C_{p,m}}{T}dT \text{(无相变适用)} \end{cases} \end{cases} \\[8mm] \Delta S_{amb} = \dfrac{-Q_{sys}}{T_{amb}} = \dfrac{-\Delta H_{sys}}{T_{amb}} \end{cases}$$

【知识结构-3】　ΔG 的计算

$$\Delta G \begin{cases} \text{a. 单纯 } pVT \text{ 变化} \begin{cases} \text{等温} \Rightarrow \Delta G_T = \displaystyle\int_{p_1}^{p_2} Vdp \begin{cases} \xrightarrow{\text{l,s}} \displaystyle\int_{p_1}^{p_2} V_{(l/s)}\,dp \\[4mm] \xrightarrow{\text{pg}} \displaystyle\int_{p_1}^{p_2} Vdp = nRT\ln\dfrac{p_2}{p_1} = nRT\ln\dfrac{V_1}{V_2} \\[4mm] \xrightarrow{\text{Fg}} \displaystyle\int_{p_1}^{p_2} V_{Fg}\,dp \end{cases} \\[8mm] \text{非等温} \Rightarrow \Delta G = \Delta H - \Delta T S \end{cases} \\[8mm] \text{b. 相变} \begin{cases} \text{rev 相变} \Rightarrow \Delta G_{T,P,R} = 0 \\ \text{ir 相变} \Rightarrow \text{设计途径} \end{cases} \\[8mm] \text{c. 化学变化} \begin{cases} a.\ \Delta_r G_m^{\ominus}(298.15\ \text{K}) = \displaystyle\sum_B \nu_B \cdot \Delta_f G_m^{\ominus}(298.15\ \text{K}) \\[4mm] b.\ \Delta_r G_m^{\ominus} = \Delta_r H_m^{\ominus} - T\Delta_r S_m^{\ominus} \\[4mm] c.\ \dfrac{\Delta_r G_m^{\ominus}(T_2)}{T_2} - \dfrac{\Delta_r G_m^{\ominus}(T_1)}{T_1} = -\displaystyle\int_{T_1}^{T_2} \dfrac{\Delta_r H_m^{\ominus}(T)}{T^2}dT \end{cases} \end{cases}$$

【知识结构-4】 ΔA 的计算

$$\Delta A \begin{cases} \text{a. 单纯 } pVT \text{ 变化} \begin{cases} \text{等温} \Rightarrow \Delta A_T = -\int_{V_1}^{V_2} p\mathrm{d}V \begin{cases} \xrightarrow{\text{l.s}} \int_{V_1}^{V_2} -p\mathrm{d}V \approx 0 \\ \xrightarrow{\text{pg}} \int_{V_1}^{V_2} -p\mathrm{d}V \\ \quad = nRT\ln\dfrac{V_1}{V_2} = \Delta G \\ \xrightarrow{\text{Fg}} \int_{V_1}^{V_2} -p_{(Fg)}\mathrm{d}V \end{cases} \\ \text{非等温} \Rightarrow \Delta A = \Delta U - \Delta TS \end{cases} \\ \text{b. 相变} \quad \Delta A = \Delta U - T\Delta S = \Delta G - p\Delta V \begin{cases} \text{rev 相变} \Rightarrow -p\Delta V \\ \text{ir 相变} \Rightarrow \Delta G - p\Delta V \end{cases} \\ \text{c. 化学变化} \begin{cases} \text{a. } \Delta_r A_m^{\ominus} = \Delta_r U_m^{\ominus} - T\Delta_r S_m^{\ominus} \\ \text{b. } \dfrac{\Delta_r A_m^{\ominus}(T_2)}{T_2} - \dfrac{\Delta_r A_m^{\ominus}(T_1)}{T_1} = -\int_{T_1}^{T_2} \dfrac{\Delta_r U_m^{\ominus}(T)}{T^2}\mathrm{d}T \end{cases} \end{cases}$$

视频 3.11

习　题

3.1 工作在温度分别为 1000 K 和 300 K 两个恒温热源之间的卡诺热机，若循环过程的功 $W = -560$ kJ。热机应从高温热源吸收的热量为多少?

3.2 某可逆热机分别从 600 K 和 1000 K 的高温热源吸热，向 300 K 的冷却水放热。问每吸收 100 kJ 的热量，对环境所做的功（$-W_r$）分别为多少?

3.3 某可逆热机在 120 ℃ 与 30 ℃ 间工作，若要此热机供给 1 kJ 的功，则需要从高温热源吸取的热量为多少。

3.4 某化学反应在恒温恒压下（300 K，$p^{\ominus}$）进行，放热 50000 J。若该反应在可逆电池完成，则吸热 4000 J。计算：

（1）该反应的 ΔS。

（2）当该反应自发进行时，（不做电功），求 ΔS（环）及 ΔS（隔）。

3.5 6 mol 理想气体（$C_{p,m} = 29.10$ J·K^{-1}·mol^{-1}），由始态 500 K，200 kPa 恒容加热到 700 K。试计算过程的 Q，W，ΔU，ΔH 及 ΔS。

3.6 试求 3 mol H$_2$(g) 从 200 kPa，400 K 的始态，恒压加热至 800 K 时，过程的 W，ΔU 及 ΔS 各为若干?（$C_{p,m(T)} = 26.88 + 4.347 \times 10^{-3}(T/K) - 0.3265 \times 10^{-6}(T/K)^2$）

3.7 2 mol O$_2$ 由 101325 Pa，450 K 恒压升温至 1200 K，求过程 Q，W，ΔU，

ΔH,ΔS。已知 $C_{p,m}(O_2)=[29.96+4.18\times10^{-3}(T/K)]J\cdot mol^{-1}\cdot K^{-1}$

3.8 48 g 氧在 30 ℃时,从 200 kPa 恒温可逆压缩至 700 kPa,计算 Q,W,ΔU,ΔH,ΔS。假定变化过程只做体积功。

3.9 在 100 kPa 的压力下,将 20 kg,310 K 的水与 30 kg,355 K 的水在绝热容器中混合。求此混合过程的焓变 ΔH 及熵变 ΔS 各为若干?已知水的质量恒压热容 $C_p=4.184\ J\cdot K^{-1}\cdot g^{-1}$

3.10 8 mol 某理想气体,其 $C_{V,m}=2.5R$,由始态 531.43 K,600 kPa,先恒容加热到 708.57 K,再绝热可逆膨胀至 500 kPa 的终态。求终态的温度,整个过程的 ΔU 及 ΔS 各为若干?

3.11 6 mol 理想气体($C_{p,m}=29.10\ J\cdot K^{-1}\cdot mol^{-1}$),由始态 500 K,200 kPa 恒压冷却到 300 K,试计算过程的 Q,W,ΔU,ΔH 及 ΔS。

3.12 在下列情况下,2 mol 理想气体在 30 ℃恒温膨胀,从 60 dm³ 至 120 dm³,求过程的 Q,W,ΔU,ΔH 及 ΔS。

(1)可逆膨胀;

(2)膨胀过程所做的功等于最大功的 50%;

(3)向真空膨胀。

3.13 6 mol 某理想气体,其 $C_{V,m}=2.5R$,由 300 K,500 kPa 的始态,经绝热可逆压缩至 500 K,然后再恒容降温到 250 K 的终态,求整个过程的 Q,W,ΔH 及 ΔS 各为若干?

3.14 在 50 ℃时 1 mol 理想气体从 1 MPa 恒温膨胀到 120 kPa,计算此过程的 ΔU,ΔH,ΔS,ΔA 与 ΔG。

3.15 在 25 ℃时 1 mol O_2 从 800 kPa 自由膨胀到 150 kPa,求此过程的 ΔU,ΔH,ΔS,ΔA,ΔG(设 O_2 为理想气体)。

3.16 3 mol 理想气体在 400 K 下,恒温可逆膨胀体积增加一倍,计算该过程的 W,Q,ΔU,ΔH,ΔG,ΔA 及 ΔS。

3.17 4 mol 某理想气体,其 $C_{V,m}=2.5R$,由 600 K,100 kPa 的始态,经绝热、反抗压力恒定为 600 kPa 的环境压力膨胀至平衡态之后,再恒压加热到 600 K 的终态。试求整个过程的 ΔS,ΔU,ΔH,ΔA 及 ΔG 各为若干?

3.18 在 300 K 恒温下,一瓶 0.3 mol,20 kPa 的氧气和另一瓶 0.7 mol,80 kPa 的氮气相混合,混合后气体充满两个瓶内,设氧气与氮气都是理想气体。求:

(1)混合均匀后,瓶内气体的压力;

(2)混合过程中的 Q,W,ΔU,ΔH,ΔS,ΔA,ΔG。

3.19 有一绝热容器用绝热的隔板分为体积相等的两个部分。其中分别放有 2 mol H_2 和 2 mol O_2,H_2 温度为 25 ℃,O_2 温度为 15 ℃。试计算抽去隔板后的熵变。已知两种气体的 $C_{p,m}$ 为 28 J·K^{-1}·mol^{-1}。

3.20 在 350 K,100 kPa 压力下,3 mol A 和 2 mol B 的理想气体恒温、恒压混合后,再恒容加热到 700 K。求整个过程的 ΔS 为若干?已知 $C_{V,m,A}=1.5R$,$C_{V,m,B}=2.5R$。

3.21 1 mol 理想气体从同一始态 25 ℃,517.5 kPa 分别经历下列过程到达相同的终态 25 ℃,105.3 kPa。此两途径为:(1)绝热可逆膨胀后恒压加热到终态;(2)恒压加热,然后经恒容降温到达终态。分别求出此两过程的 $Q,W,\Delta U,\Delta H,\Delta S$ 和 ΔG。已知气体的 $C_{V,m}=\dfrac{3}{2}R$。

3.22 9 mol 某理想气体($C_{p,m}=29.10$ J·K^{-1}·mol^{-1}),由始态(450 K,250 kPa)分别经下列不同过程变到该过程所指定的终态。试分别计算各过程的 $Q,W,\Delta U,\Delta H$ 及 ΔS。

(1)对抗恒外压 100 kPa,绝热膨胀到 100 kPa;

(2)绝热可逆膨胀到 100 kPa。

3.23 15 mol 某理想气体,由 300 K,1 MPa 的始态,依次进行下列过程:(1)恒容加热至 600 K;(2)再恒压降温至 500 K;(3)最后绝热可逆膨胀到 400 K。已知该气体的热容比 $\gamma=\dfrac{C_{p,m}}{C_{V,m}}=1.4$。求整个过程的 $W,\Delta U$ 及 ΔS 各为若干?

3.24 有系统如下:

隔板

A	B
$n_A=605.5$ mol	$n_B=456.5$ mol
$T_A=300$ K	$T_B=400$ K
$V_1=10$ m^3	$V_2=5.0$ m^3

A 和 B 皆为理想气体,$C_{V,m,A}=1.5R$,$C_{V,m,B}=2.5R$,容器及隔板绝热良好,且 A 和 B 无化学反应。试求抽去隔板 A 和 B 混合气体达到平衡时,过程的 $\Delta U,\Delta H$ 及 ΔS 各为若干?

3.25 今有 3 mol 的水(H_2O,l)在 100 ℃ 及其饱和蒸气压 101.325 kPa 下全部蒸发成水蒸气(H_2O,g)。已知在此条件下 H_2O(l)的摩尔蒸发焓 $\Delta_{vap}H_m=40.668$ kJ·mol^{-1},求过程的 $Q,W,\Delta U,\Delta H,\Delta S,\Delta A$ 及 ΔG。(液态水的体积相对气态的体积可以忽略)

3.26 5 mol 甲苯在其沸点 383.2 K 时蒸发为气体,求该过程的 $Q,W,\Delta H,\Delta U,\Delta S,\Delta G,\Delta A$。已知该温度下,甲苯的汽化焓为 362 J·g^{-1},甲苯的摩尔质量 $M=92.16$ g·mol^{-1}。

3.27 铋的正常熔点为 271.2 ℃,在该温度下固态铋与液态铋的密度分别为 9.673 和 10.004 g·cm^{-3},若在熔点时铋的熔融焓为 53.3 J·g^{-1},试求 3 mol 液态铋在其熔点凝固成为固态铋时,各热力学函数的改变值 ΔU、ΔH、ΔS、ΔA、ΔG 以及 W、Q。已知铋的摩尔质量 $M = 209.0$ g·mol^{-1}。

3.28 反应 $CO_2(g) + 2NH_3(g) \longrightarrow (NH_3)_2CO(s) + H_2O(l)$,已知:

物质	$CO_2(g)$	$NH_3(g)$	$(NH_3)_2CO(s)$	$H_2O(l)$
$\dfrac{\Delta_f H_m^{\ominus}(B.298\ K)}{kJ \cdot mol^{-1}}$	-393.51	-46.19	-333.17	-285.85
$\dfrac{S_m^{\ominus}(B.298\ K)}{J \cdot K^{-1} \cdot mol^{-1}}$	213.64	192.51	104.60	69.96

问在 25 ℃,标准状态下反应能否自发进行?

3.29 已知下列热力学数据:

	金刚石	石墨
$\Delta_c H_m^{\ominus}(B.298.15)/kJ \cdot mol^{-1}$	-395.3	-393.4
$S_m^{\ominus}(B.298.15\ K)/J \cdot K^{-1} \cdot mol^{-1}$	2.43	5.69
体积质量(密度)$\rho/kg \cdot dm^{-3}$)	3.513	2.260

求:(1)298.15 K,由石墨转化为金刚石的 $\Delta_r G_m^{\ominus}(298.15\ K)$;

(2)298.15 K 时,由石墨转化为金刚石的最小压力。($p^{\ominus} = 100$ kPa)

3.30 乙醇气相脱水可制备乙烯,其反应为:

$$C_2H_5OH(g) = C_2H_4(g) + H_2O(g)$$

各物质 298K 时的 $\Delta_f H_m^{\ominus}$ 及 $S_m^{\ominus}$ 如下:

物质	$C_2H_5OH(g)$	$C_2H_4(g)$	$H_2O(g)$
$\Delta_f H_m^{\ominus}/kJ \cdot mol^{-1}$	-235.08	52.23	-241.60
$S_m^{\ominus}/J \cdot K^{-1} \cdot mol^{-1}$	281.73	219.24	188.56

计算 25 ℃下反应的 $\Delta_r G_m^{\ominus}$。

3.31 求证:(1) $\left(\dfrac{\partial H}{\partial p}\right)_T = V - T\left(\dfrac{\partial V}{\partial T}\right)_p$

(2)理想气体 $\left(\dfrac{\partial H}{\partial p}\right)_T = 0$

3.32 证明:$\left(\dfrac{\partial U}{\partial p}\right)_T = -T\left(\dfrac{\partial V}{\partial T}\right)_p - p\left(\dfrac{\partial V}{\partial p}\right)_T$

3.33 证明 $\left(\dfrac{\partial H}{\partial V}\right)_T = T\left(\dfrac{\partial p}{\partial T}\right)_V + V\left(\dfrac{\partial p}{\partial V}\right)_T$

3.34 某气体的状态方程为 $pV_m = RT + bp$，式中 b 是只与气体的性质、温度有关的常数。试证明该气体的 $\left(\dfrac{\partial U}{\partial V}\right)_T = \dfrac{RT^2}{(V_m - b)^2}\left(\dfrac{\partial b}{\partial T}\right)_V$

3.35 证明 $\left(\dfrac{\partial C_p}{\partial p}\right)_T = -T\left(\dfrac{\partial^2 V}{\partial T^2}\right)_p$

3.36 钨丝是制造电灯泡灯丝的材料。已知 2600 K 及 3000 K 时钨(s)的饱和蒸气压分别为 7.213×10^{-5} Pa 及 9.173×10^{-3} Pa。计算：

(1)钨(s)的摩尔升华焓 $\Delta_{sub}H_m$；

(2)3100 K 时钨(s)的饱和蒸气压。

3.37 已知固态苯的蒸气压在 0 ℃时为 3.27 kPa，20 ℃时为 12.30 kPa，液态苯的蒸气压在 20 ℃时为 10.02 kPa，液态苯的摩尔蒸发焓为 34.17 kJ·mol^{-1}。求：(1)在 35 ℃时液态苯的蒸气压；(2)苯的摩尔升华焓；(3)苯的摩尔熔化焓。

测验题

一、选择题

1. 若以 B 代表任一种物质，ν_B 为该物质在某一化学反应式中的化学计量数，则在如下 a，b 两种化学反应通式：（　　　）

$$\text{(a)} \sum_B \nu_B B = 0 \qquad \text{(b)} 0 = \sum_B \nu_B B$$

(1)a 式正确，b 式错误　　　　　(2)a 式错误，b 式正确

(3)两式均正确　　　　　　　　(4)两式均错误

2. 理想气体从状态 Ⅰ 等温自由膨胀到状态 Ⅱ，可用哪个状态函数的变量来判断过程的自发性。（　　　）

(1)ΔG　　　　(2)ΔU　　　　(3)ΔS　　　　(4)ΔH

3. 工作在 100 ℃和 25 ℃的两大热源间的卡诺热机，其效率（　　　）。

(1)20%　　　(2)25%　　　(3)75%　　　(4)100%

4. 将克拉贝龙方程用于 H_2O 的液 $\Longleftrightarrow$ 固两相平衡，因为 $V_m(H_2O,s) > V_m(H_2O,l)$，所以随着压力的增大，则 $H_2O(l)$ 的凝固点将：（　　　）

(1)上升　　　(2)下降　　　(3)不变　　　(4)不能确定

5. 在一定的温度和压力下，已知反应 A→2B 的标准摩尔焓变为 $\Delta_r H^{\ominus}_{m,1(T)}$ 及反应 2A→C 的标准摩尔焓变为 $\Delta_r H^{\ominus}_{m,2(T)}$，则反应 C→4B 的 $\Delta_r H^{\ominus}_{m,3(T)}$ 是：（　　　）。

(1)$2\Delta_r H^{\ominus}_{m,1(T)} + \Delta_r H^{\ominus}_{m,2(T)}$　　　　(2)$\Delta_r H^{\ominus}_{m,2(T)} - 2\Delta_r H^{\ominus}_{m,1(T)}$

（3）$\Delta_r H_{m,2(T)}^{\ominus} + \Delta_r H_{m,1(T)}^{\ominus}$　　　　（4）$2\Delta_r H_{m,1(T)}^{\ominus} - \Delta_r H_{m,2(T)}^{\ominus}$

6. 25 ℃时有反应　$C_6H_6(l) + 7\frac{1}{2}O_2(g) \longrightarrow 3H_2O(l) + 6CO_2(g)$若反应中各气体物质均可视为理想气体,则其反应的标准摩尔焓变 $\Delta_r H_m^{\ominus}$ 与反应的标准摩尔热力学能变 $\Delta_r U_m^{\ominus}$ 之差约为:(　　)。

（1）-3.7 kJ·mol^{-1}　　　　　　　（2）1.2 kJ·mol^{-1}

（3）-1.2 kJ·mol^{-1}　　　　　　　（4）3.7 kJ·mol^{-1}

7. 1 mol 理想气体从相同的始态(p_1, V_1, T_1)分别经绝热可逆膨胀到达终态(p_2, V_2, T_2),经绝热不可逆膨胀到达(p_2, V_2', T_2'),则 T_2'＿＿＿ T_2,V_2'＿＿＿ V_2,S_2'＿＿＿ S_2。(选填＞,＝,＜)

8. 已知 298 K 时,Ba^{2+} 和 SO_4^{2-} 的标准摩尔生成焓为 -537.65 kJ·mol^{-1} 和 -907.5 kJ·mol^{-1},反应:$BaCl_2 + Na_2SO_4 \Longrightarrow BaSO_4(s) + 2NaCl$ 的标准摩尔焓变是 -20.08 kJ·mol^{-1},计算得 $BaSO_4(s)$ 的标准摩尔生成焓为:(　　)。

（1）1465.23 kJ·mol^{-1}　　　　　（2）-1465.23 kJ·mol^{-1}

（3）1425.07 kJ·mol^{-1}　　　　　（4）-1425.07 kJ·mol^{-1}

9. 任意两相平衡的克拉贝龙方程 $dT/dp = T\Delta V_m/\Delta H_m$,式中 ΔV_m 及 ΔH_m 的正负号(　　)。

（1）一定是 $\Delta V_m > 0, \Delta H_m > 0$

（2）一定是 $\Delta V_m < 0, \Delta H_m < 0$

（3）一定是相反,即 $\Delta V_m > 0, \Delta H_m < 0$;或 $\Delta V_m < 0, \Delta H_m > 0$

（4）可以相同也可以不同,即上述情况均可能存在

二、填空题

1. 公式 $\Delta G = W'$ 的适用条件是＿＿＿＿,＿＿＿＿。

2. 理想气体节流膨胀时,$\left[\dfrac{\partial(pV)}{\partial p}\right]_H$ ＿＿＿＿0。(选填＞,＝,＜)

3. 按系统与环境之间物质及能量的传递情况,系统可分为＿＿＿＿系统、＿＿＿＿系统、＿＿＿＿系统。

4. 已知 $\Delta_f H_m^{\ominus}(FeO, s, 298\ K) = -226.5$ kJ·mol^{-1};

$\Delta_f H_m^{\ominus}(CO_2, g, 298\ K) = -393.51$ kJ·mol^{-1};

$\Delta_f H_m^{\ominus}(Fe_2O_3, s, 298\ K) = -821.32$ kJ·mol^{-1};

$\Delta_f H_m^{\ominus}(CO, g, 298\ K) = -110.54$ kJ·mol^{-1};

则 $Fe_2O_3(s) + CO(g) \Longrightarrow 2FeO(s) + CO_2(g)$ 反应的 $\Delta_r H_m^{\ominus}(298\ K)$ ＝＿＿＿＿。

5. 某气体的 $C_{p,m} = 29.16$ J·K^{-1}·mol^{-1},1 mol 该气体在恒压下,温度由

$20\ ℃$ 变为 $10\ ℃$,则其熵变 $\Delta S=$ _____。

6. 绝热不可逆膨胀过程系统的 ΔS _____ 绝热不可逆压缩过程系统的 ΔS。(选填＞,＜或＝)

7. $5\ mol$ 某理想气体由 $27\ ℃$,$10\ kPa$ 恒温可逆压缩到 $100\ kPa$,则该过程的 $\Delta U=$ _____,$\Delta H=$ _____,$Q=$ _____,$\Delta S=$ _____。

8. 公式 $\Delta A=W'$ 的适用条件是 _____,_____。

9. $1\ mol$ 理想气体在绝热条件下向真空膨胀至体积变为原体积的 10 倍,则此过程的 $\Delta S=$ _____。

10. 一绝热气缸带有一无摩擦、无质量的活塞,内装理想气体,气缸内壁绕有电阻为 R 的电阻丝,以电流 I 通电加热,气体慢慢膨胀,这是一个 _____ 过程,当通电时间 t 后,$\Delta H=$ _____。(以 I,R,t 表示)

三、是非题

1. 绝热过程都是等熵过程。是不是?(　　　)

2. 热力学第二定律的开尔文说法是:从一个热源吸热使之完全转化为功是不可能的。是不是?(　　　)

3. 在恒温恒压条件下,$\Delta G>0$ 的过程一定不能进行。是不是?(　　　)

4. 系统由状态 1 经恒温、恒压过程变化到状态 2,非体积功 $W'<0$,且有 $W'>\Delta G$ 和 $\Delta G<0$,则此状态变化一定能发生。是不是?(　　　)

5. 在 $-10\ ℃$,$101.325\ kPa$ 下过冷的 $H_2O(l)$ 凝结为冰是一个不可逆过程,故此过程的熵变大于零。是不是?(　　　)

6. 热力学第二定律的克劳修斯说法是:热从低温物体传给高温物体是不可能的。是不是?(　　　)

7. 在恒温恒容条件下,$\Delta A>0$ 的过程一定不能进行。是不是?(　　　)

8. 基希霍夫公式的不定积分式 $\Delta_r H_m^{\ominus}(T)=\Delta H_0+\Delta aT+\dfrac{\Delta b}{2}T^2+\dfrac{\Delta c}{3}T^3$ 中的 ΔH_0 是 $T=0\ K$ 时的标准摩尔反应焓。是不是?(　　　)

四、计算题

1. 在 $273\ K$,$1000\ kPa$ 时,$10.0\ dm^3$ 单原子理想气体,(1)经过绝热可逆膨胀到终态压力 $100\ kPa$;(2)在恒外压 $100\ kPa$ 下绝热膨胀到终态压力 $100\ kPa$。分别计算两个过程的终态温度、$W,\Delta U,\Delta H,\Delta S$。

2. 在 $300\ K$,$100\ kPa$ 压力下,$2\ mol\ A$ 和 $2\ mol\ B$ 的理想气体恒温、恒压混合后,再恒容加热到 $600\ K$。求整个过程的 ΔS 为若干?已知 $C_{V,m}(A)=1.5R$,$C_{V,m}(B)=2.5R$

3. 已知在 $298\ K$,$100\ kPa$ 下

$$Sn(白) \longrightarrow Sn(灰)$$

过程的 $\Delta H_m = -2197 \text{ J} \cdot \text{mol}^{-1}$，$\Delta C_{p,m} = -0.42 \text{ J} \cdot \text{K}^{-1} \cdot \text{mol}^{-1}$，$\Delta S_m = -7.54 \text{ J} \cdot \text{K}^{-1} \cdot \text{mol}^{-1}$。

(1)指出在 298 K，100 kPa 下，哪一种晶型稳定。

(2)计算在 283 K，100 kPa 下，白锡变为灰锡过程的 ΔG_m，并指出哪一种锡的晶体更稳定？

五、证明题

1. 某气体的状态方程为 $p[(V/n)-b]=RT$，式中 b 为常数，n 为物质的量。若该气体经一恒温过程，压力自 p_1 变至 p_2，则证明 $\left(\dfrac{\partial U}{\partial p}\right)_T = 0$。

2. 试证明封闭系统单相纯物质只有 p,V,T 变化过程的 $\left(\dfrac{\partial H}{\partial p}\right)_T = V - T\left(\dfrac{\partial V}{\partial T}\right)_p$ 理想气体的 $\left(\dfrac{\partial H}{\partial p}\right)_T = 0$。

3. 试证明：$\mu_{J-T} = -\dfrac{1}{C_{p,m}}\left(\dfrac{\partial H_m}{\partial p}\right)_T$，$\mu_{J-T}$ 为焦耳-汤姆逊系数。

第四章　多组分系统热力学

(Chapter 4　Thermodynamics of Multicomponent Systems)

▶ **教学目标**

通过本章的学习,要求掌握:

1.偏摩尔量与化学势;

2.拉乌尔定律与亨利定律;

3.理想液态混合物的定义与性质;

4.理想稀溶液的定义与性质;

5.各种类型化学势的表达式;

6.活度与活度因子;

7.逸度与逸度因子;

8.稀溶液的依数性及其计算。

前面主要介绍了热力学第一定律与热力学第二定律,引入了热力学能、焓、熵、亥姆霍兹函数和吉布斯函数 5 个热力学状态函数、热和功这 2 个途径函数,介绍了简单系统发生单纯 pVT 变化、相变化和化学变化过程中对热、功及 5 个状态函数增量的计算。

所谓简单系统是指由一个或几个纯物质相和组成不变的相形成的平衡系统。组成不变的相在处理时可以看作是一种物质。

但是常见的系统绝大部分是多组分系统和相与组成发生变化的系统。多组分封闭系统中由于发生了相变或化学变化,从而引起了相的组成发生变化。本章介绍多组分多相系统热力学。

多组分系统可以是单相或多相。对多组分多相系统,可以将它分成几个多组分单相系统。因此,我们先研究多组分单相系统热力学。

多组分单相系统是由两种或两种以上的物质以分子大小的粒子相互混合

而成的均匀系统。

多组分单相系统分为混合物和溶液。

（1）混合物（mixture）

多组分均匀系统中，溶剂和溶质不加区分，各组分均可选用相同的标准态，使用相同的经验定律，这种系统称为混合物，按聚集状态的不同，混合物可分为气态混合物、液态混合物和固态混合物。但是除非特别指明，通常的混合物即指液态混合物。液体与液体以任意比例相互混合成均相即形成液态混合物。

按照规律性来划分，混合物可分成理想混合物与真实混合物。

（2）溶液（solution）

气体、液体或固体溶于液体溶剂中即形成溶液。溶液则分为液态溶液和固态溶液。

如果组成溶液的物质有不同的状态，通常将液态物质称为溶剂，气态或固态物质称为溶质。

如果都是液态，则把含量多的一种称为溶剂，含量少的称为溶质。

今后除非特别指明，溶液即指液态溶液。

按溶质的导电性能，溶液可分为电解质溶液和非电解质溶液。

按照规律性来划分，溶液可分为理想稀溶液与真实溶液。

本章只讨论混合物及非电解质溶液，电解质溶液将在第七章中讨论，固态混合物和固态溶液将在第六章讨论。

4.1 偏摩尔量

多组分单相热力学中一个非常重要的概念是偏摩尔量。各广度量 V，U，H，S，A 和 G 等都有偏摩尔量。

4.1.1 问题

假设在一定温度、压力下纯液体 B 和纯液体 C 的物质的量分别为 n_B 和 n_C，摩尔体积分别为 $V_{m,B}^*$ 和 $V_{m,C}^*$，则混合前系统的体积：

$$V = n_B V_{m,B}^* + n_C V_{m,C}^*$$

如果将两液体相互混合形成均相液态混合物，一般说来，真实液态混合物在混合前后体积将发生变化，即：

$$V \neq n_B V_{m,B}^* + n_C V_{m,C}^* \quad （真实混合物） \tag{4-1-1}$$

如由水（H_2O,l）与乙醇（C_2H_5OH,l）构成的混合物。在 25 ℃ 及 101.325 kPa

下，两纯液体的摩尔体积分别为 $V_{m\,H_2O(l)}^* = 18.09\ \mathrm{cm^3 \cdot mol^{-1}}$，$V_{m\,C_2H_5OH(l)}^* = 58.35\ \mathrm{cm^3 \cdot mol^{-1}}$，实验表明，当这两种液体相互混合后体积缩小。例如，$n_B = n_C = 1.0\ \mathrm{mol}$ 的水和乙醇混合后的体积 $V \neq (1.0 \times 18.09 + 1.0 \times 58.35)\mathrm{cm^3} = 76.44\ \mathrm{cm^3}$，而是 $V = 75.40\ \mathrm{cm^3}$。

实验结果说明，多组分真实混合物的体积不等于系统中各组分物质的量与该组分的摩尔体积的乘积。系统的其他广度量亦有相同的结论。

4.1.2　偏摩尔量

对于一个由 B，C，D，⋯ 组成的多组分单相系统，设各组分物质的量分别为 n_B，n_C，n_D，⋯。系统任一广度量 X 是温度、压力及各组分的物质的量的函数，即 $X(T, p, n_B, n_C, n_D, \cdots)$。

对 X 求全微分，则有：

$$\mathrm{d}X = \left(\frac{\partial X}{\partial T}\right)_{p, n_B, n_C \cdots} \mathrm{d}T + \left(\frac{\partial X}{\partial p}\right)_{T, n_B, n_C \cdots} \mathrm{d}p + \left(\frac{\partial X}{\partial n_B}\right)_{T, p, n_C, n_D \cdots} \mathrm{d}n_B$$
$$+ \left(\frac{\partial X}{\partial n_C}\right)_{T, p, n_B, n_D \cdots} \mathrm{d}n_C + \cdots$$

$$\mathrm{d}X = \left(\frac{\partial X}{\partial T}\right)_{p, n_B, n_C \cdots} \mathrm{d}T + \left(\frac{\partial X}{\partial p}\right)_{T, n_B, n_C \cdots} \mathrm{d}p + \sum_B \left(\frac{\partial X}{\partial n_B}\right)_{T, p, n_C} \mathrm{d}n_B \quad (4\text{-}1\text{-}2)$$

定义：$X_B \overset{\mathrm{def}}{=\!=\!=} \left(\frac{\partial X}{\partial n_B}\right)_{T, p, n_C} \quad (4\text{-}1\text{-}3)$

式中偏导数的下标 n_C 表示除 B 组分外，其他各组分物质的量保持不变。也有的用 $n_{C \neq B}$ 表示。如果所有组分的物质的量均不变则用下标 n_B 表示。

X_B 定义为组分 B 的某种广度性质的偏摩尔量（partial molar quantity）。

根据定义，偏摩尔量 X_B 为在恒温恒压及除组分 B 以外其余各组分的量均保持不变的条件下，系统广度量 X 随组分 B 的物质的量的变化率。利用 X_B，在恒温恒压条件下，由式（4-1-2）可推得为：

$$X = \sum_B n_B X_B \quad (4\text{-}1\text{-}4)$$

即系统广度量 X 为系统各组分的物质的量 n_B 与其偏摩尔量 X_B 乘积之和，式（4-1-4）称为偏摩尔量的加和公式。该式与式（4-1-1）的形式相同，只是这里的 X_B 为组分 B 的偏摩尔量，而不是纯组分的摩尔量。

按定义式（4-1-3），对多组分系统中组分 B，有：

偏摩尔体积　　　　　　　　$V_B = (\partial V / \partial n_B)_{T, p, n_C}$

偏摩尔热力学能　　　　　　$U_B = (\partial U / \partial n_B)_{T, p, n_C}$

偏摩尔焓　　　　　　　　　$H_B = (\partial H / \partial n_B)_{T, p, n_C}$

偏摩尔熵　　　　　　　　　　$S_B = (\partial S / \partial n_B)_{T,p,n_C}$

偏摩尔亥姆霍兹函数　　　　　$A_B = (\partial A / \partial n_B)_{T,p,n_C}$

偏摩尔吉布斯函数　　　　　　$G_B = (\partial G / \partial n_B)_{T,p,n_C}$

对于偏摩尔量,应该注意以下几点:

①只有广度性质才有偏摩尔量,偏摩尔量本身是强度性质。

②只有在恒温、恒压条件下,系统的广度性质随某一组分的物质的量的变化率才能称为偏摩尔量。

③纯物质的偏摩尔量就是它的摩尔量。

④偏摩尔量是对某一组分而言,都是温度、压力和组成的函数。

4.1.3　偏摩尔量的测定

以偏摩尔体积的测定为例,对于二组分系统,在一定温度、压力下,向物质的量为 n_C 的液体组分 C 中不断地加入组分 B,从而形成混合物,当加入 B 物质的量 n_B 不同时,测量混合物的体积 V,作 V-n_B 图,如图 4.1 所示。在 V-n_B 曲线上任一点做曲线的切线,则切线的斜率就是 $(\partial V / \partial n_B)_{T,p,n_C}$ 。根据定义这就是组成为 $x_B = n_B / (n_B + n_C)$ 的混合物中组分 B 的偏摩尔体积 V_B 。由式(4-1-4)可知,组分 C 在此组成下的偏摩尔体积 $V_C = (V - n_B V_B)/n_C$。

若已知 $V = f(n_B)$,则其对 n_B 的导数 $V_B = f'(n_B)$ 即为 B 的偏摩尔体积,将 n_B 值代入,便可求得相应组成下组分 B 的偏摩尔体积。

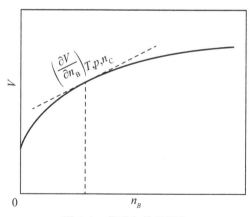

图 4.1　偏摩尔体积测定

4.1.4　吉布斯-杜亥姆方程

对广度量 $X(T, p, n_B, n_C, n_D, \cdots)$ 求全微分，可得：

$$\mathrm{d}X = \left(\frac{\partial X}{\partial T}\right)_{p, n_B} \mathrm{d}T + \left(\frac{\partial X}{\partial p}\right)_{T, n_B} \mathrm{d}T + \sum_B \left(\frac{\partial X}{\partial n_B}\right)_{T, p, n_C} \mathrm{d}n_B \tag{4-1-5}$$

恒温、恒压条件下，并结合式(4-1-3)，则上式化简为：

$$\mathrm{d}X = \sum_B X_B \mathrm{d}n_B$$

因为 $X = \sum_B n_B X_B$，则在恒温、恒压条件下，可得：

$$\mathrm{d}X = \sum_B n_B \mathrm{d}X_B + \sum_B X_B \mathrm{d}n_B$$

比较上两式，在恒温、恒压下，有：

$$\sum_B n_B \mathrm{d}X_B = 0 \tag{4-1-6a}$$

将此式除以 $n = \sum_B n_B$，则得：

$$\sum_B x_B \mathrm{d}X_B = 0 \tag{4-1-6b}$$

式(4-1-6a)和式(4-1-6b)称为吉布斯-杜亥姆(Gibbs-Duhem)方程。这个方程表明了在恒定的温度、压力下，当混合物的组成发生变化时，各组分偏摩尔量变化的相互关系。

4.1.5　偏摩尔量之间的函数关系

前面介绍了热力学函数之间存在着一定的函数关系，如 $H = U + pV, A = U - TS, G = H - TS = A + pV$，以及 $(\partial G/\partial p)_T = V$，$(\partial G/\partial T)_p = -S$ 等。这些公式适用于纯物质或组成不变的系统。如果将这些公式对混合物中任一组分 B 的物质的量求偏导数，可知各偏摩尔量之间也有着同样的关系，也就是将上述公式中的广度量换成偏摩尔量，函数关系依然成立，即：

$$H_B = U_B + pV_B$$

$$A_B = U_B - TS_B$$

$$G_B = H_B - TS_B = U_B - TS_B + pV_B = A_B + pV_B$$

$$(\partial G_B/\partial p)_T = V_B$$

$$(\partial G_B/\partial T)_p = -S_B$$

视频 4.1

4.2 化学势

4.2.1 化学势的定义

（1）狭义化学势

保持 T, p 和除组分 B 以外的其他组分不变，体系的吉布斯函数随其物质的量 n_B 的变化率称为化学势。所以化学势就是组分 B 的偏摩尔吉布斯函数 G_B。用符号 μ_B 表示：

$$\mu_B \xlongequal{\text{def}} G_B = \left(\frac{\partial G}{\partial n_B}\right)_{T, p, n_C} \tag{4-2-1}$$

纯物质的化学势就等于它的摩尔吉布斯函数，即：$\mu = G_m$

化学势是最重要的热力学函数之一。

（2）广义化学势

保持特征变量和除组分 B 以外其他组分不变，某热力学函数随其物质的量 n_B 的变化率亦称为化学势。

$$\mu_B = \left(\frac{\partial G}{\partial n_B}\right)_{T, p, n_C} = \left(\frac{\partial U}{\partial n_B}\right)_{S, V, n_C} = \left(\frac{\partial H}{\partial n_B}\right)_{S, p, n_C} = \left(\frac{\partial A}{\partial n_B}\right)_{T, V, n_C} \tag{4-2-2}$$

式（4-2-2）是广义的化学势定义式，只不过这 4 个偏导数中只有 $\left(\frac{\partial G}{\partial n_B}\right)_{T, p, n_C}$，既是化学势，又是偏摩尔量，其余 3 个仅是化学势，不是偏摩尔量。

4.2.2 多组分多相系统的热力学基本方程

① 对于多组分单相系统，如果将混合物的吉布斯函数 G 表示成 T, p 及各组分 B，C，D，…的物质的量 n_B，n_C，n_D，…的函数，即：

$$G = G(T, p, n_B, n_C, n_D, \cdots)$$

对 G 求全微分，则有：

$$dG = \left(\frac{\partial G}{\partial T}\right)_{p, n_B} dT + \left(\frac{\partial G}{\partial p}\right)_{T, n_B} dp + \sum_B \left(\frac{\partial G}{\partial n_B}\right)_{T, p, n_C} dn_B \tag{4-2-3a}$$

因为式（4-2-2a）中，G 对 T 和 p 的偏导数是在系统组成不变的条件下进行的，所以：

$$\left(\frac{\partial G}{\partial T}\right)_{p, n_B} = -S , \left(\frac{\partial S}{\partial p}\right)_{T, n_B} = V$$

代入（4-2-2a）并结合定义式（4-2-1），则有：

$$dG = -SdT + Vdp + \sum_B \mu_B dn_B \tag{4-2-3b}$$

对混合物：$U = U(S, V, n_B, n_c, n_D \cdots)$

$$dU = \left(\frac{\partial U}{\partial S}\right)_{V, n_B} dS + \left(\frac{\partial U}{\partial V}\right)_{S, n_B} dV + \sum_B \left(\frac{\partial U}{\partial n_B}\right)_{S, V, n_C} dn_B$$

$$dU = TdS - pdV + \sum_B \left(\frac{\partial U}{\partial n_B}\right)_{S, V, n_C} dn_B$$

定义：$\mu_B = \left(\dfrac{\partial U}{\partial n_B}\right)_{S, V, n_C}$

则有：$\qquad dU = TdS - pdV + \sum_B \mu_B dn_B \tag{4-2-4}$

同理，可推得：

$$dH = TdS + Vdp + \sum_B \left(\frac{\partial H}{\partial n_B}\right)_{S, p, n_C} dn_B$$

定义：$\mu_B = \left(\dfrac{\partial H}{\partial n_B}\right)_{S, p, n_C}$

则有：$\qquad dH = TdS + Vdp + \sum_B \mu_B dn_B \tag{4-2-5}$

$$dA = -SdT - pdV + \sum_B \left(\frac{\partial A}{\partial n_B}\right)_{T, V, n_C} dn_B$$

定义：$\mu_B = \left(\dfrac{\partial A}{\partial n_B}\right)_{T, V, n_C}$

则有：$\qquad dA = -SdT - pdV + \sum_B \mu_B dn_B \tag{4-2-6}$

式(4-2-2)～(4-2-5)这 4 个公式就是多组分单相系统的热力学基本方程,其适用条件为多组分、均相及非体积功等于零的情况。因为其考虑了系统中各组分物质的量的变化对热力学状态函数的影响,因此该方程不仅能应用于组成可变的封闭系统,也适用于开放系统。

②对于多组分多相系统,由于其是由若干个多组分单相系统所构成,则对于系统中的每一个相,式(4-2-2)～式(4-2-5)均成立。比如对于任意相 α 有：

$$dG(\alpha) = -S(\alpha)dT + V(\alpha)dp + \sum_B \mu_B(\alpha)dn_B(\alpha)$$

对于总的系统,则有：

$$\sum_\alpha dG(\alpha) = -\sum_\alpha S(\alpha)dT + \sum_\alpha V(\alpha)dp + \sum_\alpha \sum_B \mu_B(\alpha)dn_B(\alpha)$$

因为系统处于热平衡及力平衡,系统中各相的温度 T 和压力 p 相同。所以有：$\sum_\alpha dG(\alpha) = dG$,$\sum_\alpha S(\alpha) = S$,$\sum_\alpha V(\alpha) = V$,故：

$$dG = -SdT + Vdp + \sum_\alpha \sum_B \mu_B(\alpha)dn_B(\alpha) \qquad (4\text{-}2\text{-}7)$$

基于同样的推导,可得:

$$dU = TdS - pdV + \sum_\alpha \sum_B \mu_B(\alpha)dn_B(\alpha) \qquad (4\text{-}2\text{-}8)$$

$$dH = TdS + Vdp + \sum_\alpha \sum_B \mu_B(\alpha)dn_B(\alpha) \qquad (4\text{-}2\text{-}9)$$

$$dA = -SdT - pdV + \sum_\alpha \sum_B \mu_B(\alpha)dn_B(\alpha) \qquad (4\text{-}2\text{-}10)$$

式(4-2-7)至式(4-2-10)这 4 个公式即为多组分多相系统的热力学基本方程式,适用于封闭的多组分多相系统,在非体积功等于零的条件下,发生 pVT 变化、相变化和化学变化过程,同时也适用于开放系统。

4.2.3 化学势判据

对于非体积功等于零的封闭系统,因为任意的恒温、恒容过程有 $dA_{T,V} \leqslant 0$（亥姆霍兹函数判据）,由式(4-2-10)得:

$$\sum_\alpha \sum_B \mu_B(\alpha)dn_B(\alpha) \leqslant 0$$

而对于任意的恒温、恒压过程 $dG_{T,p} \leqslant 0$（吉布斯函数判据）,结合式(4-2-7),则得:

$$\sum_\alpha \sum_B \mu_B(\alpha)dn_B(\alpha) \leqslant 0$$

也就是说,在非体积功等于零的条件下,不管在恒温、恒容或恒温、恒压下,当系统达到平衡时均有:

$$\sum_\alpha \sum_B \mu_B(\alpha)dn_B(\alpha) = 0 \qquad (4\text{-}2\text{-}11)$$

式(4-2-11)是一个系统是否达到平衡的判据（化学势判据）。

下面讨论化学势的应用。假设在恒温、恒压下有物质的量为 $dn_B(\alpha)$ 的 B 组分由 α 相转变成 β 相,则 $dn_B(\alpha) = -dn_B(\beta)$。

$$B(\alpha) \xrightarrow{\text{恒 } T, \text{恒 } p, \delta W = 0} B(\beta)$$

根据化学势判据,有:

$$\sum_\alpha \sum_B \mu_B(\alpha)dn_B(\alpha) = \mu_B(\alpha)dn_B(\alpha) + \mu_B(\beta)dn_B(\beta)$$

$$= [\mu_B(\beta) - \mu_B(\alpha)]dn_B(\beta) \leqslant 0$$

由于 $dn_B(\beta) > 0$,故:

$$\mu_B(\alpha) \geqslant \mu_B(\beta) \qquad (4\text{-}2\text{-}12)$$

式(4-2-12)表明,物质总是从化学势高的相向化学势低的相转变,直到达到

相平衡,此时系统中任意组分 B 在其所处的相中化学势相等,即:

$$\mu_B(\alpha) = \mu_B(\beta) = \mu_B(\gamma) = \cdots \tag{4-2-13}$$

对于化学反应,假定系统已处于相平衡,由于系统任一组分 B 在其存在的每个相中的化学势相等,则可用 μ_B 表示 B 组分的化学势,因此有:

$$\sum_a \sum_B \mu_B(\alpha) dn_B(\alpha) = \sum_B \mu_B \left[\sum_a dn_B(\alpha) \right] = 0$$

式中 $\sum_a dn_B(\alpha)$ 为系统中 B 组分在每个相中物质的量的变化量之和,即为系统 B 组分物质的量的改变量,用 dn_B 表示。因此,化学平衡条件为:

$$\sum_B \mu_B dn_B = 0 \tag{4-2-14}$$

4.3 气体组分的化学势

与吉布斯函数一样,化学势亦没有绝对值,因此为了建立化学势的表达式,必须选择一个标准状态作为计算的基准。对于气体,标准态规定为在温度 T,标准压力 $p^{\ominus} = 100$ kPa 下具有理想气体性质的纯气体,该状态下的化学势称为标准化学势,以符号 $\mu_B^{\ominus}(g)$ 表示。对于纯气体则省略下标 B。显然,气体的标准化学势仅仅是温度的函数。

若某 1 mol 纯理想气体 B 在温度 T 下由标准压力 $p^{\ominus}$ 变至某一压力 p,其化学势由 $\mu^{\ominus}$(pg) 变至 μ^*(pg)。

$$B(pg, p^{\ominus}) \rightarrow B(pg, p)$$
$$\mu^{\ominus}(pg) \qquad \mu*(pg)$$

因为 $dT = 0$,$V_m = RT/p$,而 $d\mu = dG_m = -S_m dT + V_m dp$,所以有:

$$d\mu* = dG_m^* = V_m^* dp = \frac{RT}{p} dp = RT d\ln p \tag{4-3-1}$$

将上式积分,则:

$$\int_{\mu^{\ominus}(pg)}^{\mu^*(pg)} d\mu* = RT \int_{p^{\ominus}}^{p} d\ln p$$

得:

$$\mu^*(pg) = \mu^{\ominus}(pg) + RT\ln\frac{p}{p^{\ominus}} \tag{4-3-2}$$

这是纯理想气体化学势的表达式。同理,结合对体积项的修正,推导混合理想气体的化学势为:$\mu_{B(pg, T, P)} = \mu_{B(pg, T)}^{\ominus} + RT\ln\frac{p_B}{p^{\ominus}}$ $\tag{4-3-3}$

纯真实气体的化学势为：

$$\mu_{(g,T,P)}^{*} = \mu_{(g,T)}^{\ominus} + RT\ln\frac{p}{p^{\ominus}} + \int_{0}^{p}\left(V_{m}^{*} - \frac{RT}{p}\right)\mathrm{d}p \qquad (4\text{-}3\text{-}4)$$

混合真实气体的化学势为：

$$\mu_{B(g,T,P)} = \mu_{B(g,T)}^{\ominus} + RT\ln\frac{p_{B}}{p^{\ominus}} + \int_{0}^{p}\left(V_{B(g)} - \frac{RT}{p}\right)\mathrm{d}p \qquad (4\text{-}3\text{-}5)$$

视频 4.2

4.4　逸度及逸度因子

式(4-3-5)是气体化学势的一般表达式，但在该式中包含积分项 $\int_{0}^{p}[V_{B(g)} - RT/p]\mathrm{d}p$，难以处理。在气体 pVT 性质的研究中，通过引入压缩因子 Z 来修正真实气体对理想气体的偏差，从而得到气体的普遍化状态方程 $pV_{m} = ZRT$。因此可以采用同样的方法，在式(4-3-5)中引入一个修正因子就可使其成为普遍化的气体化学势表达式。

4.4.1　逸度及逸度因子

为使真实气体及真实气体混合物中任一组分 B 的化学势表达式具有理想气体化学势表达式同样简单的形式，1908 年路易斯(Lewis GN)提出了逸度及逸度因子的概念。令

$$\mu_{B(g,T,p)} = \mu_{B(g,T)}^{\ominus} + RT\ln\frac{\widetilde{p}_{B}}{p^{\ominus}} \qquad (4\text{-}4\text{-}1)$$

式(4-4-1)中 $\widetilde{p}_{B}$ 为混合气体中 B 组分的逸度：

$$\widetilde{p}_{B} = \varphi_{B} \cdot p_{B} \qquad (4\text{-}4\text{-}2)$$

它具有压力的量纲。φ_{B} 为逸度因子，其量纲为 1。

将式(4-4-1)与式(4-3-5)进行对比，则有：

$$RT\ln\frac{p_{B}}{p^{\ominus}} + \int_{0}^{p}\left(V_{B} - \frac{RT}{p}\right)\mathrm{d}p = RT\ln\frac{\widetilde{p}_{B}}{p^{\ominus}}$$

整理化简，可得：

$$\widetilde{p}_{B} = p_{B}\exp\int_{0}^{p}\left(\frac{V_{B}}{RT} - \frac{1}{p}\right)\mathrm{d}p \qquad (4\text{-}4\text{-}3a)$$

$$\varphi_{B} = \exp\int_{0}^{p}\left(\frac{V_{B}}{RT} - \frac{1}{p}\right)\mathrm{d}p \qquad (4\text{-}4\text{-}3b)$$

对理想气体混合物而言，式(4-4-3)中的积分为零，从而有 $\widetilde{p}_{B} = p_{B}$，$\varphi_{B} = 1$。即理想气体混合物中任一组分的逸度等于其分压，而逸度因子则恒等于 1。

4.2.2 逸度因子的计算及普遍化逸度因子图

(1)普遍化逸度因子图

逸度的计算实际上是逸度因子的计算,因为知道了逸度因子 φ_B 后,即可按定义式(4-4-2)计算出逸度 $\bar{p}_B = \varphi_B p_B$。

对式(4-4-3b)取对数,得:

$$\ln\varphi_B = \frac{1}{RT}\int_0^p \left[V_{B(g)} - \frac{RT}{p}\right]dp \tag{4-4-4}$$

对于纯气体,式中 $V_{B(g)}$ 等于摩尔体积 $V_m^*(g)$。

在实际工作中,求纯物质的逸度因子 φ 时,通常是应用普遍化的逸度因子图,其原理介绍如下。

对于纯物质,将式(4-4-4)中纯真实气体的摩尔体积,用 $V_m = ZRT/p$ 代入,得:

$$\ln\varphi_B = \frac{1}{RT}\int_0^p \left[\frac{ZRT}{p} - \frac{RT}{p}\right]dp = \int_0^p \frac{(Z-1)}{p}dp$$

由于 $p = p_r p_c$,则有 $dp/p = dp_r/p_r$,由此得:

$$\ln\varphi_B = \int_0^p \frac{(Z-1)}{p_r}dp_r \tag{4-4-5}$$

根据对应状态原理,不同气体在同样的对比温度 T_r,对比压力 p_r 下,有基本相同的压缩因子,因而亦有基本相同的逸度因子。根据式(4-4-5)就可以求得一定 T_r,不同 p_r 下纯气体的 φ 值。图 4.2 绘出了不同 T_r 下的 φ-p_r 曲线。因为此图对任何真实气体均适用,所以称之为普遍化逸度因子图。

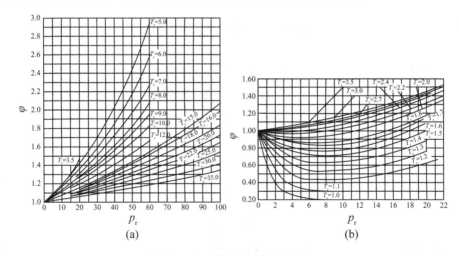

图 4.2　普遍化逸度因子图

（2）纯物质逸度的计算

对于纯物质 B，可以通过下述方法求得在某一温度、压力下的纯物质 B 的逸度 $\tilde{p}_B^*$：

①通过查手册，得到物质的 p_c，T_c；

②根据 $p_r = \dfrac{p}{p_c}$，$T_r = \dfrac{T}{T_c}$，求得物质的 p_r，T_r；

③通过查普遍化的逸度因子图，得到物质的 φ_B^*；

④根据定义 $\tilde{p}_B^* = \varphi_B^* p$，求得物质的 $\tilde{p}_B^*$。

4.4.3　路易斯-兰德尔逸度规则

式（4-4-3b）对纯真实气体与真实气体混合物中任一组分 B 均可适用。由此式可知，若 $V_{B(g)} = V_{m,B(g)}^*$，即组分 B 在混合气体的温度 T、总压力 p 下的偏摩尔体积，等于组分 B 在混合气体的温度 T 与总压 p 下单独存在时的摩尔体积，则系统的总体积不变，$V(g) = \sum_B n_B V_{B(g)}$，这时 $\varphi_B = \varphi_B^*$。也就是混合气体中组分 B 的逸度因子等于该组分 B 在混合气体的温度与总压下单独存在时的逸度因子，于是

$$\tilde{p}_B = \varphi_B p_B = \varphi_B^* y_B p = \varphi_B^* p y_B = \tilde{p}_B^* y_B \tag{4-4-6}$$

式（4-4-6）就是路易斯-兰德尔（Lewis-Randall）逸度规则：真实气体混合物中组分 B 的逸度等于该组分在混合气体的温度和总压下单独存在时的逸度与该组分在混合气体中摩尔分数的乘积。它可被用于计算气体混合物中各组分的逸度。

视频 4.3

4.5　拉乌尔定律和亨利定律

4.5.1　拉乌尔定律

1887 年，法国化学家拉乌尔（Raoult F. M）从实验中归纳出一个经验定律：在一定温度下，在稀溶液中溶剂的蒸气压等于纯溶剂蒸气压乘以溶液中溶剂的摩尔分数。用公式表示为：

$$p_A = p_A^* x_A \tag{4-5-1}$$

式中 p_A^* 为在同温度下纯溶剂的饱和蒸气压；x_A 为溶液中溶剂的摩尔分数。此式称为拉乌尔定律（Raoult's Law）。

4.5.2　亨利定律

1803 年英国化学家亨利(Henry W)根据实验总结另一条经验定律:在一定温度下,稀溶液中挥发性溶质在气相中的平衡分压 p_B 与其在溶液中的摩尔分数成正比。用公式表示为:

$$p_B = k_{x,B} \cdot x_B \tag{4-5-2a}$$

式中 $k_{x,B}$ 称为亨利常数,其数值与温度、压力、溶剂和溶质的性质有关。此式即为亨利定律(Henry's Law)。

当溶质的浓度分别以质量摩尔浓度 b_B,浓度 c_B 表示时,亨利定律亦可以表示为:

$$p_B = k_{b,B} \cdot b_B \tag{4-5-2b}$$

$$p_B = k_{c,B} \cdot c_B \tag{4-5-2c}$$

$k_{x,B}, k_{b,B}, k_{c,B}$ 均为亨利系数,但其值不一定相等。

混合物的组成以摩尔分数最为方便,因为这种组成的表示对混合物中各个组分均是等价的。溶液的组成标度主要用溶质 B 的质量摩尔浓度 b_B。

①质量摩尔浓度(molality) b_B

$$b_B \xlongequal{\text{def}} n_B / m_A$$

上式中, m_A 为溶剂的质量, b_B 的单位 $mol \cdot kg^{-1}$。

②物质的量浓度(molarity) c_B

$$c_B \xlongequal{\text{def}} n_B / V$$

上式中, V 为混合物的体积, c_B 的单位 $mol \cdot m^{-3}$。

对于二组分系统:

$$x_B = \frac{M_A b_B}{1 + M_A b_B}$$

$$x_B = \frac{M_A c_B}{\rho + (M_A - M_B) c_B}$$

式中 ρ 为溶液的密度,如果以 ρ_A 表示纯溶剂 A 的密度,对稀溶液而言, b_B, c_B 均很小,因此有:

$$x_B \approx M_A b_B \approx M_A c_B / \rho_A$$

所以,可以得 $k_{x,B} = \dfrac{k_{b,B}}{M_A} = \dfrac{k_{c,B} \cdot \rho_A}{M_A}$,利用此式可以进行亨利系数的换算。

使用亨利定律应注意:

①亨利定律的公式中 p_B 为该气体的分压。对于混合气体,在总压不大时,

亨利定律分别适用于每一种气体。

②溶质在气相和在溶液中的分子状态必须相同。如 HCl，在气相为 HCl 分子，在液相为 H^+ 和 Cl^-，则亨利定律不适用。

③溶液浓度越稀，对亨利定律符合得越好。

总之，在稀溶液中，溶剂符合 Raoult 定律，溶质符合 Henry 定律。

[**例 4-1**] 273.15 K，101325 Pa 时，氧气在水中的溶解度为 4.490×10^{-2} $dm^3 \cdot kg^{-1}$，试求 273.15 K 时，氧气在水中溶解的亨利系数 k_{x,O_2} 和 k_{b,O_2}。

解 由亨利定律 $p_B = k_{x,B} x_B$（或 $p_B = k_{b,B} b_B$），其中 B 代表氧气。

因为 0 ℃，101325 Pa 时，氧气的摩尔体积为 22.4 $dm^3 \cdot mol^{-1}$，所以：

$$x_B = \frac{\left(\dfrac{4.490 \times 10^{-2}}{22.4}\right)}{\left(\dfrac{1000}{18}\right) + \left(\dfrac{4.490 \times 10^{-2}}{22.4}\right)} = 3.61 \times 10^{-5}$$

$$k_{x,B} = \frac{p_B}{x_B} = \frac{101325}{3.61 \times 10^{-5}} = 2.81 \times 10^9 \, (Pa)$$

又

$$b_B = \frac{4.490 \times 10^{-2}}{22.4} = 2.00 \times 10^{-3} \, (mol \cdot kg^{-1})$$

$$k_{b,B} = \frac{p_B}{b_B} = \frac{101325}{2.00 \times 10^{-3}} = 5.10 \times 10^7 \, (Pa \cdot kg \cdot mol^{-1})$$

[**例 4-2**] 水（A）和乙酸乙酯（B）不完全互溶，在 310.7 K 时两液相呈平衡。一相中含质量分数为 $w(B) = 0.0675$ 的酯，另一相中含 $w(A) = 0.0379$ 的水。假定拉乌尔定律对每相中的溶剂都能适用，已知 310.7 K 时，纯乙酸乙酯的蒸气压力是 22.13 kPa，纯水的蒸气压力是 6.399 kPa，试计算：

（1）气相中酯和水蒸气的分压；

（2）总的蒸气压力。

（已知：乙酸乙酯的摩尔质量为 88.10 $g \cdot mol^{-1}$，水的摩尔质量为 18.02 $g \cdot mol^{-1}$。）

视频 4.4

解 （1）本题中，一相是含酯的稀溶液，一相是含水的稀溶液，水与乙酸乙酯均符合拉乌尔定律，则：

$$p_A = p_A^* x_A = 6.399 \left[\frac{0.9325/18.02}{(0.9325/18.02) + (0.0675/88.10)}\right] = 6.306 \, (kPa)$$

$$p_B = p_B^* x_B = 22.13 \left[\frac{0.9621/88.10}{(0.0379/18.02) + (0.9621/88.10)}\right] = 18.56 \, (kPa)$$

（2）$p = p_A + p_B = (6.306 + 18.56) = 24.87 \, (kPa)$

4.6 理想液态混合物

本节将介绍理想液态混合物的定义与混合性质,及理想液态混合物中任一组分化学势的表达式。

4.6.1 理想液态混合物

理想液态混合物的定义:任一组分在全部组成范围内都符合拉乌尔定律的液态混合物称为理想液态混合物,简称为理想混合物。

与理想气体一样,理想液态混合物为液态混合物的研究提供了一种简单的理想模型。对于理想液态混合物,任一组分有:

$$p_B = p_B^* x_B (0 \leqslant x_B \leqslant 1) \tag{4-6-1}$$

实际上严格的理想液态混合物是不存在的,但是某些物质的混合物,比如①结构异构体的混合物;②紧邻同系物的混合物;③光学异构体的混合物,可以近似认为是理想液态混合物。

4.6.2 理想液态混合物中任一组分的化学势

根据气、液两相平衡时任一组分在两相的化学势相等的原理,结合气体化学势表达式与理想液态混合物的定义式,可推导出理想液态混合物中任一组分化学势的表达式。

设在温度 T 下,组分 B,C,D,… 形成理想液态混合物,各组分的摩尔分数分别为 $x_B, x_C, x_D, \cdots$。

当气、液两相平衡时,理想液态混合物中任一组分 B 在液相中的化学势 $\mu_{B(l)}$ 等于它在气相中的化学势 $\mu_{B(g)}$,即:

$$\mu_{B(l)} = \mu_{B(g)}$$

当与理想液态混合物成平衡的蒸气压力 p 不大时,气相可以近似认为是理想气体混合物,则按照式(4-3-3)

$$\mu_{B(l)} = \mu_{B(g)} = \mu_{B(g)}^{\ominus} + RT \ln \frac{p_B}{p^{\ominus}}$$

因为对于理想液态混合物,$p_B = p_B^* x_B$,将其代入上式,则得:

$$\mu_{B(l)} = \mu_{B(g)}^{\ominus} + RT \ln \frac{p_B^*}{p^{\ominus}} + RT \ln x_B \tag{4-6-2}$$

显然,当 $x_B = 1$ 时,上式右端前两项之和等于相同温度 T、压力 p 下纯液体

B 的化学势,即:

$$\mu_{B(l)}^* = \mu_{B(g)}^\ominus + RT\ln\frac{p_B^*}{p^\ominus}$$

将上式代入(4-6-2),所以

$$\mu_{B(l)} = \mu_{B(l)}^* + RT\ln x_B \qquad (4\text{-}6\text{-}3)$$

此式即理想液态混合物中任一组分 B 的化学势表达式。

因为液态混合物中组分 B 的标准态规定为同样温度 T,标准压力 $p^\ominus$ 下的纯液体,其标准化学势为 $\mu_{B(l)}^\ominus$。

对纯液体 $B:dG_m = -S_m dT + V_m dp$,因 $dT=0$,故当压力从 $p^\ominus$ 变至 p 时,纯液体 B 的化学势 $\mu_{B(l)}^\ominus$ 变至 $\mu_{B(l)}^*$,于是根据化学势的定义有:

$$\mu_{B(l)}^* = \mu_{B(l)}^\ominus + \int_{p^\ominus}^{p} V_{m,B(l)}^* dp \qquad (4\text{-}6\text{-}4)$$

式中 $V_{m,B(l)}^*$ 为纯液态 B 在温度 T 下的摩尔体积。通常情况下,p 与 $p^\ominus$ 相差不大,式(4-6-4)中的积分项可以忽略。所以 $\mu_{B(l)}^* \approx \mu_{B(l)}^\ominus$,将其代入式(4-6-3),则得到理想液态混合物中任一组分 B 的化学势的常用表达式为:

$$\mu_{B(l)} = \mu_{B(l)}^\ominus + RT\ln x_B \qquad (4\text{-}6\text{-}5)$$

4.6.3　理想液态混合物的混合性质

在恒温恒压下由物质的量分别为 $n_B, n_C, n_D, \cdots$ 的纯液体 $B, C, D, \cdots$ 相互混合形成组成为 $x_B, x_C, x_D, \cdots$ 的理想液态混合物这一过程中,系统的广度性质如 V, H, S, G 等的变化称为理想液态混合物的混合性质。

分别用 1 和 2 表示上述混合过程的始态和终态,则有:

$$G_1 = \sum_B n_B G_{m,B}^* = \sum_B n_B \mu_{B(l)}^*$$

即系统始态的吉布斯函数为各纯组分吉布斯函数的代数和。

对于终态,因为是理想液态混合物,根据式(4-6-3),有:

$$G_2 = \sum_B n_B \mu_{B(l)} = \sum_B n_B(\mu_{B(l)}^* + RT\ln x_B)$$

所以混合过程的吉布斯函数变化:

$$\Delta_{mix}G = G_2 - G_1 = \sum_B n_B(\mu_{B(l)}^* + RT\ln x_B) - \sum_B n_B \mu_{B(l)}^*$$

即：

$$\Delta_{\text{mix}}G = RT \sum_B n_B \ln x_B \qquad (4\text{-}6\text{-}6)$$

由于 $x_B < 1$，因此 $\Delta_{\text{mix}}G = RT \sum_B n_B \ln x_B < 0$。因为混合过程是在恒温、恒压下进行，所以理想液态混合物的混合过程是一个自发过程。

根据热力学基本方程式有：$S = -(\partial G / \partial T)_p$，$V = (\partial G / \partial p)_T$，则对混合过程有：

$$\Delta_{\text{mix}}S = -\left(\frac{\partial \Delta_{\text{mix}}G}{\partial T}\right)_p = -R \sum_B n_B \ln x_B$$

$$\Delta_{\text{mix}}V = -\left(\frac{\partial \Delta_{\text{mix}}G}{\partial p}\right)_T = 0$$

根据定义，得：

$$\Delta_{\text{mix}}A = \Delta_{\text{mix}}G - p\Delta_{\text{mix}}V = \Delta_{\text{mix}}G = RT \sum_B n_B \ln x_B$$

$$\Delta_{\text{mix}}H = \Delta_{\text{mix}}G + T\Delta_{\text{mix}}S = 0$$

$$\Delta_{\text{mix}}U = \Delta_{\text{mix}}A + T\Delta_{\text{mix}}S = 0$$

对于恒温恒压下的混合过程，理想液态混合物与理想气体的混合性质是相似的，归纳如下：

理想气体	理想液态混合物
$\Delta_{\text{mix}}V = 0$	$\Delta_{\text{mix}}V = 0$
$\Delta_{\text{mix}}H = 0$	$\Delta_{\text{mix}}H = 0$
$\Delta_{\text{mix}}S_m = -R \sum_B y_B \ln y_B > 0$	$\Delta_{\text{mix}}S_m = -R \sum_B x_B \ln x_B > 0$
$\Delta_{\text{mix}}G_m = RT \sum_B y_B \ln y_B < 0$	$\Delta_{\text{mix}}G_m = RT \sum_B x_B \ln x_B < 0$

[例 4-3] 在 85 ℃，101.325 kPa，甲苯（A）及苯（B）组成的液态混合物达到沸腾。该液态混合物可视为理想液态混合物。试计算该液态混合物的液相及气相组成。已知苯的正常沸点为 80.10 ℃，甲苯在 85.00 ℃ 时的蒸气压为 46.00 kPa，$\Delta_{\text{vap}}H_m^{\ominus}(C_6H_6, l) = 31.10 \text{ kJ} \cdot \text{mol}^{-1}$

解 85 ℃，101.325 kPa 下该理想液态混合物沸腾时（气、液两相平衡）的液相组成，即：

$$p = p_A + p_B = p_A^* x_A + p_B^* x_B = p_A^* (1 - x_B) + p_B^* x_B$$

$$p = p_A^* + (p_B^* - p_A^*) x_B$$

已知 85 ℃时，$p_A^* = 46.00$ kPa，需求出 85 ℃时苯的蒸气压 p_B^*。由克-克方程，可求得：

$$\ln \frac{p_B^*(358.15\ K)}{p_B^*(353.25\ K)} = \frac{31.10 \times 10^3}{8.314} \times \left(\frac{1}{353.25} - \frac{1}{358.15}\right)$$

解得： $p_B^*(358.15\ K) = 117.1(kPa)$；$p_A^*(358.15\ K) = 46.00(kPa)$

$101.325 = 46.00 + (117.1 - 46.00) \cdot x_B$

解得： $x_B = 0.7781$

所以： $x_A = 1 - x_B = 1 - 0.7781 = 0.2219$

视频 4.5

4.7 理想稀溶液

理想稀溶液指的是溶质的相对含量趋于零的溶液。在这种溶液中，溶质分子间的距离非常远，几乎每一个溶质分子周围都是溶剂分子。对理想稀溶液，溶剂符合拉乌尔定律，而溶质则符合亨利定律。

下面从任一组分在气、液两相达到平衡时化学势相等的原理出发，分别推导理想稀溶液中溶剂和溶质的化学势的表达式。

4.7.1 溶剂的化学势

当气、液两相平衡时，理想稀溶液中溶剂 A 在液相中的化学势 $\mu_{A(l)}$ 等于它在气相中的化学势 $\mu_{A(g)}$，即：

$$\mu_{B(l)} = \mu_{B(g)}$$

当与理想稀溶液成平衡的蒸气压力 p 不大时，气相可以近似认为是理想气体混合物，则按照式(4-3-3)

$$\mu_{A(l,T,p)} = \mu_{A(pg,T)} = \mu_{A(pg,T)}^{\ominus} + RT\ln\frac{p_A}{p^{\ominus}}$$

因为理想稀溶液中的溶剂遵循拉乌尔定律，故 $p_A = p_A^* \cdot x_A$，将其代入上式，则得：

$$\mu_{A(l,T,p)} = \mu_{A(pg,T)}^{\ominus} + RT\ln\frac{p_A^* \cdot x_A}{p^{\ominus}}$$

$$= \mu_{A(pg,T)}^{\ominus} + RT\ln\frac{p_A^*}{p^{\ominus}} + RT\ln x_A$$

因为 $x_A = 1$ 时，就是纯液体的化学势，即：

$$\mu_{A(l,T,p)}^* = \mu_{A(pg,T)}^{\ominus} + RT\ln\frac{p_A^*}{p^{\ominus}}$$

则

$$\mu_{A(l,T,p)} = \mu_{A(l,T,p)}^* + RT\ln x_A$$

同样，可以证明：$\mu_{A(l,T,p)}^* \approx \mu_{A(l,T)}^{\ominus}$。所以有：

$$\mu_{A(l,T,p)} = \mu_{A(l,T)}^{\ominus} + RT\ln x_A \qquad (4\text{-}7\text{-}1)$$

上式即是理想稀溶液的溶剂化学势的表达式。

溶液中溶剂 A 的标准态为温度 T,标准压力 $p^{\ominus}$ 下的纯液体 A。

注意 $\mu_{A(l,T,p)}^*$ 的物理意义是:恒温、恒压时,纯溶剂 $x_A = 1$ 的化学势,它不是标准态。

4.7.2　溶质的化学势

(1)溶质组成用 b_B 表示

当气、液两相平衡时,理想稀溶液中溶质 B 在液相中的化学势 $\mu_{B(溶质)}$ 等于它在气相中的化学势 $\mu_{B(g)}$,当与理想稀溶液成平衡的蒸气压力 p 不大时,气相可以近似认为是理想气体混合物,则按照式(4-3-3)即:

$$\mu_{B(溶质)} = \mu_{B(pg,T)} = \mu_{B(pg,T)}^{\ominus} + RT\ln\frac{p_B}{p^{\ominus}}$$

因为理想稀溶液中的溶剂遵循亨利定律,故 $p_B = k_{b,B}b_B$,将其代入上式,则得:

$$\mu_{B(溶质)} = \mu_{B(pg,T)}^{\ominus} + RT\ln\frac{k_{b,B} \cdot b_B}{p^{\ominus}}$$

$$= \mu_{B(pg,T)}^{\ominus} + RT\ln\frac{k_{b,B} \cdot b^{\ominus}}{p^{\ominus}} + RT\ln\frac{b_B}{b^{\ominus}}$$

$b^{\ominus} = 1 \text{ mol} \cdot \text{kg}^{-1}$ 称为溶质的标准质量摩尔浓度。

当溶质的 $b_B = b^{\ominus} = 1 \text{ mol} \cdot \text{kg}^{-1}$ 时,就是纯溶质的化学势,即:

$$\mu_{b,B(溶质,T)}^{\ominus} = \mu_{B(pg,T)}^{\ominus} + RT\ln\frac{k_{b,B} \cdot b^{\ominus}}{p^{\ominus}}$$

因此有:

$$\mu_{B(溶质,T,p)} = \mu_{b,B(溶质,T)}^{\ominus} + RT\ln\frac{b_B}{b^{\ominus}} \tag{4-7-2a}$$

式(4-7-2a)即为理想稀溶液中溶质 B 的化学势表达式。

溶质的标准态是温度 T,标准压力 $p^{\ominus}$,溶质的 $b_B = b^{\ominus} = 1 \text{ mol} \cdot \text{kg}^{-1}$,具有理想稀溶液性质(即 B 符合亨利定律)的状态,记为 $\mu_{b,B(溶质,T)}^{\ominus}$。

(2)溶质组成用 c_B 表示

当气、液两相平衡时,理想稀溶液中溶质 B 在液相中的化学势 $\mu_{B(溶质)}$ 等于它在气相中的化学势 $\mu_{B(g)}$,即:

$$\mu_{B(溶质)} = \mu_{B(pg,T)} = \mu_{B(pg,T)}^{\ominus} + RT\ln\frac{p_B}{p^{\ominus}}$$

因为理想稀溶液中的溶剂遵循亨利定律,故 $p_B = k_{c,B}c_B$,将其代入上式,则得:

$$\mu_{B(溶质)} = \mu_{B(pg,T)}^{\ominus} + RT\ln\frac{k_{c,B} \cdot c_B}{p^{\ominus}}$$

$$= \mu_{B(pg,T)}^{\ominus} + RT\ln\frac{k_{c,B} \cdot c^{\ominus}}{p^{\ominus}} + RT\ln\frac{c_B}{c^{\ominus}}$$

$c^{\ominus} = 1\ \text{mol} \cdot \text{dm}^{-3}$ 称为溶质的标准浓度。

当溶质的 $c_B = c^{\ominus} = 1\ \text{mol} \cdot \text{dm}^{-3}$ 时,就是纯溶质的化学势,即:

$$\mu_{c,B(溶质,T)}^{\ominus} = \mu_{B(pg,T)}^{\ominus} + RT\ln\frac{k_{c,B} \cdot c^{\ominus}}{p^{\ominus}}$$

因此有:

$$\mu_{B(溶质,T,p)} = \mu_{c,B(溶质,T)}^{\ominus} + RT\ln\frac{c_B}{c^{\ominus}} \tag{4-7-2b}$$

式(4-7-2b)亦为理想稀溶液中溶质 B 的化学势表达式。

溶质的标准态是温度 T,标准压力 $p^{\ominus}$,溶质的 $c_B = c^{\ominus} = 1\ \text{mol} \cdot \text{dm}^{-3}$,具有理想稀溶液性质(即 B 符合亨利定律)的状态,记为 $\mu_{c,B(溶质,T)}^{\ominus}$。

(3)溶质组成用 x_B 表示

当气、液两相平衡时,理想稀溶液中溶质 B 在液相中的化学势 $\mu_{B(溶质)}$ 等于它在气相中的化学势 $\mu_{B(g)}$,即:

$$\mu_{B(溶质)} = \mu_{B(pg,T)} = \mu_{B(pg,T)}^{\ominus} + RT\ln\frac{p_B}{p^{\ominus}}$$

因为理想稀溶液中的溶剂遵循亨利定律,故 $p_B = k_{x,B} \cdot x_B$,将其代入上式,则得:

$$\mu_{B(溶质)} = \mu_{B(pg,T)}^{\ominus} + RT\ln\frac{k_{x,B} \cdot x_B}{p^{\ominus}}$$

当溶质的 $x_B = 1$ 时,就是纯溶质的化学势,即:

$$\mu_{c,B(溶质,T)}^{\ominus} = \mu_{B(pg,T)}^{\ominus} + RT\ln\frac{k_{x,B}}{p^{\ominus}}$$

因此有:

$$\mu_{B(溶质,T,p)} = \mu_{x,B(溶质,T)}^{\ominus} + RT\ln x_B \tag{4-7-2c}$$

式(4-7-2c)也是理想稀溶液中溶质 B 的化学势表达式。

溶质的标准态是温度 T,标准压力 $p^{\ominus}$,溶质的 $x_B = 1$,具有理想稀溶液性质(即 B 符合亨利定律)的状态,记为 $\mu_{x,B(溶质,T)}^{\ominus}$。

注意　在使用组成的不同标度时,溶质 B 的标准态、标准化学势及化学势表达式不同,但对于同一溶液,在相同条件下其化学势的值是唯一的。

视频 4.6

4.8　稀溶液的依数性

稀溶液的依数性(colligativeproperties),是指这些性质只取决于所含溶质粒子的数目,而与溶质的本性无关。稀溶液的依数性包括溶液中溶剂的蒸气压下降、凝固点降低(析出固态纯溶剂)、沸点升高(溶质不挥发)和渗透压的数值。

4.8.1 溶剂蒸气压下降

1887 年,法国化学家拉乌尔做实验发现:溶液中溶剂的蒸气压 p_A 低于同温度下纯溶剂的饱和蒸气压 p_A^*,这一现象称为溶剂的蒸气压下降。

溶剂的蒸气压下降值 $\Delta p_A = p_A^* - p_A$。

将拉乌尔定律 $p_A = p_A^* x_A$ 代入,则得:

$$\Delta p_A = p_A^* - p_A = p_A^* - p_A^* x_A = p_A^*(1 - x_A)$$

所以: $$\Delta p_A = p_A^* x_B(稀溶液,溶剂) \tag{4-8-1}$$

即溶剂蒸气压的降低值等于纯溶剂的蒸气压乘溶质的摩尔分数,与溶质的种类无关。

4.8.2 凝固点降低

液态物质在一定外压下逐渐冷却至开始析出固态时的平衡温度,称为凝固点温度 T_f。若外压为标准压力,则该平衡温度为标准凝固点。

溶液的凝固点不仅与溶液的组成有关,还与析出固相的组成有关。在溶质 B 与溶剂 A 不形成固态溶液的条件下,当溶剂 A 中溶有少量溶质 B 形成稀溶液,则从溶液中析出固态纯溶剂 A 的温度,即溶液的凝固点就会低于纯溶剂在同样外压下的凝固点,并且遵循一定的公式,这就是凝固点降低现象。

下面运用相平衡关系式解释凝固点降低的原理,图 4.3 为稀溶液凝固点降低的示意图。

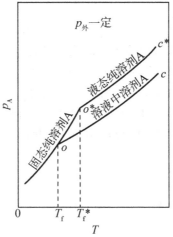

图 4.3　稀溶液凝固点降低示意图

在常压下,溶质 B 在溶剂 A 中的组成为 b_B,溶液的凝固点为 T_f。当溶剂 A 以纯固体的形式析出时,由相平衡关系可知,固、液两相共存时,有:

$$\mu_{A(s)}^* = \mu_{A(l)}^*$$

因为:

$$\mu_{A(l)}^* = \mu_{A(g)}^* = \mu_{A(g,T)}^\ominus + RT\ln\frac{p_{A(l)}^*}{p^\ominus}$$

$$\mu_{A(s)}^* = \mu_{A(g)}^* = \mu_{A(g,T)}^\ominus + RT\ln\frac{p_{A(s)}^*}{p^\ominus}$$

所以:

$$p_{A(l)}^* = p_{A(s)}^*$$

从图 4.3 中可以看到,对于纯溶剂当 $p_{A(l)}^* = p_{A(s)}^*$,其凝固点为 T_f^*(图中的 O^* 点对应的温度)。

对于稀溶液,根据拉乌尔定律 $p_{A(l)} = p_{A(l)}^* \cdot x_A$ 则当 $p_{A(l)} = p_{A(s)}^*$,有纯溶剂固体析出,此时稀溶液的凝固点为 T_f(图中的 O 点对应的温度)。因此:

$$T_f < T_f^*$$
$$\Delta T_f = T_f^* - T_f$$

根据热力学进行推导,可得到稀溶液的凝固点降低公式(4-8-2):

$$\Delta T_f = K_f \cdot b_B \tag{4-8-2}$$

$$\Delta T_f = \frac{R(T_f^*)^2}{\Delta_{fus}H_{m,A}^\ominus} \cdot x_B \tag{4-8-3}$$

b_B 为非电解质溶质的质量摩尔浓度,单位为 $mol \cdot kg^{-1}$。

$$K_f = \frac{R(T_f^*)^2}{\Delta_{fus}H_{m,A}} \cdot M_A \tag{4-8-4}$$

K_f 称为凝固点降低系数(freezing point lowering coefficients),单位为 $K \cdot mol^{-1} \cdot kg$。

这里的凝固点 T_f^* 是指纯溶剂固体析出时的温度。

常用溶剂的 K_f 值有表可查。用实验测定 ΔT_f 值,查出 K_f,就可计算 b_B,由此可以求得溶质的摩尔质量。K_f 的量值仅与溶剂的性质有关,表 4.1 列出一些溶剂的 K_f 值。

表 4.1　几种常见溶剂的 K_f 值

溶剂	水	醋酸	苯	萘	环己烷	樟脑
$K_f/(K \cdot mol^{-1} \cdot kg)$	1.86	3.63	5.07	7.45	20.8	37.8

4.8.3　沸点升高(溶质不挥发)

沸点是液体饱和蒸气压等于外压时的温度。如果在纯溶剂 A 中加入不挥发的溶质 B,那么溶液中溶剂 A 的蒸气压就会小于同样温度下纯溶剂 A 的蒸气压。因此,溶液中溶剂 A 的蒸气压曲线位于纯溶剂 A 的蒸气压曲线的下方。图 4.4 是常压下稀溶液沸点升高的原理图,从图中可以看到,当纯溶剂 A 的蒸气压等于外压时(图中 $c*$ 点),纯溶剂 A 沸腾,其沸点为 T_b^*,但此时溶液中溶剂 A 的蒸气压低于外压,因此溶液不沸腾。要使溶液在同一外压下沸腾,必须使溶液的蒸气压等于外压才行(图中 c 点),即温度升高到 T_b。显然 $T_b > T_b^*$。这种现象称为沸点升高,$\Delta T = T_b - T_b^*$ 称为沸点升高值。

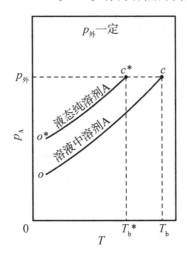

图 4.4　稀溶液沸点升高示意图

非挥发性溶质的稀溶液的沸点升高值 ΔT 与溶液的组成 b_B 的关系式,可用与推导凝固点降低的类似方法获得:

$$\Delta T_b = K_b b_B \tag{4-8-5}$$

$$\Delta T_b = \frac{R(T_b^*)^2 M_A}{\Delta_{vap} H_{m,A}^{\ominus}} b_B \tag{4-8-6}$$

$$K_b = \frac{R(T_b^*)^2 M_A}{\Delta_{vap} H_{m,A}^{\ominus}} \tag{4-8-7}$$

式(4-8-5)就是稀溶液的沸点升高公式。K_b 称为沸点升高系数(boiling point elevation coefficints),单位为 $K \cdot mol^{-1} \cdot kg$,$K_b$ 的量值仅与溶剂的性质有关。常用溶剂的 K_b 值有表可查,表 4.2 列出一些溶剂的 K_b 值。测定 ΔT_b 值,查出 K_b,就可以计算 b_B,由此可以求得溶质的摩尔质量。

表 4.2　几种常见溶剂的 K_b 值

溶剂	水	甲醇	乙醇	乙醚	丙酮	苯	氯仿	四氯化碳
$K_b/(\text{K} \cdot \text{mol}^{-1} \cdot \text{kg})$	0.513	0.86	1.23	2.20	1.80	2.64	3.80	5.26

[例 4-4]　在 100 g 苯中加入 13.76 g 联苯($C_6H_5C_6H_5$),所形成溶液的沸点为 355.55 K,已知纯苯的沸点为 353.25 K。求:(1)苯的沸点升高系数;(2)苯的摩尔蒸发焓。(已知苯及联苯的相对分子质量分别为 78.11 及 154.20)

解　以 A 代表苯;B 代表联苯。

$$(1)b_B = \frac{m_B}{M_B \times m_A} = 13.76/(154.20 \times 100)$$

$$= 0.8923(\text{mol} \cdot \text{kg}^{-1})$$

$$\Delta T_b = T_b - T_b^* = (355.55 - 353.25) = 2.30(\text{K})$$

$$K_b = \Delta T_b / b_B = 2.30/0.8923$$

$$= 2.58(\text{K} \cdot \text{mol}^{-1} \cdot \text{kg})$$

$$(2)K_b = [R(T_b^*)^2 \cdot M_A]/\Delta_{\text{vap}}H_{\text{m.A}}$$

$$\Delta_{\text{vap}}H_{\text{m.A}} = \frac{R(T_b^*)^2 \cdot M_A}{K_b}$$

$$= 31.41(\text{kJ} \cdot \text{mol}^{-1})$$

4.8.4　渗透压

首先介绍一下半透膜,有许多人造的或天然的膜对于物质的透过有选择性,例如有些动物膜如膀胱膜等,可以使水透过,却不能使摩尔质量高的溶质或胶体粒子透过,亚铁氰化铜膜只允许水而不允许水中的糖透过,这类膜称为半透膜。

在一定温度下,用一个只能使溶剂透过而不能使溶质透过的半透膜把纯溶剂与溶液隔开,因为纯溶剂的化学势 μ_A^* >溶液中溶剂的化学势 μ_A,则溶剂有自左向右渗透的倾向,即溶剂会通过半透膜渗透到溶液中使溶液液面上升,直到溶液的液面升到一定高度达到平衡状态,渗透才停止,如图 4.5(a)所示。这种对于溶剂的膜平衡,称为渗透平衡。

当渗透达到平衡时,溶剂液面和同一水平的溶液截面上所受的压力分别为 p 与 $p + \rho gh$(ρ 是平衡时溶液的密度,g 是重力加速度,h 是溶液液面与纯溶剂液面的高度差),为了阻止溶剂渗透,在右边施加额外压力,使半透膜双方溶剂的化学势相等而达到平衡。这个额外施加的压力就定义为渗透压 Π,如图 4.5(b)所示。任何溶液都有渗透压,但是如果没有半透膜将溶液与纯溶剂隔开,渗透压则无法体现。

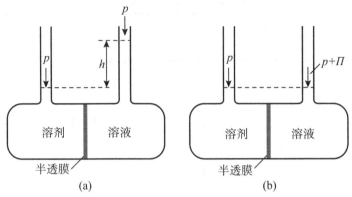

图 4.5　渗透平衡示意图

渗透压的大小与溶液的浓度有关,应用渗透平衡时半透膜两侧溶剂的化学势相等即可推导出渗透压的计算公式:

$$\Pi = c_B RT \tag{4-8-9}$$

此式就是 1886 年范特霍夫(van't Hoff)提出的稀溶液渗透压公式,式中 c_B 是溶液中溶质的浓度。

由式(4-8-9)可以看出,溶液渗透压的大小只与溶液中溶质的浓度有关,而与溶质的本性无关,因此渗透压亦具有依数性。通过渗透压的测定,可以求得大分子溶质的摩尔质量。

[**例 4-5**] 人的血浆的凝固点为 $-0.560\ ℃$,求 310.15 K 时血浆的渗透压。已知 310.15 K 时水的体积质量(密度)为 998.2 kg·m^{-3},水的凝固点降低系数 $K_f = 1.86$ K·kg·mol^{-1}。血浆可看作稀溶液。

解　因为渗透压 $\Pi = c_B RT$,对稀溶液

$$c_B = \rho_A b_B$$

而

$$b_B = \frac{\Delta T_f}{K_f} = \frac{0.560}{1.86} = 0.301 (\text{mol·kg}^{-1})$$

则

$$c_B = 998.2 \times 0.301 = 301 (\text{mol·m}^{-3})$$

$$\Pi = 301.0 \times 8.314 \times 310.2$$

$$= 776 (\text{kPa})$$

视频 4.7

4.9　活度与活度因子

前面介绍了理想液态混合物中任一组分、理想稀溶液中溶剂和溶质的化学势与组成关系的表达式,它们都具有相对简单的表达形式。与在真实气体中引

入逸度来修正其对理想气体的偏差一样,对于真实液态混合物与真实溶液,可以通过引入活度来修正其对真实液态混合物与真实溶液的偏差。

与逸度的概念一样,活度的概念亦是路易斯(Lewis G. N)提出的。

4.9.1　真实液态混合物

因为对于理想液态混合物:$\mu_{B(l.T.P)} = \mu_{B(l.T)}^{\ominus} + RT\ln x_B$

对于真实液态混合物,则可以用活度 a_B 来进行修正:

$$\mu_{B(l.T.P)} = \mu_{B(l.T)}^{\ominus} + RT\ln a_B \tag{4-9-1}$$

其中定义:$a_B = f_B \cdot x_B \tag{4-9-2}$

式中,a_B 是真实液态混合物中组分 B 的活度,f_B 是活度因子。对于理想液态混合物,$f_B = 1$。

4.9.2　真实溶液

为了使真实溶液中溶剂和溶质的化学势表达式与理想稀溶液中的形式类似,亦采用修正的方法。

(1)溶剂

因为对于理想稀溶液中的溶剂:$\mu_{A(l.T.P)} = \mu_{A(l.T)}^{\ominus} + RT\ln x_A$

对于真实溶液中的溶剂,则可以用活度 a_A 来进行修正:

$$\mu_{A(l.T.P)} = \mu_{A(l.T)}^{\ominus} + RT\ln a_A \tag{4-9-3}$$

其中定义:$\qquad a_A = f_A \cdot x_A \tag{4-9-4}$

式中,a_A 是真实溶液中溶剂 A 的活度,f_A 是溶剂的活度因子。对于理想稀溶液中的溶剂,$f_A = 1$。

(2)溶质

对于理想稀溶液中的溶质:$\mu_{B(溶质.T.P)} = \mu_{b.B(溶质.T)}^{\ominus} + RT\ln \dfrac{b_B}{b^{\ominus}}$

①对于真实溶液中的溶质,若溶质浓度以 b_B 表示,则可以用活度 $a_{b.B}$ 来进行修正:

$$\mu_{B(溶质.T.P)} = \mu_{b.B(溶质.T)}^{\ominus} + RT\ln a_{b.B} \tag{4-9-5}$$

其中定义:$\qquad a_{b.B} = \gamma_{b.B} \cdot \dfrac{b_B}{b^{\ominus}} \tag{4-9-6}$

式中,$a_{b.B}$ 是真实溶液中溶剂 B 的活度,$\gamma_{b.B}$ 是溶质的活度因子。对于理想稀溶液中的溶质,$\gamma_{b.B} = 1$。

②对于真实溶液中的溶质,若溶质浓度以 c_B 表示,则可以用活度 $a_{c.B}$ 来进行修正:

$$\mu_{B(溶质,T,P)} = \mu_{c,B(溶质,T)}^{\ominus} + RT\ln a_{c,B} \tag{4-9-7}$$

其中定义：
$$a_{c,B} = \gamma_{c,B} \cdot \frac{c_B}{c^{\ominus}} \tag{4-9-8}$$

式中，$a_{c,B}$ 是真实溶液中溶剂 B 的活度，$\gamma_{c,B}$ 是溶质的活度因子。对于理想稀溶液中的溶质，$\gamma_{c,B} = 1$。

③对于真实溶液中的溶质，若溶质浓度以 x_B 表示，则可以用活度 $a_{x,B}$ 来进行修正：

$$\mu_{B(溶质,T,P)} = \mu_{x,B(溶质,T)}^{\ominus} + RT\ln a_{x,B} \tag{4-9-9}$$

其中定义：
$$a_{x,B} = \gamma_{x,B} \cdot x_B \tag{4-9-10}$$

式中，$a_{x,B}$ 是真实溶液中溶剂 B 的活度，$\gamma_{x,B}$ 是溶质的活度因子。对于理想稀溶液中的溶质，$\gamma_{x,B} = 1$。

4.9.3 化工过程中活度的计算

在化工过程中，对真实液态混合物与真实溶液活度的计算，其本质就是对拉乌尔定律的修正。

拉乌尔定律：$p_B = p_B^* x_B$

①如果气体是理想气体，液态是理想液态混合物，则：
$$p_B = p_B^* x_B \; ; \; a_B = 1$$

②如果气体是理想气体，液态是真实液态混合物，则：
$$p_B = p_B^* a_B ;$$
$$a_B = \frac{p_B}{p_B^*} \qquad f_B = \frac{a_B}{x_B} = \frac{p_B}{p_B^*} \cdot \frac{1}{x_B}$$

③如果气体是真实气体，液态是真实液态混合物，则：
$$\tilde{p}_B = \tilde{p}_B^* \cdot a_B ;$$
$$a_B = \frac{\tilde{p}_B}{\tilde{p}_B^*} \qquad f_B = \frac{a_B}{x_B} = \frac{\tilde{p}_B}{\tilde{p}_B^*} \cdot \frac{1}{x_B}$$

[**例 4-6**] 308.32 K 丙酮（A）的蒸气压为 45.93 kPa，当丙酮中氯仿（B）的摩尔分数为 0.124 及 0.186 时，丙酮的蒸气压分别为 39.84 kPa 及 36.65 kPa，求丙酮此时的活度因子。（以纯丙酮为标准态）

解 $p_A = p_A^* \cdot a_A = p_A^* \cdot f_A \cdot x_A$

$$f_A = p_A/(p_A^* \cdot x_A) = \frac{p_A}{(1-x_B) \cdot p_A^*}$$

当 $x_B = 0.124$ 时：

$$f_A = \frac{39.84 \times 10^3}{45.93 \times 10^3 (1-0.124)} = 0.99$$

视频 4.8

当 $x_B = 0.186$ 时：

$$f_A = \frac{36.65 \times 10^3 \, Pa}{45.93 \times 10^3 \, Pa(1-0.186)} = 0.98$$

【知识结构】

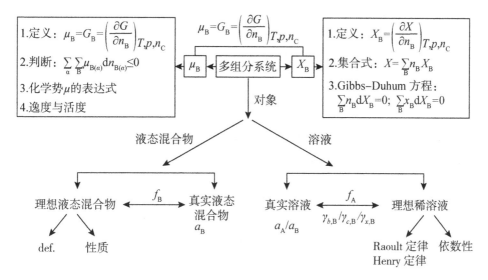

习 题

4.1 含质量分数为 $w(甲醇) = 0.45$ 的甲醇的水溶液,已知其中甲醇的偏摩尔体积 $V(甲)$ 为 $39.0 \, cm^3 \cdot mol^{-1}$,水的偏摩尔体积 $V(水)$ 为 $17.5 \, cm^3 \cdot mol^{-1}$。试求溶液的体积质量(密度)(甲醇与水的摩尔质量分别为 $32.04 \, g \cdot mol^{-1}$ 与 $18.02 \, g \cdot mol^{-1}$)。

4.2 乙醇水溶液的体积质量(密度)是 $0.8498 \, kg \cdot dm^{-3}$,其中水(A)的摩尔分数为 0.42,乙醇(B)的偏摩尔体积是 $57.5 \times 10^{-3} \, dm^3 \cdot mol^{-1}$。求水(A)的偏摩尔体积(已知乙醇及水的相对分子质量 M_r 分别为 46.07 及 18.02)。

4.3 $298.15 \, K$,质量分数为 0.60 的甲醇水溶液的体积质量(密度)是 $0.8946 \, kg \cdot dm^{-3}$,在此溶液中水的偏摩尔体积为 $1.68 \times 10^{-2} \, dm^3 \cdot mol^{-1}$。求甲醇的偏摩尔体积(已知水及甲醇的相对分子质量 M_r 分别为 18.02 及 32.04)。

4.4 在 $298.15 \, K$ 和 $101325 \, Pa$ 下氮在 $1 \, cm^3$ 水中的溶解度为 $0.0145 \, cm^3$(已换算为标准状况下的体积),求亨利常数 k。已知水的体积质量(密度)为 $0.997 \, g \cdot cm^3$。

4.5 在 293.19 K 时,从实验测得 0.500 mol·kg^{-1}的甘露醇水溶液的蒸气压比同温度纯水的蒸气压低 0.0210 kPa。试用拉乌尔定律计算在上述温度时,溶液的蒸气压比纯水的蒸气压降低了多少?(已知在 293.19 K 时,纯水的蒸气压为 2.35 kPa。)

4.6 293.15 K 时,乙醚(A)的蒸气压为 58.955 kPa,今在 120 g 乙醚中溶入某非挥发性有机物质(B)20.0 g,乙醚的蒸气压降低为 56.795 kPa,试求该有机物质的摩尔质量。(已知乙醚的相对分子质量为 74.08 g·mol^{-1})

4.7 将含 1 mol A 和 2 mol B 的液态混合物与含 3 mol A 和 4 mol B 的液态混合物在 25 ℃时混合,若所有混合物都是理想液态混合物,则吉布斯函数改变多少?

4.8 已知 101.325 kPa 下,纯苯(A)的标准沸点和蒸发焓分别为 353.3 K 和 30762 J·mol^{-1},纯甲苯(B)的标准沸点和蒸发焓分别为 383.7 K 和 31999 J·mol^{-1}。苯和甲苯形成理想液态混合物,若有该种液态混合物在 101.325 kPa,375.2 K 沸腾,计算该理想液态混合物的液相组成。

4.9 373.15 K 时,纯 CCl$_4$(A)及纯 SnCl$_4$(B)的蒸气压分别为 1.933×10^{5}Pa 及 0.666×10^{5}Pa,这两种液体可组成理想液态混合物。假定以某种配比混合成的这种液态混合物在外压力为 1.013×10^{5}Pa 的条件下,加热到 373.15 K 时开始沸腾。计算:

(1)该液态混合物的组成;

(2)该液态混合物开始沸腾时的第一个气泡的组成。

4.10 在 136.9 ℃时,纯氯苯(A)的饱和蒸气压为 115.9 kPa,纯溴苯(B)为 60.85 kPa。求 101.325 kPa 下,能在上述温度沸腾的液态混合物的组成和蒸气组成。设氯苯(A)和溴苯(B)组成理想液态混合物。

4.11 在 p=101.325 kPa,85 ℃时,由甲苯(A)及苯(B)组成的二组分液态混合物即达到沸腾。该液态混合物可视为理想液态混合物。试计算该理想液态混合物在 101.325 kPa 及 85 ℃沸腾时的液相组成及气相组成。已知 85 ℃时纯甲苯和纯苯的饱和蒸气压分别为 46.00 kPa 和 116.9 kPa。

4.12 苯与甲苯形成理想液态混合物,在 293.15 K 时,纯苯(A)的蒸气压是 9.959 kPa,纯甲苯(B)的蒸气压是 2.973 kPa,求 293.15 K 时与等质量的苯和甲苯液态混合物成平衡时苯的蒸气分压力、甲苯的蒸气分压力及总压力。已知苯(A)及甲苯(B)的摩尔质量分别为 78.113 g·mol^{-1}和 92.140 g·mol^{-1}。

4.13 在 45 ℃时,纯液体 A 的饱和蒸气压是纯液体 B 的饱和蒸气压的 25 倍,组分 A 和 B 形成理想液态混合物,当气液两相平衡时,若气相中 A 和 B 摩尔分数相等,试问液相中组分 A 和 B 的摩尔分数应为多少?

4.14　140 ℃ 时纯 $C_6H_5Cl(A)$ 和纯 $C_6H_5Br(B)$ 的蒸气压分别为 125.24 kPa 和 66.10 kPa,假定两液体形成理想液态混合物。若该混合物在 140 ℃,101.325 kPa 下沸腾,试求该液态混合物的组成及液面上的蒸气组成。

4.15　已知 332 K 时,纯 A(l) 和纯 B(l) 可形成理想液态混合物,此时组分 A(l) 和组分 B(l) 的蒸气压分别为 65 kPa 和 25 kPa,平衡液相中组分 A 的摩尔分数为 0.20,计算组分 B 在平衡气相与平衡液相的摩尔分数的比值。

4.16　两纯液体 A 与 B 形成理想液态混合物,在一定温度 T 时溶液的平衡蒸气压为 58.254 kPa,蒸气中 A 的摩尔分数 $y_A=0.48$,溶液中组分 A 的摩尔分数 $x_A=0.70$,求该温度下两种纯液体物质的饱和蒸气压。

4.17　乙醇与甲醇组成理想液态混合物,在 293.15 K 时纯乙醇的饱和蒸气压为 5.94 kPa,纯甲醇的饱和蒸气压为 11.82 kPa。

(1)计算甲醇与乙醇各 120 g 所组成的理想液态混合物中两种物质的摩尔分数;

(2)求与上述组成的理想液态混合物成平衡的蒸气总压力及两物质的分压力;

(已知甲醇和乙醇的摩尔质量分别为 32.0 g·mol^{-1} 与 46.1 g·mol^{-1})

4.18　333.15 K 时甲醇(A)的饱和蒸气压 83.5 kPa,乙醇(B)的饱和蒸气压是 47.0 kPa,两者可形成理想液态混合物,若液态混合物的组成为质量分数 $w_B=0.55$,求 333.15 K 时与此液态混合物的平衡蒸气组成(以摩尔分数表示)。(已知甲醇及乙醇的 M_r 分别为 32.0 及 46.1)

4.19　在 97.11 ℃ 时,含 3% 乙醇水溶液的蒸气压为 $p^{\ominus}$,该温度下纯水的蒸气压为 $0.901p^{\ominus}$,计算 97.11 ℃ 时,在乙醇摩尔分数为 0.02 的水溶液上面乙醇和水的蒸气压各是多少?

4.20　已知甲苯的摩尔质量为 92×10^{-3} kg·mol^{-1},沸点为 383.15 K,平均摩尔气化焓为 33.84 kJ·mol^{-1};苯的摩尔质量为 78×10^{-3} kg·mol^{-1},沸点为 353.15 K,平均摩尔气化焓为 30.03 kJ·mol^{-1}。有一含苯 100 g 和甲苯 200 g 的理想液态混合物,在 373.15 K,101.325 kPa 下达气液平衡。求:(1)373.15 K 时苯和甲苯的饱和蒸气压;(2)平衡时液相和气相的组成。

4.21　293.15 K 时,当 HCl 的分压力为 1.013×10^5 Pa,它在苯中的平衡组成(以摩尔分数表示)为 0.0456。若 20 ℃ 时纯苯的蒸气压为 0.100×10^5 Pa,问苯与 HCl 的总压力为 1.013×10^5 Pa 时,150 g 苯中至多可以溶解 HCl 多少克?

(已知 HCl 的 $M_r=36.46$,C_6H_6 的 $M_r=78.11$)

4.22　某乙醇的水溶液,含乙醇的摩尔分数为 $x_{Z醇}=0.040$。在 97.12 ℃ 时该溶液的蒸气总压力等于 101.325 kPa,已知在该温度时纯水的蒸气压为 91.30

kPa。若该溶液可视为理想稀溶液,试计算该温度下,在摩尔分数为 $x_{乙醇} = 0.300$ 的乙醇水溶液上面乙醇和水的蒸气分压力。

4.23 20 ℃时,乙醚的蒸气压为 59.00 kPa。今有 120.0 g 乙醚中溶入某非挥发性有机物 12.00 g,蒸气压下降到 56.80 kPa,则该有机物的摩尔质量为多少?(已知乙醚的摩尔质量为 74 g·mol^{-1})

4.24 20 ℃下 HCl 溶于苯中达到气液平衡。液相中每 120 g 苯含有 1.98 g HCl,气相中苯的摩尔分数为 0.095。已知苯与 HCl 的摩尔质量分别为 78.11 g·mol^{-1} 与 36.46 g·mol^{-1}。20 ℃苯饱和蒸气压为 10.01 kPa。试计算 20 ℃时 HCl 在苯中溶解的亨利系数。

4.25 在 150 g 水中溶入摩尔质量为 110.1 g·mol^{-1} 的不挥发溶质 2.250 g,沸点升高 0.115 K。若再加入摩尔质量未知的另一种不挥发溶质 2.170 g,沸点又升高 0.109 K。

(1)计算水的摩尔沸点升高系数 K_b,未知物的摩尔质量和水的摩尔蒸发焓 $\Delta_{vap}H_m$;

(2)求该溶液在 298.15 K 时的蒸气压。

4.26 把 0.788 g 硝基苯溶于 25.2 g 萘中,形成的溶液其凝固点下降 1.78 K。纯萘的凝固点是 353.0 K。试求萘的摩尔凝固点降低系数 K_f 及摩尔熔化焓 $\Delta_{fus}H_m$。

(已知硝基苯的 $M_r = 123.11$,萘的 $M_r = 128.17$)

4.27 12 g 葡萄糖($C_6H_{12}O_6$)溶于 400 g 乙醇中,溶液的沸点较纯乙醇上升 0.1435 ℃,另有 3 g 不挥发的有机物质溶于 100 g 乙醇中,此溶液的沸点则上升 0.1285 ℃,求此有机物质的摩尔质量。(已知 $C_6H_{12}O_6$ 的摩尔质量为 180.16 g·mol^{-1})

4.28 由氯仿(A)、丙酮(B)组成的真实液态混合物,$x_A = 0.735$ 时,在 28.20 ℃时的饱和蒸气总压力为 29390 Pa,丙酮在气相的组成 $y_B = 0.8260$。已知纯氯仿在同一温度下的蒸气压为 29564 Pa,若以同温同压下的纯氯仿为标准态,计算该真实液态混合物中活度因子及活度。设蒸气可视为理想气体。

4.29 在 275 K 时,纯液体 A 与 B 的蒸气压分别为 2.95×10^4 Pa 和 2.00×10^4 Pa,若取 A,B 各 3 mol 混合,则气相总压为 2.24×10^4 Pa,气相中 A 的摩尔分数为 0.52,设蒸汽为理想气体,求溶液中各物质的活度及活度系数。

4.30 25 ℃时,异丙醇(A)和苯(B)的液态混合物,当 $x_A = 0.720$ 时,测得 $p_A = 4861.8$ Pa,蒸气总压力 $p = 13318.7$ Pa,试计算异丙醇(A)和苯(B)的活度和活度系数(均以纯液体 A 或 B 为标准态)。(已知 25 ℃时纯异丙醇 $p_A^* = 5866.2$ Pa;纯苯 $p_B^* = 12585.6$ Pa)

测验题

一、选择题

1. 一封闭系统,当状态从 A 到 B 发生变化时,经历两条任意的不同途径(途径 1,途径 2),则下列四式中,(　　)是正确的。

(1) $Q_1 = Q_2$　　　　　　　　　(2) $W_1 = W_2$

(3) $Q_1 + W_1 = Q_2 + W_2$　　　(4) $\Delta U_1 = \Delta U_2$

2. 下列关于偏摩尔量的理解,错误的是:(　　)。

(1)只有广度性质才有偏摩尔量

(2)偏摩尔量是广度性质

(3)纯物质的偏摩尔量就是其摩尔量

(4)偏摩尔量就是强度性质

3. 下列关于化学势的定义错误的是:(　　)。

(1) $\mu_B = \left(\dfrac{\partial U}{\partial n_B}\right)_{T,V,n_c\,(C\neq B)}$　　　　　(2) $\mu_B = \left(\dfrac{\partial G}{\partial n_B}\right)_{T,P,n_c\,(C\neq B)}$

(3) $\mu_B = \left(\dfrac{\partial A}{\partial n_B}\right)_{T,p,n_c\,(C\neq B)}$　　　　　(4) $\mu_B = \left(\dfrac{\partial H}{\partial n_B}\right)_{T,P,n_c\,(C\neq B)}$

4. 恒压过程是指:(　　)。

(1)系统的始态和终态压力相同的过程

(2)系统对抗外压力恒定的过程

(3)外压力时刻与系统压力相等的过程

(4)外压力时刻与系统压力相等且等于常数的过程

5. 一定温度下,某物质 B 的摩尔蒸发焓为 $\Delta_{vap}H_m$,摩尔升华焓为 $\Delta_{sub}H_m$ 则在此温度下,该物质 B 的摩尔凝固焓 $\Delta_l^s H_m = $(　　)。($\Delta_l^s H_m$ 中的 l,s 分别代表液态和固态)

(1) $\Delta_{vap}H_m + \Delta_{sub}H_m$　　　　(2) $-\Delta_{vap}H_m + \Delta_{sub}H_m$

(3) $\Delta_{vap}H_m - \Delta_{sub}H_m$　　　　(4) $-\Delta_{vap}H_m + \Delta_{sub}H_m$

6. 已知环己烷、醋酸、萘、樟脑的(摩尔)凝固点降低系数 K_f 分别是 20.2, 9.3, 6.9 及 39.7 K·kg·mol^{-1}。今有一未知物能在上述四种溶剂中溶解,欲测定该未知物的相对分子质量,最适宜的溶剂是:(　　)。

(1)萘　　　　(2)樟脑　　　　(3)环己烷　　　　(4)醋酸

7. 苯在 101325 Pa 下的沸点是 353.25 K,沸点升高系数是 2.57 K·kg·mol^{-1},则苯的气化焓为:(　　)。(已知 C_6H_6 的 $M_r = 78.11$)

(1)31.53 kJ·mol^{-1} (2)335 kg·mol^{-1}

(3)7.42 kJ·mol^{-1} (4)74.2 kg·mol^{-1}

8. 1 mol 理想气体经一恒温可逆压缩过程,则:(   )。

(1)$\Delta G > \Delta A$ (2)$\Delta G < \Delta A$

(3)$\Delta G = \Delta A$ (4)ΔG 与 ΔA 无法比较

9. 物质的量为 n 的理想气体恒温压缩,当压力由 p_1 变到 p_2 时,其 ΔG 是:(   )。

(1) $nRT \ln \dfrac{p_1}{p_2}$ (2) $\displaystyle\int_{p_1}^{p_2} \dfrac{n}{RT} p \, \mathrm{d}p$

(3) $V(p_2 - p_1)$ (4) $nRT \ln \dfrac{p_2}{p_1}$

10. 公式 $\mathrm{d}G = -S\mathrm{d}T + V\mathrm{d}p$ 可适用下述哪一过程:(   )

(1)在 298 K,100 kPa 下水蒸气凝结成水的过程

(2)理想气体膨胀过程

(3)电解水制 $H_2(g)$ 和 $O_2(g)$ 的过程

(4)在一定温度压力下,由 $N_2(g) + 3H_2(g)$ 合成 $NH_3(g)$ 的过程

11. 对于只做膨胀功的封闭系统 $\left(\dfrac{\partial A}{\partial V}\right)_T$ 的值是:(   )

(1)大于零   (2)小于零   (3)等于零   (4)不能确定

二、填空题

1. 热力学基本方程 $\mathrm{d}H = T\mathrm{d}S + V\mathrm{d}p + \sum \mu_B \mathrm{d}n_B$ 的适用条件为组成_____变的_____系统和_____。

2. 今有恒温恒压下的化学反应:$aA + bB \Longrightarrow yY + zZ$,则用化学势表示的该反应自发向正方向(向右)进行的条件为:_____。

3. 一定量的 $N_2(g)$ 在恒定的温度下增大压力,则其吉布斯函数_____。(选填增大、不变,减小)

4. 试写出理想稀溶液中溶质 B 的化学势表达式,其中溶质 B 的质量摩尔浓度以 b_B 表示,$\mu_B = $_____。

5. 某些情况下混合气体中组分 B 的逸度 $\tilde{p}_B$ 可用路易斯-兰德尔规则 $\tilde{p}_B = \tilde{p}_B^* y_B$ 计算,式中 $\tilde{p}_B^*$ 是_____,y_B 是_____。

三、是非题

1. 理想气体的熵变公式 $\Delta S = nC_{p,m} \ln \left(\dfrac{V_2}{V_1}\right) + nC_{V,m} \ln \left(\dfrac{p_2}{p_1}\right)$ 只适用于可逆过程。是不是?(   )

2. 组成可变的均相系统的热力学基本方程 $dG = -SdT + Vdp + \sum\limits_{B=1} \mu_B dn_B$,既适用于封闭系统也适用于敞开系统。是不是?(　　)

3. 一定温度下,微溶气体在水中的溶解度与其平衡气相分压成正比。是不是?(　　)

4. 理想混合气体中任意组分 B 的化学势表达式为:$\mu_B = \mu_B^{\ominus}(g, T) + RT\ln(p_B/p^{\ominus})$。是不是?(　　)

5. 偏摩尔量与化学势是同一个公式的两种不同表示方式。是不是?(　　)

6. 实际混合气体其化学势表达式为:$\mu_B = \mu_B^{\ominus}(g, T) + RT\ln(\tilde{p}_B/p^{\ominus})$,式中 $p_B = p_B^* y_B$,$\tilde{p}_B^*$ 为纯组分 B 在混合气体的 T, p 下的逸度,y_B 为组分 B 的摩尔分数。是不是?(　　)

7. 在 $p = p(环) = $ 定值下电解水制氢气和氧气 $H_2O(l) \xrightarrow{\text{电解}} H_2(g) + \dfrac{1}{2}O_2(g)$,则 $Q = \Delta H$。是不是?(　　)

8. 在一定温度下,稀溶液中挥发性溶质与其蒸气达到平衡时气相中的分压与该组分在液相中的组成成正比。是不是?(　　)

四、计算题

1. 20 ℃时,乙醚(A)的蒸气压为 58.955 kPa,今在 100 g 乙醚中溶入某非挥发性有机物质(B)10.0 g,乙醚的蒸气压降低为 56.795 kPa,试求该有机物质的摩尔质量。

2. 已知樟脑($C_{10}H_{16}O$)的正常凝固点为 178.4 ℃,摩尔熔化焓为 6.50 kJ·mol^{-1},计算樟脑的摩尔降低系数 $K_f = ?$(已知樟脑的摩尔质量 $M_r = 152.2$ g·mol^{-1})

3. 已知苯的正常沸点为 80.1 ℃,摩尔气化焓 $\Delta_{vap}H_m = 30.77$ kJ·mol^{-1},计算苯的摩尔沸点升高系数 K_b 为多少?(苯的摩尔质量 $M_A = 78.11$ g·mol^{-1})

4. 在 100 ℃时,己烷(A)的饱和蒸气压为 245.21 kPa,辛烷(B)的饱和蒸气压为 47.12 kPa。若由其组成的液态混合物于 100 ℃时 101.325 kPa 下沸腾,求:

(1)液相的组成;

(2)气相的组成。

(己烷、辛烷的混合物可看作理想液态混合物)

第五章　化学平衡

（Chapter 5　Chemical Equilibrium）

▶ **教学目标**

通过本章的学习,要求掌握:

1. 化学平衡的热力学条件;

2. 化学反应等温方程式;

3. 标准平衡常数 $K^{\ominus}$ 的意义与计算;

4. 温度对标准平衡常数的影响;

5. 压力和惰性气体对化学反应平衡组成的影响;

6. 同时反应平衡组成的计算;

7. 真实气体化学平衡的计算。

5.1　化学反应的方向及平衡条件

5.1.1　可逆反应与化学平衡

迄今所知,仅有少数的化学反应其反应物能全部转变为生成物,亦即反应能进行到底,例如 $HCl + NaOH \longrightarrow NaCl + H_2O$ 、$2KClO_3 \xrightarrow[\triangle]{MnO_2} 2KCl + 3O_2\uparrow$ 等,这类反应称为完全反应。但大多数反应不是如此,例如 SO_2 转化为 SO_3 的反应,当压力为 101.3 kPa,温度为 773 K,SO_2 与 O_2 以体积比 2∶1 在密闭容器内进行反应时,实验证明反应"终止"后,SO_2 转化为 SO_3 的最大转化率为 90%,这是因为 SO_2 与 O_2 生成 SO_3 的同时,部分 SO_3 在相同条件下又分解为 SO_2 与 O_2。这种在同一条件下同时向正、逆两个方向进行的反应称为可逆反

应,其反应方程式可表示为:

$$2SO_2(g) + O_2(g) \underset{}{\overset{V_2O_5}{\rightleftharpoons}} 2SO_3(g)$$

一般常把从左向右进行的反应叫正反应,从右向左进行的反应叫逆反应。在一定的温度下,定量的反应物在密闭容器内进行可逆反应,随着反应物不断消耗、生成物不断增加,正反应速率将不断减小,逆反应速率将不断增大,直至某时刻,反应进行到一定程度,各反应物、生成物的浓度不再变化,即反应进行到了极限,这时反应体系所处的状态称为"化学平衡"。绝大多数化学反应都是可逆的,只是可逆程度因化学反应的不同而差异甚大。研究化学反应的方向与限度,就是研究可逆反应在一定条件下朝着什么方向进行和所能达到的最大程度,或寻找适宜的化学反应条件,以最大限度地提高原料转化率或产品得率。

5.1.2　化学反应的吉布斯函数

为什么化学反应总有一定的限度? 这是由反应系统的吉布斯函数变化规律所决定的。假设现有一个简单的理想气体反应:

$$A(g) \rightleftharpoons B(g)$$

若反应起始时,系统中只有 1 mol 的纯 A,化学势 $\mu_A > \mu_B$,反应正向进行。当反应进行到反应进度为 ξ 时,A 的物质的量为 $1 - \xi$,B 的物质的量为 ξ。如果反应进行过程中,A 和 B 均各以纯态存在而没有相互混合,此时反应系统的吉布斯函数为:

$$G^* = n_A\mu_A^* + n_B\mu_B^* = (1 - \xi)\mu_A^* + \xi\mu_B^* = \mu_A^* + \xi(\mu_B^* - \mu_A^*) \quad (5\text{-}1\text{-}1)$$

式中上角标" * "表示纯态。显然,以 G^* 对 ξ 作图应为一直线,即图 5.1 中的虚线所示。

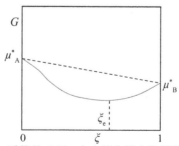

图 5.1　系统的 Gibbs 自由能在反应过程中的变化

然而,在反应实际的进行过程中,A 和 B 是混合在一起的。因此,还必须考虑混合过程对系统吉布斯函数的影响。对于 A 和 B 两种理想气体的混合过程,混合效应为:

$$\Delta_{mix}G = RT(n_A \ln x_A + n_B \ln x_B)$$
$$= RT[(1-\xi)\ln(1-\xi) + \xi \ln \xi] \tag{5-1-2}$$

于是,该反应系统的实际吉布斯函数应为:

$$G = G^* + \Delta_{mix}G$$
$$= [\mu_A^* + \xi(\mu_B^* - \mu_A^*)] + RT[(1-\xi)\ln(1-\xi) + \xi \ln \xi] \tag{5-1-3}$$

由于 ξ 和 $1-\xi$ 均小于 1,因此 $\Delta_{mix}G < 0$,这样反应系统的实际吉布斯函数 G 总是小于 G^*,如图 5.1 中实线所示,G 必然会在某 ξ 取值下出现极小值。在一定温度和压力条件下,吉布斯函数 G 最低的状态就是反应系统的平衡态。因此,图 5.1 中曲线的极小点就是化学平衡的位置,相应的 ξ 就是反应的极限进度 ξ_e。ξ_e 越大,平衡产物就越多;反之,ξ_e 越小,平衡产物就越少。

5.1.3　化学反应的方向和判据

现有一个可逆化学反应 $0 = \sum\limits_{B} \nu_B B$,根据第三章知识,可有三种热力学判据来辨析其在特定条件下往哪个方向进行。考虑到在实际生产中,化学反应大多是在等温、等压、非体积功为零的条件下发生的,所以可以选用整个系统在反应前后吉布斯函数的变化来判断反应的方向和限度。而化学反应又通常发生在多相多组分系统中,因此需要用偏摩尔量来进行有关计算,而吉布斯函数的偏摩尔量即是化学势。为了求得反应系统在等温、等压、非体积功为零的 $\Delta_r G_m$,可以假设反应进度发生了 $d\xi$ 的微小变化,由 ξ 进行到 $\xi + d\xi$,使得每一组分 B 的物质的量发生了 dn_B 的微小变化。因各组分物质的量变化也很小,可以近似认为系统的组成不变。又 T、p 不变,故系统中各组分的化学势 μ_B 也可以认为不变。利用第四章多组分系统热力学知识:

$$dG = -SdT + Vdp + \sum \mu_B dn_B$$

在等温、等压条件下,上式简化为:

$$dG = \sum \mu_B dn_B$$

由于反应系统中任意一个组分 B 均有 $d\xi = \dfrac{dn_B}{\nu_B}$,将之代入上式,整理得:

$$\left(\frac{dG}{d\xi}\right)_{T,p} = \sum \nu_B \mu_B$$

此式即为在等温、等压、反应进度为 ξ 时,反应进度发生微小变化 $d\xi$ 所引起的系统 G 随 ξ 的变化率,也可以理解为在等温、等压、反应进度为 ξ 时,在无限大的系统中发生 $\xi = 1$ mol 反应时所引起的系统 G 的改变量,由此定义为摩尔反应吉布斯函变,用 $\Delta_r G_m$ 来表示,即:

$$\Delta_r G_m = \left(\frac{\partial G}{\partial \xi}\right)_{T,p} = \sum \nu_B \mu_B \qquad (5\text{-}1\text{-}4)$$

于是,在等温、等压、非体积功为零的条件下,系统 $\Delta_r G_m$ 可以用来判断过程的方向。

若 $\Delta_r G_m < 0$,即 $\left(\frac{\partial G}{\partial \xi}\right)_{T,p} < 0$,说明反应的正向进行($d\xi > 0$)会使体系的吉布斯自由能减小,这种过程无疑是自发的。

若 $\Delta_r G_m > 0$,即 $\left(\frac{\partial G}{\partial \xi}\right)_{T,p} > 0$,说明反应的正向进行($d\xi > 0$)使得体系的吉布斯自由能升高,这种过程自然是热力学禁阻的。

而 $\Delta_r G_m = 0$,即 $\left(\frac{\partial G}{\partial \xi}\right)_{T,p} = 0$,说明反应处于平衡状态。

因此,选用 $\Delta_r G_m$、$\sum \nu_B \mu_B$ 或者 $\left(\frac{\partial G}{\partial \xi}\right)_{T,p}$,皆可以作为化学平衡的判据,也可以作为过程自发方向的判据。

[例 5-1] 在 300 K,理想气体反应 $A_2(g) + B_2(g) \rightleftharpoons 2AB(g)$ 的 $\Delta_r H_m^{\ominus} = 50.0 \text{ kJ} \cdot \text{mol}^{-1}$,$\Delta_r S_m^{\ominus} = -40.0 \text{ J} \cdot \text{mol}^{-1} \cdot \text{K}^{-1}$,$\Delta_r C_{p,m} = 0.5R$。试求在 400 K 的标准状态下该反应能否自动地进行?

解 $T_1 = 300 \text{ K}$,$T_2 = 400 \text{ K}$

$$\Delta_r H_m^{\ominus}(T_2) = \Delta_r H_m^{\ominus}(T_1) + \int_{T_1}^{T_2} \Delta_r C_{p,m} dT = \Delta_r H_m^{\ominus}(T_1) + \Delta_r C_{p,m}(T_2 - T_1)$$
$$= 50.0 + 0.5 \times 8.314 \times (400 - 300) \times 10^{-3} = 50.42(\text{kJ} \cdot \text{mol}^{-1})$$

$$\Delta_r S_m^{\ominus}(T_2) = \Delta_r S_m^{\ominus}(T_1) + \int_{T_1}^{T_2} (\Delta_r C_{p,m}/T) dT = \Delta_r S_m^{\ominus}(T_1) + \Delta_r C_{p,m}\ln(T_2/T_1)$$
$$= -40.0 + 0.5 \times 8.314 \times \ln(400/300) \times 10^{-3} = -38.80(\text{J} \cdot \text{K}^{-1} \cdot \text{mol}^{-1})$$

$$\Delta_r G_m^{\ominus}(T_2) = \Delta_r H_m^{\ominus}(T_2) - T_2 \Delta_r S_m^{\ominus}(T_2)$$
$$= 50.42 - 400 \times (-38.80) \times 10^{-3} = 65.94(\text{kJ} \cdot \text{mol}^{-1})$$

因为 $\Delta_r G_m^{\ominus}(400K) = 65.94 \text{ kJ} \cdot \text{mol}^{-1} > 0$,故在 400 K 的标准状态下该反应不能自发进行。

若作 G-ξ 曲线,如图 5.2 所示,其曲线斜率为 $\left(\frac{\partial G}{\partial \xi}\right)_{T,p}$。从此图可以看出,对于每一个反应进度 ξ,曲线上都有一个斜率值相对应,从而可以利用该斜率值来判断化学反应的方向和限度。比如,反应进度 ξ_1 时斜率值为负,表明反应可以自发进行;反应进度 ξ_e 时斜率值为零,表明反应达到平衡状态;过了平衡点以后,斜率值为正,如反应进度为 ξ_2 时,表明在等温、等压、非体积功为零的条件下正向反应不能进行,此时逆向可自发进行。但如果加入非体积功(如电功)

后,正向还是有可能进行的。

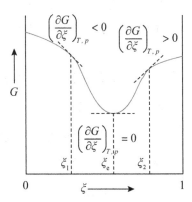

图 5.2　体系的 G-ξ 的关系

1922 年,比利时热力学专家德唐德(De donder)将 $\left(\dfrac{\partial G}{\partial \xi}\right)_{T,p}$ 的负值定义为化学亲和势(affinity of chemical reaction),并用 A 来表示,即:

$$A = -\Delta_r G_m = -\left(\frac{\partial G}{\partial \xi}\right)_{T,P} \tag{5-1-5}$$

A 是体系强度性质的状态函数,用 A 判断化学反应的方向具有"势"的性质,即:$A > 0$,系统正向自发进行;$A = 0$,系统处于平衡;$A < 0$,系统逆向自发进行。同样,对于等温、等压、非体积功为零的 $A < 0$ 反应系统,若加入非体积功(如电功)后,正向反应还是有可能进行的。

需要注意的是,化学反应都是热力学不可逆过程,可逆化学反应并不等于可逆过程,但可设想反应在正逆方向上都无限慢,满足热力学可逆过程的条件,这时反应系统 $\sum\limits_{B} \nu_B \mu_B = 0$。

5.2　理想气体反应的等温方程及标准平衡常数

5.2.1　理想气体反应的等温方程

在等温定压条件下,假设有一个可逆化学反应:

$$a\mathrm{A}(g) + d\mathrm{D}(g) \Longrightarrow g\mathrm{G}(g) + h\mathrm{H}(g)$$

其中 A,D,G,H 均为理想气体,且在任意状态下各组分的分压分别记为 p_A、p_D、p_G、p_H,则根据第四章知识可知,任一组分 B 的化学势为 $\mu_B = \mu_B^{\ominus} + RT\ln(p_B/p^{\ominus})$,将之代入式(5-1-4),可以得:

$$\Delta_r G_m = \sum_B \nu_B \mu_B = \sum_B \nu_B \mu_B^\ominus + \sum_B \nu_B RT \ln\left(\frac{p_B}{p^\ominus}\right) \tag{5-2-1}$$

式中 $\sum_B \nu_B \mu_B^\ominus$ 为各组分均处于标准态($p^\ominus = 100 \text{ kPa}$ 的纯理想气体)时每摩尔反应进度的吉布斯函数变化量,用 $\Delta_r G_m^\ominus$ 表示,称为标准摩尔反应吉布斯函数,即:

$$\Delta_r G_m^\ominus = \sum_B \nu_B \mu_B^\ominus \tag{5-2-2}$$

$\Delta_r G_m^\ominus$ 仅是温度的函数,可通过反应系统中组分的热力学数据计算得到。这样,式(5-2-1)便可写成 $\Delta_r G_m$ 和 $\Delta_r G_m^\ominus$ 之间的如下关系:

$$\Delta_r G_m = \Delta_r G_m^\ominus + RT \ln\left(\frac{(p_G/p^\ominus)^g (p_H/p^\ominus)^h}{(p_A/p^\ominus)^a (p_D/p^\ominus)^d}\right) \tag{5-2-3}$$

为使公式简洁,现定义反应商 J_r 为:

$$J_r = \frac{(p_G/p^\ominus)^g (p_H/p^\ominus)^h}{(p_A/p^\ominus)^a (p_D/p^\ominus)^d} \tag{5-2-4}$$

于是,式(5-2-3)化简为:

$$\Delta_r G_m = \Delta_r G_m^\ominus + RT \ln J_r \tag{5-2-5}$$

此式称为理想气体化学反应的范特霍夫(Van't Hoff)等温方程。由于 $\Delta_r G_m^\ominus$ 仅是温度的函数,反应商 J_r 取决于系统的压力,而与反应系统的温度无关,因此在等温条件下,化学反应的摩尔吉布斯自由能函变 $\Delta_r G_m$ 就是一个随反应商 J_r 变化的函数。

对于水溶液中的化学反应,组分组成一般以体积摩尔浓度 c 表示,反应商 J_r 的计算公式则定义为:

$$J_r = \frac{(c_G/c^\ominus)^g (c_H/c^\ominus)^h}{(c_A/c^\ominus)^a (c_D/c^\ominus)^d} \tag{5-2-6}$$

若理想气体化学反应中还有纯固体或纯液体物质参加时,由于在常压下纯凝聚态物质的化学势可近似等于其标准化学势,即 $\mu_B(\text{凝聚态}) = \mu_B^\ominus(\text{凝聚态})$。因而,在式(5-2-5)的等温方程中,$\Delta_r G_m^\ominus$ 包含了所有参加反应的物质的 $\mu_B^\ominus$,而反应商 J_r 中不含有凝聚态物质,比如现有下列多相反应:

$$\text{Zn(s)} + 2\text{H}^+(\text{aq}) \Longrightarrow \text{Zn}^{2+}(\text{aq}) + \text{H}_2(\text{g})$$

其反应商的计算式则为 $J_r = \dfrac{(c_{\text{Zn}^{2+}}/c^\ominus)(p_{\text{H}_2}/p^\ominus)}{(c_{\text{H}^+}/c^\ominus)^2}$。

视频 5.1

5.2.2　理想气体反应的标准平衡常数

当上述理想气体的可逆化学反应达到平衡时,系统的 $\Delta_r G_m = 0$,此时各组分的分压称为平衡分压,于是式(5-2-3)可表示为:

$$0 = \Delta_r G_m^\ominus + RT \ln \left(\frac{(p_G^{eq}/p^\ominus)^g (p_H^{eq}/p^\ominus)^h}{(p_A^{eq}/p^\ominus)^a (p_D^{eq}/p^\ominus)^d} \right) \tag{5-2-7}$$

从式(5-2-7)可以看到,在反应体系的温度确定后,反应商 J_r 即为常数,在此将之定义为该化学反应的标准平衡常数 $K^\ominus$ 如式(5-2-8)所示,即 $K^\ominus$ 为平衡状态时的反应商 J_r^{eq}。

$$K^\ominus = \frac{(p_G^{eq}/p^\ominus)^g (p_H^{eq}/p^\ominus)^h}{(p_A^{eq}/p^\ominus)^a (p_D^{eq}/p^\ominus)^d} \tag{5-2-8}$$

于是式(5-2-7)又可改写成如下形式:

$$\Delta_r G_m^\ominus = -RT \ln K^\ominus \tag{5-2-9}$$

由于 $\Delta_r G_m^\ominus$ 仅是温度的函数,故 $K^\ominus$ 也只是温度的函数。当然,参加反应的物质在平衡时的分压,可能由于起始组成的不同而有不同的数值,但平衡时上式中的比例关系在一定温度时却是同一个定值,不会因为各气体平衡分压的不同而改变。需要注意的是,$\Delta_r G_m^\ominus$ 和 $K^\ominus$ 是两个物理意义完全不同的物理量。$\Delta_r G_m^\ominus$ 是各物质处于标准态时反应的摩尔吉布斯自由能变化,通常不是平衡态,而 $K^\ominus$ 是平衡态系统的平衡常数,式(5-2-9)只是表示两者数值上的关系。

现将式(5-2-9)代入式(5-2-5),得:

$$\Delta_r G_m = -RT \ln K^\ominus + RT \ln J_r \tag{5-2-10}$$

该式表明在等温定压下化学反应的摩尔吉布斯自由能函变 $\Delta_r G_m$ 与反应的标准平衡常数 $K^\ominus$ 及各组分的分压之间的关系。从式(5-2-10)可以看出,$\Delta_r G_m$ 的正负号取决于 J_r 与 $K^\ominus$ 的相对大小。因此,将反应任意时刻的 J_r 与 $K^\ominus$ 进行比较,就可以判断化学反应的方向。

当 $J_r < K^\ominus$,则 $\Delta_r G_m < 0$,反应正向自发;

当 $J_r = K^\ominus$,则 $\Delta_r G_m = 0$,反应处于平衡状态;

当 $J_r > K^\ominus$,则 $\Delta_r G_m > 0$,反应逆向自发。

显然,相比 $\Delta_r G_m$,选用 $J_r / K^\ominus$ 值判断任意状态下反应自发进行的方向,则更为简明和方便。

[例 5-2] 将氨基甲酸铵放在一抽空的容器中,并按下式分解:

$$NH_2COONH_4(s) \rightleftharpoons 2NH_3(g) + CO_2(g)$$

在 $20.8\ ^\circ\!C$ 达到平衡时,$NH_2COONH_4(s)$ 分解压力为 $8.825\ kPa$,求标准平衡常数。

解 $NH_2COONH_4(s)$ 分解压力,即为容器内总压力。由分解的化学方程式可知:$p_{NH_3} = 2p_{CO_2}$,而总压力 $p = p_{NH_3} + p_{CO_2} = 3p_{CO_2}$,因此:

$$K^{\ominus} = \left(\frac{p_{NH_3}}{p^{\ominus}}\right)^2 \left(\frac{p_{CO_2}}{p^{\ominus}}\right) = \frac{4}{27}\left(\frac{p}{p^{\ominus}}\right)^3 = \frac{4}{27}\left(\frac{8.825}{100}\right)^3 = 1.02 \times 10^{-4}$$

[例 5-3] 在 2000 K 时,反应:$2H_2(g) + O_2(g) \rightleftharpoons 2H_2O(g)$ 的标准平衡常数 $K^{\ominus} = 1.55 \times 10^7$(假设气体均为理想气体)。(1)计算 $H_2(g)$ 和 $O_2(g)$ 分压各为 1.00×10^4 Pa,水蒸气分压为 1.00×10^5 Pa 的混合气中进行上述反应的 $\Delta_r G_m$,并判断反应方向;(2)当 H_2 和 O_2 的分压仍为 1.00×10^4 Pa,欲使反应不能正向自发进行,水蒸气的分压最少需要多大?

解 (1)反应系统以压力表示的活度商为:

$$J_r = \frac{(p_{H_2O}/p^{\ominus})^2}{(p_{H_2}/p^{\ominus})^2(p_{O_2}/p^{\ominus})} = \frac{(p_{H_2O})^2 p^{\ominus}}{p_{H_2}^2 p_{O_2}} = 1000$$

$$\begin{aligned} \Delta_r G_m &= -RT\ln K^{\ominus} + RT\ln J_r \\ &= RT\ln(J_r/K^{\ominus}) = -1.6 \times 10^5 \text{ J} \cdot \text{mol}^{-1} \end{aligned}$$

由于 $\Delta_r G_m < 0$,表明反应正向自发进行。

(2)欲使反应不能正向自发进行,必须 $\Delta_r G_m \geq 0$,即:

$$J_r \geq K^{\ominus} = 1.55 \times 10^7$$

$$\frac{p_{H_2O}^2 \cdot p^{\ominus}}{p_{H_2}^2 \cdot p_{O_2}} \geq 1.55 \times 10^7$$

解得: $\qquad\qquad p_{H_2O} \geq 1.24 \times 10^7 \text{ Pa}$

需要说明的是,$\Delta_r G_m^{\ominus}$ 只能判断标准状态时反应系统的自发方向。可是,实际反应往往不是在这种特定条件下进行的,但我们可以用 $\Delta_r G_m^{\ominus}$ 粗略估计任意状态下反应的自发方向。通常来讲,当 $\Delta_r G_m^{\ominus} > 40$ kJ $\cdot$ mol^{-1} 时,$K^{\ominus} > 10^7$ 反应正向进行的趋势很小,可以认为反应正向不能自发进行;当 $\Delta_r G_m^{\ominus} < -40$ kJ $\cdot$ mol^{-1} 时,$K^{\ominus} > 10^7$ 反应正向进行的程度很大,可以认为反应正向能自发进行;而当 $\Delta_r G_m^{\ominus}$ 介于两者之间时,则需结合反应条件进行具体分析。

5.2.3 相关化学反应标准平衡常数之间的关系

当几个化学反应之间有线性加和关系时称它们为相关反应。标准平衡常数的表达式必须与化学计量方程式相对应。同一个化学反应,若化学计量方程式的系数不同,其标准平衡常数的数值也不相同。

$$N_2(g) + 3H_2(g) \rightleftharpoons 2NH_3(g), \quad K_1^{\ominus} = \frac{(p_{NH_3}/p^{\ominus})^2}{(p_{N_2}/p^{\ominus})(p_{H_2}/p^{\ominus})^3}$$

$$\frac{1}{2}N_2(g) + \frac{3}{2}H_2(g) \rightleftharpoons NH_3(g), \quad K_2^{\ominus} = \frac{(p_{NH_3}/p^{\ominus})}{(p_{N_2}/p^{\ominus})^{1/2}(p_{H_2}/p^{\ominus})^{3/2}}$$

$$2NH_3(g) \Longrightarrow N_2(g) + 3H_2(g) \; , \; K_3^{\ominus} = \frac{(p_{N_2}/p^{\ominus})(p_{H_2}/p^{\ominus})^3}{(p_{NH_3}/p^{\ominus})^2}$$

三者的表达式不同,但存在如下关系:$K_1^{\ominus} = (K_2^{\ominus})^2 = 1/K_3^{\ominus}$。

另外,若一个化学反应是其他几个化学反应的代数和,则这个化学反应的平衡常数等于这几个化学反应的平衡常数的积(或商),这个规则称为多重平衡规则(multiple equilibria rules)。这样,在遇到某个化学反应的平衡常数难以通过实验测定,人们就可以根据多重平衡规则,利用若干已知反应的平衡常数进行间接计算获得。

例如,碳在氧气中燃烧,在达到平衡时,系统内含有以下 3 个有关的平衡:

$$(1) \; C(s) + \frac{1}{2}O_2(g) \Longrightarrow CO(g) \; , \; K_1^{\ominus} = \frac{p_{CO}^{eq}/p^{\ominus}}{(p_{O_2}^{eq}/p^{\ominus})^{1/2}}$$

$$(2) \; CO(g) + \frac{1}{2}O_2(g) \Longrightarrow CO_2(g) \; , \; K_2^{\ominus} = \frac{p_{CO_2}^{eq}/p^{\ominus}}{(p_{CO}^{eq}/p^{\ominus})(p_{O_2}^{eq}/p^{\ominus})^{1/2}}$$

$$(3) \; C(s) + O_2 \Longrightarrow CO_2(g) \; , \; K_3^{\ominus} = \frac{p_{CO_2}^{eq}/p^{\ominus}}{p_{O_2}^{eq}/p^{\ominus}}$$

其中,氧气同时参与了所有的 3 个平衡。由于处在同一个系统中,氧气的相对分压力只可能有一个值,且此值必然要同时满足所有 3 个平衡,即在反应(1)、(2)、(3)的标准平衡常数表达式中,p_{O_2} 是相同的。同样道理,一氧化碳、二氧化碳均参与了 2 个平衡,它们的相对分压力值也必然要同时满足所参与的平衡,即反应(1)、(2)的标准平衡常数表达式中 p_{CO} 相同,反应(2)、(3)的标准平衡表达式中 p_{CO_2} 相同。于是,相关的 3 个反应的标准平衡常数间必定存在某种确定的关系,现推导如下:

对反应(1)、(2)、(3),它们的标准平衡常数和反应的标准摩尔吉布斯自由能的关系分别为:

$$\Delta_r G_m^{\ominus}(1) = -RT \ln K_1^{\ominus} \; , \; \Delta_r G_m^{\ominus}(2) = -RT \ln K_2^{\ominus} \; , \; \Delta_r G_m^{\ominus}(3) = -RT \ln K_3^{\ominus}$$

由于反应(3)可看成反应(1)、(2)的加和反应,即总反应,于是有:

$$\Delta_r G_m^{\ominus}(3) = \Delta_r G_m^{\ominus}(1) + \Delta_r G_m^{\ominus}(2)$$

即:
$$-RT \ln K_3^{\ominus} = -RT \ln K_1^{\ominus} - RT \ln K_2^{\ominus}$$

进一步整理可得:
$$K_3^{\ominus} = K_1^{\ominus} \times K_2^{\ominus}$$

推而广之,总反应的标准平衡常数等于各分步反应标准平衡常数之积。

5.2.4 几种经验平衡常数

按照式(5-2-8)所定义的化学反应的平衡常数 $K^{\ominus}$,其量纲为 1,也称为无量纲。考虑到实际的反应体系中各个组分的状态,除了气相,还可能存有液相、固相等,而各组分的组成一般需要借助实验测定,且组成的表示方法除了分压外,还有摩尔浓度、摩尔分数等。因而,在一定条件下,当一个可逆反应处于化学平衡时,直接用测定的各个组分的组成,并以反应方程式中组分的计量系数为指数的幂的乘积定义为经验平衡常数(empirical equilibrium constant)。

(1)压强(压力)表示的平衡常数 K_p

现有一个可逆的理想气体反应: $a\mathrm{A} + d\mathrm{D} \Longrightarrow g\mathrm{G} + h\mathrm{H}$,其压力经验平衡常数 K_p 的定义为:

$$K_p = \frac{p_\mathrm{G}^g p_\mathrm{H}^h}{p_\mathrm{A}^a p_\mathrm{D}^d} = \prod_\mathrm{B} p_\mathrm{B}^{\nu_\mathrm{B}} \tag{5-2-11}$$

对照式(5-2-8), K_p 与标准平衡常数 $K^\ominus$ 的关系为:

$$K^\ominus = \frac{p_\mathrm{G}^g p_\mathrm{H}^h}{p_\mathrm{A}^a p_\mathrm{D}^d} (p^\ominus)^{-[(g+h)-(a+d)]} = K_p (p^\ominus)^{-\Delta\nu} \tag{5-2-12}$$

式中 $\Delta\nu = (g+h) - (a+d)$ 称为反应方程式中组分计量系数的代数和,其值需要根据具体书写的化学反应的计量方程式确定。由于 $K^\ominus$ 仅是温度的函数,而 $p^\ominus$ 是确定值,故 K_p 也只是温度的函数,与系统压力大小无关。 K_p 的量纲则是 $\mathrm{Pa}^{\Delta\nu}$。

(2)摩尔分数表示的平衡常数 K_x

$$K_x = \frac{x_\mathrm{G}^g x_\mathrm{H}^h}{x_\mathrm{A}^a x_\mathrm{D}^d} = \prod_\mathrm{B} x_\mathrm{B}^{\nu_\mathrm{B}} \tag{5-2-13}$$

若反应系统的总压力为 P,根据分压定律,组分 B 的分压为 $p_\mathrm{B} = Px_\mathrm{B}$,将之代入式(5-2-11),得到 K_x 与 K_p 的关系式为:

$$K_p = \frac{p_\mathrm{G}^g p_\mathrm{H}^h}{p_\mathrm{A}^a p_\mathrm{D}^d} = \frac{(Px_\mathrm{G})^g (Px_\mathrm{H})^h}{(Px_\mathrm{A})^a (Px_\mathrm{D})^d} = K_x \cdot P^{\Delta\nu} \tag{5-2-14}$$

如上, K_p 是温度的函数,故 K_x 是温度和压力的函数,且无量纲。

(3)物质的量表示的平衡常数 K_n

$$K_n = \frac{n_\mathrm{G}^g n_\mathrm{H}^h}{n_\mathrm{A}^a n_\mathrm{D}^d} = \prod_\mathrm{B} n_\mathrm{B}^{\nu_\mathrm{B}} \tag{5-2-15}$$

根据摩尔分数的定义, $x_\mathrm{B} = n_\mathrm{B}/n_{总}$, $n_{总} = \sum_\mathrm{B} n_\mathrm{B}$,将之代入式(5-2-14),得到 K_n 与 K_p 的关系式为:

$$K_p = \frac{(Pn_\mathrm{G}/n_{总})^g (Pn_\mathrm{H}/n_{总})^h}{(Pn_\mathrm{A}/n_{总})^a (Pn_\mathrm{D}/n_{总})^d} = K_n \cdot \left(\frac{P}{n_{总}}\right)^{\Delta\nu} \tag{5-2-16}$$

由此可以看出, K_n 的取值与温度、压力以及 $n_{总}$ 有关,其量纲为 $\mathrm{mol}^{\Delta\nu}$。

(4)物质的量浓度(体积摩尔浓度)表示的平衡常数 K_c

$$K_c = \frac{c_\mathrm{G}^g c_\mathrm{H}^h}{c_\mathrm{A}^a c_\mathrm{D}^d} = \prod_\mathrm{B} c_\mathrm{B}^{\nu_\mathrm{B}} \tag{5-2-17}$$

对于理想气体,有 $p_B = RT^{n_B}/_V = c_B RT$,将之代入式(5-2-11),得 K_n 与 K_p 的关系式为:

$$K_p = \frac{p_G^g p_H^h}{p_A^a p_D^d} = \frac{(c_G RT)^g (c_H RT)^h}{(c_A RT)^a (c_D RT)^d} = K_c \cdot (RT)^{\Delta v} \qquad (5\text{-}2\text{-}18)$$

观察此式,可以知道 K_c 仅是温度的函数,其量纲为 $(mol \cdot m^{-3})^{\Delta v}$ 。

以上是理想气体反应的 4 种经验平衡常数,它们之间有如下关系:

$$K_p = K_x \cdot p^{\Delta v} = K_n \cdot \left(P/_{n_{总}}\right)^{\Delta v} = K_c \cdot (RT)^{\Delta v} = K^{\ominus} (p^{\ominus})^{\Delta v}$$

$$(5\text{-}2\text{-}19)$$

当反应的 $\Delta v = 0$ 时,这 4 种经验平衡常数与标准平衡常数皆相等。

总之,化学平衡常数是表征可逆反应限度的特征参数。在一定温度下,每个可逆反应都有它自己的平衡常数,并且平衡常数的大小取决于反应的本性,它不随物质的初始浓度(或分压)而改变,也与反应的历程无关。对指定的反应,平衡常数仅是温度的函数。平衡常数具有重要的实用价值,平衡常数值越大,表明反应进行的程度越大,反应进行得越完全;平衡常数值越小,表明反应进行的程度越小,反应进行得越不完全。

5.3 平衡常数及平衡组成的计算

5.3.1 $\Delta_r G_m^{\ominus}$ 及 $K^{\ominus}$ 的计算

当化学反应达到平衡时, $\Delta_r G_m^{\ominus} = - RT \ln K^{\ominus}$ 。该式表明,在一定温度下,标准平衡常数 $K^{\ominus}$ 值的大小完全由 $\Delta_r G_m^{\ominus}$ 决定。因此,当温度指定后,查取相关的热力学数据,便可求得该反应的 $\Delta_r G_m^{\ominus}$,再通过该关系式就可计算出该化学反应的标准平衡常数 $K^{\ominus}$ 。反之,当获取了标准平衡常数 $K^{\ominus}$ 的数值,就可以求得该反应的 $\Delta_r G_m^{\ominus}$ 。下面,主要介绍如何利用热力学数据,先行计算温度为 298 K 的 $\Delta_r G_m^{\ominus}$ 的三种方法。

(1)利用化学反应的 $\Delta_r H_m^{\ominus}$ 和 $\Delta_r S_m^{\ominus}$ 计算 $\Delta_r G_m^{\ominus}$

$$\Delta_r G_m^{\ominus} = \Delta_r H_m^{\ominus} - T \Delta_r S_m^{\ominus}$$

式中 $\Delta_r H_m^{\ominus}$ 可通过组分的标准摩尔生成焓 $\Delta_f H_{m,B}^{\ominus}$ 或标准摩尔燃烧焓 $\Delta_c H_m^{\ominus}$ 计算获得,即 $\Delta_r H_m^{\ominus} = \sum_B \nu_B \Delta_f H_{m,B}^{\ominus}$ 或 $\Delta_r H_m^{\ominus} = - \sum_B \nu_B \Delta_c H_{m,B}^{\ominus}$; $\Delta_r S_m^{\ominus}$ 则需要通过组分的标准摩尔规定熵 $S_{m,B}^{\ominus}$ 计算得到,即 $\Delta_r S_m^{\ominus} = \sum_B v_B S_{m,B}^{\ominus}$ 。

[例 5-4] 分别计算 $FeO(s) + CO(g) \Longleftrightarrow Fe(s) + CO_2(g)$ 在 298.15 K 时

的标准平衡常数 $K^{\ominus}$。已知 $\Delta_r H_m^{\ominus}(298.15\ \text{K}) = -16.46\ \text{kJ} \cdot \text{mol}^{-1}$，$\Delta_r S_m^{\ominus}(298.15\ \text{K}) = -10.65\ \text{J} \cdot \text{mol}^{-1}\text{K}^{-1}$。

解 $\Delta_r G_m^{\ominus}(298.15\ \text{K}) = \Delta_r H_m^{\ominus}(298.15\ \text{K}) - T\Delta_r S_m^{\ominus}(298.15\ \text{K})$

$$= -16.46 - 298.15 \times (-10.65) \times 10^{-3}$$

$$= -13.28(\text{kJ} \cdot \text{mol}^{-1})$$

将之代入 $\Delta_r G_m^{\ominus} = -RT\ln K^{\ominus}$，即：

$$\ln K^{\ominus}(298.15\ \text{K}) = -\frac{-13.28 \times 10^3}{8.314 \times 298.15}$$

解之得： $K^{\ominus}(298.15\ \text{K}) = 212.17$

(2)利用反应系统中组分的 $\Delta_f G_m^{\ominus}$ 计算 $\Delta_r G_m^{\ominus}$

化学反应的 $\Delta_r G_m^{\ominus}$，可以通过反应系统中各组分的标准摩尔生成吉布斯自由能 $\Delta_f G_m^{\ominus}$ 的计算得到，即：

$$\Delta_r G_m^{\ominus} = \sum_B \nu_B \Delta_f G_{m,B}^{\ominus}$$

[**例 5-5**] 将固体 NH_4HS 放在 25 ℃ 的抽真空容器中，计算在 NH_4HS 分解达到平衡时容器内的压力为多少？如果容器中原来已盛有 H_2S 气体，其压力为 $4.0 \times 10^4\ \text{Pa}$，则达到平衡时容器内的总压力又将是多少？已知 $NH_4HS(s)$、$H_2S(g)$ 和 $NH_3(g)$ 的标准生成 Gibbs 自由能分别为 $-55.17\ \text{kJ} \cdot \text{mol}^{-1}$、$-33.02\ \text{kJ} \cdot \text{mol}^{-1}$ 和 $-16.64\ \text{kJ} \cdot \text{mol}^{-1}$。

解 分解反应为 $NH_4HS(s) \Longrightarrow NH_3(g) + H_2S(g)$

$\Delta_r G_m^{\ominus} = \sum \nu_i \Delta_f G_{m,i}^{\ominus}(\text{产物}) - \sum \nu_j \Delta_f G_{m,j}^{\ominus}(\text{反应物})$

$$= (-16.64 - 33.02) - (-55.17) = 5.51(\text{kJ} \cdot \text{mol}^{-1})$$

$$K^{\ominus} = \exp\left(-\frac{\Delta_r G_m^{\ominus}}{RT}\right) = 0.108$$

由于 $\quad K^{\ominus} = \frac{1}{4}\left(p_{总}/p^{\ominus}\right)^2$

所以 $\quad p_{总} = (4K^{\ominus})^{1/2} \cdot p^{\ominus} = 6.57 \times 10^4\ \text{Pa}$

若容器中原来已盛有 H_2S 气体，设平衡时 $NH_3(g)$ 的分压为 $x\text{Pa}$，则 $H_2S(g)$ 的分压为 $(x + 4.00 \times 10^4)\text{Pa}$。于是

$$K^{\ominus} = \frac{p_{NH_3}}{p^{\ominus}} \cdot \frac{p_{H_2S}}{p^{\ominus}} = \frac{x(x + 4.00 \times 10^4)}{(p^{\ominus})^2} = 0.108$$

由此解得： $x = 1.85 \times 10^4\ \text{Pa}$

故平衡时总压为：$p_{总} = x + (x + 4.00 \times 10^4) = 7.7 \times 10^4\ \text{Pa}$

(3)利用已知反应的 $\Delta_r G_m^{\ominus}$ 计算未知反应的 $\Delta_r G_m^{\ominus}$

例如,化学反应 $C(s) + \frac{1}{2}O_2(g) \Longrightarrow CO(g)$ 的平衡常数很难测定,这是因为很难控制该反应在过程中不生成 $CO_2(g)$。但通过如下的两个反应:① $C(s) + O_2(g) \Longrightarrow CO_2(g)$ 和② $CO(g) + \frac{1}{2}O_2(g) \Longrightarrow CO_2(g)$ 的标准吉布斯自由能函变,就可实现对上述难以测定反应的 $\Delta_r G_m^{\ominus}$ 的计算。设上述反应①和②的标准吉布斯自由能函变分别为 $\Delta_r G_m^{\ominus}(1)$ 和 $\Delta_r G_m^{\ominus}(2)$,则 CO 生成反应的 $\Delta_r G_m^{\ominus}$ 为

$$\Delta_r G_m^{\ominus} = \Delta_r G_m^{\ominus}(1) - \Delta_r G_m^{\ominus}(2)$$

5.3.2 $K^{\ominus}$ 的实验测定及平衡组成的计算

平衡常数的测定,本质上是通过实验获取反应系统处在平衡态时易测量组分的组成,然后计算出平衡常数。而组分组成的测定方法,又分为物理方法和化学方法两类。

(1)物理方法。直接测定与浓度或压力呈线性关系的物理量,如折光率、电导率、颜色、光的吸收、定量的色谱图谱和磁共振谱等,然后再求算相应组分的组成。这种方法的优点是测定过程中不破坏反应体系的平衡状态。

(2)化学方法。采取骤冷、抽去催化剂或冲稀等手段使得反应立即停止,然后再用化学分析的方法测量相应组分的组成。而化学方法中的直接滴定法,常常会因为试剂的加入造成平衡的移动而产生误差。

无论采用哪一种方法,首先都应判明反应系统是否确已达到平衡,而在实验测定过程中必须保持平衡不会受到扰动。

在化学平衡中常遇到两类计算:一是已知平衡常数和反应物起始浓度(或分压),求平衡浓度和转化率;二是已知反应物的起始浓度和转化率,求反应的平衡常数。其中转化率是指平衡时某反应物已转化了的量与它的初始总量的比值,所以也称为平衡转化率,常用 α 表示。

$$\alpha = \frac{\text{某反应物已转化了的量}}{\text{该反应物的初始总量}} \times 100\% \tag{5-3-1}$$

若反应前后系统体积不变,则 α 又可表示为:

$$\alpha = \frac{\text{某反应物初始浓度} - \text{某反应物平衡浓度}}{\text{某反应物初始浓度}} \times 100\% \tag{5-3-2}$$

转化率可以表示反应进行程度的大小,但转化率 α 除与温度有关外,还与反应物的起始浓度(或分压)有关。

[例5-6] 某体积可变的容器中放入 1.564 g N_2O_4 气体,该化合物在 298 K 时部分解离。实验测得在标准压力 $p^{\ominus}$ 下,容器的体积为 0.485 dm^3。求

N_2O_4 的解离度 α 以及解离反应的 $K^{\ominus}$ 和 $\Delta_r G_m^{\ominus}$。

解　记 N_2O_4 的初始摩尔数为 n，代入题目中数据，计算得：

$$n = m_{N_2O_4}/M_{N_2O_4} = 1.564/92.0 = 0.017(\text{mol})$$

设反应的解离度为 α，则反应达到平衡时其摩尔数为 $n(1-\alpha)$，而 NO_2 的摩尔数为 $2n\alpha$，它们的转变关系如下：

$$N_2O_4(g) \Longleftrightarrow 2NO_2(g)$$

组分反应前摩尔数：　　　n　　　　　　0

平衡时摩尔数：　　$n(1-\alpha)$　　　$2n\alpha$

于是，系统中所有组分的总摩尔数 $n_{总}$ 为：

$$n_{总} = n(1-\alpha) + 2n\alpha = n(1+\alpha)$$

若将系统内气体近似为理想气体，则有 $pV = n_{总}RT = n(1+\alpha)RT$。将题目中已知条件代入，便计算得到解离度。

$$\alpha = \frac{pV}{nRT} - 1 = \frac{p^{\ominus}V}{nRT} - 1 = 0.152$$

由此，计算 N_2O_4 和 NO_2 的摩尔分数，即：

$$x_{N_2O_4} = \frac{n(1-\alpha)}{n(1+\alpha)} = 0.736，x_{NO_2} = \frac{2n\alpha}{n(1+\alpha)} = 0.264$$

故经验平常常数：

$$K_x = \prod x_B^{\nu_B} = \frac{x_{NO_2}^2}{x_{N_2O_4}} = 0.095$$

$$K^{\ominus} = K_x(p/p^{\ominus})^{\Delta\nu} = 0.095$$

$$\Delta_r G_m^{\ominus} = -RT\ln K^{\ominus} = 5.83 \times 10^3 \text{ J} \cdot \text{mol}^{-1}$$

视频 5.2

5.4　温度对标准平衡常数的影响

5.4.1　范特霍夫方程

如前所述，所有反应的平衡常数都是温度的函数。因此，一个化学反应若在不同温度下进行，其平衡常数是不相同的。也就是说，一个化学反应在不同温度下的反应限度是不一样的。根据吉布斯-亥姆霍兹（Gibbs-Helmholtz）方程：

$$\left[\frac{\partial(G/T)}{\partial T}\right]_p = -\frac{H}{T^2}$$

若反应物都处于标准态，则有：

$$\frac{d(\Delta_r G_m^\ominus / T)}{dT} = -\frac{\Delta_r H_m^\ominus}{T^2}$$

将 $\Delta_r G_m^\ominus = -RT\ln K^\ominus$ 代入,得:

$$\frac{d\ln K^\ominus}{dT} = \frac{\Delta_r H_m^\ominus}{RT^2} \qquad (5\text{-}4\text{-}1)$$

上式称为范特霍夫(Van't Hoff)方程的微分式,它是计算不同温度 T 下 $K^\ominus$ 的基本方程。从该方程式中可以看到,化学反应的标准摩尔反应焓 $\Delta_r H_m^\ominus$ 影响并决定反应平衡常数的大小。具体来说:

吸热反应,$\Delta_r H_m^\ominus > 0$,升高温度,$K^\ominus$ 增加,对正反应有利。

放热反应,$\Delta_r H_m^\ominus < 0$,升高温度,$K^\ominus$ 降低,对正反应不利。

式(5-4-1)为 $K^\ominus \sim T$ 关系的微分式,利用它可以进行 $K^\ominus$ 随 T 变化趋势的定性分析。而对于定量计算某一温度下的 $K^\ominus$,还需对该式进行积分。根据 $\Delta_r H_m^\ominus$ 是否随温度变化,积分分为如下两种情况。

5.4.2 $\Delta_r H_m^\ominus$ 不随温度变化时 $K^\ominus$ 的计算

依据第二章的基希霍夫方程 $d\Delta_r H_m^\ominus / dT = \Delta_r C_p$。当 $\Delta_r C_p \approx 0$ 时,可认为 $\Delta_r H_m^\ominus$ 为常数,不随温度变化而变化。另一种情况,若温度区间不大,$\Delta_r H_m^\ominus$ 可视为常数。这两种情况下,对式(5-4-1)进行积分:

$$\int_{K_1^\ominus}^{K_2^\ominus} d\ln K^\ominus = \int_{T_1}^{T_2} \frac{\Delta_r H_m^\ominus}{RT^2} dT$$

由于 $\Delta_r H_m^\ominus$ 为与温度无关的常数,故其定积分结果为:

$$\ln \frac{K_2^\ominus}{K_1^\ominus} = -\frac{\Delta_r H_m^\ominus}{R}\left(\frac{1}{T_2} - \frac{1}{T_1}\right) \qquad (5\text{-}4\text{-}2)$$

此式称为范特霍夫(Van't Hoff)公式。由范特霍夫公式可以看出,温度变化对化学平衡移动的影响与化学反应热有关。

① 放热反应。$\Delta_r H_m^\ominus < 0$,升高温度($T_2 > T_1$),则 $K_2^\ominus < K_1^\ominus$,此时 $J_r > K_2^\ominus$,平衡向反应逆方向移动;相反,降低温度($T_2 < T_1$),则 $K_2^\ominus > K_1^\ominus$,此时 $J_r < K_2^\ominus$,平衡向反应正方向移动。

② 吸热反应。$\Delta_r H_m^\ominus > 0$,升高温度($T_2 > T_1$),则 $K_2^\ominus > K_1^\ominus$,此时 $J_r < K_2^\ominus$,平衡向反应正方向移动;相反,降低温度($T_2 < T_1$),则 $K_2^\ominus < K_1^\ominus$,此时 $J_r > K_2^\ominus$,平衡向反应逆方向移动。

另外,范特霍夫(Van't Hoff)公式还常用于从已知一个温度下的平衡常数求出另一温度下的平衡常数;或已知两个温度下的标准平衡常数,估计该反应的 $\Delta_r H_m^\ominus$。

式(5-4-1)的不定积分结果为：

$$\ln K^{\ominus}(T) = -\frac{\Delta_r H_m^{\ominus}}{RT} + C \qquad (5\text{-}4\text{-}3)$$

如有多组不同温度 T 下的 $K^{\ominus}$ 数据，作 $\ln K^{\ominus} \sim 1/T$ 图可得一直线，由直线的斜率及截距即可确定 $\Delta_r H_m^{\ominus}$ 及 C 值。这样求得的 $\Delta_r H_m^{\ominus}$ 比经由式(5-4-2)仅通过两个温度计算的结果要准确些。

[例 5-7]　水蒸气通过灼热煤层生成水煤气的反应：$C(s) + H_2O(g) \Longrightarrow H_2(g) + CO(g)$。现已知在 1000 K 和 1200 K 时，$K^{\ominus}$ 分别为 2.472 和 37.58。试求：①该反应的 $\Delta_r H_m^{\ominus}$（假设在此温度范围内 $\Delta_r H_m^{\ominus}$ 不变）；②计算 1100 K 时该反应的 $K^{\ominus}$。

　　解　①将 1000 K 和 1200 K 时的 $K^{\ominus}$ 值 2.472 和 37.58 代入公式(5-4-2)，有：

$$\ln\frac{37.58}{2.472} = -\frac{\Delta_r H_m^{\ominus}}{8.314}\left(\frac{1}{1200} - \frac{1}{1000}\right)$$

求解得：　　　　　　$\Delta_r H_m^{\ominus} = 1.36 \times 10^5 \ \text{J} \cdot \text{mol}^{-1}$

②利用求得的 $\Delta_r H_m^{\ominus}$ 数据，并借助 1000 K 下的 $K^{\ominus} = 2.472$，计算温度为 1100 K 的 $K^{\ominus}$ 值。

$$\ln\frac{K^{\ominus}}{2.472} = -\frac{1.36 \times 10^5}{8.314}\left(\frac{1}{1100} - \frac{1}{1000}\right)$$

求解得：　　　　　　$K^{\ominus} = 10.94$

5.4.3　$\Delta_r H_m^{\ominus}$ 随温度变化时 $K^{\ominus}$ 的计算

若化学反应的 $\Delta_r C_{p \cdot m} = \sum\limits_B \nu_B C_{p \cdot m}^{\ominus}(B) \neq 0$，尤其是温度变化范围很大时，应将 $\Delta_r H_m^{\ominus}$ 表示成 T 的函数再代入范特霍夫方程的微分式，然后积分。第二章的热化学中已经证明 $\Delta_r H_m^{\ominus}$ 与温度 T 的关系具有下列形式 $\Delta_r H_m^{\ominus}(T) = \Delta H_0 + \Delta a \cdot T + \frac{1}{2}\Delta b \cdot T^2 + \frac{1}{3}\Delta c \cdot T^3$，将之代入式(5-4-1)，得其不定积分：

$$\ln K^{\ominus}(T) = -\frac{\Delta H_0}{RT} + \frac{\Delta a}{R}\ln T + \frac{1}{2R}\Delta b T + \frac{1}{6R}\Delta c T^2 + C \qquad (5\text{-}4\text{-}4)$$

此式即为 $K^{\ominus}$ 与 T 的函数关系式。通过代入已知温度 T 时的 $K^{\ominus}(T)$ 值，即可求得积分常数 C，进而以求取另一任意温度下的平衡常数。

[例 5-8]　已知化学反应 $(CH_3)_2CHOH(g) \Longrightarrow (CH_3)_2CO(g) + H_2(g)$ 的 $\Delta_r C_{p \cdot m}$ 为 16.72 J·K^{-1}·mol^{-1}，另有 457 K 时 $K^{\ominus}(457\ K) = 0.36$，298 K 时 $\Delta_r H_m^{\ominus}(298\ K) = 61.5$ kJ·mol^{-1}。

(1)写出 $\ln K^{\ominus} \sim T$ 的函数关系式;(2)计算 500 K 时的 $K^{\ominus}$(500 K)值。

解 (1) $\Delta_r H_m^{\ominus}(T) = \Delta_r H_m^{\ominus}(298\text{ K}) + \int_{298\text{ K}}^{T} \Delta_r C_{p,m} dT$

$\qquad\qquad = 61.5 + 16.72(T-298) \times 10^{-3}\text{ kJ} \cdot \text{mol}^{-1}$

$\qquad\qquad = (56517.44 + 16.72T)\text{ J} \cdot \text{mol}^{-1}$

将之代入式(5-4-1),即有:

$$\int d\ln K^{\ominus} = \int \frac{\Delta_r H_m^{\ominus}}{RT^2} dT = \int \frac{56517.44 + 16.72T}{RT^2} dT$$

将 $K^{\ominus}$(457K) $= 0.36$ 代入积分,便得到 $\ln K^{\ominus} \sim T$ 的具体关系式如下:

$$\ln K^{\ominus}(T) = -\frac{6797.86}{T} + 2.0\ln T + 1.54$$

视频 5.3

(2)当 $T = 500$ K 时:

$$\ln K^{\ominus}(500\text{ K}) = -\frac{6797.86}{500} + 2.0\ln 500 + 1.54$$

由此解得: $K^{\ominus}$(500 K) $= 1.45$

5.5 其他因素对理想气体反应平衡移动的影响

由范特霍夫方程可知,在 $\Delta_r H_m^{\ominus} \neq 0$ 时,$K^{\ominus}$ 将会随着 T 的变化而变化,所以 T 对化学平衡的影响是改变了 $K^{\ominus}$。在 T 一定时虽然 $K^{\ominus}$ 一定,但若能改变反应气体组分 B 的分压 p_B,即改变其 μ_m,则也会对化学平衡产生影响。

本节讨论在维持反应体系温度不变情况下,改变气体总压、通入惰性气体或改变反应物配比对理想气体化学平衡移动的影响及平衡转化率的计算。

5.5.1 压力对理想气体反应平衡移动的影响

理想气体化学反应的标准平衡常数 $K^{\ominus}$ 只是温度的函数,与压力无关。液相反应和复相反应的标准平衡常数亦只是温度的函数,与压力无关。但在压力很高时平衡组成的计算应使用逸度代替压力。然而,对气体化学反应来说,压力虽不能改变标准平衡常数 $K^{\ominus}$,但对平衡系统的组成往往有不容忽视的影响。

若化学反应系统中气相总压为 P,由 $K^{\ominus}$ 与 K_x 的关系式 $K_x = K^{\ominus}$ $(p^{\ominus}/P)^{\Delta\nu}$ 可知,若 $\Delta\nu = \sum_B \nu_B \neq 0$,则改变总压将影响化学平衡系统的 K_x。

当 $\sum_B \nu_B < 0$ 时,P 增大,K_x 必增大,平衡向体积缩小方向移动,即平衡向正反应方向移动;

当 $\sum\limits_B \nu_B > 0$ 时，P 增大，K_x 必减小，平衡向体积缩小方向移动，即平衡向逆反应方向移动。

处于平衡状态的化学反应，其体系混合物里无论是反应物，还是生成物，只要有气态物质存在，压强的改变，就有可能使化学平衡移动，其影响情况视具体反应而定。也就是，对反应前后气体体积有变化的可逆反应，增大压强，化学平衡向气体体积减小的方向移动；反之，减小压强，化学平衡向气体体积增大的方向移动。而对反应前后气体体积无变化的可逆反应而言，改变压强，化学平衡不会发生移动。压强对化学平衡移动的影响，实质上是体系中各组分浓度变化对化学平衡移动的影响。增大压强时，平衡就会向压强减小的方向移动，且平衡移动造成的压强减小量小于原压强增大量；减小压强时，平衡就会向压强增大的方向移动，且平衡移动造成的压强增大量小于原压强减小量。

[例5-9]　反应 $N_2O_4(g) \rightleftharpoons 2NO_2(g)$ 在 317 K 时的平衡常数 $K^\ominus = 1.0$。试分别计算当体系总压为 400 kPa 和 800 kPa 时 $N_2O_4(g)$ 的平衡转化率，并解释计算结果。

解　设反应物 $N_2O_4(g)$ 的初始量为 1 mol，而反应达平衡时其转化率为 α，则：

$$N_2O_4(g) \rightleftharpoons 2NO_2(g)$$

平衡时组分物质的量：$1-\alpha$　　　　2α

体系总的物质的量：$n = 1 + \alpha$

设体系总压力为 $p_总$，则　　$p_{N_2O_4} = \dfrac{1-\alpha}{1+\alpha} p_总$，$p_{NO_2} = \dfrac{2\alpha}{1+\alpha} p_总$

根据标准平衡常数的表达式，有：

$$K^\ominus = \frac{(p_{NO_2}/p^\ominus)^2}{(p_{N_2O_4}/p^\ominus)} = \frac{\left(\dfrac{2\alpha}{1+\alpha}\right)^2}{\left(\dfrac{1-\alpha}{1+\alpha}\right)} \cdot \frac{p_总}{p^\ominus}$$

现将 $p^\ominus = 100$ kPa 代入上式，可求得：

$p_总 = 400$ kPa 时，$\alpha_1 = 24.3\%$；$p_总 = 800$ kPa 时，$\alpha_2 = 17.4\%$

由不同压力下的计算结果可以看到，若增大压力，化学平衡将向气体分子数减少的方向移动。

5.5.2　惰性组分对平衡移动的影响

惰性组分是指不参加化学反应的组分。若反应体系中含有某惰性组分的物质的量为 n_0，化学平衡时系统的总压力为 P，则参加反应的各组分 B 的分压

为 $\dfrac{n_B}{n_0 + \sum n_B} P$。一定温度下,该化学反应的经验常数 $K_n = K^{\ominus} (n_{总}\ p^{\ominus}/P)^{\Delta}$。

当 $\Delta\nu = \sum\limits_B \nu_B > 0$ 时,在恒压下加入惰性组分,因 $n_{总} = n_0 + \sum n_B$ 增大,则 K_n 必增大,平衡向正反应方向移动。

当 $\Delta\nu = \sum\limits_B \nu_B < 0$ 时,在恒压下加入惰性组分,因 $n_{总} = n_0 + \sum n_B$ 增大, K_n 必减小,平衡向逆反应方向移动。

对于一般的只有液体、固体参加的反应,由于压力的影响很小,所以平衡不发生移动,因此可以认为压力对液相反应、固相反应的平衡无影响。另需要注意的是,若在恒温恒容下,向已达到平衡的体系中加入惰性组分,此时体系的总压力 $P = \sum p_B + p_{惰}$ 将随之而增加,但由于各气体组分的分压 p_B 保持不变,此时仍有 $J_r = K^{\ominus}$,所以化学平衡不发生移动。

[**例 5-10**] 乙烷裂解生成乙烯:$C_2H_6(g) \rightleftharpoons C_2H_4(g) + H_2(g)$,已知在 1273 K , 100 kPa 下,反应达到平衡时有 $p_{C_2H_6} = 2.65$ kPa , $p_{C_2H_4} = 49.35$ kPa , $p_{H_2} = 49.35$ kPa ,求 $K^{\ominus}$ 值并说明在生产中,常在恒温恒压加入过量水蒸气的方法提高乙烯产率的原理。

解 根据标准平衡常数的表达式,有:

$$K^{\ominus} = \frac{(p_{C_2H_4}/p^{\ominus})(p_{H_2}/p^{\ominus})}{(p_{C_2H_6}/p^{\ominus})} = \frac{\left(49.35\big/100\right)^2}{\left(2.65\big/100\right)} = 9.19$$

在恒温恒压下加入水蒸气,由于总压不变,各组分的分压则减小,由此计算的反应商 J_r 小于 $K^{\ominus}$,化学平衡将向正反应方向(即气体分子数增多的方向)移动。

5.5.3 增加反应物的量对平衡移动的影响

对于有多种反应物参加的理想气体反应,如:

$$aA + cC + \cdots \rightleftharpoons gG + hH + \cdots$$

在恒温、恒容的条件下增加反应物的量,与在恒温、恒压的条件下增加反应物的量,对平衡移动的影响是不相同的。

(1)恒温、恒容的情况

在恒温、恒容的条件下,标准平衡常数 $K^{\ominus}$ 有定值,当系统达到平衡时,此时反应商 $J_r = \prod\limits_B (p_B/p^{\ominus})^{\nu_B}$,并有 $J_r = K^{\ominus}$ 。向已达到平衡的系统中再加入一些反应物 A，这将瞬时使反应物 A 的分压 p_A 增加，而其他组分的分压则保持不变，则反应系统中气体的反应商 J_r 将减小，导致 $J_r < K^{\ominus}$。根据化学反应等温式 $\Delta_r G_m = -RT \ln K^{\ominus} + RT \ln J_r$，有 $\Delta_r G_m < 0$，最终使平衡向右移动，对正向反应有利。加入反应物 C 亦有同样的效果。也就是说，在恒温、恒容的条件下，增加反应物的量，无论是单独增加一种还是同时增加多种，都会使反应商 J_r 减小，从而使平衡向正反应方向移动，对产物的生成有利。如果一个化学反应的多种原料气中，A 气体较 C 气体便宜很多，而 A 气体又很容易从混合气中分离，那么为了充分利用较昂贵的 C 气体，往往让 A 气体大大过量，从而尽可能提高 C 气体的转化率，最终提高经济效益。

（2）恒温、恒压的情况

理想气体系统中任一物质 B 的摩尔数为 n_B，其分压可表示为 $p_B = P \dfrac{n_B}{\sum\limits_B n_B}$，将之代入反应商的计算式，可得：

$$J_r = \prod_B (p_B/p^{\ominus})^{\nu_B} = \prod_B n_B^{\nu_B} \left(P \Big/ \sum_B n_B p^{\ominus} \right)^{\sum \nu_B} \tag{5-5-1}$$

在温度不变时，$K^{\ominus}$ 有定值。若保持总压 P 不变，增加反应物的量，会影响反应商 J_r 的值，从而使平衡发生移动。

对于反应前后气体分子数不发生改变的反应，即 $\sum \nu_B = 0$，$\left(P \Big/ \sum\limits_B n_B p^{\ominus} \right)^{\sum \nu_B}$ 的值不变，若增加反应物的量，$\prod\limits_B n_B^{\nu_B}$ 的值变小，则反应商 J_r 减小，平衡向右移动，有利于正反应。

对于气体分子数增加的反应，$\sum \nu_B > 0$，加入反应物后，$\sum\limits_B n_B$ 变大，$\left(P \Big/ \sum\limits_B n_B p^{\ominus} \right)^{\sum \nu_B}$ 的值变小。同时 $\prod\limits_B n_B^{\nu_B}$ 的值变小，则反应商 J_r 减小，平衡向右移动，有利于正反应。

对于气体分子数减少的反应，$\sum \nu_B < 0$，加入反应物后，$\sum\limits_B n_B$ 变大，$\left(P \Big/ \sum\limits_B n_B p^{\ominus} \right)^{\sum \nu_B}$ 的值变大。同时 $\prod\limits_B n_B^{\nu_B}$ 的值变小，则反应商 J_r 的大小变化情况不定，平衡有可能向右移动，也可能向左移动。

若原料气中只有反应物而没有产物，令反应物的摩尔比 $n_C/n_A = r$（$0 < r < \infty$），维持总压不变，则随着 r 的增加，A 的转化率增加，C 的转化率减少。可以证明，当起始原料气中 A 和 C 的物质的量之比等于它们在反应方程式中计量

系数之比,即 $r = n_C/n_A = c/a$ 时,产物在混合气中的平衡含量达极大。

现以合成氨反应 $N_2(g) + 3H_2(g) \Longleftrightarrow 2NH_3(g)$ 为例。该反应 $\sum \nu_B < 0$,在恒温、恒压的条件下,一般让原料中反应物的起始摩尔比 $r = n_{H_2}/n_{N_2}$ 接近 3∶1,以使产物氨的含量在混合气中达到最高。图 5.3 则为该反应在 500 ℃、30.4 MPa 条件下平衡混合气中氨的体积分数 φ_{NH_3} 与原料气中反应物起始摩尔比 r 的关系曲线。

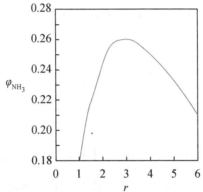

图 5.3　合成氨反应中氨的体积分数 φ_{NH_3} 随 r 的变化

因此,对于合成氨反应,不可能通过大量加入便宜的反应物 N_2 来提高另一种较昂贵的反应物 H_2 的转化率。当系统中反应物 N_2 的量超过 H_2 的量和 NH_3 的量的总和时,即反应物 N_2 对系统总压的贡献过半时,继续增加反应物 N_2 的量只会使平衡向左移动,对逆反应有利,从而使另一种反应物 H_2 的转化率降低。

[**例 5-11**]　反应 $Fe^{2+}(aq) + Ag^+(aq) \Longleftrightarrow Fe^{3+}(aq) + Ag(s)$ 在 25 ℃时标准平衡常数为 3.2。当 $c_{Ag^+} = 0.01 \text{ mol} \cdot \text{L}^{-1}$,$c_{Fe^{2+}} = 0.1 \text{ mol} \cdot \text{L}^{-1}$,$c_{Fe^{3+}} = 0.001 \text{ mol} \cdot \text{L}^{-1}$ 时,试求:(1)反应朝哪个方向进行?(2)平衡时 Ag^+、Fe^{2+}、Fe^{3+} 的平衡浓度和 Ag^+ 的平衡转化率?(3)如果保持 Ag^+ 和 Fe^{3+} 浓度不变,增加 Fe^{2+} 初始浓度至 $0.30 \text{ mol} \cdot \text{L}^{-1}$,求 Ag^+ 在新条件下的平衡转化率?

解　(1)计算反应商,判断反应方向

$$J_r = \frac{(c_{Fe^{3+}}/c^{\ominus})}{(c_{Fe^{2+}}/c^{\ominus})(c_{Ag^+}/c^{\ominus})} = \frac{0.001}{0.1 \times 0.01} = 1.0 < K^{\ominus} = 3.2$$

故反应正向进行。

(2)设反应到达平衡时,Fe^{2+} 反应掉的量为 $x \text{mol} \cdot \text{L}^{-1}$,于是:

$$Fe^{2+}(aq) + Ag^+(aq) \rightleftharpoons Fe^{3+}(aq) + Ag(s)$$

初始浓度/mol·L^{-1}　　　0.10　　　　0.01　　　　0.001

变化浓度/mol·L^{-1}　　　$-x$　　　　$-x$　　　　$+x$

平衡时浓度/mol·L^{-1}　　0.10$-x$　　0.01$-x$　　0.001$+x$

根据标准平衡常数的表达式,有:

$$K^\ominus = \frac{(c_{Fe^{3+}}/c^\ominus)}{(c_{Fe^{2+}}/c^\ominus)(c_{Ag^+}/c^\ominus)} = \frac{0.001+x}{(0.1-x)\times(0.01-x)} = 3.2$$

解得:　　$x = 0.0016$ mol·L^{-1}

并由此得:

$c_{Ag^+} = 0.0084$ mol·L^{-1},　$c_{Fe^{2+}} = 0.0984$ mol·L^{-1},　$c_{Fe^{3+}} = 0.0026$ mol·L^{-1}

故 Ag$^+$ 的转化率:　$\alpha = \dfrac{0.0016}{0.01} \times 100\% = 16.0\%$

(3)设反应到达平衡时,Fe^{2+} 反应掉的量为 $y$mol·L^{-1},于是:

$$Fe^{2+}(aq) + Ag^+(aq) \rightleftharpoons Fe^{3+}(aq) + Ag(s)$$

初始浓度/mol·L^{-1}　　　0.30　　　　0.01　　　　0.001

变化浓度/mol·L^{-1}　　　$-y$　　　　$-y$　　　　$+y$

平衡时浓度/mol·L^{-1}　　0.30$-y$　　0.01$-y$　　0.001$+y$

根据标准平衡常数的表达式,有:

$$K^\ominus = \frac{(c_{Fe^{3+}}/c^\ominus)}{(c_{Fe^{2+}}/c^\ominus)(c_{Ag^+}/c^\ominus)} = \frac{0.001+y}{(0.3-y)\times(0.01-y)} = 3.2$$

解得:$y = 0.0043$ mol·L^{-1}

故 Ag$^+$ 的转化率　$\alpha = \dfrac{0.0043}{0.01} \times 100\% = 43.0\%$

视频 5.4

从计算结果可知,增加反应物的量,平衡向正反应方向移动,可以提高另一组分 Ag$^+$ 的转化率。

5.6　同时反应平衡组成的计算

在一个反应体系中,如果同时发生几个反应,且它们之间没有线性组合关系,那么这几个反应就是独立反应。而某个反应组分同时参加两个及以上的独立反应,平衡时其组成同时满足这几个反应的平衡关系,则称为同时反应平衡。例如,一定条件下,容器中进行甲烷转化反应,可有如下两个反应:

$$CH_4(g) + H_2O(g) \rightleftharpoons CO(g) + 3H_2(g) \qquad ①$$

$$CO(g) + H_2O(g) \rightleftharpoons CO_2(g) + H_2(g) \qquad ②$$

反应组分 H_2O、CO 和 H_2 同时参加以上两个反应,所以该两反应为同时反应。在处理同时反应平衡问题时,须遵循以下原则:

(1)首先确定有几个独立反应(反应相互间没有线性组合关系);

(2)在同时平衡时,任一反应组分,无论同时参加几个反应,其浓度(或分压)只有一个,它同时满足该组分所参与的各反应的平衡常数关系式;

(3)同时反应平衡系统中某一化学反应的平衡常数 $K^\ominus$,与同温度下该反应单独存在时的标准平衡常数 $K^\ominus$ 相同。

[例 5-12] 在 600 K 时,原料 $CH_3Cl(g)$ 与 $H_2O(g)$ 发生反应生成 CH_3OH 和 HCl,其中 CH_3OH 继而又生成 $(CH_3)_2O$,即同时存在下列两个平衡:

$$CH_3Cl(g) + H_2O(g) \Longleftrightarrow CH_3OH(g) + HCl(g) \qquad ①$$
$$2CH_3OH(g) \Longleftrightarrow (CH_3)_2O(g) + H_2O(g) \qquad ②$$

已知在该温度下,$K_1^\ominus = 0.00154$,$K_2^\ominus = 10.6$。今以等量的 $CH_3Cl(g)$ 与 $H_2O(g)$ 开始反应,求 $CH_3Cl(g)$ 的平衡转化率。

解 设反应开始前,$CH_3Cl(g)$ 与 $H_2O(g)$ 的摩尔数皆为 1 mol,到达平衡时,生成 HCl 的摩尔数为 x,生成 $(CH_3)_2O$ 的摩尔数为 y,则在平衡时各物质的量为:

$$CH_3Cl(g) + H_2O(g) \Longleftrightarrow CH_3OH(g) + HCl(g)$$
$$1-x \qquad 1-x+y \qquad x-2y \qquad x$$
$$2CH_3OH(g) \Longleftrightarrow (CH_3)_2O(g) + H_2O(g)$$
$$x-2y \qquad\qquad y \qquad\qquad 1-x+y$$

因为两个反应的 $\sum\limits_B \nu_B = 0$ 都等于零,所以 $K^\ominus = K_x$,即:

$$K_1^\ominus = K_{x,1} = \frac{(x-2y)x}{(1-x)(1-x+y)} = 0.00154$$

$$K_2^\ominus = K_{x,2} = \frac{y(1-x+y)}{(x-2y)^2} = 10.6$$

将两个方程联立,解得 $x = 0.0482$,$y = 0.0094$,故 CH_3Cl 的转化率为 4.82%。

5.7 真实气体反应的化学平衡

如第四章多组分系统的热力学所述,真实气体的化学势 $\mu_B = \mu_B^\ominus + RT\ln(\tilde{p}_B/p^\ominus)$。将之代入 $\Delta_r G_m = \sum \nu_B \mu_B$,便可得到真实气体化学反应的等温方程:

$$\Delta_r G_m = \Delta_r G_m^\ominus + RT\ln\prod_B (\tilde{p}_B/p^\ominus)^{\nu_B} \qquad (5\text{-}7\text{-}1)$$

式中 $\tilde{p}_B$ 为组分 B 在某指定条件下的逸度。在达到化学平衡时 $\Delta_r G_m = 0$,于是便有:

$$\Delta_r G_m^\ominus = -RT\ln\left(\prod(\tilde{p}_B/p^\ominus)^{\nu_B}\right) \tag{5-7-2}$$

对于确定的化学反应，$\Delta_r G_m^\ominus$ 只取决于温度和标准态的选取。而对于气体，无论是理想气体还是真实气体，均选取 $p = p^\ominus = 100$ kPa 的纯理想气体作为标准态，故由上式可知，当温度一定时，$\prod(\tilde{p}_B^{eq}/p^\ominus)^{\nu_B}$ 为定值，即为标准平衡常数

$$K^\ominus = \prod(\tilde{p}_B^{eq}/p^\ominus)^{\nu_B} \tag{5-7-3}$$

式中 $\tilde{p}_B^{eq}$ 为组分 B 平衡时的逸度。因此，便有 $\Delta_r G_m^\ominus = -RT\ln K^\ominus$。由于 $\tilde{p}_B = \varphi_B p_B$，故：

$$K^\ominus = \prod\varphi_B^{\nu_B} \times \prod(p_B^{eq}/p^\ominus)^{\nu_B} \tag{5-7-4a}$$

式中 φ_B 是组分 B 的逸度因子，它是温度和总压的函数，所以 $\prod\varphi_B^{\nu_B}$ 也是温度与总压的函数。

若令 $K_\varphi = \prod\varphi_B^{\nu_B}$，$K_p^\ominus = \prod(p_B^{eq}/p^\ominus)^{\nu_B}$，则式(5-7-4a)可简写为：

$$K^\ominus = K_\varphi \cdot K_p^\ominus \tag{5-7-4b}$$

对于理想气体，$K_\varphi = \prod\varphi_B^{\nu_B} = 1$；对于低压下的真实气体，$K_\varphi = \prod\varphi_B^{\nu_B} \approx 1$，所以有 $K^\ominus = K_p^\ominus$。而对于高压下的真实气体，一般来说，$\prod\varphi_B^{\nu_B} \neq 1$，故 $K^\ominus \neq K_p^\ominus$。至此，真实气体反应的化学平衡的计算有两种类型：

(1)已知系统中各组分的平衡压力 p_B^{eq}，求平衡常数 $K^\ominus$。这可以利用普遍化逸度系数图，查取各组分的逸度因子 φ_B，进而求取 $\prod\varphi_B^{\nu_B}$。再通过 $K^\ominus = \prod\varphi_B^{\nu_B} \times \prod(p_B^{eq}/p^\ominus)^{\nu_B}$，求算得到平衡常数 $K^\ominus$。

(2)利用 $\Delta_r G_m^\ominus$ 求取平衡常数 $K^\ominus$。这里，同样先利用普遍化逸度系数图，查取各组分的逸度因子 φ_B，进而求取 $\prod\varphi_B^{\nu_B}$；再通过 $K^\ominus = \prod\varphi_B^{\nu_B} \times \prod(p_B^{eq}/p^\ominus)^{\nu_B}$，以求取 $\prod(p_B^{eq}/p^\ominus)^{\nu_B}$，进而计算平衡组成 p_B^{eq}。

[**例 5-13**] (1)已知 250 ℃时，甲醇合成反应 $CO(g) + 2H_2(g) \rightleftharpoons CH_3OH(g)$ 的 $\Delta_r G_m^\ominus = 25.899$ kJ·mol^{-1}，求此反应的 $K^\ominus$；(2)应用路易斯·兰德尔规则及普遍化逸度系数图，求上述反应在 250 ℃、20.265 MPa 下的 K_φ；(3)若上述反应开始时 $CO(g)$ 与 $H_2(g)$ 的摩尔比为 1:2，求反应达平衡时混合物中甲醇的摩尔分数。

解 (1)合成甲醇反应在 523.15 K、20.265 MPa 下的 $\Delta_r G_m^\ominus = -RT\ln K^\ominus$，将题目中已知数据代入 $\Delta_r G_m^\ominus = -RT\ln K^\ominus$，则有：

$$25.899 \times 10^3 = -8.314 \times (273.15 + 250)\ln K^\ominus$$

由此解得： $K^{\ominus} = 2.594 \times 10^{-3}$

（2）查附录得到，CO(g)组分的临界参数： $T_c = 132.92 \text{ K}$ ， $p_c = 3.499 \text{ MPa}$ ，于是它们的对比温度和对比压力为：

$$T_r = T/T_c = 523.15/132.92 = 3.936$$

$$p_r = p/p_c = 20.265/3.499 = 5.792$$

由逸度系数图查得： $\varphi_{CO} = 1.09$ 。同理，经计算和查得 $\varphi_{CH_3OH} = 0.38$ ， $\varphi_{H_2} = 1.08$ ，于是：

$$K_\varphi = \frac{\varphi_{CH_3OH}}{\varphi_{H_2}^2 \varphi_{CO}} = \frac{0.38}{1.08 \times 1.09} = 0.299$$

（3）将 $K^{\ominus}$ 和 K_φ 的计算结果代入式（5-7-4b），得分压力表示的标准平衡常数

$$K_p^{\ominus} = K^{\ominus}/K_\varphi = 2.594 \times 10^{-3}/0.299 = 8.676 \times 10^{-3}$$

若取反应开始时 CO(g) 的物质的量为 1 mol，则 H_2(g) 的物质的量为 2 mol，并设反应达到平衡时 CO(g) 反应掉的摩尔数为 x mol，则反应体系中各组分的摩尔数为：

$$CO(g) + 2H_2(g) \Longleftrightarrow CH_3OH(g)$$

反应前	1.0	2.0	0
平衡时	$1.0-x$	$2(1-x)$	x

反应达到平衡时，体系中总摩尔数 $n_{总} = \sum n_B = 3 - 2x$ 。于是：

$$K_p^{\ominus} = K_n \left(\frac{P/p^{\ominus}}{\sum n_B} \right)^{\sum \nu_B} = \frac{x}{4(1-x)^3} \left(\frac{3-2x}{P/p^{\ominus}} \right)^2$$

将前面解算得到的 $K_p^{\ominus} = 8.676 \times 10^{-3}$ 和体系总压 $P = 20.265 \times 10^6$ Pa，标准压力 $p^{\ominus} = 100 \text{ kPa}$ ，代入，经试差迭代计算可解得：

$$x = 0.903 \text{ mol}$$

因此，反应到达平衡时混合物中 CH_3OH 的摩尔分数

$$y = \frac{x}{3-2x} = \frac{0.903}{3 - 2 \times 0.903} = 75.6\%$$

5.8　混合物和溶液中的化学平衡

本节讨论常压下液态混合物和液态溶液中的化学平衡及组分组成的计算。至于固态混合物和固态溶液中的化学平衡，则其计算原理照此相同。

5.8.1　常压下液态混合物中的化学平衡

若液态混合物中有化学反应 $0 = \sum\limits_{B} \nu_B B$,其中任一组分 B 的化学势为:

$$\mu_B = \mu_B^{\ominus} + RT\ln a_B$$

恒温恒压下,化学反应的等温方程为:

$$\Delta_r G_m = \Delta_r G_m^{\ominus} + RT\ln\prod_{B} a_B^{\nu_B} \tag{5-8-1}$$

式中 $\Delta_r G_m = \sum\limits_{B} \nu_B \mu_B$ 为标准摩尔反应吉布斯函数。各组分的标准态为同温度及标准压力下的纯液体。由平衡条件 $\Delta_r G_m = 0$,代入上式可得 $\Delta_r G_m^{\ominus} = -RT\ln\prod\limits_{B}(a_B^{eq})^{\nu_B}$。而 $\Delta_r G_m^{\ominus} = -RT\ln K^{\ominus}$,所以 $K^{\ominus} = \prod\limits_{B}(a_B^{eq})^{\nu_B}$。

由于 $a_B = \gamma_B x_B$,所以在常压下:

$$K^{\ominus} = \prod_{B}(a_B^{eq})^{\nu_B} = \prod_{B}\gamma_B^{\nu_B} \times \prod_{B}(x_B^{eq})^{\nu_B} \tag{5-8-2}$$

若系统形成理想液态混合物,则对于所有物质 $\gamma_B = 1$,$\prod\limits_{B}\gamma_B^{\nu_B} = 1$,所以有 $K^{\ominus} = \prod\limits_{B}(x_B^{eq})^{\nu_B}$。

由此,液态混合物中的化学平衡及组分组成的计算,可先通过组分的标准态化学势计算出 $\Delta_r G_m^{\ominus}$,进而借助等温方程计算出该反应的标准平衡常数 $K^{\ominus}$,然后借助各组分的活度系数 γ_B,便可实现系统中各组分的平衡组成 x_B^{eq} 的计算。

5.8.2　常压下液态溶液中的化学平衡

液态溶液中的化学反应可分为两类:有溶剂参加的和没有溶剂参加的。若将液态溶液中的化学反应表示为:

$$0 = \nu_A A + \sum_{B} \nu_B B$$

式中 A 表示溶剂,B 表示各种溶质。若 $\nu_A < 0$,则溶剂为反应物;若 $\nu_A > 0$,则溶剂为产物;若 $\nu_A = 0$,则溶剂未参加反应,只有溶质与溶质间的反应。

常压下溶剂 A 与溶质 B 的化学势的表达式分别为 $\mu_A = \mu_A^{\ominus} + RT\ln a_A$ 和 $\mu_B = \mu_B^{\ominus} + RT\ln a_B$。将它们代入 $\Delta_r G_m = \nu_A \mu_A + \sum\limits_{B} \nu_B \mu_B$,得到如下等温方程:

$$\Delta_r G_m = \Delta_r G_m^{\ominus} + RT\ln(a_A^{\nu_A} \times \prod_{B} a_B^{\nu_B}) \tag{5-8-3}$$

式中 $\Delta_r G_m^{\ominus} = \nu_A \mu_A^{\ominus} + \sum\limits_{B} \nu_B \mu_B^{\ominus}$ 为标准摩尔反应吉布斯函数。需要注意的是,这里溶剂 A 与溶质 B 在形式上是对称的,实际上它们的标准态是不同的。

溶剂 A 的标准态是指该温度和标准压力下的纯液体,而各溶质 B 的标准态是指该温度与标准压力下、质量摩尔浓度为 $b_B = b^\ominus = 1\ \mathrm{mol \cdot kg^{-1}}$ 且具有理想稀溶液性质的溶质。

将平衡条件 $\Delta_r G_m = 0$ 代入式(5-8-3),便可得到 $\Delta_r G_m^\ominus = -RT\ln(a_A^{\nu_A} \times \prod_B a_B^{\nu_B})$。而 $\Delta_r G_m^\ominus = -RT\ln K^\ominus$,于是两式联立便有 $K^\ominus = a_A^{\nu_A} \times \prod_B a_B^{\nu_B}$。将溶剂的活度 $a_A = f_A x_A$、溶质的活度 $a_B = \gamma_B b_B/b^\ominus$ 代入,得:

$$K^\ominus = (f_A x_A^{eq})^{\nu_A} \times \prod_B (\gamma_B b_B^{eq}/b^\ominus)^{\nu_B} \qquad (5\text{-}8\text{-}4)$$

对于理想稀溶液,$x_A^{eq} \approx 1$,$f_A \approx 1$,$\gamma_B \approx 1$,上式可简化为:

$$K^\ominus = \prod_B (b_B^{eq}/b^\ominus)^{\nu_B} \qquad (5\text{-}8\text{-}5)$$

视频 5.5

若溶液中溶质的浓度换用体积摩尔浓度 c_B 表示,则其平衡常数 $K^\ominus = \prod_B (c_B^{eq}/c^\ominus)^{\nu_B}$。至此,常压下液态溶液中的化学平衡及组分组成的计算,可先行通过组分的标准态化学势计算出 $\Delta_r G_m^\ominus$,再借助等温方程计算出该反应的标准平衡常数 $K^\ominus$,然后借助各组分的活度系数 γ_B(若为理想稀溶液:$x_A^{eq} \approx 1$,$f_A \approx 1$,$\gamma_B \approx 1$),便可实现系统中各组分的平衡组成 b_B^{eq} 或 c_B^{eq} 的计算。

【知识结构】

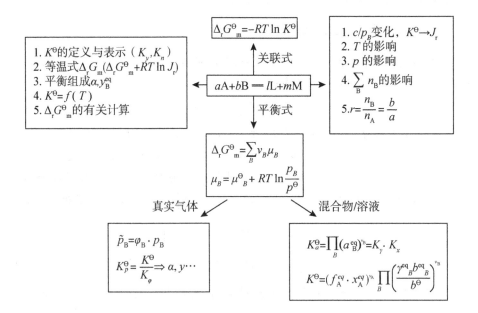

习　题

5.1　在温度为 1000 K，压力为 101.325 kPa 时，反应 $2SO_3(g) \rightleftharpoons 2SO_2(g) + O_2(g)$ 的 $K_c = 3.54\ \text{mol·m}^{-3}$。试求：(1)该反应的 K_p 和 K_x；(2)反应 $SO_3(g) \rightleftharpoons SO_2(g) + \frac{1}{2}O_2(g)$ 的 K_p 和 K_c。

5.2　已知 298 K 时，NO_2 和 N_2O_4 的标准摩尔生成吉布斯自由能分别为 51.84 kJ·mol^{-1} 和 98.07 kJ·mol^{-1}。试求 298 K 及 101.325 kPa 下，反应 $N_2O_4(g) \rightleftharpoons 2NO_2(g)$ 的 $K^{\ominus}$、K_x 和 K_c。

5.3　在 903 K 及 $p^{\ominus}$ 时，化学反应 $2SO_2(g) + O_2(g) \rightleftharpoons 2SO_3(g)$ 的 $K^{\ominus} = 29.5$，反应起始时 $SO_2(g)$ 与 $O_2(g)$ 物质的量之比为 1:2。求 SO_2 及 O_2 的转化率。

5.4　已知合成氨反应 $N_2(g) + 3H_2(g) \rightleftharpoons 2NH_3(g)$，在开始时只有反应物氢气和氮气，两者比例为 3:1。试计算：(1)在 673 K 及 10 $p^{\ominus}$ 压力下，平衡化合物中氨气的摩尔分数为 0.0385，求反应的平衡常数 $K^{\ominus}$；(2)若反应的总压力增加到 50 $p^{\ominus}$ 时，混合气体中氨的摩尔分数为多少？

5.5　乙苯脱氢生产苯乙烯的反应为 $C_6H_5C_2H_5(g) \rightleftharpoons C_6H_5C_2H_3(g) + H_2(g)$，在 900 K 时 $K^{\ominus} = 2.7$。若起始时只有反应物乙苯为 1 mol，试计算平衡时：(1)在 $p^{\ominus}$ 下得到苯乙烯的摩尔数；(2)在 0.1 $p^{\ominus}$ 下得到苯乙烯的摩尔数；(3)在 $p^{\ominus}$ 下，加入 10 mol 水汽作为惰性物质，得到苯乙烯的摩尔数。

5.6　五氯化磷的气相分解反应为 $PCl_5(g) \rightleftharpoons PCl_3(g) + Cl_2(g)$，在 523 K 及 $p^{\ominus}$ 下达平衡后，测得混合物密度 ρ 为 2.695 kg·m^{-3}。试计算：(1)PCl_5 的离解度；(2)该反应在 523 K 时的 $K^{\ominus}$ 和 $\Delta_r G_m^{\ominus}$。

5.7　在一个抽真空的密闭容器内，于 290 K 下充入光气（$COCl_2$）至压力为 94657.2 Pa，此时光气不离解。将该容器加热到 773 K，容器中压力增高到 267573.2 Pa，设气体符合理想气体行为。试计算：(1)773 K 时光气的离解度；(2)离解反应的平衡常数 $K^{\ominus}$ 和 K_c；(3)773 K 时反应的 $\Delta_r G_m^{\ominus}$。

5.8　已知 973 K 时，反应 $CO(g) + H_2O(g) \rightleftharpoons CO_2(g) + H_2(g)$ 的平衡常数 $K^{\ominus} = 0.71$。试问：(1)各物质的分压皆为 1.5$p^{\ominus}$ 时，该反应能否自发进行？(2)若增加反应物压力，使 $p_{CO} = 10p^{\ominus}$，$p_{H_2O} = 5p^{\ominus}$，而 $p_{CO_2} = p_{H_2} = 1.5p^{\ominus}$ 时该反应能否自发进行？

5.9　已知 298 K 时下列两个反应：(1)$2CO(g) + O_2(g) \rightleftharpoons 2CO_2(g)$，$\Delta_r G_m^{\ominus} = -514.2$ kJ·mol^{-1} 和(2)$2H_2(g) + O_2(g) \rightleftharpoons 2H_2O(g)$，$\Delta_r G_m^{\ominus} = -457.2$ kJ·mol^{-1}。求同温度下反应 $CO(g) + H_2O(g) \rightleftharpoons CO_2(g) + H_2(g)$

的 $\Delta_r G_m^{\ominus}$ 和 $K^{\ominus}$。

5.10 已知 298 K 下甲醇的蒸气压为 $0.1632\ p^{\ominus}$,摩尔熵和燃烧热如下:

物质	CO	H_2	$CH_3OH(l)$
$S_m^{\ominus}$（298 K）/(kJ·mol⁻¹·K⁻¹)	197.90	130.59	126.78
$\Delta_c H_m^{\ominus}$（298 K）/(kJ·mol⁻¹)	−282.92	−285.81	−726.38

求在 298 K 下有催化剂存在时,由 CO 和 H_2 生成 CH_3OH 的 $K^{\ominus}$。

5.11 工业上电解水生产的氢含氧为 0.5%（体积）,而导体工业为了得到高纯氢（氧允许量为 $1.0\ \mu L\cdot L^{-1}$）,让含 99.5% 的氢气在 298 K 及 101.325 kPa 下通过某催化剂,发生反应 $2H_2(g)+O_2(g)\rightleftharpoons 2H_2O(g)$。试计算平衡时氧的含量,其氢的纯度是否达到了要求?

5.12 在 903 K 及 $p^{\ominus}$ 下,1 mol $SO_2(g)$ 和 1 mol $O_2(g)$ 的混合气体通过一铂催化剂管,部分 $SO_2(g)$ 氧化为 $SO_3(g)$,反应平衡后,将气体冷却,并用 KOH 吸收 SO_2 和 SO_3,测得体系中剩余的气体体积在 273 K,$p^{\ominus}$ 为 13.780 cm³,求 $K^{\ominus}$。

5.13 用蒸气密度法测定二聚分子的离解反应常数。在 437 K,蒸气乙酸在体积为 21.45 cm³ 的容器中质量为 0.0519 g,压力为 $p^{\ominus}$。用同样容器加热到 471 K,压力不变,乙酸的量为 0.0380 g。求乙酸在气相中二聚物离解反应的平衡常数、离解率和反应焓。

5.14 苯乙烯可以通过乙苯脱氢和乙苯氧化脱氢得到

$$C_6H_5CH_2-CH_3 \longrightarrow C_6H_5CH=CH_2+H_2 \qquad ①$$

$$C_6H_5CH_2-CH_3(g)+\frac{1}{2}O_2 \longrightarrow C_6H_5CH=CH_2(g)+H_2O(g) \qquad ②$$

(1)请查表求出 298.2 K 时,上述两反应的标准平衡常数,并判断反应进行的程度。

(2)在 873.2 K 及 $p^{\ominus}$ 下,采用反应式①制备苯乙烯时,若乙苯(g)与水蒸气的摩尔比为 1:9。试计算乙苯平衡转化率。

5.15 固体 $NaHCO_3$ 在真空容器中发生反应 $2NaHCO_3(s)\rightleftharpoons Na_2CO_3(s)+H_2O(g)+CO_2(g)$,而 298 K 下各组分的热力学数据如下:

物质	$NaHCO_3$	Na_2CO_3	H_2O	CO_2
$\Delta_f H_m^{\ominus}$/(kJ·mol⁻¹)	−947.7	−1130.9	−241.8	−393.5
$S_m^{\ominus}$/(J·mol⁻¹·K⁻¹)	102.1	136.6	188.7	213.6

求:(1)298 K 时,平衡体系的总压力为多少?(2)体系温度多高时,平衡总

压力为 101.325 kPa？

5.16 已知有如下两个反应：

$$2NaHCO_3(s) \rightleftharpoons Na_2CO_3(s) + H_2O(g) + CO_2(g)$$

$$\Delta_r G_m^\ominus = [129.1 \times 10^3 - 334.2(T/K)]J \cdot mol^{-1} \quad ①$$

$$NH_4HCO_3(s) \rightleftharpoons NH_3(g) + H_2O(g) + CO_2(g)$$

$$\Delta_r G_m^\ominus = [171.5 \times 10^3 - 476.4(T/K)]J \cdot mol^{-1} \quad ②$$

试回答：(1)在 298 K，当 $NaHCO_3(s)$、$Na_2CO_3(s)$ 和 $NH_4HCO_3(s)$ 平衡共存时 $NH_3(g)$ 的 p_{NH_3} 是多少？(2)当 $p_{NH_3} = 0.5 \times 10^5$ Pa，欲使三者平衡共存，需要 T 为多少？若 T 超过此值，体系中物质相态将发生何种变化？

5.17 将 $NH_4I(s)$ 迅速加热到 308.9 K 时完全分解，测得蒸气压为 36.66 kPa（ $NH_3(g)$ 和 $HI(g)$ 分压之和）。如果恒温过一段时间，$HI(g)$ 发生下列分解：$HI(g) \rightleftharpoons \frac{1}{2}H_2(g) + \frac{1}{2}I_2(g)$，从而使 $NH_4I(s)$ 上方的压力增大。已知 308.9 K 时 $HI(g)$ 分解反应的 $K^\ominus = 0.127$，求 $NH_4I(s)$ 上方的总压力。

5.18 在 298 K 时将 1 mol 乙醇与 0.091 mol 乙醛混合，所得溶液为 63.0 cm³。当反应达到平衡后，90.72% 的乙醛依下式反应 $2C_2H_5OH(l) + CH_3CHO(l) \rightleftharpoons CH_3CH(OC_2H_5)_2(l) + H_2O(l)$。(1)若溶液为理想溶液，计算平衡常数；(2)若溶液用 0.30 dm³ 的惰性溶剂冲稀，试问乙醇参与反应的百分数为多少？

5.19 在 298 K 时，将 $NH_4HS(s)$ 放入抽真空的瓶中，发生分解反应 $NH_4HS(s) \rightleftharpoons NH_3(g) + H_2S(g)$。当反应达平衡时，测得瓶中压力为 66660 Pa，求 $K^\ominus$。若瓶中已盛有 $NH_3(g)$，其压力为 39996 Pa，问达平衡时瓶中总压为多少？

5.20 已知在 323 K 平衡时，反应①的离解压力为 3999.3 Pa，反应②的水蒸气压力为 6052.7 Pa。试计算体系中含有 $NaHCO_3(s)$、$Na_2CO_3(s)$、$CuSO_4 \cdot 5H_2O(s)$ 和 $CuSO_4 \cdot 3H_2O(s)$ 在达成平衡时二氧化碳的分压。

$$2NaHCO_3(s) \rightleftharpoons Na_2CO_3(s) + H_2O(g) + CO_2(g) \quad ①$$

$$CuSO_4 \cdot 5H_2O(s) \rightleftharpoons CuSO_4 \cdot 3H_2O(s) + 2H_2O(g) \quad ②$$

5.21 反应 $LaCl_3(s) + H_2O(g) \rightleftharpoons LaOCl(s) + 2HCl(g)$ 在 804 K 和 733 K 时 $K^\ominus$ 分别测得为 0.63 和 0.125。(1)估算反应 $\Delta_r H_m^\ominus$；(2)若在 900 K 时的平衡压力为 266.64 Pa，估算 $H_2O(g)$ 的平衡压力。

5.22 在 800 K 的容器中放入固态 ZnO 和液态锌，然后通入氢气，发生下列化学反应：$ZnO(s) + H_2(g) \rightleftharpoons Zn(g) + H_2O(g)$。该反应 $\Delta_r G_m^\ominus =$

$[232000-160(T/K)]\text{J}\cdot\text{mol}^{-1}$,液态锌的蒸汽压方程为 $\lg\left(\dfrac{p}{p^{\ominus}}\right)=-\dfrac{6164}{T}+$ 5.22 。问达到平衡时,平衡体系内 H_2 和 $H_2O(g)$ 的物质的量比为多少?(设气体为理想气体)

5.23 若测得甲烷、苯和甲苯在 500 K 时的标准生成吉布斯自由能分别为 $-33.8\ \text{kJ}\cdot\text{mol}^{-1}$,$162\ \text{kJ}\cdot\text{mol}^{-1}$ 和 $172.4\ \text{kJ}\cdot\text{mol}^{-1}$。今若以等物质的量的甲烷与苯的混合物在 500 K 通过催化剂,试问根据热力学分析预期得到甲苯的最高产量为若干(用百分数表示)。若 500 K 时,以等摩尔量甲苯与氢混合,按上述过程反应,试问甲苯的平衡转化率为若干?

5.24 对于合成甲醇的反应 $CO(g)+2H_2(g)\Longleftrightarrow CH_3OH(g)$,如找到适合的催化剂,在 773 K 可使反应进行得很快。工业生产时,为使在 $CO:H_2=1:2$ 的条件下有 10% 转化,试估算体系的压力应达多少?(假定 $\Delta_r H_m^{\ominus}$ 不随温度改变)

物质	CO	H_2	CH_3OH
$\Delta_f H_m^{\ominus}(298\ \text{K})/(\text{kJ}\cdot\text{mol}^{-1})$	-110.52	0	-201.25
$S_m^{\ominus}(298\ \text{K})/(\text{J}\cdot\text{mol}^{-1}\cdot\text{K}^{-1})$	197.91	130.59	237.6

5.25 已知气相反应 $A(g)\Longleftrightarrow B(g)$,在 290 K 时 $\Delta_r G_m^{\ominus}$ 和 $\Delta_r H_m^{\ominus}$ 分别为 $28.45\ \text{kJ}\cdot\text{mol}^{-1}$ 和 $41.84\ \text{kJ}\cdot\text{mol}^{-1}$。现将 0.5 mol A 放入 10 dm^3 容器中,试计算 500 K 时各气体的分压。

5.26 反应 $CuSO_4\cdot3H_2O(s)\Longleftrightarrow CuSO_4(s)+3H_2O(g)$ 的平衡常数 $K^{\ominus}$ 在 298 K 和 323 K 分别为 1.0×10^{-6} 和 1.0×10^{-4}。(1)问 298 K 时将 $CuSO_4\cdot3H_2O(s)$ 放在水蒸气压为 2026.5 Pa 的空气中会不会分解?(2)假设 $\Delta_r H_m^{\ominus}$ 与温度无关,请计算 298 K 时 $CuSO_4\cdot3H_2O(s)$ 分解反应的 $\Delta_r G_m^{\ominus}$、$\Delta_r H_m^{\ominus}$ 和 $\Delta_r S_m^{\ominus}$;(3)298 K 时在 2 dm^3 烧瓶中,为使 0.01 mol 的 $CuSO_4(s)$ 完全变为三水化合物,问最少需引入多少水蒸气?

5.27 在 298 K 时 $Hg_2Cl_2(s)$ 和 $AgCl(s)$ 的溶解度分别为 $6.5\times10^{-7}\ \text{mol}\cdot\text{dm}^{-3}$ 和 $1.3\times10^{-5}\ \text{mol}\cdot\text{dm}^{-3}$,各物质的标准摩尔生成吉布斯自由能如下:

物质	$Hg_2Cl_2(s)$	$AgCl(s)$
$\Delta_f G_m^{\ominus}/(\text{kJ}\cdot\text{mol}^{-1})$	-210.66	-109.72

求 298 K 及 101.325 kPa 下,反应 $2Ag(s)+Hg_2Cl_2(s)\Longleftrightarrow 2AgCl(aq)+2Hg(l)$ 的标准平衡常数。

5.28 在 298 K 时正辛烷(g)的标准摩尔燃烧焓为 $-5507.2\ \text{kJ}\cdot\text{mol}^{-1}$。

而 $CO_2(g)$ 和 $H_2O(l)$ 的标准摩尔生成热分别为 $-393.1\ kJ \cdot mol^{-1}$ 和 $285.6\ kJ \cdot mol^{-1}$，C_8H_8、石墨和 $H_2(g)$ 的标准摩尔规定熵分别为 $463.3\ J \cdot mol^{-1} \cdot K^{-1}$、$130.5\ J \cdot mol^{-1} \cdot K^{-1}$ 和 $5.684\ J \cdot mol^{-1} \cdot K^{-1}$。试求：(1)298 K 下，正辛烷生成反应的 $K^{\ominus}$ 及 K_c；(2)增加压力，升高温度对正辛烷产率有无影响？(3)在 298 K 及 $p^{\ominus}$ 下，平衡混合物中正辛烷的摩尔分数能否达到 0.17？若希望达到 0.5 时需要多大压力？

5.29 将 $1.958 \times 10^{-3}\ mol$ 的 $I_2(g)$ 放入体积为 $0.25\ dm^3$ 的石英容器中，在高温下进行下列反应 $I_2(g) \rightleftharpoons 2I(g)$，在 1073 K 时，测得容器内的平衡气体总压为 74.393 kPa。已知 1273 K 时此反应的平衡常数 $K_p = 16.598\ Pa$。假定反应热不随温度变化，求 $1.958 \times 10^{-3}\ mol$ 的 $I_2(g)$ 在 1073 K 完全分解为 $I(g)$ 时的热效应。

5.30 在 613 K 往抽成真空容器中单独放入 $NH_4Cl(s)$ 时分解反应 $NH_4Cl(s) \rightleftharpoons NH_3(g) + HCl(s)$ 的平衡压力为 104.67 kPa。在同样条件下，单独放入 $NH_4I(s)$ 时分解反应 $NH_4I(s) \rightleftharpoons NH_3(g) + HI(s)$ 的平衡压力为 18.85 kPa。现将两种固体同时放入，加热到 613 K，当两个反应都达到平衡时，体系的总压力为多少？设 $HI(g)$ 不分解，且两种盐不形成固溶体。

5.31 在 400～500 K 之间，反应 $PCl_5(g) \rightleftharpoons PCl_3(g) + Cl_2(g)$ 的标准吉布斯自由能变化可由下式表示 $\Delta_r G_m^{\ominus} = (83.68 \times 10^3 - 33.43 T\lg T - 72.26T)\ J \cdot mol^{-1}$。(1)计算 450 K 时反应的 $\Delta_r G_m^{\ominus}$、$\Delta_r H_m^{\ominus}$、$\Delta_r S_m^{\ominus}$ 和 $K^{\ominus}$；(2)在体积为 $1\ dm^3$ 的抽真空容器内通入 $1\ g$ 的 $PCl_5(g)$，问在 450 K 达到平衡时，$PCl_3(g)$ 的离解度和容器内总压力为多少？

5.32 在 900 K 和 101.325 kPa 下，$SO_3(g)$ 部分分解为 $SO_2(g)$ 和 $O_2(g)$，达到平衡时测得混合气体的密度为 $0.94\ g \cdot dm^{-3}$。试计算反应在 900 K 时的平衡常数。

5.33 $N_2O_4(g)$ 的分解反应为 $N_2O_4(g) \rightleftharpoons 2NO_2(g)$，在 273 K 及 11.551 kPa 压力下，当反应达到平衡时，平衡混合物的密度是反应开始时纯 $N_2O_4(g)$ 密度的 0.84 倍。试计算反应的 $K^{\ominus}$ 和 $\Delta_r G_m^{\ominus}$。

5.34 在 298 K 时，正戊烷(g)和异戊烷(g)的 $\Delta_f G_m^{\ominus}$ 分别为 $-194.4\ kJ \cdot mol^{-1}$ 和 $-200.8\ kJ \cdot mol^{-1}$，其液体的蒸气压由下式给出：

正戊烷　　　　　　$\lg(p_n^* / p^{\ominus}) = 3.9715 - \dfrac{1065}{T - 41}$

异戊烷　　　　　　$\lg(p_i^* / p^{\ominus}) = 3.9089 - \dfrac{1020}{T - 40}$

(1)求 298 K 时气相异构化反应的 $K^{\ominus}$；

(2)如果液相形成理想溶液,求 298 K 在液相中异构化反应的 K_x。

5.35 在 473 K,下列化学反应达平衡 $2NOCl(g) \Longrightarrow 2NO(g) + Cl_2(g)$。

(1)在瓶中引入一定量 $NOCl(g)$,平衡时总压为 101.325 kPa,$NOCl(g)$ 分压为 64.848 kPa,计算 $K^{\ominus}$；

(2)在 473 K 附近每增加一度,$K^{\ominus}$ 增加 1.5%,计算 $\Delta_r H_m^{\ominus}$ 和 $\Delta_r S_m^{\ominus}$。

测验题

一、选择题

1. 设反应 $aA(g) \Longrightarrow yY(g) + zZ(g)$,在 101.325 kPa、300 K 下,A 的转化率是 600 K 的 2 倍,而且在 300 K 下系统压力为 101325 Pa 的转化率是 $2 \times$ 101325 Pa 的 2 倍,故可推断该反应（　　）。

(1)平衡常数与温度、压力成反比

(2)是一个体积增加的吸热反应

(3)是一个体积增加的放热反应

(4)平衡常数与温度成在正比,与压力成反比

2. 某反应 $A(s) \Longrightarrow Y(g) + Z(g)$ 的 $\Delta_r G_m^{\ominus}$ 与温度的关系为 $\Delta_r G_m^{\ominus} = (-45000 + 110 T/K) J \cdot mol^{-1}$,在标准压力下,要防止该反应发生,温度必须：（　　）。

(1)高于 136 ℃   (2)低于 184 ℃

(3)高于 184 ℃   (4)低于 136 ℃

3. 已知等温反应：

① $CH_4(g) \Longrightarrow C(s) + 2H_2(g)$

② $CO(g) + 2H_2(g) \Longrightarrow CH_3OH(g)$

若提高系统总压力,则平衡移动方向为（　　）。

(1)①向左,②向右   (2)①向右,②向左

(3)①和②都向右   (4)①和②都向左

4. 在等温等压下,当反应的 $\Delta_r G_m^{\ominus} = 5$ kJ $\cdot$ mol^{-1} 时,该反应能否进行（　　）。

(1)能正向自发进行   (2)能逆向自发进行

(3)不能判断   (4)不能进行

5. 已知反应 $3O_2(g) \Longrightarrow 2O_3(g)$ 在 25 ℃ 时 $\Delta_r H_m^{\ominus} = -280$ J $\cdot$ mol^{-1},则对该反应有利的条件是（　　）。

（1）升温升压　　　　　　　　　　（2）升温降压

（3）降温升压　　　　　　　　　　（4）降温降压

6. 当以 5 mol $H_2(g)$ 与 4 mol $Cl_2(g)$ 混合,最后生成 2 mol HCl(g)。若以下式为基本单元,$H_2(g)+Cl_2(g)\longrightarrow 2HCl(g)$,则反应进度 ξ 应是(　　)。

（1）1 mol　　　　　　　　　　　（2）2 mol

（3）4 mol　　　　　　　　　　　（4）5 mol

7. 已知反应 $CO(g)+1/2O_2(g)=\!=\!=CO_2(g)$ 的 ΔH,下列说法中何者不正确(　　)。

（1）ΔH 是 $CO_2(g)$ 的生成热　　（2）ΔH 是 CO(g) 的燃烧热

（3）ΔH 是负值　　　　　　（4）ΔH 与反应 ΔU 的数值不等

8. 在一定温度和压力下,能用以判断一个化学反应方向的是(　　)。

（1）$\Delta_r G_m^{\ominus}$　　　　　　　　　（2）K_p

（3）$\Delta_r G_m$　　　　　　　　　（4）$\Delta_r H_m$

9. Ag_2O 分解可用下列两个反应方程之一表示,其相应的平衡常数也一并列出:

Ⅰ. $Ag_2O(s)=\!=\!=2Ag(s)+(1/2)O_2(g)$　　　$K_p(Ⅰ)$

Ⅱ. $2Ag_2O(s)=\!=\!=4Ag(s)+O_2(g)$　　　　$K_p(Ⅱ)$

设气相为理想气体,而且已知反应是吸热的,试问下列结论正确的是(　　)。

（1）$K_p(Ⅰ)=K_p(Ⅱ)$

（2）$K_p(Ⅰ)=K_p^2(Ⅱ)$

（3）$O_2(g)$ 的平衡压力与计量方程的写法无关

（4）$K_p(Ⅰ)$ 随温度降低而减小

10. 对理想气体反应 $CO(g)+H_2O(g)=\!=\!=H_2(g)+CO_2(g)$,下述关系正确的是(　　)。

（1）$K_y<K_p$　　　　　　　　　（2）$K_p=K_y$

（3）$K_y=K_c$　　　　　　　　　（4）$K_p<K_c$

二、填空题

1. 在 1100 ℃时,发生下列反应:(1)$Cu_2S(s)+H_2(g)=\!=\!=2Cu(s)+H_2S(g)$,$K_1^{\ominus}=3.9\times10^{-3}$;(2)$C(s)+2S(s)=\!=\!=CS_2(g)$,$K_2^{\ominus}=0.258$;(3)$2H_2S(g)=\!=\!=2H_2(g)+2S(s)$,$K_3^{\ominus}=2.29\times10^{-2}$。则该温度下反应 $C(s)+2Cu_2S(s)=\!=\!=4Cu(s)+CS_2(g)$ 的 $K^{\ominus}$ 为_____。

2. 在 2000 K 时反应 $CO(g)+\dfrac{1}{2}O_2(g)\Longrightarrow CO_2(g)$ 的 $K^{\ominus}=6.433$,则反应 $2CO_2(g)\Longrightarrow 2CO(g)+O_2(g)$ 的 $K^{\ominus}=$ _____。

3. 戊烷的标准燃烧焓为 -3520 kJ·mol^{-1},$CO_2(g)$ 和 $H_2O(l)$ 的标准摩尔生成焓分别为 -395 kJ·mol^{-1} 和 -286 kJ·mol^{-1},则戊烷的标准摩尔生成焓为 _____。

4. 已知下列反应的平衡常数:

$$H_2(g)+S(s)\Longrightarrow H_2S(g), \qquad K_1$$

$$S(s)+O_2(g)\Longrightarrow SO_2(g), \qquad K_2$$

则反应 $H_2S(g)+O_2(g)\Longrightarrow H_2(g)+SO_2(g)$ 的平衡常数为 _____。

5. 若反应 $A(g)+1/2B(g)\Longrightarrow C(g)+1/2D(g)$ 的 $K_p^{\ominus}=100$,$\Delta_rG_m^{\ominus}=50$ kJ·mol^{-1},则相同温度下反应 $2A(g)+B(g)\Longrightarrow 2C(g)+D(g)$ 的 $K_p^{\ominus}=$ _____,$\Delta_rG_m^{\ominus}=$ _____。

6. 反应 $2NH_3(g)\Longrightarrow N_2(g)+3H_2(g)$ 在某温度下的标准平衡常数为 0.25,则在相同温度下 $\dfrac{1}{2}N_2(g)+\dfrac{3}{2}H_2(g)\Longrightarrow NH_3(g)$ 的标准平衡常数为 _____。

三、是非题

1. 一个已达平衡的化学反应,只有当标准平衡常数改变时,平衡才会移动。( )

2. 因 $K^{\ominus}=f(T)$,所以对于理想气体的化学反应,当温度一定时,其平衡组成也一定。( )

3. 凡是 $\Delta G>0$ 的过程都不能进行。( )

4. 惰性气体的加入不会影响平衡常数,但会影响气相反应中的平衡组成。( )

5. 克拉贝龙方程适用于纯物质的任何两相平衡。( )

6. 由 $\Delta_rG_m^{\ominus}=-RT\ln K^{\ominus}$,因为 $K^{\ominus}$ 是平衡常数,所以 $\Delta_rG_m^{\ominus}$ 是化学反应达到平衡时的摩尔吉布斯函数变化值。( )

7. 溶液的化学势等于溶液中各组分化学势之和。( )

8. 一个已达平衡的化学反应,只有当标准平衡常数改变时,平衡才会移动。( )

9. 25 ℃时 $H_2(g)$ 的标准摩尔燃烧焓等于 25 ℃时 $H_2O(g)$ 的标准摩尔生成焓。( )

10. 化学反应的标准平衡常数 $K^{\ominus}$ 是量纲为 1 的量。( )

四、计算题

1. 在 323 K 时,下列反应中 $NaHCO_3(s)$ 和 $CuSO_4-5H_2O(s)$ 的分解压力分别为 4000 Pa 和 6052 Pa:

反应① $2NaHCO_3(s) \Longrightarrow Na_2CO_3(s) + H_2O(g) + CO_2(g)$

反应② $CuSO_4(5H_2O(s) \Longrightarrow CuSO_4-3H_2O(s) + 2H_2O(g)$

求:

(1)反应①和②的 $K^{\ominus}_{①}$ 和 $K^{\ominus}_{②}$;

(2)将反应①,②中的四种固体物质放入一真空容器中,平衡后 CO_2 的分压力为多少(T=323 K)?

2. 已知反应在 800 K 时进行:$A(s) + 4B(g) \Longrightarrow 3Y(s) + 4Z(g)$ 有关数据如下:

物质	$\dfrac{\Delta_f H^{\ominus}_m (298\ K)}{kJ \cdot mol^{-1}}$	$\dfrac{S^{\ominus}_m (298\ K)}{J \cdot mol^{-1} \cdot K^{-1}}$	$\dfrac{C_{p \cdot m} (298 \sim 800\ K)}{J \cdot mol^{-1} \cdot K^{-1}}$
A(s)	−1116.71	151.46	193.00
B(s)	0	130.58	28.33
Y(s)	0	27.15	30.88
Z(s)	−241.84	188.74	36.02

(1)计算下表中的数据

温度	$\dfrac{\Delta_r H^{\ominus}_m}{kJ \cdot mol^{-1}}$	$\dfrac{\Delta_r S^{\ominus}_m}{J \cdot mol^{-1} \cdot K^{-1}}$	$\dfrac{\Delta_r G^{\ominus}_m}{kJ \cdot mol^{-1}}$	$K^{\ominus}$
298 K				
800 K				

(2)800 K 时,将 A(s)和 Y(s)置于体积分数分别为 $w(B)$=0.50,$w(Z)$=0.40,w(惰性气体)=0.10 的混合气体中,上述反应将向哪个方向进行? ($p^{\ominus}$=100 kPa)

3. 已知下列两反应的 $K^{\ominus}$ 值如下:

$FeO(s) + CO(g) \Longrightarrow Fe(s) + CO_2(g)$ $K^{\ominus}_1$

$Fe_3O_4(s) + CO(g) \Longrightarrow 3FeO(s) + CO_2(g)$ $K^{\ominus}_2$

	$K^{\ominus}_1$	$K^{\ominus}_2$
873 K	0.871	1.15
973 K	0.678	1.77

而且两反应的 $\Sigma \nu_B = 0$。试求：

(1)在什么温度下 $Fe(s)$，$FeO(s)$，$Fe_3O_4(s)$，$CO(g)$ 及 $CO_2(g)$ 全部存在于平衡系统中；

(2)此温度下 $p(CO_2)/p(CO)$ 的值。

4. $2HgO(s) \Longrightarrow 2Hg(g) + O_2(g)$，在反应温度下及 $p^{\ominus} = 101.325 \text{ kPa}$ 时，$K^{\ominus} = 4 \times 10^{-3}$。试问：(1)$HgO(s)$ 的分解压力多大？(2)当达到分解温度时，与 $HgO(s)$ 平衡的 p_{Hg} 有多大？(3)若在标准状态下反应，体系的总压力是多少？

5. 合成氨反应为 $3H_2(g) + N_2(g) \Longrightarrow 2NH_3(g)$，所用反应物氢气和氮气的摩尔比为 $3:1$，在 673 K、1000 kPa 压力下达成平衡，平衡产物中氨的摩尔分数为 0.0385。试求：(1)反应在该条件下的标准平衡常数和 $\Delta_r G_m^{\ominus}$；(2)在该温度下，若要使氨的摩尔分数为 0.05，应控制总压为多少？

第六章　相平衡

（Chapter 6　Phase Equilibrium）

> **教学目标**

通过本章的学习,要求掌握:

1. Gibbs 相律;

2. 单组分系统相图的特点和运用;

3. 二组分系统气液平衡相图的特点和运用;

4. 二组分系统固液平衡相图的特点和运用;

5. 杠杆规则;

6. 由实验数据绘制相图的方法;

7. 三组分系统液-液平衡相图。

　　在化学化工生产中,产品的分析和提纯分离的主要过程包括溶解、蒸馏、重结晶、萃取、提纯及金相分析等。这些都要在相平衡原理的基础上,计算不同物质在平衡时不同相中的组成、状态和数量。因此研究多相体系的平衡在化学、化工的科研和生产中有重要的意义。

　　本章将从相律出发介绍几种典型的相图。相图是表达多相体系的状态如何随温度、压力、组成等强度性质变化而变化的图形。相图的特点是直观,从图中能直接了解各量间的关系,特别是运用相图处理较复杂系统时表现得更为突出。

6.1 相律

6.1.1 基本概念

（1）相与相数

体系内部物理和化学性质完全均匀的部分称为相。相与相之间在指定条件下有明显的界面，在界面上宏观性质的改变是飞跃式的。但同一个相不必是连续的，所以在相平衡下的冰-水系统，系统中的冰无论存在多少块，它们都属于同一个固相。

系统内相的总数称为相数，用 P 表示。

因为气体能够完全混合，一个系统不论有多少种气体，也只有一个气相。不同种液体因相互溶解程度不同而出现分层，按其互溶程度可以组成一相、两相或三相共存。一般系统中存在几种固体则有几个固相。两种固体粉末无论混合得多么均匀，仍是两个相。"固溶体"除外，它是一个固相。

例如，在反应平衡系统中

$$Ag_2O(s) \Longrightarrow 2Ag(s) + \frac{1}{2} O_2(g)$$

有两个固相[$Ag_2O(s)$，$Ag(s)$]，一个气相[$O_2(g)$]，总相数 $P=3$。

（2）独立变量与系统自由度

当一个平衡系统的状态确定时，系统中的各物理量（温度、压力、体积、密度、组成等）也随之而确定。但反过来要确定一个系统，却并不需要指定所有物理量的数值。例如对于上面的化学平衡，只要温度给定，标准平衡常数就确定，压力就可以计算出来，其他的强度性质比如密度等也是确定的。也就是说，对于一个平衡体系，其强度性质之间存在不同的关系而相互关联。所以要确定一个平衡系统的状态，只要确定那些必须指定强度性质的数值。这些必须指定的强度性质就是独立变量。系统中独立变量的个数称为系统的自由度，用 F 来表示，很明显 $F \geqslant 0$。

6.1.2 相律

确定系统的自由度数可以使系统的问题简化。从上面的分析可知，不同的强度性质之间有可能存在一定的关系式。不同的强度性质之间如果存在一个关系式，通过这个关系式就可以从确定的强度性质来计算另一个强度性质，那这个可以计算出来的强度性质在描述系统的状态时就不用说明了，也就是说一个关系式可以减少一个强度性质。关系式的数目也可叫作独立限制条件的个数。所以自由度的计算公式为：

自由度＝总强度变量数－强度变量之间的独立限制条件个数

总强度变量数的确定：如果一个多相系统含有 S 个物种（由分子式决定）和 P 个平衡共存相，平衡时温度和压力处处相等，先不考虑外场（如电场、磁场及重力场）影响，首先假定每个物种存在于所有相中，这样每个物种在每个相中均存在一个浓度，总浓度数为 SP，所以总变量数为 $SP+2$（2 表示温度和压力）。

对强度变量的独立限制条件个数的计算：

① 在某一相如 α 相中，当 $S-1$ 物种含量确定，因为 $\sum x_i^\alpha = 1$，则第 S 种物种含量也可以确定，系统中一共有 P 个相，浓度加和等于 1 的关系式为 P 个。

② 由相平衡条件，对物种 B，$\mu_B^\alpha = \mu_B^\beta = \cdots = \mu_B^\lambda$，同一物种在两相中的化学势相等，则该物种在两相中的浓度存在一定关系，这产生 $P-1$ 个限制条件。例如，若系统包含 3 个相，对物种 B 有 $\mu_B^\alpha = \mu_B^\beta$，$\mu_B^\beta = \mu_B^\gamma$ 两个化学势相等条件，当然也有 $\mu_B^\alpha = \mu_B^\gamma$，但它可以通过前面两式推导出来，所以其不是独立的化学势条件。每个相都有 S 个物种，相平衡条件中化学势相等条件数为 $S(P-1)$。

如果上面的假定每个物种存在于所有相中不成立，比如 β 相中不存在物种 B，则总的变量中少了一个浓度 x_B^β，但同时也减少了一个化学势的限制条件，故对系统的自由度没有影响，因此该假定并不是必需的。

③ 如果系统中存在化学反应 $0 = \sum_B \nu_B B$，根据化学平衡，$\sum_B \nu_B \mu_B = 0$。这是一个化学平衡条件。若系统中有 R 个独立的化学反应，则产生 R 个化学平衡条件。

④ 系统的制备条件、电中性要求等也会对强度变量加以限制。例如，氨基甲酸铵的分解反应：

$$NH_2CO_2NH_4(s) \Longrightarrow CO_2(g) + 2NH_3(g)$$

若系统中氨气和二氧化碳全部来自于氨基甲酸铵的分解，则无论反应进行程度如何，气相中一定有 $x_{NH_3} = 2 x_{CO_2}$，也就是通过一个气体的浓度可以求得另一种气体的浓度。而如果反应前先通入少量 CO_2，然后再加入氨基甲酸铵，则这两种气体的浓度之间并不存在简单的关系。所以这种关系式是由系统的制备条件或电中性条件等决定的，这些其他的限制条件数记为 R'。

注意化学反应式和限制条件也应是"独立"的。比如系统中含有 C(s)，CO(g)，CO_2(g)，H_2(g) 和 H_2O(g) 等 5 种物质，在一定温度、压力下，在它们之间可以有 3 个化学平衡式：

(1) $C(s) + H_2O(g) \Longrightarrow CO(g) + H_2(g)$

(2) $2CO(g) \Longleftrightarrow C(s) + CO_2(g)$

(3) $CO(g) + H_2O(g) \Longleftrightarrow CO_2(g) + H_2(g)$

但这 3 个反应并不是相互独立的,只要有任意两个化学平衡存在,则第 3 个化学平衡必然成立,故其独立化学平衡数不是 3,而是 2。

又如:将固体 $NH_4HCO_3(s)$ 放入真空容器中达到分解平衡:

$$NH_4HCO_3(s) \Longleftrightarrow NH_3(g) + H_2O(g) + CO_2(g)$$

所以气相中一定有 $x_{NH_3} = x_{CO_2}$,$x_{CO_2} = x_{H_2O}$,当然也有 $x_{NH_3} = x_{H_2O}$,但其可以通过前面两式推导出来,所以它不是独立的限制条件,也就是独立的限制条件 $R' = 2$。如果将固体 $NH_4HCO_3(s)$ 放入真空容器中的同时加入少量 NH_3 (g),则无论反应进行程度如何,$x_{CO_2} = x_{H_2O}$,但 $x_{NH_3} \neq x_{CO_2}$,$x_{NH_3} \neq x_{H_2O}$,也就是独立的限制条件 $R' = 1$。

这样相律的计算式为:

$$F = SP - S(P-1) - R - R' - P + 2 = S - R - R' - P + 2 \qquad (6\text{-}1\text{-}1)$$

为了使方程变得简洁,定义 $C = S - R - R'$,称为独立组分数,则:

$$F = C - P + 2 \qquad (6\text{-}1\text{-}2)$$

该式被称为相律。式中 2 表示 T 和 p 两个变量。这是 1875 年由吉布斯推导出来的,称为吉布斯相律。

如果需要考虑其他因素(如电场、磁场、重力场等)对系统相平衡的影响时,则可以用 n 表示所有外界影响因素(含温度、压力)的数目,则相律的形式修改为 $F = C - P + n$。

如果体系中某一强度性质保持不变,比如恒温或恒压,这时温度或压力已经确定,不再是变量,相律的形式也应为 $F = C - P + 1$。当然,如果既恒温又恒压,相律的形式则为 $F = C - P$。

另外,一个系统的物种数是可以根据考虑问题的角度不同而不同的,但在平衡系统中的组分数却是确定不变的。例如,只存在 KCl 溶液(无固体 KCl 析出)的系统,如果只考虑相平衡,则物种数等于 2;也可以认为 KCl 完全电离,所以物种数等于 3:H_2O、K^+、Cl^-。但由于溶液必须保持电中性,所以 K^+ 浓度必等于 Cl^- 浓度,这样就存在一独立的浓度限制条件,组分数 $C = S - R - R' = 3 - 0 - 1 = 2$。如果再考虑 H_2O 的电离,物种数就等于 5:H_2O、K^+、Cl^-、H^+、OH^-。但关系式变成水的电离平衡,K^+ 浓度必等于 Cl^- 浓度,H^+ 浓度必等于 OH^- 浓度,组分数 $C = S - R - R' = 5 - 1 - 2 = 2$。所以不管怎么考虑,对于平衡系统来说,物种数可以根据考虑方法不同而变化,但系统中的组分数总是不变的。这也是定义组分数的出发点。当然我们考虑物种数的角度需要尽量使问题简单一点。

[**例 6-1**]　指出下列各体系的组分数、相数和自由度数为多少？

(1)$NH_4Cl(s)$部分分解为 $NH_3(g)$ 和 $HCl(g)$ 达到平衡。

(2)在上述体系中加入少量 $NH_3(g)$。

(3)将 $NH_4HCO_3(s)$ 放入真空容器恒温至 500 K。

(4)在一个密闭容器中，在恒温 500 K 下，有 $Ca(OH)_2(s)$ 分解。

解　(1)因为 $NH_4Cl(s) = NH_3(g) + HCl(g)$

$S=3, R=1, R'=1$

$C=S-R-R'=3-1-1=1$

$P=2$

$F=C-P+2=1$

(2)$S=3, R=1, R'=0$

$C=S-R-R'=3-1-0=2$

$P=2$

$F=C-P+2=2$

(3)因为 $NH_4HCO_3(s) = NH_3(g) + CO_2(g) + H_2O(g)$

$S=4, R=1, R'=2$

$C=S-R-R'=4-1-2=1$

$P=2$

$F=C-P+1=0$

(4)因为 $Ca(OH)_2(s) = CaO(s) + H_2O(g)$

$S=3, R=1, R'=0$

$C=S-R-R'=3-1-0=2$

$P=3$

$F=C-P+1=0$

[**例 6-2**]　碳酸钠与水可形成 $Na_2CO_3 \cdot H_2O(s)$，$Na_2CO_3 \cdot 7H_2O(s)$，$Na_2CO_3 \cdot 10H_2O(s)$ 三种水合物。请问：

(1)在 101325 Pa 的压力下，能与碳酸钠水溶液及冰平衡共存的含水盐最多可有多少种？

(2)在 303 K 下，能与水蒸气平衡共存的含水盐最多可有多少种？

解　(1)设符合条件的含水盐为 x 种，则物种数为 $2+x$(碳酸钠、水、x 种含水盐)，化学方程式为 x 个(一种含水盐一个方程式)，浓度或电离的限制条件为 0，所以：

$$C=S-R-R'=(2+x)-x-0=2$$

视频 6.1

这说明不论有多少种含水盐,组分数总是等于 2。相数为 $2+x$(碳酸钠水溶液、冰、x 种含水盐),则:

$$F=C-P+1=2-(2+x)+1=1-x\geqslant0,x\leqslant1$$

所以能与碳酸钠水溶液及冰平衡共存的含水盐最多有 1 种。

(2)根据上述分析,组分数为 2,设整个系统中的相数为 P,则:

$$F=C-P+1=2-P+1=3-P\geqslant0,P\leqslant3$$

系统中原有一个气相,所以能与水蒸气平衡共存的含水盐最多有 2 种。

6.2 单组分系统相图

相图中的数据点与系统的平衡状态的独立强度变量的取值是一一对应的。在几何上,由这些独立变量为坐标构成的坐标系中的每个点都能确定系统的一个平衡态。实验中测出平衡态的强度性质数据,也能在坐标系中找出相应点与之对应。

对单组分系统,根据相律 $F=1-P+2=3-P$,则:

①系统最少只有一个相,系统的自由度 $F=2$,T、p 为独立变量,温度压力均可在一定范围内变动而保持状态不变,该系统为双变量系统,在相图上表现为一个面。

②若 $P=2$,系统两相共存,$F=1$,为单变量系统。在始终保持两相平衡共存的条件下,T 和 p 中只有一个是可以自由变动的。在相图中用曲线表示,称为二相平衡线,简称二相线。二相线有四种:固-固平衡,固-液平衡,固-气平衡,液-气平衡。相图中的各个单相区通过二相线分隔开来。

③当 $P=3$,系统中 3 个相平衡共存,则 $F=0$,为无变量系统,T 和 p 都是固定的,不能作任何变化,其在相图中用一个点表示,为三相平衡点,简称三相点。三相点是 3 条二相线的交点。

由于 $F\geqslant0$,所以单组分系统不会出现 4 个相平衡的情况。

6.2.1 H₂O 的相图

虽然根据相律可以分析出水的相图的大致情况,但具体的线、点的数据并不能通过相律推导得出,必须通过实验测定。通过实验绘制水的具体相图形状见图 6.1。

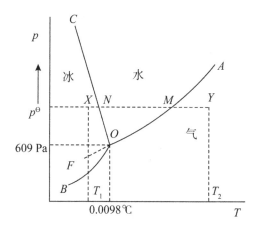

图 6.1　水的相图

图 6.1 中,曲线 OA 表示水和水蒸气的平衡,称为水的饱和蒸气压曲线。在 p-T 图上该曲线斜率始终大于零,即保持气、液两相平衡,水蒸气的压力 p 随着温度 T 的升高而增加,这个实验结果也可以通过克拉佩龙方程看出来。

$$\frac{\mathrm{d}\ln p}{\mathrm{d}T} = \frac{\Delta_{\mathrm{vap}}H_{\mathrm{m}}}{\Delta V_{\mathrm{m}}}$$

若对此两相平衡系统在恒温下加压,或在恒压下降温,均可使水蒸气凝结为水;反之,恒温下减压或恒压下升温,也可使水蒸发成水蒸气。故 OA 二相线以上是水的液相区,以下为水的气相区。OA 线的上端终止于临界点 A(374 ℃,2.23×10^7 Pa),在临界点以上液态水不存在,过临界点向上作垂线,直线右边为气相。OA 线向下到达 O 点时,系统温度降至 0.01 ℃,应有冰出现。但是我们常常可以使水冷到 0.01 ℃以下而仍无冰产生,这时的液-气平衡是一种亚稳态,稍受干扰很快会向固态变化。这种状态下的水称为过冷水。

OF 线为过冷水的饱和蒸气压曲线。过冷水的饱和蒸气压曲线是水的饱和蒸气压曲线向左下的延伸。在某温度下,过冷水与其蒸气平衡,即过冷水的化学势等于其平衡蒸气的化学势,$\mu_1 = \mu_{\mathrm{g(l)}}$。当在相同温度下冰与其蒸气的平衡线为 OB,此时 $\mu_{\mathrm{s}} = \mu_{\mathrm{g(s)}}$。由图 6.1 可知,$OF$ 线在 OB 线上,在同温度下 $p_{\mathrm{g(l)}} >$ $p_{\mathrm{g(s)}}$,所以 $\mu_{\mathrm{g(l)}} > \mu_{\mathrm{g(s)}}$,因此过冷水的化学势大于冰的化学势,过冷水会自发转变成冰。过冷水与其饱和蒸气的平衡不是稳定平衡,但它又可以在一定时间内存在,故称其为亚稳平衡,并将 OF 线以虚线表示。

OB 线为冰的饱和蒸气压曲线或升华曲线,表示冰和水蒸气平衡共存的状态的温度和压力关系。OB 线的斜率也大于零,比 OA 线更陡。这是因为冰的摩尔升华焓 $\Delta_{\mathrm{sub}}H_{\mathrm{m}}$ 要大于水的摩尔蒸发焓 $\Delta_{\mathrm{vap}}H_{\mathrm{m}}$,因而气-固平衡时蒸气压随

温度 T 的增加上升更为显著。相似的，OB 线以上的区域为水的固相区，OB 线以下的区域为水的气相区。OB 线向左下可延伸到绝对零度，但因为不存在过热的冰，不能向右上方延伸超过三相点 O。

OC 线是冰的熔点曲线，表示冰和水的平衡。从图中可以看出，与 OA，OB 线不同，OC 线的斜率小于零，说明压力增大，冰的熔点降低。这可以由克拉佩龙方程看出：

$$\frac{\mathrm{d}p}{\mathrm{d}T} = \frac{\Delta_s^l H_m}{T\Delta_s^l V_m}$$

当水熔化时，式中冰的摩尔熔化焓 $\Delta_s^l H_m > 0$，但体积却缩小，所以 $\Delta_s^l V_m < 0$，即 $\mathrm{d}p/\mathrm{d}T < 0$。冰、水平衡时，等压下使温度升高，冰将融化为水，降低温度，水凝固为冰，故 OC 线左侧为冰，右侧为水。OC 线向左上可延伸到 2×10^8 Pa 和 -10 ℃左右。压力再增加，将出现另外的冰晶型。高压下水的相图可参阅其他参考书。

O 点为三相点，表示系统内冰、水、水蒸气三相平衡，此时系统无独立变量。系统的温度、压力(0.0098 ℃，609 Pa)均不能改变。水的三相点的温度和通常所说的冰点(0 ℃)存在差异，这种差异主要是由两方面的原因产生的。一方面是压力的差异，水的三相点的平衡压力为 609 Pa，而水的冰点的平衡压力是 101.325 kPa，这一因素使凝固点降低 0.0075 ℃；另一方面是水的纯度的差异，三相点的水是纯水，而冰点的水是溶解饱和了的空气。根据理想稀溶液的依数性，由于空气的溶解，纯溶剂的凝固点下降使凝固点降低了 0.0023 ℃。这两种效应的总结果使得水的三相点比冰点高 0.0098 ℃。国际上将水的三相点规定为 273.16 K(即 0.01 ℃)。

应用相图可以说明系统的某个强度性质改变时，系统会发生怎样的变化。例如在标准压力下，加热一块温度为 T_1 的冰，从相图可以看出，随着温度的升高，系统状态将沿着 XY 线而变化。当温度升高到 N 点时，冰就开始熔化，此时 $F = C - P + 1 = 1 - 2 + 1 = 0$，所以温度不再变化，直到所有的冰融化为止；然后温度才能继续升高，到达 M 点时，水开始气化，这时温度又保持不变，直到所有的水气化后，温度才继续升高，最后到达 T_2。

水的相图中的熔点曲线的斜率为负，但对多数物质来说，在熔化过程中摩尔体积增大，故熔点曲线的斜率为正值，如 S，CO_2 等的相图。

[例 6-3]　根据 CO_2 的相图，回答如下问题。

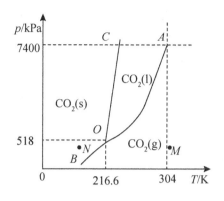

例 6-3 图 CO_2 的相图

(1)说出 OA、OB 和 OC 3 条曲线以及特殊点 O 点与 A 点的含义。

(2)在常温、常压下,将 CO_2 高压钢瓶的阀门慢慢打开一点,喷出的 CO_2 呈什么相态?为什么?

(3)在常温、常压下,将 CO_2 高压钢瓶的阀门迅速开大,喷出的 CO_2 呈什么相态?为什么?

(4)为什么将 $CO_2(s)$ 称为"干冰"?$CO_2(l)$ 在怎样的温度和压力范围内能存在?

解 (1)OA 线是 $CO_2(l)$ 的饱和蒸气压曲线,OB 线是 $CO_2(s)$ 的饱和蒸气压曲线,OC 线是 $CO_2(s)$ 与 $CO_2(l)$ 的两相平衡曲线,O 点是 CO_2 的三相点,A 点是 CO_2 的临界点。

(2)CO_2 喷出,体系对环境做功,并从环境吸热,由于阀门慢慢打开,可以保持热平衡,所以 CO_2 能保持气态(如 M 点)。

(3)若阀门迅速被打开,快速降压,CO_2 喷出,来不及从环境吸热,近似于绝热膨胀过程,系统只对外做功,而无法从环境吸热,则系统温度迅速下降,少量的 CO_2 会转化成如雪花一样的固态 $CO_2(s)$(如 N 点)。实验室可以利用此原理制备少量干冰。

视频 6.2

(4)由于 CO_2 三相点的温度低,而压力很高,所以在常压低温下,$CO_2(s)$ 稳定。当温度升高到常温的过程中,$CO_2(s)$ 会直接升华成气体,而看不到 $CO_2(s)$ 变成"湿"$CO_2(l)$ 的现象,所以称 $CO_2(s)$ 为干冰。只有在温度范围为 216.6~304 K,压力大于 518 kPa 的范围内,$CO_2(l)$ 才能存在。

6.3 二组分系理想液态混合物的气-液平衡相图

根据相律,二组分系统的自由度 $F=2-P+2=4-P$,相数最少为 1,自由度等于 3,这时确定体系的状态需要知道 T,p 和 x。所以确定二组分系统的状态需要用(T,p,x)三维空间中的点表示。这种 $T\text{-}p\text{-}x$ 相图很直观,但应用并不方便。通常在实验中将一个变量如 T 或 p 固定,此时系统的最大自由度为 2,这样就可以通过平面图表示二组分的状态,得到常用的温度恒定的压力-组成相图(即 $p\text{-}x$ 图)或压力恒定的温度-组成相图(即 $T\text{-}x$ 图)。

二组分气-液平衡相图,按二组分液相之间相互溶解度的不同,可分为液态完全互溶、液态部分互溶及液态完全不互溶三类。液态完全互溶系统又可分为理想液态混合物和真实液态混合物。以下先讨论二组分理想液态混合物的气-液平衡相图,然后将其结论推广到其他二组分气-液平衡相图。

6.3.1 蒸气压力-组成图

设组分 A 和组分 B 能形成理想液态混合物,根据定义,A、B 的分压 p_A、p_B 在全部组成范围内均符合拉乌尔定律,以 p_A^* 和 p_B^* 分别表示纯 A 和纯 B 的饱和蒸气压,x_A 和 x_B 分别为液相中组分 A 和 B 的摩尔分数,所以气-液平衡时气相总压为:

$$p = p_A + p_B = p_A^*(1 - x_B) + p_B^* x_B$$
$$= p_A^* + (p_B^* - p_A^*) x_B \tag{6-3-1}$$

恒温时 p_A^* 和 p_B^* 保持不变,所以以 p 对 x_B 作图是一条直线。

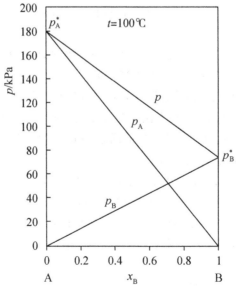

图 6.2 理想液态混合物苯(A)-甲苯(B)系统的蒸气压与液相组成关系

苯(A)和甲苯(B)是理想液态混合物的一个例子。100 ℃时,$p_A^* = 180.1$

kPa，$p_B^* =74.17$ kPa。在恒温下分别得出苯（A）、甲苯（B）的饱和蒸气压和系统总压与 x_B 的关系图，如图 6.2 所示。

　　图中的气相总压 p 与液相组成 x_B 之间的关系曲线称为液相线（$p\text{-}x_B$）。由液相线可以根据液相组成找出对应的蒸气总压，也可以根据气相总压找出所对应的液相组成。

　　当温度不变时，气液两相平衡系统的自由度 $F=2-2+1=1$，液相组成、气相组成和系统的压力 3 个变量中只有一个独立变量。当液相组成 x_B 确定时，系统的压力和气相组成也相应为定值。可以根据拉乌尔定律和道尔顿定律计算气相中组分 A 和 B 的摩尔分数 y_A、y_B：

$$y_A = \frac{p_A}{p} = \frac{p_A^*(1-x_B)}{p_A^* + (p_B^* - p_A^*)x_B} \tag{6-3-2a}$$

$$y_B = \frac{p_B}{p} = \frac{p_B^* x_B}{p_A^* + (p_B^* - p_A^*)x_B} \tag{6-3-2b}$$

　　即在 T 一定时，对应于一个液相组成 x_B 定有一个与之平衡的气相组成 y_B。若将气相组成也表示在同一张压力-组成图上，得到的 $p\text{-}y_B$ 关系曲线称为气相线，如图 6.3 所示。

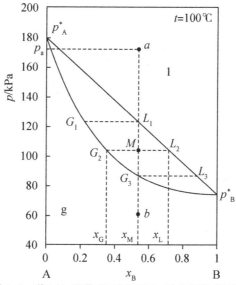

图 6.3　苯（A）-甲苯（B）系统压力-组成相图（计算）

　　对于苯（A）-甲苯（B）系统，由于 $p_B^* <p< p_A^*$ ，$y_B = \dfrac{p_B}{p} = \dfrac{p_B^* x_B}{p} <x_B$。甲苯相对苯而言饱和蒸气压小，是难挥发组分，也就是说难挥发组分在气相中的

组成 y_B 小于它在液相中的组成 x_B，而易挥发组分正好相反。此结论可以适用于多种不同类型的相图。

图 6.3 中右上方的直线是液相线，左下方的曲线是气相线。液相线以上的区域是液相区，气相线以下的区域是气相区，液相线与气相线之间的区域是气、液两相平衡共存区。在气相区或液相区内自由度为 2，描述一个单相系统的状态，需同时指定系统的压力和组成。在气-液平衡两相区自由度为 1，压力和气相组成、液相组成相互之间有着依赖关系，如果指定了某一个，则其他的强度性质也随之而定。

通过相图可以很直观地判断系统的状态如何随强度性质变化而改变。例如，在恒温下分析 A、B 二组分理想液态混合物系统的状态在减压过程中的变化。将总组成为 $x_B(M)$（为简化起见写作 x_M）的 A、B 混合物装入一个带有活塞的导热气缸中，然后将该气缸置于 $100\ ℃$ 的恒温槽中保持系统恒温。设开始时系统压力为 p_a，则系统的状态点的横坐标为 x_M，纵坐标为 p_a，对应相图 6.3 中的 a 点。a 点位于液相区内，所以体系为单相，只有一个液相。将压力缓慢降低，此时由于整个系统密封，则系统的组成不变，而状态的压力下降，所以系统的组成点沿恒组成线 ab 垂直向下移动，在压力下降到 L_1 点之前一直是单一的液相。到达 L_1 点后，液相就开始蒸发，最初形成的蒸气相的组成由系统的压力决定。可通过 L_1 点作一水平线与气相线相交，交点为图中的 G_1 点，所以最初形成的蒸气相的组成为 G_1 点所示。系统存在两相后，$F=1$，系统的压力可以继续下降，系统进入气-液平衡两相区，但此时气相和液相的组成不再是独立变量。所以，液相状态沿液相线向右下方移动时，与之平衡的气相状态则相应地沿气相线向右下方移动。比如系统减压到 M 点时，过 M 点作一水平线，与液相线相交的点为 L_2 点，此时液相的组成为 x_L；与气相相交的点为 G_2 点，此时液相的组成为 x_G，L_2 点和 G_2 点都称为相点，可以分别表示压力为 M 时的液相和气相的状态。两相平衡共存时两个相点间的连接线，如 L_2G_2 线，称为结线。当压力继续降低，系统点到达 G_3 点，此时液相完全蒸发为蒸气，最后消失的一滴液相的状态点也由压力决定，如图中的 L_3 点。此后系统进入气相区，自 G_3 点至 b 点的过程为气相减压过程。

由上面的分析可以看出，二组分系统相图中的曲线与单组分相图中的曲线不同，如上述的液相线和气相线，为边界线，曲线上的点是新相刚要产生或旧相刚要消失时的边界点，没有系统两相平衡共存状态的含义。

当系统点由 L_1 点变化到 G_3 点的整个过程中，系统内部始终有气、液两相共存，但压力下降时，平衡两相的组成和两相的相对数量均随之而改变。平衡时气、液两相的相对数量可依据杠杆规则计算。

6.3.2　杠杆规则

以系统点处于两相区中的 M 点(总组成为 x_M)为例。从图中可以看出 B 组分在气、液两相的组成分别为 x_G 和 x_L,设平衡共存时气、液两相物质的量分别为 n_G 和 n_L,得:

$$x_M(n_L+n_G)=n_G x_G+n_L x_L$$

整理得:

$$n_L(x_M-x_L)=n_G(x_G-x_M)$$

$$n_L \overline{L_2 M}=n_G \overline{MG_2} \tag{6-3-3}$$

上述关系称为杠杆规则。结线 $G_2 M L_2$ 相当于一个以系统点 M 为支点的杠杆。两相点 G_2 和 L_2 为力作用点,分别悬挂着 n_G 和 n_L 的重物。

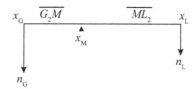

杠杆规则通过物料衡算得出,普遍应用于各种两相共存区。

杠杆规则中的摩尔分数也可以用质量分数代替,此时式(6-3-3)中各相物质的量也应改为相应相的质量。

6.3.3　温度-组成图

在恒压下,描述气-液两相平衡时温度与组成关系的相图,称为温度-组成图(T-x 图)。对理想液态混合物,若已知两个纯液体在不同温度下蒸气压的数据,可通过拉乌尔定律和道尔顿分压定律计算获得其温度-组成图。大多数的 T-x_B 图是通过实验测得温度 T 时气-液平衡气相和液相的组成直接绘制。

图 6.4 是压力为 101.325 kPa 下的苯(A)-甲苯(B)的温度-组成图。

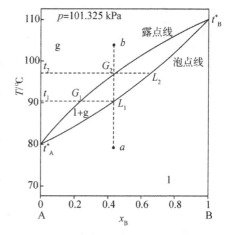

图 6.4　苯(A)-甲苯(B)系统的温度-组成图

与 p-x_B 图相似,在 T-x_B 图中也有两条曲线,不同的是气相线在液相线的左上方。这是因为难挥发组分甲苯在液相中的浓度比它在气相中的浓度高。两条线相交于纯 A 和纯 B 的沸点 t_A^* 和 t_B^*。液相线以下的区域温度较低为液相区,气相线以上的区域温度高为气相区。液相线与气相线之间的区域为气-液平衡共存区。

通过 T-x_B 图也可以很直观地判断,在恒压下系统的状态如何随温度的变化而改变。将状态为 a 的液态混合物放置在带活塞的密闭容器中或者通过回流冷凝管回流以保持系统的组成恒定,然后将该液态混合物恒压升温,达到液相线上的 L_1 点对应的温度为 t_1,液相开始起泡沸腾,t_1 称为该液相的泡点,也是沸点。液相线表示了液相组成与泡点的关系,所以也叫泡点线,也称为沸点线。过 L_1 作水平线交气相线为 G_1 点。液相组成等于系统组成,液相力臂为零,根据杠杆规则,此时系统完全为液相。继续加热,两相共存,自由度 $F=1$,所以加热时沸点会继续上升,这与单组分系统在恒压下加热沸点恒定是不一样的。体系温度升高,液相组成顺着液相线逐渐向右上方 L_2 移动,而气相组成顺着气相线向右上方 G_2 移动。在移动的过程中,液相组成和系统组成差值加大,所以液相力臂增长,液相量减少,而气相组成越来越接近系统的组成,气相力臂变短,所以气相量逐渐增加。当温度增加到 G_2 点所对应的温度为 t_2 时,气相组成等于系统组成,气相力臂为零,系统全部为气相,表示液体蒸发完毕。继续加热为气体的加热过程。

若将状态为 b 的蒸气恒压降温,到达气相线上的 G_2 点对应的温度为 t_2 时,气相开始凝结出露珠似的液滴,t_2 称为该气相的露点。气相线表示了气相组成与露点的关系,所以也叫露点线。

6.4　二组分真实液态混合物的气-液平衡相图

大部分真实液态完全互溶系统其两相平衡时的饱和蒸气压对拉乌尔定律会产生偏差。若系统中某组分的蒸气压大于按拉乌尔定律计算值,则称为正偏差,反之则称为负偏差。一般真实液态混合物中两种组分或均为正偏差,或均为负偏差,在极少情况下会出现一个(或两个)组分在某一组成范围内为正偏差,而在另一组成范围内为负偏差现象。

真实液态混合物的相图包括压力-组成图(即 p-x 图)及温度-组成图(即 T-x 图)。

6.4.1 压力-组成图

真实液态混合物的气-液平衡相图分为两种类型：①混合物任意组成下系统的蒸气总压 p 处于同温度下的两纯组分的饱和蒸气压 p_A^* 和 p_B^* 之间；②在某一组成范围内 p 大于 A、B 中易挥发组分的饱和蒸气压，出现极大值，或 p 小于 A、B 中难挥发组分的饱和蒸气压，出现极小值。

第一种类型：

$$p_{难挥发}^* < p < p_{易挥发}^* (0 < x < 1) \begin{cases} p > p_{理想} & 一般正偏差 \\ p < p_{理想} & 一般负偏差 \end{cases}$$

式中 $p_{理想}$ 为假设混合物为理想的，按照拉乌尔定律计算得到系统的蒸气压。

图 6.5(a)、6.5(b) 分别为苯(A)-丙酮(B)、氯仿(A)-乙醚(B)中系统蒸气总压，A、B 组分分压与组成 x_B 的关系图，图中实线为实验结果，虚线为使用拉乌尔定律计算得到的 p、p_A 及 p_B 对组成的关系曲线。

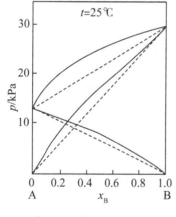 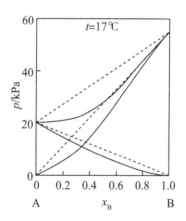

(a) 苯(A)-丙酮(B)，一般正偏差 　　(b) 氯仿(A)-乙醚(B)，一般负偏差

图 6.5　蒸气压与液相组成的关系(一般偏差系统)

从图中可以看出，苯-丙酮为一般正偏差系统，而氯仿-乙醚则为一般负偏差系统。

第二种类型：

$$\begin{cases} p_{最大} > p_{易挥发}^* & 最大正偏差 \\ p_{最小} < p_{难挥发}^* & 最大负偏差 \end{cases}$$

在组成范围内蒸气总压 p 比使用拉乌尔定律计算的蒸气总压 $p_{理想}$ 大，且其最大值大于易挥发组分的饱和蒸气压，如图 6.6(a) 所示的甲醇(A)-氯仿(B)系统,系统蒸气压 p 的最大值大于易挥发组分氯仿的饱和蒸气压,该系统为最大正偏差系统。而氯仿(A)-丙酮(B)系统蒸气压 p 的最小值小于难挥发组分氯仿的饱和蒸气压[图 6.6(b)],该系统为最大负偏差系统。

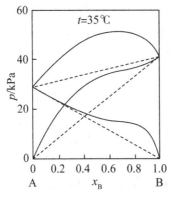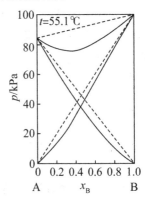

(a)甲醇(A)-氯仿(B),最大正偏差　　(b)氯仿(A)-丙酮(B),最大负偏差

图 6.6　蒸气压与液相组成的关系(最大偏差系统)

　　真实液态混合物的不同分子之间的作用力与同种分子之间的作用力存在差别。如果两种组分 A 和 B 分子间的吸引力大于 A 和 A 及 B 和 B 分子间的吸引力,当形成液态混合物后,液体分子受到更大的吸收力,难以蒸发,饱和蒸气压小于各纯组分的饱和蒸气压,就产生负偏差;另外如果形成混合物后,两种不同组分分子间能结合成缔合物,体积就会缩小($\Delta_{mix}V<0$),系统中的分子数减少也会产生负偏差。氯仿和丙酮体系就是产生负偏差的例子。具有负偏差的两纯液体在形成液态混合物时,结合作用力比拆开原纯组分中分子之间的吸引力大,放热多,所以总的结果常有放热($\Delta_{mix}H<0$)现象发生。正偏差则与之相反。

　　一般正偏差和一般负偏差系统的压力-组成图与理想系统的相图之间的差别在于液相线略向上凸或下凹,而不是直线。

　　甲醇-氯仿是最大正偏差系统,如图 6.7(a)所示。该系统的压力-组成图的特点存在一个最高点,气相线和液相线在最高点相切。该点将气、液两相区分成左、右两部分。在左侧,易挥发组分在气相中的浓度比液相大;在右侧,易挥发组分在气相中的浓度比液相小。

　　氯仿-丙酮系统是最大负偏差,如图 6.7(b)所示。这类系统的特点是液相线和气相线在最低点处相切。氯仿-丙酮系统中,氯仿比丙酮的挥发性小。最低点右侧,两相平衡时丙酮在气相中的含量大于它在液相中的含量;在左侧,丙酮在气相中的含量小于它在液相中的含量。

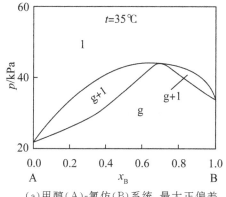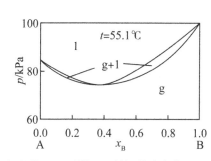

(a)甲醇(A)-氯仿(B)系统,最大正偏差　　(b)氯仿(A)-丙酮(B)系统,最大负偏差

图 6.7　压力-组成相图(最大偏差系统)

以上两类最大偏差系统的这些现象可以用柯诺瓦洛夫-吉布斯(Konovalov-Gibbs)定律说明:

(1)假如在二组分液态混合物中增加某组分后,体系的蒸气总压上升(或在一定压力下液体的沸点下降),则该组分在气相中的浓度大于它在平衡液相中的浓度;

(2)在压力-组成图(或温度-组成图)中的最高点或最低点上,液相和气相的组成相同;

(3)对于恒压相平衡,共存气、液两相的组成以相同的方式随温度变化(增加或降低)。

这是柯诺瓦洛夫在大量实验的基础上总结出来的,后来吉布斯也从理论上证明得出,故称柯诺瓦洛夫-吉布斯定律。

6.4.2　温度-组成图

恒压下的温度-组成图可以通过实验测定一系列不同组成液体的沸腾温度及其对应的气、液两相的组成绘制。

一般正偏差或一般负偏差系统的温度-组成图与图 6.4 相似。

甲醇-氯仿系统和氯仿-丙酮系统的温度-组成图见图 6.8。

最大正偏差系统在温度-组成图上存在最低点。在恒压下沸腾时,如果系统的组成与最低点的组成相同,则液相与蒸气相的组成始终保持相同,$x_B = y_B$,系统的组分数变成 1,此时系统的自由度 $F = C - P + 1 = 1 - 2 + 1 = 0$,故沸腾时温度能保持不变,所以把该温度称为恒沸点。这一温度是最大正偏差系统沸腾的最低温度,故称之为最低恒沸点,具有该组成的混合物称为恒沸混合物。同样的,最大负偏差系统的温度-组成图上会出现最高点,该点所对应的温度则称为最高恒沸点,具有该点组成的混合物亦称为恒沸混合物。具有最低恒沸点的系统相当常见,而最高恒沸点混合物则较为少见。

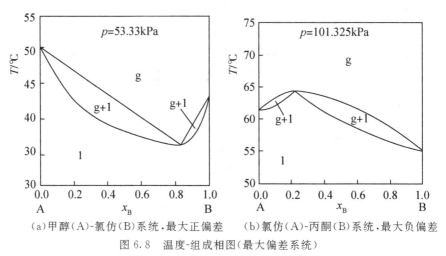

　　(a)甲醇(A)-氯仿(B)系统,最大正偏差　　(b)氯仿(A)-丙酮(B)系统,最大负偏差

图 6.8　温度-组成相图(最大偏差系统)

　　恒沸混合物与化合物不同。化合物在不同的压力下加热沸腾时,沸点会发生改变,但元素之间的组成不变。而恒沸混合物的组成由压力决定,压力一定,恒沸混合物的组成一定,压力改变,恒沸混合物的组成也随之改变,甚至恒沸点可以消失。例如,水-乙醇系统在不同压力下的恒沸组成(p/kPa,$w_{H_2O}/\%$)为:
(12.65,0.5),(26.66,2.7),(101.31,4.4),(199.95,4.87)。

6.5　精馏原理

　　精馏是将液态混合物同时经多次部分汽化和部分冷凝而使之分离的操作。

　　设混合物的沸点介于两纯物质之间,如图 6.9 所示,其中 A 沸点较高,为难挥发组分,B 沸点低,为易挥发组分。在恒压下,加入组成为 x 的混合物 A-B 系统。首先将混合液加热至温度 t_4(点 O),到达平衡后,部分气化成气相,组成为 y_4,剩余液相组成为 x_4。可以看出剩余液相中含难挥发组分 A 较原溶液增多。气液分离,加热所得液相,使温度升高至 t_5,气液两相平衡,得到新液相组成又增加至 x_5,反复继续以上步骤,液相组成会沿着液相线往左上角方向移动,最后所得液体为纯的难挥发组分 A。将 O 点平衡时得到组成为 y_4 的气相冷却至温度为 t_3,平衡时得到组成为 x_3 的新液相和组成为 y_3 的新气相,该气相中含易挥发组分 B 较原溶液增多。将该气相继续冷却至 t_2,则又有部分冷凝,所得气相组成为 y_2,易挥发组分 B 含量又有增高。若继续以上步骤,气相组成会沿着气相线往右下角方向移动,最后所得气体为纯的易挥发组分 B。

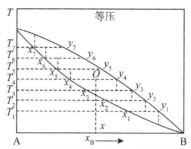

图 6.9 说明精馏原理的二组分系统的温度-组成图

事实上,精馏过程中每步平衡产生的气体和液体都可以再继续汽化和冷凝而完全分离。

如果二组分系统相图具有最低恒沸点或最高恒沸点,可以从恒沸点将其分成左、右两个相图。在精馏过程中,当汽化或冷凝生成恒沸混合物后,恒沸混合物相变时其气相组成与液相组成相同,所以部分汽化或部分液化得到的气体或液体与原混合物的组成相同,这样无论对系统怎么重复汽化、冷凝步骤也无法进行分离。因此在恒压下具有恒沸点的二组分液态混合物经过精馏后不能同时得到两个纯组分,而只能得到一个纯组分和恒沸混合物。为了得到另一个纯组分,一般处理的方法有改变精馏压力使恒沸混合物被破坏、加入其他物质与某一组分反应、加入挟带剂进行恒沸精馏、膜分离等。

[**例 6-4**] 在标准压力和不同温度下,乙醇和环己烷系统的溶液组成和平衡蒸气组成有下列数据(摩尔分数):

$t/℃$	79.7	70.9	66.5	64.0	64.1	64.5	66.3	70.5	74.3	77.2
x(乙醇,l)	0.00	0.0107	0.0507	0.1983	0.4274	0.5603	0.7520	0.9036	0.9588	1.00
y(乙醇,g)	0.00	0.1758	0.2557	0.2940	0.3113	0.3362	0.4087	0.5687	0.8003	1.00

(1)画出此物系的沸点-组成图。

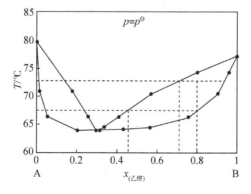

例 6.4 图 环己烷(A)-乙醇(B)沸点-组成图

（2）将 4 mol 乙醇与 1 mol 环己烷的混合液蒸馏，当溶液沸点上升到 73 ℃时，试问整个馏出物的组成约为若干？

（3）将（2）中所给溶液进行完全分馏，能得何物？

解 （1）T-x 图如上所示。

（2）从图中可以看出，$x=0.8$ 的溶液升温至 68 ℃ 开始沸腾，馏出物 $y=0.45$，至 73 ℃ 时，馏出物 $y=0.71$，故整个组成约为：$(0.45+0.71)/2=0.58$。

视频 6.4

（3）完全分馏得纯乙醇和恒沸混合物。

6.6 二组分液态部分互溶及完全不互溶系统的气-液平衡相图

6.6.1 部分互溶液体的相互溶解度

当两液体性质相差较大时，它们会相互部分溶解。在一定温度下，当一种液体相对量很少而另一种很多时，能够完全溶解成单相。而在其他浓度范围内，系统会分层而出现两个液相共存。

在恒压下，两个液相共存时，自由度 $F=2-2+1=1$。即温度确定时，两个溶液的组成也可以确定，这两个溶液均为饱和溶液，但其组成并不相同，称为共轭溶液。部分互溶的双液系的温度-组成图可以通过改变温度后测定不同温度时两个液相的组成绘制，得到两条溶解度曲线。施加足够大的外压使在所讨论的温度范围内不出现气相。例如图 6.10 所示的水-苯酚系统的温度-组成图。

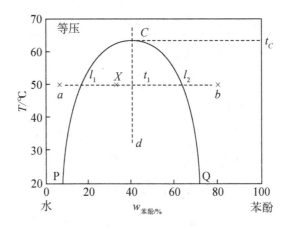

图 6.10　水（A）-苯酚（B）系统的溶解度图

从图 6.10 中可以看出,图中有一帽形区 PCQ。PC 为苯酚在水中的溶解度曲线,CQ 为水在苯酚中的溶解度曲线。溶解度曲线以外为单一液相区,曲线以内为两液平衡区。平衡时的两液相的相点是温度水平线与该帽形线的两个交点。例如在温度为 T_1 时,两液相平衡时的组成分别是 l_1 和 l_2。保持定温 $T = T_1$ 条件下,将少量苯酚加到水中,系统的物系点沿 ab 线从左到右变化。刚开始时加入少量苯酚,可完全溶解,此时得到的是苯酚在水中的不饱和溶液。继续加入苯酚,物系点到 l_1 时,苯酚在水中刚好饱和,得到苯酚在水中的饱和溶液,简称液相 l_1。如果再加入苯酚,系统就会出现一个新的水在苯酚中的饱和溶液,简称液相 l_2。液相 l_1 和液相 l_2 平衡共存,称为共轭溶液。只要物系点的组成落在 $l_1 l_2$ 之间,共存两相总是 l_1 和 l_2。但随着苯酚的加入,物系点从 l_1 和 l_2 移动,l_1 与物系点的距离拉长,而 l_2 越来越接近物系点,根据杠杆规则,液相 l_1 相的量逐渐减少,而液相 l_2 相的量逐渐增加。当物系点到达 l_2 时,l_1 液相刚好消失,只剩下苯酚层。继续加入苯酚,系统成为水在苯酚中的不饱和溶液,如 b 点。

当系统点为 d 点时,保持系统组成不变,把温度逐渐升高。在加热过程中,苯酚和水相互之间的溶解度逐渐增加,共轭溶液的组成逐渐接近。共轭溶液的两个相点分别沿各自的溶解度曲线改变,这两个液层的相对量也根据杠杆规则而改变。温度升高到 C 点时,两相的组成完全相同,此时两液相间的界面消失而成为一个均匀的液相。C 点是溶解度曲线 PCQ 的极大点,C 点称为高临界会溶点或高会溶点。对应于 C 点的温度 T_C 称为高临界会溶温度或高会溶温度。温度超过 T_C 时,无论苯酚和水按什么比例均可互溶,成单一液相。

系统组成小于 C 点时,在加热过程中,水相组成更接近系统组成,苯酚层先消失;系统组成大于 C 点时,在加热过程中,水层先消失。

具有高会溶点的系统还有水-苯胺、正己烷-苯胺、甲醇-二硫化碳等系统。

水-三乙基胺系统中两液体的相互溶解度随温度增加反而降低,如图 6.11(a)所示,在 18.6 ℃ 以下两液体能以任意比例完全互溶,但在 18.6 ℃ 以上却只能部分互溶,得到两个共轭溶液。18.6 ℃ 是这两个液体的会溶温度,称为低临界会溶温度或低会溶温度。水-烟碱系统具有两个会溶温度,如图 6.11(b),两液体在 61 ℃ 以下完全互溶,在 210 ℃ 以上也完全互溶,但在这两个温度之间却部分互溶。这样的系统具有封闭式的溶解度曲线,有两个会溶点:高会溶点和低会溶点。

苯-硫系统的低会溶点位于高会溶点的上方,如图 6.12 所示,在 163 ℃ 以下部分互溶,在 230 ℃ 以上也部分互溶,但在这两个温度之间却完全互溶。

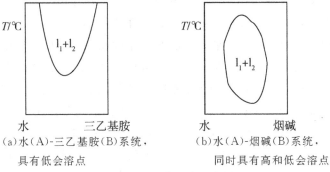

(a)水(A)-三乙基胺(B)系统,   (b)水(A)-烟碱(B)系统,

具有低会溶点   同时具有高和低会溶点

图 6.11　液-液相互溶解度示意图

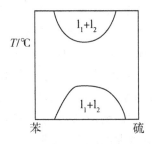

图 6.12　苯(A)-硫(B)系统相互溶解度示意图

6.6.2　部分互溶系统的温度-组成图

恒压 101.325 kPa 下的水-正丁醇系统温度-组成图如图 6.13 所示。当把水-正丁醇共轭溶液加热到一定温度时,溶液的饱和蒸气压正好等于外压,系统中有气相生成。自由度为 $F=2-3+1=0$,系统无独立变量。此时系统的温度、气相、两液相的组成都是确定值。很明显生成的气相组成位于在两液相组成之间。

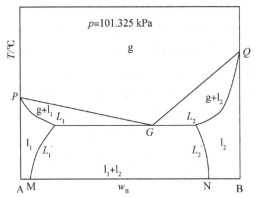

图 6.13　水(A)-正丁醇(B)系统的温度-组成图

图中 P、Q 两点分别为水和正丁醇在 $101.325\ kPa$ 下的沸点，L_1，L_2 和 G 点分别为三相平衡时正丁醇在水中的饱和溶液、水在正丁醇中的饱和溶液和饱和蒸汽 3 个相点。L_1M 线和 L_2N 线为正丁醇和水的相互溶解度曲线。PL_1 线表示正丁醇溶于水所形成溶液的沸点与其组成的关系，PG 线为与 PL_1 线相对应的气相线；QL_2 线表示水溶于正丁醇所形成溶液的沸点与其组成的关系，QG 线为与 QL_2 线相对应的气相线。

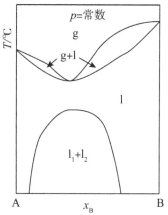

图 6.14　水（A）-正丁醇（B）类型系统的泡点高于会溶温度时的温度-组成图（高压）

各相区的意义可从图 6.13 中获得。PGQ 以上为单一气相区，PL_1M 左侧为正丁醇在水中的溶液（l_1）单相区，QL_2N 右侧为水在正丁醇中的溶液（l_2）单相区，PL_1GP 内为气-液（l_1）两相区，QL_2GQ 内为气-液（l_2）两相区，ML_1L_2N 以下为液（l_1）-液（l_2）两相区。

若压力增大，两液体的沸点及共沸温度均升高，相当于图 6.13 的上半部向上适当移动。若压力足够大，其泡点均高于会溶温度，这时系统相图分为两部分，下半部分为液体的相互溶解度图，上半部分为具有最低恒沸点的气-液平衡相图，如图 6.14 所示。因为压力对液-液平衡的影响很小，故在压力改变时，液体的相互溶解度曲线改变不大。

视频 6.5

6.6.3　完全不互溶系统的温度-组成图

严格说来，两种液体是不会完全不互溶的。只是当两种液体的性质相差极大时，它们之间的相互溶解度非常之小，可以忽略不计，这两种液体才被近似认为完全不互溶。例如水和 CCl_4、水和 CS_2 等系统就属于这一类。

一定温度下，在完全不互溶体系中，每种液体 A、B 的饱和蒸气压等于其纯态的饱和蒸气压 p_A^*，p_B^*，系统的蒸气压应为这两种纯液体饱和蒸气压之和，即 $p = p_A^* + p_B^*$（图 6.15a）。混合系统的蒸气压大于任一种纯液体的饱和蒸气压。当在某温度下 p 等于外压，则两液体同时沸腾，这一温度称为共沸点。因为任一种纯液体的饱和蒸气压小于混合系统的蒸气压，所以在同样外压下，两纯液体各自的沸点会高于两液体的共沸点。

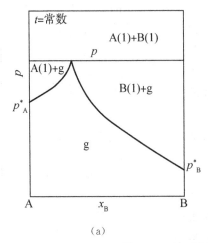
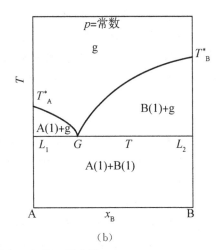

(a)　　　　　　　　　　　　　(b)

图 6.15　不互溶系统的 p-x 和 T-x 示意图

完全不互溶系统的温度-组成图如图 6.15(b)所示。当压力不变时,系统点如果位于 L_1GL_2 线(不含两端的 L_1、L_2 点),此时体系为液体 A(L_1)、液体 B(L_2)及气相(G)三相平衡,$F=2-3+1=0$,自由度为零,所以体系的气相组成、两个液相组成和共沸点均为定值。不论系统总组成如何,只要这三相共存,平衡时的温度及三相的组成即不变。气相组成可以根据分压定律计算。

$$y_B = \frac{p_B^*}{p} = \frac{p_B^*}{p_A^* + p_B^*}$$

L_1L_2 线称为三相线,L_1 点、L_2 点为平衡时两液相点,G 点为气相点。在共沸点,两液相受热转变为气相时:

$$A(1) + B(1) \underset{冷却}{\overset{加热}{\rightleftharpoons}} g$$

在三相线也存在杠杆规则,其内容为液体 A 和液体 B 的物质的量按线段 GL_2 和线段 L_1G 之比转变成气相。如果系统组成位于图中 G 点所对应组成的左侧,系统加热时由于液体 A 的量较多、液体 B 的量较少,故是液体 B 先行消失而形成液体 A 与气相两相平衡。因 $F=2-2+1=1$,故体系温度可以改变,气相组成和温度相关。在 g+A(1)两相区内,气相中 A 的蒸气与 A(1)两相平衡,A 的蒸气是饱和的,而 B 的蒸气是不饱和的。

6.6.4　水蒸气蒸馏

由于共沸点低于每一种纯液体沸点,可以把不溶于水的高沸点的液体和水一起蒸馏,使两液体在略低于水的沸点下共沸。馏出物经冷却得到该液体和水,而两者不互溶,所以很容易分开,这种方法称为水蒸气蒸馏。水蒸气蒸馏适合于高沸点或者性质不稳定的有机化合物。

当完全不互溶物沸腾时,两种组分的蒸气压分别是 p_A^* 和 p_B^*。根据道尔顿分压定律,气相中两种物质的分压之比等于其物质的量之比:

$$\frac{p_A^*}{p_B^*} = \frac{n_A}{n_B} = \frac{m_A/M_A}{m_B/M_B} = \frac{m_A M_B}{m_B M_A}$$

得到馏出物中 A、B 两种液体的质量比:

$$\frac{m_A}{m_B} = \frac{p_A^* M_A}{p_B^* M_B}$$

上式中,m_B 为纯馏出物的质量,M_B 为其摩尔质量。如果 A 为水而 B 为有机物,可将上式改为:

$$\frac{m_{H_2O}}{m_B} = \frac{p_{H_2O}^* M_{H_2O}}{p_B^* M_B}$$

由上式可以看出,有机物的摩尔质量越大,饱和蒸气压越高,水蒸气蒸馏的效率越高。

将上式变形,也可以得:

$$M_B = M_{H_2O} \frac{p_{H_2O}^* m_B}{p_B^* m_{H_2O}}$$

通过测量平衡时的有机物和水的质量可以测得有机物的摩尔质量。

[**例 6-5**] 某有机液体用蒸气蒸馏时,在标准压力下,90 ℃沸腾。馏出物中水的质量分数为 0.240。已知 90 ℃时水的饱和蒸气压力为 7.01×10^4 Pa,试求此有机液体的摩尔质量。

解 设馏出物有 100 g,水的质量 24.0 g,有机物的质量 76.0 g,
$p_{H_2O}^* = 7.01 \times 10^4$ Pa,$p_B^* = p^\ominus - 7.01 \times 10^4$ Pa $= 3.12 \times 10^4$ Pa,$M_{H_2O} = 18$ g·mol^{-1},根据

$$\frac{m_{H_2O}}{m_B} = \frac{p_{H_2O}^* M_{H_2O}}{p_B^* M_B}$$

将数据代入,得:

$$M_B = \frac{7.01 \times 10^4 \times 18 \times 76}{3.12 \times 10^4 \times 24}$$

$$M_B = 128.0 (\text{g·mol}^{-1})$$

视频 6.6

6.7 二组分固态不互溶系统液-固平衡相图

如果平衡系统中没有气相存在,压力对仅由液相和固相构成的

凝聚系统的相平衡关系影响很小,通常不予考虑。因此,实验时通常在大气中测定即可,不需注明压力。讨论这类相图时使用的相律形式为 $F=C-P+1$。

与二组分气-液相图相比,二组分凝聚系统相图类型多且均较复杂。但不论相图如何复杂,都是由若干基本类型的相图构成的。只要掌握了基本类型相图的知识,就能看懂复杂相图。基本类型的二组分凝聚系统相图包括液态完全互溶、固态完全不互溶、固态完全互溶或部分互溶系统相图,以及生成化合物系统相图等。

本节首先介绍一种简单低共熔混合物的固-液系统相图,其特点为液态能完全互溶、固态完全不互溶。

6.7.1 相图的分析

图 6.16 所示为简单低共熔混合物的二组分液-固平衡相图。

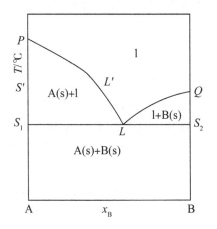

图 6.16   二组分固态不互溶系统相图

图中 P 点为组分 A 的凝固点,Q 点为组分 B 的凝固点。PL 线表示 A(s) 的析出温度(凝固点)与液相组成的关系,此时有 A(s) 和液相两相共存,自由度 $F=2-2+1=1$,则凝固点是液相组成的函数,所以可以将 PL 线理解为 A(s) 的溶解度曲线。根据依数性,仅析出固体纯溶剂的理想稀溶液凝固点会降低。从图中也可以看出,A 的凝固点由于 B 组分的加入逐渐下降,PL 线又称为 A 的凝固点降低曲线。同理,QL 线为 B(s) 的溶解度曲线,或 B 的凝固点降低曲线。PL 线、QL 线以上的区域是液相区,自由度 $F=2$。

L 点为 PL 线和 QL 线的交点,状态为 L 的液相、A(s) 和 B(s) 同时达到平衡,此时三相共存,线段 S_1LS_2 称为三相线。根据相律 $F=2-3+1=0$,系统为无独立变量,在冷却时该液相按溶液组成同时析出 A(s) 和 B(s):

$$l \underset{\text{加热}}{\overset{\text{冷却}}{\rightleftharpoons}} A(s) + B(s)$$

三相共存时温度和每个相的组成都保持不变。只有液相完全凝固,温度才可以继续下降,该温度是液相能够存在的最低温度,同时也是固相 A 和固相 B 能够同时熔化的最低温度,此温度称为最低共熔点。该液相析出的固相 A 和固相 B 的两相固体混合物被称为低共熔混合物。

PLS_1 区域是 A(s)和液相的两相平衡区,QLS_2 区域是 B(s)和液相的两相平衡区,S_1LS_2 线以下是 A(s)和 B(s)的平衡两相区。根据相律,这 3 个两相区内的自由度 $F=2-2+1=1$,只有一个独立变量。

固态完全不互溶的系统有铋-镉、锗-锑、水-氯化铵、水-硫酸铵等。

简单低共熔系统相图可以通过热分析法和溶解度法绘制。

6.7.2　热分析法

热分析法是绘制相图常用的基本方法。其原理是根据样品在加热或冷却过程中,温度随时间的变化关系来判断被测样品是否发生相变化。通常的做法是先将样品(6)加入到如图 6.17 所示热分析法装置中的陶瓷管(5)中,采用调压器(1)调节电炉(7)的电压加热样品成液态,然后撤去加热装置,令其缓慢而均匀地冷却,用装在不锈钢管(4)中的热电偶(3)测量样品温度,并用电子温度显示器(2)记录冷却过程中系统在不同时刻的温度数据,再以温度为纵坐标,时间为横坐标,绘制成温度-时间曲线,即得到冷却曲线(或称为步冷曲线)。

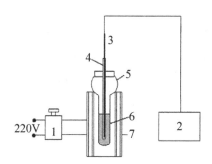

1.调压器　2.电子温度显示器　3.热电偶　4.不锈钢管　5.陶瓷管　6.试样　7.电炉

图 6.17　热分析法装置

由若干条组成不同的系统的冷却曲线就可以绘制出相图。对于简单的低共熔二元系,当均匀冷却时,如无相变化其温度将连续均匀下降,得到一条平滑的曲线。在冷却过程中如果发生了相变,就会放出相变热,使体系热损失有所抵偿,冷却曲线就会出现转折或水平线段,转折点或水平线段所对应的温度,即为该组成样品的相变温度。

以 Zn-Sn 系统为例,简单介绍如何用步冷曲线法绘制相图。配制含 Sn 的质量分数分别为 0、0.30、0.912、0.95 和 1 的 5 个样品,编号为①②③④⑤。各样品的步冷曲线如图 6.18(a)所示。

图 6.18(a)中第①和第⑤号样品分别是纯 Zn 和纯 Sn,其组分数 $C=1$,定压下相律表达式为 $F=C-P+1=2-P$。当样品完全熔化时,$P=1$,$F=2-1=1$,有一个独立变量,体系温度高于环境,所以温度可以均匀下降。该曲线上部出现平滑下降段。当温度刚降到凝固点时,有固相析出。因为新增加固相,$P=2$,$F=2-2=0$,所以系统无独立变量,温度有确定值(Zn 对应 A 平台温度:419.58 ℃,Sn 对应 G 平台温度:232 ℃)。也可以理解为凝固热恰好等于系统放给环境的热量,所以温度不变,步冷曲线上出现平台段。当凝固完全之后,$F=2-1=1$,有一个独立变量,系统又可均匀地降温,步冷曲线下部出现平滑段。可根据第①、第⑤两条步冷曲线上平台段所对应的温度,在图 6.18(b)温度-组成关系图中画出纯 Zn 及纯 Sn 的两相平衡点 A(419.58 ℃,0)及 G(232 ℃,1)。

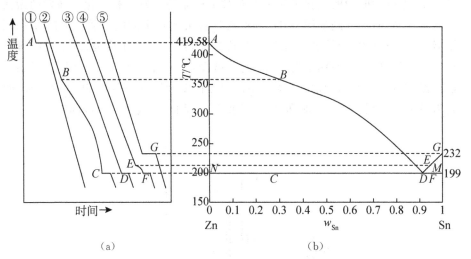

(a)   (b)

图 6.18 Zn-Sn 系统的步冷曲线与相图

第②及第④这两个样品的组分数 $C=2$,自由度 $F=2-P+1=3-P$。当系统完全熔融,$F=3-1=2$,有两个独立变量,系统可均匀降温,曲线最上端出现平滑段。当液体冷却到一定温度时,其中一种金属达到饱和并析出,系统液-固两相平衡共存。此时 $F=3-2=1$,仍有一个独立变量,温度仍可下降。但是,由于析出一种固体时系统会放出凝固热,虽不能完全但部分地补偿了体系放给环境的热,冷却速率下降,温度下降比上一段缓慢,因此在步冷曲线上出现了转折点,该转折点表示析出一种固体金属、开始呈现两相平衡时的温度。据此可在图 6.18(b)上找出固-液两相平衡点 B(358 ℃,0.3) 和 E(213 ℃,0.95)。当这两个样品系统继续降温到 199 ℃,有第二种纯金属固体开始析出,形成了三相共存的局面。在三相共存的全部过程中,$F=3-P=3-3=0$,温度为确定值,也就是析出 Zn 和 Sn 同时放出的凝固热刚好完全补偿了体系放给环境的热。因此体系温度不变,在步冷曲线上出现平台段,所对应的温度为 199 ℃,就是系统的最低共熔点。当熔融液全部凝固之后,系统中只有两个纯物质固相时,又有了一个自由度,又可均匀降温。出现第②及第④样品步冷曲线下端平滑段,在图 6.18(b)温度-组成关系图中画出第②及第④样品的平台温度及其组成坐标点 C(199 ℃,0.3) 及 F(199 ℃,0.95)。

③号样品的组成正好等于最低共熔混合物的组成,所以在降温过程中不会一种金属比另一种金属早析出,而是达到低共熔点时,两种纯金属的细晶同时析出,形成最低共熔混合物。因此,第③条步冷曲线上没有斜率不同线段的折点,而只出现低共熔点温度时的平台段。在图 6.18(b)温度-组成关系图中画出第③样品的平台温度及其组成坐标点 D(199 ℃,0.912)。

重复多个不同的样品,可以按上述方法做出不同样品的步冷曲线平台、转折点,然后在系统的温度-组成图上找出相应的坐标点。用光滑的曲线将转折点坐标连接成线,得曲线 AD 及 DG,再将所有低共熔温度坐标连接成水平线,即得到简单的低共熔二元系的金属相图。

视频 6.7

6.7.3　溶解度法

在温度不高时不生成水合物的水-盐类系统比如 H_2O-$(NH_4)_2SO_4$ 系统常采用溶解度法绘制相图。

将 $(NH_4)_2SO_4$ 水溶液冷却,若其质量分数小于 39.75%,根据依数性,冰初始析出温度低于 0 ℃。溶液中盐的浓度越大时,初始析出冰的温度就越低。在相图中记录冰初始析出温度与其组成坐标点,连接后得到图 6.19 中的 LE 线,其为水的凝固点降低曲线。继续冷至 −18.50 ℃,则固体 $(NH_4)_2SO_4$ 与冰同时析出,−18.50 ℃ 是低共熔温度。当 $(NH_4)_2SO_4$ 质量分数大于 39.75% 时,冷却至一定温度时初始析出的是 $(NH_4)_2SO_4$,同样改变浓度并记录温度与溶液组成坐标点,连接后得到图 6.7.4 中的 ME 线,其为 $(NH_4)_2SO_4$ 的溶解度曲线。若继续冷至 −18.50 ℃,则冰与固体 $(NH_4)_2SO_4$ 同时析出,−18.50 ℃ 同样也是低共熔温度。若溶液中 $(NH_4)_2SO_4$ 的质量分数等于 39.75%(E 点组成),则不会一种固体比另一种固体早析出，而是达到 $-18.50\ ℃$ 时，两种固体同时析出。$-18.50\ ℃$ 是 $H_2O\text{-}(NH_4)_2SO_4$ 系统中液相和两个固体同时存在的温度，也是溶液能存在的最低温度，同样 E 点也是"最低共熔点"。所有低共熔温度坐标连接得到水平线 aEb。这样可绘出 $H_2O\text{-}(NH_4)_2SO_4$ 系统的相图，如图 6.19 所示。

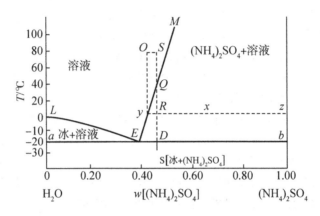

图 6.19 $H_2O\text{-}(NH_4)_2SO_4$ 系统相图

图中 L 点是纯水的凝固点，M 点是在压力 101.325kPa 下 $(NH_4)_2SO_4$ 饱和溶液能够存在的最高温度，因为固体 $(NH_4)_2SO_4$ 熔点超过饱和溶液的沸点，所以 EM 线不能延长到 $(NH_4)_2SO_4$ 熔点。其他各个相区的稳定相已于图中注明。

水-盐系统相图可应用于重结晶法分离提纯盐类。例如，根据图 6.19 将粗 $(NH_4)_2SO_4$ 盐精制。首先将粗盐加温至 $(NH_4)_2SO_4$ 盐完全溶解，得到的物系点要接近 EM 线，比如为 S，不溶性杂质先过滤除去，然后冷却至 Q 点会有纯 $(NH_4)_2SO_4$ 盐析出。继续降温至 R 点，为得到更多的纯 $(NH_4)_2SO_4$，R 点尽可能接近三相线，但要防止冰同时析出，恒温过滤，即可得到纯 $(NH_4)_2SO_4$ 晶体，滤液组成为 y 点。再将滤液升温至 O 点，恒温下补充粗盐，使物系点又到 S 点，滤去固体杂质，再冷却，如此重复，将粗盐精制成精盐。母液中的可溶性杂质经过多次处理后含量会升高，过一段时间需要处理，否则影响 $(NH_4)_2SO_4$ 晶体的纯度。

在化工生产和科学研究中常要用到低温浴，最低冷冻温度与水-盐系统的比例有关，配制比例合适的水-盐体系，才可以得到最优的冷冻温度。表 6.1 中列出一些常用的水-盐系统的最低共熔点。

表 6.1 某些盐和水的最低共熔点

盐	最低共熔点/℃	最低共熔点时盐的质量分数
NaCl	−21.1	0.233
NaBr	−28.0	0.403
NaI	−31.5	0.390
KCl	−10.7	0.197
KBr	−12.6	0.313
KI	−23.0	0.523
$(NH_4)_2SO_4$	−18.3	0.398
$MgSO_4$	−3.9	0.165
Na_2SO_4	−1.1	0.0384
KNO_3	−3.0	0.112
$CaCl_2$	−55	0.299
$FeCl_3$	−55	0.331

[**例 6-6**] H_2O-MA 的相图如右图所示。

(1)标出①、②、③相区及 B 点的相态及自由度;

相区	①	②	③	B
相态				
自由度				

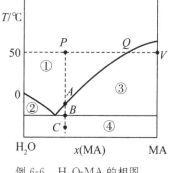

(2)若把组成为 P 的溶液,一直冷到完全固化,叙述其相变化;

(3)叙述组成为 P 的溶液,在 50 ℃时蒸发至干的相变化过程。

例 6-6 H_2O-MA 的相图

解 (1)

相区	①	②	③	B
相态	l	s(H_2O)+l	l+s(MA)	l+s(H_2O)+s(MA)
自由度	2	1	1	0

(2)若把组成为 P 的溶液一直冷却到完全固化,其相变过程为:当由 P 冷至 A 时析出 s(MA),由 A 至 B 段为 s(MA)与溶液两相平衡,到 B 为冰+s(MA)+溶液三相平衡,B 至 C 为冰和 s(MA)两相平衡。

(3)组成为 P 的溶液,在 50 ℃时等温蒸发,当浓度为 Q 时,出现 s(MA),Q～V 时为 s(MA)和溶液两相平衡,至 V 则完全成纯 s(MA)。

6.8 生成化合物的二组分凝聚系统相图

6.8.1 生成稳定化合物系统

所谓稳定化合物是指将固体化合物熔化后，其液相组成与固相组成相同，其熔点称为相合熔点。

以 CuCl(A)-FeCl$_3$(B)系统为例。此系统的液-固平衡相图如图 6.20 所示。这种相图的特点是只生成一种化合物，并且固相完全不互溶。

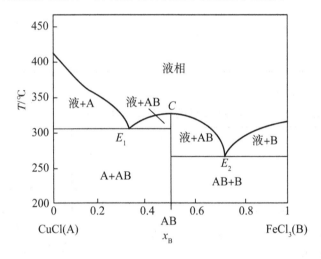

图 6.20 CuCl(A)-FeCl$_3$(B)系统相图

从图 6.20 可以看出，CuCl(A)与 FeCl$_3$(B)能生成稳定化合物 CuCl·FeCl$_3$(AB)。相图可看作是由两个简单低共熔点的相图拼合而成。AB 和 A 之间生成简单低共熔混合物 E_1，AB 和 B 之间有一简单低共熔混合物 E_2，在两个低共熔点 E_1 和 E_2 之间有一极大点 C。加热固体化合物 AB，可以发现其组成随着温度上升一直不变，最后在 C 点熔化成溶液，所以 AB 被称为稳定化合物。冷却时，其步冷曲线的形状与纯物质相同，温度到达 C 点时会出现一水平线段。其他不同浓度的步冷曲线形状与上节所述简单低共熔点的系统相同。

有时在两个纯组分之间形成不止一个稳定化合物，例如 H$_2$O-Mn(NO$_3$)$_2$ 系统的相图，如图 6.21 所示。

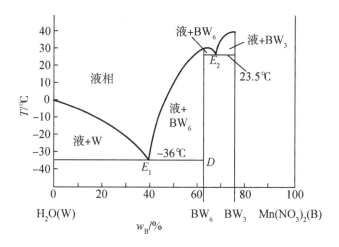

图 6.21　$H_2O-Mn(NO_3)_2$ 系统相图

利用这类相图,可以设计制备某种水合物时的步骤。例如由图 6.21 可以看出,要结晶得到 $Mn(NO_3)_2 \cdot 6H_2O(BW_6)$,$Mn(NO_3)_2$ 的水溶液浓度必须控制在 E_1[40.5% $Mn(NO_3)_2$]和 E_2[64.6% $Mn(NO_3)_2$]之间,溶液的浓度越接近于 D 点,则将此溶液冷却时所得六水合硝酸锰的结晶亦就越多;同理欲制备 $Mn(NO_3)_2 \cdot 3H_2O(BW_3)$,则溶液浓度必须大于 E_2 而小于 $Mn(NO_3)_2 \cdot 3H_2O$ 的组成。由图还可以看出如何控制冷却温度。例如,当溶液浓度稍小于 BW_6 时,可以将温度冷却至 -36 ℃;但当溶液浓度稍大于 BW_6 时,则温度一定要控制在 23.5 ℃以上,否则会得到 $Mn(NO_3)_2 \cdot 6H_2O$ 和 $Mn(NO_3)_2 \cdot 3H_2O$ 混合物。

一般地,两个物质生成 n 种稳定化合物的相图可看成是 $n+1$ 个简单低共熔混合物相图的组合图形。

6.8.2　生成不稳定化合物系统

有时两个组分 A 与 B 会生成不稳定化合物,将这种化合物加热到某一温度时,它分解成一组成与其不同的溶液和另一种固体物质。不稳定化合物没有自己的熔点,其分解反应称为转熔反应。发生转熔反应的温度称为转熔温度。

生成不稳定化合物系统中最简单的系统是两种物质 A 和 B 只生成一种不稳定化合物 C,且 C 与 A、C 与 B 在固态时均完全不互溶,例如 Na-K 相图如图 6.22 所示。

将固体化合物 Na_2K 加热,达到 G 点转熔温度时,化合物分解成固体 Na 和组成为 S 的溶液,即:

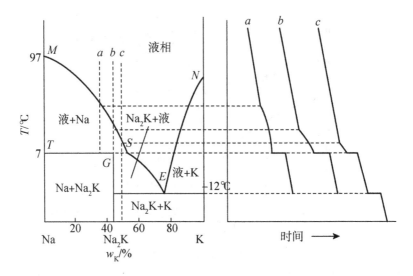

图 6.22　生成不稳定化合物系统的 K-Na 相图及冷却曲线

$$Na_2K(s) \rightleftharpoons Na(s) + l$$

转熔温度所处的 TGS 线也称为三相线,由 $Na(s)$,$Na_2K(s)$ 和组成为 S 的溶液三相共存,但组成为 S 的溶液在端点,而不是在中间。化合物 Na_2K 按杠杆规则分解生成固相 Na 与液相,即纯 Na 的量:液相量 $= \overline{GS} : \overline{TG}$。

图中 MS 线是溶液与固体 Na 的平衡线,SE 线是溶液和固体 Na_2K 的平衡线,EN 线是溶液与固体 K 的平衡线。E 是 Na_2K 和 K 的最低共熔点。S 点对应的温度被称为化合物的"不相合熔点"。由于 S 点是 MS 线和 SE 线的交点,所以 S 点所代表的溶液同时与 Na_2K 和 Na 成平衡。

图 6.22 右侧所示系统点为 a、b、c 的样品在冷却过程中的步冷曲线。

①溶液 a。溶液 a 在温度下降至 MS 曲线时,固体 Na 开始析出,步冷曲线出现转折点。当温度到达 7 ℃时,发生 $Na(s) + l \longrightarrow Na_2K(s)$,$F = 2 - 3 + 1 = 0$,温度不变,步冷曲线出现平台。当溶液 S 全部转化,Na 和 Na_2K 两相共存,$F = 1$,此时温度又可下降。

②溶液 b。由于溶液 b 的组成与 Na_2K 相同,所以溶液 b 的步冷曲线也会出现转折点,当温度到达 7 ℃时也会发生 $Na(s) + l \longrightarrow Na_2K(s)$ 的转化而三相平衡出现平台,但因为原料与转化比例相同,所以最后溶液消失时,只有 Na_2K 一种固体产物,平台线段也最长。

③溶液 c。溶液 c 冷却温度的步冷曲线的转折点和平台在 7 ℃前与溶液 a、b 相同。但发生 $Na(s) + l \longrightarrow Na_2K(s)$ 的转化时由于溶液 c 中所含 Na 的含量

小于 Na_2K 中 Na 的含量,转化到最后先消失的是固体 Na,此时 Na_2K 和溶液两相共存,$F=2-2+1=1$,温度才可以下降,然后溶液 S 持续析出固体 Na_2K,其组成沿 SE 线改变。当温度到达 $-12\ ℃$ 时,溶液相点到达 E 点,发生 $l \longrightarrow Na_2K(s)+K(s)$,$F=2-3+1=0$,温度不变,步冷曲线又出现平台。待所有 E 组成的溶液变成固体 Na_2K 和 K 后,温度才会继续下降。

视频 6.8

这一类系统的实例有:CaF_2-$CaCl_2$(生成不稳定化合物 $CaF_2 \cdot CaCl_2$),SiO_2-Al_2O_3(生成不稳定化合物 $2Al_2O_3 \cdot 2SiO_2$)等。

6.9 二组分固态互溶系统液-固平衡相图

两种物质形成的液态混合物冷却凝固得到是以分子、原子或离子形式相互均匀的固相,则此固相为固态混合物(固溶体)或固态溶液。二组分固态互溶系统包括固态完全互溶系统和固态部分互溶系统。

6.9.1 固态完全互溶系统

两个组分在固态和液态时能彼此按任意比例互溶,称为完全互溶固溶体。以 Sb-Bi 系统为例此系统的液-固平衡相图如图 6.23 所示。此图与二组分液态混合物在恒压下的气液平衡相图(图 6.4)具有相似的形状。这类相图的特点是固态混合物的熔点介于两纯组分的熔点之间。

图 6.23 中 F 线表示液态混合物冷却时凝出固相的凝固点曲线,也称为液相线;M 线表示固态混合物加热开始熔化的熔点曲线,也称为固相线。F 线以上的区域为液相区,M 线以下的区域为固相区,F 线和 M 线之间的区域为液相与固相两相平衡共存区。

图 6.23 的右侧图形是组成为 l 点的液态混合物的步冷曲线。将该液态混合物降温到温度 T 时,系统点到达液相线上的 A 点,析出固相组成 B 的固相。$F=2-2+1=1$,温度可以下降,但因为相变会放出凝固热,温度下降速度减缓,步冷曲线出现转折点。继续冷却,温度从 T 降到 T' 的过程中,不断有固相析出,液相点沿液相线自 A 点变至 A' 点,固相点相应地沿固相线由 B 点变至 B' 点。在 T' 温度下系统点与固相点重合为 B',液相消失,系统完全凝固,最后消失的一滴液相组成为 A'。

上述固-液平衡体系如果冷却过快,则会导致仅固相表面和液相平衡,固相内部来不及扩散均匀,在液相点由 A 变到 A' 的过程中,将析出一连串不同组成的固相层,从而出现固相变化滞后的现象,当温度冷却至 T' 以下,仍有部分液相

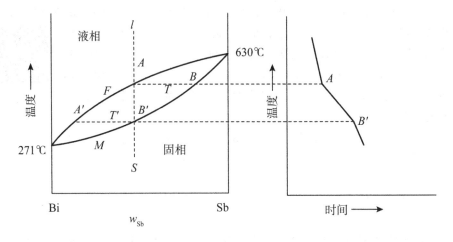

图 6.23　Sb-Bi 系统相图及冷却曲线

没有凝固。在制备合金时，如果冷却速度太快会因固相组成不均匀而造成合金性能上的缺陷。所以，为使液相和固相始终保持平衡，冷却速度要很慢。生产上为了使固相合金内部组成均匀一致，可将合金温度升高到接近于熔点，在此温度保持较长时间，让内部扩散达到组成均匀一致，然后缓慢冷却，这种方法称为"退火"。这是金属工件制造工艺中的重要工序。

属于这种类型的系统还有 Ag-Au，Cu-Pd 等。

当两种组分的粒子大小和晶体结构不完全相同时，它们的 T-x 图上会出现最低点或最高点，如图 6.24 所示。这两类相图分别与具有最低恒沸点和具有最高恒沸点的二组分系统气-液平衡的温度-组成图相似。

具有最低熔点的系统稍多，如 Cs-K，K-Rb 等。具有最高熔点的系统较少。

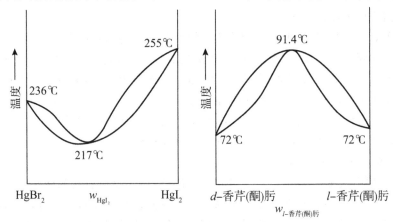

图 6.24　具有最低、最高熔点的二组分固态完全互溶系统的液-固相图

6.9.2　固态部分互溶系统

若两个组分在液态可以完全互溶,固态只能部分互溶,这样的系统属于固态部分互溶系统。

固体部分互溶类似于部分互溶双液系的帽形区,也是一种物质在另一种物质中有一定的溶解度,超过此浓度也会有另一种固溶体产生。KNO_3-$TiNO_3$ 属于这类相图,如图 6.25 所示。图中标明了 6 个相区的平衡相名称。其中 α、β 分别代表 $TiNO_3$ 溶于 KNO_3 中和 KNO_3 溶于 $TiNO_3$ 中形成的固态溶液。CED 为三相线,三相线对应的温度为低共熔温度。在三相线液、固(α)和固(β)三相共存,三个相点分别为 E、C 和 D。

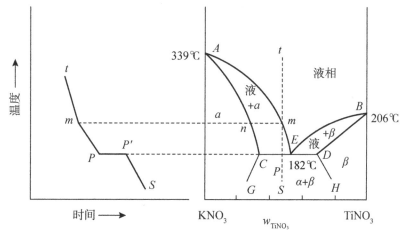

图 6.25　具有低共熔点的二组分(KNO_3-$TiNO_3$)固态部分互溶系统相图及冷却曲线

当系统总组成介于 C 和 D 点时,其冷却时要通过三相线。状态点为 t 的样品冷却到 m 点时,开始析出固态溶液 α,由于有凝固热,步冷曲线出现拐点。随着温度下降,mP 段不断析出 α 相。刚刚冷却到低共熔点时,固相组成为 C,液相组成为 E;再冷却,液相 E 即按比例同时析出 α 相及 β 相而出现三相平衡,温度不变。待液相全部凝固成 α 及 β 后,自由度等于 1,温度可以下降,系统点离开三相线。接下去是两共轭固态溶液的降温过程,降温过程中 α 和 β 固态溶液的浓度沿着 CG 线和 DH 线变化。

视频 6.9

属于这类系统的实例有 Sn-Pb,Ag-Cu 等。

6.10 三组分系统液-液平衡相图

6.10.1 三组分系统的图解表示法

根据相律,三组分系统 $F=C-P+2=5-P$。相数最少为 1,所以存在 4 个独立变量:温度、压力及该相中两个组分的相对含量,不能用图形表达出来。如果系统恒压,或对凝聚系统不考虑压力的影响,则变量减少至 3 个,即温度和两个组分的相对含量,可以用三维空间的正三棱柱体表示相图,底面正三角形表示组成,柱高表示温度,但不直观。如果再固定温度,就只剩下两个组分的相对含量为变量,于是可以方便地用平面图形表示。

通常等温等压条件下的三组分系统相图用单位长度的等边三角形表示,称为吉布斯三角形,见图 6.26,坐标为系统的组成变量质量分数 w 或摩尔分数 x:

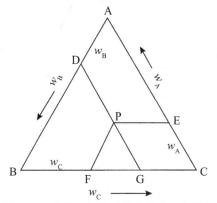

图 6.26 表示三组分系统的等边三角形图

吉布斯三角形的读法:三个顶点分别表示纯组分 A、B 和 C。吉布斯三角形意义和直角坐标系相同,系统点为 P 的组成可以通过下列方法看出:过 P 作与三角形三条边平行的三条直线,直线与三条边相交,组分坐标按逆时针增加法得到 P 点的坐标,分别为($|CE|$,$|AD|$,$|BF|$)。则 $w_A=|CE|$,$w_B=|AD|$,w_C $=|BF|$,很明显 $w_A+w_B+w_C=|PG|+|PE|+|BF|=|FG|+|GC|+|BF|=$ 1,这说明过组成点 P 作任意两条平行于三角形两边的直线并与第三边相交,交点为 F,G,并将第三边分为三段,此三段长度与组分对应含量成正比,其中中段为对角组分,边沿为不相邻组分。组成点越靠近某角顶,该角顶组分含量越高。

从图 6.26 可以看出,用等边三角形表示三组分系统的组成有以下几个特点:

①在与等边三角形的某边平行的任意一条直线上各点所代表的三组分系

统中,与此线相对的顶点的组分的含量一定相同。例如图 6.27(a)中 EE' 线上各点所含 A 的质量分数一定相同。

②图 6.27(a)中 AD 线上各点所含 B 和 C 的含量之比一定相同。从三角形内某一顶点(如 A)与对边上任一点作连接线,连接线上的两点 G 和 H 所代表的系统中其余两组分(相应地为 B 和 C)的相对含量之比存在关系:$\dfrac{FH}{EG} = \dfrac{F'H}{E'G}$。因此,如向一系统中连续地加入某一组分时,系统点将沿着上述所示的连接线向着顶点方向移动。反过来如果体系中析出纯组分 A,那么组成点将沿连接线朝背离顶点 A 的方向移动。

③如果两个三组分系统 M 和 N 合并成一新的三组分体系,则新系统的组成一定在 M 和 N 两点的联线上,见图 6.27(b)。新系统在线上的位置与 M 和 N 两个系统的互比量有关,在这里可应用杠杆规则。例如,新组成为 O 点,则 M 和 N 的比例一定是 $\overline{ON} : \overline{MO}$。

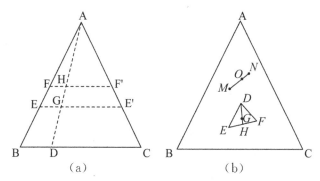

图 6.27 三组分系统的组成表示法

(4)由 3 个三组分体系 D,E,F 混合而成的新体系的物系点,落在这 3 点组成三角形的重心位置,即 G 点,见图 6.27(b)。这一规则称为"重心规则"。

以上这些规则都是可以用几何原理证明的。

6.10.2 三组分系统——对液体部分互溶的恒温液-液相图

这种系统的特点是 3 个液体组分中只有一对液体部分互溶的,其他两对液体是完全互溶。例如氯仿(A)-水(B)-醋酸(C)系统,氯仿和醋酸、水和醋酸能完全互溶,但氯仿和水在一定温度下部分互溶。此三组分系统恒温下的液-液平衡相图如图 6.28 所示。

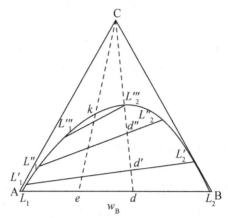

图 6.28　氯仿(A)-水(B)-醋酸(C)系统液-液平衡相图

在它们组成的三组分体系相图上出现一个帽形区,在帽形区范围内,溶液分为两层,一层是在醋酸存在下,水在氯仿中的饱和液,如一系列 L_1 点所示;另一层是氯仿在水中的饱和液,如一系列 L_2 点所示。这对溶液称为共轭溶液。底边 AB 代表氯仿-水二组分系统。AL_1 范围表示水在氯仿中的不饱和溶液。L_2B 范围表示氯仿在水中的不饱和溶液,L_1L_2 范围表示液-液平衡,两共轭溶液的状态点分别为 L_1 和 L_2,L_1 为水在氯仿中的饱和溶液(氯仿层),L_2 为氯仿在水中的饱和溶液(水层)。

在物系点为 d 的体系中加醋酸,因为氯仿和水的比例不变,物系点向 C 移动,到达 d' 时,对应的两相组成为 L_1' 和 L_2'。由于醋酸在两层中含量不等,所以连接线 $L_1'L_2'$ 不一定与底边平行。根据相律,压力和温度不变,三组分系统两相平衡的自由度 $F=3-2=1$。系统只有一个独立变量。所以,确定一个组成在某一相中的相对含量,则在这一相中另一组分的相对含量及与之平衡的另一液相中的组成都随之确定。将两个相点 L_1' 和 L_2' 用直线连接起来,连接线称为结线。继续加入醋酸至系统点 d'',两液相平衡点分别移动到 L_1'' 和 L_2''。当系统点从 d 移动至接近 L_2''' 时,两液相平衡点分别沿着 $L_1L_1'L_1''L_1'''$ 线及 $L_2L_2'L_2''L_2'''$ 线移动。两液相的相对数量可根据杠杆规则发生变化,水层的量越来越多,氯仿层的量越来越少。系统点达到 L_2''' 时,氯仿层消失,而只剩下单一的水相。继续加入醋酸,系统点在单相区内沿 L_2'''C 线向 C 点方向移动。

从图 6.28 可以看出,当醋酸含量增加,水层和氯仿层的组成越来越接近,两相间的结线越来越短。实验表明,最后水层和氯仿层的组成相等,结线缩小至一个点 k,k 点称为会溶点或临界点。曲线 L_1kL_2 以内为液-液两相区,曲线以外为单液相区。

　　作 Ck 的反向延长线交 AB 线为 e,往系统点为 e 的样品中加入醋酸,系统点将沿 eC 线向 C 点方向移动。在帽形区范围内,系统为水层与氯仿层共轭。继续加入醋酸,平衡时两液相分别沿 L_1k 及 L_2k 曲线移动,虽然水层和氯仿层的组成越来越接近,但两液相的相对数量变化很少。当系统点达到 k 点时,两液相间的界面消失,得到均匀的一相。再加入醋酸,则此单一液相的组成沿 kC 变化。

6.10.3　温度对相平衡影响的表示法

　　图 6.29(a)所示为 A、B 间的相互溶解度随温度升高而增加以致完全互溶的系统的立体相图。从图中可以看出,当温度不断升高,A、B 间互溶程度加大,两液相共存的帽形区逐渐缩小,最后到达 K 点,成均一单相。将所有不同温度下的双结线连成一个曲面,在这曲面之内是两相区,曲面以外是单相区。图中 $AA''B''B$ 平面上的 L_1KL_2 曲线代表 A-B 二组分部分互溶的相对溶解度曲线(参见图 6.10)。从低温到高温三组分溶解曲线分别沿 L_1kL_2 线、$L_1'k'L_2'$ 线变化;k、k' 分别是 T、T' 两个温度下的会溶点,而 $kk'K$ 线是所有不同温度下的会溶点的连线。很明显当温度升高,溶解曲线越来越短,最后在点 K 处交汇。

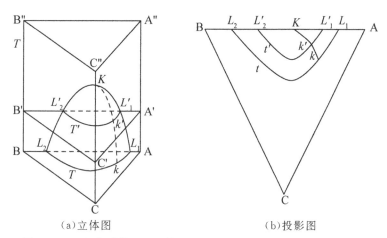

(a)立体图　　　　　　　(b)投影图

图 6.29　三组分系统一对液体部分互溶的液-液平衡随温度的变化图

　　用立体图形表示温度对相平衡的影响很直观清楚,但应用起来不很方便,可以将立体图像等高线一样投影在底面上,如图 6.29(b)所示。在底面上作不同温度下的等温线,每一条曲线代表一个等温截面,并在线上注明其温度。

【知识结构】

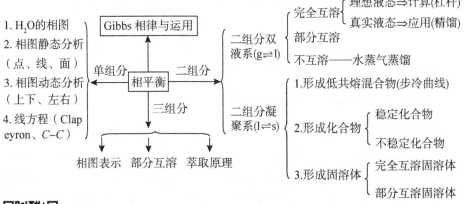

1. H_2O的相图
2. 相图静态分析（点、线、面）
3. 相图动态分析（上下、左右）
4. 线方程（Clapeyron、$C-C$）

单组分 ← 相平衡 → 二组分

三组分

相图表示　部分互溶　萃取原理

Gibbs 相律与运用

二组分双液系($g \rightleftharpoons l$)
- 完全互溶
  - 理想液态 ⇒ 计算(杠杆)
  - 真实液态 ⇒ 应用(精馏)
- 部分互溶
- 不互溶——水蒸气蒸馏

二组分凝聚系($l \rightleftharpoons s$)
1. 形成低共熔混合物(步冷曲线)
2. 形成化合物
   - 稳定化合物
   - 不稳定化合物
3. 形成固溶体
   - 完全互溶固溶体
   - 部分互溶固溶体

视频 6.10

习　题

6.1　一种含有 K^+、Na^+、SO_4^{2-}、NO_3^- 的水溶液系统，求其组分数是多少？在某温度和压力下，此系统最多能有几相平衡共存？

6.2　在一抽成真空的容器中放入过量的 $NH_4I(s)$ 后，系统达到平衡时存在如下平衡：

$$NH_4I(s) \rightleftharpoons NH_3(g) + HI(g) \tag{1}$$

$$2HI(g) \rightleftharpoons H_2(g) + I_2(g) \tag{2}$$

$$2NH_4I(s) \rightleftharpoons 2NH_3(g) + H_2(g) + I_2(g) \tag{3}$$

试求该系统的自由度。

6.3　求 $NH_4HS(s) \rightleftharpoons H_2S(g) + NH_3(g)$ 的平衡体系在下列情况下的系统的组分数和自由度数。

(1)反应前加入 $NH_4HS(s)$ 和任意量的 $NH_3(g)$ 及 $H_2S(g)$ 组成的平衡体系；

(2)反应前加入 $NH_4HS(s)$ 和任意量的 $NH_3(g)$ 组成的平衡体系；

(3)反应前只加入 $NH_4HS(s)$ 的平衡体系。

6.4　$FeCl_3(s)$ 和 $H_2O(l)$ 能生成 $FeCl_3 \cdot 6H_2O(s)$，$FeCl_3 \cdot 7H_2O(s)$，$2FeCl_3 \cdot 5H_2O(s)$，$FeCl_3 \cdot 2H_2O(s)$ 4 种水合物，求体系的组分数及与在恒压下时可能平衡共存的相最多有多少种？

6.5 硫的相图如右图。

（1）试写出图中的线和点各代表哪些相的平衡；

（2）叙述系统的状态在等温下由 a 加压到 e 所发生的相变化。

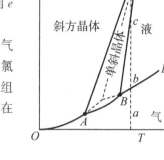

6.6 在 136.7 ℃时，纯氯苯（A）的饱和蒸气压为 115.7 kPa，纯溴苯（B）为 60.80 kPa。设氯苯（A）和溴苯（B）组成理想液态混合物。今有组成为 $x_B = 0.2$ 的氯苯-溴苯混合物 10 mol，在 101325 Pa，136.7 ℃成气-液平衡。求：

（1）平衡时液相组成和蒸气组成；

（2）平衡时气、液两相的物质的量 $n(g)$、$n(l)$。

6.7 如下图所示，当 $T = T_1$ 时，由 4.7 mol A 和 5.3 mol B 组成的二组分溶液物系点在 O 点。气相点 M 对应的 $x_B(g) = 0.40$，液相点 M 对应的 $x_B(l) = 0.67$，求两相的量。

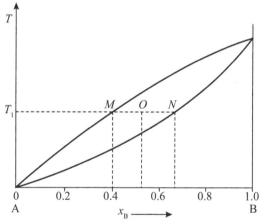

6.8 丙烷和正丁烷在标准压力下的沸点分别为 231.1 K 和 272.7 K，其蒸气压数据如下：

T/K		242.0	256.9
p/kPa	丙烷	157.9	294.7
	正丁烷	26.3	52.9

丙烷和正丁烷两种液体可形成理想液态混合物。请用以上数据做出该体系的温度-物质的量分数相图，并指出各区域存在的相及自由度。

6.9 在标准压力下和不同温度下,乙醇及乙酸乙酯系统的液相组成和平衡气相组成如下表(摩尔分数):

$T/℃$	78.3	76.4	72.8	71.6	71.8	75	77.15
x(乙酸乙酯,l)	0.000	0.058	0.290	0.538	0.640	0.900	1.000
y(乙酸乙酯,g)	0.000	0.120	0.400	0.538	0.602	0.836	1.000

(1)画出此物系的沸点-组成图。

(2)溶液之 x(乙酸乙酯)=0.250 时,最初馏出物的成分是什么?

(3)用蒸馏塔能否将上述溶液分成纯乙酸乙酯及乙醇?

6.10 水和苯酚是部分互溶系统,在 293 K 时系统中苯酚的质量分数为 0.5,此时体系形成两层共轭溶液,一层中含苯酚的质量分数为 0.084,另一层中含苯酚的质量分数为 0.722。若体系的总质量为 1 kg,试求:(1)混合物中水层和苯酚的质量分别是多少?(2)两层中各含苯酚多少千克?

6.11 为了将含非挥发性杂质的甲苯提纯,在 100 kPa 压力下用水蒸气蒸馏。已知在此压力下该系统的共沸点为 84 ℃,84 ℃时水的饱和蒸气压力为 55.6 kPa。试求:

(1)气相的组成(含甲苯的摩尔分数);

(2)欲蒸出 100 kg 纯甲苯,需要消耗水蒸气多少千克?

6.12 液相完全互溶的 CaF_2-$CaCl_2$ 体系,实验得到步冷曲线如下表所示:

含 CaF_2 的摩尔百分比/%	0	30	40	50	58	60	70	80	90	100
初始凝固温度/K	1573	1323	1223	1093	1010	1008	973	917	983	1047
全部凝固温度/K	1573	1010	1010	1010	917	917	917	917	917	1047

(1)作此二组分凝聚体系 T-x 示意图,标明各区域存在的相;

(2)画出 53%(物质的量之比,下同)$CaCl_2$ 和 47%的 CaF_2 混合物从 1300 K 冷却至 800 K 的步冷曲线并注明相和自由度的数目变化。

6.13 某二组分凝聚系统相图如附图所示。

(1)指出图中两相平衡区域,并说明分别是哪两相平衡;

(2)给出图中状态点为 a、b、c 的样品的冷却曲线,并指明冷却过程中相变化情况。

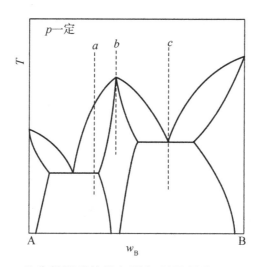

6.14 Cu-Mg 二组分凝聚系统的相图如下图所示。

(1)试标出 $a-j$ 各区域存在的相；

(2)画出状态点为 m、n、p 的溶液的步冷曲线,并叙述其冷却过程的相变化。

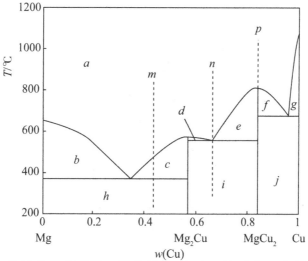

6.15 NaCl-H_2O 所组成的二组分系统,在 252 K 时有一个低共熔点,此时冰、不稳定化合物 NaCl·$2H_2O(s)$ 和浓度为 23.3%（质量百分数,下同）的 NaCl 水溶液平衡共存。在 264 K 时 NaCl·$2H_2O(s)$ 分解,生成无水 NaCl 和 27% 的 NaCl 水溶液。已知无水 NaCl 的溶解度随温度变化很小,但温度升高溶解度会略有增加。NaCl 的摩尔质量为 58.5 g·mol^{-1},H_2O 为 18.02 g·mol^{-1}。

(1)试绘出相图示意图；

（2）分析各组分存在的相平衡（相态、自由度数及三相线）；

（3）若有 1.00 kg 30% 的 NaCl 溶液，由 433 K 冷到 264 K，问在此过程中最多能析出多少纯 NaCl?

6.16 设 A 和 B 可析出化合物 A_xB_y 和 A_mB_n，其 T-x 图如下图所示。

（1）试分析 A_xB_y 和 A_mB_n 分别属于稳定化合物还是不稳定化合物；

（2）试标出 1～10 各区域存在的相；

（3）物系点处于什么相区才能分离出纯净的化合物 A_mB_n?

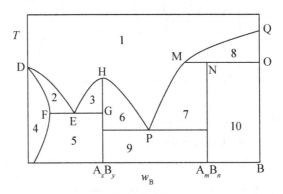

6.17 下图是 $MgSO_4$-H_2O 系统的相图。

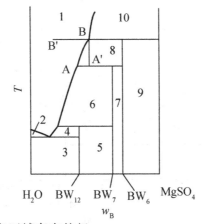

（1）试标出 1-10 各区域存在的相；

（2）试设计由 $MgSO_4$ 的稀溶液分别制备 $MgSO_4 \cdot 6H_2O$、$MgSO_4 \cdot 7H_2O$ 和 $MgSO_4 \cdot 12H_2O$ 的最佳操作条件。

6.18 某生成不稳定化合物系统的液-固系统相图如下图所示，绘出图中状态点为 a，b，c，d，e 的样品的冷却曲线。

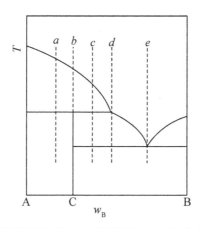

6.19 Si-Ge 系统的熔融液体由高温缓慢冷却时，取得下列数据：

x_{Si}	0	0.25	0.40	0.62	0.80	0.90	1.00
开始凝固温度/℃	940	1160	1235	1310	1370	1395	1412
全部凝固温度/℃	940	1010	1070	1170	1275	1340	1412

试画出此系统的相图，标明每个区域和每条线的含义。

6.20 在 298 K 时，C_6H_6-H_2O-C_2H_5OH 所组成的三组分系统，在一定的浓度范围内部分互溶而分成两层，其共轭层的质量百分含量组成列于下表，试画出该系统的相图。

第一层	C_6H_6/%	1.3	9.2	20.2	30.0	40.0	60.0	80.0	95.0
	C_2H_5OH/%	38.7	50.8	52.3	49.5	44.8	33.9	17.7	4.8
第二层	H_2O/%	—	—	3.2	5.0	6.5	13.5	34.0	65.5

(1)绘出三组分液-液平衡相图；

(2)在 1 kg 质量比为 42∶58 的苯与水的混合物（两相）中，加入多少克的纯乙醇才能使系统成为单一的液相，此时溶液的组成如何？

(3)为了萃取乙醇，往 1 kg $w_{苯}=60\%$，$w_{乙醇}=40\%$ 的溶液中加入 1 kg 水，此时系统分成两层。苯层的组成为 $w_{苯}=95.7\%$，$w_{水}=0.2\%$，$w_{乙醇}=4.1\%$。问水层中能萃取乙醇多少克？萃取效率（已萃取的乙醇占乙醇总量的分数）多大？

测验题

一、选择题

1. 硫酸与水可形成 $H_2SO_4 \cdot H_2O(s)$，$H_2SO_4 \cdot 2H_2O(s)$，$H_2SO_4 \cdot 4H_2O$ (s)三种水合物,问在 101325Pa 的压力下,能与硫酸水溶液及冰平衡共存的硫酸水合物最多可有多少种?（　　）

(1)3 种 　　　　　　　　　　(2)2 种

(3)1 种 　　　　　　　　　　(4)不可能有硫酸水合物与之平衡共存

2. 组分 A(高沸点)与组分 B(低沸点)形成完全互溶的二组分系统,在一定温度下,向纯 B 中加入少量的 A,系统蒸气压力增大,则此系统为:（　　）。

(1)有最高恒沸点的系统

(2)不具有恒沸点的系统

(3)具有最低恒沸点的系统

3. 将固体 $NH_4HCO_3(s)$ 放入真空容器中,等温在 400 K,NH_4HCO_3 按下式分解并达到平衡:$NH_4HCO_3(s) \Longrightarrow NH_3(g) + H_2O(g) + CO_2(g)$ 系统的组分数 C 和自由度数 F 为:（　　）。

(1)$C=2$,$F=1$ 　　　　　　　(2)$C=2$,$F=2$

(3)$C=1$,$F=0$ 　　　　　　　(4)$C=3$,$F=2$

4. 二元恒沸混合物的组成（　　）。

(1)固定 　　　　　　　　　　(2)随温度而变

(3)随压力而变 　　　　　　　(4)无法判断

5. 二组分系统的最大自由度是（　　）。

(1)$F=4$ 　　　　　　　　　　(2)$F=3$

(3)$F=2$ 　　　　　　　　　　(4)$F=1$

6. 40 ℃时,纯液体 A 的饱和蒸气压是纯液体 B 的饱和蒸气压的 21 倍,且组分 A 和 B 能形成理想液态混合物,若平衡气相中组分 A 和 B 的摩尔分数相等,则平衡液相中组分 A 和 B 的摩尔分数之比 $x_A : x_B$ 应为（　　）。

(1)$1:21$ 　　　　　　　　　　(2)$21:1$

(3)$22:21$ 　　　　　　　　　(4)$1:22$

7. 已知 CO_2 的相图如下图所示,则 0 ℃时,使 $CO_2(g)$ 液化所需的最小压力为:（　　）。

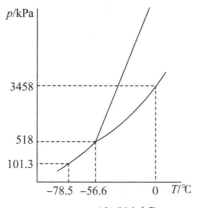

(1)3458 kPa　　　　　　　　　　(2)518 kPa

(3)101.3 kPa　　　　　　　　　　(4)不确定

8. 苯和甲苯能形成理想液态混合物,在 20 ℃时,当 1 mol 苯和 1 mol 甲苯混合时,过程所对应的 $\Delta_{mix}G$(　　)。

(1)$=0$　　　　　　　　　　　　(2)>0

(3)<0　　　　　　　　　　　　(4)不好判断

9. $p^{\ominus}$ 时,A 液体与 B 液体在纯态时的饱和蒸气压分别为 40 kPa 和 46.65 kPa,在此压力下,A,B 形成的完全互溶二组分系统在 $x_A=0.5$ 时,组分 A 和组分 B 的平衡分压力分别是 13.33 kPa 和 20 kPa,则此二组分系统常压下的 T-x 图为下列图中的(　　)。

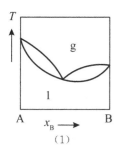
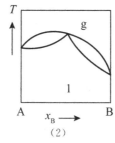
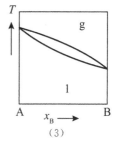

（1）　　　　　　　　　（2）　　　　　　　　　（3）

10. $BaCO_3(s)$ 受热分解成 $BaO(s)$ 和 $CO_2(g)$,组分数 C 和自由度数 F 正确的是(　　)。

(1)$C=3$　$F=2$　　　　　　　　(2)$C=2$　$F=1$

(3)$C=2$　$F=2$　　　　　　　　(4)$C=1$　$F=1$

二、填空题

1. 今将一定量的 $NaHCO_3(s)$ 放入一个真空容器中,加热分解并建立平衡:

$$2NaHCO_3(s) \rightleftharpoons Na_2CO_3(s) + H_2O(g) + CO_2(g)$$

则系统的相数 $P=$ _____，自由度数 $F=$ _____。

2. 理想的完全互溶双液系 p-$x(y)$ 相图中，液相线在气相线的_____方，T-$x(y)$ 相图中，液相线在气相线的_____方。

3. 三组分系统的最大自由度数 $F=$ _____，平衡共存的最多相数 $P=$ _____。

4. 完全互溶的 A，B 二组分溶液，在 $x_B=0.6$ 处，平衡蒸气压有最高值，那么组成 $x_B=0.4$ 的溶液在气-液平衡时，$y_B(g)$，$x_B(l)$，x_B（总）的大小顺序为_____。

5. 在 100 ℃，101.325 kPa 时，$H_2O(l)$ 与 $H_2O(g)$ 成平衡，则：

$\mu(H_2O, g, 100 ℃, 101.325 kPa)$_____$\mu(H_2O, l, 100 ℃, 101.325 kPa)$；

$\mu(H_2O, g, 25 ℃, 101.325 kPa)$_____$\mu(H_2O, l, 25 ℃, 101.325 kPa)$；

（选填＞，＝，＜。）

三、是非题

1. 自由度就是可以独立变化的变量。（　　　）

2. 相图可表示达到相平衡所需的时间长短。（　　　）

3. 纯物质体系的相图中两相平衡线都可以用克拉贝龙方程定量描述。（　　　）

4. 对于纯组分，其化学势等于它的摩尔吉布斯自由能。（　　　）

5. 二组分液态混合物的总蒸汽压，大于任一纯组分的蒸汽压。（　　　）

6. 具有最高恒沸物的二组分双液系，可以通过完全精馏的方法得到两个纯组分。（　　　）

7. 双组分相图中恒沸混合物的沸点与外压力有关。（　　　）

8. 只要始、终状态一定，不管由始态到终态进行的过程是否可逆，熵变就一定。（　　　）

9. 恒沸液体是混合物而不是化合物。（　　　）

10. 如同理想气体一样，理想液态混合物中分子间没有相互作用力。（　　　）

四、计算题

1. 溴苯与水的混合物在 101.325 kPa 下沸点为 95.7 ℃，试从下列数据计算馏出物中两种物质的质量比。（溴苯和水完全不互溶）

$T/℃$	92	100
$p_{(H_2O)}^*/kPa$	75.487	101.325

假设水的摩尔蒸发焓 $\Delta_{vap}H_m$ 与温度无关，溴苯、水的摩尔质量分别为 157.0 g·mol^{-1}，18.02 g·mol^{-1}。

2. 在 $p=101.3$ kPa，85 ℃时，由甲苯（A）及苯（B）组成的二组分液态混合物达到沸腾。该液态混合物可视为理想液态混合物。试计算该理想液态混合物在 101.3 kPa 及 85 ℃ 沸腾时的液相组成及气相组成。已知 85 ℃ 时纯甲苯和纯苯的饱和蒸气压分别为 46.00 kPa 和 116.9 kPa。

3. 酚水体系在 60 ℃ 分成两液相(下图所示),第 Ⅰ 相含 16.8%(质量百分数)的酚,第 Ⅱ 相含 44.9% 的水。

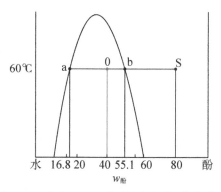

(1)如果体系中含 90 g 水和 60 g 酚,那么每相质量为多少?

(2)如果要使含 80% 酚的 100 g 溶液变成浑浊,必须加水多少克?

五、问答题

1. 根据图(a),图(b)回答下列问题:

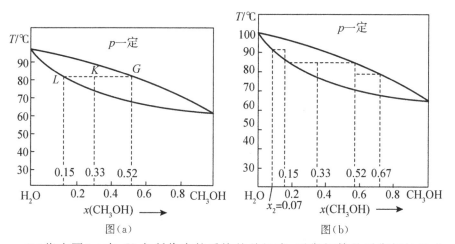

图(a)　　　　　　　　图(b)

(1)指出图(a)中,K 点所代表的系统的总组成,平衡相数及平衡相的组成;

(2)将组成 x(甲醇)$=0.33$ 的甲醇水溶液进行一次简单蒸馏加热到 85 ℃ 停止蒸馏,问馏出液的组成及残液的组成,馏出液的组成与液相比发生了什么变化?通过这样一次简单蒸馏是否能将甲醇与水分开?

（3）将（2）所得的馏出液再重新加热到 78 ℃，问所得的馏出液的组成如何？与（2）中所得的馏出液相比发生了什么变化？

（4）将（2）所得的残液再次加热到 91 ℃，问所得的残液的组成又如何？与（2）中所得的残液相比发生了什么变化？

欲将甲醇水溶液完全分离，要采取什么步骤？

2. A 和 B 两种物质的混合物在 101325 Pa 下沸点-组成图如图所示，若将 1 mol A 和 4 mol B 混合，在 101325 Pa 下先后加热到 $t_1=200$ ℃，$t_2=400$ ℃，$t_3=600$ ℃，根据从下沸点-组成图回答下列问题：

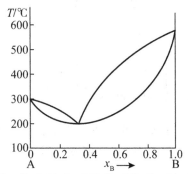

（1）上述 3 个温度中，什么温度下平衡系统是两相平衡？哪两相平衡？各平衡相的组成是多少？各相的量是多少（mol）？

（2）上述 3 个温度中，什么温度下平衡系统是单相？是什么相？

3. 已知 CaF_2-$CaCl_2$ 相图如下图所示，欲从 CaF_2-$CaCl_2$ 系统中得到化合物 $CaF_2 \cdot CaCl_2$ 的纯粹结晶，试述应采取什么措施和步骤？

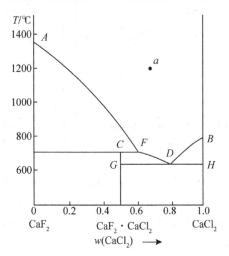

第七章 电化学

(Chapter 7 Electrochemistry)

⟫ **教学目标**

通过本章的学习,要求掌握:

1. 电化学基本概念及法拉第定律;

2. 电解质溶液导电性质的物理量(电导、电导率、摩尔电导率)的概念;

3. 离子独立移动定律;

4. 电解质溶液的平均活度和平均活度因子;

5. 离子强度的概念与德拜-休克尔极限公式;

6. 可逆电池的概念与能斯特方程式;

7. 电极电势的概念及其计算;

8. 电池电动势的计算及其实际应用;

9. 极化作用和超电势的概念。

7.1 电极过程、电解质溶液及法拉第定律

7.1.1 电解池和原电池

电化学是研究电能与化学能之间相互转化及其规律的科学。实现电能与化学能之间相互转化的装置是电解池和原电池,把电能转变为化学能的装置称为电解池(electrolytic cell),而把化学能转变为电能的装置则称为原电池(galvanic cell)。

电解池:如图 7.1 所示,由连接外电源的两个电极插入 HCl 溶液构成,在外电场的作用下,H^+ 向负极移动,并在负极上得到电子,变成氢原子,两个氢原子

结合成氢分子。Cl⁻则向正极移动,把电子留在正极上变成氯原子,两个氯原子结合成氯分子。

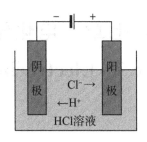

图 7.1　电解池

由此可见,电解质溶液在传导电流的同时,在两极发生得、失电子的电极反应,即:

正极：　$2Cl^- - 2e^- \longrightarrow Cl_2$　　　阳极,氧化反应

负极：　$2H^+ + 2e^- \longrightarrow H_2$　　　阴极,还原反应

上述反应发生在电极与溶液的界面处,称为电极反应。由此可见电解质溶液导电是由正、负离子在电场作用下定向移动,以及在电极和溶液的界面处发生得失电子的电极反应来完成的。

原电池:如图 7.2 所示,将铜电极插入硫酸铜溶液,锌电极插入硫酸锌溶液,组成一电池,外电路接一负载,即可对外做电功。负极锌溶解进入溶液,成为锌离子,正极铜离子得电子变为铜在电极上析出。外电路中电子由负极流向正极。

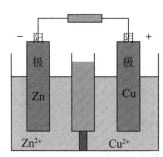

图 7.2　原电池

由此可见,电解质溶液在传导电流的同时,在两极发生得、失电子的电极反应,即:

正极：　　$Cu^{2+} + 2e^- \longrightarrow Cu$　　　阴极,还原反应

负极：　　$Zn - 2e^- \longrightarrow Zn^{2+}$　　　阳极,氧化反应

电化学的讨论中常用到正极、负极和阴极、阳极的概念。正极、负极是以电位的高低来区分的，电位高的为正极，电位低的为负极。而阴极、阳极则是以电极反应来区分的，发生氧化反应（失去电子的反应）的电极称为阳极，发生还原反应（得到电子的反应）的电极称为阴极。

在电解池中，正极发生氧化反应，正极是阳极，负极发生还原反应，负极是阴极。而在原电池中，正极发生还原反应，正极是阴极，负极发生氧化反应，负极是阳极。对于原电池和电解池，电极名称的对应关系如表 7.1 所示。

视频 7.1

表 7.1　原电池和电解池的电极名称对应关系

	原电池		电解池	
电势	高	低	高	低
	正极	负极	正极	负极
反应	还原	氧化	氧化	还原
	阴极	阳极	阳极	阴极

7.1.2　电解质溶液和法拉第定律

电化学装置，无论电解池，还是原电池，它们一般都包含两类导体：

第一类导体：如金属及其某些混合物，是由于电子在电场作用下移动而传导电流，在导电过程中，导体本身不发生变化，且温度升高，其导电能力下降。

第二类导体：如电解质溶液和熔融电解质，是由于正、负离子在电场作用下定向移动而传导电流。第二类导体在传导电流的同时在两极发生电极反应，且温度升高其导电能力增大。

电解质溶液属第二类导体，它之所以能够导电，是因为其中含有能导电的阴、阳离子。电解质溶液是指溶质在溶剂中溶解后完全或部分离解成离子的溶液，其中溶质则称为电解质。在溶液中完全离解的电解质，称为强电解质。在溶液中只有部分离解，即使在较稀的溶液中都有未离解成离子的电解质，称为弱电解质。电解质溶液（或熔融的电解质）的导电过程是通过离子的定向运动完成的。溶液中有电流通过时，阳离子向负极方向运动，阴离子向正极方向运动。法拉第（Faraday）在总结大量实验结果的基础上于 1833 年提出了著名的法拉第定律，该定律内容如下：

①在电极上发生电极反应的物质的量与通过溶液的电量成正比。

②对于串联电解池,每一个电解池的每一个电极上发生电极反应的物质的量相等。

据此,法拉第定律的定量关系式,如式 7-1-1 所示。

$$Q = nF = z\xi F \tag{7-1-1}$$

式中:Q 为通过电极的电量;n 为电极反应的物质的量;z 为电极反应的电荷数(即转移电子数),取正值;ξ 为电极反应的反应进度;F 为法拉第常数,即 1 摩尔质子的电荷(1 摩尔电子的电荷的绝对值),其数值为 $F = Le = 6.02214179 \times 10^{23} \, \text{mol}^{-1} \times 1.602176487 \times 10^{-19} \, \text{C} = 96485.34 \, \text{C} \cdot \text{mol}^{-1} \approx 96500 \, \text{C} \cdot \text{mol}^{-1}$。

物质的量必须规定基本单元,这里规定的基本单元是 M/z 或 A/z,M 为分子,A 为原子,z 为发生电极反应时电荷变化数。例如电解 $CuCl_2$ 溶液时,电极反应为:

正极: $2Cl^- - 2e^- \longrightarrow Cl_2$

负极: $Cu^{2+} + 2e^- \longrightarrow Cu$

在上面的反应中基本单元为 $Cl_2/2$ 和 $Cu/2$。

若通过溶液的电量为 1F,则电路中每一个电极上都要发生得或失 1 mol 电子的电极反应。依据法拉第定律,人们可以通过测定电极反应的反应物或产物的物质的量的变化来计算电路中通过的电量。相应的测量装置称为电量计或库仑计,通常有气体库仑计、重量库仑计(包括银库仑计、铜库仑计等)和电子积分库仑计。

[**例 7-1**]   25 ℃、101.325 kPa 下电解 $CuSO_4$ 溶液,当通入的电量为 965C 时,在阴极上沉积出 0.2859 g 铜,问同时在阴极上有多少氢气放出?

解   在阴极上发生的反应为:

$$Cu^{2+} + 2e^- \longrightarrow Cu$$
$$2H^+ + 2e^- \longrightarrow H_2$$

根据法拉第定律,在阴极上析出物质的总量为(以 $1/2Cu$ 或 H 为基本单元):

$$n = Q/F = 965/96500 = 0.010 \, (\text{mol})$$

而 $n = n_{1/2Cu} + n_H$

$$n_{1/2Cu} = 0.2859 \times 2/63.54 = 0.009 \, (\text{mol})$$

故 $n_H = n - n_{1/2Cu} = 0.010 - 0.009 = 0.001 \, (\text{mol})$

视频 7.2   所以

$$V_{H_2} = \frac{n_{H_2}RT}{p} = \frac{0.001 \times 8.314 \times 298.15}{2 \times 101.325} = 0.0122 \, (\text{dm}^3)$$

7.2 离子的迁移数

7.2.1 离子的电迁移与迁移数的定义

(1)离子的电迁移率

在电场的作用下,电解质溶液中正、负离子定向移动叫离子的电迁移。离子在电场的作用下定向移动,其运动速率除了与离子的本性、介质的性质、温度等因素有关外,还与电位梯度 dE/dl 有关;当其他因素一定时,离子的运动速率与电位梯度成正比,即:

$$v_+ = U_+ \frac{dE}{dl} \ , \ v_- = U_- \frac{dE}{dl} \tag{7-2-1}$$

式中 U_+ 和 U_- 称为电迁移率,又称为离子的淌度。因此,计算离子迁移数时可以用离子的电迁移率代替离子的运动速率,即

$$t_+ = \frac{U_+}{U_+ + U_-} \ , \ t_- = \frac{U_-}{U_+ + U_-} \tag{7-2-2}$$

(2)离子的迁移数

电解质溶液导电是由正、负离子共同完成的,不同的离子运动速度不同,传导的电量多少也不同,为此引入迁移数。离子 B 的迁移数用符号 t_B 表示,定义如下:

$$t_B = \frac{Q_B}{Q} \tag{7-2-3}$$

式中 Q_B 为离子 B 传导的电量,Q 为通过溶液的总电量,即溶液中各离子传导的电量之和,显然有:

$$\sum_B t_B = 1 \tag{7-2-4}$$

若溶液中只有一种正离子和一种负离子,则有:

$$t_+ = \frac{Q_+}{Q_+ + Q_-} \ , \ t_- = \frac{Q_-}{Q_+ + Q_-} \tag{7-2-5}$$

如图 7.3 所示,在电解池中插入两个惰性电极,池中充入电解质溶液,假想的平面 AA 和 BB 把电解池分成 3 个部分,阴极区、中间区和阳极区。在每一个区都有 6 mol 一价正离子和 6 mol 一价负离子。

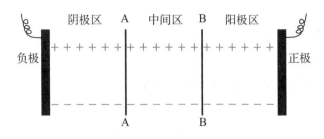

图 7.3 离子的电迁移现象

现有 4F 的电量通过溶液。第一种情况：正、负离子的迁移速率相等，$v_+ = v_-$，则正、负离子各传导 2F 的电量，在 AA、BB 平面上各有 2 mol 正、负离子逆向通过。通电完成后，中间区的没有变化，而阴极区和阳极区各减少了 2 mol 电解质。第二种情况：正离子的速度是负离子的 3 倍，$v_+ = 3v_-$，4F 电量中正离子传导了 3F，负离子传导了 1F，因此在 AA 和 BB 平面上都有 3 mol 正离子和 1 mol 负离子逆向通过。通电完成后，阴极区减少了 1 mol 电解质，阳极区减少了 3 mol 电解质。以上的讨论可以看出，阳极区减少的电解质的物质的量与正离子迁移的电量数值上相等，即：

$$\frac{\text{正离子运动速率 } v_+}{\text{负离子运动速率 } v_-} = \frac{\text{阳极区减少的物质的量}}{\text{阴极区减少的物质的量}} = \frac{\text{正离子传导的电量 } Q_+}{\text{负离子传导的电量 } Q_-}$$

由离子迁移数的定义可得：

$$t_+ = \frac{Q_+}{Q_+ + Q_-} = \frac{v_+}{v_+ + v_-} \ , \ t_- = \frac{Q_-}{Q_+ + Q_-} = \frac{v_-}{v_+ + v_-} \tag{7-2-6}$$

视频 7.3

7.2.2 离子迁移数的测定方法

离子迁移数与浓度、温度、溶剂的性质有关，增加某种离子的浓度则该离子传递电量的百分数增加，离子迁移数也相应增加；温度改变，离子迁移数也会发生变化，但温度升高正、负离子的迁移数差别较小；同一种离子在不同电解质中迁移数是不同的。表 7.2 列出了一些电解质在 25 ℃时不同浓度下正离子迁移数的实验测定结果。

表 7.2　25 ℃不同浓度下的一些正离子的迁移数

电解质	$c/(mol \cdot dm^{-3})$				
	0.20	0.01	0.02	0.05	0.10
HCl	0.825	0.827	0.829	0.831	0.834
KCl	0.490	0.490	0.490	0.490	0.489
NaCl	0.392	0.390	0.388	0.385	0.382
LiCl	0.329	0.326	0.321	0.317	0.311
NH_4Cl	0.491	0.491	0.491	0.491	0.491
KBr	0.483	0.483	0.483	0.483	0.484
KI	0.488	0.488	0.488	0.488	0.489
$AgNO_3$	0.465	0.465	0.466	0.468	—
KNO_3	0.508	0.509	0.509	0.510	0.512
NaAc	0.544	0.555	0.557	0.559	0.561

　　离子迁移数的测定方法有希托夫法(Hittorf method)(见图 7.4)、界面移动法和电动势法等。

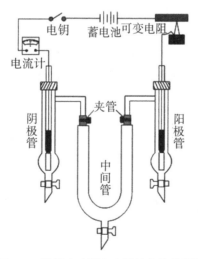

图 7.4　希托夫法测定离子迁移数装置图

(1)希托夫法

希托夫法测定 $CuSO_4$ 溶液中 Cu^{2+} 和 SO_4^{2-} 的迁移数时,在溶液中间区浓度不变的条件下,分析通电前原溶液及通电后阳极区(或阴极区)溶液的浓度,比较等重量溶剂所含 $CuSO_4$ 的量,可计算出通电后迁移出阳极区(或阴极区)的 $CuSO_4$ 的量。通过溶液的总电量 Q 由串联在电路中的电量计测定。由此,可算出 t_+ 和 t_-。

在迁移管中,两电极均为 Cu 电极。其中放 $CuSO_4$ 溶液。通电时,溶液中的 Cu^{2+} 在阴极上发生还原,而在阳极上金属铜溶解生成 Cu^{2+}。

阳极反应: $\quad Cu - 2e^- \longrightarrow Cu^{2+}$

阴极反应: $\quad Cu^{2+} + 2e^- \longrightarrow Cu$

因此,通电时一方面阳极区有 Cu^{2+} 迁移出,另一方面电极上 Cu 溶解生成 Cu^{2+},因而有:

$$n_迁 = n_原 + n_电 - n_后 \tag{7-2-7}$$

$$t_{Cu^{2+}} = \frac{n_迁}{n_电} , \; t_{SO_4^{2-}} = 1 - t_{Cu^{2+}} \tag{7-2-8}$$

$$t_+ = \frac{阳极区增加的电解质}{通过溶液的总电荷量} \tag{7-2-9}$$

式中:$n_迁$ 表示迁移出阳极区的电荷的量,$n_原$ 表示通电前阳极区所含电荷的量,$n_后$ 表示通电后阳极区所含 Cu^{2+} 的量。$n_电$ 表示通电时阳极上 Cu 溶解(转变为 Cu^{2+})的量,也等于铜电量计阴极上析出铜的量的 2 倍。由此可以看出,希托夫法测定离子的迁移数至少包括两个假定:

① 电的输送者只是电解质的离子,溶剂水不导电,这一点与实际情况接近。

② 不考虑离子水化现象。

实际上正、负离子所带水量不一定相同,因此电极区电解质浓度的改变,部分是由于水迁移所引起的,这种不考虑离子水化现象所测得的迁移数称为希托夫迁移数。

(2)界面移动法

界面移动法直接测定溶液中离子的移动速率(或淌度),根据所用管子的截面积和通电时间内界面移动的距离以及通过的电量来计算离子的迁移数,该法具有较高的准确度。

界面移动法测定迁移数所使用的两种电解质溶液具有一种共同的离子(如 Cl^-),它们被小心地放在一个垂直的细管内,由于溶液密度的不同,在两种溶液之间可形成一个明显的界面(通常可借助于溶液的颜色或折射率的不同使界面清晰可见)。

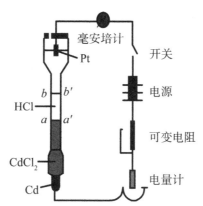

图 7.5　界面移动法测定离子迁移数装置图

如图 7.5 所示,在界面移动法的左侧玻璃管中先放入 $CdCl_2$ 溶液至 aa' 面,然后小心加入 HCl 溶液,使 aa' 面清晰可见。通电后 H^+ 向上面负极移动,Cd^{2+} 淌度因比 H^+ 小而随其后,使 aa' 界面向上移动,通电一段时间移动到 bb' 位置。根据毛细管内径、液面移动的距离、溶液浓度及通入的电量,可以计算离子迁移数。

设毛细管半径为 r,截面积 $A = \pi r^2$。aa' 和 bb' 之间距离为 l,溶液体积 $V = lA$。在这个体积范围内,H^+ 迁移的数量为 cVL(L 为阿伏伽德罗常数 6.02×10^{23} mol^{-1}),H^+ 迁移的电量则为 $cVLz_+ e = z_+ cVF$($F = Le$)。于是 H^+ 的迁移数

$$t_{H^+} = \frac{z_+ cVF}{It} \tag{7-2-10}$$

离子迁移数的数值对研究电解很有意义,因为从迁移数的大小可以判断正、负离子所输运的电量以及电极附近浓度发生变化的情况,从而为电解条件的选择提供依据。

[**例 7-2**]　在 Hittorf 迁移管中,用 Cu 电极电解已知浓度的 $CuSO_4$ 溶液。通电一定时间后,串联在电路中的银库仑计阴极上有 0.0405 g 银沉积,称量阴极部溶液质量为 36.434 g。据分析知,在通电前含 1.1276 g $CuSO_4$,而在通电后则含 1.1090 g $CuSO_4$。试计算 $t_{Cu^{2+}}$ 和 $t_{SO_4^{2-}}$。

解　先求 Cu^{2+} 的迁移数,以 $\frac{1}{2}Cu^{2+}$ 为基本粒子,已知:

$$M\left(\frac{1}{2}CuSO_4\right) = 79.75 \text{ g} \cdot mol^{-1}, M(Ag) = 107.88 \text{ g} \cdot mol^{-1}$$

$$n_{电} = 0.0405 / 107.88 = 3.754 \times 10^{-4} (mol)$$

$$n_{终} = 1.1090 / 79.75 = 1.3906 \times 10^{-2} (mol)$$

$$n_{始} = 1.1276 / 79.75 = 1.4139 \times 10^{-2} (mol)$$

阴极上 Cu^{2+} 被还原,使 Cu^{2+} 浓度下降。

$$\frac{1}{2}Cu^{2+} + e^- \longrightarrow \frac{1}{2}Cu(s)$$

Cu^{2+} 迁往阴极,迁移使阴极 Cu^{2+} 增加。

$$n_{\text{终}} = n_{\text{始}} + n_{\text{迁}} - n_{\text{电}}$$

得: $\quad n_{\text{迁}} = 1.424 \times 10^{-4} \text{mol}$

视频 7.4   故 $\quad t_{Cu^{2+}} = \dfrac{n_{\text{迁}}}{n_{\text{电}}} = 0.38$, $t_{SO_4^{2-}} = 1 - t_{Cu^{2+}} = 0.62$

7.3 电导、电导率和摩尔电导率

7.3.1 电导、电导率和摩尔电导率的定义

电导,即电阻的倒数,用符号 $\boldsymbol{G}$ 表示,即:

$$G = \frac{1}{R} \tag{7-3-1}$$

电导的单位为 S 或 Ω^{-1}。电解质溶液的电导与两电极间的距离 l 成反比,与电极的横截面积 A 成正比,即:

$$G = \kappa \frac{A}{l} \tag{7-3-2}$$

式中 κ 称为电导率,其单位为 $S \cdot m^{-1}$。对于电解质溶液的电导率,就是将电解质溶液置于面积为 $1 m^2$、相距为 $1 m$ 的两平行电极之间的电导。由于电解质溶液的浓度不同所包含的离子数不同,因此不能用电导率来比较电解质的导电能力,需要引入摩尔电导率的概念。

在相距为 $1 m$ 的两个平行电极之间,放入含 $1 mol$ 电解质的溶液,该溶液的电导称为摩尔电导率,用符号 Λ_m 表示。若电解溶液的浓度为 $c(\text{mol} \cdot m^{-3})$,则摩尔电导率 Λ_m 的定义为:

$$\Lambda_m = \frac{\kappa}{c} \tag{7-3-3}$$

摩尔电导率的单位为 $S \cdot m^2 \cdot mol^{-1}$,使用上式时应注意浓度 c 的单位,c 的单位为 $mol \cdot m^{-3}$,并标明基本单元,如 $\Lambda_m(NaCl)$、$\Lambda_m(1/2CuSO_4)$ 等。

7.3.2 电导的测定

电导是电阻的倒数,所以测定电导就是测定电阻。因直流电通过电解质溶液时,在两极将发生电极反应,使溶液的浓度发生变化,并会在两极析出产物而

改变两电极的性质,所以测定电导时必须使用交流电源。

图 7.6 为韦斯顿电桥法测定电解质溶液的电导。AB 为均匀的滑线电阻, R_1 为可变电阻,并联一个可变电容 F 以便调节与电导池实现阻抗平衡,M 为放有待测溶液的电导池, R_x 电阻待测。I 是频率在 1000 Hz 左右的高频交流电源,G 为耳机或阴极示波器。

接通电源后,移动 C 点,使 DGC 线路中无电流通过,如用耳机则听到声音最小,这时 D、C 两点电位降相等,电桥达平衡。根据这几个电阻之间的关系就可求得待测溶液的电导,即:

$$\frac{R_1}{R_x} = \frac{R_3}{R_4} \tag{7-3-4}$$

故有:

$$G = \frac{1}{R_x} = \frac{R_3}{R_1 R_4} \tag{7-3-5}$$

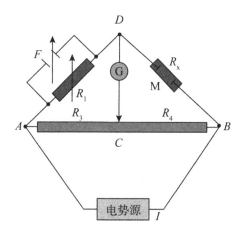

图 7.6　电解质溶液的电导测定

由于电导的测定是在电导池中进行,现引入电导池常数 K_{cell},定义如下:

$$K_{cell} = \frac{l}{A} \tag{7-3-6}$$

将上式代入到电导的计算式,得:

$$\kappa = G \cdot K_{cell} = \frac{K_{cell}}{R} \tag{7-3-7}$$

若 K_{cell} 已知,则测出溶液的电阻后,即可按上式计算溶液的电导率。

K_{cell} 的测定可用一已知电导率的溶液,例如各种不同浓度的 KCl 溶液,装入电导池中,测定其电阻,按式(7-3-7)计算出电导池常数(见表 7.3)。

表 7.3　25 ℃时 KCl 水溶液的电导率

$c/(\text{mol} \cdot \text{dm}^{-3})$	1	0.1	0.01	0.001	0.0001
$\kappa/(\text{S} \cdot \text{m}^{-1})$	11.19	1.289	0.1413	0.01416	0.001489

同一电导池测定待测溶液的电阻,因电导池常数已知,所以可按式(7-3-7)计算待测溶液的电导率。电导率求出后,根据式(7-3-3)可计算摩尔电导率。

[例 7-3]　25 ℃时,在一电导池中装入 0.01 mol · dm^{-3} KCl 溶液测得电阻为 150 Ω,若用同一电导池装入 0.01 mol · dm^{-3} HCl 溶液测得电阻为 51.4 Ω。试计算:

(1)电导池常数;

(2)0.01 mol · dm^{-3} HCl 溶液的电导率;

(3)0.01 mol · dm^{-3} HCl 溶液的摩尔电导率。

解　查表 7.3 得 $c=0.01$ mol · dm^{-3} 的 KCl 溶液的电导率为 0.1413 S · m^{-1},据此可得:

$$(1)K_{\text{cell}}=\frac{\kappa}{G}=\kappa \cdot R=0.1413 \times 150=21.195(\text{m}^{-1})$$

$$(2)\kappa=G \cdot K_{\text{cell}}=\frac{K_{\text{cell}}}{R}=21.195/51.4=0.4124(\text{S} \cdot \text{m}^{-1})$$

$$(3)A_m=\frac{\kappa}{c}=0.4124/0.01=0.04124(\text{S} \cdot \text{m}^2 \cdot \text{mol}^{-1})$$

7.3.3　摩尔电导率与浓度的关系

从图 7.7 可以看出,强电解质溶液的电导率随浓度的增加而增加,但增加到一定程度以后,浓度的增加电导率反而下降。这是由于浓度增加,正、负离子之间的相互作用力增加,离子的运动速率降低,使电导率降低。弱电解质溶液的电导率随浓度的变化不明显,这是因为浓度增加使电解质的离解度降低。

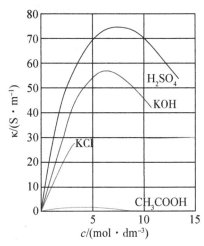

图 7.7　某些电解质水溶液的电导率与浓度的关系

　　摩尔电导率与浓度的关系如图 7.8 所示。对于强电解质,摩尔电导率在浓度较小的范围内与浓度的平方根呈线性关系;而弱电解质则无此关系。电解质的电导,不但与浓度有关(离子之间的相互作用),而且对于弱电解质还要影响电解质的电解度(导电物质的量随电离度增大而增加),从而影响摩尔电导率。

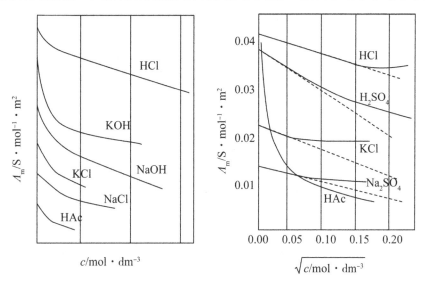

图 7.8　某些电解质水溶液的摩尔电导率与浓度关系(298.15 K)

　　由图 7.8 可以看出,HCl、NaOH、$AgNO_3$ 等强电解质的摩尔电导率随浓度降低而增加,且当 $c_B \to 0$ 时,Λ_m 趋于定值。科尔劳乌斯(Kohlrausch)总结了大量实验事实得出:在很稀的溶液中,强电解质的摩尔电导率与其浓度的平方根成直线关系。用公式表示为:

$$\Lambda_m = \Lambda_m^\infty - A\sqrt{c} \tag{7-3-8}$$

　　式中:A 为常数,Λ_m^∞ 是当 $c \to 0$ 时的摩尔电导率,称为无限稀释摩尔电导率,或称为极限摩尔电导率。

　　CH_3COOH 等弱电解质当浓度很小时,其摩尔电导率随浓度降低增加很快。这是因为弱电解质的浓度降低离解度增加,导电的离子增加,使摩尔电导率迅速增加。但 Λ_m 与 $\sqrt{c}$ 不成直线关系。因此弱电解质的无限稀释摩尔电导率不能通过作图外推得到,而要由下面的离子独立运动定律得到。

7.3.4　离子独立运动定律和离子的摩尔电导率

　　电解质无限稀释时的摩尔电导率 Λ_m^∞ 是电解质的重要性质之一,它反映了离子之间没有引力时电解质所具有的导电能力。Λ_m^∞ 的数值无法由实验直接测定。对强电解质来说,可依据式(7-3-8),将 Λ_m 对 $\sqrt{c}$ 作图得直线外推至 $c=0$ 时所得截距即为 Λ_m^∞。但对弱电解质来说,由于 Λ_m 与 c 的关系为非线性关系,不符合(7-3-8)式,无法通过外推法求得 Λ_m^∞。那么弱电解质的 Λ_m^∞ 如何求得呢?

德国科学家科尔劳乌斯(Kohlrausch)根据大量的实验数据,发现了一个规律:在无限稀释溶液中,每种离子独立移动,不受其他离子影响,电解质的无限稀释摩尔电导率可认为是两种离子无限稀释摩尔电导率之和,这就称为 Kohlrausch 离子独立运动定律。由这一定律,可得到如下两点推论:

(1)在溶液无限稀释时,离子间一切相互作用力全部忽略,电解质全部电离,所以电解质的无限稀释摩尔电导率 Λ_m^∞ 应是正、负离子的无限稀释摩尔电导率 λ_m^∞ 的代数和。比如电解质 $M_{\nu_+}A_{\nu_-}$,则有:

$$\Lambda_m^\infty = \nu_+ \lambda_{m,+}^\infty + \nu_- \lambda_{m,-}^\infty \tag{7-3-9}$$

(2)在溶液无限稀释时,离子在一定的电场力作用下迁移速率只取决于离子自身属性而与其他共存离子无关,因此在一定溶剂和一定温度下,任何一种离子的 λ_m^∞ 均为一定值。

这样,弱电解质的无限稀释摩尔电导率,可以通过强电解质的无限稀释摩尔电导率或直接通过离子的无限稀释摩尔电导率 λ_m^∞ 求得。比如:

$$\Lambda_m^\infty(HAc) = \lambda_m^\infty(H^+) + \lambda_m^\infty(Ac^-)$$
$$= \lambda_m^\infty(H^+) + \lambda_m^\infty(Cl^-) + \lambda_m^\infty(Na^+) + \lambda_m^\infty(Ac^-) - \lambda_m^\infty(Na^+) - \lambda_m^\infty(Cl^-)$$
$$= \Lambda_m^\infty(HCl) + \Lambda_m^\infty(NaAc) - \Lambda_m^\infty(NaCl)$$

或

$$\Lambda_m^\infty(HAc) = \lambda_m^\infty(H^+) + \lambda_m^\infty(Ac^-)$$
$$= \lambda_m^\infty(H^+) + \frac{1}{2}\lambda_m^\infty(SO_4^{2-}) + \lambda_m^\infty(Na^+) + \lambda_m^\infty(Ac^-) - \lambda_m^\infty(Na^+) - \frac{1}{2}\lambda_m^\infty(SO_4^{2-})$$
$$= \frac{1}{2}\Lambda_m^\infty(H_2SO_4) + \Lambda_m^\infty(NaAc) - \frac{1}{2}\Lambda_m^\infty(Na_2SO_4)$$

表 7.4 列出了 25 ℃ 时水溶液中一些离子的无限稀释摩尔电导率。有了离子的无限稀释摩尔电导率,则可按式(7-3-9)计算弱电解质的无限稀释摩尔电导率。

表 7.4　25 ℃ 时常见离子无限稀释的摩尔电导率

正离子	$10^2 \lambda_{m,+}^\infty /S \cdot m^2 \cdot mol^{-1}$	负离子	$10^2 \lambda_{m,-}^\infty /S \cdot m^2 \cdot mol^{-1}$
H^+	3.4982	OH^-	1.98
K^+	0.7352	Br^-	0.784
NH_4^+	0.734	I^-	0.768

正离子	$10^2 \lambda_{m,+}^{\infty} /S \cdot m^2 \cdot mol^{-1}$	负离子	$10^2 \lambda_{m,-}^{\infty} /S \cdot m^2 \cdot mol^{-1}$
Ag^+	0.1692	Cl^-	0.7634
Na^+	0.5011	NO_3^-	0.7144
Li^+	0.3869	ClO_4^-	0.68
Cu^{2+}	1.08	ClO_3^-	0.64
Zn^{2+}	1.08	MnO_4^-	0.62
Cd^{2+}	1.08	HCO_3^-	0.4448
Mg^{2+}	1.0612	Ac^-	0.409
Ca^{2+}	1.190	SO_4^{2-}	1.596
Ba^{2+}	1.2728	CO_3^{2-}	1.66
Sr^{2+}	1.1892	$Fe(CN)_6^{3-}$	3.030
La^{3+}	2.088	$Fe(CN)_6^{4-}$	4.42

7.3.5 电导测定的应用

(1)计算弱电解质的解离度和解离平衡常数

弱电解质的电离度非常小,其离子浓度非常低,对离子而言可
以近似认为是无限稀的溶液,离子之间的相互作用力可以略去不计。在无限稀
的溶液中弱电解质可以认为是完全解离的,因此弱电解质在某一浓度的摩尔电
导率与无限稀的摩尔电导率相比,只是由于解离度不同而导致摩尔电导率不
同,因此对弱电解质的解离度

视频 7.5

$$\alpha = \frac{\Lambda_m}{\Lambda_m^{\infty}}$$ (7-3-10)

测定弱电解质溶液的电导率可以计算其摩尔电导率,从而计算解离度和解
离平衡常数。

[**例 7-4**] 25 ℃时,H^+ 和 HCO_3^- 的无限稀释摩尔电导率分别为 $349.82 \times 10^{-4} S \cdot m^2 \cdot mol^{-1}$ 和 $44.5 \times 10^{-4} S \cdot m^2 \cdot mol^{-1}$,同温度下测得浓度为
$0.0275\ mol \cdot dm^{-3}$ 的 H_2CO_3 溶液的电导率是 $3.86 \times 10^{-3}\ S \cdot m^{-1}$,试计算
H_2CO_3 离解为 H^+ 和 HCO_3^- 的解离度和解离平衡常数。

解 略去水的电导率,则 H_2CO_3 的电导率为 $3.86 \times 10^{-3} S \cdot m^{-1}$

$$\Lambda_m(H_2CO_3) = \frac{\kappa}{c} = \frac{3.86 \times 10^{-3}}{27.5} = 1.404 \times 10^{-4}(S \cdot m^2 \cdot mol^{-1})$$

$$\Lambda_m^{\infty}(H_2CO_3) = \Lambda_m^{\infty}(H^+) + \Lambda_m^{\infty}(HSO_3^-)$$
$$= (349.82 + 44.5) \times 10^{-4}$$
$$= 394.32 \times 10^{-4}(S \cdot m^2 \cdot mol^{-1})$$

故 $\qquad \alpha = \dfrac{A_m}{\Lambda_m^{\infty}} = \dfrac{1.404}{394.32} = 3.56 \times 10^{-3}$

$$c(H^+) = c(HCO_3^-) = c\alpha = 0.0275 \times 3.56 \times 10^{-3}$$
$$= 9.8 \times 10^{-5}(mol \cdot dm^{-3})$$

所以有 $\qquad K_c = \dfrac{c\alpha^2}{1-\alpha} = \dfrac{0.0275 \times (3.56 \times 10^{-3})^2}{1 - 3.56 \times 10^{-3}} = 3.5 \times 10^{-7}$

（2）计算难溶电解质的溶解度

水是一种弱电解质，所以电解质的水溶液至少包含两种电解质。实验测定电解质溶液的电导是溶液中所有电解质的电导之和，同样电解质溶液的电导率也是溶液中所有电解质的电导率之和，即：

$$\kappa = \sum_B \kappa_B \qquad (7\text{-}3\text{-}11)$$

对于 NaCl 等强电解质，NaCl 的电导率比水的电导率大得多，水的电导率可以略去不计，因此溶液的电导率就是 NaCl 的电导率，但是 HAc、H_2CO_3 等弱电解质溶液，水的电导率就不能略去，这类弱电解质的电导率等于溶液的电导率减去水的电导率。AgCl、AgBr 等难溶盐在溶液中的浓度非常低，即使是饱和溶液的浓度也非常低，可以近似认为是无限稀的溶液，因此有下面的等式成立：

$$\Lambda_m \cong \Lambda_m^{\infty} = \frac{\kappa}{c} \qquad (7\text{-}3\text{-}12)$$

上式表明，测定难溶盐溶液的电导率可以计算其溶解度。

[例 7-5] 18 ℃时饱和 $BaSO_4$ 溶液的电导率为 $3.468 \times 10^{-4}S \cdot m^{-1}$，水的电导率为 $1.5 \times 10^{-4}S \cdot m^{-1}$，求 $BaSO_4$ 在 18 ℃时的溶解度。已知 18 ℃时 $\Lambda_m^{\infty}(Ba^{2+}) = 110 \times 10^{-4}S \cdot m^2 \cdot mol^{-1}$，$\Lambda_m^{\infty}(SO_4^{2-}) = 137 \times 10^{-4}S \cdot m^2 \cdot mol^{-1}$。

解 $\quad \Lambda_m \approx \Lambda_m^{\infty} = \Lambda_m^{\infty}(Ba^{2+}) + \Lambda_m^{\infty}(SO_4^{2-}) = (110 + 137) \times 10^{-4}$
$$= 247 \times 10^{-4}(S \cdot m^2 \cdot mol^{-1})$$
$$\kappa(BaSO_4) = \kappa(溶液) - \kappa(水) = (3.468 - 1.5) \times 10^{-4}$$
$$= 1.968 \times 10^{-4}(S \cdot m^{-1})$$
$$c = \kappa/\Lambda_m = (1.968/247) = 7.97(mol \cdot dm^{-3})$$

（3）测量水的纯度

25 ℃时，纯水由于部分电离形成的 H^+ 和 OH^- 而具有微弱的导电性。如果将已电离的水作为强电解质（其浓度约为 $10^{-7} mol \cdot dm^{-3}$），而将未电离的水作为溶剂，就构成了强电解质的无限稀释的溶液，其摩尔电导率可用 Λ_m^{∞} 表示，由此可以算出纯水的电导率为 $5.478\times10^{-6}\,\mathrm{S\cdot m^{-1}}$。而通常我们所见到的水由于溶有一定数量的离子性杂质,其电导率往往远高于该值。常见水的电导率列于表 7.5 中。

表 7.5　常见水的电导率

水的种类	自来水	蒸馏水	去离子水	纯水
$\kappa/\mathrm{S\cdot m^{-1}}$	1×10^{-2}	$\sim1\times10^{-3}$	$<1\times10^{-4}$	5.478×10^{-6}

由于溶有矿物质或空气中二氧化碳的溶解和电离,常见水的电导率往往较纯水的大得多。虽然采用其他仪器方法也可以分析水中微量的离子性杂质,但测量通常十分烦琐和困难,而采用电导法并利用标准曲线却可以方便地测量离子性杂质的含量,因此使用十分广泛。例如,超大规模集成电路(VLSI)清洗过程中用到 HCl、$NH_3\cdot H_2O$ 等电解质,之后需要用大量的超纯水进行冲洗,通常就是采用电导率仪来检测冲洗的效果。

视频 7.6

7.4　电解质溶液的活度及德拜-休克尔极限公式

7.4.1　平均离子活度和平均离子活度系数

电解质分子在溶液中解离成正、负离子,即使溶液很稀,离子间的静电作用力也不能忽略,因此必须引入活度来处理电解质溶液。强电解质在稀溶液中可以认为是完全电离的。设有电解质 $M_{\nu_+}A_{\nu_-}$,在溶液中完全解离,即:

$$M_{\nu_+}A_{\nu_-}=\nu_+M^{z^+}+\nu_-A^{z^-} \tag{7-4-1}$$

式中 ν_+、ν_- 为一个电解质分子中包含的正、负离子的个数,z^+、z^- 为正、负离子的电荷数。电解质在溶液的化学势如同非电解质一样(即不考虑电解质分子的离解),将电解质分子作为一个整体来表示其化学势,也可以用正、负离子的化学势来表示,且这两种表示是等价的,即:

$$\mu=\nu_+\mu^++\nu_-\mu^- \tag{7-4-2}$$

式中 μ 是把电解质分子作为一个整体来考虑的化学势,μ^+ 为正离子的化学势,μ^- 为负离子的化学势。根据化学势与活度的关系有:

$$\mu=\mu^\ominus+RT\ln\alpha \tag{7-4-3a}$$

$$\mu_+=\mu_+^\ominus+RT\ln\alpha_+ \tag{7-4-3b}$$

$$\mu_-=\mu_-^\ominus+RT\ln\alpha_- \tag{7-4-3c}$$

式中 α 为电解质分子作为一个整体的活度,α_+ 为正离子的活度,α_- 为负离

子的活度。将式(7-4-3a)、(7-4-3b)和(7-4-3c)代入到式(7-4-2)中,得:

$$\mu = (\nu_+ \mu_+^\ominus + \nu_- \mu_-^\ominus) + RT\ln(\alpha_+^{\nu_+} \alpha_-^{\nu_-}) \qquad (7\text{-}4\text{-}4)$$

比较式(7-4-2)和式(7-4-4)两边可得:

$$\mu^\ominus = \nu_+ \mu_+^\ominus + \nu_- \mu_-^\ominus \qquad (7\text{-}4\text{-}5)$$

$$\alpha = \alpha_+^{\nu_+} \cdot \alpha_-^{\nu_-} \qquad (7\text{-}4\text{-}6)$$

引入正、负离子的活度系数 γ_+、γ_- 以及电解质分子作为一个整体的活度系数 γ。在电解质溶液中常用质量摩尔浓度,记 b、b_+、b_- 分别为电解质、正离子、负离子的质量摩尔浓度,因此有:

$$\alpha = \gamma(b/b^\ominus) \qquad (7\text{-}4\text{-}7a)$$

$$\alpha_+ = \gamma_+ (b_+ / b^\ominus) \qquad (7\text{-}4\text{-}7b)$$

$$\alpha_- = \gamma_- (b_- / b^\ominus) \qquad (7\text{-}4\text{-}7c)$$

因电解质溶液中正、负离子总是同时存在的,目前尚不能单独测定单个离子的活度和活度系数,故引入平均活度和平均活度系数以及平均质量摩尔浓度,它们的定义如下:

$$\alpha_\pm^\nu = \alpha_+^{\nu_+} \cdot \alpha_-^{\nu_-} \qquad (7\text{-}4\text{-}8a)$$

$$\gamma_\pm^\nu = \gamma_+^{\nu_+} \cdot \gamma_-^{\nu_-} \qquad (7\text{-}4\text{-}8b)$$

$$b_\pm^\nu = b_+^{\nu_+} \cdot b_-^{\nu_-} \qquad (7\text{-}4\text{-}8c)$$

式中 $\nu = \nu_+ + \nu_-$,$\alpha_\pm$ 称为正、负离子的平均活度,$\gamma_\pm$ 称为正、负离子的平均活度系数。由以上各式可得:

$$\alpha = \alpha_\pm^\nu \qquad (7\text{-}4\text{-}9)$$

$$\alpha_\pm = \gamma_\pm (b_\pm / b^\ominus) \qquad (7\text{-}4\text{-}10)$$

将式(7-4-9)、(7-4-10)代入到式(7-4-4)中,得:

$$\mu = \mu^\ominus + RT\ln \alpha_\pm^\nu = \mu^\ominus + RT\ln\left(\gamma_\pm \frac{b_\pm}{b^\ominus}\right)^\nu \qquad (7\text{-}4\text{-}11)$$

7.4.2 离子强度

大量实验结果表明:在稀溶液情况下,影响强电解质离子平均活度系数 $\gamma_\pm$ 的主要因素是浓度和离子的价数,而且离子价数的影响比浓度的影响更为显著:①在稀溶液的范围内,$\gamma_\pm$ 随浓度的增加而降低,但是当浓度达到一定值后,随浓度的增加反而增加。例如 HCl 溶液,当 $b_{HCl} > 0.5 \ mol \cdot kg^{-1}$ 时,$\gamma_\pm$ 随浓度的增加而增加,甚至 $\gamma_\pm > 1$。这是由于离子水化使较多的溶剂在离子周围的水化层中,相当于溶剂水的相对量降低造成的。②在稀溶液的范围内,对于价型相同的电解质在浓度相同时,$\gamma_\pm$ 值几乎相等。但对于不同价型的电解质,浓度相等 $\gamma_\pm$ 值也不等,且正负离子价数的乘积越大,所产生的偏差也越大。可见影

响 $\gamma_\pm$ 值的不仅是浓度,离子的价型对其影响也很大。路易斯根据实验结果,提出了离子强度的概念,并给出了 $\gamma_\pm$ 与离子强度 I 的关系式:

$$\lg\gamma_\pm = -K\sqrt{I} \tag{7-4-12}$$

式中:K 为常数,离子强度 I 是溶液中所有离子的贡献,其数值可通过下式计算得到。

$$I = \frac{1}{2}\sum_B b_B z_B^2 \tag{7-4-13}$$

[例 7-6]　试分别计算下列溶液的离子强度。

(1)0.1 mol·kg^{-1}KCl 溶液;

(2)KCl 和 BaCl$_2$ 混合溶液,KCl 的浓度为 0.1 mol·kg^{-1},BaCl$_2$ 的浓度为 0.2 mol·kg^{-1}。

解　(1) $I = \dfrac{1}{2}\sum_B b_B z_B^2 = \dfrac{1}{2}[0.1\times1^2 + 0.1\times(-1)^2]$

$\qquad = 0.1\,(\text{mol·kg}^{-1})$

(2)$I = \dfrac{1}{2}\sum_B b_B z_B^2 = \dfrac{1}{2}[0.1\times1^2 + 0.5\times(-1)^2 + 0.2\times2^2]$

$\qquad = 0.7(\text{mol·kg}^{-1})$

7.4.3　德拜-休克尔极限公式

电解质的离子平均活度系数不仅可以由实验测定获得,也可以由理论计算或半经验方法获得。德拜(Debye)和休克尔(Hückel)于 1923 年提出了强电解质互吸理论。该理论认为在稀溶液中,强电解质是完全解离的,电解质溶液与理想溶液的偏差主要来源于离子之间的静电相互作用。德拜-休克尔提出了离子氛的概念。

(1)离子氛

在电解质溶液中正、负离子共同存在,相互作用。主要有:

①溶剂分子与溶剂分子之间

②溶剂分子与离子之间(溶剂化)

③离子与离子之间

为了研究电解质溶液中离子间的相互作用,将十分复杂的离子间静电作用简化成离子氛模型,该模型要点如下:

①中心离子(选任意离子(正或负);

②离子氛-中心离子周围其他正、负离子球形分布的集合体,与中心离子电性相反,电量相等;

③溶液中众多正、负离子间的静电相互作用,可以归结为每个中心离子所带的电荷与包围它的离子氛的净电荷之间的静电作用。

(2)德拜-休克尔极限公式

由离子氛模型出发,加上一些近似处理,推导出一个适用于电解质稀溶液正、负离子活度系数计算的理论公式,再转化为计算离子平均活度因子的公式,即:

$$\lg\gamma_B = -Az_B^2\sqrt{I} \tag{7-4-14}$$

式中 A 是与温度、溶剂有关的常数,在 25 ℃ 的水溶液中 $A = 0.509(\text{mol}^{-1} \cdot \text{kg})^{1/2}$,由于单个离子的活度系数无法直接从实验测定,由式(7-4-8b)得:

$$\nu\lg\gamma_\pm = \nu_+\lg\gamma_+ + \nu_-\lg\gamma_- \tag{7-4-15}$$

将式(7-4-14)代入得:

$$\nu\lg\gamma_\pm = -A(\nu_+ z_+^2 + \nu_- z_-^2)\sqrt{I} \tag{7-4-16}$$

因 $\nu_+ z_+ = |\nu_- z_-|$ 和 $\nu = \nu_+ + \nu_-$,故上式即为:

$$\lg\gamma_\pm = -A|z_+ z_-|\sqrt{I} \tag{7-4-17}$$

此式只适用于很稀(一般 $b < 0.01 \sim 0.001 \text{ mol} \cdot \text{kg}^{-1}$)的强电解质溶液,所以上式称为德拜-休克尔极限公式(limiting law)。

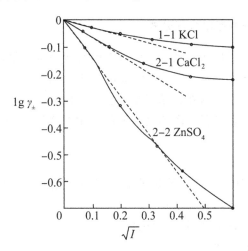

图 7.9　德拜-休克尔极限公式的验证

由式(7-4-17)可以看出,若以 $\lg\gamma_\pm$ 对 $\sqrt{I}$ 作图应为一条直线,而且对于 $|z_+ z_-|$ 相同的电解质应为同一直线。图 7.9 中实线为实验值,虚线为按德拜-休克尔极限公式的计算值。在稀溶液的范围内实验值与计算值能比较好地符合。

［例 7-7］ 在 25 ℃时，用德拜-休克尔极限公式计算下列混合溶液中各个电解质的平均活度系数及相应的活度。混合溶液为 $NaNO_3$、$Mg(NO_3)_2$ 和 $Al(NO_3)_3$，三者浓度均为 0.002 mol·kg^{-1}。

解 整个电解质溶液的离子强度 I 为：

$$I = \frac{1}{2}\sum_B b_B Z_B^2 = \frac{1}{2}(0.002 \times 1^2 + 0.002 \times 2^2 + 0.002 \times 3^2 + 0.002 \times 6 \times 1^2)$$
$$= 0.04 \text{ mol·kg}^{-1}$$

对电解质组分 $NaNO_3$ 来说，其平均活度系数和活度：

$$\lg\gamma_\pm = -0.509|z_+ z_-|\sqrt{I} = -0.509 \times |1 \times 1| \times \sqrt{0.04} = -0.1018 \text{，} \gamma_\pm = 0.791$$
$$b_\pm = (b_+^{\nu_+} \cdot b_-^{\nu_-})^{1/\nu} = b = 0.002(\text{mol·kg}^{-1})$$
$$\alpha = \alpha_\pm^\nu = \alpha_\pm^2 = \left(\gamma_\pm \cdot \frac{b_\pm}{b^\ominus}\right)^2 = \left(0.791 \times \frac{0.002}{1}\right)^2 = 2.503 \times 10^{-6}$$

同理，电解质组分 $Mg(NO_3)_2$

$$\lg\gamma_\pm = -0.509|z_+ z_-|\sqrt{I} = -0.509 \times |2 \times 1| \times \sqrt{0.04} = -0.2036 \text{，} \gamma_\pm = 0.626$$
$$b_\pm = (b_+^{\nu_+} \cdot b_-^{\nu_-})^{1/\nu} = [b \times (2b)^2]^{1/3} = 4^{1/3} \times 0.002$$
$$= 0.00317 \text{ mol·kg}^{-1}$$
$$\alpha = \alpha_\pm^\nu = \alpha_\pm^3 = \left(\gamma_\pm \cdot \frac{b_\pm}{b^\ominus}\right)^3 = \left(0.626 \times \frac{0.00317}{1}\right)^3 = 7.814 \times 10^{-9}$$

电解质组分 $Al(NO_3)_3$

$$\lg\gamma_\pm = -0.509|z_+ z_-|\sqrt{I} = -0.509 \times |3 \times 1| \times \sqrt{0.04} = -0.3054$$
$$\gamma_\pm = 0.495$$
$$b_\pm = (b_+^{\nu_+} \cdot b_-^{\nu_-})^{1/\nu} = [b \times (3b)^3]^{1/4} = 27^{1/4} \times 0.002 = 0.00456(\text{mol·kg}^{-1})$$
$$\alpha = \alpha_\pm^\nu = \alpha_\pm^4 = \left(\gamma_\pm \cdot \frac{b_\pm}{b^\ominus}\right)^4 = \left(0.495 \times \frac{0.00456}{1}\right)^4 = 2.596 \times 10^{-11}$$

7.5　可逆电池与电动势的测定

视频 7.7

7.5.1　可逆电池

电池（cell）由电极（electrode）和电解质溶液组成。可逆电池（reversible cell），即按照热力学可逆的方式将化学能转化为电能的装置。研究可逆电池不仅可以建立热力学与电化学的联系，而且可以为热力学研究提供方法和手段。

（1）可逆电池及其表示

热力学理论显示，体系经过某一变化后，当沿着相反方向回到原来状态，环境也同时恢复到原态,则原过程是热力学可逆过程。否则,就是不可逆过程。根据这一性质,电池可分为可逆电池(reversible cell)和不可逆电池(irreversible cell)两种。可逆电池是一个十分重要的概念,因为只有可逆电池才能进行严格的热力学处理。

比如铜锌电池,将一外接电源与之并联,使外加电动势的正极与电池的正极,负极与负极相连。当外加电势 V 比电池的电动势 E 小 δV 时,电池放电,其反应为:

正极反应: $Cu^{2+} + 2e^- \longrightarrow Cu$

负极反应: $Zn - 2e^- \longrightarrow Zn^{2+}$

电池反应: $Zn + Cu^{2+} \longrightarrow Zn^{2+} + Cu$

而外加电势 V 比电池的电动势 E 大 δV 时,电池充电,其反应为:

正极反应: $Cu - 2e^- \longrightarrow Cu^{2+}$

负极反应: $Zn^{2+} + 2e^- \longrightarrow Zn$

电池反应: $Zn^{2+} + Cu \longrightarrow Zn + Cu^{2+}$

可见,该电池在充放电时的化学反应恰好相反,即电池反应中物质变化是可逆的,同时内外电压只相差无限小的值,说明电池反应是在十分接近于平衡态下进行的,因此当电池恢复原状时,在环境中也不会留下任何痕迹,这样的电池就符合热力学可逆的条件,故称为可逆电池。总之,可逆电池必须具备两个基本条件:

①电池中化学反应必须是可逆的,即电极上的化学反应可向正反两个方向进行。(物质可逆)

②电池充放电时所通过的电流必须十分微小,电池可以在接近平衡状态下工作,或放电时的能量全部可用来充电,使体系和环境都回到原来的状态。(能量转化可逆)。

只有同时满足上述两个条件的电池才是可逆电池,即可逆电池在充电和放电时不仅物质转变是可逆的(即总反应可逆),而且能量的转变也是可逆的(即电极上的正向、反向反应是在平衡状态下进行的)。若不能同时满足上述两个条件的电池均是不可逆电池。不可逆电池两电极之间的电势差会随着具体工作条件变化而变化,且恒小于该电池的电动势。

电池还可以根据其装置分为单液电池和双液电池。

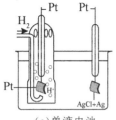 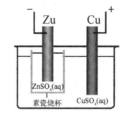 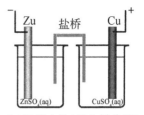

（a）单液电池　　（b）双液电池（用素瓷烧杯分开）　　（c）双液电池（用盐桥分开）

图 7.10　单液电池和双液电池

严格地说,双液电池都是不可逆电池,因为在两种电解质之间存在扩散过程,如图 7.10(b)的双液电池,在放电时,Zn^{2+} 会向 $CuSO_4$ 溶液扩散(因为放电过程中负极 Zn^{2+} 浓度增加,而 Cu^{2+} 浓度降低),而在充电时,Cu^{2+} 会向 $ZnSO_4$ 溶液扩散(因为 Cu^{2+} 会向负极迁移),这两种扩散离子的迁移速率不同,所以扩散的结果在两种液体接界处产生一定方向、一定大小的电势,称为液体接界电势,或扩散电势,所以是不可逆的。液体接界电势有时较大,在精确计算时是不可以忽略,但是在两种溶液之间插入盐桥,如图 7.10(c)双液电池,就可以近似的认为液体接界电势已经消除,由此当作可逆电池来处理。

（2）电池表示方式

所谓电池的表示方式,就是采用人为规定的一些符号来表示电池组成的式子。如图 7.11 所示的丹尼尔电池,就可以简单地用下列表达式表示:

$$Zn(s) | Zn^{2+}(a_1) | Cu^{2+}(a_2) | Cu(s)$$

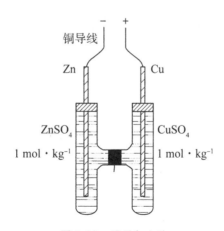

图 7.11　丹尼尔电池

表达式要比采用图 7.11 的图示形式简单方便得多。在书写电池表达式时,通常需遵循以下规定:

①正极(发生还原反应)写在右边,负极(发生氧化反应)写在左边;

②各化学式及符号的排列顺序,要真实反映电池中各种物质的接触次序;

③应标明构成电池各物质的相态(g,l,s 等)、温度、压力,溶液应注明浓度,aq 表示水溶液。若不注明温度、压力,则一般为 25 ℃、100 kPa。

④以单竖线"│"表示不同物相间的界面,用双竖线"‖"表示盐桥,用竖虚线"┊"表示半透膜。

⑤气体电极和氧化还原电极要辅以导电的惰性电极,通常是铂电极。

7.5.2　电池电动势的测定

电池电动势 E 是电化学的重要参数,要讨论可逆电池电动势的影响因素以及电池反应与热力学量之间的关系,首先必须建立电池电动势的测量方法。

测量电池电动势通常采用电势差计(potentiometer)。电池电动势的测量必须在可逆条件下进行,虽然可以采用不少方法来测量电池电动势,但主要采用对消法(compensation method),其测量原理如图 7.12 所示。其中,AB 为均匀的滑线电阻,可变电阻 R 与电压为 E_w 的工作电源构成回路,通过调节 R,可以在 AB 上产生数值不同的均匀电势降。E_x 和 $E_{s.c}$ 分别为待测电池和标准电池(standard cell)的电动势。K 为双向开关。G 为高灵敏度检流计,通过接触点在 AB 上滑动。测量时先校准 AB 上的电势降:将接触点首先移到对应 $E_{s.c}$ 值的刻度 H 处,而后将 K 与 $E_{s.c}$ 接通,迅速调节可变电阻 R 使 G 中无电流通过,此时 H 处的电势就等于标准电池的电势,从而校准了 AB 上的电势降标度。而后固定 R 不变,将 K 与 E_x 接通,迅速调节接触点至 G 中无电流通过的 C 点,此时 C 点对应的电势降数值即为待测电池的电动势 E_x,即:

$$E_x = E_{s.c} \cdot \frac{AH}{AC} \tag{7-5-1}$$

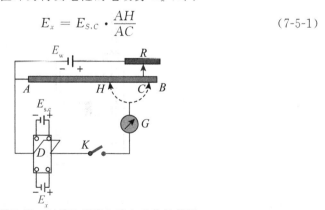

图 7.12　对消法测定电池电动势的简图

显然,电池电动势测量的精确度主要由标准电池决定。目前最常用的标准

电池是韦斯顿(Weston)标准电池,其结构示意如图 7.13 所示,其电池表达式为:

$$\text{Cd}(12.5\%)\text{-Hg 齐} \,\Big|\, \text{CdSO}_4 \cdot \frac{8}{3}\text{H}_2\text{O}(s) \,\Big|\, \text{CdSO}_4 \text{ 饱和溶液}$$

$$\Big|\, \text{CdSO}_4 \cdot \frac{8}{3}\text{H}_2\text{O}(s) \,\Big|\, \text{Hg}_2\text{SO}_4(s)\text{-Hg}(l)$$

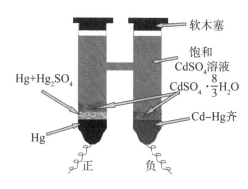

图 7.13 韦斯顿标准电池结构简图

其正极是汞和硫酸亚汞的糊状物,下方放少许汞;负极是含 12.5% 镉的汞齐。在糊状物和汞齐的上方放有 $\text{CdSO}_4 \cdot \frac{8}{3}\text{H}_2\text{O}(s)$ 晶体,以保证电池内溶液处于饱和状态。也有采用 $0.1 \text{ mol} \cdot \text{dm}^{-3}$ 或 $1.0 \text{ mol} \cdot \text{dm}^{-3} \text{ CdSO}_4$ 溶液作为电解液的标准电池。该电池的电极反应和电池反应分别为:

负极反应:$\text{Cd}(\text{Hg})(a) + \text{SO}_4^{2-} + \frac{8}{3}\text{H}_2\text{O} \longrightarrow \text{CdSO}_4 \cdot \frac{8}{3}\text{H}_2\text{O}(s) + 2e^-$

正极反应:$\text{Hg}_2\text{SO}_4(s) + 2e^- \longrightarrow 2\text{Hg}(l) + \text{SO}_4^{2-}$

电池反应:$\text{Cd}(\text{Hg})(a) + \text{Hg}_2\text{SO}_4(s) + \frac{8}{3}\text{H}_2\text{O} \longrightarrow \text{CdSO}_4 \cdot \frac{8}{3}\text{H}_2\text{O}(s) +$
$$2\text{Hg}(l)$$

该电池的电动势 $E_{s,c}$ 精确且十分稳定。如 20 ℃时,$E_{s,c} = 1.01865\text{V}$,其精确度要高于一般电池电动势测量所要求的 0.1 mV。其他温度下,$E_{s,c}$ 可按下式校正。

标准电池电动势与温度的关系:
$$E_{s,c} = 1.01845 - 4.05 \times 10^{-5}(T - 293.15) - 9.5 \times 10^{-7}(T - 293.15)^2$$
$$+ 1.0 \times 10^{-8}(T - 293.15)^3$$

由上式可知,温度对韦斯顿电池的电动势的影响很小。

电池电动势不能用伏特计来直接测量,因为当把伏特计与电池接通后,由于电池的放电,不断发生化学变化,电池中溶液的浓度将不断改变,因而电动势也会发生变化。另一方面,电池本身存在内电阻,所以伏特计所测量的只是两极上的电势降,而不是电池的电动势。只有在没有电流通过时的电势降才是电池的真正的电动势。而对消法测量电池电动势有下列优点:

①在两次平衡中检流计都指零,没有电流通过它,也就是说,电位差计既不从标准电池中吸取能量,也不从被测电池中吸取能量。这表明标准电池的电动势 $E_{s,c}$ 仅作为电动势的参考标准,而且测量时并不改变被测对象的状态,即被测电动势能高度准确的保持其原有的数值。

②不需要测出线路中所通过电流的数值,只需测得 AH 和 AC 的值就可以了。

视频 7.8

③测量结果的准确性依赖于电动势 E_n,即被测电动势的补偿电阻 R_x 与标准电池的补偿电阻 R_n 的比值,由于标准电池及电阻 R_x,R_n 都可以制造达到较高的精度,再与高灵敏度的检流计配合,保证测量结果极为准确。

7.6 原电池热力学

7.6.1 可逆电动势与电池反应的吉布斯函数变

定温定压的可逆过程,体系吉布斯函数的减小等于体系对外所做的最大有效功 W'_r,即系统能够对外输出最大电功(可逆电功)。已知电功 $W'_r = -QE$,若电池反应过程中电子转移的物质的量为 n,根据法拉第定律,通过电化学装置的电荷量为 $Q = nF$,则有:

$$\Delta_r G_m = -nEF \qquad (7\text{-}6\text{-}1)$$

该式成为沟通热力学与电化学的桥梁,式中 E 为可逆电池的电动势。通过测定可逆电池的电动势,可求得电池反应的摩尔吉布斯函变 $\Delta_r G_m$,进而可方便地解决反应的热力学问题。

若参与电池反应的各物质均处于标准状态($a_B = 1$),则有:

$$\Delta_r G_m^\ominus = -nE^\ominus F \qquad (7\text{-}6\text{-}2)$$

式中 $E^\ominus$ 为电池的标准电动势,它等于电池反应中各物质均处于标准状态且无液体接界电势时电池的电动势。对于给定的电池系统,$E^\ominus$ 在定温下具有确定值。

7.6.2　电动势的能斯特方程

可逆电池电动势的大小与参加电池反应的各物质活度之间的关系,则可通过热力学的方法获得。对电池总反应为:$0 = \sum_{B} \nu_B B$ 的任意反应,比如:

$$cC(\alpha_C) + dD(\alpha_D) \longrightarrow yY(\alpha_Y) + zZ(\alpha_Z)$$

根据范特霍夫定温方程,该反应的 $\Delta_r G_m$ 为:

$$\Delta_r G_m = \Delta_r G_m^\ominus + RT\ln\prod_{B}(\alpha_B)^{\nu_B} = \Delta_r G_m^\ominus + RT\ln\frac{\alpha_Y^y \cdot \alpha_Z^z}{\alpha_C^c \cdot \alpha_D^d}$$

由 $\Delta_r G_m = -nEF$ 及 $\Delta_r G_m^\ominus = -nE^\ominus F$,可以推导得:

$$E = E^\ominus - \frac{RT}{nF}\ln\prod_{B}(\alpha_B)^{\nu_B} = E^\ominus - \frac{RT}{nF}\ln\frac{\alpha_Y^y \cdot \alpha_Z^z}{\alpha_C^c \cdot \alpha_D^d} \tag{7-6-3}$$

该式表明一定温度下电池的电动势与参加电池反应各组分活度之间的关系,称为电池反应的能斯特(Nernst)方程。式中活度的取值规定为:纯液体或纯固体,活度为1;气体组分 $\alpha_B = \dfrac{\widetilde{p_B}}{p^\ominus}$,$\widetilde{p_B}$ 为气体组分 B 的逸度,若气体可看作理想气体,则 $\alpha_B = \dfrac{p_B}{p^\ominus}$,真实溶液中的组分 $\alpha_B = \gamma_B\dfrac{b_B}{b^\ominus}$ 。

[例 7-8]　电池 $Zn(s)|ZnCl_2(b=0.555\ mol \cdot kg^{-1})|AgCl(s)\text{-}Ag(s)$,在 298 K 时 $E = 1.015V$,$E^\ominus = 0.985V$ 。试求在该温度下电池内 $ZnCl_2$ 溶液的活度系数。

解　该电池反应为:$Zn(s) + 2AgCl(s) \longrightarrow Zn^{2+}(a_+) + 2Cl^-(a_-) + 2Ag(s)$,将题目中已知的 E 和 $E^\ominus$ 值,代入式(7-6-3)电池电动势的能斯特方程,得:

$$1.015 = 0.985 - \frac{RT}{2F}\ln\left[(b_+ \cdot \gamma_+) \cdot (b_-^2 \cdot \gamma_-^2)\right]$$

再代入电解质组分 $ZnCl_2$ 的质量浓度数据,则有:

$$1.015 = 0.985 - \frac{8.314 \times 298}{2 \times 96500}\ln\left[0.555 \times (2 \times 0.555)^2 \gamma_\pm^3\right]$$

由此求得 $ZnCl_2$ 电解质组分的离子平均活度系数

$$\gamma_\pm = 0.521$$

[例 7-9]　电池 $Pt|H_2(g,p^\ominus)|$某电解质溶液 $\parallel$ 饱和 $KCl|Hg_2Cl_2|Hg$ 。在 25 ℃ 时,某电解质溶液是 $pH = 6.86$ 的缓冲溶液时,测得其电动势 $E_1 = 0.7409V$,而改为充入未知 pH 的待测溶液时,测得 $E_2 = 0.6097V$ 。求待测溶液的 pH。

解 该电池反应为：

$$H_2(g, p^{\ominus}) + Hg_2Cl_2(s) \rightarrow 2H^+(a_{H^+}) + 2Cl^-(a_{Cl^-}) + 2Hg(s)$$

其对应的电池电动势的能斯特方程为：

$$E = E^{\ominus} - \frac{RT}{nF}\ln\prod_B(a_B)^{\nu_B} = E^{\ominus} - \frac{RT}{2F}\ln\frac{a_{H^+}^2 \cdot a_{Cl^-}^2}{a_{H_2} \cdot a_{Hg_2Cl_2}}$$

式中 $a_{Hg_2Cl_2} = 1$，$a_{H_2} = \frac{p_{H_2}}{p^{\ominus}} = 1$，若令 $E' = E^{\ominus} - \frac{RT}{2F}\ln a_{Cl^-}^2$，则上式简化为：

$$E = E' - \frac{RT}{F}\ln a_{H^+} = E' - 0.05916\lg a_{H^+}$$

由于 $pH = -\lg a_{H^+}$，代入上式，进一步化简为：

$$E = E' - \frac{RT}{F}\ln a_{H^+} = E' + 0.05916 pH$$

将题目中两个不同 pH 值下测定的电池电动势，代入此式，便得：

$$0.7409 = E' + 0.05916 \times 6.86 \qquad ①$$
$$0.6097 = E' + 0.05916 pH \qquad ②$$

两式相减，解得待测溶液　　　　　$pH = 4.64$

通过测定电池的电动势来标定溶液的 pH，电池的电极必须有一个是已知电极电势的参比电极，通常用甘汞电极，另一个电极是对 H^+ 可逆的电极，常用的有氢电极和玻璃电极。

7.6.3 由原电池标准电动势计算电池反应的标准平衡常数

将电池反应标准平衡常数 $K^{\ominus}$ 的热力学计算式 $\Delta_r G_m^{\ominus} = -RT\ln K^{\ominus}$，代入式(7-6-2)，整理可得：

$$\ln K^{\ominus}(T) = \frac{nFE^{\ominus}}{RT} \qquad (7\text{-}6\text{-}4)$$

标准电动势 $E^{\ominus}$ 的数值可查表获得，据此式可计算电池反应的标准平衡常数 $K^{\ominus}$。需要注意的是 $E^{\ominus}$ 与 $K^{\ominus}$ 所处的状态不同：$E^{\ominus}$ 的标准态，是指参加反应的各物质均处于标准态时所对应的电动势，可以通过标准电极电势得到，与反应式的书写无关。$K^{\ominus}$ 的平衡态，是指电池反应达到平衡以后，各物质的活度之间的关系，与反应式的书写有关。这里，只是 $\Delta_r G_m^{\ominus}$ 将两者从数值上联系在一起，在物理意义上没有直接联系。

[**例 7-10**] 已知电池：$Hg(l)\text{-}Hg_2Cl_2(s) \mid KCl(a_{KCl}) \mid AgCl(s)\text{-}Ag(s)$

(1)写出电极反应和电池反应；

(2)计算 298 K 时，电池反应的 $\Delta_r G_m^{\ominus}$；

(3)计算 298 K 时电池的 $E^{\ominus}$ 和所写电池反应的 $K^{\ominus}$。

（已知 $\Delta_f G_m^{\ominus}(Hg_2Cl_2) = -210.66\ kJ \cdot mol^{-1}$，$\Delta_f G_m^{\ominus}(AgCl) = -109.72\ kJ \cdot mol^{-1}$）

解　（1）负极反应：$Hg(l) + Cl^-(a) - e^- \longrightarrow \dfrac{1}{2}Hg_2Cl_2(s)$

正极反应：$AgCl(s) + e^- \longrightarrow Ag(s) + Cl^-(a)$

电池反应：$AgCl(s) + Hg(l) \longrightarrow Ag(s) + \dfrac{1}{2}Hg_2Cl_2(s)$ ①

或 $\qquad\qquad\qquad 2AgCl(s) + 2Hg(l) \longrightarrow 2Ag(s) + Hg_2Cl_2(s)$ ②

（2）在 298 K 时，对电池反应①式

$$\Delta_r G_m^{\ominus} = \dfrac{1}{2}\Delta_f G_m^{\ominus}(Hg_2Cl_2) - \Delta_f G_m^{\ominus}(AgCl)$$

$$= \dfrac{1}{2} \times (-210.66) - (-109.72) = 4.39(kJ \cdot mol^{-1})$$

对电池反应②式：

$$\Delta_r G_m^{\ominus} = \Delta_f G_m^{\ominus}(Hg_2Cl_2) - 2\Delta_f G_m^{\ominus}(AgCl)$$

$$= (-210.66) - 2 \times (-109.72) = 8.78(kJ \cdot mol^{-1})$$

（3）在 298 K 时，对电池反应①式

$$E_1^{\ominus} = \dfrac{\Delta_r G_m^{\ominus}}{-nF} = -\dfrac{4.39 \times 10^3}{1 \times 96500} = -0.0455(V)$$

$$K_1^{\ominus} = \exp\left(\dfrac{nE_1^{\ominus}F}{RT}\right) = \exp\left(\dfrac{1 \times (-0.0455) \times 96500}{8.314 \times 298}\right) = 0.17$$

对电池反应②式：

$$E_2^{\ominus} = \dfrac{\Delta_r G_m^{\ominus}}{-nF} = -\dfrac{8.78 \times 10^3}{2 \times 96500} = -0.0455(V)$$

$$K_2^{\ominus} = \exp\left(\dfrac{nE_2^{\ominus}F}{RT}\right) = \exp\left(\dfrac{2 \times (-0.0455) \times 96500}{8.314 \times 298}\right) = 0.0289$$

可见：$E^{\ominus}$ 与反应式的书写无关，而 $\Delta_r G_m^{\ominus}$、$K^{\ominus}$ 与反应式的书写有关。

7.6.4　由原电池电动势的温度系数计算电池反应的摩尔熵变

由组成不变的热力学基本方程：$dG = -SdT + Vdp$

应用于电池反应，有 $\left(\dfrac{\partial \Delta_r G_m}{\partial T}\right)_p = -\Delta_r S_m$，将式 $\Delta_r G_m = -nEF$ 代入得：

$$\Delta_r S_m = nF\left(\dfrac{\partial E}{\partial T}\right)_p \qquad\qquad (7\text{-}6\text{-}5)$$

式中 $\left(\dfrac{\partial E}{\partial T}\right)_p$ 称为原电池电动势的温度系数，表示定压下电动势随温度的变化率，单位为 $V \cdot K^{-1}$，可通过实验测定一系列不同温度下的电动势求得。

7.6.5 由原电池电动势及电动势的温度系数计算电池反应的摩尔焓变

由 $\Delta_r G_m = \Delta_r H_m - T\Delta_r S_m$,得:

$$\Delta_r H_m = \Delta_r G_m + T\Delta_r S_m = -nFE + nFT\left(\frac{\partial E}{\partial T}\right)_p \tag{7-6-6}$$

通过实验测定可逆电池的电动势 E 和电动势的温度系数 $\left(\dfrac{\partial E}{\partial T}\right)_p$,便可计算 $\Delta_r H_m$ 的值。据上式计算的 $\Delta_r H_m$ 是指反应在定温、定压、无非体积功的情况下进行时的热效应(Q_p)。由于电动势能够精确测量,故得到的 $\Delta_r H_m$ 值要比量热法测定值准确一些。

7.6.6 计算原电池可逆放电时的反应热

一定温度下,原电池可逆放电时,电池反应的可逆热效应 Q_r 为:

$$Q_r = T\Delta_r S_m = nFT\left(\frac{\partial E}{\partial T}\right)_p \tag{7-6-7}$$

这样,由电池电动势的温度系数就可以判断电池工作时吸、放热情况,$\left(\dfrac{\partial E}{\partial T}\right)_p > 0$ 时,电池等温可逆工作时吸热; $\left(\dfrac{\partial E}{\partial T}\right)_p < 0$ 时,电池等温可逆工作时放热; $\left(\dfrac{\partial E}{\partial T}\right)_p = 0$ 时,电池等温可逆工作时与环境无热交换。

[例 7-11] 已知电池 $Ag(s)\text{-}AgCl(s) \mid HCl(a_\pm = 0.8) \mid Hg_2Cl_2(s)\text{-}Hg(l)$,在 25 ℃时, $E = 0.0459V$, $(\partial E/\partial T)_p = 3.38 \times 10^{-4} V \cdot K^{-1}$ 。试:

(1)写出电极反应和电池反应;

(2)计算在 25 ℃、 $n = 2$ 时,电池反应的 $\Delta_r G_m$, $\Delta_r H_m$, $\Delta_r S_m$ 和可逆电池反应热 Q_r 。

解 (1)电池的电极反应及电池反应为

负极反应: $2Ag(s) + 2Cl^- - 2e^- \longrightarrow 2AgCl(s)$

正极反应: $Hg_2Cl_2(s) + 2e^- \longrightarrow 2Cl^- + 2Hg(l)$

电池反应: $2Ag(s) + Hg_2Cl_2(s) \longrightarrow 2AgCl(s) + 2Hg(l)$

(2) $T = 298.15$ K ,参加上述电池反应的纯固态或纯液态物质的活度皆为 1,所以此电池的电动势和标准电动势相等,即 $E = E^\ominus = 0.0459V$,进而计算各热力学函数。

$$\Delta_r G_m = \Delta_r G_m^\ominus = -nEF = -2 \times 0.0459 \times 96500 = -8.86(kJ \cdot mol^{-1})$$

$$\Delta_r S_m = nF\left(\frac{\partial E}{\partial T}\right)_p = 2 \times 96500 \times 3.38 \times 10^{-4}$$

$$= 65.23(\mathrm{J \cdot mol^{-1} \cdot K^{-1}})$$

$$\Delta_r H_m = \Delta_r G_m + T\Delta_r S_m = -8.86 + 298.15 \times 65.23 \times 10^{-3}$$
$$= 10.59(\mathrm{kJ \cdot mol^{-1}})$$

可逆电池反应热：

$$Q_r = T\Delta_r S_m = 298.15 \times 65.23 \times 10^{-3} = 19.45(\mathrm{kJ \cdot mol^{-1}})$$

视频 7.9

7.7　电极电势和液体接界电势

化学电池是由两个"半电池"，即正负电极放在相应的电解质溶液中组成的。在电池反应过程中正极上起还原反应，负极上起氧化反应，而电池反应是这两个电极反应的总和。其电动势为组成该电池的两个半电池的电极电势的代数和。若知道了一个半电池的电极电势，通过测量这个电池电动势就可算出另外一个半电池的电极电势。所谓电极电势，它的真实含义是金属电极与接触溶液之间的电位差。它的绝对值至今也无法从实验上进行测定。在电化学中，电极电势是以一电极为标准而求出其他电极的相对值。

7.7.1　电极电势

（1）电池电动势产生的机理

电池电动势是当通过电池的电流为零时两极间的电势差，它是电池内各界面电势差的代数和。以铜锌电池为例：

$$(-)\mathrm{Cu\text{-}Zn \mid ZnSO_4(aq) \mid CuSO_4(aq) \mid Cu(+)}$$

①电极与溶液的界面电势差。将金属插入水中，由于金属离子在金属中和在水中的化学势不等，金属离子将在金属和水两相间转移，若离子在金属相的化学势大于在水相的，则金属离子向水中转移，而将电子留在金属上，使金属表面带负电，这将吸引负离子在金属表面聚集，并形成双电层，如图 7.14。双电层分为两层，一层是紧密层，一层是扩散层，紧密层的厚度约为 10^{-10} m，扩散层的厚度与溶液的浓度、温度以及金属表面的电荷有关，约为 $10^{-10} \sim 10^{-6}$ m。若将金属插入含有该金属离子的溶液中，也将在金属和溶液的界面上形成双电层，产生电势差，若金属离子在溶液中的化学势大于它在金属上的化学势，则金属离子将从溶液转移至金属电极上，而使金属表面带正电，并吸引负离子在其表面聚集，形成双电层，平衡时金属电极与溶液本体的电势差一定，称之为电极与溶液的界面电势差，也称为电极电势，其中负极电势差记为 ε_-，正极电势差记为 ε_+。

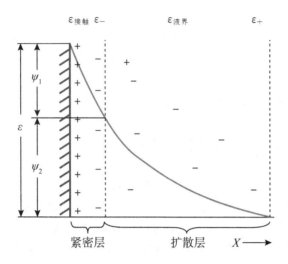

图 7.14　扩散双电层结构模型

②金属与金属界面的电势差。电子从金属表面逸出时,为了克服表面势垒必须做功,人们将这种功称之为电子逸出功。逸出功的大小既与金属材料有关,又与金属的表面状态有关。当一种金属与另一种金属接触时,由于电子的逸出功不同,相互逸出的电子数不等,在界面上形成双电层,由此产生的电势差称为接触电势 $\varepsilon_{接触}$。比如,上述电池的负极在用铜导线与锌电极相连时,必然出现这两种不同金属间的接触电势,它是构成整个电池电动势的一部分。

③溶液与溶液的界面电势差。两种不同溶液的界面上,或同一种溶液,但浓度不同,在其界面上都会产生电势差,称为液体接界电势 $\varepsilon_{液界}$。液体接界电势是由于离子的扩散速率不同形成的,它的大小一般不超过 $0.03V$。显然,液体接界电势是不可逆扩散的结果,所以也称为扩散电势(diffusion potential)。因此电池电动势实际上是两个电极间的所有不同界面电势差的代数和,即:

$$E = \varepsilon_{接触} + \varepsilon_- + \varepsilon_{液界} + \varepsilon_+ \tag{7-7-1}$$

若采用盐桥消除液界电势后,$\varepsilon_{液界} = 0$。而当正、负极材料确定时,$\varepsilon_{接触} = $ 常数,并可作为金属电极的属性并入 ε_- 这一项内。于是上式简化为:

$$E = \varepsilon_- + \varepsilon_+ \tag{7-7-2}$$

进一步,若能测出各种电极与溶液的界面电势差,即可计算电池电动势 E。然而,界面电势差的绝对值尚无法测量。

$$\varepsilon_- = E_{l_1} - E_{Zn}, \quad \varepsilon_+ = E_{Cu} - E_{l_2}$$

其中 E_{l_1} 为 $ZnSO_4$ 溶液本体电势,E_{l_2} 为 $CuSO_4$ 溶液本体电势,E_{Zn},E_{Cu} 分别是这两个电极的电极电势。再有,采用盐桥消除液接电势后,因 $\varepsilon_{液界} = 0$,有

$E_{l_1} = E_{l_2}$。于是式(7-7-2)转化为：

$$E = E_{Cu} - E_{Zn} \qquad (7\text{-}7\text{-}3)$$

由此可以看出，虽不能测定电极的界面电势差，但若能测知电极电势也可计算电动势 E。可惜的是，各种电极的绝对电势值目前也无法直接测定。然而，$E = E_{Cu} - E_{Zn}$ 却给予人们重要启示，即若没有液接电势存在，或采用盐桥消除液接电势之后，可逆电池电动势 E 总是组成电池的两电极电势之差。这样的关系，完全可采用人为规定的标准测定电极电势的相对值。于是，由电极电势求算电池电动势的值就能很方便地解决。

（2）电极电势

电池电动势可以由实验测定，但单个电极电势尚不能直接由实验测定。为了确定单个电极的电极电势，可选定某个电极作为标准。国际上通常以标准氢电极作为标准，并规定在任何温度下，标准氢电极的电极电势为零，即 $E_{H^+|H_2}^{\ominus}(p_{H_2} = p^{\ominus}, a_{H^+} = 1) = 0$。将待测电极作为正极，标准氢电极作为负极，组成电池：

（－）标准氢电极‖待测电极（＋）

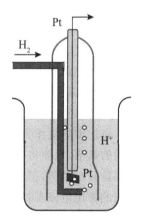

图 7.15　标准氢电极

该电池的电动势即为待测电极的电极电势。标准氢电极如图 7.15 所示，将镀铂黑的铂片插入含 H^+ 且活度 $a_{H^+} = 1$ 的溶液中，用压力为 100 kPa 的氢气不断冲击铂片，同时溶液也被氢气饱和。铂片镀铂黑的目的是增加铂片的表面积，以有利于吸附氢气。

氢电极可表示为：$Pt \mid H_2(g, p^{\ominus}) \mid H^+(a_{H^+} = 1)$

电极反应为：$2H^+(a_{H^+} = 1) + 2e^- \longrightarrow H_2(g, p^{\ominus})$

将铜电极与标准氢电极组成电池：

$Pt \mid H_2(g, p^{\ominus}) \mid H^+(a_{H^+} = 1) \parallel Cu^{2+}(a_{Cu^{2+}}) \mid Cu$

该电池电动势即为铜电极的电极电势。上述电池的电极反应和电池反应为：

负极反应：　　$H_2 - 2e^- \longrightarrow 2H^+$

正极反应：　　$Cu^{2+} + 2e^- \longrightarrow Cu$

电池反应：　　$H_2 + Cu^{2+} \longrightarrow 2H^+ + Cu$

根据能斯特方程，该电池的电动势为：

$$E = E^{\ominus} - \frac{RT}{2F} \ln \frac{a_{H^+}^2 \, a_{Cu}}{a_{Cu^{2+}}(p_{H_2}/p^{\ominus})}$$

将 $p_{H_2} = 100$ kPa 和 $a_{H^+} = 1$ 代入，得：

$$E = E^{\ominus} - \frac{RT}{2F}\ln\frac{a_{Cu}}{a_{Cu^{2+}}}$$

由于 $E = E_{Cu^{2+}|Cu} - E_{H^+|H_2}$，$E^{\ominus} = E^{\ominus}_{Cu^{2+}|Cu} - E^{\ominus}_{H^+|H_2}$，$E_{H^+|H_2} = E^{\ominus}_{H^+|H_2} = 0$，所以

$$E_{Cu^{2+}|Cu} = E^{\ominus}_{Cu^{2+}|Cu} - \frac{RT}{2F}\ln\frac{a_{Cu}}{a_{Cu^{2+}}}$$

式中 $E^{\ominus}_{Cu^{2+}|Cu}$ 称为铜电极的标准电极电势。按电极电势的规定，待测电极位于电池的右边进行还原反应，其电极反应为：

$$氧化态 + ne^- \longrightarrow 还原态$$

则电极电势为：

$$E = E^{\ominus} - \frac{RT}{nF}\ln\frac{a_{还原态}}{a_{氧化态}} = E^{\ominus} + \frac{RT}{nF}\ln\frac{a_{氧化态}}{a_{还原态}} \tag{7-7-4}$$

上式被称为电极电势的能斯特方程。由式(7-7-2)计算的电极电势是发生还原反应的电极电势，故称为还原电极电势。当参加电极反应的各组分都处于标准态时，其电极电势被称为标准电极电势。25 ℃时水溶液中一些常用电极的标准电极电势，见附录八。

（3）参比电极

以氢电极为基准电极测电动势时，精确度很高。一般情况下可达 1×10^{-6} V。但它对使用的条件要求十分苛刻，例如 H_2 需经多次纯化以除去微量 O_2，溶液中不能有氧化性物质存在，铂黑表面易被玷污等原因，因此使用氢电极并不方便。所以实际测量电极电势时，经常使用一种易于制备、使用方便、电势稳定的二级标准电极作为"参比电极"。其电极电势已与氢电极相比而求出了比较精确的数值，只要将参比电极与待定电极组成电池，测量其电动势，就可求出待测电极的电势值。常用的参比电极有甘汞电极、银-氯化银电极等。

甘汞电极制作比较简单，且电极电势稳定，使用方便，故常用作参比电极。甘汞电极的构造如图 7.16 所示，底部装入少量汞，上面加入用 Hg_2Cl_2 和 KCl 溶液制成的糊状物，再倒入 KCl 溶液，用铂丝作导线，装入玻璃导管中即成。其电池及电极电势为：

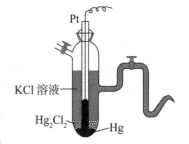

图 7.16 甘汞电极示意图

$$Pt \mid H_2(p^{\ominus}) \mid H^+(a_{H^+} = 1) \parallel Cl^-(a_{Cl^-}) \mid Hg_2Cl_2(s) \mid Hg(l)$$

$$E_{(Cl^-|Hg_2Cl_2(s)|Hg)} = E$$

依据 KCl 溶液浓度的不同,又将甘汞电极分为 0.1 mol·dm^{-3},1.0 mol·dm^{-3} 和饱和 3 种类型,显然甘汞电极的电极电势值与 KCl 浓度有关(见表 7.6)。

表 7.6　不同浓度 KCl 的甘汞电极电势

a_{Cl^-}	0.1	1.0	饱和
$E_{(Cl^-\|Hg_2Cl_2(s)\|Hg)}$	0.3337	0.2801	0.2412

(4)盐桥及液界电势的消除

在现实中,人们总是设法消除电池中的液接电势,采用的方法通常是"盐桥法",如图 7.17 所示。

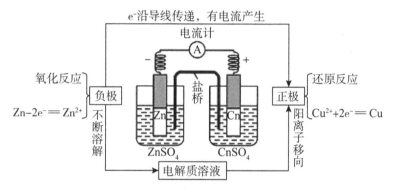

图 7.17　盐桥消除液接电势

盐桥一般是用饱和 KCl 或 NH$_4$NO$_3$ 溶液装在倒置的 U 型管中构成。为避免流出,常冻结在琼脂中,以两个液体接界代替一个液体接界。因此盐桥两端与电极溶液相接触的界面上,扩散主要来自于盐桥,由于盐桥中电解质浓度很高(如饱和 KCl 溶液),又因正、负离子的电迁移率接近相等 $t_{K^+} \approx t_{Cl^-}$,则界面上产生的液接电势很小,且盐桥两端产生的电势差方向相反,相互抵消,因此这两个液体接界电势之和比原来的一个液体接界电势要降低很多。当 KCl 为饱和溶液时,电势值可降低到几毫伏以下。而当电解质溶液遇 KCl 会产生沉淀,可用 NH$_4$NO$_3$ 代替 KCl 作盐桥,因 NH$_4^+$ 和 NO$_3^-$ 的迁移数也十分接近。

依据电解质溶液的个数,电池分为单液电池和双液电池。对单液电池,无液体接界电势,双液电池可用盐桥将液体接界电势消除到可略去不计的程度。

7.7.2　原电池电动势的计算

计算电池电动势有两种方法,即从电极电势来计算或按电池反应直接用能斯特方程来计算。

（1）从电极电势来计算

首先按式（7-7-4）分别计算两极的电极电势，而电池的负极是发生氧化反应，故电池电动势为：

$$E = E_+ - E_- \tag{7-7-5}$$

式中 E_+、E_- 分别是正极和负极的还原电势。在用电极电势计算电池电动势时必须注意：

①写电极反应时物量和电量必须平衡；

②电极电势必须用还原电势，计算电动势时用右边正极的还原电势减去左边负极的还原电势；

③要注明反应温度、各电极的物态和溶液中各离子的活度，气体要注明压力，因为电极电势与这些因素有关。

[例 7-12] 计算 25 ℃时下列电池的电动势。

$Cu\text{-}Zn | ZnSO_4 (b=0.001 \text{ mol} \cdot kg^{-1}, \gamma_\pm = 0.734) CuSO_4 (b=1.0 \text{ mol} \cdot kg^{-1}, \gamma_\pm = 0.047) | Cu$

解 该电池的两个电极反应分别为：

正极反应：$Cu^{2+} + 2e^- \longrightarrow Cu$

负极反应：$Zn - 2e^- \longrightarrow Zn^{2+}$

从附录八查得 $E^\ominus_{Cu^{2+}|Cu} = 0.3419V$，$E^\ominus_{Zn^{2+}|Zn} = -0.7618V$，并取 $\gamma \approx \gamma_\pm$，将它们与题目中的条件代入式（7-7-4），得到正极和负极的电极电势：

$$E_+ = E_{Cu^{2+}|Cu} = E^\ominus_{Cu^{2+}|Cu} - \frac{RT}{2F} \ln \frac{a_{Cu}}{a_{Cu^{2+}}}$$

$$= 0.3419 - \frac{8.314 \times 298.15}{2 \times 96500} \ln \frac{1}{0.0471 \times 1} = 0.303(V)$$

$$E_- = E_{Zn^{2+}|Zn} = E^\ominus_{Zn^{2+}/Zn} - \frac{RT}{2F} \ln \frac{a_{Zn}}{a_{Zn^{2+}}}$$

$$= -0.7618 - \frac{8.314 \times 298.15}{2 \times 96500} \ln \frac{1}{0.734 \times 0.001} = -0.853(V)$$

于是电池电动势

$$E = E_+ - E_- = 0.303 - (-0.853) = 1.156(V)$$

计算负极的电极电势时要注意，负极实际发生的是氧化反应，但在计算时用的是还原电极电势。

（2）用能斯特方程计算

按能斯特方程计算时，首先写出电极反应和电池反应，从附录八查得各电极的标准电极电势，并按下式计算标准电池电动势：

$$E^{\ominus} = E_{+}^{\ominus} - E_{-}^{\ominus} \tag{7-7-6}$$

根据电池反应,求出指定状态下的活度商 $J_a = \prod_B (\alpha_B)^{\nu_B}$,即可代入电动势

的能斯特方程式 $E = E^{\ominus} - \dfrac{RT}{nF}\ln J_a$,计算电池电动势 E。

[例 7-13] 计算 25 ℃时下列电池的电动势:

$Pt \mid H_2(g, 100\ kPa) \mid HCl(b=0.1\ mol \cdot kg^{-1}, \gamma_{\pm}=0.796) \mid Cl_2(g, 100\ kPa) \mid Pt$

解　该电池的电极反应和电池反应如下:

正极反应:　　$Cl_2 + 2e^- \longrightarrow 2Cl^-$

负极反应:　　$H_2 - 2e^- \longrightarrow 2H^+$

电池反应:　　$H_2 + Cl_2 \longrightarrow 2HCl$

从附录八查得 $E_{Cl^- \mid Cl_2}^{\ominus} = 1.3583V$,于是该电池的标准电动势

$$E^{\ominus} = E_{+}^{\ominus} - E_{-}^{\ominus} = 1.3583 - 0 = 1.3583V$$

因 H_2 和 Cl_2 都处于标准态,故 $a_{H_2} = 1$,$a_{Cl_2} = 1$,而

$$a_{HCl} = a_{\pm}^2 = \left(\gamma_{\pm}\frac{b_{\pm}}{b^{\ominus}}\right)^2 = \left(\gamma_{\pm}\frac{b}{b^{\ominus}}\right)^2 = \left(0.796 \times \frac{0.1}{1}\right)^2 = 0.00634$$

于是,电池反应的活度商

$$J_a = \prod_B (\alpha_B)^{\nu_B} = \frac{a_{HCl}^2}{a_{H_2} a_{Cl_2}} = \frac{0.00634^2}{1 \times 1} = 4.02 \times 10^{-5}$$

将之代入电池电动势的能斯特方程,便得到电池的电动势

视频 7.10

$$E = E^{\ominus} - \frac{RT}{2F}\ln J_a = 1.3583 - \frac{8.314 \times 298.15}{2 \times 96500}\ln(4.02 \times 10^{-5})$$

$$= 1.4883V$$

7.8　电极的种类

电极通常由导体、活性物质(active materials)和电解质溶液三部分构成。可逆电极必须满足单一电极(single electrode)、反应可逆和处于电化学平衡 3 个条件。所谓单一电极是指只发生一种电化学反应的电极。将 Zn 片插入硫酸,则 Zn 片上发生 $Zn \longrightarrow Zn^{2+} + 2e^-$ 和 $2H^+ + 2e^- \longrightarrow H_2$ 两个反应,因此 Zn(s) $\mid$ H^+(a)电极就不是单一电极。同理,Na(s) $\mid$ Na$^+$(aq,a)和 Fe(s) $\mid$ Fe^{3+}(a)均不是单一电极,因而也就不可逆。而如果电极未达电化学平衡,则电极必然发生不可逆的变化而破坏电极的可逆性。为方便判断电极的可逆性,现将主要的可逆电极种类介绍如下。

7.8.1　第一类电极

（1）金属电极

它是由金属浸在含该金属离子的溶液中构成的电极。这种电极上搬运电荷的是该金属离子，电极中金属兼为反应物和导体，只有金属离子可以迁越相界面，电极通用的表示式和电极反应为：

　　　　　　电极　　　　　　　　　　电极反应（还原）

$$M^{z+}(a_+) \mid M(s) \qquad M^{z+}(a_+) + ze^- \longrightarrow M(s)$$

例如：Zn(s)插入 $ZnSO_4$ 溶液中

$Zn(s) \mid ZnSO_4(a)$（作为负极）　电极反应为：$Zn - 2e^- \longrightarrow Zn^{2+}$

$ZnSO_4(a) \mid Zn(s)$（作为正极）　电极反应为：$Zn^{2+} + 2e^- \longrightarrow Zn$

但是对于 K、Na 等金属，由于与水有强烈的作用，必须制成汞齐才能在水溶液中成为稳定的金属电极，称为汞齐电极。

例如：$Na\text{-}Hg(a) \mid Na^+(a_+)$

（作为负极）　电极反应为：$Na\text{-}Hg(a) - e^- \Longrightarrow Na^+ + Hg(l)$

（作为正极）　电极反应为：$Na^+(a_+) + Hg(l) + e^- \longrightarrow Na(Hg)(a)$

$K^+(a_+) \mid K\text{-}Hg(a)$

（作为正极）　电极反应为：$K^+ + Hg(l) + e^- \Longrightarrow K\text{-}Hg(a)$

该类电极都对金属阳离子可逆，所以常用金属来命名，如铜电极、锌电极等。

（2）气体电极

它是由被气体所饱和且含有该气体离子的电解质溶液与惰性的第一类导体所组成的电极。该种电极只进行涉及气体的电极反应，惰性导体只起传导电子的作用，例如氢电极、氧电极和卤素电极。

氢电极、氧电极等气体电极的基本结构见图 7.18 所示，它们是将作为导体的 Pt 片浸入含 H^+ 或 OH^- 的溶液中，而后将 H_2、O_2 冲击 Pt 片，使 Pt 片饱和了该气体。用符号 $(Pt)H_2(g,p) \mid H^+(a)$ 或 $(Pt)H_2(g,p) \mid OH^-(a)$，以及 $(Pt)O_2(g,p) \mid OH^-(a)$ 或 $(Pt)O_2(g,p) \mid H_2O, H^+(a)$ 表示，其电极反应的写法也略有不同，如：

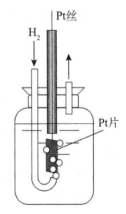

图 7.18　氢电极示意图

氢电极：酸性　$2H^+(a) + 2e^- \longrightarrow H_2$；

　　　　碱性　$2H_2O + 2e^- \longrightarrow 2OH^-(a) + H_2$；

氧电极：酸性　$O_2 + 4H^+(a) + 4e^- \longrightarrow 2H_2O$

　　　　碱性　$O_2 + 2H_2O + 4e^- \longrightarrow 4OH^-(a)$；

卤素氯气电极的表示及电极反应为：

$$Cl^-(a_-) \mid Cl_2(p) \mid Pt，Cl_2(p) + 2e^- \longrightarrow 2Cl^-(a_-)（还原反应）$$

注意　参加电极反应的气体不是气相中的分子，而是该气体溶解在液相中的分子。第一类电极在电化学中有重要应用，如丹尼尔电池中的 $Cu(s) \mid Cu^{2+}(a)$ 和 $Zn(s) \mid Zn^{2+}(a)$ 电极，干电池中的负极 $Zn(s) \mid Zn(NH_3)_4^{2+}(a)$ 和 $Zn(s) \mid Zn(OH)_4^{2-}(a)$ 电极等。

7.8.2　第二类电极

第二类电极包括金属-难溶盐电极和金属-难溶氧化物电极。

(1)金属-难溶盐电极。该类电极是在金属电极表面覆盖一薄层该金属的一种难溶盐，然后浸入含有该难溶盐阴离子的溶液中构成。这种电极的特点是对难溶盐的阴离子可逆。最常见的有银-氯化银电极 $Ag(s)-AgCl(s) \mid Cl^-(a)$ 和甘汞电极 $Hg(l)-Hg_2Cl_2(s)) \mid Cl^-(a)$。

电极　　　　　　　　　　　　电极反应（还原）

$$Cl^-(a_-) \mid AgCl(s)-Ag(s) \qquad AgCl(s) + e^- \longrightarrow Ag(s) + Cl^-(a_-)$$

$$Cl^-(a_-) \mid Hg_2Cl_2(s)-Hg(l) \qquad Hg_2Cl_2(s) + 2e^- \longrightarrow 2Hg(l) + 2Cl^-(a_-)$$

(2)金属-难溶氧化物电极。该类电极是在金属表面覆盖一薄层金属的难溶氧化物，然后浸入含有 H^+ 或 OH^- 离子的溶液中所构成。例如：

电极　　　　　　　　　　　　电极反应（还原）

$$H^+(a_+) \mid Ag_2O(s)-Ag(s) \qquad Ag_2O(s) + 2H^+(a_+) + 2e^- \longrightarrow 2Ag(s) + H_2O(l)$$

$$OH^-(a_-) \mid Ag_2O(s)-Ag(s) \quad Ag_2O(s) + H_2O + 2e^- \longrightarrow 2Ag(s) + 2OH^-(a_-)$$

第二类电极有金属/难溶盐和难溶盐/电解质溶液两个界面，界面处不仅有电子转移而且有阴离子的转移。该类电极在电化学研究中具有较重要的理论意义，因为绝大多数参比电极(reference electrode)都属于该类电极。另外，该类电极在可充电电池中的应用也相当广泛，如铅酸蓄电池中的正极 $Pb(s)-PbO_2(s)-PbSO_4(s) \mid SO_4^{2-}(a)$ 和负极 $Pb(s)-PbSO_4(s) \mid SO_4^{2-}(a)$ 等。

7.8.3　第三类电极

第三类电极，也称为氧化-还原电极，它是由惰性金属（如铂片）插入含有某种离子的不同氧化态的溶液中构成的电极，参与电极反应的氧化态和还原态物质都在同一液相中，惰性金属只传导电子，不发生其他变化。例如：

电极　　　　　　　　　　　　电极反应（还原）

$$Fe^{3+}(a_1)，Fe^{2+}(a_2) \mid Pt \qquad Fe^{3+}(a_1) + e^- \longrightarrow Fe^{2+}(a_2)$$

$$\text{Sn}^{4+}(a_1),\text{Sn}^{2+}(a_2)\mid \text{Pt} \qquad\qquad \text{Sn}^{4+}(a_1)+2\text{e}^- \longrightarrow \text{Sn}^{2+}(a_2)$$

$$\text{Cu}^{2+}(a_1),\text{Cu}^+(a_2)\mid \text{Pt} \qquad\qquad \text{Cu}^{2+}(a_1)+\text{e}^- \longrightarrow \text{Cu}^+(a_2)$$

此外常用于测定 pH 的醌-氢醌电极也是氧化还原电极,它是醌 $C_6H_4O_2$ 和氢醌 $C_6H_4(OH)_2$ 的等分子混合构成,其电极反应为:

$$C_6H_4O_2+2H^++2e^- \longrightarrow C_6H_4(OH)_2$$

因醌和氢醌在水中的溶解度很小,可以近似认为两者浓度相等。因此醌-氢醌电极的电极电势为:

$$E_{\text{Q/H}_2\text{Q}}=E^{\ominus}_{\text{Q/H}_2\text{Q}}-\frac{RT}{2F}\ln\frac{1}{a_{\text{H}^+}^2}$$

25 ℃时:

$$E_{\text{Q/H}_2\text{Q}}=E^{\ominus}_{\text{Q/H}_2\text{Q}}-0.05916\lg\frac{1}{a_{\text{H}^+}}$$

视频 7.11

醌-氢醌电极不能用于碱性溶液,当 pH>8.5 时,由于氢醌大量解离,浓度相等的假定不能成立。

另外还有一种电极为:膜电极,如玻璃电极、生物膜电极。

7.9 原电池的设计

原电池的设计,实际上是由一个化学反应方程入手,通过正极、负极的设计:负极由氧化反应给出,正极由还原反应给出,最后得到一个相应的原电池表示式,以表示原电池是怎样组成的。原电池的构成离不开电解质溶液和电子的得失,而化学反应多种多样,有些电解质溶液中的离子出现在化学反应中,而有些电解质溶液中的离子不出现在化学反应中;有些化学反应有电子的得失,为氧化还原反应,而有些化学反应看不到电子的得失,为非氧化还原反应。因此,将化学反应设计成原电池,有时并不那么直观,一般来说必须抓住三个环节:

①确定电解质溶液。这对于有离子参加的化学反应比较直观,对总反应中没有离子出现的反应,需要依据参加反应的物质找出相应的离子。

②确定电极。就目前而言,电极的选择范围就是前面所述的三类电极,因此熟悉这三类电极的组成及其对应的电极反应对熟练设计电池是十分有利的。

③复核反应。在设计电池过程中,首先确定的是电解质溶液还是电极,要视具体问题而定,以方便为原则。一旦电解质溶液和电极都确定了,即可组成电池。但电池组成后必须写出该电池所对应的反应,并与给定反应相对照,两者一致则表明该电池设计成功,若不一致则需要重新设计。复核反应十分重要,不进行复核,即使很熟练的人也难免会发生错误。

除了化学反应外,其他的物理化学过程,比如扩散过程亦可被设计成电池。通常可被设计成电池的物理化学过程,大体可总结如下:

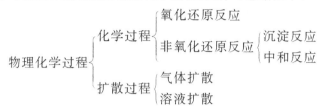

7.9.1 氧化还原反应

通常的氧化还原反应在电池中发生时,会拆成单纯的氧化反应(oxidation reaction,OR)和还原反应(reduction reaction,RR)在两个电极上分别发生。这类电极的特点是其电极极板只起输送电子的任务,参加电极反应的物质都在溶液中。例如:

电池反应:$Zn + CuCl_2 \longrightarrow ZnCl_2 + Cu$

从反应物和产物来看,除去两边都有的氯离子 Cl^- 外,可先确定一个电极或锌电极或铜电极。比如以锌电极为例,其电极反应为 $Zn(s) \Longrightarrow Zn^{2+}(a) + 2e^-$。与电池反应相比,电极反应中没有而在电池反应中有的为 Cu^{2+} 和 $Cu(s)$ 便构成另一个电极。由此,电池反应分解为氧化反应和还原反应两部分:

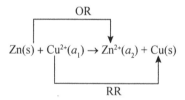

则两个电极反应分别为:

阳极反应:$Zn(s) \longrightarrow Zn^{2+}(a_2) + 2e^-$

阴极反应:$Cu^{2+}(a_1) + 2e^- \longrightarrow Cu(s)$

设计成原电池,其结果为:$Cu|Zn|Zn^{2+}(a_2) \parallel Cu^{2+}(a_1)|Cu$。

在电极上发生的反应称为电极反应(electrode reaction),也称半反应(half reaction),因为它们仅是完整氧化还原反应的一半。上述反应发生时,在负极 Zn 变成 Zn^{2+} 进入溶液并将电子留在极板上,导致极板电子过剩,电势变负;在正极,溶液中的 Cu^{2+} 到电极上夺取电子,导致铜板带正电,电势变正。可见,电极间电势差的形成是电极上分别发生氧化、还原反应的必然结果。因此,只要将一个反应拆成氧化和还原两个半反应,让它们在两个电极上分别发生,就可以获得电势差和电流,这是原电池设计的基本思路。

7.9.2 中和反应

中和反应：$H^+ + OH^- \longrightarrow H_2O$

从电池反应的反应物和产物来看，可先确定一个电极为在酸性溶液中的氢电极、在碱性溶液中的氢电极、在酸性溶液中的氧电极和在碱性溶液中的氧电极 4 种电极之一，下面分别讨论。

（1）酸性溶液中的氢电极

电极反应为：$\frac{1}{2}H_2(g) \rightleftharpoons H^+(a_1) + e^-$

与电池反应相比，电极反应中有而电池反应中没有 $\frac{1}{2}H_2(g)$，因此在电池反应式的两边同时添加 $\frac{1}{2}H_2(g)$，并分解为氧化反应和还原反应两部分：

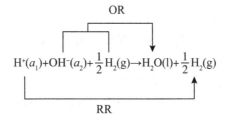

则两个电极反应分别为：

阳极反应：$\frac{1}{2}H_2(g) + OH^-(a_2) \longrightarrow H_2O(l) + e^-$

阴极反应：$H^+(a_1) + e^- \longrightarrow \frac{1}{2}H_2(g)$

设计成原电池，其结果为：$Pt \mid H_2(g) \mid OH^-(a_2) \parallel H^+(a_1) \mid H_2(g) \mid Pt$。

（2）碱性溶液中的氢电极

电极反应：$\frac{1}{2}H_2(g) + OH^-(a_1) \rightleftharpoons H_2O(l) + e^-$

与电池反应相比，电极反应中有而电池反应中没有 $\frac{1}{2}H_2(g)$，因此在电池反应式的两边同时添加 $\frac{1}{2}H_2(g)$，并分解为氧化反应和还原反应两部分，余下结果同（1）。

（3）酸性溶液中的氧电极

电极反应：$\frac{1}{4}O_2(g) + H^+(a) + e^- \longrightarrow \frac{1}{2}H_2O(l)$

与电池反应相比,电极反应中有而电池反应中没有 $\frac{1}{4}O_2(g)$,因此在电池

反应式的两边同时添加 $\frac{1}{4}O_2(g)$,并分解为氧化反应和还原反应两部分:

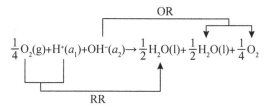

则两个电极反应分别为:

阳极反应: $OH^-(a_1) \longrightarrow \frac{1}{2}H_2O(l) + \frac{1}{4}O_2(g) + e^-$

阴极反应: $\frac{1}{4}O_2(g) + H^+(a_2) + e^- \longrightarrow \frac{1}{2}H_2O(l)$

设计成原电池,其结果为: $Pt|O_2(g)|OH^-(a_1) \parallel H^+(a_2)|O_2(g)|Pt$。

(4)碱性溶液中的氧电极

电极反应: $OH^-(a) \longrightarrow \frac{1}{2}H_2O(l) + \frac{1}{4}O_2(g) + e^-$

与电池反应相比,电极反应中有而电池反应中没有 $\frac{1}{4}O_2(g)$,因此在电池反应式

的两边同时添加 $\frac{1}{4}O_2(g)$,并分解为氧化反应和还原反应两部分,余下结果同(3)。

7.9.3　沉淀反应

(1)直接沉淀反应

例如,电池反应: $Ag^+ + Cl^- \longrightarrow AgCl(s)$

从反应物和产物来看,可先确定一个电极为银电极或银-氯化银电极。比如以银电极为例,其电极反应为 $Ag(s) \rightleftharpoons Ag^+(a) + e^-$。与电池反应相比,电极反应中有而电池反应中没有 $Ag(s)$,因此在原方程式的两边同时添加 $Ag(s)$,并分解为氧化反应和还原反应两部分:

则两个电极反应分别为：

阳极反应：$Ag(s) + Cl^- (a_1) \longrightarrow AgCl(s) + e^-$

阴极反应：$Ag^+ (a_2) + e^- \longrightarrow Ag(s)$

设计成原电池，其结果为：$Ag(s) | AgCl(s) | Cl^- (a_1) \parallel Ag^+ (a_2) | Ag(s)$。

（2）置换沉淀反应

例如，电池反应：$AgCl(s) + I^- \longrightarrow AgI(s) + Cl^-$

根据电池反应的反应物和产物，可先确定一个电极为银-氯化银电极或银-碘化银电极。比如以银的氯化银电极为例，其电极反应：$Ag(s) + Cl^- (a_1) \longrightarrow AgCl(s) + e^-$。与电池反应相比，电极反应中有而电池反应中没有 $Ag(s)$，因此在电池反应式的两边同时添加 $Ag(s)$，并分解为氧化反应和还原反应两部分：

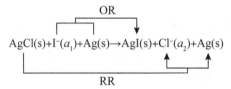

则两个电极反应分别为：

阳极反应：$Ag(s) + I^- (a_1) \longrightarrow AgI(s) + e^-$

阴极反应：$AgCl(s) + e^- \longrightarrow Ag(s) + Cl^- (a_2)$

设计成原电池，其结果为：$Ag(s) | AgI(s) | I^- (a_1) \parallel Cl^- (a_2) | AgCl(s) | Ag(s)$。

7.9.4 扩散过程-浓差电池

（1）气体的扩散

例如，电池反应：$H_2(g, p_1) \longrightarrow H_2(g, p_2)$

观察电池反应氢气的扩散过程，先确定一个氢电极。当然，氢电极分为在酸性溶液中和在碱性溶液中的两种情形。

①酸性溶液中的氢电极。

电极反应：$H_2(g, p) \rightleftharpoons 2H^+ (a) + 2e^-$

与电池反应相比较，电极反应中有而电池反应中没有 $2H^+ (a)$，因此在电池反应式的两边同时添加 $2H^+ (a)$，得下列反应：$H_2(g, p_1) + 2H^+ (a) \longrightarrow H_2(g, p_2) + 2H^+ (a)$。这可看作为一个氧化还原反应，把它分解为氧化反应和还原反应两部分：

$$OR$$

$$H_2(g，p_1)+2H^+(a) \rightarrow H_2(g，p_2)+2H^+(a)$$

$$RR$$

则两个电极反应分别为：

阳极反应：$H_2(g,p_1) \longrightarrow 2H^+(a) + 2e^-$

阴极反应：$2H^+(a) + 2e^- \longrightarrow H_2(g,p_2)$

设计成原电池，其结果为 $Pt \mid H_2(g,p_1) \mid H^+(a) \mid H_2(g,p_2) \mid Pt$，此为单液浓差电池。

②碱性溶液中的氢电极。

电极反应：$H_2(g) + 2OH^-(a) \rightleftharpoons 2H_2O(l) + 2e^-$

与电池反应相比，电极反应中有而电池反应中没有 $2OH^-(a)$ 和 $2H_2O(l)$，因此在电池反应式的两边同时添加 $2OH^-(a) + 2H_2O(l)$，得：

$$H_2(g,p_1) + 2OH^-(a) + 2H_2O(l) \longrightarrow H_2(g,p_2) + 2OH^-(a) + 2H_2O(l)$$

这可看作一个氧化还原反应，把它分解为氧化反应和还原反应两部分：

$$OR$$

$$H_2(g，p_1)+2OH^-(a)+2OH(l) \rightarrow H_2(g，p_2)+2OH^-(a)+2H_2O(l)$$

$$RR$$

则两个电极反应分别为：

阳极反应：$H_2(g,p_1) + 2OH^-(a) \longrightarrow 2H_2O(l) + 2e^-$

阴极反应：$2H_2O(l) + 2e^- \longrightarrow 2OH^-(a) + H_2(g,p_2)$

设计成原电池，其结果为 $Pt \mid H_2(g,p_1) \mid OH^-(a) \mid H_2(g,p_2) \mid Pt$，此为单液浓差电池。

（2）溶液的扩散

例如，电池反应：$H^+(a_1) \longrightarrow H^+(a_2)$

电池反应的反应物和产物都是 $H^+(a)$，可先确定一个电极是在酸性溶液中的氢电极或是在酸性溶液中的氧电极。

①酸性溶液中的氢电极。

电极反应：$\dfrac{1}{2}H_2(g) \longrightarrow H^+(a) + e^-$

与电池反应相比，电极反应中有而电池反应中没有 $\dfrac{1}{2}H_2(g)$，因此在电池反应式的两边同时添加 $\frac{1}{2}H_2(g)$，并把它分解为还原反应和氧化反应两部分：

$$\frac{1}{2}H_2(g)+H^+(a_1) \rightarrow \frac{1}{2}H_2(g)+H^+(a_2)$$

（OR 上标，RR 下标）

则两个电极反应分别为：

阳极反应：$\frac{1}{2}H_2(g) \longrightarrow H^+(a_2) + e^-$

阴极反应：$H^+(a_1) + e^- \longrightarrow \frac{1}{2}H_2(g)$

设计成原电池，其结果为 $Pt \mid H_2(g,p) \mid H^+(a_1) \parallel H^+(a_2) \mid H_2(g,p) \mid Pt$，此为双液浓差电池。

②酸性溶液中的氧电极。

电极反应式：$\frac{1}{4}O_2(g) + H^+(a) + e^- \rightleftharpoons \frac{1}{2}H_2O(l)$

与电池反应式相比，电极反应中有而电池反应中没有 $\frac{1}{4}O_2(g)$ 和 $\frac{1}{2}H_2O(l)$，因此在电池反应式的两边同时添加 $\frac{1}{4}O_2(g)$ 和 $\frac{1}{2}H_2O(l)$，并分解为氧化和还原反应两部分：

$$H^+(a_1)+\frac{1}{2}H_2O(l)+\frac{1}{4}O_2(g) \rightarrow H^+(a_2)+\frac{1}{4}O_2+\frac{1}{2}H_2O(l)$$

（OR 上标，RR 下标）

则两个电极反应分别为：

阳极反应：$\frac{1}{2}H_2O(l) \longrightarrow \frac{1}{4}O_2(g) + H^+(a_2) + e^-$

阴极反应：$H^+(a_1) + \frac{1}{4}O_2(g) + e^- \longrightarrow \frac{1}{2}H_2O(l)$

视频 7.12

设计成原电池，其结果为：

$Pt \mid O_2(g,p) \mid H^+(a_2) \parallel H^+(a_1) \mid O_2(g,p) \mid Pt$，此为双液浓差电池。

7.10　分解电压

之前的讨论均属于可逆电化学的范畴,借此建立了电化学与热力学之间的关系,并预测原电池和电解池的理论最高电压和最低能耗。可见,可逆电池的研究具有十分重要的理论意义。但是,在实际生产和生活中,无论是原电池还是电解池,往往都需要在不可逆的情况下工作,例如电动自行车上坡时需要其电池输出较大的电流,而氯碱工业也希望通过尽可能提高电流密度的办法达到提高生产效率的目的。此时,无论是原电池还是电解池,其行为都会偏离可逆情况下的理想状态。从本节开始,讨论不可逆情况下的电极过程。

现以水的分解为例来说明分解电压的概念。如图 7.19 所示,在 H_2SO_4 溶液中(加入 H_2SO_4 的目的是增加溶液的导电能力)插入两个铂电极,一极与外电源的负极相连,另一极通过电流计 G 与外电源的正极相连,V 为伏特计,用以测定电解过程中电流与电压的关系,移动可变电阻 R 接触点的位置可以改变两极间的电压。

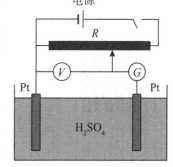

图 7.19　分解电压测定装置简图

当电解池两极加上一定电压后,H^+ 就会在阴极放电,变成氢原子,然后两个氢原子再结合成氢分子,并吸附在电极上;与此同时 OH^- 会在阳极上放电,生成氧原子和水,两个氧原子再结合成氧分子,并吸附在电极上,从而构成了下面的电池:

$$Pt\,|\,H_2(g)\,|\,H_2SO_4(aq)\,|\,O_2(g)\,|\,Pt$$

此电池的电极反应和电池反应为:

负极反应:$H_2 - 2e^- \longrightarrow 2H^+$

正极反应:$\dfrac{1}{2}O_2 + 2H^+ + 2e^- \longrightarrow H_2O$

电池反应:$H_2 + \dfrac{1}{2}O_2 \longrightarrow H_2O$

此电池的电动势为:

$$E = E^{\ominus} - \frac{RT}{2F}\ln\left(\frac{a_{H_2O}}{(p_{H_2}/p^{\ominus})(p_{O_2}/p^{\ominus})^{1/2}}\right)$$

式中 $E^{\ominus} = E_+^{\ominus} - E_-^{\ominus} = 1.229V$。若 $p_{H_2} = p^{\ominus}$,$p_{O_2} = p^{\ominus}$,则有 $E = E^{\ominus} = 1.229V$。

当外加电压等于该电池电动势时,电解反应才能进行。因此在可逆的条件下,只要外加电压比 1.229V 大一个无限小量,水的电解即可进行,这个电压称为水的理论分解电压(theoretical decomposition voltage),并记为 E_R。但此时电解过程实际处于热力学平衡状态,并没有发生实际的电解反应。而欲使水以一定的速率有效分解,必须进一步提高电解池的电压。电解池电压与水的电解速率的关系示于图 7.20。研究发现,当电压超过 1.70V 时,随着电压的升高,电解速

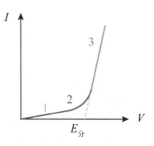

图 7.20 分解电压测定的电流电压曲线

率迅速增加,通常将 1.70V 称为水的实际分解电压(effective decomposition voltage),并记为 E_{IR}。显然,水的实际分解电压比其理论分解电压高出约 0.47V,产生所谓的超电压(overvoltage)现象。由表 7.7 数据可以看出,在实际电解过程中,无论在酸或碱的水溶液中水的分解电压都在 1.7V 左右。

表 7.7 酸和碱水溶液中水分解电压

酸	E_{IR} /V	碱	E_{IR} / V
H_2SO_4	1.67	NaOH	1.69
HNO_3	1.69	NH_4OH	1.74
H_3PO_4	1.71	KOH	1.67

视频 7.13

7.11 电极的极化

7.11.1 不可逆电极过程

(1)电极的极化作用

前面 7.7 节讨论的电极电势是在可逆地发生电极反应时电极所具有的电势,称为可逆电极电势。但是,许多实际的电化学过程,在有电流通过电极时,发生的必然是不可逆的电极反应,此时的电极电势与可逆电极电势显然会有所不同。实际分解电压则会高于理论分解电压,产生这一现象的原因是:

①导线、接触点以及电解质溶液都有一定的电阻;

②实际电解时,电极过程是不可逆的,使电极电势偏离平衡电极电势。

当电流流经电极时,不可逆条件下的电极电势(irreversible electrode potential)E_{IR} 会偏离可逆电极电势(reversible electrode potential)E_R,这种现象称为电极的极化(polarization),而偏差大小的绝对值称为超电势(overpotential),通常记作 η,

即 $\eta=|E_{IR}-E_R|$。极化的结果,阳极电势更正,阴极电势更负。为了使超电势为正值,规定阳极超电势 $\eta_{阳极}$ 和阴极超电势 $\eta_{阴极}$ 分别为:

$$\eta_{阳极} = E_{IR.阳极} - E_{R.阳极} \tag{7-11-1a}$$

$$\eta_{阴极} = E_{R.阴极} - E_{IR.阴极} \tag{7-11-1b}$$

而电解池的实际分解电压为 $E_{IR} = E_{IR.阳极} - E_{IR.阴极}$。将(7-11-1a)和(7-11-1b)代入上式,得:

$$E_{IR} = (E_{R.阳极} - E_{R.阴极}) + (\eta_{阳极} + \eta_{阴极}) = E_R + \Delta E \tag{7-11-2}$$

式中 $\Delta E = \eta_{阳极} + \eta_{阴极}$,为实际分解电压与理论分解电压的偏差值。

(2)极化产生的原因

极化产生的原因主要有两个。

①浓差极化。当电流通过电极时,若在电极-溶液界面处电化学反应的速率较快,而离子在溶液中的扩散速率较慢,则在电极表面附近有关离子的浓度将会与远离电极的本体溶液中有所不同。现以电极 $Cu(s)|Cu^{2+}$ 为例,分别叙述它作为阴极和阳极时的情况。$Cu(s)|Cu^{2+}$ 电极作为阴极时,附近的 Cu^{2+} 很快沉积到电极上,而远处的 Cu^{2+} 来不及扩散到阴极附近,使电极附近的 Cu^{2+} 浓度 $c'_{Cu^{2+}}$ 比本体溶液中的浓度 $c_{Cu^{2+}}$ 要小,其结果如同将 Cu 电极插入一浓度较小的溶液中。当 $Cu(s)|Cu^{2+}$ 作为阳极时,Cu^{2+} 溶入电极附近的溶液中而来不及扩散,使电极附近的 Cu^{2+} 浓度 $c''_{Cu^{2+}}$ 较本体溶液中的浓度 $c_{Cu^{2+}}$ 为大,其结果如同将 Cu 电极插入浓度较大的溶液中。若近似以浓度代替活度,则:

$$E_R(Cu^{2+} \mid Cu) = E^{\ominus}(Cu^{2+} \mid Cu) + \frac{RT}{2F}\ln(c_{Cu^{2+}})$$

$$E_{IR.阳极}(Cu^{2+} \mid Cu) = E^{\ominus}(Cu^{2+} \mid Cu) + \frac{RT}{2F}\ln(c''_{Cu^{2+}})$$

$$E_{IR.阴极}(Cu^{2+} \mid Cu) = E^{\ominus}(Cu^{2+} \mid Cu) + \frac{RT}{2F}\ln(c'_{Cu^{2+}})$$

由于 $c'_{Cu^{2+}} < c_{Cu^{2+}}$,$c''_{Cu^{2+}} > c_{Cu^{2+}}$,故有:

$$E_{IR.阴极}(Cu^{2+} \mid Cu) < E_R(Cu^{2+} \mid Cu)$$

$$E_{IR.阳极}(Cu^{2+} \mid Cu) > E_R(Cu^{2+} \mid Cu)$$

将此推广到任意电极,可得到具有普遍意义的结论:当有电流通过电极时,因离子扩散的迟缓性而导致电极表面附近离子浓度与本体溶液中不同,从而使电极电势与 E_R 发生偏离的现象,称为"浓差极化"。电极发生浓差极化时,阴极电势总是变得比 E_R 低,而阳极电势总是变得比 E_R 高。因浓差极化而造成的电极电势 E_{IR} 与 E_R 之差的绝对值,称为"浓差过电势"。浓差过电势的大小是电极浓差极化程度的量度,其值取决于电极表面离子浓度与本体溶液中离子浓度差值之大小。因此,凡能影响这一浓差大小的因素,皆能影响浓差过电势的数值。

例如,需要减小浓差过电势时,可将溶液强烈搅拌或升高温度,以加快离子的扩散;而需要造成浓差过电势时,则应避免对于溶液的扰动并保持不太高的温度。

离子扩散的速率与离子的种类以及离子的浓度密切相关。因此,在同等条件下,不同离子的浓差极化程度不同;同一种离子在不同浓度时的浓差极化程度亦不同。极谱分析就是基于这一原理而建立的一种电化学分析方法,可用于对溶液中的多种金属离子进行连续的定性和定量分析。关于极谱分析方法,仪器分析课程中已有详细介绍,此处不再重复。

②电化学极化。电化学极化,也称为活化极化。一个电极,在可逆情况下,电极上有一定的带电电荷,建立了相应的电极电势 E_R。当有电流通过电极时,若电极-溶液界面处的电极反应进行得不够快,导致电极带电程度的改变,也可使电极电势偏离 E_R。以电极 $(Pt)H_2(g) \mid H^+$ 为例,作为阴极发生还原作用时,由于 H^+ 变成 H_2 的速率不够快,则有电流通过时到达阴极的电子不能被及时耗掉,致使电极比可逆情况下带有更多的负电,从而使电极电势变得比 E_R 低,这一较低的电势能促使反应物活化,即加速 H^+ 转化成 H_2。当 $(Pt)H_2(g) \mid H^+$ 作为阳极发生氧化作用时,由于 H_2 变成 H^+ 的速率不够快,电极上因有电流通过而缺电子的程度较可逆情况时更为严重,致使电极带有更多的正电,从而电极电势变得比 E_R 高。这一较高的电势有利于促进反应物活化,加速使 H_2 变为 H^+。将此推广到所有电极,可得具有普遍意义的结论:当有电流通过时,由于电化学反应进行的迟缓性造成电极带电程度与可逆情况时不同,从而导致电极电势偏离 E_R 的现象,称为"电化学极化"。电极发生电化学极化时与发生浓差极化时一样,阴极电势总是变得比 E_R 低,而阳极电势总是变得比 E_R 高。因电化学极化而造成的电极电势 E_{IR} 与 E_R 之差的绝对值,称为"活化过电势"。活化过电势的大小是电极活化极化的量度。

（3）Tafel 公式

实验表明,在电解过程中,除了 Fe,Co,Ni 等一些过渡元素的离子之外,一般金属离子在阴极上还原成金属时,活化过电势的数值都比较小。但在有气体析出时,例如在阴极析出 H_2、阳极上析出 O_2 或 Cl_2 时,活化过电势的数值相当大。由于气体的活化过电势相当大,而且在电化学工业中又经常遇到与气体活化过电势有关的实际问题,因此对其研究比较多。1905 年,塔菲尔(Tafel)在研究氢气的活化过电势与电流密度的关系时提出如下经验关系,简称为 Tafel 公式。

$$\eta = a + b\lg I \tag{7-11-3}$$

式中 a,b 为经验常数,与电极的性质,溶液等因素有关,I 为电流密度。

由上式可见,氢气的活化过电势 η 与 $\lg I$ 呈线性关系,如图 7.21 所示。值得指出,当电流密度非常小时,塔菲尔公式是不适用的。

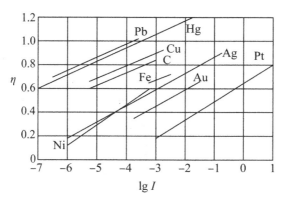

图 7.21 氢过电势与电流密度的关系

从表 7.8 中数据可以看出，对于不同的电极材料，a 值可以相差很大，而 b 值却近似相同，大约为 0.12V（Pt、Pd 等贵金属除外）。这说明不同金属上析出氢气时产生活化过电势的原因有其内在的共同性。

除电极材料和电流密度之外，温度对气体析出时的过电势也有影响。一般说来，升高温度会使过电势降低。此外，电极中所含的杂质、电极的表面状态、溶液的 pH 值等因素都对过电势的数值有一定影响。

表 7.8 氢气在部分金属上析出的塔非尔常数和的数值（20 ℃，酸性溶液）

电极材料	Ag	Al	Co	Cu	Fe	Hg	Mn	Ni	Pb	Pd	Pt	Sn	Zn
a/V	0.95	1.00	0.62	0.87	0.70	1.41	0.8	0.63	1.56	0.24	0.10	1.20	1.24
b/V	0.10	0.10	0.14	0.12	0.12	0.11	0.10	0.11	0.11	0.30	0.03	0.13	0.12

7.11.2 测定过电势的方法

超电势或电极电势与电流密度之间的关系曲线称为极化曲线（polarization curve），极化曲线的形状和变化规律反映了电化学过程的动力学特征。

测量电极的过电势，一般采用如图 7.22 所示的装置。带有搅拌器的电解池 A 中有面积已知的待测电极 B 和辅助电极 C，经一可变电阻 D 与直流电源 E 联成回路，内接有电流计 M 以测量回路中的电流。改变电阻 D 可调节回路中电流的大小，从而调节通过待测电极的电流密度 I。

将待测电极 B 与电势已知的参比电极 F（通常用甘汞电极）组成一个电池，接到电势差计上，采用对消法测量该电池电动势。应注意电极 B、F 与电势差计组成的回路上并无电流通过，因此根据 $E = E_+ - E_-$ 的关系，利用所测电动势与参比电极电势 $E_{甘汞}$ 的数值，可算出待测电极的电势 E_{IR}。E_{IR} 与对应的 E_R 相

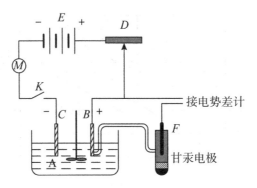

接电势差计

甘汞电极

图 7.22 过电势的测定装置图

减所得绝对值就是过电势 η。若测定时溶液搅拌比较充分,其值可视为是活化过电势。若不搅拌或搅拌不充分,则为活化过电势与浓差过电势之和。由于影响过电势的因素颇多,而且由于电极表面状态的不稳定,有时过电势的数值会随时间变化而变化,因此要准确测量过电势并不是一件很容易的事。

实验测定的结果表明,阴极和阳极的极化曲线有所不同,如图 7.23 所示。极化的结果使阳极的不可逆电极电势 E_{IR}(阳极)比可逆电极电势 E_R(阳极)升高,使阴极的不可逆电极电势 E_{IR}(阴极)比可逆电极电势 E_R(阴极)降低。这一实验测定结果与前面的分析所得结论是一致的。

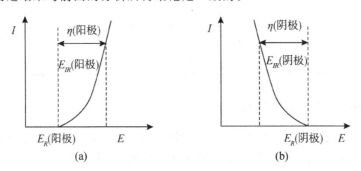

图 7.23 阴极和阳极测定的极化曲线:(a)阳极,(b)阴极

7.11.3 电解池与原电池极化的差别

由两个电极组成原电池时,因阴极是正极,阳极是负极,所以阴极电势高于阳极电势,组成电池的端电压 E_{IR} 与电流密度的关系如图 7.24(a)所示。由该图可知,电流密度越大,即电池放电的不可逆程度越高,电池端电压越小,所能获得的电功也越少。

对于电解池,因阳极是正极,阴极是负极,所以阳极电势高于阴极电势。外加电压,即分解电压 E_{IR} 与电流密度的关系如图 7.24(b)所示。由该图可知,电解池工作时,所通过的电流密度越大,即不可逆程度越高,两电极上所需要的外加电压越大,消耗掉的电功也越多。

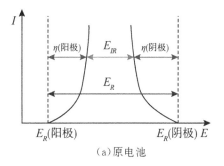 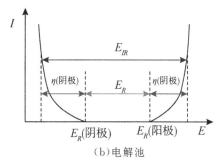

（a）原电池　　　　　　　　　（b）电解池

图 7.24　电池的极化曲线

7.12　电解时的电极反应

在电解质的水溶液中,正、负离子都不止一种,若为混合电解质溶液,则正、负离子就更多了,原则上正离子都可以到阴极去放电,负离子都可以到阳极去放电。但各离子的电极电势不同,它们到电极上去放电有先有后,这种先后顺序要根据实际电解中电极电势(即极化后的电极电势)来判断。实际电极电势最大的先到阴极去放电,实际电极电势最小的先到阳极去放电。若在水溶液中,则也需考虑 H^+ 和 OH^- 的放电。

7.12.1　阴极反应

电解时阴极上发生还原反应,发生还原的物质通常有金属离子、氢离子等。在中性水溶液中,$a_{H^+} = 10^{-7}$,取 $p_{H_2} = 100$ kPa,则 25 ℃时有:

$$E_{H^+|H_2} = E_{H^+|H_2}^{\ominus} - \frac{RT}{F}\ln\left(\frac{1}{10^{-7}}\right) = -0.414(V)$$

若不考虑氢的超电势,则凡是电极电势大于 -0.414 V 的离子都可以先于 H^+ 到阴极放电并沉积出来。若考虑到氢的超电势,许多电极电势比 H^+ 小得多的离子,如 Zn^{2+}、Cd^{2+},甚至 Na^+ 都可以先于 H^+ 在阴极放电沉积。以 Zn^{2+} 为例,若 Zn^{2+} 的浓度为 1 mol·dm^{-3},并用浓度代替活度,则 $E_{Zn^{2+}|Zn} = E_{Zn^{2+}|Zn}^{\ominus} = -0.763V$,其值小于 H^+ 的电极电势。但考虑到电极的极化,一般金属的超电势很小,可以不考虑,而氢在锌上的超电势最小为 0.48V,故要在锌上析出氢实际电极电势应为 $-0.894V$,此值低于 Zn^{2+} 的电极电势,所以 Zn^{2+} 先在阴极放电

并沉积出金属锌,而不会析出氢气。但随着锌的析出,溶液中 Zn^{2+} 浓度降低,电极电势越来越小,当 Zn^{2+} 的浓度降到 3.7×10^{-5} mol·dm^{-3} 时,$E_{Zn^{2+}|Zn} = -0.894V$,此时 H^+ 也开始在阴极放电并析出氢气。要使氢气不析出来,则阴极电极电势不能低于 $-0.894V$。由于氢在汞上的超电势很大,可以选用汞作为阴极,Na^+ 到阴极放电并在汞中形成汞齐,则可使氢气不析出。由此可见,正是由于氢在许多金属上有超电势,才能使许多金属离子先于 H^+ 在阴极放电而沉积,且不会析出氢气。

7.12.2 阳极反应

电解时阳极上发生氧化反应,发生氧化的物质通常有阴离子,如 OH^-,Cl^- 等,以及阳极本身金属的溶解。在中性水溶液中,$a_{OH^-} = 10^{-7}$,故有:

$$E_{OH^-.H_2O|O_2} = E^{\ominus}_{OH^-.H_2O|O_2} - \frac{RT}{2F}\ln\left(\frac{a^2_{OH^+}}{(p_{O_2}/p^{\ominus})^{1/2} a_{H_2O}}\right)$$

若 $p_{O_2} = 100$ kPa,25 ℃时 $E^{\ominus}_{OH^-.H_2O|O_2} = 0.401$,所以有:

$$E_{OH^-.H_2O|O_2} = 0.401 - \frac{8.314 \times 298.15}{2 \times 96500}\ln\left(\frac{(10^{-7})^2}{(p^{\ominus}/p^{\ominus})^{1/2} \times 1}\right) = 0.815(V)$$

若不考虑氧的超电势,凡是极化后的电极电势小于 $0.815V$ 的离子或金属都可以先于 OH^- 在阳极放电。例如用铜电极电解 $CuSO_4$ 溶液,若 $a_{Cu^{2+}} = 1$,则:

$$E_{Cu^{2+}|Cu} = E^{\ominus}_{Cu^{2+}|Cu} = 0.340V$$

此时,Cu^{2+} 的电极电势小于 OH^- 的电极电势,所以在阳极是铜溶解,而不是 OH^- 放电析出氧气。

总之,电解时无论在阳极还是在阴极,各种离子的放电次序都应根据极化后的电极电势来判断,而不是由可逆电极电势来判断。

[例 7-14] 某溶液中含有 Ag^+($\alpha = 0.05$)、Fe^{2+}($\alpha = 0.01$)、Cd^{2+}($\alpha = 0.001$)、Ni^{2+}($\alpha = 0.1$)、H^+($\alpha = 0.001$)。已知 H_2 在 Ag、Ni、Fe、Cd 上的超电势分别为 $0.20V$、$0.24V$、$0.18V$ 和 $0.30V$,25 ℃时当外加电压从零开始增加时,在阴极上发生什么变化?

解 该溶液中 Ag、Ni、Fe、Cd 的平衡可逆电极电势分别为:

$$E_{R.Ag^+|Ag} = E^{\ominus}_{Ag^+|Ag} - \frac{RT}{F}\ln\frac{1}{a_{Ag^+}} = 0.7994 + 0.05916\lg0.05 = 0.7224(V)$$

$$E_{R.Fe^{2+}|Fe} = E^{\ominus}_{Fe^{2+}|Fe} - \frac{RT}{2F}\ln\frac{1}{a_{Fe^{2+}}} = -0.440 - \frac{0.05916}{2}\lg\frac{1}{0.01} = -0.499(V)$$

$$E_{R.Cd^{2+}|Cd} = E^{\ominus}_{Cd^{2+}|Cd} - \frac{RT}{2F}\ln\frac{1}{a_{Cd^{2+}}} = -0.403 - \frac{0.05916}{2}\lg\frac{1}{0.001} = -0.492(V)$$

$$E_{R.Ni^{2+}|Ni} = E^{\ominus}_{Ni^{2+}|Ni} - \frac{RT}{2F}\ln\frac{1}{a_{Ni^{2+}}} = -0.250 - \frac{0.05916}{2}\lg\frac{1}{0.1} = -0.28(V)$$

$$E_{R,\text{H}^+|\text{H}_2} = E^{\ominus}_{\text{H}^+|\text{H}_2} - \frac{RT}{F}\ln\frac{1}{a_{\text{H}^+}} = -0.05916\lg\frac{1}{0.001} = -0.177(\text{V})$$

当 H^+ 的活度 $a = 0.001$ 时,在 Ag、Ni、Fe、Cd 上 H^+ 的析出电势为:

$$E_{IR,\text{H}^+|\text{H}_2,\text{Ag}} = E^{\ominus}_{R,\text{H}^+|\text{H}_2} - \eta_{\text{H}^+|\text{H}_2,\text{Ag}} = -0.177 - 0.20 = -0.377\text{V}$$

$$E_{IR,\text{H}^+|\text{H}_2,\text{Fe}} = E^{\ominus}_{R,\text{H}^+|\text{H}_2} - \eta_{\text{H}^+|\text{H}_2,\text{Fe}} = -0.177 - 0.18 = -0.357\text{V}$$

$$E_{IR,\text{H}^+|\text{H}_2,\text{Cd}} = E^{\ominus}_{R,\text{H}^+|\text{H}_2} - \eta_{\text{H}^+|\text{H}_2,\text{Cd}} = -0.177 - 0.30 = -0.477\text{V}$$

$$E_{IR,\text{H}^+|\text{H}_2,\text{Ni}} = E^{\ominus}_{R,\text{H}^+|\text{H}_2} - \eta_{\text{H}^+|\text{H}_2,\text{Ni}} = -0.177 - 0.24 = -0.417\text{V}$$

当外加电压从零开始逐渐增加时,在阴极上的变化为:Ag 析出 ——→Ni 析出——→Ni 上析出 H_2 ——→Cd 析出同时析出 H_2 ——→Fe 析出同时析出 H_2。

视频 7.14

【知识结构-1】

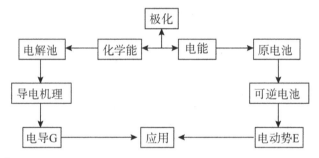

【知识结构-2】

$$\text{电解池}\begin{cases}1.\text{电解质溶液导电机理}\begin{cases}\text{电极反应}\rightarrow\text{Faraday 定律}\\\text{离子定向迁移}\rightarrow\text{迁移数 t}\Leftarrow\text{Hittorf 实验}\end{cases}\\2.\text{电解质溶液导电能力}\rightarrow(G,\kappa,\Lambda_m)\rightarrow\text{Kohlrausch}\rightarrow\text{求}:K^{\ominus},\alpha,K^{\ominus}_{sp}\\3.\text{电解质溶液的浓度表示}\rightarrow(a,a_{\pm},\gamma_{\pm})\rightarrow(\text{Debye-Hückel 公式})\end{cases}$$

【知识结构-3】

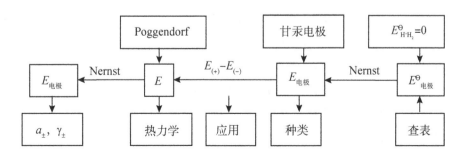

$$\begin{cases} 1. \ E \rightarrow \Delta_r G_m, \Delta_r S_m, \Delta_r H_m, Q_{rm} \\ 2. \ E^{\ominus} \rightarrow K_a^{\ominus} \\ 3. \ E^{\ominus} \rightarrow K_{sp}^{\ominus} \\ 4. \ E \rightarrow pH \begin{cases} ①Q|H_2Q(pH<8.5)\sim 甘汞电极 \\ ②Pt|H_2(100\ kPa)|H^+\sim 甘汞电极 \end{cases} \\ 5. \ E \rightarrow \gamma_{\pm}, a_{\pm} \end{cases}$$

【知识结构-4】

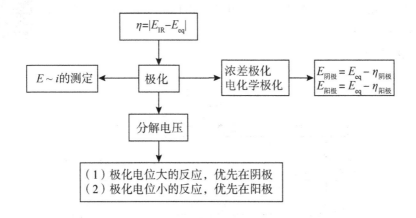

习　题

7.1　将两个银电极插入 $AgNO_3$ 溶液,通以 0.2A 电流共 30 min,试求阴极上析出 Ag 的质量。

7.2　以 1930 库仑的电量通过 $CuSO_4$ 溶液,在阴极有 0.009 mol 的 Cu 沉积,问阴极产生的 H_2 的物质的量为多少?

7.3　电解食盐水溶液制取 NaOH,通过一定时间的电流后,得到含 NaOH 浓度为 1 mol·dm^{-3} 的溶液 0.6 dm^3,同时在与之串联的铜库仑计上析出 30.4 g 铜,试问制备 NaOH 的电流效率是多少?

7.4　如果在 $10cm\times10cm$ 的薄铜片两面镀上 0.005 cm 厚的 Ni 层(镀液用 $Ni(NO_3)_2$),假定镀层能均匀分布,用 2.0A 的电流强度得到上述厚度的镍层时需通电多长时间? 设电流效率为96.0%。已知金属的密度为 8.9 g/cm^3,Ni(s) 的摩尔质量为 58.69 g/mol。

7.5　用银作电极来电解 $AgNO_3$ 水溶液,通电一定时间后阴极上有 0.078 g 的 Ag(s)析出。经分析知道阳极含有 $AgNO_3$ 0.236 g、水 21.14 g。已知原来所用溶液的浓度为每克水中溶有 $AgNO_3$ 0.00739 g,试求 Ag^+ 和 NO_3^- 的迁移数。

7.6　在 298 K 时,在某电导池中充以 0.0100 $mol \cdot dm^{-3}$ KCl 溶液,测得其电阻为 112.3Ω。若改充以同浓度的溶液 X,测得其电阻为 2148Ω。试计算:

(1)此电导池的电导常数;

(2)溶液 X 的电导率;

(3)溶液 X 的摩尔电导率。

7.7　在 298 K 时,一电导池中充以 0.01 $mol \cdot dm^3$ KCl,测出的电阻值为 484.0Ω;在同一电导池中充以不同浓度的 NaCl,测得下表所列数据。

$c/(mol \cdot dm^{-3})$	0.0005	0.0010	0.0020	0.0050
R/Ω	10910	5494	2772	1128.9

(1)求算各浓度时 NaCl 的摩尔电导率;

(2)以 Λ_m 对 $c^{1/2}$ 作图,用外推法求出 Λ_m^∞。

7.8　在 298 K 时,将电导率为 0.141 $S \cdot m^{-1}$ 的 KCl 溶液装入电导池,测得电阻为 525 Ω;在该电导池中装入 0.1 $mol \cdot dm^{-3}$ 的 NH_4OH 溶液,测出电阻为 2030 Ω,已知此时水的电导率为 $2 \times 10^{-4} S \cdot m^{-1}$。试求:

(1)该 NH_4OH 的电离度和电离平衡常数;

(2)若该电导池内充以水,电阻为多少?

7.9　在 298 K 时,浓度为 0.01 $mol \cdot dm^{-3}$ 的 CH_3COOH 溶液在某电导池中测得电阻为 2220 Ω,已知该电导池常数为 36.7 m^{-1},试求在该条件下 CH_3COOH 的电离度和电离平衡常数。

7.10　在 291 K 时,纯水的电导率为 $3.8 \times 10^{-6} S \cdot m^{-1}$。当 H_2O 解离成 H^+ 和 OH^- 并达到平衡,求该温度下,H_2O 的摩尔电导率、解离度和 H^+ 的浓度。

7.11　在 291 K 时,测得 CaF_2 饱和水溶液及配制该溶液的纯水之电导率分别为 3.86×10^{-3} 和 $1.5 \times 10^{-4} S \cdot m^{-1}$。已知在 291 K 时,无限稀释溶液中下列物质的摩尔电导率为:$\Lambda_m^\infty(CaCl_2) = 2.334 \times 10^{-2} S \cdot m^2 \cdot mol^{-1}$、$\Lambda_m^\infty(NaCl) = 1.089 \times 10^{-2} S \cdot m^2 \cdot mol^{-1}$、$\Lambda_m^\infty(NaF) = 9.02 \times 10^{-3} S \cdot m^2 \cdot mol^{-1}$,求 291 K 时 CaF_2 的溶度积。

7.12　在 298 K 时测得 $SrSO_4$ 饱和水溶液的电导率为 $1.482 \times 10^{-2} S \cdot m^{-1}$,该温度时水的电导率为 $1.5 \times 10^{-4} S \cdot m^{-1}$。试计算在该条件下 $SrSO_4$ 在水中的溶解度。

7.13 计算下列溶液的离子平均质量摩尔浓度 $m_\pm$ 和离子平均活度 $a_\pm$：

电解质	$K_3Fe(CN)_6$	$CdCl_2$	H_2SO_4
$m/\text{mol} \cdot \text{kg}^{-1}$	0.010	0.100	0.050
$\gamma_\pm$	0.571	0.219	0.397

7.14 分别求算 $m=1\text{mol} \cdot \text{kg}^{-1}$ 时的 KNO_3、K_2SO_4 和 $K_4Fe(CN)_6$ 溶液的离子强度。

7.15 应用德拜-休克尔极限公式，计算：(1)298 K 时 0.002 mol $\cdot$ kg^{-1} $CaCl_2$ 和 0.002 mol $\cdot$ kg^{-1} $ZnSO_4$ 混合溶液中 Zn^{2+} 的活度系数；(2)298 K 时 0.001 mol $\cdot$ kg^{-1} $K_3Fe(CN)_6$ 的离子平均活度系数。

7.16 在 298 K 时，$AgBrO_3$ 的活度积为 5.77×10^{-5}，试用极限公式计算 $AgBrO_3$ 在：(1)纯水中；(2)0.01 mol $\cdot$ kg^{-1} $KBrO_3$ 中的溶解度。

7.17 在 298 K 时 $AgCl$ 的溶度积 $K_{sp}^{\ominus}=1.71 \times 10^{-10}$，试求在饱和水溶液中，$AgCl$ 的离子平均活度及离子平均活度系数各为多少？

7.18 写出下列电池所对应的化学反应：

(1) Pt｜$H_2(g)$｜HCl(b)｜$Cl_2(g)$｜Pt

(2) Cd｜$Cd^{2+}(b_1)$‖HCl(b_2)｜$H_2(g)$｜Pt

(3) Pb-$PbSO_4(s)$｜$K_2SO_4(b_1)$‖KCl(b_2)｜$PbCl_2(s)$-Pb(s)

(4) Pt｜Fe^{3+},Fe^{2+}‖Hg_2^{2+}｜Hg(l)

(5) Sn｜$SnSO_4(b_1)$‖$H_2SO_4(b_2)$｜$H_2(g)$｜Pt

(6) Pt｜$H_2(g)$｜NaOH(b)｜HgO(s)-Hg(l)

7.19 试将下列化学反应设计成电池：

(1) $Zn(s) + H_2SO_4(aq) \longrightarrow ZnSO_4(aq) + H_2(g)$

(2) $Pb(s) + 2HCl(aq) \longrightarrow PbCl_2(s) + H_2(g)$

(3) $H_2(g) + I_2(g) \longrightarrow 2HI(aq)$

(4) $Fe^{2+} + Ag^+ \longrightarrow Fe^{3+} + Ag(s)$

(5) $Pb(s) + HgSO_4(s) \longrightarrow PbSO_4(s) + 2Hg(l)$

(6) $\dfrac{1}{2}H_2(g) + AgCl(s) \longrightarrow Ag(s) + HCl(aq)$

7.20 电池 Zn(s)｜$ZnCl_2$(0.05 mol $\cdot$ kg^{-1})｜$AgCl(s)$-Ag(s) 的 $E = [1.015 - 4.92 \times 10^{-4}(T/K - 298)]$ V。试计算在 298 K 时，当电池有 2 mol 电子的电量输出时，电池反应 $\Delta_r G_m$，$\Delta_r S_m$，$\Delta_r H_m$ 及可逆放电时的热效应 Q_r。

7.21 在 298 K 时，电池 Zn｜$Zn^{2+}(a=0.0004)$‖$Cd^{2+}(a=0.2)$｜Cd 的标准电动势为 0.360V，试写出该电池的电极反应和电池反应，并计算其电动势。

7.22 在 298 K 时,已知 AgCl 的标准摩尔生成焓是 $-127.04\ kJ \cdot mol^{-1}$,Ag、AgCl 和 $Cl_2(g)$ 的标准摩尔熵分别是 42.702、96.11 和 $222.95\ J \cdot K^{-1} \cdot mol^{-1}$ 。试计算 298 K 时电池 $(Pt)Cl_2(p^\ominus) | HCl(0.1\ mol \cdot dm^{-3}) | AgCl(s) | Ag$:

(1)电池的电动势;

(2)电池可逆放电时的热效应;

(3)电池电动势的温度系数。

7.23 在 298 K 附近,电池 $Hg-Hg_2Br_2 | Br^- | AgBr(s)-Ag$ 的电动势与温度的关系为:$E = [-68.04 - 0.312 \times (T - 298)]mV$,试写出通电量 $2F$,电池反应的 $\Delta_r G_m$, $\Delta_r H_m$ 和 $\Delta_r S_m$ 。

7.24 求算 298 K 时,Ag-AgCl 电极在 $b_1 = 10^{-5}\ mol \cdot kg^{-1}$ 的 AgCl 溶液中及在 $b_2 = 0.01\ mol \cdot kg^{-1}$ 和 $\gamma_\pm = 0.889$ 的 NaCl 溶液中的电极电势之差为多少?

7.25 列式表示下列两种标准电极电势 $E^\ominus$ 之间的关系:

(1) $Fe^{3+} + 3e^- \longrightarrow Fe(s)$, $Fe^{2+} + 2e^- \longrightarrow Fe(s)$, $Fe^{3+} + e^- \longrightarrow Fe^{2+}$

(2) $Sn^{4+} + 4e^- \longrightarrow Sn(s)$, $Sn^{2+} + 2e^- \longrightarrow Sn(s)$, $Sn^{4+} + 2e^- \longrightarrow Sn^{2+}$

7.26 某电极的电极反应为 $H_2O_2 + 2H^+ + 2e^- \longrightarrow 2H_2O$ 。试求算 298 K 时该电极的标准电极电势 $E^\ominus$ 。已知水的离子积 $K_w = a_{H^+} \cdot a_{OH^-} = 10^{-14}$,电极反应为 $O_2 + 2H^+ + 2e^- \longrightarrow H_2O_2$ 的电极和氧电极的标准电极电势分别为 0.680 和 0.401。

7.27 写出下列浓差电池的电池反应,并计算在 298 K 时的电动势。

(1) $(Pt)H_2(2p^\ominus) | H^+ (a_{H^+} = 1) | H_2(p^\ominus)(Pt)$

(2) $(Pt)H_2(p^{\ominus\prime}) | H^+ (a_{H^+} = 0.01) \| H^+ (a'_{H^+} = 0.1) | H_2(p^\ominus)(Pt)$

(3) $(Pt)Cl_2(p^\ominus) | Cl^- (a_{Cl^-} = 1.0) | Cl_2(2p^\ominus)(Pt)$

(4) $(Pt)Cl_2(p^\ominus) | Cl^- (a_{Cl^-} = 0.1) \| Cl^- (a'_{Cl^-} = 0.01) | Cl_2(p^\ominus)(Pt)$

(5) $Zn(s) | Zn^{2+}(a_{Zn^{2+}} = 0.004) \| Zn^{2+}(a'_{Zn^{2+}} = 0.02) | Zn(s)$

(6) $Pb(s)-PbSO_4(s) | SO_4^{2-}(a = 0.01) \| SO_4^{2-}(a' = 0.001) | PbSO_4(s)-Pb(s)$

7.28 已知 298.2 K 反应 $H_2(p^\ominus) + 2AgCl(s) = 2Ag(s) + 2HCl(0.1mol \cdot dm^{-3})$

(1)将此反应设计成电池;

(2)计算 $0.1\ mol \cdot dm^{-3}$ HCl 水溶液的 $\gamma_\pm$ 为多少? (298.2 K 时电池电动势为 0.3522V)

(3)计算电池反应的平衡常数为多大?

(4)金属 Ag 在 $\gamma_\pm = 0.809$ 的 $1\ mol \cdot dm^{-3}$ HCl 溶液中所产生 H_2 的平衡分压为多大?

7.29 (1)将反应 $H_2(p^\ominus) + I_2(s) \longrightarrow 2HI(a_\pm = 1)$ 设计成电池;

(2)求此电池的 $E^\ominus$ 及电池反应在 298 K 时的 $K^\ominus$;

(3)若反应写成 $\frac{1}{2}H_2(p^\ominus) + \frac{1}{2}I_2(s) \longrightarrow HI(a_\pm = 1)$,电池的 $E^\ominus$ 及反应的 $K^\ominus$ 之值与(2)是否相同,为什么?

7.30 在 298 K 时,下列电池的电动势为 0.720V。

$Ag(s)\text{-}AgI(s) \mid KI(b = 0.01\ mol \cdot kg^{-1}, \gamma_\pm = 0.65) \parallel AgNO_3(b = 0.001\ mol \cdot kg^{-1}, \gamma_\pm = 0.95) \mid Ag(s)$。试求:(1)AgI 的 K_{sp};(2)AgI 在纯水中的溶解度;(3)AgI 在 1 mol·kg^{-1} KI 溶液中的溶解度。

7.31 在 298 K 时,电池 $Zn(s) \mid ZnSO_4(b = 0.01\ mol \cdot kg^{-1}, \gamma_\pm = 0.38) \mid PbSO_4\text{-}Pb(s)$ 的电动势为 0.5477V。

(1)已知 $E^\ominus(Zn^{2+} \mid Zn) = -0.763V$,求 $E^\ominus(PbSO_4 \mid Pb)$;

(2)已知 298 K 时 $PbSO_4$ 的 $K_{sp}^\ominus = 1.58 \times 10^{-8}$,求 $E^\ominus(Pb^{2+} \mid Pb)$;

(3)当 $ZnSO_4$ 的 $b = 0.050\ mol \cdot kg^{-1}$ 时,$E = 0.523V$,求此浓度下 $ZnSO_4$ 的 $\gamma_\pm$。

7.32 在 298 K 时,电池 $(Pt)H_2(p^\ominus) \mid NaOH(b) \mid HgO(s)\text{-}Hg(l)$ 的 $E = 0.9255V$,已知 $E^\ominus_{Hg\text{-}HgO \mid OH^-} = 0.0976V$,试求水的离子积 $K_w^\ominus$。

7.33 从下列电池导出公式 $(pH)_x = (pH)_s + (E_x - E_s)/(2.303RT/F)$

$(Pt)H_2(p^\ominus) \mid pH = x$ 的未知溶液或标准缓冲溶液(s) 摩尔甘汞电极

(1)用 pH = 4.00 的缓冲溶液充入,$E = 0.1120V$;在 298 K 时,当测得未知溶液 $E = 0.3865V$。试依据导出的公式求算未知溶液的 pH 值;

(2)当以 pH = 6.86 的磷酸缓冲溶液充入时,$E = 0.7409V$;在 298 K 时,当充入某未知溶液时,测得的 pH = 4.64。求算该电池的 E。

7.34 在 298 K 时,下述电池 $Ag(s)\text{-}AgI(s) \mid HI(a = 1) \mid H_2(p^\ominus)(Pt)$ 的电动势 $E = 0.1519V$,并已知下列物质的生成焓,如下表:

物质	AgI(s)	Ag$^+$	I$^-$
$\Delta_f H_m^\ominus$ /(kJ·mol^{-1})	−62.38	105.89	−55.94

试求:(1)当电池可逆输出 1 mol 电子的电量时,电池反应的 Q、W_e(膨胀功)、W_f(电功)、$\Delta_r U_m$、$\Delta_r H_m$、$\Delta_r S_m$、$\Delta_r A_m$ 和 $\Delta_r G_m$ 的值各为多少?

(2)如果让电池短路,不做电功,则在发生同样的反应时上述各函数的变量又为多少?

7.35 在 298 K 时,当电流密度为 0.1A·cm^{-2} 时,$H_2(g)$ 和 $O_2(g)$ 在 Ag(s)电极上的超电势分别为 0.87V 和 0.98V。今用 Ag(s)电极插入 0.01 mol·kg^{-1} 的 NaOH 溶液中进行电解,问在该条件下两个银电极上首先发生什么反应?此时外加电压为多少?(设活度系数为 1)

7.36 在温度 298 K、压力 $p^\ominus$ 时,以 Pt 为阴极,C(石墨)为阳极,电解含 $CdCl_2$(0.01 mol·kg^{-1})和 $CuCl_2$(0.02 mol·kg^{-1})的水溶液。若电解过程中

超电势可忽略不计,试问(设活度系数为1):(1)何种金属先在阴极析出?(2)第二种金属析出时,至少需加多少电压?(3)当第二种金属析出时,第一种金属离子在溶液中的浓度为多少?(4)事实上 $O_2(g)$ 在石墨上是有超电势的。若设超电势为 0.85V,则阳极上首先发生什么反应?

7.37 在 298 K 时,原始浓度 Ag^+ 为 0.1 mol $\cdot$ kg^{-1} 和 CN^- 为 0.25 mol $\cdot$ kg^{-1} 的溶液中形成了配离子 $Ag(CN)_2^-$,其离解常数 $K_a^{\ominus}=3.8\times10^{-19}$。试计算在该溶液中 Ag^+ 的浓度和 Ag(s) 的析出电势。(设活度系数均为 1)

7.38 目前工业上电解食盐水制造 NaOH 的反应为:

$$2NaCl + 2H_2O \longrightarrow 2NaOH + H_2(g) + Cl_2(g) \qquad ①$$

有人提出改进方案,改造电解池的结构,使电解食盐水的总反应为:

$$2NaCl + H_2O + \frac{1}{2}O_2(空气) \longrightarrow 2NaOH + Cl_2(g) \qquad ②$$

(1)分别写出上述两种电池总反应的阴极和阳极反应;

(2)计算在 298 K 时,两种反应的理论分解电压各为多少?设活度均为 1,溶液 pH=14;

(3)计算改进方案在理论上可节约多少电能。(用百分数表示)

测验题

一、选择题

1. 无限稀释的 KCl 溶液中,Cl^- 离子的迁移数为 0.505,该溶液中 K^+ 离子的迁移数为:(　　)。

(1)0.505　　　　(2)0.495　　　　(3)67.5　　　　(4)64.3

2. 电解质分为强电解质和弱电解质,在于:(　　)。

(1)电解质为离子晶体和非离子晶体

(2)全解离和非全解离

(3)溶剂为水和非水

(4)离子间作用强和弱

3. 质量摩尔浓度为 b 的 H_3PO_4 溶液,离子平均活度因子(系数)为 $\gamma_{\pm}$,则电解质的活度是 a_B:(　　)。

(1)$a_B=4(b/b^{\ominus})^4\gamma_{\pm}^4$　　　　　　(2)$a_B=\gamma_{\pm}4(b/b^{\ominus})\gamma_{\pm}^4$

(3)$a_B=27(b/b^{\ominus})^4\gamma_{\pm}^4$　　　　　　(4)$a_B=27(b/b^{\ominus})^4\gamma_{\pm}^4$

4. 实验室里为测定由电极 $Ag|AgNO_3(aq)$ 及 $Ag|AgCl(s)|KCl(aq)$ 组成的电池的电动势,下列哪一项是不能采用的?(　　)。

(1)电位差计　　　　　　　　(2)标准电池

(3)直流检流计　　　　　　　(4)饱和的 KCl 盐桥

5. 原电池在等温等压可逆的条件下放电时,其在过程中与环境交换的热量为:(　　)。

(1)ΔH　　　　(2)零　　　　(3)$T\Delta S$　　　　(4)ΔG

6. 在等温等压的电池反应中,当反应达到平衡时,电池的电动势等于:(　　)。

(1)零　　　　　　　　　　　(2)$E^{\ominus}$

(3)不一定　　　　　　　　　(4)随温度、压力的数值而变

7. 25 ℃时,电池 $Pt|H_2(10\ kPa)|HCl(b)|H_2(100\ kPa)|Pt$ 的电动势 E 为:(　　)。

(1)$2\times0.059V$　　(2)$-0.059V$　　(3)$0.0295V$　　(4)-0.0295

8. 正离子的迁移数与负离子的迁移数之和是:(　　)。

(1)大于 1　　　　(2)等于 1　　　　(3)小于 1　　　　(4)不确定

9. 浓度为 b 的 $Al_2(SO_4)_3$ 溶液中,正、负离子的活度因子(系数)分别为 γ_+ 和 γ_-,则离子的平均活度系数 $\gamma_{\pm}$ 等于:(　　)。

(1)$(108)^{\frac{1}{5}}b$　　　　　　　　(2)$(\gamma_+^2\cdot\gamma_-^3)^{\frac{1}{5}}b$

(3)$(\gamma_+^2\cdot\gamma_-^3)^{\frac{1}{5}}$　　　　　　(4)$(\gamma_+^3\cdot\gamma_-^2)^{\frac{1}{5}}$

10. 某电池的电池反应可写成:(　　)。

(1)$H_2(g)+\dfrac{1}{2}O_2(g)\longrightarrow H_2O(l)$　　或　　(2)$2H_2(g)+O_2(g)\longrightarrow 2H_2O(l)$

用 E_1,E_2 表示相应反应的电动势,K_1,K_2 表示相应反应的平衡常数,下列各组关系正确的是:(　　)。

(1)$E_1=E_2$,$K_1=K_2$　　　　　　(2)$E_1\neq E_2$,$K_1=K_2$

(3)$E_1=E_2$,$K_1\neq K_2$　　　　　　(4)$E_1\neq E_2$,$K_1\neq K_2$

11. 下列图中的 4 条极化曲线,曲线(　　)表示原电池的阳极,曲线(　　)表示电解池的阳极。

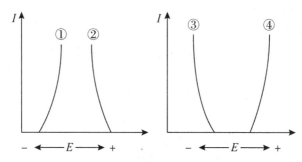

12. 求得某电池的电动势为负值,则表示此电池的电池反应是( )。

(1)正向进行　　　　　　　　　(2)逆向进行

(3)不可能发生　　　　　　　　(4)不确定

13. 用补偿法测定可逆电池的电动势时,主要为了:( )。

(1)消除电极上的副反应　　　　(2)减少标准电池的损耗

(3)在可逆情况下测定电池电动势 (4)简便易行

14. 电解质溶液的导电能力:( )。

(1)随温度升高而减小

(2)随温度升高而增大

(3)与温度无关

(4)因电解质溶液种类不同,有的随温度升高而减小,有的随温度升高而增大

15. 已知 25 ℃ 时,$E^{\ominus}(Fe^{3+}|Fe^{2+})=0.77V$,$E^{\ominus}(Sn^{4+}|Sn^{2+})=0.15V$。今有一电池,其电池反应为 $2Fe^{3+}+Sn^{2+}=\!\!=\!\!=Sn^{4+}+2Fe^{2+}$,则该电池的标准电动势 $E^{\ominus}(298\ K)$为:( )。

(1)1　　　　(2)0.62V　　　(3)0.92V　　　(4)1.07V

二、填空题

1. 今有一溶液,含 $0.002\ mol \cdot kg^{-1}$ 的 NaCl 和 $0.001\ mol \cdot kg^{-1}$ 的 $La(NO_3)_3$,该溶液的离子强度 $I=$_____。

2. 离子氛的电性与中心离子的电性_____,电量与中心离子的电量_____。

3. _____的电导率随温度升高而增大,_____的电导率随温度升高而降低。

4. 中心离子的电荷数_____离子氛的电荷数。

5. 用导线把原电池的两极连接上,立刻产生电流,电子的流动是从_____极(即_____极)经由导线而进入_____极(即_____极)。

6. 电池 $Pt|H_2(p(H_2))|HCl(a_1)\parallel NaOH(a_2)|H_2(p(H_2))|Pt$ 的:

(1)阳极反应是_____;

(2)阴极反应是_____;

(3)电池反应是_____。

7. 电池 $Pt|H_2(p(H_2))|NaOH|O_2(p(O_2))|Pt$

负极反应是_____, 正极反应是_____, 电池反应是_____。

8. 原电池 $Hg|Hg_2Cl_2(s)|HCl|Cl_2(p)|Pt$,其负极的反应方程式为_____,称_____反应;正极的反应式为_____,称_____反应。

9. 由于极化,原电池的正极电势将比平衡电势_____,负极电势将比平

衡电势_____;而电解池的阳极电势将比平衡电势_____,阴极电势将比平衡电势_____。(选填高或低)

三、是非题

1. 25 ℃时,摩尔甘汞电极 $Hg|Hg_2Cl_2(s)|KCl(1\ mol\cdot dm^{-1})$ 的电极电势为 0.2800V,此数值就是甘汞电极的标准电极电势。是不是?( )

2. 在一定的温度和较小的浓度情况下,增大弱电解溶液的浓度,则该弱电解质的电导率增加,摩尔电导率减小。是不是?( )

3. 设 $ZnCl_2$ 水溶液的质量摩尔浓度为 b,离子平均活度因子(系数)为 $\gamma_\pm$,则其离子平均活度 $a_\pm = 3\sqrt{4}\gamma_\pm b/b^\ominus$。是不是?( )

4. 电极 $Pt|H_2(p=100\ kPa)|OH^-(a=1)$ 是标准氢电极,其 $E^\ominus(H_2+2OH^-\longrightarrow 2H_2O+2e^-)=0$。是不是?( )

5. 盐桥的作用是导通电流和减小液体接界电势。是不是?( )

6. 金属导体的电阻随温度升高而增大,电解质溶液的电阻随温度升高而减少。是不是?( )

7. 一个化学反应进行时,$\Delta_r G_m = -220.0\ kJ\cdot mol^{-1}$。如将该化学反应安排在电池中进行,则需要环境对系统做功。( )

8. 电解池中阳极发生氧化反应,阴极发生还原反应。是不是?( )

9. 在等温等压下进行的一般化学反应,$\Delta G<0$,电化学反应的 ΔG 可小于零,也可大于零。是不是?( )

10. 用 Λ_m 对 $\sqrt{c}$ 作图外推的方法,可以求得 HAc 的无限稀释摩尔电导率。是不是?( )

11. 氢电极的标准电极电势在任何温度下都等于零。是不是?( )

四、计算题

1. 已知 298 K 时,$E^\ominus(Ag^+|Ag)=0.7996V$,AgCl 的活度积:
$K_{sp}^\ominus = a(Ag^+)a(Cl^-) = 1.75\times 10-10$,试求 298 K 时 $E^\ominus(Cl^-|AgCl|Ag)$。

2. 25 ℃时,质量摩尔浓度 $b=0.20\ mol\cdot kg^{-1}$ 的 $K_4Fe(CN)_6$ 水溶液正、负离子的平均活度因子(系数)$\gamma_\pm=0.099$,试求此水溶液中正负离子的平均活度 $a_\pm$ 及 $K_4Fe(CN)_6$ 的电解质活度 a_B。

3. 某电导池中充入 0.02 $mol\cdot dm^{-3}$ 的 KCl 溶液,在 25 ℃ 时电阻为 250Ω,如改充入 $6\times 10^{-5}\ mol\cdot dm^{-3} NH_3\cdot H_2O$ 溶液,其电阻为 $10^5 Ω$。已知 0.02 $mol\cdot dm^{-3}$ KCl 溶液的电导率为 0.227 $S\cdot m^{-1}$,而 NH_4^+ 及 OH^- 的摩尔电导率分别为 $73.4\times 10^{-4} S\cdot m^2\cdot mol^{-1}$,198.3 $S\cdot m^2\cdot mol^{-1}$。试计算 6×

10^{-5} mol·dm^{-3} NH$_3$·H$_2$O 溶液的解离度。

4. 25 ℃时,将待测溶液置于下列电池中,测得 $E=0.829$V,求该溶液的 pH 值。已知甘汞电极的 E(甘汞)$=0.2800$V。电池为:Pt|H$_2$($p^{\ominus}$)|溶液 (H$^+$)‖甘汞电极。

5. 有一原电池 Ag|AgCl(s)|Cl$^-$($a=1$)‖Cu^{2+}($a=0.01$)|Cu。

(1)写出上述原电池的反应式;

(2)计算该原电池在 25 ℃时的电动势 E;

(3)25 ℃时,原电池反应的吉布斯函数变($\Delta_r G_m$)和平衡常数 $K^{\ominus}$各为多少? 已知:$E^{\ominus}$(Cu^{2+}|Cu)$=0.3402$ V,$E^{\ominus}$(Cl$^-$|AgCl|Ag)$=0.2223$ V。

6. 25 ℃时,对电池 Pt|Cl$_2$($p^{\ominus}$)|Cl$^-$($a=1$)‖Fe^{3+}($a=1$),Fe^{2+}($a=1$)|Pt:

(1)写出电池反应;

(2)计算电池反应的 $\Delta_r G^{\ominus}$ 及 $K^{\ominus}$ 值;

(3)当 Cl$^-$ 的活度改变为 a(Cl$^-$)$=0.1$ 时,E 值为多少?

(已知 $E^{\ominus}$(Cl$^-$|Cl$_2$|Pt)$=1.3583$V,$E^{\ominus}$(Fe^{3+},Fe^{2+}|Pt)$=0.771$V)

第八章　界面现象
(Chapter 8　Interface Phenomenon)

▶ **教学目标**

通过本章的学习,要求掌握:

1. 表面张力、表面功、表面吉布斯函数;

2. 弯曲表面的附加压力——拉普拉斯方程;

3. 微小液滴的饱和蒸气压——开尔文公式;

4. 亚稳状态与新相生成的关系;

5. 接触角、润湿、铺展——杨氏方程;

6. 物理吸附与化学吸附;

7. 朗缪尔单分子层吸附理论和吸附等温式;

8. BET 多分子层吸附理论和吸附等温式;

9. 溶液界面的吸附——吉布斯吸附等温式;

10. 表面活性物质。

什么是界面?自然界中的各种物质通常以气、液、固 3 种相态存在,不同的相之间的接触面即为界面(interface)。这样 3 种相态相互接触产生的界面有 5 种:固-固界面、液-固界面、气-固界面、液-液界面和气-液界面。一般常把有一个相是气体的接触面称为表面(surface),所以气-液界面也常称为液体表面。

界面并不是接触两相间的几何平面,其一般具有约几分子的厚度,所以有时又称界面为界面相。虽然界面相的结构、性质与体相不同,但在一般情况下,与体相相比,界面的质量和性质可忽略不计,所以在通常的讨论中,并不会涉及界面或考虑界面。但如果物质被高度分散,界面面积就会大大增加,界面作用会很明显。

对一定量的物质,粒子越小,分散度越高,表面积就越大,表面效应就越明

318

显。所以可用比表面积 a_s 表示物质的分散程度，其定义为单位质量（kg）的物质所具有的表面积（m^2），即：

$$a_s = A_s/m \tag{8-0-1}$$

单位为 $m^2 \cdot kg^{-1}$。

有许多多孔固体的比表面积很大，比如沸石等。这些巨大的表面积一般是由于其内部存在的孔道产生，这部分表面也称为内表面。这些高度分散且具有巨大内表面的多孔性材料，如硅胶、活性炭、分子筛，在吸附、催化等需要实现特定功能的领域有着很重要的作用。在 21 世纪，新能源、新材料和生命科学的发展正方兴未艾，而这些研究领域又几乎都涉及界面化学问题。本章主要从界面现象的产生原因着手，运用物理化学的基本知识，对界面的特殊性及其产生的影响进行分析和讨论。

8.1 界面张力

与体相分子不同，界面相的分子处于不平衡的力场中，导致有界面张力（interfacial tension）存在。产生界面现象的根本原因是由于界面张力。

8.1.1 液体的表面张力、表面功及表面吉布斯函数

图 8.1 所示的液体分子受力情况示意图。从图中可以看出，液体表面相的分子与体相的分子所处的力场不同。

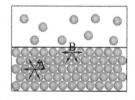

图 8.1 液体表面相和体相分子受力情况示意图

如图 8.1 所示，液体体相中的分子（如 A）总是处于同类分子的包围之中。周围分子对它的作用力是球形对称的，统计的净合力为零。而表面层中的分子（如 B）则处于非对称的力场环境中。液面上方气相分子对表面层分子的吸引力远小于液体内部分子对它的吸引力，两者相减，净的作用是将表面层中的分子向液体内部的牵引力，结果表面层分子具有向体相移动以缩小液体表面积的趋势。这样，如果增大液体表面积就需要对系统做功。可以用图 8.2 所示的过程分析表面作用力与做功情况。

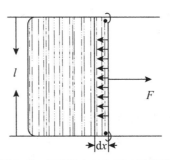

图 8.2　表面张力与表面功示意图

用金属丝制成 U 形的框架,在上面放置一根长度为 l 的无摩擦的金属丝,将此装置浸入肥皂液后轻轻取出,使其上面生成皂膜。由于液体表面分子的表面张力,液面具有收缩的趋势,皂膜会自动缩小,金属丝向左移动。要使膜维持面积不变可以在金属丝上施加一个向右的作用力 F,实验测得 F 大小与金属丝的长度成正比,比例系数为 γ。由于该装置的皂膜存在上、下两个表面,所以力 F 作用总长度为 $2l$,故可得:

$$F = 2\gamma l$$

即:

$$\gamma = \frac{F}{2l} \tag{8-1-1}$$

式(8-1-1)中的 γ 为表面张力(surface tension),单位为 $N \cdot m^{-1}$,其物理意义为使液体表面收缩的单位长度上的力。

表面张力的方向与液面相切,如果液面是平面,表面张力就处于这个平面。如果液面是曲面,表面张力则在这个曲面的切面上。表面张力的方向总是使液体表面趋于收缩,比如微小液滴通常呈圆球形,也是因为体积相同时球形的表面积最小。

也可以换个角度讨论表面张力 γ。在恒温恒压条件下,在金属丝施加比 F 大无限小的力 $F + dF$ 的作用力,使金属丝向右移动距离 dx,图 8.2 中的液膜面积增大量为 dA_s,因为不存在摩擦力,所以在这个过程中没有摩擦功。左右作用力相差无限小,这一过程为可逆过程。对液膜所做的可逆非体积功为:

$$\delta W_r^{'} = (F + dF)dx = Fdx + dFdx$$

忽略两个无限小的乘积,得:

$$\delta W_r^{'} = Fdx = 2\gamma l dx = \gamma dA_s \tag{8-1-2}$$

上式中 $dA_s = 2ldx$ 为增大的液体表面积。将式(8-1-2)变换可得:

$$\gamma = \frac{\delta W_r^{'}}{dA_s} \tag{8-1-3}$$

由此可知,γ 也可以理解为在可逆条件下系统增加单位表面积时环境对体系做的非体积功,单位为 J·m^{-2}。根据此式,IUPAC 定义 γ 为表面功(superficial work),或称为比表面功。

另外,在恒温恒压下可逆非体积功等于系统的吉布斯函数变,所以得:

$$\delta W'_r = dG_{T,p} = \gamma dA_s \tag{8-1-4}$$

因此:

$$\gamma = \left(\frac{\partial G}{\partial A_s}\right)_{T,p} \tag{8-1-5}$$

即 γ 也等于系统在恒温恒压条件下扩大单位面积时的吉布斯函数变,所以 γ 也称为表面吉布斯函数,单位亦为 J·m^{-2}。

(8-1-1)、(8-1-3)、(8-1-5)中表面张力、表面功、表面吉布斯函数为不同的物理量,但其数值和量纲是等同的,三者的单位皆可化为 N·m^{-1} 或 J·m^{-2}。

对于其他界面,如固体表面、液-液界面、液-固界面等,和液体表面相似,因为在界面层的分子受力不对称,所以也存在着界面张力。

8.1.2　热力学公式

在前面第四章的"多组分系统热力学"中,已经推导出式(4-2-7)～(4-2-10),这组公式的应用范围为一般的多组分多相系统的热力学变化过程。如果系统是高度分散的,则存在着显著的界面效应,那就要考虑界面的改变带来的影响。这样需要在 T、p、S、V、$n_{B(\alpha)}$ 外,再加上各相界面面积 A_s 作为变量,则得到相应的热力学公式为:

$$dG = -SdT + Vdp + \sum_\alpha \sum_\beta \mu_{B(\alpha)} dn_{B(\alpha)} + \gamma dA_s \tag{8-1-6}$$

$$dU = TdS - pdV + \sum_\alpha \sum_\beta \mu_{B(\alpha)} dn_{B(\alpha)} + \gamma dA_s \tag{8-1-7}$$

$$dH = TdS + Vdp + \sum_\alpha \sum_\beta \mu_{B(\alpha)} dn_{B(\alpha)} + \gamma dA_s \tag{8-1-8}$$

$$dA = -SdT - pdV + \sum_\alpha \sum_\beta \mu_{B(\alpha)} dn_{B(\alpha)} + \gamma dA_s \tag{8-1-9}$$

式中:

$$\gamma = \left(\frac{\partial G}{\partial A_s}\right)_{T,p,n_{B(\alpha)}} = \left(\frac{\partial U}{\partial A_s}\right)_{S,V,n_{B(\alpha)}} = \left(\frac{\partial H}{\partial A_s}\right)_{S,p,n_{B(\alpha)}} = \left(\frac{\partial A}{\partial A_s}\right)_{T,V,n_{B(\alpha)}}$$
$$\tag{8-1-10}$$

下标 $n_{B(\alpha)}$ 表示所有相中每一物质的物质的量均保持不变。

在恒温恒压、各相中各物质的量保持不变时,由式(8-1-6)得:

$$dG = \gamma dA_s \tag{8-1-11}$$

该式表明,在上述条件下因为相界面的面积发生变化而产生系统的吉布斯函数变。这种反映在界面上的变化,称为界面吉布斯函数变,用 dG^s 表示(上标 s 表示界面)。

保持 γ 不变,将式(8-1-11)积分,得:

$$G^s = \gamma A_s \qquad (8-1-12)$$

再将式(8-1-12)取全微分,得:

$$dG^s = \gamma dA_s + A_s d\gamma \qquad (8-1-13)$$

根据吉布斯函数判据,在恒温恒压、非体积功为零的条件下,$dG^s < 0$ 的过程能自发进行。从式(8-1-13)可以看出,可通过减少界面面积或降低界面张力使系统的界面吉布斯函数下降。

8.1.3 界面张力及其影响因素

凡能影响形成界面的两相物质性质的因素,对界面张力均有影响。

(1)界面张力首先由物质本身决定

物质分子之间的作用力对界面上分子的影响较大。相互作用力增加,则表面张力也上升。极性液体作用力大于非极性液体,前者的表面张力也较大。熔融的盐及熔融的金属,其分子间的作用力分别是离子键和金属键,故它们的表面张力很高。表8.1给出了一些物质在实验温度下呈液态时的表面张力。

表 8.1　一些物质在实验温度下呈液态时的表面张力

物质	$t/℃$	$\gamma/(mN \cdot m^{-1})$	物质	$t/℃$	$\gamma/(mN \cdot m^{-1})$
正己烷	20	18.60	FeO	1427	582
正辛烷	20	21.82	Al_2O_3	2080	700
乙醚	20	17.0	Hg	25	485.48
乙醇	20	22.3	Ag	1100	878.5
H_2O	20	72.75	Cu	1084.6	1300
NaCl	803	113.8	Pt	1773.5	1800

固体分子之间的距离较小,作用力远大于液体分子间的相互作用力,表面张力也大于液体。表8.2为一些固体物质在实验温度下的表面张力。

表 8.2　一些固体物质在实验温度下的表面张力

物质	气氛	$t/℃$	$\gamma/(mN \cdot m^{-1})$	物质	气氛	$t/℃$	$\gamma/(mN \cdot m^{-1})$
铜	Cu 蒸气	1050	1670	氧化镁	真空	25	1000
银	—	750	1140	氧化铝	—	1850	905
锡	真空	215	685	云母	真空	20	4500
苯	—	5.5	52 ± 7	冰	—	0	120 ± 10

（2）温度对界面张力的影响

根据分子运动论,温度升高可使分子振动剧烈,物质体积增大,分子间距离拉大,相互作用减弱,所以界面张力一般随温度的升高而减小。表面张力随温度的升高关系近似线性下降。当温度趋于临界温度时,气、液相界面趋于消失,此时液体的表面张力趋于零。

视频 8.1

8.2　弯曲液面的表面现象

液滴、水中的气泡、毛细管中的液面等都是曲面。液面弯曲产生的影响是界面现象中十分重要的问题。

8.2.1　弯曲液面的附加压力-拉普拉斯(Laplace)方程

弯曲液面可分为两种:凸液面(如液滴)和凹液面(如水中的气泡)。因液面弯曲产生的附加压力,从而使弯曲液面的液面两侧压力不相等,这两侧的压力差可用 Δp 来表示。通过图 8.3 的凸液面来说明产生附加压力的原因。

如图 8.3 所示为球形液滴的某一球缺,凸液面上方为气相,其压力为 p_g,凸液面下方为液相,其压力为 p_l。表面张力作用在球缺底边的圆周线上,垂直于圆周线并且与液滴的表面相切。这样沿圆周线的表面张力的合力,在垂直于底面的方向向下产生一个附加压力,从而液面下液体的压力 p_l 就大于液面外的压力 p_g。将结论推广可得,任何弯曲液面的凹面一侧的压力大于凸面一侧的压力,设凹面一侧的压力为 $p_内$,凸面一侧的压力为 $p_外$,则 $p_内 > p_外$,设弯曲液面内外压力差为 Δp,则:

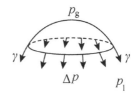

图 8.3　弯曲液面的附加压力

$$\Delta p = p_内 - p_外 \tag{8-2-1}$$

很显然 $\Delta p > 0$。经过推导可得：

$$\Delta p = \frac{2\gamma}{r} \qquad (8\text{-}2\text{-}2)$$

该式为拉普拉斯(Laplace)方程。此方程表明弯曲液面的附加压力与液体表面张力 γ 成正比，与曲率半径 r 成反比，曲率半径越小，附加压力越大。

根据式(8-2-1)定义，Δp 总为正值，故计算中曲率半径 r 总取正值。

式(8-2-2)可用于计算小液滴或液体内部的小气泡的附加压力。如果计算像空气中的肥皂泡内部的附加压力，则因其存在内、外两个气-液界面，而肥皂泡液膜厚度很薄，所以内、外两个界面半径看作相同，则附加压力：

$$\Delta p = 4\gamma / r \qquad (8\text{-}2\text{-}3)$$

毛细现象是由于弯曲液面的附加压力产生的。将一半径为 r 的毛细管垂直插入某液体中，如果液体与管壁的接触角 $\theta < 90°$（接触角定义参见 8.4），毛细管中的液体呈凹液面，会出现液体在毛细管中上升的现象，如图 8.4(a)所示。

由于弯曲液面内外存在附加压力，凹液面下的液体压力小于管外平液面的压力，导致管内液体上升一段高度 h，最终液柱的静压力 $\rho g h$ 等于附加压力 Δp 时达到平衡。假设液体的表面张力为 γ，液体密度为 ρ，g 为重力加速度，弯曲液面的曲率半径为 r_1，则：

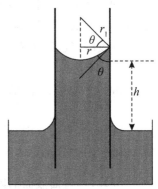

图 8.4　(a)毛细现象示意图

$$\Delta p = \frac{2\gamma}{r_1} = \rho g h \qquad (8\text{-}2\text{-}4)$$

从图中可以看出，r_1、r 及接触角 θ 之间的关系为 $\cos\theta = r/r_1$，代入式(8-2-4)，可计算液体在毛细管中能上升的高度 h：

$$h = \frac{2\gamma\cos\theta}{r\rho g} \qquad (8\text{-}2\text{-}5)$$

由式(8-2-5)可以看出，在一定温度下，液体在毛细管中上升的高度与毛细管的半径、液体的密度成反比，如果液体对管壁的润湿性好（即接触角 θ 越小），液体在毛细管中上升得也越高。

当液体不能润湿管壁，则 $\theta > 90°$，$\cos\theta < 0$，液体在毛细管内将呈现凸液面，h 为负值。若将玻璃毛细管插入水银中，会发现水银在毛细管内下降，如图 8.4(b)所示。

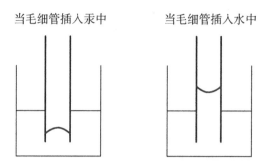

当毛细管插入汞中　　当毛细管插入水中

图 8.4 （b）毛细现象示意图

由上述讨论可知，由于存在表面张力，弯曲液面就会产生附加压力，而从毛细现象也可以看出弯曲液面具有附加压力。

[**例 8-1**] 用最大气泡压力法测量液体的表面张力，其装置如图 8.5 所示。往大试管中注入适量待测液，使毛细管底端刚与液面垂直相切，保持装置无漏气。缓慢抽气使毛细管下端产生小气泡，可用数字微压差测量仪（或 U 形管压力计）测出小气泡内的最大压力。已知 298 K 时，0.1 mol/l 丁醇溶液的密度 $\rho = 0.9986 \times 10^3 \text{ kg} \cdot \text{m}^{-3}$，毛细管的半径 $r = 0.001$ m，毛细管插入液体中的深度 $h = 0.01$ m，小气泡的最大表压 $p_{最大} = 209$ Pa。求丁醇溶液在 298 K 时的表面张力。

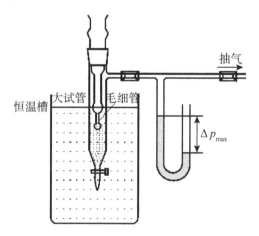

图 8.5 最大气泡压力法测定液体的表面张力

解 抽气时，压力变小，液体中的毛细管口将出现小气泡，且气泡不断长大。若毛细管足够细，管下端气泡将呈球缺形，液面可视为球面的一部分。在气泡由小变大的过程中，当气泡半径等于毛细管半径时，气泡呈半球形，这时气泡的曲率半径最小，附加压力最大。此后随气泡不断长大，半径随之增大，附加压力却逐渐变小,最后气泡从毛细管口逸出。

在气泡半径等于毛细管半径、气泡的附加压力最大时:

$$气泡内的压力\ p_内＝p_{大气}＋p_{最大}$$

$$气泡外的压力\ p_外＝p_{大气}＋\rho gh$$

根据附加压力的定义及拉普拉斯方程,半径为 r 的小气泡的附加压力:

$$\Delta p＝p_内－p_外＝p_{最大}－\rho gh＝2\gamma/r$$

于是求得所测液体的表面张力:

$$\gamma＝\frac{\Delta p\times r}{2}＝\frac{(p_{最大}－\rho gh)\times r}{2}$$
$$＝[(209－0.9986\times10^3\times9.807\times0.01)\times0.001/2]$$
$$＝55.69(mN\cdot m^{-1})$$

8.2.2 微小液滴的饱和蒸气压-开尔文(Kelvin)公式

实验表明,纯液体的饱和蒸气压不仅与物质的本性、温度及外压有关,还与弯曲液面的曲率半径有关。也就是说,平液面与弯曲液面时的饱和蒸气压是不相等的,如图 8.6 所示,设有物质的量为 dn 的微量液体,由平液面转移到半径为 r 的小液滴的表面上,使小液滴的半径由 r 增加到 $r＋dr$,这样小液滴的面积由 $4\pi r^2$ 增加到 $4\pi(r＋dr)^2$,忽略二阶无穷小量 $4\pi(dr)^2$,面积的变化值为 $8\pi r dr$,则此过程中表面吉布斯函数变 $dG＝8\pi r\gamma dr$。

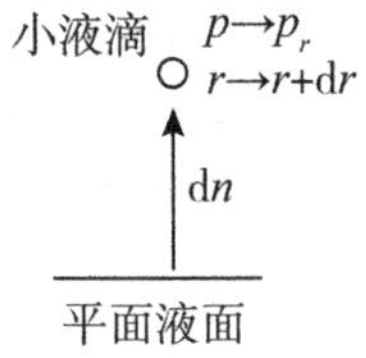

图 8.6 dn 液体转移示意图

也可以通过化学势进行计算。转移前后,设平面和小液滴液体的化学势为 μ 和 μ_r,假设蒸气为理想气体,蒸气压由 p 变为 p_r,则

$$\mu＝\mu^{\ominus}＋RT\ln(p/p^{\ominus})\quad \mu_r＝\mu^{\ominus}＋RT\ln(p_r/p^{\ominus}),两式相减得:$$

$$\mu_r－\mu＝RT\ln(p_r/p)$$

相应吉布斯函数的增量为 $dG＝dn(\mu_r－\mu)＝(dn)RT\ln(p_r/p)$,两过程的始末态相同,所以两个吉布斯函数的增量应相等,有:

$$(dn)RT\ln\frac{p_r}{p}＝8\pi\gamma r dr$$

可推导

$$dn＝4\pi r^2(dr)\rho/M$$

于是

$$\ln\frac{p_r}{p}＝\frac{2\gamma M}{RT\rho r} \tag{8-2-6a}$$

$$\ln\frac{p_r}{p}＝\frac{2\gamma V_m}{RTr} \tag{8-2-6b}$$

上式中 ρ、M 和 V_m 分别为液体的密度、摩尔质量和摩尔体积。式(8-2-6)就是著名的开尔文(Kelvin)公式。对于在一定温度下的某液态物质而言,式中的 T、M、γ 及 ρ 皆为定值,此时 p_r 只是 r 的函数。小液滴的半径越小,其与平液面的饱和蒸气压之比越大。当液滴的半径减少到 1 nm 时,其饱和蒸气压几乎为平液面的 3 倍。

注意　对于凹液面来说,液面曲率半径为负值,$r<0$,凹液面的曲率半径越小,与其成平衡的饱和蒸气压将越小。

利用开尔文公式可以解释热力学的亚稳状态。

[例 8-2]　一微小雾滴质量约为 1×10^{-19} g,试求 20 ℃时其饱和蒸气压。已知 20 ℃时水的表面张力为 72.75×10^{-3} N·m^{-1},体积质量(密度)为 0.9982 g·cm^{-3},H_2O 的摩尔质量为 18.02 g·mol^{-1},20 ℃时平面水的饱和蒸气压为 2333 Pa。

解
$$m=\frac{4}{3}\pi r^3\rho$$

所以
$$r=6.21\times10^{-9}\ \text{m}$$

$$\ln\left(\frac{p_r}{p}\right)=\frac{2\gamma M}{RT\rho r}$$
$$=\frac{2\times72.75\times10^{-3}\times18.02\times10^{-3}}{8.314\times293.15\times0.9982\times10^3\times6.21\times10^{-9}}$$
$$=0.1735$$

得:
$$\left(\frac{p_r}{p}\right)=1.189$$
$$p_r=2775\ \text{Pa}$$

视频 8.2

8.2.3　亚稳状态及新相的生成

在相变化比如蒸气冷凝、液体凝固、液体沸腾及溶液结晶等过程中,新生相都是从无到有。刚刚生成的新相极其微小,导致一方面液滴的比表面积很大,另一方面根据开尔文公式,液体或固体的饱和蒸气压也很大,这些因素均导致其表面吉布斯函数增大,因此在系统中要产生新相是极为困难的。因为新相难以生成,就会产生过饱和蒸气、过热或过冷液体、过饱和溶液等热力学不稳定状态。这些状态在短时间内能出现并存在,称为亚稳状态。一旦新相能稳定生成,亚稳状态就将消失,系统最终达到稳定状态。

(1)过冷液体

按照相平衡条件应当凝固而未凝固的液体称为过冷液体。

一定温度下,微小晶体由于半径小,其饱和蒸气压大于普通晶体的饱和蒸气压,从而使液体产生过冷现象。在图 8.7 中 CO' 线为平液面液体的饱和蒸气压曲线。AO 线和 $A'O'$ 线对应普通晶体和微小晶体的饱和蒸气压。O 点和 O' 点对应的温度 t_f 和 t_f' 分别为普通晶体和微小晶体的凝固点。

液体冷却时,其饱和蒸气压顺着 CO' 线下降,到 O 点时降到普通晶体的蒸气压,按照相平衡条件此时应当有晶体析出,但是最初生成的晶体(新相)极微小,其蒸气压更高,所以此时并不会析出微小晶体。继续降温到 O' 点,达到微小晶体的饱和蒸气压,液体开始

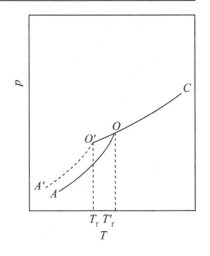

图 8.7　产生过冷液体示意图

凝固,但实际凝固温度低于正常凝固点,出现过冷现象。纯净的液态水有时能冷却到 $-40\ ℃$ 仍保持液态而不结冰,表现出较为严重的过冷现象。向过冷液体中加入少量小晶体作为新相种子可以防止过冷现象的发生,使液体迅速凝固成晶体。

(2)过热液体

如果液体中没有新相种子(气泡)存在,液体在沸腾温度时将难以沸腾。这种应当沸腾而实际不沸腾的液体,称为过热液体。

在沸腾时,液体体相中的分子要汽化,但汽化最初产生的气泡的尺寸总是非常微小,弯曲液面产生附加压力非常大,使气泡难以形成。假设纯水的压力和温度分别为 $101.325\ \text{kPa}$、$373.15\ \text{K}$,此时距离液面 $0.05\ \text{m}$ 处存在一个小气泡,其半径为 $2.0\times10^{-8}\ \text{m}$,如图 8.8 所示。已知此条件下纯水的表面张力为 $58.85\times10^{-3}\ \text{N}\cdot\text{m}^{-1}$,密度为 $958.1\ \text{kg}\cdot\text{m}^{-3}$,可计算小气泡内部的压力:

①弯曲液面的附加压力。

$$\Delta p=\frac{2\gamma}{r}=\frac{2\times58.85\times10^{-3}}{2\times10^{-8}}\ \text{N}\cdot\text{m}^{-1}$$
$$=5.885\times10^3\ \text{kPa}$$

②气泡所受的静压力。

$$p_{静}=\rho gh=958.1\times9.8\times0.05=0.4695(\text{kPa})$$

小气泡存在时内部气体的总压力

$$p_g=p_{大气}+p_{静}+\Delta p=5.987\times10^3(\text{kPa})$$

通过计算可知,泡内气体的压力比 373.15 K 时水的饱和蒸气压大得多,所以小气泡无法产生。若要气泡稳定生成,就需要使小气泡内的水蒸气压力达到所需的压力(5.987×10^3 kPa),只有液体的温度继续升高,小气泡才可能产生并长大。此时液体的温度也就超过了该液体的正常沸点。

上面计算过程可以证明液体过热的主要原因是弯曲液面的附加压力。实验中为了防止液体过热,常在液体中投入少量沸石或素瓷等。这些材料是多孔的,孔道内储存的气体在加热时可作为新相种子,不会经过产生极微小气泡的困难阶段,从而大大降低液体的过热程度。

（3）过饱和蒸气

按照相平衡条件应该凝结成液体而实际未凝结的蒸气,称为过饱和蒸气。过饱和蒸气能够产生的原因是凝结之初产生的液滴（新相）极其微小,根据开尔文公式,其蒸气压远远大于形成平液面时的蒸气压,如图 8.9 所示。

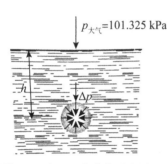

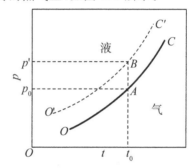

图 8.8 产生过热液体示意图　　图 8.9 产生过饱和蒸气现象示意图

从图 8.9 可以看出,曲线 OC 和 $O'C'$ 分别表示平液面的液体和其微小液滴的饱和蒸气压曲线。在温度 t_0 时逐渐增加蒸气的压力（如在气缸内缓慢压缩）至 A 点,压力等于平液面的液体的饱和蒸气压 p_0,但蒸气对微小液滴却未达到饱和蒸气压（B 点）。而气体冷凝最初生成的总是微小液滴,所以蒸气在 A 点无法凝结出微小液滴。继续提高压力,当到达 B 点时,压力等于小液滴的饱和蒸气压 p',这时微小液滴才能生成。所以如果要想蒸气凝结生成液体,必须要增加蒸气的压力使之成为过饱和蒸气。在 0 ℃附近,水蒸气实际压力要达到 5 倍的平衡蒸气压时才能凝结成液态水。其他蒸气,如甲醇、乙醇及乙酸乙酯等也与水类似。

但如果蒸气中存在灰尘或容器的内表面比较粗糙,则蒸气中的灰尘或者容器的粗糙内表面可以成为蒸气的凝结"中心",生成液滴过程中就能避开最初尺寸极小的阶段,不容易出现过饱和阶段。

（4）过饱和溶液

在一定温度下,溶液浓度已超过了饱和浓度,而仍未析出晶体的溶液称为过饱和溶液。产生过饱和溶液是由于相同温度下小颗粒晶体的溶解度大于普通晶体溶解度。而小颗粒晶体之所以会有较大的溶解度,是因为其饱和蒸气压总是大于普通晶体的蒸气压。

如图 8.10 所示,AO 线和 $A'O'$ 线分别代表某物质普通晶体和微小晶体的饱和蒸气压曲线,因微小晶体的蒸气压大于同样温度下普通晶体的蒸气压,故 $A'O'$ 线在 AO 线上方。OC 线和 $O'C'$ 线分别代表稀溶液和浓溶液中该物质在气相中的蒸气分压,显然该物质作为溶质的浓溶液的蒸气压要高于稀溶液的。

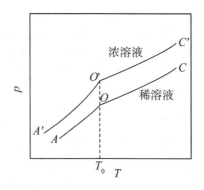

图 8.10　分散度对溶解度的影响

在温度 T_0 进行蒸发,当浓度达到稀溶液时,其饱和蒸气压 OC 线与普通晶体的蒸气压曲线相交,说明此稀溶液已达到饱和,这时应当有晶体析出。但溶解度较大,故此时微小晶体还不能析出,只能进一步蒸发溶剂,使溶液浓度增大到浓溶液的浓度,达到其饱和蒸气压 $O'C'$ 线与微小晶体的饱和蒸气压 $A'O'$ 线相交,微小晶体才会析出。

在结晶操作中,如果溶液的过饱和度太大,结晶一旦开始,结晶速度就会很快,得到的晶粒也很细小,不利于后续的过滤和洗涤等操作。为防止溶液发生过饱和,可以采用向结晶器中投入小晶体作为新相种子的方法。

视频 8.3

上述 4 种状态虽然并不是热力学上的平衡状态,但是经常能出现并维持相当长时间不变,因此称为亚稳状态。亚稳状态一般对科学实验是不利的,需要进行破坏,但有时也可以利用亚稳状态使物质的一些特性得以保留。

8.3　固体表面

固体表面与液体表面一样,其表面层分子受力不对称,因此固体表面也有表面张力及表面吉布斯函数存在。但固体不能像液体那样自动缩小表面积,通常只能从外部吸引气体(或液体)分子到表面上,从而使表面分子受力不对称的程度降低,并降低表面吉布斯函数。在恒温恒压下,这种系统吉布斯函数降低的过程能够自发进行,所以固体表面会自发地富集气体,使固体表面的气体浓度大于气体体相浓度。这种在相界面上某种物质的浓度与体相浓度不同的现象称为吸附。当气体或蒸汽在固体表面被吸附时,固体称为吸附剂,被吸附的气体称为吸附质。

固体表面的吸附应用很广泛。多孔固体如活性炭、硅胶、氧化铝、分子筛、凹凸棒等具有高比表面积,常被作为吸附剂、催化剂载体等,通过研究固体表面的吸附特性,可以测量固体材料的比表面积、孔径及孔径分布等很多有用的数据,这些数据在新能源、新材料研究中均很重要。

8.3.1　物理吸附与化学吸附

根据吸附剂与吸附质作用本质的区别,吸附可分为物理吸附与化学吸附。物理吸附中吸附剂与吸附质分子间通过范德华力相互作用,而化学吸附中两者通过化学键力相结合。这两种吸附方式在作用力上有本质的不同,所以吸附性质也是不同的,见表 8.3。

表 8.3　物理吸附与化学吸附的区别

差别　性质 特征	物理吸附	化学吸附
吸附力	范德华力	化学键力
吸附层数	单层或多层	单层
吸附热	小(近于液化热)	大(近于反应热)
选择性	无或很差	较强
可逆性	可逆	不可逆
吸附平衡	易达到	不易达到

物理吸附的作用力是范德华力,是一种普遍力,基本不存在选择性。这种作用

力也比较弱,所以吸附过程相当于液化过程。通常易于液化(即临界温度高)的气体相比较更易于被吸附。此外,由于作用力较弱,物理吸附的吸附和解吸的速率都比较快,容易达到吸附平衡。这种吸附过程相当于液化,所以通常是放热的。

化学吸附的作用力是化学键力。化学键力强,但只能存在于吸附剂表面层分子与某些特定气体分子之间,故化学吸附有选择性,并且通常是单分子层的。另外,化学键的生成与破坏一般是更加困难,故化学吸附难以达到平衡,过程一般也不可逆。

但物理吸附与化学吸附是不能截然分开的,一方面两者有时可同时发生。另一方面在不同温度下,占主导地位的吸附作用也不同,比如有的吸附在低温下是物理吸附,在高温时则表现为化学吸附。再者很多吸附过程,开始进行的是物理吸附,然后再发生化学吸附。

8.3.2 等温吸附

测量指定条件下的吸附量可以用来分析吸附剂的比表面积等物理量。吸附量的大小,一般用单位质量吸附剂所吸附气体的物质的量 n^a 或其在标准状况($0\ ℃$、$101.325\ kPa$)下所占有的体积 V^a(a 代表吸附)来表示。

$$n^a = \frac{n}{m} \qquad (8\text{-}3\text{-}1a)$$

$$V^a = \frac{V}{m} \qquad (8\text{-}3\text{-}1b)$$

其单位分别为 $mol \cdot kg^{-1}$ 和 $m^3 \cdot kg^{-1}$。

固体对气体的吸附量与温度和气体压力有关。吸附量、温度、压力这 3 个变量处理需要用三维空间坐标。为了研究方便,常常固定一个变量,测定其他两个变量之间的关系,这种关系可用平面直角坐标表示。保持压力不变,吸附量与温度之间的关系称为吸附等压线;吸附量恒定时,吸附的平衡压力与温度之间的关系式称为吸附等量线;在恒温下,吸附量与平衡压力之间的关系式称为吸附等温线。这 3 种吸附曲线中最重要、最常用的是吸附等温线。

吸附等温线通常有 5 种类型,如图 8.11 所示,第 Ⅰ 种为单分子层吸附等温线,其余 4 种皆为多分子层吸附等温线。

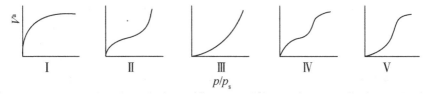

图 8.11　5 种类型的吸附等温线

吸附物理模型及吸附等温线方程有很多,较为重要、应用较广泛的主要有以下几种。

8.3.3　吸附经验式——弗罗因德利希公式

弗罗因德利希(Freundlich)根据大量实验数据,提出了 I 类吸附等温线的经验方程式:

$$V^a = kp^n \qquad (8\text{-}3\text{-}2a)$$

式中 n 和 k 是两个经验常数,对于指定的吸附系统,它们与温度有关。在单位压力时,k 值可视为吸附量,其一般随温度的升高而降低。n 的数值范围一般在 $0\sim1$,n 值大小反映压力对吸附量影响。该公式一般适用于中压范围。

对式(8-3-2a)取对数,可得:

$$\lg V^a = \lg k + n\lg p \qquad (8\text{-}3\text{-}2b)$$

从式(8-3-2b)可以看出,以 $\lg V^a$ 对 $\lg p$ 作图,可得一直线,直线的斜率为 n,截距为 $\lg k$。

弗罗因德利希经验式的优点是形式简单、计算方便,应用相当广泛。但经验式中的常数没有明确的物理意义,在此式适用的范围内,只能实验数据的拟合,无法解释吸附作用的机理。

8.3.4　朗缪尔单分子层吸附理论及吸附等温式

1916 年,朗缪尔(Langmuir)根据大量的实验事实,从动力学的观点出发,提出固体对气体的吸附理论,一般称为单分子层吸附理论。该理论的包含以下 4 个假设:

(1)单分子层吸附

气体分子只能吸附在空白的固体表面上,已有被吸附分子的位置则不能被吸附。

(2)固体表面是均匀的

固体表面各吸附位置的吸附能力相同。

(3)被吸附在固体表面上的分子相互之间无作用力

每个吸附位置上的气体分子的吸附与解吸是独立的,与其周围是否存在被吸附分子无关。

(4)吸附平衡是动态平衡

气体分子碰撞到固体的空白表面上,可以被吸附。被吸附的分子获得足够的能量,也可以克服固体表面的作用力而重新回到气相,即发生解吸(或脱附)。吸附和解吸是同时进行的。固体表面上未被气体分子覆盖的部分(空白表面)较多时,吸附速率大于解吸速率。当空白表面较少时,吸附速率逐渐降低,解吸速率却越来越大。最终吸附速率与解吸速率相等,达到了动态吸附平衡。

以 k_1 及 k_{-1} 分别代表吸附与解吸速率常数,A 代表气体,M 代表固体表面,AM 代表吸附状态,则吸附的动态平衡过程可以用下式表示:

$$A(g)+M(表面)\underset{k_{-1}}{\overset{k_1}{\rightleftharpoons}}AM$$

定义覆盖率 θ 为任一瞬间固体表面覆盖的分数,即:

$$\theta=\frac{已被吸附质覆盖的固体表面积}{固体总的表面积}$$

$(1-\theta)$ 则代表固体表面上空白面积的分数。若以 N 代表固体表面上具有吸附能力的总的吸附位置数,则吸附速率应与 A 的压力 p 及固体表面上的空位数 $(1-\theta)N$ 成正比,所以吸附速率为:

$$v_{吸附}=k_1 p(1-\theta)N$$

解吸速率与固体表面上被覆盖的吸附位置数成正比,所以解吸速率为:

$$v_{解吸}=k_{-1}\theta N$$

达到动态吸附平衡时,吸附和解吸速率相等,即:

$$k_1 p(1-\theta)N=k_{-1}\theta N$$

将方程整理,可得朗缪尔吸附等温式:

$$\theta=\frac{bp}{1+bp} \tag{8-3-3}$$

式(8-3-3)中的 $b=k_1/k_{-1}$,单位为 Pa^{-1}。b 的实际物理意义为吸附作用的平衡常数,也称为吸附系数,其大小与吸附剂、吸附质的本性及温度有关。b 值越大,分子吸附速率常数 k_1 相对于解吸速率常数 k_{-1} 越大,吸附作用越强。

覆盖率为 θ 时,设平衡吸附量为 V^a。增加平衡压力时,气体浓度增加,θ 应随平衡压力的上升而增加。当压力增加到使气体分子在固体表面排满整整一层时,θ 趋于 1。这时吸附量达到饱和状态,对应的吸附量称为饱和吸附量,以 V_m^a(下标 m 表示饱和)表示。而每个具有吸附能力的位置和吸附气体分子是一一对应的,所以:

$$\theta=\frac{V^a}{V_m^a} \tag{8-3-4}$$

因此朗缪尔吸附等温式还可以写成下列形式:

$$V^a=V_m^a\frac{bp}{1+bp} \tag{8-3-5a}$$

或者

$$\frac{1}{V^a} = \frac{1}{V_m^a} + \frac{1}{V_m^a b} \cdot \frac{1}{p} \tag{8-3-5b}$$

由式(8-3-5b)可知,以 $1/V^a$ 对 $1/p$ 作图得到一条直线,直线的截距为 $\frac{1}{V_m^a}$,斜率为 $\frac{1}{V_m^a b}$。

如果单个被吸附分子的截面积为 a_m ,可以推导计算吸附剂的比表面积 a_s 的公式:

$$a_s = \frac{V_m^a \cdot L a_m}{V_0 \cdot m} \tag{8-3-6}$$

式中, V_0 为 1 mol 气体在标准状况(0 ℃、101.325 kPa)下的体积, L 为阿伏伽德罗常数。当然也可以反过来通过 V_m^a 及 a_s 计算每个吸附分子的截面积 a_m。

朗缪尔吸附等温式适用范围为单分子层吸附,它能较好地描述第Ⅰ类吸附等温线在不同压力范围内的吸附特征。

当压力很低或吸附较弱(b 很小)时, $bp \ll 1$,式(8-3-5a)中 $bp+1 \approx 1$,式(8-3-5a)可简化为:

$$V^a = V_m^a bp$$

即吸附量 V^a 与压力 p 成正比。实验也测得在低压时吸附等温线几乎是一直线。

当压力足够高或吸附较强时,如 $bp \gg 1$,式(8-3-5a)中 $bp+1 \approx bp$,则:

$$V^a = V_m^a$$

这表明固体表面上吸附达到饱和,吸附量最大,在第Ⅰ类吸附等温线上出现水平线段。

当压力或吸附作用适中时,吸附量 V^a 与平衡压力 p 的关系为第Ⅰ类吸附等温线上的曲线段。

总之,朗缪尔吸附等温式有具体的物理意义,实验结果符合固体表面比较均匀,并且吸附只限于单分子层,一般的化学吸附及低压、高温下的物理吸附的情况。为吸附理论的发展起到了重要的奠基作用。

但其在推导过程中的假设并不是很严格,很多时候固体表面并不是均匀的,吸附热也会随着表面覆盖率而变化, b 不再是常数。在这些情况下朗缪尔吸附等温式则不再与实验结果严格相符。此外,对于多分子层吸附,朗缪尔吸附等温式也不适用。

[**例 8-3**]　用活性炭吸附 $CHCl_3$ 时,0 ℃时的最大吸附量为 93.8 $dm^3 \cdot kg^{-1}$,已知该温度下 $CHCl_3$ 的分压力为 1.34×10^4 Pa 时的平衡吸附为 82.5 $dm^3 \cdot kg^{-1}$。试计算:

(1)朗缪尔吸附等温式中的常数 b;

(2)$CHCl_3$ 分压力为 6.67×10^3 Pa 时的平衡吸附量;

(3)发生饱和吸附时 1 kg 活性炭表面上吸附 $CHCl_3$ 的分子数。

解　(1)设 V^a 和 V_m^a 分别为平衡吸附量和最大吸附量,则:

$$V^a = \frac{V_m^a bp}{1+bp}$$

$$b = \frac{V^a}{(V_m^a - V^a)p}$$

$$= \frac{82.5}{(93.8-82.5) \times 1.34 \times 10^4}$$

$$= 5.45 \times 10^{-4} (Pa^{-1})$$

$$(2) \ V^a = \frac{93.8 \times 5.45 \times 10^{-4} \times 6.67 \times 10^3}{1+5.45 \times 10^{-4} \times 6.67 \times 10^3}$$

$$= 73.5 (dm^3 \cdot kg^{-1})$$

饱和吸附时质量为 m 的活性炭表面上吸附 $CHCl_3$ 的分子数为:

$$N = m \frac{pV_m^a}{RT} L$$

式中 p、T 分别为标准状况下的压力、温度,L 为阿伏伽德罗常数。将有关数据代入,求得饱和吸附时 1 kg 活性炭表面吸附 $CHCl_3$ 的分子数为:

$$N = 1 \times \frac{101.325 \times 73.5}{8.314 \times 273} \times 6.022 \times 10^{23} = 1.975 \times 10^{24}$$

8.3.5　多分子层吸附理论——BET 公式

图 8.11 中第 I 类吸附等温线是单分子层吸附,朗缪尔吸附等温式能较好地解释,但后 4 种类型的等温线是多分子层吸附,该式无法进行解释。解释多分子层吸附最成功的是布鲁诺尔(Brunauer)、埃米特(Emmett)和特勒(Teller),3 人于 1938 年在朗缪尔理论基础上提出的多分子层吸附理论,又称 BET 理论。与朗缪尔吸附理论相似,其提出的假设也是吸附与解吸是动态平衡,固体表面是均匀的,各处的吸附能力相同,被吸附分子横向之间没有相互作用。但他们认为可以形成多分子层吸附。经一系列推导得出:

$$\frac{V^a}{V_m^a} = \frac{c(p/p^*)}{(1-p/p^*)[1+(c-1)p/p^*]} \tag{8-3-7a}$$

这即是著名的 BET 公式。式中 V^a 为压力 p 下的吸附量，V_m^a 为单分子层的饱和吸附量，p^* 为吸附温度下吸附质液体的饱和蒸气压，c 是与吸附热有关的吸附常数。因该式中含有 c 和 V_m^a 两个常数，故又称为 BET 二常数公式。该式可变换成直线式的形式：

$$\frac{p}{V^a(p^*-p)} = \frac{1}{cV_m^a} + \frac{c-1}{cV_m^a} \cdot \frac{p}{p^*} \tag{8-3-7b}$$

实验测定不同压力 p 下的吸附量 V^a，以 $p/[V^a(p^*-p)]$ 对 p/p^* 作图，可得一直线，通过线性拟合出直线的斜率和截距，可求出 V_m^a。将 V_m^a 代入式(8-3-6)，可求得吸附剂比表面积。

BET 公式很好地解释了图 8.3.1 中物理吸附的全部 5 种类型吸附等温线，被广泛应用于比表面积的测定，测量时通常采用氮气作为吸附质。但实验同时表明，BET 二常数公式适用范围为 p/p^* ＝0.05～0.35。产生偏差的主要原因是理想化的假设。BET 理论尽管存在一些缺陷，但它仍是现今应用最广、最成功的吸附理论。

视频 8.4

8.4　固-液界面

固体与液体接触可产生固-液界面，在该界面发生的过程一般分两种情况。第一种是固体与液体接触后，系统吉布斯函数降低，液体取代固体表面的气体，而与固体接触，产生液-固表面。这个过程称为润湿。另一种是与固体吸附气体类似，固体表面由于力场的不对称，固体对液体也有吸附作用。

8.4.1　接触角与杨氏方程

前文在讨论弯曲液面的毛细现象时用到过接触角。如图 8.12 所示，当一液滴在固体表面上不完全展开时，在气、液、固三相相交点 O，固-液界面的水平线与气-液界面切线通过液体内部的夹角 θ，称为接触角，其范围是 0～180°。

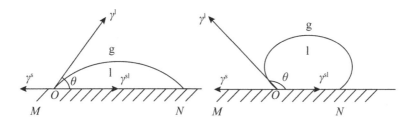

图 8.12　接触角与各界面张力的关系

3 种界面张力同时作用在 O 点,方向均为减少相应的界面面积。固体表面张力 γ^s 力图把液体拉向左方,以减少气-固界面面积;固-液界面张力 γ^{sl} 的方向是把液体拉向右方,以缩小固-液界面;而液体表面张力 γ^l 则沿液面的切线方向,以缩小气-液界面。当固体表面为光滑的水平面,在水平方向上达到平衡后,3 种表面张力存在下列关系:

$$\gamma^s = \gamma^{sl} + \gamma^l \cos\theta \qquad (8\text{-}4\text{-}1)$$

该式为杨氏方程,是 1805 年杨氏(Young T)得出的。

接触角可通过实验测定,但是由于表面光滑度等条件影响会有较大误差。

8.4.2　润湿现象

对于一定的液体和固体来说,两者相互接触达到平衡后,接触角 θ 具有确定值。所以可以用接触角 θ 的大小来判断液体对固体的润湿程度:$\theta = 0°$,称为完全润湿;$\theta < 90°$,称为润湿;$\theta > 90°$,称为不润湿;$\theta = 180°$,完全不润湿。例如,水在玻璃上的接触角 $\theta < 90°$,水可在玻璃毛细管中上升,通常说水能润湿玻璃;而汞在玻璃上的接触角 $\theta > 90°$,汞在玻璃毛细管中下降,通常说汞不能润湿玻璃。用接触角来判断能否润湿比较直观,但它没有反映润湿过程的能量变化,也不包含明确的热力学意义。

铺展是最大程度的润湿,只需少量液体就能在固体表面上自动展开,气-固界面被固-液界面取代,同时也扩大了气-液界面。液体在固体表面上能否铺展可通过计算铺展系数 S 来判断,定义 S 为:

$$S = \gamma^s - \gamma^{sl} - \gamma^l \qquad (8\text{-}4\text{-}2)$$

能铺展的必要条件为 $S \geqslant 0$。S 越大,铺展性能越好。若 $S < 0$,则不能铺展。

视频 8.5

[例 8-4]　氧化铝瓷件上需覆盖银,当烧至 1000 ℃ 时液态银能否在氧化铝瓷件表面铺展?已知 1000 ℃ 时各物质的界面张力值为:$\gamma^s = 1.000 \text{ N} \cdot \text{m}^{-1}$,$\gamma^l = 0.920 \text{ N} \cdot \text{m}^{-1}$,$\gamma^{sl} = 1.770 \text{ N} \cdot \text{m}^{-1}$。

解　$S = \gamma^s - \gamma^{sl} - \gamma^l = 1.000 - 1.770 - 0.920 = -1.690 \text{ N} \cdot \text{m}^{-1} < 0$

因为 $S < 0$,则液态银不能在氧化铝瓷件的表面铺展。

8.5　溶液表面

8.5.1　溶液表面的吸附现象

溶液由溶剂和溶质组成,这两者的表面张力不相等。如果在表面层中溶质分子比溶剂分子所受到的指向液体内部的引力大,则为了降低系统的表面吉布斯函数,溶质会自动趋向于较多地进入溶液体相而较少地在表面层。结果溶质在表面层中浓度比在体相中小。如果在表面层中溶质分子比溶剂分子所受到的指向液体内部的引力小,则为了降低系统的表面吉布斯函数,溶质会自动趋向于较多地停留在表面层而较少地在体相。这样就造成了溶质在表面层中的浓度比在体相中大。这种溶质在溶液表面层中的浓度与在体相中浓度不同的现象称为溶液表面的吸附。溶质在表面层小于在本体溶液中的浓度,称为"负吸附";溶质在表面层大于在本体溶液中的浓度,称为"正吸附"。

一定温度下,分别向纯水中加入不同种类的溶质,发现溶质的浓度对溶液表面张力的影响大致可分为 3 类,如图 8.13 所示。

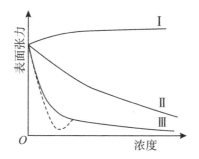

图 8.13 表面张力与浓度关系示意图

对水溶液而言,发生负吸附现象的溶质主要包括无机盐类(如 NaCl),非挥发性酸(如 H_2SO_4)、碱(如 NaOH),以及含有多个—OH 基的有机化合物(如蔗糖、甘油等)。属于此种类型的溶液表面张力随着溶液浓度的增加稍有升高,如曲线 Ⅰ,这类溶质称为"表面惰性物质"。大部分的低级脂肪酸、醇、醛等极性有机化合物的水溶液的表面张力与溶质浓度关系如曲线 Ⅱ 显示,其特点是正吸附,并且随着溶质浓度增加溶液的表面张力下降。这类溶质称为"表面活性物质"。曲线 Ⅲ 表明,在水中加入少量的某类溶质时,溶液的表面张力先快速下降,而后几乎不随溶液浓度而改变。这类溶质称为"表面活性剂"。其基本结构可以用 RX 表示,其中 R 代表含有 10 个及以上碳原子的烷基,被称为憎水的非极性基团;X 代表亲水的极性基团,如—OH、—COOH、—CN、—$CONH_2$、—$COOR'$ 等,也可以是—SO_3^-、—NH_3^+、—COO^- 等离子基团。这类曲线有时会出现图中所示的虚线部分,它可能与含有某些杂质有关。

8.5.2 吉布斯吸附等温式

1878 年,吉布斯用热力学方法导出了溶液表面张力随浓度变化率与表面吸

附量 Γ 之间的关系,即吉布斯吸附等温式:

$$\Gamma = -\frac{c}{RT} \cdot \frac{\mathrm{d}\gamma}{\mathrm{d}c} \tag{8-5-1}$$

式中 Γ 称为表面吸附量,其定义为:单位面积的表面层所含溶质的物质的量与同量溶剂在溶液本体中所含溶质的物质的量的差值。

由吉布斯吸附等温式可知,在一定温度下,当溶液的表面张力随浓度的变化率 $\mathrm{d}\gamma/\mathrm{d}c < 0$ 时,$\Gamma > 0$,表明凡是增加浓度能使溶液表面张力降低的溶质,在表面层必然发生正吸附,表面活性物质属于此类。当 $\mathrm{d}\gamma/\mathrm{d}c > 0$ 时,$\Gamma < 0$,表明凡是增加浓度,使溶液表面张力上升的溶质,在溶液的表面层必然发生负吸附,表面惰性物质属于此类。当 $\mathrm{d}\gamma/\mathrm{d}c = 0$ 时,$\Gamma = 0$,说明此时无吸附作用。

用吉布斯吸附等温式计算某溶质的吸附量的方法:①可以通过实验测定一组恒温下不同浓度 c 时的表面张力 γ,以 γ 对 c 作图,得到 $\gamma - c$ 曲线。②然后作切线求出曲线上某指定浓度 c 下的斜率 $\mathrm{d}\gamma/\mathrm{d}c$ 值。③将该斜率代入式(8-5-1),即可求得该浓度下溶质在溶液表面的吸附量。

[例 8-5]　25 ℃时,酪酸水溶液的表面张力与溶液浓度 c 的关系为:

$$\gamma - \gamma^* = -29.8 \times 10^{-3} \ln(1 + 19.64c)$$

式中 γ^* 是纯水的表面张力,试求 $c = 0.01\ \mathrm{mol \cdot dm^{-3}}$ 时单位表面吸附物质的量。

解　$\gamma - \gamma^* = -29.8 \times 10^{-3} \ln(1 + 19.64c)$

$$\frac{\mathrm{d}\gamma}{\mathrm{d}c} = -\frac{29.8 \times 10^{-3} \times 19.64}{1 + 19.64c}$$

$$\Gamma = -\frac{c}{RT}\frac{\mathrm{d}\gamma}{\mathrm{d}c}$$

$$= -\frac{0.01}{8.314 \times 291.15} \times \left(-\frac{29.8 \times 10^{-3} \times 19.64}{1 + 19.64 \times 0.01}\right)$$

$$= 2.02 \times 10^{-6}\ (\mathrm{mol \cdot m^{-2}})$$

视频 8.6

8.5.3　表面活性物质在吸附层的定向排列

对于表面活性剂,以 Γ 对 c 作图得到的曲线如图 8.14 所示。从图中可以看出,恒温下系统的平衡吸附量 Γ 和浓度 c 之间的关系与固体对气体的单分子层等温吸附很相似,公式与朗缪尔单分子层吸附等温式相似,即:

$$\Gamma = \Gamma_\mathrm{m} \frac{kc}{1 + kc} \tag{8-5-2}$$

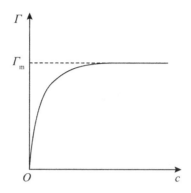

图 8.14　溶液吸附等温线

式中 k 为经验常数,与溶质的表面活性大小有关。

①当浓度很小时,Γ 与 c 呈正比关系;

②当浓度较大时,Γ 与 c 呈曲线关系;

③当浓度足够大时,则呈现一个吸附量的极限值,即 $\Gamma = \Gamma_m$,此时再增大浓度吸附量不再改变,说明溶液的表面吸附已达到饱和状态,所以 Γ_m 称为饱和吸附量。

由于表面活性物质通常含有亲水的极性基团和憎水的非极性碳链或碳环有机化合物,亲水基团进入水中,憎水基团企图离开水而指向空气,在界面定向而整齐地排列在溶液的表面上。所以,Γ_m 可近似地看成是在单位表面上定向排列呈单分子层吸附时溶质的物质的量。由实验测出 Γ_m 值,即可算出每个被吸附的表面活性物质分子的所占的横截面积 a_m,即:

$$a_m = \frac{1}{\Gamma_m L} \tag{8-5-3}$$

式中 L 为阿伏伽德罗常数。

实验测得许多长碳氢链化合物 $C_n H_{2n+1} X$(X 代表不同种类的基团)的横截面均为 $0.205\ nm^2$,这说明表面活性分子是定向排列在表面层中的。这一实验结果可以帮助我们认识表面活性物质的分子模型,以及它们在表面层排列的方式。

表面活性物质的分子含有亲水性的极性基团和疏水性的非极性基团(如碳链或环)。用符号○表示极性基团,═代表非极性基团,表面活性物质的分子模型用═○来表示。如油酸的分子模型可用图 8.15 表示。

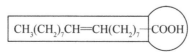

图 8.15　油酸的分子模型图

8.5.4 表面活性剂

（1）表面活性剂的分类

表面活性剂是指加入少量就能使溶液表面张力显著降低的一类物质。表面活性剂的分类方法很多，最常用的是按化学结构来分类，大体上可分为离子型和非离子型两大类。当表面活性剂溶于水时，凡能发生电离的，称为离子型表面活性剂；凡在水中不能发生电离的，就称为非离子型表面活性剂。离子型的表面活性剂按其电离后具有活性的部分是正离子还是负离子，还可进一步分类。具体分类和举例如表 8.4 所示。

表 8.4 表面活性剂的分类

表面活性剂	离子型表面活性剂	阴离子型表面活性剂，如肥皂 RCOONa
		阳离子型表面活性剂，如铵盐活性剂 $C_{18}H_{37}NH_3^+Cl^-$
		两性表面活性剂，如氨基酸类表面活性剂 $R-NH-CH_2COOH$
	非离子型表面活性剂	如聚乙二醇类 $HOCH_2(CH_2OCH_2)_nCH_2OH$

此种分类法有利于正确选用表面活性剂。阴离子型表面活性剂不能与阳离子型混合使用，否则会产生沉淀等后果。

（2）表面活性剂的基本性质

表面活性剂的分子具有双亲性的特点，能定向地排列于两相之间的界面层中，使界面不饱和力场得到某种程度的补偿，从而使界面张力降低。当浓度足够大时，液面上已排满一层定向排列的表面活性剂分子，形成单分子膜，使两相几乎完全脱离了接触。当浓度大到一定程度时，众多的表面活性剂分子在溶液本体中形成具有一定形状的胶束（micelle）。胶束是由几十个或几百个表面活性剂的分子自发形成的、亲水基团向外憎水基团向内的聚集体。因为形成胶束的表面活性剂分子亲水的极性基团朝外，与水分子相接触；而非极性基团朝里，被包裹在内部，减少了与水分子的接触；所以，胶束在水溶液中可以比较稳定地存在。

形成胶束所需表面活性剂的最低浓度，称为临界胶束浓度（critical micelle concentration），用 cmc 表示。

溶液的表面张力、渗透压及去污能力、增溶作用、电导率都以临界胶束浓度为分界出现明显的转折。

（3）HLB 法

如何选择合适的表面活性剂用于特定的过程才可达到预期的效果，目前还在研究中。解决方案比较成功的是 1949 年格里芬(Griffin)所提出的 HLB 法。HLB 代表亲水亲油平衡(hydrophile-lipophile balance)。HLB 值的大小可表示每一种表面活性剂的亲水性。HLB 值越大,表示该表面活性剂的亲水性越强。例如,HLB 值在 4~6 的,可作油包水型的乳化剂;而 HLB 值在 12~18 的,可作水包油型的乳化剂等(见表 8.5)。

表 8.5　表面活性剂的 HLB 值与应用的对应关系

表面活性剂加水后的性质	HLB 值	应用
不分散	0 2 4	
分散得不好 不稳定乳状分散体	6	油包水型乳化剂
稳定乳状分散体	8	润湿剂
半透明至透明分散体	10	
	12 14	洗涤剂 增溶剂　}水包油型乳化剂
透明溶液	16 18	

(4)表面活性剂的实际应用

①去污作用。许多油类能润湿衣物、餐具,在其上能自动地铺展开,只用水是无法洗去衣物上的油污的。在洗涤时,可以加入肥皂、洗涤剂等表面活性剂。这些表面活性剂的作用是降低水溶液与衣物等之间的界面张力 γ^{ws},当 γ^{ws} 小于油污对衣物等的界面张力 γ^{os} 时,而油则不能润湿衣物,经洗涤作用,油污可以从固体表面上脱落。除此之外,表面活性剂能通过乳化作用使脱落的油污分散在水中,最终达到洗涤的目的。

②助磨作用。当物料磨细到几十微米以下时,比表面积很大,系统的表面吉布斯函数很大,热力学上高度不稳定。表面积具有自动地变小,即颗粒变大的趋势,使系统的表面吉布斯函数降低,所以得到的物料粒度较大。若加入表面活性剂(助磨剂),就能提高粉碎效率,得到更细的颗粒,常用的助磨剂有水、油酸、亚硫酸纸浆废液等。

【知识结构】

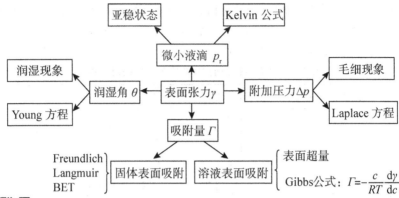

视频 8.7

习　题

8.1 在 25 ℃及常压条件下,将半径为 0.100 cm 的水滴分散成半径为10^{-7} m 的小水滴,需要做多少功?已知 25 ℃时水的表面张力为 0.07197 N·m^{-1}。

8.2 常压下,水的表面吉布斯函数与温度 T 的关系可表示为$\left(\frac{\partial \gamma}{\partial T}\right)_{p,As} = -1.57\times10^{-4}$ J·m^{-2}·K^{-1}。若在 10 ℃时,$\gamma = 0.07424$ N·m^{-1},保持水的总体积不变而改变其表面积,试求:

(1)使水的表面积可逆地增加 10.00 cm^2,必须做多少功?

(2)上述过程中水的 ΔU,ΔH,ΔA,ΔG 以及所吸收的热各为若干?

(3)上述过程中,除去外力,水将自发收缩到原来的表面积,此过程对外不做功。

试计算此过程中的 Q,ΔU,ΔH,ΔA 及 ΔG 值。$\left[\text{提示:} \left(\frac{\partial S}{\partial As}\right)_{p,T} = \left(\frac{\partial \gamma}{\partial T}\right)_{p,As}\right]$

8.3 泡压法测定丁醇水溶液的表面张力。20 ℃实测最大泡压力为 0.4217 kPa,若用同一个毛细管,20 ℃时测的水的最大泡压力为 0.5472 kPa,已知 20 ℃时水的表面张力为 72.75 mN·m^{-1},请计算丁醇溶液的表面张力。

8.4 某肥皂水溶液的表面张力为 0.01 N·m^{-1},若用此肥皂水溶液吹成半径分别为5×10^{-3} m 和 2.5×10^{-2} m 的肥皂泡,求每个肥皂泡内外的压力差分别是多少?

8.5 293 K 时水的饱和蒸气压为 2338 Pa,试求半径为 1×10^{-8} m 的水滴的饱和蒸气压。已知 20 ℃时水的表面张力为 72.75×10^{-3} N·m^{-1},体积质量(密

度)为 0.9982 g·cm^{-3},水的摩尔质量为 18.02 g·mol^{-1}。

8.6 293.15 K 时,水的饱和蒸气压为 2338 Pa,密度为 998.2 kg·m^{-3},表面张力为 0.07275 N·m^{-1},一变色硅胶内的毛细管直径为 1.00×10^{-8} m,试计算此温度下该毛细管内水的饱和蒸气压。设水能够完全润湿该毛细管(接触角 $\theta \approx 0°$)。

8.7 如果水开始沸腾的温度为 396 K,试求开始沸腾时这样的水含有的气泡直径为多少?已知 100 ℃ 以上水的表面张力为 0.0589 N·m^{-1},气化焓为 40.7 kJ·mol^{-1}。

8.8 将正丁醇($M_r = 74$ g/mol)蒸气冷至 273 K,发现其过饱和蒸气压为平衡蒸气压的 4 倍才能自行凝结为液滴。若在 273 K 时,正丁醇的表面张力为 0.0261 N·m^{-1},密度为 809.8 kg·m^{-3}。试计算:

(1)在此过饱和度下开始凝结的液滴的半径。

(2)每一液滴中所含正丁醇的分子数。

8.9 汞在玻璃表面的接触角为 180°,若将半径为 1.00 mm 的玻璃毛细管插入大量汞中,试求管内汞面的相对位置。已知汞的密度为 1.35×10^4 kg·m^{-3},表面张力为 0.520 N·m^{-1}。

8.10 在 298 K 时,将直径为 0.10 mm 的玻璃毛细管插入水中。需要在管内加多大的压力才能防止液面上升?若不加压力,平衡后毛细管内液面的高度为多少?已知该温度下水的表面张力为 0.07197 N·m^{-1},密度为 1000 kg·m^{-3},重力加速度为 9.8 m·s^{-2}。接触角为 0°。

8.11 固体溶于某溶剂若形成理想溶液,固体溶解度与颗粒大小有如下关系:

$$RT \ln \frac{S_r}{S} = \frac{2\gamma M}{r\rho}$$

式中,γ 为固液界面张力,M 为固体的摩尔质量,ρ 为固体的密度,r 为小颗粒半径,S_r 和 S 分别为小颗粒和大颗粒的溶解度。试计算 25 ℃ 时 $r = 3.0 \times 10^{-5}$ cm 的 $CaSO_4$ 细晶的溶解度。已知大颗粒 $CaSO_4$ 在水中的溶解度为 15.33 ×10^{-3} mol·dm^{-3},$\rho(CaSO_4) = 2.96 \times 10^3$ kg·m^{-3},表面张力为 0.520 N·m^{-1},$CaSO_4$ 与水的界面张力为 1.39 N·m^{-1}。通过计算解释为何会有过饱和溶液不结晶的现象发生,为何在过饱和溶液中投入晶种会大批析出晶体?

8.12 在 335 K 时,用焦炭吸附 NH_3 气,测得如下数据:

p/kPa	0.798	1.444	1.904	3.202	4.344	8.320	11.164
V^a/(dm^3·kg^{-1})	12.6	18.3	21.9	30.5	37.0	56.1	67.6

设 V^a-p 关系符合方程 $V^a = kp^n$,试求 k 及 n 的值。

8.13 已知在 -33.6 ℃时，CO(g)在活性炭上的吸附符合朗缪尔直线方程。经测定知该$(p/V)\sim p$ 直线的斜率为 23.78 kg·m^{-3}，截距为 131 kPa·kg·m^{-3}。试求：

（1）朗缪尔方程中的常数 V_m 及 b。

（2）求 CO 压力为 5.33×10^4 Pa 时，1 g 活性炭吸附的 CO 在标准状况下的体积。

8.14 在 -192.4 ℃时，用硅胶吸附氮气，不同压力下每克硅胶吸附氮气的标准状况体积如下：

p/kPa	8.886	13.93	20.62	27.73	33.77	37.30
V^a/(cm^3)	33.55	36.56	39.80	42.61	44.66	45.92

已知在 -192.4 ℃时氮气的饱和蒸气压为 147.1 kPa，氮气分子的截面积 a_S 为 16.20×10^{-20} m^2，求所用硅胶的比表面积。

8.15 0 ℃时，丁烷蒸气在某催化剂下有如下吸附数据：

p/10^{4}Pa	0.752	1.193	1.669	2.088	2.350	2.499
V^a/cm^3	17.09	20.62	23.74	26.09	27.77	28.30

p 和 V^a 是吸附平衡时气体的压力和被吸附气体在标准状况下的体积，0 ℃时丁烷的饱和蒸气压 p^* 为 1.032×10^5 Pa，催化剂质量 1.876 g，单个分子的截面积 a_S 为 0.4460 nm^2，试用 BET 公式求该催化剂的总表面积和比表面积。

8.16 293 K 时，根据下列表面张力的数据：

界面	苯—水	苯—气	水—气	汞—气	汞—水
$\gamma\times10^3$/N·m^{-1}	35	28.9	72.7	483	375

试计算下列情况的铺展系数及判断能否铺展：

（1）苯在水面上；（2）水在水银上；（3）苯在汞上。

8.17 19 ℃时，丁酸水溶液的表面张力与浓度的关系可以准确地用下式表示：

$$\gamma=\gamma^*-A\ln(1+Bc)$$

其中 γ^* 是纯水的表面张力，c 是丁酸浓度，A 和 B 是常数。

（1）导出此溶液表面吸附量 Γ 与浓度 c 的关系；

（2）已知 $A=0.0131$ N·m^{-1}，$B=19.62$ dm^3·mol^{-1}，求丁酸浓度为 0.10 mol·dm^{-3} 时的吸附量；

（3）求丁酸在溶液表面的饱和吸附量 Γ_∞。

(4)假定饱和吸附时表面全部被丁酸分子占据,计算每个丁酸分子的横截面积为多少?

8.18 在 298 K 时,用刀片切下稀肥皂水的极薄表面层 0.03 m²,得到 0.002 dm³ 溶液,发现其中含肥皂为 $4.013×10^{-5}$ mol,而其同体积的本体溶液中含肥皂为 $4.00×10^{-5}$ mol,试计算该溶液的表面张力。已知 298 K 时,纯水的表面张力为 0.07197 N·m⁻¹,设溶液的表面张力与肥皂的浓度呈线性关系,$γ=γ^*-bc$,$γ^*$ 是纯水的表面张力,b 是常数。

测验题

一、选择题

1. 接触角是指:(　　　)
(1)g/l 界面经过液体至 l/s 界面间的夹角
(2)l/g 界面经过气相至 g/s 界面间的夹角
(3)g/s 界面经过固相至 s/l 界面间的夹角
(4)l/g 界面经过气相和固相至 s/l 界面间的夹角

2. 朗缪尔公式可描述:(　　　)。
(1)5 类吸附等温线　　　　　(2)3 类吸附等温线
(3)两类吸附等温线　　　　　(4)化学吸附等温线

3. 化学吸附的吸附力是:(　　　)。
(1)化学键力　　　(2)范德华力　　　(3)库仑力

4. 温度与表面张力的关系是:(　　　)。
(1)温度升高表面张力降低　　(2)温度升高表面张力增加
(3)温度对表面张力没有影响　(4)不能确定

5. 液体表面分子所受合力的方向总是:(　　　),液体表面张力的方向总是:(　　　)。
(1)沿液体表面的法线方向,指向液体内部
(2)沿液体表面的法线方向,指向气相
(3)沿液体的切线方向
(4)无确定的方向

6. 下列各式中,不属于纯液体表面张力的定义式的是:(　　　)。
(1)$\left(\dfrac{\partial G}{\partial As}\right)_{T,p}$　　　(2)$\left(\dfrac{\partial H}{\partial As}\right)_{T,p}$　　　(3)$\left(\dfrac{\partial F}{\partial As}\right)_{T,V}$

7. 气体在固体表面上吸附的吸附等温线可分为:(　　　)。
(1)两类　　(2)3 类　　(3)4 类　　(4)5 类

8. 今有一球形肥皂泡,半径为r,肥皂水溶液的表面张力为γ,则肥皂泡内附加压力是:( )。

(1) $\Delta p = \dfrac{2\gamma}{r}$ (2) $\Delta p = \dfrac{\gamma}{2r}$ (3) $\Delta p = \dfrac{4\gamma}{r}$

9. 若一液体能在某固体表面铺展,则铺展系数S一定:( )。

(1)>0   (2)<0   (3)=0

10. 等温等压条件下的润湿过程是:( )。

(1)表面吉布斯自由能降低的过程

(2)表面吉布斯自由能增加的过程

(3)表面吉布斯自由能不变的过程

(4)表面积缩小的过程

二、填空题

1. 玻璃毛细管水面上的饱和蒸气压_____同温度水平的水面上的饱和蒸气压。(选填>,=,<)

2. 朗缪尔公式的适用条件仅限于_____吸附。

3. 推导朗缪尔吸附等温式时,其中假设之一吸附是_____分子层的;推导 BET 吸附等温式时,其中假设之一吸附是_____分子层的。

4. 表面张力随温度升高而_____。(选填增大、不变、减小),当液体到临界温度时,表面张力等于_____。

5. 物理吸附的吸附力是_____,吸附分子层是_____。

6. 朗缪尔吸附等温式的形式为_____。该式的适用条件是_____。

7. 溶入水中能显著降低水的表面张力的物质通常称为_____物质。

8. 过饱和蒸气的存在可用_____公式解释,毛细管凝结现象可用_____公式解释。(选填拉普拉斯、开尔文、朗缪尔)

9. 表面活性剂按亲水基团的种类不同,可分为:_____、_____、_____、_____、_____。

10. 物理吸附永远为_____热过程。

三、是非题

1. 物理吸附无选择性。是不是?( )

2. 弯曲液面所产生的附加压力与表面张力成正比。是不是?( )

3. 溶液表面张力总是随溶液浓度的增大而减小。是不是?( )

4. 朗缪尔吸附的理论假设之一是吸附剂固体的表面是均匀的。是不是?( )

5. 朗缪尔等温吸附理论只适用于单分子层吸附。是不是？（　　　）

6. 弯曲液面处的表面张力的方向总是与液面相切。是不是？（　　　）

7. 在相同温度与外压力下，水在干净的玻璃毛细管中呈凹液面，故管中饱和蒸气压应小于水平液面的蒸气压力。是不是？（　　　）

8. 分子间力越大的液体，其表面张力越大。是不是？（　　　）

9. 纯水、盐水、皂液相比，其表面张力的排列顺序是：γ（盐水）$<\gamma$（纯水）$<\gamma$（皂液）。是不是？（　　　）

10. 表面张力在数值上等于等温等压条件下系统增加单位表面积时环境对系统所做的可逆非体积功。是不是？（　　　）

11. 弯曲液面的饱和蒸气压总大于同温度下平液面的蒸气压。是不是？（　　　）

12. 由拉普拉斯公式 $\Delta p = \dfrac{2\gamma}{r}$ 可知，当 $\Delta p = 0$ 时，则 $\gamma = 0$。是不是？（　　　）

四、计算题

1. 200 ℃时测定 O_2 在某催化剂上的吸附作用，当平衡压力为 0.1 MPa 及 1 MPa 时，1 g 催化剂吸附 O_2 的量分别为 2.5 cm³ 及 4.2 cm³（STP）。设吸附作用服从朗缪尔公式，计算当 O_2 的吸附量为饱和吸附量的一半时，平衡压力为多少。

2. 已知某硅胶的表面为单分子层覆盖时，1 g 硅胶所需 N_2 气体积为 129 cm³（STP）。若 N_2 分子所占面积为 0.162 nm²，试计算此硅胶的总表面积。

3. 20 ℃时汞的表面张力 $\gamma = 4.85 \times 10^{-1} \, \text{N} \cdot \text{m}^{-1}$，求在此温度下 101.325 kPa 时，将半径 $r_1 = 10.0$ mm 的汞滴分散成半径为 $r_2 = 1 \times 10^{-4}$ mm 的微小汞滴至少需要消耗多少非体积功（假定分散前后汞的体积不变）。

4. 在 18 ℃时，各种饱和脂肪酸水溶液的表面张力 γ 与浓度 c 的关系可表示为：

$$\frac{\gamma}{\gamma^*} = 1 - b \lg\left(\frac{c}{a} + 1\right)$$

式中 γ^* 是同温度下纯水的表面张力，常数 a 因不同的酸而异，$b = 0.411$，试写出服从上述方程的脂肪酸的吸附等温式。

5. 25 ℃时乙醇水溶液的表面张力 γ 随乙醇浓度 c 的变化关系为：

$$\gamma/10^{-3} \, \text{N} \cdot \text{m}^{-1} = 72 - 0.5(c/c^{\ominus}) + 0.2(c/c^{\ominus})^2$$

试分别计算乙醇浓度为 0.1 mol·dm⁻³ 和 0.5 mol·dm⁻³ 时，乙醇的表面吸附量（$c^{\ominus} = 1.0$ mol·dm⁻³）

第九章 化学动力学
(Chapter 9 Chemical Kinetics)

教学目标

通过本章的学习,要求掌握:

1.化学反应速率、反应级数、基元反应、反应分子数的概念;

2.通过实验建立速率方程的方法;

3.速率方程的积分形式;

4.一级和二级反应的速率方程及其应用;

5.温度对反应速率的影响,活化能;

6.对行反应、平行反应和连串反应的动力学处理及应用;

7.稳态近似法、平衡近似法及控制步骤法。

对于任意一个化学变化,既要研究化学变化的可能性,也要研究化学变化的现实性。变化的可能性问题是化学热力学的研究范畴,而变化的现实性,就是研究变化的速率与机理,则是化学动力学的研究领域。

化学动力学是研究浓度、压力、温度以及催化剂等各种因素对反应速率的影响;研究反应实际进行时要经历哪些步骤,也就是所谓的反应机理。化学动力学研究如何控制反应条件,提高反应速率;如何减少副反应的速率,提高产品的质量,从而提出最适宜的操作条件。

在化学反应的研究过程中,首先要研究热力学,如果经过热力学研究认为是不可能的,则没有必要研究动力学了,如果热力学研究认为反应是可能的,那么就需要再进行动力学的研究。但是过程的可能性是与条件相关联,有时改变反应的条件可以使原条件下热力学不可能的过程成为可能。

本章主要讨论反应速率方程、反应速率与反应机理的关系。

9.1　化学反应速率与速率方程

影响反应速率的基本因素是反应物的浓度与反应的温度。本章研究两个部分：① 研究温度一定时,反应速率与浓度的关系；② 研究温度变化对反应速率的影响。

表示一个化学反应的反应速率与浓度等参数间的关系式,称为速率方程式（微分式）；表示浓度与时间等参数间的关系式,称为动力学方程（积分式）。

9.1.1　化学反应速率

对于任意化学反应

$$0 = \sum_B \nu_B B$$

上式仅代表总的化学计量式。一般分成两种类型：①若反应步骤中存在中间物,并且随着反应的进行,中间物的浓度逐渐增加,然后积累,则反应将不符合总的化学计量式,这类反应称为依时计量学反应。②若反应不存在中间物,或虽有中间物,但其浓度很小可以忽略,则此类反应将符合一定的计量式,这类反应称为非依时计量学反应。

本章讨论非依时计量学反应。

对于非依时计量学反应,反应进度 ξ 定义为：

$$d\xi = \frac{dn_B}{\nu_B} \tag{9-1-1}$$

转化速率 $\dot{\xi}$ 定义为单位时间内发生的反应进度,即：

$$\dot{\xi} = \frac{d\xi}{dt} = \frac{1}{\nu_B} \frac{dn_B}{dt} \tag{9-1-2}$$

转化速率的单位为 $mol \cdot s^{-1}$。

反应速率定义为单位时间单位体积内发生的反应进度,即：

$$v = \frac{\dot{\xi}}{V} = \frac{1}{\nu_B V} \frac{dn_B}{dt} \tag{9-1-3}$$

v 为强度量,其单位为 $mol \cdot m^{-3} \cdot s^{-1}$。对于非依时计量学反应,反应速率的数值与用来表示速率的物质 B 的选择无关。但与化学计量式的写法有关,故应用定义式(9-1-3)时必须明确化学反应方程式。

对于恒容反应,如密闭反应器中的反应或者是液相反应,在这种情况下体积 V 是常数,因此 $\frac{dn_B}{V} = dc_B$,则式(9-1-3)可化为：

$$v = \frac{1}{\nu_B} \frac{\mathrm{d}c_B}{\mathrm{d}t} \text{（恒容）} \tag{9-1-4}$$

如无特别说明，在本章后面的讨论中，均假定反应在恒容条件下进行。

化学计量反应写作

$$0 = \sum_B \nu_B B$$

$$-\nu_A A - \nu_B B - \cdots \longrightarrow \cdots + \nu_Y Y + \nu_Z Z$$

通常采用以某指定反应物 A 的消耗速率，或某指定产物 Z 的生成速率来表示反应进行的速率：

反应物 A 的消耗速率：
$$v_A = -\frac{\mathrm{d}c_A}{\mathrm{d}t} \tag{9-1-5}$$

生成物 Z 的生成速率
$$v_Z = +\frac{\mathrm{d}c_Z}{\mathrm{d}t} \tag{9-1-6}$$

反应物不断消耗，$\dfrac{\mathrm{d}c_A}{\mathrm{d}t}$ 为负值，为保持反应速率为正值，故前面加一负号。

需要注意的是对于特定反应，反应速率 v 是确定的，与物质 B 的选择无关，故 v 不需标注物质；但是反应物的消耗速率或产物的生成速率都是随物质 B 的选择而变化，所以在易混淆时必须指明所选择的物质 A 或 Z，并用下角注明，如 v_A 或 v_Z。

根据式（9-1-4）

$$v = \frac{1}{\nu_A} \cdot \frac{\mathrm{d}c_A}{\mathrm{d}t} = \frac{1}{\nu_B} \cdot \frac{\mathrm{d}c_B}{\mathrm{d}t} = \cdots = \frac{1}{\nu_Y} \cdot \frac{\mathrm{d}c_Y}{\mathrm{d}t} = \frac{1}{\nu_Z} \cdot \frac{\mathrm{d}c_Z}{\mathrm{d}t}$$

即：
$$v = \frac{v_A}{|\nu_A|} = \frac{v_B}{|\nu_B|} = \cdots = \frac{v_Y}{\nu_Y} = \frac{v_Z}{\nu_Z} \tag{9-1-7}$$

因此，对某一反应来说，各不同物质的消耗速率或生成速率，与各自的化学计量数的绝对值成正比。例如，反应

$$\frac{1}{2}N_2 + \frac{3}{2}H_2 \longrightarrow NH_3$$

$$-\frac{\mathrm{d}c_{N_2}}{2\mathrm{d}t} = -\frac{3\mathrm{d}c_{H_2}}{2\mathrm{d}t} = \frac{\mathrm{d}c_{NH_3}}{\mathrm{d}t}$$

对于恒温、恒容气相反应，v 和 v_B 也可以用分压代替浓度来定义，可用下标来表示其区别。例如：

$$v_p = \frac{1}{\nu_B} \cdot \frac{\mathrm{d}p_B}{\mathrm{d}t} \text{（恒容）} \tag{9-1-8}$$

反应物 A 的消耗速率

$$v_{p,A} = -\frac{\mathrm{d}p_A}{\mathrm{d}t} \tag{9-1-9}$$

生成物 Z 的生成速率

$$v_{p,Z} = +\frac{\mathrm{d}p_Z}{\mathrm{d}t} \tag{9-1-10}$$

同理：

$$v_p = \frac{1}{\nu_A} \cdot \frac{\mathrm{d}p_A}{\mathrm{d}t} = \frac{1}{\nu_B} \cdot \frac{\mathrm{d}p_B}{\mathrm{d}t} = \cdots = \frac{1}{\nu_Y} \cdot \frac{\mathrm{d}p_Y}{\mathrm{d}t} = \frac{1}{\nu_Z} \cdot \frac{\mathrm{d}p_Z}{\mathrm{d}t}$$

$$\tag{9-1-11}$$

对于理想气体，因 $p_B = n_B RT/V = c_B RT$

$$v_p = \frac{1}{\nu_B} \cdot \frac{\mathrm{d}p_B}{\mathrm{d}t} = \frac{1}{\nu_B} \cdot \frac{\mathrm{d}\dfrac{n_B RT}{V}}{\mathrm{d}t} = \frac{1}{\nu_B} \cdot \frac{\mathrm{d}c_B RT}{\mathrm{d}t} = \frac{RT}{\nu_B} \cdot \frac{\mathrm{d}c_B}{\mathrm{d}t} = vRT$$

所以有：

$$v_p = vRT \tag{9-1-12}$$

9.1.2 基元反应和非基元反应

基元反应是组成一切化学反应的基本单元。所谓反应机理或反应历程是指反应的进行过程中所涉及的所有基元反应。绝大多数反应不是基元反应，而是由若干个基元反应所组成的非基元反应，例如氢与碘的气相反应，曾一直被认为是基元反应。

$$H_2 + I_2 \longrightarrow 2HI$$

直到后来在实验研究中，发现反应过程中有碘的自由基，从而提出该反应是由下列几个基元步骤组成：

① $I_2 + M^0 \longrightarrow I\cdot + I\cdot + M_0$

② $H_2 + I\cdot + I\cdot \longrightarrow HI + HI$

③ $I\cdot + I\cdot + M_0 \longrightarrow I_2 + M^0$

式中，M 代表气体中的 H_2 和 I_2 等分子；$I\cdot$ 代表碘自由原子，其中的黑点"·"表示未成对的价电子。在式①中表示 I_2 分子与高动能的 M^0 分子相碰撞，而使 I_2 分子发生均裂产生两个 $I\cdot$ 自由原子和一个能量较小的 M_0 分子；在式②中，由于 $I\cdot$ 很活泼，因此它们与 H_2 分子进行碰撞生成两个 HI 分子；但是这两个 $I\cdot$ 也可能发生式③反应，即与能量较低的 M_0 分子相碰撞，使之成为能量较高的 M^0 分子，而自己变成稳定的 I_2 分子。上述每一个简单的反应步骤，都是一个基元反应，三个基元反应构成了 $H_2 + I_2 \longrightarrow 2HI$ 的反应机理，总的反应是非基元反应。

化学反应方程，一般都属于化学计量方程，而不代表基元反应。例如：

$$N_2 + 3H_2 \longrightarrow 2NH_3$$

就是化学计量方程,它只说明参加反应的 N_2、H_2 和 NH_3 在反应过程中,它们数量的变化符合方程式系数间的比例关系,即 $1:3:2$,并不是说一个 N_2 分子与三个 H_2 分子相碰撞直接生成两个 NH_3 分子。

在基元反应中,实际参加反应的分子数目称为反应分子数。反应分子数可区分为单分子反应、双分子反应和三分子反应,反应分子数只可能是简单的正整数 1,2 或 3。绝大多数的基元反应为双分子反应;在分解反应或异构化反应中,可能出现单分子反应;三分子反应数目更少,一般只出现在原子复合或自由基复合反应中,四分子反应目前尚未发现。

如单分子分解反应或异构化反应,为单分子反应,例如:

$$A \longrightarrow 产物$$

双分子反应可分为异类分子间的反应与同类分子间的反应:

$$A+B \longrightarrow 产物$$

$$A+A \longrightarrow 产物$$

9.1.3 基元反应的速率方程——质量作用定律

对于基元反应:

$$aA + bB + \cdots \longrightarrow 产物$$

其速率方程应为:

$$-\frac{dc_A}{dt} = kc_A^a c_B^b \cdots \tag{9-1-13}$$

也就是说基元反应的速率与各反应物浓度的幂的乘积成正比,其中各浓度的方次为反应方程中相应组分的计量系数。这就是质量作用定律。

速率方程中的比例常数 k,称为反应速率常数。温度一定,反应速率常数就为一定值,与浓度无关。由式(9-1-13)可以看出,反应速率常数是当各反应物浓度均为单位浓度时的反应速率。

质量作用定律只适用于基元反应。对于非基元反应,其反应机理中的每一个基元反应都可以运用质量作用定律。如果某一物质同时出现在机理中两个或两个以上的基元反应中,则对该物质运用质量作用定律时,其净的消耗速率或净的生成速率应是这几个基元反应的总和。

例如化学计量反应 $A + C \longrightarrow P$ 的反应机理为:

$$A+C \xrightarrow{k_1} Y$$

$$Y \xrightarrow{k_{-1}} A + C$$

$$Y \xrightarrow{k_2} P$$

则有：

$$-\frac{\mathrm{d}c_A}{\mathrm{d}t} = -\frac{\mathrm{d}c_C}{\mathrm{d}t} = k_1 c_A c_C - k_{-1} c_Y$$

$$\frac{\mathrm{d}c_Y}{\mathrm{d}t} = k_1 c_A c_C - k_{-1} c_Y - k_2 c_Y$$

$$\frac{\mathrm{d}c_P}{\mathrm{d}t} = k_2 c_Y$$

9.1.4　化学反应速率方程的一般形式与反应级数

对于非基元反应，其速率方程不能由质量作用定律给出，而必须根据实验数据，才能得到。

对于任意反应

$$a\mathrm{A} + b\mathrm{B} + \cdots \longrightarrow y\mathrm{Y} + z\mathrm{Z} + \cdots$$

由实验数据得出的经验速率方程，通常也可写成与式(9-1-13)类似的形式：

$$v_A = -\frac{\mathrm{d}c_A}{\mathrm{d}t} = k_A c_A^{n_A} c_B^{n_B} \cdots \tag{9-1-14}$$

式中各浓度的方次 n_A 和 n_B 等（一般不等于各组分的计量系数），分别称为反应组分 A 和 B 等的反应分级数，量纲为 1。反应总级数（简称反应级数）n 为各组分反应分级数的代数和：

$$n = n_A + n_B + \cdots \tag{9-1-15}$$

反应级数的大小表示浓度对反应速率影响的程度，反应级数越大，则反应速率受浓度的影响越大。

反应级数可以是正数、负数、整数、分数或零，如果反应的速率方程不能表示为式(9-1-14)的形式，则无法用简单的数字来表示级数。

反应级数是由实验测定的。反应速率常数 k 的单位为 $(\mathrm{mol} \cdot \mathrm{m}^{-3})^{1-n} \cdot \mathrm{s}^{-1}$，与反应级数有关。

如果用化学反应中不同物质的消耗速率或生成速率表示反应的速率，根据式(9-1-7)，各物质的速率常数与计量系数的绝对值存在以下关系：

$$\frac{k_A}{|\nu_A|} = \frac{k_B}{|\nu_B|} = \cdots = \frac{k_Y}{|\nu_Y|} = \frac{k_Z}{|\nu_Z|} = k \tag{9.1.16}$$

如无特别注明，则 k 表示反应的速率常数。

以合成氨反应 $\frac{1}{2}\mathrm{N}_2 + \frac{3}{2}\mathrm{H}_2 \longrightarrow \mathrm{NH}_3$ 为例，则有：

$$2k_{\mathrm{N}_2}/1 = 2k_{\mathrm{H}_2}/3 = k_{\mathrm{NH}_3}/1 = k$$

根据反应级数的定义，对于基元反应，只有三种情况：单分子反应是一级反应,双分子反应是二级反应,三分子反应就是三级反应。

对于非基元反应:①不能直接运用质量作用定律,不存在反应分子数为几的问题,而只有反应级数。反应分级数、反应级数必须通过实验测定;②非基元反应的分级数与组分的计量系数无关;③对于速率方程不符合式(9-1-14)的反应,如 $H_2 + Br_2 \longrightarrow 2HBr$ 反应,经实验测得,其反应速率方程为:$d[HBr]/dt$

$= \dfrac{k[H_2][Br_2]^{\frac{1}{2}}}{1 + k'[HBr]/[Br_2]}$,则不能应用级数的概念。

此外,对于某些反应,当反应物之一的浓度很大,在反应过程中其浓度基本保持不变,则表现出的级数将会有所改变。如蔗糖在酸催化下被水解成葡萄糖和果糖的反应:

$$C_{12}H_{22}O_{11} + H_2O \longrightarrow C_6H_{12}O_6(葡萄糖) + C_6H_{12}O_6(果糖)$$

本来经实验测定应为二级反应 $v = k[H_2O][C_{12}H_{22}O_{11}]$,但当蔗糖浓度很小,水的浓度很大而基本不变时,有 $v = k'[C_{12}H_{22}O_{11}]$,于是该反应表现为一级反应,这种情况称为假一级反应。式中 $k' = k[H_2O]$。

9.1.5 用气体组分的分压表示的速率方程

对于有气体组分参加的 $\sum \nu_B(g) \neq 0$ 的化学反应,在恒温、恒容下,随着反应的进行,系统的总压必然随之而变。这时只要测定系统在不同时间的总压,就可以求得反应的动力学数据。

根据反应的化学计量式,可得出反应中某气体组分 A 的分压与系统总压之间的关系。此时,可以用反应中某气体 A 的分压 p_A 随时间的变化率表示反应的速率。

若 A 代表反应物,反应为:

$$aA \longrightarrow P$$

设反应级数为 n,则 A 的消耗速率为:

$$-\frac{dc_A}{dt} = k_{c,A} c_A^n$$

而以分压 p_A 表示的消耗速率为:

$$-\frac{dp_A}{dt} = k_{p,A} p_A^n$$

式中 k_p 为用分压表示的速率常数,其单位为 $Pa^{1-n} \cdot s^{-1}$。

假设 A 为理想气体时,则将 $p_A = c_A RT$ 代入上式,进行推导,得:

$$-\frac{dp_A}{dt} = k_{p,A} p_A^n = k_{p,A} \left(\frac{n_A RT}{V}\right)^n = k_{p,A}(c_A RT)^n = k_{p,A} c_A^n (RT)^n$$

因为
$$-\frac{\mathrm{d}\left(\frac{n_{\mathrm{A}}RT}{V}\right)}{\mathrm{d}t} = k_{p,\mathrm{A}} c_{\mathrm{A}}^{n}(RT)^{n}$$

所以
$$-\frac{\mathrm{d}c_{\mathrm{A}}RT}{\mathrm{d}t} = k_{p,\mathrm{A}} c_{\mathrm{A}}^{n}(RT)^{n}$$

$$-\frac{\mathrm{d}c_{\mathrm{A}}}{\mathrm{d}t} = k_{p,\mathrm{A}} c_{\mathrm{A}}^{n}(RT)^{n-1}$$

与 $-\dfrac{\mathrm{d}c_{\mathrm{A}}}{\mathrm{d}t} = k_{c} c_{\mathrm{A}}^{n}$ 进行对比,则得:

$$k_{\mathrm{A}} = k_{p,\mathrm{A}}(RT)^{n-1} \tag{9-1-17}$$

因此,在恒温、恒容下, $\mathrm{d}c_{\mathrm{A}}/\mathrm{d}t$ 和 $\mathrm{d}p_{\mathrm{A}}/\mathrm{d}t$ 均可用来表示气相反应的速率,(9-1-17)式是速率常数 k_{A} 和 $k_{p,\mathrm{A}}$ 的关系式。

视频9.1

9.2 速率方程的积分形式——动力学方程

上节讨论的是速率方程的微分形式:

$$v = kc_{\mathrm{A}}^{n_{\mathrm{A}}} c_{\mathrm{B}}^{n_{\mathrm{B}}} \cdots$$

这种微分形式能明显地表示出浓度对反应速率的影响,同时,由机理导出的速率方程就是速率方程的微分形式,因此便于进行理论分析。但是在动力学研究中,实验测定的是浓度随时间的变化,在实际化工应用时,往往需要知道:在指定的时间内某反应组分的浓度将变为多少?达到一定的转化率需要的反应时间为多长?这就需要知道 c_{A} 与 t 的函数关系式,因此必须将速率方程转化为积分形式。下面将对各简单级数的速率方程进行积分,并讨论其动力学特征。

9.2.1 零级反应

对于反应 $\qquad\qquad$ A $\longrightarrow$ P

如果反应的速率与反应物 A 浓度的零次方成正比,则该反应为零级反应:

$$-\frac{\mathrm{d}c_{\mathrm{A}}}{\mathrm{d}t} = k_{\mathrm{A}} c_{\mathrm{A}}^{0} \tag{9-2-1}$$

零级反应就是反应速率与反应物浓度无关的反应,即不管 A 的浓度是多少,单位时间里 A 发生反应的数量是恒定的。

将式(9-2-1)积分:

$$\int_{0}^{t} \mathrm{d}t = \int_{c_{\mathrm{A,0}}}^{c_{\mathrm{A}}} -\frac{\mathrm{d}c_{\mathrm{A}}}{k_{\mathrm{A}}}$$

$$c_{\mathrm{A,0}} - c_{\mathrm{A}} = k_{\mathrm{A}} t \tag{9-2-2}$$

式中，$c_{A,0}$ 为反应开始（$t=0$）时反应物 A 的浓度，即 A 的初始浓度，c_A 为反应至某一时刻 t 时反应物 A 的浓度。

因为：$c_A = c_{A,0}(1-x_A)$，代入式（9-2-2），则有：

$$t = \frac{c_{A,0}x_A}{k_A} \tag{9-2-3}$$

定义：反应物反应了一半所需要的时间为反应的半衰期，以符号 $t_{1/2}$ 表示，即：

$$c_A(t_{1/2}) = c_{A,0}/2 \tag{9-2-4}$$

将 $c_A = c_{A,0}/2$ 代入式（9-2-2），得零级反应的半衰期为：

$$t_{1/2} = \frac{c_{A,0}}{2k_A} \tag{9-2-5}$$

通过上述分析，得到零级反应的动力学特征：

①零级反应的 $c_A \sim t$ 呈线性关系，其斜率 $m = -k_A$。

②零级反应的速率常数 k 的量纲为 $c \cdot t^{-1}$。

③零级反应的半衰期与反应物的初始浓度成正比。

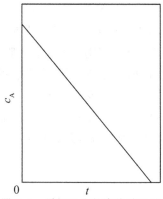

图 9.1　零级反应的直线关系图

9.2.2　一级反应

对于反应　　　　　　　　　　$aA \longrightarrow P$

如果反应的速率与反应物 A 浓度的一次方成正比，则该反应为一级反应。单分子基元反应是一级反应，某些物质的分解反应，即使不是基元反应通常也是一级反应，一些放射性元素的蜕变，亦可以认为是一级反应。

$$v = -\frac{1}{a}\frac{dc_A}{dt} = kc_A$$

或
$$v_A = -\frac{dc_A}{dt} = k_A c_A \qquad (9\text{-}2\text{-}6)$$

注意:式中 $k_A = ak$。

将式(9-2-6)积分:
$$\int_0^t dt = \int_{c_{A.0}}^{c_A} -\frac{dc_A}{k_A c_A}$$

得一级反应的积分式:

$$\ln \frac{c_{A.0}}{c_A} = k_A t \qquad (9\text{-}2\text{-}7a)$$

$$\ln c_A = -k_A t + \ln c_{A.0} \qquad (9\text{-}2\text{-}7b)$$

$$c_A = c_{A.0} e^{-k_A t} \qquad (9\text{-}2\text{-}7c)$$

从式(9-2-7b)可以看到,一级反应的 $\ln c_A \sim t$ 呈直线关系,如图 9.2。实际研究时,通常由实验测定一系列不同时刻 t 反应物的浓度 c_A ,作 $\ln c_A \sim t$ 图,然后进行线性回归,求得 k_A 值。

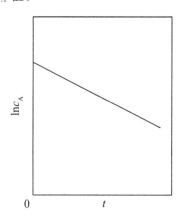

图 9.2　一级反应的直线关系

因为: $c_A = c_{A.0}(1 - x_A)$,代入式(9-2-7a),则有:

$$\ln \frac{1}{1 - x_A} = k_A t \qquad (9\text{-}2\text{-}8)$$

将 $c_A = c_{A.0}/2$ 代入式(9-2-7a),或将 $x_A = 1/2$ 代入式(9-2-8),则可得到一级反应的半衰期:

$$t_{1/2} = \frac{\ln 2}{k_A} = \frac{0.693}{k_A} \qquad (9\text{-}2\text{-}9)$$

从式(9-2-9)可见,一级反应的半衰期与反应物的初始浓度无关。

通过上述分析,得到一级反应的动力学特征:

① 一级反应的 $\ln c_A \sim t$ 呈线性关系，其斜率 $m = -k_A$。

② 一级反应的速率常数 k 的量纲为 t^{-1}。

③ 一级反应的半衰期与反应物的初始浓度无关。

[例 9-1] 蔗糖在 H^+ 存在下进行水解生成葡萄糖与果糖，蔗糖呈右旋性，而葡萄糖与果糖混合液呈左旋性，但两者旋光度与溶质的浓度成正比，25 ℃ 时，在大量水过剩以及 $0.5~\text{mol} \cdot L^{-1}$ HCl 溶液存在下蔗糖的旋光度的变化为：

t/min	0	175	∞
α	25.10	5.40	-8.40

求：(1)反应速率常数 k 和 $t_{1/2}$。

(2)250min 时，蔗糖转化率。

(3)250min 时，溶液的瞬时旋光度。

解 (1)蔗糖在稀盐酸溶液中按照下式进行水解：

$$C_{12}H_{22}O_{11} + H_2O \xrightarrow{H^+} C_6H_{12}O_6\,(\text{葡萄糖}) + C_6H_{12}O_6\,(\text{果糖})$$

当氢离子浓度一定，蔗糖溶液较稀时，蔗糖水解为假一级反应，其动力学方程可写成：

$$\ln \frac{c_{A0}}{c_A} = kt$$

当某物理量与反应物和产物浓度成正比，则可导出用物理量代替浓度的速率方程。

对本实验而言，以旋光度代入上式，得一级反应速率方程式：

$$\ln \frac{\alpha_\infty - \alpha_0}{\alpha_\infty - \alpha_t} = kt$$

$$k = \frac{1}{t}\ln \frac{c_{A.0}}{c_A} = \frac{1}{t}\ln \frac{\alpha_\infty - \alpha_0}{\alpha_\infty - \alpha_t} = 5.07 \times 10^{-3}\,(\text{min}^{-1})$$

$$t_{\frac{1}{2}} = \frac{0.693}{k} = 136.7\,(\text{min})$$

(2) 250min 时，蔗糖转化率：

$$k = \frac{1}{t}\ln \frac{1}{1 - x_A}.$$

$$x_A = 71.8\%$$

(3)250min 时，溶液的瞬时旋光度：

$$k = \frac{1}{t}\ln \frac{c_{A.0}}{c_A} = \frac{1}{t}\ln \frac{\alpha_\infty - \alpha_0}{\alpha_\infty - \alpha_t}$$

$$5.07 \times 10^{-3} = \frac{1}{250}\ln\frac{-8.4 - 25.1}{-8.4 - \alpha_t}$$

$$\alpha_t = 1.03°$$

[例 9-2] 已知氯代甲酸三氯甲酯($ClCOOCCl_3$)的热分解反应半衰期与起始浓度无关,将一定量的 $ClCOOCCl_3$ 迅速引入一个 280 ℃ 的容器中,经 454s 测得压力为 18.57mmHg,经过极长时间后压力为 30.06mmHg。试计算:

(1)反应速率常数 k 和半衰期。

(2)计算 10min 后 $ClCOOCCl_3$ 的分压及总压。

解 因为反应半衰期与起始浓度无关,所以是一级反应。

$$ClCOOCCl_3(g) \longrightarrow 2COCl_2(g) \qquad 总压力$$

$t=0$	$p_{A.0}$	0	$p_0 = p_{A.0}$
$t=t$	p_A	$2(p_{A.0} - p_A)$	$p_t = 2p_{A.0} - p_A$
$t=\infty$	0	$2p_{A.0}$	$p_\infty = 2p_{A.0}$

(1)反应速率常数 k 和半衰期

$$\ln\frac{p_{A.0}}{p_A} = kt$$

$$k = \frac{1}{t}\ln\frac{p_{A.0}}{p_A} = \frac{1}{t}\ln\frac{p_\infty - p_0}{p_\infty - p_t} = \frac{1}{t}\ln\frac{p_\infty/2}{p_\infty - p_t} = 5.916 \times 10^{-4}(s^{-1})$$

$$t_{1/2} = \frac{0.693}{k} = 1171s$$

(2)计算 10min 后 $ClCOOCCl_3$ 的分压及总压

$$p_A = p_{A.0}e^{-kt} = 10.54mmHg$$

$$p_t = p_\infty - p_A = 19.52mmHg$$

在动力学的实验研究中,常常用物理量来关联反应物或者产物的浓度,通常有下列的常用关系,总结如下:

①气相反应常用压力进行测定,有以下关系:

$$c_A \propto p_\infty - p_t$$

$c_{A.0} \propto p_\infty - p_0$($p$ 是代表气相反应体系某时刻的压力)

②液相反应常用旋光度(α)、电导(G)或者吸光度(A)进行测定,有以下关系:

$$c_A \propto m_\infty - m_t$$

$c_{A.0} \propto m_\infty - m_0$ [$m(\alpha, G, A)$:代表液相反应体系某时刻表征浓度的物理量]

③如果用体积进行测定,则有以下关系:

$$c_A \propto V_\infty - V_t$$

$$c_{A,0} \propto V_\infty - V_0 \quad (V: 代表反应体系中产物某时刻的体积)$$

或 $\qquad c_A \propto V_t - V_\infty$

$$c_{A,0} \propto V_0 - V_\infty \quad (V: 代表反应体系中反应物某时刻的体积)$$

9.2.3 二级反应

二级反应是实际化工过程中最常遇到的反应,比如乙烯的气相二聚作用,水溶液中乙酸乙酯的皂化反应等均为二级反应。二级反应通常有两种情况:①只有一种反应物;②有两种反应。下面分别进行介绍。

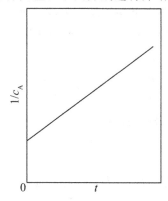

图 9.3 二级反应的直线关系

(1)只有一种反应物

$$a A \longrightarrow P$$

速率方程为:

$$v = -\frac{1}{a}\frac{\mathrm{d}c_A}{\mathrm{d}t} = kc_A$$

则: $\qquad v_A = -\mathrm{d}c_A/\mathrm{d}t = akc_A^2 = k_A c_A^2 \qquad (9\text{-}2\text{-}10)$

两边积分:

$$-\int_{c_{A,0}}^{c_A} \frac{\mathrm{d}c_A}{c_A^2} = k_A \int_0^t \mathrm{d}t$$

得积分式:

$$\frac{1}{c_A} - \frac{1}{c_{A,0}} = k_A t \qquad (9\text{-}2\text{-}11)$$

从式(9-2-11)可知,二级反应的 $1/c_A \sim t$ 呈直线关系,如图 9.3 所示。

将 $c_A = c_{A,0}(1 - x_A)$ 代入式(9-2-11)可得:

$$\frac{1}{c_{A,0}} \times \frac{x_A}{1 - x_A} = k_A t \qquad (9\text{-}2\text{-}12)$$

将 $c_A = c_{A,0}/2$ 代入式(9-2-11),或将 $x_A = 1/2$ 代入式(9-2-12)可得:

$$t_{1/2} = \frac{1}{k_A c_{A,0}} \qquad (9\text{-}2\text{-}13)$$

即二级反应的半衰期与反应物的初始浓度成反比。

通过上述分析,得到二级反应的动力学特征:

① 二级反应的 $1/c_A \sim t$ 呈线性关系,其斜率 $m = k_A$。

② 二级反应的速率常数 k 的量纲为 $c^{-1} \cdot t^{-1}$。

③ 二级反应的半衰期与反应物的初始浓度成反比。

(2)两种反应物

$$a\text{A} + b\text{B} \longrightarrow \text{P}$$

速率方程为:

$$v = -\frac{1}{a}\frac{\mathrm{d}c_A}{\mathrm{d}t} = kc_A c_B \qquad (9\text{-}2\text{-}14)$$

或者

$$v_A = -\frac{\mathrm{d}c_A}{\mathrm{d}t} = (ak)c_A c_B = k_A c_A c_B$$

①当 $a = b, c_{A,0} = c_{B,0}$ 情况下,在反应的任何时刻 t 都有 $c_B = c_A$。代入上式,则可得:

$$-\mathrm{d}c_A/\mathrm{d}t = (ak)c_A^2 = k_A c_A^2$$

因此,与只有一种反应物相同。

②当 $a \neq b, \dfrac{c_{A,0}}{c_{B,0}} = \dfrac{a}{b}$,即反应物 A、B 的初始浓度之比等于其计量系数之比。这种情况下,在反应的任何时刻 t 都有 $c_B/c_A = b/a$。代入上式,则可得:

$$v_A = -\frac{\mathrm{d}c_A}{\mathrm{d}t} = k_A c_A c_B = k_A c_A \left(\frac{b}{a}c_A\right)$$

$$= (k_A \frac{b}{a})c_A^2 = k'_A c_A^2$$

积分结果同式(9-2-11)类似,只是速率常数不同。

$$\frac{1}{c_A} - \frac{1}{c_{A,0}} = k'_A t$$

$$t = \frac{1}{k'_A c_{A,0}} \cdot \frac{x_A}{1 - x_A}$$

$$t_{1/2} = \frac{1}{k'_A c_{A,0}}$$

③当 $a = b, c_{A,0} \neq c_{B,0}$

$$v_A = -\frac{\mathrm{d}c_A}{\mathrm{d}t} = k_A c_A c_B$$

设 t 时刻反应物 A、B 反应掉的量为 c_x,则:

$$- \frac{\mathrm{d}(c_{A,0} - c_x)}{\mathrm{d}t} = k_A(c_{A,0} - c_x)(c_{B,0} - c_x)$$

$$\frac{\mathrm{d}c_x}{\mathrm{d}t} = k_A(c_{A,0} - c_x)(c_{B,0} - c_x)$$

两边积分：

$$\int_0^{c_x} \frac{\mathrm{d}c_x}{(c_{A,0} - c_x)(c_{B,0} - c_x)} = \int_0^t k_A \mathrm{d}t$$

则有：

$$\frac{1}{(c_{A,0} - c_{B,0})} \ln \frac{c_{B,0}(c_{A,0} - c_x)}{c_{A,0}(c_{B,0} - c_x)} = k_A t \tag{9-2-15}$$

④当 $a \neq b, c_{A,0} \neq c_{B,0}$。设 A 和 B 的初始浓度分别为 $c_{A,0}$ 和 $c_{B,0}$，在任何时刻 A 和 B 的消耗量与它们的计量系数成正比，即：

$$\frac{c_{A,0} - c_A}{c_{B,0} - c_B} = \frac{a}{b}$$

如果令 $c_x = c_{A,0} - c_A$，即 c_x 为在时刻 t 反应物 A 消耗的浓度，则 $c_A = c_{A,0} - c_x$。由于反应按计量方程进行，此时反应物 B 消耗掉的浓度为 $(b/a)c_x$，所以 $c_B = c_{B,0} - (b/a)c_x$。代入式(9-2-14)并进行积分，整理得：

$$\frac{1}{ac_{B,0} - bc_{A,0}} \ln \frac{c_{A,0}(ac_{B,0} - bc_x)}{ac_{B,0}(c_{A,0} - c_x)} = kt \tag{9-2-16}$$

9.2.4 n 级反应

对任意反应：

$$a\mathrm{A} + b\mathrm{B} + \cdots \longrightarrow \mathrm{P}$$

若其速率方程具有形式

$$- \frac{\mathrm{d}c_A}{\mathrm{d}t} = k_A c_A^{n_A} c_B^{n_B} \cdots$$

在下列三种情况下，可以化简为：

$$- \frac{\mathrm{d}c_A}{\mathrm{d}t} = k_A c_A^n \tag{9-2-17}$$

①只有一种反应物：

$$a\mathrm{A} \longrightarrow \mathrm{P}$$

②除 A 以外，其余组分大量过剩：

$$- \frac{\mathrm{d}c_A}{\mathrm{d}t} = k_A c_A^{n_A} c_B^{n_B} c_C^{n_C} = (k_A c_B^{n_B} c_C^{n_C}) c_A^{n_A} = k' c_A^{n_A}$$

③反应物浓度符合化学计量比 $\frac{c_{A,0}}{a} = \frac{c_{B,0}}{b} = \cdots$，则：$\frac{c_A}{a} = \frac{c_B}{b} = \cdots$：

$$- \frac{\mathrm{d}c_A}{\mathrm{d}t} = k_A c_A^{n_A} c_B^{n_B} \cdots = k_A \left(\frac{b}{a} c_A\right)^{n_B} c_A^{n_A} = \left[k_A \left(\frac{b}{a}\right)^{n_B}\right] c_A^{n_A+n_B} = k'' c_A^n$$

式中 $n = n_A + n_B + \cdots$ 为反应的级数。

在以上三种情况下，对式(9-2-17)直接积分：

$$- \int_{c_{A,0}}^{c_A} \frac{\mathrm{d}c_A}{c_A^n} = k_A \int_0^t \mathrm{d}t$$

得：

$$\frac{1}{n-1}\left(\frac{1}{c_A^{n-1}} - \frac{1}{c_{A,0}^{n-1}}\right) = k_A t \tag{9-2-18}$$

将 $c_A = c_{A,0}/2$ 代入式(9-2-18)，整理可得半衰期：

$$t_{1/2} = \frac{2^{n-1} - 1}{(n-1) k_A c_{A,0}^{n-1}} (n \neq 1) \tag{9-2-19}$$

通过上述分析，得到 n 级反应的动力学特征：

① n 级反应的 $\frac{1}{c_A^{n-1}} \sim t$ 呈线性关系，其斜率 $m = (n-1)k_A$。

② n 级反应的速率常数 k 的量纲为 $\mathrm{c}^{1-n} \cdot \mathrm{t}^{-1}$。

③ n 级反应的半衰期与 $c_{A,0}^{n-1}$ 成反比。

[例 9-3]　反应 $A(g) \longrightarrow 2B(g)$，在一个恒容容器中进行，反应温度为 373K，测得不同时间系统的总压如下：

t/min	0	5	10	25	∞
p/kPa	35.597	39.997	42.663	46.663	53.329

$t = \infty$ 时，全部 A 消失。

(1)试导出 A 的浓度与系统总压的关系

(2)求该二级反应的速率常数 $k(\mathrm{mol}^{-1} \cdot \mathrm{dm}^3 \cdot \mathrm{s}^{-1})$

解　(1)　　　　　$A(g) \longrightarrow 2B(g)$　　　　　总压力

$t=0$　　　　p_0'　　　　p_0''　　　　$p_0 = p_0' + p_0'' \cdots\cdots\cdots$①

$t=t$　　　　$p_0' - p_x$　　　　$p_0'' + 2p_x$　　　　$p_t = p_0' + p_0'' + p_x \cdots$②

$t=\infty$　　　　0　　　　$p_0'' + 2p_0'$　　　　$p_\infty = p_0'' + 2p_0' \cdots\cdots$③

③－①：　$p_0' = p_\infty - p_0$

③－②：　$p_0' - p_x = p_\infty - p_t$

则：

$$c_{A,0} = \frac{p_0'}{RT} = \frac{p_\infty - p_0}{RT}$$

$$c_A = \frac{p_0' - p_x}{RT} = \frac{p_\infty - p_t}{RT}$$

（2）代入二级反应动力学公式：$\dfrac{1}{c_A} - \dfrac{1}{c_{A,0}} = kt$

视频 9.2

$k_1 = 0.192\ \text{mol}^{-1} \cdot \text{dm}^3 \cdot \text{s}^{-1}$

$k_2 = 0.193\ \text{mol}^{-1} \cdot \text{dm}^3 \cdot \text{s}^{-1}$

$k_3 = 0.194\ \text{mol}^{-1} \cdot \text{dm}^3 \cdot \text{s}^{-1}$

$\bar{k} = 0.193\ \text{mol}^{-1} \cdot \text{dm}^3 \cdot \text{s}^{-1}$

9.2.5　反应速率方程小结

将符合通式 $-\mathrm{d}c_A/\mathrm{d}t = k_A c_A^n$，且 $n=0,1,2,3,n$ 的动力学方程积分式及动力学特征，即 k_A 的单位、线性关系、半衰期与初始浓度的关系，列于表 9.1。

表 9.1　各级反应的速率方程及其特征

级数	速率方程		特征		
	微分式	积分式	k_A 的单位	直线关系	$t_{1/2}$
0	$-\dfrac{\mathrm{d}c_A}{\mathrm{d}t} = k_A$	$c_{A,0} - c_A = k_A t$	$c \cdot t^{-1}$	$c_A \sim t$	$t_{\frac{1}{2}} \propto c_{A,0}$
1	$-\dfrac{\mathrm{d}c_A}{\mathrm{d}t} = k_A c_A$	$\ln \dfrac{c_{A,0}}{c_A} = k_A t$	t^{-1}	$\ln c_A \sim t$	$t_{\frac{1}{2}} = $ 常数
2	$-\dfrac{\mathrm{d}c_A}{\mathrm{d}t} = k_A c_A^2$	$\dfrac{1}{c_A} - \dfrac{1}{c_{A,0}} = k_A t$	$c^{-1} \cdot t^{-1}$	$\dfrac{1}{c_A} \sim t$	$t_{\frac{1}{2}} \propto \dfrac{1}{c_{A,0}}$
3	$-\dfrac{\mathrm{d}c_A}{\mathrm{d}t} = k_A c_A^3$	$\dfrac{1}{2}\left(\dfrac{1}{c_A^2} - \dfrac{1}{c_{A,0}^2}\right) = k_A t$	$c^{-2} \cdot t^{-1}$	$\dfrac{1}{c_A^2} \sim t$	$t_{\frac{1}{2}} \propto \dfrac{1}{c_{A,0}^2}$
n	$-\dfrac{\mathrm{d}c_A}{\mathrm{d}t} = k_A c_A^n$	$\dfrac{1}{n-1}\left(\dfrac{1}{c_A^{n-1}} - \dfrac{1}{c_{A,0}^{n-1}}\right) = k_A t$	$c^{1-n} \cdot t^{-1}$	$\dfrac{1}{c_A^{n-1}} \sim t$	$t_{\frac{1}{2}} \propto \dfrac{1}{c_{A,0}^{n-1}}$

c 表示浓度的单位（$\text{mol} \cdot \text{m}^{-3}$），$t$ 表示时间的单位（s，min，h，day）

9.3　反应级数的确定

确定速率方程就是确定反应级数，也就是要确定反应速率与组分浓度的关系，而这种关系有可能很复杂，如反应 $H_2 + Br_2 \longrightarrow 2HBr$，其速率方程不仅与反应物浓度有关还与产物 HBr 的浓度有关。本章只讨论速率方程为：

$$v = -\frac{1}{a}\frac{\mathrm{d}c_A}{\mathrm{d}t} = kc_A^{n_A}c_B^{n_B} \tag{9-1-15}$$

的情况。

首先研究(9-1-15)的最简单形式 $v = kc_A^n$,实验上采取初始速率法与隔离法将其化为最简形式加以研究。

9.3.1　尝试法

动力学实验通常测定反应组分的浓度(有气体组分时常测其分压)随时间的变化。

(1)数据试差

该方法对实验所得到的数据 $\{t_i, c_{A,i}\}$,代入各级反应速率方程的积分式进行尝试,看 k 是否相等。

(2)作图试差

该方法是利用各级反应速率方程积分形式的线性关系来确定反应的级数。对实验所得到的数据 $\{t_i, c_{A,i}\}$ 分别作 $\ln c_A \sim t (n = 1)$ 图,及 $1/c_A^{n-1} \sim t (n \neq 1)$ 图,呈现出线性关系的图对应于正确的速率方程。速率常数则可以通过回归直线的斜率得到。

9.3.2 半衰期法

$n(n \neq 1)$ 级反应的半衰期公式(9-2-19)为:

$$t_{1/2} = \frac{2^{n-1} - 1}{(n-1)k_A c_{A,0}^{n-1}}$$

将上式取对数,则:

$$\lg t_{1/2} = \lg \frac{2^{n-1} - 1}{(n-1)k_A} + (1-n)\lg c_{A,0} \tag{9-3-1}$$

即反应半衰期的对数与反应的初始浓度成直线关系,直线的斜率为 $(1-n)$ 。

若反应在两个不同的初始浓度(其他条件相同) $c'_{A,0}$ 和 $c''_{A,0}$ 时所对应的半衰期分别为 $t'_{1/2}$ 和 $t''_{1/2}$,则可推导得到反应级数 n :

$$n = 1 - \frac{\lg(t''_{1/2}/t'_{1/2})}{\lg(c'_{A0}/c''_{A0})} \tag{9-3-2}$$

9.3.3　隔离法

对速率方程(9-1-14)中的其他组分级数的确定,可以采用隔离法。比如要确定 A 的级数,则采用除 A 以外,其余组分大量过剩的方法,即 $c_{B,0} \gg c_{A,0}$, $c_{C,0} \gg c_{A,0}$ 等,

因此在反应过程中可以认为这些组分的浓度为常数,从而得到假 n 级反应:

$$v_A = (k_A c_{B,0}^{n_B} c_{C,0}^{n_C} \cdots) c_A^{n_A} = k' c_A^{n_A} \qquad (9\text{-}3\text{-}3)$$

其反应级数可通过尝试法或半衰期法得到。利用同样的步骤就可以确定所有组分的分级数。

9.3.4 初始速率法

前面讨论了确定反应级数的尝试法和半衰期法。但是当产物对反应速率有干扰时,则上述方法不适用。为了排除产物对反应速率的影响,可以测定不同初始浓度下的初始反应速率($t=0$)时的反应速率,由 $c_A \sim t$ 曲线在 $t=0$ 处的斜率确定 v_0(如图 9.4),然后再利用反应速率的微分形式来确定反应的级数。因为采用了初始反应速率,所以此时反应生成的产物的量可以忽略不计,从而消除了产物对反应速率的影响。

通过进行一系列实验,每次实验仅改变一个组分,如 A 的初始浓度,而保持除 A 以外其余组分的初始浓度不变,对反应的初始速率随 A 组分初始浓度的变化进行实验,从而得到 A 组分的分级数。然后对每个组分用同样的处理方法,即可确定反应所有的分级数。

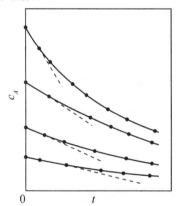

图 9.4 从 $c_A \sim t$ 图求反应的初始速率

下面以确定反应组分 A 的分级数为例,进行说明。

设反应的速率方程为:

$$v = k c_A^{n_A} c_B^{n_B} c_C^{n_C} \cdots$$

则初始速率为 $v_0 = k c_{A,0}^{n_A} c_{B,0}^{n_B} c_{C,0}^{n_C} \cdots$。对其求对数,得

$$\ln v_0 = \ln k + n_A \ln c_{A,0} + n_B \ln c_{B,0} + n_C \ln c_{C,0} + \cdots$$

改变 A 的初始浓度,而保持其余组分的初始浓度不变重复进行多次实验,可得到一系列的不同 A 初始浓度下的 v_0 数据($c_{A,0}$,v_0)。由于每次实验 B,C,等的

初始浓度相同,故 $\ln v_0$ 对 $\ln c_{A,0}$ 呈直线关系:

$$\ln v_0 = n_A \ln c_{A,0} + K \tag{9-3-4}$$

式中 K 为常数。对数据 $(\ln c_{A,0}, \ln v_0)$ 作图为直线,其斜率即为 n_A。同理,可以得到其他组分的分级数 $n_B, n_C, \cdots$。

[例 9-4]　在某温度下实验测定气相反应 $A + 2B \longrightarrow 2Y$,在不同的初始浓度下的反应速率列表如下:

$c_{A,0}/mol \cdot dm^{-2}$	$c_{B,0}/mol \cdot dm^{-3}$	$-(dc_A/dt)_{t=0}/mol \cdot dm^{-3} \cdot s^{-1}$
0.1	0.01	1.2×10^{-3}
0.1	0.04	4.8×10^{-3}
0.2	0.01	2.4×10^{-3}

试求出反应速率方程和反应速率常数 k。

解　$v = -\dfrac{dc_A}{dt} = k c_A^\alpha c_B^\beta$

视频 9.3

对比 1,2 组数据 $v_{0.1}/v_{0.2} = 1/4 = 0.01^\beta/0.04^\beta$,则 $\beta = 1$

对比 1,3 组数据 $v_{0.1}/v_{0.3} = 1/2 = 0.1^\alpha/0.2^\alpha$,则 $\alpha = 1$

即 $-\dfrac{dc_A}{dt} = k c_A c_B$,代入第 1 组数据,$t = 0$

$$k = \frac{v_{0.1}}{c_{A,0} c_{B,0}} = \frac{1.2 \times 10^{-3} \, mol \cdot dm^{-3} \cdot s^{-1}}{0.1 \, mol \cdot dm^{-3} \times 0.01 \, mol \cdot dm^{-3}} = 1.2 \, dm^3 \cdot mol^{-1} \cdot s^{-1}$$

9.4　温度对反应速率的影响

对于大多数化学反应来说,其反应速率随温度的升高而增加。一般认为温度对浓度的影响可以忽略,所以反应速率随温度的变化,主要体现在速率常数随温度的变化。实验表明,对于均相热化学反应,反应温度每升高 10K,其反应速率常数变为原来的 2～4 倍,即:

$$k(T + 10K)/k(T) \approx 2 \sim 4 \tag{9-4-1}$$

式(9-4-1)称为范特霍夫规则。此比值称为反应速率的温度系数。

9.4.1　阿伦尼乌斯方程

1889 年,阿伦尼乌斯提出了速率常数 k 与温度 T 的定量关系式,称为阿伦尼乌斯(Arrhenius S A)方程,其指数式为:

$$k = A e^{-E_a/RT} \tag{9-4-2}$$

该方程是经验方程,由实验数据确定。式中 A 称为指前因子,又称为表观频率因子,其单位与 k 相同。式中 E_a 为阿伦尼乌斯活化能,通常称为活化能,其单位为 $J \cdot mol^{-1}$。

阿伦尼乌斯方程的对数式为:

$$\ln k = -\frac{E_a}{RT} + \ln A \tag{9-4-3}$$

上式表明 $\ln k \sim 1/T$ 为直线关系,对一系列 $(\ln k, 1/T)$ 实验数据作图,即可通过直线的斜率和截距,求得活化能 E_a 及指前因子 A。

其微分表达形式为:

$$\frac{d\ln k}{dT} = \frac{E_a}{RT^2} \tag{9-4-4}$$

阿伦尼乌斯方程表明 $\ln k$ 随 T 的变化率与活化能 E_a 成正比。也就是说,活化能越高,则随温度的升高反应速率增加得越快,即活化能越高,则反应速率对温度越敏感。若同时存在几个反应,则高温对活化能高的反应有利,低温对活化能低的反应有利。

如果温度变化范围不大,E_a 可视作常数,将式(9-4-4)积分,设温度 T_1 时的速率常数为 k_1,温度 T_2 时的速率常数为 k_2,则得阿伦尼乌斯方程的定积分式为:

$$\ln \frac{k_2}{k_1} = -\frac{E_a}{R}\left(\frac{1}{T_2} - \frac{1}{T_1}\right) = \frac{E_a}{R} \cdot \frac{(T_2 - T_1)}{T_1 T_2} \tag{9-4-5}$$

利用此式可由已知数据求算所需的 E_a、T 或 k。

虽然有各种其他表示速率常数对温度的关系式,但是阿伦尼乌斯方程是表示 $k \sim T$ 关系的最常用方程,式(9-4-2)至式(9-4-5)是阿伦尼乌斯方程的几种不同的形式。阿伦尼乌斯方程适用于基元反应和非基元反应,也可以用于描述一般的速率过程如扩散过程等。

9.4.2 活化能

本节以反应 $2HI \longrightarrow H_2 + 2I\cdot$ 为例讨论基元反应活化能的意义。两个 HI 分子要发生反应,首先要进行碰撞(如图 9.5 所示)。在碰撞过程中,两个 HI 分子内的两个 H 互相靠近,从而形成新的 H—H 键,同时原来的 H—I 键断开,变成产物 $H_2 + 2I\cdot$。

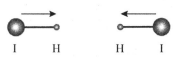

I   H   H   I

图 9.5　两个分子的碰撞

但是,由于两个 HI 分子中 H 与 H 之间存在斥力,使它们难以接近到足够的程度,以形成新的 H—H 键;又由于 H—I 键的引力,使这个键难以断开。因此,并不是所有 HI 分子相互碰撞都能起反应。

为了克服新键形成前的斥力和旧键断裂前的引力,HI 分子必须有足够的能量。相撞分子如果不具备这个起码的能量,便不能达到化学键的新旧交替,就不能发生反应。阿伦尼乌斯提出,为了发生反应,普通分子要吸收一定的能量,成为活化分子,所需要的能量称为"活化能"。

发生碰撞能够起反应的分子称为活化分子,它们是那些其能量超过某一临界值的分子,其数量只占全部分子的很小一部分。普通分子只有吸收到一定的能量才能成为活化分子。这个活化过程通常是通过分子间的碰撞,即热活化来完成,也可以通过光活化、电活化等来实现。

活化能定义:活化分子的平均能量与反应物分子的平均能量之差。

在一定温度下,活化能越大,活化分子的百分数就越小,所以反应速率常数就越小。对于一定的反应,温度越高,活化分子的百分数就越大,则反应速率常数就越大。

上面介绍了进行基元反应 $2HI \longrightarrow H_2 + 2I\cdot$ 需要的活化能。它的逆过程,即 $H_2 + 2I\cdot \longrightarrow 2HI$,也同样需要活化能。这是因为要使 H—H 键断开并生成 H—I 键,反应物分子也必须具有足够的能量。

正、逆向反应的活化分子都要通过同样的活化状态 I···H···H···I 才能实现反应。活化状态两边的键断开就得到正向反应的产物即 $H_2 + 2I\cdot$,中间的键断开则得到逆向反应的产物 2HI。因此,无论是正向反应还是逆向反应,活化状态下每摩尔活化分子的能量既高于相应每摩尔反应物分子的能量,亦高于相应每摩尔产物分子的能量,如图 9.6 所示。图中 $E_{a,1}$,$E_{a,-1}$ 分别代表正向反应和逆向反应的活化能。

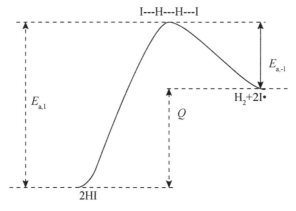

图 9.6　正、逆反应的活化能与反应热示意图

因此,不管是正向反应还是逆向反应,反应物分子都要翻越一定高度的"能峰"才能变成产物分子。这一能峰即为反应的活化能。能峰越高,反应的阻力就越大,反应就越难进行。

9.4.3　活化能与反应热的关系

对于一个正向、逆向都能进行的反应,例如:

$$B + C \underset{k_{-1}}{\overset{k_1}{\rightleftharpoons}} D + F$$

其正、逆反应速率常数分别为 k_1 和 k_{-1} ,正向、逆向反应的活化能分别为 $E_{a,1}$ 和 $E_{a,-1}$ 。当正向反应与逆向反应两者的速率相等时,反应达到平衡,则有:

$$k_1 c_B c_C = k_{-1} c_D c_F$$

得平衡常数:

$$K_c = c_D c_F / c_B c_C = k_1 / k_{-1} \tag{9-4-6}$$

对上式两边取对数,然后对 T 求微分,则得:

$$\frac{\mathrm{d}\ln K_c}{\mathrm{d}T} = \frac{\mathrm{d}\ln k_1}{\mathrm{d}T} - \frac{\mathrm{d}\ln k_{-1}}{\mathrm{d}T} \tag{9-4-7}$$

根据阿伦尼乌斯方程:

$$\frac{\mathrm{d}\ln k_1}{\mathrm{d}T} = \frac{E_{a,1}}{RT^2}, \quad \frac{\mathrm{d}\ln k_{-1}}{\mathrm{d}T} = \frac{E_{a,-1}}{RT^2}$$

根据化学反应的范特霍夫方程式

$$\frac{\mathrm{d}\ln K_c}{\mathrm{d}T} = \frac{\Delta U}{RT^2}$$

代入(9-4-7),则有:

$$\frac{\Delta U}{RT^2} = \frac{E_{a,1}}{RT^2} - \frac{E_{a,-1}}{RT^2}$$

$$\Delta U = E_{a,1} - E_{a,-1} \tag{9-4-8}$$

ΔU 为反应的热力学能变,在恒容时 $Q_V = \Delta U$,所以在数值上等于恒容反应热。

因此,化学反应的摩尔恒容反应热在数值上等于正向反应与逆向反应的活化能之差。

[例 9-5]　今有催化分解气相反应 $A \longrightarrow Y + Z$,实验证明其反应速率方程为: $-\dfrac{\mathrm{d}p_A}{\mathrm{d}t} = k p_A$ 。

（1）在 675 ℃下，若 A 的转化率为 5% 时，反应时间为 19.34 min，试计算此温度下反应速率常数 k 及 A 转化率达 50% 的反应时间。

（2）经动力学测定 527 ℃下反应的速率常数 $k = 7.78 \times 10^{-5} \text{min}^{-1}$，试计算该反应的活化能。

解 （1）$k = \dfrac{1}{t} \ln \dfrac{1}{1 - x_A} = \dfrac{1}{19.34} \ln \dfrac{1}{1 - 0.05} = 2.65 \times 10^{-3} \,(\text{min}^{-1})$

A 转化率达 50% 的反应时间即为 $t_{1/2}$

$$t_{1/2} = \dfrac{\ln 2}{k} = \dfrac{\ln 2}{2.65 \times 10^{-3}} = 261.3 \,(\text{min})$$

（2）已知：

$$T_1 = 527 + 273.15 = 800.15 \,(\text{K}), \quad k_1 = 7.78 \times 10^{-5} \,(\text{min}^{-1})$$

$$T_2 = 675 + 273.15 = 948.15 \,(\text{K}), \quad k_2 = 2.65 \times 10^{-3} \,(\text{min}^{-1})$$

代入公式求活化能 E_a

$$\ln \dfrac{k_2}{k_1} = -\dfrac{E_a}{R} \left(\dfrac{1}{T_2} - \dfrac{1}{T_1} \right)$$

$$E_a = \dfrac{R T_1 T_2}{T_2 - T_1} \ln \dfrac{k_2}{k_1} = \dfrac{8.314 \times 10^{-3} \times 800.15 \times 948.15}{948.15 - 800.15} \ln \dfrac{2.65 \times 10^{-3}}{7.78 \times 10^{-5}}$$

$$= 150.4 \,(\text{kJ} \cdot \text{mol}^{-1})$$

9.5 典型复合反应

视频 9.4

基元反应或具有简单级数的反应，还可以进一步组合成更为复杂的反应。所谓复合反应是两个或两个以上基元反应的组合。典型的复合反应有三类：对行反应、平行反应和连串反应。一般的复合反应基本是这三种典型反应之一，或者是它们的组合。下面分别进行讨论。

9.5.1 对行反应

正向和逆向同时进行的反应，称为对行反应。原则上，一切反应都是对行的，但是当偏离平衡状态很远时，逆向反应往往可以忽略不计。

前面 9.2 讨论的反应均是单向反应，反应结束时反应物的浓度为零。但是在对行反应中，由于逆向反应的存在，当反应结束时，反应物只能降低到某一平衡浓度，产物也只能增加到某一平衡浓度，这时产物浓度与反应物浓度之间处于化学平衡状态。下面对最简单的一级对行反应进行讨论。

$$A \quad \underset{k_{-1}}{\overset{k_1}{\rightleftharpoons}} \quad D$$

$t = 0$	$c_{A,0}$	0
$t = t$	c_A	$c_{A,0} - c_A$
$t = \infty$	$c_{A,e}$	$c_{A,0} - c_{A,e}$

式中：$c_{A,0}$ 为 A 的初始浓度，$c_{A,e}$ 为 A 的平衡浓度。$c_{D,0}$ 为 D 的初始浓度，$c_{D,0} = 0$。

正向反应：A 的消耗速率 $= k_1 c_A$

逆向反应：A 的生成速率 $= k_{-1} c_B = k_{-1}(c_{A,0} - c_A)$

因此，A 的净余消耗速率为正、逆反应速率的代数和，即：

$$-\frac{\mathrm{d}c_A}{\mathrm{d}t} = k_1 c_A - k_{-1}(c_{A,0} - c_A) \tag{9-5-1}$$

$t = \infty$，反应达到平衡时 A 的净余消耗速率等于零，即正、逆反应速率相等：

$$-\frac{\mathrm{d}c_{A,e}}{\mathrm{d}t} = k_1 c_{A,e} - k_{-1}(c_{A,0} - c_{A,e}) = 0 \tag{9-5-2}$$

整理得：

$$\frac{c_{A,0} - c_{A,e}}{c_{A,e}} = \frac{c_{D,e}}{c_{A,e}} = \frac{k_1}{k_{-1}} = K_c \tag{9-5-3}$$

所以：

$$k_{-1} c_{A,0} = (k_1 + k_{-1}) c_{A,e}$$

代入式(9-5-1)得：

$$-\frac{\mathrm{d}c_A}{\mathrm{d}t} = (k_1 + k_{-1})(c_A - c_{A,e})$$

当 $c_{A,0}$ 一定时，$c_{A,e}$ 为常量，因此：

$$-\frac{\mathrm{d}(c_A - c_{A,e})}{\mathrm{d}t} = (k_1 + k_{-1})(c_A - c_{A,e}) \tag{9-5-4}$$

式中 $\Delta c_A = c_A - c_{A,e}$ 称为反应物 A 的距平衡浓度差。代入(9-5-4)，则有：

$$-\frac{\mathrm{d}\Delta c_A}{\mathrm{d}t} = (k_1 + k_{-1})\Delta c_A$$

由此可见，在一级对行反应中，反应物 A 的距平衡浓度差 Δc_A 对时间的变化率也符合一级反应的规律，速率常数为 $(k_1 + k_{-1})$。即趋向平衡的速率，随正向速率常数 k_1 与逆向速率常数 k_{-1} 的增大而同时增大。

对式(9-5-4)两边积分得：

$$-\int_{c_{A,0}}^{c_A} \frac{\mathrm{d}(c_A - c_{A,e})}{(c_A - c_{A,e})} = \int_0^t (k_1 + k_{-1})\mathrm{d}t$$

$$\ln \frac{c_{A,0} - c_{A,e}}{c_A - c_{A,e}} = (k_1 + k_{-1})t \tag{9-5-5}$$

即：
$$\ln \frac{\Delta c_{A0}}{\Delta c_A} = (k_1 + k_{-1})t$$

从式（9-5-5）可知，$\ln(c_A - c_{A,e}) \sim t$ 图为一直线。由直线斜率可求出 $(k_1 + k_{-1})$，同时通过实验测得的 K_c，而 $K_c = k_1/k_{-1}$，两者联立即可求得 k_1 和 k_{-1}。

一级对行反应的 c-t 关系如图 9.7 所示。

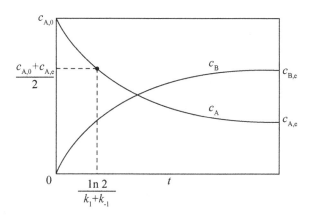

图 9.7 一级对行反应 c-t 关系示意图

对行反应的特点：

①反应净速率等于正、逆反应速率之差值。

②达到平衡时，反应净速率等于零。

③正、逆速率常数之比等于平衡常数。

④在 $c \sim t$ 图上，达到平衡后，反应物和产物的浓度不再随时间而改变。

⑤当对行一级反应完成了距平衡浓度差的一半，$\Delta c_A = \frac{1}{2} \Delta c_{A,0}$ 时，即：

$$c_A - c_{A,e} = \frac{1}{2}(c_{A,0} - c_{A,e})$$

$$c_A = \frac{1}{2}(c_{A,0} + c_{A,e})$$

所需要的时间为 $t_{\frac{1}{2}} = \dfrac{\ln 2}{k_1 + k_{-1}}$，与初始浓度 $c_{A,0}$ 无关。

⑥化工生产中，存在很多放热对行反应，例如合成氨反应、水煤气转换反应等，对于放热对行反应，它们都有一个最佳反应温度问题。

将一级对行反应 $k_{-1} = k_1/K_c$ 代入速率方程（9-5-1），得：

$$v = -\frac{dc_A}{dt} = k_1\left(c_A - \frac{1}{K_c}c_D\right) \tag{9-5-6}$$

若对行反应是放热的,根据 $\dfrac{\mathrm{d}\ln K_c}{\mathrm{d}T} = \dfrac{\Delta_r U}{RT^2} < 0$,则升高温度 K_c 减小。所以低温下 K_c 增大亦即 $1/K_c$ 减小,这时 k_1 为影响速率的主要因素,所以升高温度,则速率增大;但随着温度的升高,$1/K_c$ 逐渐上升为主要因素,因此当温度升高到一定程度,再升温则速率反而降低。所以,在升温过程中反应速率会出现极大值,这时的温度,工业上称为最佳反应温度。放热对行反应均存在最佳反应温度。

一些分子内重排或异构化反应,符合一级对行反应规律。而乙酸和乙醇的反应:

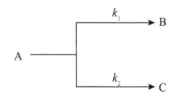

$$CH_3COOH + C_2H_5OH \underset{k_{-1}}{\overset{k_1}{\rightleftharpoons}} CH_3COOC_2H_5$$

视频 9.5

则是一个典型的二级对行反应。

9.5.2　平行反应

相同反应物同时进行若干个不同的反应称为平行反应。平行反应中,生成主要产物的反应称为主反应,其余的反应称为副反应。

设反应物 A 能按一个反应生成 B,同时又按另一个反应生成 C,即:

$$A \begin{array}{c} \overset{k_1}{\longrightarrow} B \\ \\ \overset{k_2}{\longrightarrow} C \end{array}$$

这就是平行反应。假设两个反应都是一级反应,即:

$$\frac{\mathrm{d}c_B}{\mathrm{d}t} = k_1 c_A \tag{9-5-7}$$

$$\frac{\mathrm{d}c_C}{\mathrm{d}t} = k_2 c_A \tag{9-5-8}$$

而对反应物 A 而言,A 的消耗速率为:

$$-\frac{\mathrm{d}c_A}{\mathrm{d}t} = k_1 c_A + k_2 c_A$$

即:

$$-\frac{\mathrm{d}c_A}{\mathrm{d}t} = (k_1 + k_2) c_A \tag{9-5-9}$$

因此,反应物 A 的消耗速率,也是一级反应。将上式积分,则有:

$$-\int_{c_{A,0}}^{c_A} \frac{\mathrm{d}c_A}{c_A} = \int_0^t (k_1 + k_2) \mathrm{d}t$$

$$\ln \frac{c_{A,0}}{c_A} = (k_1 + k_2)t \tag{9-5-10}$$

通过 $\ln c_A \sim t$ 作图，得到直线关系，其斜率 $m = (k_1 + k_2)$。同时，对于级数相同的平行反应，当各产物的起始浓度为零时，在任一瞬间，各产物浓度之比等于速率常数之比：

$$c_B/c_C = k_1/k_2 \tag{9-5-11}$$

将(9-5-10)与(9-5-11)两式联立，就可以求得 k_1 和 k_2。

一级平行反应的 c-t 关系如图 9.8 所示。

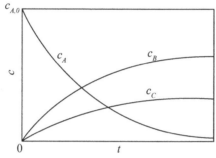

图 9.8　一级平行反应 c-t 关系示意图

平行反应的特点：

①平行反应的总速率等于各平行反应速率之和。

②速率方程的微分式和积分式与同级的简单反应的速率方程相似，只是速率常数为各个反应速率常数的和。

③对于级数相同的平行反应，当各产物的起始浓度为零时，在任一瞬间，各产物浓度之比等于速率常数之比。

④用合适的催化剂可以改变某一反应的速率，从而提高主反应产物的产量。

⑤几个平行反应的活化能往往不同，温度上升有利于活化能大的反应。

9.5.3　连串反应

凡是反应所产生的物质，能再发生反应而产生其他物质者，称为连串反应。若 A 生成 B，B 生成 C 均为一级反应：

$$A \xrightarrow{k_1} B \xrightarrow{k_2} C$$

$$
\begin{array}{llll}
t = 0 & c_{A,0} & 0 & 0 \\
t = t & c_A & c_B & c_C
\end{array}
$$

由于 A 生成 B 是一级反应，则：

$$\frac{\mathrm{d}c_A}{\mathrm{d}t} = -k_1 c_A$$

所以：
$$\ln \frac{c_{A.0}}{c_A} = k_1 t$$

$$c_A = c_{A.0} e^{-k_1 t} \tag{9-5-12}$$

由于 B 在反应开始前与反应结束后均不出现，故为中间体。其速率方程为：

$$\frac{\mathrm{d}c_B}{\mathrm{d}t} = k_1 c_A - k_2 c_B \tag{9-5-13}$$

将式(9-5-12)代入上式，则有：

$$\frac{\mathrm{d}c_B}{\mathrm{d}t} = k_1 c_{A.0} e^{-k_1 t} - k_2 c_B$$

解上述方程，得：

$$c_B = \frac{k_1 c_{A.0}}{k_2 - k_1} (e^{-k_1 t} - e^{-k_2 t}) \tag{9-5-14}$$

因为：
$$c_A + c_B + c_C = c_{A.0}$$

将式(9-5-12)与(9-5-14)代入上式，得：

$$c_C = c_{A.0} \left[1 - \frac{1}{k_2 - k_1} (k_2 e^{-k_1 t} - k_1 e^{-k_2 t}) \right] \tag{9-5-15}$$

一级连串反应的 c-t 关系如图 9.9 所示。

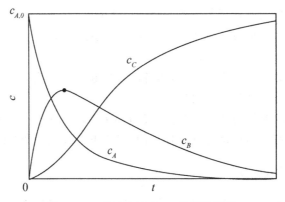

图 9.9　一级连串反应 c-t 关系示意图

上述 A 生成 B 的反应为一级反应，所以 c_A-t 关系符合一级反应规律。由于 c_B 与两个反应有关，即在 A 生成 B 的同时，B 又要起反应生成 C，因此中间产物 B 的 c_B-t 曲线出现一个极大值。若中间产物 B 为目标产物，则 c_B 达到极大值的时间，称为产物 B 的最佳时间。当反应达到最佳时间就必须立即终止反应，否则，目标产物的产率就要下降。

将式(9-5-14)对 t 求导数,并令: $\dfrac{dc_B}{dt} = 0$,就可以求得中间产物 B 的最佳时间 t_{max} 和 B 的最大浓度 $c_{B,max}$:

$$t_{max} = \frac{\ln(k_1/k_2)}{k_1 - k_2} \tag{9-5-16}$$

$$c_{B,max} = c_{A,0}\left(\frac{k_1}{k_2}\right)^{\frac{k_2}{k_2-k_1}} \tag{9-5-17}$$

例如丙烯直接氧化制丙酮就是连串反应:

$$\text{丙烯} \xrightarrow{O_2} \text{丙酮} \xrightarrow{O_2} \text{乙酸} \xrightarrow{O_2} CO_2$$

若丙酮为连串反应的中间产物,那么当达到最佳时间 t_{max} 时,就必须立即引出反应气体进入吸收塔,吸收丙酮。

[例 9-6]　在 A $\rightleftharpoons$ Y 的一级对行反应中,测得下列数据:

t/s	180	300	420	1440	∞
$c_Y/\text{mol} \cdot \text{dm}^{-3}$	0.20	0.32	0.43	1.05	1.58

A 的初始浓度是 1.89 $\text{mol} \cdot \text{dm}^{-3}$,试求正、逆反应的速率常数。

解　因为对于一级对行反应:

$$\ln \frac{c_{A,0} - c_{A,e}}{c_A - c_{A,e}} = (k_1 + k_{-1})t$$

$$k_1 + k_{-1} = \frac{1}{t}\ln\frac{c_{A,0} - c_{A,e}}{c_A - c_{A,e}} = \frac{1}{t}\ln\frac{c_{Y,e}}{c_{Y,e} - c_Y}$$

t/s	180	300	420	1440
$(k_1 + k_{-1})/10^{-4} \cdot \text{s}^{-1}$	7.52	7.54	7.57	7.58

$$\overline{(k_1 + k_{-1})} = 7.55 \times 10^{-4}\text{s}^{-1}$$

$$\frac{k_1}{k_{-1}} = \frac{c_{Y,e}}{c_{A,0} - c_{Y,e}} = \frac{1.58}{(1.89 - 1.58)} = 5.1$$

故
$$k_1 = 6.32 \times 10^{-4}\text{s}^{-1}$$
$$k_{-1} = 1.24 \times 10^{-4}\text{s}^{-1}$$

视频 9.6

9.6　复合反应速率的近似处理法

通常的化学反应由一系列的基元反应所组成,每一个基元反应可以运用质量作用定律给出速率方程,因此一个反应总的速率方程就是由一组微分方程组来确定。由于微分方程组的求解过程较为复杂,有些甚至无法求解。因此,有必要研究速率方程的近似处理方法。常用的近似方法有以下三种。

9.6.1 选取控制步骤法

对于连串反应,其总速率等于最慢一步反应的速率。最慢的一步称为反应速率的控制步骤。要想加快反应速率,关键就在于提高控制步骤的速率。

利用控制步骤法,可以大大简化速率方程的求解过程。

例如在连串反应 $A \xrightarrow{k_1} B \xrightarrow{k_2} C$ 中,c_C 的精确解为:

$$c_C = c_{A,0} \left[1 - \frac{1}{k_2 - k_1} (k_2 e^{-k_1 t} - k_1 e^{-k_2 t}) \right]$$

当 $k_1 \ll k_2$,则上式化简为:

$$c_C = c_{A,0} (1 - e^{-k_1 t}) \tag{9-6-1}$$

如果采用控制步骤法进行近似处理,就可以不必求解微分方程,也能得到同样的结果。因为 $k_1 \ll k_2$,所以第一步是最慢的一步,即控制步骤,所以总速率等于第一步的速率,即:

$$\frac{dc_C}{dt} = -\frac{dc_A}{dt} = k_1 c_A$$

因为 $k_1 \ll k_2$,所以 B 不可能积累,即 $c_B \approx 0$,又因 $c_{A,0} = c_A + c_B + c_C$,$c_A = c_{A,0} e^{-k_1 t}$,所以

$$c_C = c_{A,0} - c_A = c_{A,0} - c_{A,0} e^{-k_1 t} = c_{A,0} (1 - e^{-k_1 t})$$

可见用控制步骤法,虽然没有求得精确解,却也得到相同的近似结果,但是处理过程则大为简化了。

9.6.2 平衡态近似法

若反应 $A + D \longrightarrow P$ 的反应机理为:

$$A + D \underset{k_{-1}}{\overset{k_1}{\rightleftharpoons}} X (快速平衡)$$

$$X \xrightarrow{k_2} P (慢)$$

X 是中间产物,若 k_2 很小,则第二步为控制步骤,第一步对行反应达到平衡时,其正向、逆向反应速率应相等,即:

$$k_1 c_A c_D = k_{-1} c_X$$

$$\frac{c_X}{c_A c_D} = \frac{k_1}{k_{-1}} = K_c \qquad (9\text{-}6\text{-}2)$$

反应的总速率等于控制步骤的反应速率：

$$\frac{dc_P}{dt} = k_2 c_X \qquad (9\text{-}6\text{-}3)$$

将 $c_X = K_c c_A c_D$ 代入上式，则有：

$$\frac{dc_P}{dt} = K_c k_2 c_A c_D = \frac{k_1 k_2}{k_{-1}} c_A c_D$$

令 $k = k_1 k_2 / k_{-1}$，k 为表观速率常数，则得该反应的速率方程为：

$$\frac{dc_P}{dt} = k c_A c_D \qquad (9\text{-}6\text{-}4)$$

这就是通过反应机理，采用平衡态近似法求得的速率方程。

由此可见，若已知某反应的机理，则对每个基元反应运用质量作用定律，就能推导出该反应的速率方程。但是，要找出一个反应的合理机理，是一项繁重而细致的研究课题。一般情况下，应先根据反应的中间产物（或者是活泼的中间物）及其他实验事实，假设一个机理，然后再进行验证。首先，是对由假设的机理导出的速率方程和实验测得的速率方程进行比较，看它们是否一致。如果不一致，说明假设的机理是错的。但是，如果一致，仍不能充分证明机理一定是正确的。这是因为不同的机理有时往往得出相同的速率方程。因此机理的证实，要做仔细的研究，比较速率方程的一致性，是一个必要的条件，而不是充分条件。

[**例 9-7**] 反应 $2NO + O_2 \longrightarrow 2NO_2$ 的反应机理及各基元反应的活化能为：

$$2NO \xrightarrow{\ k_1\ } N_2O_2 \qquad\qquad E_{a,1} = 82 \text{ kJ} \cdot \text{mol}^{-1}$$

$$N_2O_2 \xrightarrow{\ k_{-1}\ } 2NO \qquad\qquad E_{a,-1} = 205 \text{ kJ} \cdot \text{mol}^{-1}$$

$$N_2O_2 + O_2 \xrightarrow{\ k_2\ } 2NO_2 \qquad E_{a,2} = 82 \text{ kJ} \cdot \text{mol}^{-1}$$

设前两个基元反应达平衡，试用平衡态处理法建立总反应的动力学方程式，并求表观活化能。

解 因为：$\qquad\qquad k_1 c^2(NO) = k_{-1} c(N_2O_2)$

所以：$\qquad\qquad c(N_2O_2) = \dfrac{k_1}{k_{-1}} c^2(NO)$

因为总反应速率取决于最慢的一步，所以：

$$\frac{dc(NO_2)}{dt} = 2k_2 c(N_2O_2) c(O_2)$$

代入：
$$\frac{dc(NO_2)}{dt} = 2k_2 \frac{k_1}{k_{-1}} c^2(NO)c(O_2) = kc^2(NO)c(O_2)$$

式中 $k = \frac{2k_1 k_2}{k_{-1}}$，将其取对数后再对 T 求导数得：

$$\frac{d\ln k}{dT} = \frac{d\ln k_1}{dT} + \frac{d\ln k_2}{dT} - \frac{d\ln k_{-1}}{dT}$$

将阿伦尼乌斯方程代入上式，得：

$$\frac{E_a}{RT^2} = \frac{E_{a,1}}{RT^2} + \frac{E_{a,2}}{RT^2} - \frac{E_{a,-1}}{RT^2}$$

$$E_a = E_{a,1} + E_{a,2} - E_{a,-1} = (82 + 82 - 205)$$
$$= -41(kJ \cdot mol^{-1})$$

从以上分析可以看到，用平衡态近似法，由机理推导速率方程的思路首先是找出控制步骤，并将其作为总反应的速率。然后应用快速平衡的平衡关系式，消除总反应速率表达式中出现的任何中间体的浓度。

9.6.3 稳态近似法 (Steady State Approximation)

在连串反应中：

$$A \xrightarrow{k_1} B \xrightarrow{k_2} C$$

若中间物 B 很活泼，极易继续反应，则 $k_2 \gg k_1$。即第二步反应比第一步反应快得多，B 一旦生成，就立即反应生成 C，所以反应系统中 B 基本上没什么积累，c_B 很小。即：

$$\frac{dc_B}{dt} = 0$$

这时 B 的浓度处于稳态。所以稳态就是指某中间物的生成速率与消耗速率相等，其浓度不随时间变化的状态。一般来说活泼的中间物，例如自由原子或自由基等，它们的反应能力很强，浓度很低，因此可近似认为它们处于稳态。

由反应机理推导速率方程时，方程中往往会出现活泼中间物的浓度，但是这些活泼中间物的浓度通常不易测定，所以希望用反应物或产物的浓度来代替。这时最简单的办法就是采用稳态近似法，找到这些活泼中间物与反应物浓度的关系。

采用稳态法不需要解微分方程求精确解，从而使数学处理大为简化。

[例 9-8] 环氧乙烷热分解反应的机理如下：

$$C_2H_4O \xrightarrow{k_1} C_2H_3O + H \cdot ;$$

$$C_2H_3O \xrightarrow{k_2} CH_3 \cdot + CO ;$$

$$C_2H_4O + CH_3 \cdot \xrightarrow{k_3} C_2H_3O + CH_4 ;$$

$$C_2H_3O + CH_3 \cdot \xrightarrow{k_4} P\ (稳定产物)。$$

设 C_2H_3O 和 $CH_3 \cdot$ 处于稳定态,试建立总反应的速率方程式。

解 总反应的速率方程式:

$$\frac{dc(P)}{dt} = k_4 c(C_2H_3O)\ c(CH_3 \cdot)$$

因为 C_2H_3O 和 $CH_3 \cdot$ 处于稳定态,所以有:

$$\frac{dc(C_2H_3O)}{dt} = k_1 c(C_2H_4O) - k_2 c(C_2H_3O) + k_3 c(C_2H_4O)\ c(CH_3 \cdot)$$
$$- k_4 c(C_2H_3O)\ c(CH_3) = 0$$

$$\frac{dc(CH_3 \cdot)}{dt} = k_2 c(C_2H_3O) - k_3 c(C_2H_4O) c(CH_3 \cdot) - k_4 c(C_2H_3O) c(CH_3 \cdot) = 0$$

以上两式相加,得: $\qquad k_1 c(C_2H_4O) = 2k_4 c(C_2H_3O)\ c(CH_3 \cdot)$

代入: $\qquad \dfrac{dc(P)}{dt} = k_4 c(C_2H_3O)\ c(CH_3 \cdot) = \dfrac{1}{2} k_1 c(C_2H_4O)$

应用稳态近似法时,首先应该选择计量反应的反应物或生成物之一作为推导的起点。选择的标准是该组分在反应机理中涉及最少的基元反应,如上例中的 P。然后根据反应机理写出该组分的速率表达式,接着对表达式中出现的每个中间体应用稳态近似,从而得到一系列关于中间体浓度的代数方程。如果该组代数方程中出现新的中间体浓度,则继续对其应用稳态近似,直到能够解出所有在速率表达式中涉及的中间体浓度为止。

[例 9-9] 气相反应 $A + C \longrightarrow Y$ 的反应机理如下:

$$A \xrightarrow{k_1} B$$

$$B \xrightarrow{k_{-1}} A$$

$$B + C \xrightarrow{k_2} Y$$

B 是中间产物,设达到稳定态时,$\dfrac{dc_B}{dt} = 0$,试建立总反应的速率方程式,并证明该反应在高压下是一级反应,在低压下是二级反应。

解 总反应的速率方程式为:

$$\frac{dc_Y}{dt} = k_2 c_B c_C$$

根据稳态法:

$$\frac{dc_B}{dt} = k_1 c_A - k_{-1} c_B - k_2 c_B c_C = 0$$

所以
$$c_B = \frac{k_1 c_A}{k_{-1} + k_2 c_C}$$

代入总反应的速率方程式,则:

$$\frac{\mathrm{d}c_Y}{\mathrm{d}t} = k_2 c_B c_C = \frac{k_1 \cdot k_2 c_A c_C}{k_{-1} + k_2 c_C}$$

视频 9.7

在高压下:c_C 很大,$k_2 c_C \gg k_{-1}$,所以

$$\frac{\mathrm{d}c_Y}{\mathrm{d}t} \approx \frac{k_1 \cdot k_2 c_A c_C}{k_2 c_C} = k_1 c_A,是一级反应。$$

在低压下,c_C 很小,$k_2 c_C \ll k_{-1}$,所以

$$\frac{\mathrm{d}c_Y}{\mathrm{d}t} \approx \frac{k_1 \cdot k_2 c_A c_C}{k_{-1}} = k c_A c_C,是二级反应。$$

9.7 链反应

链反应又称连锁反应,是一种具有特殊规律的复合反应,它主要是由大量反复循环的连串反应所组成,在化工生产中具有重要的意义。链反应可分为单链与支链两类。本节介绍单链反应。

9.7.1 单链反应的特征

实验表明,在一定条件下,$H_2 + Cl_2 \longrightarrow 2HCl$ 的反应机理如下:

① $Cl_2 + M \xrightarrow{k_1} 2Cl \cdot + M$ 链的开始

② $Cl \cdot + H_2 \xrightarrow{k_2} HCl + H \cdot$ ⎫

③ $H \cdot + Cl_2 \xrightarrow{k_3} HCl + Cl \cdot$ ⎬ 链的传递

④ $2Cl \cdot + M \xrightarrow{k_4} Cl_2 + M$ 链的终止

式中 $Cl \cdot$ 代表自由原子 Cl 具有一个未配对电子,k_1 与 k_4 为 Cl_2 的速率常数。

基元反应①为 Cl_2 分子与一个能量大的分子 M 相碰撞而解离为两个自由原子 $Cl \cdot$。基元反应②是活泼的 $Cl \cdot$ 与 H_2 反应转化为产物 HCl,同时生成另一个自由原子 $H \cdot$。基元反应③是活泼的 $H \cdot$ 与 Cl_2 反应生成产物 HCl,同时重新生成自由原子 $Cl \cdot$,$Cl \cdot$ 又按式②与 H_2 反应,再生成 $H \cdot$,如此循环往复,一直进行下去,直至所有的反应物被转化为产物,或者按基元反应④,两个 $Cl \cdot$ 与不活泼分子 M 或与容器壁相碰撞而复合为 Cl_2,使反应终止。

从这个例子可以看出,链反应一般由三个步骤组成:

(1)链引发(chain initiation)

处于稳定态的分子吸收了外界的能量,如加热、光照或加引发剂,使它分解成自由原子或自由基等活性传递物。

（2）链传递（chain propagation）

链引发所产生的活性传递物与另一稳定分子作用,在形成产物的同时又生成新的活性传递物,使反应如链条一样不断发展下去。链的传递是链反应的主体。

（3）链终止（chain termination）

两个活性传递物相碰形成稳定分子或发生歧化,失去传递活性;或与器壁相碰,形成稳定分子,放出的能量被器壁吸收,使反应停止。

在链的传递步骤中,消耗一个链传递物的同时只产生一个新的链传递物的链反应的称为单链反应。对于单链反应,链的传递步骤中链传递物的数量不变。上述 $H_2 + Cl_2 \longrightarrow 2HCl$ 就是单链反应。

9.7.2　由单链反应的机理推导反应速率方程

根据 $H_2 + Cl_2 \longrightarrow 2HCl$ 的反应机理推导其速率方程。由于上述反应为一连锁反应,因其中间组分（自由基或自由原子）非常活泼,所以在反应过程中浓度很小,而且基本不随时间而变,因此可以采用稳态近似法求其活泼中间物的浓度。

由反应机理可知,生成 HCl 的速率方程为：

$$\frac{dc_{HCl}}{dt} = k_2[Cl \cdot][H_2] + k_3[H \cdot][Cl_2] \qquad ①$$

$Cl \cdot$ 和 $H \cdot$ 是活泼中间产物,可以用稳态近似法求出其浓度。

$$\frac{dc_{Cl \cdot}}{dt} = 2k_1[Cl_2][M] - k_2[Cl \cdot][H_2] + k_3[H \cdot][Cl_2] - 2k_4[Cl \cdot]^2[M] = 0 \qquad ②$$

$$\frac{dc_{H \cdot}}{dt} = k_2[Cl \cdot][H_2] - k_3[H \cdot][Cl_2] = 0 \qquad ③$$

将式③代入式②,可得：

$$[Cl \cdot] = \left(\frac{k_1}{k_4}\right)^{\frac{1}{2}}[Cl_2]^{\frac{1}{2}} \qquad ④$$

将式④代入式①,可得：

$$\frac{dc_{HCl}}{dt} = k_2[Cl \cdot][H_2] + k_3[H \cdot][Cl_2] = 2k_2[Cl \cdot][H_2]$$

$$= 2k_2\left(\frac{k_1}{k_4}\right)^{\frac{1}{2}}[H_2][Cl_2]^{\frac{1}{2}}$$

因此,有了反应机理,就可以用质量作用定律,并结合稳态近似法导出其速率方程。

[**例 9-10**] 反应 $Br_2 + CH_4 \longrightarrow CH_3Br + HBr$ 的反应机理如下:

$$Br_2 \xrightarrow{k_1} 2Br \cdot (k_1 \text{ 是 } Br_2 \text{ 的速率常数})$$

$$2Br \cdot \xrightarrow{k_{-1}} Br_2 (k_{-1} \text{是 } Br_2 \text{ 的速率常数})$$

$$Br \cdot + CH_4 \xrightarrow{k_2} CH_3 \cdot + HBr$$

$$CH_3 \cdot + HBr \xrightarrow{k_{-2}} Br \cdot + CH_4$$

$$CH_3 \cdot + Br_2 \xrightarrow{k_3} CH_3Br + Br \cdot$$

设 $Br \cdot$ 和 $CH_3 \cdot$ 处于稳定态,试导出以 $\dfrac{dc(CH_3Br)}{dt}$ 表示的总反应速率方程式。

解

$$\frac{dc(Br \cdot)}{dt} = 2k_1 c(Br_2) - 2k_{-1} c^2(Br \cdot) - k_2 c(Br \cdot) c(CH_4) + k_{-2} c(CH_3 \cdot)$$
$$c(HBr) + k_3 c(CH_3 \cdot) c(Br_2) = 0$$

$$\frac{dc(CH_3 \cdot)}{dt} = k_2 c(Br \cdot) c(CH_4) - k_{-2} c(CH_3 \cdot) c(HBr) - k_3 c(CH_3 \cdot) c(Br_2) = 0$$

以上两式相加,得: $2k_1 c(Br_2) - 2k_{-1} c^2(Br \cdot) = 0$

所以

$$c(Br \cdot) = \left[\frac{k_1}{k_{-1}} c(Br_2) \right]^{\frac{1}{2}}$$

根据 $\dfrac{dc(CH_3 \cdot)}{dt} = 0$,得:

$$c(CH_3 \cdot) = \frac{k_2 c(Br \cdot) c(CH_4)}{k_{-2} c(HBr) + k_3 c(Br_2)} = \frac{k_2 \left[\frac{k_1}{k_{-1}} c(Br_2) \right]^{1/2} c(CH_4)}{k_{-2} c(HBr) + k_3 c(Br_2)}$$

因为

$$\frac{dc(CH_3Br)}{dt} = k_3 c(CH_3 \cdot) c(Br_2)$$

所以

$$\frac{dc(CH_3Br)}{dt} = k_3 \cdot \frac{k_2 \left[\frac{k_1}{k_{-1}} c(Br_2) \right]^{1/2} c(CH_4)}{k_{-2} c(HBr) + k_3 c(Br_2)} c(Br_2)$$

$$= \frac{k_3 k_2 \left(\frac{k_1}{k_{-1}} \right)^{1/2} [c(Br_2)]^{3/2} c(CH_4)}{k_{-2} c(HBr) + k_3 c(Br_2)}$$

视频 9.8

【知识结构】

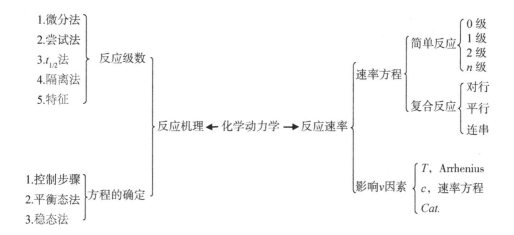

习　题

9.1 化学计量反应式为 $aA + bB \longrightarrow yY + zZ$，试写出 dc_A/dt，dc_B/dt，dc_Y/dt 和 dc_Z/dt 四者之间的等式关系。

9.2 某反应 $A + 3B \longrightarrow 2Y$，其经验速率方程为 $-dc_A/dt = k_A c_A c_B^2$。当 $c_{A,0}/c_{B,0} = 1/3$ 时，速率方程可简化为 $-dc_A/dt = k' c_A^3$，请推导 k' 与 k_A 的关系。

9.3 某一级反应在 40 min 内反应物 A 反应了 35%。试计算反应速率常数，并问 6 h 反应了多少？

9.4 乙烷裂解制取乙烯反应如下：

$$C_2H_6 \longrightarrow C_2H_4 + H_2$$

已知 1000 ℃ 时的反应速率常数 $k = 3.58 \ s^{-1}$。问当乙烷转化率为 45%，85% 时分别需要多少时间？

9.5 三聚乙醛蒸气分解为乙醛蒸气是一级反应。

$$(CH_3CHO)_3 \longrightarrow 3CH_3CHO$$

在 281 ℃ 于密闭的容器中放入三聚乙醛，其初压为 10.26 kPa，当反应进行 1050 s 后，总压力为 23.38 kPa，试求反应的速率常数。

9.6 二级反应 $A + B \longrightarrow Y$ 在 A，B 初浓度相等时，经 550 s 后 A 有 25% 反应掉，试问需多长时间才能反应掉 55% 的 A。

9.7 蔗糖在稀盐酸溶液中按照下式进行水解:

$$C_{12}H_{22}O_{11} + H_2O \longrightarrow C_6H_{12}O_6(葡萄糖) + C_6H_{12}O_6(果糖)$$

当温度与酸的浓度一定时,反应速率与蔗糖的浓度成正比,是一级反应。今有一溶液,1 dm³ 中含 0.350 mol $C_{12}H_{22}O_{11}$,以 HCl 为催化剂,在 52 ℃时,20 min 内有 $x(C_{12}H_{22}O_{11}) = 0.38$ 的 $C_{12}H_{22}O_{11}$ 水解。

(1)计算反应速率常数;

(2)计算反应开始时($t = 0$)及 20 min 时的反应速率;

(3)问 35 min 后有多少蔗糖水解。

9.8 已知气相反应 $2A + B \longrightarrow 2Y$ 的速率方程为 $-\dfrac{dp_A}{dt} = kp_Ap_B$。将气体 A 和 B 按物质的量比 2:1 引入一抽空的反应器中,反应温度保持 420 K。反应经 10 min 后测得系统压力为 85 kPa,反应结束后系统压力为 68 kPa。试求:

(1)气体 A 的初始压力 $p_{A,0}$ 及反应经 10 min 后 A 的分压力 p_A;

(2)反应速率常数 k_A;

(3)气体 A 的半衰期。

9.9 反应 $2NO + 2H_2 \longrightarrow N_2 + 2H_2O$ 在 700 ℃时测得如下动力学数据:

初始压力 p_0/kPa		初始反应速率 v_0/kPa·min⁻¹
NO	H₂	
50	20	0.48
50	10	0.24
25	20	0.12

设反应速率方程可写成:$v = k_p p_{NO}^{\alpha}[p(H_2)]^{\beta}$,求反应级数 α, β。

9.10 某催化反应 $A \overset{B}{\longrightarrow} Y$,其中 B 为催化剂,当 $c_B = 1 \times 10^{-5}$ mol·dm⁻³ 时,其半衰期 $T_{1/2} = 10s$;当 $c_B = 1 \times 10^{-4}$ mol·dm⁻³ 时,$t_{1/2} = 1$ s,且知在 c_B 一定时,$t_{1/2}$ 与 $c_{A,0}$ 无关。试求反应动力学方程。

9.11 某化合物的分解是一级反应。280 ℃的半衰期为 360min,反应的活化能为 219.63 kJ·mol⁻¹。试求在 350 ℃条件下该反应完成 72% 所需的时间。

9.12 醋酸酐的分解反应是一级反应,该反应的活化能 $E = 151.32$ kJ·mol⁻¹,已知 569.15 K 这个反应的 $k = 3.4 \times 10^{-2}$ s⁻¹,现要控制该反应在 12 min 内转化率达 92%,试确定反应温度应控制在多少?

9.13 75 ℃时,在气相中 N_2O_5 分解的速率常数为 0.295 min⁻¹,活化能为

$101.85 \text{ kJ} \cdot \text{mol}^{-1}$,求 85 ℃时的 k 和 $t_{1/2}$。

9.14 溴乙烷分解反应是一级反应,该反应的活化能为 230.2 kJ · mol^{-1}。已知该反应在 643 K 时其半衰期为 53.5 min,若要使反应在 10 min 内完成 91％,问温度应控制在多少?

9.15 气相反应 A $\longrightarrow$ Y+Z 为一级反应。300 K 时将气体 A 引入一抽空的密闭容器中。开始反应 15 min 后,测得系统总压力为 33.6 kPa。反应终了时,测得系统总压力为 62.4 kPa。又 400 K 时测得该反应的半衰期为 0.46 min。试求:

(1)反应速率常数及半衰期;

(2)反应经历 1h 后的总压力;

(3)反应的活化能。

9.16 在水溶液中,2-硝基丙烷与碱作用为二级反应,其反应速率常数与温度的关系为:

$$\lg \left(\frac{k}{\text{dm}^3 \cdot \text{mol}^{-1} \cdot \text{min}^{-1}} \right) = 11.85 - \frac{3159}{(T/\text{K})}$$

已知两个反应物的起始浓度均为 0.009 mol · dm^{-3},试问:

(1)计算该反应的活化能;

(2)求 10 ℃时的半衰期;

(3)欲使此反应在 16 min 内使 2-硝基丙烷转化率达到 75％,则温度控制在多少?

9.17 气相反应 $4A \longrightarrow Y + 6Z$ 的反应速率系(常)数 k_A 与温度的关系为:

$$\ln(k_A/\text{min}^{-1}) = -\frac{22\,850}{T/\text{K}} + 22.00$$,且反应速率与产物浓度无关。求:

(1)该反应的活化能 E_a;

(2)在 945 K 向真空恒容容器内充入 A,初始压力为 11.0 kPa,计算反应器内压力达 14.0 kPa 需要的时间?

9.18 100 ℃时气相反应 A $\longrightarrow$ Y+Z 为二级反应,若从纯 A 开始在恒容下进行反应,12min 后系统总压力为 25.58 kPa,其中 A 的摩尔分数为 0.1185。求:

(1)10 min 时 A 的转化率;(2)反应的速率常数。

9.19 偶氮甲烷分解反应:$CH_3NNCH_3(g) \longrightarrow C_2H_6(g) + N_2(g)$ 为一级反应。在 384 ℃时,一密闭容器中 $CH_3NNCH_3(g)$ 初始压力为 21.312 kPa,1000 s 后总压力为 22.748 kPa,求 k 及 $t_{1/2}$。

9.20 某抗生素施于人体后在血液中的反应呈现一级反应。如在人体中注射 0.55 克某抗生素,然后在不同时间测其在血液中的浓度,得到下列数据:

t/h	4	8	12	16
c_A(血液中药含量 mg/100ml)	0.48	0.31	0.24	0.15

$\ln c_A$-t 的直线斜率为-0.0979,$\ln c_{A,0}=-0.14$。求:

(1)反应速率常数;

(2)计算半衰期;

(3)若使血液中某抗生素浓度不低于 0.36mg/100ml,问需几小时后注射第二针。

9.21 设某化合物分解反应为一级反应,若此化合物分解 30% 则无效,今测得温度 423K、433K 时分解反应速率常数分别是 7.09×10^{-4} h^{-1} 与 $1.81\times10^{-3}\mathrm{h}^{-1}$,计算此反应的活化能,并求温度为 300K 时此化合物有效期是多少?

9.22 下列平行反应,主、副反应都是一级反应:

$$A \begin{array}{c} \xrightarrow{k_1} Y\,(\text{主反应}) \\ \xrightarrow{k_2} Z\,(\text{副反应}) \end{array}$$

已知:$\lg(k_1/\,\mathrm{s}^{-1})=-\dfrac{2500}{T/\mathrm{K}}+4.00$;

$\lg(k_2/\,\mathrm{s}^{-1})=-\dfrac{4500}{T/\mathrm{K}}+8.00$

(1) 若开始只有 A,且 $c_{A,0}=0.2$ $\mathrm{mol\cdot dm^{-3}}$,计算 450 K 时,经 12s 的反应,A 的转化率为多少?Y 和 Z 的浓度各为多少?

(2) 用具体计算说明,该反应在 550 K 进行时,是否比 450 K 时更为有利?

9.23 在 359 ℃时,1.2-二甲基环丙烷的顺(A)$\rightleftharpoons$反(Y)同分异构反应为一级对行反应。反应混合物中顺式所占的分数与时间的关系如下:

t/min	0	90	225	270	360	495	585	∞
顺式所占的分数 $x(A)$	1.000	0.811	0.625	0.582	0.507	0.435	0.399	0.300

试求该反应的平衡常数及正,逆反应的反应速率常数。

9.24 在一体积为 25 $\mathrm{dm^3}$、温度为 600 K 的反应器中有 12 mol A(g)进行下列由两个一级反应组成的平行反应:

$$A(g)\xrightarrow{k_1} Y(g)$$

$$A(g)\xrightarrow{k_2} Z(g)$$

在反应进行 115 s 时,测得 4 mol Y 和 2 mol Z 生成。

(1)试求 k_1 及 k_2；

(2)欲得到 6mol Y(g)，反应进行多长时间？

9. 25 已知 $A \underset{k_{-1}}{\overset{k_1}{\rightleftharpoons}} Y$，正逆反应均为一级反应。已知：

$$\lg(k_1/\text{s}^{-1}) = -\frac{5000}{T/\text{K}} + 5.000$$

$$\lg K_C(\text{平衡常数}) = \frac{3000}{T/\text{K}} - 5.000$$

计算逆反应的活化能 E_{-1} 等于多少？

9. 26 测得 $21\ ℃$ 时反应 $\beta\text{-葡萄糖} \underset{k_{-1}}{\overset{k_1}{\rightleftharpoons}} \alpha\text{-葡萄糖}$ 的 $k_1 + k_{-1} = 0.0118$ min^{-1}，又已知反应的平衡常数为 0.561，试求 k_1 和 k_{-1}。

9. 27 反应 $CH_3COCH_3 + Br_2 \longrightarrow CH_3COCH_2Br + H^+ + Br^-$ 在溶液中进行，反应机理如下：

$$CH_3COCH_3 + OH^- \overset{k_1}{\longrightarrow} CH_3COCH_2^- + H_2O$$

$$CH_3COCH_2^- + H_2O \overset{k_{-1}}{\longrightarrow} CH_3COCH_3 + OH^-$$

$$CH_3COCH_2^- + Br_2 \overset{k_2}{\longrightarrow} CH_3COCH_2Br + Br^-$$

设 $CH_3COCH_2^-$ 处于稳定态，试推导以 $\dfrac{dc(CH_3COCH_2Br)}{dt}$ 表示的总反应速率方程式。

9. 28 在汞蒸气存在下，反应 $C_2H_4 + H_2 \longrightarrow C_2H_6$ 的反应机理如下：

$$Hg + H_2 \overset{k_{-1}}{\longrightarrow} Hg + 2H\cdot$$

$$H\cdot + C_2H_4 \overset{k_2}{\longrightarrow} C_2H_5\cdot$$

$$C_2H_5\cdot + H_2 \overset{k_3}{\longrightarrow} C_2H_6 + H\cdot$$

$$H\cdot + H\cdot \overset{k_4}{\longrightarrow} H_2$$

假设中间产物 $H\cdot$ 及 $C_2H_5\cdot$ 的浓度很小，可应用稳态处理法，试用各基元反应的速率常数及 Hg, H_2, C_2H_4 的浓度表示 C_2H_6 的生成速率。

9. 29 反应 $A + 2B \longrightarrow P$ 的反应机理如下：

$$A + B \overset{k_1}{\longrightarrow} Y$$

$$Y \overset{k_{-1}}{\longrightarrow} A + B$$

$$Y + B \overset{k_2}{\longrightarrow} P$$

设 Y 是不稳定中间产物,试用稳态法证明 P 的生成速率 $\dfrac{\mathrm{d}c_\mathrm{p}}{\mathrm{d}t} = \dfrac{k_1 k_2 c_\mathrm{A} c_\mathrm{B}^2}{k_{-1} + k_2 c_\mathrm{B}}$。

9.30 已知某反应机理为以下步骤,其中第 3 步是控制步骤:

(1)$A + B \underset{k_{-1}}{\overset{k_1}{\rightleftharpoons}} C$(快);

(2)$C + D \underset{k_{-2}}{\overset{k_2}{\rightleftharpoons}} E$(快);

(3)$E \overset{k_3}{\longrightarrow} F$(慢);

(4)$F \overset{k_4}{\longrightarrow} P$(快)。

试证明速率方程 $\dfrac{\mathrm{d}p}{\mathrm{d}t} = k_3 \dfrac{k_2 k_1}{k_{-2} k_{-1}} c_\mathrm{A} c_\mathrm{B} c_\mathrm{C} = k c_\mathrm{A} c_\mathrm{B} c_\mathrm{C}$。

9.31 N_2O_5 气相分解反应 $N_2O_5 \longrightarrow 2NO_2 + \dfrac{1}{2} O_2$ 的反应机理如下:

$$N_2O_5 \overset{k_1}{\longrightarrow} NO_2 + NO_3$$

$$NO_2 + NO_3 \overset{k_{-1}}{\longrightarrow} N_2O_5$$

$$NO_2 + NO_3 \overset{k_2}{\longrightarrow} NO_2 + O_2 + NO$$

$$NO + NO_3 \overset{k_3}{\longrightarrow} 2NO_2$$

设 NO_3 和 NO 处于稳定态,试建立总反应的速率方程式。

9.32 反应 $C_2H_6 + H_2 \longrightarrow 2CH_4$ 的反应机理如下:

$$C_2H_6 \rightleftharpoons 2CH_3 \cdot$$

$$CH_3 \cdot + H_2 \overset{k_1}{\longrightarrow} CH_4 + H \cdot$$

$$H \cdot + C_2H_6 \overset{k_2}{\longrightarrow} CH_4 + CH_3 \cdot$$

设第一个反应达到平衡,平衡常数为 K;又设 $H \cdot$ 处于稳定态,试建立 CH_4 生成速率的速率方程。

9.33 已知反应 $A_2 + B_2 \longrightarrow 2AB$ 的反应机理如下:

$$B_2 + M \overset{k_1}{\longrightarrow} 2B \cdot + M$$

$$B \cdot + A_2 \overset{k_2}{\longrightarrow} AB + A \cdot$$

$$A \cdot + B_2 \overset{k_3}{\longrightarrow} AB + B \cdot$$

$$2B \cdot + M \overset{k_{-1}}{\longrightarrow} B_2 + M$$

式中 M 为其他物质。设 $A \cdot$ 和 $B \cdot$ 处于稳定态,试导出总反应的速率方程式。

9.34 对于两平行反应,若总反应的活化能为 E,试证明:$E = \dfrac{k_1 E_1 + k_2 E_2}{k_1 + k_2}$。

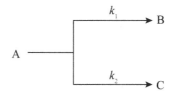

9.35 若某反应速率常数与各基元反应速率常数间的关系式为 $k = k_2 (k_1/k_4)^{1/2}$,求证该反应的表观活化能与各基元反应活化能间必有关系式为 $E_a = E_2 + (1/2)(E_1 - E_4)$。

测验题

一、选择题

1. 在下列各速率方程所描述的反应中,哪一个无法定义其反应级数。(　　)

(1) $\dfrac{\mathrm{d}c(\mathrm{HI})}{\mathrm{d}t} = kc(\mathrm{H_2}) \cdot c(\mathrm{I_2})$

(2) $\dfrac{\mathrm{d}c(\mathrm{HCl})}{\mathrm{d}t} = kc(\mathrm{H_2}) \cdot \{c(\mathrm{Cl_2})\}^{\frac{1}{2}}$

(3) $\dfrac{\mathrm{d}c(\mathrm{HBr})}{\mathrm{d}t} = \dfrac{kc(\mathrm{H_2}) \cdot \{c(\mathrm{Br_2})\}^{\frac{1}{2}}}{1 + k\dfrac{c(\mathrm{HBr})}{c(\mathrm{Br_2})}}$

(4) $\dfrac{\mathrm{d}c(\mathrm{CH_4})}{\mathrm{d}t} = k\{c(\mathrm{C_2H_6})\}^{\frac{1}{2}} \cdot c(\mathrm{H_2})$

2. 对于反应 $A \longrightarrow Y$,如果反应物 A 的浓度减少一半,A 的半衰期也缩短一半,则该反应的级数为:(　　)。

(1)零级　　　　(2)一级　　　　(3)二级　　　　(4)三级

3. 若某反应的活化能为 $80 \ \mathrm{kJ \cdot mol^{-1}}$,则反应温度由 $20 \ ℃$ 增加到 $30 \ ℃$,其反应速率常数约为原来的:(　　)。

(1) 2 倍　　　　(2) 3 倍　　　　(3) 4 倍　　　　(4) 5 倍

4. 某一级反应的半衰期在 $27 \ ℃$ 时为 $5000 \ \mathrm{s}$,在 $37 \ ℃$ 时为 $1000 \ \mathrm{s}$,则此反应的活化能为:(　　)。

(1) $125 \ \mathrm{kJ \cdot mol^{-1}}$　　　　　　(2) $519 \ \mathrm{kJ \cdot mol^{-1}}$

(3) $53.9 \ \mathrm{kJ \cdot mol^{-1}}$　　　　　　(4) $62 \ \mathrm{kJ \cdot mol^{-1}}$

5. 低温下,反应 $CO(g)+NO_2(g)\Longrightarrow CO_2(g)+NO(g)$ 的速率方程是 $v=k\{c(NO_2)\}^2$ 试问下列机理中,哪个反应机理与此速率方程一致:( )。

(1) $CO+NO_2\longrightarrow CO_2+NO$

(2) $2NO_2\Longrightarrow N_2O_4$(快),$N_2O_4+2CO\longrightarrow 2CO_2+2NO$(慢)

(3) $2NO_2\longrightarrow 2NO+O_2$(慢),$2CO+O_2\longrightarrow 2CO_2$(快)

6. 已知某复合反应的反应历程为 $A\underset{k_{-1}}{\overset{k_1}{\Longrightarrow}}B$;$B+D\overset{k_2}{\longrightarrow}Z$ 则 B 的浓度随时间的变化率 $\dfrac{dc_B}{dt}$ 是:( )。

(1) $k_1c_A-k_2c_Dc_B$

(2) $k_1c_A-k_{-1}c_B-k_2c_Dc_B$

(3) $k_1c_A-k_{-1}c_B+k_2c_Dc_B$

(4) $-k_1c_A+k_{-1}c_B+k_2c_Dc_B$

7. 光气 $COCl_2$ 热分解的总反应为:$COCl_2\longrightarrow CO+Cl_2$ 该反应分以下三步完成:

$$Cl_2\Longrightarrow 2Cl\cdot \qquad\qquad 快速平衡$$

$$Cl\cdot+COCl_2\longrightarrow CO+Cl_3 \qquad 慢$$

$$Cl_3\Longrightarrow Cl_2+Cl\cdot \qquad\qquad 快速平衡$$

总反应的速率方程为:$-dc(COCl_2)/dt==kc(COCl_2)\cdot c(Cl_2))^{\frac{1}{2}}$,此总反应为:( )。

(1) 1.5 级反应,双分子反应

(2) 1.5 级反应,不存在反应分子数

(3) 1.5 级反应,单分子反应

(4) 不存在反应级数与反应分子数

8. 对于任意给定的化学反应 $A+B\longrightarrow 2Y$,则在动力学研究中:( )。

(1)表明它为二级反应

(2)表明了它是双分子反应

(3)表明了反应物与产物分子间的计量关系

(4)表明它为基元反应

9. 二级反应 $2A\longrightarrow Y$ 其半衰期:( )。

(1)与 A 的起始浓度无关

(2)与 A 的起始浓度成正比

(3)与 A 的起始浓度成反比

(4)与 A 的起始浓度平方成反比

10. 反应 $2O_3 \longrightarrow 3O_2$ 的速率方程为 $-dc(O_3)/dt = k[c(O_3)]^2[c(O_2)]^{-1}$ 或者 $dc(O_2)/dt = k'[c(O_3)]^2[c(O_2)]^{-1}$，速率常数 k 与 k' 的关系是：（　　）。

(1) $2k = 3k'$　　　　　　　　　　(2) $k = k'$

(3) $3k = 2k'$　　　　　　　　　　(4) $-k/2 = k'/3$

11. 某反应 $A \longrightarrow Y$，其速率常数 $k_A = 6.93 \text{ min}^{-1}$，则该反应物 A 的浓度从 $0.1 \text{ mol} \cdot \text{dm}^{-3}$ 变到 $0.05 \text{ mol} \cdot \text{dm}^{-3}$ 所需时间是：（　　）。

(1) 0.2 min　　　　(2) 0.1 min　　　　(3) 1 min　　　　(4) 0.5 min

12. 某放射性同位素的半衰期为 5 天，则经 15 天后所剩的同位素的物质的量是原来同位素的物质的量的：（　　）。

(1) 1/3　　　　　(2) 1/4　　　　　(3) 1/8　　　　　(4) 1/16

二、填空题

1. 连串反应 $A \xrightarrow{k_1} Y \xrightarrow{k_2} Z$，它的两个反应均为一级的，$t$ 时刻 A，Y，Z 三种物质的浓度分别为 c_A，c_Y，c_Z，则 $\dfrac{dc_Y}{dt} = $ _____。

2. 对反应 $A \longrightarrow P$，实验测得反应物的半衰期与初始浓度 $c_{A,0}$ 成反比，则该反应为 _____ 级反应。

3. 质量作用定律只适用于 _____ 反应。

4. 气相反应 $2H_2 + 2NO \longrightarrow N_2 + 2H_2$ 不可能是基元反应，因为 _____ _____。

5. 反应系统体积恒定时，反应速率 v 与 v_B 的关系是 $v = $ _____。

6. 反应 $A + 3B \longrightarrow 2Y$ 各组分的反应速率常数关系为 $k_A = $ _____ $k_B = $ _____ k_Y。

7. 反应 $A + B \longrightarrow Y$ 的速率方程为：$-dc_A/dt = k_A c_A c_B/c_Y$，则该反应的总级数是 _____ 级。若浓度以 $\text{mol} \cdot \text{dm}^{-3}$ 时间以 s 为单位，则反应速率常数 k_A 的单位是 _____。

8. 对基元反应 $A \xrightarrow{k} 2Y$，则 $dc_Y/dt = $ _____，$-dc_A/dt = $ _____。

9. 反应 $A + 2B \rightleftharpoons P$ 的反应机理如下：

$$A + B \underset{k_{-1}}{\overset{k_1}{\rightleftharpoons}} Y;$$

$$Y + B \xrightarrow{k_2} P$$

其中 A 和 B 是反应物，P 是产物，Y 是高活性的中间产物，则 P 的生成速率为：$\dfrac{dc_P}{dt} = $ _____。

10. 已知 $\underset{(A)}{CH_3CH}=\underset{(B)}{CH_2}+\underset{}{HCl}\longrightarrow \underset{(Y)}{CH_3CHClCH_3}$ ，其反应机理为：

$\underset{(B)}{2HCl}\Longleftrightarrow \underset{(B_2)}{(HCl)_2}$（平衡常数 K_1，快）；

$\underset{(B)}{HCl}+\underset{(A)}{CH_3CH}=CH_2\Longleftrightarrow \underset{(AB)}{配合物}$（平衡常数 K_2，快）；

$\underset{(B_2)}{(HCl)_2}+\underset{(AB)}{配合物}\overset{k_3}{\longrightarrow }\underset{(Y)}{CH_3CHClCH_3}+2HCl$ （慢）；

则 $\dfrac{dc_Y}{dt}=$ _____ 。

11. 某反应速率常数为 $0.107\ min^{-1}$，则反应物浓度从 $1.0\ mol\cdot dm^{-3}$ 变到 $0.7\ mol\cdot dm^{-3}$ 与浓度从 $0.01\ mol\cdot dm^{-3}$ 变到 $0.007\ mol\cdot dm^{-3}$ 所需时间之比为 _____ 。

12. 零级反应 $A\longrightarrow P$ 的半衰期 $t_{1/2}$ 与反应物 A 的初始浓度 $c_{A,0}$ 及反应速率常数 k_A 的关系是 $t_{1/2}=$ _____ 。

13. 对反应 $A\longrightarrow P$，实验测得反应物的半衰期与初始浓度 $c_{A,0}$ 成正比，则该反应为 _____ 级反应。

14. 反应 $A\longrightarrow P$ 是二级反应。当 A 的初始浓度为 $0.200\ mol\cdot dm^{-3}$ 时，半衰期为 $40\ s$，则该反应的速率常数 = _____ 。

15. 对反应 $A\longrightarrow P$，反应物浓度的倒数 $1/c_A$ 与时间 t 成线性关系，则该反应为 _____ 级反应。

三、是非题

1. 对于反应 $2NO+Cl_2\longrightarrow 2NOCl$，只有其速率方程为：$\upsilon =k(c^2(NO)c(Cl_2)$，该反应才有可能为基元反应。其他的任何形式，都表明该反应不是基元反应。是不是？（ ）

2. 质量作用定律不能适用于非基元反应。是不是？（ ）

3. 反应级数不可能为负值。是不是？（ ）

4. 活化能数据在判断反应机理时的作用之一是，在两状态之间若有几条能峰不同的途径，从统计意义上来讲，过程总是沿着能峰最小的途径进行。是不是？（ ）

5. 对所有的化学反应，都可以指出它的反应级数。是不是？（ ）

6. 反应速率常数 k_A 与反应物 A 的浓度有关。是不是？（ ）

7. 对反应 $A+B\longrightarrow P$，实验测得其动力学方程为 $-\dfrac{dc_A}{dt}=k_Ac_Ac_B$，则该反应必为双分子反应。是不是？（ ）

8. 设反应 $2A \Longrightarrow Y+Z$，其正向反应速率方程为：$-\dfrac{dc_A}{dt}=kc_A$ 则其逆向反应速率方程一定为 $v=k'c_Yc_Z$。是不是？（　　　）

9. 阿仑尼乌斯活化能是反应物中活化分子的平均摩尔能量与反应物分子的平均摩尔能量之差。是不是？（　　　）

10. 若反应 $A+B \longrightarrow Y+Z$ 的速率方程为 $v=kc_A^{1.5}c_B^{0.5}$，则该反应为二级反应，且肯定不是双分子反应。是不是？（　　　）

四、计算题

1. 在 30 ℃，初始浓度为 0.44 mol·dm^{-3} 的蔗糖水溶液中含有 2.5 mol·dm^{-3} 的甲酸，实验测得蔗糖水解时旋光度随时间变化的数据如下：

t/h	0	8	15	35	46	85	∞
$\alpha/(°)$	57.90	40.50	28.90	6.75	-0.40	-11.25	-15.45

试求此一级反应的反应速率常数。

2. 气相反应 $A \longrightarrow Y+Z$ 为一级反应。在 675 ℃下，若 A 的转化率为 0.05，则反应时间为 19.34 min，试计算此温度下的反应速率常数及 A 的转化率为 50% 的反应时间。又 527 ℃时反应速率常数为 $7.78×10^{-5}$ min^{-1}，试计算该反应的活化能。

3. 乙烯热分解反应 $C_2H_4 \longrightarrow C_2H_2+H_2$ 为一级反应，在 1073 K 时反应经过 10 h 有转化率为 50% 的乙烯分解，已知该反应的活化能为 250.8 kJ·mol^{-1}，若该反应在 1573 K 进行，分解转化率为 50% 的乙烯需要多长时间？

4. 某化合物在溶液中分解，57.4 ℃ 时测得半衰期 $t_{1/2}$ 随初始浓度 $c_{A,0}$ 的变化如下：

$c_{A,0}/mol·dm^{-3}$	0.50	1.10	2.48
$t_{1/2}/s$	4280	885	174

试求反应级数及反应速率常数。

第十章 统计热力学

(Chapter 10 Statistical Thermodynamics)

▶ **教学目标**

通过本章的学习,要求掌握:

1. 统计热力学的分类与基本概念;
2. 玻耳兹曼分布的意义和应用;
3. 粒子配分函数的物理意义和析因子性质;
4. 配分函数与热力学函数间的关系;
5. 平动、转动、振动对热力学函数的贡献;
6. 利用物质的吉布斯自由能函数、焓函数计算化学反应的平衡常数与热效应。

10.1 概论

热力学体系中拥有庞大数目的微观粒子,它们的运动状态瞬息万变。体系的宏观性质本质上是微观粒子不停运动的客观反映。虽然每个粒子都遵守力学定律,但是无法用力学中的微分方程去描述整个体系的运动状态。统计热力学就是以量子力学和等概率原理、最概然原理两个基本假设为基础,求算给定体系所有可能达到的微观状态的出现概率与相应微观量的统计平均值,以给出体系的宏观热力学性质。因此,统计热力学可以看作是联系体系微观分布状态与宏观平衡性质的桥梁,它体现了量变到质变的原理。

10.1.1 统计系统及分类

统计热力学研究的对象是由大量微粒($\sim 10^{24}$ 数量级)组成的热力学平衡系统,组成系统的分子、原子、离子、电子、光子等微粒都被称作粒子(particle),

或简称子。为便于讨论,根据所研究对象即系统的特点,统计热力学从不同角度对系统进行了分类。

(1)根据系统中粒子的运动范围来分类

① 定域子系统(system of localized particles):系统中每个粒子的运动都有其固定的平衡位置。由于粒子运动范围不能遍及系统的整个空间,因此即使是同类粒子也可以依据位置对其加以区别。例如晶体,组成晶体的各个粒子都在固定的点阵点附近振动,因此能以点阵点的位置坐标对各粒子加以区别,故定域子系统又称为可辨粒子系统(见图 10.1)。

② 非定域子系统(system of non-localized particles):组成系统的粒子处于不定的运动状态,其运动范围遍及系统的整个空间。同类粒子彼此无法区别,例如气体与液体。非定域子系统因此也被叫作离域子系统、不可辨粒子系统或全同粒子系统(见图 10.2)。

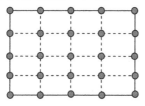

图 10.1 定域子系统图

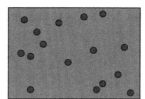

图 10.2 离域子系统

作为统计热力学的初步介绍,将不直接用严密的系统方法来推导普遍情况下的统计热力学,而只是针对独立子系统这样一类最为简单、最为典型的情况进行讨论。

(2)根据系统中粒子之间有无相互作用来分类

① 独立子系统(assembly of independent particles):该系统中粒子间除发生完全弹性碰撞外,相互作用微弱到可以忽略不计,粒子之间可近似看作是彼此独立的。理想气体系统就是这类系统的最好例子。对由 N 个粒子组成的独立子系统,在不考虑外场作用的情况下,系统的总能量(即热力学能)U 是所有粒子能量之和:

$$U = \sum_i n_i \varepsilon_i \tag{10-1-1}$$

② 相依子系统(assembly of interacting particles):系统中粒子间存在不可忽略的相互作用。例如实际气体、液体等,相依子系统的总能量,除每个粒子自身的能量 ε_i 外,还必须包括所有粒子之间相互作用的势能 U_p,即:

$$U = \sum_i n_i \varepsilon_i + U_p \tag{10-1-2}$$

式中 U_p 是粒子间相互作用的总势能,与系统中所有粒子的位置有关。

10.1.2 系统的状态

"状态"一词在不同的层次上有各不相同的含义,为了确切地表示其内容,在使用"状态"一词时都需要在前面加上定语以限定其具体内涵。

(1)宏观状态(macroscopic state)

指由一组宏观性质如 n、T、p、V 等所确定的热力学平衡系统的状态。

(2)粒子状态(particle state)

指单个微观粒子的运动状态。按照量子力学的观点,微观粒子的运动状态是由波函数 ψ,能级 ε 及简并度 g 来描述的,实际上粒子状态就是由一组量子数来指定的量子态。

(3)微观状态(microscopic state)

对于一个热力学平衡系统,它的宏观性质不随时间而发生变化。处于确定不变宏观状态的系统,从微观角度观察,它仍然处于不断的运动变化之中,系统在某一瞬间的微观状态是指对此时刻系统内每一个微观粒子运动状态的指定(实际上对大量粒子微观运动状态的具体描述是不可能实现的,但可以这样考虑)。只要给出了此时刻系统中每个粒子的状态,则整个系统的微观状态也就确定了,将系统在这种微观意义上的状态叫系统的微观状态。

系统的微观状态是系统内所有粒子的粒子状态的总和,每一个微观状态都对应着系统的一个宏观状态,而系统的一个宏观状态却对应着极其大量的微观状态,且不同微观状态可在动态平衡中转换。

视频 10.1

10.2 粒子各种运动形式的能级与能级的简并度

粒子有多种运动形式,如分子作为整体在空间的移动(平动),分子围绕通过其质心的3个互相垂直轴的转动,分子中各原子间的相对运动(振动),原子内部的电子运动及核运动等等。平动属于分子的外部运动,其余各种运动形式属于分子的内部运动。假定粒子只有以上5种运动形式,且彼此独立,则粒子的能量等于各种运动形式的能量之和,即:

$$\varepsilon = \varepsilon_t + \varepsilon_r + \varepsilon_v + \varepsilon_e + \varepsilon_n \tag{10-2-1}$$

式中 t 为平动,r 为转动,v 为振动,e 为电子运动,n 为核运动。

由 n 个原子组成的分子,若不考虑电子与核子的运动,其运动总自由度为 $3n$。质心在空间平动自由度为3,线型分子转动自由度为2,所以振动自由度为 $3n-5$。非线型多原子分子,转动自由度为3,所以振动自由度为 $3n-6$。单原子分子不存在转动与振动自由度。分子的平动可用三维箱中粒子模型描述，分子的转动可用刚性转子模型描述，分子振动可用谐振子模型描述。

10.2.1　分子的平动

根据量子理论，粒子的各种运动形式的能量都是量子化的，即能量是不连续的。由量子力学可得：长度为 a 的直线区间内自由运动的"一维平动子"，其平动能为：

$$\varepsilon_t = \frac{n_x^2}{a^2}\frac{h^2}{8m} \tag{10-2-2}$$

长、宽各为 a、b 的平面上自由运动的"二维平动子"，其平动能为：

$$\varepsilon_t = \left(\frac{n_x^2}{a^2} + \frac{n_y^2}{b^2}\right)\frac{h^2}{8m} \tag{10-2-3}$$

长、宽、高各为 a、b、c 的空间内自由运动的"三维平动子"，其平动能为：

$$\varepsilon_t = \left(\frac{n_x^2}{a^2} + \frac{n_y^2}{b^2} + \frac{n_z^2}{c^2}\right)\frac{h^2}{8m} \tag{10-2-4}$$

式中 m 为粒子（分子）的质量，$h = 6.626 \times 10^{-34}$ J·s^{-1} 为普朗克（Plank）常数，n_x、n_y、n_z 为平动量子数，可取 $1,2,3,\cdots$ 整数。平动的基态为 $n_x = 1$，$n_y = 1$，$n_z = 1$。需要注意的是，量子数不是粒子的个数。若 $a = b = c$，则有：

$$\varepsilon_t = \frac{n^2}{V^{2/3}}\frac{h^2}{8m} \tag{10-2-5}$$

其中 $n^2 = n_x^2 + n_y^2 + n_z^2$，$V = a^3$。相邻能级的平动能级间隔为：$\Delta\varepsilon_t \approx \frac{h^2}{8mV^{2/3}}$。例如：对于 CO 分子，$m = \frac{28 \times 10^{-3}}{6.02 \times 10^{23}}$ kg，若 $V = 1L = 10^{-3}$ m^3，则 $\Delta\varepsilon_t \approx 10^{-40}$ J。由此可见，平动能级间隔能量相差很小，故分子平动能级的能量可近似看作是连续的。

对应于某一能级 ε_t（除了基态能级），有多个相互独立的量子态与之对应，这种现象称为简并。而某一能级所对应不同量子态的数目，称为该能级的简并度，或称为该能级的统计权重，记为 g。例如，能级 $\varepsilon_t = \frac{6h^2}{8mV^{2/3}}$ 有 3 个独立量子态 $\psi_{1,1,2}$、$\psi_{1,2,1}$、$\psi_{2,1,1}$，如图 10.3 所示，该能级的平动简并度为 $g_{t,n} = 3$。

n_x	n_y	n_z	
2	1	1	$\psi_{2,1,1}$
1	2	1	$\psi_{1,2,1}$
1	1	2	$\psi_{1,1,2}$

图 10.3　能级的量子态分布及简并度

10.2.2 双原子分子的转动

非线性分子的转动比较复杂,所以此处只考虑双原子线性分子。若假定原子间距(或键长)R_0 保持不变,则可视为"刚性转子",其能级为

$$\varepsilon_r = \frac{J(J+1)h^2}{8\pi^2 I} \tag{10-2-6}$$

式中 J 为转动量子数,只能取 $0,1,2,\cdots$ 整数;$I = \mu R_0^2$ 为分子的转动惯量(其中 $\mu = \dfrac{m_1 m_2}{m_1 + m_2}$ 为分子的"折合质量")。

转动基态能量为 $\varepsilon_{r,0} = 0$,而相邻能级的转动能级间隔为 $\Delta\varepsilon_r = \dfrac{(J+1)h^2}{4\pi^2 I}$。例如:对于 CO 分子,$R_0 = 1.128 \overset{\circ}{A}$,$\Delta\varepsilon_r \approx (J+1) \times 10^{-22} J$。由此可见,常温下相邻转动能级的 $\Delta\varepsilon/kT \approx 10^{-2}$,所以转动能级也可认为近似连续变化。这里 k 为玻耳兹曼常数,等于摩尔气体常数 R 与阿伏伽德罗常数 L 的比值,即 $k = R/L = 1.381 \times 10^{-23} J \cdot K^{-1}$。当转动量子数为 J 时,简并度 $g_{r,J} = 2J+1$。

10.2.3 双原子分子的振动

双原子分子中,原子沿化学键方向的振动可视为"一维简谐运动",一维谐振子的能级公式为:

$$\varepsilon_v = \left(v + \frac{1}{2}\right)h\nu \tag{10-2-7}$$

式中 v 为振动量子数,可取 $0,1,2,\cdots$ 整数;$\nu = \dfrac{1}{2\pi}\sqrt{\dfrac{k}{\mu}}$ 为谐振子的振动频率(k 为力常数,μ 为分子折合质量),可从光谱中得到。$v = 0$ 能级为基态振动能级,此时 $\varepsilon_v = \dfrac{1}{2}h\nu$,称为振子的"零点能"。基态以上任意相邻能级的振动能级间隔均为 $\Delta\varepsilon_v = h\nu$。例如,对于 CO 分子,因其 $v = 6.5 \times 10^{13} s^{-1}$,则 $\Delta\varepsilon_v = h\nu = 4.3 \times 10^{-20} J$。

对于一维谐振子,振动都限定在一个轴的方向上,所以对应于各能级只有一个量子态,即任何振动能级的简并度 $g_{v,v} = 1$。

10.2.4 电子及核运动

电子运动与核运动的能级差一般都很大,粒子的这两种运动一般均处于基态。个别的例外是有的,如 NO 分子中的电子能级间隔较小,常温下,部分分子

将处于激发态。但是，在本章中，只讨论最简单的情况，即认为系统中全部粒子的电子运动与核运动均处于基态。

不同物质电子运动或核运动的基态能级的简并度可能不同，但对于指定物质，它应当是常数。若电子运动的总角动量量子数为 L，电子基态简并度 $g_{e,0} = 2L+1$；若核自旋量子数为 S_n，则原子核基态能级的简并度 $g_{n,0} = 2S_n+1$，对多原子分子 $g_{n,0} = \prod(2S_n+1)$。

[例 10-1] 计算：(1)运动于 $1\ m^3$ 盒子的 O_2 分子 $n_x = 1$，$n_y = 1$，$n_z = 1$ 量子态的平动能；(2)O_2 分子 $J = 1$ 转动量子态的转动能。已知 O_2 分子的核间距 $r = 1.2074 \times 10^{-10}\ m$；(3)$O_2$ 分子 $v = 0$ 振动量子态的振动能量。已知 O_2 分子的 $\nu = 4.74 \times 10^{14}\ s^{-1}$。

解 (1) $\varepsilon_t = \dfrac{h^2}{8mV^{2/3}}(n_x^2 + n_y^2 + n_z^2)$

$$= \frac{(6.626 \times 10^{-34})^2 \times 3}{8 \times (5.31 \times 10^{-26}) \times (1m^3)^{2/3}} = 3.1 \times 10^{-42}(J)$$

(2) $\varepsilon_r = J(J+1)\dfrac{h^2}{8\pi^2 I} = J(J+1)\dfrac{h^2}{8\pi^2 \mu r^2}$

$$= 1 \times 2 \times \frac{(6.626 \times 10^{-34})^2}{8 \times (3.14)^2 (1.33 \times 10^{-26})(121 \times 10^{-12})^2} = 5.72 \times 10^{-23}(J)$$

(3) $\varepsilon_v = \left(v + \dfrac{1}{2}\right)h\nu$

$$= \frac{1}{2} \times 6.626 \times 10^{-34} \times 4.74 \times 10^{14} = 1.57 \times 10^{-19}(J)$$

以上计算可见，$\varepsilon_t < \varepsilon_r < \varepsilon_v$，或者说平动的能级间隔 < 转动能级间隔 < 振动能级间隔。在室温 $T = 300\ K$ 时，$kT = 4 \times 10^{-21}J$，平动、转动能级间隔与 kT 相当，而振动能量因远大于 kT 是不能看作连续的。一般电子运动能级间隔和核运动能级间隔比 kT 大得多，此时电子和原子核基本上处于基态。

视频 10.2

10.3 能级分布的微观状态数及系统的总微态数

统计力学方法无须烦琐地去说明每个粒子乃至整个体系的量子态，关心的是体系中 N 个粒子如何分配体系的总能量 U，此即能级分布问题。一个宏观状态可有很多种能级分布，而每种能级分布又拥有大量的微观状态。所有能级分布中微观状态数最多的分布称为最可几分布，也称为最概然分布。这样，绕过求解量子力学的薛定谔方程的困难，将系统宏观性质问题简化为设法寻求粒子在各个能级上的最概然分布式样,并由此导出系统的能量分布定律。

10.3.1 能级分布

在 N、U、V 确定的平衡系统中,粒子各可能能级的能量值若用符号 ε_0,ε_1,ε_2,$\cdots$,ε_i,$\cdots$ 表示,各能级上粒子数为 n_0,n_1,n_2,$\cdots$,n_i,$\cdots$ 表示。现将任一能级 i 上的粒子数 n_i 称为能级 i 上分布数。在满足 $N = \sum n_i$ 和 $U = \sum n_i\varepsilon_i$ 的条件下,各能级上的 n_0,n_1,n_2,$\cdots$,n_i,$\cdots$ 分布数可有不同组解。将 N 个粒子如何分布在各个能级上,称为能级分布。要说明一种能级分布,就要阐明各能级上的粒子分布数。系统可以有好多种能级分布,在 N、U、V 确定的系统中有多少种能级分布则是完全确定的。

例如:3 个一维谐振子,总能量为 $\dfrac{9}{2}h\nu$,分别在 3 个定点 A、B、C 上振动,如图 10.4 所示。约束条件为: $N = \sum n_i = 3$,$U = \sum n_i\varepsilon_i = \dfrac{9}{2}h\nu$。而一维谐振子的能级有 $\varepsilon_0 = \dfrac{1}{2}h\nu$,$\varepsilon_1 = \dfrac{3}{2}h\nu$,$\varepsilon_2 = \dfrac{5}{2}h\nu$,$\varepsilon_3 = \dfrac{7}{2}h\nu$ 等。因此,其能级分布只能为以下 3 种之一(见表 10.1):

表 10.1　3 个一维谐振子总能量为 9/2hν 的能级分布方式

能级分布	能级分布数				$\sum n_i$	$\sum n_i\varepsilon_i$
	n_0	n_1	n_2	n_3		
I	0	3	0	0	3	$3 \times \dfrac{3}{2}h\nu = \dfrac{9}{2}h\nu$
II	2	0	0	1	3	$2 \times \dfrac{1}{2}h\nu + 1 \times \dfrac{7}{2}h\nu = \dfrac{9}{2}h\nu$
III	1	1	1	0	3	$1 \times \dfrac{1}{2}h\nu + 1 \times \dfrac{3}{2}h\nu + 1 \times \dfrac{5}{2}h\nu = \dfrac{9}{2}h\nu$

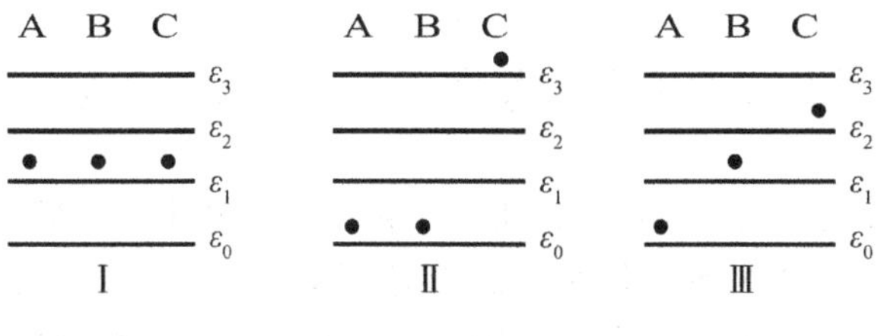

图 10.4　3 个一维谐振子总能量为 9/2hν 的能级分布

10.3.2　状态分布

在能级有简并或粒子可区分的情况下，同一能级分布可以对应多种不同的状态分布，所谓状态分布是指粒子如何分布在各量子态上。要描述一种状态分布就要用一套状态分布数来表示各量子态上的粒子数。因此，一种能级分布要用几套状态分布来描述。反之，将状态分布按能级种类及各能级上的粒子数目来归类，即又可得到能级分布。

在能级没有简并或粒子不可区分的情况下，一种能级分布只对应一种状态分布。如上例：若一系统 $N=3, U=\dfrac{9}{2}h\nu$，为 3 个一维谐振子在 A，B，C 的 3 个定点振动，虽然每个粒子只能出现在某一能级上而只有一种量子，但由于粒子可区别，所以系统的一个能级分布对应几种状态分布。

将粒子的量子态称为粒子的微观状态，简称微态。全部粒子的量子态确定之后，系统的微观态即已确定。粒子量子态的任何改变，均将改变系统的微态。由于粒子之间不断交换能量，系统的微观状态总在不断地变化。

一种能级分布 D 对应一定的微观状态数 W_D，全部能级分布的微观数之和为系统的总微观状态数（见图 10.5）。

图 10.5　系统的能级分布与状态分布

仍以上面提到的 3 个一维谐振子总能量为 $9/2h\nu$ 为例，它的各种分布及其微观状态数如表 10.2 和图 10.6 所示。

表 10.2　3 个一维谐振子总能量为 $9/2h\nu$ 的不同能级分布的微观状态数

状态分布 Ⅰ	状态分布 Ⅱ	状态分布 Ⅲ
A、B、C 均在 ε_1 能级上	A、B、C 中有一个在 ε_3 能级上，其余两个都在 ε_0 能级上	A、B、C 分布在 ε_0、ε_1、ε_2 这 3 个能级各一个
微观状态数 $W_{\mathrm{I}}=C_3^3=1$	微观状态数 $W_{\mathrm{II}}=C_3^1 C_2^2=3$	微观状态数 $W_{\mathrm{III}}=C_3^1 C_2^1 C_1^1=6$

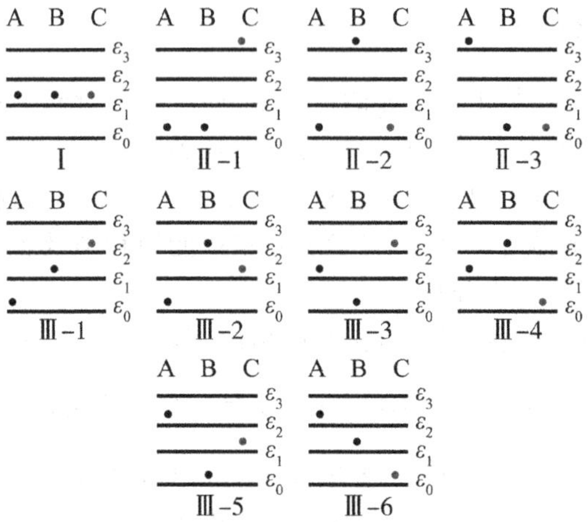

图 10.6　3 个一维谐振子总能量为 $9/2h\nu$ 的状态分布方式

以上体系总微观状态数 $\Omega = \sum\limits_{D} W_D = W_I + W_{II} + W_{III} = 1 + 3 + 6 = 10$。计算某一种能级分布的微态数 W_D 本质上是排列组合的问题。以下对于定域子系统与离域子系统分别加以讨论。

10.3.3　定域子系统能级分布微态数的计算

首先讨论最简单的情况。若有 N 个可分辨粒子分布在 N 个不同能级上，各能级简并度均为 1，任何能级分布数 n_i 也为 1，则很明显：$W_D = N!$

$$W_D = N(N-1)(N-2)\cdots \times 2 \times 1 = N! \tag{10-3-1}$$

若 N 个可分辨粒子，分布在各能级上粒子数为 $n_1, n_2, \cdots, n_i$，各能级简并度仍为 1（即同一能级上各粒子的量子态相同），由于同一能级上 n_i 个粒子排列时，没有产生新的微观态，即 $n_i!$ 个排列只对应系统的同一微观态。因此，该分布的微态数：

$$W_D = \frac{N!}{n_1! \, n_2! \cdots n_i!} = \frac{N!}{\prod\limits_i n_i!} \tag{10-3-2}$$

这个问题其实等同于 N 个不同的球，放入 i 个不同盒子，第一个盒子放 n_1 个球，第二个盒子放 n_2 个球……而且不考虑球在同一个盒子中的排列，计算其总的放法问题。

最后，若各能级简并度为 $g_1, g_2, g_3, \cdots$，而在各能级上分布数为 $n_1, n_2, n_3, \cdots$，则对以上每一种分布方式，能级 i 上 n_i 个粒子，每个都有 g_i 个量子态可供选择，所以 n_i 个粒子有 $g_i^{n_i}$ 状态。总的微观状态数为：

$$W_D = \frac{N! \prod_i g_i^{n_i}}{\prod_i n_i!} = N! \prod_i \frac{g_i^{n_i}}{n_i!} \tag{10-3-3}$$

10.3.4　离域子系统能级分布微态数的计算

若任一能级 ε_i 上粒子数 n_i 不受限制（玻尔兹曼统计）。设任一能级 ε_i 为非简并，由于粒子不可分辨，在任一能级上 n_i 个粒子的分布只有一种，所以对每一种能级分布，$W_D = 1$。

若能级 ε_i 为简并，简并度 g_i，n_i 个粒子在该能级 g_i 个不同量子态上分布方式，就像 n_i 个相同的球分在 g_i 个盒子中一样，这就是 n_i 个球与隔开它们的 $(g_i - 1)$ 个盒子壁的排列问题。因为 n_i 个球与 $(g_i - 1)$ 个隔墙混合物的全排列数为 $[n_i + (g_i - 1)]!$，而 n_i 个球彼此不能区分，$(g_i - 1)$ 个隔墙也彼此不能区分，所以总排列的方式数为：

$$\frac{(n_i + g_i - 1)!}{n_i!(g_i - 1)!} \tag{10-3-4}$$

例如，有两个等同粒子分布在某一能级上，该能级简并度为 3，按以上公式有：

$$\frac{(n_i + g_i - 1)!}{n_i!(g_i - 1)!} = \frac{(2 + 3 - 1)!}{2!(3 - 1)!} = 6$$

这 6 种微态的图示如图 10.7 所示。

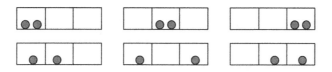

图 10.7　两个等同粒子的微观状态分布方式

一个能级上粒子分布的微态数为 $\dfrac{(n_i + g_i - 1)!}{n_i!(g_i - 1)!}$，将各个能级的微态数乘起来，即得到某一种分布的微态数：

$$W_D = \prod_i \frac{(n_i + g_i - 1)!}{n_i!(g_i - 1)!} \tag{10-3-5}$$

这就是离域子系统某一能级分布的微态数的最普遍公式。

若能级 i 上粒子数 $n_i \ll g_i$，即每一个能级上粒子数很小，而可容纳的量子态数很多，则以上公式可简化为：

$$W_D = \prod_i \frac{(n_i + g_i - 1)(n_i + g_i - 1)(n_i + g_i - n_i)(g_i - 1)!}{n_i!(g_i - 1)!} = \prod_i \frac{g_i^{n_i}}{n_i!}$$

(10-3-6)

只要温度不太低,离域子系统的 g_i 常比 n_i 大 10^5 倍左右。所以,$n_i \ll g_i$ 的条件是容易满足的。

将式(10-3-6)与式(10-3-3)对比,可见当 N、n_i 和 g_i 都相同时,定域子系统由于粒子可分辨,所以微态数比离域子系统大 $N!$ 倍。

10.3.5　系统的总微态数

系统总微态数 Ω,为各种可能的分布方式具有的微态数之和

$$\Omega = \sum_D W_D$$

(10-3-7)

因为 N、U、V 确定之后,系统有哪些分布方式是一定的,各种分布方式的微态数 W_D 也可由前面相应的公式来计算,所以 Ω 的值也是一定的。Ω 应当可表示为 N、U、V 的函数,即 Ω 为系统的一个状态函数。

视频 10.3

10.4　最概然分布与平衡分布

对于包含数量级达 10^{24} 个粒子的宏观系统,总微观状态数非常庞大,各种分布的微态数不同,其出现的概率也不同。但根据等概率定理,某种分布出现的概率正比于该分布的微观状态数。所以微态数最大的那种分布,出现的概率最大。虽然系统的微观状态不断在变化,但很可能仍然处在那一种概率最大的分布之中,那种概率最大的分布代表了系统的平衡分布。

10.4.1　概率

若某一事件的发生,可能出现多种可能情况,则称该事件为复合事件,各种可能的情况为可能事件或偶然事件。例如,一粒骰子,有不同点数的 6 个面,每投一次出现 6 种不同结果之一。所以,投骰子是一个包含 6 种可能事件的复合事件。

某复合事件发生一次,结果为哪个可能事件纯属偶然。就如掷一次骰子,其结果是几点纯属偶然。但复合事件重演多次,某一偶然事件 A 出现的次数就会有一定规律性。若复合事件重复 m 次,偶然事件 A 出现 n 次,当 m 趋于 ∞ 时,n/m 有定值,则定义事件 A 出现的数学概率:

$$p_A = \lim_{m \to \infty} \frac{n}{m}$$

(10-4-1)

当 $m \rightarrow \infty$ 时，p_A 值完全确定，这反映了偶然事件概率的稳定性。

如果一粒骰子是质地均匀的，质心居中，掷骰子时，每一个面出现的概率都应当是 1/6。无论何人、何时、何地去投，结果完全一样。概率的稳定性反映了出现各个偶然事件的客观规律。

由概率的定义可知：

①任何偶然事件 i 的概率 p_i 均小于 1。

②复合事件所包含的各偶然事件的概率之和为 1，即：

$$p_{总} = \sum_i p_i = 1 \tag{10-4-2}$$

简单的概率运算：

①若某复合事件包含的两个偶然事件 A 与 B 的概率分别为 p_A 与 p_B，且这两个偶然事件不可能同时出现（互不相容），则出现 A 或 B 任一结果的概率为（$p_A + p_B$）；

②若两偶然事件 A 与 B 彼此无关，则同时出现 A 与 B 的概率为（$p_A \times p_B$）。

在统计力学中，以上的概率称为数学概率，后面将会介绍热力学概率。

10.4.2　等概率原理

热力学体系中若含有达 10^{24} 数量级的粒子，粒子碰撞频率非常高，在宏观上极其短的时间内，系统会经历极多的微观状态，且可以反映各种微观状态出现的概率的稳定性。也就是说，在观测的过程中，出现各微观态的概率与其数学概率相符。

在 N, U, V 确定的情况下，统计热力学假设："系统各微观状态出现的概率相等"，此即等概率定理。该定理无法直接证明，但也没有理由认为某微观态出现概率会与其他微观态不同。特别重要的是，由等概率定理得出的结论与实际相符。

按等概率定理，N, U, V 确定的系统中每一微观状态出现的数学概率应为：$p = 1/\Omega$，而某一种分布出现的概率应为：

$$p_D = \frac{W_D}{\Omega} \tag{10-4-3}$$

尽管系统的微观状态处于不停地随机变化，但在大部分时间里，系统在平衡分布的各种微观状态间运动，所以宏观上表现为平衡态性质。

10.4.3　最概然分布

在指定 N、U、V 条件下，微观状态数最大的分布出现的概率最大，该种分布即称为最概然分布。在上面的 10.3.2 节的例子中,3 种能级分布的微观状态数分别为 1、3、6,则 $p_1 = 1/10$,$p_2 = 3/10$,$p_3 = 6/10$,第Ⅲ种能级分布拥有的微观状态数最大,所以出现的概率最大。

统计热力学把 W_D 称为分布 D 的热力学概率,Ω 称为 N,U,V 条件下物系总的热力学概率。

10.4.4　最概然分布与平衡分布

在平衡状态下,随着粒子数的增多,最概然分布的数学概率实际上是减少的,但最概然分布的一个小邻域内各种分布的数学概率的和却随粒子数增多而急剧增加,下面通过例子予以说明。

设某独立定域子系统中有 N 个粒子分布于某能级的 A、B 两个量子态上。若 A 量子态上粒子数为 M,则 B 量子态上粒子数为($N-M$)。

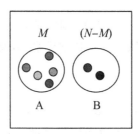

图 10.8　独立定域子系统中 N 个粒子分布于 A、B 两个量子态上

由于粒子可区分,所以上述分布方式的微态数为:

$$W_D = \frac{N!}{M!(N-M)!} = C_N^M \qquad (10\text{-}4\text{-}4)$$

此系统每一种分布的微态数可用 $(x+y)^N$ 展开式中各项的系数表示:

$$(x+y)^N = \sum_{M=0}^{N} \frac{N!}{M!(N-M)!} x^M y^{N-M} \qquad (10\text{-}4\text{-}5)$$

不同的 M 值表示不同的分布方式。当 $M = N/2$ 时,展开式中系数最大,所以最概然分布的微态数 W_B 可表示为:

$$W_B = \frac{N!}{\left(\dfrac{N}{2}\right)!\left(\dfrac{N}{2}\right)!} \qquad (10\text{-}4\text{-}6)$$

取 $x = y = 1$,可以得系统总微态数:

$$\Omega = \sum_{M=0}^{N} W_D = \sum_{M=0}^{N} \frac{N!}{M!(N-M)!} = 2^N \qquad (10\text{-}4\text{-}7)$$

为了具体说明问题,取 $N = 10$ 及 $N = 20$ 两种情况进行对比。分别将各种

分布及其微态数 W_D、数学概率 p_D 列于表 10.3 和表 10.4。

表 10.3　独立定域子系统在同一能级 A、B 两个量子态上分布的微态数及数学概率
（$N = 10, \Omega = 1024$）

M	0	1	…	4	5	6	…	9	10
N	10	9	…	6	5	4	…	1	0
W_D	1	10	…	210	252	210	…	10	1
p_D	9.8×10^{-4}	9.8×10^{-3}	…	0.205	0.2461	0.205	…	9.8×10^{-3}	9.8×10^{-4}

表 10.4　独立定域子系统在同一能级 A、B 两个量子态上分布的微态数及数学概率
（$N = 20, \Omega = 1048576$）

M	0	…	8	9	10	11	12	…	20
N	20	…	12	11	10	9	8	…	0
W_D	1	…	125970	167960	184756	167960	125970	…	1
p_D	9.5×10^{-7}	…	0.1201	0.1602	0.1762	0.1602	0.1201	…	9.5×10^{-7}

由此可见，当 N 由 10 增加一倍到 20 时，最概然分布的数学概率由 $N = 10$ 的最概然分布 $p_B = 0.2461$ 下降到 $N = 20$ 的 $p_B = 0.1762$。

但偏离最概然分布同样范围内各种分布的数学概率之和却随着 N 的增大而增加。例如 $N = 10$ 时，$M = 4, 5, 6$ 的 3 种分布数学概率之和为 0.656；而 $N = 20$ 时，$M = 8, 9, 10, 11, 12$ 的 5 种分布数学概率之和为 0.737。

若选用最概然分布时 p_D / p_B 的纵坐标，由图 10.9 可见，p_D / p_B 曲线随 N 增大而变狭窄，可以想象，当 N 变得足够大时，曲线就变为在最概然分布（$M/N = 0.5$）处的一条竖线。

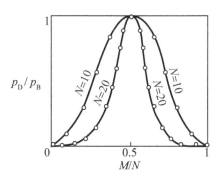

图 10.9　$p_D / p_B \sim M/N$ 分布图

若取 $N = 1 \times 10^{24}$,则最概然分布 $W_B = N! / ((N/2)! (N/2)!)$。应用 Stirling 公式:

$$\lim_{N \to \infty} \frac{N!}{\sqrt{2\pi N}\,(N/e)^N} = 1$$

得:

$$W_B = \sqrt{\frac{2}{\pi N}}\,2^N$$

所以,最概然分布数学概率为:

$$p_B = W_B/\Omega = \sqrt{\frac{2}{\pi N}} \tag{10-4-8}$$

将 $N = 1 \times 10^{24}$ 代入,得到 $p_B = 7.98 \times 10^{-13}$,可见,A、B 两个量子态各有 5×10^{23} 个粒子的概率非常小。但若粒子数从 $(5 \times 10^{23} - 2 \times 10^{12})$ 变化到 $(5 \times 10^{23} + 2 \times 10^{12})$,由于 2×10^{12} 相比 5×10^{23} 是非常之小,宏观上几乎不能察觉。

$$\sum_{m=-2\sqrt{N}}^{2\sqrt{N}} \frac{N!}{\left(\frac{N}{2}+m\right)! \left(\frac{N}{2}-m\right)!} \frac{1}{2^N} = 0.99993$$

此时的数学概率之和几乎为 1 了。所以,尽管最概然分布的数学概率非常小,但在以它为中心的一个宏观上根本无法察觉的很小邻域内,各种分布的数学概率之和已经十分接近 1。因此,对宏观体系来讲,粒子分布方式几乎总在最概然分布附近变化。

N、U、V 确定的系统达到平衡时,粒子分布方式几乎将不随时间变化,这种分布就称为平衡分布。显然,平衡分布即为最概然分布所能代表的那些分布。

10.5 玻耳兹曼分布与配分函数

玻耳兹曼(Boltzmann)对独立子系统的平衡分布做了定量描述:在系统的 N 个粒子中,能量为 ε_j 的某一量子态 j 上的粒子分布数 n_j 正比于它的玻尔兹曼因子 $e^{-\varepsilon_j/kT}$,即:

$$n_j = \lambda e^{-\varepsilon_j/kT} \tag{10-5-1}$$

式中 λ 为比例系数,k 为玻耳兹曼常数,T 为热力学温度。

若能级 i 的简并度为 g_i,说明有 g_i 个量子态具有同一种能量 ε_i,在系统的 N 个粒子中,能量为 ε_i 的能级 i 上的粒子分布数 n_i 正比于它的玻尔兹曼因子与统计权重 g_i 的乘积。

$$n_i = g_i n_j = \lambda g_i \mathrm{e}^{-\varepsilon_i / kT} \tag{10-5-2}$$

由于系统的总粒子数 N，既是各量子态分布数之和，也是各能级分布数之和，所以有：

$$N = \sum_j n_j = \sum_j \lambda \mathrm{e}^{-\varepsilon_j / kT} \tag{10-5-3a}$$

或者

$$N = \sum_i n_i = \sum_i \lambda g_i \mathrm{e}^{-\varepsilon_i / kT} \tag{10-5-3b}$$

由此，可以推导比例系数

$$\lambda = \frac{N}{\sum_j \mathrm{e}^{-\varepsilon_j / kT}} \tag{10-5-4a}$$

或者

$$\lambda = \frac{N}{\sum_i g_i \mathrm{e}^{-\varepsilon_i / kT}} \tag{10-5-4b}$$

现定义以上两式的分母为粒子的配分函数，并以 q 表示，即：

$$q = \sum_j \mathrm{e}^{-\varepsilon_j / kT} \tag{10-5-5a}$$

或者

$$q = \sum_i g_i \mathrm{e}^{-\varepsilon_i / kT} \tag{10-5-5b}$$

由此，得到玻耳兹曼分布的数学表达式为：

$$n_j = \frac{N}{q} \mathrm{e}^{-\varepsilon_j / kT} \tag{10-5-6a}$$

或者

$$n_i = \frac{N}{q} g_i \mathrm{e}^{-\varepsilon_i / kT} \tag{10-5-6b}$$

任何两个能级 i、k 上分布数 n_i、n_k 之比为：

$$\frac{n_i}{n_k} = \frac{g_i \mathrm{e}^{-\varepsilon_i / kT}}{g_k \mathrm{e}^{-\varepsilon_k / kT}} \tag{10-5-7}$$

而任何一个能级 i 上的分布粒子数 n_i 与系统总粒子数 N 之比，则为：

$$\frac{n_i}{N} = \frac{g_i \mathrm{e}^{-\varepsilon_i / kT}}{\sum_i g_i \mathrm{e}^{-\varepsilon_i / kT}} = \frac{g_i \mathrm{e}^{-\varepsilon_i / kT}}{q} \tag{10-5-8}$$

g_i 是能级 i 的量子态数目，用其乘以小于 1 的玻耳兹曼因子 $\mathrm{e}^{-\varepsilon_i / kT}$ 得到的 $g_i \mathrm{e}^{-\varepsilon_i / kT}$，常常被称为能级 i 的有效状态数，或有效容量。因为 q 决定了粒子在各能级上的分布情况，所以 q 被称为配分函数。

[**例 10-2**]　现有 1 mol 纯态的理想气体,假设分子的某内部运动形式只有 3 个可及的能级,它们的能量和简并度分别为 $\varepsilon_0 = 0, g_0 = 1; \varepsilon_1/k = 100$ K, $g_1 = 3; \varepsilon_2/k = 300$ K, $g_2 = 5$。试计算:(1)200 K 时分子的配分函数;(2)200 K 时能级 ε_1 上的分子分布数;(3)当 $T \to \infty$ 时,3 个能级上的分布数之比为多少?

解　(1) $q = \sum_i g_i \mathrm{e}^{-\varepsilon_i/kT}$

$$= g_0 \mathrm{e}^{-\varepsilon_0/kT} + g_1 \mathrm{e}^{-\varepsilon_1/kT} + g_2 \mathrm{e}^{-\varepsilon_2/kT}$$

$$= 1 \times 1 + 3 \times \mathrm{e}^{-100/200} + 5 \times \mathrm{e}^{-300/200}$$

$$= 3.935$$

(2) $n_1 = \dfrac{N}{q} g_1 \mathrm{e}^{-\varepsilon_1/kT} = \dfrac{1 \times 6.023 \times 10^{23}}{3.935} \times 3 \times \mathrm{e}^{-100/200} = 2.785 \times 10^{23}$

(3)当 $T \to \infty$ 时,$\varepsilon_i/kT \to 0$,则有 $\mathrm{e}^{-\varepsilon_i/kT} \to 1$。依据式(10-5-7),得:

$$n_0 : n_1 : n_2 = g_0 : g_1 : g_2 = 1 : 3 : 5$$

视频 10.4

既然玻耳兹曼分布即是平衡分布,也是最概然分布。所以,对于 N, U, V 确定的系统,微观状态数 W_D 值取极大的分布即是玻耳兹曼分布。在上面的 10.3 节中,已经得出离域子系统与定域子系统在某一套能级分布数 n_i 下的 W_D 的求法,因此只需作一些数学处理即可获得玻耳兹曼分布。

10.6　粒子配分函数的计算

粒子配分函数可表示为平动、转动、振动、电子运动、核运动 5 项运动形式配分函数的乘积,分别求出各种运动形式的配分函数,即能求出粒子的配分函数。以下,以各运动形式的基态能级作为各自的能量零点,来讨论配分函数的计算等问题。

10.6.1　配分函数的析因子性质

若独立子系统中粒子的任一能级 i 的能量值 ε_i 可表示为平动、转动、振动、电子运动及核运动 5 种运动形式能量的代数和:

$$\varepsilon_i = \varepsilon_{\mathrm{t},i} + \varepsilon_{\mathrm{r},i} + \varepsilon_{\mathrm{v},i} + \varepsilon_{\mathrm{e},i} + \varepsilon_{\mathrm{n},i} \tag{10-6-1}$$

而该能级的统计权重 g_i,则为各种运动形式能级统计权重的连乘积:

$$g_i = g_{\mathrm{t},i} g_{\mathrm{r},i} g_{\mathrm{v},i} g_{\mathrm{e},i} g_{\mathrm{n},i} \tag{10-6-2}$$

所以,粒子配分函数为:

$$q = \sum_i g_i \mathrm{e}^{-\varepsilon_i/kT} = \sum_i g_{\mathrm{t},i} g_{\mathrm{r},i} g_{\mathrm{v},i} g_{\mathrm{e},i} g_{\mathrm{n},i} \mathrm{e}^{-(\varepsilon_{\mathrm{t},i} + \varepsilon_{\mathrm{r},i} + \varepsilon_{\mathrm{v},i} + \varepsilon_{\mathrm{e},i} + \varepsilon_{\mathrm{n},i})/kT}$$

$$= (\sum_i g_{t,i} e^{-\varepsilon_{t,i}/kT}) (\sum_i g_{r,i} e^{-\varepsilon_{r,i}/kT}) (\sum_i g_{v,i} e^{-\varepsilon_{v,i}/kT}) (\sum_i g_{e,i} e^{-\varepsilon_{e,i}/kT}) (\sum_i g_{n,i} e^{-\varepsilon_{n,i}/kT})$$

$$(10\text{-}6\text{-}3)$$

该式括号内各部分即为粒子各种独立运动的配分函数(注意:以上各个加和号中 i 实际是不同的),即:

平动配分函数 $\qquad q_t = \sum_i g_{t,i} e^{-\varepsilon_{t,i}/kT}$ $\qquad\qquad$ (10-6-4a)

转动配分函数 $\qquad q_r = \sum_i g_{r,i} e^{-\varepsilon_{r,i}/kT}$ $\qquad\qquad$ (10-6-4b)

振动配分函数 $\qquad q_v = \sum_i g_{v,i} e^{-\varepsilon_{v,i}/kT}$ $\qquad\qquad$ (10-6-4c)

电子运动配分函数 $\qquad q_e = \sum_i g_{e,i} e^{-\varepsilon_{e,i}/kT}$ $\qquad\qquad$ (10-6-4d)

核运动配分函数 $\qquad q_n = \sum_i g_{n,i} e^{-\varepsilon_{n,i}/kT}$ $\qquad\qquad$ (10-6-4e)

这样,粒子的(全)配分函数 q 可表示为平动、转动、振动、电子运动及核运动 5 种运动的配分函数的连乘积:

$$q = q_t q_r q_v q_e q_n \qquad\qquad (10\text{-}6\text{-}5)$$

式(10-6-5)说明,粒子的配分函数可用各独立运动的配分函数的积表示,这常被称为配分函数的析因子性质。

10.6.2　能量零点的选择对配分函数的影响

由配分函数的定义 $q = \sum_i g_i e^{-\varepsilon_i/kT}$ 可知,其值与各能级的能量值有关。然而,任一能级 i 的能量值与能量零点的选择有关。比如一座山,海拔 1500 m,山脚的平原海拔 400 m,则以海平面为高度零点时,此山高度为 1500 m,而以山脚平原为高度零点时,此山高度为 1100 m。因为 q 值与能量有关,所以必须明确选用的能量零点。

统计热力学通常规定,各独立运动形式的基态能级为各自能量的零点。这样使任何能级能量都是正的,避免不必要的麻烦。若某独立运动形式,基态能级能量为 ε_0,某能级 i 的能量值为 ε_i,则以基态为能量零点时,能级 i 能量 ε_i^0 应为:

$$\varepsilon_i^0 = \varepsilon_i - \varepsilon_0 \qquad\qquad (10\text{-}6\text{-}6)$$

若规定基态能量为 0 时的配分函数为 q^0,可得:

$$q = \sum_i g_i e^{-\varepsilon_i/kT} = \sum_i g_i e^{-(\varepsilon_i^0 + \varepsilon_0)/kT} = e^{-\varepsilon_0/kT} \sum_i g_i e^{-\varepsilon_i^0/kT} \qquad (10\text{-}6\text{-}7)$$

设 $q^0 = \sum_i g_i e^{-\varepsilon_i^0/kT}$,所以 $q = e^{-\varepsilon_0/kT} q^0$,即:

$$q^0 = e^{\varepsilon_0/kT} q \qquad\qquad (10\text{-}6\text{-}8)$$

此式对于平动、转动、振动、电子运动、核运动均成立。

因为 $\varepsilon_{t,0} \approx 0$，$\varepsilon_{r,0} = 0$，所以在常温下，对平动与转动，$q_t^0 \approx q_t$，$q_r^0 = q_r$。但对振动、电子与核运动，两者的差别不可忽视。例如，q_v^0 可等于 q_v 的 10 倍以上。

选择不同能量零点，会影响配分函数 q 的值，但对计算玻耳兹曼分布中任意一个能级上的粒子数 n_i 没有影响。因为：

$$n_i = \frac{N}{q}g_i e^{-\varepsilon_i/kT} = \frac{N}{q^0 e^{-\varepsilon_0/kT}}g_i e^{-(\varepsilon_i^0+\varepsilon_0)/kT} = \frac{N}{q^0}g_i e^{-\varepsilon_i^0/kT} \quad (10\text{-}6\text{-}9)$$

所以，若用了 ε_0 为能量零点，则须用同样能量零点下的配分函数，这样就没有影响了。

10.6.3 平动配分函数的计算

对三维平动子，平动能级公式为 $\varepsilon_t = \frac{h^2}{8m}\left(\frac{n_x^2}{a^2}+\frac{n_y^2}{b^2}+\frac{n_z^2}{c^2}\right)$，将其代入平动配分函数 $q_t = \sum\limits_j e^{-\varepsilon_j/kT}$，得：

$$
\begin{aligned}
q_t &= \sum_{n_x,n_y,n_z} e^{-\frac{h^2}{8mkT}\left(\frac{n_x^2}{a^2}+\frac{n_y^2}{b^2}+\frac{n_z^2}{c^2}\right)} \\
&= \sum_{n_x=1}^{\infty} e^{-\frac{h^2 n_x^2}{8mkTa^2}} \sum_{n_y=1}^{\infty} e^{-\frac{h^2 n_y^2}{8mkTb^2}} \sum_{n_z=1}^{\infty} e^{-\frac{h^2 n_z^2}{8mkTc^2}} = q_{t,x}q_{t,y}q_{t,z}
\end{aligned}
$$

$$(10\text{-}6\text{-}10)$$

式中：$q_{t,x} = \sum\limits_{n_x=1}^{\infty} e^{-\frac{h^2 n_x^2}{8mkTa^2}}$，$q_{t,y} = \sum\limits_{n_y=1}^{\infty} e^{-\frac{h^2 n_y^2}{8mkTb^2}}$，$q_{t,z} = \sum\limits_{n_z=1}^{\infty} e^{-\frac{h^2 n_z^2}{8mkTc^2}}$，它们分别表示三维平动子在 3 个运动自由度上的配分函数。式(10-6-10)说明三维平动子配分函数为 3 个坐标方向上一维平动子的配分函数的积。以下以 $q_{t,x}$ 为例说明各平动自由度配分函数的计算。

设 $A^2 = \frac{h^2}{8mkTa^2}$，对于粒子种类、系统温度和容器形状一定的系统，$A$ 为常数。而且，对于常温下一般体积下的气体，$A^2 \ll 1$。因此，$q_{t,x}$ 的各求和项随着 n_x 增加而极缓慢地减小，于是加和可用积分来近似，即：

$$q_{t,x} = \sum_{n_x=1}^{\infty} e^{-A^2 n_x^2} \approx \int_{-\infty}^{\infty} e^{-A^2 n_x^2} dn_x \approx \int_0^{\infty} e^{-A^2 n_x^2} dn_x$$

将积分式 $\int_0^{\infty} e^{-A^2 n_x^2} dn_x = \frac{\sqrt{\pi}}{2A}$ 代入得：

$$q_{t,x} = \frac{\sqrt{\pi}}{2A} = \frac{\sqrt{2\pi mkT}}{h}a \quad (10\text{-}6\text{-}11a)$$

同理

$$q_{t,y} = \frac{\sqrt{2\pi mkT}}{h}b \qquad (10\text{-}6\text{-}11\text{b})$$

$$q_{t,z} = \frac{\sqrt{2\pi mkT}}{h}c \qquad (10\text{-}6\text{-}11\text{c})$$

将上面 3 个式子回代至 $q_t = q_{t,x}q_{t,y}q_{t,z}$，则有：

$$q_t = \left(\frac{2\pi mkT}{h^2}\right)^{3/2} abc$$

由于 $abc = V$，所以

$$q_t = \left(\frac{2\pi mkT}{h^2}\right)^{3/2} V \qquad (10\text{-}6\text{-}12)$$

式(10-6-12)说明,平动配分函数是粒子质量 m、系统温度 T 和体积 V 的函数。若用 f_t 表示立方容器中粒子一个平动自由度的配分函数,则

$$q_t = f_t^3 \qquad (10\text{-}6\text{-}13)$$

因此

$$f_t = \left(\frac{2\pi mkT}{h^2}\right)^{1/2} V^{1/3} \qquad (10\text{-}6\text{-}14)$$

f_t 同 q_t 一样,量纲为 1。由理想气体方程 $pV = nRT$ 及 $n = N/L$,可导出理想气体方程的另一种表达形式: $pV = NRT/L = NkT$（其中 $k = R/L$）,进而可整理得到气体体积表达式 $V = NkT/p$,结合粒子质量表达式 $m = M/L$,代入 $q_t = \left(\frac{2\pi mkT}{h^2}\right)^{3/2} V$,可得：

$$q_t = 8.2052 \times 10^7 N(M/\text{kg} \cdot \text{mol}^{-1})^{3/2}(T/K)^{5/2}(p/\text{Pa})^{-1} \quad (10\text{-}6\text{-}15)$$

[例 10-3] 已知 O_2 的摩尔质量为 $32.00 \text{ g} \cdot \text{mol}^{-1}$,试计算 1 mol O_2 分子处于 25 ℃,101325 Pa 下的平动配分函数。

解 $m = \dfrac{M}{N} = \dfrac{32.00 \times 10^{-3}}{6.022 \times 10^{23}} = 5.314 \times 10^{-26}(\text{kg})$

$V = \dfrac{nRT}{p} = \dfrac{1 \times 8.314 \times 298.15}{101325} = 0.02446(\text{m}^3)$

$q_t = V\left(\dfrac{2\pi mkT}{h^2}\right)^{3/2}$

$\quad = 0.02446 \text{m}^3 \left(\dfrac{2\pi \times 5.314 \times 10^{-26} \times 1.381 \times 10^{-23} \times 298.15}{(6.626 \times 10^{-34})^2}\right)^{3/2}$

$\quad = 4.28 \times 10^{30}$

10.6.4 转动配分函数的计算

对于双原子分子，能级公式为 $\varepsilon_r = J(J+1)\dfrac{h^2}{8\pi^2 I}$，简并度为 $g_r = 2J+1$，将它们代入转动配分函数 $q_r = \sum_i g_{r,i}\mathrm{e}^{-\varepsilon_{r,i}/kT}$，得：

$$q_r = \sum_{J=0}^{\infty}(2J+1)\mathrm{e}^{-J(J+1)\frac{h^2}{8\pi^2 IkT}} \tag{10-6-16}$$

令 $\Theta_r = \dfrac{h^2}{8\pi^2 Ik}$，称为转动特征温度(rotational characteristic temperature)，其单位为 K。粒子的 Θ_r 可由光谱数据得到，如 $\Theta_r(\mathrm{H}_2) = 85.4\ \mathrm{K}$，$\Theta_r(\mathrm{HCl}) = 15.2\ \mathrm{K}$。在通常温度下，$T \gg \Theta_r$，可用积分代替加和，于是有：

$$q_r = \sum_{J=0}^{\infty}(2J+1)\mathrm{e}^{-J(J+1)\Theta_r/T} \approx \int_0^{\infty}(2J+1)\mathrm{e}^{-J(J+1)\Theta_r/T}\mathrm{d}J$$

设 $J(J+1) = x$，则有 $(2J+1)\mathrm{d}J = \mathrm{d}x$，将它们代入上式得：

$$q_r = \frac{T}{\Theta_r} = \frac{8\pi^2 IkT}{h^2}$$

考虑到线性分子旋转一周会有 σ 次不可辨的几何位置，于是将上式改写为：

$$q_r = \frac{T}{\Theta_r \sigma} = \frac{8\pi^2 IkT}{\sigma h^2} \tag{10-6-17}$$

式中 σ 称为对称数。对同核双原子分子，$\sigma=2$；异核双原子分子，$\sigma=1$。因转动基态能级 $\varepsilon_{r,0}=0$，故 $q_r^0 = q_r$。

双原子分子的转动自由度数为 2，以 f_r 表示每个转动自由度配分函数的几何平均值，则有：

$$f_r = q_r^{1/2} = \left(\frac{T}{\Theta_r \sigma}\right)^{1/2} \tag{10-6-18}$$

[例 10-4] 试计算 150 ℃时某分子的转动特征温度 Θ_r，转动配分函数 q_r，q_r^0。已知该分子的 $I=42.70\times10^{-48}\,\mathrm{kg \cdot m^2}$，$\sigma=1$。

解 $\Theta_r = \dfrac{h^2}{8\pi^2 Ik} = \dfrac{(6.626\times10^{-34})^2}{8\times3.14^2\times42.70\times10^{-48}\times1.381\times10^{-23}}$

$= 9.439(\mathrm{K})$

$q_r = \dfrac{T}{\sigma\Theta_r} = \dfrac{150+273.15}{1\times9.439} = 44.83$

$q_r^0 = q_r = 44.83$

10.6.5 振动配分函数的计算

对一维谐振子，$g_{v,i} = 1$，$\varepsilon_v = \left(v + \dfrac{1}{2}\right)h\nu$，将它们代入其配分函数，则有：

$$q_v = \sum_i g_{v,i} e^{-\varepsilon_{v,i}/kT} = \sum_{v=0}^{\infty} e^{-\left(v+\frac{1}{2}\right)h\nu/kT} = e^{-h\nu/2kT} \sum_{v=0}^{\infty} e^{-vh\nu/kT} \quad (10\text{-}6\text{-}19)$$

令 $\Theta_v = \dfrac{h\nu}{k}$，称为振动特征温度（vibrational characteristic temperature），其单位为 K。一般情况下 $\Theta_v \gg T$，如 $\Theta_v(H_2) = 5982\ K$，$\Theta_v(CO) = 3084\ K$，使得 q_v 求和项中各项数值有明显差别，振动的量子化效应突出。所以，q_v 求和不能用积分代替。现令 $e^{-\Theta_v/T} = x$，则有：

$$q_v = e^{-\Theta_v/2T} \sum_{v=0}^{\infty} e^{-v\Theta_v/T} = e^{-\Theta_v/2T}(1 + x + x^2 + \cdots)$$

式中 $0 < x < 1$，而 $1 + x + x^2 + \cdots = \dfrac{1}{1-x}$，因此上式转化为：

$$q_v = e^{-\Theta_v/2T} \cdot \frac{1}{1-x} = \frac{e^{-\Theta_v/T}}{1 - e^{-\Theta_v/T}}$$

$$= \frac{1}{e^{\Theta_v/2T} - e^{-\Theta_v/2T}} = \frac{1}{e^{h\nu/2kT} - e^{-h\nu/2kT}} \quad (10\text{-}6\text{-}20)$$

由于一维谐振子的振动自由度数为 1，故 $q_v = f_v$，而 f_v 为一个振动自由度的配分函数。因此，以基态能级的能量为能量零点时的振动配分函数 q_v^0 为：

$$q_v^0 = q_v e^{\varepsilon_{v,0}/kT} = e^{h\nu/2kT} \times \frac{1}{e^{h\nu/2kT} - e^{-h\nu/2kT}}$$

$$= \frac{1}{1 - e^{-h\nu/kT}} = \frac{1}{1 - e^{-\Theta_v/T}} \quad (10\text{-}6\text{-}21)$$

当 $\Theta_v \ll T$ 时，因 $e^x = 1 + x + \dfrac{x^2}{2!} + \cdots$，故 $q_v^0 = \dfrac{kT}{h\nu}$。当 $\Theta_v \gg T$ 时，$q_v^0 \approx 1$，说明基态以上各能级粒子有效容量和基本为零，即基态以上各能级基本没有开放，粒子振动几乎全部处于基态。

[例 10-5] 已知 $I_2(g)$ 的谐振频率为 $6.427 \times 10^{12}\ s^{-1}$，试计算 $I_2(g)$ 的振动特征温度及 300 K 时的振动配分函数 q_v。

解 $\Theta_v = \dfrac{h\nu}{k} = \dfrac{6.626 \times 10^{-34} \times 6.427 \times 10^{12}}{1.381 \times 10^{-23}} = 308.4(K)$

$q_v = \dfrac{e^{-\Theta_v/2T}}{1 - e^{-\Theta_v/T}} = \dfrac{e^{-308.4/(2 \times 300)}}{1 - e^{-308.4/300}} = 0.931$

10.6.6 电子运动的配分函数

只考虑粒子的电子运动处于基态的情况,求和项中从第二项起均可忽略,所以

$$q_e = g_{e,0} e^{-\varepsilon_{e,0}/kT} + g_{e,1} e^{-\varepsilon_{e,1}/kT} + g_{e,2} e^{-\varepsilon_{e,2}/kT} + \cdots \approx g_{e,0} e^{-\varepsilon_{e,0}/kT}$$

$$(10\text{-}6\text{-}22)$$

$$q_e^0 = q_e e^{\varepsilon_{e,0}/kT} = g_{e,0} = 常数 \qquad (10\text{-}6\text{-}23)$$

对大多数双原子分子,$g_{e,0} = 1$。

10.6.7 核运动的配分函数

视频 10.6

只考虑核运动全部处于基态的情况,同上所述,则有:

$$q_n = g_{n,0} e^{-\varepsilon_{n,0}/kT} \qquad (10\text{-}6\text{-}24)$$

$$q_n^0 = e^{\varepsilon_{n,0}/kT} q_n = g_{n,0} = 常数 \qquad (10\text{-}6\text{-}25)$$

10.7 热力学性质与配分函数之间的关系

10.7.1 热力学能与配分函数间的关系

独立子系统热力学能 $U = \sum_i n_i \varepsilon_i$。因为 $n_i = \dfrac{N}{q} g_i e^{-\varepsilon_i/kT}$,所以 $U = \sum_i \dfrac{N}{q} g_i \varepsilon_i e^{-\varepsilon_i/kT}$。又由于 $q = \sum_i g_i e^{-\varepsilon_i/kT}$,将其对温度求偏导数,得:

$$\left(\frac{\partial q}{\partial T}\right)_V = \sum_i g_i e^{-\varepsilon_i/kT} \left(-\frac{\varepsilon_i}{k}\right)\left(-\frac{1}{T^2}\right) = \frac{1}{kT^2} \sum_i g_i e^{-\varepsilon_i/kT} \varepsilon_i$$

于是有:

$$U = \frac{N}{q} k T^2 \left(\frac{\partial q}{\partial T}\right)_V = NkT^2 \left(\frac{\partial \ln q}{\partial T}\right)_V \qquad (10\text{-}7\text{-}1a)$$

将配分函数的析因子性质代入,便得:

$$U = NkT^2 \left(\frac{\partial \ln(q_t q_r q_v q_e q_n)}{\partial T}\right)_V \qquad (10\text{-}7\text{-}1b)$$

式中仅 q_t 与 V 有关,故

$$U = NkT^2 \left(\frac{\partial \ln q_t}{\partial T}\right)_V + NkT^2 \frac{d\ln q_r}{dT} + NkT^2 \frac{d\ln q_v}{dT} + NkT^2 \frac{d\ln q_e}{dT} + NkT^2 \frac{d\ln q_n}{dT}$$

令 $U_t = NkT^2 \left(\dfrac{\partial \ln q_t}{\partial T}\right)_V$,$U_r = NkT^2 \dfrac{d\ln q_r}{dT}$,$U_v = NkT^2 \dfrac{d\ln q_v}{dT}$,$U_e =$

$Nk\,T^2\,\dfrac{\mathrm{dln}q_e}{\mathrm{d}T}$ ，$U_n = Nk\,T^2\,\dfrac{\mathrm{dln}q_n}{\mathrm{d}T}$ ，则有：

$$U = U_t + U_r + U_v + U_e + U_n \tag{10-7-2}$$

若以基态能量为起点（各运动形式基态能量规定为零时），系统热力学能 U^0 用以上同样的方法可导出。

$$U^0 = Nk\,T^2\left(\frac{\partial \ln q^0}{\partial T}\right)_V \tag{10-7-3}$$

由于 $q^0 = q\mathrm{e}^{\epsilon_0/kT}$ ，则：

$$U^0 = U - N\epsilon_0 \tag{10-7-4}$$

上式说明系统的热力学能与能量零点的选择有关，其中 $N\epsilon_0$ 是系统中全部粒子均处于基态时的能量，可以认为是系统于 0K 时的热力学能 U_0 ，则 $U^0 = U - U_0$ 。同样

$$U^0 = U_t^0 + U_r^0 + U_v^0 + U_e^0 + U_n^0$$

而且有：$U_t^0 \approx U_t$ ，$U_r^0 = U_r$ ，$U_v^0 = U_v - Nh\nu/2$ ，$U_e^0 = 0$ ，$U_n^0 = 0$ ，电子及核运动处于基态。于是，热力学能 U^0 的计算，将主要由 U_t^0 、U_r^0 、U_v^0 的计算构成。

（1）U_t^0 的计算

$$U_t^0 \approx U_t = Nk\,T^2\left(\frac{\partial \ln q_t}{\partial T}\right)_V = Nk\,T^2\left[\frac{\partial \ln\left(\frac{2\pi mk\,T}{h^2}\right)^{3/2} V}{\partial T}\right]_V \tag{10-7-5}$$

由于

$$\left[\frac{\partial \ln\left(\frac{2\pi mk\,T}{h^2}\right)^{3/2} V}{\partial T}\right]_V = \frac{\frac{3}{2}\left(\frac{2\pi mk}{h^2}\right)^{3/2} V T^{1/2}}{\left(\frac{2\pi mk\,T}{h^2}\right)^{3/2} V} = \frac{3}{2T}$$

故有

$$U_t^0 = \frac{3}{2}Nk\,T \tag{10-7-6}$$

当系统物质量为 1 mol，即 $N = L$ ，摩尔平动热力学能为 $U_t^0 = \dfrac{3}{2}Nk\,T$ ，又因平动自由度数为 3，故每个平动自由度的摩尔能量为 $\dfrac{1}{2}RT$ 。该结果与能量均分定律相符。由于平动能级量子化效应不明显，可近似为连续变化，所以有这种一致性。

（2）U_r^0 的计算

$$U_r^0 = U_r = Nk\,T^2\,\frac{\mathrm{dln}q_r}{\mathrm{d}T} = Nk\,T^2\,\frac{\mathrm{dln}\dfrac{T}{\Theta_r\sigma}}{\mathrm{d}T} = Nk\,T \tag{10-7-7}$$

对 1 mol 物质,则有:

$$U_r^0 = RT \qquad (10\text{-}7\text{-}8)$$

双原子等线型分子的转动自由度为 2,所以 1 mol 物质每个转动自由度对热力学能的贡献同样是 $\frac{1}{2}RT$。由于转动能级在通常情况下量子化效应不明显,所以以上结果与能量均分定律结果相符。

(3) U_v^0 的计算

$$U_r^0 = NkT^2 \frac{\mathrm{d}\ln q_r^0}{\mathrm{d}T} = NkT^2 \frac{\mathrm{d}\ln \dfrac{1}{(1-\mathrm{e}^{-\Theta_v/T})}}{\mathrm{d}T}$$

$$= Nk\Theta_v \frac{\mathrm{e}^{-\Theta_v/T}}{1-\mathrm{e}^{-\Theta_v/T}} = Nk\Theta_v \frac{1}{\mathrm{e}^{\Theta_v/T}-1} \qquad (10\text{-}7\text{-}9)$$

通常情况下 $\Theta_v/T \gg 1$, $U_v^0 \approx 0$(振动能级不充分开放)。当 $\Theta_v/T \ll 1$(振动能级充分开放)

$$U_v^0 \approx Nk\Theta_v \frac{1}{1+\Theta_v/T-1} = NkT \qquad (10\text{-}7\text{-}10)$$

对 1 mol 气体

$$U_v^0 = RT \qquad (10\text{-}7\text{-}11)$$

综上所述,在粒子的电子运动与核运动均处于基态时,单原子气体的摩尔热力学能为(转动及振动运动均可不予考虑):

$$U_m = U_t + U_r + U_v = \frac{3}{2}RT + U_{0,m}$$

对双原子气体:

$$U = U_t + U_r + U_v + U_e + U_n$$

① 振动能级不充分开放: $U_m = \frac{5}{2}RT + U_{0,m}$ ($U_v^0 \approx 0$)

视频 10.7

② 振动能级充分开放: $U_m = \frac{7}{2}RT + U_{0,m}$ ($U_v^0 = RT$)

10.7.2 摩尔定容热容与配分函数的关系

将每摩尔热力学能 $U_m = RT^2 \left(\dfrac{\partial \ln q}{\partial T}\right)_V$ 代入 $C_{V,m} = \left(\dfrac{\partial U_m}{\partial T}\right)_V$,得:

$$C_{V,m} = \left\{ \frac{\partial}{\partial T} \left[RT^2 \left(\frac{\partial \ln q}{\partial T}\right)_V \right] \right\}_V \qquad (10\text{-}7\text{-}12)$$

由于 $q = q^0 \mathrm{e}^{-\varepsilon_0/kT}$,而且 ε_0 与温度无关,为常量,于是有:

$$\left(\frac{\partial \ln q}{\partial T}\right)_V = \left[\frac{\partial}{\partial T}\left(\ln q^0 - \frac{\varepsilon_0}{kT}\right)\right]_V = \left(\frac{\partial \ln q^0}{\partial T}\right)_V + \frac{\varepsilon_0}{kT^2}$$

因此,物质的 $C_{V,m}$ 与配分函数的关系为:

$$C_{V,m} = \left\{\frac{\partial}{\partial T}\left[RT^2\left(\frac{\partial \ln q}{\partial T}\right)_V\right]\right\}_V = \left\{\frac{\partial}{\partial T}\left[RT^2\left(\frac{\partial \ln q^0}{\partial T}\right)_V + L\varepsilon_0\right]\right\}_V$$

$$= \left\{\frac{\partial}{\partial T}\left[RT^2\left(\frac{\partial \ln q^0}{\partial T}\right)_V\right]\right\}_V \tag{10-7-13}$$

可见,物质的 $C_{V,m}$ 与能量零点的选择无关。在电子运动与核运动始终处于基态的情况下,考虑到 q^0 的析因子性质,可以得:

$$C_{V,m} = \left\{\frac{\partial}{\partial T}\left[RT^2\left(\frac{\partial \ln q_t^0}{\partial T}\right)_V\right]\right\}_V + \frac{d}{dT}\left[RT^2\left(\frac{\partial \ln q_r^0}{\partial T}\right)_V\right] + \frac{d}{dT}\left[RT^2\left(\frac{\partial \ln q_v^0}{\partial T}\right)_V\right]$$

为使表达简便,令 $C_{V,m,t} = \left\{\frac{\partial}{\partial T}\left[RT^2\left(\frac{\partial \ln q_t^0}{\partial T}\right)_V\right]\right\}_V$, $C_{V,m,r} = \frac{d}{dT}\left[RT^2\left(\frac{\partial \ln q_r^0}{\partial T}\right)_V\right]$, $C_{V,m,v} = \frac{d}{dT}\left[RT^2\left(\frac{\partial \ln q_v^0}{\partial T}\right)_V\right]$ 。这里,可用 q^0,也可用 q。于是,$C_{V,m}$ 的计算式为:

$$C_{V,m} = C_{V,m,t} + C_{V,m,r} + C_{V,m,v} \tag{10-7-14}$$

此式表明:物质的摩尔定容热容 $C_{V,m}$ 是 1 mol 物质的平动、转动、振动 3 种独立运动摩尔定容热容贡献的和。

(1) $C_{V,m,t}$ 的计算

现将 $q_t = \left(\frac{2\pi mkT}{h^2}\right)^{3/2} V$ 代入 $C_{V,m,t} = \left\{\frac{\partial}{\partial T}\left[RT^2\left(\frac{\partial \ln q_t^0}{\partial T}\right)_V\right]\right\}_V$,并用 q 代替 q^0,得:

$$C_{V,m,t} = \frac{3}{2}R \tag{10-7-15}$$

(2) $C_{V,m,r}$ 的计算

现将 $q_r = \frac{T}{\Theta_r \sigma}$ 代入 $C_{V,m,r} = \frac{d}{dT}\left[RT^2\left(\frac{\partial \ln q_r^0}{\partial T}\right)_V\right]$,并用 q 代替 q^0 ,得到对线型分子(包括双原子或多原子):

$$C_{V,r} = R \tag{10-7-16a}$$

而非线性多原子分子:

$$C_{V,r} = \frac{3}{2}R \tag{10-7-16b}$$

(3) $C_{V,m,v}$ 的计算

现将 $q_r^0 = \frac{1}{1 - e^{-\Theta_v/T}}$ 代入 $C_{V,m,v} = \frac{d}{dT}\left[RT^2\left(\frac{\partial \ln q_v^0}{\partial T}\right)_V\right]$,得:

$$C_{V,m,v} = R\left(\frac{\Theta_v}{T}\right)^2 e^{\Theta_v/T} \frac{1}{(e^{\Theta_v/T}-1)^2} \qquad (10\text{-}7\text{-}17a)$$

该式表明 $C_{V,m,v}$ 是温度的函数。在温度较低时：$\Theta_v \gg T$，$(e^{\Theta_v/T}-1) \approx e^{\Theta_v/T}$，于是

$$C_{V,m,v} = R\left(\frac{\Theta_v}{T}\right)^2 e^{\Theta_v/T}(e^{\Theta_v/T}-1)^{-2} \approx R\left(\frac{\Theta_v}{T}\right)^2 / e^{\Theta_v/T} \approx 0 \qquad (10\text{-}7\text{-}17b)$$

而当温度较高时：$T \gg \Theta_v$，$e^{\Theta_v/T} \approx 1 + \Theta_v/T$，于是

$$C_{V,m,v} = R\left(\frac{\Theta_v}{T}\right)^2 e^{\Theta_v/T}(e^{\Theta_v/T}-1)^{-2} \approx R\left(\frac{\Theta_v}{T}\right)^2 e^{\Theta_v/T} / \left(\frac{\Theta_v}{T}\right)^2 \approx R$$

$$(10\text{-}7\text{-}17c)$$

综上所述，单原子分子（没有振动与转动）：$C_{V,m} = \frac{3}{2}R$。双原子分子，低温下，振动能级未开放时：$C_{V,m} = \frac{5}{2}R$；高温下，振动能级充分开放时：$C_{V,m} = \frac{7}{2}R$。

[例 10-6] 已知 CO 气体分子的 $\Theta_r = 2.77$ K，$\Theta_v = 3070$ K，试求 101.325 kPa 及 400 K 下的 $C_{V,m}$ 值，并与实验值 $C_{V,m,实} = (18.223 + 7.6831 \times 10^{-3} T/K - 1.172 \times 10^{-6} T^2/K^2)$ J·mol^{-1}·K^{-1} 进行比较。

解 $T = 400$ K 时，CO 的平动能级充分开放，则 $C_{V,m,t} = \frac{3}{2}R$。

由于 $\Theta_r/T = 2.77/400 = 6.925 \times 10^{-3} \ll 1$，所以转动能级也可认为开放，则双原子分子，$C_{V,m,r} = R$。

而 $\Theta_v/T = 3070/400 = 7.675$，既不是 $\Theta_v \ll T$，也不是 $\Theta_v \gg T$，所以振动运动对摩尔热容的贡献要具体计算，即由式(10-7-17a)，有：

$$C_{V,m,v} = R\left(\frac{\Theta_v}{T}\right)^2 e^{\Theta_v/T} \frac{1}{(e^{\Theta_v/T}-1)^2}$$

$$= R \times \left(\frac{3070}{400}\right)^2 e^{3070/400}(e^{3070/400}-1)^{-2} = 0.0274R$$

因此 CO 在 400 K 时由统计热力学计算的摩尔定容热容为：

$$C_{V,m} = C_{V,m,t} + C_{V,m,r} + C_{V,m,v} = \left(\frac{3}{2} + 1 + 0.0274\right)R = 21.013 \text{ J·mol}^{-1}\text{·K}^{-1}$$

若将 $T = 400$ K 代入 $C_{V,m,实}$ 的计算式，得：

$$C_{V,m,实} = (18.223 + 7.6831 \times 10^{-3} T/K - 1.172 \times 10^{-6} T^2/K^2)$$

$$= (18.223 + 7.6831 \times 10^{-3} \times 400 - 1.172 \times 10^{-6} \times 400^2)$$

$$= 21.109 (\text{J·mol}^{-1}\text{·K}^{-1})$$

由统计热力学计算值与实验值之间的相对误差为：

$$Rerr = \frac{21.013 - 21.109}{21.109} \times 100\% = -0.455\%$$

视频 10.8

10.8 熵的统计意义与熵的计算

10.8.1 熵的统计意义

(1)玻耳兹曼熵定理

系统的 N、U、V 确定后,各状态函数已确定。所以,S 可表示为:$S = S(N,U,V)$;同样,系统的总微态数 Ω 也可表示为 $\Omega = \Omega(N,U,V)$。下面研究 S 与 Ω 的关系。

若将系统分为 (N_1,U_1,V_1) 与 (N_2,U_2,V_2) 两部分,因为熵为广延性质,所以:

$$S(N,U,V) = S_1(N_1,U_1,V_1) + S_2(N_2,U_2,V_2) \tag{10-8-1}$$

但总微观状态数 Ω 为系统的两部分的微观状态数 Ω_1、Ω_2 的乘积:

$$\Omega(N,U,V) = \Omega_1(N_1,U_1,V_1) \times \Omega_2(N_2,U_2,V_2) \tag{10-8-2}$$

将该式取对数,得:

$$\ln\Omega(N,U,V) = \ln\Omega_1(N_1,U_1,V_1) + \ln\Omega_2(N_2,U_2,V_2)$$

由此可见,S 与 Ω 间的关系应为对数关系:

$$S = c\ln\Omega$$

可以证明,比例常数 c 实际上就是玻尔兹曼常数 k。所以,独立子系统的熵 S 与系统总微态数 Ω 间的函数关系为:

$$S = k\ln\Omega \tag{10-8-3}$$

此式即为玻耳兹曼熵定理,运用它即可导出熵与配分函数的关系,从而用于计算其他热力学性质。

[例 10-7] 当热力学系统的熵函数增加 0.4184 J·K^{-1},则系统的微观状态要增长多少倍?

解 由于 $S = k\ln\Omega$,于是有:

$$\Delta S = S_2 - S_1 = k\ln\frac{\Omega_2}{\Omega_1}$$

即:

$$\ln\frac{\Omega_2}{\Omega_1} = \frac{\Delta S}{k} = \frac{0.4184}{1.381 \times 10^{-23}} = 3.03 \times 10^{22}$$

由此得:

$$\Omega_2/\Omega_1 = e^{3.03 \times 10^{22}}$$

（2）摘取最大项原理

当粒子数 N 趋于无穷大时，最概然分布的数学概率 $p_B = W_B/\Omega$ 变得很小，但 $\ln W_B/\ln\Omega \to 1$。所以，可以用 $\ln W_B$ 代替 $\ln\Omega$。

下面，仍用上面 10.3 节中 N 个粒子分布于同一能级的 A、B 两量子态上的例子来说明。前已证明，最概然分布的微态数 $W_B = \dfrac{N!}{(N/2)!(N/2)!}$，总微态数 $\Omega = 2^N$。利用斯特林公式：$\ln N! = \left(N + \dfrac{1}{2}\right)\ln N - N + \dfrac{1}{2}\ln 2\pi$，将得：

$$\ln W_B = \ln N! - 2\ln\left[(N/2)!\right] = N\ln 2 - \frac{1}{2}\ln N - \frac{1}{2}\ln 2\pi + \ln 2$$

由于 $\ln\Omega = N\ln 2$，对比两式，可推导：

$$\lim_{N\to\infty}\frac{\ln W_B}{\ln\Omega} = \lim_{N\to\infty}\frac{N\ln 2 - 0.5\ln N - 0.5\ln 2\pi + \ln 2}{N\ln 2} = 1$$

所以，当粒子数 $N \approx 10^{24}$ 时，可以用 $\ln W_B$ 来代替 $\ln\Omega$，这种近似方法称为摘取最大项原理。由于 N 很大的情况下，Ω 难于计算，所以用 W_B 代替，其意义就在于此。玻耳兹曼熵定理可写为：

$$S = k\ln W_B \tag{10-8-4}$$

（3）熵的统计意义

玻耳兹曼熵定理表明，隔离系统的熵值说明其总微态数的多少。此即熵的统计意义。Ω 是热力学概率，Ω 越大，则能量分布的微观方式越多，运动的混乱程度越大，熵也越大。

0 K 时，纯物质完美晶体中粒子的各种运动形式均处于基态，粒子的排列也只有一种方式，所以 $\Omega=1$，$S_0=0$。

异核双原子分子在 0 K 若分子不能整齐有序排列，如 CO 晶体中，可能有COCOCO 排列，也可能有 OCCOOCOC 排列，则 $\Omega = 2^N$，所以它每摩尔有残熵 $R\ln 2$。

热力学指出，隔离系统中一切自发过程趋于熵增大，从统计角度来看，即：自发过程趋于热力学概率 Ω 增大，趋于达到一个热力学概率最大的状态，即熵最大的状态，这个状态也是平衡状态。从概率的概念看，这也是合理的。

因为只有对大量粒子，概率及其有关性质才适用，所以，从统计角度来看，熵及其热力学定理仅适用于含有大量粒子的宏观系统。对粒子数很少的系统，是不一定适用的。

10.8.2 熵与各独立运动形式配分函数间的关系

$S = k\ln\Omega = k\ln W_B$，由于离域子系统与定域子系统计算 W_B 的公式不同，所以熵的计算式也不同。在一定 N、U、V 的条件下，离域子系统的 $W_B = \prod_i \dfrac{g_i^{n_i}}{n_i!}$，所以有：

$$\ln W_B = \sum_i (n_i \ln g_i - \ln n_i!)$$

由于 $\ln N! = N \ln N - N$ 及 $n_i = \dfrac{Ng_i e^{-\varepsilon_i/kT}}{q}$，将它们代入上式可得：

$$\ln W_B = \sum_i (n_i \ln g_i - n_i \ln n_i + n_i) = \sum_i \left(n_i \ln g_i - n_i \ln \frac{N}{q} - n_i \ln g_i + \frac{n_i \varepsilon_i}{kT} + n_i\right)$$

$$= \sum_i \left(n_i \ln \frac{q}{N} + \frac{n_i \varepsilon_i}{kT} + n_i\right) = N \ln \frac{q}{N} + \frac{U}{kT} + N \qquad (10\text{-}8\text{-}5)$$

由此，有：

$$S = Nk \ln\left(\frac{q}{N}\right) + \frac{U}{T} + Nk \qquad (10\text{-}8\text{-}6a)$$

若将 q 与 q^0 间的关系代入，将得：

$$S = Nk \ln\left(\frac{q^0}{N}\right) + \frac{U^0}{T} + Nk \qquad (10\text{-}8\text{-}6b)$$

对于定域子系统 $W_B = N! \prod_i \dfrac{g_i^{n_i}}{n_i!}$，则有：

$$S = Nk \ln q + \frac{U}{T} \qquad (10\text{-}8\text{-}7a)$$

$$S = Nk \ln q^0 + \frac{U^0}{T} \qquad (10\text{-}8\text{-}7b)$$

对比以上两式可知，系统的熵与能量零点选择无关。

将配分函数的析因子性质及 $U^0 = U_t^0 + U_r^0 + U_v^0 + U_e^0 + U_n^0$ 代入离域子系统的熵公式(10-8-6b)或定域子系统的熵公式(10-8-7b)，可以得到独立子系统的熵是粒子各种独立运动形式对熵的贡献之和，即：

$$S = S_t + S_r + S_v + S_e + S_n \qquad (10\text{-}8\text{-}8)$$

对离域子系统，式中各独立运动形式的熵为：

$$S_t = Nk \ln(q_t^0/N) + U_t^0/T + Nk \qquad (10\text{-}8\text{-}9a)$$

$$S_r = Nk \ln q_r^0 + U_r^0/T \qquad (10\text{-}8\text{-}9b)$$

$$S_v = Nk \ln q_v^0 + U_v^0/T \qquad (10\text{-}8\text{-}9c)$$

$$S_e = Nk \ln q_e^0 + U_e^0/T \qquad (10\text{-}8\text{-}9d)$$

$$S_n = Nk \ln q_n^0 + U_n^0/T \qquad (10\text{-}8\text{-}9e)$$

而对定域子系统，则：

$$S_t = Nk \ln q_t^0 + U_t^0/T \qquad (10\text{-}8\text{-}10a)$$

$$S_r = Nk\ln q_r^0 + U_r^0/T \tag{10-8-10b}$$

$$S_v = Nk\ln q_v^0 + U_v^0/T \tag{10-8-10c}$$

$$S_e = Nk\ln q_e^0 + U_e^0/T \tag{10-8-10d}$$

$$S_n = Nk\ln q_n^0 + U_n^0/T \tag{10-8-10e}$$

10.8.3 统计熵的计算

由于常温下电子运动与核运动均处于基态,一般物理化学过程只涉及平动、转动及振动。通常,将由统计热力学方法计算出 S_t，S_r，S_v 之和称为统计熵,符号仍为 S。

$$S = S_t + S_r + S_v \tag{10-8-11}$$

因为计算时要用到光谱数据,故又称光谱熵。而热力学中以第三定律为基础,由量热实验测得热数据求出的规定熵被称作量热熵。

(1) S_t 的计算

对于离域子系统,将 $q_t^0 = q_t = (2\pi mkT/h^2)^{3/2}V$ ，$U_t^0 = \dfrac{3}{2}NkT$ 代入式

(10-8-9a) $S_t = Nk\ln(q_t^0/N) + U_t^0/T + Nk$ ，得:

$$\begin{aligned}
S_t &= Nk\ln\left[\left(\frac{2\pi mkT}{h^2}\right)^{3/2}\frac{V}{N}\right] + \frac{U_t^0}{T} + Nk \\
&= Nk\ln\frac{(2\pi mkT)^{3/2}V}{Nh^3} + \frac{3}{2}\times\frac{NkT}{T} + Nk \\
&= Nk\ln\frac{(2\pi mkT)^{3/2}V}{Nh^3} + \frac{5}{2}Nk \tag{10-8-12}
\end{aligned}$$

可见 S_t 为粒子质量 m 、粒子数 N 、系统的温度 T 和体积 V 的函数。对于 1mol 理想气体, $N=L, m=M/L, V=RT/p$,代入上式整理后可得:

$$S_{m,t} = R\left[\frac{3}{2}\ln(M/\text{kg}\cdot\text{mol}^{-1}) + \frac{5}{2}\ln(T/\text{K}) - \ln(p/\text{Pa}) + 20.723\right] \tag{10-8-13}$$

此式即为"萨克尔-泰特洛德方程",它是计算理想气体摩尔平动熵的公式。

[例 10-8] 在 25 ℃,101.325 kPa 下,有 1 摩尔的 HCl 和 1 摩尔的 N_2 ,两者均可认为是理想气体,试计算两者的平动熵之差。

解 对于 HCl 和 N_2， $M(\text{HCl}) = 36.46\ \text{g}\cdot\text{mol}^{-1}$ ， $M(N_2) = 28.00\ \text{g}\cdot\text{mol}^{-1}$,而温度、压力均相同,并视为理想气体,依据式(10-8-13),则有:

$$S_{m,t}(\text{HCl}) - S_{m,t}(N_2) = \frac{3}{2}R\ln\frac{M(\text{HCl})}{M(N_2)} = \frac{3}{2}\times 8.314\times\ln\frac{36.46}{28.00}$$

$$= 3.293(\text{J}\cdot\text{mol}^{-1}\cdot\text{K}^{-1})$$

由此可见,在同等条件下相对分子质量大的气体分子的平动熵要比相对分子质量小的气体分子的熵来得大。

(2) S_r 的计算

在转动能级充分开放情况下,对于线型分子, $q_r^0 = q_r = \dfrac{T}{\Theta_r \sigma}$ 及 $U_r^0 = NkT$,所以有:

$$S_r = Nk\ln q_r^0 + \frac{U_r^0}{T} = Nk\ln\left(\frac{T}{\Theta_r \sigma}\right) + Nk \tag{10-8-14}$$

因此,粒子的转动熵与它的性质 Θ_r, σ 及系统粒子数 N 、温度 T 有关。1 mol 物质的转动熵为:

$$S_{m,r} = R\ln\left(\frac{T}{\Theta_r \sigma}\right) + R \tag{10-8-15}$$

(3) S_v 的计算

将 $q_v^0 = (1 - e^{-\Theta_v/T})^{-1}$ 及 $U_v^0 = \dfrac{Nk\Theta_v}{e^{\Theta_v/T} - 1}$,代入式(10-8-9c),得:

$$S_v = Nk\ln q_v^0 + \frac{U_v^0}{T} = -Nk\ln(1 - e^{-\Theta_v/T}) + \frac{Nk\Theta_v}{T(e^{\Theta_v/T} - 1)} \tag{10-8-16}$$

对于 1 mol 物质,其振动熵则为:

$$S_{m,v} = -R\ln(1 - e^{-\Theta_v/T}) + \frac{R\Theta_v}{T(e^{\Theta_v/T} - 1)} \tag{10-8-17}$$

10.8.4 统计熵与量热熵的简单比较

表 10.5 列出一些物质在 298.15 K 时的标准统计熵 $S_{m,\text{统计}}^{\ominus}$ 及标准量热熵 $S_{m,\text{量热}}^{\ominus}$ 。两者可以认为是一致的,偏差在实验误差范围之内。

表 10.5 某些物质 298.15 K 的标准统计熵与标准量热熵的数值比较

物质	$S_{m,\text{统计}}^{\ominus}$ / J·mol^{-1}·K^{-1}	$S_{m,\text{量热}}^{\ominus}$ / J·mol^{-1}·K^{-1}
Ne	146.34	146.6
O_2	205.15	205.14
HCl	186.88	186.3
HI	206.80	206.59
Cl_2	223.16	223.07

但是,有一些物质的标准统计熵与标准量热熵的偏差较大,超出实验误差范围,如表 10.6。

表 10.6　某些物质 298.15 K 的标准统计熵与标准量热熵的数值比较

物质	$(S_{m,统计}^{\ominus} - S_{m,量热}^{\ominus})/J \cdot mol^{-1} \cdot K^{-1}$
CO	4.18
NO	2.51
H_2	6.28

$S_{m,量热}^{\ominus}$ 与 $S_{m,统计}^{\ominus}$ 的差被称为残余熵。它产生的原因是低温下量热实验中系统没有达到真正的平衡态。所谓"低温下量热实验中系统没有达到真正的平衡态",解释如下:从量热熵测定过程看,只有在 298.15 K → 0 K 降温过程中能够以热的形式变换的能量才能在实验中得到反映。如 CO 气体,从 298.15 K,0.1 MPa 降温,经过气体降温、液化、液体降温、凝固、固体降温几个阶段,在其中凝固成晶体的阶段,66 K 时因分子的偶极矩很小,凝固时,分子两种取向"CO"与"OC"能量差 $\Delta\varepsilon$ 不大,玻耳兹曼因子 $e^{-\Delta\varepsilon/kT} \approx 1$。所以两种取向的分子数几乎相同。而一旦凝固,CO 在晶体中很难转向,所以尽管随着 $T \rightarrow 0$ K,玻耳兹曼因子 $e^{-\Delta\varepsilon/kT} \rightarrow \infty$,仍然不能形成单一取向、排列完全整齐的晶体。所以晶体中 CO 分子仍被冻结在原来的不规则方式中。量热实验不能测出分子转向对应的热效应。也即是在 $T \rightarrow 0$ K 时晶体未能达到 $\Omega=1$、$S_0=0$ 的状态。也就是说,实验测得的量热熵是以实际上一个 $S > 0$ 的不平衡态作基准的,所以量热熵数值偏低,产生残余熵。

[例 10-9]　求 NO(g) 在 298 K 及 101325 Pa 的标准摩尔熵 $S_m^{\ominus}$（实验值 207.9 J·K^{-1}·mol^{-1}）。已知 NO(g) 的 $\Theta_r = 2.42$ K,$\Theta_v = 2690$ K,电子基态和第一激发态的简并度均为 2,能级差 $\Delta\varepsilon = 2.473 \times 10^{-21}$ J。

解　$S_t^{\ominus} = R\left(\dfrac{3}{2}\ln M + \dfrac{5}{2}\ln T\right) - 9.886 = 150.94$ J·K^{-1}·mol^{-1}

$S_r^{\ominus} = R\ln q_r + \dfrac{U_r}{T} = R\ln\left(\dfrac{T}{\Theta_r \sigma}\right) + R = 48.33$ J·K^{-1}·mol^{-1}

$S_v^{\ominus} = R\ln q_v + RT\left(\dfrac{\partial \ln q_v}{\partial T}\right)$

$= -R\ln(1 - e^{-\Theta_v/T}) + \dfrac{R\Theta_v/T}{e^{-\Theta_v/T} - 1} = 0.01$ J·K^{-1}·mol^{-1}

$q_e = g_{e,0} + g_{e,1}e^{-\Delta\varepsilon/kT} = 2 + 2e^{-179.1/T}$

$S_e^{\ominus} = R\ln q_e + RT\left(\dfrac{\partial \ln q_e}{\partial T}\right) = 11.17$ J·K^{-1}·mol^{-1}

$S_m^{\ominus} = S_t^{\ominus} + S_r^{\ominus} + S_v^{\ominus} + S_e^{\ominus} = 210.45$ J·K^{-1}·mol^{-1}

视频 10.9

10.9　其他热力学函数与配分函数之间的关系

10.9.1　A、G、H 与配分函数的关系

A、G、H 是复合状态函数。将 U 和 S 与配分函数的关系式(10-7-1a)、式(10-8-6a)、式(10-8-7a)代入 $A = U - TS$ 可得：

$$A = -kT\ln\left(\frac{q^N}{N!}\right) \quad （离域子系统） \tag{10-9-1a}$$

$$A = -kT\ln q^N \quad （定域子系统） \tag{10-9-1b}$$

因为 $p = -\left(\frac{\partial A}{\partial V}\right)_T = NkT\left(\frac{\partial \ln q}{\partial V}\right)_T$，以及 $G = A + pV$，于是得：

$$G = -kT\ln\left(\frac{q^N}{N!}\right) + NkTV\left(\frac{\partial \ln q}{\partial V}\right)_T \quad （离域子系统） \tag{10-9-2a}$$

$$G = -kT\ln q^N + NkTV\left(\frac{\partial \ln q}{\partial V}\right)_T \quad （定域子系统） \tag{10-9-2b}$$

同样可得：

$$H = NkT^2\left(\frac{\partial \ln q}{\partial T}\right)_V + NkTV\left(\frac{\partial \ln q}{\partial V}\right)_T \tag{10-9-3}$$

这些关系有两个基本特点：

①复合函数与能量零点选择有关,因为它们均含有热力学能项；

②因为 A 和 G 含有熵,离域子系统与定域子系统有不同函数关系。

视频 10.10

10.9.2　理想气体的摩尔吉布斯自由能函数

理想气体的标准摩尔吉布斯函数是计算理想气体平衡行为常用的热力学数据,表示 1 mol 纯理想气体于温度 T、压力为 $p^{\ominus} = 100$ kPa 时的吉布斯函数。

因为 q_r、q_v、q_e、q_n 均与系统体积无关,仅 q_t 含有体积项,将关系式 $\left(\frac{\partial \ln q}{\partial V}\right)_T = \left(\frac{\partial \ln q_t}{\partial V}\right)_T = \frac{1}{V}$ 及斯特林公式 $\ln N! = N\ln N - N$ 代入,可得：

$$G_T = -NkT\ln\left(\frac{q}{N}\right) \tag{10-9-4}$$

对 1 mol 物质在标准态时,则有：

$$G_{m,T}^{\ominus} = -RT\ln\left(\frac{q}{N}\right) \qquad (10\text{-}9\text{-}5)$$

若 q 以基态能级规定为零时的 q^0 表示：

$$G_{m,T}^{\ominus} = -RT\ln\left(\frac{q^0}{N}\right) + U_{m,0} \qquad (10\text{-}9\text{-}6)$$

式中 $U_{m,0}$ 即为 1 mol 纯理想气体在 0 K 时的内能值。上式即为 $G_{m,T}^{\ominus}$ 的统计力学表达式。将式(10-9-6)移项,得标准摩尔吉布斯自由能函数：

$$\frac{G_{m,T}^{\ominus} - U_{m,0}}{T} = -R\ln\left(\frac{q^0}{N}\right) \qquad (10\text{-}9\text{-}7)$$

式(10-9-7)的左端 $\dfrac{G_{m,T}^{\ominus} - U_{m,0}}{T}$,称为标准摩尔吉布斯自由能函数,其值可由温度 T、压力 100 kPa 时物质的 q^0 经上式求出。由于 q^0 是温度的函数,所以该函数也是温度的函数。

由于 0 K 时物质的内能(热力学能)与焓近似相等 $U_{m,0} \approx H_{m,0}$,所以标准摩尔吉布斯自由能函数也可表示为：

$$\frac{G_{m,T}^{\ominus} - H_{m,0}}{T} = -R\ln\left(\frac{q^0}{N}\right) \qquad (10\text{-}9\text{-}8)$$

吉布斯自由能函数是统计热力学中计算反应平衡常数需要的基础数据。常用物质在不同温度下的数值,列于表 10.7。

表 10.7　某些气体物质的 $-(G_{m,T}^{\ominus} - U_{m,0})/T$ 值

物质	298 K	500 K	1000 K	1500 K
H_2	102.28	117.24	137.09	149.02
O_2	176.09	191.24	212.24	225.25
CO	168.52	183.62	204.17	216.77
CO_2	182.37	199.56	226.51	244.79
CH_4	152.66	170.61	199.48	221.49
H_2O	155.67	172.91	196.85	211.87

10.9.3　理想气体的标准摩尔焓函数

若某物质在 T K 下标准摩尔焓为 $H_{m,T}^{\ominus}$,标准摩尔焓函数可定义为：

$$\frac{H_{m,T}^{\ominus} - U_{m,0}}{T} \quad 或 \quad \frac{H_{m,T}^{\ominus} - H_{m,0}}{T}$$

它与配分函数 q^0 间的关系可由下式导出：

$$H = NkT^2 \left(\frac{\partial \ln q}{\partial T}\right)_V + NkTV \left(\frac{\partial \ln q}{\partial V}\right)_T$$

将前面得到的 $\left(\dfrac{\partial \ln q}{\partial V}\right)_T = \dfrac{1}{V}$ 代入,并注意到对 1mol 物质 $Nk = R$,得:

$$H_{m,T}^{\ominus} = RT^2 \left(\frac{\partial \ln q}{\partial T}\right)_V + RTV \left(\frac{\partial \ln q}{\partial V}\right)_T = RT^2 \left(\frac{\partial \ln q}{\partial T}\right)_V + RT$$

$$H_{m,T}^{\ominus} = RT^2 \left(\frac{\partial \ln q^0}{\partial T}\right)_V + U_{m,0} + RT$$

所以:

$$\frac{H_{m,T}^{\ominus} - U_{m,0}}{T} = RT \left(\frac{\partial \ln q^0}{\partial T}\right)_V + R \tag{10-9-9}$$

因为 0 K 时,$U_{m,0} \approx H_{m,0}$,所以焓函数也可近似表示为:

$$\frac{H_{m,T}^{\ominus} - H_{m,0}}{T}$$

焓函数也是计算理想气体化学平衡时的基础数据,可以用它求得 $\Delta U_{m,0}$(或 $\Delta H_{m,0}$)。常用物质的($H_{m,T}^{\ominus} - H_{m,0}$)可在文献中查到,表 10.8 列出了几种常用气体的($H_{m,T}^{\ominus} - H_{m,0}$)值。

表 10.8 298.15 K 时某些气体物质的($\boldsymbol{H_{m,T}^{\ominus} - H_{m,0}}$)值

物质	H_2	O_2	CO	CO_2	CH_4	H_2O
($H_{m,T}^{\ominus} - H_{m,0}$) /kJ·mol^{-1}	8.468	8.660	8.673	9.364	10.029	9.910

10.9.4 理想气体反应的标准平衡常数

一些热力学数据表中提供了某些理想气体在不同温度下的 $\dfrac{G_{m,T}^{\ominus} - U_{m,0}}{T}$ 值及 $\dfrac{H_{m,T}^{\ominus} - U_{m,0}}{T}$ 值或 $H_{m,T}^{\ominus} - U_{m,0}$ 值,应用这些数据及气体在某温度下的标准摩尔生成焓,可以计算理想气体化学反应在某温度下的 $\Delta_r G_m^{\ominus}$ 值,进而可以计算该温度下反应的标准平衡常数 $K^{\ominus}$ 。

对理想气体间任一反应:$0 = \sum_B v_B B$,因为 $\Delta_r G_m^{\ominus}(T) = -RT\ln K^{\ominus} = \sum_B v_B G_{m,B}^{\ominus}$,于是有:

$$-RT\ln K^{\ominus} = \sum_B v_B (G_{m,B}^{\ominus} - U_{m,0,B}) + \sum_B v_B U_{m,0,B}$$

将上式整理,可得:

$$-\ln K^{\ominus} = \frac{1}{R} \sum_B v_B \left(\frac{G_{m,B}^{\ominus} - U_{m,0,B}}{T}\right) + \frac{1}{RT} \sum_B v_B U_{m,0,B}$$

$$= \frac{1}{R} \Delta_r \left(\frac{G_m^\ominus - U_{m,0}}{T} \right) + \frac{1}{RT} \Delta_r U_{m,0} \qquad (10\text{-}9\text{-}10)$$

上式第一项中的 $\Delta_r(G_m^\ominus - U_{m,0})/T$ 为反应的标准摩尔吉布斯自由能函数变,可通过查表获得,即有:

$$\Delta_r \left(\frac{G_m^\ominus - U_{m,0}}{T} \right) = \sum_B v_B \frac{G_{m,B}^\ominus - U_{m,0,B}}{T}$$

而第二项中的 $\Delta_r U_{m,0}$ 是单位反应进度在 0K 时的热力学能变化,一般是通过下式求算获得。

$$\Delta_r U_{m,0} = \sum_B v_B U_{m,0,B}$$

又由于 $\Delta_r U_{m,0} = \Delta_r H_{m,298\,K}^\ominus - \Delta_r(H_{m,298\,K}^\ominus - U_{m,0})$,其中 $\Delta_r H_{m,298\,K}^\ominus$ 可由各物质标准摩尔生成焓或标准摩尔燃烧焓求得,而 $\Delta_r(H_{m,298\,K}^\ominus - U_{m,0})$ 可通过查取标准摩尔函数表以计算获得,即 $\Delta_r(H_{m,298\,K}^\ominus - U_{m,0}) = \sum_B v_B(H_{m,298\,K,B}^\ominus - U_{m,0,B})$。

[**例 10-10**] 根据下表数据,计算反应 $CO + 2H_2 \longrightarrow CH_3OH$ 在 1000 K 时的 $\Delta_r G_m^\ominus$ 和 $K^\ominus$。

	$-(G_{m,T}^\ominus - H_{m,0}^\ominus)/T$ $\mathrm{J \cdot K^{-1} \cdot mol^{-1}}$		$\Delta H_{f,298}^\ominus$ $\mathrm{kJ \cdot mol^{-1}}$	$H_{m,298}^\ominus - H_{m,0}$ $\mathrm{kJ \cdot mol^{-1}}$
	298 K	1000 K		
H_2	102.28	137.09	0	8.468
CO	168.52	204.17	-110.53	8.673
CH_3OH	201.17	257.65	-200.66	11.426

解 此反应在 298.15 K 的标准焓变是:

$$\Delta_r H_{m,298}^\ominus = \Delta H_{f,298}^\ominus(CH_3OH) - \Delta H_{f,298}^\ominus(CO) - 2\Delta H_{f,298}^\ominus(H_2)$$
$$= -200.66 - (-110.53) - 2 \times 0 = -90.13 \text{ kJ} \cdot \text{mol}^{-1}$$

同样

$$\Delta_r(H_{m,298}^\ominus - H_{m,0}^\ominus) = (H_{m,298}^\ominus - H_{m,0}^\ominus)(CH_3OH) - (H_{m,298}^\ominus - H_{m,0}^\ominus)(CO)$$
$$- 2(H_{m,298}^\ominus - H_{m,0}^\ominus)(H_2)$$
$$= 11.426 - 8.673 - 2 \times 8.468 = -14.183(\text{kJ} \cdot \text{mol}^{-1})$$

而由方程 $\Delta_r H_{m,298}^\ominus = \Delta_r H_{m,0}^\ominus + \Delta_r(H_{m,298}^\ominus - H_{m,0}^\ominus)$,可得绝对零度下:

$$\Delta_r H_{m,0}^\ominus = \Delta_r H_{m,298}^\ominus - \Delta_r(H_{m,298}^\ominus - H_{m,0}^\ominus) = -90.13 - (-14.183)$$
$$= -75.95(\text{kJ} \cdot \text{mol}^{-1})$$

再由方程 $\dfrac{\Delta_r G_{m,T}^\ominus}{T} = \dfrac{\Delta_r H_{m,0}^\ominus}{T} + \dfrac{\Delta_r(G_{m,T}^\ominus - H_{m,0}^\ominus)}{T}$,可得此反应在 1000 K 时的吉布斯自由能:

$$\Delta_r G_{m.T}^{\ominus} = \Delta_r H_{m,0}^{\ominus} + T \times \frac{\Delta_r (G_{m.T}^{\ominus} - H_{m,0}^{\ominus})}{T}$$

$$= -75.95 \times 10^3 + 1000 \times (257.65 - 2 \times 137.09 - 204.17)$$

$$= -2.97 \times 10^5 (\text{J} \cdot \text{mol}^{-1})$$

又由于 $\Delta_r G_m^{\ominus} = -RT\ln K^{\ominus}$,故:

$$K^{\ominus} = \exp(-\Delta_r G_m^{\ominus}/RT) = \exp[-(-2.97 \times 10^5)/(8.314 \times 1000)] = 3.27 \times 10^{15}$$

【知识结构】

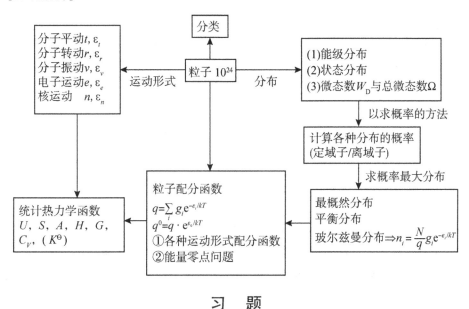

习 题

10.1 设有一个由 3 个定位的单维简谐振子组成的系统,这 3 个振子分别在各自的位置上振动,系统的总能量为 $\frac{11}{2}h\nu$ 。试求系统的全部可能的微观状态数。

10.2 一个系统中有 4 个可分辨的粒子,这些粒子许可的能级为 $\varepsilon_0 = 0$,$\varepsilon_1 = \omega, \varepsilon_2 = 2\omega, \varepsilon_3 = 3\omega$,其中 ω 为某种能量单位,当系统的总量为 2ω 时,试计算:(1)若各能级非简并,则系统可能的微观状态数为多少? (2)如果各能级的简并度分别为 $g_0 = 1, g_1 = 3, g_2 = 3$,则系统可能的微观状态数又为多少?

10.3 若有一个热力学系统,当其熵值增加 1.00 J·K^{-1}时,试求系统微观状态的增加数占原有微观状态数的比值。

10.4 对于双原子气体分子,设基态振动能为零,$e^x \approx 1 + x$. 试证明:(1)$U_r = NkT$;(2)$U_v = NkT$。

10.5 设某分子的一个能级的能量和简并度分别为 $\varepsilon_1 = 6.1 \times 10^{-21} \text{J}$，$g_1 = 3$，另一个能级的能量和简并度分别为 $\varepsilon_2 = 8.4 \times 10^{-21} \text{J}$，$g_2 = 5$。请分别计算在 400 K 和 4000 K 时，这两个能级上分布的粒子数之比（N_1/N_2）。

10.6 设有一个由极大数目的三维平动子组成的粒子系统，运动于边长为 a 的立方容器内，系统的体积、粒子质量和温度的关系为 $\dfrac{h^2}{8ma^2} = 0.10kT$。现有两个能级的能量分别为 $\varepsilon_1 = \dfrac{9h^2}{4ma^2}$，$\varepsilon_2 = \dfrac{27h^2}{8ma^2}$，试求处于这两个能级上粒子数的比值（$N_1/N_2$）。

10.7 将 $N_2(g)$ 在电弧中加热。从光谱中观察到，处于振动量子数 $\nu = 1$ 的第一激发态的分子数 $N_{\nu=1}$ 与处于振动量子数 $\nu = 0$ 的基态上的分子数 $N_{\nu=0}$ 之比为 $N_{\nu=1}/N_{\nu=0} = 0.35$，已知 $N_2(g)$ 的振动频率为 $6.99 \times 10^{13} \text{s}^{-1}$。试计算：(1)$N_2(g)$的温度；(2)振动能量在总能量中所占的分数。

10.8 设有一个由极大数目三维平动子组成的粒子系统，运动于边长为 a 的立方容器内，系统的体积、粒子质量和温度的关系为 $\dfrac{h^2}{8ma^2} = 0.1k_BT$。试计算平动量子数为 1,2,3 和 1,1,1 两个状态上粒子分布数的比值。

10.9 设某理想气体 A，其分子的最低能级是非简并的，取分子的基态作为能量零点，相邻能级的能量为 ε，其简并度为 2，忽略最高能级。请回答：(1)写出 A 分子的总配分函数的表达式；(2)设 $\varepsilon = kT$，求出相邻两能级上最概然分子数之比 N_1/N_2 的值；(3)设 $\varepsilon = kT$，试计算在 298 K 时，1 mol A 分子气体的平均能量。

10.10 (1)某单原子理想气体的配分函数 q 具有的函数形式为 $q = Vf(T)$，试导出理想气体的状态方程；(2)若该单原子理想气体的配分函数 q 的函数形式为 $q = \left(\dfrac{2\pi mkT}{h^2}\right)^{\frac{3}{2}} V$，试导出压力 p 和热力学能 U 的表达式，以及理想气体的状态方程。

10.11 某气体的第一电子激发态比基态能量高 $500 \text{ kJ} \cdot \text{mol}^{-1}$，试计算：(1)在 400 K 时，第一电子激发态分子所占的分数；(2)若要使激发态分子所占的分数为 10%，则此时的温度为多少？

10.12 在 300 K 时，已知 F 原子的电子配分函数 $q_e = 4.288$。试求：(1)标准压力下的总配分函数（忽略核配分函数的贡献）；(2)标准压力下的摩尔熵值。已知 F 原子的摩尔质量为 $M = 18.998 \text{ g} \cdot \text{mol}^{-1}$。

10.13 零族元素氩(Ar)可看作理想气体，相对分子质量为 40，取分子的基态(设其简并度为 1)作为能量零点,第一激发态(设其简并度为 2)与基态的能量差为 ε,忽略其他高能级。请回答:(1)写出 Ar 分子的总的配分函数表达式;(2)设 $\varepsilon = 5kT$,求在第一激发态上最概然分布的分子数占总分子数的百分数;(3)计算 1 mol Ar(g)在 298 K 下的统计熵值。设 Ar 分子的核和电子的简并度均等于 1。

10.14　试分别计算转动、振动和电子能级间隔的 Boltzmann 因子 $\exp\left(-\dfrac{\Delta\varepsilon}{kT}\right)$ 各为多少? 已知各能级间隔的值:电子能级间隔约为 100kT,振动能级间隔约为 10kT,转动能级间隔约为 0.01kT。

10.15　设 J 为转动量子数,转动简并度为 $2J+1$。在 240 K 时,CO(g)的转动特征温度为 $\Theta_r = 2.8$ K,则对应的转动量子数是多少。

10.16　HCN 气体的转动光谱呈现在远红外区,其中一部分如下:2.96 cm^{-1},5.92 cm^{-1},8.87 cm^{-1},11.83 cm^{-1}。试求:(1)300 K 时该分子的转动配分函数;(2)转动运动对摩尔定容的贡献是多少?

10.17　HBr 分子的核间平衡距离 $r = 0.1414$ nm,试计算:(1)HBr 的转动特征温度;(2)在 298 K 时,HBr 分子占据转动量子数 $J = 1$ 的能级上的百分数;(3)在 298 K 时,HBr 理想气体的摩尔转动熵。

10.18　已知 H_2 和 I_2 的摩尔质量、转动特征温度和振动特征温度分别为:

物质	$M/(kg \cdot mol^{-1})$	Θ_r/K	Θ_v/K
H_2	2.0×10^{-3}	85.4	6100
I_2	253.8×10^{-3}	0.054	310

试求在 298 K 时:(1)H_2 和 I_2 分子的平动摩尔热力学能、转动摩尔热力学能和振动热力学能;(2)H_2 和 I_2 分子的平动定容摩尔热容、转动定容摩尔热容和振动定容摩尔热容(忽略电子和核运动对热容的贡献)。

10.19　在 298 K 和 100 kPa 时,1 mol O_2(g)(设为理想气体)放在体积为 V 的容器中。试计算:(1)O_2(g)的平动配分函数 q_t;(2)O_2(g)的转动配分函数 q_r,已知其核间距为 0.1207 nm;(3)O_2(g)的电子配分函数 q_e,已知电子基态的简并度为 3,忽略电子激发态和振动激发态的贡献;(4)O_2(g)的标准摩尔熵值。

10.20　在 298 K 和 100 kPa 时,求 1 mol NO(g)(设为理想气体)的标准摩尔熵值。已知 NO(g)的转动特征温度为 2.42 K,振动特征温度为 2690 K,电子基态与第一激发态的简并度均为 2,两能级间的能量差为 $\Delta\varepsilon = 2.473\times10^{-21}$J。

10.21　计算 298 K 时 HI、H_2、I_2 的标准 Gibbs 自由能函数。已知 HI 的转动特征温度为 9.0 K,振动特征温度为 3200 K,摩尔质量为 $M_{HI} = 127.9 \times$

$10^{-3}\,\mathrm{kg \cdot mol^{-1}}$。$I_2$ 在零点时的总配分函数为 $q_0(I_2) = q_{t,0}q_{r,0}q_{v,0} = 4.143 \times 10^{35}$，$H_2$ 在零点时的总配分函数为 $q_0(H_2) = q_{t,0}q_{r,0}q_{v,0} = 1.185 \times 10^{29}$。

10.22 计算 298 K 时，HI、H_2、I_2 的标准热焓函数。已知 HI、H_2、I_2 的振动转动特征温度分别为 3200 K，6100 K 和 610 K。

10.23 计算 298 K 时，反应 $H_2(g) + I_2(g) \Longrightarrow 2HI(g)$ 的标准摩尔 Gibbs 自由能变化值和标准平衡常数。已知 298 K 时，HI、H_2、I_2 的有关数据如下：

物质	$[G_m^{\ominus}(T) - H_m(0)]/T$ $\mathrm{J \cdot mol^{-1} \cdot K^{-1}}$	$[H_m^{\ominus}(T) - H_m(0)]/T$ $\mathrm{J \cdot mol^{-1} \cdot K^{-1}}$	$\Delta_f H_m^{\ominus}(T)$ $\mathrm{kJ \cdot mol^{-1}}$
$H_2(g)$	-101.34	29.099	0
$I_2(g)$	-226.61	33.827	62.438
HI(g)	-177.67	29.101	26

测验题

一、选择题

1. 一定量纯理想气体，恒温变压时：（　　）。

(1)转动配分函数 q_r 变化

(2)振动配分函数 q_v 变化

(3)平动配分函数 q_t 变化

2. 对定域子系统，某种分布所拥有的微观状态数 Ω 为：（　　）。

$(1)W_D = N! \prod_i \dfrac{g_i^{n_i}}{n_i!}$ 　　　　$(2)W_D = N! \prod_i \dfrac{N_i^{g_i}}{N_i!}$

$(3)W_D = N! \prod_i \dfrac{N_i^{g_i}}{N_i!}$ 　　　　$(4)W_D = N! \prod_i \dfrac{g_i^{N_i}}{N_i!}$

3. O_2 与 HI 的转动特征温度 Θ_r 分别为 2.07 K 及 9.00 K。在相同温度下，O_2 与 HI 的转动配分函数之比为：（　　）。

(1)0.12∶1 　　　　(2)2.2∶1

(3)0.23∶1 　　　　(4)4.4∶1

4. N_2 与 CO 的转动特征温度 Θ_r 分别为 2.86 K 及 2.77 K，在相同温度下，N_2 与 CO 的转动配分函数之比为：（　　）。

(1)1.03∶1 　　　　(2)0.97∶1

(3)0.48∶1 　　　　(4)1.94∶1

5. 不同运动状态的能级间隔不同,对于分子其平动、转动和振动的能级间隔大小顺序为:(　　)。

(1) $\Delta\varepsilon_v > \Delta\varepsilon_t > \Delta\varepsilon_r$　　　　　　　　(2) $\Delta\varepsilon_v > \Delta\varepsilon_r > \Delta\varepsilon_t$

(3) $\Delta\varepsilon_t > \Delta\varepsilon_v > \Delta\varepsilon_r$　　　　　　　　(4) $\Delta\varepsilon_r > \Delta\varepsilon_t > \Delta\varepsilon_v$

6. 与分子运动空间有关的分子运动配分函数是:(　　)。

(1)振动配分函数 q_v

(2)平动配分函数 q_t

(3)转动配分函数 q_r

7. 玻耳兹曼分布:(　　)。

(1)就是最概然分布,也是平衡分布

(2)不是最概然分布,也不是平衡分布

(3)只是最概然分布,但不是平衡分布

(4)不是最概然分布,但是平衡分布

二、填空题

1. 气体是_____系统,晶体是_____系统。(选填:定域子,离域子)

2. 一维简谐振子的振动能 $\varepsilon_v = \left(v + \dfrac{1}{2}\right)h\nu$。一定温度下已知处于振动第二激发能级的分子数与基态分子数之比为 0.01,则处于振动第一激发能级的分子数与基态分子数之比 =_____。

3. 独立子系统的热力学能 U 与配分函数 q 的关系式是 $U =$ _____。

4. N 个分子组成的理想气体,分子的能级 $\varepsilon_1 = 6.0 \times 10^{-21}$J,$\varepsilon_2 = 8.4 \times 10^{-21}$J,相应的简并度是 $g_1 = 1, g_2 = 3$。已知玻耳兹曼常数 $k = 1.83 \times 10^{-23}$J·K^{-1},在 300 K 时,这两个能级上的分子数之比 $\dfrac{N_1}{N_2} =$ _____。

5. 当系统的粒子数 N、体积 V 及总能量 E 确定后,则每个粒子的能级_____,相应简并度_____,该宏观状态所拥有的总微观状态数_____。(选填确定,不确定)

6. 温度越高,配分函数之值越_____。(选填大,小)在相同温度下,粒子_____的配分函数之值最大,粒子_____的配分函数之值最小(选填平动、转动、振动)

7. 有 9 个独立的定域粒子分布在 ε_0,ε_1,ε_2 3 个能级上,在 ε_0 能级上有 5 个粒子,在 E_1 能级上有 3 个粒子,在 ε_3 能级上有 1 个粒子。这 3 个能级的简并度分别为 $g_0 = 1, g_1 = 3, g_2 = 2$。这一分布的微观状态数为_____。

8. N_2 与 CO 的转动特征温度分别为 2.89 K 与 2.78 K,则同温下 N_2 与 CO 的转动配分函数之比为_____。

9. 在统计热力学中,通过_____把微观结构与宏观性质联系起来。

10. 线形刚体转子转动能级的简并度为_____,一维简谐振子振动能级的简并度为_____。

11. 用统计热力学计算得到 N_2O 气体在 25 ℃时的标准摩尔熵为 220.0 J·K^{-1}·mol^{-1},由热力学第三定律得到的是 215.2 J·K^{-1}·mol^{-1}。作为热力学数据使用,较为可靠的是_____,两者之差称为_____。

12. 玻耳兹曼分布公式的形式为 $N_j =$ _____,该式的应用条件是_____。

13. 理想气体是_____系统。(选填独立子,非独立子,定域子,非定域子)

14. 双原子分子的振动配分函数 $q_v =$ _____。

15. 实际气体是_____系统。(选填独立子,非独立子,定域子,非定域子)

16. 假设晶体上被吸附的气体分子间无相互作用,则可把该系统视为_____系统。

17. 按粒子之间有无相互作用,统计系统可分为_____系统,粒子之间_____相互作用及_____系统,粒子之间_____相互作用。

18. 气体是_____系统,晶体是_____系统。(选填:定域子,离域子)

三、是非题

1. 玻耳兹曼分布是最概然分布,也是平衡分布。(   )

2. 简并度是同一能级上的不同量子状态的数目。是不是?(   )

3. 由气体组成的统计系统是定域子系统。是不是?(   )

4. 转动配分函数与体积无关。是不是?(   )

5. 对定域子系统,某种分布所拥有的微观状态数为 Ω,则 $\Omega = \prod_i \dfrac{g_i^{N_i}}{n_i!}$。(   )

6. 对非定域的独立子系统,热力学函数熵 S 与分子配分函数 q 的关系为:$S = \dfrac{U}{T} + k\ln\dfrac{q^N}{N!}$。是不是?(   )

7. 由晶体组成的统计系统是定域子系统。是不是?(   )

8. 设分子的平动、振动、转动、电子等配分函数分别以 q_t,q_v,q_r,q_e 等表示,则分子配分函数 q 的因子分解性质可表示为:$\ln q = \ln q_t + \ln q_v + \ln q_r + \ln q_e$ 是不是?(   )

9. 对定域子系统,某种分布所拥有的微观状态数为 Ω,则 $\Omega = N! \prod_i \dfrac{g_i^{N_i}}{n_i!}$。
( )

10. 能量标度零点选择不同,粒子配分函数值不同。是不是?(   )

11. 由晶体组成的统计系统是非定域子系统。是不是?(   )

12. 对于非定域的独立子系统,热力学能 U 与分子配分函数 q 的关系可表示为 $U = NkT^2 \left(\dfrac{\partial \ln q}{\partial T}\right)_{V,N}$。是不是?(   )

四、计算题

1. 已知 HI 的转动惯量为 $42.70 \times 10^{-48}\,\text{kg} \cdot \text{m}^2$,谐振频率为 $66.85 \times 10^{12}\,\text{s}^{-1}$,试计算 100 ℃ 时 HI 分子的转动配分函数 q_r 和振动配分函数 q_v。(已知 $h = 0.6626 \times 10^{-33}\,\text{J} \cdot \text{s}$,$k = 1.38 \times 10^{-23}\,\text{J} \cdot \text{K}^{-1}$)

2. 已知 O_2 的振动波数为 $1580.36\,\text{cm}^{-1}$,求:

(1)振动特征温度;

(2)3000 K 时的振动配分函数 q_v 和 q_v^0。

(已知光速 $c = 2.997925 \times 10^8\,\text{m} \cdot \text{s}^{-1}$,$h = 6.626 \times 10^{-34}\,\text{J} \cdot \text{s}$,$k = 1.38 \times 10^{-23}\,\text{J} \cdot \text{K}^{-1}$)

3. HCl 分子的振动能级间隔 $\Delta\varepsilon_v = 5.94 \times 10^{-20}\,\text{J}$,计算 298K 时某一能级和其较低一能级上的分子数之比。对于 I_2 分子 $\Delta\varepsilon_v = 0.43 \times 10^{-20}\,\text{J}$,请作同样计算。(已知玻耳兹曼常数 $k = 1.38 \times 10^{-23}\,\text{J} \cdot \text{K}^{-1}$)

4. I_2 分子的振动能级间隔是 $0.414 \times 10^{-20}\,\text{J}$,计算在 27 ℃ 时,粒子在某一能级和其较低一能级上平衡分布的分子数之比。(已知玻耳兹曼常数 $k = 1.38 \times 10^{-23}\,\text{J} \cdot \text{K}^{-1}$)

5. 由 N 个分子(N 很大)组成的理想气体系统,若分子能级 $\varepsilon_1 = 6.0 \times 10^{-21}\,\text{J}$,$\varepsilon_2 = 8.4 \times 10^{-21}\,\text{J}$,相应的能级简并度 $g_1 = 1$,$g_2 = 3$,计算 300 K 时,在这两个能级上分布的分子数之比 $\dfrac{N_1}{N_2} = ?$(已知 $k = 1.38 \times 10^{-23}\,\text{J} \cdot \text{K}^{-1}$。)

第十一章　胶体化学
（Chapter 11　Colloidal Chemistry）

通过本章的学习,要求掌握:

1.分散系统的定义及分类;

2.胶体的制备方法;

3.胶体的光学性质与动力学性质;

4.胶体的电学性质及其结构书写方式;

5.胶体的稳定性及聚沉方法;

6.乳状液、悬浮液和泡沫的特征和用途。

一种或几种物质分散在另外一种物质中所构成的系统,称为分散系统。被分散的物质称为分散相,另一种连续相的物质称为分散介质。根据分散相被分散的程度,即分散相粒子的大小,分散系统可分为以下3类:

①真溶液,也称为分子分散系统。分散质点直径 $d<1$ nm,物质的存在形式为分子、原子或离子,分散相和分散介质存在于同一相,属于单相系统。例如:蔗糖溶于水后形成"真溶液"。特点为透明、不发生光散射、溶质扩散快、溶质和溶剂均可透过半透膜等。

②粗分散系统。分散相粒子直径 $d>1000$ nm 的分散系统。特点为目视为不透明、浑浊,分散相不能透过滤纸,为热力学不稳定系统。

③胶体系统。分散相粒子直径 d 介于 $1\sim1000$ nm 的高度分散系统即为胶体系统。

胶体系统又分为3类。

①溶胶。溶胶的特点是虽然目视是均匀的,但实际上分散相与分散介质是分开的,不是同一相,两者之间存在很大的相界面,具有很高的界面能。胶体粒

子难溶于水,其高度分散在水中,但有自发聚结的趋势,因而在热力学上溶胶是不稳定系统。溶胶也称为憎液胶体。

②高分子溶液。它们的分子大小虽然已经达到 $1\sim1000$ nm,但其易溶于水,与分散介质不存在相界面,不会自动发生聚沉,属于均相热力学稳定系统。高分子溶液也称为亲液胶体。

③缔合胶体。分散相为表面活性分子缔合形成的胶束,在水中,表面活性剂分子的亲油基团向里,亲水基团向外,分散相与分散介质亲和性良好,是热力学稳定系统。

另外,对于多相分散体系,常按照分散相和分散介质的聚集状态,分为 8 类,如表 11.1 所示。

表 11.1　分散系统的八种类型

分散介质	分散相	名称	实例
气	液 固	气溶胶	云,雾 烟,粉尘
液	气 液 固	泡沫 乳状液 液溶胶或悬浮液	肥皂泡沫 牛奶,含水原油 AgI 溶胶,泥浆
固	气 液 固	固体泡沫 凝胶 固溶胶	泡沫塑料 珍珠 有色玻璃,某些合金

胶体化学与人类生活环境,衣、食、住、行等密切相关。如大气环境相关的气溶胶系统等。同样石油、化学、纺织、冶金、电子、食品等工业中的若干工艺过程也离不开胶体化学的基本原理。近年来,随着科学技术的飞速发展,胶体化学在单分散溶胶、纳米(超细)颗粒及纳米材料的制备、生命医学现象的揭示与机理探求等方面也发挥越来越重要的作用。

11.1　溶胶的制备

胶体系统的分散相粒子比一般的真溶液大,而小于粗分散系统。因此,制备胶体可以将粗分散系统中的粒子进一步变小,或者使分子分散系统中的分散相聚集变大。

11.1.1　分散法

分散法是将粗分散程度的物料分散得到胶体。分散法常采用下列设备和方法。

（1）胶磨法

该方法采用一个高速转动的圆盘，物料在空隙中受到强烈的冲击与研磨而分散。为防止得到的分散相微粒聚集成块，粉碎时常加入少量的表面活性剂比如明胶、单宁类的化合物作为稳定剂。一般工业上用的胶体石墨、颜料以及医药用硫溶胶等都是使用胶体磨制成的。该方法成本低，操作简单，能大规模生产，但制备的胶体粒子相对较大。

（2）气流粉碎机（又称喷射磨）

该方法采用两个高压喷嘴，分别以接近或超过音速的速度将高压空气及物料喷入，粒子间产生相互碰撞、摩擦及剪切作用而被粉碎。气流粉碎机不需加热，污染较小，能够进行连续操作，粉碎程度可达 $1~\mu m$ 以下。

（3）胶溶法

该方法在适当的条件将新制备的固体沉淀物重新分散而得到胶体。比如在新生成的某种沉淀（如 $AgCl$）中加入和沉淀物具有某种相同离子的电解质（如 $NaCl$）溶液，然后加以搅拌，借助胶溶作用即可制成较稳定的溶胶。

11.1.2　凝聚法

凝聚法是将分子（或原子、离子）分散状态凝聚为胶体分散状态的方法。可分为两种。

（1）物理凝聚法

一种凝聚法是将分散相和分散介质蒸发成蒸气状态，然后将蒸气同时在另一被液态空气所冷却的高度真空容器的表面上冷凝。冷凝物融化后收集即可。另一种是降低溶质的溶解度达到过饱和，使溶质从溶剂中分离出来凝聚而得到溶胶。

（2）化学凝聚法

该方法采用化学反应生成不溶性物质，控制晶体析出条件，使分散相大小保持在胶核尺度范围而得到溶胶，称为化学凝聚法。

例如，边不断搅拌，边将 $FeCl_3$ 稀溶液慢慢滴入沸腾的水中，$FeCl_3$ 水解，即可得到棕红色、透明的 $Fe(OH)_3$ 溶胶：

$$FeCl_3 + 3H_2O \longrightarrow Fe(OH)_3 + 3HCl$$

$FeCl_3$ 需要稍过量，起到稳定剂的作用，因为 $Fe(OH)_3$ 的微小晶体能选择性地吸附 Fe^{3+}，使胶体粒子带正电荷。

一般说来，采用化学方法制备溶胶时要求反应物浓度较稀，两种反应物中有一种稍有过量且反应物的混合速度比较缓慢。

11.1.3　溶胶的净化

在溶胶制备过程中,为使溶胶稳定常加入某些电解质。但过量的电解质或其他杂质,却对溶胶的稳定不利,必须除去,这就是溶胶的净化。净化溶胶最常用的方法是渗析法。此法利用胶粒穿透半透膜的能力和一般小分子杂质及电解质不同的特点,将溶胶中多余的电解质或其他杂质除去。方法一般是将需要净化的溶胶装入羊皮纸、动物的膀胱膜、硝酸或醋酸纤维素等做成的半透膜内,再放入流动的溶剂中,溶胶一侧的杂质可以经过半透膜进入溶剂一侧,隔一定时间更换新鲜的溶剂,即可达到净化的目的。为了加快渗透速率,可加大渗透面积、适当提高温度或加外电场。在外电场的作用下,电解质的迁移速度加快,这种方法称为电渗析。但采用渗析法净化溶胶时应注意电解质的除去量,电解质除去过多不利于溶胶的稳定。

[例 11-1]　有人用一定浓度的 KI 与一定浓度的 $AgNO_3$ 溶液缓慢混合以制备 AgI 溶胶。为了净化此溶胶,小心地将其放置在渗析池中,先使渗析液蒸馏水的水面与溶液液面相平。请判断后面发生的现象并解释此现象的原因。

答　开始时,渗析液蒸馏水的水面与溶液液面相平,然后会出现溶胶液面逐渐上升,随后又自动下降。发生此现象的原因为在渗析开始时,半透膜内外的溶液的浓度存在差异,半透膜外是纯水,其化学势大于膜内的水溶液,所以水向膜内渗析而电解质离子向膜外渗析,因此膜内液面高于膜外。随着渗析的进行,膜内电解质的浓度逐渐降低,水及电解质在膜两侧的化学势逐渐趋于一致,所以膜内液面又自动下降至半透膜内外的液面相平。

视频 11.1

11.2　溶胶的光学性质

溶胶具有高度的分散性和多相的不均匀性,其光学性质充分地展示了这一特点。光学性质有助于研究溶胶粒子的大小、形状及其运动的规律。

11.2.1　丁铎尔效应

在暗室中,将一束经聚集的光线投射到溶胶上,从垂直入射光的方向上可观察到溶胶有一发亮的光锥,光锥里时有闪烁的微粒。此现象是英国物理学家丁铎尔(Tyndall)于 1869 年首先发现,故称为丁铎尔效应(图 11.1 所示)。

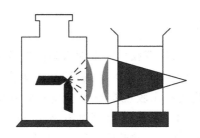

图 11.1　丁铎尔效应

当光线照射到分散系统时,会发生光的反射、吸收、透过和散射等。丁铎尔效应是光的散射的反映,光的散射条件是入射光的波长大于分散相粒子。可见光的波长在 $400\sim760$ nm,一般胶粒的大小范围为 $1\sim1000$ nm。所以,胶粒的大小范围正好容易引起光的散射。光的散射原理是振动频率高达 1×10^{15} Hz 的光照射在胶粒上,使围绕在胶粒分子或原子运动的电子产生被迫振动,振动产生次级光波,从而被光照射的微小晶体上的每个分子,就成为一个个次级光源,并向四周辐射出与入射光有相同频率的次级光波。这些次级光波在不均匀介质中无法相互抵消,由此产生光散射现象。产生丁铎尔效应的实质即是光的散射。散射光的强度可用瑞利公式计算。

11.2.2　瑞利公式

1871 年,瑞利(Rayleigh)经过假设,采用经典的电磁波理论,导出了适用于稀薄气溶胶散射光强度的计算式,后经推广可应用于稀的液溶胶系统。当入射光为非偏振光时,可通过下列公式计算单位体积液溶胶的散射光强度 I:

$$I = \frac{9\pi^2 V^2 C}{2\lambda^4 l^2}\left(\frac{n^2 - n_0^2}{n^2 + 2n_0^2}\right)(1 + \cos^2\alpha)I_0 \tag{11-2-1}$$

公式中符号的意义为: I_0 及 λ 分别为入射光的强度及波长; V 为单个分散相粒子的体积; C 为数浓度,即单位体积中的粒子数; n 及 n_0 分别为分散相及分散介质的折射率; α 为散射角,即观察的方向与入射光方向之间的夹角; l 为观察者与散射中心的距离。当观察者在与入射光垂直的方向则 $\alpha = 90°, \cos\alpha = 0$。由式(11-2-1)可以看出:

①散射光强度与单个粒子体积的平方成正比。一般真溶液溶质粒子的直径小于 1 nm,产生的散射光极其微弱;而粗分散体系粒子大于可见光的波长,没有丁铎尔效应;只有溶胶才具有明显的丁铎尔效应。所以,可以根据丁铎尔效应强弱来鉴别分散系统的种类。

②散射光强度与入射光波长的 4 次方成反比,即波长越短,散射光越强。

可见光中的蓝、紫光波长最短,散射光最强;而红光波长最长,其散射作用最弱。

③分散相与分散介质对光的折射率相差越大,散射光越强。憎液溶胶中,分散相与分散介质不同相,折射率相差较大,丁铎尔效应很强。而高分子真溶液是均相系统,散射光很弱,故可用来区别高分子溶液与溶胶。

④散射光强度与粒子数浓度成正比。保持其他条件一致,溶胶的散射光强度之比应等于其数浓度之比,即 $I_1/I_2 = C_1/C_2$。因此,可通过一个溶胶的数浓度求出另一溶胶的数浓度。根据这一原理可设计浊度计。

视频 11.2

11.3　溶胶的动力学性质

溶胶的动力学性质主要有溶胶粒子的布朗运动、扩散、沉降平衡等。

11.3.1　布朗运动

通过超显微镜观察溶胶,可以看到溶胶粒子处于不停息的、无规律的运动状态。这种运动即为布朗运动(Brownian motion)。

布朗运动是分散介质分子的无规则热运动的体现。分散介质时刻不停地运动,能够从各个方向连续不断地撞击分散相的粒子。从统计的观点来看,介质分子从各个方向对粗分散系统中的粒子的作用的概率相等,分散相粒子受力平衡,所以不会发生位移。另一方面即使在某一方向上撞击力量稍大,因粗分散系统粒子质量较大,其布朗运动也不显著或根本不动。胶体粒子体积小,所受到的撞击次数也大大下降,无法相互抵消。某一瞬间的合力可以使胶体粒子发生位移,即产生布朗运动,如图 11.2 所示。

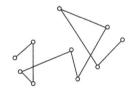

图 11.2　布朗运动示意图

1905 年前后,爱因斯坦用概率的概念和分子运动论的观点,创立了布朗运动的理论,推导出爱因斯坦-布朗平均位移公式:

$$\overline{x} = \left(\frac{RTt}{3L\pi r\eta}\right)^{1/2} \tag{11-3-1}$$

式中 $\overline{x}$ 为在时间 t 间隔内粒子的平均位移,r 为粒子的半径,η 为分散介质的黏度,T 为热力学温度,R 为摩尔气体常数,L 为阿伏伽德罗常数。

从式(11-3-1)可知,布朗运动的速率取决于粒子的大小、温度及介质黏度等,粒子越小、温度越高、介质黏度越低则胶体粒子在单位时间的平均位移越大。

11.3.2 扩散

由于溶胶存在布朗运动,在有浓差的情况下,会发生由高浓度到低浓度处的扩散。但由于溶胶粒子比普通分子的体积大,因此扩散速度慢。与真溶液中溶质的扩散相似,溶胶粒子的扩散也可用费克(Fick)扩散第一定律来描述:

$$\frac{dn}{dt} = -DA_s \frac{dc}{dx} \tag{11-3-2}$$

式(11-3-2)中的负号源于扩散方向与浓度梯度方向相反。该式表示单位时间通过某一截面的物质的量 dn/dt 与该处的浓度梯度 dc/dx 及截面面积大小 A_s 成正比。

比例系数 D 称为扩散系数,单位为 $m^2 \cdot s^{-1}$,其物理意义是:单位浓度梯度下,单位时间通过单位面积的物质的量。其用于衡量物质扩散能力的大小,对于球形粒子,扩散系数 D 可由爱因斯坦-斯托克斯方程计算:

$$D = \frac{RT}{6L\pi r\eta} \tag{11-3-3}$$

从式(11-3-3)可以看出,扩散系数与粒子的半径、介质黏度和温度有关。

将式(11-3-3)与式(11-3-1)相结合可得:

$$(\overline{x})^2 = \frac{RTt}{3L\pi r\eta} = \frac{RT}{6L\pi r\eta} \cdot 2t = 2Dt$$

所以:

$$D = \frac{(\overline{x})^2}{2t} \tag{11-3-4}$$

从式(11-3-4)可以看出,在一定时间间隔 t 内,观测出粒子的平均位移 $\overline{x}$,就可求出 D 值。

11.3.3 沉降平衡

分散相粒子所受作用力的情况,大致可分为两个方面:一是重力场和浮力的相互作用,如果分散相粒子的密度比分散介质的密度大,重力作用大于浮力而使分散相向下运动,从而发生沉降;另一方面是由于沉降的作用在垂直方向产生浓度差,由浓度差引起的扩散作用则使粒子趋于均匀分布。可以看出,沉降与扩散是两个相反的作用。当沉降作用和扩散作用达到稳定时,粒子沿高度方向形成浓度梯度,如图 11.3 所示,在底部粒子的数浓度较高,在上部粒子的数浓度较低,达到平衡状态,这种状态称为"沉降平衡"。

图 11.3　沉降平衡示意图

对于微小粒子在重力场中的沉降平衡,可以通过贝林(Perrin)分布定律计算平衡时不同高度的粒子数浓度:

$$\ln \frac{C_2}{C_1} = -\frac{Mg}{RT}\Big(1-\frac{\rho_0}{\rho}\Big)(h_2-h_1) \tag{11-3-5}$$

式中 C_1 和 C_2 分别为在高度 h_1 和 h_2 处粒子的数浓度(或数密度),M 为粒子的摩尔质量,g 为重力加速度;ρ 和 ρ_0 分别为粒子和分散介质的密度。式(11-3-5)与粒子形状无关,但要求粒子大小相等。从式(11-3-5)可以看出,粒子的摩尔质量越大,分散相和分散介质的密度差越大,达到沉降平衡时粒子的浓度梯度也越大。

[例 11-2]　某金溶胶粒子半径为 30 nm。25 ℃时,于重力场中达到平衡后在某高度的某指定体积内粒子数为 201 个,试计算该高度以上 0.1 mm 相同体积内的粒子数。已知金与分散介质的密度分别为 $19.3\times10^3\,\mathrm{kg\cdot m^{-3}}$ 及 $1.00\times10^3\,\mathrm{kg\cdot m^{-3}}$。阿伏伽德罗常数为 $6.022\times10^{23}\,\mathrm{mol^{-1}}$。

解　$M=mL=\rho VL$

$$=\frac{4}{3}\pi r^3\rho L = \frac{4}{3}\times3.14\times(30\times10^{-9})^3\times19.3\times10^3\times6.022\times10^{23}$$

$$=1.314\times10^3\,(\mathrm{kg\cdot mol^{-1}})$$

由胶粒在达到沉降平衡时的分布定律:

$$\ln\frac{C_2}{C_1}=-\frac{Mg}{RT}\Big(1-\frac{\rho_0}{\rho}\Big)(h_2-h_1)$$

上式中,M 为胶粒在 $h_2\sim h_1$ 范围内的平均摩尔质量,则:

$$\ln\frac{201}{C_1}=-\frac{1.314\times10^3\times9.802}{8.314\times298.15}\Big(1-\frac{1.00\times10^3}{19.3\times10^3}\Big)\times(-0.1\times10^{-3})$$

$$=0.492$$

$$C_1=123$$

11.4 溶胶的电学性质

溶胶高度分散,分散相的固体粒子与分散介质之间存在着明显的相界面,固体粒子具有自发团聚变大的趋势。但实际上制备的溶胶在合适的条件下可以较长时间保持稳定。这是因为在制备过程中采用技术使溶胶粒子带有电荷。这样分散相和分散介质在外电场的作用下会发生相对运动,也就是电动现象。

11.4.1 扩散双电层理论

溶胶粒子带电的原因主要有以下两种。

①离子吸附。固体表面从溶液中吸附离子是有选择性的。实验证明,溶胶粒子表面优先吸附与溶胶粒子具有相同化学元素的离子,这一规则称为法扬斯-帕尼思(Fajans-Pancth)规则。例如,用 $AgNO_3$ 和 KI 制备的 AgI 溶胶,AgI 微粒优先吸附 Ag^+ 或 I^-,而对 K^+ 和 NO_3^- 吸附极弱。当 KI 过量时,AgI 微粒优先吸附 I^-,AgI 微粒带负电。

②解离。固体表面上的分子在溶液中发生电离析出一种离子能溶于溶液中,不溶的溶胶粒子带相反电荷。例如,硅酸溶胶中,胶体粒子包含许多硅酸分子,表面的硅酸分子电离出 H^+ 而使硅酸胶粒带负电。

溶胶表面吸附离子后,由于溶液的电中性,分散介质一定带相反电荷。根据静电吸引力的作用,带电荷的溶胶表面必然要吸引等电荷量的、与固体表面上带有相反电荷的离子(这种离子可简称为反离子或异电离子)环绕在溶胶粒子的周围,从而在固、液两相之间形成了双电层。关于双电层有几个代表性的理论,下面作一简单介绍。

(1)亥姆霍兹模型

1879 年,亥姆霍兹(Helmholtz)首先提出在固、液两相之间的界面上会形成如同平行板电容器一样的双电层如图 11.4 所示,称为平板电容器模型。

平板双电层理论能解释一些电动现象,推动了早期电动现象的研究,但是模型过于简单,有许多问题无法进行说明。

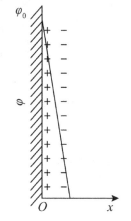

图 11.4 亥姆霍兹双电层模型

（2）古依-查普曼模型

1910 年前后,古依(Gouy)和查普曼(Chapman)提出了扩散双电层理论,他们认为双电层模型的固体表面附近的反离子同时受到两个方向相反的作用:静电吸引力使其趋于靠近固体表面而热运动又使其趋于均匀分布,两种相反的作用达到平衡后,最终反离子呈扩散状态分布在溶液中。离固体表面越近,反离子浓度越高,距离增加,反离子浓度下降,形成一个反离子的扩散层,其模型如图 11.5 所示。

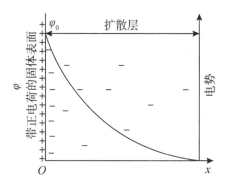

图 11.5　古依-查普曼双电层理论

古依和查普曼假设说明扩散层中的电势随 x(距表面的距离)的增加呈指数形式下降。当离固体表面足够远时,溶液中正负离子所带电荷量大小相等、符号相反,对应的电势为零。

古依-查普曼的扩散双电层理论能正确地反映了反离子在扩散层中分布的情况及相应电势的变化。但把离子视为点电荷,没有考虑到反离子的吸附和离子的溶剂化,因而未能反映出在粒子表面上固定层(即不流动层)的存在。

（3）斯特恩模型

1924 年,斯特恩(Stern)在扩散双电层理论基础上提出一种更加接近实际的双电层模型。该模型提出靠近表面 1~2 个分子厚的区域内,部分反离子会形成一个紧密的吸附层,称为固定吸附层或斯特恩层;其他反离子会构成双电层的扩散部分,如图 11.6 所示。在斯特恩层中的反离子的电性中心会形成一个假想面,称为斯特恩面。斯特恩面内,电势变化与亥姆霍兹平板模型相似。而扩散层的变化情况与古依-查普曼的扩散双电层模型完全一致。可以看出斯特恩模型结合了亥姆霍兹平板模型和古依-查普曼扩散双电层模型各自的优点。

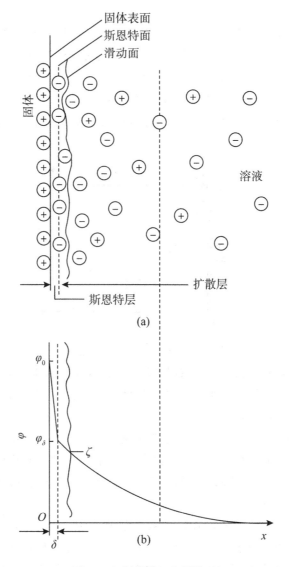

图 11.6　斯特恩双电层模型

在分散相和分散介质发生相对移动时,分散相连同紧密层中的反离子和溶剂分子作为一个整体一起运动,两相之间的滑动面比斯特恩面稍靠外一些。这个滑动面与溶液本体之间存在电势差,称为 ζ 电势。ζ 电势越高,胶粒带电荷越多,其滑动面与溶液本体之间的电势差越大,扩散层也越厚,溶胶越稳定。外加电解质会导致 ζ 电势的显著变化,因为当溶液中电解质浓度增加时,介质中反离子的浓度加大,会使扩散层变薄并使更多的反离子挤进滑动面以内而中和固

体表面电荷使 ζ 电势在数值上变小。当电解质浓度增加到一定程度时,可使 ζ 电势为零,这时的溶胶非常容易聚沉。

11.4.2 电动现象

电动现象包括电泳、电渗、流动电势与沉降电势,下面分别进行介绍。

（1）电泳

溶胶粒子在外电场的作用下,发生定向移动的现象,称为电泳。在外电场中中性粒子是不会发生定向移动的,所以溶胶粒子的电泳现象证明其是带电荷的。图11.7是一种测定电泳速度的实验装置。实验过程中先往 U 形管中装入适量的密度小于溶胶的辅助液,再通过中间支管从辅助液的下面很缓慢地压入溶胶,操作过程中使其与辅助液之间始终保持有清晰的界面。加好溶胶后,给电极加上直流电,可以观察到电泳管中溶胶界面会出现一端下降,另一端上升的情况。

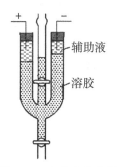

图 11.7 电泳仪示意图

如果溶胶液面是阴极一端下降而阳极一端上升,则溶胶粒子带负电,通常硫溶胶、金属硫化物溶胶和贵金属溶胶属这种情况。如果是阳极一端下降而阴极一端上升,则溶胶粒子带正电,通常金属氧化物溶胶属这种情况。当然有些溶胶既可能带正电也可能带负电。

溶胶粒子的电泳速度与外加电势梯度、粒子带电荷量成正比,而与粒子的体积、介质的黏度成反比。实验表明,在相同的电势梯度下,溶胶的电泳速率与普通离子定向移动的速度大体相当,而溶胶的体积比普通离子要大得多,说明溶胶所带电荷量是很大的。

通过实验可以测出在一定时间内界面移动的距离,就可以求得粒子的电泳速度。由电泳速度可求出胶体粒子的 ζ 电势。

$$\zeta = \frac{\eta v}{\varepsilon_r \varepsilon_0 E} \tag{11-4-1}$$

式中 v 为电泳速度,单位为 $m \cdot s^{-1}$; E 为电场强度(或称电位梯度),单位为 $V \cdot m^{-1}$; ε_r 为相对于真空的介电常数, ε_0 为真空介电常数; η 为介质的黏度,单位为 $Pa \cdot s$。

在非水介质中: $\zeta = \dfrac{1.5 \eta v}{\varepsilon_r \varepsilon_0 E}$ (11-4-2)

通过电泳可以了解溶胶粒子的结构和带电情况。电泳在其他领域也有各自的用途。在生物化学方面,可以根据不同蛋白质分子、核酸分子电泳速度的不同而实现物质的分离;在医学上可以用电泳仪分离血清蛋白、尿蛋白、脑脊液蛋白、血红蛋白等,根据电泳图谱做出诊断。

(2)电渗

保持溶胶粒子不动(可将其吸附固定于多孔性物质如棉花或凝胶中),而液体介质在外电场作用下发生定向流动的现象称为电渗。

电渗实验装置如图 11.8 所示,图中 L_1 及 L_2 为装有电极 E_1 及 E_2 的导线管,用于接通电流。M 为多孔塞,C 为毛细管,实验时先把溶胶充满在多孔塞 M 中,然后在多孔塞 M 及毛细管 C 之间的循环管路中装满水(或其他溶液),再由 T 管吹入气体,使其在毛细管 C 中形成一个小气泡。由电极 E_1 及 E_2 通电后,水(或其他溶液)将通过多孔塞而定向流动。可观察测量水平毛细管 C 中小气泡的移动方向和流速的大小,这些都与多孔塞的材料及流体的性质有关。电渗可用于多孔材料(如黏土等)的脱水、干燥等。

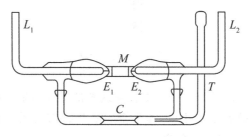

图 11.8　电渗实验装置

(3)流动电势

实验装置如图 11.9 所示,在 N_2 加压作用下,分散介质通过多孔塞向下定向流动,在多孔塞两端所产生的电势差,称为流动电势。在多孔塞两端加上电极并接上电位差计,可测出流动电势的大小。很明显,流动电势产生的过程与电渗互为逆过程。

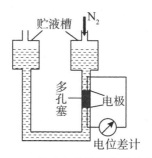

图 11.9　流动电势测量装置示意图

（4）沉降电势

在重力或离心力的作用下分散相粒子发生定向快速移动时,在移动方向的两端会产生电势差,称为沉降电势。该过程与电泳过程正好相反,实验装置如图 11.10 所示。

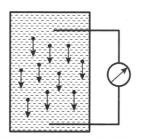

视频 11.4

图 11.10　沉降电势测量图

4 种电动现象的相互关系总结如下：

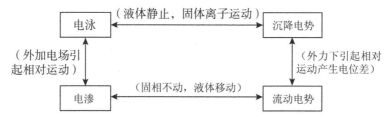

11.4.3　溶胶的胶团结构

结合溶胶粒子带电及双电层理论,可以推断溶胶的结构。分子、原子或离子团聚而成的固态微粒,称为胶核。胶核常具有晶体结构。胶核因吸附离子带电,介质中的一部分水化的反离子进入滑动面。滑动面所包围的带电体称为胶体粒子(简称胶粒)。胶粒与整个扩散层构成电中性的胶团,胶团呈电中性。

以制备 AgI 溶胶为例,由 m 个 AgI 分子形成 AgI 胶核;若 $AgNO_3$ 过量,胶核吸附 Ag^+ 而带正电,反号离子 NO_3^- 一部分进入滑动面,另一部分在扩散层。

胶核吸附 Ag^+ 与含部分 NO_3^- 的滑动面一起组成带正电的胶粒;胶粒与含另一部分 NO_3^- 的扩散层一起组成胶团。胶团结构可以用下式表示:

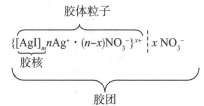

若在制备过程中 KI 过量,AgI 微粒表面将吸附 I^- 而带负电荷,K^+ 为反离子,生成 AgI 的负溶胶,相应地胶团结构则应表示为:

$$\{[AgI]_m nI^- \cdot (n-x)K^+\}^{x-} \cdot xK^+$$

视频 11.5

为保持整个溶胶的电中性,滑动面两侧的反离子所带的电荷量应等于固体微粒表面所带的电荷量而符号相反。即 $(n-x)+x=n$。KI 为稳定剂的 AgI 溶胶的胶团剖面图,如图 11.11 所示。图中的小圆圈表示 AgI 微粒,AgI 微粒为胶核;第二个圆圈表示滑动面;最外边的圆圈则表示扩散层的范围,即整个胶团的大小。

图 11.11　KI 为稳定剂的 AgI 溶胶胶团剖面图

11.5　溶胶的稳定与聚沉

11.5.1　溶胶的经典稳定理论——DLVO 理论

溶胶在热力学上是不稳定的,但有些溶胶却能稳定存在较长时间。稳定的原因可以通过 DLVO 理论进行说明。

1941 年由杰里亚金(Derjaguin)和朗道(Landau),以及 1948 年由维韦(Verwey)和奥弗比克(Overbeek)分别提出了带电荷胶体粒子稳定的理论,简称为 DLVO 理论。

　　DLVO 理论认为胶粒既存在斥力势能,也存在引力势能。前者是带电胶粒靠拢时扩散层重叠时产生的静电排斥力;而后者是长程范德华力所产生的引力势能,其一般与距离的一次方或二次方成反比,或是更复杂的关系。

　　胶粒间存在的斥力势能和引力势能的相对大小决定了系统的总势能,亦决定了胶体的稳定性。当斥力势能>引力势能,并足以阻止胶粒由于布朗运动碰撞而黏结,此时胶体能够保持相对稳定,而当引力势能>斥力势能,胶粒会靠拢而聚沉。调整这两者的相对大小,可改变胶体的稳定性。

　　斥力势能和引力势能以及总势能会随着胶粒之间的距离而变化,但它们与距离的关系并不相同,所以会出现在一定范围内引力占优,在另一范围内斥力占优的现象。

　　理论推导的斥力势能和引力势能公式表明,加入电解质对引力势能影响不大,但对斥力势能有很大影响。电解质的加入会导致系统的总势能的变化,合适的电解质浓度有利于溶胶的稳定。

　　除此之外,溶剂化作用和布朗运动也会影响溶胶的稳定性。可想而知,中和分散相粒子所带的电荷,降低溶剂化作用,都会使溶胶聚沉。

11.5.2　溶胶的聚沉

　　溶胶虽然能暂时稳定一段时间,但终究会相聚结使颗粒变大进而沉淀,这个过程称为聚沉。为促使溶胶聚沉,可以加电解质等。

　　(1)电解质的聚沉作用

　　适量的电解质有助于胶粒带电提高 ζ 电势,对溶胶起到稳定剂的作用。但如果电解质加入过多,会压缩扩散层,使扩散层变薄,斥力势能降低,当电解质的浓度足够大时就会使溶胶发生聚沉。

　　外加电解质需要达到一定浓度才能使溶胶发生明显的聚沉。使溶胶发生明显聚沉所需电解质的最小浓度,称为该电解质的聚沉值。聚沉值可以衡量电解质的聚沉能力。聚沉值越小,表明其聚沉能力越大,因此将聚沉值的倒数定义为聚沉能力。

　　电解质使溶胶发生聚沉,主要起作用的是与胶粒带相反电荷的离子,也就是反离子。对于反离子的聚沉能力,舒尔策-哈迪(Schulze-Hardy)提出了价数规则:反离子的价数越高,聚沉能力越强。一般在其他因素完全相同的条件下,可以近似地表示聚沉能力与反离子价数的 6 次方成正比,即

$$Me^+ : Me^{2+} : Me^{3+} = 1^6 : 2^6 : 3^6 = 1 : 64 : 729$$

　　上述比值表明反离子的价数越高,聚沉能力越强。但也有许多反常现象,如 H^+ 虽为一价,却有很强的聚沉能力。所以,上述比例关系也只能作为一种粗

略的估计,而不能用于严格的定量计算。

同价反离子的聚沉能力也有差别。例如,某些一价的正、负离子,对带相反电荷胶粒的聚沉能力的大小顺序为:

$$H^+>Cs^+>Rb^+>NH_4^+>K^+>Na^+>Li^+$$

$$F^->Cl^->Br^->NO_3^->I^->SCN^->OH^-$$

这种将带有相同价数的反离子按聚沉能力大小排列的顺序,称为感胶离子序。

与胶粒带有相同电荷性质的同离子对溶胶的聚沉也会有影响。当反离子相同时,同离子价数越高,聚沉能力越弱。

(2)高分子化合物的聚沉作用

高分子化合物加入溶胶中有可能使溶胶稳定,也可能使溶胶聚沉。

一个长碳链的高分子化合物能吸附在溶胶粒子表面,当其通过搭桥作用和许多个分散相的微粒发生吸附,把胶粒联结起来,由于高分子的"痉挛"作用,从而变成较大的聚集体而聚沉。但如果在溶胶中加入高分子化合物较多,许多个高分子化合物一端吸附在同一个分散相粒子的表面上,形成一个高分子覆盖层,可以防止胶粒之间或胶粒与电解质离子的接触,对溶胶起保护作用。

高分子化合物在溶胶的聚沉、絮凝或稳定方面的应用很广。絮凝剂应用于污水处理效率高,沉淀迅速,并且易于过滤。血液中含有的某些难溶盐类物质,如碳酸钙、磷酸钙因为有血液中蛋白质的保护而稳定;医学上的滴眼用的蛋白银就是蛋白质所保护的银溶胶。

对于溶胶聚沉问题的分析总结如下:

对于静电稳定胶体,电解质是最敏感的因素。

使溶胶发生明显聚沉所需电解质的最少浓度称为该电解质的聚沉值,电解质的聚沉值越小,表明其聚沉能力越大。

解题步骤如下:

①确定反离子。

②看反离子的价态,价态越高,聚沉能力越大。

③同一价态,正离子,半径越小,聚沉能力越小。

   负离子,半径越小,聚沉能力越大。

④反离子相同,看同号离子,价态越高,削弱反离子的能力越强,聚沉能力越小。

[例 11-3] 以等体积的 0.08 mmol·dm^{-3} KI 和 0.06 mmol·dm^{-3} $AgNO_3$ 溶液混合制备 AgI 溶胶。(1)试写出该溶胶的胶团结构示意式;(2)判

断电泳方向；(3)并比较电解质 $CaCl_2$，$MgCl_2$，Na_2SO_4，$NaNO_3$ 对该溶胶聚沉能力的强弱。

答　(1)由于 KI 的浓度大于 $AgNO_3$ 的浓度，所以等体积混合时，KI 过量，生成的 AgI 胶核优先吸附 I^-，使胶粒带负电，所以胶团的结构式为：$[(AgI)_m \cdot nI^- \cdot (n-x)K^+]^{x-} \cdot xK^+$。(2)因为胶粒带负电，所以电泳方向是向阳极移动。(3)由于胶粒带负电，加入的电解质的阳离子的价数(绝对值)越大，聚沉能力也越强，所以聚沉能力 $CaCl_2$，$MgCl_2 > Na_2SO_4$，$NaNO_3$；比较 Na_2SO_4，$NaNO_3$，阳离子相同，当阴离子价数越高，聚沉能力越弱，所以聚沉能力为：$NaNO_3 > Na_2SO_4$。比较 $CaCl_2$ 和 $MgCl_2$，类似于感胶离子序，因为其阴离子相同，阳离子的离子半径越小，水化能力越强，聚沉能力越弱，则 $CaCl_2 > MgCl_2$。所以最终的聚沉能力排序为：

视频 11.6

$CaCl_2 > MgCl_2 > NaNO_3 > Na_2SO_4$。

11.6　悬浮液

在某些混合物中，分布在液体材料中的物质并不是被溶解，而仅仅是分散在其中，一旦混合物停止振荡，就会沉淀下来，这种不均匀的、异质的混合物，我们称之为悬浮液(suspension)。例如，泥水就是由微小的泥土颗粒悬浮在水中而成的悬浮液。

悬浮液分散相粒子的粒径大于 1000 nm，大于胶体。但悬浮液的分散相粒子无论粒径大小，都会由于分散介质的分子热运动的无序碰撞而产生布朗运动。当然粒子的粒度越小，其布朗运动越明显。另外，悬浮颗粒也会受到重力作用，但重力作用效果却随着粒径变小而减小。悬浮液的分散相粒子半径较大，丁铎尔效应不明显。悬浮液虽然是粗分散系统，但仍具有很大的表面积，可以选择性地吸附分散介质中的某种离子而带电荷。某些高分子化合物对悬浮液也有保护作用，这些都可使悬浮液暂时稳定存在。

悬浮液的研究具有十分重要的意义。如河流中的水含有大量泥沙悬浮体，但悬浮体可吸附带电，具有一定的稳定性，所以在流动的河流中沉降较少。当这些河水进入海口处时，流速大大降低，海水中的盐类离子又会中和泥沙微粒所带电荷，因而泥沙微粒很容易在重力作用下发生聚沉，所以在大江大河的入海口容易形成三角洲。

大多数的悬浮液，其组成都是大小不同的粒子所构成的多级分散系统。在生产及科研中，常需测量这些大小不等的粒子在试样中的含量，即粒度分布。

测定粒度分布最常用的方法是沉降分析。

沉降分析法的原理是通过测定颗粒在适当介质中的沉降速度来计算颗粒的尺寸。假设半径为 r 的球形粒子在重力作用下，在黏度为 η 的均相介质中以速度为 u 作匀速沉降，则粒子所受到的阻力（摩擦力）为 $6\pi\eta ru$，由于粒子是匀速运动，所以受力平衡，这一摩擦力应等于粒子的重力减去沉降介质的浮力。即：

$$\frac{4}{3}\pi r^3(\rho-\rho_0)g = 6\pi\eta ru \tag{11-6-1}$$

式中 r 为分散相粒子（球形）半径；ρ 为分散相粒子密度，假设无溶剂化现象，此密度即为纯固体的密度；ρ_0 为介质密度；g 为重力加速度。

由式(11-6-1)可得：

$$u = \frac{2r^2}{9\eta}(\rho-\rho_0)g \tag{11-6-2}$$

根据式(11-6-2)：

①沉降速度与粒子半径平方成正比，粒子半径减小一半，沉降速度减至原来的 1/4。沉降分析法即以此为依据。

②改变介质的密度和黏度，可调节沉降速度。这在许多工业过程和分析过程有重要的应用。

③实验测出时间 t 内粒子沉降的高度 h，并以 $u=h/t$ 代入式(11-6-2)，可计算粒子半径：

$$r = \sqrt{\frac{9\eta h}{2gt(\rho-\rho_0)}} \tag{11-6-3}$$

视频 11.7

式(11-6-3)表明，不同半径的粒子，下沉同样高度所需时间不同。对于多级分散系统，采用沉降分析法，可求出粒子的粒度分布。

11.7 乳状液

乳状液是由两种（或两种以上）互不相溶（或微量互溶）的液体组成的，其中一种液体以极小液滴的形式分散于另一种液体中，形成具有一定稳定性的非均相体系。乳状液的分散度的大小常在 $100\ nm \sim 10\ \mu m$，普通显微镜即可看到。

由于生活或工作需要，有些情况下需要制备乳状液的结构，例如制造巧克力时可用乳化剂降低黏度；乳化农药分散度更高，应用效果好。而有些乳状液的结构需要破坏，从而更有利于分离，如石油脱水、废水净化。所以，乳状液的研究主要有两方面的任务：即稳定乳状液与破坏乳状液。

两种互不相溶的液体经振荡后形成的分散体系的表面吉布斯函数很高，是热力学不稳定体系。该系统中的小液滴会聚结成为大液滴，降低表面积，从而降低吉布斯函数，最后分成两层。因此，要形成稳定的乳状液，必须设法降低混合体系的吉布斯函数。常用的方法是加入乳化剂（表面活性剂），它能形成保护膜，并能显著地降低界面吉布斯函数。乳化剂使乳状液稳定的作用称为乳化作用。除了乳化剂之外，固体粉末也能使乳状液起到稳定作用。

11.7.1　乳状液的分类及鉴别

在乳状液中，用字母"W"表示水，用"O"表示与水互不相溶的有机物质，统称为"油"。乳状液一般分为两种类型：油分散在水中，称为水包油型，用符号 O/W 表示；水分散在油中，称为油包水型，用符号 W/O 表示。鉴别乳状液是 O/W 型还是 W/O 型的方法主要有：

（1）染色法

在乳状液中加入少许水溶性的染料如亚甲基蓝，振荡后取样在显微镜下观察，若内相（分散相）被染成蓝色，则为 W/O 型；若外相（分散介质）被染成蓝色。则为 O/W 型。也可用油溶性染料试验。

（2）稀释法

取少量乳状液滴入水中，若能稀释，即为 O/W 型；若不能稀释，即为 W/O 型。

（3）导电法

O/W 型乳状液的导电性能远好于 W/O 型乳状液。但乳状液中存在着离子型乳化剂时，W/O 型乳状液也有较好的导电性。

11.7.2　乳状液的稳定

在乳化剂存在的情况下，乳状液能比较稳定地存在，其原因可归纳为：

（1）降低界面张力

将一种液体分散在与其不互溶的另一种液体中，这必然会导致系统相界面面积的增加，表面吉布斯函数增大，这是分散系统不稳定的根源。加入少量的表面活性剂，表面活性剂在油-水界面上形成一种定向单分子层，根据吉布斯吸附公式，界面张力下降得越低，表面活性剂在界面上的吸附量越大，则定向单分子层在界面上排列越紧密；界面膜的强度越大，乳状液越稳定。

在第八章曾经指出，表面活性剂的 HLB 值可决定形成乳状液的类型。一般来说，HLB 值为 8～18 的表面活性剂的亲水性强，可作 O/W 型乳化剂。

HLB 值为 3～6 的表面活性剂的亲油性强,可作 W/O 型乳化剂。HLB 值是表面活性剂的一个重要参数,一般通过实验测定,对某些个别类型的表面活性剂,也可通过公式计算。

(2)形成定向楔的界面

表面活性剂分子的特点是一端亲水而另一端亲油,分子一端大,一端小。在油水界面能定向排列,大头朝向外相,小头朝向内相,如同一个个的楔子密集地钉在圆球上。采取这样的几何构型,可以降低分散相液滴的表面积,从而减小界面吉布斯函数,加大界面的强度。但也有例外,如一价的银肥皂作为乳化剂时,其小头的非极性端朝向外相,而大头的极性端朝向内相,形成 W/O 型乳状液。

(3)形成扩散双电层

乳状液的液珠上所带电荷的来源有:电离、吸附以及液珠与介质之间的摩擦,其主要来源是液珠表面上吸附电离了的乳化剂离子。在乳状液中,水的介电常数远比常见的其他液相高,故 O/W 型乳状液中的油珠多带负电荷,而 W/O 型乳状液中的水珠则带正电荷。反离子形成扩散双电层,热力学电势及较厚的双电层可阻止乳状液因分散相粒子的相互碰撞、聚集而遭到破坏。

(4)界面膜的稳定作用

界面膜的强度和紧密程度是决定乳状液稳定性的重要因素之一。为了得到高强度的界面膜和稳定的乳状液,可以使用足量的乳化状和选择适宜分子结构的乳化剂。

(5)固体粉末的稳定作用

以固体粉末为乳化剂时,若要使固体微粒在分散相周围排列成紧密固体膜,固体粒子大部分应当在分散介质中。容易被水润湿的固体,如黏土、Al_2O_3,可形成 O/W 乳状液。容易被油润湿的炭黑、石墨粉等,可作为 W/O 乳状液的稳定剂。

此外,乳状液的黏度、分散相与分散介质密度差的大小皆能影响乳状液的稳定性。

11.8　泡沫

由不溶性气体分散在液体或熔融固体中所形成的分散系统称为泡沫。其中肥皂泡沫、啤酒泡沫是气体分散在液体中的泡沫。而泡沫塑料、泡沫橡胶和泡沫玻璃等是先将气体分散在黏度较大的熔融体中,冷却后得到气体分散在固体中的泡沫。泡沫中作为分散相的气泡,其大小一般在 1000 nm 以上,其形状常因环境而异。相对于固体中的泡沫,液体泡沫在生产和科研中的研究和论述较多。

只有当气体与液体连续充分地接触时,才有可能产生泡沫。但要制得比较稳定的液体泡沫,必须加入起泡剂或称稳定剂。起泡剂除表面张力小,还需要维持较高的表面膜强度。通常很好的泡沫稳定剂或起泡剂包括肥皂、蛋白质和植物胶等。其作用为起泡剂被吸附于气-液界面上,形成较牢固的液膜,并使界面张力下降,因此生成的泡沫就比较稳定。

某些不易被水润湿的固体粉末,对泡沫也能起到稳定作用。例如,在水中加入一些粉末状的烟煤,经强烈的振荡,可形成三相泡沫。煤末排列在气泡的周围,类似于形成牢固的固体膜,使泡沫变得更加稳定。

泡沫技术的应用也很广泛,矿物的浮选就是其中的一例。先将矿石进行粉碎,得到尺寸在 0.1 mm 以下的颗粒,加入足量的水、适量的浮选剂及少量的起泡剂,然后在水中通入空气或由于水的搅动引起空气进入水中,表面活性剂的疏水端在气-液界面向气泡的空气一方定向,亲水端仍在溶液内,形成了气泡;另一种起捕集作用的表面活性剂(一般都是阳离子表面活性剂,也包括脂肪胺)吸附在固体矿粉的表面。这样在浮选过程中憎水性强的有用矿物附着在气泡上并随之上浮至液面,达到选矿的目的。而被水润湿的长石、石英等废石则沉于水底。一般当水对矿物的接触角在 $50°\sim70°$ 以上时即能达到浮选的效果。此外,在泡沫灭火剂、泡沫杀虫剂、泡沫除尘、泡沫分离及泡沫陶瓷等方面皆用到泡沫技术。

但在染色、造纸、发酵、制糖、石油蒸馏等工业中,有时液面上产生泡沫,这对生产过程极其不利。泡沫的出现将会给操作带来诸多不便甚至会带来着火爆炸等危险,因此在这类工艺操作中,必须设法防止泡沫的出现或破坏泡沫的存在。通常是加入消泡剂(又称抗泡剂)。

视频 11.8

[知识结构]

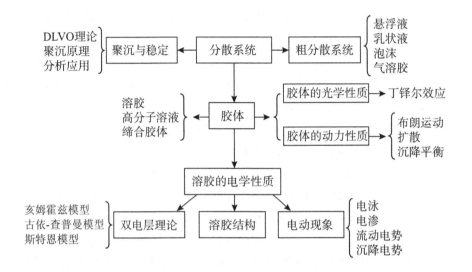

习 题

11.1 某溶胶中粒子平均直径为 $5.8 \times 10^{-9}\,\mathrm{m}$,设 25 ℃时其胶粒的扩散系数 $D = 8.37 \times 10^{-11}\,\mathrm{m^2 \cdot s^{-1}}$。计算:

(1)该溶胶黏度 η;

(2)25 ℃时,胶粒因布朗运动在 1 s 内沿 x 轴方向的平均位移。

11.2 一 Ag 溶胶粒子的平均直径为 83 nm,20 ℃时,在某高度相距 0.100 mm 处每立方厘米中分别含胶粒为 386 和 193 个。已知在此温度下,水的密度为 $0.998 \times 10^3\,\mathrm{kg \cdot m^{-3}}$,Ag 的密度为 $10.5 \times 10^3\,\mathrm{kg \cdot m^{-3}}$,试计算阿伏伽德罗常数。

11.3 由电泳实验测得 AgI 溶胶在电压为 220 V,两极间距离为 26.0 cm 时,通电 3624 s,引起溶胶界面向正极移动 4.16 cm。已知介质的介电常数为 $8.89 \times 10^{-9}\,\mathrm{F \cdot m^{-1}}$,黏度 $\eta = 1.00 \times 10^{-3}\,\mathrm{Pa \cdot s}$,求该溶胶的 ζ 电势。

11.4 向沸水中滴加一定量的 $FeCl_3$ 溶液制备 $Fe(OH)_3$ 溶胶,未反应的 $FeCl_3$ 可水解出 FeO^+ 被吸附而使溶胶稳定。(1)写出胶团结构式;(2)判断 $Fe(OH)_3$ 胶粒的电性和在电泳时的移动方向。

11.5 在两个充有 $0.100\,\mathrm{mol \cdot dm^{-3}}$ $AgNO_3$ 溶液的容器之间连接一个 AgBr 多孔塞,塞中细孔内充满了 $AgNO_3$ 溶液,在多孔塞两侧放两个电极接以直流电源。问：

(1)溶液将向什么方向移动？

(2)当以 $0.001\ mol \cdot dm^{-3}\ AgNO_3$ 代替 $0.100\ mol \cdot dm^{-3}\ AgNO_3$ 溶液时，溶液在相同电压之下流动速率变快还是变慢？

(3)如果用 KBr 溶液代替 $AgNO_3$ 溶液，液体流动方向又怎样？

11.6 下列电解质对某溶胶的聚沉值(单位为 $mol \cdot dm^{-3}$)分别为：

$$c(KCl) = 5, c(KNO_3) = 11, c(MgSO_4) = 0.081, c(Al(NO_3)_3) = 0.0095$$

问此溶胶的电荷是正还是负？

11.7 在 H_3AsO_3 的稀溶液中通入过量 H_2S 气体，生成 As_2S_3 溶胶。已知 H_2S 能电离生成 H^+ 和 HS^-。

(1)写出 As_2S_3 胶团的结构式；

(2)比较电解质 $Al(NO_3)_3$，$MgSO_4$ 和 $K_3Fe(CN)_6$ 对该溶胶聚沉能力大小。

11.8 以等体积的 $0.08\ mol \cdot dm^{-3}\ AgNO_3$ 溶液和 $0.05\ mol \cdot dm^{-3}\ KBr$ 溶液制备 AgBr 溶胶。

(1)写出胶团结构式，指出电场中胶体粒子的移动方向；

(2)加入电解质 $ZnSO_4$，NaCl 和 K_3PO_4 使上述溶胶发生聚沉，则电解质聚沉能力大小顺序是什么？

11.9 有一金溶胶：(1)先加琼脂溶液再加电解质溶液，(2)先加电解质溶液再加琼脂溶液，比较其结果有何不同？

11.10 在 3 个烧瓶中分别盛有 $0.020\ dm^3$ 的 $Fe(OH)_3$ 溶胶，分别加入 Na_2SO_4，$MgSO_4$ 及 $Al_2(SO_4)_3$ 溶液使溶胶发生聚沉，最少需要加入：$0.50\ mol \cdot dm^{-3}$ 的 Na_2SO_4 溶液 $0.045\ dm^3$；$0.01\ mol \cdot dm^{-3}$ 的 $MgSO_4$ 溶液 $0.123\ dm^3$；$0.01\ mol \cdot dm^{-3}$ 的 $Al_2(SO_4)_3$ 溶液 $0.0018\ dm^3$。

(1)试计算各电解质的聚沉值；

(2)聚沉能力之比；

(3)并指出胶体粒子的带电符号。

11.11 已知 AgI 密度为 $5.683 \times 10^3\ kg \cdot m^{-3}$，20 ℃ 时蒸馏水的黏度 $\eta = 1.00 \times 10^{-3}\ Pa \cdot s$。试求 20 ℃ 时直径为 $2.0 \times 10^{-5}\ m$ 的 AgI 溶胶粒子在水中下降 20 cm 所需时间。

测验题

一、选择题

1. 下列分散系统中丁铎尔效应最强的是_____,其次是_____。

(1)空气　　(2)蔗糖水溶液　　(3)大分子溶液　　(4)硅胶溶胶

2. 通常所说胶体带正电或负电是指_____而言。

(1)胶核　　　　　　(2)胶粒　　　　　　(3)胶团

3. 高分子溶液分散质的粒子尺寸为:(　　　)

(1)>1 μm　　　　(2)<1 nm　　　　(3)1 nm~1 μm

4. 溶胶和大分子溶液:(　　　)

(1)都是单相多组分系统

(2)都是多相多组分系统

(3)大分子溶液是单相多组分系统,溶胶是多相多组分系统

(4)大分子溶液是多相多组分系统,溶胶是单相多组分系统

5. 下面属于溶胶光学性质的是(　　　)。

(1)沉降平衡

(2)丁铎尔(Tyndall)效应

(3)电泳

6. 向碘化银正溶胶中滴加过量的 KI 溶液,则所生成的新溶胶在外加直流电场中的移动方向为:(　　　)

(1)向正极移动　　(2)向负极移动　　(3)不移动

7. 在等电点上,两性电解质(如蛋白质、血浆、血清等)和溶胶在电场中:(　　　)。

(1)不移动　　　　(2)移向正极　　　　(3)移向负极

8. 将 12 cm^3 0.02 mol·dm^{-3} 的 NaCl 溶液和 100 cm^3 0.005 mol·dm^{-3} 的 $AgNO_3$ 溶液混合以制备 AgCl 溶胶,胶粒所带电荷的符号为:(　　　)

(1)正　　　　　　(2)负　　　　　　(3)不带电

9. 下面属于水包油型乳状液(O/W 型)基本性质之一的是:(　　　)。

(1)易于分散在油中　　(2)有导电性　　　　(3)无导电性

二、填空题

1. 泡沫是以_____为分散相的分散系统。

2. 氢氧化铁溶胶显红色。由于胶体粒子吸附正电荷,当把直流电源的两极插入该溶胶时,在_____极附近颜色逐渐变深,这是_____现象的结果。

3. 溶胶的动力性质包括：_____、_____、_____。

4. 胶体分散系统的粒子尺寸为_____之间，属于胶体分散系统的有 (1)_____;(2)_____;(3)_____。

5. 胶体粒子在电场中的运动现象称为_____。胶体粒子不动，而分散介质在电场中的运动现象称为_____。

6. 在外电场下,胶体粒子的定向移动称为_____。

7. 丁铎尔效应是_____。

8. 使溶胶完全聚沉所需_____电解质的量,称为电解质对溶胶的_____。

三、是非题

1. 溶胶粒子因带有相同符号的电荷而相互排斥,因而在一定时间内能稳定存在。(　　)

2. 在外加直流电场中,AgI 正溶胶的胶粒向负电极移动,而其扩散层向正电极移动。是不是?(　　)

3. 乳状液必须有乳化剂存在才能稳定。是不是?(　　)

4. 溶胶是亲液胶体,而大分子溶液是憎液胶体。是不是?(　　)

5. 长时间渗析,有利于溶胶的净化与稳定。是不是?(　　)

6. 电解质对溶胶的聚沉值的定义与聚沉能力的定义是等价的,是不是?(　　)

7. 新生成的 $Fe(OH)_3$ 沉淀中加入少量稀 $FeCl_3$ 溶液,沉淀会溶解。再加入一定量的硫酸盐溶液则又会析出沉淀。是不是?(　　)

8. 电解质对溶胶的聚沉值与反离子价数的六次方成正比。是不是?(　　)

9. 亲液溶胶的丁铎尔效应比憎液溶胶强。是不是?(　　)

10. 有无丁铎尔效应是溶胶和分子分散系统的主要区别之一。是不是?(　　)

11. 在外加直流电场中,AgI 正溶胶的胶粒向负电极移动,而其扩散层向正电极移动。是不是?(　　)

12. 由瑞利公式可知,入射光的波长越短,散射越弱。是不是?(　　)

13. 同号离子对溶胶的聚沉起主要作用。是不是?(　　)

14. 大大过量电解质的存在对溶胶起稳定作用,少量电解质的存在对溶胶起破坏作用。是不是?(　　)

15. 溶胶粒子因带有相同符号的电荷而相互排斥,因而在一定时间内能稳定存在。是不是?(　　)

16. 溶胶是均相系统,在热力学上是稳定的。是不是?(　　)

四、问答题。

1. 试比较溶胶(憎液胶体)与大分子溶液(亲液胶体)的异同。

2. 将 KI 溶液滴加到过量的 $AgNO_3$ 溶液中形成 AgI 溶胶,试画出该溶胶的胶团结构式

3. 将 KI 溶液滴加到过量的 $AgNO_3$ 溶液中形成 AgI 溶胶,将该 AgI 溶胶置于外加直流电场中,胶粒将向哪个电极移动?

4. 为什么在新生成的 $Fe(OH)_3$ 沉淀中加入少量 $FeCl_3$ 溶液,沉淀会溶解? 如再加入一定量的硫酸盐溶液又会析出沉淀?

5. 对于以等体积的 $0.008\ mol \cdot dm^{-3}\ AgNO_3$ 溶液和 $0.01\ mol \cdot dm^{-3}\ KI$ 溶液混合制得的 AgI 溶胶,用下列电解质使其聚沉时,其聚沉能力的强弱顺序如何?

(1)$MgCl_2$;(2)$NaCl$;(3)$MgSO_4$;(4)Na_2SO_4。

6. $NaNO_3$,$Mg(NO_3)_2$,$Al(NO_3)_3$ 对 AgI 水溶胶的聚沉值分别为 $140\ mol \cdot dm^{-3}$,$2.60\ mol \cdot dm^{-3}$,$0.067\ mol \cdot dm^{-3}$,试判断该溶胶是正溶胶还是负溶胶?

附　录

附录一　元素原子质量表

元素		相对原子质量	元素		相对原子质量	元素		相对原子质量
符号	名称		符号	名称		符号	名称	
Ag	银	107.86	Hf	铪	178.49	Rb	铷	85.47
Al	铝	26.98	Hg	汞	200.59	Re	铼	186.21
Ar	氩	39.94	Ho	钬	164.93	Rh	铑	102.91
As	砷	74.92	I	碘	126.90	Ru	钌	101.07
Au	金	196.96	In	铟	114.82	S	硫	32.07
B	硼	10.81	Ir	铱	192.22	Sb	锑	121.76
Ba	钡	137.32	K	钾	39.10	Sc	钪	44.96
Be	铍	9.01	Kr	氪	83.80	Se	硒	78.96
C	碳	12.01	Lu	镥	174.96	Sn	锡	118.71
Ca	钙	40.07	Mg	镁	24.30	Sr	锶	87.62
Cd	镉	112.41	Mn	锰	54.94	Ta	钽	180.95
Ce	铈	140.11	Mo	钼	95.94	Tb	铽	158.93
Cl	氯	35.45	N	氮	14.01	Te	碲	127.60
Co	钴	58.93	Na	钠	22.99	Th	钍	232.04
Cr	铬	52.00	Nb	铌	92.91	Ti	钛	47.88
Cs	铯	132.91	Nd	钕	144.24	Tl	铊	204.38
Cu	铜	63.52	Ne	氖	20.18	Tm	铥	168.93

续表

元素		相对原子质量	元素		相对原子质量	元素		相对原子质量
符号	名称		符号	名称		符号	名称	
Dy	镝	162.50	Ni	镍	58.69	U	铀	238.03
Er	铒	167.26	Np	镎	237.05	V	钒	50.94
Eu	铕	151.97	O	氧	16.00	W	钨	183.85
F	氟	18.99	Os	锇	190.20	Xe	氙	131.29
Fe	铁	55.85	P	磷	30.97	Y	钇	88.91
Ga	镓	69.72	Pb	铅	207.20	Yb	镱	173.04
Gd	钆	157.25	Pd	钯	106.42	Zn	锌	65.39
Ge	锗	72.61	Pr	镨	140.91	Zr	锆	91.22
H	氢	1.00	Pt	铂	195.08			
He	氦	4.00	Ra	镭	226.03			

附录二 某些物质的临界参数

物质		临界温度 T_c/K	临界压力 p_c/MPa	临界体积 $V_c/10^{-6} m^3 \cdot mol$	临界密度 $\rho_c/(kg \cdot 10^{-3})$	临界压缩因子 Z_c
He	氦	5.19	0.227	57	70.2	0.300
Ar	氩	150.87	4.898	75	532	0.293
H_2	氢	32.97	1.293	65	31.0	0.307
N_2	氮	126.21	3.39	90	311	0.291
O_2	氧	154.59	5.043	73	438	0.286
F_2	氟	144.13	5.172	66	576	0.285
Cl_2	氯	416.9	7.991	123	576	0.284
Br_2	溴	588	10.34	127	1258	0.269
H_2O	水	647.14	22.06	56	322	0.230
NH_3	氨	405.5	11.35	72	236	0.242
HCl	氯化氢	324.7	8.31	81	450	0.249
H_2S	硫化氢	373.2	8.94	99	344	0.285

物质		临界温度 T_c/K	临界压力 p_c/MPa	临界体积 $V_c/10^{-6}m^3 \cdot mol$	临界密度 $\rho_c/(kg \cdot 10^{-3})$	临界压缩因子 Z_c
CO	一氧化碳	132.91	3.499	93	301	0.295
CO_2	二氧化碳	304.13	7.375	94	468	0.274
SO_2	二氧化硫	430.8	7.884	122	525	0.269
CH_4	甲烷	190.56	4.599	98.60	163	0.286
C_2H_6	乙烷	305.32	4.872	145.5	207	0.279
C_3H_8	丙烷	369.83	4.248	200	220	0.276
C_2H_4	乙烯	282.34	5.041	131	214	0.281
C_3H_6	丙烯	364.9	4.60	185	227	0.281
C_2H_2	乙炔	308.3	6.138	122.2	213	0.293
$CHCl_3$	氯仿	536.4	5.47	239	499	0.293
CCl_4	四氯化碳	556.6	4.516	276	557	0.269
CH_3OH	甲醇	512.5	8.084	117	274	0.222
C_2H_5OH	乙醇	514.0	6.137	168	234	0.241
C_6H_6	苯	562.05	4.895	256	305	0.268
$C_6H_5CH_3$	甲苯	591.80	4.110	316	292	0.264

附录三　某些气体的范德华常数

气体		$10^3 a/(Pa \cdot m^6 \cdot mol^{-2})$	$10^6 b/(m^3 \cdot mol^{-1})$
Ar	氩	135.5	32.0
H_2	氢	24.52	26.5
N_2	氮	137.0	38.7
O_2	氧	138.2	31.9
Cl_2	氯	634.3	54.2
H_2O	水	553.7	30.5
NH_3	氨	422.5	37.1
HCl	氯化氢	370.0	40.6

气体		$10^3 a/(Pa \cdot m^6 \cdot mol^{-2})$	$10^6 b/(m^3 \cdot mol^{-1})$
H_2S	硫化氢	454.4	43.4
CO	一氧化碳	147.2	39.5
CO_2	二氧化碳	365.8	42.9
SO_2	二氧化硫	686.5	56.8
CH_4	甲烷	230.3	43.1
C_2H_6	乙烷	558.0	65.1
C_3H_8	丙烷	939	90.5
C_2H_4	乙烯	461.2	58.2
C_3H_6	丙烯	842.2	82.4
C_2H_2	乙炔	451.6	52.2
$CHCl_3$	氯仿	1534	101.9
CCl_4	四氯化碳	2001	128.1
CH_3OH	甲醇	947.6	65.9
C_2H_5OH	乙醇	1256	87.1
$(C_2H_5)_2O$	乙醚	1746	133.3
$(CH_3)_2CO$	丙酮	1602	112.4
C_6H_6	苯	1882	119.3

附录四 常见物质的摩尔恒压热容与温度的关系

$$(C_{p,m} = a + bT + cT^2)$$

物质		$a/(J \cdot mol^{-1} \cdot K^{-1})$	$10^3 b/$ $(J \cdot mol^{-1} \cdot K^{-2})$	$10^6 c/$ $(J \cdot mol^{-1} \cdot K^{-3})$	温度范围/K
H_2	氢气	26.88	4.347	-0.3265	$273 \sim 3800$
Cl_2	氯气	31.696	10.144	-4.038	$300 \sim 1500$
Br_2	溴气	35.241	4.075	-1.487	$300 \sim 1500$
O_2	氧气	28.17	6.297	-0.7494	$273 \sim 3800$
N_2	氮气	27.32	6.226	-0.9502	$273 \sim 3800$

物质		$a/(\text{J} \cdot \text{mol}^{-1} \cdot \text{K}^{-1})$	$10^3 b/$ $(\text{J} \cdot \text{mol}^{-1} \cdot \text{K}^{-2})$	$10^6 c/$ $(\text{J} \cdot \text{mol}^{-1} \cdot \text{K}^{-3})$	温度 范围/K
HCl	氯化氢	28.17	1.810	1.547	300~1500
H_2O	水蒸气	29.16	14.49	−2.022	273~3800
CO	一氧化碳	26.537	7.6831	−1.172	300~1500
CO_2	二氧化碳	26.75	42.258	−14.25	300~1500
CH_4	甲烷	14.15	75.496	−17.99	298~1500
C_2H_6	乙烷	9.401	159.83	−46.229	298~1500
C_2H_4	乙烯	11.84	119.67	−36.51	298~1500
C_3H_6	丙烯	9.427	188.77	−57.488	298~1500
C_2H_2	乙炔	30.67	52.810	−16.27	298~1500
C_3H_4	丙炔	26.50	120.66	−39.57	298~1500
C_6H_6	苯	−1.71	324.77	−110.58	298~1500
$C_6H_5CH_3$	甲苯	2.41	391.17	−130.65	298~1500
CH_3OH	甲醇	18.40	101.56	−28.68	273~1000
C_2H_5OH	乙醇	29.25	166.28	−48.898	298~1500
$(C_2H_5)_2O$	二乙醚	−103.9	1417	−248	300~400
HCHO	甲醛	18.82	58.379	−15.61	291~1500
CH_3CHO	乙醛	31.05	121.46	−36.58	298~1500
$(CH_3)_2CO$	丙酮	22.47	205.97	−63.521	298~1500
HCOOH	甲酸	30.7	89.20	−34.54	300~700
$CHCl_3$	氯仿	29.51	148.94	−90.734	273~773

附录五 某些物质的标准摩尔生成焓、标准摩尔生成吉布斯函数、标准摩尔熵及摩尔恒压热容

（$p^{\ominus} = 100\text{kPa}, 25\ ℃$）

物质	$\dfrac{\Delta_{\mathrm{f}} H_{\mathrm{m}}^{\ominus}}{\text{kJ}\cdot\text{mol}^{-1}}$	$\dfrac{\Delta_{\mathrm{f}} G_{\mathrm{m}}^{\ominus}}{\text{kJ}\cdot\text{mol}^{-1}}$	$\dfrac{S_{\mathrm{m}}^{\ominus}}{\text{J}\cdot\text{mol}^{-1}\cdot\text{K}^{-1}}$	$\dfrac{C_{p\cdot\mathrm{m}}}{\text{J}\cdot\text{mol}^{-1}\cdot\text{K}^{-1}}$
Ag(g)	0	0	42.55	25.351
AgCl(s)	−127.068	−109.789	96.2	50.79
Ag$_2$O(s)	−31.05	−11.20	121.3	65.86
Al(s)	0	0	28.33	24.35
Al$_2$O$_3$（α.刚玉）	−1675.7	−1582.3	50.92	79.04
Br$_2$(l)	0	0	15.231	75.689
Br$_2$(g)	30.907	3.110	245.463	36.02
HBr(g)	−36.40	−53.45	198.695	29.142
Ca(s)	0	0	41.42	25.31
CaC$_2$(s)	−59.8	−64.9	69.96	62.72
CaCO$_3$（方解石）	−1206.92	−1128.79	92.9	81.88
CaO(s)	−635.09	−604.03	39.75	42.80
Ca(OH)$_2$(s)	−986.09	−898.49	83.39	87.49
C（石墨）	0	0	5.740	8.527
C（金刚石）	1.895	2.900	2.377	6.113
CO(g)	−110.525	−137.168	197.674	29.142
CO$_2$(g)	−393.509	−394.359	213.74	37.11
CS$_2$(l)	89.70	65.27	151.34	75.7
CS$_2$(g)	117.36	67.12	237.84	45.40
CCl$_4$(l)	−135.44	−65.21	216.40	131.75
CCl$_4$(g)	−102.9	−60.59	309.85	83.30
HCN(l)	108.87	124.97	112.84	70.63
HCN(g)	135.1	124.7	201.78	35.86
Cl$_2$(g)	0	0	223.066	33.907
Cl(g)	121.679	105.680	165.198	21.840

物质	$\dfrac{\Delta_f H_m^{\ominus}}{kJ \cdot mol^{-1}}$	$\dfrac{\Delta_f G_m^{\ominus}}{kJ \cdot mol^{-1}}$	$\dfrac{S_m^{\ominus}}{J \cdot mol^{-1} \cdot K^{-1}}$	$\dfrac{C_{p,m}}{J \cdot mol^{-1} \cdot K^{-1}}$
HCl(g)	−92.307	−95.299	186.908	29.12
Cu(s)	0	0	33.150	24.435
CuO(s)	−157.3	−129.7	42.63	42.30
Cu₂O(s)	−168.6	−146.0	93.14	63.64
F₂(g)	0	0	202.781	31.30
HF(g)	−271.1	−273.2	173.779	29.133
Fe(s)	0	0	27.28	25.10
FeCl₂(s)	−341.79	−302.30	117.95	76.65
FeCl₃(s)	−399.49	−334.00	142.3	96.65
Fe₂O₃(赤铁矿)	−824.2	−742.2	87.40	103.85
Fe₃O₄(磁铁矿)	−1118.4	−1015.4	146.4	143.43
FeSO₄(s)	−928.4	−820.8	107.5	100.58
H₂(g)	0	0	130.684	28.824
H(g)	217.965	203.247	114.713	20.784
H₂O(l)	−285.830	−237.129	69.91	75.291
H₂O(g)	−241.818	−228.572	188.825	33.577
I₂(s)	0	0	116.135	54.438
I₂(g)	62.438	19.327	260.69	36.90
I(g)	106.838	70.250	180.791	20.786
HI(g)	26.48	1.70	206.594	29.158
Mg(s)	0	0	32.68	24.89
MgCl₂(s)	−641.32	−591.79	89.62	71.38
MgO(s)	−601.70	−569.43	26.94	37.15
Mg(OH)₂(s)	−924.54	−833.51	63.18	77.03
Na(s)	0	0	51.21	28.24
Na₂CO₃(s)	−1130.68	−1044.44	134.98	112.30
NaHCO₃(s)	−950.81	−851.0	101.7	87.61
NaCl(s)	−411.153	−384.138	72.13	50.50
NaNO₃(s)	−467.85	−367.00	116.52	92.88
NaOH(s)	−425.609	−379.494	64.455	59.54
Na₂SO₄(s)	−1387.08	−1270.16	149.58	128.20
N₂(g)	0	0	191.61	29.125
NH₃(g)	−46.11	−16.45	192.45	35.06

物质	$\dfrac{\Delta_f H_m^{\ominus}}{kJ \cdot mol^{-1}}$	$\dfrac{\Delta_f G_m^{\ominus}}{kJ \cdot mol^{-1}}$	$\dfrac{S_m^{\ominus}}{J \cdot mol^{-1} \cdot K^{-1}}$	$\dfrac{C_{p \cdot m}}{J \cdot mol^{-1} \cdot K^{-1}}$
NO(g)	90.25	86.55	210.761	29.844
NO_2(g)	33.18	51.31	240.06	37.20
N_2O(g)	82.05	104.20	219.85	38.45
N_2O_3(g)	83.72	139.46	312.28	65.61
N_2O_4(g)	9.16	97.89	304.29	77.28
N_2O_5(g)	11.3	115.1	355.7	84.5
HNO_3(l)	−174.10	−80.71	155.60	109.87
HNO_3(g)	−135.06	−74.72	266.38	53.35
NH_4NO_3(s)	−365.56	−183.87	151.08	139.3
O_2(g)	0	0	205.138	29.355
O(g)	249.170	231.731	161.055	21.912
O_3(g)	142.7	163.2	238.93	39.20
P(α-白磷)	0	0	41.09	23.840
P(红磷,三斜晶系)	−17.6	−12.1	22.80	21.21
P_4(g)	58.91	24.44	279.98	67.15
PCl_3(g)	−287.0	−267.8	311.78	71.84
PCl_5(g)	−374.9	−305.0	364.58	112.80
H_3PO_4(s)	−1279.0	−1119.1	110.50	106.06
S(正交晶系)	0	0	31.80	22.64
S(g)	278.805	238.250	167.821	23.673
S_8(g)	102.30	49.63	430.98	156.44
H_2S(g)	−20.63	−33.56	205.79	34.23
SO_2(g)	−296.830	−300.194	248.21	39.87
SO_3(g)	−395.72	−371.06	256.76	50.67
H_2SO_4(l)	−813.989	−690.003	156.904	138.91
Si(s)	0	0	18.83	20.00
$SiCl_4$(l)	−687.0	−619.84	239.7	145.30
$SiCl_4$(g)	−657.01	−616.98	330.73	90.25
SiH_4(g)	34.3	56.9	204.62	42.84
SiO_2(α 石英)	−910.94	−856.64	41.84	44.43
SiO_2(s,无定形)	−903.49	−850.70	46.9	44.4
Zn(s)	0	0	41.63	25.40
$ZnCO_3$(s)	−812.78	−731.52	82.4	79.71

物质	$\dfrac{\Delta_f H_m^{\ominus}}{kJ \cdot mol^{-1}}$	$\dfrac{\Delta_f G_m^{\ominus}}{kJ \cdot mol^{-1}}$	$\dfrac{S_m^{\ominus}}{J \cdot mol^{-1} \cdot K^{-1}}$	$\dfrac{C_{p,m}}{J \cdot mol^{-1} \cdot K^{-1}}$
$ZnCl_2(s)$	-415.05	-369.398	111.46	71.34
$ZnO(s)$	-348.28	-318.30	43.64	40.25
$CH_4(g)$甲烷	-74.81	-50.72	186.264	35.309
$C_2H_6(g)$乙烷	-84.68	-32.82	229.60	52.63
$C_2H_4(g)$乙烯	52.26	68.15	219.56	43.56
$C_2H_2(g)$乙炔	226.73	209.20	200.94	43.93
$CH_3OH(l)$甲醇	-238.66	-166.27	126.8	81.6
$CH_3OH(g)$甲醇	-200.66	-161.96	239.81	43.89
$C_2H_5OH(l)$乙醇	-277.69	-174.78	160.7	111.46
$C_2H_5OH(g)$乙醇	-235.10	-168.49	282.70	65.44
$(CH_2OH)_2(l)$乙二醇	-454.80	-323.08	166.9	149.8
$(CH_3)_2O(g)$二甲醚	-184.05	-112.59	266.38	64.39
$HCHO(g)$甲醛	-108.57	-102.53	218.77	35.40
$CH_3CHO(g)$乙醛	-166.19	-128.86	250.3	57.3
$HCOOH(l)$甲酸	-424.72	-361.35	128.95	99.04
$CH_3COOH(l)$乙酸	-484.5	-389.9	159.8	124.3
$CH_3COOH(g)$乙酸	-432.25	-374.0	282.5	66.5
$(CH_2)_2O(l)$环氧乙烷	-77.82	-11.76	153.85	87.95
$(CH_2)_2O(g)$环氧乙烷	-52.63	-13.01	242.53	47.91
$CHCl_3(l)$氯仿	-134.47	-73.66	201.7	113.8
$CHCl_3(g)$氯仿	-103.14	-70.34	295.71	65.69
$C_2H_5Cl(l)$氯乙烷	-136.52	-59.31	190.79	104.35
$C_2H_5Cl(g)$氯乙烷	-112.17	-60.39	276.00	62.8
$C_2H_5Br(l)$溴乙烷	-92.01	-27.70	198.7	100.8
$C_2H_5Br(g)$溴乙烷	-64.52	-26.48	286.71	64.52
CH_2CHCl氯乙烯	35.6	51.9	263.99	53.72
$CH_3COCl(l)$氯乙酰	-273.80	-207.99	200.8	117
$CH_3COCl(g)$氯乙酰	-243.51	-205.80	295.1	67.8
$CH_3NH_2(g)$甲胺	-22.97	32.16	243.41	53.1
$(NH_2)_2CO(s)$尿素	-333.51	-197.33	104.60	93.14

附录六 常见有机化合物的标准摩尔燃烧焓

（$p^{\ominus}=100\text{kPa},25\ ^{\circ}\text{C}$）

物质	$\dfrac{-\Delta_c H_m^{\ominus}}{\text{kJ}\cdot\text{mol}^{-1}}$	物质	$\dfrac{-\Delta_c H_m^{\ominus}}{\text{kJ}\cdot\text{mol}^{-1}}$
$CH_4(g)$甲烷	890.31	$C_2H_5CHO(l)$丙醛	1816.3
$C_2H_6(g)$乙烷	1559.8	$(CH_3)_2CO(l)$丙酮	1790.4
$C_3H_8(g)$丙烷	2219.9	$CH_3COC_2H_5(l)$甲乙酮	2444.2
$C_5H_{12}(l)$正戊烷	3509.5	$HCOOH(l)$甲酸	254.6
$C_5H_{12}(g)$正戊烷	3536.1	$CH_3COOH(l)$乙酸	874.54
$C_6H_{14}(l)$正己烷	4163.1	$C_2H_5COOH(l)$丙酸	1527.3
$C_2H_4(g)$乙烯	1411.0	$C_3H_7COOH(l)$正丁酸	2183.5
$C_2H_2(g)$乙炔	1299.6	$CH_2(COOH)_2(s)$丙二酸	861.15
$C_3H_6(g)$环丙烷	2091.5	$(CH_2COOH)_2(s)$丁二酸	1491.0
$C_4H_8(l)$环丁烷	2720.5	$(CH_3CO)_2O(l)$乙酸酐	1806.2
$C_5H_{10}(l)$环戊烷	3290.9	$HCOOCH_3(l)$甲酸甲酯	979.5
$C_6H_{12}(l)$环己烷	3919.9	$C_6H_5OH(s)$苯酚	3053.5
$C_6H_6(l)$苯	3267.5	$C_6H_5CHO(l)$苯甲醛	3527.9
$C_{10}H_8(s)$萘	5153.9	$C_6H_5COCH_3(l)$苯乙酮	4148.9
$CH_3OH(l)$甲醇	726.51	$C_6H_5COOH(s)$苯甲酸	3226.9
$C_2H_5OH(l)$乙醇	1366.8	$C_6H_4(COOH)_2(s)$邻苯二甲酸	3223.5
$C_3H_7OH(l)$正丙醇	2019.8	$C_6H_5COOCH_3(l)$苯甲酸甲酯	3957.6
$C_4H_9OH(l)$正丁醇	2675.8	$C_{12}H_{12}O_{11}(s)$蔗糖	5640.9
$CH_3OC_2H_5(g)$甲乙醚	2107.4	$CH_3NH_2(l)$甲胺	1060.6
$(C_2H_5)_2O(l)$二乙醚	2751.1	$C_2H_5NH_2(l)$乙胺	1713.3
$HCHO(s)$甲醛	570.78	$(NH_2)_2CO(s)$尿素	631.66
$CH_3CHO(l)$乙醛	1166.4	$C_5H_5N(l)$吡啶	2782.4

附录七　常见难溶电解质的溶度积(298.15K,离子强度 $I=0$)

化学式	$K_{sp}^{\ominus}$	$pK_{sp}^{\ominus}$	化学式	$K_{sp}^{\ominus}$	$pK_{sp}^{\ominus}$
AgOH	2.0×10^{-8}	7.71	$BaCO_3$	2.58×10^{-9}	8.59
Ag_2CrO_4	1.12×10^{-12}	11.95	$BaSO_4$	1.08×10^{-10}	9.97
$Ag_2Cr_2O_7$	2.0×10^{-7}	6.70	BaC_2O_4	1.6×10^{-7}	6.79
Ag_2CO_3	8.46×10^{-12}	11.07	Bi_2S_3	1.0×10^{-97}	97
Ag_3PO_4	8.89×10^{-17}	16.05	$Ca(OH)_2$	5.02×10^{-6}	5.30
Ag_2S	6.3×10^{-50}	49.20	$CaCO_3$	3.36×10^{-9}	8.47
Ag_2SO_4	1.20×10^{-5}	4.92	$CaC_2O_4 \cdot H_2O$	2.32×10^{-9}	8.63
AgCl	1.77×10^{-10}	9.75	CaF_2	3.45×10^{-11}	10.46
AgBr	5.35×10^{-13}	12.27	$Ca_3(PO_4)_2$	2.07×10^{-33}	32.68
AgI	8.52×10^{-17}	16.07	$CaSO_4$	4.93×10^{-5}	4.30
$Al(OH)_3$(无定形)	1.3×10^{-33}	32.89	CuSCN	1.77×10^{-13}	12.75
$BaCrO_4$	1.17×10^{-10}	9.93	$Cd(OH)_2$	7.2×10^{-15}	14.14
$Mg(OH)_2$	5.61×10^{-12}	11.25	$Mg_3(PO_4)_2$	1.04×10^{-24}	23.98
CdS	8.0×10^{-27}	26.10	$Mn(OH)_2$	1.9×10^{-13}	12.72
$Co(OH)_2$	5.92×10^{-15}	14.23	MnS	2.5×10^{-13}	12.60
$Co(OH)_3$	1.6×10^{-44}	43.80	$Ni(OH)_2$	5.48×10^{-16}	15.26
$CoS(\alpha)$	4.0×10^{-21}	20.40	NiS	1.0×10^{-24}	24.00
$CoS(\beta)$	2.0×10^{-25}	24.70	$PbBr_2$	1.51×10^{-7}	6.82
$Cr(OH)_3$	6.3×10^{-31}	30.20	$PbCO_3$	7.40×10^{-14}	13.13
CuBr	6.27×10^{-9}	8.20	PbC_2O_4	4.8×10^{-10}	9.32
$CuCO_3$	1.4×10^{-10}	9.86	$PbCl_2$	1.70×10^{-5}	4.77
CuCl	1.72×10^{-7}	6.76	$PbCrO_4$	2.8×10^{-13}	12.55
CuCN	3.47×10^{-20}	19.46	PbF_2	3.3×10^{-8}	7.48
CuI	1.27×10^{-12}	11.90	PbI_2	9.8×10^{-9}	8.01
$Cu(OH)_2$	2.2×10^{-20}	19.66	$Pb(OH)_2$	1.43×10^{-20}	19.84
CuS	6.3×10^{-36}	35.20	PbS	8.0×10^{-28}	27.10

续表

化学式	$K_{sp}^{\ominus}$	$pK_{sp}^{\ominus}$	化学式	$K_{sp}^{\ominus}$	$pK_{sp}^{\ominus}$
Cu_2S	2.5×10^{-48}	47.60	$PbSO_4$	2.53×10^{-8}	7.60
$FeC_2O_4 \cdot 2H_2O$	3.2×10^{-7}	6.50	$SrCO_3$	5.60×10^{-10}	9.25
$Fe(OH)_2$	4.87×10^{-17}	16.31	$SrCrO_4$	2.2×10^{-5}	4.65
$Fe(OH)_3$	2.79×10^{-39}	38.55	$SrSO_4$	3.44×10^{-7}	6.46
FeS	6.3×10^{-18}	17.20	$Sn(OH)_2$	5.45×10^{-27}	26.26
Hg_2Cl_2	1.43×10^{-18}	17.84	SnS	1.0×10^{-25}	25.00
Hg_2I_2	5.2×10^{-29}	28.28	$Sn(OH)_4$	1.0×10^{-56}	56.00
$HgS(黑)$	1.6×10^{-52}	51.80	$Zn(CO_3)_2$	1.19×10^{-10}	9.92
$MgCO_3$	6.82×10^{-6}	5.17	$Zn(OH)_2(无定形)$	3.0×10^{-17}	16.52
$MgC_2O_4 \cdot 2H_2O$	4.83×10^{-6}	5.32	$ZnS(\alpha)$	1.6×10^{-24}	23.80
$Mg(OH)_2$	5.61×10^{-12}	11.25	$ZnS(\beta)$	2.5×10^{-22}	21.60

附录八　常见氧化还原电对的标准电极电势

(1)在酸性溶液中

电对	电极反应	$E^{\ominus}/V$
Li^+/Li	$Li^+ + e^- \Longrightarrow Li$	-3.0401
Cs^+/Cs	$Cs^+ + e^- \Longrightarrow Cs$	-3.026
K^+/K	$K^+ + e^- \Longrightarrow K$	-2.931
Ba^{2+}/Ba	$Ba^{2+} + 2e^- \Longrightarrow Ba$	-2.912
Ca^{2+}/Ca	$Ca^{2+} + 2e^- \Longrightarrow Ca$	-2.868
Na^+/Na	$Na^+ + e^- \Longrightarrow Na$	-2.71
Mg^{2+}/Mg	$Mg^{2+} + 2e^- \Longrightarrow Mg$	-2.372
H_2/H^-	$(1/2)H_2 + e^- \Longrightarrow H^-$	-2.23
Al^{3+}/Al	$Al^{3+} + 3e^- \Longrightarrow Al$	-1.662
Mn^{2+}/Mn	$Mn^{2+} + 2e^- \Longrightarrow Mn$	-1.185
Zn^{2+}/Zn	$Zn^{2+} + 2e^- \Longrightarrow Zn$	-0.7618

电对	电极反应	$E^{\ominus}/V$
Cr^{3+}/Cr	$Cr^{3+}+3e^-\rightleftharpoons Cr$	-0.744
Ag_2S/Ag	$Ag_2S+2e^-\rightleftharpoons 2Ag+S^{2-}$	-0.691
$CO_2/H_2C_2O_4$	$2CO_2+2H^++2e^-\rightleftharpoons H_2C_2O_4$	-0.481
Fe^{2+}/Fe	$Fe^{2+}+2e^-\rightleftharpoons Fe$	-0.447
Cr^{3+}/Cr^{2+}	$Cr^{3+}+e^-\rightleftharpoons Cr^{2+}$	-0.407
Cd^{2+}/Cd	$Cd^{2+}+2e^-\rightleftharpoons Cd$	-0.4030
$PbSO_4/Pb$	$PbSO_4+2e^-\rightleftharpoons Pb+SO_4^{2-}$	-0.3588
Co^{2+}/Co	$Co^{2+}+2e^-\rightleftharpoons Co$	-0.28
$PbCl_2/Pb$	$PbCl_2+2e^-\rightleftharpoons Pb+2Cl^-$	-0.2675
Ni^{2+}/Ni	$Ni^{2+}+2e^-\rightleftharpoons Ni$	-0.257
AgI/Ag	$AgI+e^-\rightleftharpoons Ag+I^-$	-0.15224
Sn^{2+}/Sn	$Sn^{2+}+2e^-\rightleftharpoons Sn$	-0.1375
Pb^{2+}/Pb	$Pb^{2+}+2e^-\rightleftharpoons Pb$	-0.1262
Fe^{3+}/Fe	$Fe^{3+}+3e^-\rightleftharpoons Fe$	-0.037
$AgCN/Ag$	$AgCN+e^-\rightleftharpoons Ag+CN^-$	-0.017
H^+/H_2	$2H^++2e^-\rightleftharpoons H_2$	0.0000
$AgBr/Ag$	$AgBr+e^-\rightleftharpoons Ag+Br^-$	0.07133
S/H_2S	$S+2H^++2e^-\rightleftharpoons H_2S(aq)$	0.1420
Sn^{4+}/Sn^{2+}	$Sn^{4+}+2e^-\rightleftharpoons Sn^{2+}$	0.1510
Cu^{2+}/Cu^+	$Cu^{2+}+e^-\rightleftharpoons Cu^+$	0.1530
$AgCl/Ag$	$AgCl+e^-\rightleftharpoons Ag+Cl^-$	0.2223
Hg_2Cl_2/Hg	$Hg_2Cl_2+2e^-\rightleftharpoons 2Hg+2Cl^-$	0.2680
Cu^{2+}/Cu	$Cu^{2+}+2e^-\rightleftharpoons Cu$	0.3419
H_2SO_3/S	$H_2SO_3+4H^++4e^-\rightleftharpoons S+3H_2O$	0.4497
$S_2O_3^{2-}/S$	$S_2O_3^{2-}+6H^++4e^-\rightleftharpoons 2S+3H_2O$	0.5000
Cu^+/Cu	$Cu^++e^-\rightleftharpoons Cu$	0.5210
I_2/I^-	$I_2+2e^-\rightleftharpoons 2I^-$	0.5355

电对	电极反应	$E^{\ominus}/V$
MnO_4^-/MnO_4^{2-}	$MnO_4^-+e^-\Longleftrightarrow MnO_4^{2-}$	0.558
$H_3AsO_4/HAsO_2$	$H_3AsO_4+2H^++2e^-\Longleftrightarrow HAsO_2+2H_2O$	0.560
Ag_2SO_4/Ag	$Ag_2SO_4+2e^-\Longleftrightarrow 2Ag+SO_4^{2-}$	0.654
O_2/H_2O_2	$O_2+2H^++2e^-\Longleftrightarrow H_2O_2$	0.695
Fe^{3+}/Fe^{2+}	$Fe^{3+}+e^-\Longleftrightarrow Fe^{2+}$	0.771
Hg_2^{2+}/Hg	$Hg_2^{2+}+2e^-\Longleftrightarrow 2Hg$	0.7973
Ag^+/Ag	$Ag^++e^-\Longleftrightarrow Ag$	0.7996
NO_3^-/N_2O_4	$2NO_3^-+4H^++2e^-\Longleftrightarrow N_2O_4+2H_2O$	0.803
Hg^{2+}/Hg	$Hg^{2+}+2e^-\Longleftrightarrow Hg$	0.851
Cu^{2+}/CuI	$Cu^{2+}+I^-+e^-\Longleftrightarrow CuI$	0.86
Hg^{2+}/Hg_2^{2+}	$2Hg^{2+}+2e^-\Longleftrightarrow Hg_2^{2+}$	0.920
NO_3^-/HNO_2	$NO_3^-+3H^++2e^-\Longleftrightarrow HNO_2+H_2O$	0.934
NO_3^-/NO	$NO_3^-+4H^++3e^-\Longleftrightarrow NO+2H_2O$	0.957
HNO_2/NO	$HNO_2+H^++e^-\Longleftrightarrow NO+H_2O$	0.983
$[AuCl_4]^-/Au$	$[AuCl_4]^-+3e^-\Longleftrightarrow Au+4Cl^-$	1.002
Br_2/Br^-	$Br_2(l)+2e^-\Longleftrightarrow 2Br^-$	1.066
$Cu^{2+}/[Cu(CN)_2]^-$	$Cu^{2+}+2CN^-+e^-\Longleftrightarrow [Cu(CN)_2]^-$	1.103
IO_3^-/HIO	$IO_3^-+5H^++4e^-\Longleftrightarrow HIO+2H_2O$	1.14
IO_3^-/I_2	$2IO_3^-+12H^++10e^-\Longleftrightarrow I_2+6H_2O$	1.195
MnO_2/Mn^{2+}	$MnO_2+4H^++2e^-\Longleftrightarrow Mn^{2+}+2H_2O$	1.224
O_2/H_2O	$O_2+4H^++4e^-\Longleftrightarrow 2H_2O$	1.229
$Cr_2O_7^{2-}/Cr^{3+}$	$Cr_2O_7^{2-}+14H^++6e^-\Longleftrightarrow 2Cr^{3+}+7H_2O$	1.232
Cl_2/Cl^-	$Cl_2(g)+2e^-\Longleftrightarrow 2Cl^-$	1.359
ClO_4^-/Cl_2	$2ClO_4^-+16H^++14e^-\Longleftrightarrow Cl_2+8H_2O$	1.39
Au^{3+}/Au^+	$Au^{3+}+2e^-\Longleftrightarrow Au$	1.41
ClO_3^-/Cl^-	$ClO_3^-+6H^++6e^-\Longleftrightarrow Cl^-+3H_2O$	1.451
PbO_2/Pb^{2+}	$PbO_2+4H^++2e^-\Longleftrightarrow Pb^{2+}+2H_2O$	1.455

电对	电极反应	$E^{\ominus}/V$
ClO_3^-/Cl_2	$ClO_3^- + 6H^+ + 5e^- \Longleftrightarrow 1/2Cl_2 + 3H_2O$	1.47
BrO_3^-/Br_2	$2BrO_3^- + 12H^+ + 10e^- \Longleftrightarrow Br_2 + 6H_2O$	1.482
$HClO/Cl^-$	$HClO + H^+ + 2e^- \Longleftrightarrow Cl^- + H_2O$	1.482
Au^{3+}/Au	$Au^{3+} + 3e^- \Longleftrightarrow Au$	1.498
MnO_4^-/Mn^{2+}	$MnO_4^- + 8H^+ + 5e^- \Longleftrightarrow Mn^{2+} + 4H_2O$	1.507
Mn^{3+}/Mn^{2+}	$Mn^{3+} + e^- \Longleftrightarrow Mn^{2+}$	1.5415
$HBrO/Br_2$	$2HBrO + 2H^+ + 2e^- \Longleftrightarrow Br_2 + H_2O$	1.596
H_5IO_6/IO_3^-	$H_5IO_6 + H^+ + 2e^- \Longleftrightarrow IO_3^- + 3H_2O$	1.601
$HClO/Cl_2$	$2HClO + 2H^+ + 2e^- \Longleftrightarrow Cl_2 + H_2O$	1.611
$HClO_2/HClO$	$HClO_2 + 2H^+ + 2e^- \Longleftrightarrow HClO + H_2O$	1.645
MnO_4^-/MnO_2	$MnO_4^- + 4H^+ + 3e^- \Longleftrightarrow MnO_2 + 2H_2O$	1.679
$PbO_2/PbSO_4$	$PbO_2 + SO_4^{2-} + 4H^+ + 2e^- \Longleftrightarrow PbSO_4 + 2H_2O$	1.6913
Au^+/Au	$Au^+ + e^- \Longleftrightarrow Au$	1.692
H_2O_2/H_2O	$H_2O_2 + 2H^+ + 2e^- \Longleftrightarrow 2H_2O$	1.776
Co^{3+}/Co^{2+}	$Co^{3+} + e^- \Longleftrightarrow Co^{2+}$	1.92
$S_2O_8^{2-}/SO_4^{2-}$	$S_2O_8^{2-} + 2e^- \Longleftrightarrow 2SO_4^{2-}$	2.010
O_3/O_2	$O_3 + 2H^+ + 2e^- \Longleftrightarrow O_2 + H_2O$	2.076
F_2/F^-	$F_2 + 2e^- \Longleftrightarrow 2F^-$	2.866
F_2/HF	$F_2(g) + 2H^+ + 2e^- \Longleftrightarrow 2HF$	3.503

（2）在碱性溶液中

电对	电极反应	$E^{\ominus}/V$
$Mn(OH)_2/Mn$	$Mn(OH)_2 + 2e^- \Longleftrightarrow Mn + 2OH^-$	−1.56
$[Zn(CN)_4]^{2-}/Zn$	$[Zn(CN)_4]^{2-} + 2e^- \Longleftrightarrow Zn + 4CN^-$	−1.34
ZnO_2^{2-}/Zn	$ZnO_2^{2-} + 2H_2O + 2e^- \Longleftrightarrow Zn + 4OH^-$	−1.215
$[Sn(OH)_6]^{2-}/HSnO_2^-$	$[Sn(OH)_6]^{2-} + 2e^- \Longleftrightarrow HSnO_2^- + 3OH^- + H_2O$	−0.93
SO_4^{2-}/SO_3^{2-}	$SO_4^{2-} + H_2O + 2e^- \Longleftrightarrow SO_3^{2-} + 2OH^-$	−0.8277

续表

电对	电极反应	$E^{\ominus}/V$
$HSnO_2^-/Sn$	$HSnO_2^- + H_2O + 2e^- \rightleftharpoons Sn + 3OH^-$	-0.909
H_2O/H_2	$2H_2O + 2e^- \rightleftharpoons H_2 + 2OH^-$	-0.8277
$Ni(OH)_2/Ni$	$Ni(OH)_2 + 2e^- \rightleftharpoons Ni + 2OH^-$	-0.72
AsO_4^{3-}/AsO_2^-	$AsO_4^{3-} + 2H_2O + 2e^- \rightleftharpoons AsO_2^- + 4OH^-$	-0.71
$SO_3^{2-}/S_2O_3^{2-}$	$2SO_3^{2-} + 3H_2O + 4e^- \rightleftharpoons S_2O_3^{2-} + 6OH^-$	-0.571
S/S^{2-}	$S + 2e^- \rightleftharpoons S^{2-}$	-0.4763
$[Ag(CN)_2]^-/Ag$	$[Ag(CN)_2]^- + e^- \rightleftharpoons Ag + 2CN^-$	-0.31
$CrO_4^{2-}/[Cr(OH)_4]^-$	$CrO_4^{2-} + 4H_2O + 3e^- \rightleftharpoons [Cr(OH)_4]^- + 4OH^-$	-0.13
O_2/HO_2^-	$O_2 + H_2O + 2e^- \rightleftharpoons HO_2^- + OH^-$	-0.076
NO_3^-/NO_2^-	$NO_3^- + H_2O + 2e^- \rightleftharpoons NO_2^- + 2OH^-$	0.01
$S_4O_6^{2-}/S_2O_3^{2-}$	$S_4O_6^{2-} + 2e^- \rightleftharpoons 2S_2O_3^{2-}$	0.08
$[Co(NH_3)_6]^{3+}/[Co(NH_3)_6]^{2+}$	$[Co(NH_3)_6]^{3+} + e^- \rightleftharpoons [Co(NH_3)_6]^{2+}$	0.108
$Mn(OH)_3/Mn(OH)_2$	$Mn(OH)_3 + e^- \rightleftharpoons Mn(OH)_2 + OH^-$	0.15
$Co(OH)_3/Co(OH)_2$	$Co(OH)_3 + e^- \rightleftharpoons Co(OH)_2 + OH^-$	0.17
Ag_2O/Ag	$Ag_2O + H_2O + 2e^- \rightleftharpoons 2Ag + 2OH^-$	0.342
O_2/OH^-	$O_2 + 2H_2O + 4e^- \rightleftharpoons 4OH^-$	0.401
MnO_4^-/MnO_2	$MnO_4^- + 2H_2O + 3e^- \rightleftharpoons MnO_2 + 4OH^-$	0.595
BrO_3^-/Br^-	$BrO_3^- + 3H_2O + 6e^- \rightleftharpoons Br^- + 6OH^-$	0.61
BrO^-/Br^-	$BrO^- + H_2O + 2e^- \rightleftharpoons Br^- + 2OH^-$	0.761
ClO^-/Cl^-	$ClO^- + H_2O + 2e^- \rightleftharpoons Cl^- + 2OH^-$	0.81
H_2O_2/OH^-	$H_2O_2 + 2e^- \rightleftharpoons 2OH^-$	0.88
O_3/OH^-	$O_3 + H_2O + 2e^- \rightleftharpoons O_2 + 2OH^-$	1.24

附录数据主要摘自：

1. David R Lide. CRC Handbook of Chemistry and Physics. 80th ed. 1999－2000.

2. J A Dean Lange's Handbook of Chemistry. 15th ed. 1999.

3. CRC hand book of physical chemistry 87th, 2007.

参考文献

[1] 王澎,霍汝菲. 化学热力学的学习方法记[J]. 科技视界,2018(16).

[2] 傅献彩,沈文霞,姚天扬. 物理化学[M]5 版. 北京:高等教育出版社,2005.

[3] 天津大学. 物理化学[M]5 版. 北京:高等教育出版社,2009.

[4] 胡英. 物理化学[M]6 版. 北京:高等教育出版社,2014.

[5] Ira N. Levine. Physical Chemistry [M](Sixth Edition). 北京:清华大学出版社,2012.

[6] 沈文霞,王喜章,许波连. 物理化学核心教程[M]3 版. 北京:科学出版社,2016.

[7] 黄颖霞. 浅谈物理化学的学习方法[J]. 科教文汇(下旬刊),2011(11).

[8] 印永嘉,奚正楷,张树永. 物理化学简明教程[M]4 版. 北京:高等教育出版社,2007.

[9] 孙仁义,孙茜. 物理化学[M]. 北京:化学工业出版社,2014.

[10] 吕德义,李小年,唐浩东. 物理化学[M]. 北京:化学工业出版社,2014.

[11] 万洪文,詹正坤. 物理化学[M]2 版. 北京:高等教育出版社,2010.

[12] 王文清,高宏成编著,物理化学习题精解上[M]2 版. 北京:科学出版社,2017.

[13] 王文清,沈兴海编著,物理化学习题精解下[M]2 版. 北京:科学出版社,2017.

[14] 孙德坤,沈文霞,姚天扬,等. 物理化学学习指导[M]5 版. 北京:高等教育出版社,2007.

[15] 刘俊吉,周亚平,李松林,等. 物理化学[M]6 版. 北京:高等教育出版社,2017.

[16] 印永嘉,王雪琳,奚正楷,等.物理化学简明教程例题与习题[M]2 版. 北京:高等教育出版社,2009.

[17] 范康年.物理化学[M]6 版. 北京:高等教育出版社,2005.

[18] 周公度,范连运.结构化学基础[M]5 版. 北京:北京大学出版 社,2017.

[19] 刘国杰,黑恩成.物理化学导读[M]. 北京:科学出版社,2008.

[20] 吕瑞东.物理化学教学与学习指南[M]. 上海:华东理工大学出版 社,2008.

[21] 傅玉普.物理化学简明教程[M]3 版. 大连:大连理工大学出版 社,2014.

[22] 冯霞,陈丽,朱荣娇.物理化学解题指南[M]3 版. 北京:高等教育出版 社,2018.

图书在版编目（CIP）数据

物理化学 / 张立庆主编. —杭州：浙江大学出版
社，2021.5（2024.7 重印）
ISBN 978-7-308-21254-0

Ⅰ．①物… Ⅱ．①张… Ⅲ．①物理化学 – 高等学校 – 教材
Ⅳ．①O64

中国版本图书馆 CIP 数据核字（2021）第 062438 号

物理化学

张立庆　主编

责任编辑	徐素君	
责任校对	丁佳雯	
封面设计	雷建军	
出版发行	浙江大学出版社	
	（杭州市天目山路 148 号　邮政编码 310007）	
	（网址：http://www.zjupress.com）	
排　　版	杭州朝曦图文设计有限公司	
印　　刷	浙江新华数码印务有限公司	
开　　本	710mm×1000mm　1/16	
印　　张	31	
字　　数	605 千	
版 印 次	2021 年 5 月第 1 版　2024 年 7 月第 2 次印刷	
书　　号	ISBN 978-7-308-21254-0	
定　　价	88.00 元	

浙江大学出版社市场运营中心联系方式：(0571)88925591；http://zjdxcbs.tmall.com

中国海洋大学教材建设基金资助

JIAN JIAOCHENG

HAIYANGXI HAISHANG

海洋学海上实践教程

李延刚　袁志伟　韩雪双

赵海龙　焦　强　魏泖海

　　　　王　毅

主编

中国海洋大学出版社

·青岛·

图书在版编目（CIP）数据

海洋学海上实践教程 / 李延刚等主编 . —青岛：中国海
洋大学出版社，2022.4

ISBN 978-7-5670-3148-7

Ⅰ . ①海…　Ⅱ . ①李…　Ⅲ . ①海洋学—高等学校—
教材　Ⅳ . ① P7

中国版本图书馆 CIP 数据核字（2022）第 070937 号

出版发行	中国海洋大学出版社
社　　址	青岛市香港东路23号　　**邮政编码**　266071
网　　址	http://pub.ouc.edu.cn
出 版 人	杨立敏
责任编辑	魏建功　丁玉霞　　**电　　话**　0532-85902121
电子信箱	wjg60@126.com
印　　制	青岛国彩印刷股份有限公司
版　　次	2022年7月第1版
印　　次	2022年7月第1次印刷
成品尺寸	185 mm × 260 mm
印　　张	21.75
字　　数	426千
印　　数	1—1500
定　　价	69.00元
订购电话	0532-82032573（传真）

发现印装质量问题，请致电0532-58700166，由印刷厂负责调换。

前　言

我国涉海高校承担着培养海洋高等人才的历史重任。无论哪个领域的海洋科技人才，都必须对海洋科学有一个系统的、理性的基本认知。海洋中的自然现象及其规律是非常复杂的，为了探索和了解海洋的变化规律，必须进行海洋科学调查，以便为发现海洋新现象、验证海洋新理论以及为海洋资源开发、海洋环境保护、海洋水文预报等提供依据和基础资料。这在客观上，就要求涉海高校注重海洋学多学科交叉互联的综合性实践课程的支撑，海洋学海上实践教学体现的就是海洋科学调查的现场实时参与性。通过实践培养大学生海洋科学调查能力和各种仪器的操作能力。

中国海洋大学是一所海洋和水产学科特色鲜明、学科门类齐全的教育部直属重点综合性大学，旨在培养具有创新意识和实践能力的高素质创新型人才，以造就国家海洋事业的领军人才和骨干力量为特殊使命。学校遵循"通识为体，专业为用"的本科教育理念，向全体本科生开设海洋学海上实践课程，构建多层次的海洋学海上实践教学体系，强化特色培养，积极提升学生海上实践能力。学校拥有教学和科学考察船舶3艘，包括5 000吨级新型深远海综合科学考察实习船"东方红3"、3 500吨级海洋综合科学考察实习船"东方红2"、300吨级的科考交通补给船"天使1"，形成了自近岸、近海至深远海并辐射到极地的海上综合流动实验室系统，具备了一流的海上教学、实习实训及综合观测能力。

　　实践教学是人才培养非常重要的环节。它将抽象、无形的理论知识变成具体、有形的知识和实践的过程，是培养大家实践能力和创新精神的重要途径。在大力发展蓝色经济，保护海洋环境，建设海洋强国的今天，为培养高水平的海洋科技人才，提高中国海洋大学涉海专业本科生及研究生的实践教学水平，加强协同育人机制，为国家生态环境监测、保护和修复工作提供科学研究和数据支持，促进海洋科学相关学科如海洋化学、海洋生物、海洋地质等专业的教育教学创新，培养学生的团队协作精神，更好地培育一流的海洋学科专业人才，特设立本课程。以此希望能够激发起大家对海洋科学研究的好奇心，早日成为社会需要的海洋科学高层次人才，为海洋生态文明建设做出贡献，为国家的海洋强国梦早日实现做出贡献。正如中国海洋事业的奠基人赫崇本先生曾经说过的："学海洋的人，就是要经常到海上去看和干，理论与实践如同人的左右手，既相互配合，协调一致，又相互促进，缺一不可。"

　　为进一步提高教学质量，使海上教学更加规范，船舶中心实验室专业教师在2006年出版的《"东方红2"船海上实践教学指导》的基础上共同编写了《海洋学海上实践教程》，本教程共包括海洋水文调查、海洋气象调查、海水化学要素调查、海洋生物调查、海洋地质调查五个方面。各学科相关内容以2007年发布的海洋调查规范国家标准为依据，大量汲取国内外先进的海洋学海上教学经验，以"东方红2"和"东方红3"船配备的国际先进的船载调查仪器为依托，尽量丰富教材内容，以适应当今国内涉海大学海洋学海上实践教学的需要。

　　教材的编写得到了《"东方红2"船海上实践教学指导》编写人员郭心顺、赵忠生、赵继胜、杨世民、杨宝起、黄磊同志的大力支持，中国海洋大学李凤岐教授对书稿进行了审读。在此表示衷心的感谢。

　　由于编写者水平有限，教材中难免存在不足和谬误，欢迎读者批评指正。

2021年4月

目　录

海洋水文调查

第一篇

海洋水文调查是获取海洋物理和化学要素的重要手段,是人类认知、开发和利用海洋的基础。随着我国"一带一路"等海洋强国倡议的实施以及计算机、声学、光学、电磁学、无线电传输和电子等相关技术的快速发展,现代海洋水文测量已进入了一个高速发展时期,初步具备了海洋水文要素获取的实时性、精细化、立体性、长期性和系统性等特点。本篇以《海洋调查规范第 2 部分:海洋水文观测》(GB/T 12763.2—2007)为依据,介绍海洋调查规范中海洋水文观测部分的具体内容。

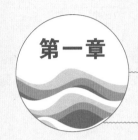

第一章

一般规定

本章主要介绍海洋水文调查的目的、观测要素、观测层次的设定、观测时间要求和观测程序等。

第一节　调查目的

海洋水文调查的目的是查清调查海区水文要素的分布状况和变化规律，为海洋水文和海洋气象预报、海洋安全保障、海洋资源开发、海洋环境保护、海洋工程建设、海洋科学研究、海洋灾害预防等提供科学依据和基本资料。

第二节　观测要素和观测层次

一、观测要素

海洋水文观测要素包括水深、水温、盐度、海流、海浪、透明度、水色、海发光、海冰等。如有需要，还要观测水位。

实际工作中的具体观测要素,应根据调查任务书或合同书的要求,并在技术设计文件中明确规定。

二、观测层次

(一)水温观测的层次

水温观测层次见表 1-1-1。

表 1-1-1　水温观测层次

水深范围/m	标准观测层次/m	底层与相邻标准层的最小距离/m
<50	表层、5、10、15、20、25、30、底层	2
50~100	表层、5、10、15、20、25、30、50、75、底层	5
>100~200	表层、5、10、15、20、25、30、50、75、100、125、150、底层	10
>200	表层、5、10、15、20、25、30、50、75、100、125、150、200、250、300、400、500、600、700、800、1 000、1 200、1 500、2 000、2 500、3 000(水深大于 3 000 m 时,每千米加一层)、底层	25

注:(1)表层系指海面以下 3 m 以内的水层;

(2)底层的规定如下:水深不足 50 m 时,底层为离海底 2 m 的水层;水深在 50~200 m 范围时,底层离海底的距离为水深的 4%;水深超过 200 m 时,底层离海底的距离,根据水深测量误差、海浪状况、船只漂移情况和海底地形特征综合考虑,在保证仪器不触底的原则下尽量靠近海底;

(3)底层与相邻标准层的距离小于规定的最小距离时,可以免测接近底层的标准层;

(4)海流观测中,观测层次的选取参照本表,并根据调查任务进行适当调整。

(二)水温观测的准确度和分辨率

水温观测的准确度和分辨率见表 1-1-2。

表 1-1-2　水温观测的准确度和分辨率

准确度等级	准确度/℃	分辨率/℃
1	±0.02	0.005
2	±0.05	0.01
3	±0.2	0.05

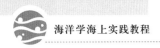

第三节　观测时间和观测程序

一、观测时间

大面或断面观测站,一般在船只到站停稳后即可按规定的顺序观测,此时即是本站的观测时间。

连续观测站,船只到站抛锚后,按一定的时间间隔持续观测一昼夜(周日连续观测)或多昼夜(多日连续观测)。温度、盐度、透明度、水色每 2 h 观测一次,都是在整点观测。第一次开始观测时间单、双点不限。温度、盐度剖面观测时间可根据剖面深度和观测要求适当延长,但一般不大于 3 h。观测海流的规定:直读式海流计测流为每 30 min 观测一次;自容式或自记式海流计应设置取样间隔小于 15 min。每一次观测的数据是不少于 10 s 的平均值。

二、观测程序

为防止海上观测出现忙乱现象或遗漏观测项目,调查队一般要派一人负责指挥各科项目的先后观测顺序,通常由首席科学家负责或指定人员负责,在深远海调查航次中尤为重要。水文的观测大致参照表 1-1-3 进行。

表 1-1-3　水文观测程序

观测顺序	观测工作内容	备注
1	观测前准备和检查仪器	在船只到站前进行
2	对于大面或断面观测,到站后首先测量水深	连续观测应在整点前测定水深
3	观测水温、盐度,并采水	
4	观测海流	连续站尽可能在整点完成
5	观测透明度、水色、海发光、海浪	
6	观测海冰	
7	采水及样品固定	

备注:观测顺序可根据实际情况进行调整。

思考题

（1）水文观测要素包括哪些？

（2）水深小于100 m时观测水温的标准层是哪些？

第二章

水深测量

海面至海底的铅直距离称为水深。由于潮汐及其他因素影响,测站的水深在不断变化。因此,现场测得的数值只表示该点当时的深度,它与海图上标准的自基准面起算的水深不同。

本章描述的水深测量,主要是确定测站深度并用以确定观测层次。

水深测量主要采用回声测深法。如条件限制,也可以用钢丝绳测深或用伸缩性很小的细绳手测。

水深测量的时间为:连续站每小时测量一次;大面站或断面观测站,船到站测量。

第一节　钢丝绳测深

用水文绞车上系有重锤的钢丝绳测量水深,称为钢丝绳测深。所用的设备有绞车、钢丝绳、绳索计数器、偏角器和铅锤。

绞车是水文观测中不可缺少的设备,用以投放、回收各种海洋仪器设备和采样工具,包括动力(电动和液压)和手摇两种。绞车上通常使用直径为 3～6 mm 的钢丝绳。

绳索计数器是用以记录放出或回收钢丝绳长度的仪器。绞车上都装有计数器。数据显示有指针式、数字式、液晶显示式,有的计数器单独使用。

偏角器用来测量钢丝绳的水上倾角。

测深方法：

（1）操纵绞车，使钢丝绳端的重锤降至海面，将计数器置为0或记下当时的计数器示数。

（2）操纵绞车，使重锤下沉。当重锤触底而使钢丝绳松弛时立即停车，然后将钢丝绳慢慢收紧，使重锤刚好触底时读取计数器示数。两次计数器的差值即实际水深。

（3）若钢丝绳倾斜，应用偏角器测量钢丝绳倾角。倾角超过10°时，应进行钢丝绳倾角订正。遇钢丝绳倾角过大时，应在可能的条件下加大重锤的质量，使倾角尽量减小并控制在30°以内。

（4）操纵绞车，收回钢丝绳。

第二节 回声测深

回声测深（echo sounding）是根据超声波在均匀介质中将匀速直线传播和在不同介质界面上将产生反射的原理，选择对水的穿透能力最佳、频率在1 500 Hz附近的超声波，垂直地向水底发射声信号，并记录从声波发射至信号由水底返回的时间间隔，通过模拟法或直接计算而确定水深的工作（图1-2-1）。所用仪器主要有：① 回声测深仪，是根据回声测深原理而设计制造的，由发射机、激励发射换能器、接收机、记录器等部分组成，是现阶段水深测量的主要仪器。② 多波束测深系统，是每发射一个声脉冲不仅可获取船下方的垂直深度，而且可获得与船的航迹垂直的面内几十个水深值。它由窄波束回声测深设备（计算机、用于测量船摇摆的传感装置、收发机等）和回声处理设备（计算机、存贮设备、数字打印机、横向深度剖面显示器、实时等深线数字绘图仪、系统控制键盘等）两大部分组成，是一种高效率的水深测量仪器。

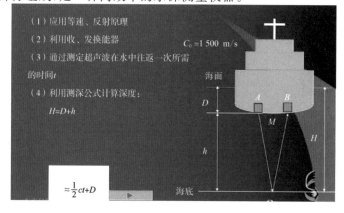

图 1-2-1　回声测深原理示意图

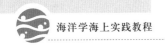
回声测深仪类型很多,可分为记录式和数字式两类。通常都由振荡器、发射换能器、接收换能器、放大器、显示和记录部分所组成。回声测深仪可以在船只航行中快速准确地连续测量水深。常用于航道勘测、水底地形调查、海道测量和船只导航定位等。

"东方红 3"船安装的万米回声测深仪配备了 12 kHz、38 kHz 和 200 kHz 三个不同发射频率的换能器,能够满足全海深测量需求,主要技术参数如表 1-2-1 所示。

表 1-2-1　万米回声测深仪主要技术参数

工作频率/kHz	12	38	200
脉冲类型	CW	CW	CW
脉冲长度	1～16 ms	256～4 096 μs	64～1 024 μs
波束角/°	16×16	9×9	7×7
量程/m	11 000	2 600	450
精度/cm	19.6	4.8	1.2
最大发射功率/W	2 000	1 500	1 000

万米回声测深仪由换能器、宽带收发机(WBT)和数据采集工作站等部分组成,如图 1-2-2 所示。工作站上安装的数据采集软件向 WBT 发送命令,WBT 生成电信号传输给换能器,换能器将电信号转换为声信号向下发射脉冲声波。声波在水体中传播,到达海底后产生的回波被换能器接收,换能器将声信号转换为电信号传输回 WBT,WBT 将电信号处理成数字信号再传输给工作站。采集软件将接收的数字信号进行处理就可得到当前水深。

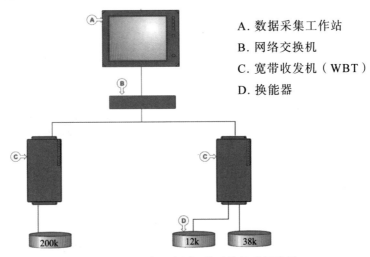

A. 数据采集工作站

B. 网络交换机

C. 宽带收发机（WBT）

D. 换能器

图 1-2-2　万米回声测深仪系统组成示意图

第三节　海洋遥感测深

海洋遥感测深是利用航空或航天运载工具上的探测系统完成测定海底各点在水面以下深度的工作。它具有探测面积大、效率高、数据便于自动化处理等优点。

20 世纪 60 年代，遥感技术已广泛应用于陆地信息的收集和测量。70 年代末，随着激光技术、多光谱扫描和摄影技术的发展，海洋遥感测深开始逐步发展起来。

海洋遥感测深，根据仪器的搭载工具，可分为航空遥感测深和航天遥感测深；根据工作原理，又可分为主动遥感测深（激光测深）、被动遥感测深（多光谱扫描测深或多光谱摄影测深）和主动被动相结合的遥感测深。

主动式遥感测深通过传感器发射特定的电磁信号（微波、激光等）照射到地物（目标物），然后根据地物（目标物）反射回来的电磁波来识别目标特征，即用人工产生特定电磁辐射源，如微波和激光照射目标，再根据目标物反射回来的电磁波，来识别目标特征。

主动式遥感测深是由机载激光器发射激光，其中一部分光直接射向海面并从海面反射回来，另一部分光通过倍频转换器换频后，再发射并穿透海水射向海底而被反射回来，根据激光从海面垂直到达海底并返回所需时间算出所测水深。

激光测深系统的有效测量深度，取决于光束在海水中的衰减程度、测深精度、激光脉冲的持续时间和发射功率。光束在海水中的衰减程度又主要取决于海水的混浊度。

激光测深系统一般由下列几部分组成：① 测深分系统，提供水深及飞机高度等数据；② 导航分系统；③ 数据处理分系统、控制与监视分系统，将所测数据存贮于磁带上，为地面处理分系统提供原始数据，并为飞机提供完成任务情况的信息；④ 专用飞机，应同激光测深相匹配，飞行高度一般为 $150\sim600$ m，飞行速度为 $150\sim250$ km/h；⑤ 地面处理分系统，对所测水深、测区海水混浊度、系统误差等进行综合校正处理。

这一系统在测深精度和测量效率方面都比回声测深仪高，但探测深度受激光器功率及海水混浊度的限制。

主动式遥感测深还包括超声波测深与微波遥感测深。超声波具有方向性好、穿透能力强、能量高、灵敏度高、检验速度快、对人体无害等特点，而且可以在不同的媒质中传播，因此，超声波广泛地应用于多个领域，如医学人体诊断治疗、超声波测距、物体探伤和水下形貌测量等；微波遥感测深，主要采用合成孔径雷达技术，合成孔径雷达是一种主动式的微波成像雷达，通过测量地物后向散射信号，接受表征散射强度的图像。雷达影像的色调包含了水深信息。因微波波长较长，具有全天时、全天候测量的穿透能

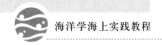

力,几乎不受云层和天气因素的影响。

被动遥感测深系统是指根据不同光谱段渗透海水的能力不同的原理设计而成的测深系统。近红外光谱段渗透海水几毫米至几厘米,可见光短波段(蓝、绿光)渗透海水 20 m(在海水非常透明的情况下,可达 40 m)。用几个狭窄的不同波段的光谱带进行水下扫描,可获得不同深度断面图像。但被动系统因受穿透海水能力的限制,有效测量深度不大。在比较透明的海域中,有效测量深度也只有数十米,而在混浊的海水中仅限于几米。

主动-被动多光谱扫描仪是一种由主动遥感测深和被动遥感测深相结合的混合光谱扫描仪,适用于海域宽、分辨率要求高的机载水深测量。其主动扫描采用蓝-绿光波段的脉冲激光器实现,用以测定水深。它和被动扫描获得的不同深度的图像相结合,即可获得海底地形资料。

思考题

(1) 回声测深的原理是什么?

(2) 叙述钢丝绳测深的步骤。

(3) 简述多波束测深系统的组成。

第三章

水温观测

　　海水温度是表示海水热力状况的一个物理量,海洋学上一般以摄氏度(℃)表示。海水温度体现了海水的热状况。太阳辐射和海洋大气热交换是影响海水温度的两个主要因素。海流对局部海区海水的温度也有明显的影响。在开阔海洋中,表层海水等温线的分布大致与纬圈平行,在近岸地区,因受海流等的影响,等温线向南北方向偏移。海水温度的铅直分布一般是随深度的增加而降低,并呈现出季节性变化。

　　海水温度是海洋水文状况中最重要的因子之一,常作为研究水团性质、描述水团运动的基本指标。研究、掌握海水温度的时空分布及变化规律,是海洋学的重要内容,对于海上捕捞、水产养殖及海上作战等都有重要意义,对气象、航海和水声等学科也很重要。

　　水温指现场条件下测得的海水温度。水温观测分为标准层次观测和铅直连续观测。水温观测时间的要求为:大面或断面测站,船到站即观测;连续站一般每个小时观测一次。

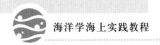

第一节　颠倒温度表与颠倒采水器

一、颠倒温度表

颠倒温度表有闭端(防压)和开端(受压)两种,均需装在采水器上使用,前者用来测量水的温度;后者与前者配合使用,确定采水器的沉放深度。颠倒温度表由主温表和辅温表一同装在厚玻璃套管内构成。厚玻璃套管两端完全封闭的为闭端(防压)颠倒温度表,如图 1-3-1a 所示;一端开口的为开端(受压)颠倒温度表,如图 1-3-1b 所示。

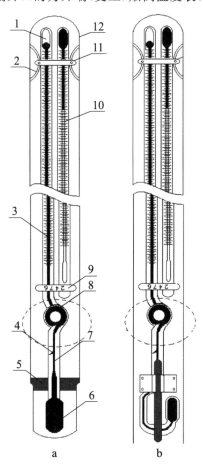

a　　　　　　b

1.接受泡;2.弹簧片;3.主温温度表;4.盲枝;5.软木塞;6.贮蓄泡;7.狭窄处;8.圆环;9.金属箍(刻有器号);10.辅助温度表;11.金属箍;12.外套管。

图 1-3-1　颠倒温度表

主温度是两端式的水银温度表,主要由贮蓄泡、接受泡、毛细管和盲枝等组成。其中,从接受泡到刻度 0 处水银的体积称为 V_0 值,其量值是用温度度数表示。

主温表的测量范围及精度为:

闭端:$-2℃$ 至 $32℃$,分度为 $0.10℃$,精度为 $\pm0.02℃$。

开端:$-2℃$ 至 $35℃$,分度为 $0.10℃$,精度为 $\pm0.02℃$。

感温时,温度表的贮蓄泡朝下,断点(盲枝附近的三叉点)以上的水银柱高度取决于现场温度。当温度表颠倒时,水银在断点断开,分成上、下两部分,此时接受泡一端的水银示数即为所测的温度。

辅温度表是一支普通的水银温度表,用于订正因环境温度改变而引起的主温度表数值的变化。

辅温表的测量范围及精度为:$-20℃$ 至 $50℃$,分度为 $0.5℃$,精度为 $\pm0.1℃$。

由于闭端温度表的外套管两端封闭,故水银柱高度仅与所在深度处的温度有关,因而能测定水温;开端温度表的外套管一端是开口的,所以水银柱高度取于现场温度和压力。根据开端与闭端温度表的温度差值和开端温度表的压缩系数,即可计算出仪器的沉放深度。

二、颠倒采水器

颠倒采水器是用来采取水样和固定颠倒温度表的仪器。它是一个两端具有活门的铜质圆筒,两个活门用连杆连接,可同时开关。筒壁上有水龙头和气门,取水样时使用。采水器上还附有温度表架(有双管一组和三管一组两种),用于固定颠倒温度表。

使用采水器时,先将采水器下端的固定夹固定在钢丝绳上,然后再将采水器上端释放器上的拦钩钩在钢丝绳上。每一站工作时,除所挂的第一个采水器底下不挂使锤外,随后每挂一个采水器都要挂上使锤,直至表层采水器。当使锤打击释放器上的撞击开关时,释放器上的弹簧片把采水器上端弹离钢丝绳,采水器即以固定夹为中心旋转 $180°$,完成颠倒动作,活门随即关闭。与此同时,使锤继续下滑,击打固定夹上的使锤释放开关,使第二个使锤被释放,并沿钢丝绳下滑,打击下一个采水器的撞击开关,使第二个采水器颠倒。依此下去,成串的采水器便相继完成颠倒动作。

第二节 观测方法

一、检查仪器设备

(1) 检查采水器活门密封是否良好,活门弹簧松紧是否适宜,水龙头是否漏水,气

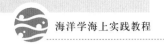

门是否漏气,固定夹和释放器有无故障。

（2）选择性能良好的颠倒温度表。基本要求:水银柱断开灵活,断点位置固定;复正温度表时,接受泡水银全部回流;主、辅温度表固定牢靠。同时还须符合检定的有效期限(新表半年,旧表一年)。

（3）检查钢丝绳和绞车。检查钢丝绳是否合乎规格(直径约 4 mm)和有无折断的钢丝、扭折痕迹或细刺。不合乎规格的和有断裂危险的应予更换。检查绞车是否灵活,刹车和排绳器性能是否良好。钢丝绳和绞车检查合格后,在绳端挂上铅锤。

二、安装仪器

（1）将采水器固定在通风良好、光线明亮(不受阳光直接照射)、操作方便的地方,温度表的高度应与观测者眼高相当。

（2）应自左向右将采水器安置在采水架上(水龙头在上)。

（3）挑选 V_0 值和器差相近的两支闭端温度表,装在同一采水器的温度表套管内。当水深超过 200 m 时,应更换三管的温度表套管增加一支开端颠倒温度表。安装时,主温表的贮蓄泡应在下端,同时温度表的刻度应恰好对着套管的宽缝,使之能清晰地看到温度表的全部刻度。套管内的上、下两端用海绵或软橡胶垫好。

三、操作步骤

（1）根据水深确定观测层次,并将各水层采水器号、温度表号和温度表 V_0 值记在记录表格中。

（2）将预测底层的采水器挂在离重锤 1 m 的钢丝绳上,并检查固定是否牢靠,水龙头、气门是否关好(后面的挂放采水器都要检查)。此时把钢丝绳计数器清零。

（3）操纵绞车,下放至下一个采水器的间距,停车挂上第二个采水器,并挂上使锤。然后依次将预定各层的采水器相继挂在钢丝绳上。把表层采水器降至测表层水温的位置,停车感温 7 min。

（4）在水深小于 200 m 的海区,悬挂表层采水器前,应测量钢丝绳倾角。当倾角大于 15°时应根据倾角查得底层采水器所在深度(查"海洋水文常用表"中的表 1、表 2)。若底层采水器偏离底层位置 5 m 以上,应在预定的 5 m 层采水器位置上每 5 m 加挂一个采水器,直到底层采水器离底在 5 m 以内为止,然后悬挂表层采水器。

在水深大于 200 m 时的海区,应根据当时钢丝绳倾斜情况,适当增加两个采水器之间的距离,使采水器所在的实际深度尽量接近标准层的深度。

（5）温度表感温 7 min 后,测量钢丝绳倾角,投下使锤(连续站观测时应整点打锤),并将倾角和打锤时间(颠倒时间)记录在表上。打锤时应手触钢丝绳默数振动次数(每个采水器振动二次)。如次数不够,应用力摇动钢丝绳协助释放使锤。当感觉不到振动时,可以根据使锤的滑行速度(7 m/s)估算底层采水器的颠倒时间。

(6)待采水器全部颠倒后,依次提取,并逐个核对记数器示数。然后将采水器自左向右置于采水器架上,并立即读取温度(辅温读至一位小数,主温读至二位小数),并记录到表格上第一次读数栏内。如发现有读数异常或温度表不正常工作的,立即用备用采水器补测。所以,第一次读数也叫检查性读数。

(7)化学项目取完水样后,进行第二次读数,并记录。然后换人复核一次,若同一支温度表的主温两人读数相差超过 0.02℃,应予重读。

(8)读数完毕,应检查记录,无可疑情况,观测结束,正置采水器,并关闭水龙头和气门。

四、注意事项

(1)水深超过 1 000 m 时,若钢丝绳上悬挂成串采水器后的负载超过安全负载,观测工作应分两次进行或用两部绞车观测。

(2)水温观测应选择在迎风面(如只有一侧有测温设备,应由驾驶员调度船舶方向),以免船体压住钢丝绳。

(3)准备长、短两挂钩。长的做收放钢丝绳用,短的固定在船舷上,用于固定钢丝绳。

(4)读取温度时,观测的眼睛应与温度表的水银示度保持同一高度,视线应与温度表垂直;光线不佳时,可用手电筒照明;如仍然读取温度吃力,还可借助放大镜。

五、观测记录的整理

(一) 温度表的器差订正

根据主、辅温度的第二次读数,分别查主、辅温度表的器差表(依据温度表鉴定证中的鉴定值线形内插作成)得相应的订正值,记录到表格里,并做相应订正。

(二) 颠倒温度表的还原订正

闭端温度表的还原订正值 K 的计算公式为

$$K = \frac{(T-t)(T+V_0)}{n}\left(1 + \frac{T+V_0}{n}\right)$$

式中,T 为主温表经器差订正后的读数;t 为辅温表经器差订正后的读数;V_0 为主温表自接受泡至刻度 0 处的水银体积,以温度数表示;$1/n$ 为水银与温度表玻璃的相对膨胀系数。

上述公式中 $n = 6\,300$,$T+V_0$ 的值在 100 左右,公式中的后项 $[1 + (T+V_0)/n]$ 约等于 1,计算中把它略掉。订正值 K 就与 $(T-t)$ 和 $(T+V_0)$ 的大小有关。

实际工作中,也不是用公式来计算还原订正值 K,只需用经过器差改正后的读数做出$(T-t)$(取至一位小数)、$(T+V_0)$(取至整数)。由$(T-t)$、$(T+V_0)$的值查"海洋水文常用表"中的表 3 得 K 值(取至两位小数)。查表时应注意 K 值的"＋""－"号(取决于 $T-t$ 的符号)。

开端温度表的还原订正值 K 的计算公式为

$$K = \frac{(T_w - T')(T' - V_0)}{n}\left(1 + \frac{T_w - t'}{2n}\right)$$

式中，T_w 为闭端温度表数经器差订正和还原订正后的数据；t' 为开端温度表辅温经器差订正后的数据；T' 为开端温度表主温经器差订正后的数据；V_0 为开端温度表的值；$1/n$ 为开端温度表玻璃与水银的相对体膨胀系数。

开端温度表的还原订正值 K，可由"海洋水文常用表"中表 4 查得。

六、确定观测层的水温

两支温度表的主温读数器差订正和还原订正后，即为各自的实测水温(图 1-3-2)。然后根据两支温度表的实测值，确定该观测层的水温。

(1) 当两支温度表的温度不超过 $0.06℃$ 时，取其温度的平均值作为观测层的水温 T_w。

(2) 当两支温度表的温度超过 $0.06℃$ 时，则应补充整理第一次读数，经比较后，选取并记录较可靠一支温度表的温度值。如若难断定，则应与相邻水层的水温比较，记录较合理的一支温度表的温度值，并加括号。如仍不能断定，则应将每支温度表的温度值记录在表格中，并在旁边记上问号(?)。

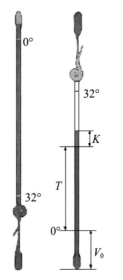

符号说明

K—颠倒温度表还原订正值（℃）

T—颠倒温度表主温经过器差校正后的读数（℃）

t—颠倒温度表辅温经过器差校正后的读数（℃）

V_0—从主温表的接受泡到毛细管的 0℃刻度的水银容积，以温度数（摄氏）表示

$\frac{1}{n}$—玻璃相对水银的膨胀系数

图 1-3-2 颠倒温度表的还原订正图

七、确定采水器的沉放深度

浅于 200 m 的水层,根据各层放出的绳长 L 确定采水器的沉放深度,当钢丝绳倾角大于 15°时,可由放出绳长和钢丝绳倾角查"海洋水文常用表"中的表 1、表 2,求得采水器的实际沉放深度。

深于 200 m 的水层,根据各层开端和闭端温度表的温差,先求得各采水器的计算深度,再经深度校正,便得沉放深度。其步骤如下:

(1) 采水器的计算深度:

$$H = \frac{10^3(T_u - T_w)}{\beta g}\rho$$

式中,H 为计算深度,单位为 m;T_u 为开端温度表的温度值;T_w 为闭端温度表的温度值;β 为开端颠倒温度表的压缩系数(由温度表检定证给出);ρ 为水柱的平均密度;g 为该海区重力加速度。

(2) 以各层放出绳长 L 为纵坐标,H 为横坐标,通过原点绘制沉放深度订正曲线。

(3) 将绳长 L 减去由沉放深度订正曲线查得的订正值 d,即得采水器的沉放深度。

第三节 温深系统观测水温

利用温深系统可以测量水温的铅直连续变化。常用的仪器有温盐深仪(简称 CTD 或 STD)、电子温深仪(简称 EBT)和投弃式温深仪(简称 XBT)等。

观测应在船舷的迎风面进行,以免电缆或钢丝绳压入船底。一旦压入船底,应立即采取措施。观测位置应避开机舱排污口及其他污染源。

根据现场水深确定探头的下放深度。温盐深仪探头下放速度一般应控制在 1.0 m/s 左右。在深海季节温跃层以下下降速度可以稍快些,但以不超过 1.5 m/s 为宜,并应在一次观测中保持不变。若船只摇摆剧烈,应选择较大的下降速度,以免观测数据中出现较多的深度或压强逆变现象。

探头应放置在阴凉处,切忌暴晒。若探头过热或海-气温差较大时,观测前应将探头放入水中停留数分钟。海面平静时,探头入水后即观测;风浪较大时,待探头达数米深度处,再开始观测。

实时显示的温盐深仪,观测前应记下探头在水面时的深度或压强测量值。自容式温盐深仪,应根据取样间隔确认在水面已记录了至少一组数据后方可下降开始观测。

探头下放时获取的数据为正式测量值,探头上升时获取的数据作为水温数据处理时的参考值。

观测期间应记录仪器的型号、编号,测站的站号、站位和水深,观测日期、开始时间(探头入水开始下放的时间)、结束时间(探头到达底层的时间)和观测深度,数据取样间隔、探头下放速度、探头上升速度(当获取上升数据时)和探头出水时间(当获取上升数据时)以及船只漂移情况等。

获取的记录,如磁带、磁盘、固体存储器或记录曲线等,应立即读取或查看。如发现缺测数据、异常数据或记录曲线间断和不清晰时,应立即补测。如确认探头的测温漂移较大,应检查探头的测温系统,找出原因,排除故障。

CTD 分直读式和自容式两大类。其操作主要包括室内和室外操作两大部分,如图 1-3-3 所示。前者主要是控制作业进程,后者则是收放水下单元,但两者应密切配合、协调进行。具体观测步骤和要求如下:

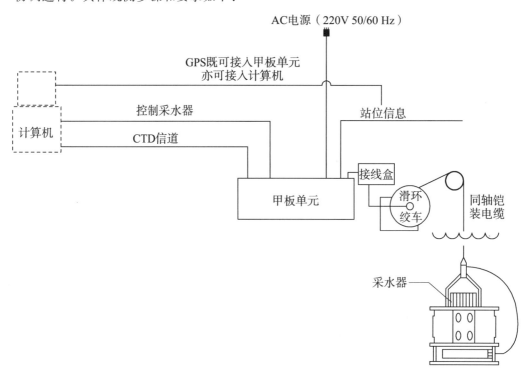

图 1-3-3 SBE911 Plus 组成

(1)按照国标的格式记录,并在计算机中输入观测日期、文件名、站位(经度、纬度)和其他有关的工作参数。

(2)投放仪器前应确认机械连接牢固可靠,水下单元和采水器水密情况良好。待整机调试至正常工作状态后开始投放仪器。

(3)将水下单元吊放至海面以下,使传感器浸入水中感温 3~5 min。对于实时显示 CTD,观测前应记下探头在水面时的深度(或压强值);对自容式 CTD,应根据取样间隔确认在水面已经记录了至少 3 组数据后方可下降进行观测。

（4）为保证测量数据的质量，取仪器下放时获取的数据为正式测量值。仪器上升时获取的数据为水温数据处理时的参考值。

（5）获取的记录，如存储器等，应立即读取或查看。如发现缺测数据、异常数据、记录曲线间断或不清晰时，应立即补测。如确认数据失真，应检查探头的测温系统，找出原因，排除故障。

（6）CTD 测温时注意事项：投放仪器应在迎风舷，避免仪器压入船底。观测位置应避开机舱排污口及其他污染源。探头出入水时应特别注意防止和船体发生碰撞。在浅水区作业时，防止仪器触底。传感器要保持清洁。每次观测完毕，须冲洗干净，不能残留盐粒和污物。探头应放置在阴凉处，防止暴晒。

XBT 是一种常用的测量温度的仪器，它由探头、信号传输线和接收系统组成，如图 1-3-4 所示。探头通过发射架、筒投放入水，探头感应的温度通过导线输入接收系统（计算机）并根据仪器的下沉时间得到深度值。另外，船舶在航行期间观测海水温度所使用的 XBT 称作船用投弃式温度计（SXBT）；利用飞机投弃 XBT 测温，称作航空投弃式温度计（AXBT）。XBT 易投放，并能快速地获得温度和推算的深度资料，因而有广泛的应用。

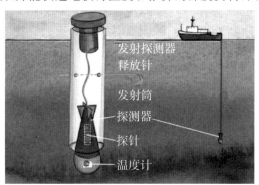

图 1-3-4 XBT 组成

探头深度根据记录时间，由下面的关系式得出：

$$d = 6.472t - 0.002\ 16t^2$$

式中，d 为深度（m），t 为时间（s）。

t 的二次项表示探头下降速度随时间增加而减少。这是由于导线逐渐释放、探头重量减少所致。探头上的热敏电阻时间常数为 0.1 s，把它代入上式，可得 65 cm 的分辨率。最常用的两种探头分别可测到 450 m 和 700 m 以浅的温度数据。

XBT 的主要优点是成本低，它可以接装在各种船只上，在一定航速和海洋条件下投掷。但是它容易发生多种故障：① 传输导线易与海水地线形成回路，导线与接收系统接触不良，接收不到信号；② 如果导线碰到船体边缘，将绝缘漆磨损，可使记录出现尖峰或上凸现象，或无记录；③ 如果传输导线暂时被挂住，导线拉长，也会出现温度升高的现象。

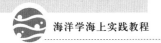

思考题

（1）叙述颠倒温度表的测温原理。

（2）颠倒温度表所测的海水温度为什么还要进行还原订正？

（3）简述 CTD 的原理和操作步骤。

第四章

海流观测和水位观测

海流是由多种原因产生的海水流动过程。如风的作用产生风海流,海洋受热不均匀产生的温盐流,天体引力产生的潮流等。掌握海水流动的规律非常重要,它可以为国防生产、海运交通、渔业、港口建设等服务。海流与渔业关系十分密切,在寒流和暖流交汇的地方往往形成良好的渔场,比如著名的舟山渔场就是台湾暖流与沿岸流交汇形成的。在建设港口时,要计算海流对泥沙的搬运。海上交通中要考虑顺流节约时间等。另外,了解海水的运动规律,对海洋科学在其他领域的研究有重要作用,如水团的形成、海水内部及海气界面之间热量的交换等均与海流有关。

海流用流速和流向表征。流向指海水流去的方向,以度(°)表示(正北为 0°,顺时针计量,东为 90°,南为 180°,西为 270°,北为 360°与 0°重合),如图 1-4-1 所示;流速指单位时间内海水流动的距离,单位为 m/s 或 cm/s。

本章节仅规定观测海水流动的水平速度和方向。

测流方式有锚碇、走航和跟踪浮标等。目前浅海测流主要采用锚碇方式;大洋及深海多采用走航式锚碇等方式。水位观测通常采用锚定系留方式,故将内容合并在本章节。

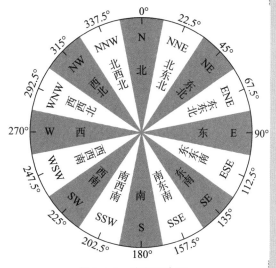

图 1-4-1 流向示意图

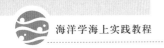

第一节　定点测流的条件和要求

（1）测流船只应具有较好的抗风浪和稳定性能、较大的吃水深度及较完善的抛锚设备。

（2）观测浅层海流时，应尽量避开船体的影响和船磁对海流计磁针的影响。为此要注意：测流仪器应置于同一船舷，观测位置应尽可能靠近船艏（约为 1/3 船长处），测流时仪器距船舷应尽可能远；如无法避免船磁对海流计磁针的影响，应根据船磁对海流计磁针影响的实验数据予以订正，如无实验室数据，可在观测时参考海流计尾舵的方向来确定浅层海流的流向。

（3）海流连续观测的要求：

1）根据任务需要，分别选择包括不同风情、季节及良好天文条件等内容的良好观测日期。据此拟定出最佳出海计划。若调查项目需要测风海流，根据天气情况，大风刮起以后才能实施观测。

2）船只抛锚后，按一定时间间隔持续观测一昼夜（周日连续观测）或多昼夜（多日连续观测），观测工作一般不得中断。

3）每小时应观测一次水深，每 3 h 观测一次风速和风向；直读式海流计应每半小时观测一次，自容或自记式海流计应设置不大于 15 min 的观测间隔。周日连续观测每层不应少于 25 个流速、流向记录。

4）一般每 3 h 测定一次船位。近海区如发现严重走锚时（偏离原位 0.5 n mile）应移至原位，重新开始观测。

为保证观测资料质量，遇天气恶劣、风浪过大时，可根据当时资料情况（如流向明显紊乱等）酌情停止测流工作。

第二节　浮标漂移测流法

浮标漂移测流方法是根据自由漂移物随海水流动的情况来确定海水的流速、流向，主要适用于表层流的观测。最早的漂移物就是船体本身或偶然遇到的漂浮物。之后逐渐发展成使用人工特制的浮标。

浮标漂移测流法虽然是一种比较古老的方法,但在表层流观测中有其方便实用的优点,而且随着科学技术的发展,已开始应用雷达定位、航空摄影、无线电定位仪等工具来测定浮标移动情况,这样就可以取得较为精确的海流资料。

漂浮法测流是使浮子随海流运动,再记录浮子的空间一时间位置。为此,使用了表面浮标、中性浮标、带水下帆的浮标、浮游冰块等。这些方法具有主动和被动性质,因此,可以借助于岸边、船上、飞机或者卫星上的无线电测向和定位系统跟踪浮标的运动。测较大深度的海流则采用声学追踪中性浮标方法。

一、漂流瓶测表层流

漂流瓶,又称邮瓶。通常被用来研究海流的大致情况。根据漂流瓶的漂移路径及漂移时间,就可以大致确定流速和流向。

二、双联浮筒:测表层流

双联浮筒是浮标测流中最常见的一种工具,船只抛锚后或在海上平台等相对稳定的载体上,在船尾放出双联浮筒,根据它的移动情况测定表层流的平均流速和流向。

三、跟踪浮标法测流

(一) 船体跟踪

将一个浮体(双联浮筒或带水下帆的浮标)释放于一定的海面上,使之自由地随海水移动,观测者乘小船始终尾随浮体移动并按规定的时间间隔从船上定位,这样连续观测一个半日潮周期,并画出浮体在此时间段内的运行轨迹,进而得出该海区相应时间段内的海水运动的基本状态。这种方式必须在良好的天气状况下才能进行。

(二) 仪器跟踪

随着高科技技术的发展和应用,更准确、更方便的新仪器跟踪浮标及响应的新的观测方式相继产生,并开始应用于海流观测之中。有的使用人工特制的随海水自由流动的浮标,在岸上用雷达跟踪定位;有的浮标本身就可以定时发射无线电信号,送入天空运行的卫星再返回地面接收系统;还有的使用航空摄影的方式来测定浮标的移动情况,从而观测相应的海区海水流动的情况。

四、中性浮子测流

深海中下层海流的观测相对而言是比较困难的,通常的观测方法都难以实施,而中性浮子由于其本身具有可调节性,可以用于深层海流的观测。

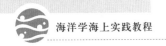

实测中,首先根据温盐观测值,确定出待测海流层的海水密度,按此等效密度调节中性浮子,施放的中性浮子在预定的水层上处于重力和海水浮力相平衡的状态,在这个预定水层上随海水一同漂流,观测船上利用声呐跟踪中性浮子的漂移,消除因船体漂移产生的相对运动,即可测出相应水层的流动速度和方向。

第三节　表层以下各层的海流观测

观测表层以下各层的海流所用的仪器种类很多,可分为自记式、自容式、直读式等。根据仪器结构可分为机械式和电子式。

一、机械式海流计

机械式海流计分为印刷海流计(图 1-4-2)和直读式海流计。

(一) 印刷海流计

印刷海流计是机械式测流仪器,用于船只锚定或浮标上自记一段时间内的平均流速和流向。测量范围:流速为 3～148 cm/s(均方差小于 2‰);流向为 0°～360°(精度为 ±5°),起动流速为 2 cm/s。印刷记录数据时间间隔有 5、10、15、20、30、60 min 6 种;最长连续工作时间为 57 d;最大使用深度为 250 m 和 1 200 m。

图 1-4-2　印刷海流计

1. 结构与原理

水流推动旋杯旋转,旋杯旋转信号通过磁同步传感传递给机壳内的记录机构系统,带动流速字盘转动,记录纸上印刷出来的流速字盘数字即为连续观测(接收流速信号)时间内(3 min)的平均流速。流向是根据海流计尾舵方向(记录中心线)与记录机构内磁针间的夹角测定,并表示在装有磁针的流向的字盘上,由印刷机构连同流速数据一块印刷下来。

印刷及测量系统均由计时机构及时间控制轮控制工作。

2. 调试记录机构

(1) 启开机壳,关闭动力开关,顺时针上足弦。

(2) 选定并安装时间按制轮(一般选用 15 min)。

(3) 装换记录纸带,将动力开关拨至"开"。

(4) 加印油并试印。

(5) 在记录纸带上标明站号、层次、观测时间间隔、起始印刷时间。

(6) 装换干燥剂,对准钟表时间,封闭记录机构,装入密封筒对准磁偏差校正板,封闭筒盖。

(7) 沉放仪器。

3. 观测记录的整理

(1) 根据记录纸带上的起始记号和观测开始时间,确定第一次观测记录。然后将记录纸带分段剪贴在记录表上。

(2) 读取并填写流速、流向数值。

(3) 根据仪器检定曲线,将流速数进行订正。

(4) 根据第一次印刷时间和记录的时间间隔,确定以后各次记录的时间并记录。

4. 注意事项

(1) 观测结束时,应在最后一个记录印刷后数分钟取上仪器,待密封筒内的温度与气温平衡后,取出记录机构和纸带,并记录结束时间。

(2) 任务结束,用淡水冲洗机体。放松记录机构的发条,关闭动力开关。

(二) 直读式海流计

1. 简介

SLC9-2 型直读式海流计,是一种轻便可靠的智能化仪器。由主机和水下探测器组成。其间有专用三芯电缆相联,可传送讯号并负担水下探测器的重量。能显示、打印、记忆和通讯。仪器用干电池供电,可在任何种类的船只或平台上使用。可用于海洋、港湾、江河、湖泊及河口测量不同水深的流速、流向。

2. 主要技术指标

SLC9-2 型直读式海流计主要技术指标见表 1-4-1。

表 1-4-1　直读式海流计主要技术指标

流向	范围:0~360°　　分辨率:±2°　　精度:±6°
流速	范围:3~300 cm/s　　分辨率:±1 cm/s　　精度:±2%满度值
电源	4 节二号电池　　　10 mA　　　工作时间>100 h
起动流速	<3 cm/s
电缆长度	100 m　　抗拉力:100 kg
记忆容量	24 个整点的流速和流向
打印定时	3,15,30 min　　同时打印日期时间
快测方式	循环 15 s,显示 30 s 打印,不设时钟及记忆

3. 工作原理

流向测量利用水下探测器的翼型尾舵,使机身转到海流方向,机内罗盘受地磁定向,其夹角即为水流方向。在测量过程中,旋桨在水流冲击下,转速正比于流速。旋桨带动磁钢,用磁传感方式在机体内产生脉冲,通过对脉冲的处理得出流速。

4. 观测方法

(1)快速方式的使用:当水下探测器放到预定水层后,把电缆联上主机。打开电源紧接着按 SET 和开电源后按 RESET 再紧接按 SET 同样都进入快速方式工作。15 s 后蜂鸣器响给出一组流向、流速数据,作为直读测量的数据,就可以记录下这组数。这个流速数据是 15 s 的平均数据。流向读数还须做磁偏差订正,即流向读数加上当地海区的磁偏差值,得到真正流向。

(2)正常工作模式:

1)开机、设定打印周期(观测时间间隔):开关 DUMP 置于 OFF 位置,然后再打开电源。在打开电源或按 RESET 后,显示器先显示 0030,再循环显示 3、15、30,这是供选择打印记录周期。当显示值符合要求时,按一下 SET,打印周期即被设定。接着显示一次空白,提示此项设定已经完成。

2)日历时钟的设定:在打印周期设定完成后,出现询问性显示"1 111",这时紧接着按 SET,进入日历时钟设定(如不按 SET,2 s 后仪器进入正常测量状态),首先显示年号值 99,00,01,02,03,04,05。当年号值符合要求时,按一下 SET。以此类推,依次再进行月、日、时、分的设定。当时钟设定完后,打印机马上打印出刚设定的内容,整套设备都进入工作状态。

注:打印出的海流数据,在整理应用时,要做流向磁偏差订正。测流工作结束后,同样要对仪器清洗、保养。

二、电子式海流计

电子式海流计有电磁海流计、声学多普勒海流计。

声学多普勒流速剖面仪(ADCP)是 20 世纪 80 年代初发展起来的一种新型测流设备。它利用多普勒效应原理进行流速测量。ADCP 因其原理的优越性,突破传统以机械转动为基础的传感流速仪,用声波换能器作为传感器,换能器发射声脉冲波,声脉冲波通过水体中不均匀分布的泥沙颗粒、浮游生物等反散射体反散射,由换能器接收信号,经测定多普勒频移而测算出流速。ADCP 具有能直接测出断面的流速剖面、不扰动流场、测验历时短、测速范围大等特点。目前被广泛用于海洋、河口的流场结构调查、流速和流量测验等。

与传统的人工船测、桥测、缆道测量和涉水测量的基本原理一样:在测流断面上布设多条垂线,在每条垂线处测量水深并测量多点的流速从而得到垂线平均流速,但 ADCP 所测的垂线可以很多,每条垂线上的测点也很多。

ADCP 方法与传统方法的不同之处有以下两点。传统流速仪法是静态方法,流速仪是固定的;ADCP 方法是动态方法,ADCP 在随测量船运动过程中进行测验。传统流速仪法要求测流断面垂直于河岸;ADCP 方法不要求测流断面垂直于河岸,测船航行的轨迹可以是斜线或曲线,ADCP 所测的垂线(子断面)可以很多,每条垂线上的测点也很多。

使用船载 ADCP 进行海流观测时应按以下步骤和要求实施:① 出海前应检查 ADCP、ADCP 换能器舱、罗经及全球定位系统等有关设备,使其处于正常工作状态;② 运行 ADCP 自检程序,记录测试程序的运行结果;检查计算机,并清理硬盘,留出足够的空间,以便存储观测数据;③ 准确校准电罗经,设置 ADCP 的罗经初始角,同时校准时间,将计算机和 ADCP 的时钟与全球定位系统时钟校准,校准误差应小于1.0 s;④ 按照技术设计书的要求,设置测层间隔、数据平均方式和行次识别符等参数,建立设置文件;⑤ 对新安装的 ADCP,应根据底跟踪资料,计算出换能器的方向修正角,并输入设置文件;⑥ 启动数据采集程序,调入配置文件,检查基本参数,当一切正常运行后开始采集数据。采集过程中,应记录原始数据文件、平均数据文件、导航数据文件等。更改设置后,要及时存储新的设置文件。

观测过程,应确保值班人员在位。值班人员应随时观测 ADCP 系统的工作状态,详细填写值班日志,如发现异常,应及时处理,并将处理过程和处理结果详细记录在值班日志中。在航测中,调查船应尽可能保证匀速直线航行,并保证航速不超过 ADCP 观测的临界速度。结束 ADCP 观测后,要及时备份硬盘上的观测数据。在条件许可情况下,不使用压缩方式备份数据,以避免解压失败。结束 ADCP 观测后,要重新校准计算机和 ADCP 的时钟与全球定位系统时钟,并在值班日志中详细记录时钟的差值。

"东方红 3"配备的 38k、75k、300k 走航式 ADCP 具有宽带和窄带两种工作模式,根据科考需求采用不同的工作模式,使其使用更加高效、便捷。技术参数如表 1-4-2 所示。

表 1-4-2　ADCP 技术参数

技术参数	38k	75k	300k
盲区	16 m	8 m	4 m
测层厚度	16～24 m	8～16 m	1～8 m
测层单元数	1～128	1～128	1～128
最大测量深度	1 000 m	700 m	165 m
最大底跟踪深度	1 700m	950 m	260 m
流速量程	0～9 m/s	0～9 m/s	0～5 m/s
流速精度	±1.0％量值 ±0.5 cm/s	±1.0％量值 ±0.5 cm/s	±0.5％量值 ±0.5 cm/s
流向量程	0～360°	0～360°	0～360°
流向精度	±2°	±2°	±2°

第四节　水 位 观 测

水位是水体在某一地点的水面离标准基面的高度。标准基面有两类:一为绝对基面,指国家规定的、作为高程零点的某一海平面,其他地点的高程均以此为起点。中国规定黄海基面为绝对基面。二为假定基面,指为计算水文测站水位或高程而暂时假定的水准基面,常采用河(海)床最低点以下一定距离处作为本站的高程起点,常在测站附近设有国家水准点,或者在一时不具备条件的情况下使用。

水位资料与人类社会生活和生产关系密切。水利工程的规划、设计、施工和管理需要水位资料。桥梁、港口、航道、给排水等工程建设也需水位资料。防汛抗旱中,水位资料更为重要,它是水文预报和水文情报的依据。水位资料在水位流量关系的研究中和在河流泥沙、冰情等的分析中都是重要的基本资料。

一般利用水尺和水位计测定。观测时间和观测次数要适应一日内水位变化的过程,要满足水文预报和水文情报的要求。有洪水、结冰、流冰、产生冰坝和有冰雪融水补给河流时,增加观测次数,使测得的结果能完整地反映水位变化的过程。

水位观测的内容包括:① 总压强,是气压和水压的总和,由水位计的压力传感器测得,单位为 kPa;② 现场水温,由水位计的温度传感器测得,单位为℃;③ 现场气压,由自记气压表测得,单位为 kPa。常用观测仪器有压力式水位计和声学水位计。

压力式水位计是根据压力与水深成正比关系的静水压力原理,运用压敏元件作传感器的水位计。采用先进的隔离型扩散硅敏感元件制作而成,直接投入容器或水体中即可精确测量出水位计末端到水面的高度,并将水位值通过 4～20 mA 电流或 RS485 信号对外输出。特点是灵敏度和精度等级高、耐高温、耐腐蚀、体积小巧,便于安装、投放。

声学水位计采用非接触式测量,采用声管传声、应用空气声学回声测距原理来进行水位测量的新型水位测量仪器。由收发共用声学换能器发射一声脉冲,声波经声管传声遇水界面产生反射,反射波由同一换能器接收。测得声波在空气中的传播时间及现场声速,计算出声学换能器发射面至水面的距离,依据声学换能器安装基准面及水位零点得到水位值。通过发射声波测量井深,这种仪器不需要任何事先粗略探测深度的设备,可以在任何测量中精确、快速地得到结果。该设备重量轻、体积小、功能多、操作简便。用于沿海水文台站的常规长短期潮位观测、江河湖泊的水位连续自动测量,以及港工水文调查、港口调度、船舶航行等部门的水位测量。声学水位计可以应用在任何场合,无论探井的井壁是金属、聚氯乙稀、岩石,还是弯曲的深井或者正在工作中的水泵。

思考题

(1) 海流的两要素是什么?

(2) 观测海流有哪些方法?

(3) 直读海流计测流原理是什么?

(4) 水位观测常用仪器有哪些?

第五章

透明度、水色的观测

海水透明度是指白色透明度盘在海水中的最大可视深度。水色是指位于透明度值一半的深度处，白色度盘上所显现的海水颜色。

透明度和水色的观测对保证海上交通运输的安全、海上作战、水产养殖业都有重要作用。比如，可以依靠水色来判别浅滩的存在，因为浅滩处水色为绿色，甚至还带黄色。航行中如果发现水色忽然降低，便是接近陆地的预兆。另外，海水透明度高，使船舶有可能避开暗礁或危险障碍。我国南海多珊瑚礁，但是因为透明度大，可视深度深，故航行时一般不会出现危险。研究水色和透明度还有助于识别洋流的分布，大洋洋流都有与其周围海水不同的水色和透明度。例如，墨西哥湾流在大西洋中像一条蓝色的带子；黑潮，即因其水色蓝黑得名；美洲达维斯海流色青，又称青流。研究透明度和水色对于渔业和盐业也有一定意义。如鲍鱼、海参要求海水透明度高，但蛏、蚝等则要求透明度低；晒盐可以根据水色的高低来开闭闸门以增加盐的产量。

透明度和水色的观测只在白天进行。观测时间：连续观测站，每 2 h 观测一次；大面或断面观测站，船到站观测。观测地点应选择在船舶的背光面。

第一节　透明度观测

透明度用透明度盘观测。透明度盘是一块漆成白色的木质或金属圆盘，直径

30 cm，盘下挂有铅锤，盘上系有绳索，见图 1-5-1 所示。绳索上标有以米为单位的长度标记。绳索长度应根据海区透明度值大小而定，一般可取 30～50 m。

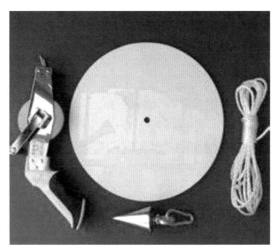

图 1-5-1　透明度盘

一、观测方法

在主甲板的背阳光处，将透明度盘放入水中，沉放到刚好看不见的深度，然后再慢慢地提到隐约可见时，读取绳索在水面的标记数值（有波浪时应分别读取绳索在波峰和波谷处的标记数值），读到一位小数，重复 2～3 次，取其平均值，即为观测的透明度值，记录到水温观测记录的备注栏里。若倾角超过 10°时，则应进行深度订正。当绳索倾角过大时，盘下的铅锤应适当加大。应在透明度盘垂直上方观测。

二、注意事项

（1）绳索应经缩水处理，使用过程中还要增加校正次数。

（2）透明盘应保持洁白，当油漆脱落或脏污时应重新油漆。

（3）观测任务结束后，透明盘应用清水清洗，绳索要在淡水中浸泡清洗，晾干后保存。

第二节　水色观测

水色是根据水色计目测确定。水色计是由蓝色、黄色、褐色溶液按一定比例配成的 21 种不同色级，分别密封在 22 支内径为 8 mm、长 100 mm 的无色玻璃管内，置于有白

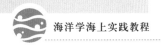
色衬里的两开的盒中(盒中左边为 1—11 号,右边为 12—21 号),见图 1-5-2。

图 1-5-2　水色计

一、观测方法

观测透明度后,将透明度盘提到透明度值一半的水层,根据透明度盘上所呈现的海水颜色,在水色计中找出与之最相似的色级号码,并与透明度一并记录在水温观测记录表格内的备注栏。

二、注意事项

(1)观测时水色计玻璃管应与观测者的视线垂直。

(2)水色计必须保存在阴暗干燥的地方,切忌日光照射,以免褪色。观测结束后,应将水色计擦拭干净并装在内红外黑的布套里。

(3)使用的水色计,在 6 个月内至少应与标准水色计校准一次,发现褪色,应及时更换。作为校准用的标准水色计(在同批出厂的水色计中,保留一盒),平时应始终装在内红外黑的布套里,并保存在阴暗处。

思考题

(1)观测透明度、水色的条件是什么?

(2)简述观测透明度、水色的意义。

(3)叙述观测透明度、水色的方法。

(4)怎样保护水色计?

第六章

海发光观测

海发光是海洋中的微光,它是指夜间海面生物的发光现象。黑夜船在海洋中航行时,船头两侧常会出现两道乳白色的光,船走得越快,光就越亮。在船艉同样可以看到一片闪烁的磷光。渔民撒网或收网时,把网一抖,即见"万点银星"。

海发光并不是海水本身具有什么发亮的性质,这种闪光完全是生活在海水中的生物发出来的。这些能发光的生物大概有以下几种:

(1) 发光细菌,在沿海以及大河注入的海区繁殖,它们所发的光以蓝色、黄色和绿色比较多;

(2) 单细胞生物,如夜光虫在海中凭借其体内的一种脂肪物质发光.它们发出的光由白色、浅绿色或淡红色的闪光组成;

(3) 较复杂的海洋生物,如水母、海绵、贻贝、管水母、环虫、介贝,也能发光;

(4) 个别的鱼类。

第一节　海发光的观测

海发光的观测需要观测发光类型和强度等级。

一、海发光的类型

1. 火花型(H)

它主要是由大小为 0.02～5 mm 的发光浮游生物引起的,是最常见的海发光现象。

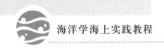

这种发光现象通常是当海面有机械扰动或生物受化学物质刺激时才比较显目,而在海面平静或无化学物质刺激时,发光极其微弱。

2. 弥漫型(M)

它主要是由发光细菌发出的。其发光特点是海面呈一片弥漫的白色光泽,只要这种发光细菌大量存在,在任何海况下都发光。

3. 闪光型(S)

它是由大型发光动物(如水母或火体虫等)产生的。这种发光动物通常是孤立地出现。闪光型发光像火花型发光一样,在机械或化学物质刺激下,发光才比较醒目。当大型发光动物成群出现时,这种发光比较显著。

二、海发光强度等级

海发光强度分为五级,各级的征象见表1-6-1。

表 1-6-1　海水光强度等级

等级	发光征象		
	火花型(H)	弥漫型(M)	闪光型(S)
0	无发光现象	无发光现象	无发光现象
1	在机械作用下发光勉强可见	发光勉强可见	在视野内有几个发光体
2	在水面或风浪的波峰处,发光明晰可见	发光明晰可见	在视野内有十几个发光体
3	在风浪、涌浪的波面上,发光著目可见。漆黑夜晚可借此看到水面物体的轮廓	发光著目可见	在视野内有几十个发光体
4	发光特别明亮,连波纹上也见到发光	发光特别明亮	在视野内有大量的发光体

三、观测方法

根据海发光的征象,目测判定海发光的类型和等级,并记录在表1-6-2中。为能感觉出微光,观测者应于观测前在黑暗环境中适应几分钟,观测地点应选在船上灯光照不到的黑暗处。

四、注意事项

(1)海面平静,观测不到海发光时,可用杆子扰动海面。

（2）两种海发光类型同时出现时应分别记录。

（3）海面没有发光现象或在月光较强的情况下，无法观测海发光时，则在表 1-6-2 中的发光类型栏内记"无"。

表 1-6-2　海发光观测记录表

海区_____调查船_____观测时期____年____月____日至____年____月____日

序号	站号或由站至站	站 位		观测时间	发光类型	发光等级	有无星月或降雨	观测者	校对者	备注
		纬度	经度							

思考题

（1）海发光有多少类型和等级？

（2）海发光的观测方法是什么？

第七章

海浪观测

　　海浪观测的对象主要是风浪和涌浪。由当地风所引起且直到观测时仍处于风力作用下的海面波浪称为风浪。它的成长决定于风速、风区和风时。风区指风速、风向基本不变的风沿风向所吹行的海区长度。风时指风速、风向基本不变的风所吹的时间。

　　观测海区内，由其他海区传来的波，或由于当地的风力急剧下降、风向改变或风平息后所形成的波浪称为涌浪。从观测海区以外传来的涌浪的衰减，决定于原生成风区的风浪尺度和传播距离（距风区下沿到观测点距离）。观测海区内所形成的涌浪的衰减，主要决定于原风浪的尺度和风力急剧下降后的时间。

　　海浪观测的主要内容是风浪和涌浪的波面时空分布及其外貌特征。观测项目包括海面状况、波型、波向、周期和波高，并利用上述观测值计算波长、波速、1/10部分大波波高的波级。

　　海浪观测有目测和仪测两种方式。目测要求观测者具有正确估计波浪尺寸和判断海浪外貌特征的能力。仪测目前可测波高、波向和周期，其他项目仍用目测。波高的单位为米（m），周期的单位为秒（s），观测时两者均取至一位小数。

　　海浪观测的时间：连续测站，每3 h观测一次（目测只在白天进行，仪测采样时间间隔应小于或等于0.5 s，每次记录的时间视平均周期的大小而定，一般取17～20 min，使记录的单波个数不得少于100个），观测时间为02、05、08、11、14、17、20、23时；大面或断面测站，船到站观测。观测海浪时，还应观测风速、风向和水深。

第一节　海浪基本要素

一、波高

相邻的波峰与波谷间的铅直距离,称为波高,以 H 表示。图 1-7-1 表示某固定点波面随时间的变化。C_1 是上跨零点 A_1 与下跨零点 B_1 间的一个显著波峰,G_1 是零点 B_1 和 A_2 间的一个显著波谷。C_1 和 G_1 间的铅直距离即为波高,而极值点之间(如 m_1 与 m_3)的铅直距离不能取作波高。

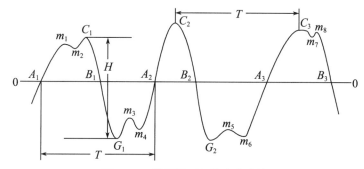

图 1-7-1　波面随时间的变化曲线

自连续记录中量出波高后,取所有波高的平均值称为平均波高,以 $\overline{H}$ 表示。

将所有连续测得的波高按大小排列,则总个数的 $1/p$ 个大波波高的平均值称为 $1/p$ 部分大波的平均波高,简称 $1/p$ 部分大波波高,记为 $H_{1/p}$。如常用的 1/10 部分大波波高,记为 $H_{1/10}$;1/3 部分大波波高(亦称有效波高),记为 $H_{1/3}$.

平均波高 H 与 1/10 部分大波波高 $H_{1/10}$ 和有效波高 $H_{1/3}$ 之间的换算关系分别为

$$H_{1/10} = K_{1/10}\overline{H} \tag{1.7.1}$$

$$H_{1/3} = K_{1/3}\overline{H} \tag{1.7.2}$$

式中,$K_{1/10}$、$K_{1/3}$ 为波高间的换算系数,它们与水深 d 有关,其数值由表 1-7-1 给出。

表 1-7-1　波高换算系数与水深关系

$\overline{H}/d$	0.0	0.1	0.2	0.3	0.4	0.5
$K_{1/10}$	2.03	1.93	1.81	1.69	1.58	1.47
$K_{1/3}$	1.60	1.54	1.48	1.43	1.37	1.30

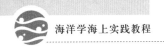

其中，当 $\dfrac{\overline{H}}{d}$ 值接近零时，属深水区；当 $\dfrac{\overline{H}}{d}$ 大于零且小于 0.5 时，属于浅水过渡区；当 $\dfrac{\overline{H}}{d}$ 值接近于 0.5 时，属波浪破碎带。

将表中 $\dfrac{\overline{H}}{d}$ 各值对应的 $K_{1/10}$、$K_{1/10}$ 代入式（1.7.1）和式（1.7.2），可分别得出深水区、浅水过渡区或波浪破碎带的平均波高与 1/10 部分大波波高和有效波高之间的换算关系式。

二、周期、波长和波速

相邻两个波峰（图 1-7-1 中 C_2 和 C_3）或两个上跨零点（图 1-7-1 中 A_1 和 A_2）间的时间间隔称为一个波的周期，以 T 表示。

连续测得的各波周期的平均值，称为平均周期，以 $\overline{T}$ 表示。若观测记录充分长（所测单波个数不少于 100 个）时，用波峰或上跨零点两种方法所求得的平均周期应近似相等。

在一波系中，相邻两个波峰（或波谷）间的水平距离，称为波长，以 L 表示。

单位时间内波形传播的距离，称为波速，以 C 表示。

一个波的波长 L 和波速 C 与周期 T 的关系为

$$L=\frac{gT^2}{2\pi}\mathrm{th}\,\frac{2\pi d}{L} \tag{1.7.3}$$

$$C=\frac{gT}{2\pi}\mathrm{th}\,\frac{2\pi d}{L} \tag{1.7.4}$$

式中，d 为水深；g 为重力加速度。

当水深 d 大于或等于半波长（$L/2$）时，式（1.7.3）、（1.7.4）分别为

$$L=\frac{gT^2}{2\pi} \tag{1.7.5}$$

$$C=\frac{gT}{2\pi} \tag{1.7.6}$$

当长度和时间的单位分别用米（m）、秒（s）时，取 $g=9.8\ \mathrm{m/s^2}$，则式（1.7.5）、（1.7.6）简化为

$$L_0=1.56T^2 \tag{1.7.7}$$

$$C_0=1.56T \tag{1.7.8}$$

式中，L_0 为深水波长；C_0 为深水波速。

三、波向和波峰线

波向：波浪传来的方向，称为波向。

波峰线：在空间的波系中，垂直于波向的波峰连线叫做波峰线。

第二节　海浪的目测

目测海浪时,观测员应站在船只迎风面,以离船身 30 m(或船长之半)以外的海面作为观测区域(同时还应环视广阔海面),来估计波浪尺寸和判断海浪外貌特征。

一、海面状况观测

海面状况(简称海况)是指在风力作用下的海面外貌特征。根据波峰的形状、峰顶的破碎程度和浪花出现的多少,海况分为 10 级,见表 1-7-2。

表 1-7-2　海况等级

海况等级	海 面 征 状
0	海面光滑如镜,或仅有涌浪存在。
1	波纹或涌浪和波纹同时存在。
2	波浪很小,波峰开始破裂,浪花不显白色而呈玻璃色。
3	波浪不大,但很触目,波峰破裂,其中有些地方形成白色浪花——白浪。
4	波浪具有明显的形状,到处形成白浪。
5	出现高大的波峰,浪花占了波峰上很大的面积,风开始削去波峰上的浪花。
6	波峰上被风削去的浪花开始沿着波浪斜面伸长成带状,有时波峰出现风暴波的长波状况。
7	风削去的浪花带布满了波浪斜面,并有些地方到达波谷,波峰上布满了浪花层。
8	稠密的浪花布满了波浪斜面,海面变成白色,只有波谷内某些地方没有浪花。
9	整个海面布满了稠密的浪花层,空气中充满了水滴和飞沫,能见度显著降低。

二、波型观测

(一)波型

1. 风浪

波型极不规则,背风面较陡,迎风面较平坦,波峰较尖,峰线较短。四五级风时,波峰翻倒破碎,出现"白浪"。波向一般与平均风向一致,有时偏离平均风向 20°左右。

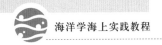

2. 涌浪

波型较规则,波面圆滑,波峰线较长,波面平坦,无破碎现象。

(二) 波型记法

波型为风浪时,记 F。

波型为涌浪时,记 U。

风浪和涌浪同时存在并分别具备原有的外貌特征时,波型分三种记法:

(1) 当风浪波高和涌浪波高相差不多时,记 FU;

(2) 当风浪波高大于涌浪波高时,记 F/U;

(3) 当风浪波高小于涌浪波高时,记 U/F。

发展成熟的风浪,很像方向一致的风浪和涌浪迭加,此时应根据风情(风速、风时等)变化,来判断波型。无浪时,波型填"空白"。

三、波向观测

波向分 16 个方位(表 1-7-3),测定波向时,观测员站在船只较高的位置,用罗经上的方向仪,使其瞄准线平行于离船较远的波峰线,转动 90°后,使其对着波浪来向,读取罗经示度盘上的度数,即为波向(用磁罗经测波向时,应进行磁差校正)。然后,根据表1-7-3 将度数换算为方位,波向的测量误差应不大于 5°。当海面无浪或波向不明时,波向栏记 C。风浪和涌浪同时存在时,波向应分别观测,并记入观测记录表(附录表1-7-4)中的波向栏内。

表 1-7-3　16 个方位与度数换算表

方位	度数	方位	度数
N	348.9°～ 11.3°	S	168.9°～ 191.3°
NNE	11.4°～ 33.8°	SSW	191.4°～ 213.8°
NE	33.9°～ 56.3°	SW	213.9°～ 236.3°
ENE	56.4°～ 78.8°	WSW	236.4°～ 258.8°
E	78.9°～ 101.3°	W	258.9°～ 281.3°
ESE	101.4°～ 123.8°	WNW	281.4°～ 303.8°
SE	123.9°～ 146.3°	NW	303.9°～ 326.3°
SSE	146.4°～ 168.8°	NNW	326.4°～ 348.8°

四、周期和平均周期的观测

(一) 周期的观测

观测员手持秒表,注视随海面浮动的某一标志物(当波长大于船长时,应以船身为标志物),当一个显著的波峰经过此物时,按开秒表记时,待相邻的波峰再经过此物时,关闭秒表,读取记录时间,即为这个波的周期。

(二)平均周期的观测

观测员手持秒表,当波峰经过海面上的某标志物或固定点时,开始计时,测量 11 个波峰相继经过此物的时间 t_{10}(波长大于船长时,可根据船只随波浪的起伏进行测定),如此测量 3 次,然后将 3 次测量的时间相加,并除以 30,即得平均周期 $\overline{T}$,填入表中。两次测量的时间间隔一般不得超过 1 min。

五、1/10 部分大波波高及周期的观测

根据观测所得的平均周期 $\overline{T}$,计算 100 个波所需的时段 $t_{100}=100\overline{T}$。然后,于时段 t_{100} 内,目测 15 个显著波(在观测的波系中,较大的、发展完好的波浪)的波高及其周期。取其中较大的 10 个波高的平均值作为 1/10 部分大波波高 $H_{1/10}$。这 10 个波的周期的平均值即为 1/10 部分大波波高对应的周期 $T_{1/10}$。

根据 1/10 部分大波波高 $H_{1/10}$ 值查波级表(表 1-7-4)得波级。

自 15 个波高记录中选一个最大值作为最大波高 H_m。将 $H_{1/10}$、$T_{1/10}$、H_m 及波级填入表中相应栏内。

波高也可利用船身来测定,当波长小于船长时,观测员可将甲板与吃水线间的距离作为参考标尺来测定波高;若波长大于船长时,则应在船只下沉到波谷后,估计前后两个波峰相当于船高的几分之几(或几倍)来确定波高。

表 1-7-4 波级表

波 级	波 高 范 围/m		海浪名称
0	0	0	无浪
1	$H_{1/3}<0.1$	$H_{1/10}<0.1$	微浪
2	$0.1\leqslant H_{1/3}<0.5$	$0.1\leqslant H_{1/10}<0.1$	小浪
3	$0.5\leqslant H_{1/3}<1.25$	$0.5\leqslant H_{1/10}<1.5$	轻浪
4	$1.25\leqslant H_{1/3}<2.5$	$1.5\leqslant H_{1/10}<3.0$	中浪
5	$2.5\leqslant H_{1/3}<4$	$3.0\leqslant H_{1/10}<5.0$	大浪
6	$4\leqslant H_{1/3}<6$	$5.0\leqslant H_{1/10}<7.5$	巨浪
7	$6\leqslant H_{1/3}<9$	$7.5\leqslant H_{1/10}<11.5$	狂浪
8	$9\leqslant H_{1/3}<14$	$11.5\leqslant H_{1/10}<18$	狂涛
9	$H_{1/3}\geqslant14$	$H_{1/10}\geqslant18$	怒涛

六、波长和波速的计算

将观测的周期代入式(1.7.7)、式(1.7.8)中,得深水波的波长 L_0 和波速 C_0(或查

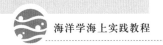

"海洋水文常用表"的表 40、表 41)。

若水深 d 小于 $L_0/2$ 时,则计算的波长、波速必须进行浅水订正,其步骤如下:

(1) 水深 d 与深水波的波长 L_0 的比值(d/L_0),查浅水校正因子表(表 1-7-5)得对应的 $\mathrm{th}(2\pi d/L)$ 值。

表 1-7-5　浅水校正因子表 $\mathrm{th}(2\pi d/L)$

d/L_0	$\mathrm{th}(2\pi d/L)$	d/L_0	$\mathrm{th}(2\pi d/L)$
0.00	0.000 0	0.25	0.933 2
0.01	0.248 0	0.26	0.940 0
0.02	0.347 0	0.27	0.946 1
0.03	0.420 5	0.28	0.951 3
0.04	0.480 2	0.29	0.956 7
0.05	0.531 0	0.30	0.961 1
0.06	0.575 3	0.31	0.965 3
0.07	0.614 4	0.32	0.969 0
0.08	0.649 3	0.33	0.972 3
0.09	0.680 8	0.34	0.975 3
0.10	0.709 3	0.35	0.978 0
0.11	0.735 2	0.36	0.980 4
0.12	0.758 9	0.37	0.982 5
0.13	0.780 4	0.38	0.984 5
0.14	0.800 2	0.39	0.986 2
0.15	0.818 3	0.40	0.987 7
0.16	0.834 9	0.41	0.989 1
0.17	0.850 1	0.42	0.990 4
0.18	0.864 0	0.43	0.991 4
0.19	0.876 7	0.44	0.992 4
0.20	0.888 4	0.45	0.993 3
0.21	0.899 1	0.46	0.994 1
0.22	0.908 8	0.47	0.994 7
0.23	0.917 8	0.48	0.995 3
0.24	0.925 9	0.49	0.995 9

(2) 依式(1.7.3)、式(1.7.4)计算浅水波的波长 L 和波速 C,并记录表中。

例如:某测站水深为 20 m,测得的海浪周期为 10 s,试计算其波长、波速。

首先，依式(1.7.7)和式(1.7.8)计算得

$$L_0 = 156 \text{ m}$$

$$C_0 = 15.6 \text{ m/s}$$

然后计算：

$$d/L_0 = 0.13 (<1/2)$$

再根据 d/L_0 值查表 1-7-5 得

$$\text{th}(2\pi d/L) = 0.780\ 4$$

则

$$L = 156 \times 0.780\ 4 = 122 \text{ m}$$

$$C = 15.6 \times 0.780\ 4 = 12.2 \text{ m/s}$$

思考题

(1) 什么是涌浪和风浪？

(2) 观测海浪的内容是什么？

(3) 怎样观测海浪？

第八章

海冰观测

　　海冰指海洋上一切冰的总称,主要由海水直接冻结而成,也包括由江河注入海洋中的淡水冰及极地大陆冰川或山谷冰川崩裂滑落海中的冰山。海冰一般可分为固定冰和流冰。船舶观测冰的主要对象是流冰。

　　我国的渤海和黄海的北部,因所处的地理纬度较高,每年冬季都有不同程度的结冰现象出现。若遇到特别寒冷的年份,尤其是寒潮入侵,持续时间较长,在持续低温作用下,会发生严重结冰,不但使航道封冰,交通中断,海上作业停顿,甚至把船舶冻结在海上。海冰观测的作用是为冰情做预报,为预防海冰这一海洋灾害,为海港的海上工程、海事活动等提供重要的冰情资料,以便采取有效的对策,防患于未然。

　　船舶测冰的项目和顺序:冰量、密集度、冰型、表面特征、冰状、漂流方向和速度、冰区边缘线及冰厚。观测海冰的同时,还应观测海面能见度、气温、风速、风向及天气现象。海冰观测的时间:连续站定时观测每天08时和14时观测;大面或断面测站,船到站观测。观测结果均记入海冰观测记录表中,因故不能观测的项目,应在备注栏内说明。

第一节　冰量和密集度的观测

一、冰量观测

冰量为能见海域内海冰覆盖面积占该区域总面积的成数,只记整数。观测时应环视海面,将整个能见海域分为 10 等份,估计被海冰所覆盖的成数。海面无冰时,记录栏空白;海面冰覆盖面积占能见海域面积不足半成时,冰量记"0";占一成时,冰量记"1",其余类推;当能见海面全部被冰覆盖时,冰量记"10";若有少量空隙可见海水,冰量记"10⁻"。

二、密集度观测

密集度为流冰群中所有冰块总面积占整个流水区域面积的成数。成数的估计和记法与冰量相同。海面无冰时,密集度栏空白;海面有微量冰时,密集度记"0"。流冰区域内若有超过其面积一成以上的完整无冰水域时,该水域不应作流冰分布海面考虑。

第二节　冰型观测

根据海冰的生成原因和发展过程,冰型可分为初生冰、冰皮、尼罗冰、莲叶冰、灰冰、灰白冰和白冰七种。

一、初生冰(用 N 表示)

由海水直接冻结或雪降至低温海面未被融化而成。多呈针状、薄层状、油脂状和海绵状。它比较松散,且只有当它聚集漂浮在海面上时才具有一定的形状。有初生冰存在时,海面反光微弱,无光泽,遇微风不起波纹。

二、冰皮(用 R 表示)

由初生冰冻结或在平静海面上直接冻结而成的冰壳层。表面平滑,湿润而有光泽,

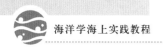

厚度 5 cm 左右,能随风起伏,遇风浪易破碎。

三、尼罗冰(用 Ni 表示)

厚度小于 10 cm 的有弹性的薄冰壳层。表面无光泽,在波浪和外力作用下易于弯曲和破碎,并能产生"指状"重叠现象。

四、莲叶冰(用 P 表示)

直径 30～300 cm,厚度 10 cm 以内的圆形冰块。由于彼此互相碰撞而具有隆起的边缘。它可由初生冰冻结而成,也可由冰皮或尼罗冰破碎而成。

五、灰冰(用 G 表示)

厚度为 10～15 cm 的冰盖层,由尼罗冰发展而成。表面平坦湿润,多呈灰色,比尼罗冰的弹性小,易被涌浪折断,受到挤压时多发生重叠。

六、灰白冰(用 Gw 表示)

厚度为 15～30 cm 的冰盖层,由灰冰发展而成,表面比较粗糙,呈灰白色,受到挤压时大多形成冰脊。

七、白冰(用 W 表示)

厚度为 30～70 cm 的冰层,由灰白冰发展而成。表面粗糙,多呈白色。

观测时,应根据上述 6 种冰型的特征,参考海冰照片,确定海区内冰的类型并以符号记录。当冰区内有多种冰型同时出现时,仅记 5 种主要冰型,量多者记在前面;量相同时,厚度大的记在前面。遇有特殊冰型出现时,应详细记在备注栏内并拍照。

第三节　冰的表面特征和冰状的观测

一、表面特征的观测

海冰外貌特征分平整冰、重叠冰、冰脊、冰丘和覆雪冰 5 种。

(1)平整冰(用 L 表示)为未受变形作用影响的海冰。冰面平整或冰块边缘仅有少量冰瘤及其他挤压冻结的痕迹。

（2）重叠冰（用 Ra 表示）为在动力作用下，一层冰叠到另一层冰上形成，有时甚至三、四层冰相互重叠而成，但重叠面的倾斜角不大，冰面仍比较平坦。

（3）冰脊（用 Ri 表示）为碎冰在挤压作用下形成的一排具有一定长度的山脊状的堆积冰。

（4）冰丘（用 H 表示）为在风、浪、流等动力作用下，冰块杂乱无章地堆积在一起所形成的山丘状堆积冰。

（5）覆雪冰（用 S 表示）为表面有积雪的冰。

观测时，首先应根据冰区内海冰的表面特征判断其所属种类，然后依量的多少用符号记录。量相同时则按平整冰、重叠冰、冰脊、冰丘和覆雪冰的顺序记录。

二、冰状的观测

冰状指冰块最大水平尺度的表征，分为六类，按照表 1-8-1 进行判定。

表 1-8-1　冰状表

冰状类别	符号	水平尺度/m
碎冰	Bi	$L<2$
冰块	Ic	$2\leqslant L<20$
小冰盘	Sf	$20\leqslant L<100$
中冰盘	Mf	$100\leqslant L<500$
大冰盘	Bf	$500\leqslant L<2\,000$
巨冰盘	Gf	$L\geqslant 2\,000$

第四节　冰区边缘线、流冰方向和速度及冰厚的观测

一、冰区边缘线观测

冰区边缘线指海冰分布区域的廓线，也即冰水分界线。观测时，应首先环视冰区边缘，确定几个特征点（一般不少于三个，远离冰区的少量冰块不能选作特征点），然后用测距仪和罗经或雷达测出各点相对于测站的方向和距离。冰区边缘线观测不到时，应在记录中加以说明。

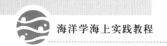

二、流冰方向和速度观测

流冰的方向指海冰流动的去向,用度表示;流冰速度指单位时间内流冰移动的距离,以 m/s 为单位。

流冰的观测应在船只锚定后进行。观测时,首先选一具有代表性的冰块,用罗经和测距仪或雷达测定方向和至测站的距离(起点位置),然后用秒表记时,当所测冰块移动超过原离船距离的 1/2 或其方向改变 20°时,读取时间间隔,同时测定其方向和距离(终点位置)。最后,根据起点位置和终点位置的方向和距离,用计算圆盘求得流冰的方向和移动距离,再由移动距离和所需时间求得流冰速度。无法进行仪器观测时,流冰速度可根据冰块动态估测,见表 1-8-2,以 m/s 为单位,取至一位小数。

表 1-8-2   目测流冰速度参照表

冰块动态	很慢	明显	快	很快
相当冰速(V)	$V<0.3$	$0.3 \leqslant V<0.5$	$0.5 \leqslant V<1.0$	$V \geqslant 1.0$
(m/s)	速度等级 1	速度等级 2	速度等级 3	速度等级 4

三、冰厚观测

冰厚指冰表面至底面的垂直距离,以 cm 为单位,记录时取整数。

观测时,可用绞车或网具捞取冰块(最好取 3 块以上),分别测量各冰块厚度,最后取其平均值作为冰厚观测值。或选择有代表性的冰块,用冰钻钻孔,用冰尺测量其厚度。

第五节   冰情图

每航次海冰观测结束后,应根据观测结果编制冰情图。冰情图的内容包括冰区边缘线、冰区内各测点的观测结果及冰情概述等。编图时,首先在空白底图上标出各测站冰区边缘线的特征点,然后用圆滑曲线连接各点,即为冰区边缘线。其次在冰区内各测站附近按图 1-8-1 格式填注观测结果,某项无记录时,相应位置空白。

测站观测记录填注格式举例如下,海上某测站 14 时海冰观测记录:冰量 8 成;密集度 10;冰型以板冰为主,同时还有灰白冰和少量厚冰;外貌特征以平整冰为多,其次为重叠冰和少量堆积冰,堆积冰的一般堆积高度为 1 m,最大堆积高度为 1.5 m;冰块大小以中冰为最多,最大流冰块的水平最大尺度为 350 m;流冰的方向为 45°,速度为 0.2 m/s;冰厚为 15 cm。填注结果如图 1-8-1 所示。

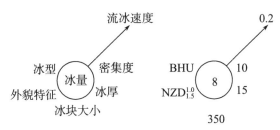

图 1-8-1　冰情图

所绘结束后,应同时用文字概述本航次冰情分布特征、变化情况、特殊海冰现象及其危害等。

第六节　海冰预警和海冰灾害避灾注意事项

海冰警报启动标准:我国海冰灾害应急响应分为 4 个等级(Ⅰ、Ⅱ、Ⅲ、Ⅳ级),分别对应特别重大海洋灾害、重大海洋灾害、较大海洋灾害、一般海洋灾害,颜色依次为红色、橙色、黄色和蓝色。

每个警报级别需要海冰范围达到以下情况(表 1-8-3)之一,且浮冰范围内冰量 8 成以上,并且预计海冰冰情持续发展。

表 1-8-3　我国海冰灾害应急响应等级

警报级别	浮冰外缘线范围/n mile	
	辽东湾	黄海北部、渤海湾、莱州湾
红	105	45
橙	90	40
黄	75	35
蓝	60	25

海冰灾害避灾注意事项:

(1) 沿海政府及相关部门按照职责做好海冰灾害防御应急和抢险工作;

(2) 无抗冰能力的船舶远离冰区航行;

(3) 交通运输部门和港航企业采取措施,加固海上浮标、灯标等导航设施;

(4) 渔民采取加固渔业养殖设施、提前打捞养殖产品等措施,尽量减少经济损失;

(5) 沿海居民及旅游者注意出行安全,避免在海冰上行走(尤其在融化期);

(6) 石油开发企业加固海上油气开采平台及其附属管道设施,防止因海冰撞击而造成油气管道泄漏。

思考题

(1) 观测海冰的项目是什么？

(2) 冰型分多少种？

(3) 怎样观测海冰？

海洋气象观测

第二篇

海洋气象观测是海洋气象研究工作的基础,随着海洋经济的快速发展,海上各种生产活动对气象服务的需求越来越迫切。海洋气象观测对于了解海洋气象环境,提高海上天气预报的准确性,安全高效地开发海洋资源等工作具有非常重要的意义。

第一章

通 则

海洋气象观测的目的是为天气预报和气象科学的发展提供准确的情报和研究资料,同时还要提供水文、化学等其他学科观测和处理数据时所需要的气象(背景)资料。海洋气象观测按其观测项目、方法分为两类:海面气象观测和高空气象探测。

第一节 观测方式

在海洋调查中海洋气象的观测方式有定时观测、大面站观测、定点连续观测、走航观测和高空气象探测。

1. 定时观测

根据所承担任务的规定或需求,每日在固定的时间进行观测。

2. 大面站观测

按设计的站位依次观测,每个站位观测一次。

3. 定点连续观测

在某一固定的地点,按所需的时间间隔进行连续的观测。

4. 走航观测

调查舰船在航行中进行的观测。

5. 高空气象探测

观测近地面至 30 km 甚至更高自由大气的物理、化学等特性。

第二节 观测的项目和时次

一、海洋气象常规观测项目

常规观测项目有能见度、云、天气现象、空气的温度和相对湿度、风、气压、降水量。

二、海洋气象观测时次

采用北京时间，以每日的 20 时为日界。

（1）凡承担发送气象报任务的调查舰船，必须按照相关规定，准时编发天气预报。每天要进行 4 次整点绘图天气观测，观测时间为 02、08、14、20 时。

（2）定时观测在每日 02、08、14、20 时进行观测。观测项目为能见度、云、天气现象、空气的温度和相对湿度、风、气压、降水量。

（3）定点连续观测在每日的 24 个整点进行，其中 02、08、14、20 时观测项目为能见度、云、天气现象、空气的温度和相对湿度、风、气压、降水量；05、11、17、23 时观测项目为能见度、云、天气现象、空气的温度和相对湿度、风、气压；其他时次的观测项目为空气的温度和相对湿度、风、气压。

（4）走航观测采用自动观测的方式进行，一般借助于船载观测仪器。每 1 min 记录一次。观测项目为空气的温度和相对湿度、风、气压、降水量。

（5）高空气象探测在每日的 08、20 时进行，也可根据任务需求，调整观测时间。观测项目为气压、温度、湿度、风向、风速等。

（6）在大面观测中，一般到站后即进行一次观测，如到站是在绘图观测前（或后）半小时内，则不进行观测，可使用该次绘图天气观测资料代替。观测项目为能见度、云、天气现象、空气的温度和相对湿度、风、气压。

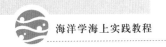

第三节　观测程序

　　海面气象观测前应检查使用的仪器设备,特别要注意仪器的环境状况及通风干湿表、湿球温度表的润湿情况等。定时观测每次观测的时间不得早于正点前 20 min,天气现象的观测时间固定在 43—46 min,气压观测的时间固定在 56—58 min 进行,其他项目在 40—58 min 间进行。每次观测一般应按下列程序进行:能见度、云、天气现象、空气的温度和相对湿度、风、气压、降水量。

　　高空气象探测每次探测均应在预定放球时间前 1 h 按下列顺序工作:将检查合格、准备施放的和备份的探空仪放在百叶箱中;施放前 30 min 进行基值测定并进行初算;灌充气球;检查接收设备、发射机和电池;装配探空仪并试听信号;正点施放气球并接收信号。

第四节　观测场地和使用仪器的要求

　　海面气象(除气压外)观测场地应选择在调查舰船的高层甲板,在观测点能看到整个天空和海天交界线。高空气象探测场地应选择在空旷处,其周围和上方不得有妨碍气球施放的电线、绳索、建筑物等障碍物。

　　海洋气象观测中使用的仪器要求可靠、灵敏、结构坚固、使用维护方便,并力求同地面气象仪器具有同样技术标准。各种仪器应在出航前仔细检查,确保其检定证书在有效期内并按使用要求安装调试好。返航后应按要求进行维护保养。

第五节　观测资料的质量控制

海洋气象的观测人员应在每日的 07、19 时校核观测用钟表和仪器设备时钟,观测用钟表 24 h 内误差不能超过 10 s。

观测中使用的仪器应按规定的期限进行检定。自动记录仪器应在每个航次前、后,用足够精确的标准仪器或基值测定仪器进行现场比对,高空探测仪器应在每次施放前比对,比对数据应记录在观测记录表相应栏内。

第六节　观测资料的存储和提交

海洋气象的观测资料载体应为纸质或计算机存储器。观测资料特别是自动记录资料要定期转录到非易失性存储器上(如光盘)。在未转录前应备份两份。

自动记录的资料按要求在计算机中进行数据的进一步处理,生成数据文件。将记录表装订成册与生成的数据一并提交。海洋气象观测人员应按任务要求提交调查报告和航次报告。

思考题

(1) 海洋气象观测都有哪些项目?

(2) 海洋气象观测次数和时间有何规定?

第二章

能见度的观测

能见度用气象光学视程表示。气象光学视程是指白炽灯发出色温为2 700K的平行光束的光通量,在大气中削弱至初始值的5‰时所通过的路径长度。

(1) 白天能见度是指视力正常(对比感阈为0.05)的人,在当时天气条件下,能够从天空背景中看到和辨认出目标物(黑色、大小适度)的最大水平距离。

(2) 夜间能见度是指假定总体照明增加到白天正常水平,适当大小的黑色目标物能被看到和辨认出的最大水平距离;中等强度的发光体能被看到和识别的最大水平距离。

所谓"能见",在白天是指能看到和辨认出目标物的轮廓和形体;在夜间是指能清楚看到目标灯的发光点。凡是看不清目标物的轮廓,认不清其形体,或者所见目标灯的发光点模糊,灯光散乱,都不能算"能见"。

海面有效能见度,是指测站四周视野中1/2及以上的范围所能看到的最大水平距离。

海面最小能见度,是指测站四周各方向海面能见度不一致时,所能看到的最小水平距离。

第一节　能见度的观测方法

一、目测

1. 白天能见度的观测方法

（1）当舰船在开阔海区且无目标物时，主要根据海天交界线的清晰程度来估测能见度（表 2-2-1）；当海天交界线完全看不清时，需按经验进行估测。

表 2-2-1　海面水平能见度参照表

（单位：km）

海天线清晰程度	眼高出海面＞7 m 时	眼高出海面≤7 m 时
十分清晰	—	＞50.0
清晰	＞50.0	20.0～50.0
比较清晰	20.0～50.0	10.0～＜20.0
隐约可辨	10.0～＜20.0	4.0～＜10.0
完全不可辨	＜10.0	＜4.0

（2）当舰船在海岸附近且有目标物时，首先应借助视野内可以从海图上量出的或可以用雷达测量出距离的单独目标物（如山脉、海角、灯塔）估计向岸方向能见度。然后以水平线的清晰程度，进行向海方向的能见度估计。

观测方法如下：

1）当目标物的颜色、细微部分清晰可辨时，能见度定为该目标物距离的 5 倍以上；

2）当目标物的颜色、细微部分隐约可辨时，能见度定为目标物距离的 2.5～5 倍；

3）当目标物的颜色、细微部分很难分辨时，能见度定为大于该目标物的距离，但不应超过与该目标物距离的 2.5 倍；

4）当能见度很低时，应根据船上的目标物估测能见度。

2. 夜间能见度的观测方法

（1）应先在观测场地停留 5 min，待眼睛适应环境后进行观测。

（2）在月光较明亮的情况下，找到视野内可以从海图上量出的或可以用雷达测量出距离的较大目标物，如能隐约地分辨出轮廓，能见度定为该目标物的距离；如能清晰地分辨出轮廓，能见度定为大于该目标物的距离。

（3）在无目标物或无月光的情况下，根据天黑前能见度的变化趋势和当时的天气现象,综合实践经验估测。

二、能见度的仪器测量

测量能见度用的仪器按照测量原理,分为透射型和散射型两种。透射型仪器普遍用于机场测量跑道能见距离;散射型仪器则适用于雾天或非固定观测平台中使用。

1. 透射能见度仪

透射能见度仪采用测量发射器和接收器之间水平空气柱的平均消光(透射)系数而算出能见度。发射器提供一个经过调制的定常平均功率的光通量源,接收器主要由一个光检测器组成。由光检测器输出测定透射系数,再据此计算消光系数和气象光学视程。透射能见度仪测定气象光学视程是根据准直光束的散射和吸收导致光损失的原理,所以它与气象光学视程的定义密切相关,观测的能见距离与能见度很一致。发射器和接收器之间光束传递距离称为基线,可从几米到 150 m。它取决于气象光学视程值的范围与测量结果应用情况。

2. 散射能见度仪

散射能见度仪是测量散射系数从而估算出气象光学视程的仪器。图 2-2-1 为一个前向散射能见度仪示意图,由发射器、接收器与处理器组成。发射器发出近红外光脉冲,接收器测量的是与发射光束成 33°角的散射光束,然后由处理器计算出气象光学视程。散射能见度仪的优点是基线长度很短,光源与接收器安在同一支架上,避免了基线难以对准的缺陷。

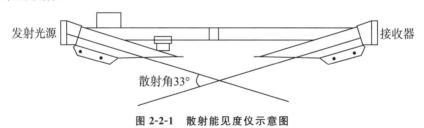

图 2-2-1　散射能见度仪示意图

3. 仪器的安装与使用

两种能见度观测仪安装都要避开常出现地方性烟雾的地方,周围不要有高大的障碍物遮挡。发射器和接收器都不能朝着强光源(如太阳光)或强的反射面(如积雪),或者可以采取屏蔽或挡板达到这种要求。安装高度为 1.5 m 左右,仪器底座要十分牢固。透射能见度仪基线要测准,并对准光轴。电源和通讯电缆要可靠。船上观测一般采用散射能见度仪。

平时要注意维护发射器和接收器镜面清洁,如有降水、凝结物或灰尘附着,应及时清除。两种仪器均应按规定定期校准,才能保证测量气象光学视程的准确度。

两种能见度观测仪均能自动采样,输出平均值,可连续观测记录能见度的连续变化。

第二节　能见度的记录

　　将有效水平能见度和最小能见度分别记录在海面气象观测记录表能见度栏斜线的前后，须记录到 0.1 km，不足 0.1 km 时，记录 0.0。目测能见度准确度为±20%。

　　当海面水平能见度小于 10.0 km 时，必然伴有雾、降水、浮尘等视程障碍的天气现象，两种以上现象同时发生时，记录应相互对应。

思考题

　　(1) 什么叫有效能见度和最小能见度？

　　(2) 如何进行能见度观测？

第三章 气温的测量

　　气温指空气的温度,海面气象观测通常观测海面气温,海面气温一般指距甲板 1.5～2.0 m 处的空气温度。气温以摄氏度(℃)为单位,分辨率为 0.1℃,测量准确度分两级:一级为±0.2℃,二级为±0.5℃。测量时,为了避免烟筒及其他热源(如房间热气流)的影响,仪器位置应选择安装在空气流畅的迎风面,距海面高度一般在 6～10 m 为宜。同时为防止太阳辐射对测值的影响,测温仪器必须放在百叶箱或防辐射罩内。仪器周围 1.5 m 范围内不能有特别潮湿或反射率强的物体,以免影响观测记录的准确性。

第一节　测量气温的常用仪器

一、玻璃温度表

　　其感应部分是一个充满测温液体的玻璃球或柱,示度部分为玻璃毛细管,测温液体常用的有水银、酒精和甲苯等。由于玻璃球内液体的热胀系数远大于玻璃,因此毛细管中液柱随温度的变化而升降,可表示温度。常用的温度表包括最高温度表、最低温度表和干湿球温度表。最高温度表的构造是在球底部置一根玻璃针,直伸到毛细管口,使毛细管口变窄。温度上升时,水银膨胀上升;温度下降时,狭管阻止水银下降,因而可测得最高温度。最低温度表用酒精做测温液,在毛细管内放一枚游标,温度上升时,酒精可越过游标上升;温度下降时,液面的表面张力带动游标下滑,游标位置可读出最低温度。阿斯曼通风干湿球温度表是德国人 R・阿斯曼 1887 年所创,两支棒状温度表放置在防辐射性能极好的通风管道内,机械或电动通风速度为 2.5 m/s。仪器测量精度高,使用方便,常用作野外测量气温和湿度。

二、热敏电阻温度表

其感应元件由几种金属氧化物混合烧结成的导体电阻组成,电阻值通常几十千欧,其电阻温度系数大,灵敏度高于金属电阻温度表,但稳定性稍差,广泛应用于高空遥测。

三、金属电阻温度表

其利用金属丝的电阻正比于温度变化的原理制成。常用的金属丝有铂丝、铜丝、铁丝三种,阻值在几十欧到一百欧之间,其中铂丝稳定性最好,可用来制作标准温度表。电阻温度表适用于遥测。

第二节　液体温度表的仪器误差及气温观测的记录

一、液体温度表的仪器误差

1. 固定误差

固定误差的来源:

1）基点的永恒位移。玻璃温度表球部的容积随时间有缩小的趋势,以至基点不断提高,即所谓基点的永恒位移,这在制成温度表的初期很明显,以后逐渐减小。

2）球部变形引起的误差。当温度由低温升至高温后,再令其急速地冷却到初始的温度时,温度表的指示会偏低,然后逐渐恢复正常,称之为暂时跌落。升温的范围、升温和降温的速率,以及玻璃的种类对跌落值的大小都有影响。反之,当高温降至低温,再令其急剧增温时,则温度表的指示偏高。

3）刻度误差。划分刻度是在一定范围内进行等分。由于毛细管截面积的不均匀性,液体和玻璃膨胀系数的非线性,都将使温度表的刻度出现误差。

固定误差可通过定期检定得到器差后,对读数进行订正来减小。

2. 偶然误差

除仪器本身所具有的系统误差外,在观测中还会存在偶然误差。

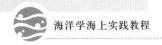
二、海面气温的观测读数、订正及记录

见湿度观测（第四章第二节）。

第三节　测温中的防辐射措施

由于受太阳的直接辐射、地面的反射以及其他各种类型的天空和地面辐射的影响，测温元件的指示温度会与实际气温存在差别。在白天阳光强烈照射的情况下，元件温度会高于气温，导致较大的辐射误差。辐射误差的防护，是气温观测中的关键问题。防止的途径主要有以下几种：① 屏蔽太阳辐射和地面反射辐射，使其不能直接照射到测温元件上；② 人工通风，使元件散热；③ 增加元件的反射率；④ 采用极细的金属丝元件，细丝具有较大的散热系数。上述 4 种方法中的前两种在观测中经常使用，后两种在测温元件的制作过程中也应充分考虑。

百叶箱和防辐射罩是普遍使用的防辐射设备。

1. 百叶箱的作用和构造

目前常用的百叶箱的四周由双层百叶窗组成，叶板与水平面成 45°倾角，箱顶和箱底由 3 块宽 110 mm 的木板组成，中间的 1 块与边上的 2 块在高度上错开，使空气通过错缝流通。

我国气象台站常用百叶箱一套有两个，较大的一个箱高612 mm、宽 460 mm、深 290 mm，用于安放温度表和湿度计；较小的一个箱高 537 mm、宽 360 mm、深 290 mm，用于安放干湿球温度表和最高、最低温度表以及毛发湿度计。

百叶箱的作用是使仪器免受太阳直接照射、降水和强风的影响，减小来自甲板上的垂直热气流的影响，同时保持空气在百叶箱里自由流通。百叶箱的颜色要保持洁白清洁。每次出航准备时，应检查清洗箱壁。

图 2-3-1　船用百叶箱

2. 防辐射罩

阿斯曼通风干湿表采用双层防辐射套管,如图 2-3-2 所示,并采用人工通风的方法。我们现在使用的阿斯曼通风干湿表的通风速度一般维持在 2 m/s。

实验表明,取 2～3 min 通风干湿表的 10 次读数的平均值可以得到近于真值的温度。另外所有测温元件都力求增大其表面的光反射率,如制成光滑表面并涂成白色等方法来减小辐射的影响。

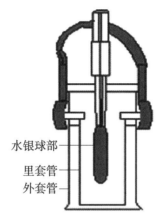

水银球部
里套管
外套管

图 2-3-2　通风干湿表双层防辐射套管

思考题

(1) 测量温度的仪器都有哪些?

(2) 气温测量中都采用哪些防辐射措施?

第四章

湿 度 的 测 量

湿度,表示空气中水汽含量或潮湿程度。在一定温度下,一定体积的空气里含有的水汽越少,则空气越干燥;水汽越多,则空气越潮湿。常用饱和水汽压、混合比、比湿、绝对湿度、水汽压、露点、相对湿度等物理量表示。

第一节　概述

一、湿度

1. 饱和水汽压(E)

饱和水汽压应分别对水面和冰面定义。水面饱和水汽压(E_{sw})是指在固定的气压和温度下,水汽与平面纯净水面达到气液两相中性平衡时纯水蒸汽的水汽压。冰面饱和水汽压($E_s t$)是指在固定的气压和温度下,水汽与纯净冰面达到气固两相中性平衡时纯水蒸汽的水汽压。

2. 混合比(γ)

湿空气中水汽质量(m)与干空气质量(n)之比($\gamma = m/n$),单位为 g/g 或 g/kg。饱和湿空气的混合比称为饱和混合比。

3. 比湿(q)

湿空气中,水汽质量(m)与湿空气总质量($m+n$)之比,即 $g = m/(m+n)$,单位与混合比相同。

4. 绝对湿度(ρ)

绝对湿度即水汽密度,湿空气中所含的水汽质量(m)与该湿空气体积(V)之比,即 $\rho = m/V$,单位 g/m^3。

5. 水汽压(e)

湿空气中水汽的分压强,单位与气压相同。在气压为(P),混合比为(γ)的湿空气中,其水气压为 $e = \gamma P/(0.621\ 98 + \gamma)$。饱和湿空气中水汽部分的压强称为饱和水汽压 E_0。饱和水汽压是温度的函数,随温度升高而增大。在同一温度下,纯冰面上的饱和水汽压要小于纯水面上的饱和水汽压。

6. 露点(或霜点)

露点(或霜点)是指在气压和水汽含量保持不变的情况下,空气中所含的气态水达到饱和而将要凝结成液水时所需降至的温度。

7. 相对湿度(U)

湿空气中实际水汽压(e)与同温度下饱和水汽压(E)的百分比,即 $U = (e/E) \times 100\%$。相对湿度以百分率(%)表示,分辨率为 1%,当相对湿度大于 80% 时,准确度为 $\pm 8\%$;当相对湿度小于等于 80% 时,准确度为 $\pm 4\%$。

二、测量湿度常用的仪器

1. 干湿球温度表

由一对并列装置的形状完全相同的温度表组成,一支测气温,称为干球温度表;另一支包有保持浸透蒸馏水的脱脂纱布,称为湿球温度表。当空气未饱和时,湿球因蒸发吸收热量,使湿球温度低于干球,水汽压(e)可用下式计算:

$$e = E - AP(t - t')$$

式中,t、t' 分别为干、湿球温度;E 相当于湿球温度 t' 的饱和水汽压;P 为气压;$A = h/CL$ 为干湿表系数,与温度表形状和通风速度有关,给仪器以恒定通风可提高测湿精度。

干湿球温度表是当前测湿的主要仪器,但不适用于低温(−10℃ 以下)使用。其中阿斯曼通风干湿表是最常用的测湿仪器。

2. 电阻式湿度片

利用吸湿膜片随湿度变化而改变其电阻值的原理,常用的有碳膜湿敏电阻和氯化锂湿度片两种。前者用高分子聚合物和导电材料碳黑,加上黏合剂配成一定比例的胶状液体,涂覆到基片上组成电阻片;后者是在基片上涂上一层氯化锂酒精溶液,当空气湿度变化时,氯化锂溶液浓度随之改变从而也改变了测湿膜片的电阻。这类元件测湿精度较干湿表低,主要用在无线电探空仪和遥测设备中。

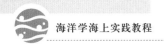

3. 薄膜湿敏电容

薄膜湿敏电容是以高分子聚合物为介质的电容器,因吸收(或释放)水汽而改变电容值。它制作精巧,性能优良,常用在探空仪和遥测中。

4. 露点仪

露点仪是能直接测出露点温度的仪器。测量时,使一个镜面处在样品湿空气中降温,直到镜面上隐现露滴(或冰晶)的瞬间,测出镜面平均温度,即为露(霜)点温度。它测量精度高,但需光洁度很高的镜面、精度很高的温控系统,以及灵敏度很高的露滴(冰晶)光学探测系统。使用时,必须使吸入样本空气的管道保持清洁,否则管道内的杂质将吸收或释放水分造成测量误差。

第二节　海面空气湿度观测

在调查船上观测海面空气湿度,要求温度表的球部与所在的甲板间的距离在 1.5～2.0 m。为了避免烟筒及其他热源(如房间热气流)的影响,安装位置应选择在通风良好的迎风面,距海面高度在 6～10 m 为宜。另外,仪器四周 1.5 m 范围内不能有特别潮湿或反射率强的物体,以免影响观测记录的准确性。常用阿斯曼通风干湿表进行观测。

一、阿斯曼通风干湿表观测空气湿度

(一)仪器结构

通风干湿表的主要部分是两只规格相同的温度表,温度表的球部装在两组平行的双重套管内,套管的外壳镀镍,以反射太阳辐射。通风干湿表的上部安装风扇,测量时会以固定的通风速度经过温度表的球部,保证其测湿系数不变。其结构如图 2-4-1。

(二)观测方法

1. 观测前准备工作

观测前 20 min 把仪器挂好,将湿球纱布用下述方法浸润:观测员一手拿住灌满蒸馏水的橡皮囊,一手放开铜夹,轻压橡皮囊使水达到玻璃管中固定标志处后,夹紧铜夹。然后用管里的水润湿纱布,注意不要溢出,持续五六秒,放松铜夹,使管中的水流回橡皮囊,并拿走滴管。润湿纱布后,再小心地上好风扇发条,但不要上得太满,以剩下一转为宜。当风速大于 4 m/s 时,观测前应将防风罩套在风扇向风面的裂口上,使其开口(从小到大的方向)顺着风扇旋转的方向。

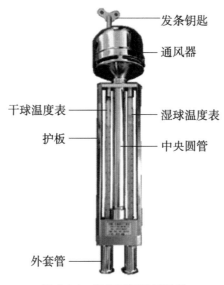

发条钥匙

通风器

干球温度表

湿球温度表

护板

中央圆管

外套管

图 2-4-1 阿斯曼通风干湿表

2. 进行读数

读数时,观测员必须注意不要让风把自身的热量带到仪器上,特别是不要用手直接触摸外套管。

当气温高于 0℃时,读数时应使视线同温度表水银柱顶端保持在同一高度,屏住呼吸,迅速、敏捷、准确地进行读数。要先读小数后读整数,先读干球后读湿球。读完后应重新检查一次读数,以免发生 5℃ 或 10℃ 的误差。

当气温在 −10~0℃时,应在观测前半小时把仪器拿到室外挂好,随即把湿球纱布润湿并通风,待观测时再通风一次。读数时,先看湿球温度是否稳定,如已稳定,便可读数,同时注意湿球纱布是否冻结,如已冻结,应在湿球读数记录的右上角记 "B",没有冻结则不必记。如果湿球示数还在变动,则应待稳定后再读数。

当气温低于 −10℃时,一般停止观测湿球温度。

(三) 通风干湿表的维护

(1) 仪器的金属部分特别是镀镍部分要细心保护,不要使它受到损伤和腐蚀,以免破坏其防辐射效果。每次观测完后,如发现金属部分有水滴,应以细软的干布擦拭干净后放入匣内。

(2) 通风速度的变化往往会引起明显的误差,所以观测员应注意风扇的转动情况是否正常,这可从风扇中央的圆柱旋转速度来判定。在圆柱上绘有箭头,可以从小孔看到,上好发条后,此圆柱每转一周的时间与检定证上记载的时间相差不到 5 s,则可认为正常,否则要进行检修。

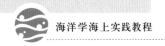

二、干湿球温度表观测空气湿度

（一）干湿球温度表的安置

干湿球温度表由两只形状、规格相同的温度表组成，它们垂直并列固定在百叶箱内的温度表架上，左边一只为干球，右边一只为湿球（球部包有纱布）。在湿球下面，有一个小水杯固定在温度表架上（杯口距湿球球部以 3 cm 左右为宜），杯内盛有蒸馏水，通过纱布的毛细作用，使湿球保持润湿状态。

（二）观测方法

1. 未冻结时的观测方法

（1）把百叶箱门转到背向太阳的方向打开，勿使阳光照射到温度表水银球上。

（2）进行读数。为避免人体靠近温度表引起示数变化，读数时应使视线同温度表水银柱顶端保持在同一高度，屏住呼吸，敏捷、准确地进行读数，并要求先读小数后读整数，先读干球后读湿球，读数精确到 0.1℃。读完后应重新检查一次整数读数，以免发生 5℃ 或 10℃ 的误差。

（3）观测完毕后，关好百叶箱门。

2. 冻结时的观测方法

当气温在−10～0℃，湿球纱布冻结时，观测员应在观测前 20～30 min 进行溶冰。带一杯室温下的蒸馏水到百叶箱前，首先清除掉干球温度表球部上的冰或雾凇，然后再把湿球浸入带来的水杯内，使它上面的冰完全溶化（这可以从温度表示度上看出冰是否完全溶化，如果示度很快上升到 0℃ 停一会儿又升到 0℃ 以上，那就表示冰已经溶化完），随即把水杯移开，并用杯沿将纱布头上的水滴除去，再把百叶箱门关好。

观测时，先看湿球示数是否稳定，如已稳定，便可进行观测。同时还应注意湿球纱布是否冻结，如已冻结，则应在湿球读数记录的右上角记"B"，没有冻结则不必记。如湿球示数还在变动，则应待稳定后再读数。

应该注意，湿球温度一般要比干球温度低或至少相等，但在湿球纱布冻结时，湿球温度可能反而稍高些，遇到这种情况应复读一次，如确无错误，仍可在气象常用表里查出湿度。

其他观测程序和方法与未冻结时相同。

当气温低于−10℃时，湿球温度一般应停止观测，干球温度可照常观测，如果一天内气温低于−10℃的时间不长，则可按上述方法进行观测。

（三）干湿球温度表的维护

（1）观测员必须注意保护干湿球温度表，并经常检查其准确性。如发现水银柱内有气泡、外管内标尺磁板活动、水银柱上部空管内有水银滴或污渍等现象，应立即把两只温度表同时调换,并将调换的原因记入海面气象观测记录的纪要栏内。

（2）干球应经常保持清洁和干燥。在检查仪器设备时,如发现干球上有灰尘或水滴,应立即拭净,同时还要注意添加蒸馏水,使湿球始终保持湿润状态。

三、湿球纱布的维护及更换

包在湿球上的纱布要保持洁白和柔软,经常清洁,防止灰尘及盐粒附着。连续使用的仪器每周要更换一次纱布。如遇特殊天气或海况,纱布上沾有盐渍或灰尘时,应立即更换。更换纱布时,观测员首先卸下湿球温度表外面的双层套管,取下旧纱布,把手洗干净后再把水银球用清水洗净并擦干,然后把用蒸馏水浸透的新纱布包在水银球上,纱布应包得没有褶皱,其交叠部分不得超过水银球面的 1/4。包好后,用纱线把水银上面的纱布头扎紧,并且在紧靠球部处把纱布扎拢如图 2-4-2。

当湿球纱布开始冻结时,应在湿球下 2～3 mm 处将纱布剪断。注意,如在一天内湿球纱布间或冻结时,仍应将纱布剪断,未冻结时,一般应在观测前 20 min 将纱布润湿。

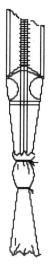

图 2-4-2　纱布扎拢示意图

第三节　观测结果的计算

一、器差订正

每只温度表的读数都必须按照其检定证书上的器差订正值进行订正。

二、湿度的查算

绝对湿度、相对湿度和露点均用订正后的干球和湿球温度,查气象常用《湿度查算表》得出。

1. 湿度单位和精度要求

(1)绝对湿度,规定用空气中的水汽压来表示,单位为百帕(hPa),精确到 0.1 hPa。

(2)相对湿度,为空气中的水汽压占同温同压下的饱和水汽压的百分比,只取整数。

(3)露点,即未饱和的空气在气压和水汽压都不变的情况下,为使它所含的水汽达到饱和状态所必须冷却到的温度,单位为摄氏度(℃),只取整数。

2. 相对湿度的简易查算方法

第一步:查干球、湿球温度表的检定证书,订正干球、湿球的器差,得到订正后的干球温度(t)和订正后的湿球温度(t')。

第二步:用器差订正后的干球温度(t)和湿球温度(t')计算出两者之间的温度差值(Δt)。

第三步:用订正后的湿球温度(t')和计算出的温度差值(Δt),通过表 2-4-1 查算出相对湿度。

注意:湿度查算为阿斯曼通风干湿表的查算(通风速度为 2.5 m/s)。

表 2-4-1　湿度查算表(简易版)

湿球示度/℃	湿度/% 干球与湿球温度差															
	0	1	2	3	4	5	6	7	8	9	10	11	12	13	14	15
35	100	93	87	80	75	70	66	61	58	54	50	47	44	41	39	36
34	100	93	87	80	75	70	66	60	57	53	50	46	43	40	38	35
33	100	93	87	80	75	70	65	60	57	53	49	46	43	40	37	35
32	100	93	86	80	74	69	65	60	56	52	49	45	42	39	36	34
31	100	93	86	79	74	69	64	59	55	51	48	44	41	38	35	33
30	100	93	86	79	73	68	63	59	54	50	47	43	40	37	34	32
29	100	93	86	79	73	67	62	57	53	49	45	42	39	36	33	31
28	100	92	85	79	73	67	62	57	53	49	45	42	38	35	33	30
27	100	92	85	78	72	67	61	57	52	48	44	41	37	34	32	29
26	100	92	84	77	72	66	61	56	51	47	43	40	36	33	30	28
25	100	92	84	77	71	65	60	55	50	46	42	39	35	32	29	27
24	100	92	84	77	71	65	59	54	49	45	40	38	34	30	28	26
23	100	91	83	76	70	64	58	53	48	44	40	36	33	30	27	24
22	100	91	83	76	69	63	57	52	47	43	39	35	32	29	26	23
21	100	91	83	75	68	62	56	51	46	42	36	33	30	27	24	22
20	100	91	82	75	68	61	55	50	45	40	36	33	29	26	23	20
19	100	91	82	74	67	60	54	49	44	39	35	31	28	24	22	
18	100	90	81	73	66	59	53	48	42	38	34	30	26	23	20	
17	100	90	81	73	65	58	52	46	41	36	32	28	25	21		
16	100	90	80	72	64	57	51	45	40	35	30	26	23	20		
15	100	89	80	71	63	56	50	43	38	33	29	25	21			
14	100	89	79	70	62	55	48	42	36	31	27	23	19			
13	100	89	78	69	61	53	46	40	35	30	25	21				
12	100	88	78	68	60	52	45	39	33	28	23	19				
11	100	88	77	67	58	50	43	37	31	26	21	17				
10	100	88	76	66	57	49	41	35	29	23	19					
9	100	87	75	65	55	47	39	33	26	21						
8	100	87	74	64	54	45	37	30	24	18						
7	100	86	73	62	52	43	35	28	21							
6	100	85	72	61	50	41	33	25	19							
5	100	85	71	59	48	39	30	23	16							
4	100	84	70	57	46	36	27	20								
3	100	84	68	56	44	34	24	16								
2	100	83	67	54	41	31	21									
1	100	82	66	51	39	28	18									
0	100	81	64	49	36	25	14									
-1	100	80	62	47	33	21										
-2	100	79	60	44	30	17										
-3	100	78	58	41	26											
-4	100	77	56	38	22											

思考题

(1) 空气的湿度有哪些表示方法?

(2) 调查船上一般采用什么仪器测量空气的湿度?

(3) 如何进行湿度查算?

第五章

气压的测量

气压是大气压强的简称,其数值等于单位面积上从地面至大气顶的垂直空气柱的重量,计算公式为

$$P_h = \int_h^\infty \rho g dz$$

其中,h 为测站的海拔高度。

海平面气压是指作用在海平面单位面积上的大气压力。国际单位制中,压强的单位是帕斯卡,简称帕,气象部门采用百帕作为气压单位,历史上也曾用毫巴(即 10^{-3} 巴)和毫米水银柱作为气压单位,其换算关系:1 百帕(hbar＝hPa)＝1 毫巴(mbar)＝3/4 毫米水银柱(mmHg),在气象站内气压表高度处测到的大气压强称为本站气压,属于地方气候资料之一。由于各测站海拔高度不同,本站气压不便于比较,为了绘制地面天气图,需要将本站气压换算到相当于海平面高度上的气压值,即海平面气压。其分辨率为 0.1 hPa,测量准确度为三级:一级为±0.1 hPa;二级为±0.5 hPa;三级为±1 hPa。

第一节　气压的观测方法

气象观测中用来观测气压的仪器主要有以下几种类型：

一、液体气压表

液体气压表是根据液体静力学的原理,用已知密度的液体柱高度直接和大气压力相平衡来测定气压(也有用液体重量的,但装置复杂,误差较大,不常使用)。

二、空盒气压表

以金属弹性容器作为感应部分的空盒气压表(或气压计),它是以固体的弹性应力与大气压力相平衡为依据的。

三、气体气压表

气体气压表是根据气体的张力而设计的。

四、沸点气压表

沸点气压表是一种根据液体沸点随外界压力变化而变化的原理制成的。

五、压敏元件(或压阻传感器)

压敏元件是利用压敏膜片(一面处于真空,一面与大气相通)感应外界气压的变化,通过应变电阻器产生应变增量,再通过电桥的输出来测定气压。

单晶硅压力传感器就是其中之一,该传感器以半导体硅膜片作为压敏元件,是利用单晶硅材料的压力(电阻效应)制成的。单晶硅压敏元件在应力作用下发生形变,从而引起载流子的浓度和迁移变化,从而使压敏元件的电阻发生变化。利用这一原理,气压的测量转换为电阻或电压等电信号的测量。

单晶硅压力传感器是一个真空密封器件,如图 2-5-1a。由图可见,器件中间有一个由半导体 N 型单晶硅制成的压敏元件硅杯,在硅杯的感应膜片上,按一定晶向及位置扩散 4 只两两垂直的应变电阻,如图 2-5-1b,上部由抽气管、封帽、内引线等形成一个密封腔,下部有通气孔、外引线及底座等。因为密封腔内可抽成 1.3×10^{-5} hPa 数量级的真空,使硅杯感应膜片上面处于真空腔内,而下面直接与大气相通,所以在任何时

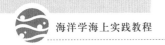
刻感应膜片上所受的压强,正好等于该传感器所在处的大气压强。当气压变化时,硅膜片上也产生应力增量,由于半导体的压阻效应,使四只应变电阻随之产生电阻增量△R,即可通过电桥将应变电阻的变化转移为电压输出,测得电压即可得知气压。

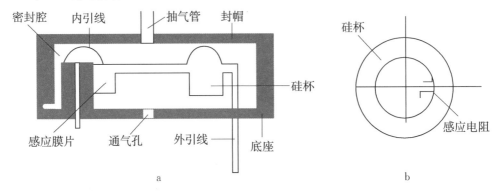

图 2-5-1 单晶硅压力传感器

该传感器的特点是测压灵敏度高,它比金属感应片的灵敏度高 50～100 倍;测量精度高,有些国家已达到 0.5 hPa;另外,还有响应速度快、线形好、使用寿命长等优点。它的缺点是单半导体受温度影响电阻发生变化而容易引起测压误差;另外,机械加工困难,硅膜的烧结和封装工艺要求高。

六、振动筒式压力传感器

感应元件是用高导磁率、高弹性金属制成的薄壁圆筒,一端封闭,另一端固定在基座上。振动筒的外侧是由保护筒构成的真空腔,内侧与自由大气相通,并有两个线圈骨架,分别装上激振线圈和拾振线圈。观测时,接上电源后,激振线圈和振动筒相互作用产生固有振动频率,此频率随气压的增大而升高,通过始震、放大、再震动以及限幅整形后的脉冲方波的形式输出,直接将频率转换成气压并以数字显示出来,从而指示气压的变化。这种感应元件测压精度高,其输出是电参量(频率或周期),便于对气压实行遥测。

七、石英螺旋管精密气压计

石英螺旋管精密气压计是将熔融石英螺旋管内部抽成真空,石英管由于外部气压变化而发生扭转,再通过光学方法跟踪此扭转而测定气压。

常用的测量仪器通常为前两种。

第二节　空盒气压表测量气压

空盒气压表具有重量轻、便于携带、使用方便、维护容易的优点。随着仪器制造工艺的改进,空盒气压表的性能日益完善,因此在各种气象观测中已被广泛应用。气象台(站)上一般使用空盒气压表,高空探测气压一般也是用膜盒元件作为感应元件。由于金属膜片的弹性系数随温度变化,需采取温度补偿措施,同时空盒形变又存在弹性滞后现象,因此空盒气压表测压精度要低于水银气压表。

一、空盒气压表的构造

空盒气压表(图 2-5-2)是用金属或非金属材料制成扁圆形的空盒或串接而成的空盒组,盒内常留有少量气体。在大气压力作用下,空盒变形,其中心位移量可表示气压的变化。但气压引起的位移非常微小,无法直接用肉眼观察,因此常规空盒气压表采用机械杠杆放大数十倍后,通过指针在刻度上的位置读取气压值。此外,也有将空盒的位移输出转换成电参量输出的,例如空盒中心位移带动电容器的一个极片位移、带动电感衔铁位移或带动电阻器滑动触点位移,就可成为变电容方式、变电感方式或变电阻方式输出,以便对气压进行遥测。

图 2-5-2　空盒气压表

空盒气压表的空盒一般采用德银、铜片或其他合金制成,常做成波纹状以增加空盒被压时变形的柔韧性。早期的空盒气压表常在盒内或盒外装有弹簧,以避免空盒被大气压力完全压缩,但这种结构在盒壁和弹簧之间会有一定的摩擦,减小了测压的精度。新式的空盒气压表一般不用弹簧,依靠金属膜本身的弹性来平衡大气压力,并采用空盒组增加其测压精度。

二、空盒气压表的安置

空盒气压表应水平放置在温度均匀少变、没有热源、不直接通风的房间里,要始终避免太阳的直射,气压表下要有减震装置,以减轻震动,不观测时要把空盒气压表的盒盖盖上。

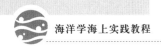

三、观测步骤

打开盒盖,先读附属温度表,读数要快,要求读至一位小数,然后用手轻轻敲打气压表玻璃面 2～3 次,使指针小幅度摆动,待指针静止后,读指针所指示的气压值。读数时视线要通过指针并与刻度垂直,要求读至一位小数。

四、空盒气压表读数的订正

(1)器差(刻度)订正,器差订正在检定证书的列表上给出,一般每隔 10 hPa 对应一个订正值。当指针位于已给订正值的两个刻度之间时,其订正值由内差法求得。

(2)温度订正,用附属温度表测得的温度乘以温度系数(从检定证书上查出),乘积即为温度订正值。

(3)补充订正,补充订正也由检定证书给出。

此误差由下列原因造成:

1)空盒气压表经剧烈气压变化后,由于迟滞效应,气压表指示值会与真实气压值略有出入;

2)因空盒气压表的金属片和弹簧长期负荷,其弹性逐渐改变,使指针偏离最初调整的平衡位置,从而造成一定误差;

3)高度订正,经上述三项订正后的气压值为现场气压,现场气压再经过高度订正,即可得到海平面气压。订正表查表 2-5-1。

表 2-5-1　高度订正表

h	t						
	−20	−10	0	10	20	30	40
1	0.27	0.26	0.25	0.25	0.24	0.23	0.22
4	0.55	0.53	0.51	0.49	0.47	0.46	0.44
6	0.82	0.79	0.76	0.74	0.71	0.69	0.67
8	1.10	1.06	1.02	0.98	0.95	0.92	0.89
10	1.37	1.32	1.27	1.23	1.18	1.15	1.11
12	1.65	1.58	1.52	1.47	1.42	1.37	1.33
14	1.92	1.85	1.78	1.72	1.66	1.60	1.55
15	2.06	1.98	1.91	1.84	1.78	1.72	1.66

注:当气压表距海平面小于 15 m 时,海平面气压订正公式为 $\triangle P = 34.6 \times h/(t+273)$。

五、空盒气压表的维护

(1)搬运时要保持气压表水平,小心保护,避免碰撞和震动;

（2）勿触动底部的调整螺丝；

（3）要注意防晒、防潮；

（4）每隔半年应检定一次。

第三节 空盒气压计观测气压

空盒气压计是用来连续观测记录气压变化的仪器，并可测量气压倾向和变量，通常和水银气压表一起使用，经过自记纸订正后即可得到任何时刻的气压数值，其感应原理和空盒气压表一样。

一、空盒气压计的构造

空盒气压计主要由感应部分、自记部分及传递部分构成（图 2-5-3）。感应部分由若干相重叠的密封空盒组成；自记部分包括自记钟筒、自记纸、自记笔等，自记钟旋转一周一般分为一日（日转型）或一周（周转型），自记笔笔杆上带有墨水头笔尖，可将气压的连续变化记录在自记钟筒上。

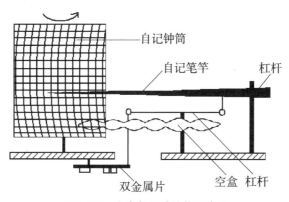

图 2-5-3 空盒气压计结构示意图

二、空盒气压计的安装

空盒气压计要求安装在受船体震动影响最小的部位，并应固定在有减震装置的台上，其他安装要求同空盒气压表。

三、空盒气压计的维护

空盒气压计在使用过程中，要经常注意仪器的记录情况，要求曲线精细、清楚，没有

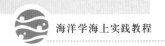

跳跃和阶梯现象。应经常检查笔尖内墨水是否够用,如发现笔尖损坏或墨水过浓,以致不能记录或所画曲线不合要求时,要及时更换笔尖。

四、自记纸的更换

(1)空盒气压计连续观测 24 h 后,即把仪器盖子轻轻打开,按一下按钮,让笔尖在原位置上划一短垂线,作为终止记号。

(2)移动笔挡让笔尖脱离圆筒,将换纸时间记在纸的末端上角(准确到 1 min),然后抽出金属压纸条,从圆筒上取下自记纸。

(3)连续观测前 0.5 h 内换纸。换纸前根据记录开始时间,平移自记纸的时间坐标,以便和观测时间取得一致,并填上站位、仪器型号及起止时间。

(4)轻轻打开仪器盖子,将圆筒垂直往上提,从中央轴上取下。

(5)将准备好的自计纸卷在圆筒上,把纸的左右两个边缘恰好重叠在金属压纸条的位置上。纸要与圆筒贴紧,其下缘紧接自记钟下部突出的边沿,并使纸两端的水平格线彼此对准。

(6)用铅笔在自记纸开头一端上角记下开始记录的时间(准确到 1 min)。

(7)把装好纸的圆筒轻轻重新装好,移动笔挡使笔尖触及圆筒,转动圆筒使笔尖位置与当时时间相符,然后按一下按钮,让笔尖在纸上划一开始记录的记号。

(8)将钟上好发条,但不要上得太紧,以剩余一转为宜。

第四节　水银气压表观测气压

水银气压表是将一个一端封闭并抽成真空的玻璃管,倒插在水银槽中,当水银柱对槽的压强与大气压强相平衡时,用水银槽平面到水银柱顶的高度来测定大气压强。水银柱的高度必须以温度为 0℃,重力加速度为 9.806 65 m/s² 的情况下所具有的高度为准。当测量气压时,温度和重力加速度与上述情况不符,则必须对由此引起的偏差加以订正,气象观测称为本站气压订正。水银气压表测量精度较高,性能稳定,常作为标准测压仪器。

水银气压表常分为动槽式和定槽式两种。

一、动槽式水银气压表

动槽式水银气压表也叫福丁式水银气压表,在其标尺上有一个固定的零点。每次读数时,须将水银槽的表面调整到这个零点处,然后读出水银柱顶的刻度,其结构如图2-5-4所示。

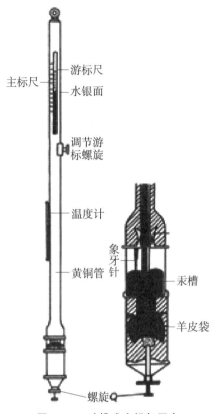

图 2-5-4　动槽式水银气压表

（1）水银柱玻璃管是一根长约 900 mm 的玻璃管,上端较粗,内径在 8 mm 以上,下端较细。经过专门的工艺清洗后,边加热边抽成真空,将高纯度的水银灌注其中,再插进水银槽中。

（2）水银槽共分三截:上半截套在水银柱玻璃管的尾端,用羊皮包扎,羊皮有很好的通气性,但不会泄露水银。下半截是一个包扎在木圈上的羊皮袋。中间是一段直径更大的玻璃圈,有三根螺钉将上、下两个铜箍与粗皮管紧紧相连。羊皮袋中的水银一直盛满到玻璃圈,下面用调节螺钉和木托托住,调节螺钉可以抬高或降低水银槽内的水银面。象牙针尖是气压表标尺的零点,观测时应使针尖正好与水银面相接触。

（3）标尺套管用黄铜制成,它的上半截前后开有窗缝。游标尺可以借助调节旋钮沿窗缝滑动,用来测定水银柱的高度,窗缝上刻有气压标尺。

套管中部有一只附属温度表,用来测定表身的温度。

二、定槽式水银气压表

船用水银气压表,就是将定槽式水银气压表悬挂在一个特制的平衡环上,目的是保

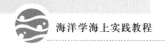

证在船摇摆的情况下,气压表本身仍保持垂直状态,以减少因船摇摆而造成的误差。

1. 定槽式水银气压表的构造

定槽式水银气压表与动槽式的区别只在水银槽部分,它的水银槽是一个固定容积的铁槽,没有羊皮囊、水银面调节螺钉及象牙针尖。通气孔是位于槽顶部的螺钉孔。其基本部分是一玻璃管,管内装有水银,密封的一头朝上,顶部为真空,开口的一端插入一个水银槽中,水银槽盖上有一气孔与外面空气相通。玻璃管下部有一段细管,可产生一定的迟滞效应,以减轻因船体颠簸而造成的误差。玻璃管外套有一个黄铜管,管上半截都有长方形窗孔,窗孔刻着标尺,用以观测水银柱高度。为保持刻度面清洁,黄铜管长方形窗孔包以玻璃。窗孔中间有一游标尺,转动螺钉可控制游标尺上下移动,黄铜管下部有一附属温度表,其球部靠近管内水银,示出水银温度。为防止空气进入玻璃管真空部分,在气压表水银槽上部有一小管,万一有少量空气侵入时,能使空气囿于小管顶部,而不至于影响气压表的测量精度。图 2-5-5a 为定槽式水银气压表的刻度原理,图 2-5-5b 为定槽式水银气压表的外形。

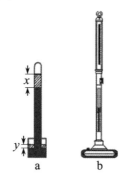

图 2-5-5　定槽式水银气压表

2. 船用水银气压表的安装

(1) 气压表应安装在温度变化均匀、光线充足、没有阳光直接照射的房间里,要避免靠近热源,室内应避免直接通风,门窗不宜过多,以免影响气压表的示度。房间位置最好选在船体摇摆震动较轻的部位。

(2) 悬挂在便于读数的位置。

(3) 悬挂完毕后应测量水银槽距海面的高度,以便计算订正海平面气压值。

3. 观测程序

(1) 首先读取附属温度表读数,读数要尽量快一些,要求读至一位小数。

(2) 读取气压表读数之前,要用手指轻击表身,以防止水银附着管壁,并使水银处于正常位置。

(3) 调整游标尺,使游标尺略高于水银面,然后慢慢下移,使游标尺下缘与水银凸面相切,在切点两边露出面积相同的两个三角形空隙,此时即可读数。读数时眼睛应与游标尺前后两个下缘在同一直线上,要求读至 0.1 mm。整数由游标尺下缘所指刻度读取,小数点后一位借助游标尺读取。如光线不足,可用电灯或手电筒照射表身后的白磁片,利用反光读数,但不可使光源过于接近表身以免加热气压表。

（4）在风浪较大的情况下,水银柱表面会随船体波动,此时应观测 2～3 次(其中包括水银面到最高点及最低点时的读数),取其平均值。

三、水银气压表读数的订正

（1）器差订正,由仪器检定证书上查得。

（2）温度订正,由气象常用表(第二号第一表)查得,附属温度 $t>0℃$ 则订正值为负,$t<0℃$ 则订正值为正。

（3）重力订正,包括高度重力订正和纬度重力订正,可根据气压表所在的高度和纬度由气象常用表(第三号第一表、第二表)查得。高度重力订正永为负值(船上一般不必进行);纬度重力订正,当纬度大于 45°时为正,小于 45°时为负。

（4）高度订正,同空盒气压表。

四、水银气压表的维护

（1）应保持气压表清洁和黄铜管刻度清晰,刻度锈蚀模糊不清时,用布擦亮;

（2）玻璃管顶部如果不是真空状态,会导致极大的误差。检验管内是否是真空的方法是:先旋紧水银槽出气孔螺钉,然后让管子慢慢倾斜,当水银接近管顶时,若听不到清脆的金属声,则证明里面有空气侵入,应立即停止使用;

（3）船用水银气压表应经常与岸上标准水银气压表进行比较,每三个月至少对比一次;

（4）移动时,先旋紧出气孔螺钉以防水银流出,再将气压表徐徐倒置(使水银槽在上),然后装箱或放入特制的皮套内移运,切勿震荡、歪斜。

思考题

（1）气压是如何定义的?

（2）测量气压的仪器都有哪些?

（3）空盒气压表的安置有哪些要求?

（4）空盒气压表测量气压需进行哪些订正?

第六章 海面风的测量

空气相对于地面的水平运动称为风,它是一个矢量,用风向和风速表示。风的来向为风向,一般用十六方位或 $0°\sim360°$ 表示(图 2-6-1)。以 $0°\sim360°$ 表示时,以正北为 $0°$,按顺时针方向度量,分辨率为 $1°$。测量准确度分两级:一级为 $\pm5°$,二级为 $\pm10°$。风速指单位时间内空气的水平移动距离。以 m/s 为单位,分辨率为 0.1 m/s。当风速大于 5 m/s 时,准确度为 $\pm5\%$;当风速小于等于 5 m/s 时,准确度为 ±0.5 m/s。1805 年英国人 F·蒲福根据风对地面(或海面)物体的影响,几经修改后做出蒲福风力等级表。目测风时,根据风力等级表中各级风的特征,即可估算出相应的风速。

第一节　测量仪器

一、风向测量仪器

风向标是一种广泛应用的测量风向仪器的主要部件,由水平指向杆、尾翼、平衡重锤和旋转轴组成。在风的作用下,尾翼产生旋转力矩使风向标转动,随着风向变化不断调整指向杆指示风向。风向标感应的风向必须传递到地面的指示仪表上,以触点式最为简单,风向标带动触点,接通代表风向的灯泡或记录笔电磁铁,做出风向的指示或记录,但它的分辨只能做到一个方位($22.5°$)。能够精确测量的有自整角机、光电码盘等。

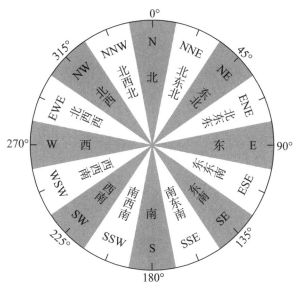

图 2-6-1　风向 16 方位图

二、风速测量仪器

1. 风杯式风速表

风杯式风速表是应用最广泛的一种风速表。由 3 个(或 4 个)半球形或抛物形空杯组成,都顺一面均匀分布在一个水平支架上,支架与转轴相连。在风力作用下,风杯围绕转轴旋转,其转速正比于风速。转速可以用电触点、测速发电机、齿轮或光电计数器等方式记录。

2. 桨叶式风速表

桨叶式风速表由若干片桨叶按一定角度,等间隔地装置在一铅直面内且能逆风围绕水平轴转动,其转速正比于风速。风速表桨叶有平板叶片的风车式和螺旋桨式两种,最常见的是三叶式四叶螺旋桨,装在形似飞机机身的流线形风向标前部,风向标使叶片旋转平面始终对准风的来向。

3. 声学风速表

声学风速表利用声波在大气中传播速度与风速之间的函数关系来测量风速。

4. 激光风速表

激光风速表利用激光测量风速。激光通过大气时,大气中气溶胶离子对它有散射效应,而运行的气溶胶粒子将使散射光的频率产生多普勒频移效应,在接受器内比较发射光的参考光束与散射光的频差,就可确定运载气溶胶粒子的气流速度,从而测得风速。这种仪器有两大优点:① 可以远距离遥测;② 完全不干扰自然流场。

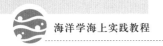

第二节　手持风向风速表测风

手持风向风速表携带方便,但在观测时要注意,选择迎风面,周围没有障碍物且离高大上层建筑较远的位置。下面简单介绍三杯式风向风速表(图 2-6-2)。

图 2-6-2　手持风向风速表

一、仪器构造

三杯式风向风速表由三部分组成:

(1)风向部分:包括风向标、方向盘、套管制动器。仪器的方向盘主要由一个罗盘构成,启开套管制动器后,方向盘能自动对准南北,风向标带动的红色箭头所指方向即为风向。

(2)风速部分:包括十字形护架、旋杯、启动杆、风速表主体及风速刻度盘。

(3)手柄:用来握住仪器。

二、观测程序

(1)取出仪器组装好。

(2)选择有代表性的测风位置,将套管制动器向下拉,再往右旋转一定角度且卡住制动器,使罗盘处于自由状态,然后把仪器垂直举过头顶。

(3)待方向盘按地磁方向稳定后,用拇指按一下启动杆,此时刻度盘上的红色时针及风速指针均开始走动。

(4)读风向值,红色箭头所指方向盘方位即为风向,要求读至整数位(如箭头摆动,可读摆动位置的平均值)。

(5) 1 min 后时针回到原位置停下,风速指针也自动停止转动。将套管制动器向左旋转,使其恢复原位,以固定罗盘。

(6) 读取风速值,风速指针所指刻度即是风速,要求读至 0.1 m/s,以此值从风速检定曲线图中查出风速。

(7) 观测完毕,将仪器拆开放入盒内。

三、仪器维护

(1) 测量时针转动时,切勿按启动杆;

(2) 保持仪器整洁,防潮、防震;

(3) 一般每年检定一次,连续使用四个月后需重新检定。

第三节　走航测风的计算

船舶在走航时所测量的风向、风速是相对(或合成)的,必须把它们变成真风向、真风速。下面介绍用风速盘计算真风向、真风速的方法。

一、风速盘的结构

(1) 风速盘上面的透明有机玻璃盘标有 0°~360° 刻度,代表风向;

(2) 风速盘下面的不透明盘标有坐标,数值代表风速。

二、用法举例

如测得的风速为 6.0 m/s,合成风向为 80°,观测时航速为 10 节(kn)、航向为 30°,计算真风速及真风向:

(1) 把航速单位换算成 m/s,则 10 kn≈5.1 m/s。转动圆盘,将 30° 刻度线对准零位线,从圆盘中心沿坐标向下量 5.1 cm(方格坐标每 mm 代表多少 m/s,可根据情况自行决定,此例假定每 mm 代表 0.1 m/s),然后画一点作为记号,作为风速点;

(2) 转动圆盘,将 80° 刻度线对准零位线,然后从圆盘中心坐标向下量 6 cm,并画一点,作为航速点;

(3) 转动圆盘,令风速点在上,航速点在下,直至两点连线平行于纵坐标为止;

(4) 圆盘上量出两点之间的距离为 4.8 cm,则真风速为 4.8 m/s。零位线正对着

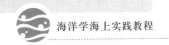

的刻度就是真风向,为135°。

注意:用船舶气象仪和电子风向风速仪测风时,读数不必考虑航向,直接由指示器上读出相对风向即可。用手持风向风速仪测风时,在读数中减去航向即为相对风向,若差数为负值,则要加上360°即为相对风向。

除了利用风速盘法计算真风,也可利用软件和自编的小程序直接计算。计算时需注意:风向指来向,而船向指去向,必须把船移动的矢量跟风的矢量统一,以免出错。

第四节　目力测风

目力测风是在仪器发生故障情况下使用的一种测风方法。

风向和风力均可由海面状况来判断。海面的小波(或涟漪)的波峰线是与风垂直的,故可由波峰线的方向来判定风向,在风力为6级以上时,风向可由浪花带的方向判定,因为这时白浪花带的方向与风向垂直。风力估计可参照表2-6-1,记录时填蒲福风级,并在海面气象观测记录表的纪要栏中注明"目测"。风向也可根据烟、旗帜等物的状态判断。

表 2-6-1　蒲福风力等级

蒲福等级	名称	风速		海面状况	波高/m 一般(最高)
		n mile/h	m/s		
0	无风	1以下	0.0~0.2	海面平静	—
1	软风	1~3	0.3~1.5	微波如鱼鳞状,没有浪花	0.1(0.1)
2	轻风	4~6	1.6~3.3	小波,波长尚短,但波形显著,波峰光亮但不破裂	0.2(0.3)
3	微风	7~10	3.4~5.4	小波加大,波峰开始破裂,浪沫光亮,偶见白浪花	0.6(1.0)
4	和风	11~16	5.5~7.9	出现小浪,波长变长,白浪成群出现	1.0(1.5)
5	清劲风	17~21	8.0~10.7	出现中浪,具有较显著的长波形状;形成许多白浪,间有浪花溅起	2.0(2.5)
6	强风	22~27	10.8~13.8	轻度大浪开始形成,波峰上到处有较大的白沫,有时有飞沫	3.0(4.0)
7	疾风	28~33	13.9~17.1	轻度大浪,碎浪成白沫沿风向呈条状分布	4.0(5.5)

续表

蒲福等级	名称	风速		海面状况	波高/m 一般(最高)
		n mile/h	m/s		
8	大风	34～40	17.2～20.7	中度大浪,波长较长,波峰边缘开始破碎成飞沫片,白沫沿风向呈明显的条带分布	5.5(7.5)
9	烈风	41～47	20.8～24.4	形成狂浪,沿风向白沫呈浓密的条带状,波峰开始翻滚,飞沫可能影响能见度	7.0(10.0)
10	狂风	48～55	24.5～28.4	出现狂涛,波峰长而翻卷,白沫成片出现,沿风向呈白色,海面颠簸加大,有震动感,水平能见度受影响	9.0(12.5)
11	暴风	56～63	28.5～32.6	出现异常狂涛(中小船只可一时隐没在浪后),海面完全被沿风向吹出的白沫片所掩盖,波浪到处破成泡沫,水平能见度受影响	11.5(16.0)
12	飓风	64 以上	大于 32.6	充满了白色的浪花和飞沫,完全变白,水平能见度受严重影响	14.0(—)

思考题

(1) 风速、风向是如何定义的?

(2) 测量风速的仪器都有哪些?

(3) 蒲福风力等级共分几级风、分别对应海面哪些特征?

第七章

天气现象的观测

天气现象是指在大气中、海面上、船体及其他建筑物上产生的或出现的降水、水汽凝结物（云除外）、冻结物、干质悬浮物和气、电现象以及一些风的特征，它们是大气中发生的各种物理过程的综合结果。

天气现象的观测资料是一种重要的气象气候资料，与生产有密切关系。利用这些资料，可直接为工农业和其他建设事业服务。

天气现象的观测和其他气象要素观测有所不同的是对任何时间出现的天气现象必须随时进行观测和记录。有时为了正确判定某一天气现象，还要对其他天气现象和气象要素的变化情况进行综合分析研究。气象观测中，各种天气现象均用统一的专用符号表示。

第一节　天气现象的分类

天气现象按其物理性质可分为降水现象、地面凝结和冻结现象、视程障碍现象、电现象、风暴现象。

一、降水现象

降水现象起因于大气中水汽条件的变化，有的以降水的形式发生，有的以颗粒（滴）状悬浮在大气中，也有的以附着物的形式凝结在地面或物体表面上，这些统称为水态现象。

1. 降水

降水包括雨、阵雨、毛毛雨、雪、阵雪、雨夹雪、阵性雨夹雪、霰、米雪、冰粒、冰雹、冰针等。

2. 雾

雾包括雾、轻雾等。

3. 水汽凝结

水汽凝结包括雾凇、雨凇、结冰等。

二、地面凝结和冻结现象

地面凝结和冻结现象是指细小的水滴，遇低温而凝结、冻结的现象，包括雾凇、雨凇等。

三、视程障碍现象

视程障碍现象是指影响光学视程的现象，包括雾类、烟尘类等。

四、电现象

电现象是指发生在大气中的放电现象，包括雷暴、闪电、极光等。

五、风暴现象

风暴现象是指发生在近地面的各种风，包括大风、飑、龙卷等。

第二节　天气现象的观测与特征

一、天气现象的观测

观测天气现象主要凭借观测员的专业知识及经验进行目测，要注意其连续性，不仅要在定时观测要求的时间内进行，在定时观测时间以外也要注意观测天气现象及其演变。

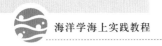

二、各种天气现象的特征

(一) 降水现象

根据降水物的形态共分成 12 种,其中液态降水有雨、毛毛雨、阵雨;固态降水有雪、冰粒、米雪、阵雪、霰、冰雹、冰针;还有混合型降水有雨夹雪、阵性雨夹雪等。此外还要判断降水性质,有阵性降水、连续性降水和间歇性降水三种类型。阵性降水又称对流性降水,降水时间短促,降水强度变化大,骤降骤止,并伴有气温、气压、风等气象要素的显著变化,常降自积雨云和浓积云;间歇性降水表现为时降时停,雨量时大时小,但这些变化都很缓慢,常降自层积云和厚薄不均的高层云;连续性降水具有持续时间长、强度变化小的特点,常降自雨层云和高层云。

1. 雨

雨为滴状液态降水。雨滴下降时清楚可见,在水面上激起圆形波纹和水花,落在甲板上留有湿斑。雨常从雨层云(或高层云)降下,是一种时间较长的连续性降水,或略有间断,但间断时云仍密布全天。

2. 阵雨

阵雨开始和停止比较突然,降雨时间短促,强度变化剧烈,有时伴有雷暴。阵雨常在有积雨云时出现。

阵雨强度分为小、中、大三级:

(1) 小雨、小阵雨,24 h 内降雨量不到 10.0 mm,雨滴清晰可辨,没有漂浮现象,落在甲板上雨声微弱,不四溅,洼处积水很慢。

(2) 中雨、中阵雨,24 h 降雨量为 10.0~24.9 mm,雨滴不易分辨,落在甲板上有沙沙的雨声并四溅,洼处积水较快。

(3) 大雨、大阵雨,24 h 降雨量为 25.0~49.9 mm,雨降如倾盆,模糊成片,落在甲板上哗哗作响,四溅较高,洼处积水极快,能见度大减。

24 h 降雨量达到 50 mm 或 50 mm 以上为暴雨。

3. 毛毛雨

毛毛雨是极小的滴状降水,雨滴下降时目力几乎不可辨,随风漂浮,徐徐下降,落在水面上没有波纹,落在甲板上无湿斑,仅慢慢湿润而已。

4. 雪

雪是大多呈六分支的星状、六角形片状或柱状结晶的固体降水,有时夹有针状结晶;天气很冷时,很多雪花融合成团如棉絮。雪通常从雨层云(或高层云)降下。

5. 阵雪

阵雪是开始和停止比较突然,强度变化剧烈的降雪。

降雪强度分为小、中、大三级,可根据降雪时能见度减低情况决定 。

(1) 小雪、小阵雪,24 h 内雪量不到 2.5 mm,能见度仍达到或超过 1 km。

(2) 中雪、中阵雪,24 h 内降雪 2.5～5.0 mm,能见度在 500 m～1 km。

(3) 大雪、大阵雪,24 h 内降雪大于 5.0 mm,能见度小于 500 m。

6. 雨夹雪

雨夹雪是半融的雪或雨和雪同时降下的降水现象。

7. 阵性雨夹雪

阵性雨夹雪即具有阵性特点的雨夹雪。

8. 霰

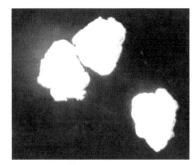

图 2-7-1 霰粒

霰是圆锥型固体降水,直径 2～5 mm,颜色为白色或乳白色、不透明,如图 2-7-1,落在甲板上会反跳(常碰碎)。霰粒较冰粒软,用手一捏就碎。霰通常在气温近于 0℃ 时降落,常见于下雪之前或与阵雪同时降落。春秋两季,常在伴随冷空气团出现的积雨云中降下。

9. 米雪

米雪常呈扁平小颗粒状,颜色乳白、不透明,有些像霰,但比霰小得多,直径小于 1 mm。降下的量一般很小,大多数从层云或雾中降下。

10. 冰粒

冰粒是细小、坚硬透明的小冰球,直径 1～3 mm。冰粒是在雨滴下降过程中,从暖气层(0℃ 以上)落入冷气层(0℃ 以下)时冻结而成。与冰雹不同的是,它没有白色透明的核。有时在冰粒里可发现未冻结的水,这种冰粒落在坚硬的物体上破碎时,只剩下破碎的冰壳。

11. 冰针

空中水汽在低于 -5℃ 的条件下,经凝华增长所形成的薄片或针状冰晶体。在阳光照耀下闪烁可辨,有时天空中可形成日柱或晕等现象。多出现在高纬度或高原地区的严冬季节。

12. 冰雹

冰雹是直径大于 5 mm 的冰球或冰块,有时是几个冰球的融合体。雹核一般不透明,外面包有透明冰层或若干透明层与不透明层相间组成。常见冰雹如豆粒大小,但有时犹如鸡蛋大小,是一种灾害性降水。冰雹多在温暖季节伴随阵雨自积雨云降下,同时常出现雷暴。

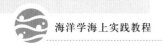

（二）地面凝结和冻结现象

地面凝结和冻结现象包括雾凇、雨凇两种。

1. 雾凇

雾凇是在较寒冷的天气有过冷雾滴迅速凝结而成的白色结晶。多凝结在物体的边角等突出部分以及船桅和电线上，迎风面较多，遇震动易脱落。如图 2-7-2。

2. 雨凇

雨凇是过冷却雨滴或过冷却毛毛雨滴在冷的物体表面冻结而成的透明冰体。雨凇常在大气不稳定，温度在 0℃以下时生成。如图 2-7-3。

图 2-7-2　雾凇

图 2-7-3　雨凇

（三）视程障碍现象

视程障碍现象包括雾类（雾、轻雾）、烟尘类（浮尘、霾）、吹雪类（吹雪、雪暴）等。视程障碍现象是以能见度区分其轻重程度的，其中雾和雪暴能见度必须小于 1.0 km，其余现象出现时能见度在 1.0~10.0 km。

1. 雾类

（1）雾：雾是指悬浮于空气中的极细小的水滴群，一般呈乳白色。人在雾中感到湿润，向上看不到天顶，通常能使近海面大气层中能见度减小到小于 1 km。

（2）轻雾：轻雾是灰白色稀薄的雾，人在雾中没有湿润的感觉，能见度在 1~10 km。

2. 烟尘类

（1）霾：霾是指大量飘尘粒悬浮于低层大气，使水平能见度降低到 10 km 以下，这种大气混浊的天气现象称为霾。霾是一种大气光学现象，通常是由于地面尘沙吹起或（和）人工向大气中排放大量干粒子污染物（如烟气粒子）等，使大气飘浮着大量气溶胶粒子，它们对阳光进行散射而产生大气混浊现象。气溶胶粒子对阳光的散射规律，至今尚未弄清楚，由于这种复杂的散射结果，使人感到大气不甚透明，透过霾层看远处时，若背景明亮，则远处本来光亮的物体呈微黄色或红色，而当背景发暗，则远处较暗物体呈浅蓝色。在霾层中看近处，大气混浊，呈乳白色，如图 2-7-4。

图 2-7-4 霾

（2）浮尘：浮尘是指远处尘沙经上层气流传播而来或扬沙、沙尘暴后尚未下沉的细粒悬浮在空中的天气现象，能见度小于 10 km，远物呈土黄色、太阳苍白或淡黄色，一般出现在冷空气过境前后。

3. 吹雪类

（1）吹雪：吹雪是指强风将地面积雪卷起，使能见度小于 10 km，天空白茫茫一片的天气现象。常发生在本地或附近有大量积雪时。

（2）雪暴：雪暴是指大量的雪被强风卷着随风运行（不能判定当时是否降雪）的天气现象，能见度小于 1 km，常发生在本地或附近有大量积雪时。

（四）大气电现象

大气电现象包括闪电、雷暴、极光等。

1. 打雷和闪电

人们通常把发生闪电的云称为雷雨云。当天空中雷雨云迅猛发展时，突然一道夺目的闪光划破长空，接着传来震耳欲聋的巨响，这就是打雷和闪电，亦称为雷电。就雷的本质而言，它属于大气声学现象，是大气中小区域强烈爆炸产生的冲击波而形成的声波，而闪电则是大气中发生的放电现象。

闪电通常是在有雷雨云的情况出现，偶尔也在雷暴、雨层云、尘暴、火山爆发时出现。闪电的最常见形式是线状闪电，偶尔也可出现带状、球状、串球状、枝状、箭状闪电等。如图 2-7-5。

a. 线状闪电

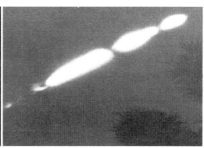

b. 串球状闪电

图 2-7-5 闪电

线状闪电可在云内、云与云间、云与地面间产生,其中云内、云与云间闪电占大部分,而云与地面间的闪电仅占 1/6,但其对人类危害最大。

2. 雷暴

雷暴是指大气中非连续性放电现象,其表现为闪电兼有雷声,闪电与相应雷声间间隔不超过 10 s,即它与测站距离不超过 3 km。

3. 极光

极光是指高纬地带晴夜天空见到的一种辉煌闪烁的光弧或光幕。常向上射出活动的光带,光带往往为绿色、翠绿色、洋红色与橘红色。

(五)风暴现象

风暴现象包括大风、飑、龙卷。

1. 大风

大风是指瞬间风速达到 17 m/s 或风力达 8 级以上的风。

2. 飑

飑是指突然发作的强风,持续时间短促,很快即消失。出现时,风向突然转变,风速骤增,气温剧降,气压变化剧烈,常伴有雷暴、阵雨(或阵雪)或冰雹。

3. 龙卷

龙卷是一种很猛烈的小范围旋风,旋转极快,中心气压很低,出现时乌黑的漏斗状云(图2-7-6)体常从积雨云云底下垂,若漏斗状云底部伸至海面附近,则海水被卷上升如柱。

图 2-7-6 龙卷漏斗状云

(六)其他现象

其他现象包括积雪、冰针、结冰等。

(1)积雪:包括雪、阵雪、米雪、冰粒等覆盖地面台站四周能见面积 1/2 以上时。

(2)结冰:指露天水面(包括蒸发器的水)冻结成冰。

第三节　天气现象的观测记录

（1）天气现象用符号记录，见表 2-7-1。

（2）根据各种天气现象的特征，判定天气现象，记录天气现象符号。

（3）在定点连续观测中，下列天气现象应在天气现象栏内记录开始和终止时间：雨、阵雨、毛毛雨、雪、阵雪、雨夹雪、阵性雨夹雪、霰、米雪、冰粒、冰雹、雾凇、雨凇、雾、吹雪、雪暴、雷暴、龙卷、极光、大风。飑只观测和记录开始时间。如 08:15 开始发生雾，10:30 分消失，应记为 ≡ 0 815－1 030。如果不知道天气现象的开始或终止时间，如只知开始时间，则记为 ≡ 0 815—?，只知到终止时间则记为? —1 030。如果开始和终止时间均不知道，则按上述第二点规定记录。同类性质的天气现象如相继出现，可连续记载，如 ≡ 0 730—0 935—● 1 106—❜ 1 150。

在走航观测中，雾和大风要求记录起止时间和船位，其他天气现象不记起止时间和船位。

（4）当天气现象和某些天气过程（如雷暴、大风、雾、龙卷、飑）造成破坏性灾害时，应于纪要栏内详细记载现象本身及其造成的灾害，并尽可能附上照片或图画，同时记下出现的时间和船位。

（5）如发现与天气现象相关的某些特殊物象和海象，应在纪要栏内记载，同时记下出现的时间和船位。

表 2-7-1　天气现象符号

天气现象	符号	天气现象	符号
雨	●	雨凇	∾
阵雨	▽	雾凇	∨
毛毛雨	❜	吹雪	⊹
雪	✳	雪暴	⊹
阵雪	⩔	龙卷	)(
雨夹雪	✳	积雪	⊠
阵性雨夹雪	⩔	结冰	⊔
霰	✳	浮尘	S
米雪	△	霾	∞

续表

天气现象	符号	天气现象	符号
冰粒	⊙	雷暴	⌐
冰雹	△	闪电	＜
冰针	◇	极光	⋓
雾	≡	大风	⊨
轻雾	＝	飑	∀

思考题

(1) 天气现象按物理分类共分几类?

(2) 常见的天气现象有哪些特征?

(3) 天气现象的记录有何规定?

第八章

云 的 观 测

　　云是由悬浮在空中的大量水滴和(或)冰晶组成的可见聚合体,其中也可能包括其他微粒。云的形成和演变,是大气中发生的错综复杂的物理过程的具体表现之一,云的形态、分布、数量及变化都标志着大气的运动状况,并作为天气变化趋势的征兆。云的观测,不仅关系到航空飞行的安全,而且对天气预报尤其是补充预报有着重要的作用,同时也是分析大气层结、变性等方面的一种依据。

　　常规气象观测要判定云状、估计云量、估计或测量云高。

　　目前为止云的观测主要靠目力进行。尽管在规范中对云的观测作了具体的规定,对云状、云高均有说明,又有云图帮助识别,但云的形态是千变万化的,规范和云图不可能把所有云的形态和变化都包罗无遗,而只对标准形态的云作了规定或说明,这就给具体观测工作带来一定的困难。再加上观测员对云的识别能力是一个长时间逐步提高的过程,因此应长期、经常、认真地观测实际云天变化,并在观测中不断提高对云的理解程度和熟练程度。

　　在观测中要正确辨认云,必须连续注意云的变化,除了定时观测外,还必须随时注意云的生成、发展及演变情况,观测云应在能看到整个天空和水平线(地平线)的位置进行,将整个天空看作一个整体。白天阳光较强时,须戴上黑色(或暗色)眼镜,夜晚观测要尽量远离灯光。

　　在判定云状和估计云高时,必须注意云的"远景效应",即物体因距离观测者较远,从而在视觉中反映的情况与实际情况有所出入。"远景效应"一般包括:① 原来有云隙的云块,在接近地平线时因叠合在一起,云间隙就看不见了;② 一些较大的碎云片,在天边只看到它的一个侧面,看起来就像云一样;③ 由于光线通过的气层较厚,近地平线的色彩和轮廓常常不明显;④ 平行云条,有趋于地平线某一点(或二点)符合的现象;⑤ 远的高度较高(或同高)的云看起来比近的高度较低的云反而显得更低。

　　云状主要指云的外形特征。

　　云量指云遮蔽天空的成数,包括总云量和低云量。

　　云高指云底距地面的垂直距离。

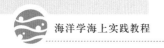

第一节　云的分类及云状的观测

一、云的分类

云的分类应考虑以下几方面：

（1）云的几何形态；

（2）云的形成、发展及演变的物理过程；

（3）云体本身的宏观和微观的物理性质，如挠动强弱、水相变化、云滴大小；

（4）与云有关的天气系统的性质，如气团内部的云型、气旋、锋面等天气系统影响下的云型。

云的分类根据中纬度地区云出现的平均高度，以及云的外形特征来分类，对照国际云的分类法，中国云图（1972 年版）将云分成 3 族 10 属 29 种（表 2-8-1）。表中将国际分类的直展云（积云和积雨云）归入低云族。

表 2-8-1　云的分类

云种	云类		主要云状		常见云底高度范围/m
	中文学名	国际简写	中文学名	国际简写	
低云	积云	Cu	淡积云 碎积云 浓积云	Cu hum Fc Cu cong	400～2 000
	积雨云	Cb	秃积雨云 鬃积雨云	Cb calv Cb cap	400～2 000
	层积云	Sc	透光层积云 蔽光层积云 积云性层积云 堡状层积云 荚状层积云	Sc tra Sc op Sc cug Sc cast Sc lent	400～2 500
	层云	St	层云 碎层云	St Fs	50～800
	雨层云	Ns	雨层云 碎雨云	Ns Fn	400～2 000

续表

| 云种 | 云类 | | 主要云状 | | 常见云底高度 |
	中文学名	国际简写	中文学名	国际简写	范围/m
中云	高层云	As	透光高层云	As tra	2 500～4 500
			蔽光高层云	As op	
	高积云	Ac	透光高积云	Ac tra	2 500～4 500
			蔽光高积云	Ac op	
			荚装高积云	Ac lent	
			积云性高积云	Ac cug	
			絮装高积云	Ac flo	
			堡状高积云	Ac cast	
高云	卷云	Ci	毛卷云	Ci fil	4 500～10 000
			密卷云	Ci dens	
			伪卷云	Ci not	
			钩卷云	Ci unc	
	卷层云	Cs	毛卷层云	Cs fil	4 500～8 000
			薄暮卷层云	Cs nebu	
	卷积云	Cc	卷积云	Cc	4 500～8 000

二、各种、属主要云状的特征

(一) 低云

低云包括积云、积雨云、层积云、层云、雨层云 5 属,共 14 种。

低云多由水滴组成,厚的或垂直发展旺盛的低云是由水滴、过冷水滴、冰晶混合组成。云底高度一般在 2 000 m 以下,但又随季节、天气条件及纬度变化。大部分低云都可能产生降水,雨层云常有连续性降水,积雨云多阵性降水,有时降水量很大。

1. 积云(Cu)

积云包括淡积云、碎积云和浓积云。

积云个体明显,底部较平,顶部突起,云块之间多不相连,是由空气对流、水汽凝结而成的云。

(1) 淡积云(Cu hum):个体不大,轮廓清晰,底部较平,顶部呈圆弧性凸起,云块较扁平,薄的云块呈白色,厚的云块中部有淡影,分散孤立在空中,晴天常见。

淡积云多由直径 5～30 μm 的水滴组成,冬季北方和高寒地区的淡积云多由冰晶组成,偶有零星小雨雪。

(2) 碎积云(Fc):个体很小,轮廓不完整,形状多变,多为白色碎块,往往是破碎的或初生的积云。

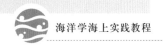

碎积云多由直径 1～15 μm 的水滴组成。如单独出现且无明显发展,一般表示天气稳定。

(3) 浓积云(Cu cong):个体高大,轮廓清晰,底部较平,比较阴暗,垂直发展较旺盛,垂直高度一般超过水平宽度,顶部呈圆弧形重叠,很像花椰菜。

浓积云是由大小不同的水滴组成,小水滴直径经常在 5～50 μm;大水滴多在 100～200 μm。当垂直气流很强,发展旺盛时,顶部温度在 -10℃ 以下,可出现冰晶,有时顶部出现头巾似的一条白云,叫蹼状云。

2. 积雨云(Cb)

积雨云包括秃积雨云和鬃积雨云。

积雨云云浓而厚,云体庞大,很像耸立的高山,顶部已开始冻结,呈白色,轮廓模糊,有的有毛丝般纤维结构,底部十分阴暗,常有雨幡下垂或伴有碎雨云。

积雨云多由水滴、过冷水滴、冰晶、雪花组成,有时还包含霰粒、雹。在云内强烈的上升、下沉气流区,可观测到速度为几十米每秒的上升、下沉气流,并经常出现起伏不平(呈滚轴状或悬球状)的云底。

积雨云是对流云发展的极盛阶段,发展成熟的积雨云常产生较强的阵性降水,可伴有大风、雷电等现象,有时还会降冰雹,偶有龙卷产生。

积雨云底或砧状旁伸部分的云底,常呈悬球状结构。大范围积雨云前部往往伴有骚动滚轴状乌云,形状像大圆拱,叫弧状云。积雨云如果上部扩展,下部消散,积云部分就可形成高积云或层积云,卷云部分可以由伪卷云形成密卷云或毛卷层云。

由于积雨云水平范围和垂直范围均很大,因此要看出这种云的全部形状,只有当观测者距云较远时才看得清。

(1) 秃积雨云(Cb calv):是浓积云向鬃积雨云发展的过渡阶段。云顶已开始冻结,圆弧形重叠轮廓模糊,但尚未扩展开来,也看不出明显的白色毛丝般纤维结构,一般维持时间较短。

(2) 鬃积雨云(Cb cap):是积雨云发展的成熟阶段。云顶有明显的白色毛丝般纤维结构,并扩展成为马鬃状或铁砧状,底部阴暗混乱。当云底遮盖全天时,卷云结构的云顶部分就看不到或看不清了。

3. 层积云(Sc)

层积云包括透光层积云、蔽光层积云、积云性层积云、荚状层积云和堡状层积云。

层积云一般较大,在厚薄、形状上有很大差异,有的成条,有的成团,常呈灰白色或灰色,结构比较松散,薄的云块可辨太阳的位置,厚的云块比较阴暗。云块常成群、成行或波状排列。

层积云厚度一般从几百米到 2 km,多由直径为 5～40 μm 的水滴组成。冬季出现的层积云也可能有冰晶、雪花。

层积云在多数情况下是由于空气的波状运动和乱流混合作用使水汽凝结而成,有时是由强烈的辐射冷却形成的。出现层积云一般表示天气稳定,不过层积云逐渐加厚,甚至融合成层,则表示天气将有变化,低而厚的层积云往往产生降水。

(1)透光层积云(Sc tra):云块较薄,呈灰白色,排列整齐,云块之间常有明显的缝隙,即使无缝隙时,大部分云块边缘也比较明亮。

(2)蔽光层积云(Sc op):云块较厚,呈暗灰色,云块之间无缝隙,常密集成层,底部有明显的波状起伏,常布满全天,有时可产生降水。

(3)积云性层积云(Sc cug):云块较大,呈灰白色、暗灰色,多为条状,顶部具有积云特征,是由衰减的积云或积雨云扩展、平衍而成;也可由傍晚地面四散的受热空气上升而直接形成。它的出现一般表示对流减弱,天气逐渐趋向稳定,但有时可降小雨。

(4)荚状层积云(Sc lent):中间厚、边缘薄、形似豆荚、梭子状的云条,个体分明,分离散处。

(5)堡状层积云(Sc cast):云块细长,底部水平,顶部突起有垂直发展的趋势。远处看去好像城堡或长条形锯齿。堡状层积云多由于较强的上升气流突破稳定层后,局部垂直发展而形成,如果对流继续增强,水汽条件也具备,则往往预示有积雨云发展,甚至有雷阵雨产生。

4. 层云(St)

层云包括层云、碎层云。

(1)层云(St):云体均匀成层,呈灰色,很像雾,云底很低但不接触地面。隔云日轮可辨,可能降毛毛雨或米雪。层云如果分裂成不规则的碎片,就是碎层云。

一般由直径 5~30 μm 的水滴或过冷水滴组成,厚度一般为 400~500 m。层云多在气层稳定的情况下,由于夜间强烈的辐射冷却或乱流混合作用使水汽凝结或雾抬升而成。层云多在日出后因气温升高,稳定层遭到破坏而随之消散。

(2)碎层云(Fs):云体为不规则的碎片,形状多变,移动较快,呈灰色或灰白色,往往是由消散中的层云或雾抬升而成。出现时多预示晴天。

5. 雨层云(Ns)

雨层云包括雨层云和碎雨云。

雨层云低而漫无定形,云体均匀成层,能完全遮蔽日月,呈暗灰色,云底常伴有碎雨云。

(1)雨层云(Ns):云层水平分布范围很广,常布满全天。云体厚度常达 4 000~5 000 m。雨层云的下部一般是由直径 5~20 μm 的水滴和过冷水滴组成。北方出现的雨层云中,上部常有直径为 100~300 μm 的冰晶和直径 400~2 500 μm 的雪晶组成,多出现在暖锋云系中(有时出现在其他天气系统),有整层天气系统滑升,绝热冷却而形成。它往往会造成较长时间的连续降水,农谚"天上灰布悬,雨丝定连绵",即指雨层云

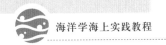

的降水情况,但有时不一定及地(尤其是比较高的雨层云),降水不及地时由于雨幡或雪幡下垂,所以云底混乱且没有明确的界线。

雨层云多半是高层云加厚,云底降低蜕变而成的,也可能直接从蔽光高积云蜕变而成。

(2)碎雨云(Fn):云体低而破碎,形状多变,移动较快,呈灰色或暗灰色,常出现在雨层云、积雨云、厚的高层云下,是由于降水无蒸发,空气湿度增大,在乱流作用下水汽凝结而成。

(二)中云

中云包括高层云和高积云两属,共 8 种。

中云多由水滴、过冷水滴与冰晶混合组成,有的高积云也可由单一的水滴组成。云底高度通常在 2 500～5 000 m。高层云常产生降水,薄的高积云一般无降水。

1. 高层云(As)

云体均匀成层,呈灰色或灰白色,云体常有条纹或纤维结构,多出现在锋面云系中,常布满全天。高层云多由直径 5～20 μm 的水滴、过冷水滴和直径 100～300 μm 的冰晶、雪晶(柱状、六角形、片状等)混合组成。

(1)透光高层云(Ac tra):云体较薄,厚度均匀,呈灰白色,这种云较薄时代表着卷层云和高层云的过渡阶段,很像厚的卷层云,只是没有晕,隔着云层日月轮廓模糊,好像隔了一层毛玻璃。

(2)蔽光高层云(As op):云体较厚,厚度比较均匀,呈灰色,底部可见明暗相间的条纹结构,隔着云层看不见日月轮廓。高层云有雨幡下降,但是云层变厚变低后就会形成雨层云,高层云有时也能下大雪。如果云层连续,但没有纤缕结构,同时可以看出成团的云块,则应根据云块的大小,分别列为高积云或层积云。

高积云可以蜕变成高层云,高层云也可以崩解成高积云。

2. 高积云(Ac)

高积云包括透光高积云、蔽光高积云、荚状高积云、积云性高积云、絮状高积云和堡状高积云。

高积云云块较小,轮廓分明,在厚薄形状上有很大差异,白的云块呈白色,能见日月轮廓,厚的云块呈暗灰色,日月轮廓分辨不清,常呈扁圆形、瓦块状、鱼鳞片或水波状的密集云条,常成群、成行、成波状排列。高积云的高度变化相当大,可以同时出现高低不同的好几层。

高积云由水滴和(或)冰晶混合组成。日月光透过薄的高积云,常由于衍射而形成华或彩虹。高积云的成因与层积云相似,薄的高积云稳定少变,一般预示天晴,所以有"瓦块云,晒死人""天上鲤鱼斑,晒谷不用翻"的说法。厚的高积云如继续增厚,融合成层,则说明天气将有变化,甚至产生降水。

（1）透光高积云（Ac tra）：云块较薄，呈白色，常成一个或两个方向整齐地排列，云块之间有明显的缝隙，即使无缝隙时，云块边缘也较明亮，能辨别日月位置。

（2）蔽光高积云（Ac op）：云块较厚，呈暗灰色，云块间无缝隙，不能辨别日月位置，云块排列不整齐，常密集成层，偶有短时降水产生。

（3）荚状高积云（Ac lent）：云块呈白色，中间厚边缘薄，轮廓分明，常呈豆荚状或椭圆形，日月光照射云块时，常产生虹。

（4）积云性高积云（Ac cug）：云块大小不一致，呈灰白色，外形略有积云特征。是由衰退的积云或积雨云扩展而成，一般预示天气逐渐趋于稳定。

（5）絮状高积云（Ac flo）：云块边缘破碎，像破碎的棉絮团，呈灰色或灰白色。云块大小及在空中的高低都很不一致。

絮状高积云多由于空中的潮湿气层不稳定，由强烈的乱流混合作用而形成。有的地区出现这种云，常常预示有雷雨天气，故有"天上破絮云，地上雷雨临"的说法。

（6）堡状高积云（Ac cast）：外形特征和表示的天气与堡状层积云相似，但云块较小，高度较高。

（三）高云

高云包括卷云、卷层云、卷积云3属，共7种。

高云全部由细小的冰晶组成，云底高度通常在5 000 m以上，高云一般不产生降水，冬季北方的卷层、密卷云偶有阵雪，有时可见到雪幡。

1. 卷云（Ci）

卷云包括毛卷云、密卷云、伪卷云和钩卷云。

卷云云体具有纤维状结构，常呈白色，无暗影，有毛丝般光泽，多呈丝条状、片状、羽毛状、钩状、团状、砧状等。卷云的透光程度要看冰晶的密集程度而定，厚的卷云也可使太阳光辉减弱，甚至使日月轮廓模糊不清。卷云偶尔见晕（密卷云和伪卷云见晕的机会较多，但通常晕不完整），在晴空时，孤立的雪幡很像卷云，但没有卷云那么洁白光亮。

日出之前，日落之后，卷云常常带有鲜明的黄色或红色，这是因为卷云很高，早晨出现比别的云早，晚上消失又比别的云迟，直到黄昏时候，才渐渐转变成暗灰色。而白天地平线附近的卷云，多少有些发黄，这是由于距离远的光线穿过的空气层厚度比较厚的缘故。

卷云多由直径10～50 μm的冰晶组成。

（1）毛卷云（Ci fil）：云体很薄，呈白色，毛丝般纤维结构清晰，云丝分散，形状多样，像乱丝、羽毛、马尾等，日月光可透过云体，地物阴影很明显。

毛卷云的出现大多预示天晴，故有"游丝天外飞，久晴便可期"的说法。如果毛卷云变厚，量也增多，甚至发展成卷层云，则预示天气将有变化。

（2）密卷云（Ci dens）：云体较厚，薄的部分呈白色，厚的部分略有淡影，边缘毛丝般结构仍较明显，云丝密集，聚合成片，在云量较多时可有不完整的晕出现。

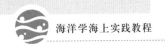

密卷云的出现多预示天气较稳定,但如果它继续系统发展,演变成卷层云,则预示天气将有变化。

（3）伪卷云(Ci not)：云体大而厚密,常呈铁砧状,是积雨云顶部脱离主体而成,多在积雨云崩解消散过程中见到。

（4）钩卷云(Ci unc)：云体很薄,呈白色,云丝往往平行排列,向上的一头有小钩或小簇,很像逗点符号。

钩卷云常分散出现,如果它系统移入天空,并继续发展,多预示将有天气系统影响测站,甚至可能出现阴雨天气,故有"天上钩钩云,地上雨淋淋"的谚语。

2. 卷层云(Cs)

卷层云包括薄幕卷层云和毛卷层云两属,共两种。

卷层云云体均匀成层,透明或呈乳白色,透过云层日月轮廓清晰,地物有影,常有晕的现象。

卷层云加厚降低,系统发展,多预示将有天气系统影响测站,故有"日晕三更雨,月晕午时风"的农谚。如果无明显发展,甚至云量减少,未来天气也不会有显著变化。

（1）薄幕卷层云(Cs nebu)：云体很薄而又均匀,毛丝般纤维结构不明显,有时误认成无云,一般都有晕的现象。

（2）毛卷层云(Ci fil)：云体薄而不很均匀,毛丝般结构较明显,有时很像大片薄的密卷云。

3. 卷积云(Cc)

卷积云云块很小,呈白色细鳞片状,常成行、成群排列整齐,很像微风吹拂水面而成的小波纹。如果天空以卷积云为主,而又与卷云、卷层云有联系并系统发展,一般预示将有天气系统影响测站,常有阴雨、大风天气,农谚"鱼鳞天,不雨也风癫"就指这种情况。

三、云状的判断

云状主要是根据云的外形、结构及成因并参照云图进行判断。判断时应从识别天空所有的云开始,为使判断更准确,观测应保持一定的连续性,注意观测云的发展、演变过程。各种伴随云出现的天气现象,也是识别云的一条线索。判断云要把天空看作一个整体,如能认识到天空具有某些特点(如大气稳定或不稳定)时,则个别云就容易判断了。

四、相似云的比较

云状之间有时是较难区别的,这不仅仅是由于观测员对云的判别和认识能力的限制,也由于云和云之间的过渡形态的确是多种多样的,这种过渡形态往往并不完全具备某一种云的典型特征,这就要求我们学会抓住主要的特征进行综合分析和判断,并善于透过种种现象来辨明云状的本质。表2-8-2将几种通常难以辨认的相似云进行比较说明。

表 2-8-2　相似云区别要点

相似云	区别的主要特征	注意事项
Cs 与 As tra	Cs 至少具有下列条件之一，As tra 则不具备： （1）有晕 （2）日月轮廓分明 （3）地物有明显影子 （4）丝缕结构明显	当太阳高度角较小时或接近地平线的 Cs，不一定具备上述条件
Cs fil 与 Cs nebu	Cs fil 至少有部分云幕丝缕明显； Cs nebu 则云幕很均匀，通常也比较稀薄，但有时也稍厚而均匀，只要看不出明显的丝缕结构也属Cs nebu	天边的 Ci dens 有时由于大气霾的影响，丝缕光泽不明显
Sc op 与 Ns	厚的 Sc op 云块彼此渐趋合并，有时能融合变为 Ns，但必须块状结构完全消失，或由于降阵雪的缘故，云的底部已经没有截然的界限，才记为 Ns	层积云有时也会有降水，但其绝对强度总是很弱
Cc 与 Ac tra	Cc 除具有它本身的基本特征以外，其云块大部分是很小的，即在地平线上 20 度处的云块视宽度小于 1 度（太阳直径的一倍），而且云上没有暗影，通常也没有华及虹现象	不要把整层高积云边缘的小云块误认为 Cc
As 与 Ac	As 云底的波纹状起伏或宽的平行带状，一般并不具有团块、滚条及薄片的结构，后者的云块（云条、云片）的轮廓比之 As 云底起伏部分的阴暗相间要清晰些，而且 As 的波纹状起伏大多显得平缓些	高度角很低时更难判定，这时如果出现块状、条状或片状就可称为 Ac
Ac op 与 Ns	AC op 在其薄的部分仍可模糊地看出太阳，某些部分还保留纹或纤缕结构，通常多降间歇性或轻微连续性降水，Ns 则比较阴暗、均匀，底部没有截然界限，日月位置不能分辨，无条纹或纤缕结构	如能实测或目测云高，则 2 000 m 以上为 As，1 500 m 以下为 Ns，1 500～2 000 m 视其他条件判定
St 与 Ns	（1）通常 St 低于 Ns，有时可掩盖高大目标物上部 （2）St 只能降毛毛雨及米雪，Ns 降连续的雨或雪同时 Ns 下常有幡状云和碎雨云，而 St 则没有 （3）厚的 St 底比 Ns 显得均匀，薄的 St 尚能有明暗不同的区别，而 Ns 无此特征。此外层云看起来较"干燥"，而雨层云看起来较"潮湿" （4）薄的 St 常能透现日月的轮廓，而 Ns 则不能 （5）St 多出现于风较小的条件下，Ns 则不一定 （6）厚的 St 出现以前不经常先有中云或低云存在，而 Ns 出现前几乎总先有别的云存在（常为中云）	当降水自较高的云中下降并通过 St 云层，这时暗而均匀的 St 与 Ns 更难区别，更需注意连续的变化来判断
Cs cast 与 Cu	Cs cast 是从层积云上伸展起来，而 Cu 通常不是由其它云衍变而来	注意天空连续变化

续表

相似云	区别的主要特征	注意事项
Sc cug 与 Cu	由 Cu 或 Cb 的上部或中部延展而成的积云性层积云与扁平的 Cu 区别在于 Cu 多少有圆拱形突起,当云顶还有圆拱形(许多小块)Cu 的云底尚未融合成条时仍称为 Cu	注意整个天空的发展趋势(Sc cug 与 Cu 同时出现)
Fs(好天气下的)与 Fn	由 St 分裂而成的 Fs 多少与原来的 St 有联系或明显地出自 St(或雾抬升)因乱流作用而分解成 Fs;Fn 则通常在降水性云层之下由于降水将水分向下输送到较低的乱流层中形成;坏天气下的 Fs、Fc 通常就是 Fn	当 Fs 之上有降水性连续云层时,原先的 Fs 可以很快变成 Fn
Cb cap 与 Ns	Cb 掩蔽时一般具有下列特征(或特征之一):① 降水性质是阵性的,气象要素往往突变;② 云底(或砧状旁伸部分的云底)常有明显雨和乳房状结构,强烈骚动的带滚轴状;③ 有雷、电或冰雹等天气现象。而 Ns 则一般没有这些特征	Cb 有时可能由 Ns 的一部分发展衍变而成;Ns 也可由 Cb 云延展而成,因而它们是可能连续出现的

五、云状的记录

(1) 云状按 29 种云观测,将观测到的各种云按云量的多少用国际简写符号依次记录,如云量相等,低云记在前面。

(2) 无云时,云状栏不填。因黑暗无法判时,云状栏内记"—"。

第二节　云量的估计

一、云量的观测和记录

云量以天空被遮蔽的成数表示,用十分法估计,将天空分成 10 份,碧空无云,云量为 0;遮蔽 1/10,云量为 1;遮蔽 2/10,云量为 2;以此类推。全天为云遮蔽而无缝隙,记为 10,有少量缝隙可见蓝天,则记为 10。

云量要观测总云量和低云量,通常用目力估计。分辨率为 1 成,准确度 ±1 成。

1. 总云量的记法

所有云遮蔽天空的份数称总云量。

2. 低云量的记法

低云遮蔽天空的份数称低云量。估计方法与总云量相同,如低云遮满全天,但有少量缝隙可见蓝天或其他云种时,则记为 $\boxed{10}$ 。

二、特殊情况下云量、云状的观测和记录

(1)观测时有雾,天顶不可辨,总、低云量均记为 10,云状记"☰";透过天顶有云,并能判断云状,总、低云量都记 10,云状栏记"☰"及云状符号;当其他天气现象出现(如浮尘)使天顶不可辨或部分可见时,总、低云量栏记"—",云状栏记该天气现象符号和可见云云状。

(2)夜间观测,可根据日落前后云的分布及演变情况,并借助月光和星光来判断。若月光暗淡,应在条件允许情况下,尽量判断准确;无月光时,若不能判断云状,则估计天空被云遮蔽而看不到星光的那一部分作为云量,云状和低云量栏记"—"。

三、仪器观测云量

为了避免目力估计云量时出现较大误差(这种因人而异的习惯性误差有时较大),目前国外用红外辐射计对全天进行扫描,像气象卫星用夜间红外线测定装置那样,测量是否有云及云量的多少。国内也有"全天摄影仪",用这种仪器的影像进行网格求和也可以定量地计算出云量。

红外云量计的观测原理:如图 2-8-1,它是通过改变转动反射镜的仰角,对全天做螺旋式扫描,辐射仪上装有辐射热测量计,用滤色镜选取 9.5~11.5 的"窗区",将它和温度已知的黑体比较而测出目标的温度,并与辐射探测器测的上层气温,分成上、中、下三层加以区别。此法与目测相比较,测量薄的云误差较大,当云与云之间有间隙,且在辐射仪分辨率以下时也会产生误差。有人将此仪器与大约 340 次的目测相比较,有 80% 以上的次数,其精度在 ±1/8 以内。

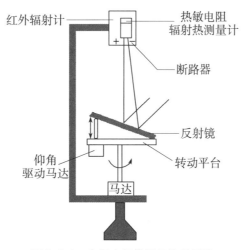

图 2-8-1　全天空扫描型红外云量计

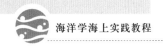

第三节 云高的测量

云高即云底到海面的垂直距离,单位为 m。其要求准确度为±10%。云高只在绘图天气观测和辅助绘图天气观测时进行测量。

一、测量方法

在海上,通常用目力估计。测量时也应首先确定云种,以便对云高范围(可参考表 2-8-3)有量的概念,进一步估计云高时,应根据云的具体外貌特征而定,也可参照实物来估计云高,还可用气球、云幕灯、激光测云仪等测量。

表 2-8-3 云种高度表

云种	寒带	温带	热带
低云	自海面到 2 km		
中云	2~4 km	2~7 km	2~8 km
高云	3~8 km	5~13 km	6~18 km

二、云高的观测记录方法

(1) 2 500 m(不包括 2 500 m)以下只记录编码云状的云高,2 500 m 以上的只记录低云高。

(2) 高度不到 50 m 的,按估计数字记录;超过 50 m 的,以 50 m 为单位记录,并填上云类的国际简写,如 Cu850、Sc2 500。

(3) 如云高是用云幕气球测得,应在记录右上角记"Q"字,如 Sc1 800^Q。如用其他仪器测得云高,应在纪要栏注明。

三、云高的仪器测量

目力估计云高受主观因素影响,误差较大。随着航空事业的发展,要求迅速准确地测定云高。科学技术的迅猛发展,使得用人工光源和光电装置测量云高有了长足进步,因而云高的测量也更加准确及时。

1. 气球测量云高

利用具有一定上升速度 v(如一般云幕气球的升速为 100 m/min)的气球测量云高 H。观测方法是当气球释放的同时,开动秒表,并用经纬仪或目力跟踪气球的移动,当气球进入云层开始模糊的时刻,停下秒表,记下时间 t,即可用 $H=v×t$ 算出云高。

2. 夜间云幕灯测量云高

利用云幕灯发射光柱垂直照射到云底,形成一个明亮的光点,观测者站在离灯一定的距离 d(一般 300 m 或 500 m)处,用仰角器测出光点的仰角 α,即可利用公式 $H=d×\mathrm{tg}\alpha$ 算出或查常用表查得云高。为了减小误差,应连续观测三次,取其平均值。如在不同高度出现几个光点时应分别测定各个光点的仰角,得到各层的云高。当云滴较小时,特别是云高较低时,灯光射入云内会形成光柱而不是光点,应以光柱底部为准,测量仰角。

3. 激光测云仪测量云高

激光测云仪由发射望远镜、接收望远镜和电子门组成。当激光通过发射望远镜发射激光的同时由参考脉冲使电子门打开,于是计数电路就对时标脉冲计数,激光脉冲遇到云层被云滴散射,其中后向散射部分被接收望远镜接收后,通过光电转换系统指令电子门关闭,计数停止(图 2-8-2)。计数电路记下从电子门开放到关闭的时间间隔,即为激光在测云仪和被测目标物之间往返一次所经过的时间,因此仪器和被测目标之间的斜距(S)为

$$S=\frac{1}{2}×C×t$$

式中,C 为光速,t 为时间。

由测云仪的仰角读数 α,即可求得仪器与云底的垂直高度 $H_1=S×\sin\alpha$,最终云高可通过公式 $H=H_1+H_2$(仪器的海拔高度)求得。

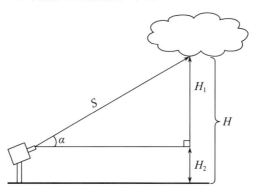

图 2-8-2　激光测云高原理示意图

4. 其他测云高仪器

测云高仪器还有湿敏测云仪、光脉冲测云仪和光雷达(激光只是其中一种)等根据不同原理制成的仪器。

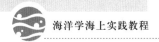

思考题

（1）云的分类如何？

（2）各种云的都有哪些特征？

（3）云的记录有何规定？

第九章 降水量的观测

降水量是指从天空降落到地面上的液态或固态（经融化后）水，未经蒸发、渗透、流失，而在水平面上积聚的深度。降水以 mm 为单位，分辨率为 0.1 mm。当降水量小于等于 10 mm 时，准确度为 ±0.4 mm；当降水量大于 10 mm 时，准确度为 ±4%。

第一节　测量工具

测量降水量的工具一般使用雨量器。船上测量时，雨量器应安装在开阔处，上方和周围不能有东西遮挡。

以下是常用的几种降水量测量工具。

1. 漏斗式雨量器

漏斗式雨量器是用于测量一段时间内累积降水量的仪器（图 2-9-1）。外壳是金属圆筒分上、下两节，上节是一个口径为 20 cm 的盛水漏斗，为防止雨水溅失，保持器口面积和形状，筒口用坚硬铜质做成内直外斜的刀刃状；下节筒内放一个储水瓶用来收集雨水。测量时，将雨水倒入特制的雨量杯内读取降水量毫米数。降雪季节将储水瓶取出，换上不带漏斗的筒口，雪花可直接收集在雨量筒内，待雪融化后再读数，也可将雪秤出重量然后根据筒口面积换算成毫米数。

雨量器观测时的注意事项:

(1) 雨量器安置在观测场内固定架子上,器口要保持水平,口沿离地面高度为70 cm,仪器四周不受障碍物影响,以保证准确收集降水;

(2) 在冬季积雪较深地区,应在其附近装一备份架子;

(3) 当雨量器安在此架子上时,口沿距地面高度1.0～1.2 m,在雪深度超过30 mm时,就应该把仪器移至备份架子上进行观测;

(4) 冬季降雪时,须将漏斗从承水器内取下,并同时取出储水瓶,直接用外筒接纳降水。

2. 翻斗式雨量计

翻斗式雨量计是可连续记录降水量随时间变化和测量累积降水量的有线遥测仪器(图 2-9-2)。分感

图 2-9-1　漏斗式雨量器

应器和记录器两部分,其间用电缆连接。感应器用翻斗测量,它是用中间隔板间开的两个完全对称的三角形容器,中隔板可绕水平轴转动,从而使两侧容器轮流接水,当一侧容器装满一定量雨水时(0.1 mm 或 0.2 mm),由于重心外移而翻转,将水倒出,随着降雨持续,将使翻斗左右翻转,接触开关将翻斗翻转次数变成电信号,送到记录器,在累积计数器和自记钟上读出降水资料。

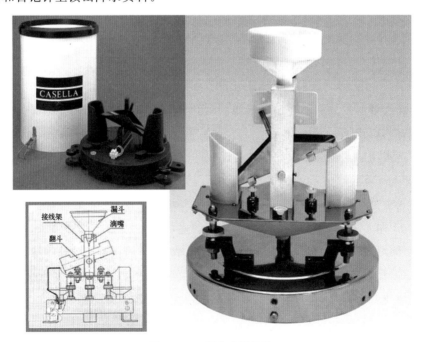

图 2-9-2　翻斗式雨量计

3. 虹吸式雨量计

虹吸式雨量计是可连续记录降水量和降水时间的仪器(图 2-9-3)。其上部盛水漏斗的形状和大小与雨量器相同。当雨水经过漏斗导入量筒后,量筒内的浮子将随水位升高而上浮,带动自记笔在自记纸上划出水位上升的曲线。当量筒内的水位达到 10 mm 时,借助虹吸管,使水迅速排出,笔尖回落到零位重新记录。自记钟给出降水量随时间的累积过程。

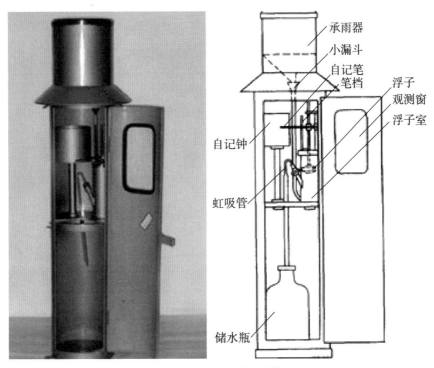

承雨器
小漏斗
自记笔
笔档
浮子
观测窗
浮子室
自记钟
虹吸管
储水瓶

图 2-9-3 虹吸式雨量计

注意事项:

(1)虹吸管应经常保持清洁,使发生虹吸的时间小于 14 s。因为虹吸过程中落入雨量计的降水将随之排出仪器外,而不计入降水量,虹吸时间过长将使仪器误差加大。

(2)在记录时要注意雨量计的型号,因为对于每一种型号的雨量计,其虹吸管的规格都是一定的,不能乱用,任一参数的改变都将影响记录的准确性。

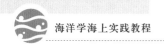

第二节　降水量的观测和记录

一、降水量观测

海上观测时需观测海面上 1 mim 和定时观测前 6 h 的降水量,在定点连续观测中,还应计算日降水量累计值。连续观测时,每 1 min 记录一次,计算降水量值。用定时观测前 6 h 的累计降水量,作为该定时的降水量累计值。每日 4 次定时观测降水量之和,为日降水量累计值。

观测液体降水时要换取储水瓶,将水倒入量杯,要倒净。将量杯保持垂直,使人的视线与水面齐平,以水凹面为准,读得刻度数即为降水量,记入相应栏内。降水大时,应分数次量取,求其总和。

冬季降雪时,须将承雨器取下,换上承雪口,取走储水器,直接用承雪口和外筒接受降水。观测时,将已有固体降水的外筒,用备份的外筒换下,盖上筒盖后,取回室内,待固体融化后,用量杯量取。也可将固体降水连同外筒用专用的台秤称量,称量后应把外筒的重量(或 mm 数)扣除。

降水量观测记录到 0.1 mm。无降水时,降水量栏空白。降水量不足 0.05 mm 时,记“0.0”。缺测记“—”。

在炎热干燥的日子,为防止蒸发,降水停止后,要及时进行观测。

在降水较大时,应视降水情况增加人工观测次数,以免降水溢出雨量筒,造成记录失真。

当出现纯雾、露、霜、雾凇、吹雪时,不观测降水量。如有降水量,仍按无降水记录。当降水量缺测时,应在记录表纪要栏里注明原因和降水情况,如小雨、中雨、大雨等。

二、降水量观测误差

1. 误差来源

(1) 湿润误差:普通雨量器的承雨器和储水瓶内壁对部分降雨的吸附造成的水量损失,称湿润误差。湿润误差是负向系统误差,使观测的降水量系统偏小。湿润误差与雨量器的材料、结构以及风速、空气湿度和气温有关。雨量器内壁越光滑,口径越小,承雨器湿润面积越小,湿润误差越小。风速大、湿度小、气温高,湿润误差就越大。

(2) 蒸发误差:降水停止到观测时刻或降水间歇期间雨量器储水瓶中水分蒸发造

成的损失,称蒸发误差。蒸发误差属负向系统误差。

(3)溅水误差:雨水从较大的高度落在地面上,可溅起0.3~0.4 m高,并形成一层雨雾随风飘入雨量器内,使观测的降水量大于实际降水量,这项误差称为溅水误差。溅水误差属于正向系统误差。

(4)动力误差:风对雨量器承受降水的干扰造成水量损失,称为动力误差。动力误差由飘溢现象产生,飘溢现象是指降雨或降雪时部分降雨和降雪不落入雨量器中的现象。飘溢现象主要是由于雨量器在大风气流中,雨量器上方的雨水因气流影响造成降过轨迹几乎与地面平行,使雨滴飘走而不是落在雨量器中,雪的比重更小,因而飘溢现象更严重。风是造成降水量误差的主要原因,误差占总降水量的10%以上。

(5)仪器误差:承雨器环口直径加工误差、量雨杯示值误差、测记误差。

(6)其他误差:观测场距离建筑物或树木太近、仪器承雨口不水平等,都可以给降水量带来较大的误差。

2. 误差消除方法

(1)溅水:雨水溅失对于大多数雨量器来说,0.1~0.2 mm可视为器差,很容易消除。

(2)蒸发:为了减少蒸发的影响,一是要求承雨器的接雨面一定要光滑,使雨水到达接雨面很快通过漏斗,减少雨水的沾附;二是降雨一经停止时,立即进行测量,特别是在炎热的夏季和湿度较小的干燥季节,要及时减少由蒸发引起降水量的损失。

(3)动力:风是影响准确的测量降水量的主要原因,风往往导致仪器测得的降水量偏小,降雨时,观测误差取决于降雨类型,确切地说取决于雨滴的大小和风速。理想的条件是:雨量器器口上空能形成平行的气流,避免有风的局地加速度或湍流;在仪器安装时,避免装在过于空旷和四周有高大的树木或建筑物的地方。

思考题

(1)降水量的定义是什么?

(2)降水量常用测量工具有哪几种?

(3)降水量缺测时应如何记录?

第十章 高空气象探测

高空气象探测是测量近地面到 30 km 甚至更高的自由大气的物理、化学特性的方法和技术。测量项目主要有气温、气压、湿度、风向和风速，还有特殊项目，如大气成份、臭氧、辐射、大气电。测量方法以气球携带探空仪升空探测为主。观测时间主要在北京时间 07 时和 19 时两次，少数测站还在北京时间 01 时和 13 时增加观测，有的测站只测高空风。此外其他不定时探测内容有 2 km 以下范围的大气状况的边界层探测、测量特殊项目的气象飞机探测和气象火箭探测等。

第一节　高空风观测

测量近地面直至 30 km 高空的风向风速时，通常将飞升气球作为随气流移动的质点，用地面设备（经纬仪或雷达）跟踪气球的飞升轨迹，读取不同时间间隔的仰角、方位角、斜距，确定其空间位置的坐标值，可求出气球所经过高度上的平均风向风速。

一、技术指标

（1）风向以度（°）为单位，分辨率为 1°。

——在海面至 100 hPa，当风速≤10 m/s 时，准确度为±5°，风速＞10 m/s 时，准确度为±2.5°；

——在 100 hPa 以上,准确度为±5°。

(2)风速以米/秒(m/s)为单位,分辨率为 1 m/s。

——在海面至 100 hPa 时,准确度为±1 m/s;

——在 100 hPa 以上,准确度为 2 m/s。

(3)采样频率至少每 2 s 采样一次。

二、探测方法

1. 主要设备

根据地面测风设备不同,分为如下几种。

(1)经纬仪测风:有单经纬仪测风和双经纬仪测风两种。单经纬仪只能测出气球的仰角和方位角,气球高度由升速和施放时间推算,气球升速是根据当时空气密度、球皮等附加物重量计算出气球净带力,按照净举力灌充氢气来确定。但由于大气湍流和空气密度随高度变化,以及氢气泄漏等因素的影响,气球升速不均匀导致高度误差大,测风精度低。在配合探空仪观测时,气象站用探空仪测得的温度、气压、湿度资料计算出气球高度;双经纬仪测风是在已知基线长度的两端,架设两架经纬仪同步观测,分别读出气球的仰角、方位角,利用三角法或矢量法计算气球高度和风向风速。经纬仪测风只适用于能见度好的少云天气,夜间必需配挂可见光源,阴雨天气只能在可见气球的高度内测风。

(2)无线电经纬仪测风:利用无线电定向原理,跟踪气球携带的探空仪发射机信号,测得角坐标数据,气球高度则由探空资料计算得出,因此无线电经纬仪适用于全天候,但当气球低于其最低工作仰角时,测风精度将迅速降低。

(3)雷达测风:是利用雷达测定飞升的气球位置,它不仅测定气球的角坐标,而且能测定气球与雷达的距离,即斜距。由仰角、方位角、斜距计算高空风。雷达测风法又可分为一次雷达测风法和二次雷达测风法,前者是利用气球上悬挂的金属反射体反射雷达发射的脉冲信号,测定气球角坐标和斜距;后者利用气球悬挂的发射回答器,当发射回答器受雷达发射的脉冲激励后产生回答信号,由回答信号测定气球角坐标和斜距。

2. 探测规定

在调查船上通常在施放探空气球的同时探测高空风(方法同探空仪);放球后至少 1 min 获取一组风向、风速值。

3. 重测规定

记录未达到 3 km 即终止时,应立即重新施放探空气球,重新探测一次。

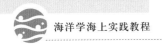

三、资料整理方法

1. 规定高度

探空仪海拔高度(km):0.5、1、2、3、4、5、5.5、6、7、8、9、10、10.5、12,高于 12 km 时,每 2 km 一层。

2. 规定等压面

规定的等压面(hPa):1 000、925、850、700、600、500、400、300、250、200、150、100、70、50、40、30、20、15、10、7、5。

3. 风向风速的计算

1)在放球后,连续采样 1 min,计算一次风向风速,为量得风层的平均风速风向。

2)计算规定高度的风向、风速。

3)计算规定等压面的风向、风速。

4)计算对流层顶的风向、风速。

5)选择最大风层。在 500 hPa(或 5 500 m)以上,从某高度至另一高度出现风速均大于 30 m/s 的"大风区"时,则将在该"大风区"中其风速最大的层次选为最大风层。在该"大风区"中,同一最大风速有两层或以上时,则选取高度最低的一层作为最大风层。

在第一个"大风区"以上又出现符合上述条件的第二个"大风区",且第二个"大风区"中的最大风速与第一个"大风区"之后出现的最小风速之差大于等于 10 m/s 时,则第二个"大风区"中的风速最大的层次也选为最大风层。余者类推。

6)如有连续失测时,按表 2-10-1 的规定整理。

表 2-10-1　连续失测处理规定表

时间间隔/min	0~≤20		20~≤40		>40	
失测时间/min	<2	≥2	<3	≥3	<5	≥5
规定	照常处理	作失测处理	照常处理	作失测处理	照常处理	作失测处理

7)在规定高度、规定等压面和对流层顶,如失测或记录终止,用最近的量得风层的风代替,其允许范围见表 2-10-2。

表 2-10-2　规定层失测处理表

距海面高度/m	≤900	900~≤6 000	>6 000
代替范围/m	±100	±200	±500

第二节　探空气球

用橡胶或塑料制成的球皮,充以氢气、氮气等比空气轻的气体,能携带仪器升空进行高空气象观测。

气球的大小和制作材料由它们的用途来确定,主要有以下几种:

(1) 测风气球,气象上称小球,用橡胶制作,球皮重约 30 g,主要用于经纬仪测风或边界层探空,最大升空高度在 10～15 km(图 2-10-1a)。

(2) 探空气球,用橡胶或氯丁乳胶制作,球皮重 0.8～2.0 kg,携带 1 kg 仪器,升速为 5～6 m/s,最大升空高度可达 30 km,是日常高空观测使用的气球。

(3) 系留气球,用缆绳拴在地面绞车上,能控制浮升高度的气球(图 2-10-1b)。通常用聚脂薄膜做成流线形,缆绳长度及与地面交角可以估算气球距地面高度,它可以携带测量仪器在指定高度进行数小时连续测量,用完后收回可多次使用,特别适用于大气污染监测和研究大气边界层等。

a. 测风气球等待升空　　b. 用缆绳拴在地面绞车上的系留气球

c. 定高气球

图 2-10-1　各类探空气球

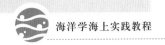

（4）定高气球，在大气中保持在等密度面上平稳地随气流飘移的气球，也称等密度气球或等容气球（图 2-10-1c）。气球由塑料制成多层复合膜，耐压性强，保气性好。在地面施放时仅部分充气，升到预定高度时，因球内气体量不变故密度不变，保持在一个等密度面上飘行，气球大小视飞行高度和所带仪器的重量而定，其直径小至 1 m，大至数十米不等，在空中可飘行数天至数月。大型定高气球直径 22 m，距地高 24 km，可携带 200 个探空仪，能接受卫星指令，每隔一定飘浮距离投下一架探空仪，下投的探空仪带降落伞，观测数据由无线电信号发到母球，再由母球转送到卫星，最后由卫星播发到地面站接收。这种与卫星结合的定高气球称为母子定高气球系统，在测量气团属性变化和大气电学特性等方面已广泛应用。

第三节　无线电探空仪

测量自由大气各高度的气象要素，并将气象情报用无线电讯号发送到地面的遥测仪器。由于仪器是在上升（或下降）过程中测量的，空中气象要素随高度有较大的空间变化，要求探空仪感应元件应具有较高的灵敏度、准确度，感应快，量程大，仪器整体体积小、重量轻、牢固可靠，能经受风云雨雪和减少高空强辐射的影响。依据测量内容不同，分为如下两类。

（1）常规探空仪：借助探空气球携带升空，测量高空对流层、平流层气象资料的主要仪器。它由感应器、转换器和发射装置三个部分组成。感应器感应大气温度、气压、湿度等参数，采用变形元件（双金属片、空盒）和电子元件（热敏电阻、空盒、湿敏电阻或电容）两类。转换开关轮流将感应元件依次接入转换器，将气象信息变换成电信号。中国制探空仪的转换器采用电码式和变低频式两种。发射装置是一个高频或超高频发射机，以载波方式将气象信息发到地面（图 2-10-2）。

（2）特种探空仪：在常规探空仪的基础上，根据不同的目的（如测定臭氧、平流层露点、各种辐射通量、大气电场，监视低层大气污染）或不同仪器施放方式（如气球升空或气象飞机、气象火箭、定高气球下投）派生了多种特殊探空仪，如臭氧探空仪，火箭探空仪。

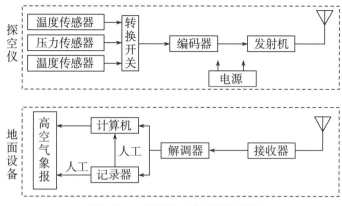

图 2-10-2 探空仪工作原理示意图

一、探空仪的准备

1. 探空仪检验

探空仪的配套检验、外观检验、机械检验和检定证书的核对应在陆地上进行,不符合规定的仪器,不应该带上调查船。

2. 基值测定

在释放前 0.5 h 将探空仪放在基测箱内进行基值测定:

(1) 从基值测定仪器中,读取气压、温度和相对湿度,对探空仪进行基值测定。

(2) 基值测定时的现场气压,是指探空仪所在高度的气压。若气压传感器与探空仪不在同一高度,必须订正到探空仪所在高度。

(3) 基值测定的合格标准由仪器技术文件中给出。

3. 探空仪装配

(1) 探空仪基值测定合格后方可进行装配,然后检查工作电压、电流和信号。

(2) 气球和探空仪间距离通常为 30 m。

二、探空仪释放及信号接收

1. 探空仪释放

探空仪和地面设备工作正常的情况下,按下述要求释放:

(1) 施放的时间为 07 时 15 分和 19 时 15 分,禁止提前释放。当遇恶劣天气时适当推迟,但最多只能推迟 1 h。

(2) 释放瞬间,人工给计算机输入启动信息,或由计算机自动判别探空仪开始升空,开始记录并记录船位。

(3) 在施放前 5 min 观测海面气象要素:气温、气压(以基值测定为准)、湿度、风向、风速、云状、云量和天气现象。

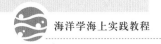

2. 信号接收

（1）信号接收应自始至终进行。如信号消失，应继续寻找接收 7 min，无信号时方可终止。

（2）记录终止时间和终止原因。

三、重新释放探空仪

出现下列情况之一时，应重新释放探空仪：

（1）记录未达到 500 hPa。

（2）在 500 hPa 以下，温度和湿度记录连续漏收或可疑时段超过 5 min。

第四节　资料整理方法

一、规定等压面

等压面包括 1 000、925、850、700、600、500、400、300、250、200、150、100、70、50、40、30、20、15、10、7、5 hPa。

二、规定特性层

特性层为海面层、等温层、逆温层、温度突变层、湿度突变层、零度层、对流层顶、终止层、温度失测层和湿度失测层。

三、各规定等压面要素值的计算

（1）读取各规定等压面的温度值和湿度值；

（2）当太阳高度大于 $-3°$ 应对所测到的温度值进行辐射订正；

（3）根据各规定等压面的温度值（经辐射订正后）和相对湿度值计算露点温度，当温度低于 $-59℃$ 时，不再计算露点温度。

四、各规定等压面海拔高度的计算

（1）通常采用等面积法求出规定相邻等压面间的平均温度和平均湿度。平局湿度只计算到 400 hPa，400 hPa 以上省略不计。

（2）计算两相邻规定等压面间的厚度，在 400 hPa 以下时，应进行虚温订正。

（3）将本测站的海拔高度（以基测点为准，对同一艘调查船为常数）与各规定等压面间的厚度依次累加，即得各规定等压面的海拔高度。

五、选择特性层

（1）海面层，以基测点为准。

（2）等温层和逆温层，在第一对流层顶以下，选取大于 1 min 的等温层和大于 1℃ 的逆温层的开始点和终止点。

（3）温度突变层，选取两层间的温度分布与用直线连接比较超过 1℃（第一对流层顶以下）或超过 2℃（第一对流层顶以上）的差值最大的气层。

（4）湿度突变层，选取两层间的湿度分布与用直线比较超过 15％ 的差值最大的气层。

（5）零度层，只选择一个。当出现几个零度层时，只选择高度最低的一个；当海面气温低于 0℃ 时，不再选取零度层。

（6）对流层顶一般出现在 500 hPa 以上。对流层顶出现数个时，最多只选两个，且选其高度最低者。其高度在 150 hPa 以下者，定为第一对流层顶；其高度在 150 hPa 或以上者，不论是否出现第一对流层顶，均定为第二对流层顶。

选择对流层顶的具体条件：

1）第一对流层顶，温度垂直递减率开始小于等于 2.0℃/km 的气层的最低高度，且由此高度向上 2 km 及其以内的任何高度与该高度间的温度垂直递减率均小于 2.0℃/km，则该最低高度选为第一对流层顶。

2）第二对流层顶，在第一对流层顶以上，由某高度起向上 1 km 及其以内的任何高度与该高度间的温度垂直递减率均大于 3.0℃/km，在此高度以上出现的符合第一对流层顶条件的气层，即选为第二对流层顶。

（7）终止层，选取高空探测的最高一层。

（8）温度失测层，在失测层的开始点、终止点、中间点（任选）各选一层。

六、特殊情况的处理

如有漏收信号或可以记录时，按表 2-10-3 的规定处理。当漏收或可疑记录正处于 500 hPa 层上下时，按 500 hPa 以下规定处理。

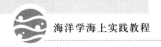

表 2-10-3　特殊情况记录规定

要素	500 hPa 以下		500 hPa 以上	
	漏收、可疑时间/min	规定	漏收、可疑时间/min	规定
气压	$\triangle t \leqslant 5$	记录照常处理	$\triangle t \leqslant 7$	记录照常处理
	$\triangle t > 5$	重放探空仪	$\triangle t > 7$	以后记录不再整理
温度	$\triangle t \leqslant 2$	记录照常处理	$\triangle t \leqslant 3$	记录照常处理
	$2 < \triangle t \leqslant 5$	供计算厚度用,记录作失测处理	$3 < \triangle t \leqslant 7$	供计算厚度用,记录作失测处理
	$\triangle t > 5$	重放探空仪	$\triangle t > 7$	以后记录不再处理
湿度	$\triangle t \leqslant 2$	记录照常处理	$\triangle t \leqslant 3$	记录照常处理
	$2 < \triangle t \leqslant 5$	供计算厚度用,记录作失测处理	$3 < \triangle t \leqslant 7$	供计算厚度用,记录作失测处理
	$\triangle t > 5$	重放探空仪(温度低于 0℃或相对湿度小于 20% 时,可不重放,供计算厚度用,记录作失测处理)	$\triangle t > 7$	温度记录以后不再处理;压、温记录照常整理

思考题

(1) 高空探测都有哪些内容?

(2) 常规探空仪的探测原理是怎样的?

(3) 探空气球有哪几种类型?

第十一章　现代遥感探测技术

　　大气遥感是 20 世纪 60 年代初开始系统形成的新型大气探测方法。大气遥感的探测原理与常规的探测方法不同,遥感仪器不与被测的大气介质直接接触,在一定距离外感知大气的化学组成与物理状态以及其随时间和空间的变化。大气遥感探测的基本原理是根据各种电、光、声波及力学波等信号在大气中传播的特性,及其与大气介质之间的相互作用,应用有关理论和技术方法,以求得温、压、湿、风、降水及大气成分等气象参数。大气遥感可分为主动遥感和被动遥感两种,主动遥感是人工发射一束光波、微波或声波并接收远处大气的回波;被动遥感只接受大气本身发射的各种波动或其散射的其他自然源所发出的各种波动。激光雷达是典型的主动遥感系统,气象卫星上的一些探测装置,是典型的被动探测系统。

第一节　大气遥感探测手段

一、卫星探测

　　气象卫星好比一座空间气象站,有它特殊的长处。常规的探测仪器仅限于观测大气低层一个不大的空间范围,但气象卫星是在空间一定的轨道上运行,不受地理条件的限制,因而可以取得人迹稀少的洋面、高原、沙漠等地区的资料,气象卫星可以监视某些天气系统的变化,同时可以定量地观测许多气象要素。气象卫星能把所得的大量资料迅速而准确地传送到地面上的卫星中心和各接收站使用。在传递资料的时候,既可以定时发送,也可以把资料先贮存在卫星上,需要的时候再发送到地面专用接收站,具有比较强的保密性。

此外,气象卫星也可以起到收集、存贮和传递全球气象台站网观测资料的通信枢纽作用,尤其是地球静止气象卫星可以用来转播各种天气图、云图等。地面站把这些资料发给卫星,通过卫星向外转播,这样可以传得快,传得远。可见气象卫星是一个强有力的大气探测工具和气象通信工具。

按卫星轨道,气象卫星可以分为两类:

(1)极地太阳同步轨道卫星:其卫星的轨道平面与太阳始终保持相对固定的取向,卫星几乎以同一地方时经过世界各地。

(2)地球同步气象卫星,又称静止气象卫星。卫星相对某一区域是不动的,因而由静止气象卫星可连续监视某一固定区域的天气变化。

根据气象卫星的目的分:

(1)试验卫星,主要对各种气象卫星遥感仪器、新的技术进行试验,待试验成功后转到业务气象卫星上使用;

(2)业务卫星,这种卫星带有各种成熟的设备和技术,获取各种气象资料,为天气预报和大气科学研究服务。

二、气象飞机探测

为科学研究或为完成某项特殊任务,用飞机携载气象仪器进行的专门探测。使用飞机的种类要根据任务性质来选择,必要时需添加特殊装备。例如远程大中型飞机适用探测台风、强风暴等天气,进入雷暴区要用装甲机,小型飞机和直升飞机适用于中小尺度系统和云雾物理探测,民航机可兼作航线气象观测;探测飞机高度以下的大气状况需携带下投探空仪,探测云、雨、风、湍流需装设机载雷达,了解云中雷电现象、含水量、云滴谱、升降气流时,均需分别配备相应的仪器。

三、气象火箭探测

用火箭携带仪器对中高层大气进行探测。探测高度主要在 $30\sim80$ km 自由气球所达不到的高度。探测项目包括温度、密度、气压、风向和风速等气象要素以及大气成份和太阳紫外辐射等。当火箭达到顶端时,抛射出探空仪,利用丝绸或尼龙制成的降落伞使仪器阻尼下落,可探测 $20\sim70$ km 高度的气象要素,如果火箭上升到顶端,放出金属化尼龙充气气球或尼龙条带或其他轻质材料,用精密雷达跟踪,可探测 $30\sim100$ km 上空风、密度,再推算出温度、气压等气象要素。此外,还有用取样火箭测定大气成分和臭氧含量等，以及用火箭来研究电离层、太阳紫外辐射等。

第二节 大气遥感探测成果

原始数据经预处理后附加有地球定位和定标信息，这种数据投入业务应用还需要进一步处理。生成的产品主要有两类：图像和数字产品。图像产品主要是可见光、红外云图和水汽图，这些产品可以用拷贝传真或动画的方式送给用户，图像产品也可以按数字方式存取做人机对话分析；数字产品包括垂直温度探测、云移动估算风、海面温度、辐射收支和臭氧总含量。

思考题

大气遥感的主要手段有哪些？

第十二章

自动气象站

自动气象站是由电子设备或计算机控制的自动进行气象观测和资料收集传输的气象站。自动气象站网由一个中心站(可直接在中心站编发气象报告)和若干个自动气象站组成。

第一节 自动气象站的优点和功能

一、自动气象站优点

(1) 使用自动气象站可以从根本上提高大气探测现代化总体水平;

(2) 减少因人工观测产生的误差;

(3) 提高了观测资料的可靠性;

(4) 有效减轻了观测人员的劳动强度;

(5) 提高了整个观测站网的资料的均一程度;

(6) 可提高现有台站观测资料的时空密度。

二、自动气象站的主要的功能

(1) 自动采集各类气象要素的观测数据,经处理后发送至终端设备;

(2) 按照规定公式自动计算海平面气压、水汽压、相对湿度、露点温度等,以及所需的各种观测数据；

（3）按业务需要，编发各类气象报文，编制各类气象报表（数据文件）和发送实时观测数据；

（4）主要技术指标：包括测量要素及其测量范围、数据采样率数据处理方法、准确度、数据存储能力、数据传输方式等。

第二节　自动气象站的形式

一、有线遥测自动气象站

仪器的感应部分与接收处理部分相隔几十米到几千米，其间用有线通信电路传输。由气象传感器、接口电路、微机系统、通讯接口等组成。传感器将气象信息转换成电信号由接口电路输出。微机系统是它的心脏，负责处理接口电路及观测员通过键盘输入的信号，并将处理结果输出显示、打印、存盘，也可通过接口送到信息网络服务系统。这种自动站早期用于实时查询气象资料，现在逐渐取代气象站日常主要观测工作。

二、无线遥测气象站

无线遥测气象站又称无人气象站，它包括测量系统、程序控制和编码发射系统、电源三部分。气象要素转换成电信号的方式常见的有机械编码式和低频调制式两种，前者多使用机械位移的感应元件，使指针在码盘上位移而发出不同的电码；后者多使用电参量输出感应元件，使它产生一个低频变化的信号，然后将此信号载于射频上发射。无人气象站通常能连续工作一年左右，每天定时观测 4～24 次。可在 1 000 km 之外的控制中心指令或接收它拍发的电报，也可利用卫星收集和转发它拍发的资料。此类气象站通常安置在沙漠、高山、海洋（漂浮式或固定式）等人烟稀少的地区，用于填补地面气象观测网的空白处。

中国海洋大学"东方红 3"船配备了 AWS430 自动气象观测系统（图 2-12-1），它是芬兰维萨拉（Vaisala）公司生产的一款自动气象观测站，可以对海洋气象的气温、气压、湿度、风速、风向、降雨量、能见度、净辐射等要素进行实时观测。

图 2-12-1　AWS430 自动气象观测站

其工作原理是将风速风向、温湿度、气压、能见度与即时天气、降雨量、净辐射、红外辐射等传感器采集到的数据传送给气象站主机(AWS430),气象站主机(AWS430)将数据收集后传送给数据采集处理计算机,计算机中的处理软件(MCC401)对送入的数据进行处理,得到可视化的气象信息。

AWS430 配备的传感器:如图 2-12-2,自左至右分别为超声风、机械风、温湿度、能见度与即时天气、雨量筒、净辐射、红外辐射、卫星罗盘。

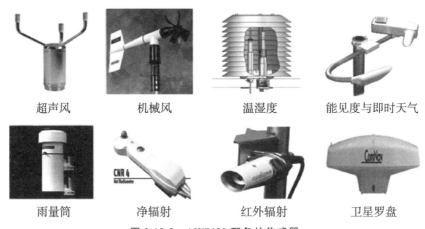

| 超声风 | 机械风 | 温湿度 | 能见度与即时天气 |
| 雨量筒 | 净辐射 | 红外辐射 | 卫星罗盘 |

图 2-12-2　AWS430 配备的传感器

AWS430 是专门为港口、船舶、海上平台等设计的自动气象站,其室外防护罩经过特殊设计,可以承受盐度和湿度较大的环境以及部分极端天气环境(如冻结环境),还可以承受一定程度的震动和冲击(图 2-12-3)。

AWS430 测量的基本气象参数是风速风向、气压、气温和湿度,可以根据需求安装其他传感器(如海表层水温、降雨量、太阳辐射、降水量、云高、能见度、波高、水位、海流)。通过数采器连接各传感器,获取各气象参数数据发送到数据处理软件,实现气象信息的收集、转发工作。

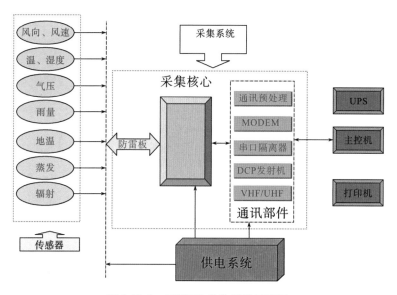

图 2-12-3　AWS430 总体安装示意图

思考题

(1) 试述自动气象站的基本构成和工作原理。

(2) 自动气象站的主要功能是什么?

(3) 自动气象站常用的传感器有哪些?

第三篇

海洋化学调查

海洋化学是研究海洋环境中化学物质含量、性质、循环及其变化规律的科学。近十几年随着海洋科学的发展,海洋化学已发展成为海洋科学中的一个独立分支,并与其他海洋科学相互渗透,在海洋科学、海洋资源及空间开发利用和各项事业中正日益显示出重要的作用。

第一章

一般规定

本章主要介绍海洋化学调查的目的、观测要素、采样设计及调查程序。

第一节　调查目的

海洋化学调查的目的是取得海洋中元素的性质、分布及变化规律,为海洋的基础理论研究、海洋资源开发利用、海洋环境保护、海洋灾害预防等提供科学依据和基本资料。

第二节　观测要素和采样设计

一、观测要素

海洋化学观测的要素包括盐度、溶解氧、pH、总碱度、活性磷酸盐、活性硅酸盐、硝酸盐、亚硝酸盐、铵盐等。如有需求,可以加上总磷、总氮的测定。

实际工作中的具体观测要素,应根据调查任务进行具体调整,并在文件中明确规定。

二、采样设计

1. 站位布设

站位布设应考虑以下因素：调查目的、调查海区的地理位置、调查海区的水文条件、调查季节、人力物力和采样可行性。调查站位一般采用网格式布站，并选定若干横向或纵向断面布站。沿岸与近海区域可以沿流系轴向或穿越流系、水团布站。在水文或者化学要素变化剧烈的区域，应加密布站。每一调查区域，应选取若干有代表性站位作为定点观测站。

2. 站位采样层次

站位采样层次见表 3-1-1。

表 3-1-1　采样层次

水深范围/m	层次/m
≤50	表层、5、10、20、30、底层
>50	表层、10、20、30、50、75、100、150、200、300、400、500、600、800、1 000、1 200、1 500、2 000、2 500、3 000（水深大于 3 000 m 时，每千米加一层）、底层

需要注意：

（1）断面观测站需采全部层次水样，非断面观测站则可采集从海面到某一深度的水样。

（2）水文、化学要素变化剧烈的层次，可适当加密采样层次。

3. 调查时间与次数

（1）水体相对稳定的洋区，一年中应在环境特征典型的季节调查一次。

（2）受气象、流系季节影响显著的近海、边缘海，在一年中，至少应在环境特征显著差异的冬、夏两个季节，各调查一次；在人力、物力许可时，也可在春、秋两季各增加一次调查。

（3）沿岸、河口等受气候、水文和物质来源影响的海区，一般情况应每季度调查一次，且采样时间应充分考虑潮汐影响。若欲获取更详实的资料，则应每月调查一次。

（4）当需要进行周日观测时，一般每 2 h 观测一次，一昼夜共 13 次。

第三节　调查程序

根据研究目的，确定对某一海区进行调查时，必须首先要制定出一个调查计划，计

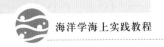

划要体现调查所必须具备的科学性、完整性,大体包括以下几方面的工作。

(1)航次站位布设计划,根据调查目的和任务,综合各学科的要求,确定采样站位和层次。

(2)确定海水化学调查项目。无论综合性还是学科性调查,必须根据调查目的,科学完整地在许可的条件下选择海水化学调查有关项目。

(3)根据调查项目要求,提出采样数量,选择适宜的采样器,确定样品贮存方法。

(4)测定方法,一般要求选用灵敏度高、重现性好、操作简便、适于批量分析的方法。

(5)海上调查:采集样品、分装样品、样品固定、样品分析、分析记录。

(6)资料整理:资料整理是认识过程的第二步,是综合调查资料,加以整理,属于概念、判断推理的阶段。

对海上调查所获得的大量资料,必须进行统计整理,才能找出内在规律。

资料整理步骤有如下几个方面:

1)绘制平面图:可以用等值线来表示,也可以用浓度区域表示。平面图是反映被测组分在平面上的分布变化。

2)绘制断面图、铅直分布图及周日变化图。这些图是反映被测组分在断面上、垂直方向上的分布变化以及周日变化。

3)单项文字说明:在对绘制的分布图进行分析基础上,用文字说明被测元素在该区的平面、断面、铅直分布特征及周日变化情况。

4)单项调查报告:对项目调查结果进行分析,整理写成文字报告。

5)学科调查报告:以单项报告为基础,汇集整理成学科调查报告。

6)综合性调查报告:在各学科报告的基础上,进行必要的统计对比,分析对比,完成综合性调查报告,至此,一项调查任务才基本结束。

思考题

(1)海洋化学观测要素包括哪些?

(2)水深 250 m 时采样层次有哪些?

第二章 海水的化学组成

海水是一种非常复杂的多组分水溶液。海水中各种元素都以一定的物理化学形态存在。海水是电中性的,其pH约为8,其化学组成可分为常量元素、微量元素(又称痕量元素)、营养盐、溶解气体和有机物质。

第一节 常量元素

海水中含量最多的元素是水(H和O)之外的钠、镁、钙、钾、锶、氯、硫、溴、碳、硼、氟,含量大于1 mg/kg,被称为常量元素。常量元素占总量的99.9%以上,又可称为主要成分、大量元素。海水中常量元素组成的比值大体上恒定不变。

一、氯化物

对于大洋水,氯化物与氯度的比值是0.998 96,总卤化物(以氯化物计)与氯度的比值是1.000 6。

二、钠

钠离子是海水中含量最高的阳离子,1 000 g海水中平均含有10.76 g钠离子。由于化学活性较低,在水体中较为稳定,钠离子也是海洋中逗留时间最长的一种阳离子。

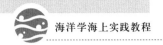

三、硫酸盐

海水中硫酸盐的平均含量是 2.71 g/kg,所有大洋水中硫酸根(单位 g/kg)与氯度的比值都极为接近 0.140 0。测定海水硫酸根的基本步骤是生成硫酸钡沉淀,以质量法测定。

硫酸根离子在缺氧环境中可以作为微生物的氧源,一般来说海洋沉积物只在表层含有氧,表层以下有机质的微生物氧化作用一定伴随着硫酸盐被还原为硫化物。

四、镁

海水中镁离子含量约为 1.3 g/kg,是海水阳离子中仅低于钠离子的离子。海水是提取镁的重要资源。

五、钙

海水中钙离子的平均含量约 0.41 g/kg,它是海水主要成分中阳离子逗留时间最短的一种元素,其含量变化相当大。

钙与海洋中的生物圈及碳酸盐体系有密切关系。海洋表层水中,生物需摄取钙组成其硬组织,使得钙在表层水中含量相对较低,碳酸钙过饱和;深层海水中,随着上层海水中含钙物质下沉后再溶解,以及压力影响使碳酸钙溶解度增加,钙相对含量加大,碳酸钙处于不饱和状态。

六、钾

海水中钾离子平均含量约为 0.4 g/kg,与钙离子含量大致相等。陆地上岩石的风化产物进入河流。通过河流运送,最终进入海洋。

七、溴化物

海水中溴的平均含量为 0.067 g/kg。溴在地壳岩石中含量较低,比海水低 22 倍,因此,海水是提取溴的重要资源。

八、硼

海水中硼主要以 H_3BO_3 形式存在,其含量约为 0.045 g/kg。硼在表层水中含量受到大气降水及蒸发、生物影响而有变化。

九、锶

锶是海水常量阳离子中含量最低的一种,平均含量约为 0.008 g/kg。由于锶与钙的性质接近,分离有一定困难,早期测定结果含量都比较高,1951 年以后开始使用火焰光度法才得到较为可靠的结果。

十、氟化物

海水中氟化物平均含量为 0.001 3 g/kg,在卤族元素中,氟比氯和溴的含量低得多,但比碘高出近 20 倍。海水中氟化物的调查资料自 20 世纪 60 年代后逐渐增多,特别是镧-茜素络合剂(氟试剂)的分光光度法用于海水分析以来,进行了广泛的调查。

第二节　微量元素

海水是一个多组分、多相的复杂体系,除水和占所有溶解成分总量的 99.9% 以上的 13 种常量元素之外,海水中含量小于 1 mg/L 的元素都是微量元素。它们广泛地参与海洋的生物化学循环和地球化学循环,不但存在于海水的一切物理过程、化学过程和生物过程之中,并且参与海洋环境各相界面,包括海水-河水、海水-大气、海水-海底沉积物、海水-悬浮颗粒物、海水-生物体等界面的交换过程。在这些过程中,微量元素的化学反应是十分复杂的。虽然它们从环境输入海水体系的速率和输出到环境中去的速率相当,可是不同的微量元素有不同的输入或输出的速率;微量元素在海水中还有区域特征和铅直向变化;它们有不同的存在形式,而且不断通过各相界面迁移。这些方面,都是海洋化学的重要的研究内容。

20 世纪 50 年代以前,为了研究海洋生物和发展海洋渔业,曾对碳、氮、磷、硅、铁、锰、铜等营养元素在海水中的含量及其分布进行过一些调查。而从 20 世纪 50 年代开始,人们才对海水微量元素进行地球化学研究。

一、影响分布的过程

微量元素在海水中的分布及其变化,都受其来源和海洋环境中各种过程的影响,这些过程称为控制过程,包括各种化学过程、生物过程、物理过程、地质过程和人类活动等,其中最突出的是生物过程、吸附过程、海-气交换过程、热液过程、海水-沉积物界面交换过程等。

二、存在形式

要了解微量元素在海洋的沉积循环中的作用,污染物的毒性和在海水中迁移的特性,微量元素的物理化学行为和生物化学循环过程等,就要预先了解这些微量元素在海水中的存在形式。但是这些元素在海水中的含量甚微,当含量低于 mmol/L 时,很难准确测定各种存在形式的元素含量,也就难以了解其主要的存在形式。因此,学者们用热力学的计算方法,求出可能存在的主要形式。但是不同学者所用的某些平衡常数取值不同,导致计算结果差别很大。海水中的微量元素主要以无机形式存在(铜例外)。海水中正常浓度范围内的有机物成分,不影响微量元素的主要存在形式。

按照 W.斯图姆和 P.A.布劳纳的分类法,微量金属元素在海水中的存在形态有 3 类:溶解态、胶态、悬浮态。

(1)溶解态又分成 4 种形态:① 自由金属离子;② 无机离子对和无机络合物;③ 有机络合物和螯合物;④ 结合在高分子有机物质上。溶解态的前两种形态是微量金属元素的主要形态;后两种在大洋海水中不是主要形态。当近岸或河口海域的海水中的有机物含量高于正常值时,溶解态的后两种形态可能占优势。

(2)胶态包括两种形态:① 形成高度分散的胶粒;② 被吸附在胶粒上。

(3)悬浮态包括存在于沉淀物、有机颗粒和残骸等悬浮颗粒之中的微量金属元素。

呈胶态和悬浮态的微量金属元素,主要存在于近岸和河口海域,在大洋中含量很低。

第三节　营养盐

海水中的营养盐主要指海水中的磷酸盐、硝酸盐、亚硝酸盐、铵盐和硅酸盐。严格地说,海水中许多主要成分和微量金属也是营养成分,但传统上在海洋化学中只指氮、磷、硅元素的这些盐类为海水营养盐。因为它们是海洋浮游植物生长繁殖所必需的成分,也是海洋初级生产力和食物链的基础。反过来说,营养盐在海水中的含量分布,明显地受海洋生物活动的影响,而且这种分布,通常和海水的盐度关系不大。

海水营养盐的来源,主要为大陆径流带来的岩石风化物质、有机物腐解的产物及排入河川中的废弃物。此外,海洋生物的腐解、海中矿化、极地区域冰川作用、火山及海底热泉,甚至于大气中的尘埃,也都为海水提供营养元素。

大洋之中,海水营养盐的含量分布,包括铅直分布和区域分布两方面。在海洋的真光层内,有浮游植物生长和繁殖,它们不断吸收营养盐;另外,它们在代谢过程中的排泄物和生物残骸,经过细菌的分解,出现营养盐再生现象;在中层或深层水中被分解后再生的营养盐,又通过上升流或对流被带回到真光层之中,如此循环不已。

一、氮

溶解在海水中的无机氮,除氮气外,主要以 NH_4^+、NO_3^- 和 NO_2^- 等离子形式存在,其中,NO_3^- 占比最大,远高于 NH_4^+ 和 NO_2^-。海洋中生物碎屑和排泄物的含氮物质中,有些成分经过溶解和细菌的硝化作用,逐步产生可溶的有机氮、铵盐、亚硝酸盐和硝酸盐等。同时,硝酸盐可被细菌作用而被还原为亚硝酸盐,它可进一步转化成铵盐,也可由脱氮作用被还原成 N_2O 或 N_2。在氮的循环中,生物过程起主导作用。此外,光化学作用能使一些硝酸盐还原或使铵盐氧化。

海水中无机氮的含量变化与分布规律主要为:① 随着纬度增加而增加;② 随着深度增加而增加;③ 在太平洋、印度洋的含量大于大西洋的含量;④ 近岸、浅海海域的含量一般比大洋水的含量高。三种无机氮中,铵盐在真光层中为植物所利用,但在深层中则受细菌作用,硝化而生成亚硝酸盐以至硝酸盐。因此,在大洋的真光层以下的海水中,铵盐和亚硝酸盐的含量通常甚微,而且后者的含量低于前者,它们的最大值常出现在温度跃层内或其上方水层之中。硝酸盐含量一般高于其他无机氮,它在上层水中的含量比深层水中低。

海水中氮的含量由于受生物活动及其他因素的影响而存在着季节的变化。尤其是在温带海区的表层水和近岸浅海中,无机氮的含量分布具有规律性的季节变化。铵盐的含量在冬末很低;春季逐渐增加,有时成为海水中无机氮的主要形式;入秋之后,含量降低。此外,在还原性的条件下,铵盐常为无机氮在海水中的主要溶存形式。夏季,生物生长繁殖旺盛,三种无机氮含量下降达到最低值,这种趋势在表层水更为明显;冬季,由于生物尸骸氧化分解和海水剧烈的上下对流,使得三种无机氮含量回升达到最高值,且铵盐和亚硝酸盐先于硝酸盐回升。

二、磷

海水中的磷以颗粒态和溶解态存在。前者主要为含有机磷和无机磷的生物体碎屑及某些磷酸盐矿物颗粒;后者包括有机磷和无机磷两种溶解态。溶解态的无机磷是正磷酸盐,主要以 HPO_4^{2-} 和 PO_4^{3-} 的离子形式存在。在磷的再生和循环过程中,生物体碎屑和排泄物中的无机磷,经过化学分解和水的溶解,生成的磷酸盐能够迅速返回上部水层,而一般的有机磷必须经过细菌的分解和氧化作用,才能变成无机磷而进入循环。细菌的活动,对沉积物中难溶的磷酸盐的再生,也起着很重要的作用。

大洋海水中无机磷酸盐的浓度是不断变化的,但许多地区最大浓度变化范围为 $0.5 \sim 1.0\ \mu mol/L$。在热带海洋表层水中,生物生产力大,因而这里磷的浓度最低,通常在 $0.1 \sim 0.2\ \mu mol/L$。大西洋中磷酸盐含量由南向北递减。南极海域的磷酸盐含量,约为北大西洋的两倍;太平洋中磷酸盐含量高于大西洋;印度洋的含量则介于太平洋和大西洋之间。从铅直分布来看,在大洋的表层,由于生物活动吸收磷酸盐,使磷的含量很低,甚至降到零值;在 $500\sim800$ m 中层水内,含磷颗粒在重力的作用下下沉或被动物一直带到深海,由于细菌的分解氧化,不断地把磷酸盐释放回海水,从而使磷的含量随深度的增加而迅速增加,一直达到最大值(1 000 m 左右);1 000 m 以下的深层水,磷几乎都以溶解的磷酸盐的形式存在,由于垂直涡动扩散,使来源于不同水层的磷酸盐浓度趋于均等,磷酸盐的含量通常是固定不变的。

与氮相似,海水中的磷在温带(中纬度)海区的表层水和近岸浅海中含量分布具有规律性的季节变化。夏季,表层海水由于光合作用强烈,生物活动旺盛,摄取磷的量多。而从深层水来的磷补给不足,就会使表层水磷的含量降低,甚至减为零值。在冬季由于生物死亡,尸骸和排泄物腐解,磷重新释放返回海水中,同时由于冬季海水对流混合剧烈,使深水的磷酸盐补充到表层,使其含量达全年最高值。

三、硅

海水中的硅以悬浮颗粒态和溶解态存在。前者包括硅藻等壳体碎屑和含硅矿物颗粒,后者主要以单体硅酸 $Si(OH)_4$ 的形式存在,故可以用 SiO_2 表示海水中硅酸盐的含量。硅的再生过程与磷和氮不同,它不依赖于细菌的分解作用,但若这些碎屑经过海洋生物摄取后消化而排泄出来,溶解速度会较快。

硅在海洋中的含量分布规律与氮、磷相似,海洋中硅酸盐含量随着海区的季节的不同而变化。但硅是海洋中浓度变化最大的元素,无论是丰度还是浓度,变化幅度都比氮、磷来得大。大洋表层水中,因有硅藻等浮游植物的生长繁殖,硅酸盐被消耗而使硅含量大为降低。深水中硅含量由大陆径流量最大的大西洋朝着大陆径流量最小的太平洋的方向显著增加,其他生源要素也是如此,这是由大洋环流方向和生物的循环所决定的。从铅直分布来看,海水中硅酸盐的铅直分布较为复杂,其中间水层硅含量没有最大层,硅酸盐的含量随深度的增加而逐渐增加。深层水中硅酸盐含量如此之高,不仅与生物体的下沉溶解有关,而且与底质表层硅酸盐矿物质的直接溶解有关。

硅酸盐同磷酸盐、硝酸盐一样,由于生物生命过程的消长,其含量分布具有显著的季节变化。春季,由于硅藻等浮游植物繁殖旺盛,海水中硅酸盐含量大幅度减少,但由于含有大量硅酸盐的河水径流入海,因生物活动而减少的硅酸盐不像磷酸盐和硝酸盐那样可消耗至零;夏季,表层水温上升,硅藻生长受到抑制,硅含量又有一定程度的回升;冬季,生物死亡,其尸体下沉腐解使硅又重新溶解于海水中,海水中硅酸盐含量迅速提高。

第四节　溶解气体

海水中含有多种的溶解气体,如 O_2、CO_2、N_2、He 等。惰性气体和氮气通常被视为非活性气体或保守气体。由于其化学性质比较稳定,在海洋中的分布主要受物理过程控制,因此可根据其分布了解水体的物理过程。海洋中的活性气体,如 O_2、CO_2 等,同时受物理和生物过程影响。借助于对非活性气体分布与地球化学行为的了解,将有助于区分海洋中的物理过程和生物过程。

气体全面参与了海洋地球生物化学循环,在海水中的溶解度一般随分子量的增加而增大（CO_2 例外）,随温度的升高而降低。气体在海水中的溶解度一般小于其在淡水中的溶解度。海水中气体浓度超过与大气平衡时的浓度,称为过饱和,二者相等则为饱和,否则称为不饱和。

海水中气体的溶解度（气体分压为 101.325 kPa）如表 3-2-1 所示。

表 3-2-1　海水中气体的溶解度

气体	分子量	溶解度/(cm^3/dm^3)		大气中的浓度/(mg/kg)	0℃与大气平衡时海水中气体的浓度/$(cm^3/dm^3 \times 10^{-6})$
		0℃	24℃		
He	4	8.0	6.9	5	40
Ne	20	9.4	8.1	18	170
N_2	28	18	12	780 000	140 000 000
O_2	32	42	26	210 000	8 800 000
Ar	40	39	23	9 000	360 000
CO_2	44	1 460	720	320	470 000
Kr	84	71	43	1.1	8.1
Xe	131	136	70	0.09	12

海洋有机物的生物地球化学循环在很大程度上受控于光合作用与代谢作用之间的平衡。除生物光合作用产生的 O_2 外,大气中 O_2 的溶解也会向海洋表层水提供 O_2,表层水溶解 O_2 能力的强弱对于深海中的生命具有重要影响。CO_2 等气体会通过海面进行海-气交换,海洋吸收 CO_2 的能力将直接影响全球气候。而另外一些气体在海-气界面的交换将有可能影响臭氧层。

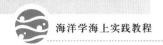

第五节　有机物质

　　海水中的有机物质是由上千种有机物构成的混合物,其结构复杂,对海洋的碳循环和生态系统各个过程有十分重要的影响。海水中的有机物质包括简单的生物化学物质(氨基酸、单糖、维生素、脂肪酸)、复杂的生物聚合物(蛋白质、多糖、木质素),以及来源不明的非常复杂的降解产物(腐殖质、黑碳)。由于有机物成分复杂性和多样性,加之现有分析技术的限制,关于有机物的分子构成仍缺乏充分的认识,目前只有不到10％的海洋有机物的化学成分被鉴定出来。其中,碳水化合物、氨基酸作为构成生物体的重要生物分子并与有机物的生物地球化学过程息息相关,而被广泛研究:碳水化合物是有机物中所能鉴别出的最大组分,主要包括单糖、低聚糖和多糖;氨基酸作为多肽、蛋白质等的主要组成部分,是构成生物细胞的重要生物分子之一,更是海洋中重要的碳库。

　　海水中的有机物主要来源主要可分为外源输入和海源自生。外源输入主要包括陆源输入和大气沉降两种方式。陆源输入是有机物的主要来源之一,陆源的河流入海时会将流域内的土壤有机质和植物淋溶物携带入海。大气沉降是海水中的有机物另一个重要外源。大气沉降,包括大气物质在气流夹带、湍流输送和重力作用下的干沉降,以及随降雨、降雪过程的湿沉降。海源自生有机物来自于一系列生物化学过程,主要包括海域浮游植物的胞外释放、浮游动物排泄与捕食、细胞裂解释放等过程。

思考题

　　(1) 海洋中的常量元素有哪些?

　　(2) 列举三个海水中微量元素并说明其对海洋的影响。

　　(3) 海水中营养盐有哪些? 有哪些主要形式?

　　(4) 海水中气体的溶解度主要影响因素有哪些?

　　(5) 海水中有机物质的来源有哪些?

第三章

海水盐度的测定

海水盐度是海水中化学物质含量的度量单位,是海水的特征参数,也是研究海洋中许多过程的一个重要标准。海水中许多现象的产生都与盐度的分布变化规律有关,因此研究海水盐度在海洋学上有重要意义。

第一节 盐度的定义

自 1899 年第一次国际海洋考查会议倡导研究海水盐度——氯度定义以来,随着海洋科学及电子技术的发展,海水盐度的定义、公式和测量方法也在不断发展并进行了几次修正。

迄今为止,海水盐度定义的发展大体经历 4 个阶段。① 原始定义(1902 年):以化学方法为基础的氯度盐度定义;② 盐度新定义(1969 年):以电导法测定海水盐度为基础的定义;③ 盐度实用定义:建立了盐度为 35 的固定盐度参考点,重新确立了实用盐度和电导比的关系式;④ 绝对盐度定义:符合国际标准单位制,弥补了实用盐标的缺陷。

一、盐度的原始定义

1 kg 海水中,所有碳酸盐转变为氧化物,溴、碘以氯置换,所有的有机物被氧化之后所含全部物质的总克数,单位是 g/kg。按照 Marcet 的海水主要组分的恒比关系原则,结合经典的化学分析方法测定了某一主要成分来计算盐度。实验证明,海水盐度与

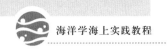

氯含量之间存在相当好的比例关系，而氯离子可以用硝酸银滴定法准确地测出来，因而可以由氯含量推算盐度。所以又定义了一个新的参数"氯度"，并给出氯度和盐度关系式。

氯度和盐度关系式为

$$S = 0.030 + 1.805\ 0 \times Cl（克纽森公式）$$

只要知道海水氯度值就可以计算出盐度。

二、盐度的新定义(1969 年)

它是基于电导法测定盐度而建立起来的，所以也称电导盐度定义。

在上述定义的基础上，利用海水电导率随盐度改变而改变的性质重新定义了海水盐度，并提出了盐度与氯度的新关系式及盐度和相对电导率关系式。

盐度和氯度新关系式为：

$$S = 1.806\ 55Cl$$

为了建立盐度和相对电导率的新关系式，在各大洋、波罗的海、黑海、地中海和红海共采集 135 种水样，测定这些样品的氯度和电导值，然后按 $S = 1.806\ 55Cl$ 关系式计算盐度，同时测定水样与 $S = 35.00$ 标准海水在 15℃时的相对电导率（R_{15}），根据盐度和相对电导率用最小二乘法得出如下公式：

$$S = 0.089\ 96 + 28.297\ 2R_{15} + 12.808\ 32R_{15}^2 - 10.678\ 69R_{15}^3 + 5.986\ 24R_{15}^4 - 1.323\ 11R_{15}^5$$

式中，R_{15} 为一个标准大气压下，15℃时海水电导率与盐度为 35.00 标准海水电导之比，称为相对电导率或电导比。

三、实用盐度定义

1978 年重新建立实用盐度和 15℃时相对电导比新关系式，此式即为实用盐度的函数定义。

$$S = 0.008 - 0.169\ 2R_{15}^{1/2} + 25.385\ 1R_{15} + 14.094\ 1R_{15}^{3/2} - 7.026\ 1R_{15}^2 + 2.708\ 1R_{15}^{5/2}（15℃）$$

此经验公式是将盐度为 35.00 的国际标准海水用蒸馏水稀释或蒸发浓缩，在 15℃时测得的相对电导率。

四、绝对盐度定义(2009 年)

1978 年 9 月海洋学用表与标准联合专家组（JPOTS）提出的实用盐度标度（PSS78）中包含了对"绝对盐度"的定义，即绝对盐度为海水中溶解物质的质量与溶液质量之比（或海水中溶解物质的质量分数），以符号 S_A 表示。绝对盐度无法直接测量，因此定义了实用盐度用于海洋观测与报告。

2009 年 6 月联合国科教文组织政府间海洋学委员会(UNESCO/IOC)建议采纳 2010 年国际海水热力学方程(TEOS—10)。TEOS—10 中采用绝对盐度替代实用盐度作为盐度变量,给出了通过参考盐度(S_R)和采样点信息(压力、经度和纬度)估算绝对盐度的方法,用于海水热力学性质的计算。

五、盐度的意义

关于海水盐度的资料在海洋学各个分支学科中都得到广泛的应用,它对于理论研究和实际应用都具有很大的意义。

在海洋物理学方面,海水的物理性质(如密度、电导、折射率、声速、热学性质)与盐度有直接的函数关系。利用其中一些性质与盐度的关系不仅可以建立测定盐度的方法,而且可以通过盐度对这些物理量进行测算。此外,利用温度-盐度曲线可以划分水团及确定水团互相混合的情况。

在海洋化学上,由于海水主要元素之间存在一定的恒比关系,因此可以利用盐度来估计主要离子的含量。海水虽然是复杂的多电解质溶液,但由于主要离子比值一定,因而只要盐度固定,海水中电解质浓度(实际上是离子强度)对海水许多物理化学性质的影响便基本上固定,例如海水对氧的溶解度和海水中各种化学反应平衡常数都和盐度有一定的函数关系。要准确地分析海水的成分,必须考虑到盐度对分析结果的影响(盐度误差),尤其是对微量元素及 pH 的比色测定,盐度误差可能很大。此外,海水化学资源的利用以及沉积化学方面的研究也都需要盐度的资料。

在海洋生物方面,海水的物理化学性质直接影响到海洋生物的生态,其中与海水渗透压有直接关系的盐度是维持生物细胞原生质与海水之间渗透关系的一项重要因素。各种海洋生物的繁殖及鱼类的回游也和盐度大小有直接关系。因此海水盐度的分布变化资料对于海洋生物学研究也是极重要的。

第二节 盐度的测定

海水电导是测定盐度最有效的实用参量,是海水的一个重要物理属性。它是海水中溶解盐类正负离子在外加电场作用下定向运动的结果。电导测盐技术正是建立在海水这种物理属性的基础上的。

海水电导是盐度、温度和压力的函数,$L = f(S, T, P)$。已有实际资料表明,电导率与盐度有粗略的比例关系,要得到盐度测定精度为 0.001 9,电导率测量精度则必须达

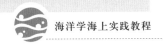
到1/40 000,而电导随温度变化0.001℃,产生1/40 000的变化。可见进行海水电导测定时一个关键问题是温度控制。压力对其影响较小,在实验室测定可以忽略不计。

SYA2-2型实验室盐度计(图3-3-1、图3-3-2)由电导池、水槽、信号源、测量电路A/D转换、计算机、显示器、打印机、气泵、搅拌器电源等组成。其技术指标如下:

1. 盐度

(1) 测量范围:2～42;

(2) 分辨率:0.000 6;

(3) 精密度:0.001;

(4) 准确度:±0.005(盐度30～36范围内,优于±0.003)。

2. 温度

(1) 测量范围:5～35℃;

(2) 准确度:±0.1℃。

3. 其他

(1) 测值输入形式:数字显示并打印盐度;

(2) 水样消耗:40 mL;

(3) 测水样温度:3 min测量一次水样;

(4) 使用环境条件:工作温度5～35℃,相对湿度<90%;

(5) 电源:220V±10%;

(6) 水样体积:49 cm×34.8 cm×23 cm;

(7) 水样质量:19.5 kg。

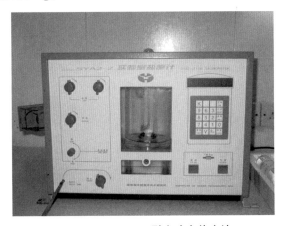

图3-3-1　SYA2-2型实验室盐度计

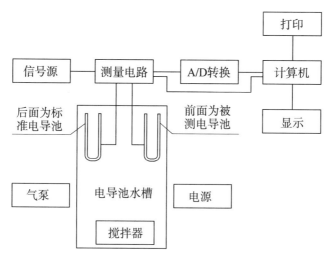

图 3-3-2　SYA2-2 型实验室盐度计仪器示意方框图

盐度测量主要是由两个电导池中的一对铂电极和测量电路实现的。两个电导池,一个注入标准海水,一个注入待测水样。将电极接入测量电路,电路的传输系数为盐度的函数,通过计算机对函数进行计算,即可得到水样盐度值。盐度计测定盐度原理如图 3-3-3 所示。

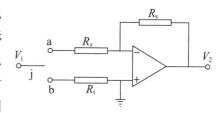

图 3-3-3　测温测盐示意图

图 3-3-3 中,R_s 为标准电导池海水等效电阻;R_x 为被测水样电导池海水等效电阻;R_t 为固定精密线绕电阻;V_i 为测量电路输入电压;V_2 为测量电路输出电压。

一、测温

温度测量是用标准电导池中标准海水的等效电阻 R_s 作为感温组件。再配以固定电阻 R_t 即可完成海水温度的测量。用这种测温电路是基于两点:一是盐度 35、温度 15℃时的电导率与其他温度时的电导率比为已知;二是两电导池处于同一个水槽内且相距很近,经搅拌水槽温场平衡后两电导池中海水温度的差异可以忽略。如果测出了标准海水的温度值也就测出了待测水样的温度值,即 R_x 的温度值。

当测量温度时将图 3-3-3 中的开关 j 置于 b。根据图 3-3-3 工作原理和 1978 年新盐标的定义可导出测温公式为

$$A_T = (Vo/Vi)[C_{s,15}/C_{35,15} + b(t-15)] \tag{3.3.1}$$

$$r(T) = (V_i/V_o)(A_T/R_{15}) \tag{3.3.2}$$

$$T = f[r(T)] \tag{3.3.3}$$

式中,A_T—测温时的定标常数;

b—常数;

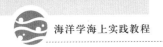
$R_{15} = C_{s,15}/C_{35,15}$，标准海水瓶上标注；

T—温度定标时标准海水的温度；

$r(T) = C_{S,15}/C_{35,15}$

T—测量的标准海水的温度（即 R_t 的温度）。

公式(3.3.1)中的 A_T 值，在仪器出厂前确定好并存入计算机，计算机可根据式(3.3.2)、式(3.3.3)，计算出水温 T。

二、测盐

(1) 先进行测盐定标，求出测盐定标常数。将图 3-3-3 中的开关 j 置于 a，两电导池注入标准海水。根据图 3-3-2 工作原理，两电导池常数之比为

$$V_o'/V_i = K_s/K_x = A$$

式中，V_o'—盐度定标时测量电路的输出电压；

K_s—标准电导池常数；

K_x—被测水样电导池常数；

A—测盐定标常数。

(2) 将测量电导池注入待测海水，根据图 3-3-3 工作原理：

$$R_T = (V_o'/V_i \cdot A) \times (C_{s,t}/C_{35,t})$$

式中，R_T—盐度 35 与被测海水在任意温度下的电导率之比；

V_o'—测盐时测量电路的输出电压；

$C_{S,t}/C_{35,t}$—盐度 35 与标准海水在任意温度下的电导率之比。

因为盐度是 R_T 和 t 的函数，所以只要再测出 R_T 的温度即可根据 1978 年新盐标的公式求出水样的盐度值。

$$S = f(R_T \cdot t)$$

三、测量步骤

1. 准备

(1) 经顶上水槽进水孔注满自来水(冬季 1~2 个月换一次，夏季半个月换一次)。

(2) 插好电源线。

(3) 打开电源开关(该开关位于后面板)，控制板进行自测试。如果自检正常，闪耀显示 P。如果自检错误，仪器告警，应立即关机。

(4) 按动搅拌(STIR)开关调整搅拌速度(STIR SPEED)旋钮，直到使水槽中水搅拌起水花为止。通电稳定 15 min。

(5) 拉出"水样瓶架"，接通进水管。

(6) 取标准海水和待测水样，放在水样瓶架上，准备向电导池注入标准海水。

2．定标

（1）将标准海水注入两电导池内。

1）将标准海水水管插入左侧面板上的"标准"孔内，将标准（STD）的两个开关旋转90°，按下气泵"PUMP"开关，用手指按住储水池气孔，将标准海水注入标准电导池内（注意要使电导池内无气泡），然后将标准（STD）两开关旋转复位，按下气泵（PUMP）开关，气泵停止抽气。

2）再将标准海水水管插入"水样进水孔"内，将样品（SAMPLE）开关旋转90°，以下步骤同1）。

步骤1）、2）重复两次即可。

（2）置入 R_{15}，按动 R_{15} 键，显示器上显示 H—1.000 00 值。按动数字建，使 R_{15} 显示值。如置错数字，可按退格键进行更改。

（3）监视输出电压：按"V"键监视测量电路的输出电压，电压稳定时表示电导池内海水温度与槽温度达到平衡。

（4）测温电路电压稳定后，将工作选择开关置于测温"T"位置，然后按测温（$T.MST$）键，20 s后即可显示出温度值。

（5）定标测温后，将工作选择开关置于测盐位置，按定标（CAL）键，仪器进行盐度定标。20 s后，显示出标准海水的盐度值。如果显示不对，可按 R_{15} 键检查 R_{15} 值。这时将 K 值抄写下来以备下次开机使用。

（6）测盐：按测盐（S.MST），显示器显示标准海水的盐度值。

（7）如第 6 步显示值不同于第 5 步的盐度值时，可重复步骤（5）、（6），直到显示盐度相同为止。一般相差±0.001 即可。

3．测样品海水

（1）将待测水样水管插入"水样进水孔"内，将样品（SAMPLE）开关旋转90°，其后按"定标"的步骤（1）中的 1）和步骤（2）、（3）、（6）的进行。

（2）打印：按打印（PRINT）键完成打印操作（打印同时完成资料的存储）。

（3）在全部水样测完后，两个电导池内应注入蒸馏水。

（4）关闭电源，推进"水样瓶架"。

四、注意事项

（1）每次使用后，关闭电源，拔下插头。

（2）应及时用蒸馏水冲洗两个电导池，并注满蒸馏水。

（3）若所测水样不够清洁，请通过带有砂心的漏斗过滤注入水样。

（4）保持电导池水浴单元的清洁干燥，以免造成锈蚀及接电端漏电。

（5）长时间不用时，应每星期通一次电，水浴中换一次蒸馏水。

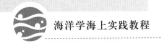

思考题

(1) 盐度对海洋观测的意义。

(2) SYA2-2 型实验室盐度计测定盐度的步骤及注意事项。

第四章

海水中气体的测定

海水中除含有大量的无机物和有机物以外，还溶解一些气体，如 O_2、CO_2、N_2 等。研究这些溶解气体的来源和分布对了解海洋中各种物理和化学过程起着重要作用。在这些气体中，O_2 与 CO_2 与海洋有机物的生物地球化学循环息息相关，是海洋化学研究的重点。

第一节　溶解氧的测定

氧是海洋学中研究得最早、最广泛的一种气体，它在深海中的分布与海水运动有关。研究海洋中含氧量在时间和空间上的分布，不仅可以用来研究大洋不同深度上生物生存的条件，而且还可以用来了解海洋环流情况。在许多情况下，含氧量的特征是从表面下沉的海水的"年龄"的鲜明标志，由此还可能确定出不同深度上的海水与表层水之间的关系。

海水中的溶解氧和海中动植物生长有密切关系，它的分布特征又是海水运动的一个重要的间接标志。因此，溶解氧的含量及其分布变化，与温度、盐度和密度一样，是海洋水文特征之一。

海水中溶解氧的一个主要来源是当海水中氧未达到饱和时，从大气溶入的氧；另一来源是海水中植物通过光合作用所释放的氧。这两种来源仅限于在距海面 $100\sim200$ m 的真光层中进行。在一般情况下，表层海水中的含氧量趋向于与大气中的氧达到平衡，而氧

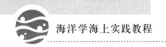

在海水中的溶解度又取决于温度、盐度和压力。当海水的温度升高,盐度增加和压力减小时,溶解度减小,含氧量也就减小。

海水中溶解氧的含量变动较大,一般在 $0\sim10$ mL/L。其铅直分布并不均匀,在海洋的表层和近表层含氧量最丰富,通常接近或达到饱和;在光合作用强烈的海区,近表层会出现高达 125% 的过饱和状态。但在一般外海中,最小含氧量一般出现在海洋的中层,这是因为:一方面,生物的呼吸及海水中无机和有机物的分解氧化而消耗了部分氧;另一方面海流补充的氧也不多,从而导致中层含氧量最小。深层温度低,氧化强度减弱以及海水的补充,含氧量有所增加。

除了波浪能将气泡带入海洋表层和近表层,并进行气体直接交换,海水中溶解氧还会参与生物过程,例如生物的呼吸作用、微生物分解有机物,而生物同化作用又释放氧,因此,溶解氧被认为是水体的非保守组分,并且成为迄今最常测定的组分(除温度和盐度外)。

一、溶解氧测定方法简介

海水中溶解氧的测定方法主要分为容量法、电化学分析法及光度法、色谱法等。自从温克勒法(Winkler)用于海水分析,大大简化了测定溶解氧的方法,促进了海水中氧的研究,开展了大量的调查工作。由于此法简便、易于掌握,不需要复杂的仪器设备,一直被认为是测定海水中溶解氧最准确的方法。所以至今仍为海洋调查的标准方法而被广泛使用。

此外,还有电化学分析方法中的电流滴定、极谱法等。在此方法基础上,产生了现场溶解氧探测仪,可以直接进行自动连续测定,不需要采样和固定水样。分光光度法测定氧,也是在温克勒法的基础上,用光度法测定淀粉-碘的蓝色络和物,或不加淀粉,仅测定游离 I_2,这些方法仅适用于溶解氧含量范围为 $0.1\sim0.001$ mL/L 的水样。

二、温克勒法

(一) 温克勒法原理

温克勒法是 1988 年提出的。方法具体操作如下:向一定水样中加入固定剂 $MnSO_4$ 和碱性碘化钾($KI+NaOH$),形成 $Mn(OH)_2$ 沉淀,水样中的氧继续将 $Mn(OH)_2$ 氧化为 $Mn(OH)_3$ 或 $MnO(OH)_2$。然后加入酸,则 $Mn(OH)_3$ 或 $MnO(OH)_2$ 氧化碘化钾,生成游离碘,再用 $Na_2S_2O_3$ 标准溶液滴定游离碘。根据 $Na_2S_2O_3$ 的用量计算水样中氧的含量。

溶解氧的分析大体可分为以下三步:① 取样及样品中氧的固定;② 酸化将溶解氧定量转化为游离碘;③ 用硫代硫酸钠溶液滴定游离碘,求出溶解氧的含量。

1. 样品固定

取样后,立即加入固定剂 $MnSO_4$ 和 KI-NaOH,二价锰离子与碱反应生成白色氢氧化锰沉淀,而二价锰在碱性介质中不稳定,很容易被氧化,定量生成高价氢氧化锰沉淀,反应如下:

$$Mn^{2+}+2OH^- \longrightarrow Mn(OH)_2\downarrow(白色)$$
$$2Mn(OH)_2+1/2O_2+H_2O \longrightarrow 2Mn(OH)_3\downarrow(棕色)$$
$$或\ Mn(OH)_2+1/2O_2 \longrightarrow MnO(OH_2)\downarrow$$

2. 酸化

于固定的水样中加入酸,沉淀在 pH1~2.5 范围内溶解,在酸性介质中高价锰离子是一种强氧化剂,它可以将碘离子氧化为游离碘。碘与溶液中碘离子形成络合物,抑制游离碘挥发。反应如下:

$$2Mn(OH)_3+6H^++2I^- \longrightarrow 2Mn^{2+}+6H_2O+I_2$$
$$MnO(OH_2)+4H^++2I^- \longrightarrow Mn^{2+}+3H_2O+I_2$$
$$I_2+I^- \Leftrightarrow I_3^-$$

3. 滴定 I_2

用 $Na_2S_2O_3$ 滴定游离碘,则 I_2 被还原成 I^-,而 $S_2O_3^{2-}$ 被氧化成 $S_4O_6^{2-}$,反应式如下:

$$I_3^-+2S_2O_3^{2-} \longrightarrow 3I^-+S_4O_6^{2-}$$

(二) 温克勒法测定方法

1. 取样及固定

取样及固定是海水溶解氧测定的重要一环,此步的操作情况对结果具有很大的影响。

(1)样品瓶:分装溶解氧的样品瓶要求使用棕色的密封性能好的细口瓶,为了便于装取水样,瓶塞底要求是尖形的。目前常用的样品瓶主要有两种。

第一种样品瓶是用称量法预先测知样品瓶的体积,要求准确到 0.1%,这种样品瓶是我国目前海洋调查所采用的,体积在 125 mL 左右。其优点:① 试剂直接加入样品瓶中;② 滴定整个样品;③ 用硫代硫酸钠滴定样品时,15 mL 的半微量溶解氧滴定管即可,并且避免了移液操作。其缺点是每次分析时,必须计算样品体积,这在处理大批水样时,就不方便了——可事先测定每个样品瓶的体积,并编号备用。

第二种样品瓶是 250 mL 左右,加入试剂后,准确量取一定体积水样进行滴定。其优点:不需要知道样品体积;每次移取固定体积的水样滴定,计算方便;可以进行多次滴定。这种瓶受外界影响较大,所以建议使用第一种样品瓶。

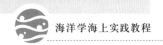

（2）取样及固定：影响溶解氧含量的因素很多，主要有：① 氧的溶解度和温度及压力有关，当水样被提到水面时，压力减小，温度升高，造成溶解氧溶解度减小，溶解在水样中的氧容易逸出，造成溶解氧损失；② 海水中存在有机物和细菌，短时间内可造成溶解氧在水样内部的变化；③ 生物的光合作用使氧的含量增加；④ 水样在与采水器接触过程中，由于金属被腐蚀，致使氧的含量降低。

$$2(Cu,Zn)+O_2+4HCO_3^- \Longrightarrow 2(Cu,Zn)^{2+}+4CO_3^{2-}+2H_2O$$

由于以上原因，在采水器取上水样后，应该立即分装溶解氧的水样并迅速加入固定剂。

为了尽量避免造成溶解氧的变化，需特定操作，在采样时，应严格按下述步骤进行。① 溶解氧的水样是第一个从采水器中分装的。② 分装水样时，采水器上采样橡皮管中的气泡应全部赶尽，且分样管应插入样品瓶的底部，并放入少量海水洗涤样品瓶。③ 装水过程中，取样管仍需插入样品瓶底部，使海水慢慢注入样品瓶中，避免产生气泡，不能振动和摇动瓶子，样品水流在瓶中不应产生大量涡流以免进入大气中的氧。在瓶子充满的最后阶段，将管嘴缓慢的收起，最后让水样溢出瓶口。④ 此时，不能马上盖上塞子，应快速用简便的自动移液管加入固定剂，然后盖上塞子。加入固定剂速度要快。⑤ 盖上塞子后，确认瓶内无气泡后，反复震荡使固定剂与氧充分反应。⑥ 加入固定剂的样品应放在暗处并避免温度变化，以免由于样品体积的变化引入大气中的氧。这样，加入了固定剂的水样可保存 10～12 h。⑦ 为避免氧在采水器中的损失，应使用塑料（或塑料内衬的）采水器。

2. 样品的滴定

（1）沉淀溶解：静置 1 h 或者沉淀下降至瓶的 1/2 高度后，打开瓶塞迅速加入 1∶1 的硫酸 1 mL，盖上瓶塞摇动使沉淀溶解。

（2）滴定：将沉淀溶解的水样，迅速倒入三角瓶中，立即用硫代硫酸钠溶液滴定，以淀粉为指示剂，滴到溶液变为浅黄色时，加入 0.5% 的淀粉 1 mL，继续滴定至终点由蓝色变为无色，然后再将溶液倒入样品瓶中，将遗留在样品瓶中的少量碘洗下来，倒回三角瓶，继续滴定至无色。

（3）指示剂：淀粉指示剂在水溶液中由于微生物的水解作用减低了灵敏度，所以淀粉必须现用现配，而且指示剂必须在接近终点时加入，这是因为淀粉只有在较稀溶液中和 I_2 形成蓝色络和物才是可逆的。

3. 空白测定

测定时往水样中加入的试剂均有溶解氧，因此必须进行空白校正。

取 100 mL 海水，依次加入 1∶1 硫酸溶液、碱性碘化钾溶液、氯化锰溶液各 1 mL，并混合均匀，放置 10 min，加入 3～4 滴淀粉指示剂，混匀。此时，若溶液呈现淡蓝色，继续用硫代硫酸钠溶液滴定。若硫代硫酸钠溶液用量超过 0.1 mL，则应核查碘化钾溶液和氯化锰溶液的可靠性并重配试剂。若硫代硫酸钠溶液用量小于或等于 0.1 mL，或加入淀粉指示剂后溶液不呈现淡蓝色，且加入 1 滴碘酸钾溶液后，溶液立即呈现蓝色，则试剂空白可以忽略不计。每批新配制试剂应进行一次空白试验。

4. 硫代硫酸钠溶液的标定

溶解氧测定标准，不是使用标准氧含量的水，而是使用一些基准物质标定硫代硫酸钠的浓度，而后计算出氧的含量。

常用的基准物质有 KIO_3 和 $K_2Cr_2O_7$。由于所用基准物质不同，所测氧的结果也有差别。我国海洋调查规范用的是碘酸钾。当用碘酸钾标定硫代硫酸钠时的操作步骤如下：

用海水移液管取 1.667×10^{-3} mol/L 的标准碘酸钾溶液 15.00 mL，注入 250 mL 碘量瓶中，用洗瓶吹洗瓶壁，加入 0.6 g 固体 KI，再用自动移液管加入 2 mL 2 mol/L 的 H_2SO_4，摇匀后，盖上瓶塞，在暗处放置 2 min，然后沿壁加入 50 mL 蒸馏水，接着用 0.01 mol/L 的硫代硫酸钠溶液滴定，待溶液变成浅黄色时，加入 1 mL 0.5% 的淀粉指示剂，继续滴定至蓝色刚刚消失，记下滴定体积。同法滴定 3 次，每次滴定读数之差不大于 0.02 mL，反应式如下：

$$KIO_3 + 5KI + 3H_2SO_4 \Longrightarrow 3I_2 + 3H_2O + 3K_2SO_4$$
$$I_2 + 2Na_2S_2O_3 \Longrightarrow Na_2S_4O_6 + 2NaI$$

一般不利用 $K_2Cr_2O_7$ 做标准，因为其要求的酸度较高，会导致碘化物的光氧化产生较大误差。碘酸钾反应要求的酸度低。

(三) 温克勒法结果计算

由反应方程式可知 $S_2O_3^{2-}$ 和 O_2 之间的关系如下：

$$2S_2O_3^{2-} = I_2 = 1/2\ O_2$$

即 1 mol 硫代硫酸钠相当于 1/4 mol 氧气，则标准状态下氧的含量用 O_2(mL/L) 表示时，计算公式如下：

$$O_2(mL/L) = \frac{M_1 \times V_1}{V-2} \times \frac{22.4}{4} \times 1\ 000 = \frac{M_1 \times V_1}{V-2} \times 5\ 600$$

式中，V_1 为滴定水样时消耗 $Na_2S_2O_3$ 溶液的体积；M_1 为 $Na_2S_2O_3$ 溶液的摩尔浓度；$V-2$ 为水样体积减去 2 mL 固定剂体积；22.4 为每摩尔氧分子在标准状态下的体积。

在海洋调查时，为了计算方便，通常可以将上式简化，令 $M = \dfrac{5\ 600}{V-2}$，此参数已预先测好，计算每个溶解氧瓶的 M 值，列成表，按下式计算：

$$O_2(mol/L) = V_1 \times M_1 \times M$$

则氧的饱和度可按下式计算：

$$氧饱和度 = (O_2/O_2') \times 100\%$$

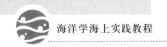

式中，O_2 为样品中溶解氧的含量；O_2' 为所在温度、盐度和压力下氧的溶解度。

（四）温克勒法准确度及注意事项

水样在近饱和的情况下，使用此法所得结果，准确度大致为 0.02 mol/L。其相对误差为 2%～3%。

溶解氧固定后，如不能立即进行滴定，可以暂时搁置，但不可超出 24 h。

新配制的硫代硫酸钠溶液，其浓度需经 14 d 左右才会稳定，在此期间需天天标定它的浓度，确信浓度不再改变时，标定的次数可酌情减少（2 d 一次）。

浓硫酸中常含有少量 NO_2 杂质，因 NO_2 和 I^- 会发生下列反应：

$$NO_2 + 2I^- + 2H^+ \Longrightarrow NO + I_2 + H_2O$$

这将使测定结果偏高。另一方面，浓硫酸也可能由于有机物（如尘埃或橡皮）作用而产生 SO_2 杂质，I_2 在测定过程将被 SO_2 还原而使结果偏低。如浓硫酸中含有以上杂质，可将其加热至冒白烟以除去这些杂质。

注意控制滴定终点，当溶液蓝色刚刚消失即为终点。滴定速度不可太慢，否则终点变色不敏锐。滴定终点应由蓝色变为无色，不应呈紫色。如终点变化不灵敏，淀粉溶液必须重新配制。如海水浑浊，可用三角瓶盛以同样海水，供滴定终点比较用。同一水样的两次分析结果，其偏差应小于 0.06 ml/L。

（五）温克勒法误差来源

温克勒法测定海水中溶解氧误差，主要来自取样固定和碘量法两个方面。

1. 采样和固定误差

由于影响溶解氧含量因素很多，所以规定了溶解氧的特殊操作。若取样和固定操作不正确，将给分析带来严重误差。

2. 碘量法中的误差

（1）碘的挥发：滴定和标定过程中都存在 I_2，而 I_2 又易于挥发而产生误差。影响碘挥发的因素有下列三方面：碘的浓度、碘离子浓度、温度。

在 0℃～30℃ 范围内，每增加 10℃，碘的蒸汽压增加 2.5 倍，超过这个范围增加得更快。在实验室温度不同的情况下，碘挥发程度是不同的，因此必然造成误差。此法测定水中溶解氧，分析结果偏低，碘的挥发是其中原因之一。

为了减少碘的挥发导致的误差，可以于溶液中加入过量碘离子，使 I_2 和 I^- 形成络合物，减少游离 I_2 浓度，防止碘挥发。因此，应加大 KI 的用量，使之形成 I_3^- 而减小挥发。

用硫代硫酸钠滴定时，反应向左移动，直至被硫代硫酸钠定量滴定。为了减少碘的挥发，也可以减少碘的浓度，在游离出碘以后，加入蒸馏水稀释。

由于碘的挥发，因此不能在烧杯中进行，一般使用三角瓶或碘量瓶。

为了减少碘的挥发，即使采取了以上种种措施，还是不能完全消除，特别是在将溶液由样品瓶转移到三角瓶中时会有 $1\% \sim 2\%$ 的碘损失。

（2）空气中氧对 KI 的氧化：测定和标定过程，溶液中均有 I^-，并与空气接触，空气中 O_2 可以将其氧化为 I_2，反应式为：

$$4I^- + O_2 + 4H^+ \leftrightarrow 2I_2 + 2H_2O$$

反应速度随酸度增加和阳光照射而显著增加。当溶液酸度达到 $0.4 \sim 0.5$ mol/L 时，碘被空气氧化最多。所以测定时必须控制合适的 pH 范围，一般为 $1 < pH < 2.8$。

光线对碘在空气中的氧化有重要影响，所以加入 KI 后必须放在暗处。

此外 KI 溶液在空气中光线照射下氧化生成 IO_3^-，能将 Mn^{2+} 氧化成高价，使结果偏高。

（3）干扰离子——还原物质：一些氧化还原物质对温克勒法的干扰来自两方面：① 海水中含有氧化还原物质（例如污染海水），产生误差；② 试剂中常含有影响测定的杂质，例如 HCl 中常含有 Fe^{3+}，硫酸中含有亚硝酸根等。

氧化剂（例如亚硝酸根，三价铁离子）因能和氧一样去氧化低价锰或氧化碘离子，造成正误差。

$$NO_2 + 2I^- + 2H^+ \Longrightarrow NO + I_2 + H_2O$$

还原剂（Fe^{2+}、H_2S 等）在温克勒法中引起负误差，因为这些还原剂均可以引起高价锰还原或引起 I_2 还原，使结果偏低。

（4）试剂中含氧：对于 1 L 水样来说，由加入的固定剂带入的氧的量约 0.02 mL，必须进行空白校正或于试剂中通 N_2 去除 O_2。

三、膜电极法

溶解氧测定仪氧探头是一个隔膜电极，它的金或铂阴极和银阳极之间通过电解质凝胶相通，通常电解质为氯化钾。电极的化学系统用溶解氧透过率高的透气隔膜（常用聚四氟乙烯）与周围环境分开。若在电极间加以 0.8 V 或 0.7 V 直流电压，则电极处于极化状态。

把极化电极浸入被测溶液中，则被测溶液中的溶解氧透过隔膜进入电极内部，在两电极上产生如下反应：

阳极反应：

$$2Ag + 2Cl^- \Longrightarrow 2AgCl + 2e^-$$

阴极反应：

$$Au + O_2 + 2H_2O + 4e^- \Longrightarrow Au + 4OH^-$$

在其他条件不变时，由此产生的电流大小与溶解氧的分压成正比。能在 $-0.8V$ 或 $-0.7V$ 被还原的气体（如卤素和二氧化硫），对测定有干扰。硫化氢能玷污电极，对测定也有干扰。

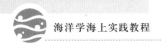

第二节　二氧化碳与碳酸盐体系

　　碳酸盐体系是指海水中以不同形式存在的无机碳各分量之间的平衡、相互转化、存在形态以及有关的体系,亦称二氧化碳系统(图 3-4-1)。二氧化碳系统是较为复杂的平衡体系,它涉及许多学科(如海洋化学、气象学、生物、地质),对于理论和实际都有重要意义[如海气界面的气体交换(温室效应)、海生界面的光合作用、海底界面的沉淀溶解作用]。由于二氧化碳系统各分量存在平衡,使海水具有缓冲溶液的特性。

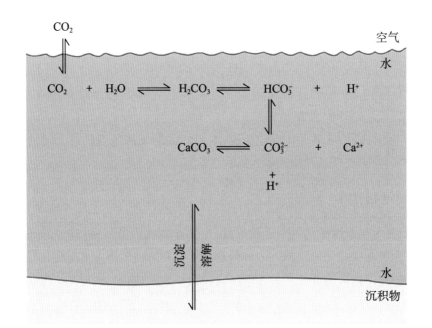

图 3-4-1　碳酸盐体系(二氧化碳系统)

　　海洋中的碳主要包含在二氧化碳－碳酸盐体系中,该体系所包含的反应平衡如下所示:

$$CO_2(g) \leftrightarrow CO_2(aq)$$
$$CO_2(aq) + H_2O \leftrightarrow H_2CO_3$$
$$H_2CO_3 \leftrightarrow H^+ + HCO_3^-$$
$$HCO_3^- \leftrightarrow H^+ + CO_3^{2-}$$
$$Ca^{2+} + CO_3^{2-} \leftrightarrow CaCO_3(s)$$

海洋中的碳酸盐体系调控着海水的 pH 以及碳在生物圈、岩石圈、大气圈和海洋圈的流动。二氧化碳是构筑有机物质的基础，又是重要的温室气体，海洋吸收 CO_2 的能力将直接影响全球气候。近年来大气中二氧化碳浓度每年上升约 0.25%，关于二氧化碳温室效应的认识引发了对二氧化碳-碳酸盐体系的广泛关注。

天然和人类来源的二氧化碳随纬度而变化，海洋对二氧化碳增加的反应由于物理和化学过程的影响而慢得多。

在天然海水的正常 pH 范围内，其酸碱缓冲容量的 95% 由二氧化碳-碳酸盐体系贡献。在几千年以内的短时间尺度上，海水 pH 主要受控于该体系。

海水中总二氧化碳浓度的短期变化主要由海洋生物的光合作用和代谢作用所引起，研究其短期变化可获得有关生物活动的信息。

海洋中碳酸钙的沉淀、溶解问题也有赖于对二氧化碳-碳酸盐体系的了解。如碳酸钙的沉淀能否降低海水中的二氧化碳水平（二氧化碳分压）的问题。答案是否定的，由碳酸钙沉淀减少的碳酸根离子可由碳酸的二级解离置换：

$$HCO_3^- \leftrightarrow H^+ + CO_3^{2-}$$

而释放的 H^+ 引发反应 $H^+ + HCO_3^- \leftrightarrow CO_2(aq) + H_2O$ 向右进行。

由 $CO_2(aq) \leftrightarrow CO_2(g)$ 平衡，得出结论：碳酸钙沉淀引发的减少是二氧化碳总量的减少，却导致二氧化碳分压的升高。

要准确描述无机碳体系，需要获得以下 4 个参数中的至少 2 个：pH、总碱度、总碳酸盐（或称二氧化碳）、海水中二氧化碳分压。

一、pH 的测定

（一）海水 pH 的影响因素

海水通常呈弱碱性，其 pH 一般在 $7.5 \sim 8.6$。在一般情况下，表层或近表层水的 pH 较高。

1. 海-气界面二氧化碳交换

海水的 pH 一方面和海水中强酸离子和弱碱离子的浓度差额有关，另一方面也受到弱酸离子含量与缓冲作用的影响。海水中所含弱酸离子最多，因此，海水的 pH 和海水中各碳酸分量（碳酸根、碳酸氢根和游离二氧化碳）和含量有直接的关系。大体说来，游离二氧化碳的含量越多，碳酸根含量越少，海水的 pH 越低（图 3-4-2）。反之，如果二氧化碳从海水中逸出，或碳酸根含量增加，则 pH 增加。

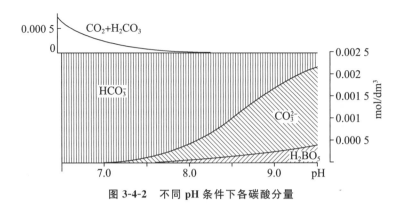

图 3-4-2　不同 pH 条件下各碳酸分量

2. 生物光合作用、呼吸作用

海洋植物的光合作用、海洋生物的呼吸作用均能影响海水的 pH。当海洋植物进行光合作用使海中游离二氧化碳含量降低时，pH 便增高，当海洋生物呼吸消耗氧而放出二氧化碳时，海水的 pH 则下降。

3. 各种有机、无机物的氧化还原

此外，海洋生物的新陈代谢作用，将自身部分有机碳分解成各种形式的碳酸盐回入海水中。当动植物死亡后，其尸体经细菌和微生物的分解作用，亦被分解为碳酸盐回到海水中。

4. 碳酸盐的沉淀溶解过程

由于地球化学的过程，例如碳酸盐的沉积和某些含碳酸盐矿物和岩石的溶解，以及水体的混合和涡动扩散，海流的辐聚和辐散等现象，都能使海水二氧化碳的含量发生变化，从而影响海水中 pH 的分布。

（二）研究 pH 的意义

1. 研究海水二氧化碳系统

海水的 pH 是研究海水碳酸盐平衡体系时所能直接测定出来的最重要的数值，在一定条件下反映了游离二氧化碳含量的变化。根据测定的 pH，结合总碱度、水温及盐度等资料，可以计算出海水中的总碳酸量，或者计算海水各碳酸分量（游离二氧化碳、碳酸氢根和碳酸根）的数值，从而得到不同海区各水层中碳酸平衡体系比较清楚的概念，避免直接测定这些数据的麻烦和困难。

2. 研究元素及物质的沉淀溶解环境

pH 的测定有助于水化学问题的研究。海水的 pH，在研究海水对某些岩石和矿物的溶解情况以及元素的沉淀条件时都是必须加以考虑的因素。

3. 影响生物生长环境

借助于 pH 的分布有助于进一步认识各种海生动植物的生活环境和特点，进而掌握它们的生长繁殖规律。这些方面的研究，在国民经济中都具有很大的实用价值。因

此,在海洋调查中 pH 的测定早就成为重要项目之一。

4. 影响元素存在形式

海水 pH 的大小也直接影响了元素在海洋中存在形式和各反应过程的进行。同氧化还原电位一样是海洋中一些元素地球化学过程的一个主要影响因素。

（三）pH 定义及使用标度

苏仁森(1924)把 pH 定义为氢离子活度的负对数 $pH=-\log a_{H+}$,该式只有理论上的意义,未解决测量问题(单一离子的活度和活度系数无法准确测定,故不能由定义直接测 pH)。

但对一溶液来说,a_{H+} 有确定数值,建立使用标度,即一系列准确测定 pH 的标准缓冲溶液作实用标准,用此标准的 pH 来对比求未知溶液的 pH。

测量方法:测量池中充满已知 pH 的标准缓冲溶液,用参比电极(甘汞或 Ag-AgCl)和 H^+ 响应电极(H 电极或玻璃电极)测量电池的电动势 E_s,然后将求知液(pHx)置于测量池中,测定电池电动势 E_X 可得 pH_x:

$$pH_x=pH_S+\frac{(E_X-E_s)F}{2.303RT}$$

1. NBS 标度——常规缓冲溶液

美国国家标准局(NBS)根据苏仁森活度标度确定的 pH 测量标准,使用酸、中、碱三种 pH 缓冲溶液(表 3-4-1)。

此数值测定的 pH 比早期的苏仁森标度的数值高约 0.04pH 单位。

关于 pH 缓冲液,各国都有具体的规定,美国以酸标(pH4.003)为准,英国则以中标(pH6.864)为准。

表 3-4-1　国际上通用的标准缓冲液

温度	国际上通用的标准缓冲液(还有其他的)前三种即 NBS 的三种基准			
温度	邻苯二甲酸氢钾 (0.05M)	KH_2PO_4-Na_2HPO_4 (1:1,各 0.025M)	硼砂(0.01M)	KH_2PO_4-Na_2HPO_4 (1:3,0.009M,0.03M)
0	4.003	6.984	9.464	7.534
25	4.008	6.864	9.180	7.413

以上标准缓冲溶液,适于广泛 pH,再现性好,稳定。

硼砂易受空气中二氧化碳的影响(其他两种较小)引起 pH 变化,三者都受微生物活动影响。

缓冲液都是一些稀溶液,离子强度 $I<0.1$,可用于淡水或 $I<0.1$ 溶液的 pH,精度约为 ±0.01pH 单位。

但用于测定海水(组成复杂,I 约为 0.7),准确度较差。

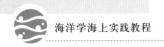

$pH_X = pH_S + \dfrac{(E_x - E_s)F}{2.303RT}$ 推导时忽略了样品溶液和参比电极的饱和 KCl 溶液的液接电位,事实上液接电位不能完全消除(Ej 与离子强度、组成、构成 Ej 方式有关)。

海水:$pH_X = pH_S + \dfrac{E_x - E_s}{2.303RT/F} + \dfrac{E_{jS} + E_{jX}}{2.303RT/F}$

E_{jS} 与 E_{jX} 不等,故最好使用离子强度与海水相当的缓冲溶液,其组成和 pH 范围尽量与海水相近,这样可使电极在二溶液中的液接电位基本相同,误差减小。

2. Hansoon 标度——海水缓冲溶液

1973 年 Hansoon 以人工海水代替蒸馏水,配制 pH 标准系列,提出了一个新的 pH 标度:$pH = -\log C_T$,并由此配制出缓冲液。

C_T 包含 H^+、HSO_4^-、HF,是靠滴定测出的,有确定的理论上的意义。

将已知量的 Tris(2-胺基-2-羟甲基丙烷-1,3-二醇)和其盐酸盐(BHCl)加到盐度为 35 的人工海水中(也可是其他盐度),以玻璃电极—Ag,AgCl 电极,用电位滴定法测出其 pH。Tris(以 B 表示)是一种近中性的有机碱,Tris(B)和其盐酸盐(BHCl)组成的缓冲溶液 pH 为 7~9。

对不同盐度的海水要用不同盐度的标准缓冲溶液,但实验证明,Tris 标准缓冲溶液的盐度和海水盐度相差 10% 以内是可以的,若相差过大,则应重新配制。

配制 Tris 标准缓冲溶液时,不能用天然海水(天然海水中存在碳酸盐、硼酸盐等质子接受体)。

此标准温度系数相当大,应控制在 ±0.1℃ 以内。

测定海水 pH 时,应尽量减少空气的作用。

玻璃电极使用之前用海水浸泡 24 h 以上,且使用过程中不能用蒸馏水冲洗。

由于 Hansoon 标度的离子强度与天然海水相近,Ej 可相互抵消,使得测量结果准确度提高了。

Hansoon 标度既有理论上的意义,又可以精确测量,但到目前未能普遍使用,主要问题是:① C_T 要包括 HSO_4^- 体系,是 T,P 的函数,故温度、压力变化会引起 H^+ 的变化;② 需不同的盐度及离子强度的标准来测不同的海水样品(要 ΔEj 不变才行,ΔEj 变化了就没有意义了),故操作上很麻烦,现场测量用的很少,只在碱度滴定中才用。

3. 游离氢离子浓度标度

和上述方法类似,但 HSO_4^-、HF 在标准海水中不要了。这样标度就简单了,也是通过稀酸滴定来得到其准确的 pH。

（四）pH 的测定

1. 纯水的酸度

$$pH = -\lg a_{H+}$$

$$a_{H+} = \gamma_{H+} \cdot C_{H+}$$

其中，γ_{H+} 是溶剂、总离子强度和该特定离子的函数。

水是相当弱的电解质，

$$H_2O \Leftrightarrow H^+ + OH^-$$

$$K_{H_2O} = a_{H+} \cdot a_{OH-} / a_{H_2O} = a_{H+} \cdot a_{OH-}$$

22℃时，$K_{H_2O} = 10^{-14}$，此时中性点，

$$a_{H+} = a_{OH-}$$

$$a_{H+} = a_{OH-} = K_{H2O}^{1/2} = 1.0 \times 10^{-7}$$

即纯水中性点 pH=7.0。

2. 海水的酸度

海水的主要成分具有恒定关系，"海盐"降低了水的活度。

$$a_{H_2O海} = P_{H_2O海} / P_{H2O}$$

$$a_{H_2O海} = 1 - 0.000\ 969Cl$$

$S = 35.00(Cl = 19.375)$时，水的活度降到 0.981 3，

所以，中性点时，

$$a_{H+} = a_{OH-} = (K_{H_2O} \cdot a_{H_2O})^{1/2} = 0.991 \times 10^{-7}$$

$$pH = 7.005$$

可见，室温下水与海水的中性点有差别，但很小。

3. 电位法测定 pH

Ag，AgCl ｜ HCl(0.1M) ｜未知液｜KCl(饱和)｜ Hg，Hg$_2$Cl$_2$

$$E = E_{Hg_2Cl_2} - E_{AgCl} - Ej - E_{膜} \qquad (E_{膜} = K + \frac{RT}{F}\ln a_1)$$

$$= E_{Hg_2Cl_2} - E_{AgCl} - Ej - (K + \frac{RT}{F}\ln a_1) = b - \frac{RT}{F}\ln a_1$$

b 为常数。

测定时，按实用标度，用已知 pH$_S$ 标准缓冲溶液测定求知液 pH，同时也可校正玻璃电极的有对称电位。

$$E_S = b - \frac{RT}{F}\ln a_{H^+}S$$

$$E_x = b - \frac{RT}{F}\ln a_{H^+}x$$

$$pH_X = pH_S + \frac{E_x - E_S}{2.303RT/F}$$

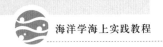

先用缓冲溶液定位,再测定求知液,可直接由表读出水样的 pH。

测定不能用一般的电位差计,因玻璃电极阻抗高达 $10\sim500$ MΩ,如要准至 0.01pH 单位,即相当于 0.5 mV,则电流强度约为 5×10^{-13} A,所以必须有特殊的仪器——pH 计(有放大功能)。

4. pH 玻璃电极特性

(1) 选择性:普通 pH 玻璃电极测定 pH>10 的溶液,电极电位与 pH 之间将偏离线性关系,测得的值比实际值低(碱差、钠差)。

原因:强碱性溶液中 H^+ 很低,有大量 Na^+,使 Na^+ 进入硅酸晶格的倾向增加,这样相间电位差除决定于硅胶层和溶液中 H^+ 外,还增加了 Na^+ 在两相中扩散面产生的相电位(钠差,所有一价阳离子都能引起)。

解决:改变玻璃组成,如含 Li_2O 的锂玻璃,可测高达 pH13.5 的溶液。

(2) 有对称性:当电极内外的 a_{H^+} 相等时,且内外参比电极都相同时,则电池电动势应为 0,实际上总有一个小电势(玻璃电极的"不对称电位"),对同一电极,其数值随时间慢慢变化。

产生原因:与玻璃膜内外表面的结构和性质的不对称有关。

一般为几毫伏至十几毫伏,刚浸入水中较大,几天后降到一固定值,如再干燥则又增大。

只要不对称电位保持恒定,并不影响 E-pH 的线性关系,一般中标缓冲溶液校正电极,可消除。

所以,玻璃电极在使用前,须在水中泡 24 h 以上以形成水合硅胶层,并使不对称电位降至最小并稳定。用后也应泡在水中。

(3) 响应值:每改变单位 pH 引起相应电位的变化,即玻璃电极的响应值(R_{pH}):

$$R_{pH}=\frac{E_2-E_1}{pH_2-pH_1}=\frac{2.303RT}{F}$$

25℃时,$R_{pH}=59.1$ mV,实际上玻璃电极响应值总低于此值。

(4) 电阻:很高,一般在 $10\sim500$MΩ,随温度升高而降低,变化大。所以,用高阻抗测量仪器,且保持温度恒定。

(5) 受其他影响小:对 H^+ 有高度的选择性,不受氧化剂、还原剂影响及其他影响。平衡快,操作简便,不玷污溶液。

5. 电极的处理

用前,泡 24 h 以上,用后仍泡;

长期用,则表面会蒙上水洗不掉的污物导致电极钝化,必须清洗;

不对称电位随时间变化,应常用标准缓冲溶液校正。

6. pH 的计算和校正

温度影响二氧化碳系统,影响 pH,所以尽可能保持样品与标准的温度一致。但现场采样温度与测量温度不同,所以必须校正(表 3-4-2)。

$$pH_w = pH_m + \alpha(t_w - t_m)$$

式中,t_w、t_m 分别代表现场水温、测定时温度。α 为水温校正系数,它是氯度、pH 和温度的函数,由表 3-4-2 查得。pH_m 为实验室测得的 pH。

表 3-4-2　温度校正系数

测定 pH	$S=27$　$Cl=15$			$S=35$　$Cl=19.5$		
	现场温度 $0℃\sim10℃$	现场温度 $10℃\sim20℃$	现场温度 $20℃\sim30℃$	现场温度 $0℃\sim10℃$	现场温度 $10℃\sim20℃$	现场温度 $20℃\sim30℃$
7.4	0.008 8	0.008 7	0.007 6	0.008 9	0.008 9	0.008 1
7.6	0.009 5	0.009 6	0.008 3	0.009 5	0.009 5	0.009 1
7.8	0.010 3	0.010 5	0.009 0	0.010 4	0.010 4	0.009 8
8.0	0.011 0	0.011 2	0.009 4	0.011 0	0.010 9	0.010 2
8.2	0.011 5	0.011 7	0.009 6	0.011 4	0.011 2	0.010 3
8.4	0.011 8	0.011 8	0.009 8	0.011 6	0.011 4	0.010 4

若采水样深度大于 500 m,则必须进行深度压力校正。校正公式如下:

$$pH_w = pH_m + \alpha(t_w - t_m) + \beta d$$

7. 样品采集和贮存

水样分装在 DO 采样之后第二个进行,并应一样仔细。

用 $50\sim100$ mL 玻璃瓶(聚乙烯瓶也可,但要立刻测),管子插到底部,应避免空气污染,不能有气泡。

样品不能长期贮存,最好在 1 h 内与室温平衡后测定。若要贮存应在低温下进行。

二、总碱度的测定

海水总碱度的定义为 1 dm^3 的海水中,海水中碳酸氢根、碳酸根和硼酸根等弱酸阴离子全部被释放时所需要的氢离子的毫摩尔数。单位是 $mmol/dm^3$,通常用"A"或"Alk"表示。

$$Alk = C_{HCO_3^-} + 2C_{CO_3^{2-}} + C_{H_2BO_3^-} + (C_{OH^-} - C_{H^+})$$

大洋海水的总碱度变化不大,它与氯度的比值近似一个常数(碱氯比)。对于港湾、河口等近岸海域,由于受大陆径流或城市污水的影响,碱度的变化较大。在这种情况下,往往是总碱度和碱氯比值升高。因此,总碱度有时可以作为衡量海水质量的标准之一。特别在研究污水在海洋环境中的扩散过程中,它是一个有用的参数。

海水总碱度的测定方法较多,如碘量法、中和滴定法、电导测定法和 pH 测定法等。

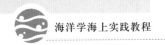

pH 测定法操作简便,精确度尚好,目前被广泛应用。下面就介绍 pH 法。

（一）方法原理

采用 pH 计测定碱度,即向水中加入过量的标准盐酸溶液中和水样中弱酸根阴离子,然后用 pH 计,测定混合溶液的 pH,由测得值可计算出现混合溶液中剩余的盐酸量。从加入 HCl 总量中减去此值便可以求出水样中弱酸阴离子浓度,以每立方分米毫摩尔数为单位即为水样的碱度。

$$Alk = \frac{1\,000}{Vs}Va \times Na - \frac{1\,000}{Vs}(Va+Vs) \times C_{H^+}$$

式中,Va 为外加标准 HCl 溶液的体积;Vs 为水样体积;Na 为标准 HCl 摩尔浓度;C_{H^+} 为混合溶液中氢离子浓度;$C_{H^+} = a_{H^+}/f_{H^+}$ 为 a_{H^+} 可由所测得的 pH 求得,f_{H^+} 为活度系数。

（二）试剂配制

（1）0.006××mol/L 标准盐酸溶液(××表示有效数字):取 8.4 mL 浓 HCl,转移于 1 000 mL 容量瓶中稀释到刻度,摇匀备用,另取上述溶液 61 mL,转移于 1 000 mL 容量瓶中,加蒸馏水至刻度,摇匀,即为标准盐酸溶液。

（2）0.005 mol/L Na₂CO₃:在 285℃±10℃ 下将 Na₂CO₃ 标准物质烘 1 h,置于干燥器中冷却到室温,然后准确称取 0.530 g 于 100 mL 烧杯中,用少量蒸馏水溶解,转移于 1 000 mL 容量瓶中稀释到刻度。

标定 HCl 溶液,取 15.00 mL Na₂CO₃ 溶液加入 3 滴甲基红-溴化甲酚绿指示剂,用 HCl 滴定,滴至近终点再加 3 滴指示剂,滴至突变蓝紫色为止。

（3）0.05 mol/L 邻苯二甲酸氢钾缓冲溶液(25℃时 pHs＝4.008)。

（4）甲基红-溴化甲酚绿混合指示剂:称取 0.2 g 甲基红于玻璃研钵中,研细,加入 100 mL 分析纯的 95％乙醇;取 0.1 g 溴化甲酚绿溶于 100 mL 乙醇中,然后按甲基红：溴化甲酚绿＝1：3 的比例混合即得。

（三）测定方法

（1）用移液管取 25.0 mL 水样于洗净烘干过的 50 mL 烧杯中,平行取两份。

（2）加入 10.0 mL 标准盐酸溶液,充分混合均匀。

（3）按 pH 测定法,用 0.05 mol/L 邻苯二甲酸氢钾溶液定位。

（4）测量混合试液的 pH。

（四）结果计算

（1）绘制 Alk-a_{H^+} 关系曲线:

$$Alk = \frac{1\,000}{Vs}Va \times Na - \frac{1\,000}{Vs}(Va+Vs) \times C_{H^+}$$

已知 $Vs = 25$ mL,$Va = 10$ mL;

f_{H^+} 为 H^+ 的活度系数,是由实验测得的。若海水的氯度为 6～20,混合液的 pH 在 3.00～4.00 的范围内,f_{H^+} 的变化不大,可取做 $f_{H^+} = 0.753$。

Na 也是已知数(0.006 mol/L)。

所以公式的第一项为一常数,则碱度随混合液的氢离子活度而变化。为了计算结果方便起见,可以以 a_{H^+}(其范围值为 10^{-3}～10^{-4})为纵坐标,以 Alk 为横坐标,绘制 Alk 对 a_{H^+} 关系曲线。

(2) 由测得海水混合液的 pH,在 a_{H^+}-AlK 关系曲线上,查得对应的碱度。要求平衡测定两份水样其差值不大于 0.03 mmol/L。

思考题

(1) 如何用温克勒法测定溶解氧的误差?

(2) 请说明温室气体的增加对海洋碳酸盐体系的影响。

(3) 请列举三种 pH 标度。

(4) 总碱度的定义。

第五章

海水中营养盐的测定

海水中的营养盐通常指氮、磷、硅元素的盐类,主要包括磷酸盐、硝酸盐、亚硝酸盐、铵盐和硅酸盐。由于各类营养盐在海水中含量很低,在海洋表层常常被海洋浮游植物大量消耗,甚至成为海洋初级生产力的限制因素,因此,营养盐是海洋化学研究的必不可少的要素。

第一节 海水中亚硝酸盐的测定

亚硝酸盐是无机氮化合物之一,它是氧化为 NO_3-N 和还原为 NH_4-N 的中间产物,不稳定。通常海水中亚硝酸盐的自然浓度是最低的(小于 $0.1\ \mu g/L$,以氮原子计),用亚硝酸盐以其亚硝酸根中的氮原子来计量,用符号 NO_2-N 表示,单位为 $\mu mol/L$。

一、原理

在酸性条件下,水样中的亚硝酸氮与磺胺反应,形成重氮化合物,继而再与 α-奈乙二胺偶联,形成重氮-偶氮化合物(红色染料),其最大吸收波长为 540 nm。该法简称 B. R 法。

二、试剂

盐酸;对氨基苯磺酰胺溶液;α-萘乙二胺的盐酸盐溶液;亚硝酸盐标准溶液。

三、仪器设备

分光光度计。

四、样品采集

亚硝酸盐、硝酸盐、氨氮、磷酸盐与硅酸盐的样品一般采集在一个水瓶中,具体方法为:取海水样品 500 mL 用玻璃或金属采样器采集,采集后应立即在现场用 0.45 μm 滤膜过滤,贮存于聚乙烯塑料瓶中,于冰箱中(<4℃)保存,在 24 h 内分析完毕。

注意:

(1) 滤膜应预先在 0.5 mol/L 盐酸中浸泡 12 h,用纯水冲洗至中性,密封待用。

(2) 如果水样不能尽快分析时,最好在－20℃冷冻贮存。使用冷冻贮存水样测定硅酸盐时,由于冷冻时硅倾向于聚合,所以分析之前,将样品融化,还必须放置 3 h 以上。

(3) 如果测定硅酸盐时,配置试剂等必须用无硅蒸馏水,若用玻璃容器贮存蒸馏水,必须是新蒸出的方可使用,最好贮存在聚乙烯等容器中。

五、操作步骤

1. 标准系列

(1) 配制标准使用溶液:准确移取贮备标准溶液 0.15 mL 于 100 mL 容量瓶中,用高纯水稀释到刻度,混匀,浓度为 0.024 59 μmol/mL。

(2) 标准系列:分别移取标准使用溶液 0.00、0.50、1.00、2.00、3.00、5.00 mL 于 50 mL 比色管中,加高纯水至 50 mL,依次加入 1.0 mL 磺胺溶液,混匀,1 min 后,加 1.0 mL α-萘乙二胺溶液,混匀,15 min 后以高纯水为参比($L=5$ cm),测定各个溶液的吸光度(表 3-5-1)。

表 3-5-1　亚硝酸盐标准系列

标准使用溶液体积/mL	0.00	0.50	1.00	2.00	3.00	5.00
标准系列 NO$_2$-N 浓度/(μmol/L)	0.000 0	0.245 9	0.491 8	0.983 6	1.475	2.459

2. 水样测定(双样)

取 50 mL 经 0.45 μm 滤膜过滤的水样于 50 mL 比色管中,加 1.0 mL 磺胺,混匀,1 min 后,加 1.0 mL α-萘乙二胺溶液,15 min 后,以高纯水做参比,测定溶液的吸光度(A_w)。

3. 液槽校正(A_c)

同磷酸盐测定。

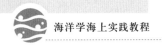

六、数据处理

(1) 绘制标准曲线,计算 F 值:

$$F = \frac{(V_2 - V_1)}{A_2 - A_1} \times C_{使} \times \frac{1\ 000}{V_{样}}$$

式中,V_1、V_2 分别是所加入标准使用溶液的毫升数;A_1、A_2 分别是 V_1、V_2 所对应的吸光度;$C_{使}$ 为标准使用溶液的浓度(μmol/mL)。

(2) 样品含量的计算:

$$C_{样} = F \times A\text{w} \qquad (\mu\text{mol/L})$$

七、实验条件及方法讨论

(1) B. R 法灵敏度比较高,反应速度快,室温下 10 min 已反应完全。

(2) 若有大量硫化氢存在时,对测定有干扰,遇此情况用氮气赶硫化氢。在天然海水中,硫化氢和亚硝酸盐不能共存。

(3) 亚硝酸盐浓度在 0~10 μg/L(以氮原子计)范围内符合朗伯比尔定律。

(4) 盐效应:通常海水中亚硝酸盐浓度较低,不需考虑盐度影响。

(5) 若水样中亚硝酸盐含量高,说明水样的细菌活性较高,这种水样应在采样后 0.5 h内进行分析。

第二节　海水中硝酸盐的测定

硝酸盐是海洋生物营养盐之一,其在海水无机氮中占较大比例,是含氮化合物的最终氧化产物。海水硝酸盐以其硝酸根中的氮原子来计量,用符号 NO_3-N 表示,单位为 μmol/L。

一、原理

在中性或弱碱性条件下,海水中硝酸氮被镉-铜还原剂还原为亚硝酸氮,然后按照亚硝酸氮重氮-偶氮法进行比色测定,扣除海水中原有的亚硝酸氮含量,即得海水中硝酸氮的含量。

二、试剂

镉粒、硫酸铜溶液、氨性缓冲溶液、盐酸溶液、对氨基苯磺酰胺溶液、α萘乙二胺的盐酸盐溶液、硝酸盐标准溶液。

三、仪器设备

分光光度计。

四、操作步骤

(1)配制硝酸盐标准使用溶液:移取贮备标准溶液 0.65 mL 于 100 mL 容量瓶中,用高纯水定容至 100 mL,混匀,浓度为 0.067 80 μmol/mL。

(2)标准系列:分别移取标准使用溶液 0.00、0.50、1.00、2.00、3.00、5.00 mL 于 100 mL 比色管中,加高纯水至 50 mL(表 3-5-2),加氨性缓冲溶液至 100 mL,混匀。

表 3-5-2 硝酸盐标准系列

标准使用溶液体积/mL	0.00	0.50	1.00	2.00	3.00	5.00
标准系列 NO_3-N 浓度/(μmol/L)	0.000 0	0.678 0	1.356	2.712	4.068	6.780

(3)样品测定:取 50 mL 样品于 100 mL 比色管中,加氨性缓冲溶液至 100 mL,混匀。

(4)过柱还原:将上述溶液分别过柱还原,先用约 40 mL 溶液洗涤还原柱,截取后 50 mL 溶液于 50 mL 比色管中。

(5)将还原后的溶液,分别加入 1.0 mL 磺胺溶液,混匀,1 min 后,加 1.0 mL α-萘乙二胺溶液,混匀,15 min 后,以高纯水为参比,进行比色测定。

(6)试剂空白的测定(Ab′):直接截取 50 mL 经过还原的氨性缓冲溶液,显色测定其吸光度。

(7)液槽校正(Ac):同磷酸盐测定。

五、数据处理

(1)回收率 $= \dfrac{A_{NO_3}}{A_{NO_2}} \times \dfrac{2C_{NO_2}}{C_{NO_3}} \times 100\%$

式中,$A_{NO_3} = A_{2.0} - A_b$ 为硝酸盐还原亚硝酸盐吸光度;

$A_{NO_2} = A_{2.0} - A_b$ 为亚硝酸盐吸光度。

(2)绘制标准曲线,计算 F 值:

$$F = \frac{(V_2 - V_1)}{A_2 - A_1} \times C_{使} \times \frac{1\ 000}{V_样}$$

(3)含量:

$$C_{NO_3 + NO_2} = F_{NO_3} \times \left(A_W - \frac{1}{2} A_b'\right) (\mu mol/L)$$

$$C_{NO_3} = C_{NO_3 + NO_2} - C_{NO_2} (\mu mol/L)$$

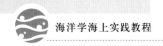

六、实验条件和方法讨论

1. 还原柱的制备

取镉粒用 2 mol/L 盐酸浸洗后,再用蒸馏水洗涤,然后与硫酸铜溶液(3%)振摇 3 min,慢慢弃去硫酸铜溶液,以蒸馏水洗涤 5~6 次。之后将镀铜的镉粒装还原柱。为了避免铜被空气中的氧氧化,所以 Cd-Cu 还原剂一定不能暴露在空气中,而应密闭浸入水中。

还原柱使用之前,需用 250 mL 氨性缓冲溶液(pH 为 8.5 左右)通过还原柱。

还原柱可连续使用几个月,若还原率小于 95% 则应按以上方法活化。

2. 还原柱的回收率

于 50 mL 蒸馏水中加入已知浓度的硝酸盐,再加入等体积的氨性缓冲溶液,混合均匀,使其通过还原柱,流速 25.0~33.3 mL/min,收集还原液按亚硝酸盐 B.R 法进行比色。取与硝酸盐浓度相同的亚硝酸盐,按 B.R 法比色测定。其消光值分别为 $E_{NO_3^-}$ 和 $E_{NO_2^-}$。回收率为 $E_{NO_3^-}/E_{NO_2^-}$。

七、样品贮存

为了防止硝酸盐的浓度发生变化,取样后立即分析。若需要放置几个小时,可将样品置于冰箱中。需要长期贮存,应向水样中加入氨性缓冲溶液或加速深度冷冻至 −20℃。

第三节　海水中氨氮的测定

氨亦称为总氨,是无机氮存在形式之一,其含量远低于 NO_3-N。它包含离子态铵(NH_4^+)和非离子态氨(NH_3),而铵离子是其主要存在形式,非离子态氨和离子态氨的比例受 pH 和温度影响,pH 和温度升高非离子态氨含量增加,非离子态氨对鱼类和海洋生物有毒害作用。

通常测定海水中氨含量包括了 NH_4^+ 和 NH_3。习惯上所指的氨即为总氨,常用 NH_4-N 表示,单位为 μmol/L。

一、原理

在强碱性条件下,海水中的氨氮被次溴酸钠氧化为亚硝酸氮,然后在酸性条件下,用重氮-偶氮法测定亚硝酸氮的总含量,扣除海水中原有的亚硝酸氮的含量,即为海水中氨氮的含量。

$$BrO_3^- + 5Br^- + 6H^+ \longrightarrow 3Br_2 + 3H_2O$$

$$Br_2 + NaOH \longrightarrow NaBrO + NaBr + H_2O$$

$$BrO^- + NH_4^+ + 2OH^- \longrightarrow NO_2^- + 3H_2O + 3Br^-$$

二、试剂

盐酸;对氨基苯磺酰胺溶液;α-萘乙二胺的盐酸盐溶液;亚硝酸盐标准溶液;次溴酸钠;磺胺。

次溴酸钠氧化剂的制备:

贮备液:称取 2.5 g 溴酸钾及 20 g 溴化钾溶于 1 000 mL 无氨蒸馏水中,溶液稳定。

使用液:取 1 mL KBr-KBrO_3 贮备液 + 3 mL 盐酸(1∶1) + 50 mL H_2O,混匀,置于暗处 5 min 后 + 50 mL NaOH(40%)混匀。

三、仪器设备

分光光度计。

四、操作步骤

1. 标准系列

(1)配制标准使用溶液:移取贮备标准溶液 0.35 mL 于 100 mL 容量瓶中,用无氨高纯水定容至 100 mL,混匀,浓度为 0.291 8 μmol/mL。

(2)标准系列:分别移取标准使用溶液 0.00、0.10、0.20、0.40、0.60、1.00 mL 于 50 mL 比色管中(表 3-5-3),加无氨高纯水至 50 mL,依次加入 5.0 mL 次溴酸钠氧化剂,混匀,氧化 30 min,加 5.0 mL 磺胺溶液,混匀,5 min 后,加 1.0 mL α-萘乙二胺溶液,混匀,15 min 后以高纯水为参比(L=3 cm),测定各个溶液的吸光度。

表 3-5-3　氨氮标准系列

标准使用溶液体积/mL	0.00	0.10	0.20	0.40	0.60	1.00
标准系列浓度/(μmol/L)	0.000	0.583 6	1.167	2.334	3.502	5.836

2. 水样测定

取 50 mL 经 0.45 μm 滤膜过滤的水样于 50 mL 比色管中,加入 5.0 mL 次溴酸钠氧化剂,混匀,氧化 30 min,加 5.0 mL 磺胺溶液,混匀,5 min 后,加 1.0 mL α-萘乙二胺溶液,混匀,15 min 后以高纯水为参比测定溶液的吸光度(Aw)。

3. 试剂空白的测定(双样)

取 50 mL 无氨纯水于 50 mL 比色管中,加 5.0 mL 磺胺溶液,混匀,加入 5.0 mL

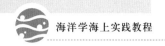

次溴酸钠氧化剂,混匀,5 min 后,加 1.0 mL α-萘乙二胺溶液,混匀,15 min 后以高纯水为参比测定溶液的吸光度(Ab')。

4. 液槽校正(Ac)

同磷酸盐测定。

五、数据处理

(1)绘制标准曲线,计算 F 值:

$$F = \frac{(V_2 - V_1)}{A_2 - A_1} \times C_{使} \times \frac{1\,000}{V_{样}}$$

式中,V_1、V_2 分别是所加入标准使用溶液的毫升数;A_1、A_2 分别是 V_1、V_2 所对应的吸光度;$C_{使}$ 为标准使用溶液的浓度 $\mu mol/mL$。

(2)样品含量的计算:

$$C_{NH_3 + NO_2} = F \times (A_w - A_b')(\mu mol/L)$$

$$C_{NH_3} = C_{NH_3 + NO_2} - C_{NO_2}$$

六、实验条件及方法讨论

(1)氧化率明显受温度影响,温度低反应速度慢,所以标准和水样的温差不得超过 2℃。

(2)过量 NaBrO 影响最后的重氮化反应,因为 NaBrO 和对氨基苯磺酰胺反应。另外氧化时溶液碱性强,必须加酸中和,所以对氨基苯磺酰胺溶液酸性应该大而且用量也多。

(3)该法回收率 97%,灵敏度高,没有盐误差。

(4)该法氧化速度快,在 15~30 min 即可完全氧化。

第四节　海水中活性磷酸盐的测定

海水中的磷主要以颗粒态和溶解态存在。颗粒态磷主要为含有机磷和无机磷的生物体碎屑,及某些磷酸盐矿物颗粒;溶解态磷包括有机磷和无机磷,溶解态的无机磷是正磷酸盐,主要以 HPO_4^{2-} 和 PO_4^{3-} 的离子形式存在。

海水中溶解态磷酸盐是指以孔径为 0.45 μm 醋酸纤维滤膜为界,可通过的为溶解态磷酸盐,不通过的为颗粒态磷酸盐。

活性磷酸盐指的是溶解态的可与钼酸铵试剂产生反应的正磷酸盐（无机磷），以其磷酸根中的磷原子来计量，用符号 PO_4-P 表示，单位为 $\mu mol/L$。

一、原理

在水样中加入一定量混合试剂（硫酸-钼酸铵-抗坏血酸-酒石酸锑钾）。水样中可溶性磷酸盐在硫酸介质中先与钼酸铵反应形成磷钼黄杂多酸，然后在酒石酸锑钾存在下，被抗坏血酸还原为磷钼蓝，蓝色深度与磷酸盐的含量成正比。此磷钼蓝络合物的最大吸收波长为 882 nm。此法的盐误差不大于 1‰，故测定时不必进行盐误差校正。

二、试剂

硫酸；钼酸铵溶液；抗坏血酸溶液；酒石酸锑钾溶液；磷酸盐标准溶液。

混合试剂配制：50 mL 硫酸（3 mol/L）＋20 mL 钼酸铵（2%）＋20 mL 抗坏血酸（5.4%）＋10 mL 酒石酸锑钾（0.136%）。

三、仪器设备

分光光度计。

四、操作步骤

1. 标准系列

（1）标准使用液的配制：移取贮备标准溶液 0.25 mL 于 100 mL 容量瓶中，用高纯水稀释到刻度，混匀。浓度为 0.023 36 $\mu mol/mL$。

（2）标准系列：分别移取使用标准使用溶液 0.0、0.5、1.0、2.0、3.0、5.0 mL 于50 mL比色管中（表 3-5-4），加高纯水至 50 mL，依次加入 5.0 mL 混合试剂，混匀，15 min后，以高纯水做参比（$L=5$ cm），测定各个溶液的吸光度。

表 3-5-4　磷酸盐标准系列

标准使用溶液体积/mL	0.00	0.50	1.00	2.00	3.00	5.00
标准系列 PO_4-P 浓度/($\mu mol/L$)	0.000 0	0.233 6	0.467 2	0.934	1.402	2.336

2. 水样测定（双样）

取 50 mL 经 0.45 μm 滤膜过滤的水样于 50 mL 比色管中，加 5.0 mL 混合试剂，混匀，15 min 后，以高纯水做参比，测定溶液的吸光度（Aw）。

3. 试剂空白的测定（双样）

取 50 mL 高纯水于 50 mL 比色管中，分别入一倍 Ab（5.0 mL）试剂和半倍试剂 Ab/2（2.5 mL），15 min 后，以高纯水做参比，测定溶液的吸光度。

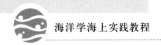
4. 液槽校正（Ac）

将三个比色皿注入高纯水，以其中一个为参比，测定其他两个液槽的吸光度，记录数值，要求 Ac <0.005。

五、数据处理

（1）绘制工作曲线，计算 F 值：

$$F = \frac{(V_2 - V_1)}{A_2 - A_1} \times C_{使} \times \frac{1\ 000}{V_{样}}$$

式中，V_1、V_2 分别是所加入标准使用液的毫升数；A_1、A_2 分别是 V_1、V_2 所对应的"吸光度"；$C_{使}$ 为使用标准溶液的浓度 $\mu mol/mL$。

（2）样品含量的计算：

$$C_{样} = F \times (Aw - Arb)$$

式中，$C_{样}$ 为样品含量（$\mu mol/L$）。

试剂空白：

$$Arb = 2 \times (Ab - Ab/2)。$$

六、实验条件及方法讨论

1. 离子干扰

硅酸盐的浓度若低于 10 mg/L，不影响磷酸盐测定。KoroLeff 认为硅钼蓝的反应速度比磷钼蓝慢，为防止硅的干扰，当磷发色 5 min 后立即测定，若延长时间，溶液中逐渐形成硅钼蓝，影响测定结果。在开始 1 h 之内，测定结果呈线性增加，时间再长，增加就小了。硅酸盐影响与酸度有关，酸度高影响变小。

砷酸盐也能形成颜色与磷酸盐类似的砷钼酸，只是天然水中砷酸盐浓度只有 0.03 $\mu g/L$，干扰不严重。而且以上实验条件下，砷钼蓝反应速度较慢。

硫化氢浓度低于 2 mg/L 时，对磷酸盐测定没有干扰。但在不流动的海盆深水中常常有高达 20 mg/L 的硫化氢，当加入酸性钼酸铵试剂时，易形成胶体硫。遇此情况，若磷酸盐含量高，将水样按适当比例稀释即可。若磷酸盐含量不高，可将水样酸化后加入溴水氧化硫化氢，水样中过量的溴可用强空气流驱赶。

2. 还原时加入锑盐的作用

使还原时间由 24 h 缩短为 10～20 min，且钼蓝颜色可稳定 24 h。

3. 盐误差小于 1%

可用蒸馏水测定校准因子 F。

测定时，若使用同一仪器，同一试剂，F 值几乎为一恒定值。

4. 方法精度

磷酸盐浓度为 0.9 μg/L(以 P 原子计)时,相对误差为±5%;磷酸盐浓度为 0.2 μg/L(以 P 原子计)时,相对误差为±15%。

第五节　海水中活性硅酸盐的测定

海水中的硅以悬浮颗粒态和溶解态存在,其溶解态硅酸盐的平均浓度约 1 mg/L(以硅原子计),在太平洋深层水中达 4 mg/L(以硅原子计)。悬浮颗粒态硅包括硅藻等壳体碎屑和含硅矿物颗粒,溶解态硅主要以单体硅酸 Si(OH)$_4$ 的形式存在(含少量低聚合度的硅酸及其离子),故可以 SiO_2 表示海水中硅酸盐含量。

活性硅酸盐是指溶解的可与钼酸铵试剂产生显色反应的硅酸盐,即单分子或低聚合度的硅酸(聚合度不大于 2),以其硅酸根中的硅原子来计量,用符号 SiO_3^{2-}-Si 表示,单位为 μmol/L。

一、原理

在水样中加入酸性钼酸铵溶液,水样中硅酸盐与钼酸铵反应形成硅钼黄杂多酸,然后在草酸存在下(草酸的作用可分解磷钼酸和砷钼酸,以消除干扰),被米吐尔-亚硫酸钠还原为硅钼蓝,蓝色深度与硅酸盐含量成正比,于 812 nm 测定吸光度。

二、试剂

1∶3 硫酸;酸性钼酸铵溶液;草酸溶液;米吐尔-亚硫酸钠溶液;硅标准溶液;人工海水。

混合试剂配制:米吐尔-亚硫酸钠 100 mL,加草酸 60 mL,加 1∶3 硫酸 120 mL,冷却后加纯水稀释到 300 mL。

三、仪器设备

分光光度计。

四、操作步骤

1. 标准系列

(1) 配制硅酸盐使用标准溶液:移取贮备标准溶液 0.40 mL 于 50 mL 容量瓶中,

用人工海水定容,混匀,浓度为 0.1627 μmol/mL。(此方法受水样中离子强度影响而造成盐度误差,除用盐度校正表外,最好用接近于水样盐度的人工海水制得硅酸盐工作曲线。)

(2)标准系列:分别移取使用标准溶液 0.00、0.10、0.20、0.40、0.60、1.00 mL 于 50 mL 塑料离心管中,用人工海水定容至 25 mL,加入 3 mL 酸性钼酸铵溶液,混匀,15 min后,加入混合试剂 15 mL,用高纯水定容至 50 mL,混匀,3 h 后以纯水为参比进行比色测定(表 3-5-5;工作曲线应在水样测定实验室配制,工作期间每天加测标准溶液,以检查曲线,并须每个站位加测一份空白。曲线延用的时间最多为 1 周)。

表 3-5-5 硅酸盐标准系列

标准溶液体积/mL	0.00	0.10	0.20	0.40	0.60	1.00
标准溶液浓度/(μmol/L)	0.000 0	0.650 8	1.302	2.603	3.905	6.508

2. 水样测定(双样)

取 25 mL 经 0.45 μm 滤膜过滤的水样于 50 mL 塑料离心管中,加入 3 mL 酸性钼酸铵溶液,混匀,15 min 后,加入 15 mL 混合试剂,用高纯水定容至 50 mL,混匀,3 h 后进行比色测定(测量水样时,硅酸盐溶液的温度与制定工作曲线时硅钼蓝溶液的温度之差不得超过 15℃。本法测量时最佳温度为 18℃～25℃,当水样温度较低时,可用水浴)。

3. 试剂空白的测定(双样)

取 25 mL 高纯水于 50 mL 塑料离心管中,加入 3 mL 酸性钼酸铵溶液,混匀,15 min 后,加入 15 mL 混合试剂,用高纯水定容至 50 mL,混匀,3 h 后进行比色测定(Ab′)。

4. 液槽校正(Ac)

将 3 个比色皿注入高纯水,以其中一个为参比,测定其他两个液槽的吸光度,记录数值,要求 Ac <0.005。

五、数据处理

(1)绘制工作曲线,计算 F 值:

$$F=\frac{(V_2-V_1)}{A_2-A_1}\times C_{使}\times\frac{1\,000}{V_{样}}$$

式中,V_1、V_2 分别是所加入标准的毫升数;

A_1、A_2 分别是 V_1、V_2 所对应的"吸光度";

$C_{使}$ 为使用标准溶液的浓度(μmol/mL)。

(2)样品含量的计算:

$$C_{样}=F\times(Aw-Ab')(\mu mol/L)$$

六、实验条件及方法讨论

1. 酸度和钼酸铵浓度

浓度过高的钼酸铵可能被还原剂所还原,因此,加入还原剂前向溶液中加入硫酸提高酸度。但在高酸度下,硅钼黄杂多酸不稳定,每分钟约降低 1% 光密度,所以将硫酸和米吐尔-亚硫酸钠一块加入。

2. 还原剂

米吐尔试剂用量太低,反应速度慢。实验证明在米吐尔还原剂中加入亚硫酸钠溶液,可以提高还原效率。

3. 干扰元素

为防止磷、砷的干扰,测定时加入 10% 草酸溶液。但是,在草酸溶液中硅钼酸络合物稳定性差,因此草酸溶液应和米吐尔-亚硫酸钠一块加入。

缺氧水中可能存在大量硫化氢,可将样品稀释或用溴水氧化硫化氢,过量的溴用强空气流驱赶。

氟化物含量高于 50 mg/L 时,能降低硅钼酸络合物蓝色,为消除氟离子干扰,可用硼酸络合氟离子,即于 35 ml 水样中加入 1 ml 0.1 mol/L 硼酸。

高浓度铁、铜、钴、镍等金属离子,由于本身有颜色而造成干扰,进行光密度测定时,应以样品做参比,制备参比液。

4. 盐误差

实验证明该方法的盐误差与海水氯度呈线性关系:

$$D = D_0(1 + 0.005\ 78Cl)$$

式中,D_0 为在 812 nm 处测得光密度;Cl 为海水氯度;D 为经盐误差校正后的光密度。

5. 温度

温度升高使硅钼酸催化分解,一般每升高 10℃,吸光值约降低 3%。

第六节　海水中总氮、总磷的测定

海水中的总氮(磷)是指海水中有机氮(磷)与无机氮(磷)的总和,其测定方法通常是通过一定的步骤将有机氮(磷)转化成无机氮(磷)后测定无机氮(磷)。

一、原理

总氮:海水样品在碱性和110℃～120℃条件下,用过硫酸钾氧化,有机氮化合物被

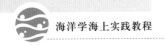

转化为硝酸氮。同时,水中的亚硝酸氮、氨氮也定量地被氧化为硝酸氮。硝酸氮经还原为亚硝酸氮后,然后按照亚硝酸氮重氮-偶氮法进行分光光度测定;

总磷:海水样品在酸性和110~120℃条件下,用过硫酸钾氧化,有机磷化合物被转化为无机磷酸盐,无机聚合态磷水解为正磷酸盐,然后按照活性磷的测定方法进行分光光度测定。

二、试剂

总氮:碱性过硫酸钾溶液(过硫酸钾与氢氧化钠混合液)、盐酸溶液,其他试剂同本章第二节。

总磷:过硫酸钾溶液,其他试剂同本章第四节。

三、仪器设备

总氮:分光光度计蒸汽灭菌锅。
总磷:分光光度计蒸汽灭菌锅。

四、操作步骤

总氮:根据海水实际浓度制作标准系列,准备海水样品(双样),将上述溶液均移取25 mL至消煮瓶,加入4 mL碱性过硫酸钾溶液,放入蒸汽灭菌锅高温消煮,压力1.1~1.4 kPa(温度120℃~124℃)保持30 min,冷却后加入0.5 mL盐酸溶液溶解沉淀,后根据硝酸氮方法测定。

总磷:根据海水实际浓度制作标准系列,准备海水样品(双样),将上述溶液均移取25 mL至消煮瓶,加入2.5 mL过硫酸钾溶液,放入蒸汽灭菌锅高温消煮,压力1.1~1.4 kPa(温度120℃~124℃)保持30 min,冷却后按照活性磷酸盐的方法测定。

思考题

(1) 活性硅酸盐测定时主要影响因素有哪些?

(2) 活性磷酸盐的测定步骤。

(3) 亚硝酸盐测定时主要影响因素有哪些?

(4) 硝酸盐的测定步骤。

第六章

海洋化学分析技术进展

近年来海洋化学分析技术伴随着学科交叉、渗透而日趋成熟，从海水中元素和物质的含量、组成、分布为主要内容的研究，进入到以研究元素存在形式和它的化学性质阶段，即海水化学模型研究阶段；从均相水体的研究，发展到非均相界面的研究。

例如，有关海洋中平流与扩散过程的了解大多来自化学示踪物质的测量，而不是来自对水体移动的直接测量。大洋环流的路径辨识，也棘于生物活性示踪组分，如溶解氧、营养盐的测量结果。

氯氟烃（Chloro-fluoro-carbon，CFCs）是 20 世纪 30 年代初发明并且开始使用的一种人造的含有氯、氟元素的碳氢化学物质，在人类的生产和生活中还有不少的用途。在一般条件下，氯氟烃的化学性质很稳定，在很低的温度下会蒸发，因此是冰箱冷冻机的理想制冷剂。它还可以用来做罐装发胶、杀虫剂的气雾剂。另外电视机、计算机等电器产品的印刷线路板的清洗也离不开它们。氯氟烃的另一大用途是作塑料泡沫材料的发泡剂，日常生活中许许多多的地方都要用到泡沫塑料，如冰箱的隔热层、家用电器减震包装材料等。

CFCs 最早在 20 世纪 30 年代产生，从那时起，它们在大气中的浓度几乎呈指数式增加，溶解在表层水中的 CFCs 浓度与大气达到平衡。目前浓度约为 5pM CCl_3F（Freon-11）和 CCl_2F_2（Freon-12）。CFCs 浓度的增加伴随着 Freon-11/ Freon-12 的比值的变化，根据该比值就可以了解水体自从与大气平衡后经历的时间。

自从发明了带电子捕获探头（ECD）的气相色谱以及采用严格的流程以避免来自大气与实验室环境的污染，测定海水中极低浓度的 CFCs 也成为可能。该方法具有极高灵敏度，可精确测定的最低浓度为 0.005 pmol/L。

^{14}C 放射性核素，半衰期为 5730 年，可以用来确定海洋中水体离开表层后的时间。以往用液体闪烁计数方法测定，需要从至少 200 L 水体中进行富集。最近加速器质谱的发展使得 ^{14}C 的精确测定仅需 200 mL 水。

描绘海洋吸收大气 CO_2 的空间分布，必须同时测定海水的 TCO_2 含量和 pH，且精度均需优于 0.1%。海水中的 TCO_2 含量测定可采用库仑滴定法，其精度优于 0.1%，且已建立了规范的测定流程；海水 pH 的测定可采用依据指示剂的分光光度法，其精度优于 0.1%。海水或大气 CO_2 分压可以采用非色散红外探测器走航连续测定表层海水与大气中的 CO_2 含量，其精度达到 3 μatm（1 atm＝101.325 kPa）。

有机组分、同位素及痕量金属等测量除了在采样、富集和分析方法上的改进和提升，更伴随着物理化学在海洋化学中的渗透以及分析技术水平的提高，加快进行着其技术革新及测量仪器的更新换代，色谱、质谱、荧光光度计、原子吸收光谱、流动注射分析、电化学分析等交互渗透（图 3-6-1），使得每一次海洋分析测量技术上的进步都为推动海洋化学的发展做出不可磨灭的贡献。

图 3-6-1　现代化的测量仪器

现代测量技术的兴起使化学传感器（如 DO、H^+、痕量金属电化学传感器）研发和船载流动式测量成为可能，其具有高时空分辨率、时间序列数据，消除人为因素影响等优势，但实时校正的限制以及有限的精度和稳定性是其无法逾越的。

以现场盐度测试仪器的设计为例，除了具有实验室盐度计结构之外，还必须参考压力效应校正，信号传输记录以及恶劣海况条件等。习惯上把现场同时测定盐度（电导率）温度和压力的仪器称为 STD 或 CTD。两者区别在于 STD 的感应探头内部带有模拟海水温度压力对电导率影响的补偿线路，结果直接显示盐度。而 CTD 是现场测定电导率温度和压力，按盐度与电导的关系式计算盐度。

　　由于 STD(或 CTD)操作简单方便,且能反映现场(任意深度)的及时盐度,对海洋调查提供了很大的方便,但是,现场盐度计的精度还不及实验室盐度计。由于温度测量部分或温度补偿部分的时间常数很难和电导率测量部分一致,特别在温度分布不均匀海区,出现不易校正的虚线越变。

　　在实际调查的过程中,可根据实际情况选择实验室盐度计或现场盐度计。现在的一般情况是:在采样时,将 STD(或 CTD)放在采水器上,在采水的同时,记录温度、盐度、深度,作为各参数的参考因素。但如果盐度作为调查的一个方面,则应在 STD 测定的基础上,用实验室盐度计重新对所采的样品进行测定。

思考题

　　请列举三种现代化的化学分析仪器。

海洋生物调查

第四篇

　　海洋生物泛指海洋里的各种生物,包括海洋动物、海洋植物、海洋微生物及海洋病毒等。

　　海洋至今依旧是未被探勘的领域,人类对于海洋孕育的生物所知极为有限。海洋生物学家罗纳尔德·多尔说:"海洋生物的多样性不只是海洋状况的重要指针,同时也是保护海洋环境的关键。"

第一章　总则

　　海洋生物是海洋不可分割的一部分,海洋环境和生物相互依存,相互作用,海洋生物研究重要性日益凸显。中国海洋生物的研究起步较晚,建国前是以科学家的个人兴趣为主的启蒙阶段,建国早期的研究多是在苏联科学家指导下的对生物和工业资源需求的应用研究阶段。1980年以后,以追赶国际海洋学研究主流为主线,是中国海洋生物研究暴发式增长的阶段。2010年以后,随着国家科技体制改革的推进,国家对海洋科考装置和科技攻关的巨额投入,中国海洋生物研究开始进入与国际并跑甚至领跑的阶段。

一、目的和任务

　　海洋生物调查的主要目的是为海洋生物资源的合理开发利用、海洋环境保护、国防及海上工程设施和科学研究等提供基本资料。

　　海洋生物调查的任务是查清调查海区生物的种类组成、数量分布和变化规律。

二、海洋生物分类

　　海洋和陆地一样,到处都有生命在活动。在海洋中,生活着多种多样的动物、植物、微生物,统称为海洋生物。海洋生物生活于一定的海洋环境中,受着各种海洋环境的影响,并缘于其各自的生活习性,对不同的海洋环境产生差异性的反应。所以,海洋生物在形态上、生理上和生态上的表现,都是生物的遗传性和环境因素长期相互作用的结果。根据2012年出版的《中国海洋物种和图集》,中国海域已记录海洋生物59门28 000余种。海洋生物是海洋有机物质的生产者和消费者,广泛参与海洋中的物质循环及能量转换,对其他海洋环境要素有着重要影响。

为了方便于海洋生物的研究,根据其生活的海洋环境和生活方式,将海洋生物分为三大类。一类是栖息于海底的底栖生物(Benthos),他们生活的海洋环境称为底栖区,包括所有的海底。另两类是生活在水层中的海洋生物,即浮游生物(Plankton)和游泳生物(Nekton),他们生活的海洋环境称为浮游区,则是全部的海水。底栖生物包括水域底部和底内生活的全部动物、植物和微生物,他们生活方式复杂。就动物来讲,一般又分为:在水底泥沙或岩礁中生活的底内动物;水底岩石或泥沙表面生活的底上动物以及底上生活又可作游泳活动的游泳底栖动物等。浮游生物和游泳生物的区别在于后者具有有效的运动器官,能够作逆海流和波浪的游泳,而浮游生物则缺乏这种有效的运动器官,他们一般都是随波逐流的。所以浮游生物是水域中营被动漂浮生活的生物。

三、调查方法

海洋生物调查方法从总体上来说与其他海洋调查学科是相同的,分别有大面观测、断面观测和定点连续观测。

大面观测是为了掌握调查海区海洋生物的水平分布及变化规律,以一定时间、一定距离,使用棋盘式或扇状式的方法进行观测采集,包括分层采水、拖网以及沉积物取样。分层采水用于浮游植物调查、叶绿素浓度和初级生产力的测定;拖网通常用于浮游动物的采集。

断面观测是为了掌握海洋生物垂直分布情况,在调查海区布设几条有代表性的观测断面,在每个断面上设若干个观测站进行采集,包括底表拖网、垂直分段拖网、分层采水和沉积物取样等。

定点连续观测是为了研究海洋生物的昼夜变化,在调查海区布设若干个有代表性的观测站,根据研究目的在观测站抛锚进行整日或多日连续观测,观测时间通常不少于 25 h。

(一)采样与观测

根据调查目的和任务的不同,相应地采取不同的采样方法。

(1)采水:采水适用于采集小型、微型、超微型海洋生物。根据需要可选用不同类型的采水器。见表 4-1-1。

表 4-1-1 采水层次

单位/m

测站水深范围	标准层次	底层与相邻标准层的最小距离
<15	表层、5、10、底层	2
15—50	表层、5、10、30、底层	2
50—100	表层、5、10、30、50、75、底层	5

续表

测站水深范围	标准层次	底层与相邻标准层的最小距离
100—200	表层、5、10、30、50、75、100、150、底层	10
>200	表层、5、10、30、50、75、100、150、200	

注1:表层指海面下 0.5 m 深度以内的水层;

注2:水深小于 50 m 时,底层为离底 2 m 的水层;

注3:水深在 50～200 m 时,底层为离底 5 m 的水层;

注4:可根据调查的特殊需要,酌情增加 200 m 以深的采水层次;

注5:条件许可时,应充分考虑跃层和采集叶绿素次表层最大值所处的水层。

(2)采泥:利用采泥法采集生活于海底的微生物和底栖生物。根据采样需要和底质类型的不同,选用不同型号的取样工具。严守操作程序,注意采样器的工作状态。按要求取样和处理,发现异常应重新采样。

(3)底拖网:底拖网用于采集底栖动物。针对采集对象和底质类型的不同,底拖网有多种结构或型号。严格控制科考船舶航行速度,以 3～6kn 为宜,通过钢丝绳的绷紧、舒张判断底拖网是否接触并且平铺在海底(钢丝绳的长度为水深的 3～5 倍),如遇异常应立即采取有效措施。认真冲洗网具、收集样品。

(4)浮游生物拖网:浮游生物拖网用于采集浮游生物。浮游生物的拖网方式包括水平拖网、垂直拖网、斜拖网和垂直分段拖网等。由于浮游生物种类及其体型大小的不同,网具型号和网料规格相应有所不同。严格规范起网、落网速度,准确判断网具是否到达预定水层。冲网、收集样品、洗网均要仔细认真,避免样品遗漏。

(二)标本的处理

根据需要对样品作不同处理,如分离、培养、麻醉、固定和保存等。样品是进行资料分析的依据,应有专人负责妥善保管。

(三)样品的鉴定和分析

(1)定性分析。

(2)定量分析。依对象不同有以下方法:① 重量法;② 体积测定法;③ 个体计数法;④ 菌落计数法;⑤ 附着面积和附着厚度测定法。

四、资料整理

根据分析结果作出以下图表:

(1)生物种类根据时间或水深的分布表;

(2)大面站、连续站生物量的分布图;

(3)主要种类百分比图;

(4)需要时可作出专题和专业总结报告。

五、调查船上应有的设备及仪器

（一）调查船实验室

（1）一般实验室：一般实验室应适用于叶绿素、浮游生物、底栖生物、潮间带生物、污损生物和游泳生物等样品处理和分析。

（2）放射性实验室：放射性实验室应适用于初级生产力、新生产力和微生物样品应用^{14}C、^{15}N 和 ^{3}H 进行的分析测定，要求具有通风和放射性防护设施。放射性实验室与^{14}C、^{15}N 和 ^{3}H 接触的仪器设备都应具有明显标志，并定期检测放射性强度。

（3）微生物实验室：微生物实验室应适应于微生物样品的处理，并应具备无菌操作设施。

（二）甲板设备

（1）绞车：绞车分浅海和深海用两种。速度能作分级控制。

（2）吊杆：吊杆必须能够满足采水、拖网等方面的需要。负荷和高度要符合要求，能作回旋转动并有一定的跨舷能力。

（3）A 型门吊：A 型门吊必须能够满足采水、采泥、底拖网等各方面的需要。能内外收放并有一定的跨舷能力。

（4）钢丝绳：备有使用范围内不同直径的钢丝绳。深海作业时需备有变截面钢丝绳（牛尾钢丝绳）。

（5）冲水设备：在工作甲板附近装有海水龙头及胶皮管。

（6）照明设备。

（7）操作空间：除上述设备外，甲板上必须留有一定空间，以便于进行工作。

（三）实验室设备

在调查中，标本的处理、水样的过滤和分装以及海上记录的整理等需在室内进行。因此，必须有相应间数的实验室。室内设备包括：

（1）提供各种航海数据的网络计算机系统。

（2）具有防酸碱的工作台。

（3）显微镜及解剖镜。

（4）海、淡水供水系统。220V、380V 交流电源。

（5）各调查项目专用仪器或器材、冰箱、恒温培养箱、真空抽气泵、滤器、电炉、小型无菌操作箱和高压蒸气灭菌锅等。

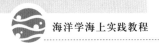

思考题

(1) 船用绞车的钢丝绳应具备哪些条件才能使用？

(2) 对船上冲水设备应有哪些要求？

第二章

浮游生物调查

生活在水层中,毫无游泳能力或有一定的游泳能力,但仍随波逐流的生物统称为浮游生物。浮游生物分为浮游植物和浮游动物。

依据个体的大小,浮游生物可以分为以下几种类型:粒径小于 2 μm 的称微微型浮游生物;粒径为 2—20 μm 的称微型浮游生物;粒径为 20—200 μm 的称小型浮游生物;粒径为 200 μm—2 mm 的称中型浮游生物;粒径为 2—20 mm 的称大型浮游生物;粒径大于 20 mm 的称巨型浮游生物。

此外,鱼类浮游生物即为鱼卵和仔稚鱼。

浮游生物具有以下一般特征:

(1) 生物体缺乏发达的游泳器官,活动受水流或风浪支配,营随波逐流式漂浮生活,但它们在一定范围内,具有垂直移动的能力;

(2) 除部分水母类外,身体体型小,对他们形态结构的观察,需要借助于显微镜;

(3) 除生活于水-气交界和深海的部分种类的身体具色彩外,一般身体趋向于透明无色;

(4) 浮游生物能以各种不同方式适应漂浮生活。

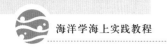

第一节　浮游植物调查

浮游植物中绝大多数为低等的浮游藻类和菌类。浮游藻类的主要特征是没有真正的根、茎、叶的分化，整个植物体都有利用太阳能进行光合作用、制造有机物质的功能。

浮游藻类是一类原始的植物，是海洋生态系统中的初级生产者，也是重要的海洋生物资源。微藻遍布全球海洋的每一部分，种类多、数量大、繁殖快。微藻的很多种类具有很高的经济价值，在海洋生态系统的物质和能量的循环中起着极其重要的作用。浮游微藻的代谢影响着整个海洋生态系统的生产力，与水产养殖、生态环境、污染治理、工业生产密切相关。微藻本身营养丰富，富含蛋白质，是单细胞蛋白的重要来源，可以作为鱼类、贝类等育苗的开口饵料。很多微藻由于脂肪酸含量较高，也可以作为提炼生物柴油的原料。随着全球温室气体的增加，因浮游微藻数量大、繁殖快、生长迅速，在生物量积累的过程中能大量吸收二氧化碳等诸多优点，很多科学家开始研究把微藻应用于节能减排。而且由于浮游微藻富含能产生蛋白、多糖、脂肪、类胡萝素等生物活性物质，因而在食品、医药、农业及工业生产等领域具有重要开发价值。

浮游微藻中绝大多数为浮游硅藻和浮游甲藻。

一、微藻分类方法

（一）形态分类法

形态学观察是普遍使用也是最具历史的微藻分类方法。形态学分类主要是跟据藻细胞大小、鞭毛及色素体有无、鞭毛的位置及数目、腹孔的有无、色素体的个数及形状、硅藻的特异性花纹等表面平整情况、群体或个体胶被形态和群体中细胞个数等特征来确定微藻的种类。

在长期的研究中发现，形态分类方法在微藻的鉴定中还存在着许多问题：第一，微藻的种类繁多，且许多种属的微藻形态差异细微，只有长期从事该工作的专业人员才能胜任形态分类，而且形态学特征的鉴定是细致且费时费力的工作；第二，很多野生藻株经过培养后，形态会发生变化，这带给培养后的藻种鉴定很大麻烦，如色球藻和优美平裂藻在培养后微藻的形态发生变化，对它们的鉴定也变得非常困难；第三，很多微藻因为需要电镜技术配合，需要经过扩大培养后进行鉴定，而很多这样的微藻不能在实验室条件下培养，因而达不到鉴定的条件；第四，很多微藻需要根据其生活史进行鉴定，这类微藻很多也难以扩大培养，增加了鉴定的困难。由此可见，形态学鉴定的人为因素太强,受许多条件制约,且不同研究者的鉴定结果也存在差异,检测标准化难度较大。

（二）生物化学分类法

生物化学分类法是根据细胞的生物大分子的组成差异来对微藻进行分类的方法。生化特性也是进行微藻分类研究的一个指标,但只是对传统分类方法的一个补充,没有形成一个完整的分类体系。

目前能够用于生物化学分类的海洋微藻"特征化学成分"有色素、脂肪酸、甾醇、醛类、碳水化合物（糖类）和氨基酸等。色素以其明显特征和成熟的分析方法而成为最为理想的微藻的化学生物标志物。因为许多微藻门类的色素种类都很独特,被称为标志色素。因此它们在一定程度上可以作为微藻分类学上的生物标志物。原绿球藻（*Prochlorococcus*）的发现是色素应用于微藻分类的典型例子。由于原绿球藻细胞极小（是迄今发现的地球上最小的光合自养原核生物）,所以直到1994年,焦念志等用高效液相色谱法在东海检测到了原绿球藻的特征色素——二乙烯基叶绿素（divinyl－chlorophyll a, b）,才确认了原绿球藻在中国海区有分布。脂肪酸的组成通过气相色谱-质谱联用定性定量分析进而对脂肪酸种类和相对含量进行聚类分析,其结果也被用来作为辅助手段鉴定微藻。

利用色素或者脂肪酸对微藻分类,只能进行到纲一级,不能达到属或种的水平,故只能作为一种辅助手段。许多曾被认为特定的标志物后来在多种藻类中被发现,因而使鉴定标准被质疑,限制了其应用范围。此外,色素易受到破坏,作为分类鉴定指标不稳定。并且同一种藻在不同的生理状态,其色素组成有变化,这些变化影响鉴定标准的形成;进行色素和脂肪酸分析的仪器较为昂贵,限制了它们作为分类方法的发展和应用。

（三）分子生物学分类法

生命的多样性是所有生物学研究的基础,但也是严重的负担。就像物理学家面对的宇宙是由12种基本离子组成的一样,生物学家面对的是一个由几百万种生物生存的星球。区别这些物种不是一个简单的工作。实际上自从少数分类学家能精确地鉴定1 000万～1 500万个估计的物种中略多于0.01％的种类,如果仅依赖于形态判定,那么就需要一个大约15 000个分类学家组成的群体来工作。此外,这种用于常规生物鉴定的办法有4个严重的限制:第一,表型的延展性和基因的变异性在物种鉴别时可能导致鉴定错误;第二,这种方法容易忽视形态上的隐藏分类单元,而这样的分类单元在很多类群中都很普遍;第三,因为形态上的关键要素常常只对一个特定的生活时期或性别适用,所以许多个体不能被鉴别;第四,形态学鉴定需要工作人员具备很高的专业能力,否则常常会有错误鉴别的情况出现。

基因组识别系统允许通过基因组上一小段序列的分析来对生物进行鉴别,这是一个极有前途的对生物多样性判别的方法。这个概念已经得到了那些形态学方法研究生

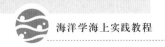

物群体(病毒、细菌和原生生物)的科研工作者的广泛的接受。并且,存在于形态学分类方法中的固有的问题足以使这样的方法应用到所有的生物中。

分子生物学技术的出现增强了人们分析各种生物体的能力。但是,大多数微藻的微小体积和形态标记的缺乏、许多物种的无法培养、在水环境里长期季节性的样品获取困难等类似的问题,阻滞了人们对微藻多样性和种群结构的了解。尽管如此,科学家们通过对生理生化测量的应用还是推断出了微藻群体中存在显著的遗传多样性。通过这些数据研究者们推断隐藏的生物多样性和遗传多样性的时空结构。现在分子技术通过对微藻群体的多样性、结构和进化的分析能够开展更多量化的工作。

分子生物学技术在属和种的水平上改善了以往的分类学,在许多藻类群体中表现出多源的和并系类群。缺少形态标记的群体最能体现这种变化。多源的分类群包括像绿色植物、小球藻、衣藻和金色藻。但是即便是在有良好表型标记的类群中,如骨条藻和隐甲藻,也有隐藏的姊妹种。

1. 核酸序列分析

基因序列——基因组的编码或者非编码区域的基因序列能被用来重新构建生物体的进化历史以及各种分类水平的关系。尽管很多基因都能被用来进行系统发育分析,但核糖体RNA是最常用的。核糖体RNA有很多特性使得它成为理想的分子标记。核糖体RNA基因相对比较大,可变区和保守区能分别被用来阐释相近和较远的进化关系。没有证据表明核糖体RNA的保守区会横向转移。大型的核糖体RNA数据库的存在使得各种主要类群都能被用来分析。核糖体数据库计划(the ribosomal database project)包含了几乎所有主要生物类群的超过436种真核小亚基(SSU)rDNA和28种大亚基(LSU)基因序列。

在大多数藻类群体中,细胞核的核糖体DNA基因具有与细胞器核糖体DNA不同的进化速度,能更好地用于高分类水平。这些基因对原生动物来说,分辨率能达到物种级别的分类水平;而对动物和高等植物,甚至能达到更高的分类水平,因为他们的进化更靠近现在。基于细胞器的基因进行的对系统发育历史的重构只能够反映出内共生发生以来细胞器的历史,因为细胞器(质体和线粒体)的基因组都是内共生的结果。自从它们由独立的生物体变为俘获的内共生体,一种不同的进化速度就产生了。

2. 分子标记技术

表型适应性或适应能力是指物种能在不同栖息地和广泛的生境下存活的能力,种间的高度遗传变异很可能随之出现。利用基因序列,例如rDNA、ITS、mtDNA和rbcL等来研究微藻系统发育学,特别是在研究海洋微藻的生物多样性时,存在着某种程度的偏差和分辨能力的限制,这些基因有时不能提供充足的碱基变异信息来鉴定不同的生物种群。分子生物学技术的发展使多种指纹技术可以分析种群的生物多样性和基因组DNA。这些技术在研究海洋微藻的多样性方面有着具大的潜力。

3. 随机克隆方法

由自然界的混合样品得到的序列也能用随机克隆方法分析。通过使用这些方法，能获得对生物多样性的新的发现，而这些新发现在以前用传统群体分析方法是不可能得到的，这对不能培养的生物类群特别管用。由聚合酶链反应（PCR）产生的随机克隆能用来检测遗传多样性。为了表现一个复杂微生物群体中的多源或者单源多态性，PCR 产物只在几个核苷酸上有区别，而这些核苷酸能通过变性梯度凝胶电泳来验证，然后分离测序。已有研究表明，构建克隆文库的方法适合用于微型真核生物分子多样性研究，利用该方法能够客观认识环境样品中真核生物的多样性。

二、浮游硅藻

（一）概述

海洋中生活着各种各样的浮游植物，其中种类多样化程度最高的是硅藻。硅藻具有种类多、数量大、繁殖快等特点。它是水体中重要的初级生产者，只要有水的地方，一般都有硅藻的踪迹，尤其是在温带和热带海区。

硅藻是具有色素体的单细胞植物，细胞壁富含硅质，多数生活在海洋和淡水中，为浮游种类，少数分布于沉积物里，为底栖种类。浮游硅藻一般没有行动器官，它们只能随波逐流。

浮游硅藻不但种类多，数量大，分布也广。它是浮游动物、贝类、虾类、鱼类以及须鲸类的直接或间接的饵料，是水域食物链中的一个重要环节。其次，有些浮游硅藻可作为海流的指标。在我国沿海可以用它来说明暖流、沿岸流以及径流的来龙去脉。从其种类和数量的多少，还可以估计海流强弱。

有些种类的硅藻，如角毛藻、骨条藻，在某一局部水域内繁殖过盛时，将引起海水变色形成"赤潮"。赤潮发生后水体里的营养盐及溶解氧大量减少，使鱼虾贝类窒息死亡，对渔业危害严重。

硅藻死亡后的遗骸——外壳大量沉积水底成为硅藻土，其中含 80% 以上的氧化硅，这种硅藻土在工业上用途很广，此外硅藻土可为地质学家研究地势和古海洋提供资料。

（二）硅藻的形态

1. 细胞的外形

硅藻与其他各门藻类的不同处，除细胞形态及色素体所含色素与其他各门藻类不同外，最显著的特征是具有高度硅质化的细胞壁。硅藻的细胞壁除含果胶质外，还含有大量的硅质，成为坚硬的壳体。壳体由上、下两个半壳套合而成，像培养皿或肥皂盒一样。套在外面较大的如盒盖，称为"上壳"或"上盖"（epitheca）；套在里面较小的如盒底,称为"下壳"(hypotheca)。上、下壳皆由壳面(valve)、壳套(valve mantle)和连接带(connecting band)组成。壳面与壳套间无缝隙。上、下壳的壳套分别与连接带相接,两者之间常形成深浅不同的凹沟状缝隙。上、下壳的连接带重叠相套合成环带(girale band),也称为壳环(girdle)。有些种的壳套与连接带之间还生有若干数量的环状、领状、带状或鳞片状的间生带(intercalary band)。带状的间插带与壳面成平行方向,向细胞内部延伸为舌状,把细胞分成几个小区,这种特殊构造称为"纵隔膜",间插带与壳面成垂直方向的称为"横隔膜"。从壳面生出的突起称为"小棘",其形状和大小依种类的不同而异。硅藻的壳壁取决于它以何面对着观察者而有截然不同的形态。如果它以壳面对着观察者,这时所观察的形态叫壳面观(valve view),简称壳面。壳面观可以研究壳面的类型及结构。如果以壳环对着观察者,则为带面观(girdle view),简称带面。在这个位置上可以研究壳环的轮廓、壳环的结构、壳套及壳壁的附加结构等。壳面长形的种类,又有宽带面观与窄带面观。

羽纹硅藻细胞的带面多呈长方形,中心硅藻细胞的带面有的为鼓形、圆柱形至长圆柱形的。硅藻细胞的壳面形态多种多样,但具有以下两个基本类型:第一种类型是中心纲的壳面,基本上呈辐射对称状,通常为圆形、椭圆形,少数为三角形、多角形、卵圆形;第二种类型为羽纹纲的壳面,基本上呈长形,两侧对称,通常为线形、披针形、椭圆形、卵形、菱形、舟形、新月形、弓形、S形、提琴形、棒形等。壳面两端的形态变化也很大,有渐尖形、突尖形、喙状、头状、楔形、纯圆形或斜圆形等。

硅藻以单个细胞生活,或连成群体。群体是借助壳面细胞壁上的胶质孔所分泌的胶质、细胞壁或细胞壁的衍生物相连而成的。

2. 细胞壁

硅藻的细胞壁由硅质($SiO_2 \cdot x H_2O$)和果胶质组成。硅质壁在细胞壁的外面,而果胶质则紧贴在硅质的里面。

圆心目细胞壁上的花纹基本上是六角形,羽纹目细胞壁上的花纹比较简单,主要是点纹。

3. 纵沟

纵沟是羽纹目硅藻细胞壁上的一个重要构造。凡具有纵沟的种类都能行动,能运动的种类必有纵沟,纵沟是硅藻运动的器官。

纵沟在壳面的中线上,外观很像一条直的或波状的细线。从壳面的断面来看呈">"形,向外的裂缝称为外裂缝,向内的称为内裂缝。纵沟的中央和两端各有一个细胞壁加厚的部分,中央的称为中结节,两端的称为端结节。

4. 节间带

节间带是壳环面细胞壁的一些特殊构造,即壳面和相连带之间的次级相连带。凡壳环轴较长的种类,都有节间带,具加强细胞壁的作用。节间带数目不定。

5．细胞表面的突出物

硅藻细胞壁的向外伸展成突起和刺毛，有的还有胶质块或胶质线向外突出。它们具有增加浮力和相互连接的作用。

6．细胞内容物

硅藻细胞内容物的构造，与普通的植物细胞相似。细胞核常在细胞的中央，但是在液泡很大的细胞里，细胞核会被挤到细胞的一侧。

在细胞质里有色素体，但营寄生生活或腐生的种类除外。色素由叶绿素和藻黄素组成。色素体的形状不一，有粒状、片状、叶状、带状、分枝状或星状。色素体经光合作用以后，能合成油点（脂肪）、蛋白核和淀粉粒等营养物质。

（三）硅藻的繁殖

1．营养生殖

营养生殖为硅藻最普通的一种生殖方式。分裂初期，细胞的原生质略增大，然后核分裂，色素体等原生质体也一分为二，母细胞的上、下壳分开，新形成的两个细胞各自再形成新的下壳，这样形成的两个新细胞中，一个与母细胞大小相等，一个则比母细胞小。这样连续分裂的结果是个体将越来越小（图 4-2-1）。

2．复大孢子

硅藻细胞经多次分裂后，个体逐渐缩小到一个限度时，这种小个体细胞就不再分裂，而产生一种孢子，以恢复原来的大小，这种孢子称为复大孢子。复大孢子的形成方式有无性和有性两种。

（1）无性方式是由营养细胞直接膨大而成，如中心纲的变异直链藻（*Melosira varians*）。

（2）有性方式是通过接合作用，借助运动或分泌胶质使个体接近，然后包围于共同胶质膜内，进行接合。

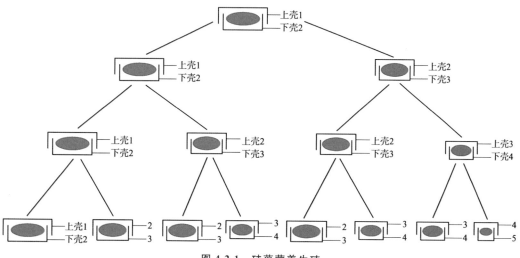

图 4-2-1　硅藻营养生殖

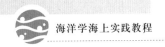

3. 小孢子

在硅藻的细胞内,经过一再分裂,形成了许多近圆球形的小孢子,它们的数目,依种类而不同,具有小孢子的种类大部分为圆心目,羽纹目则很少。

4. 休眠孢子

硅藻在水中营养盐类缺乏、水温太高、太低,或光照不足等不良环境下,会产生休眠孢子。假使把浮游硅藻采回来,放在实验室的培养缸内,也会产生休眠孢子。

在圆心目里,休眠孢子的产生常在细胞分裂之后,这时原生质向中央收缩,组成厚壁的孢子,并在上、下壳上分泌了很多突起和各种棘刺。硅藻以这种孢子形态,渡过恶劣的环境。等到环境改变,有利于生活的时候,则用萌芽的方式,再活动起来。这是沿海种类在多变的环境中生活的一种适应。

（四）硅藻的分类

硅藻在植物分类系统中独立列为一门——硅藻门（Bacillariophyta）,有两纲,即中心硅藻纲（Centricae）和羽纹硅藻纲（Pennatae）。

1. 中心硅藻纲

藻体多呈圆形,辐射对称,壳面上的花纹自中央一点向四周呈辐射状排列,多数为海生。

2. 羽纹硅藻纲

藻体呈长形或舟形,花纹排列成两侧对称,表面有线纹、肋纹、纵裂缝（壳缝）,壳面中央呈加厚状,称中央节,在两端称端节。

三、青岛常见的浮游硅藻

海洋中生活着多种多样的浮游植物,其中种类多样化程度最高的浮游植物是硅藻。据估计海洋中有 200 000 种硅藻,小的几微米,大的几毫米,存在形式则包括单细胞或多细胞连接的链状群体。然而,目前已被记录的地球上的硅藻只有 11 200 种,其中中心硅藻纲 3 500 种、羽纹硅藻纲约 7 700 种。

本书主要对我国沿海,尤其是青岛沿海的习见代表种类进行描述。

（一）中心硅藻纲（Centricae）

1. 格氏圆筛藻 *Coscinodiscus granii*（图 4-2-2）

格氏圆筛藻又称偏环圆筛藻。藻体细胞直径 60～215 μm。藻体细胞环面呈稧行,壳面室呈放射状排列,每 10 μm 有 10～11 个,壳面中部每 10 μm 有 8 个,外围每 10 μm 有 10～11 个。

世界广布性种。中国各海域均产,黄、渤海数量较多。青岛沿海全年皆有分布。

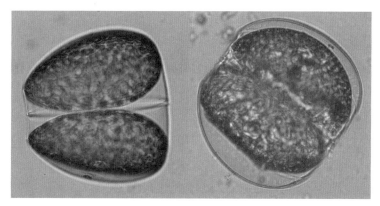

图 4-2-2　格氏圆筛藻 *C. granii*

2. 威利圆筛藻 *C. wailesii*（图 4-2-3）

该藻又称威氏圆筛藻，成熟个体直径 320 μm 左右。藻体细胞短圆柱状，壳平面，中心区域透明，无纹区明显，孔纹间隙宽，近壳缘具两唇形突，壳面分散唇形突。

北温带至亚热带种类。中国东海、南海冬季数量很多。渤海、黄海在春、秋、冬季皆有分布。青岛沿海春、冬季数量较多。

图 4-2-3　威利圆筛藻 *C. wailesii*

3. 圆海链藻 *Thalassiosira rotula*（图 4-2-4）

藻体细胞圆盘形，直径 39～51 μm，高 10 μm。由壳面中央的一条粗胶质线相连。壳环面环纹明显，缘小刺较细，色素体小而多，细胞核在中央。

本种是温带浮游性的种类，在我国东海、南海有分布。数量较少，青岛春、秋两季都曾采到。

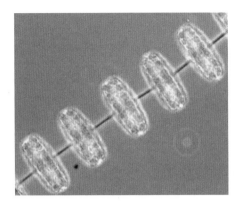

图 4-2-4　圆海链藻 *T. rotula*

4. 中肋骨条藻 *Skeletonema. costatum*（图 4-2-5）

藻体细胞为透镜形或圆柱形。直径为 6～7 μm。壳面圆而鼓起，着生一圈细长的刺，与邻细胞的对应刺相接组成长链。细胞间隙长短不一，往往长于细胞本身的长度，色素体数目 1～10 个。细胞核在细胞中央。

本种是常见的浮游种类，广温广盐的典型代表。分布极广，以沿岸为最多。青岛全年皆有。本种可作为水质污染的指标。

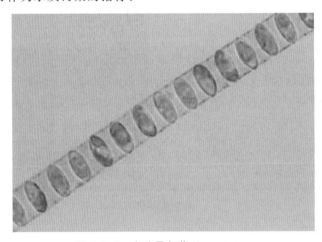

图 4-2-5　中肋骨条藻 *S. costatum*

5. 掌状冠盖藻 *Stephanopyxis. palmeriana*（图 4-2-6）

藻体细胞为球形至圆筒形，直径 100～150 μm。壳面圆形，略为鼓起，在壳缘着生一圈管状刺。刺端粗厚，截平，借其末端与邻细胞相对应刺的末端相接组成短链群体。自壳环面观，刺似栅榄状排列。色素体为盘状。

本种为近海偏暖性种类，营浮游生活。青岛夏、秋两季皆有。

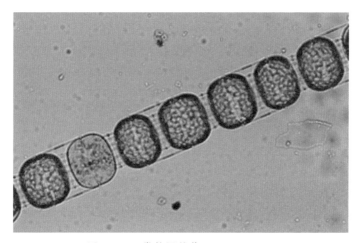

图 4-2-6　掌状冠盖藻 *S. palmeriana*

6. 塔形冠盖藻 *S. turris*（图 4-2-7）

藻体细胞较细长,壳面长卵圆形,略鼓起。壳缘着生一圈管状刺,与壳环轴平行,相邻细胞以此连成短链群体。细胞壁有明显的六角形孔纹,无间生带。色素体多而小,呈片状或颗粒状。

温带近岸种。中国渤海、黄海近海皆有分布,青岛沿海春、秋季节皆有分布。

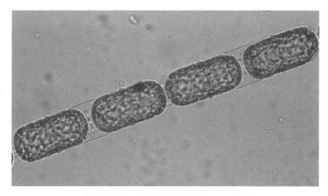

图 4-2-7　塔形冠盖藻 *S. turris*

7. 薄壁几内亚藻 *Guinardia flaccida*（图 4-2-8）

藻体细胞单独生活,或成短链群体。壳面正圆形,略向内凹。在边缘有不规则的齿状凸起,普通两个(也有一个),和邻胞紧密相连。细胞直径通常在 50 μm 左右。壳环面正长方形,或略有弯转。长约为宽的一倍半到两倍。有明显的领状节间纹。色素体多,片状。

本种是近海,温带种类,外洋也有,常出现在暖海,可作为暖流指标。青岛夏、秋两季都曾采到。

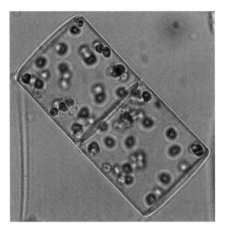

图 4-2-8　薄壁几内亚藻 _G. flaccida_

8. 笔尖型根管藻 _Rhizosolenia styliformis_（图 4-2-9）

藻体细胞为长圆筒形。直径 12～70 μm，长 600～1 000 μm。壳面斜圆锥形，顶端有小刺，其基部膨大为圆锥形，中空，两侧各有一个翼状突起。锥形突从背面观近直锥形。壳面留有邻藻体细胞的小刺和翼状突的印痕。节间带呈鳞片状。色素体颗粒状，多而小。

本种为外洋广温性种类。在我国分布广泛，青岛秋季大量出现。

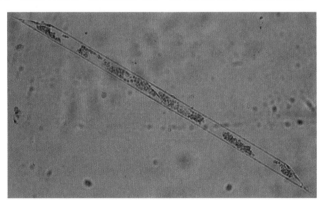

图 4-2-9　笔尖型根管藻 _R. styliformis_

9. 并基角毛藻 _Chaetoceros decipiens_（图 4-2-10）

链状群体规则，窗孔多为椭圆形；角毛长且直，位于同一平面上；角毛上具有 4～6 行交替纵向排列的孔纹和小刺；相邻角毛的基部具有长度不等的并行融合；尚未发现休眠孢子。

中国黄海、东海、台湾海峡、南海北部海域皆有分布。青岛沿海四季均产。

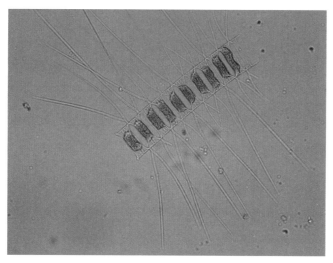

图 4-2-10　并基角毛藻 *C. decipiens*

10. 聚生角毛藻 *C. socialis*（图 4-2-11）

藻体（细胞）角毛一长三短，长角毛借助胶状物质聚集在一起，形成数量庞大的群体。只含有一个色素体。

寒带至北温带近岸种。中国渤海、黄海、东海近岸海域皆有记录。青岛沿海春、冬季常见。

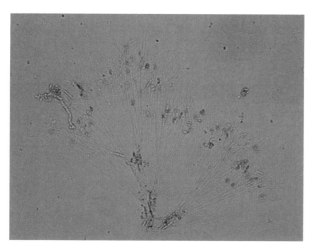

图 4-2-11　聚生角毛藻 *C. socialis*

11. 旋链角毛藻 *C. curvisetus*（图 4-2-12）

藻体细胞借角毛基部交叉组成螺旋状的群体，一般链长。宽壳环面为四方形，宽 7～30 μm。藻体细胞间隙纺锤形、椭圆形至圆形。壳套很低，一般小于细胞高度的 1/3。壳环带高，上、下凹缢明显。角毛细而平滑，它自细胞角生出，皆弯向链凸的一侧。链端角毛与其他角毛无明显的差别。色素体单个，位于壳环面中央。

本种是广温性沿岸种类，暖季分布较广。青岛几乎终年皆有，6—8 月为高峰期。

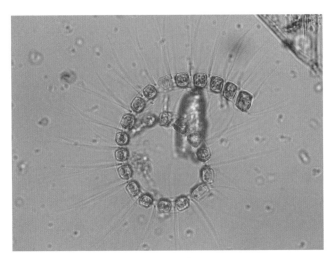

图 4-2-12　旋链角毛藻 *C. curvisetus*

12. 窄隙角毛藻 *C. affinis*（图 4-2-13）

藻体细胞链直，宽壳环面长方形，角尖。角毛细，向两侧直伸。端角毛粗大，呈马蹄形弯曲，并具细刺。藻体细胞宽 $7\sim33\ \mu m$。壳环带窄，壳套多大于藻体细胞高度的 1/3。藻体细胞间隙狭长，呈纺锤形或近长方形。色素体大，每细胞只有 1 个，在细胞中央。

本种为沿岸广温性的种类，分布于世界各海。为青岛常见的种类，以秋季为最多。

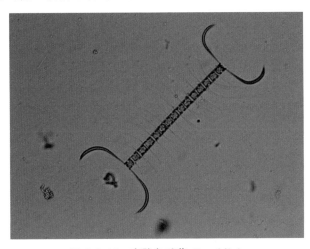

图 4-2-13　窄隙角毛藻 *C. affinis*

13. 中华盒形藻 *Biddulphia sinensis*（图 4-2-14）

藻体细胞呈面粉带状。宽壳环面为长方形或近方形，狭壳环面为长椭圆形。藻体细胞宽 $62\sim320\ \mu m$，高 $112\sim264\ \mu m$，藻体细胞高度比例变化很大。在壳套和壳环带之间没有凹缢。壳面椭圆形，中央平或稍凹。从藻体细胞的四角伸出细长的突起。突起为棒状，平行于壳环轴或稍弯向藻体细胞内侧，其末端截形。突起内侧的壳面上有明显的小隆起，上面着生粗壮中空的刺毛一根。这一根刺靠近并平行于突起，刺的末端略向内弯曲。顶端有小分叉。细胞有借助刺吻合插入邻藻体细胞,组成短的直链群体,但大多数营单独生活。细胞壁薄,孔纹精致,为六角形。色素体小而多,呈颗粒状。

本种为偏暖性近岸种类,真正的营浮游生活。分布广,是常见种类。我国南海、东海、黄海均有分布。青岛全年均能采到,但从 10 月到 12 月出现的数量较多。

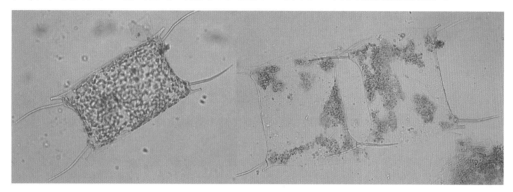

图 4-2-14　中华盒形藻 _B. sinensis_

14. 布氏双尾藻 _Ditylum brightwellii_(图 4-2-15)

藻体细胞单独生活,形状为三角柱形,或近于圆柱形或方柱形。通常高为宽的 2～3 倍,或更高。宽 25～60 μm,高 98～190 μm。壳面扁平,中央有中空的大刺,末端截平,在壳面列生冠状的小刺。色素体多数,为颗粒状。细胞核在中央。

本种广温性,属于世界性种类,也是我国沿海常见种类之一。青岛全年皆有,10—12 月为高峰期。

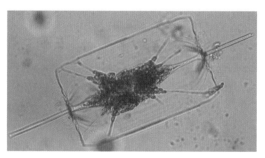

图 4-2-15　布氏双尾藻 _D. brightwellii_

15. 短角弯角藻 _Eucampi zoodiacus_(图 4-2-16)

该藻又称浮动弯角藻,藻体细胞壳环面呈"工"字形,一边长,另一边略短;宽 36～72 μm,中央部高 6～32 μm;其形状大小变化很大,一般宽大于高,也有高大于宽。壳面为长椭圆形,中央凹入,中心有一个齿状凹。两极各有一个钝而短的突起,即"工"字形的两边与邻藻体细胞对应突起相连接成螺旋链群体。藻体细胞间隙较小,由椭圆形至圆形。壳环面的点纹,排列为放射条纹,10 μm 有 28～33 条。节间带的环纹一般很少,随壳环轴的长度而增加。壳上点纹明显,放射状排列,每 10 μm 有 16～20 个。点纹由中央向外缘逐渐变大。色素体多而小。

本种为沿岸浮游广温性种类。分布很广,南海、黄海、东海均有分布。1999 年 7 月在青岛胶州湾出现赤潮。

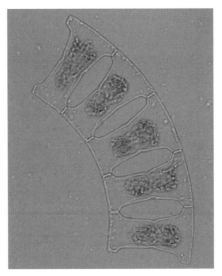

图 4-2-16　短角弯角藻 *E. zoodiacus*

(二) 羽纹硅藻纲(Pennatae)

1. 冰河拟星杆藻 *Asterionella glacialis*(图 4-2-17)

藻体细胞群体生活,常以一端相连成星形螺旋状的链。壳环面的近端呈三角形,宽 16~20 μm,另一端细长,末端截平。藻体细胞全长 75~120 μm。色素体一般 2 片,有时 1 片,分布于细胞的三角形膨大部分。

本种为近岸广温性种类,分布广,数量大。我国东海、南海均有分布。青岛沿海以 3、9 月数量最多。

2. 佛氏海毛藻 *Thalassiothrix frauenfeldii*(图 4-2-18)

图 4-2-17　冰河拟星杆藻 *A. glacialis*

藻体细胞长 223~280 μm,宽 6 μm,一端借胶质相连组成星形或螺旋形的群体。壳环面棒状。藻体末端壳面圆钝,另一端比较尖细。壳缘有排列整齐的小刺。色素体多数,小形,呈颗粒状。

本种是外洋广温性种类,分布很广。在我国各海均有分布,青岛沿海冷季数量较多。

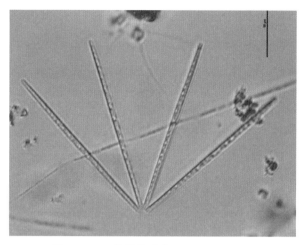

图 4-2-18　佛氏海毛藻 *T. frauenfeldii*

3. 曲舟藻 *Pleurosigma* spp.（图 4-2-19）

藻体（细胞）呈长 S 形，两端圆钝。纵沟亦呈 S 状。点条纹横纵排列。中央区小，斜列。色素体多数。

世界广布性种。中国海域皆有分布。

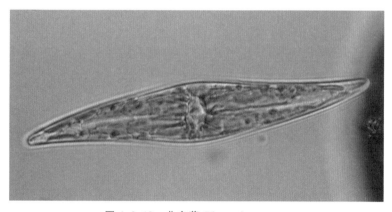

图 4-2-19　曲舟藻 *Pleurosigma* spp.

4. 羽纹藻 *Pinnularia* spp.（图 4-2-20）

藻体（细胞）壳面长方形或长棍形。壳面花纹由肋纹组成。肋的中部内侧有一椭圆形小孔，与细胞内部相通。肋纹在中部平行或射出状，在壳端为会聚状。有中节和端节。色素体 2 个。

细胞常单独自由生活，淡水、半咸水、海水都有。中国海域皆有分布。

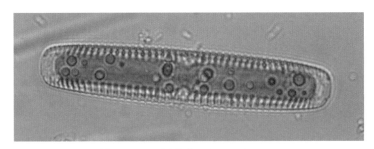

图 4-2-20　羽纹藻 _Pinnularia_ spp.

5. 奇异菱形藻 _Nitzschia paradoxa_（图 4-2-21）

该藻又称派格棍形藻。藻体细胞棍形,末端平截。断面近方形;宽 5～9 μm,长 68～190 μm。彼此并连成一条滑动的带状群体。色素体多,小颗粒状,分散分布。细胞核在细胞中央。

本种沿岸性种,海产,也能生活在半咸水中。分布很广,青岛沿海四季皆有。

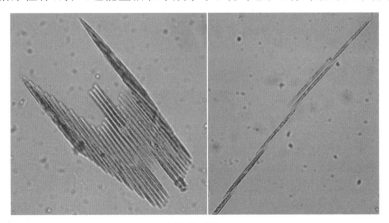

图 4-2-21　奇异菱形藻 _N. paradoxa_

四、浮游甲藻

（一）概述

甲藻与硅藻一样,也是主要的浮游藻类之一。其分布很广,海水、淡水、半咸水中均有;在海滩、积雪上也可以生存;另外,还有一些营寄生、共生的种类。

甲藻同硅藻都是海洋动物的主要饵料,它们的产量也就是海洋生产力的指标。但如果过量繁殖,就会产生赤潮。研究证明有些甲藻可以产生一种麻痹神经的毒素,称为甲藻毒。这种毒素聚集于贝类的腮腺和生殖腺内形成麻痹性贝类毒,人畜误食含毒的贝类,将导致中毒死亡。还有些浮游甲藻也可以附着在贝类的鳃上,使之呼吸困难而死亡。因此赤潮的发生,对渔业的危害很大。

甲藻是藻类中唯一能发光的类群。海洋生物发光,俗称海火。在国防、航运、交通及渔业上均有重大的实用价值。此外,甲藻在海流水团的调查、地层的鉴定和石油勘探上也是重要的指示种。对海洋污染的自净也起一定的作用。

（二）甲藻的形态

1. 外形

甲藻的藻体多为游动的单细胞，细胞球形至针形或分枝形，只有少数几个属为丝状体。细胞背腹扁平或左右侧扁，细胞的前后端常有突出的角状构造。大多数种类单独生活，很少连成群体。

2. 细胞壁

甲藻的细胞壁称为表质膜或壳，主要成分为纤维素，有些种类表质膜较薄而完整，但多数甲藻的表质膜都比较厚，且划分成一定数目的小甲板，小甲板的形状、数目和排列各属种不同，为甲藻种属分类的依据。

3. 鞭毛

运动的甲藻个体都有两条特殊的鞭毛。横裂甲藻纲与纵裂甲藻纲两条鞭毛的构造及运动方式不同。横裂甲藻纲的种类，鞭毛生于腹面，一条为纵鞭，尾鞭型；一条为横鞭环绕于横沟内，为扁平带状。横鞭作波状运动；纵鞭通过纵沟伸向体后，作鞭状运动，使藻体前进。因此运动时藻体是旋转前进的，纵裂甲藻纲的种类，两条鞭毛都生于细胞的前端，一条直伸向前，另一条环状围绕于细胞前端。

4. 细胞核

甲藻的细胞核很特殊，通常大而明显，有的种类可达细胞体的 1/2，球形、椭球形、肾形、U 形、三角形或 Y 形。核仁一至数个。染色体数目较多，12～400 个。

5. 色素体及色素

甲藻细胞质的外层部分常较浓厚，有时呈颗粒状，内含色素体。色素体多个，盘状，也有梭形或带状而呈放射排列的。有些种类不具色素体，色素溶于细胞质内。

6. 蛋白核及储藏物

甲藻不少种类有蛋白核的构造，如横裂甲藻纲的种类，在放射排列的色素体中央有蛋白核；纵裂甲藻在两片色素体内各有一个蛋白核。还有的甲藻具有柄的蛋白核，外被淀粉鞘。甲藻的储藏物为淀粉和油，有时呈黄色或粉红色的油球，特别是海生的种类比较明显。

7. 其他细胞器

其他细胞器有甲藻液泡、刺丝胞、眼点等。

（三）甲藻的繁殖

1. 细胞分裂

细胞分裂是甲藻普遍存在的繁殖方式。纵裂甲藻纲和横裂甲藻纲鳍藻目的种类为纵分裂，横裂甲藻纲的其他种类是横分裂或沿甲片连接线斜着分裂。

2. 游孢子和不动孢子

有些种类可以产生游孢子和不动孢子。游孢子球形或卵形,很像一个裸甲藻的构造,有纵横沟和纵横鞭毛。游孢子通过母细胞壁上的小孔释放出来,或是由于母细胞壁的液化而被释放。不动孢子通常球形,每个母细胞的原生质体形成一个或两个不动孢子,但也有一些种类的不动孢子有棱角或为新月形。

3. 休眠孢子

在不良环境条件下,许多具甲甲藻可以形成休眠孢子,具厚壁,对酸碱都有较强的抵抗力。休眠孢子有两种类型:一种休眠孢子具有和营养细胞完全相同的甲板形态的厚壁;另一种休眠孢子壁上有分枝管状的突起。休眠孢子成熟时,厚壁上有固定的开口,细胞质或子细胞由此逸出。

4. 甲藻的有性生殖

甲藻的有性繁殖方式比较少见,可分为同配生殖和似配生殖,同宗或异宗。

(四) 甲藻的分类

甲藻门分为两纲,即纵裂甲藻纲(Desmophyceae)和横裂甲藻纲(Dinophyceae)。

五、青岛常见的浮游甲藻

(一) 纵裂甲藻纲(Desmophyceae)

海洋原甲藻 *Prorocentrum micans*(图 4-2-22)

该藻又称瓜子虫。藻体细胞卵形或心脏形,左右侧扁,后端尖,前端或中部较宽。壳壁自中央分成相等的两瓣。鞭毛两条,自藻体细胞前端两半壳之间生出,一条向前,另一条环绕细胞前端。鞭毛孔附近,在一个壳上有长刺状突起。

本种分布广泛,近岸、河口及外海均有。我国近海产。是赤潮种类之一。

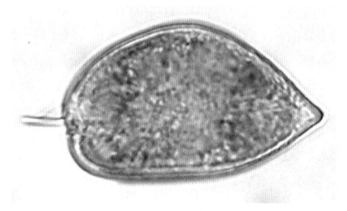

图 4-2-22 海洋原甲藻 *P. micans*

（二）横裂甲藻纲（Dinophyceae）

1. 夜光藻 *Noctiluca miliaris*（图 4-2-23）

藻体呈球形，直径可达 2 mm，肉眼可观察到。幼体形态很像裸甲藻。成体腹面有一纵沟，沟内有一条退化的鞭毛，沟的一端有口，口旁有一条能动的触手。是发光种类，也是赤潮生物之一。

本种为近岸表层种类，分布极广，除寒带海区外，几乎遍布全世界各海区。青岛沿海全年皆有。

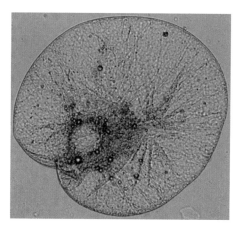

图 4-2-23 夜光藻 *N. miliaris*

2. 扁平原多甲藻 *Protoperidinium depressum*（图 4-2-24）

藻体细胞有明显的前角和两个较长的后角，呈扁透镜形，长轴与横沟成斜交。上壳为极不对称的锥形，顶角不在中央而偏向背侧。两后角长，末端尖细，两后角不在一平面上，右后角与顶角平行向右伸出，左后角较短向左腹面伸出。横沟左旋，不凹陷，边翅具肋刺。纵沟细而长，达后缘；壳面网孔大，网结上有小点。

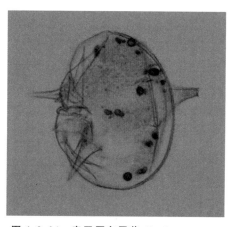

图 4-2-24 扁平原多甲藻 *P. depressum*

本种为广盐性种类，冷水及暖水，沿岸及远洋均有分布。我国渤海、浙江舟山群岛曾有记录。为青岛沿海常见种，秋季数量较多。

3. 叉状角藻 *Ceratium hircus*（图 4-2-25）

藻体前体部为斜锥体，右侧比左侧边斜度大；后体部短，两侧边均凹入，呈斜梯形。左角比右角略长，两角末端尖细，右角略转向腹面直伸向后，左角与之平行，但末端常向左弯，二角特别是外缘明显齿状。

本种为暖海性，我国各海域均有记录，数量较多。青岛沿海夏、秋两季常见。

4. 梭角藻 *C. fusus*（图 4-2-26）

藻体梭形，前体部长，向前逐渐变细而形成顶

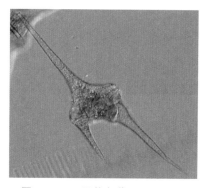

图 4-2-25 叉状角藻 *C. hircus*

角，顶角直或略弯向背面。后体部长约等于宽，左后角很长，明显的弯向背面；少数直边缘具显著齿状；右角退化或完全不存在，大多数退化仅保留小刺状。

本种能发光。我国沿海均有记录。青岛沿海夏、秋两季数量较多。

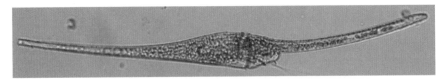

图 4-2-26 梭角藻 C. fusus

5. 三角藻 C. tripos(图 4-2-27)

藻体个体较大,体部长与宽大致相等,前体部相当短,左侧边少许凸出,右侧边凸出明显。三角均较粗壮,两后角自基部弯曲向前,顶角基部较后角宽。

本种分布很广,三大洋均有。我国沿海均有记录,青岛沿海夏、秋两季数量较多。

6. 大角角藻 C. macroceros(图 4-2-28)

藻体长大于宽,腹面、侧边均凹入。顶角长,基部宽。后角长,自基部先向后伸出,然后再弯曲向前。末端与顶角平行或歧分。

本种为温带种,在我国沿海均有记录。青岛沿海夏、秋季常见。

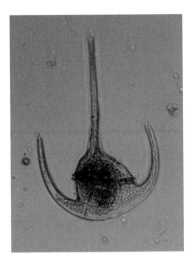

图 4-2-27 三角藻 C. tripos

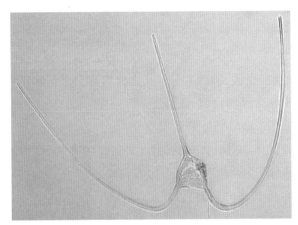

图 4-2-28 大角角藻 C. macroceros

第二节　浮游动物调查

一、概述

浮游动物包括原生动物、刺泡动物、甲壳动物、软体动物、毛颚动物、被囊动物及其他一些浮游幼虫。浮游动物没有发达的运动器官，是随波逐流的漂浮着。

浮游动物在水域中为次级生产力，以浮游植物为食，而本身又可作为许多经济鱼虾的饵料。

浮游动物中许多类群都有发光的代表，如刺泡动物中的夜光游水母、甲壳动物中的海萤、被囊动物中的环纽鳃樽。

二、青岛常见的浮游动物

（一）原生动物门(Protozoa)

1. 透明等棘虫 *Acanthometra pellucidum*（图 4-2-29）

个体无壳透明，呈圆球形。具有辐射对称的伪足，伪足呈针状。细胞质明显地分为内、外质两层，内、外层之间有中心囊隔开。中心囊骨质，共生动黄藻呈黄色。具有骨针20 根，等长、同形。它是我国沿海最常见的种类。青岛沿海夏、秋、冬季常见。

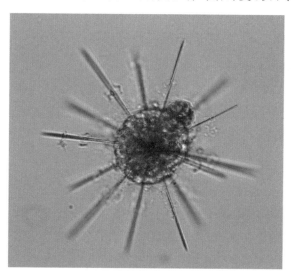

图 4-2-29　透明等棘虫 *A. pellucidum*

2. 诺氏薄铃虫 *Leptotintinnus nordqvisti*（图 4-2-30）

壳长 1.5～3.5 mm，口径 0.3～0.8 mm。壳呈长筒状，后端开口向外扩张。壳上附有许多小颗粒杂物，花纹不明显。体半透明。本种广泛分布于黄海、东海。青岛沿海夏、秋季常见。

3. 运动类铃虫 *Codonellopsis mobilis*（图 4-2-31）

领部宽大，口缘稍外翻。领部长度变化较大，有 4～10 条螺旋形花纹，这种变化与季节有关。运动类铃虫是黄、渤海常见种类。

4. 小领细壳虫 *Stenosemella parvicollis*（图 4-2-32）

领小，壶部大。领的基部有 8 个圆穹形的小窗，壶部形成肩。分布于黄海和东海，青岛常能采集到。

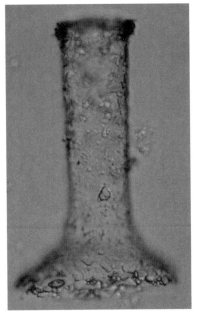

图 4-2-30 诺氏薄铃虫 *L.nordqvisti*

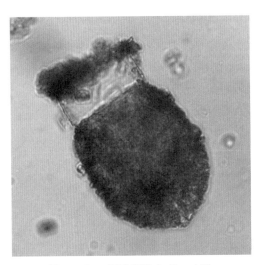

图 4-2-31 运动类铃虫 *C.mobilis*

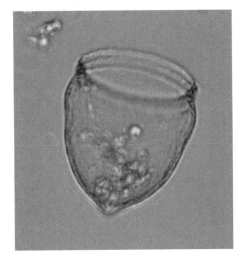

图 4-2-32 小领细壳虫 *S.parvicollis*

（二）刺胞动物门（Cnidaria）

1. 海蜇 *Rhopilema esculentum*（图 4-2-33）

伞部半球形，直径可达 500 mm 以上。外伞表面光滑，胶质厚而硬。感觉器 8 个，辐管 16 条，口腕 8 根，肩板 8 对，自各腕及肩板上的皱褶间生出很多丝状和棒状附属器。生殖腺呈马蹄状，内伞有发达的环肌。

本种广泛分布于我国 4 个海区沿岸，朝鲜、日本也有分布。

2. 海月水母 *Aurelia aurita*（图 4-2-34）

海月水母营漂浮生活，体为盘状白色透明，直径 10～30 cm，身体 98％是水。在伞的边缘生有触手，并有 8 个缺刻，内各有 1 个感觉器，在感觉器内各有 1 个中空的触手囊，囊的末端有钙质的平衡石，囊上有眼点，囊下面有缘瓣，缘瓣上有感觉细胞和纤毛，另外有两个感觉窝。当水母体不平衡时，触手囊对感觉纤毛的压力不同，而产生不平衡的感觉。内伞中央有 1 个呈四角形的口，口的四角各有 1 条下垂口腕。4 个马蹄形的生殖腺呈粉红色。

该种为世界广布性种。最适温度范围 22～26℃，温度上限为 30℃，下限为 15℃。盐度下限为 24，上限为 32。本种广泛分布于我国 4 个海区沿岸。

图 4-2-33　海蜇 *R. esculentum*

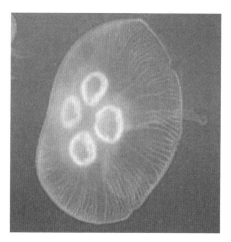

图 4-2-34　海月水母 *A. aurita*

（三）栉水母动物门（Ctenophora）

球形侧腕水母 *Pleurobranchia globosa*（图 4-2-35）

球形侧腕水母体形如小玻璃球。有 8 条显著的栉板，具有 2 条细长分枝且能缩入触手囊中的触手，充分伸展时，其长度可达体高的 20 余倍，为主要捕食器。雌雄同体。精巢和卵巢并列于子午水管的内壁，海水中受精，经胚胎发育后成为幼体。球形侧腕水母为暖水近岸性种，广泛分布于印度、日本和中国沿海。春夏之间，经常在贝虾类养殖池中大量发生，吞食贝虾幼苗，为贝虾类养殖业的敌害之一。

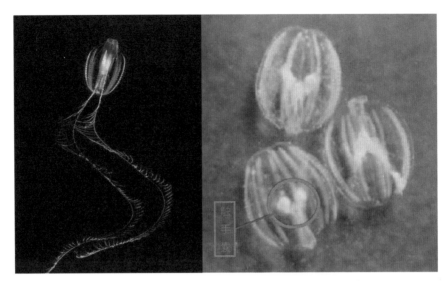

图 4-2-35　球形侧腕水母 *P. globosa*

（四）毛颚动物门（Chaetognatha）

强壮箭虫 *Sagitta crassa*（图 4-2-36）

强壮箭虫身体细长，略为透明，泡沫组织非常发达。前齿数 6～14 个，后齿数 15～43 个，颚毛数 8～12 根。纤毛环始自眼的后方，环的左右两侧相对应弯曲。前鳍略短于后鳍，前、后鳍条完整。

本种系近岸低盐表层种类，大量分布于黄海、渤海及东海北部近岸，是黄海、渤海区的优势种类。在日本、朝鲜沿海也有分布。青岛沿海全年皆有。

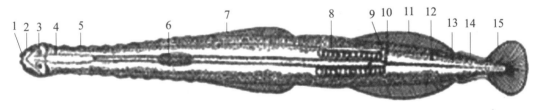

1. 齿列　2. 颚刺　3. 眼　4. 纤毛冠　5. 领　6. 腹神经节　7. 前侧鳍　8. 卵巢　9. 雌生殖孔
10. 肛门　11. 后侧鳍　12. 精巢　13. 中隔膜　14. 贮精囊　15. 尾鳍

图 4-2-36　强壮箭虫 *S. crassa*

（五）节肢动物门（Arthropoda）

中华哲水蚤 *Calanus sinicus*（图 4-2-37）

该种体长 2.6～3.5 mm，头胸部呈长圆筒形，第一触角细长。雄性在头节背面中央的末端，具一指向后方的小突起，较雌性显著。胸部后侧角短而钝圆。腹部雌性分 4 节，雄性分 5 节。雌、雄性的第五胸足的基节内缘呈锯齿状。雄性第五胸足左右不对称，左足内肢仅达外肢第一节的末端或更短些。

该种为暖温带种,广泛分布于我国渤海、黄海和东海近岸海域,数量极为丰富,为这些水域的优势种。青岛沿海全年皆有。

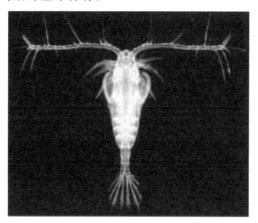

图 4-2-37　中华哲水蚤 *C. sinicus*

(六) 脊索动物门(Chordata)

1. 异体住囊虫 *Oikopleura dioica*(图 4-2-38)

该种个体小,形似蝌蚪。身体分为躯干和尾部两部分。体部小而胖,背部近平直,靠前端突然下降。口窄斜向背部。口腺小。尾部肌肉很窄,在尾部的下半部,脊索的右边有 2 个菱形的下脊索细胞。尾部与体部长度之比为 4∶1。雌雄异体。

该种分布于我国黄海、东海、南海海域。青岛秋季较多。

2. 小齿海樽 *Doliolum denticulatum*(图 4-2-39)

该种体呈酒桶形,两端开口,前端为进水孔,后端为出水孔。胶质囊薄而硬。有 8 条完整体肌围绕着体壁。内柱自第二体肌至第六体肌前缘。消化管弯曲呈膝状,位于身体的后腹部。精巢呈管状,卵巢圆球形,位于精巢之后。

该种广泛分布于太平洋、印度洋和大西洋的暖流区。它在我国沿海主要分布于南黄海、东海和南海。青岛沿海全年皆有。

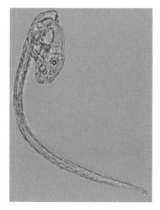

图 4-2-38　异体住囊虫 *O. dioica*

图 4-2-39　小齿海樽 *D. denticulatum*

（七）浮游幼虫（plagic lanae）

1. 多毛类的后期幼虫

环节动物中的多毛类，其幼虫可分为两个时期，即担轮幼虫（图 4-2-40）和后期幼虫（图 4-2-41）。

后期幼虫由担轮幼虫发展而成，身体伸长，在身体两侧已经长出许多长的刚毛，故又有刚毛幼虫之称。其一般出现在春夏季，是我国沿海主要浮游幼虫之一。

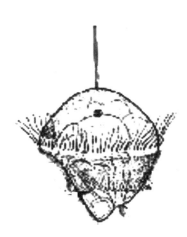

图 4-2-40　多毛类的担轮幼虫

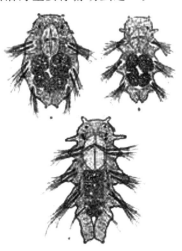

图 4-2-41　多毛类的后期幼虫

2. 桡足类的六肢幼虫（图 4-2-42）

六肢幼虫又称无节幼虫，身体卵形，前端腹面有一个圆盘状的口，体的后端长有 2 根或 2 根以上的刺毛。腹面的两侧有 3 对附肢，这 3 对附肢发达，有浮游功能。体色一般透明，有些略带红色或黄色。

图 4-2-42　桡足类的六肢幼虫

3. 蔓足类六肢幼虫（图 4-2-43）

该幼虫头部扁平，前端两侧角伸出形成棘突，后端有 1 根长的尾刺和 2 个短小的腹突起,使整个身体成近三角形。身体前端背面有 1 个单眼。背面有 1 根背刺,第一触角间有两条颚丝。具 3 对分节的附肢。

4. 长尾类幼虫(图 4-2-44)

该类幼虫身体细长,头胸部和腹部区分明显,但还没有长出附肢。尾节具有尾叉。

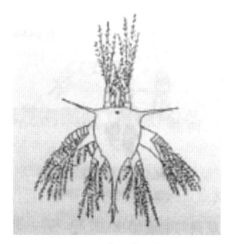
图 4-2-43　蔓足类六肢幼虫

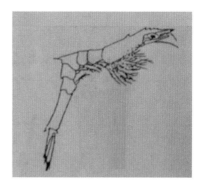
图 4-2-44　长尾类幼虫

5. 短尾类溞状幼虫(图 4-2-45)

该幼虫属于蟹类幼虫,各类动物的溞状幼虫的形态有所不同。常见的溞状幼虫,头胸部发达,背甲上有 1 根向上伸长的刺,前端有 1 根向下伸长的刺。有 1 对较大的复眼。腹部分节。头胸部有 3 对分节的附肢。

6. 短尾类大眼幼虫(图 4-2-46)

该幼虫身体背腹扁平,头胸部发达,具有 1 对有眼柄的大复眼,5 对分节的附肢。腹部分节,并已出现附肢,但腹部伸直,尚未向头胸部的腹面弯曲。

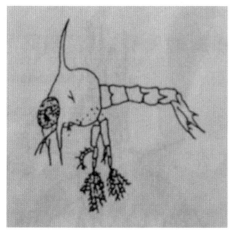
图 4-2-45　短尾类溞状幼虫

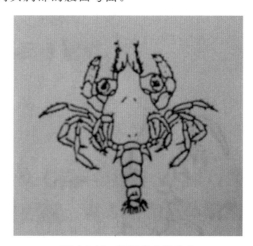
图 4-2-46　短尾类大眼幼虫

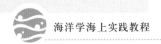

7. 蛇尾纲的长腕幼虫(图 4-2-47)

该幼虫身体背腹呈扁平的倒三角形,三角形的顶端腹面有肛门,底部有口。从含有 V 形消化管的身体伸出左右对称的一定数目的腕,各腕细长,其中有石灰质骨刺支持。

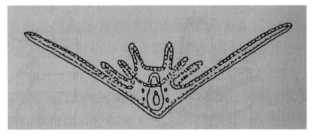

图 4-2-47 蛇尾纲的长腕幼虫

8. 海胆纲的长腕幼虫(图 4-2-48)

该幼虫外形上与蛇尾的幼虫颇为相似,不同的是口后腕位于三角形的两侧向前伸出,但张开角度较小,还多 1 对口前腕。各腕较粗短。

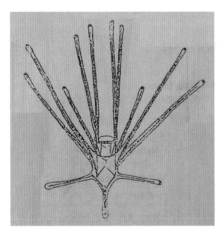

图 4-2-48 海胆纲的长腕幼虫

第三节　浮游生物调查所需的调查工具和设备

一、采集工具

(一) 球盖采水器

球盖采水器(图 4-2-49)由下列部件构成:

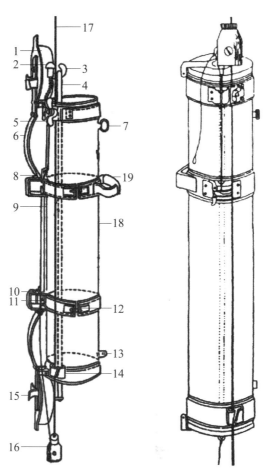

1. 球盖　2. 撞杆　3. 内挂钩　4. 橡胶拉条　5. 固定夹螺母　6. 折叠活动把手　7. 气门　8. 弹簧销　9. 曲动联杆　10. 弹簧片　11. 击锤环　12. 紧拉座　13. 出水口　14. 挡绳架　15. 簧片夹　16. 击锤　17. 钢丝绳　18. 采水筒　19. 把手

图 4-2-49　球盖采水器

（1）采水筒，是一个内径 85 mm、长 510 mm、容量约为 2.5 L 的有机玻璃圆筒，筒的上、下端分别有气门和出水嘴。

（2）球盖，两个，呈碗状，由橡胶制成，依靠金属活页与采水筒相连接。球盖的凸出面为内表面，该面顶部有一拉钩，两拉钩之间由橡胶拉筋连接起来。通过拉筋的收缩作用，球盖盖住筒口，从而使采水器处于封闭状态。另在球盖外表面顶部装有一个金属环，当连在环上的绳索被挂在释放器挂钩上的时候，采水器便处于开放状态。

（3）释放器，位于采水器中上部，由触杆、弹簧片和挂钩等部件组成。

（4）固定夹和钢丝绳槽，整个采水器借此两者被固定在钢丝绳上。

（5）使锤，当此锤击动触杆时，在释放器作用下两个球盖都关闭起来。

（二）浮游生物网

浮游生物拖网网具式样很多，性能也各不相同，可根据调查海区情况和采样对象选用不同的网具。最常用的主要是浅水Ⅰ、Ⅱ、Ⅲ型浮游生物网和深水大、中、小型浮游生物网两套网具,国外常用的还有 WP 型浮游生物网、北太平洋浮游生物标准网等网具。深水型浮游生物网和浅水型浮游生物网在结构上大同小异,主要区别在于网的长短和开口面积不同。网的长短不同代表过滤水样的速度不同,网越长,过滤的速度越快;网的开口面积不同代表过滤水的体积不同,开口面积越大,过滤水的体积越大。

1. 大型浮游生物网(图 4-2-50)

大型浮游生物网主要用于在 30 m 以深的水域垂直或者分段采集大、中型浮游动物、鱼卵和仔、稚鱼。其构造如表 4-2-1。

表 4-2-1 大型浮游生物网规格

部位	尺寸及材料
网口	直径(内径)80 cm,面积 0.5 m²,网圈由直径 1cm 的铜或不锈钢制成
过滤部 1	长 20 cm,材质为防雨布或细帆布
过滤部 2	长 250 cm,材质为 GG36 筛绢,每厘米 15 个网目,孔径大小为 505 μm
网底部	直径 9 cm,长 10 cm,材质为细帆布
全长	270 cm(网底部未计在内)

2. 中型浮游生物网(图 4-2-51)

中型浮游生物网主要用于在 30 m 以深的水域垂直或者分段采集中、小型浮游动物和夜光藻,某些个体较大的浮游藻类也能采到。其构造如表 4-2-2。

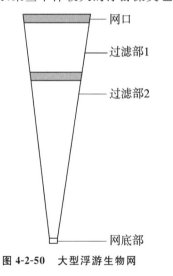

图 4-2-50 大型浮游生物网

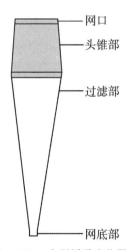

图 4-2-51 中型浮游生物网

表 4-2-2　中型浮游生物网规格

部位	尺寸及材料
网口	直径(内径)50 cm,面积 0.2 m², 网圈由直径 1 cm 的铜或不锈钢制成
头锥部	长 90 cm,材质为细帆布,上圈直径 50 cm,中圈直径 72 cm
过滤部	长 180 cm,材质为 38 号筛绢,每厘米 38 个网目,孔径大小为 160 μm
网底部	直径 9 cm,长 10 cm,材质为细帆布
全长	270 cm(网底部未计在内)

3. 小型浮游生物网(图 4-2-52)

小型浮游生物网主要适用于 30 m 以深的水域垂直或者分段采集小型浮游生物。其构造如表 4-2-3。

表 4-2-3　小型浮游生物网规格

部位	尺寸及材料
网口	直径 37 cm,面积 0.1 m²,网圈由直径 1 cm 的铜或不锈钢制成
头锥部	长 120 cm,材质为细帆布,上圈直径 37 cm,中圈直径 50 cm
过滤部	长 150 cm,国际标准 20 号筛绢,每厘米 68 个网目,孔径大小为 77 μm
网底部	直径 9 cm,长 10 cm,材质为细帆布
全长	270 cm(网底部未计在内)

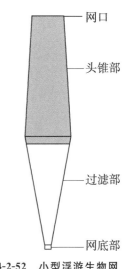

图 4-2-52　小型浮游生物网

(三) 其他工具

1. 网底管

各型网的末端都附有网底管,用以收集浮游生物。除中层拖网外,其他各种浮游生物网均可用同一样式的网底管。这种网底管的外径为 9 cm。滴管的上身连接网身,下部有活门。网底管上的筛绢必须与所用网的筛绢一致。中层拖网的网底管需相应增大,直径为 20 cm,长为 25~40 cm。

2. 闭锁器

在进行垂直分段采集中,为了要采集某一水层中的浮游生物,需要用闭锁器控制网口在水下的开闭。此种装置包括闭锁器本体和使锤两部分。

3. 沉锤

为了使浮游生物网迅速下降到预定深度并减少钢丝绳的倾斜,网的下端须挂 10~40 kg 的铅制沉锤。沉锤的重量应根据水流的强弱和风浪的大小来确定。

4. 转环(图 4-2-53)

在网具与钢丝绳连接处加接转环,可避免在大风浪时或急流中钢丝绳发生扭折。其结构与一般鱼网所用者相同。

图 4-2-53　转环

5. 量角器

用于测量拖网施放期间钢丝绳的倾角。

二、甲板设备

(一)绞车和钢丝绳

在走航中进行中层拖网采集时,应该用大型绞车或稳车。钢丝绳的直径相应应大于 1 cm。进行底表拖网或分层拖网时,则可使用 1 300 m 生物绞车。其车速可以连续调节,并附有排绳装置和钢丝绳计数器。钢丝绳的直径为 3.6~6.2 mm。进行深海采集时,必须增设深水绞车。

(二)吊杆

中层拖网必须用大吊杆,其他各网所用吊杆的高度一般为 5~6 m。深水浮游生物网用的吊竿需高过 6 m,其负荷 500~1 000 kg。吊杆跨舷距离为 2 m 左右,并能视网型大小作适当的调节,以免起网时网口和船舷相碰。

(三)冲水设备

冲水设备包括冲洗网具用的海水装置和冲洗网底管用的水桶。

第四节　海上采集

一、出海前的准备工作

（一）设备检查

仔细检查船上的固定设备（绞车、吊杆、钢丝绳等），如有故障，及时检修排除。

（二）采集工具

采集工具至少准备两套。另外还必需携带装配和维修仪器的各种工具（如钳子、螺丝刀、活动扳手）。

（三）标本瓶及固定剂

根据调查计划中的采集项目、站数和水深，准备好有编号的各种标本瓶和样品固定剂，并装入出海箱。上船后，须把仪器物品固定在船的适当位置，以免在遇到风浪时碰撞和损坏。

常用于固定浮游生物样品的固定剂有以下两种：

（1）福尔马林：（甲醛水溶液，一般含 37％～40％甲醛）用以固定各种网采的浮游生物。用量按照标本瓶容积的 2％～5％准备（如每一个 500 mL 的标本瓶要准备 10～25 mL 的甲醛溶液 ）。

（2）碘液：将碘溶于 5％碘化钾水溶液中，使成碘的饱和溶液，用以固定采水样品。每升水样加此液 6～8 mL，在出海前可先加入水样瓶中。

（四）其他物品

按需用量准备好各种记录表格、文具和玻璃器皿等。

二、到站前的准备工作

（1）值班人员提前到工作岗位，阅读上一班填写的记事表，了解工作进行情况，对容易发生故障的部件和仪器设备进行检查和维修。

（2）在临到站之前先核对站位，待船停稳后，立即了解水深，以确定钢丝绳放出的长度和采集层次。

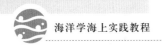

三、采集工作

（一）分层采水

（1）采水层次和采水量都以大面观测中的规定为准。

（2）颠倒采水器的采水步骤见本教程水文部分。

（3）球盖采水器的使用：先将两个球盖从采水筒口上翻出，再将连在球盖金属环上的绳索挂在释放器的挂钩上，使采水器呈开放状态。此后再检查气门和出水嘴是否已关闭。

挂采水器的方法：先把钢丝绳卡入采水器的钢丝绳槽，接着再把钢丝绳卡入采水器的固定夹内，必须把固定夹的螺丝扭紧，以防采水器失落。

分层采水时，从第二个采水器开始，在每个释放器的下挂钩上再挂一个使锤，借以触发下一个释放器。

在以上各部件装好之后即可开动绞车，徐徐放下采水器。此时切勿使之碰撞船舷，以防止释放器被触发。待所有采水器被放到预定深度时，停车，一手握住钢丝绳，一手打下使锤。当手感到钢丝绳振动时（挂几个采水器，就有几次振动），即知释放器动作已完成，球盖已把采水器筒口关闭。至此，开动绞车逐个上提采水器，取下后置于采水器架上，打开气门，从出水嘴接得所需水量。然后将多余的水全部放掉，并关闭好气门和出水嘴。

采水工作结束后，填写记录表。

（二）浮游生物拖网

由海底到海面垂直拖网所用的网具，应根据水深和采集目的来确定。

1. 落网

落网速度不可太快，一般不超过 0.5 m/s，以保持钢丝绳紧直为准。当网具接近海底时，减速。沉锤着底而钢丝绳出现松驰，停车。如钢丝绳倾角较大，绳长将略超过水深。要把入水绳长记录下来。在落网过程中，尽可能使网口接近海底，而后立即起网。

2. 起网

大、中、小型浮游生物网的起网速度应保持在 0.5 m/s 左右。大型Ⅱ号浮游生物网和深水浮游生物网起网速度分别为 1.5 m/s 左右和 1 m/s 左右。在网口未露出水面以前既不能停车，也不能加速或减速；但在网口露出水面时须立即减速，并及时停车，以避免网卡环碰撞吊杆上的滑轮，致使钢丝绳被绞断而失落网具。在起网过程中必须把开始起网时和网口将露出水面时钢丝绳的倾角分别记录下来。

3. 冲网

把网升高，用海水从上到下反复洗网身外表面，使黏附在网上的标本落到底管中，开启底管活门，将标本放入标本瓶中。然后，再关闭活门，冲洗底管，将残留的标本并入标本瓶中。如此重复数次,直至洗净为止。

4. 样品固定

根据样品和水量的体积加入福尔马林,使成 5‰的福尔马林溶液以固定之。

5. 填写记录

在采集过程中,应填写记录。每次采集完毕后应把记录表与标本瓶号进行一次核对。

6. 注意事项

(1)当遇到网身破碎或样品中有大型水母或其他污物等不正常情况而影响采集质量时,应重新采集一次。

(2)如钢丝绳倾角超过 45°,所采样品便不能用于定量分析,仅能用于定性分析。在这种情况下,必须加重沉锤或趁船漂泊之际重采一次。

四、网具的保养

航次结束后,网衣、网上的绳索、网圈、网底管等均需用淡水冲洗,晾干后收藏。装卸网具时不可使网身受到摩擦和强力拉扯。

第五节　样品的整理及分析

一、样品的处理和编号

(一)样品的处理

(1)将已固定的网采浮游生物样品静置沉淀(小型浮游生物需沉淀两昼夜)、浓缩和换瓶后,按标本总编号方法进行编号。

(2)采水样品需经固定、沉淀和浓缩过程,最后换入贮存瓶中。

(二)样品的编号

(1)在编号前必须将海上采得的全部标本和采集记录作一次仔细核对。若标本的瓶号、数量与记录不相符,应找出原因。

(2)根据出海记录把各类样品依次进行总编号,总编号力求简单且能表明标本采集的海区、时间及类别。

(3)总编号标签应一式二张:一张贴在标本瓶外并涂蜡保护,另一张经浸蜡后投入标本瓶内。

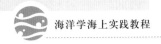

二、样品的分析

样品分析可分为定性分析和定量分析。

浮游生物的计量可分别以生物量（mg/m³）、体积（mL/m³）和个体数量（个数/米³或个数/升）来表示。

（一）小型及微型浮游生物个体计数法

1. 计数工具

普通复式显微镜、小型和微型浮游生物计数框、计数器、取样管和盖玻片。

2. 计数操作过程

先按样品中浮游生物数量的多少，把样品浓缩或稀释至适当体积（通常为500 mL），再用取样管作轻轻搅拌。待样品分布均匀时，迅速地将取样管直立于样品水体的中央，并准确地一次吸好所需要的体积（通常为 0.1 mL 或 0.25 mL）。然后，将样品移入计数框中（当样品被注入计数框内时，取样管应保持直立以免样品遗留在取样管壁上），加盖玻片，经过静置沉淀，再置于显微镜下，利用机械台的移动依次计数。将计数结果填入表中。

（二）注意事项

（1）浮游动物个体虽已损坏或破碎，但仍有整体大小的一半时，可作为半个计数。

（2）凡失去色素的浮游植物个体和不到个体一半的残体都不计数。未完成细胞分裂的个体作为一个细胞计数。在遇有成胶质团的大群体和细胞体小而数量大的群体等不易计数的种类时，可用等级符号表示其出现量的多少。

（3）在操作过程中各种用具均须保持清洁，每次用过后必须用清水洗净。计数框应立即擦干，以免玻璃框因水浸时间过久而脱胶。

思考题

（1）硅藻的细胞壁和高等植物的细胞壁有何不同？

（2）如何区分旋链角毛藻和拟旋链角毛藻？

（3）发光浮游生物对国防军事有何影响，应如何解决？

（4）往钢丝绳上固定球盖采水器时应注意的事项？

（5）生物拖网起网时速度太快会对取样效果产生何影响？

（6）固定样品时福尔马林加入太多、太少会对样品产生何损害？

第三章 底栖生物调查

一、概述

生活于水域底上和底内的动物、植物、微生物统称为底栖生物。海洋底栖动物包括原生动物、海绵动物、腔肠动物、纽形动物、线形动物、环节动物、苔藓动物、软体动物、甲壳动物和棘皮动物等无脊椎动物以及脊索动物和底栖鱼类等。海洋底栖植物主要是藻类。

根据体型的大小,底栖生物可分为大型底栖生物、小型底栖生物和微型底栖生物。大型底栖生物是指不能通过1 mm孔径网筛的种类;小型底栖生物是指能通过此网筛但不能通过0.042 mm网筛的种类(有孔虫、大型纤毛虫、涡虫、线虫);微型底栖生物是指不能通过0.042 mm网筛的种类,主要包括原生动物、底栖硅藻和微生物等。

按生态群落底栖生物可分为底内动物、底上动物和游泳底栖动物。底内动物生活在水底的泥沙或岩礁中,又可分为栖息在管内或穴内的种类(巢沙蚕、磷沙蚕、某些蟹类)和自由潜入或钻入底内的种类(螺类、蛇尾、海胆)。底上动物生活在水底岩石或泥沙的表面上,可分为营固着生活的种类(贻贝、扇贝、藤壶)和营漫游生活的种类(腹足类、某些蠕虫、海星)。游泳底栖动物生活在海底上,又常作游泳活动(比目鱼、虾虎鱼)。

海洋底栖生物是海洋生物中重要的组成部分,对底栖生物进行调查研究可以为海洋水产业提供服务;进行海洋药物资源的开发利用;为海上交通、航运及沿海工业建设服务;为海洋环境质量的评价、监测和治理提供资料和依据。

二、青岛常见的底栖生物

(一)环节动物门(Annelida)

多毛纲(Polychaeta)

双齿围沙蚕 *Perinereis aibuhitensis*(图 4-3-1)

该种双齿围沙蚕可以长达 50 cm。它们的尾部呈褐色,其余的部分呈青绿色或红褐色。它们的头部有 4 只眼睛,1 对触须及 8 只触手。它们的身体呈翠绿色或黄绿色,背部可见其体内血红色的背血管,口部长有发达的钩状颚齿。

该种在我国沿海分布广泛,喜欢栖息于中、高潮带海滩,富含有机质、硅藻等的生境有利于其生长和繁殖。

图 4-3-1 双齿围沙蚕 *P. aibuhitensis*

(二) 软体动物门(Mollusca)

1. 贻贝 *Mytilus edulis*(图 4-3-2)

该种别名海虹、壳菜,壳呈楔形,壳质薄脆。壳顶位于壳的最前端,壳前端较窄,而后端较宽,腹缘略直,背缘呈弓形。壳表为黑褐色,生长纹细而明显。铰合部较长,铰合齿不发达。外套痕明显,前闭壳肌很小,而后闭壳肌痕大。足丝极细软为黄褐色。壳高40～50 mm,长 70～90 mm。

该种为寒温带世界广分布种。在我国仅分布在北方沿海。其肉味鲜美,又可作药用,是一种很好的养殖对象。

2. 褶牡蛎 *Crassostrea* cf. *Plicatula*(图 4-3-3)

该种又名僧帽牡蛎,壳多为不规则的三角形。两壳大小不等,左壳(下壳)稍大而中凹,右壳小而较平。以左壳固着在岩石或其他物体上生活。右壳表面环生黄色或暗紫色鳞片,颜色通常为淡黄色。铰合部窄无齿,呈三角形。闭壳肌痕马蹄形,下壳顶部有一较深的凹穴。壳高 40～70 mm,长 20～40 mm。

该种多生长在潮间带的岩石上,在北方沿海是很常见的种类。肉质味美,可食用。

图 4-3-2 贻贝 *Mytilus edulis*

图 4-3-3 褶牡蛎 *Crassostrea* cf. *Plicatula*

3. 栉孔扇贝 *Chlamys farreri*（图 4-3-4）

该种贝壳扇形。壳外面颜色通常为紫褐色或黄褐色。内面白色、褐色或粉红色，并具有宽窄不一的放射沟。壳顶位于背缘中央，壳顶具耳，前耳较大，后耳较小。左壳和右壳大小几相等；右壳较平，左壳稍凸。右前耳的下方，有一足丝孔。小孔的下缘栉状齿。两壳外面有放射肋和生长线。上面生有大小不等的鳞片状突起，均有较细的间肋。铰合部直，无齿，内韧带位于壳顶下方三角形凹槽内。外套痕不十分明显；闭壳肌痕位于贝壳中央，稍倾斜于后侧，大而明显。高 80～100 mm，宽 80 mm 左右。

该种主要生活在潮下带，水深 20 余米岩石的海底，用足丝营固着生活，也可以自由的离开。闭壳肌肥大，加工干制后即为海珍品——干贝。

图 4-3-4 栉孔扇贝 *C. farreri*

4. 短蛸 *Octopus ocellatus*（图 4-3-5）

短蛸是一种小型的章鱼。胴部卵圆形或球形，背部表面圆粒状突起密集，在背部两眼间的皮肤表面有一纺锤形或半月形的褐色斑块，在每一眼的外前方，生有一金色圆环，为本种主要特征之一。腕足基部较粗，逐渐尖细。各腕长短不一。腕的吸盘除基部有 6 个为单行外，其余均为双行排列。雄性右侧第三腕茎化为交接腕，较左侧对应腕稍短，腕顶具端器，小而不明显，圆锥形，具纵沟。体呈褐黄色。内壳退化。

图 4-3-5　短蛸 *Octopus ocellatus*

该种为近海底栖种，在我国北方近岸产量较多，长江口以南较少。是青岛沿海产量最大的一种章鱼。多栖息于泥沙底海区，主要以爬行或划行向前移动，有钻穴产卵的习性。肉鲜食或干制均佳，尚可作药用。

（三）节肢动物门（Arthropoda）

1. 中国对虾 *Penaeus orientalis*（图 4-3-6）

该种体形很大，雌性体长 180～235 mm，雄性体长 130～170 mm。甲壳薄，额角粗壮，平直前伸，上缘的齿数为 7～9 个，下缘 3～5 个。第一触角上鞭很长，约为头胸甲长度的 1.3 倍。第三颚足雌性较短，其指节细小，长度约为掌节的 1/2。雄性第三颚足较长，其指节较雌性者长大，略短于其掌节；掌节末端突出于指节基部的上方，有密

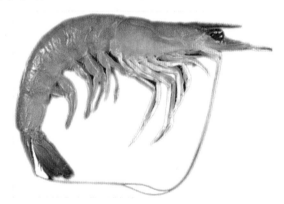

图 4-3-6　中国对虾 *P. orientalis*

毛一丛，沿指节背面向前伸出。前 3 对步足皆有小钳，后 2 对简单。雌性在第四、第五对步足基部之间的腹甲上，有中央纵行开口的圆盘形交接器官。雄性第一腹肢的内肢形成左右对称、略呈钟形的交接器。其体躯透明，雌性的微显青蓝色。雄的稍显黄色。

中国对虾在我国黄、渤海产量很高。生活于泥沙底的浅海，在黄海的群体有长距离洄游的习性。

2. 强壮菱蟹 *Parthenope validus*（图 4-3-7）

该种甲壳及附肢部都非常坚厚。头胸甲呈菱形，分区明显，表面为很多疣状突起。额角呈三角形向前突出，前侧缘有 8 个锯齿，后侧缘有 3 枚突起。螯足特别强大，长度

超过头胸甲 2 倍以上,掌部很长,三棱形,纵脊上带有齿状突起,两指短小,长节为四棱形,其边缘都有许多棘状突起。步足短小。

该种生活在砂质、泥质或有碎贝壳之浅海海底。全国沿海均产,胶州湾内外都有分布。

图 4-3-7　强壮菱蟹 *P. validus*

5. 三疣梭子蟹 *Portunus trituberculatus*(图 4-3-8)

该种头胸甲呈梭子形,表面有 3 个显著的疣状隆起。前侧缘具 9 个锯齿,以第九个最长大,向左、右伸展,形成一棱状。额缘具 4 个小齿。螯足特别强大,长节前缘具 4 个尖锐的刺,腕节内、外缘末端各具一刺,掌部背面末端在活动指的基部附近有两个并列的刺。可动指和不动指内缘均具钝齿。第四对步足的掌节与指节宽扁,适用于游泳。

该种头胸甲青色或草绿色。喜欢生活在底质为泥沙质、碎壳或软泥的浅海。我国沿海均产,是一种重要的食用蟹。

图 4-3-8　三疣梭子蟹 *P. trituberculatus*

（四）棘皮动物门（Echinodermata）

1. 海燕 *Patiria pectinifera*（图 4-3-9）

该种腕很短，呈五角星形，一般有 5 个腕，但有时也可采到 4～9 个腕的标本。反口面的骨板成复瓦状排列，并且有大小之分。大的骨板为初级板，呈新月形；在初级板之间夹有小的次极板，为圆形或椭圆形。反口面隆起，口面很平。口面骨板为不规则的多角形，也呈复瓦状排列。颜色变化很大，反口面通常是深蓝色和丹红色交杂排列，但常有完全蓝色或完全丹红色的个体。口面是橘黄色。

该种生活在沿岸浅海的沙底、碎贝壳或岩礁底。在我国北方沿岸很常见。

图 4-3-9　海燕 *P. pectinifera*

2. 多棘海盘车 *Asterias amurensis*（图 4-3-10）

该种体扁，背面稍隆起，口面很平。腕 5 个，基部较宽，向末端逐渐变细。背面的骨板结合成不规则的网目状，上面有若干不规则的节结状突起，突起上生短棘，在各棘的基部有若干个小的叉棘。管足 4 行，末端有吸盘。生活时反口面为紫色和黄白色相间而成，口面为黄褐色。

该种多生活在潮间带到水深 40 m 的沙或岩石底。华北沿海很常见，在青岛沿海很易采到。

图 4-3-10　多棘海盘车 *A. amurensis*

3．紫蛇尾 *Ophiopholis mirabilis*（图 4-3-11）

该种盘圆，直径一般为 10 mm，腕长约为盘直径的 4 倍。背面盖有大小不等的鳞片，各鳞片周围有多数颗粒状突起。每个背腕板的外缘围有 14～18 个小鳞片，并且每个背腕板的两侧各有 1 个副板。生活时反口面为紫褐色、褐色或淡褐色，口面为黄色。

该种多栖息在水深 20～160 m 的泥沙底，常群集。我国华北沿海均有分布，常在渔获物中拾到。

图 4-3-11　紫蛇尾 *O. mirabilis*

4．细雕刻肋海胆 *Temnopleurus toreumaticus*（图 4-3-12）

该种壳形变化很大，从低半球形到高的锥形均有。壳直径通常为 40 mm。赤道部以上各步带板的水平缝合线上有大而明显的三角形凹痕。大棘扁平，末端成截形。壳为黄褐、灰绿等色。大棘在灰绿、墨绿或浅黄色的底子上，带有红紫或紫褐色的横斑。

该种生活在沙泥底，常成群栖息。我国各海都有分布。

图 4-3-12　细雕刻肋海胆 *T. toreumaticus*

5．哈氏刻肋海胆 *T. hardwickii*（图 4-3-13）

该种的外形和细雕刻肋海胆极相似，但它的壳比较低，赤道部以上步带板的水平缝合线上的凹痕的边缘有些倾斜，内端深陷成孔状。大棘为灰褐色，没有红紫色的横斑，但基部呈黑褐色。壳为灰绿或略带黄色。

该种通常生活在沙砾、石块和碎贝壳底质的浅海,有时也生活在沙泥底。该种是黄海的优势种,华北沿海均有分布。

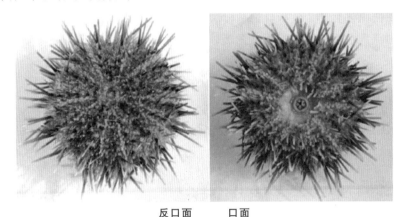

反口面　　口面

图 4-3-13　哈氏刻肋海胆 *T. hardwickii*

6. 锯羽丽海羊齿 *Compsometra serrata*(图 4-3-14)

该种中背板为半环形,背极很小。卷枝窝密集,成不规则的 2～3 圈排列。圈枝为 40～55 个,各有 10～14 节。腕数 10 个,上生羽枝。酒精标本为黄褐色,腕上常有深色斑纹。该种多生活在潮间带下区或潮下带的岩石底或带贝壳的石砾底,产于胶州湾。

图 4-3-14　锯羽丽海羊齿 *C. serrata*

(五) 脊索动物门(*Protochordata*)

青岛文昌鱼 *Branchiostoma belcheri tsingtauense*(图 4-3-15)

该种身体左右侧扁,两端尖细,形状略似柳叶状。头部不明显,腹面有一漏斗状凹陷为口前庭,周围生有口须。背部中央线有一条背鳍,腹面自口向后有两条平行的腹褶,腹褶延至腹孔前汇合,末端为尾鳍;腹孔即排泄腔的开口。身体的左右两侧具有极发达显明的横 V 形肌带(<)。脊索贯穿身体背面,生殖腺按体节成对排列于身体两

则。生殖细胞由腹孔排出体外,在海水中进行受精。

该种多栖息于近海浅沙中,仅有口端露出沙土,夜间自沙中跳出,行动活泼。主要分布于胶州湾、沙子口、北戴河等地。

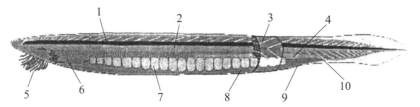

1. 神经管　2. 脊索　3. 体壁肌肉　4. 肠　5. 口笠触须　6. 咽鳃裂　7. 生殖腺　8. 围鳃腔　9. 围鳃腔孔　10. 肛门

图 4-3-15　青岛文昌鱼 *B. belcheri tsingtauense*

(六) 红藻门(Rhodophyta)

1. 条斑紫菜 *Pyropia yezoensis*(图 4-3-16)

在自然环境中,条斑紫菜的叶状体主要附着在潮间带的岩石上,具有很强的抗逆性。藻体是单层细胞,没有出现根、茎、叶的分化,有固着器、柄和叶片三部分,无明显的基部。自然状态下,条斑紫菜叶状体的长度一般为 10～30 cm,人工养殖的个别藻体会生长至 1 m 以上。条斑紫菜主要分布在我国的东海北部、黄海和渤海沿岸,在朝鲜半岛和日本海域沿岸也有分布。在我国北方沿海、韩国和日本沿海大量种植。

图 4-3-16　条斑紫菜 *P. yezoensis*

2. 龙须菜 *Gracilaria lemaniformis*（图 4-3-17）

藻体紫褐色或紫黄色、绿色。软骨质，圆柱状或线状，丛生，高达 5～60 cm 以上。单轴型。主枝 1～2 次分支，一般偏生或互生。顶端有一顶细胞，由它横分裂成次生细胞，再继续分裂成髓部及皮层细胞。四分孢子囊十字形分裂，雌雄同体或异体，囊果球状或半球状，顶端有或无喙状突起。固着器圆盘状。中国沿海皆有分布，生长在内湾的沙砾上。

图 4-3-17　龙须菜 *G. lemaniformis*

（七）褐藻门（Phaeophyta）

1. 海带 *Laminaria japonica*（图 4-3-18）

海带又名纶布、昆布、江白菜，是多年生大型食用藻类。孢子体大型，褐色，扁平带状。分叶片、柄部和固着器，固着器呈假根状。叶片为表皮、皮层和髓部组织所组成，叶片下部有孢子囊。具有黏液腔，可分泌滑性物质。固着器树状分支，用以附着海底岩石，生长于水温较低的海中，在青岛沿海广泛分布。

图 4-3-18　海带 *L. japonica*

2. 裙带菜 *Undaria pinnatifida*（图 4-3-19）

裙带菜为多年生大型褐藻。藻体褐色，柔革质，长1～2 m，宽 50～100mm，整体轮廓呈披针形，中央有明显突起的主肋，两侧较薄，常形成多数羽状裂片，裂片边缘有缺裂，有时不分裂，全面密生黏液腺。根状固着器纤维状，由叉状分枝的假根组成，假根末端有吸着盘。短柄，近扁圆柱形，春、夏季在柄的两侧着生木耳状、厚而富含胶质的重叠褶皱（俗称裙带木耳），内含孢子囊群。我国自然生长的裙带菜主要分布在浙江省的舟山群岛与嵊泗岛，而现在青岛和大连地区也有裙带菜的分布。

2cm

图 4-3-19　裙带菜 *U. pinnatifida*

（八）绿藻门（Chlorophyta）

1. 肠浒苔 *Enteromorpha intestinalis*（图 4-3-20）

藻体管状中空，部分稍扁单条或基部有少许分枝，高为 10～20 cm，直径为 1～5 mm。单生或丛生，表面常有许多褶皱或藻体扭曲。柄部圆柱形，上部膨胀如肠形。除基部细胞稍纵列外，其他部分的细胞排列不甚规则。细胞表面观直径为 10～23 μm，呈圆形至多角形。细胞内有 1 个杯状色素体，内含 1 个淀粉核，横切面观偏于单层藻体的外侧。全年都能生长和繁殖。

图 4-3-20　肠浒苔 *E. intestinalis*

2. 孔石莼 *Ulva pertusa*（图 4-3-21）

藻体幼时绿色，长大后为碧绿色，形态差异大，有卵形、椭球形、披针形和圆形等，但都不规则。边缘略有皱或稍呈波状。藻体表面常有大小不等不甚规则的穿孔，并且随着藻体长大,几个小孔可裂为一个大孔,最后使藻体形成不规则的裂片状。藻体高为10～40 cm。固着器盘状,柄不明显,藻体基部较厚。横切面观细胞呈纵长方形,长为宽的2～3倍。1个细胞核,1个大型色素体。常分布于中、低底潮带的岩石上和石沼内。周年生长,分布很广,中国各海域均有分布。

图 4-3-21　孔石莼 *U. pertusa*

三、调查工具和设备

（一）箱式采泥器(图 4-3-22)

箱式取样器是一种比较理想的海洋地质调查工具,它结构简单,使用方便,采集样品不易受到扰动和破坏,而且还能为海洋生物、化学研究等提供上覆水。因此,它在海洋地质、化学、生物等学科的调查研究中已经得到广泛的应用。

箱式取样器以它的取样箱为四方体而得名,它主要由取样箱、鄂瓣、中心体、释放系统组成。

使用步骤:

(1) 使用前检查采泥器是否正常工作;

(2) 将挂钩挂在连接鄂瓣的金属杆上,使鄂瓣呈开放的状态;

(3) 控制绞车将箱式采泥器整体提起;

(4) 利用门吊把采泥器放至船舷外;

(5) 利用最大速度使采泥器下放,依靠自身重力落入海底;

(6) 采泥器落入海底后,挂钩重端随即下垂;

(7) 依靠绞车提升采泥器,使鄂瓣转动90°,两鄂瓣关闭,扣在取样箱的底部,从而得到取样箱内的样品。

（二）曙光采泥器（图 4-3-23）

目前国内使用比较普遍的一种采泥器,主要由两个颚瓣构成。两瓣张口为长方形。在它们的顶部各有一个活门,活门的外表面上有一个铁环。两环之间借一条铁链互相连接。当此铁链被吊到钢丝绳未端的挂钩上时,两颚瓣呈开放状态。

图 4-3-22　箱式采泥器

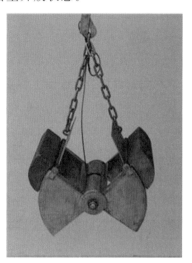

图 4-3-23　曙光采泥器

曙光采泥器的结构特点在于滑轮安装在主轴两端和颚瓣的外侧,与采泥器相连接的两条钢丝绳各以末端固定在两颚瓣外侧的绳环上。钢丝绳在离开绳环之后,先各自过另一颚瓣外侧的小滑轮,再绕过主轴的滑轮,最后扣连在长方形横梁的各一端。横梁与挂钩之间有一段钢丝绳相连接。采泥器一经触及海底,挂钩重端即行下垂以使铁链脱钩。当开始上提采泥器时,在钢丝绳的作用下,两颚瓣闭合,从而将开口面积内的底质取入。由这种采泥器采到的底质样品比较完整。

在深水（500 m 以下）采泥时,为了避免两颚瓣在水层中自行关闭,应换上带重锤的挂钩。此外,还应在两颚瓣的外面附加配重以增加采泥器的重量。

常用的曙光采泥器取样面积为 0.25 m^2 和 0.1 m^2 两种。在大型调查船上通常使用前者取样;近岸调查时,一般使用后者取样。在内湾调查时,可酌情使用 0.05 m^2 的小型采泥器。

在同一站点的取样次数通常不少于 3 次。

（三）阿拖网（图 4-3-24）

网架用钢板和钢管制成,呈长方形。网口亦为长方形,上下两边皆可在着底时进行工作。为便于网口充分张开,其口缘由一根细钢丝绳（直径 4～6 mm）绕在网口架上。网袋长度为网口宽度的 2.5～3 倍。近网口处的网目较大（2 cm 内）,网底部的较小（0.7 cm）。为了使柔软的小型动物免受损坏,可在网内近底部附加一个大网目的套网以使大型动物与之隔离开。

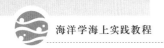
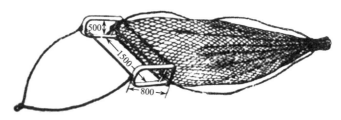

图 4-3-24　阿拖网

此种网的网口宽度应根据调查船吨位大小来选定。在一般调查船上,用 1.5 m 或 2 m 网口宽者均可。如船上起重设备较差时,用 1 m 宽网口的小型网也可进行工作。在深海底栖生物调查中,一般多用网口宽度为 3 m 的阿拖网,其网架也要相应加重。拖网时,为减少网衣的承受力,可将两根粗绳的各一端分别扣结在网架的两侧边上,再将它们的另一端共同绕结在网袋末端。这样能够避免在泥沙过多时使网衣破裂。

拖网的投网操作是在其他工作完毕,调查船以低速离站开航,而且航向稳定以后才进行。投网时先将网具平放海中,再开动绞车松放钢丝绳,使网徐徐下降。在拖网中放出的绳长视调查船行驶的速度、水深及流速等情况而定。拖网时的航速在 2 kn 左右。放出的绳长一般为水深的 3 倍左右,在近岸浅海甚至可以更长些,但在 1 000 m 以深的深海进行工作时,由于钢丝绳本身重量很大,所以不要超过水深的 2 倍。如果调查船速度快(在 4 kn 以上)得不能符合拖网规定要求时,可采取间歇开车办法,利用船体的滑行来拖网。不过在这种情况下,拖网时间应适当地延长一些。

在拖网过程中,应随时注意网具的工作情况,从钢丝绳的角度和紧弛程度上来判断网具是否着底。如感觉到工作不正常时,比如网未着底或者在海底遇到障碍物,应立即采取措施——放绳、停车或者起网。拖网时间的计算是以放绳完毕和网着底时开始,至开始起网时为止。

起网前先降低船速,当网接近水面时,降低绞车速度,网具吊离水面时更要慢稳。待网完全吊起后立即停车,转动吊杆方向,然后慢慢将网放下,使网袋后部落在甲板上的铁盘内。这时可解开网袋,将捕获物倾入盘中。如果网袋内带有泥沙,将标本放入套筛内冲洗。挑选标本时必须仔细耐心,将网袋上附挂的动植物全部取下,不要遗漏。

阿拖网能拖进较多的底质,因而能采到的生物,特别是较小的底内及底上动物,不论在种类上或数量上都要多一些。

阿拖网在工作时船速一般控制在 2~3 kn 为宜,拖网时间 15 min。

四、样品的整理及分析

1. 泥样的冲洗及标本的分离

将采得的底质分批放入套筛中,用水冲洗。冲洗时避免水流过急,否则,水压力过大会损坏柔软易断的标本。待泥沙冲去后,将筛内的动物按体型大小及体质情况分别拣入盛有海水的器皿中。此时注意勿使柔软的动物受到损坏,更勿使小动物如涟虫类和端足类被遗漏。最后再按分类要求把标本分别装入广口瓶或玻璃指管中。采泥标本一律用75%的酒精固定保存。

2. 拖网标本的分离

标本自网中取出后,必须先将大小悬殊者、柔软脆弱者和坚硬带刺者一一分开,不要使它们相互冲撞,并避免由其他原因造成损坏或丢失。如果数量过大,可先将全部标本称重,然后取标本的一小部分称重计数,经换算后得到全部标本的个数。对习见而且定名准确的种类,可保留一定数量后将多余部分丢弃,但在丢弃前也应称重和计数。

在标本初步分离中,如发现具有典型生态意义的标本,可进行拍照并观察记录其身体各部色彩和花纹等特点。需要培养和麻醉时,把标本放在海水中冲洗,勿使受到刺激和损伤。不需麻醉者用海水或淡水冲洗均可。标本的固定和保存一般用酒精或福尔马林溶液。需要保存的标本按分类要求分别装入广口瓶或指管中;如标本个体较大,可用纱布包好,连同写好的竹签一起放入标本箱中。

思考题

(1) 试述底栖生物取样时所用采泥器的类型?

(2) 采泥器如果太轻在取样时会造成何结果?

(3) 试述海泥取上之后如何将大型底栖生物与泥沙分离?

(4) 采集大型底栖生物时如何作定性采集和定量采集?

第四章 微生物调查

一、微生物的生物学特点

微生物是个体微小、形态结构比较简单的单细胞或接近单细胞的生物。在广义上应包括海洋中的细菌、放线菌、酵母、霉菌、原生动物和单细胞藻类等。但一般则指前四类生物,特别是细菌。

根据营养类型的不同,细菌可分为自养细菌和异养细菌两大类。目前已知的海洋细菌,绝大部分属于异养细菌。

二、调查内容和方式

调查内容包括微生物的数量分布、种群组成及其变化规律等。

调查方式有大面调查、断面调查和海底调查。

三、调查的操作要点

采水器上的采样瓶、袋应预先灭菌,以防外来微生物的污染。实验室内水、泥样分样和分离培养和鉴定过程中,均按无菌要求操作。其他凡属海上调查所需物品,如水样贮存瓶(棕色)、移液管(1 cm^3、5 cm^3、10 cm^3)、培养皿等均需洗净,包封灭菌,足量备用。

样品应在采样后 2 h 内处理、分析。若暂放冰箱保存,不得超过 24 h 。以免微生物的数量和种的组成发生变化。

在样品中微生物常呈个体分散状态,但也可能集聚成菌团。针对后种情况,可稀释或加少量表面活性剂,以使菌团分散。此法可提高培养计数和在显微镜下直接计数的准确性。

四、采样

（一）主要仪器设备

1. 采水器

根据采样深度，选用击开式或泥斯金（Nisikin）采水器。

击开式采水器一般适用于水深 500 m 以浅的海区。采水器由机架和采水瓶组成。采水瓶容积 500 mL，瓶口由一个带有进水管的橡皮塞封闭。进水管由三部分组成：一根直角的玻璃管（内径 6～7 mm）；一段长约 160 mm 的入水玻璃管（自由端经熔化后成封闭状态）；中间连接一段约 260 mm 的厚橡皮管。

机架呈梯形采水瓶被安放在半圆形托板上，加半圆形铜带固定。进水管的橡皮管部分卡在机架右侧的半圆形缺口内，入水玻璃管部分横放在机架两翼上角的两个缺口内，并被敲击杠杆和弹簧夹固定。整个采水器通过固定夹固定在钢丝绳上。分层采水时，要在弹簧连接杆下部的挂钩上挂一使锤。

待采水器下降到预定水深时，投放使锤，使杠杆后部受到锤击。其前端挑起，将玻璃管击断，海水进入采水瓶内。同时，弹簧连接杆因受杠杆后部压力而产生的下降又导致挂钩上使锤的脱落，从而可击打下面采水器采到多层水样。

2. 采泥器

可采用曙光采泥器或者箱式采泥器。

（二）采水样

按预定的水层间隔和数量将采水器逐个悬挂在钢丝绳上。下放采水器（速度 1 m/s）。钢丝绳如有倾角用量角器量出校正。

采水器到达预定水深后投下使锤。等待 5 min，待采水瓶灌水充足后提上采水器。

取下采水瓶，用弹簧夹夹住橡皮管，尽快送入实验室。将水样在无菌条件下引入棕色无菌瓶内。立即分析。

将预先备好的 1∶2 000 吐温 80 表面活性剂水溶液，按每 100 mL 水样加入 1 mL 该液的比例，加入到水样中，以使其终浓度为 5×10^{-6}（5ppm）；充分摇匀。

（三）采泥样

采泥器可以不经过灭菌处理。泥样采上后，用无菌工具从预定层次中取 10～20 g 样品，置于无菌容器中。

五、样品分析

（一）水样的分析

水样的分析包括异养微生物的培养计数和超滤膜直接镜检法。微生物的培养计数

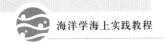

可采用超滤膜萌发计数法和平面培养计数法。超滤膜直接镜检法可用来检查水样中各种菌类(包括已死的)的总数。

在海洋细菌调查中,以超滤膜萌发计数法为主。其具体操作方法如下:

(1)超滤膜预先灭菌处理。再将其加蒸馏水煮沸,直至蒸汽中无丙酮气味为止。

(2)将滤膜安置于滤器上,移取 10.0~20.0 mL 水样至滤器中,再加入 20~30 mL 样品稀释液,使其充分混合以稀释水样。抽滤。抽滤结束后将滤膜取下,并以过滤面向上平放在一个无菌小培养皿内的滤纸上或平面培养基上。将培养皿盖好,写明皿号及日期,并将此皿放入一铺有水浸脱脂棉的大培养皿中。

(3)同一水样按上述方法至少做 3 个,取其平均值。

(4)在 18℃～20℃ 培养 4～7 d。待滤膜上浓缩的微生物发育至肉眼可见到菌落时,即可计数。每 mL 水样中所含菌数,可按下式求得:

每毫升水样中的菌数＝超滤膜上的总菌落数/浓缩水样的毫升数

(二)泥样的分析

泥样的分析时取约 1 g 样品,精确称重后,置于盛有 100 mL 样品稀释液的瓶中以稀释成 0.01 g/mL 泥样液。在此液中加入土温 80 表面活性剂后充分振荡,使微生物分散均匀。再按平面培养计数法测定稀释液中的菌数。

思考题

击开式采水器与球盖采水器相比有哪些特点?

第五章

叶绿素、初级生产力和新生产力的测定

一、术语和定义

1. 叶绿素(chlorophyll)

叶绿素是自养植物细胞中一类很重要的色素,是植物进行光合作用时吸收和传递光能的主要物质。叶绿素 a(Chl a)是其中的主要色素。

2. 初级生产力(primary productivity)

初级生产力是自养生物通过光合作用生产有机物的能力。通常以单位时间(年或天)内单位面积(或体积)中所产生的有机物(一般以有机碳表示)的质量计算,相当于该时间内相同面积(或体积)中的初级生产量。

3. 新生产力(new productivity)

在真光层中再循环的氮为再生氮,由真光层之外提供的氮为新生氮。由再生氮源支持的那部分初级生产力称为再生生产力,由新生氮源支持的那部分初级生产力称为新生产力。

二、技术要求

(一) 叶绿素 a 测定

1. 采样层次

采样层次见表 4-1-1,条件许可时,应增加跃层上、跃层中、跃层下 3 层。

2. 精密度

叶绿素 a 浓度在 0.5 mg/m³ 水平时,重复样品的相对误差为±10%。

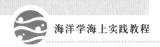

（二）初级生产力测定

1. 采样层次

按光强深度，在光强为表层的 100％、50％、30％、10％、5％和 1％的深度上采水样，特殊情况可视要求而定。

2. 测定范围

测定范围为 $0.05\sim100$ mg/($m^3\cdot h$)。

3. 精密度

初级生产力测定的精密度，当初级生产力在 30 水平时，重复样品的相对误差为 $\pm10％$（培养 3 h，加活度为 185kBp 的放射性^{14}C）。

（三）新生产力测定

条件允许或有特殊需要时，应进行新生产力测定，其技术要求为：

培养瓶及采样器皿须酸洗以除去或尽量减少金属玷污；从采样到培养之间的时间间隔要尽量短，这期间要尽量避免阳光直射以减少光休克效应；在样品处理、过滤及同位素分析中，应避免外源氮的污染。

当采用气体质谱时，无法测得$^{14}NH_4$-N 的^{15}N 的丰度和浓度，应注意由$^{15}NH_4$-N 再生同位素稀释效应导致的负误差。在无其他选择时可缩短培养时间至 2 h。

实验过程中颗粒有机氮的增加会导致氮的吸收速率的低估；如果水体的生物量和生产率很高，可缩短培养时间以减少上述误差。

三、海洋叶绿素测定

（一）萃取荧光法

叶绿素 a 的丙酮萃取液受蓝光激发产生红色荧光，过滤一定体积海水所得的浮游植物用 90％丙酮提取其色素，使用荧光计测定提取液酸化前后的荧光值，计算出海水中叶绿素 a 的浓度。

1. 采样

按表 4-1-1 规定的深度采样。

2. 过滤

采样后，应尽快过滤。过滤海水的体积视调查海区而定，富营养海区一般可过滤 $50\sim100$ mL；中营养海区过滤 $200\sim500$ mL；寡营养海区可过滤 $500\sim1\,000$ mL。过滤时抽气负压应小于 50 kPa。

3. 滤膜保存

过滤后的滤膜应在 1 h 内提取，若无条件提取测量，可将滤膜对折，用铝箔包好，存放于低温冰箱（$-20℃$），保存期可为 60 d 或放入液氮中保存期可为 1 年。

4. 提取

将载有浮游植物的滤膜放入加有 10 mL 90%(V/V,下同)丙酮的提取瓶内,盖紧,摇荡,立即放于低温冰箱(0℃)内,提取 12~24 h。

5. 荧光测定

取出样品放在室温、黑暗处约 0.5 h,使样品温度与室温一致。

每批样品测定前后,以 90% 丙酮作对比液,测出各量程档的空白荧光值 F_{01} 和 F_{02}。

将提取瓶内上清液倒入测定池中,选择适当量程档,测定样品的荧光值 R_b;

加 1 滴体积分数为 10% 盐酸于测定池中,30 s 后测定其荧光值 R_a。

（二）分光光度法

叶绿素 a、b、c 的丙酮萃取液在红光波段各有一吸收峰,过滤一定体积海水所得的浮游植物用 90% 丙酮提取其色素,使用分光光度计测定,根据三色分光光度法方程,计算出海水中叶绿素 a、b、c 的浓度。

1. 采样

按表 4-1-1 规定的深度采样。

2. 过滤

采样后,应尽快过滤。过滤海水的体积视调查海区而定,近岸水取 0.5~2 L,外海水取 5~10 L。将滤膜置于滤器上,加 5 mL 碳酸镁溶液,接着过滤海水样,过滤时抽气负压应小于 50 kPa。

3. 滤膜保存

过滤后的样品应立即研磨提取,若无条件提取测量,可将滤膜对折 2 次,置于贮样干燥器内低温(-20℃)黑暗保存,保存期最长 2 个月。

4. 研磨

将载有浮游植物的滤膜放入研磨器中,加入 2 mL 或 3 mL 90% 的丙酮,研磨,后将样品移入具塞离心管中,研磨器用 90% 丙酮洗涤 2~3 次,洗涤液一并倒入离心管中,但总体积不超过 10 mL。

5. 提取

将具塞离心管置于低温黑暗处提取 30 min。

6. 离心

提取液于 4 000r/min 条件下离心 10 min,上清液倒入刻度试管中,并定容为 10 mL 或 15 mL。

7. 荧光测定

将提取液注入光程为 1~10 cm 的比色槽中,以 90% 丙酮作空白对照,用分光光度计测定波长为 750 nm、664 nm、647 nm、630 nm 处的溶液消光值。

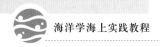
（三）高效液相色谱法（HPLC）

浮游植物所含各种光合色素经提取后，在一定溶剂系统中，可经高效液相色谱柱进行分离，再由检测器检测并获得色谱图。根据与标准色素比较保留时间及色谱图可鉴别色素种类，根据色谱峰的面积可计算含量。

1. HPLC 系统准备

高压进样阀（带有 200 μL 样品环）；

C-18 保护柱（50 mm×4.6 mm）；

紫外-可见吸收检测器（测定波长为 436 nm 和 450 nm）；

配有数据处理系统软件的计算机。

2. HPLC 溶剂

溶剂 A：甲醇：0.5 mol 醋酸铵（80：20），0.01%BHT；

溶剂 B：乙腈：水（87.5：12.5），0.01%BHT；

溶剂 C：乙酸乙酯。

以上溶剂均用色谱纯，使用前用孔径为 0.45 μm 的滤膜过滤。

3. 采样

按表 4-1-1 规定的深度采样。

4. 过滤

采样后，应尽快过滤。过滤海水的体积视调查海区中浮游植物的数量而定，富营养海区一般可过滤 0.5～1 L；中营养海区过滤 1～2 L；寡营养海区可过滤 3～4 L。过滤时使用孔径为 0.65 μm、直径为 25 mm 的玻璃纤维滤膜，抽滤负压不超过 50 kPa，并注意避光。

5. 保存

过滤后如不能立即提取，滤膜应保存在液氮罐中。在放入液氮或超低温冷冻之前，冷冻保存（−20℃）不能超过 20 h。

6. 萃取

将滤膜从液氮中取出，解冻约 1 min，放入玻璃空心管中，加入 3 mL 90%丙酮，再加入 50 μL 角黄素作内标准物。用 90%丙酮提取一张玻璃纤维滤膜作空白样。混合物用超声波粉碎（50 W，30 s），然后再在 0℃条件下提取 24 h。分析前将提取物混匀后离心去除细胞残屑，并用载有聚四氯乙烯滤膜（直径 13 mm，孔径 0.2 μm）的注射器过滤。

7. 检测测定

用溶剂 A 建立并平衡 HPLC 系统 1 h，流量为 1 mL/min。

根据所测样品的浓度范围，每种色素准备至少 5 个浓度的工作标准液，并以该标准液校正 HPLC 系统。

取每种工作标准液 1 000 μL，以 300 μL 蒸馏水稀释，混匀并平衡 5 min，润洗注射器两次,进样 $500~\mu L$。

色素样品和空白样的准备及进样方法同标准液。注意进样时应避免有气泡,样品间的进样间隔应保持均匀。预先混有蒸馏水或其他溶剂的样品不能滞留在自动进样器中,以免疏水性的色素从溶液中析出。

进样后通过梯度洗脱程序对叶绿素和类胡萝卜素进行最佳分离,分析过程中通过氮气或在线脱气机对流动相溶液进行脱气。

根据比较色素样品与标准的色谱峰的保留时间来鉴定样品的色素种类,收集各洗脱峰可进一步进行分光确定。

四、海洋初级生产力测定——^{14}C 示踪法

一定数量的放射性碳酸氢盐 $H^{14}CO_3^-$ 或碳酸盐 $^{14}CO_3^{2-}$ 加入到已知二氧化碳总浓度的海水样品中,经一段时间培养,测定浮游植物细胞内有机 ^{14}C 的量,即可计算浮游植物通过光合作用合成有机碳的量。

1. 采样

按预定深度采样,采样时应使用不透光和没有铜质部件的采水器,水样避免阳光直接照射。

2. 水样分装

采样后,尽快在弱光下,将水样经孔径为 $200~\mu m$ 左右的筛绢过滤,分装至培养瓶。培养瓶必须清洗干净,并经 $2\%(V/V,$下同)的稀盐酸浸泡 24 h 以上。每层样品应包括 2 个白瓶和 1 个黑瓶,第一层和第四层样品还应各分装一个零时间培养瓶,零时间培养瓶中水样体积必须准确。

3. 加 ^{14}C 工作液

取相同体积的 ^{14}C 工作溶液加至每个培养瓶,所加数量视样品中浮游植物多少和培养时间而定。一般在水深小于 200 m 海区,培养 24 h,加活度为 $37\sim370$ kBq 的放射性 ^{14}C,水深大于 200 m 的海区加活度为 $370\sim740$ kBq 的放射性 ^{14}C。

4. 取总计数样

用微量吸液器从每一零时间培养瓶中吸取一定体积水样 2 份,分别移入 2 个总计数闪烁瓶中,加入 20 mL 闪烁液,盖紧,混匀,供作放射性活度测定。

5. 培养

将已加有 ^{14}C 的培养瓶(零时间培养瓶除外),放入各相应的培养箱内,或罩上相应的培养罩,再放入透明的培养箱内。记下开始培养时间,培养箱应置于阳光不受遮蔽处,并用流动的表层海水保持培养期间的温度恒定,培养时间一般在 $2\sim24$ h,并尽量接近当地中午时间。

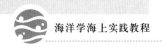

6. 零时间样品的过滤

培养开始后,立即过滤 2 个零时间样品,所得载有浮游植物的滤膜,放入闪烁瓶,在通风橱中,加入 1 mL 0.1 mol/L 盐酸,15 min 后加盖。或在通风橱中以浓盐酸蒸气熏滤膜 15 min,放入闪烁瓶。

7. 培养样品过滤

步骤同上。

8. 反射性活度测定

向装有带浮游植物的滤膜的闪烁瓶加入 10 mL 闪烁液,在振荡器上缓慢振荡至少 20 min,把闪烁瓶置于液体闪烁计数仪内使样品暗适应 12 h 后测定。

9. 水样二氧化碳总浓度测定

测定海水样品的盐度,计算海水中二氧化碳总浓度:

$$\rho(C) = (0.067S - 0.05) \times 12\,000$$

式中,$\rho(C)$ 为海水中二氧化碳的总浓度(mg/m³);S 为海水实用盐度。

如果海水盐度为绝对盐度 S_A,则需换算成实用盐度 S。两者关系为

$$S_A = a + bS$$

式中,a 和 b 为常数,依赖于海水的离子组成。对于国际标准海水,$a = 0$,$b = 1.00488$。

五、海洋新生产力测定——^{15}N 示踪法

海洋真光层生态系统中的氮营养盐可根据其来源划分为内源(如 NH_4-N、Urea-N)和外源(如 NO_3-N、N_2-N)两部分,由外源氮构成的初级生产力为新生产力,内源氮构成的初级生产力为再生生产力。因此通过 ^{15}N 同位素标记外源氮和内源氮,并测定他们的吸收率即可测算新生产力和再生生产力。由于 NO_3-N 和 NH_4-N 分别是最主要的外源氮和内源氮,通常只测 NO_3-N 和 NH_4-N 的吸收率。

1. 采样与培养

采样方法、水层深度与"^{14}C 法测定初级生产力"相一致。若考虑大型浮游动物的干扰,可将现场水样用 200 μm 筛绢过滤以除之。

实验采用酸洗的聚碳酸酯瓶。酸洗可采用无金属硝酸清洗法,使用该方法应非常小心,需多次蒸馏水冲洗,确保无滞留的 NO_3-N 污染。

取 500～1 000 mL 海水用于现场培养实验。如果采取甲板流水控温模拟现场培养,应用不同透光率的遮光物来模拟各采样深度的现场光强度。对于深层样品,特别是温跃层内或温跃层下方水样的培养,另外采用控温处理是必要的。

2. 添加示踪剂

$^{15}NO_3$-N 和 $^{15}NH_4$-N 的添加量应不多于所测现场氮浓度的 10%,对于现场氮浓度低于检测限的情况,视营养盐分析方法的检测下限添加。

3．培养时间

培养时间一般为 4 h。实验每日最少进行两次,白天一次,晚上一次。因为浮游植物氮吸收并非完全依赖于光,且浮游细菌也能利用一部分 NO_3-N 和 NH_4-N。

4．样品过滤与保存

培养完毕后,水样在负压＜0.03MPa 条件下过滤到经 450℃～500℃下灼烧 5～6 h 的玻璃纤维滤膜上,并用过滤海水清洗滤膜,除去滤膜孔隙中滞留的溶解态 ^{15}N。待海水刚刚滤完时立即停止负压,小心取下滤膜立即进行干燥或于 −20℃下密封贮存。

5．同位素分析

(1) 离子质谱法:样品经以下步骤处理:

1) 消解:采用 Kjeldahl 法消解膜样品,将有机氮转化为 NH_4^+ 态氮。

2) NH_4^+ 的扩散吸收:将消解液定容,取适量于小型 Conway 皿之外槽,将盛有 300～400 μL 的吸收剂的小表面皿置于 Conway 皿之中心。在消解液中加入 8～10 mL 扩散剂,混匀后在 40℃下扩散吸收 12 h。

3) ^{15}N 丰度测定:经扩散吸收提纯的样品,再经低温风干浓缩至 15～25 μL,取 1～2 μL 于样品靶上,低温风干后进样测定 ^{15}N 丰度。

实验水样中的 $^{15}NH_4$-N 丰度,可直接经扩散吸收后测定,NH_4-N 浓度、颗粒有机氮(PON)浓度可由同位素稀释法同时测得。

(2) 气体质谱法:将膜样品直接经 Dumas 法燃烧,将 PON 全部转变为 N_2,测定 N_2 中 ^{15}N 同位素丰度。

思考题

试述 3 种测定海洋叶绿素方法的优缺点。

第六章 游泳动物调查

一、游泳动物的生物学特点

游泳动物是指具有发达的运动器官,能自由游动,善于更换栖息场所的一类动物的总称。游泳动物一般行动迅速,体型较大。包括大多数鱼类、软体动物的头足类(大王乌贼)、海洋爬行类(海龟)、海鸟类(企鹅)、海产哺乳动物(海豹、鲸、儒艮)以及体型较大的节肢动物等。

游泳动物分布范围很广,沿岸、远洋、深海都有分布。其数量也大。其中许多种类是海洋渔业的重要捕捞对象,还有一些种类也给工业提供了原料。

二、调查内容

游泳动物调查内容包括游泳动物的种类组成、数量分布、群体组成及其生物学特征等。应根据调查对象群体的不同生活阶段(产卵、索饵、越冬)确定调查时间和调查范围,并以此作为调查计划设计的依据。根据调查目的、鱼类洄游规律和海底地形地貌等环境条件确定调查断面和站位。

三、拖网站位布设

游泳动物调查海区为水深浅于 200 m 的大陆架海区时,采用网格状均匀定点法可根据不同的调查目的按经度、纬度分别相差 $15°\sim60°$ 布站。也可选择通过不同的主要渔场、不同的资源密度分布区或不同的等深线分布区设置断面定点站位。但遇到有障碍物或海底严重凹凸不平的地方,应适当移动站位位置。

调查海区为水深 200 m 以上的大陆架斜坡、深海或大洋洋区时,设站的方法与上述相同,但站位的距离可适当放大。

四、拖网时间

每站拖网时间为 1 h。拖网速度控制在 3 kn 为宜,拖网时间的计算,从拖网曳纲停止投放和拖网着底,曳纲拉紧受力时(为拖网开始时间)起至起网绞车开始收曳纲时(为起网时间)止。

五、调查时间

对于白天贴底的鱼类如带鱼、鲳鱼等应安排在白天调查;对于夜里贴底的鱼类如马面鲀和虾类等应安排在夜间调查。如果日、夜均调查,应做昼、夜间渔获率的对照实验。

六、采样

(一) 主要工具与设备

1. 调查工具

水深浅于 200 m 时选用下列工具。水深 200 m 以上时,可根据海区的实际情况选用船只和网具。

应具备能在调查海区中定位的卫星定位仪,能在调查海区与陆地基地联络的通讯设备,性能良好的鱼探仪和雷达,能随时观察曳网情况的网位仪,与调查水深和调查网具相匹配的起网机和起吊设备,具有渔获物样品冷藏库、冷冻库或超低温冷冻库(金枪鱼)等。专业调查船应具备生物学和生态学实验室,如进行声学调查,应具备声学仪器室。

2. 拖网船

主功率 441 kW、最高航速 12.5 kn 的双拖或单拖渔船。

3. 拖网渔具

主要有下列两种:

(1) 双拖网网型,850 目×200 mm。

(2) 单拖网网型,434 目×160 mm。

(二) 操作程序

拖网采样:记录各项渔捞参数。必须将每站各项参数记录于表。

1. 放网

放网的位置要综合船速、船向、流速、流向、风速和风向等多种因素,调查船在到站前 2～4n mile 处停车下网,经 1 h 拖网后正好到达标准站位位置或附近。拖网放出的曳纲长度视拖网船的速度和水深、流速、底质等情况而定。

临放网前要准确测量船位,放网时间以停止曳纲投放、曳纲着底开始受力时为准。

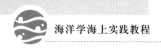

2. 曳网

拖网中要尽可能保持拖网方向朝着标准站位,记录鱼群映像出现的水层、经、纬度和拖网速度的改变情况,要注意周围船只动态和调查船的拖网是否正常等,若出现不正常拖网时,应视情况改变拖向或立即起网。

3. 起网

起网前必须正确测定船位,起网过程中两船的速度要一致,起网时间以起网机开始卷收曳纲的时间为准。如遇严重破网等重大渔捞事故导致渔获物大量减少时,应重新拖网。

(三) 样品处理

当拖网网囊吊上甲板,渔获物全部倾倒于甲板上,并按要求进行样品处理。

(1) 分类。每网样品必须按种分类。数量较大和重要的种类应单独挑出,分别装入统一规格的鱼箱(每箱重 20 kg)。其余的混合种类另装。

(2) 渔获物种的组成及数量的统计。

(3) 收集生物学测定样品。应用随机取样法收集各种类的样品,每种每次取样 50~100 尾,不足 50 尾全取,混合种类的样品保留两箱,不足两箱全留。

(4) 编号与保存。生物学测定样品必须具有明显标志、编号,并注明捕获时间、站号和航次。入仓速冻或低温保存。

七、样品分析

(一) 主要仪器设备

仪器包括显微镜、体视显微镜、提秤、台秤、电子秤、天平、卷尺、量鱼板等。

(二) 核对样品

每航次调查结束,应认真核对保存样品和记录是否相符。

(三) 生物学测定

鱼类取样测定长度(全长、体长、叉长、肛长、体盘长)、体重,年龄样品(鳞片、耳石、脊椎骨)、性腺取样与观测,消化道(肠、胃)取样与观测。

虾类取样测定性别、性比、长度、质量、交配率、性腺成熟度、摄食强度。

蟹类取样测定性别、性比、长度、宽度、体重、蟹体总质量、摄食强度、性腺成熟度、交配率。

头足类取样测定性别、性比、胴长、体重、摄食强度、性腺成熟度。

思考题

游泳动物样品分析中需用到哪些主要的仪器设备?

第七章 污损生物调查

一、污损生物的生物学特点

生活在海中物体表面上的动物、植物和微生物统称为污损生物。其中生长在船底和海中设施表面上的种类对海洋事业有很大的危害作用。

按个体大小，可将污损生物分为微型和大型两类。微型污损生物主要是细菌、真菌、硅藻、原生动物、轮虫和线虫等。由这种细菌和藻类分泌的黏性物质可把有机碎屑和无机颗粒黏附在一起，在物体表面形成一层黏膜，或称生物黏膜。这层黏膜对大型污损生物的附着和船底涂层的防污性能都有一定的影响。

大型污损生物几乎遍及海洋生物的各个主要门类，世界共有 1 000 多种，我国有100 种左右，沿海各省市均有分布，按其生活方式的不同又可分为永久性固着生活的种类、非永久性固着生活的种类、漫游生活的种类。

二、调查内容和方法

污损生物的调查内容以种类组成、附着量及季节变化为重点。这几点不但受所在海区理化条件和污染程度的影响，而且与船只航泊和水中设施的防污处理情况有密切关系。

调查方法主要是挂板试验和从船地或其他水中设施上取样观察。

三、采样

1. 挂板实验

挂板实验可采用港湾挂板和近海挂板。挂板有月板、季板、年板，根据不同水层选择挂板类型。

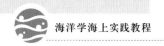

2．船底污损生物调查

通常在船只进坞上架时进行。采用现场拍照和观察、定量取样等方法。

3．航标污损生物调查

可普查和抽样检查，也可直接观察和拍照。

四、样品分析

拍照、生物学特点观察记录、称重、估算面积、种类鉴定、绘制优势种附着季节示意图。

思考题

试述挂板实验中月板、季板、年板的放板和取板的时间。

海洋地质调查

第五篇

　　海洋地质学是以传统的地质学理论和板块构造理论为基础，以海洋高新探测和处理技术为依托，在地球系统科学理论的指导下，研究大洋岩石圈地质过程及其与其他地球相关圈层（如大气圈、水圈、地幔）之间的相互作用，为人类开发资源、维护海洋权益和保护环境服务的科学。

　　海洋地质学的主要内容属于地质学的范畴。地质学是研究地球的物质组成、结构构造、发展历史和演化规律的学科，简单来说就是研究地球本质的科学。

第一章 概述

海洋地质调查是海底地形地貌、海洋沉积和海底构造调查的统称，调查内容包括海上定位、水深测量、浅地层剖面测量、侧扫声呐测量、表层取样和柱状取样、海底钻探等。

第一节 海洋地质调查的目的和内容

海洋地质调查是开展海洋地貌、沉积和构造等的研究及勘测海底矿产资源最重要的基础性工作。

一、海洋地质调查的目的

（1）为国防、航海、渔业、灾害防治和海洋工程等提供基础资料；

（2）阐明海底矿产资源赋存及其分布规律；

（3）为海洋科学的理论研究积累基础资料。

二、海洋地质调查的内容

（一）海底地形地貌调查

通过单波束回声测深仪、多波束测深系统、侧扫声呐、浅地层剖面仪等设备获取数据，揭示调查区海底地形地貌变化特征和规律，划分地貌类型并研究其成因及年代。

（二）海洋底质调查

通过各种类型的抓斗、柱状采泥器、拖网和海洋钻探等获取海底沉积物样品和岩石样品，对样品进行处理、分析，研究海洋底质类型及其物理、化学等要素。

第二节　海洋地质调查的方法和要求

一、海洋地质调查的方法

调查船是海洋地质调查最主要的观测平台。调查船的作业方式可分为停船定点观测和走航连续测量两大类，其中，海底地形地貌调查多为走航连续测量，海洋底质取样多为停船定点观测。

海洋地质调查要根据调查的目的和任务，采用不同比例尺的面积调查或路线调查，布设相应的测线或测网。

二、海洋地质调查的要求

（1）海洋地质调查应尽量采用多项目的综合调查，以高效地完成任务。

（2）同一测区的测线或测网布设应统一，使调查资料能够相互印证，进行综合解释。

第三节　海洋地质调查的成果

海洋地质调查的室外工作结束后，应对所收集的各项原始观测数据和样品进行室内整理和综合分析、鉴定，最后编制多种比例尺的海洋地质图件和调查报告或研究报告，作为成果。

一、样品、原始记录

海洋地质调查工作量大、费用高，获取的调查资料相对陆地资料而言特别珍贵，所以海洋地质调查的原始资料要特别注意归档保存，包括沉积物样品、岩样、生物样、水样、现场描述记录、导航定位记录、模拟记录、数字记录及各种记录表、薄等。这些调查

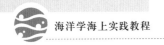

的第一手资料,是调查的初级成果。

二、基本图件

对调查获得的样品、原始记录经过室内处理、分析、计算,按照要求编制各要素基础图件,如海底地形图、地貌图、底质类型分布图、底质的物理与化学各要素分布图及剖面图、区域地质构造图、矿物资源分布图、矿产资源评价图等。

三、调查报告

调查报告的内容包括:

(1) 前言,介绍调查项目的来源、目的和任务,调查海区的范围和地理位置、调查项目的内容和工作量,外、内业工作时间和分工协作情况等。

(2) 海上调查及资料整理,陈述海上调查的工作方法、测线布设、仪器和设备系统的性能及各项指标、观测系统选择及工作情况、导航定位系统及其准确度、原始资料质量、资料整理方法、成果资料准确度等。

(3) 资料分析和解释,包括资料分析方法及其依据、各要素的分布特征、规律和综合分析等。

(4) 地质环境、地质构造分析以及矿产资源评价等。

(5) 结论与建议。

思考题

(1) 海洋地质调查的目的是什么?

(2) 海洋地质调查的方法是什么?

第二章　海上定位与导航

在海洋调查过程中，最基础的工作也是首先要解决的问题是确定自己的位置，并在一定的坐标系中表示，即海上定位；然后根据定位信息确定调查船当前位置以及目标位置，并参照地理和环境信息引导船舶沿着合理的航线抵达目的地，即海上导航。常用的定位与导航的技术有天文定位与导航技术、光学定位与导航技术、惯性导航定位技术、无线电导航定位技术和卫星导航定位技术等。海上定位与导航是完成海洋地质调查的重要基础和保障。

第一节　海上导航定位技术的发展历史

传统的海洋测量主要使用光学仪器进行海上导航定位，最常用的是六分仪（图 5-2-1）。六分仪是由分度弧、指标臂、动镜、定镜、望远镜和测微轮组成，弧长约为圆周的 1/6，用以观察天体高度和目标的水平角与垂直角的反射镜类型的手持测角仪器。它广泛用于航海和航空中，用来确定观测者的自身位置。通常用它测量某一时刻太阳或其他天体与海平线或地平线的夹角，以便迅速得知海船或飞机所在位置的经纬度。六分仪的原理是牛顿首先提出的。六分仪具有扇状外形，其组成部分包括一架小望远镜，一个半透明半反射的固定平面镜即地平镜，一个与指标相联的活动反射镜即指标镜。六分仪的刻度弧为圆周的 1/6。使用时，观测者手持六分仪，转动指标镜，使在视场里同时出现的天体与海平线重合。根据指标镜的转角可以读出天体的高度角，其误差为 $\pm 0.2° \sim \pm 1°$。六分仪的特点是轻便,可以在摆动着的物体如船舶上观测。缺点是阴雨天不能使用。20世纪40年代以后,虽然出现了各种无线电定位法,但六分仪仍在广泛应用。

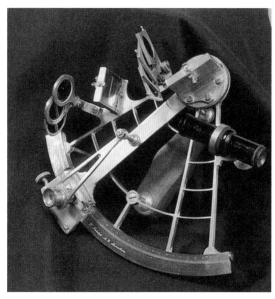

图 5-2-1　六分仪

随着无线电技术的发展,现今广泛利用高精度中短程无线电波的传播特性测定目标的位置、速度和其他特性。利用无线电波来确定动态目标至位置坐标已知的导航定位中心台站之间的距离或时间差的定位与导航技术,称为无线电导航定位技术。无线电导航信号发射台安设在地面,称为地基无线电导航系统。应用较广的无线电定位导航系统有罗兰 C(Loran-C)、欧米伽(OMEGA)和塔康(TACAN)等。地基无线电定位导航系统最大优点是定位可靠性高,全天候实用。但也有不足之处,首先系统覆盖区域受限制,其次是定位精度低。因此这些系统难以满足现代航海的定位需求。随着卫星导航定位技术的出现和迅速发展,无线电导航定位系统逐渐被卫星导航定位系统所取代。

卫星导航定位技术本质是无线电定位技术的一种,只不过是将信号发射台站从地面移到太空中的卫星上,用卫星作为发射信号源。卫星导航定位系统克服了地基无线电导航系统的局限,能为世界上任何地方(包括空中、陆地、海上甚至外层空间)的用户全天候、连续地提供精确的三维位置、三维速度以及时间信息。全球卫星导航定位系统的出现,是导航定位技术的巨大革命,它完全实现了从局部测量定位到全球测量定位,从静态定位到实时高精度动态定位,从限于地表的二维定位到从地表到近地空间的全三维定位,从受天气影响的间歇性定位到全天候连续定位的变革。其绝对定位精度也从传统精密天文定位的十米级提高到厘米级水平,将相对定位精度从 $10^{-5} \sim 10^{-6}$ 提高到 $10^{-8} \sim 10^{-9}$ 水平,将定时精度从传统的毫秒级($10^{-3} \sim 10^{-4}$ s)提高到纳秒级($10^{-9} \sim 10^{-10}$ s)水平。

第二节　全球导航定位系统简介

全球卫星导航定位系统是利用在空间飞行的卫星不断向地面广播发送某种频率并加载了某些特殊定位信息的无线电信号来实现定位测量。具有全球导航定位能力的卫星导航定位系统称为全球卫星导航定位系统，英文全称为 Global Navigation Satellites System，简称为 GNSS。

卫星导航定位系统一般都包含三部分（图 5-2-2）：第一部分是空间运行的卫星星座，多个卫星组成的星座系统向地面发送某种时间信号、测距信号和卫星瞬时的坐标位置信号；第二部分是地面控制部分，通过接收上述信号来精确测定卫星的轨道坐标、时钟差异，监测其运转是否正常，并向卫星注入新的卫星轨道坐标，进行必要的卫星轨道纠正和调整控制等；第三部分是用户部分，通过用户的卫星信号接收机接收卫星广播发送的多种信号并进行计算处理，确定用户的最终位置，用户接收机通常固连在地面某一确定目标或固连在运载工具上，以实现定位和导航的目的。

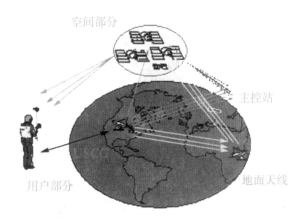

图 5-2-2　卫星导航定位系统的三大部分

目前正在运行的全球卫星导航定位系统有美国的全球定位系统（GPS）、俄罗斯的全球卫星导航定位系统（GLONASS）、欧洲的伽利略系统（GALILEO）和中国的北斗卫星导航系统（CNSS）。未来几年，卫星导航定位系统将进入一个全新的阶段，用户将面临全球系统上百颗导航卫星并存且相互兼容的局面，丰富的导航定位信息可以提高导航用户的可用性、精确性、完备性以及可靠性。

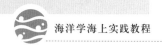

一、GPS

美国的全球定位系统(GPS,图 5-2-3)是 20 世纪 70 年代由美国陆、海、空三军联合研制的新型空间卫星导航定位系统。其主要目的是为陆、海、空三大领域提供实时、全天候和全球性的导航服务,并用于情报收集、核爆监测和应急通信等一些军事目的,是美国独霸全球战略的重要组成部分。经过 20 余年的研究试验,耗资 300 亿美元,到 1994 年 3 月,全球覆盖率高达 98％的 24 颗 GPS 卫星全部布设完成。

GPS 是一个全球性、全天候、全天时、高精度的导航定位和时间传递系统。作为军民两用系统,提供两个等级的服务。近年来,美国政府为了加强其在全球导航市场的竞争力,撤销对 GPS 的 SA 干扰技术,标准定位服务定位精度双频工作时实际可提高到 20 m,授时精度提高到 40 ns,以此抑制其他国家建立与其平行的系统,并提倡以 GPS 和美国政府的增强系统作为国际使用的标准。

美国的全球定位系统包括绕地球运行的 27 颗卫星(24 颗运行、3 颗备用),它们均匀地分布在 6 个轨道上。每颗卫星距离地面约 1.7 万千米,能连续发射一定频率的无线电信号。只要持有便携式信号接收仪,则无论身处陆地、海上还是空中,都能收到卫星发出的特定信号。接收仪中的计算机只要选取 4 颗或 4 颗以上卫星发出的信号进行分析,就能确定接收仪持有者的位置。GPS 除了导航外,还具有其他多种用途,如科学家可以用它来监测地壳的微小移动,从而帮助预报地震;测绘人员利用它来确定地面边界;汽车司机在迷途时通过它能找到方向;军队依靠它来保证正确的前进方向。

图 5-2-3　GPS 系统星座

二、GLONASS

GLONASS 最早开发于苏联时期。1993 年,俄罗斯开始独自建立本国的全球卫星导航系统,原计划 2007 年年底之前开始运营,2009 年年底之前将服务范围拓展到全球,但由于资金等原因,系统仍在持续进行阶段。GLONASS 至少需要 18 颗卫星才可以为俄罗斯全境提供定位和导航服务,如果要提供全球服务,则需要 24 颗卫星在轨工作,另有 6 颗卫星在轨备用。据俄罗斯官方报道,该系统完全建成后,其定位和导航误差范围仅为 23 m,就精度而言将处于世界领先水平。

GLONASS 与 GPS 类似,也由空间星座部分、地面监控部分以及用户设备部分组成。空间星座部分主要由 24 颗卫星组成,均匀分布在 3 个近圆形的轨道面上,每个轨道面有 8 颗卫星,轨道高度 19 100 km,运行周期 11 h 15 min,轨道倾角比 GPS 略大,为 64.8°。地面监控部分以及用户设备部分均与 GPS 差不多。

目前,GLONASS 与 GPS 最主要的不同之处是信号结构不同。GLONASS 采用的是频分多址(FDMA)技术,即在不同的载波频率上用相同的码来广播导航信号。GLO-NASS 由各自的轨道信号频率区分,有 24 个间隔点,以 1—24 命名。而 GPS 采用的是码分多址(CDMA)技术,所有 GPS 卫星的载波频率是相同的,均由各自的伪随机码(PRN)区别开来,它的伪随机码 1—32,使用其中的 24 个。最近,俄罗斯官方宣布,在新一代 GLONASS-M 卫星中将增加 CDMA 信号(1 575.42 MHz 和 1 176.45 MHz,分别对应 GPS 的 L1 和 L5 载波信号),同时增加卫星数量,扩展地面增强系统,升级地面控制和完整性监测,以拓展市场,从而满足更多用户的需要。

三、GALILEO

GALILEO 系统是世界上第一个基于民用的全球卫星导航定位系统,是欧盟为了打破美国的 GPS 在卫星导航定位这一领域的垄断而开发的全球导航卫星系统,有欧洲版 GPS 之称。

2010 年 1 月 7 日,欧盟委员会称,GALILEO 系统将从 2014 年起投入运营,耗资 30 亿欧元。韩国、中国、日本、阿根廷、澳大利亚、俄罗斯等国都参与了该计划,当初的目标完成时间是 2008 年,但由于技术等原因,进展十分缓慢,原定关键计划时间节点一拖再拖,直至 2015 年才成功发射两颗导航卫星。GALILEO 计划的目标是建设独立的、全球性的民用导航和定位系统,中国也向 GALILEO 计划投资了 296 万美元。GALILEO 系统将为欧盟成员国和中国的公路、铁路、空中和海洋运输甚至徒步旅行者有保障地提供精度为 1 m 的定位导航服务,从而也将打破美国独霸全球卫星导航系统的格局。

GALILEO 系统采用了性能极为先进的新技术,保持了系统的独立性,又考虑了与

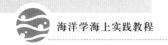

其他卫星导航系统(重点考虑的是 GPS)的兼容性和互操作性。

GALILEO 系统主要由三大部分组成:空间星座部分、地面监控与服务设施部分、用户设备部分。空间星座部分是由分布在 3 个轨道上的 30 颗中高度圆轨道卫星构成,卫星分布在 3 个高度为 23 616 km,倾角为 56°的轨道上,每个轨道有 9 颗工作卫星外加 1 颗备用卫星,备用卫星停留在高于正常轨道 300 km 的轨道上,能使任何人在任何时间、任何地点准确定位,误差不超过 3 m。GALILEO 星座具有较好的 DOP 值分布特性,定位精度也优于 GPS 定位精度。地面监控与服务设施部分包括两个位于欧盟的伽利略控制中心(GALILEO Control Center)和 20 个分布在全球的伽利略传感器站(GALILEO Sensor Station)。除此之外,还有实现卫星和控制中心进行数据交换的 5 个 S 波段上行站和 10 个 C 波段下行站,伽利略控制中心主要控制卫星的运转和导航任务的管理。20 个传感器站通过冗余通信网络向控制中心传送数据。用户设备部分主要由导航定位模块和通信模块组成。

GALILEO 系统可以发送实时的高精度定位信息,这是现有的卫星导航系统所没有的,同时 GALILEO 系统能够保证在许多特殊情况下提供服务,如果失败也能在几秒钟内通知客户。与美国的 GPS 相比,GALILEO 系统更先进,也更可靠。美国 GPS 提供的卫星信号,只能发现地面约 10 m 长的物体,而 GALILEO 系统的卫星则能发现 1 m 长的目标。一位军事专家形象地比喻说,GPS 只能找到街道,而 GALILEO 系统则可找到家门。

四、CNSS

中国的北斗卫星导航系统[BeiDou(COMPASS)Navigation Satellite System (CNSS)]。中国建立的自主发展、独立运行的全球卫星导航与通信系统。与美国 GPS、俄罗斯 GLONASS、欧盟 GALILEO 系统并称全球四大卫星导航系统。

CNSS 由空间端、地面端和用户端三部分组成。空间端包括 3 颗静止轨道卫星和 30 颗非静止轨道卫星,30 颗非静止轨道卫星又细分为 27 颗中轨道(MEO,含 3 颗备份卫星)卫星和 3 颗倾斜地球同步轨道(IGSO)卫星组成,27 颗 MEO 卫星平均分布在倾角 55°的 3 个平面上,轨道高度 21 500 km;地面端包括主控站、注入站和监测站等若干个地面站;用户端包括北斗用户终端以及与其他卫星导航系统兼容的终端。北斗卫星导航系统可在全球范围内全天候、全天时为各类用户提供高精度、高可靠的定位、导航、授时服务,并兼具短报文通信能力。北斗卫星导航系统的建设目标是建成独立自主、开放兼容、技术先进、稳定可靠及覆盖全球的卫星导航系统。北斗卫星导航系统提供开放服务(open service)和授权服务(authorization service)两种服务,其中开放服务是向全球用户免费提供定位、测速和授时服务,定位精度 10 m,测速精度 0.2 m/s,授时精度 50 ns;授权服务是为有高精度、高可靠卫星导航需求的用户提供定位、测速、授时、通信服务以及系统完好性信息。CNSS 与 GPS、GALILEO 和 GLONASS 相比,优势在于短信服务和导航结合,增加了通信功能。全天候快速定位,极少的通信盲区,精度与 GPS 相当,而在增强区域即亚太地区,精度甚至会超过 GPS。向全世界提供的服务都是免费的,在提供无源导航定位和授时等服务时,用户数量没有限制,且与 GPS 兼容。自主系统,高强度加密设计,安全、可靠、稳定,适合关键部门应用。

第三节　水声定位

　　光波或者电磁波在水中衰减很快,仅传播数十米最多上百米的距离就会丢失所有能量,因此传统的陆上定位与导航技术在水中无能为力。而有着"探测海洋的眼睛"之称的声波,在水中衰减速度比光波和电磁波慢,低频的声波甚至能水中传播几千米甚至上万米,因此在水下主要采用声学手段进行定位与导航。

　　水声定位技术是目前进行水下导航定位的主要方式,水下声学换能器和应答器相互作用构成了水声定位系统。水声定位的主要手段是依赖几何原理,通常用声基线的距离或激发的声学单元的距离来声学定位系统进行分类。根据接收基阵的基线可以将水声定位技术分为三类,即长基线(Long Base-Line)、短基线(Short Base-line)和超短基线(Ultra Short Base-Line)。表 5-2-3 列举了这三种水声定位技术的典型基线长度。

表 5-2-1　水声定位技术分类

定位类型	基线长度/m	简称
长基线	100～6 000	LBL
短基线	20～50	SBL
超短基线	<0.5	USBL,SSBL

　　长基线水声定位系统的基阵长度在几千米到几十千米的量级,利用测量水下目标声源到各个基元间的距离却低估目标的位置。短基线水声定位系统的基阵长度一般在几米到几十米的量级,利用目标发射的信号到达接收阵各个基元的时间差,解算目标的方位和距离。超短基线水声定位系统的基阵长度一般在几厘米到几十厘米的量级,与前两种不同,是利用各个基元接收信号间的相位差来解算目标的方位和距离。

　　按照工作方式来划分,以上 3 种定位系统都可以选择使用同步信标工作方式或者应答器工作方式。同步信标工作方式要求在待测目标和测量船上都安装高精度同步时钟系统,信标按照规定的时刻定时发射信号,并据此确定目标的位置。应答器工作方式要求在应答器和测量船上都安装询问(应答)发射机和接收机。

通常所说的水声定位系统所测得的目标位置,是相对于某一参照物的位置而言,这个参照物有时就是基阵的载体,并不能给出目标的大地几何坐标位置。而水声定位系统与其他导航系统(如卫星导航定位系统)结合起来进行坐标变换,就能得到水下目标在大地几何坐标中的位置或轨迹。

一、长基线定位系统

如图 5-2-4 所示,长基线系统包含两部分,一部分是安装在船上的换能器,另一部分是布放在海底固定位置的应答器(3 个以上)。应答器之间的距离构成基线,基线长度按所要求的工作区域及应答作用距离确定,在上百米到几千米之间,称为长基线系统。长基线系统是通过测量换能器和应答器之间的距离,采用测量中的前方或后方交会对目标定位,所以系统与深度无关,也不必安装姿态传感器、电罗经设备,即长基线定位是基于距离测量。从原理上讲,系统导航定位只需要两个海底应答器就可以,但是产生了目标的偏离模糊问题,另外不能测量目标的水深,所以至少需要 3 个应答器才能得到目标的三维坐标。实际应用中,需要接收 4 个以上海底应答器的信号,产生多余观测,提高测量的精度。

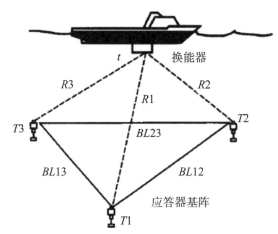

t:换能器,$R1$、$R2$、$R3$:测量距离;$T1$、$T2$、$T3$:声波应答器;$BL12$、$BL13$、$BL23$:基线

图 5-2-4 长基线定位系统示意图

长基线系统有以下优点:独立于水深值,具有较高的定位精度;多余观测值增加;对于大面积的调查区域,可以得到非常高的相对定位精度;换能器非常小,易于安装。但有以下缺点:系统复杂,操作繁琐;数量巨大的声基阵,费用昂贵;需要长时间布设和回收海底声基阵;需要详细对对海底声基阵校准测量。

二、短基线定位系统

如图 5-2-5 所示,短基线定位系统由三个或以上换能器组成,换能器的阵型为三角形或四边形,组成声基阵。换能器之间的距离一般超过 10 m,换能器之间的相互关系精确测定,组成声基阵坐标系,基阵坐标系与船坐标系的相互关系由常规测量方法确定。短基线系统的测量方式是由 1 个换能器发射,所有换能器接收,得到 1 个斜距观测值和不同于这个观测值的多个斜距值,系统根据基阵相对船坐标系的固定关系,配以外部传感器观测值,如 GPS、MRU、Gyro 提供的船的位置、姿态、艏向,计算得到目标的大地坐标。

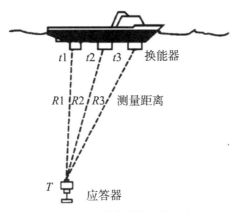

图 5-2-5　短基线定位系统示意图

短基线有以下优点:低价的集成系统,操作简便容易;基于时间测量的高精度距离测量;固定的空间有多余测量值;换能器体积小,安装简单。但有以下缺点:深水测量要达到较高的精度,基线长度一般要大于 40 m;系统安装时,换能器需在船坞严格校准。

三、超短基线定位系统

如图 5-2-6 所示,超短基线定位系统的所有声单元(3 个以上),集中安装在一个换能器中,组成声基阵,声单元之间的相互位置精确测定,组成声基阵坐标系,声基阵坐标系与船坐标系之间的关系在安装时精确测定,包括位置(X、Y、Z 偏差)和姿态(声基阵的安装偏差角度:横摇、纵摇和水平旋转)。系统通过测定声单元的相位差来确定换能器到目标的方位(垂直和水平角度);换能器与目标的距离通过测定声波传播的时间,再用声速剖面修正波束线确定距离。以上参数的测定中,垂直角和距离的测定受声速影响特别大,其中垂直角的测量尤为重要,直接影响定位精度,所以多数超短基线定位系统建议在应答器中安装深度传感器,借以提高垂直角的测量精度。超短基线定位系统要测量目标的绝对位置(地理坐标),必须知道声基阵的位置、姿态以及船艏向,这可以由 GPS、运动传感器和电罗经提供。

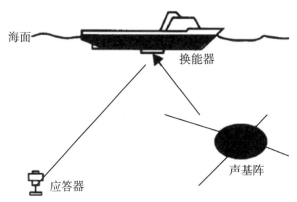

图 5-2-6　超短基线定位系统示意图

　　超短基线有以下优点:低价的集成系统、操作简便容易;只需要 1 个换能器,安装方便;测距精度高。但有以下缺点:系统安装后的校准需要非常准确,而这往往难以达到;测量目标的绝对位置精度依赖于外围设备精度,如电罗经、姿态传感器、深度传感器等。

四、组合定位系统

　　为了更好地解决水下仪器导航定位的问题,现今尝试研制出了一些联合式的声学定位系统,如图 5-2-7 所示。组合系统有多种形式,主要是 3 种声学定位系统的不同组合,如 L/USBL,L/SBL,S/USBL,L/SBL/USBL 等。

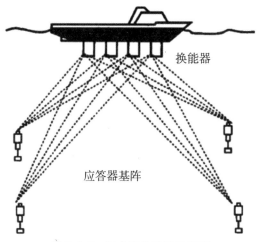

图 5-2-7　组合定位系统示意图

　　组合系统的最大优点是选取不同系统的优势,提高定位精度,扩大应用范围。但是组合系统的设备组成和操作也变得更为复杂,一般是应用户的特殊需求定制。

思考题

（1）海上导航定位的意义是什么？

（2）水下声学定位的技术有哪些？

第三章 海底地形地貌调查

> 我们要全面地认识海洋，了解海洋，首先应从它的外部形态着手研究，然后再研究它的内部构造。海底地形测量是探测海底表面地形起伏状况，最重要的手段是水深测量，通常利用单波束测深仪或多波束测深系统来实现；海底地貌调查是探测海底沉积物厚度和底质的变化特征，通常利用侧扫声呐，并结合浅地层剖面仪来实现。
>
> 海底地形地貌调查是根据任务的要求实施调查，获取海底地形地貌数据，通过对调查数据的校正和改正，进行数据分析、处理和成图，编制调查区海底地形图和海底地貌图，揭示调查区海底地形地貌变化特征和规律，为经济建设、国防建设和海底科学研究提供基础资料。

第一节 海底地形测量

从海洋表面看，整个世界大洋是一望无际的平面，而它下界的海底却到处是高低不同的隆起或洼地。要了解复杂多样的海底地形情况，就必须进行水深测量。

水深是指固定地点从海平面至海底的铅直距离。水深又可分为现场水深（瞬时水深）和海图水深。现场水深是指现场测得的自海面至海底的铅直距离，而海图水深是指从深度基准面起算到海底的水深。目前我国采用"理论深度基准面"作为海图的起算面，理论深度基准面即理论最低潮面。

海洋调查中的水深测量也是开展其他海洋要素观测的基础。在进行海洋水文要素观测时,需要在观测船到达站位以后,先测量瞬时水深,再根据水深确定海洋要素的观测层次,然后再进行海洋要素的观测。

一切海洋活动,无论经济、军事还是科研,诸如海上交通、海洋调查、海洋资源开发、海洋工程建设、海洋疆界勘定以及海洋环境保护等,都需要水深测量工作提供不同类型的海洋地理信息要素、数据和基本图像。水深测量为国家基础运输体系提供基本服务,支撑安全、高效的航运,促进海洋事业发展,协助维护海上人命与财产安全,推动海洋环境保护并有利于海岸带管理与持续发展。所以借助水深测量来了解海底地形的分布情况,对国防和国民经济建设具有很重要的意义。

一、回声测深原理及单波束测深仪

我们生活在波的世界里,看到的是光波,听到的是声波,收音机和电视机接收到的是无线电波,它们属于不同性质的波。光在海水中的穿透能力与在大气中相比是很差的,即使在清澈的海水里,光到达水下 100 m 的深度处时,其能量已衰减到不足原来的 1%。而波长达到千米量级的无线电波,也仅能穿透海洋的表面,如图 5-3-1。因此,在海洋中探测目标或传递信息,都不能用电磁波来完成,光波也受到极大的限制,而声波在海水中有很好的传播性能。声波作为水下最有效的辐射能量,被广泛应用于水下目标探测、导航、通讯和检测等方面。

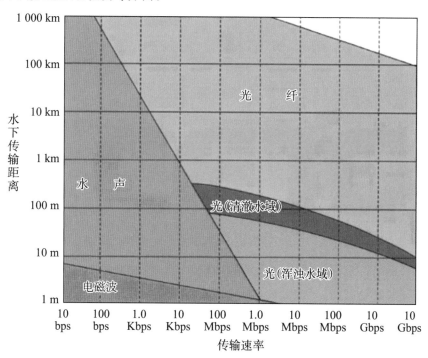

图 5-3-1　不同类型的波在水中的传输距离

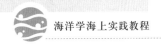

（一）单波束测深原理

人类最早利用竹竿或者系有重锤的绳索进行水深测量，如图 5-3-2，但是这些测深手段在深水区域非常受限。15 世纪中期，尼古拉·库萨发明了一种测深仪，在浮球上挂一重物投入海水中，重物触底后自动脱落，浮球便浮到水面，通过测量浮球上浮的时间来计算水深。16 世纪佩勒尔用瓷瓶代替空球，在瓶底开一个小孔，当瓶子沉入水中后，由于水压的作用海水进入瓶内，深度越大，瓶内的海水就越多，再用逆运算方法就可以计算出水深，这是利用水压来测量水深的雏形。以上几种原始测深方法只能进行单点测深，且受海浪、海流影响较大，测量效率和精度都较低。

图 5-3-2　原始的测深方法：测深杆（左）和测深铅锤（右）

20 世纪 20 年代出现了回声测深仪，它利用水声换能器垂直向水下发射声波并接收水底回波，根据其时间来确定被测点的水深。回声测深方便快捷，且测量精度高。回声测深仪的出现，对海底地形测量具有划时代的作用。

图 5-3-3 是回声测深原理示意图，安装在船底的换能器将电能转化为声能，垂直向水下发射具有一定频率、一定指向性的声波脉冲（波束），该声波在水体中传播，遇到海底后，发生反射、透射和散射，产生回波被换能器接收，换能器将声能转化为电能，由记录装置记录声波的双程旅行时 t。再通过 CTD、SVP 等设备获取水体的声速剖面，在没有声速剖面数据时，水体声速值可取为 1 500 m/s，根据公式 $H=\dfrac{1}{2}vt$ 就可以计算出换能器到海底的距离，如图 5-3-3。船舶航行过程中，回声测声仪不断地发射与接收声波就可以对水深进行连续测量。回声测深仪也叫单波束测深仪（single beam echo sounder）。

（二）"东方红 3"船 EA640 单波束测深仪

"东方红 3"船安装的单波束测深仪为挪威 Kongsberg 公司生产的 EA640，是一款三频测深仪，有三个不同工作频率的换能器，分别为 12 kHz、38 kHz 和 200 kHz，其主要技术参数如表 5-3-1。

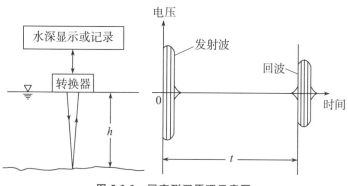

图 5-3-3　回声测深原理示意图

表 5-3-1　"东方红 3"船 EA640 主要技术参数

工作频率	12 kHz	38 kHz	200 kHz
脉冲类型	CW	CW/LFM	CW
脉冲长度	1～16 ms	256～4 096 μs	64～1 024 μs
波束角	16°×16°	9°×9°	7°×7°
量程	11 000 m	2 600 m	450 m
精度	19.6 cm	4.8 cm	1.2 cm
最大发射功率	2 000 W	1 500 W	1 000 W

由上表可知,EA640 能够在全球范围内实现全海深水深测量。在实际水深测量过程中,可以根据不同的水深条件或测量需求选择使用不同的换能器。例如,在浅水区或需要高分辨率测量时选用高频的 200 kHz 换能器,在深水区或需要大量程测量时选用低频的 12 kHz 或 38 kHz 换能器。

图 5-3-4 是 EA640 的系统组成示意图,主体部分由三部分组成,分别是换能器、宽带收发机(WBT)和数据采集工作站,各部分之间通过信号缆连通成一个整体。EA640 换能器负责发射和接收声波脉冲,三个换能器安装在船底,体积从大到小依次为 12 kHz、38 kHz、200 kHz,每个换能器都能够发射和接收声波,独立完成水深测量;宽带收发机用于控制波束形成和信号处理,其中 12 kHz 和 38 kHz 换能器共用一个 WBT,200 kHz 换能器单独使用一个换能器;设备操作和数据呈现都通过工作站完成,工作站和 WBT 通过一根网线连通。

图 5-3-5 是 2020 年某航次在马里亚纳海沟挑战者深渊使用 EA640 测得的水深断面。马里亚纳海沟是太平洋板块自东向西俯冲于菲律宾板块之下形成的一条向东弧形凸出、近南北向延伸的深沟,全长 2 550 km,平均宽度 70 km,大部分水深在 8 000 m 以上。挑战者深渊位于马里亚纳海沟南端,距关岛西南约 200 km,是目前已知的海洋最深处。19 世纪 70 年代以来,世界上多个组织先后在此处进行水深测量,给出的水深值有所差异,但普遍认为在 11 000 m 左右。

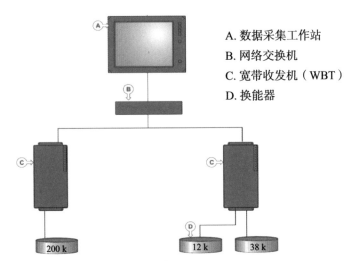

A. 数据采集工作站

B. 网络交换机

C. 宽带收发机（WBT）

D. 换能器

图 5-3-4　EA640 系统组成示意图

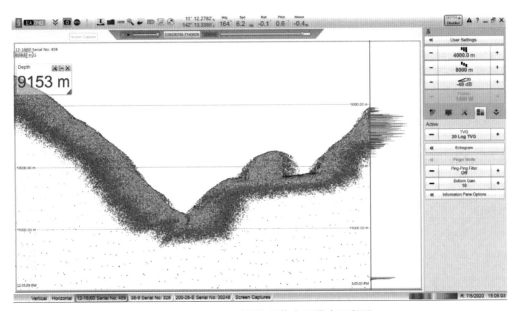

图 5-3-5　EA640 测得的挑战者深渊水深断面

　　EA640 属于三频测深仪，有 3 个不同频率的换能器，每个换能器都可以独立地垂直向水下发射不同频率的声波脉冲。在海底面有浮泥的海域，低频声脉冲具有较强的穿透性，可以穿透浮泥到达海底硬质层，获得深度 H_{lf}，高频声脉冲仅能打到海底松软的沉积物表面，获得深度 H_{hf}，利用两个声波脉冲所测得的深度差便是浮泥厚度 Δh。图 5-3-6 是用 EA640 在苏北浅滩进行水深测量的界面，该海域广泛分布有海底浮泥。EA640 三个换能器同时工作，低频的 12 kHz 换能器与高频的 200 kHz 换能器所测得的水深有一个差值，该差值即约为该海域的浮泥厚度（图 5-3-6）。

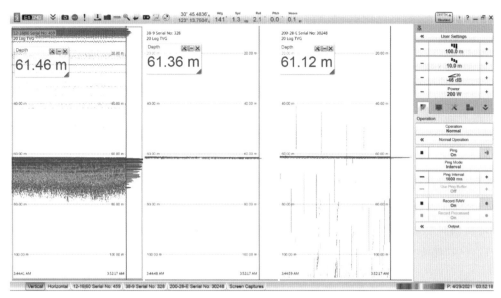

图 5-3-6　EA640 在苏北浅滩测得海底浮泥厚度

二、多波束测深系统

当测量船在水面航行时，单波束测深仪可测得一条连续的水深线，即地形断面，通过水深的变化，可以了解水下地形的情况，其工作过程是"点连成线"。20 世纪 70 年代在单波束测深仪的基础上出现了多波束测深系统（multi-beam echo sounder），它能一次给出与航线垂直的平面内几十甚至几百个测深点的水深值，能精确地、快速地测出沿航线一定宽度内水下目标的大小、形状和高低变化，其工作过程是"线连成面"，如图 5-3-7。

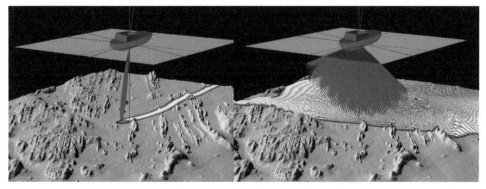

图 5-3-7　单波束测深和多波束测深工作过程示意图

（一）多波束测深原理

多波束测深是采用发射、接受指向正交的两组声学换能器阵，获得垂直航向、由大量波束测深点组成的测深剖面，并在航行方向上形成由一系列测深剖面构成的测深条带，从而实现高分辨率地形测量的一种方法。与单波束回声测深仪相比，多波束测深系统有测量范围大、速度快、精度和效率高、记录数字化和实时自动绘图等优点,将传统的测深技术从原来的点、线扩展到面,并进一步发展到立体测深和自动成图,使海底地形测量同时具备质和量。

为了便于说明,在此以波束数为 16,波束角为 $2° \times 2°$ 的单平面换能器多波束系统为例,分析多波束系统的测深方法,如图 5-3-8。系统声波信号的发射和接收由方向垂直的发射阵和接收阵完成。发射阵平行船纵向(龙骨)排列,并呈两侧对称向正下方发射 $2°$(沿船纵向) $\times 44°$(沿船横向)的扇形脉冲声波。接收阵沿船横向(垂直龙骨)排列,但在束控方向上接收方式与发射方式正好相反,以 $20°$(沿船纵向) $\times 2°$(沿船横向)的 16 个接收波束角接收来自海底照射面积为 $2°$(沿船纵向) $\times 44°$(沿船横向)扇区的回波。接收指向性和发射指向性叠加后,形成沿船横向,两侧对称的 16 个 $2° \times 2°$ 波束。因此根据多波束系统的发射、接收原理,可以把多波束系统一次广角度($44°$)发射,获得 16 个定向窄波束的过程等价地理解为在定向发射接收扇区开角为 $32°$ 的 16 个 $2° \times 2°$ 窄波束。

从波束发射和接收的角度看,换能器阵在 $32°$ 扇区按 $2°$ 间隔定向发射 16 个 $2° \times 2°$ 的波束,这些波束将以 $2° \times 2°$ 的立体角投射海底,在海底形成 16 个矩形投影区,并在这些矩形投影区内通过反射和散射,回波波束将按入射的路途返回换能器,换能器接收阵接收并记录各波束回波的到达角和旅行时。我们把一个波束照射在海底的投影面积称为脚印,由图中可以看出,每次测量一个个脚印垂直航向,随着船的运动,脚印就会覆盖整个海域,从而实现了海底探测的全覆盖测量。

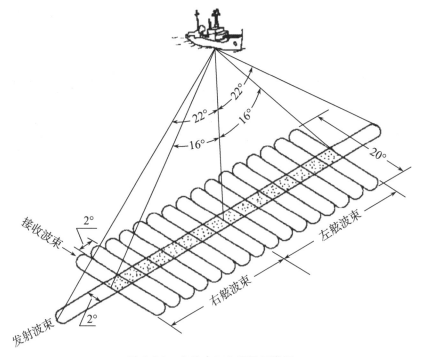

图 5-3-8　多波束工作原理示意图

（二）"东方红 3"船 EM122/EM712 多波束测深系统

"东方红 3"船安装了两套挪威 Kongsberg 公司生产的多波束测深系统，分别为 EM122 全海深多波束测深系统和 EM712 中浅水多波束测深系统，其主要技术参数如表 5-3-2。

表 5-3-2 "东方红 3"船 EM122/EM712 主要技术参数

型号	EM122	EM712
波束角	0.5°×1°	0.5°×1°
工作频率	10.5～13.5 kHz	40～100 kHz
量程	20～11 000 m	3～2 800 m
精度	0.2％水深	0.2％水深
扫幅开角	150°	140°
条幅覆盖宽度	6 倍水深，最大 30 km	5.5 倍水深，最大 3 km

在实际水深测量过程中，可以根据不同的水深条件或测量需求选择使用不同的换能器。例如，在浅水区或需要高分辨率测量时选用高频的 EM712，在深水区或需要大量程测量时选用低频的 EM122。

图 5-3-9 是 EM122 的系统组成示意图，主体部分由三部分组成，分别是换能器阵、甲板单元和数据采集工作站，各部分之间通过信号缆连通成一个系统。多波束的测深精度极高，因此对辅助信号，如定位信息、姿态信息、声速剖面等要求较其他声学设备高。

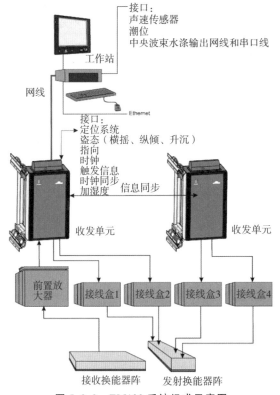

图 5-3-9 EM122 系统组成示意图

　　"东方红 3"船 EM122 的换能器阵安装在船底,发射换能器阵平行于龙骨方向,总长约 16 m,接收换能器垂直于龙骨方向,总长约 8 m,发射阵与接收阵呈 T 形排列。EM712 的换能器安装在 EM122 发射换能器阵的右侧,发射换能器阵平行于龙骨方向,长约 2 m,接收换能器阵垂直于龙骨方向,长约 1 m,呈 L 形排列。

　　图 5-3-10 是 2020 年某航次在马里亚纳海沟挑战者深渊使用 EM122 进行地形测量,成功获取了世界上最深处的海底地形。经过后续数据处理,得出该海域水深最大值为 10 928 m。对比图 5-3-5 中同时使用的 EA640 单波束测深,可以明显地看出多波束测深的优越性。

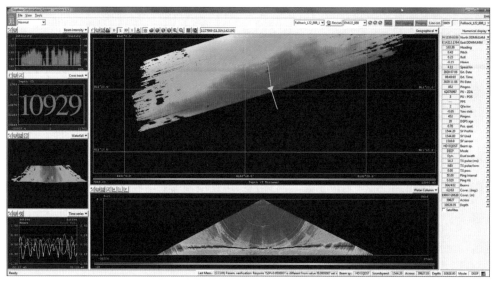

图 5-3-10　EM122 在马里亚纳海沟挑战者深渊进行地形测量

　　图 5-3-11 是 2019 年某航次在南海某海域使用 EM712 测得的水深地形图,该海域属于陆坡区域,从图中可以看到海底面存在大量的沙波。沙波能够重新塑造海底地形,对科学研究和工程建设都有重要影响。

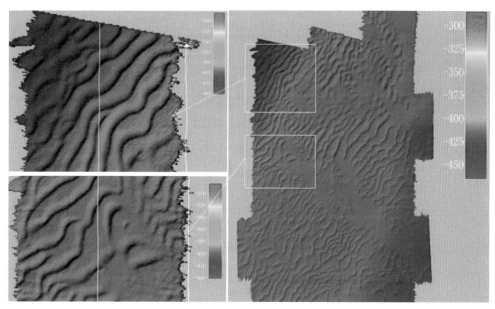

图 5-3-11　EM712 在南海某海域测得的海底沙波

第二节　海底地貌调查

海底地貌是指海底表面的形态、样式和结构。地壳构造等内营力、海水运动等外营力相互作用,且由于这些作用的性质、强弱和时间等因素,使得海底地形起伏形成不同规模的地貌单元。海底地貌调查是探测海底沉积物厚度和底质的变化特征,通常利用侧扫声呐,并结合浅地层剖面仪来实现,条件允许的情况下还可进行钻井取样,以提高地质解译精度。

一、侧扫声呐

侧扫声呐(side scan sonar,图 5-3-12)又称旁侧声呐、旁视声呐、侧扫描声呐等。它是利用声波在海底散射的原理,扫描海底的一种观测仪器。可以显示微地貌形态和分布,是目前常用的海底目标(如沉船、水雷、管线)探测工具,可以做到全覆盖不漏测。

多波束声呐相比于侧扫声呐,其优点在于定位精度高,但适用范围不如侧扫声呐广泛,尤其受到水深和波束角的限制。多波束声呐和侧扫声呐在探测海底目标时具有很好的互补性,两者同时应用可以提高目标解译的准确性。侧扫声呐作业时,拖体应尽可能地接近海底,可以获得分辨率更高、更清晰的海底地貌信息。

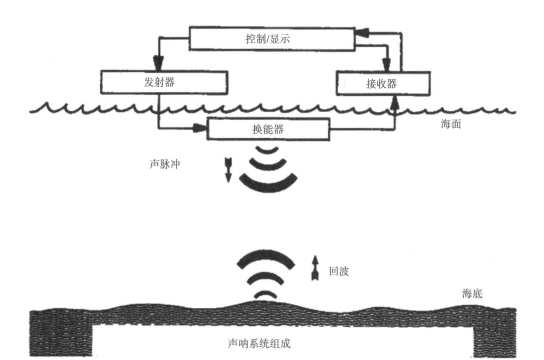

图 5-3-12　侧扫声呐组成示意图

　　侧扫声呐一般由拖鱼（换能器）、控制单元（主机）、电缆（铠装缆）组成，如图 5-3-12。拖鱼一般具两个换能器，发射和接收具有较强的指向性，具有极小的水平波束角（0.5°～1.5°），以及较大的垂直波束角（32°左右），如图 5-3-13，同时具有较高的工作频率。

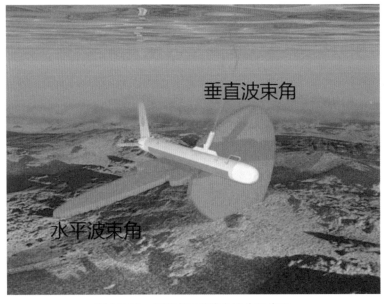

图 5-3-13　侧扫声呐波束角形态示意图

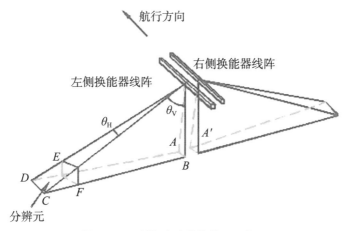

图 5-3-14 侧扫声呐计算单元示意图

图 5-3-14 为侧扫声呐工作时的示意图,图中 $ABCD$ 是换能器在海底照射的左侧梯形面积,右侧有一个对称的面积;θ_V 是垂直波束角,θ_H 是水平波束角,$E-F$ 标识的为一个分辨元。当换能器发射一个声波脉冲时,可在换能器左、右侧各照射一窄梯形海底,如图中左侧梯形 $ABCD$,可看出梯形靠近换能器底边的长度 AB 小于远离换能器底边长度 CD。声波脉冲发出后,声波以球面波方式向远方传播,碰到海底后产生的反射波或反向散射波沿原路线返回到换能器,距离近的回波先到达换能器,距离远的回波后到达换能器,一般情况下,正下方海底回波先返回,倾斜方向的回波后到达。因此,换能器发出是窄脉冲,而接收到的回波是一个时间较长的脉冲串。

如图 5-3-15 所示,硬的、粗糙的、突起的海底回波强,软的、平坦的、下凹的海底回波弱,被突起物遮挡部分的海底没有回波,这一部分叫做声影区。回波脉冲串各处的强度大小不一,回波强度就反映了海底起伏、软硬信息。一次发射可获得换能器两侧一窄条海底的信息,设备显示成一条垂直于航迹线的条带,调查船向前航行,设备按一定时间间隔进行发射—接收操作,将每次接收到的数据显示出来,就得到了二维海底地貌的声学图像,以不同颜色(伪彩色)或灰度表示海底的特征,反映海底的地貌及底质情况。

二、浅地层剖面仪

海底地形测量只是进行了海底表面地形起伏变化,想要了解海底面以下的地层结构就还需要进行地层剖面探测,常用的设备是浅地层剖面仪(sub-bottom profiler),简称浅剖。浅剖是利用声波在海底以下介质中的透射和反射,采用声学回波原理,获得海底浅层结构声学剖面的一种声学探测设备。

(一)浅地层剖面探测原理

浅地层剖面仪与回声测深仪工作原理相似,但是频率更低,能量更大。测深仪只能测量换能器到海底的水深,而浅地层剖面仪不仅能测量换能器到海底的水深,还能探测

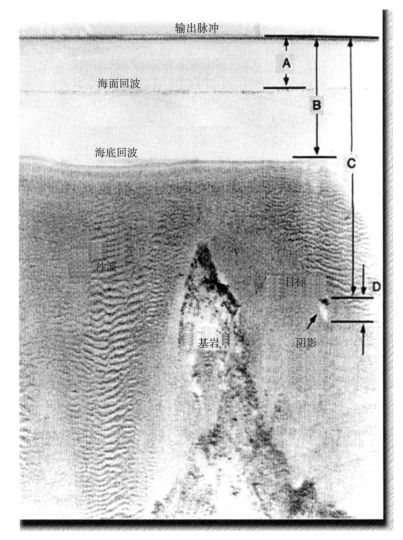

图 5-3-15　典型声呐图像

海底面以下一定深度的地层结构,反映地层分层情况和各地层的地质特征。浅地层剖面仪工作时,换能器按一定时间间隔垂直向下发射声波脉冲,声脉冲穿过海水触及海底以后,部分声能反射返回换能器;另一部分声能继续向地层深层传播,同时回波陆续返回,声波传播的能力逐渐损失,直到声波能量消耗殆尽。已知声波往返两次穿过该地层上下界面的时间 ΔT,声波在该地层的传播速度 c,根据公式 $d=\frac{1}{2}c\Delta T$,就可以计算出该地层厚度 w;而声波在地层界面的回波强度能够一定程度反映该地层的性质。

图 5-3-16 是浅地层剖面仪工作原理示意图。其中,U 为船速,ρ 为沉积物密度,v 为声波在该沉积物中的传播速度,R 为反射系数,A_r 为反射波振幅,A_i 为入射波振幅,声波的振幅与声波的能量成正比。当 $R>0$ 时,入射波与反射波的相位相同;$R<0$ 时,入射波与反射波的相位相反。当 $|R|$ 趋近 1,反射波能量相对较大;$|R|$ 趋近 0,反射波

能量相对较小。

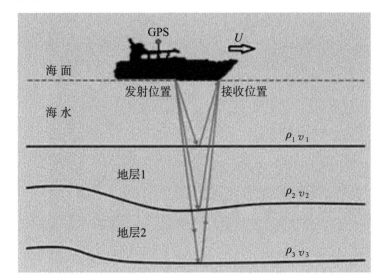

$$R=\frac{\rho_2 v_2 - \rho_1 v_1}{\rho_2 v_2 + \rho_1 v_1}$$

$$A_r = R A_i$$

图 5-3-16　浅地层剖面仪工作原理示意图

调查船沿着测线进行走航调查,浅剖在同一界面产生的回波能量相近,相位相同,极值连线形成同相轴,该反射界面可以看作是一个连续的地层界面,如图 5-3-17。反射界面可用于地层结构分析,但一定要注意,声波探测往往具有多解性,也就是说同相轴出现不一定代表此处有地层界面,地层界面处也不一定出现同相轴。要想确定该区域的地层结构,通常需要配合地质钻孔或柱状沉积物采样等手段。

反射界面之间的声学地层可以用于某套地层的成因分析,如图 5-3-18。反射界面中间的声学地层极为均匀,则无声波反射,称为声学透明层,比如含天然气的地层或沉积物极为均匀的地层;反射界面之间的声学地层不均匀,出现由众多方向不定的小同相轴组成声波杂乱反射,成为嘈杂反射,如沉积物快速堆积形成的地层。

浅地层剖面仪获取的图像可用于查明浅部地层产状、内部结构,识别各种灾害地质因素,如浅层气、埋藏河道、断层,还能够判断某些埋藏物与海床的空间位置关系,如海底管道、沉船、海底构筑物,确定其埋藏深度或悬空高度。

（二）"东方红 3"船 TOPAS18 浅地层剖面仪

"东方红 3"船安装的浅地层剖面仪是挪威 Kongsberg 公司生产的 TOPAS18,为深水参量阵浅剖,其主要技术参数如表 5-3-3。

参量阵浅剖是基于声波相互作用的原理,不同频率的有限振幅波在一种介质传播时,会产生新的频率的声波。如果只考虑两个频率的话,最后产生声波的频率是这两个频率的和频波与差频波。和频波由于频率较高,传播过程中很快地衰减;而差频波沿声轴方向以相同的速度与原波一起向前传播,并与原波在行进过程中不断产生新的差频波叠加。可以预测,差频波在声轴方向上将达到较高的能量,而在非声轴方向上,由于

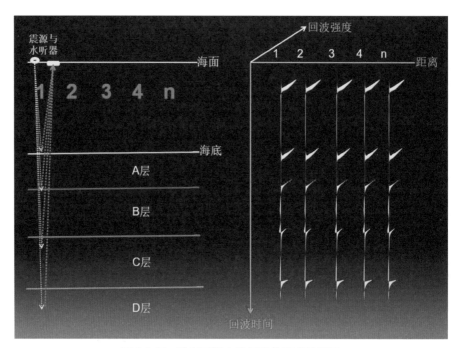

图 5-3-17　浅剖图像中的同相轴形成示意图

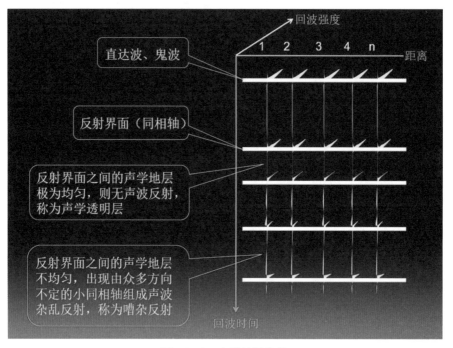

图 5-3-18　声学地层分析

非同向叠加,差频波能量较小,这就形成了很好的指向性。如果原波是一个宽频信号,一般来说,它可以用傅立叶积分表示,而被积函数是单频正弦波。无限多个频率两两相互作用产生一个宽频差频信号,从而构成了所谓的参量阵。

参量发射阵中,假设两束波的传播方向相同,第一束声波的频率为 f_1,第二束为 f_2,在参量阵理论中将这两束声波称为原波,它们的频率称为原频率。当两束波完全重合,在介质中传播时,两个原波相互作用,从而出现新的辐射源。如果只考虑二阶相互作用,介质中参量阵激起 $2f_1,2f_2,f_1+f_2,f_1-f_2$ 共四个频率的声波,后两个频率分别称为和频波与差频波。由于原波与和频波频率较高,能量衰减较快,故超过一定距离后只有差频波存在,除了特别指出外,一般所说的能量阵仅指差频波。由于其指向性好,频带较宽,可以提高空间分辨率,抗混响,并能获得较高的信号处理增益。

表 5-3-3 "东方红 3"船 TOPAS18 主要技术参数

脉冲类型	CW,Ricker,LFM Chirp,HFM Chirp
主频	15～21 kHz
差频	0.5～6 kHz
最大工作水深	11 000 m
地层穿透深度	200 m
地层分辨率	0.15 m
最大输出功率	32kVA
激发间隔	0.2～15 s
最大采样率	192 kHz

图 5-3-19 是 TOPAS18 系统组成示意图,主体由三部分组成,分别是换能器阵、收发单元和数据采集工作站,各部分之间通过信号缆连通成一个系统。TOPAS18 的换能器也是组成阵列进行工作,但声波收发是一体的。

结合先前所述的单波束测深仪和多波束测深系统,会发现这三者的换能器有所区别。单波束测深仪是单个换能器独立完成工作,声波脉冲收发一体;多波束测深系统是多个换能器组成阵列协同工作,声波脉冲收发分体;浅地层剖面仪是多个换能器组成阵列协同工作,声波脉冲收发一体。通过对比发现其实就是换能器是否组成阵列工作,声波收发是否一体这两种情况的排列组合,这也是目前常见的声学探测设备换能器的工作模式。但需要注意的是,本章中列举的三种换能器工作模式仅对应相应型号的声学探测设备。

图 5-3-20 是 2019 年某航次在南海某海域使用 TOPAS18 探测到的埋藏古河道。图中有一个 V 形声学地层有别于周围的地层,这是南海北部大陆架上的一个古河道。在第四季冰期这里本来是陆地,入海的河流下切作用形成河道,后来间冰期冰川融化,海平面上升,这里被海水淹没,在同沉积作用下,河道被沉积物填平。由于河道内的沉积物类型和沉积过程与周围地层不同,因此在声学地层上能够反映出来。研究埋藏古河道一方面可以分析古地理环境,另一方面可以寻找油气资源,古河道原来属于陆地沉

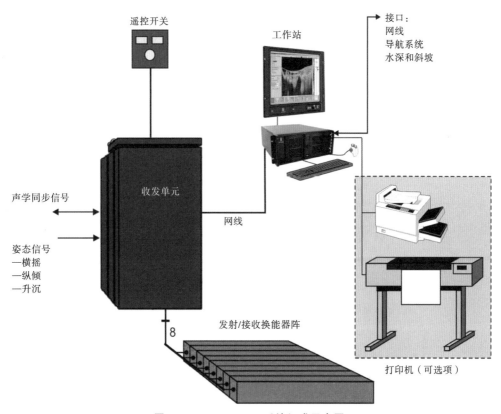

图 5-3-19　TOPAS18 系统组成示意图

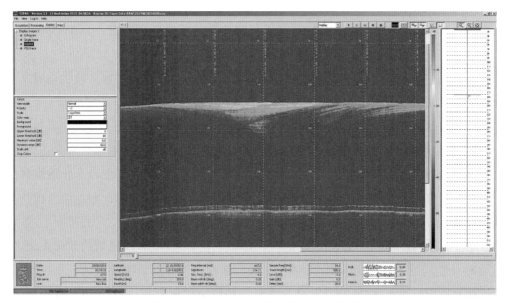

图 5-3-20　TOPAS18 探测到的埋藏古河道

积环境,有机质含量比较多,被埋藏起来后,如果条件合适,就会形成良好的油气层,含有石油或天然气等资源。

第三节 海底地形地貌调查外业实施

海底地形调查的基本内容包括导航定位、水深测量、水位测量以及数据处理和成图。水深测量包括深度测量和一些必要的改正,如吃水改正、声速改正、船姿改正、升沉改正和水位改正。

海底地貌调查的基本内容包括在海底地形调查的基础上,进行海底侧扫声呐测量和浅地层剖面测量,结合其他地质地球物理资料进行数据处理、分析和成图。

海底地形地貌调查作业内容包括技术设计、测前准备、海上测量、数据处理等。

一、技术设计

海底地形地貌调查的基本方式为走航连续测量,测量项目有单波束测深、多波束测深、侧扫声呐测量、浅地层剖面测量。根据调查的目的和任务,采用不同比例尺的测线网方式调查或全覆盖方式调查。调查中应尽量采用多项目的综合调查,同一测区的调查,测线或测网布设应统一,使调查资料可以相互印证,以提高综合解释水平。

在采用测线网方式进行海底地形地貌调查时,主测线采用垂直地形或构造总体走向布设,联络测线应尽量与主测线垂直,不同调查比例尺的主测线和联络测线的测线间距见表5-3-4。在采用全覆盖方式进行海底地形地貌调查时,多波束测深和侧扫声呐测量的主测线应采用平行地形或构造总体走向布设,相邻测幅的重叠应不少于测幅宽度的10%,联络测线应不少于主测线总长度的5%,且至少布设一条跨越整个测区的联络测线。

相邻测区,不同类型、不同作业单位之间的测区结合部,在采用测线网方式调查时,应至少有一条重复检测线;在采用全覆盖方式调查时,应有一定宽度的重叠区,以保证有足够区域对所测对象进行检验和拼接。

在海底构造复杂或地形起伏较大的海区,应加密测线,加密的程度以能完善地反映海底地形地貌变化为原则。

导航定位应采用实时差分全球定位技术,定位准确度不大于±10 m。坐标系统采用"WGS-84坐标系统",也可根据需要采用其他坐标系统。如果采用非WGS-84坐标系统,应在测区附近进行至少三个已知国家等级控制点的比测试验,计算相应的坐标转换参数;深度基准采用理论最低潮面,深度基准面的高度从当地平均海平面起算,一般应与国家高程基准进行联测;高程采用"1985国家高程基准",远离大陆的岛、礁,其高程基准可以采用当地平均海平面;参考椭球体采用"WGS-84椭球体";投影采用墨卡托

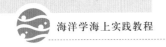

投影,也可根据需要采用高斯-克吕格投影或 UTM 投影等,分幅采用自由分幅;基准维度根据调查与成图区域确定,以尽量减少图幅变形为原则。

表 5-3-4　海底地形地貌测线网调查中的测线间距要求

项目	调查比例尺	主测线间距×联络测线间距/km
海底地形测量	1:100 万	10×100
	1:50 万	5×50
	1:25 万	2.5×25
	1:10 万	1×5
海底侧扫声呐调查	1:100 万	20×100
	1:50 万	10×50
	1:25 万	5×25
	1:10 万	2×10
海底浅层剖面调查	1:100 万	20×100
	1:50 万	10×50
	1:25 万	5×25
	1:10 万	2×10

二、测前准备

测前准备包括仪器检验、系统安装、测前调试等,必要时需进行海上试验。

在正式进行海上测量工作前,需要对定位设备、声速剖面仪、电罗经、姿态传感器等设备进行检测,确保系统的正常工作。选取地形地貌变化有代表性的海区,在不同深度、不同航速、不同参数下探测,检验系统运行状态。

三、海上测量

1. 航行要求

测量船应尽可能地保持匀速、直线航行;进行侧扫声呐测量和浅地层剖面测量时,船速应不大于 6 kn;船只在线测量时,航向变化应不大于 5°/min,遇到特殊情况必须停船、转向或变速时,驾驶室与实验室应及时沟通,采取应急措施并记录下来;更换测线时,尽量缓慢地进行大弧度转弯;实际航线与计划测线的偏离应不大于测线间距的 25%。

2. 数据记录

定位信息采用数字记录方式采集,定位仪数据输出应设置为最高更新率;水深信息采用数字记录方式采集;实时测量数据应记录在采集计算机的硬盘上;数据备份包括全部原始数据文件,数据备份必须由专人负责,定期进行并及时编写记录。

3. 质量监控

海上测量时要经常检查测量资料的质量情况；要实时监视仪器工作状态，检查数据记录是否正常运行，数据记录质量是否良好；发现问题应及时进行处置。

4. 班报记录

海上调查期间，必须进行班报记录。测线开始、结束时必须记录时间和测线号；所有参数设置及其更改必须记录；遇到仪器发生故障、船只干扰、水深突变、特殊地质体等情况时，必须及时采取措施，并记录班报；值班人员必须对记录质量进行自检，现场记录字迹清楚，不得涂改，各栏内容必须按要求用铅笔填写；技术负责人要对每个作业周期的班报记录进行全面检查。

四、数据处理

数据处理应采用被认可的数据处理软件；数据处理各阶段应进行交叉检查，确保数据成果无误。

思考题

(1) 海底地形地貌调查常用的声学探测设备有哪些？

(2) 简单说明单波束测深的原理。

(3) 多波束测深相比单波束测深有什么优势？

(4) 浅地层剖面仪与单波束测深仪的工作原理有什么异同？

第四章 海洋底质调查

海洋底质调查的手段有表层沉积物采样、柱状沉积物采样、拖网采样。当进行小比例尺底质调查时,主要的调查项目为表层沉积物采样和柱状沉积物采样,或者结合浅地层剖面和侧扫声呐调查。在一些有代表性的浅地层剖面上,可酌情进行勘探,为浅地层剖面解释提供证据。

通过对底质样品处理、分析,研究不同类型底质的平面和剖面分布,主要分析内容有粒度、矿物、化学和生物组分,物理、力学性质,沉积作用、沉积速率和沉积时代等。

第一节 海洋底质采样

海洋底质采样一般有如下要求:

(1) 底质采样应先测水深,再进行表层采样,之后进行柱状采样;

(2) 深海采样应两次定位,调查船到站和采样器到达海底时各测定一次船位;

(3) 样品采集应达到规定数量,并尽量保持原始状态;

(4) 采集的样品一般应及时低温保存。

一、底质表层采样

底质表层样品采集一般采用蚌式、箱式、多管式或拖网等采样方法。一般情况下多选用蚌式采样器,该采样器对样品有特殊要求,如数量大、原状样等,可以选用箱式采样器,当底质为基岩、砾石或粗碎屑物时,选用拖网。

采集的样品应保证一定数量,沉积物样品一般不得少于 1 000 g,如达不到此数量,应进行重复采样,若重复 3 次仍达不到样品数量要求则该站列为空站,调查区内空样站位数不得超过总站位数的 10%。拖网采样应尽量增大网具的强度和绞车钢缆的负荷能力,以利于获取更多的样品。

"东方红 3"船配备的底质表层采样器有丹麦 KC-Denmark 公司的抓斗式采泥器、重型箱式采泥器和多通道柱状采泥器,如图 5-4-1,图 5-4-2 和图 5-4-3。

该抓斗式采泥器采用双瓣蚌式结构,斗体的闭合由钢丝绳牵引,主要用于表层沉积物采样。其最大工作水深为 10 000 m;取样面积为 0.25 m^2;总质量(含配重)约 175 kg;材质为 316 不锈钢,表面进行电抛光,配重材质为铅;斗体配有 4 个活动式顶盖。

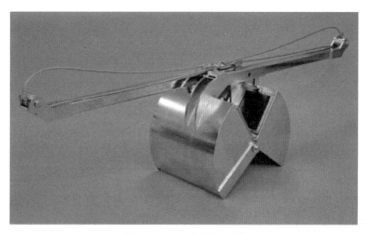

图 5-4-1　抓斗式采泥器

图 5-4-2　重型箱式采泥器

图 5-4-3　多通道柱状采泥器

该重型箱式采泥器由支撑框架、采样箱体、闭合机构及配重组成,主要用于浅表层沉积物及底栖生物的无扰动采样。最大工作水深为 10 000 m;取样面积为 0.25 m²;总质量(含配重)约 1 100 kg;沉积物最大贯入深度可达 60 cm;材质为 316 不锈钢,表面电抛光;采样箱体带可拆卸挡板,能够进行现场带沉积物样品快速更换采样箱体。

该多通道柱状采泥器由框架、取样管、液压闭锁装置、配重等组成,用于进行海底上覆水层、浅表层柱状沉积物及底栖生物的无扰动采样。最大工作水深为 10 000 m;总质量(含配重)约 700 kg;框架材质为 316 不锈钢,表面电抛光;可同时安装 12 根取样管,取样管内径 11 cm,长度 80 cm,材质为透明聚碳酸脂;取样管贯入沉积物采用静压方式,贯入机构带阻尼器,沉积物最大贯入深度可达 50 cm;取样管可以带沉积物样品进行快速更换;主框架配有防护网,可以有效防止绞车缆绳的缠绕。

二、底质柱状采样

底质柱状采样常使用重力、重力活塞、震动活塞及浅钻等取样设备进行。底质为基岩或粗碎屑沉积物时,不宜进行柱状采样。陆架海区柱状采样站数应占表层样站数的 1/10 以上,大洋海区柱状采样站数应占表层样站数的 1/15 以上。采取的样品应及时做好层次标记,上下次序不得颠倒;分割样品时,应注意断面的剖面上样品的完整,防止污染或损坏样品。

"东方红 3"船配有一套 30 m 的长柱状重力活塞取样器,如图 5-4-4,生产厂家是美国 Allied 公司。

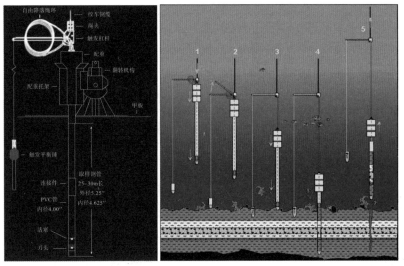

图 5-4-4　长柱状重力活塞取样器

该长柱状重力活塞取样器最大工作水深可达 12 000 m;主要结构有取样头、触发机构、取样柱、衬管和刀头。取样头的壳体材质为不锈钢,内部材质为注铅,质量达 2 250 kg;触发机构的释放方式为杠杆加平衡锤,符合流体静力机制,配重材质为铅质;

取样柱的最大取样长度可达 30 m,单个取样管长度为 3 m,其内径 11.75 cm,外径 13.3 cm,材质为高强度的 CDOM 4140 钢合金,具有更高的强度、更好的耐腐蚀性、更优秀的性能,是优秀的不锈钢替代材料;取样柱表面涂有耐腐蚀涂料,面漆为特氟龙(Teflon);衬管材质为 PVC 塑料,内径 10 cm,外径 11.3 cm,每个端口有螺纹,可以进行连接组合;刀头材质为不锈钢,非常锋利,可以有效地破泥开道。

2019 年 6 月,"东方红 3"船使用重力活塞取样器在南海获得了 23.66 m 长的沉积物柱状样,是目前国内获取到最长的柱状沉积物样品(图 5-4-5)。

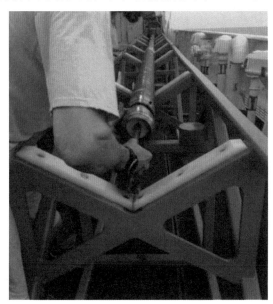

图 5-4-5　"东方红 3"在南海获得 23.66 m 长的柱状沉积物样品

三、操控支撑系统

海洋底质采样所用的采样器由于其自重较重,作业水深较深,必须依靠操控支撑系统才能进行作业。操控支撑系统是由绞车系统和收放系统组成,适用于海洋科研仪器收放的大型绞车、吊机等设备。

"东方红 3"船的绞车系统(表 5-4-1)包括 12 000 m CTD 绞车 1 套、10 000 m CTD 绞车一套、12 000 m 地质纤维绞车 1 套、10 000 m 地质钢缆绞车一套、10 000 m 光电缆绞车 1 套、3 000 m 生物绞车 1 套,以及配套的绞车系统动力单元、绞车监控和控制单元、滑轮组等。以上绞车的动力均为电力。

"东方红 3"船的收放系统(表 5-4-2)包括舷侧 A 架 1 套、长柱状活塞取样收放装置 1 套、艉部 A 架 1 套、CTD 收放装置 1 套、液压伸缩起重吊(主吊)1 套、液压伸缩折臂吊(艉吊)1 套、液压伸缩折臂吊(艏吊)1 套,以及配套的收放系统动力单元、控制单元等。以上收放系统的动力均为液压。

表 5-4-1 "东方红 3"船的绞车系统简介表

序号	名称	主要规格	安装位置
1	12 000 m CTD 绞车	破断力:69.4 kN 钢索规格:Φ9.53 mm	艉部绞车舱前部左舷
2	10 000 m CTD 绞车	破断力:69.4 kN 钢索规格:Φ9.53 mm	CTD 采水室
3	10 000 m 地质钢缆绞车	破断力:26.22 t 钢索规格:Φ19.05 mm	地震空压机舱右舷
4	12 000 m 地质纤维缆绞车	破断力:44 t 钢索规格:Φ22 mm	艉部绞车舱后部右舷
5	10 000 m 光电缆绞车	破断力:206.4 kN 钢索规格:Φ21.21 mm	艉部绞车舱后部左舷
6	3 000 m 生物绞车	破断力:4.67 t 钢索规格:Φ7.94 mm	艇甲板左舷

表 5-4-2 "东方红 3"船的收放系统简介表

序号	名称	主要规格	安装位置
1	舷侧 A 架	吊重:12.5 t;高度:9 m; 宽度:2.8 m;舷外跨度:3 m	遮蔽甲板外侧
2	液压伸缩起重吊	吊重:15 t@10 m;6 t@20 m	艇甲板右舷
3	液压伸缩折臂吊	吊重:2 t@14 m	船头艇甲板
4	液压折臂吊	吊重:4 t@20 m;8 t@14 m	后甲板右舷
5	艉部 A 架	吊重:15 t;高度:11 m; 宽度:7 m;舷外跨度:6 m	船艉
6	长柱状活塞 取样器收放装置	支持 30 m 取样器收放	遮蔽甲板外侧
7	CTD 收放装置	匹配 φ9.53 mm CTD 缆; 安全工作负载:6.5 t; 工作海况 5 级及以下	CTD 采水室

电动绞车的工作原理是通过电动机将电能转换为机械能,即电动机的转子输出旋转,并在传送皮带、轴和齿轮减速后,驱动滚筒旋转,从而控制缆绳收放。电动绞车使用电动机作为动力,通过弹性联轴器、封闭式齿轮减速器、齿式联轴器驱动鼓,并采用电磁系统,具有通用性强,结构紧凑,体积小,重量轻,起重重,使用和转移方便等特点。

液压收放系统的工作原理是以油液为工作介质,通过密封容积的变化来传递运动,通过油液内部的压力来传递动力。动力部分将原动机的机械能转换为油液的压力能，如液压泵；执行部分将液压泵输入的油液压力转换为带动工作机构的机械能，如液压缸、液压马达；控制部分用来控制和调节油液的压力、流量和流动方向，如压力控制阀、流量控制阀和方向控制阀；辅助部分将前面三部分连接在一起，组成一个系统，起贮油、过滤、测量和密封等作用，如管路和接头、油箱、过滤器、蓄能器、密封件和控制仪表等。

第二节 底质样品现场描述与处理

样品现场描述是底质调查的一项重要工作，是获得调查的第一手资料的主要环节，调查人员必须充分重视，并要认真地做好。

鉴于海上工作的条件，样品现场描述的项目尽量从简，除某些性质易变和只能在船上描述的内容之外，其他内容可留待室内进一步描述或将样品送陆地实验室分析鉴定。

一、样品现场描述与处理的要求

（1）样品从海底采至船甲板，应立即进行现场描述；

（2）样品现场描述的项目和内容应简单明了并表格化，描述记录一律用铅笔书写；

（3）取样和处理样品时，应注意层次、结构和代表性，所有样品应认真登记、标记，不得混乱。

二、样品现场描述

1. 颜色

观察样品表面颜色和剖面颜色的变化，进行记录，颜色名称中主导基调色在后，次要附加色及形容词在前。颜色是沉积物的重要特征，往往能反映出沉积物的物质成分和沉积环境，比如黑色说明有机质含量比较高，沉积环境是还原环境，红色说明含有三价铁，沉积环境属于氧化环境。

2. 气味

样品采上后，立即鉴别有无硫化氢或其他气味及其强弱。硫化氢气体有明显的臭鸡蛋气味。

3. 厚度

测量取样管插入海底的深度、实际采样长度以及分层厚度。

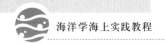
4．稠度

稠度可以一定程度上反映样品的含水量和固结程度，现场描述的稠度可分为以下五类。

（1）流动的，沉积物能流动；

（2）半流动的，沉积物能稍微流动；

（3）软的，沉积物不能流散，但性软，手指容易插入；

（4）致密的，手指用劲才能插入；

（5）略固结的，手指很难插入，用小刀能切割开。

5．黏性

黏性可以一定程度上反映样品中黏土矿物含量的多少，现场描述的黏性可分为以下三类。

（1）强黏性，极易黏手，强塑；

（2）弱黏性，黏手，可塑；

（3）无黏性，不黏手，不可塑。

6．物质组成

按照粒级标准（表5-4-3）对沉积物碎屑物质进行粗略描述，然后依据沉积物颜色和粒级进行现场命名，名称术语为颜色在前，粒级名在后，粒级名主要粒组名在后，次要粒组明在前（表5-4-4）；对岩屑、砾石、结核、团块及生物组分进行特殊描述，现场要鉴别岩石名称、形状大小、颜色、磨圆度、胶结附着物质成分，以及生物种类、数量等。

表5-4-3　等比制（φ标准）粒级分类表

粒组类型	粒级名称		粒级范围		$\phi=-\log_2 d$		代号
	简分法	细分法	mm	μm	d	ϕ	
岩块（R）	岩块（漂砾）	岩块	＞256		256	-8	R
砾石（G）	粗砾	粗砾	256～128		128	-7	CG
			128～64		64	-6	
	中砾	中砾	64～32		32	-5	MG
			32～16		16	-4	
			16～8		8	-3	
	细砾	细砾	8～4		4	-2	FG
			4～2		2	-1	
砂（S）	粗砂	极粗砂	2～1	2 000～1 000	1	0	VCS
		粗砂	1～0.5	1 000～500	1/2	1	CS
	中砂	中砂	0.5～0.25	500～250	1/4	2	MS

续表

粒组类型	粒级名称		粒级范围		$\phi=-\log_2 d$		代号
	简分法	细分法	mm	μm	d	ϕ	
砂（S）	细砂	细砂	0.25～0.125	250～125	1/8	3	FS
		极细砂	0.125～0.063	125～63	1/16	4	VFS
粉砂（T）	粗粉砂	粗粉砂	0.063～0.032	63～32	1/32	5	CT
		中粉砂	0.032～0.016	32～16	1/64	6	MT
	细粉砂	细粉砂	0.016～0.008	16～8	1/128	7	FT
		极细粉砂	0.008～0.004	8～4	1/256	8	VFT
黏土（Y）	黏土	粗黏土	0.004～0.002	4～2	1/512	9	CY
			0.002～0.001	2～1	1/1 024	10	
		细黏土	<0.001	<1	1/2 048	>11	FY

表 5-4-4　沉积物主次粒组命名表

次要粒组	主要粒组			
	砾石（G）	砂（S）	粉砂（T）	黏土（Y）
砾石（G）	砾石	砾砂	砾石质粉砂	砾石质黏土
砾（S）	砂砾	砂	砾质粉砂	砾质黏土
粉砂（T）	粉砂质砾石	粉砂质砂	粉砂	粉砂质黏土
黏土（Y）	黏土质砾石	黏土质砂	黏土质粉砂	黏土

7.结构构造

结构的描述内容包括组份的颗粒大小、分选性（可分好、中、差三类）、颗粒形状及其表面特点、颗粒之间结合的特点、固结的程度及胶结物质等。

构造的描述内容包括组份的排列分布关系、层理特征、各层的接触关系、有无滑动现象等。对于各种分界面必须仔细观察描述，遇有特殊现象应予以拍照。

表层样品若分层困难，可不分层，其他描述内容如上。表层样中若有浮泥层，也应进行描述。是否单独取样可视具体情况而定。浮泥层若不单独取样，应将其刮掉，不使其混杂到下层。

8.其他

典型和有特殊意义的地质现象应进行素描、照相、揭片或 X 光拍片等。

三、样品现场处理

（一）取样分析

（1）样品现场描述完毕应立即取样在船上进行 pH、E_h 和 Fe^{3+}/Fe^{2+} 比值，以及相

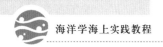

对密度（比重）、容重等物性测定；

（2）粒度分析、矿物鉴定、物理力学性质测定、古生物鉴定、化学分析、古地磁测定、测年等在陆地实验室进行；

（3）柱状样分样时，岩性变化处应取样，岩性变化不大时，取样间距不得大于50 cm；

（4）拖网采样按岩性或生物种类分别取样，送至实验室做岩矿鉴定或生物鉴定。

（二）样品登记和保存

（1）取好样品的瓶（袋）要贴标签，标签内容包括海区、调查船名、站位号、瓶（袋）号、取样深度、日期等，并将样品瓶号或样品箱号记入现场描述记录表内，在柱状样品的取样位置贴上标签，其编号与瓶（袋）号一致。

（2）柱状样用不锈钢刀小心地剖为两半，在进行描述照相以后，对其中一半进行分层（或分段）取样，然后将两半合起来（空隙处用纸屑填塞紧）套上岩心管，用线绳捆紧，将岩心管编号，用记号笔标明编号、站号及上下端，密封好后，按顺序装入柱状样品箱内。

（3）取好的样品要密封，样品瓶要用封蜡密封，样品袋要用套袋加封。密封工作可在一个航次采样结束后统一进行。

（4）如果条件允许，待陆地实验室分析的样品应低温冷冻保存。

思考题

（1）表层采样有哪些方法？

（2）柱状采样有哪些方法？

（3）底质样品现场描述的内容有哪些？

附录:各学科记录表样表

一、海洋水文调查

表 1-1 目测海浪记录表

调查海区			断面号						观测日期				
调查船			航次号						年 月 日至 年 月 日				

序号	站号	站位						观测时间		水深 m	风向 (°)	风速/ (m/s)	海况级	波型	波向(°)	
		纬度 N/S			经度 E/W										风浪	涌浪
		°	′	″	°	′	″	时	分							

序号	站号	波要素	波序数											有效波高 /m	有效波周期/s	最大波高 /m	最大波周期/s	波级
			1	2	3	4	5	6	7	8	9	10					
		波高															
		周期															
		波高															
		周期															
备注																	

观测者　　　　　　　　计算者　　　　　　　校对者

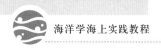

二、海洋气象观测

表 2-1　海面气象观测记录表

海区　　　　　　　船名　　　　　　　调查机构　　　观测方式
站号　　　　　　　年　月　日　　　　第　页　　　航次

时间	时分	时分	时分	时分
纬度				
经度				
能见度(最小值)/km				
总云量/低云量				
云状				
最低云高/m				
风向/°				
风速/m/s				
空气温度/℃				
相对湿度/%				
海平面气压/hPa				
降水量/mm				
天气现象				
纪要栏				
比对记录栏				
观测者				
校对者				

三、海洋化学调查

表 3-1　水样登记表

编号＿＿＿＿＿＿＿＿＿＿＿＿＿＿＿＿＿　第＿＿＿＿＿＿＿＿＿＿＿＿页,共＿＿＿＿＿＿页

调查项目名称＿＿＿＿＿＿＿＿＿＿＿＿＿　代码＿＿＿＿＿＿＿＿＿＿＿＿＿＿＿＿＿

航次＿＿＿＿＿＿＿　调查海区＿＿＿＿＿＿＿　海况说明＿＿＿＿＿＿＿＿＿＿＿

调查船＿＿＿＿＿＿　采样日期＿＿＿年＿＿＿月＿＿＿日至＿＿＿年＿＿＿月＿＿＿日

序号	站号	经度	维度	采样时间	站位水深/m	采样深度/m	水温	水样瓶号					
								溶解氧	pH	营养盐			
1													
2													
3													
4													
5													
6													
7													
8													

记录者＿＿＿＿＿＿＿＿　校对者＿＿＿＿＿＿＿＿＿

表 3-2　溶解氧测定（碘量滴定法）记录表

水样登记表编号 _____ 至 _____，采样日期 _____ 年 _____ 月 _____ 日至 _____ 年 _____ 月 _____ 日　　编号 _____

水样接收人 _____，接收日期 _____ 年 _____ 月 _____ 日，分析日期 _____ 年 _____ 月 _____ 日　共 _____ 页，第 _____ 页

序号	站号	采样时间 /时,分	采样深度 /m	样品 1 瓶号	容积 /cm³	消耗 $Na_2S_2O_3$ 体积 /cm³	c_{O_2} / ($\mu mol/dm^3$)	样品 2 瓶号	容积 /cm³	消耗 $Na_2S_2O_3$ 体积 /cm³	c_{O_2} / ($\mu mol/dm^3$)	c_{O_2} 平均值 / ($\mu mol/dm^3$)	水温 /℃	盐度	饱和浓度 / (mol/dm)	饱和度 /%
1																
2																
3																
4																
5																

硫代硫酸钠溶液标定

$$c_{Na_2S_2O_3} = \frac{V_1}{V_2} \times c_{KIO_3}$$

KIO_3 标准溶液

浓度 (c_{KIO_3}) = _____

$1.000 \times 10^2 \, \mu mol/dm^3$

体积 (V_1) = _____ cm³

滴定消耗 $Na_2S_2O_3$ 体积 (V_2)

(1) _____ cm³

(2) _____ cm³

平均 _____ cm³

$Na_2S_2O_3$ 浓度 ($c_{Na_2S_2O_3}$)

(1) _____ $\mu mol/dm^3$

(2) _____ $\mu mol/dm^3$

平均 _____ $\mu mol/dm^3$

备注：标定日期 _____

有效使用期 _____

分析者 _____　　校对者 _____

表 3-3 pH 测定记录表

水样登记表编号_____ 编号_____
采样日期____年____日至____年____月____日 共____页,第____页
水样接收人_____接收日期____年____月____日 分析日期____年____月____日

序号	站号	采样时间时、分	采样深度/m	瓶号	现场水温/℃	测定时水温/℃	pH$_m$			$t_w - t_m$ /℃	A $(t_w - t_m)$	β	β_d	pH$_w$
							1	2	平均					
1														
2														
3														
4														
5														
6														
7														
8														
9														
10														
11														
12														
13														
14														
15														
16														
17														
18														
19														
20														

pH 计校准	时间_____ pHs;(1)_____ (2)_____ 序号_____至_____	注:pH$_m$ 一栏记录双样测定值及其平均值。

分析者_____ 校对者_____

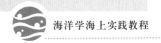

表 3-4　总碱度测定记录表

水样登记表编号＿＿＿＿至＿＿＿＿＿　编号＿＿＿＿＿＿＿＿＿＿＿＿

采样日期＿＿年＿＿月＿＿日至＿＿年＿＿月＿＿日　共＿＿页,第＿＿页

水样接收人＿＿＿＿接收日期＿＿年＿＿月＿＿日　分析日期＿＿年＿＿月＿＿日

序号	站号	采样时间 时、分	水样深度 /m	瓶号	pH			补加的酸或海水体积/cm³		α_H	S	f_H^+	$A/$ (mmol/dm³)
					1	2	平均	酸	海水				
1													
2													
3													
4													
5													
6													
7													
8													
9													
10													
11													
12													
13													
14													
15													
16													

说明:pH_m 一栏记录双样测定值及其平均值　　盐酸标准溶液:$c_{HCl}=$

分析者＿＿＿＿＿　校对者＿＿＿＿＿

表 3-5　活性硅酸盐测定记录表

水样登记表编号_____至_____　编号_____

采样日期____年____月____日至____年____月____日　共____页,第____页

水样接收人_____接收日期____年____月____日　分析日期____年____月____日

序号	站号	采样时间 时、分	水样深度 /m	瓶号	吸光值 A_w		$\overline{A}_w$	盐度	$c_{SiO_3^{2-}-Si}$ /(μmol/dm^3)	备注
					(1)	(2)				
1										1) 标准曲线数据记
2										录表
3										编号：
										标准曲线斜率
4										b：
5										
6										标准曲线截距
7										a：
8										2) 试剂空白检验
9										A_b：
10										3) 标准曲线校正
11										标准样浓度：
12										c_s：
13										标准样吸光值
14										A_s：
15										4) A_w 及 $\overline{A}_w$ 分别为
										双样吸光值及其平
										均值

分析者_____　校对者_____

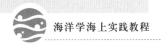

表 3-6　活性磷酸盐测定记录表

水样登记表编号＿＿＿＿＿至＿＿＿＿＿　编号＿＿＿＿＿＿＿＿＿＿＿＿＿

采样日期＿＿＿年＿＿＿月＿＿＿日至＿＿＿年＿＿＿月＿＿＿日　共＿＿＿页,第＿＿＿页

水样接收人＿＿＿＿＿　接收日期＿＿＿年＿＿＿月＿＿＿日　分析日期＿＿＿年＿＿＿月＿＿＿日

序号	站号	采样时间 时、分	水样深度 /m	瓶号	吸光值 A_w		$\overline{A_w}$	$c_{PO_4^{3-}-P}$ /(μmol/dm^3)	备注
					(1)	(2)			
1									1) 标准曲线数据记
2									录表
3									
4									编号:
5									标准曲线斜率
6									b:
7									标准曲线截距
8									a:
9									2) 试剂空白检验
10									A_b:
11									3) 标准曲线校正标
12									准样浓度:
13									c_s:
14									标准样吸光值
15									A_s:
									4) A_w 及 $\overline{A_w}$ 分别为
									双样吸光值及其平
									均值

分析者＿＿＿＿＿＿　校对者＿＿＿＿＿＿

表 3-7 亚硝酸盐测定记录表

水样登记表编号_____至_____ 编号_____

采样日期___年___月___日至___年___月___日 共___页,第___页

水样接收人_____ 接收日期___年___月___日 分析日期___年___月___日

序号	站号	采样时间 时、分	水样深度 /m	瓶号	吸光值 A_w		$\overline{A}_w$	$c_{NO_2^- -N}$ /($\mu mol/dm^3$)	备注
					(1)	(2)			
1									1）标准曲线数据记录表
2									
3									编号：
4									标准曲线斜率 b：
5									
6									标准曲线截距
7									a：
8									2）试剂空白检验
9									A_b：
10									3）标准曲线校正标准样浓度：
11									
12									c_s：
13									标准样吸光值
14									A_s：
15									
									4）A_w 及 $\overline{A}_w$ 分别为双样吸光值及其平均值

分析者_____ 校对者_____

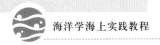

表 3-8　硝酸盐测定记录表

水样登记表编号＿＿＿＿＿至＿＿＿＿＿编号＿＿＿＿＿＿＿＿＿＿

采样日期＿＿＿年＿＿＿月＿＿＿日至＿＿＿年＿＿＿月＿＿＿日 共＿＿＿页,第＿＿＿页

水样接收人＿＿＿＿接收日期＿＿＿年＿＿＿月＿＿＿日 分析日期＿＿＿年＿＿＿月＿＿＿日

序号	站号	采样时间时、分	水样深度/m	瓶号	吸光值		$\overline{A}_{\mathrm{NO}_2^- - \mathrm{N}}$	$X \cdot \overline{A}_{\mathrm{NO}_2^- - \mathrm{N}}$	$c_{\mathrm{NO}_3^- - \mathrm{N}}/(\mu\mathrm{mol/dm^3})$	备注
					A_{w}	$\overline{A}_{\mathrm{w}}$				
					(1) (2)					
1										1) 标准曲线数据记录表
2										
3										编号:
4										标准曲线斜率 b:
5										
6										标准曲线截距
7										a:
8										2) 试剂空白检
9										验
10										A_{b}:
11										3) 标准曲线校
12										正
13										标准样浓度: c_{s}:
14										
15										标准样吸光值 A_{s}:
										4) A_{w} 及 $\overline{A}_{\mathrm{w}}$ 分别为双样吸光值及其平均值

分析者＿＿＿＿＿ 校对者＿＿＿＿＿

表 3-9　铵盐(次溴酸钠氧化)测定记录表

水样登记表编号＿＿＿＿至＿＿＿＿　编号＿＿＿＿＿＿＿＿＿＿＿

采样日期＿＿年＿＿月＿＿日至＿＿年＿＿月＿＿日　共＿＿页,第＿＿页

水样接收人＿＿＿＿　接收日期＿＿年＿＿月＿＿日　分析日期＿＿年＿＿月＿＿日

序号	站号	采样时间 时、分	水样深 度/m	瓶号	吸光值			$\overline{A}_{NO_2^- - N}$	$c_{NH_4^+ - N}$ /$(\mu mol/dm^3)$	备注
					A_w		$\overline{A}_w$			
					(1)	(2)				
1										1) 标准曲线数据
2										记录表
3										编号:
4										标准曲线斜率
5										b:
6										标准曲线截距
7										a:
8										2) 试剂空白检验
9										A_b:
10										3) 标准曲线校正
11										标准样浓度:
12										C_s:
13										标准样吸光值
14										A_s:
15										4) A_w 及 $\overline{A}_w$ 分别
										为双样吸光值及
										其平均值

分析者＿＿＿＿＿　校对者＿＿＿＿＿

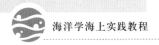

表 3-10　氯化物测定记录表

序号	站号	采样时间 时、分	水样深度 /m	瓶号	测定样体积 /cm³	消耗氯化银体积/cm³ V_w (1)	消耗氯化银体积/cm³ V_w (2)	消耗氯化银体积/cm³ $\overline{V}_w$	$\rho_{cl}/$ （g/dm³）	备注
水样登记表编号 _____ 至 _____ 编号 _____										
采样日期 ___ 年 ___ 月 ___ 日至 ___ 年 ___ 月 ___ 日 共 ____ 页,第 ___ 页										
水样接收人 _____ 接收日期 ___ 年 ___ 月 ___ 日 分析日期 ___ 年 ___ 月 ___ 日										
1										硝酸溶液滴定:
2										氯化钠标准溶液
3										氯离子浓度
4										$\rho=$ _____ g/dm³
5										
6										氯化钠标准溶液
7										体积
8										$V_1=$ _____ cm³
9										
10										消耗硝酸银体积
11										(1)= _____ cm³
12										(2)= _____ cm³
13										(3)= _____ cm³
14										$V_a=$ _____ cm³
15										
										注:V_w 和 $\overline{V}_w$ 分别
										为双样消耗硝酸
										银体积及其平均
										值

分析者 _____　校对者 _____

表 3-11 铵盐(靛酚蓝法)测定记录表

水样登记表编号_____至_____ 编号_____

采样日期____年____月____日至____年____月____日 共____页,第____页

水样接收人_____ 接收日期____年____月____日 分析日期____年____月____日

序号	站号	采样时间 时、分	水样深度 /m	瓶号	吸光值			$c_{NH_4^+-N}$ /($\mu mol/dm^3$)	备注
					A_w		$\overline{A}_w$		
					(1)	(2)			
1									1) 标准曲线数据记录表
2									
3									编号:
4									标准曲线斜率
5									b:
6									标准曲线截距
7									a:
8									2) 试剂空白检验
9									A_b:
10									3) 标准曲线校正标准样浓度:
11									
12									c_s:
13									标准样吸光值
14									A_s:
15									4) A_w 及 $\overline{A}_w$ 分别为双样吸光值及其平均值

分析者_____ 校对者_____

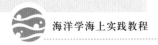

表 3-12 溶解氧测定(分光光度法)记录表

水样登记表编号_____ 至 _____ 编号_____

采样日期____年____月____日至____年____月____日 共____页,第____页

水样接收人_____ 接收日期____年____月____日 分析日期____年____月____日

序号	站号	采样时间时、分	水样深度/m	瓶号	容积/cm³	总吸光值(A_w)	试剂空白吸光值(A_b)	浊度吸光值(A_t)	校正后吸光值(A_c)	溶解氧/(μmol/dm³)	备注
1											K 值记录表 K = ____
2											
3											
4											
5											
6											
7											
8											
9											
10											
11											
12											
13											
14											
15											

分析者_____ 校对者_____

表 3-13　溶解氧(分光光度法)K 值记录表

K 值测定日期___年___月___日				1			2			3			4	
水样瓶体积 $(V_b)/cm^3$														
添加 $MnCl_2$ 体积 $(V_1)/cm^3$														
添加 KIO_3 体积 $(V_a)/cm^3$	—													
$(V_b+V_1)/cm^3$	—													
$(V_b+V_1+V_a)/cm^3$	—													
吸光值	A_b			—	—	—	—	—	—	—	—	—		
	A_s													
K 值	—													
平均 K 值	—													
总平均 K 值	—													
备注	标准碘酸钾浓度 $c(KIO_3)=$_____													

编号_____

测定者_____　校对者_____

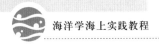

表 3-14　总磷测定记录表

水样登记表编号_____至_____　编号_____

采样日期____年____月____日至____年____月____日　共____页,第____页

水样接收人_____接收日期____年____月____日　分析日期____年____月____日

序号	站号	采样时间 时、分	水样深 度/m	瓶号	吸光值 A_w (1)	吸光值 A_w (2)	$\overline{A}_w$	浊度 (A_t)	总磷浓度 /(μmol/dm³)	备注
1										1) 标准曲线数据记录表
2										
3										编号: 标准曲线斜率
4										b:
5										
6										标准曲线截距
7										a:
8										2) 试剂空白检验
9										A_b:
10										3) 标准曲线校正
11										标准样浓度:
12										c_s:
13										标准样吸光值
14										A_s:
15										4) A_w 及 $\overline{A}_w$ 分别
										为双样吸光值及
										其平均值

分析者_____　校对者_____

表 3-15　总氮测定记录表

水样登记表编号_____至_____　编号_____

采样日期____年____月____日至____年____月____日　共____页,第____页

水样接收人_____接收日期____年____月____日　分析日期____年____月____日

序号	站号	采样时间 时、分	水样深 度/m	瓶号	吸光值 A_w (1)	吸光值 A_w (2)	$\overline{A}_w$	浊度 A_t	总氮浓度 /($\mu mol/dm^3$)	备注
1										1）标准曲线数据 记录表
2										
3										编号：
4										标准曲线斜率 b：
5										
6										标准曲线截距 a：
7										
8										2）试剂空白检验 A_b：
9										
10										3）标准曲线校正 标准样浓度：
11										
12										c_s：
13										标准样吸光值
14										A_s：
15										
										4）A_w 及 $\overline{A}_w$ 分别 为双样吸光值及 其平均值

分析者_____　校对者_____

表 3-16　海水化学观测数据报表

调查项目名称 _____　代码 _____　编码 _____

调查海区 _____　航次 _____　采样日期 ____年__月__日至____年__月__日　共__页,第__页

数据来源:DO ____,pH ____,A ____,SiO_3^{2-}—Si ____,PO_4^{3-}—P ____,NO_2^-—N ____,NO_3^-—N ____,NH_4^+—N ____,Cl ____,

TP ____,TN ____

序号	站位号	水深 m	采样深度 m	DO	pH	A	SiO_3^{2-}—Si	PO_4^{3-}—P	NO_2^-—N	NO_3^-—N	NH_4^+—N	Cl	TP	TN	备注
1															1) 填写测定记录表编号
2															
3															
4															
5															
6															
7															
8															
9															
10															
11															
12															

分析者 _____　　　校对者 _____

四、海洋生物学调查

表 4-1　浮游生物海上采样记录表

海区_____　船名_____　航次_____　站号_____　实测站位经度_____　纬度_____

水深_____m　采样时间____年____月____日____时____分至____日____时____分

采样项目		瓶号	绳长/m	倾角(°)		流量计		备注
				开始	终了	编号	转数/r	
拖网	网							
	网							
	网							
	网							
	网							
采水						采水量 cm³		
	层							
	层							
	层							
	层							
	层							
	层							
海况：								

采样_____　记录_____　校对_____

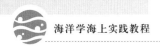

表 4-2　浮游植物(孢囊)细胞记录表

海区＿＿＿＿＿＿　船名＿＿＿＿＿＿　航次＿＿＿＿＿＿

站号＿＿＿＿＿＿　水层＿＿＿＿＿＿ m　采样时间＿＿＿＿＿＿　滤水量＿＿＿＿＿＿ m^3

浓缩体积＿＿＿＿＿＿ cm^3　计数体积＿＿＿＿＿＿ cm^3　计数日期＿＿＿＿＿＿

种名	数量	小计	密度/(cells/cm^3, cells/dm^3 或 cells/m^3)
甲藻总计			
硅藻总计			
其他			
总计			

计数＿＿＿＿＿＿　校对＿＿＿＿＿＿

表 4-3 浮游动物个体计数记录表

样品编号_____ 站号_____ 水深_____m 绳长_____m 水层_____m

滤水量_____m³ 取样_____ 采样日期_____ 计数日期_____

种名	数量	全网个数	密度/(ind/m³)	备注
种数		总计		

计数_____ 统计_____ 校对_____

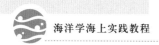

表 4-4   夜光藻个体计数记录表

海区＿＿＿＿＿＿＿＿＿＿   船名＿＿＿＿＿＿＿＿＿＿＿   航次＿＿＿＿＿＿＿＿＿＿＿

采样日期＿＿＿＿＿＿＿＿＿＿＿＿＿   测定日期＿＿＿＿＿＿＿＿＿＿＿＿＿

样品编号	站号	滤水量/m³	取样/％	数量	全网个数	密度/ (cells/m³)	备注

计数＿＿＿＿＿＿＿   统计＿＿＿＿＿＿＿   校对＿＿＿＿＿＿＿

表 4-5　大型底栖生物海上采样记录表

海区_____　　船名_____　　航次_____　　站号_____　　编号_____

经度_____　　纬度_____　　水深_____m　放绳长度_____m　底质_____

底温_____℃　底盐_____　　采泥器_____m²　采泥次数_____　　样品厚度_____cm

网型_____　　网宽_____m　拖网距离_____

采泥时间_____年_____月_____日_____时_____分

拖网时间_____年_____月_____日_____时_____分至_____时_____分　计_____分

采泥样品总数		拖网样品总数		
优势种类记录				
序号	种名	总个数/ind	取回个数/ind	备注
记事：				

采样_____　　记录_____　　校对_____

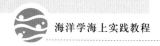

表 4-6　小型底栖生物海上采样记录表

海区＿＿＿＿＿＿＿　船名＿＿＿＿＿＿＿　航次＿＿＿＿＿＿＿　编号＿＿＿＿＿＿＿

站号＿＿＿＿＿＿＿　实测站位经度＿＿＿＿＿＿＿＿　纬度＿＿＿＿＿＿＿＿＿

水深＿＿＿＿＿ m　底质＿＿＿＿＿　表温＿＿＿＿℃　底温＿＿＿＿℃

表盐＿＿＿＿＿　底盐＿＿＿＿＿　表氧＿＿＿＿＿　底氧＿＿＿＿＿

采泥器＿＿＿＿ m² 　类型＿＿＿＿＿　采样厚度＿＿＿＿＿ cm　取样管类型＿＿＿＿

内径＿＿＿＿＿ cm　采样时间＿＿＿年＿＿＿月＿＿日＿＿＿时＿＿＿分

类别	芯样号	分层				
		0～2 cm	2～5 cm	5～10 cm	＞10 cm	
		瓶样号				
小型生物	01					
	02					
	03					
	04					
	05					
沉积物叶绿素和有机碳	06					
	07					
	08					

记事：

采样＿＿＿＿＿　记录＿＿＿＿＿　校对＿＿＿＿＿

表 4-7　叶绿素采样记录表

海区＿＿＿＿＿　船名＿＿＿＿＿　航次＿＿＿＿＿　站号＿＿＿＿＿　实测站位经度＿＿＿＿　纬度＿＿＿＿

水深＿＿＿＿＿＿＿＿＿＿ m　采样日期＿＿＿＿年＿＿＿＿月＿＿＿＿日　透明度＿＿＿＿＿＿＿＿ m

水色＿＿＿＿＿　天气状况＿＿＿＿＿　海况＿＿＿＿＿　测量项目＿＿＿＿＿　测量方法＿＿＿＿＿

滤膜类型＿＿＿＿＿　滤膜孔径＿＿＿＿ μm　抽气负压＿＿＿＿ kPa　储样条件＿＿＿＿　干燥器型号＿＿＿＿

序号	预测深度 m	实测深度 m	采水时间时：分	水样号	过滤时间时：分	过滤水样量/dm³	滤膜贮存号	备注
1								
2								
3								
4								
5								
6								
7								
8								
9								
10								
11								
12								
13								
14								
15								
16								
17								
18								

采样＿＿＿＿＿　记录＿＿＿＿＿　过滤＿＿＿＿＿　校对＿＿＿＿＿

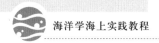

表 4-8 初级生产力采样、过滤、测定记录表

海区＿＿＿＿＿＿＿ 船名＿＿＿＿＿＿＿ 航次＿＿＿＿＿＿＿ 站号＿＿＿＿＿＿＿

实测站位经度＿＿＿＿ 纬度＿＿＿＿ 水深＿＿＿＿ m 水色＿＿＿ 透明度＿＿＿ m

表面辐照度＿＿＿＿ W/m² 盐度＿＿＿＿ 温度＿＿＿＿ 采样日期＿＿＿年＿＿＿月＿＿＿日

天气状况＿＿＿＿ 海况＿＿＿＿ 培养时间＿＿＿日＿＿＿时＿＿＿分至＿＿＿日＿＿＿时＿＿＿分

加入¹⁴C量＿＿＿＿＿＿＿＿ 测定日期＿＿＿年＿＿＿月＿＿＿日

序号	相对光强％	预定深度 m	实测深度 m	采样时分	水样筒号	培养瓶号	过滤体积	贮存瓶号	初级生产力/ [mg/(m³·h)]	叶绿素 a 浓度 /(mg/m³)	生产力指数	备注
1						白瓶						
						黑瓶						
						零时						
2						白瓶						
						黑瓶						
						零时						
3						白瓶						
						黑瓶						
						零时						
4						白瓶						
						黑瓶						
						零时						

采样＿＿＿＿ 记录＿＿＿＿ 过滤＿＿＿＿ 校对＿＿＿＿

表4-9 新生产力采样、过滤、测定记录表

海区＿＿＿＿＿＿＿＿ 船号＿＿＿＿＿＿＿＿ 航次＿＿＿＿＿＿＿＿ 站号＿＿＿＿＿＿

实测站位经度＿＿＿＿＿＿ 纬度＿＿＿＿＿＿ 水深＿＿＿＿＿＿m 水色＿＿＿＿＿＿

透明度＿＿＿＿＿m 温度＿＿＿＿＿℃ 盐度＿＿＿＿＿ 日期＿＿＿年＿＿＿月＿＿＿日

天气状况＿＿＿＿＿ 海况＿＿＿＿＿

序号	采样水层 m	采样深度 m	采样深度温度 ℃	NO_3/ (μmol /L)	NH_4/ (μmol /L)	培养温度 /℃	培养开始时间	培养结束时间	培养瓶号	过滤体积	保存样品编号	a_d	a_p	$V_{NO_3^-}$ h^{-1}	$V_{NH_4^-}$ h^{-1}	f	初级生产力/ [mg/ (m³·h)]	新生产力/ [mg/ (m³·h)]	备注
1									白瓶										
									黑瓶										
									零时										
2									白瓶										
									黑瓶										
									零时										
3									白瓶										
									黑瓶										
									零时										
4									白瓶										
									黑瓶										
									零时										

采样＿＿＿＿ 记录＿＿＿＿ 过滤＿＿＿＿ 校对＿＿＿＿

表 4-10　游泳动物数量统计表

海区＿＿＿＿＿　航次＿＿＿＿＿　船名＿＿＿＿＿　作业方式＿＿＿＿＿　网型＿＿＿＿＿

调查时间＿＿＿年＿＿＿月＿＿＿日至＿＿＿年＿＿＿月＿＿＿日

网序	时间 月	时间 日	站位 纬度 放网/起网	站位 经度 放网/起网	时间 放网	时间 收网	拖网时间/h	底层水温/℃	总渔获量 质量/(kg/h)	总渔获量 尾数/(ind/h)	主要种类渔获数量 质量/(kg/h)	主要种类渔获数量 尾数/(ind/h)	主要种类渔获数量 质量/(kg/h)	主要种类渔获数量 尾数/(ind/h)	主要种类渔获数量 质量/(kg/h)	主要种类渔获数量 尾数/(ind/h)

备注：实际操作时，应以 kg、ind、kg/h 和 ind/h 为单位各自独立列成一个表格进行统计。

统计＿＿＿＿＿　校对＿＿＿＿＿　＿＿＿年＿＿＿月＿＿＿日

表 4-11 污损生物分析记录表

海区_____ 站名_____ 取样时间_____

板别_____ 下板时间_____ 计样面积_____ cm³

样品号	类别	种名	个体数 /ind	密度 /(ind/m²)	附着面积/% 左	右	平均	标本 湿重/g	附着 湿重/(g/m²)	备注
平均厚度_____ mm；覆盖面积率_____%；合计_____ ind/m²						%		g/m²		

群落特点：

分析_____ 统计_____ 校对_____

参考文献

董志芳,刘岚. rDNA 在藻类分类鉴定中的应用[J]. 赤峰学院学报(自然版),2012(1):30—31.

冯士筰,李凤岐,李少菁. 海洋科学导论[M]. 北京:高等教育出版社,1999.

高洪峰,焦念志. 通过藻类色素分析估测海洋浮游植物生物量和群落组成的研究进展[J]. 海洋科学,1997,21(3):51—54.

高磊,姚海燕,张蒙蒙,等. 青岛近岸海域海水透明度时空变化及与环境因子之间的关系[J]. 海洋学研究,2017,35(3):79—84.

郭心顺,袁志伟. 多参数水质仪在海洋调查中的应用和质量控制[J]. 海洋技术,2008(3):115—117.

郭心顺,赵忠生,赵继胜,等. "东方红 2"船海上实践教学指导[M]. 青岛:中国海洋大学出版社,2006.

郭玉洁,钱树本. 中国海藻志第五卷. 硅藻门. 第一册,中心纲[M]. 北京:科学出版社,2003.

国家海洋局. HY/T 141—2011 海洋仪器海上试验规范[S]. 北京:中国标准出版社,2011.

国家海洋局海洋技术研究所. 海洋调查仪器使用手册[M]. 北京:海洋出版社,2001.

黄宗国,等. 中国海洋生物种类与分布[M]. 北京:海洋出版社,2008.

家彪,海洋学. 多波束勘测原理技术与方法[M]. 北京:海洋出版社,1999.

康寿岭. 海洋环境立体观测系统[J]. 海洋技术,2001(1).

康钊菁,叶松,王晓蕾,等. 现场冰厚测量原理及应用技术分析[J]. 气象水文海洋仪器,2016,33(1):46—52.

柯灝.《海洋水文测量》教学方法探讨[J]. 教育现代化,2019,6(87):281—282.

孔祥元,郭际明,刘宗泉. 大地测量学基础[M]. 武汉:武汉大学出版社,2010.

李太武. 海洋生物学[M]. 北京:海洋出版社,2013.

李宗铠,潘云仙,孙润桥. 空气污染气象学原理及应用[M]. 北京:气象出版社,2004.

林金美. 中国海浮游甲藻类多样性研究[J]. 生物多样性,1995,3(4):187－194.

刘伯胜,雷家煜. 水声学原理[M]. 哈尔滨:哈尔滨工程大学出版社,2010.

刘连吉. 气象仪器与测量[M]. 青岛:青岛海洋大学出版,1998.

宁津生. 测绘学概论[M]. 武汉:武汉大学出版社,2004.

钱树本,刘东艳,孙军. 海藻学[M]. 青岛:中国海洋大学出版社,2005.

任尚书,周树道. 四种海水透明度现场测量方法的对比分析及发展趋势研究[J]. 海洋开发与管理,2017,34(3):99－104.

任尚书. 海水透明度测量技术研究[J]. 国防科技大学,2017.

侍茂崇,高郭平,鲍献文. 海洋调查方法[M]. 青岛:青岛海洋大学出版社,2000.

侍茂崇,高郭平,鲍献文. 海洋调查方法导论[M]. 青岛:中国海洋大学出版社,2008.

王高鸿,黄家权,李敦海,等. 水华藻类的分子鉴定研究进展[J]. 水生生物学报,2004,28(2):207－212.

王靖淇,王书平,张远,等. 高通量测序技术研究辽河真核浮游藻类的群落结构特征[J]. 环境科学,2017,38(4):1403－1413.

夏邦栋. 普通地质学[M]. 北京:北京地质出版社,1995.

相建海. 海洋生物学[M]. 北京:科学出版社,2003.

徐中信. 勘探地震学[M]. 长春:吉林科学技术出版社,1992.

杨德渐,王永良. 中国北部海洋无脊椎动物[M]. 北京:高等教育出版社,1996.

杨世民,董树刚. 中国海域常见浮游硅藻图谱[M]. 青岛:中国海洋大学出版社,2006.

杨子庚. 海洋地质学[M]. 青岛:青岛出版社,2000.

袁志伟,赵忠生,郭心顺. 温盐深剖面仪技术改造研究[J]. 海洋技术,2009,28(4):11－13.

张正斌. 海洋化学[M]. 青岛:中国海洋大学出版社,2004.

赵柏林,张蔼琛. 大气探测原理[M]. 北京:气象出版社,2000.

赵海龙. 条斑紫菜质体遗传转化体系的建立[D]. 青岛:中国海洋大学,2017.

赵建虎,沈文周,吴永亭. 现代海洋测绘[M]. 武汉:武汉大学出版社,2007.

赵忠生,袁志伟,黄磊,等. 深海潜标 ADCP 的实时数据传输[J]. 海洋科学,2012,36(8):94－97.

赵忠生,袁志伟. 计算机技术在海洋学实践教学中的应用[J]. 实验技术与管理,2006(4):69－70.

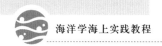
甄毓,于志刚,米铁柱.分子生物学在微藻分类研究中的应用[J].中国海洋大学学报(自然科学版),2006,36(6):875-878.

中华人民共和国国家质量监督检验检疫总局、中国国家标准化管理委员会.GB/T12763.1—2007 海洋调查规范 第1部分:总则[S].北京:中国标准出版社,2007.

中华人民共和国国家质量监督检验检疫总局、中国国家标准化管理委员会.GB/T12763.3—2007 海洋调查规范 第3部分:海洋气象观测[S].北京:中国标准出版社,2007.

中华人民共和国国家质量监督检验检疫总局、中国国家标准化管理委员会.GB/T12763.4—2007 海洋调查规范 第4部分:海水化学要素调查卷[S].北京:中国标准化出版社,2007.

中华人民共和国国家质量监督检验检疫总局、中国国家标准化管理委员会.GB/T12763.6—2007 海洋调查规范 第6部分:海洋生物调查[S].北京:中国标准化出版社,2007.

中华人民共和国国家质量监督检验检疫总局、中国国家标准化管理委员会.GB/T12763.8—2007 海洋调查规范 第8部分:海洋地质地球物理调查[S].北京:中国标准化出版社,2007.

中华人民共和国国家质量监督检验检疫总局、中国国家标准化管理委员会.GB/T12763.10—2007 海洋调查规范 第10部分:海底地形地貌调查[S].北京:中国标准化出版社,2007.

朱丽岩,汤晓荣,刘云,等.海洋生物学实验[M].青岛:中国海洋大学出版社,2007.

Grasshoff K, Kremling K, Ehrhardt M. Methods of Seawater Analysis[M]. Third, Completely Revised and Extended Edition. Chichester: John Wiley & Sons, 1999:1-226.

Jafari Navid H, Li Xin, Chen Qin, et al. Real-time water level monitoring using live cameras and computer vision techniques[J]. Computers and Geosciences, 2021, 147.

Miller Steven D, Haddock Steven H D, Elvidge Christopher D, et al. Detection of a Bioluminescent Milky Sea from Space [J]. Proceedings of the National Academy of Sciences of the United States of America, 2005, 102(40):14181-14184.

Peter Castro, Michael E. Huber. 海洋生物学[M]. 茅云翔,译. 第6版. 北京:北京大学出版社,2011.

Robert J·Urick. 水声原理[M]. 洪申,译. 哈尔滨:哈尔滨船舶工程学院出版社,1990.